中国城市环境卫生协会专著系列

生活垃圾焚烧烟气工程基础

白良成　徐文龙　主编

中国建筑工业出版社

图书在版编目（CIP）数据

生活垃圾焚烧烟气工程基础 / 白良成，徐文龙主编.
北京：中国建筑工业出版社，2024.12. --（中国城市
环境卫生协会专著系列）. -- ISBN 978-7-112-30799-9

Ⅰ. X799.305

中国国家版本馆 CIP 数据核字第 2025PW3104 号

本书基于工程热力学、燃烧学与生态环境学等跨界结合的综合
工程基础，阐述焚烧污染以最小经济代价实现垃圾焚烧系统设备最
佳可用配置，消除或最小化控制垃圾焚烧处理过程产生污染物负面
作用。本书适合生活垃圾焚烧污染物的工程设计、建设运行、垃圾
焚烧研究的工程技术人员和环境工程及相关专业大专院校师生参
阅。也可供环卫及环境保护管理工作的工程技术人员参考。

责任编辑：兰丽婷
责任校对：赵　菲

中国城市环境卫生协会专著系列

生活垃圾焚烧烟气工程基础
白良成　徐文龙　主编
＊
中国建筑工业出版社出版、发行（北京海淀三里河路9号）
各地新华书店、建筑书店经销
北京红光制版公司制版
建工社（河北）印刷有限公司印刷
＊
开本：787毫米×1092毫米　1/16　印张：36　字数：895千字
2025年5月第一版　2025年5月第一次印刷
定价：**128.00**元
ISBN 978-7-112-30799-9
（44513）

前　言

通过焚烧方法有效处理每天产生的大量生活垃圾并对其热量等副产物有效利用，以及消除或最小化控制垃圾焚烧处理过程产生的污染物，是垃圾焚烧项目运行管理的两大基本职责。

垃圾焚烧污染物控制的基本原则，一是实事求是地贯彻国家行政管理规定，满足人体健康与生态环境可容纳原则；二是根据垃圾焚烧行业发展战略需要跨界结合，以垃圾管理学、工程热物理与燃烧工程学、生态环境科学、环境材料学、机械工程学等工程理论基础为指导的原则；三是根据垃圾特性，以实现近期可行的预期目标为前提，遵循机械科学领域"最简单即最好"的基本规则；四是根据经济效益是企业生存驱动力的不争事实，以最小经济代价实现垃圾焚烧系统设备最佳配置，即不以无条件追求"最先进"而是以"最佳可用"的适宜原则。

从加强管控环境质量视角，要以安全、可靠、环保作为规范化管理目标，再以节能减排、能源能效等作为精细化管理目标，进行建设运行全方位指标管理。要依法对焚烧过程产生的烟气污染物、渗沥液、焚烧飞灰、恶臭物质、环境噪声（简称"气、液、固、臭、声"）五类污染物，就其产生源、特有理化特性、转化规律、经济承受能力、对人体健康和生存环境的负面影响程度，按管理目标进行综合评价，确定当期管理水平。

对烟气污染物的控制，首先通过对焚烧过程的高温烟气初级减排，最大化降低烟气污染物排放浓度；再通过对锅炉省煤器排出的低温烟气，按烟气污染物排放指标进行二级减排。两级减排需要对污染物反应机理进行研究，包括可能存在的副反应，协同处理互补与干扰作用，污染物负面作用即跨媒介效应，此为提质增效的最合适途径。

对烟气污染物的控制技术，包括针对颗粒物的袋式除尘技术应用；针对酸性污染物的干法、半干法、湿法与循环流化法技术应用；针对氮氧化物的选择性催化还原、选择性非催化还原技术应用；针对烟气中二噁英的活性炭吸附技术；以及对重金属的有效协同处理技术应用。并通过分类处理、最佳处理效果组合，使对各类污染物质量控制达到行政规定的预期水平。这里所谓的"最佳组合"，不是各单项处理工艺的重复性堆砌，而是根据实际处理效率，协同处理的正负面影响因素，适宜资源能源消耗，最优经济性等方面综合考虑确定。

我国地方根据国家标准的约束条件，以及当地环境容量等制定了严于国家标准的省市级地方标准。项目运行主体以国家标准为红线，以当地环境容量为法定控制线，根据实际运行条件制定内部控制指标，形成了特有的烟气污染物排放质量控制体系。

目前我国正在加强新技术、新工艺的研发工作。例如对 ACC 投入率的改进性研发，对数字化运行维护技术的开发，对 AI 平台应用技术的对接等。同时要加强提高现有应用工程效率的研究工作，例如提升基于焚烧工程的现有干法脱酸、SNCR 脱氮反应效率等。采用烟气净化工艺需要消耗能源，而一些烟气净化技术会显著增加焚烧工艺段，从而增加能源消耗；有些低排放应用同样要消耗更多能源，继而增加碳排放。为此，正在加强节能减排的工程技术研究。

本书由中国城市环境卫生协会主持编写。

主编：白良成　徐文龙

主审：刘晶昊　童　琳

统稿：段盼巧　吴浩仑

绘图：吴晨晖　李佳谣

编写人员：白良成　徐文龙　段盼巧　刘晶昊　皮　猛　童　琳　许模强　王　玥
　　　　　吴浩仑　刘海威　周北海　周青青　吴志强　梁　梅　吴晨晖　李佳谣
　　　　　陈　辉　宋雨霖　彭孝容　陈海柳　杨　青　段武强　强福鑫

本书各章主要执笔人：

第1章　生活垃圾焚烧烟气概述	徐文龙　白良成
第2章　颗粒物控制技术	白良成　段盼巧　彭孝容
第3章　酸性污染物控制技术	刘海威　吴志强　李佳谣
第4章　氮氧化物控制技术	白良成　吴浩仑　王　玥
第5章　关于垃圾焚烧烟气二噁英类的综述	段盼巧　白良成
第6章　其他有害物控制技术	梁　梅　白良成　吴晨晖
第7章　白烟控制	白良成　段盼巧
第8章　垃圾焚烧飞灰的处理	段盼巧　周青青
第9章　烟气净化系统的工程建设	刘晶昊　吴浩仑　白良成
第10章　烟气净化系统和焚烧系统可靠性运行管理	白良成　刘晶昊　陈　辉

本书编写过程中得到中环智慧环境有限公司、中国城市环境卫生协会生活垃圾焚烧专业委员会、江苏华星东方电力环保科技有限公司、中国恩菲工程技术有限公司、北京朝阳环境集团有限公司、深圳能源环保股份有限公司、光大环保（中国）有限公司、上海康恒环境股份有限公司、瀚蓝环境股份有限公司、北京中科润宇环保科技股份有限公司、绿色动力环保集团股份有限公司的大力支持。在此一并表示诚挚感谢。

希望本书能为生活垃圾焚烧污染物控制的工程研究、设计制造、建设运行、监督管理等提供有益参考。由于笔者水平所限，书中难免有疏漏之处，敬请读者批评指正。

编者

2024 年 10 月于北京

目　　录

第1章　生活垃圾焚烧烟气概述 ……………………………………………… 1

1.1　关于大气 …………………………………………………………………… 1

1.1.1　大气的空间结构特征 ………………………………………………… 1

1.1.2　大气中的物质循环 …………………………………………………… 3

1.1.3　大气密度 ……………………………………………………………… 4

1.1.4　空气质量 ……………………………………………………………… 4

1.1.5　大气变暖 ……………………………………………………………… 5

1.2　大气污染物与环境空气污染物浓度 …………………………………… 8

1.2.1　大气污染物 …………………………………………………………… 8

1.2.2　环境空气污染物浓度 ………………………………………………… 11

1.3　基于烟气污染物来源的生活垃圾基本分析 …………………………… 15

1.3.1　生活垃圾焚烧污染物概念 …………………………………………… 15

1.3.2　焚烧视角的生活垃圾理化特征值统计分析 ………………………… 17

1.3.3　焚烧视角的生活垃圾中的纸类 ……………………………………… 21

1.3.4　生活垃圾中的废塑料燃烧 …………………………………………… 22

1.3.5　生活垃圾与煤在热分解过程的异同 ………………………………… 26

1.4　我国垃圾焚烧烟气排放标准与欧盟垃圾焚烧指令的主要差异 ……… 27

1.4.1　焚烧烟气污染物的排放指标 ………………………………………… 27

1.4.2　我国焚烧烟气排放标准与欧盟 EU 指令适用范围 ………………… 29

1.4.3　检测方法 ……………………………………………………………… 30

1.4.4　排放限值的控制 ……………………………………………………… 30

1.4.5　焚烧烟气监测的约束条件 …………………………………………… 30

1.5　焚烧烟气污染物分布式处理概述 ……………………………………… 31

1.5.1　化学反应基本原理 …………………………………………………… 31

1.5.2　焚烧烟气化学反应的理论基础 ……………………………………… 32

1.5.3　化学反应基本类型 …………………………………………………… 34

1.5.4　烟气排放指标与烟气净化系统的配置 ……………………………… 34

1.5.5　分布式处理与系统串联组合工艺 …………………………………… 35

1.5.6　生活垃圾焚烧视角的误差控制 ……………………………………… 37

1.5.7　在线检测烟气排放连续监测系统的环境条件与主要技术经济指标 … 45

1.6　垃圾焚烧过程排烟量计算 ……………………………………………… 51

1.6.1　概述 ·· 51

1.6.2　生活垃圾元素分析 ·· 52

1.6.3　焚烧烟气量计算 ·· 53

1.6.4　烟囱热压与抬升高度计算方法 ·································· 56

1.6.5　烟气污染物单位换算 ·· 57

1.6.6　烟气污染物源强核算 ·· 58

1.6.7　按相关环保规定某一周期的烟气污染物排放计算方法 ······· 59

1.7　生活垃圾焚烧碳排放核算 ··· 60

1.7.1　概述 ·· 60

1.7.2　二氧化碳排放核算基础 ··· 62

1.7.3　垃圾焚烧碳排放边界条件及排放源分析 ·························· 63

1.7.4　生活垃圾焚烧的碳排放方法学 ···································· 64

1.7.5　生活垃圾焚烧碳排放不确定因子的评估 ·························· 68

1.7.6　垃圾焚烧碳排放指标与应用 ······································ 71

1.7.7　垃圾焚烧过程的减碳途径 ·· 72

1.8　环境材料 ··· 73

1.8.1　环境材料理论 ·· 73

1.8.2　环境材料工程 ·· 79

1.9　污染防治 ··· 80

1.9.1　选择烟气净化系统需要考虑的常规因素 ·························· 80

1.9.2　能量优化 ··· 81

1.9.3　整体烟气净化系统优化 ·· 81

1.9.4　烟气净化系统新设备或现有设备的技术选择 ···················· 82

1.9.5　污染源控制技术的咨询程序 ······································ 82

1.10　资源和能源节约 ·· 83

1.10.1　节能管理概述 ·· 83

1.10.2　生活垃圾焚烧过程节能评价 ····································· 84

1.10.3　垃圾焚烧工艺系统的能耗 ······································ 89

1.11　小结 ··· 93

第2章　颗粒物控制技术 ··· 98

2.1　粉尘来源、性质及危害 ··· 98

2.1.1　垃圾焚烧烟气的粉尘 ··· 98

2.1.2　粉尘性质 ··· 99

2.1.3　粉尘的负面影响 ··· 103

2.2　除尘系统配置原则与性能评价基本指标 ···························· 105

2.2.1　除尘系统配置原则 ·· 105

2.2.2　除尘器分类 ··· 105

2.2.3　焚烧烟气粉尘的重量与排放量估算 ･･･････････････ 107
2.2.4　除尘性能评价基本指标 ････････････････････････ 107
2.3　除尘技术概述 ･･････････････････････････････････ 110
2.3.1　主要机械除尘技术 ･･････････････････････････ 110
2.3.2　基于垃圾焚烧的静电除尘技术 ･･････････････････ 115
2.3.3　静电除尘器的性能参数 ･･････････････････････ 119
2.3.4　静电除尘器的常用供电设备 ･･･････････････････ 125
2.3.5　操作注意事项 ････････････････････････････ 126
2.4　基于垃圾焚烧常用的脉冲袋式除尘技术 ･･････････････ 127
2.4.1　脉冲袋式除尘器过滤机理 ････････････････････ 127
2.4.2　袋式除尘器的技术指标 ･･････････････････････ 129
2.4.3　脉冲袋式除尘器的滤袋 ･･････････････････････ 130
2.4.4　脉冲袋式除尘器的袋笼 ･･････････････････････ 133
2.4.5　脉冲袋式除尘器的清灰 ･･････････････････････ 133
2.4.6　垃圾焚烧烟气净化用脉冲袋式除尘器的选用 ･･･････ 137
2.5　袋式除尘器的运行管理 ･･････････････････････････ 142
2.5.1　设备完好率的判别与分类管理的准则 ･･･････････ 142
2.5.2　生活垃圾焚烧项目用脉冲袋式除尘器的运行管理 ･･ 146
2.5.3　基于运行视角的脉冲袋式除尘器质量控制 ･･･････ 153
2.5.4　垃圾焚烧用除尘器运行故障分析 ･･････････････ 157
2.6　袋式除尘器性能测试与除尘过程数值模拟简介 ･･･････ 160
2.6.1　袋式除尘器性能测试 ････････････････････････ 160
2.6.2　除尘过程性能模拟的理论基础 ･･･････････････ 162
第3章　酸性污染物控制技术 ････････････････････････ 165
3.1　酸性污染源分析 ･･･････････････････････････････ 165
3.1.1　垃圾焚烧过程主要酸性污染物特征、危害及生成机理 ･･････ 165
3.1.2　氯化氢（HCl）和二氧化硫（SO₂）的生成量估算 ･･･････ 167
3.1.3　氯化氢（HCl）和二氧化硫（SO₂）污染源监测 ･･････ 170
3.2　酸性污染物控制技术概论 ････････････････････････ 176
3.2.1　基于垃圾焚烧的酸性污染物控制技术分类 ･･･････ 176
3.2.2　脱酸系统的烟气温度控制 ････････････････････ 178
3.2.3　多种技术组合的脱酸效率与能耗分析 ･･････････ 182
3.3　烟气脱酸的工程基础 ････････････････････････････ 184
3.3.1　烟气酸性的物理化学基础 ････････････････････ 184
3.3.2　传质扩散的理论基础 ････････････････････････ 186
3.3.3　吸收法净化理论 ････････････････････････････ 189
3.3.4　吸附法净化理论 ････････････････････････････ 192

　　3.3.5　催化转化法净化理论 ………………………………………… 194

3.4　干法烟气脱酸技术 …………………………………………………… 197

　　3.4.1　干法脱酸技术要素 ……………………………………………… 197

　　3.4.2　炉内喷钙烟气脱酸工艺与化学反应机理 ……………………… 199

　　3.4.3　管道喷射脱酸技术 ……………………………………………… 200

　　3.4.4　工程案例——成都洛带生活垃圾焚烧发电厂 ………………… 201

3.5　半干法烟气脱酸技术 ………………………………………………… 205

　　3.5.1　喷雾干燥烟气脱酸技术 ………………………………………… 205

　　3.5.2　循环流化法烟气脱酸技术 ……………………………………… 211

　　3.5.3　增湿灰循环脱酸技术介绍 ……………………………………… 213

3.6　湿法烟气脱酸技术 …………………………………………………… 215

　　3.6.1　钠碱法烟气脱酸技术 …………………………………………… 216

　　3.6.2　工程案例——浙江海宁市绿能环保发电项目一期工程 ……… 219

3.7　烟气脱酸脱氮技术经济分析 ………………………………………… 222

　　3.7.1　烟气脱酸技术经济分析的基本要求 …………………………… 222

　　3.7.2　我国脱酸工程经济评价方法 …………………………………… 222

　　3.7.3　基于生命周期的垃圾焚烧厂烟气处理技术评价 ……………… 223

　　3.7.4　烟气脱酸技术的综合评价 ……………………………………… 225

第4章　氮氧化物控制技术 ………………………………………………… 228

4.1　氮氧化物的污染源分析 ……………………………………………… 228

　　4.1.1　氮氧化物的基本组成与污染来源 ……………………………… 228

　　4.1.2　NO_x 理化性质 ………………………………………………… 229

　　4.1.3　NO_2/NMHC 光化学反应二次生成物影响 …………………… 232

　　4.1.4　垃圾焚烧 NO_x 污染源检测 …………………………………… 233

　　4.1.5　生态环境部颁发标准关于 NO_x 检测的规定 ………………… 235

4.2　NO_x 反应动力学暨生成机理与应用分析 ………………………… 236

　　4.2.1　燃烧过程 NO_x 生成机理 ……………………………………… 236

　　4.2.2　不同燃烧条件下的 N_2O 生成机理 …………………………… 240

　　4.2.3　反应动力学模型 ………………………………………………… 243

　　4.2.4　焚烧烟气中的 NO_x 数值计算方法 …………………………… 244

　　4.2.5　垃圾焚烧与渗沥液处理工程产生 CH_4 排放量 ……………… 244

4.3　焚烧生成 NO_x 的控制原理 ………………………………………… 245

　　4.3.1　垃圾焚烧过程中 NO_x 控制的基础 …………………………… 245

　　4.3.2　层燃型锅炉炉膛内的燃烧与污染物产生过程 ………………… 247

　　4.3.3　脱氮的路径与采用的工艺 ……………………………………… 250

　　4.3.4　关于 PNCR 脱氮技术 …………………………………………… 251

4.3.5　烟气温度降低的负面作用与应对措施 ･････････ 253

4.3.6　关于烟气再循环方法 ･･････････････････････ 253

4.3.7　应用脱氮系统设备的注意事项 ･･･････････････ 254

4.4　氮氧化物工程控制概论 ･･･････････････････････ 254

4.4.1　NO_x 控制原则 ･･･････････････････････････ 254

4.4.2　选择性非催化还原（SNCR）脱氮法 ･･･････････ 255

4.4.3　选择性催化还原（SCR）脱氮法 ･･････････････ 263

4.4.4　SNCR＋SCR组合脱氮工艺 ･･････････････････ 276

4.4.5　烟气脱氮系统常用反应剂 ･･･････････････････ 278

4.5　脱除烟气 NO_x 的几个问题 ･･････････････････ 282

4.5.1　氨逃逸与氨逃逸控制 ･･････････････････････ 282

4.5.2　酸性硫铵的析出腐蚀问题 ･･･････････････････ 285

4.5.3　脱氮反应温度窗口优化 ･････････････････････ 287

4.5.4　联合脱硫脱氮技术 ･････････････････････････ 287

第5章　关于垃圾焚烧烟气二噁英类的综述 ･･･････････ 295

5.1　概述 ･････････････････････････････････････ 295

5.1.1　辨识二噁英类 ･･･････････････････････････ 296

5.1.2　二噁英类的存在特征 ･･････････････････････ 300

5.1.3　一些二噁英污染事件的历史报道 ･･･････････ 301

5.1.4　垃圾焚烧过程二噁英排放的工程应用研究 ･･･ 303

5.1.5　世界卫生组织关于二噁英类对人体健康影响的评价与对策 ･･････ 308

5.2　我国二噁英问题的社会效应 ･････････････････ 310

5.2.1　邻避现象 ･･･････････････････････････････ 310

5.2.2　对待垃圾焚烧二噁英类问题的案例 ･････････ 311

5.2.3　欧洲垃圾发电联合会驳斥全球反垃圾焚烧联盟的无端指责 ･･････ 313

5.3　对二噁英的工程研究 ･･････････････････････ 314

5.3.1　关于二噁英的生成规律的研究 ･････････････ 314

5.3.2　垃圾焚烧过程去除二噁英的工程分析 ･･･････ 317

5.3.3　垃圾焚烧二噁英类跨媒介效应 ･････････････ 318

5.4　垃圾焚烧烟气二噁英的控制 ･････････････････ 320

5.4.1　垃圾焚烧烟气二噁英类控制概述 ･･･････････ 320

5.4.2　影响生活垃圾焚烧过程二噁英控制与监测的负面因素 ･･････････ 321

5.4.3　对垃圾焚烧烟气二噁英监督性检测问题的调查分析与建议 ･･････ 322

5.4.4　垃圾焚烧过程的二噁英类控制措施 ･････････ 324

第6章　其他有害物控制技术 ･････････････････････ 330

6.1　垃圾焚烧过程中一氧化碳（CO）的生成与控制 ･･ 330

6.1.1　一氧化碳（CO）的特征 ･････････････････ 330

　　　6.1.2　垃圾焚烧过程中一氧化碳生成机理 ……………………… 330

　　　6.1.3　垃圾焚烧过程一氧化碳与二噁英的协同控制 …………… 331

　　6.2　垃圾焚烧过程重金属生成与控制 …………………………… 334

　　　6.2.1　重金属的来源 ……………………………………………… 334

　　　6.2.2　吸附法脱除重金属技术 …………………………………… 336

　　　6.2.3　垃圾焚烧过程重金属迁移特性 …………………………… 339

　　　6.2.4　垃圾焚烧过程重金属控制技术 …………………………… 341

　　　6.2.5　垃圾焚烧过程中汞的形成与控制 ………………………… 347

　　6.3　恶臭污染物的生成与控制 …………………………………… 348

　　　6.3.1　恶臭物质概述 ……………………………………………… 348

　　　6.3.2　恶臭污染物主要特征 ……………………………………… 349

　　　6.3.3　恶臭污染源及恶臭危害 …………………………………… 352

　　　6.3.4　高斯恶臭扩散模型 ………………………………………… 354

　　　6.3.5　恶臭污染物评价标准与评价指标 ………………………… 355

　　　6.3.6　脱除恶臭的技术路径 ……………………………………… 360

　　　6.3.7　垃圾焚烧厂的恶臭源与应对措施 ………………………… 360

　　　6.3.8　气味的感官分析 …………………………………………… 361

第7章　白烟控制 ………………………………………………………… 368

　　7.1　白烟生成机理及应用工程理论依据 ………………………… 368

　　　7.1.1　关于焚烧过程的颗粒物 …………………………………… 368

　　　7.1.2　燃烧过程产生的各类气体及其他污染物 ………………… 369

　　　7.1.3　干湿基物质的转换 ………………………………………… 369

　　　7.1.4　焚烧烟气的水蒸气露点与酸露点 ………………………… 370

　　　7.1.5　湿空气的性质 ……………………………………………… 372

　　7.2　消除白烟的原理 ……………………………………………… 375

　　　7.2.1　焚烧烟气的白烟来源 ……………………………………… 375

　　　7.2.2　焚烧烟气的白烟热力学基础 ……………………………… 376

　　　7.2.3　消除烟气白烟的工程技术路径 …………………………… 378

　　7.3　焚烧烟气消白烟计算方法 …………………………………… 384

　　　7.3.1　概述 ………………………………………………………… 384

　　　7.3.2　一种消白烟的计算程序 …………………………………… 385

　　　7.3.3　一种消白烟估算方法示例 ………………………………… 387

　　7.4　白色烟羽控制方法 …………………………………………… 387

　　　7.4.1　烟气消白烟控制路径 ……………………………………… 387

　　　7.4.2　白色烟羽排放的影响因素 ………………………………… 388

　　　7.4.3　湿法脱酸系统的消白烟控制 ……………………………… 389

　　　7.4.4　选择性非催化还原法与消白烟 …………………………… 395

7.5　消白烟工程技术评价 ······················· 398

7.5.1　白烟成分以水雾为主，与改善环境质量无关······· 398

7.5.2　烟气脱白跨媒介效应 ················· 398

第8章　垃圾焚烧飞灰的处理 ··················· 401

8.1　生活垃圾焚烧灰渣 ························· 401

8.2　生活垃圾之焚烧飞灰特性 ··················· 402

8.2.1　垃圾焚烧飞灰产生量 ··················· 402

8.2.2　垃圾焚烧飞灰的基本特征 ··············· 402

8.2.3　垃圾焚烧飞灰中的重金属 ··············· 404

8.2.4　飞灰粒径分布 ······················· 406

8.2.5　烟气中飞灰迁移的动力学基础 ··········· 406

8.2.6　案例分析 ··························· 408

8.3　飞灰稳定化处理标准与螯合剂的应用指标 ······· 411

8.3.1　我国垃圾焚烧飞灰重金属浸出标准 ······· 411

8.3.2　日本垃圾飞灰处理重金属渗沥物标准 ······· 411

8.3.3　欧洲一些国家和美国的垃圾灰渣利用规定的部分重金属限值 ··· 412

8.4　飞灰稳定化控制方法 ······················· 412

8.4.1　飞灰排放的控制技术 ··················· 412

8.4.2　飞灰熔融稳定化法 ··················· 420

8.4.3　飞灰水泥固化法 ····················· 422

8.4.4　飞灰药剂处理法 ····················· 424

8.4.5　飞灰酸析出处理法 ··················· 426

8.4.6　飞灰排气中和处理法 ··················· 427

8.4.7　飞灰烧结固定法 ····················· 427

8.5　水泥窑处理危险废物的典型工艺 ··············· 428

8.5.1　利用新型干法水泥窑处理危险废物典型工艺 ··· 428

8.5.2　新型干法水泥窑熟料烧成工艺的优点 ······· 428

8.5.3　煅烧过程中的重金属 ··················· 429

8.6　飞灰稳定化效能评估 ······················· 429

8.6.1　指标特性试验 ······················· 429

8.6.2　对稳定化飞灰的稳定性基本要求 ··········· 429

8.6.3　性能测试基本方法 ··················· 429

8.6.4　对飞灰全过程运行管理与监测 ··········· 430

8.6.5　约束焚烧飞灰处置的技术问题 ··········· 430

第9章　烟气净化系统的工程建设 ··············· 432

9.1　工程项目管理概述 ························· 432

9.1.1　工程项目 ··························· 432

9.1.2 工程项目建设模式 ┈┈┈┈┈┈┈┈┈┈┈┈┈┈┈┈┈┈┈┈┈ 432

9.1.3 烟气净化系统设备制造 ┈┈┈┈┈┈┈┈┈┈┈┈┈┈┈┈┈┈ 433

9.1.4 烟气净化系统设备安装 ┈┈┈┈┈┈┈┈┈┈┈┈┈┈┈┈┈┈ 435

9.2 烟气净化系统建设安装流程 ┈┈┈┈┈┈┈┈┈┈┈┈┈┈┈┈┈┈ 436

9.2.1 基本安装流程 ┈┈┈┈┈┈┈┈┈┈┈┈┈┈┈┈┈┈┈┈┈┈┈ 436

9.2.2 物料平衡 ┈┈┈┈┈┈┈┈┈┈┈┈┈┈┈┈┈┈┈┈┈┈┈┈┈ 436

9.2.3 节点状态参数 ┈┈┈┈┈┈┈┈┈┈┈┈┈┈┈┈┈┈┈┈┈┈┈ 436

9.3 安装建设程序、工期、安全与质量控制 ┈┈┈┈┈┈┈┈┈┈┈ 438

9.3.1 施工组织和现场管理体系 ┈┈┈┈┈┈┈┈┈┈┈┈┈┈┈┈ 438

9.3.2 项目部质量、技术管理体系 ┈┈┈┈┈┈┈┈┈┈┈┈┈┈┈ 438

9.3.3 施工部署 ┈┈┈┈┈┈┈┈┈┈┈┈┈┈┈┈┈┈┈┈┈┈┈┈┈ 438

9.3.4 工程建设项目工期控制 ┈┈┈┈┈┈┈┈┈┈┈┈┈┈┈┈┈┈ 439

9.3.5 工程建设项目质量控制 ┈┈┈┈┈┈┈┈┈┈┈┈┈┈┈┈┈┈ 440

9.3.6 工程建设项目安全控制 ┈┈┈┈┈┈┈┈┈┈┈┈┈┈┈┈┈┈ 446

9.4 竣工验收 ┈┈┈┈┈┈┈┈┈┈┈┈┈┈┈┈┈┈┈┈┈┈┈┈┈┈┈┈┈ 447

9.4.1 竣工验收依据 ┈┈┈┈┈┈┈┈┈┈┈┈┈┈┈┈┈┈┈┈┈┈┈ 447

9.4.2 验收程序 ┈┈┈┈┈┈┈┈┈┈┈┈┈┈┈┈┈┈┈┈┈┈┈┈┈ 448

9.4.3 烟气净化系统验收 ┈┈┈┈┈┈┈┈┈┈┈┈┈┈┈┈┈┈┈┈ 448

9.5 某项目烟气净化系统烟气净化半干法系统调试报告案例 ┈┈ 452

9.5.1 基本系统组成 ┈┈┈┈┈┈┈┈┈┈┈┈┈┈┈┈┈┈┈┈┈┈┈ 452

9.5.2 启动组织及项目完成情况 ┈┈┈┈┈┈┈┈┈┈┈┈┈┈┈┈ 452

9.5.3 调试管理目标和调试管理措施实施情况 ┈┈┈┈┈┈┈┈ 454

9.5.4 整套启动调试条件的检查和确认 ┈┈┈┈┈┈┈┈┈┈┈┈ 455

9.5.5 调试内容 ┈┈┈┈┈┈┈┈┈┈┈┈┈┈┈┈┈┈┈┈┈┈┈┈┈ 455

9.5.6 72＋24 运行参数调整 ┈┈┈┈┈┈┈┈┈┈┈┈┈┈┈┈┈┈ 456

9.5.7 调试结论 ┈┈┈┈┈┈┈┈┈┈┈┈┈┈┈┈┈┈┈┈┈┈┈┈┈ 456

第 10 章 烟气净化系统和焚烧系统可靠性运行管理 ┈┈┈┈┈┈┈ 457

10.1 烟气净化系统组成与自行检测规定 ┈┈┈┈┈┈┈┈┈┈┈┈ 457

10.1.1 概述 ┈┈┈┈┈┈┈┈┈┈┈┈┈┈┈┈┈┈┈┈┈┈┈┈┈┈ 457

10.1.2 适宜烟气净化组合工艺 ┈┈┈┈┈┈┈┈┈┈┈┈┈┈┈┈ 457

10.1.3 烟气自动监测规定 ┈┈┈┈┈┈┈┈┈┈┈┈┈┈┈┈┈┈┈ 457

10.1.4 运行主体自行检测和行政监管主体监督性检测 ┈┈┈ 458

10.1.5 烟气净化系统设备配置原则 ┈┈┈┈┈┈┈┈┈┈┈┈┈┈ 458

10.1.6 关于垃圾焚烧烟气污染物控制的基本程序 ┈┈┈┈┈┈ 461

10.1.7 生活垃圾焚烧发电行业现状及其影响因素 ┈┈┈┈┈┈ 461

10.2 烟气污染物及其净化效率管理 ┈┈┈┈┈┈┈┈┈┈┈┈┈┈┈ 464

10.2.1 颗粒物 ┈┈┈┈┈┈┈┈┈┈┈┈┈┈┈┈┈┈┈┈┈┈┈┈┈ 464

10.2.2 氯化氢（HCl）与硫氧化物（SO$_x$） ……………………………… 465

10.2.3 氮氧化物（NO$_x$） …………………… 470

10.2.4 重金属 …………………………………… 473

10.2.5 二氧化碳（CO$_2$）与一氧化碳（CO） ………………………… 475

10.3 垃圾渗沥液的问题 …………………………………………… 477

10.3.1 垃圾渗沥液回喷入炉内对燃烧温度的影响分析 …………… 477

10.3.2 渗沥液收集系统产生沼气问题 ……………………… 479

10.3.3 关于爆炸的工程理论 ……………………………… 479

10.4 生活垃圾恶臭概念 …………………………………………… 480

10.4.1 概述 ……………………………………… 480

10.4.2 恶臭污染物的采样与测定 ………………………… 482

10.4.3 垃圾焚烧项目混合垃圾的恶臭评价方法 ……………… 483

10.4.4 生活垃圾焚烧项目的恶臭污染物控制方法 ……………… 484

10.5 系统设备缺陷管理 …………………………………………… 486

10.5.1 系统设备的缺陷分类 ……………………… 486

10.5.2 垃圾焚烧系统设备的缺陷分类与消缺时效性 …………… 495

10.6 生活垃圾焚烧项目的设备完好率管理 ……………………… 496

10.6.1 设备完好率的分类管理 ……………………… 496

10.6.2 特种设备管理 ……………………………… 501

10.7 误差管理 ……………………………………………………… 503

10.7.1 关于正态样本离群值的判断和处理 ………………… 503

10.7.2 关于机械加工精度误差剖析及应对方法 ……………… 504

10.7.3 烟气污染物检测分析的误差 ………………… 504

10.8 仪表管理 ……………………………………………………… 506

10.8.1 测量仪表校验 ……………………………… 506

10.8.2 分散控制系统测试与试验 ………………… 508

10.8.3 检修维护部门热控专业巡检制度及考核办法 …………… 509

10.9 可靠性分析 …………………………………………………… 510

10.9.1 可靠性与可靠性理论概念 ………………… 510

10.9.2 生活垃圾焚烧的机组状态划分 …………… 512

10.9.3 垃圾焚烧发电过程的可靠性评价指标 ……………… 514

10.9.4 垃圾焚烧系统设备的可靠性评价 …………… 532

10.9.5 设备三级保养制度 ………………………… 534

10.9.6 设备检修 ………………………………… 534

10.9.7 汽水质量标准 ……………………………… 539

10.9.8 约束性要求 ………………………………… 541

10.9.9 风险控制之专项预案 ……………………… 543

10.10　焚烧项目运行管理的几个技术问题 ················· 556

10.10.1　持续垃圾焚烧工程应用技术理论的研究 ············· 556

10.10.2　生活垃圾燃烧过程的工程技术特征 ··············· 556

10.10.3　关于烟气排放标准 ······················ 557

10.10.4　垃圾焚烧设施的可靠性分析 ················· 557

10.10.5　可靠性工程应用 ······················ 558

第1章 生活垃圾焚烧烟气概述

1.1 关于大气

大气（atmosphere）又名"大气圈"，是指包围地球的空气（图1-1）。大气为地球生命繁衍与人类发展提供了理想的环境。其状态和变化，随时影响到人类的活动与生存。

大气中的热能主要来源于太阳。热能的交换引起大气运动变化，使大气温度有升有降，并带来大气压的变化，促进地球上不同地域、不同时空之间的能量和物质交换，生成复杂的气象变化和气候变化。从现象视角，绝大部分天气是大气中水分变化的结果。在太阳辐射、下垫面（under lying surface）和大气环流的共同作用下形成的长期天气综合情况称为"气候"。

大气污染对大气物理状态的影响主要是引起气候的异常变化。这种变化有时很明显，有时以一般人所难以觉察的渐变形式发生，但任其发展，可能会有严重后果。

图1-1 大气

（图片来源：科普中国）

1.1.1 大气的空间结构特征

世界气象组织按大气的成分、温度、密度等物理性质在垂直方向上的变化，把地球大气层自下而上依次分为对流层、平流层、中间层、热层和外层（表1-1）。此外，按大气各组成成分的混合状况，可把大气分为均匀层和非均匀层；按大气电离状况，可把大气分为电离层和非电离层；按大气的光化反应有臭氧层之说；按大气运动受地磁场控制情况有磁层之说。

地球大气层的结构特点   表1-1

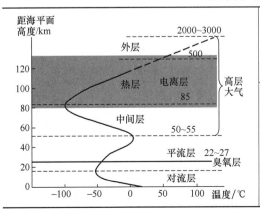

外层（又称"散逸层"）：是大气最高层。这层气温随高度增加很少变化。由于温度高，空气粒子运动速度很大，又因距地心较远，地心引力较小，是大气圈与星际空间的过渡地带。电话信号和电视图像通过卫星来传递
热层（又称"电离层"）：在太阳紫外线和宇宙射线作用下处于高度电离状态。在距海平面80～500km高空有若干能反射无线电短波，对无线电短波通信有重要作用的电离层。其电离程度是不均匀的，最强的区是E层（距海平面约90～130km）和F层（距海平面约160～350km）。波长小于$0.175\mu m$的太阳紫外辐射都被该层以原子氧为主的大气物质所吸收，以致气温随高度增加而迅速增高

中间层：自平流层顶到距海平面 85km 左右。该层气温随高度增加而迅速下降。该层顶部气温降到 −113～
−83℃，原因是这层几乎没有臭氧，而氮和氧等气体能直接吸收的波长更短的太阳辐射又大部分被上层大气吸收
掉。流星体大部在此层燃烬，极光发生在此层，也是气象研究的上界

平流层：自对流层顶到距海平面 55km 左右，是人类生存的天然屏障。下层的臭氧层大量吸收太阳辐射中的紫外
线使温度升高，温度上热下冷，在距海平面 55km 高度上温度可达 −3℃。该层水汽、杂质极少，天气现象少；气流
平稳，适合高空飞行

对流层：几乎全部水蒸气与固体杂质集中于该层，有雨、雪、云等天气特征，与人类关系最密切。高度分布：低
纬（距海平面 17～18km），中纬（距海平面 10～12km），高纬（距海平面 8～9km）。每升高 100m，气温大约降
0.6℃。地面是对流层大气主要热源，具有上部冷下部热的特点

　　大气是由多种气体混合组成的气体及浮悬其中的液态和固态杂质所组成（表 1-2）。按
大气的化学成分来划分，一般是以距海平面 90km 高度为界限。在距海平面 90km 高度以
下为均质层。均质层大气各成分是均匀混合的，组成大气的各种成分相对比例不随高度而
变化。在距海平面 90km 高度以上叫作非均质层。组成非均质层大气的各种成分的相对比
例，随高度的升高而发生变化，如氧原子、氮原子、氢原子等比较轻的气体越来越多，大
气就不再是均匀混合的。

大气主要成分及其特征

表 1-2

大气中的气体	容积百分比（%）		质量百分比（%）	分子量
氮		78.084	75.52	28.0134
氧	99.966	20.948	23.15	31.9988
氩		0.934	1.28	39.948
二氧化碳	0.033		0.05	44.0099
大气中的水汽	含量少，变化大。变化范围在 0～4%。绝大部分集中在对流层低层，按高度计，大气中 50% 的水汽集中在距海平面 2km 以下，75% 集中在距海平面 4km 以下，距海平面 10～12km 以下的水汽约占全部水汽总量的 99%			
	来源于下垫面，包括水面、潮湿物体表面、植物叶面的蒸发			
	因大气温度远低于水面的沸点，水在大气中有相变效应，云、雾、雨、雪、霜、露等都是水汽的各种形态			
	水汽能强烈地吸收地表发出的长波辐射，也能放出长波辐射，水汽的蒸发和凝结又能吸收和放出潜热，直接影响到地面和空气的温度，影响到大气的运动和变化			
大气中的杂质和微粒	对流层低层含有很多液体和固体杂质、微粒			
	杂质是指来源于火山爆发、尘沙飞扬、物质燃烧的颗粒，流星燃烧所产生的细小微粒和海水飞溅扬入大气后而被蒸发的盐粒，此外还有细菌、微生物、植物的孢子花粉等			
	液体微粒指悬浮于大气中的水滴、过冷水滴和冰晶等水汽凝结物			

　　将大气中除去水汽、液体和各类固体微粒以外的整个混合气体称为"干空气"，也叫

"干洁大气"。其主要成分是氮、氧、氩、二氧化碳等，其容积含量占全部干洁空气的
99.99%以上；其余还有少量的氢、氖、氦、氙、臭氧等。

悬浮在大气中沉降速度很小的液体和固体粒子所组成的气态分散体系称为"气溶胶"
（aeroso）。如燃烧烟尘，工业粉尘，采矿、采石与加工过程以及粮食加工过程产生的粉
尘，森林火灾、火山爆发产生的及宇宙中的尘埃；气流刮起的微生物、植物孢子和花粉，
或海面波浪引发的海盐等大气溶胶微粒；一般不包括云、雾、雨、雪等水成物。从流体力
学视角，气溶胶是气态为连续相，固、液态为分散相的多相流体。气溶胶粒子有近乎球
形、片状、针状、不规则状等不同形状，粒径大小通常为 $0.01\sim10\mu m$，如花粉等植物气
溶胶粒径为 $5\sim100\mu m$、木材及烟草燃烧产生的气溶胶粒径通常为 $0.01\sim1000\mu m$，最小的
气溶胶粒子基本上由燃烧产生。气溶胶粒子能吸附和散射太阳辐射，改变大气辐射平衡状
态或影响大气能见度，还可吸附大气中某些微量气体并产生化学反应，污染大气。目前主
要采取降水、粒子碰撞、聚合、沉降等消除气溶胶的方法。

1.1.2 大气中的物质循环

1.1.2.1 大气中的碳循环

在此讨论大气中的物质循环是指水汽循环和主要以 CO_2 形式呈现的碳循环。简单讲，
水汽循环是大气降水进入土壤及地表水体，再通过蒸发与植物蒸腾作用排入大气的循环过
程。碳循环则是通过光合作用使 CO_2 成为陆地植物和海洋浮游植物的组成成分，并向大
气排放氧气，在消费者呼吸过程中吸入氧气又排放出 CO_2，同时再被植物利用的循环
过程。

碳循环具有多样性，如大气水分与植物和有机物 C、N、S、P 元素的生物化学反应排
放的 CO_2；大气水分成为地表河流与地下水，在地表水流动过程中与动物粪便发生生物化
学反应成为海洋生物的养分来源之一，海洋生物通过呼吸与分解，排放的 CO_2；一部分的
生物残体在地层中形成碳酸盐，沉积于海底，形成新的岩石，使这一部分碳较长时间贮藏
于地层中暂时退出碳循环；火山爆发时，地层中一部分碳又重新返回到大气层，参加生态
系统的物质再循环。人类在社会活动中燃烧煤、油、气等矿物化石或其他社会活动排放的
CO_2，是打破大气碳循环平衡的重要因素。

大气中杂质、微粒聚集在一起，既能直接影响大气能见度，又能充当水汽凝结的内
核，并可加速大气中成云致雨的过程；既能吸收部分太阳辐射，又能削弱太阳直接辐射和
阻挡地面长波辐射，对地面和大气的温度变化产生影响。

1.1.2.2 大气中的氮循环

大气对流层中 78% 的气体为 N_2，但 N_2 却不能全部、直接供给多细胞植物及动物吸收
利用。其中用于吸收利用的氮元素主要是依靠土壤中广布的固氮杆菌、根瘤细菌或菌根菌
等微生物的固氮作用把 N_2 转换成 NH_3，NH_3 溶于水形成 NH_4^+，再经亚硝化细菌、硝化
细菌的硝化作用而氧化成植物可吸收利用的 NO_3^-。植物则是吸收 NO_2^- 后还原为 NH_3，
再用以合成氨基酸组成蛋白质及其他含氮有机物。

动物排泄物、排遗物以及遗体中的氮化合物可经由细菌或真菌的分解氧化转变成氨，
这一过程即"氨化作用"。氨化作用所产生的氨一部分回到大气中，一部分则可能经细菌
的"硝化作用"转化成硝酸盐而继续被植物所吸收利用。在缺氧的情况下，可以将硝酸盐

经由细菌"脱氮作用"还原成氮气回到大气中。大气中的氮也可经"闪电作用"变成 NO_3^-，溶于雨水中进入土壤而被植物根部吸收。整个氮循环即由固氮作用、硝化作用、脱氮作用，以及氨化作用、同化作用等构成。

1.1.3　大气密度❶

大气密度要比地球固体密度小得多，大气密度具有高层比低层小得多，而且越高越稀薄的特征。如把海平面上的空气密度作为 1，在距海平面 240km 高空的大气密度则仅有它的一千万分之一，在距海平面 1600km 的高空仅有它的一千万亿分之一。

有研究提出全部大气圈的重量大约是 61015t，不到地球总重量的 1%。整个大气圈质量的 90% 都集中在高于海平面 16km 以内的空间里，99.999% 集中在高于海平面 80km 界限以下。但剩余的大气却占据了距海平面 80km 以上的极大的空间。探测结果表明，稀薄的高层大气还有气体微粒存在，比星际空间的物质密度要大得多；但它们已不属于气体分子级，而是原子及原子再分裂而产生的粒子。尽管在距海平面 80km 以下区间大气有密度的不同，但它们的成分大体都是以氮和氧分子为主，这就是空气。在这个界限以上到距海平面约 1000km 处，大气变为以氧为主，到距海平面约 2400km 处大气以氦为主；再往上大气中则主要是氢；到距海平面 3000km 以上大气便和星际空间的物质密度差不多。

1.1.4　空气质量

空气质量（Air Quality，AQ）是指空气污染程度。空气质量是以保障人体健康和生态环境为目标，将一系列复杂的空气质量监测数据，根据污染生态学进行分类与分级，综合为空气污染指数（Air Pollution Index，API）。"空气污染指数"与"负氧离子浓度"同是评价空气质量的两个重要标志。根据世界卫生组织的标准，当空气中负氧离子浓度高于 $1000\sim1500$ 个/cm^3 时，属"清新空气"。此外，日本还采用含尘量指标，根据允许含尘量将空气分为三级：清净空气（含尘量 $0.3\sim0.8mg/m^3$）；污染空气（含尘量 $0.8\sim1.5mg/m^3$），危险空气（含尘量>$1.5mg/m^3$）。

空气污染指数（API）将常规监测的几种空气污染物的浓度简化成为单一的概念性数值形式，并分级表征空气质量状况与空气污染的程度，适用于判断城市的短期空气质量状况和变化趋势。空气污染指数根据环境空气质量标准和各项污染物对人体健康和生态环境的影响来确定污染指数的分级及相应的污染物浓度限值，是环境管理部门评价与考核环境空气质量的依据。

我国现行采用的空气污染指数类别分为优、良、轻度、中度和重度污染五级（表 1-3）。另外。我国划分有二类环境空气功能区（一类区为自然保护区、风景名胜区和其他需要特殊保护的区域；二类区为居住区、商业交通居民混合区、文化区、工业区和农村地区），并根据功能分区制定有环境空气质量标准分级，一类区执行一级标准，二类区执行二级标准。

---

❶ 本节介绍源自"科普中国"。

空气质量及其与负氧离子含量指数级别关系 表 1-3

指数级别	空气污染指数（API）	空气质量		负氧离子含量（个/cm³）	对健康影响（空气质量 AQ）
		指数类别	级别		
一级	0～50	优	I	>2000	国家 AQ 一级标准，适宜正常活动
二级	51～100	良	II	1500～2000	国家 AQ 二级标准，适宜正常活动
三级	101～150	轻微污染	III 1	1000～1500	敏感人群宜限制较长时间户外活动
	151～200	轻度污染	III 2	500～1000	
四级	201～250	中度污染	IV 1	300～500	老幼与易感人群减少体力消耗及户外活动
	251～300	中度重污染	IV 2		
五级	>301	重度污染	V	<300	一般避免户外活动并减少体力活动

1.1.5 大气变暖

1.1.5.1 基本原理

分子中的电子从高能态跃迁到低能态时放出电磁能，形成"辐射"。分子吸收入射电磁能，使电子从低能态跃迁到高能态，形成"吸收"。一种分子具有的能态数是一定的。因此，它的辐射频谱和吸收频谱相同。基于分子碰撞理论，气体分子密度小，碰撞只使谱线加宽但仍是离散的。而固体或液体分子密度很大，碰撞使谱线变窄而形成连续谱，在所有频率上均有吸收和辐射。

有光效应和热效应的短波辐射，电磁波由紫外线、可见光、红外线三部分组成，其能量主要集中在可见光部分。地球地面接收太阳短波辐射而增温，同时向外辐射电磁波而冷却。地球大气辐射的前提和基础是太阳辐射。大气吸收地面辐射后，又以辐射方式向外发射能量，称为"大气辐射"（图 1-2）。因地球地面与大气的温度（T）较低，放射辐射能的波长（λ）较长，故地面与大气的辐射又分别叫"地面长波辐射"和"大气长波辐射"。

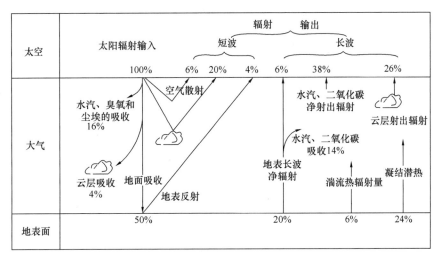

图 1-2 大气辐射

（图片来源：安徽思成仪器技术有限公司）

当温度大于绝对零度时，大气中的气体（主要是氧气和水汽）、水滴（云、雨和雾）和冰滴（主要在冰云）均会辐射电磁能，并产生热辐射噪声。在大气吸收和散射传输过程中，一方面会损失一部分能量，另一方面又使总能量增加。

大气对太阳短波辐射几乎是透明的，却强烈吸收地面长波辐射。大气长波辐射既有向上的也有向下的，日常应用的则是指向下的那一部分，称为"逆辐射"。大气逆辐射会使地面增温，地面接收大气逆辐射后就会升温或者说大气对地面起到了保温作用；同时地面增温又能加强地面辐射。这就是大气温室效应的原理。太阳辐射与大气辐射的共同点是以电磁波形式传输能量，都有热效应；不同点如表1-4所示。

太阳辐射与大气辐射的不同 表1-4

辐射类型	波长	成分	光效应
太阳辐射	短波辐射	紫外线、可见光、红外线	有
大气辐射	长波辐射	红外线	无

大气辐射的主要影响因素与大气温度、天空云量有关。有研究提出云量每增加1/10，大气长波辐射增加$6W/m^2$（Paltridge）；当天空全部被云遮蔽后，地面获得的约30%辐射来自大气长波辐射。在比较晴朗的天空，大气长波辐射主要是由大气中水汽、CO_2及少量O_3发射的。而且云越多、空气湿度越大，大气中含有水汽、CO_2就越多，吸收的地面辐射也就越多，大气辐射也就越强。

1.1.5.2 温室效应

大气能使太阳短波辐射到达地面，但地表受热后向外放出的大量长波热辐射却被大气吸收，使地表与低层大气温度增高，形成大气效应。因其作用类似于栽培农作物的温室，故也称为"温室效应"。温室气体主要有二氧化碳、甲烷、臭氧、一氧化二氮、氟利昂，以及水汽等。其中甲烷的温室效应是二氧化碳的20倍，且在大气中的浓度呈现快速增长的趋势。随着温室气体的不断排放，大气的"温室效应"会越来越强。研究还预测出随着温室气体的大量排放，全球气温将普遍上升。同时，地球将面临中纬度地区生态系统和农业带向极区迁移和生物多样性降低的威胁，突发性的气候灾难频度增强，这些都将直接影响人类的生存与发展（图1-3）。

有科学研究提出，距海平面80～100km以下的低层大气的气体成分可分为两部分：一是维持固定比例，基本上不随时间、空间而变化的氮、氧、氩三种气体，叫作"不可变气体成分"；二是以二氧化碳、臭氧和变化最大的水汽为主，叫作"易变气体成分"。人们将大气这种含有各种物质成分的混合物，大致分为干洁空气、水汽、微粒杂质和新的污染物。

温室效应的特点表现为：大气能让大量太阳短波透射到达地面，而对地面辐射是极少能透射的。大气对长波辐射的吸收非常强烈，吸收作用不仅与吸收物质的分布有关，而且与大气的温度、压强等有关。大气在除波长8～$12\mu m$段外的整个长波辐射段的吸收率基本都接近，1.8～$12\mu m$处透射率最大（将这一波段叫"大气窗口"）。这个波段的辐射，正好位于地面辐射能力最强处，所以地面辐射有20%的能量透过这一窗口射向宇宙空间。

另外，大气成分中的水汽、液态水、二氧化碳及臭氧是长波辐射的主要吸收者，它们

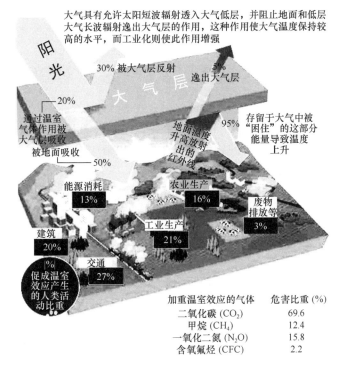

图 1-3 温室效应

对长波辐射的吸收均具有选择性。大气辐射为红外线长波辐射。一部分辐射逸散到宇宙中，约有 62%～64% 投向地面，投向地面的这部分大气辐射称为"大气逆辐射"。

对 1880—1998 年间的资料研究结论是全球变暖趋势为 0.53℃/100 年。得到广泛共识的温室效应成因，是全球人口的增长和人类活动的加剧，包括现代工业社会过多燃烧煤炭、石油和天然气，大量含有 CO_2 气体的工业废气、汽车尾气的排放，以及火山活动等自然现象，使大气中温室气体成倍增加。这些温室气体要通过包括绿色植物光合作用在内的自然过程来消除，而消除过程则要通过气候系统控制自然能量的流向，并破坏现有的气候、环境及生态系统，建立新的平衡来完成。由此使人类愈发认清，每一个人不仅仅是环境污染的受害者，也是环境污染的制造者，更是环境污染的治理者。

同任何事物都具有两面性一样，温室效应也并非全是坏事。有论文从平衡视角指出，最寒冷的高纬度地区增温最大，农业区将向极地推进。另外，CO_2 增加有利于植物光合作用而直接提高有机物产量；在历史时期中温暖期多是降水较多、干旱区退缩的繁荣时期，等等。

1.1.5.3 经验公式

大气辐射噪声会对接收系统，特别是对噪声系数很低的系统造成有害的影响。但在大气无源微波遥感中，却能利用大气辐射噪声的各种特性，测量大气的温度分布、水汽密度分布和云中含水量等大气参数。

大气长波辐射绝大部分来自距地面最近的 100m 大气层中，这里集中了水汽、CO_2 等，而它们的温度在很大程度上随近地层空气温度的变化而变化。如果能知道它们的温度，就可以直接用斯蒂芬波尔兹曼公式计算出大气长波辐射量，但这非常困难。因此许多科学家研究出了一些采用气象台站百叶箱内的空气温度，直接估算大气长波辐射的经验公式。在此背景下，诸多学者研究了提出天空晴朗型和天空多云型两种经验公式。

1. 差额有效辐射

地面有效辐射 F_0 等于地面辐射 E_g 和地面所吸收的大气逆辐射 δE_a 之差：

$$F_0 = E_g - \delta E_a \tag{1-1}$$

当 $F_0 > 0$ 时，地面通过长波辐射损失热量。当 $F_0 < 0$ 时，地面通过长波辐射获得热量。通常，$T_{地面} > T_{大气}$，$F_0 > 0$。即地面经常由长波辐射失去热量。可以说，F_0 是表示地面真正失去热量多少的物理量。

2. 大气辐射差额（R_a）

以 q_a 表示整个大气层所吸收的太阳辐射，F_0、F_∞ 分别表示地面及大气上界的有效辐射，则整个大气层辐射差额为：

$$R_a = q_a + F_0 - F_\infty \tag{1-2}$$

其中，$F_\infty > F_0$，表示大气以长波损失热量；q_a 通常是小于（$F_\infty - F_0$）。一般地，F_∞ 总是大于 F_0，所以整个大气层的辐射差额是负值，大气要维持热平衡，还要靠地面以其他方式，例如对流及潜热释放等方式交换热量。

3. 地-气系统辐射差额（R_s）

以 Q 表示整个大气层所吸收的太阳辐射，q、α 分别表示地面及大气上界的有效辐射，则整个大气层辐射差额：

$$R_s = (Q + q)(1 - \alpha) + q_a - F_\infty \tag{1-3}$$

其中，35°N、35°S 附近地区 $R_s = 0$；$R_s = 0$（就全球平均而言）表明地球大气多年平均温度没有变化；35°N、35°S 之间低纬度地区 $R_s > 0$，热量盈余，温度上升；35°N 以北、35°S 以南中高纬度地区 $R_s < 0$，热量亏损，温度下降。

辐射差额的分布现状是产生大气环流（空气运动）和洋流（水流运动）的根本原因，并使全球辐射的热能和温度常年保持近于平衡状态。

1.2　大气污染物与环境空气污染物浓度

1.2.1　大气污染物

在人类的生活生产活动中，会有一些产生的物质进入大气中。其中，对人体健康及环境产生有害影响的物质称为"污染物质"，简称"污染物"。随着人类社会生产力的高度发展及自然过程，各种污染物日益增多地进入大气中，并超过自然界本身的消纳能力，这就是"大气污染"。大气污染按其来源可分为自然污染源和人为污染源两大类，引起社会公害的主要来源于人类生产和生活过程排放的人为污染物。从污染物来源看，是以物质的燃烧、化学反应、光化学反应时排放的废气，以及汽车排放的尾气为主，还有生产中跑冒滴漏排出的污染物。

大气污染物产生的危害包括对人体健康的危害和对人类生存环境的危害。对人体健康的危害表现为，大气污染物对人体血淋巴细胞染色体断裂剂和基因毒性因子、人体免疫球蛋白水平及呼吸道菌群的定植、慢性阻塞性肺部疾病与心血管疾病、血管皮细胞的氧化损伤、儿童呼吸系统疾病和症状的阳性率增高有显著影响。大气污染对生存环境的影响主要是引起气候的异常变化。这种变化有时是很明显的，有时则以渐渐变化的形式发生，为一般人所难以觉察，但任其发展，后果有可能非常严重。大气是在不断变化着的，其自然的变化进程相当缓慢，而人类活动造成的变化祸在燃眉，已引起世界范围的殷切关注，世界各地都动员了大量人力、物力，进行研究、防范、治理。控制大气污染、保护环境，已成为当代人类一项重要事业。

引起人们注意的污染物有一百种左右，焚烧产生的烟气污染物按其物理状态可分类为气态污染物和颗粒（气溶胶态）污染物；按形成过程可分为一次污染物和二次污染物。一次污染物是指直接从污染源排到大气中的原始污染物质，如一氧化碳、二氧化硫等。二次污染物是指由一次污染物与大气中已有组分或几种一次污染物之间经过化学反应或光化学反应生成的与一次污染物性质不同的污染物，如臭氧、硫酸盐、硝酸盐、有机颗粒物等。从大气污染控制视角，按污染物物理性质及其来源，垃圾焚烧烟气污染物可分为颗粒物、卤化物、硫化合物、氮化合物、碳化合物，以及持久性有机污染物、光化学烟雾、放射性物质八类。

气态污染物系以分子状态存在的污染物。气态污染物的种类很多，一般可分为如 HCl、HF 等卤族化合物，SO_2 等硫化合物，NO、NO_2 等氮化合物，碳氧化物、碳氢化合物在内的碳化合物，持久性有机污染物，光化学烟雾，以及不在此讨论的放射性物质等八类（表1-5）。

气态污染物的分类　　　　　　　　　　　　　　　　　　表 1-5

污染物	一次污染物	二次污染物	基于环境污染视角的简要说明
卤族化合物	HF、HCl、Cl_2、F_2	无	大气中含卤素化合物很多，在废气治理中接触较多的主要有 HF、HCl 等，它们能破坏大气的臭氧层，增加紫外线对人体负面作用。垃圾焚烧烟气中产生以 HCl 为主的酸性污染物是污染控制的主要对象之一
硫化合物	SO_2、SO、H_2S	SO_3、S_2O_3、H_2SO_4、MSO_4[a]	主要来自火电厂、工业炉窑、有色金属冶炼厂、硫酸厂、炼油厂等的化石燃料燃烧、含硫矿石焙烧、冶炼等过程产生的 SO_2 烟气。垃圾焚烧也会产生
氮化合物	NO、NO_2、N_2O、NH_3	N_2O_3、N_2O_4、N_2O_5、HNO_3、MNO_3[a]	大气中以气态存在的含氮化合物主要有氨（NH_3）及氮的氧化物。氮氧化物包括 N_2O、NO、NO_2、N_2O_3、N_2O_4 和 N_2O_5，统称氮氧化物（NO_x）。对环境和人体健康有影响的主要是 NO 和 NO_2，NO_2 的毒性约为 NO 的 $4\sim5$ 倍。NO 进入大气后会被缓慢地氧化成 NO_2，当大气中有 O_3 等强氧化剂存在时或在催化剂作用下，氧化速度会加快。当 NO_2 参与大气的光化学反应，形成光化学烟雾后，其毒性更强。人类活动产生的 NO_x 主要来自各种工业炉窑、机动车和柴油机的排气，其次是硝酸生产、硝化过程、炸药生产及金属表面处理等过程。其中由燃料燃烧产生的 NO_x 约占 90% 以上

续表

污染物	一次污染物	二次污染物	基于环境污染视角的简要说明
碳氧化物	CO、CO_2	无	CO 和 CO_2 是各种大气污染物中发生量最大的一类污染物。CO 是低层大气中最重要的污染物之一，其来源有天然源和人为源。理论上，来自天然源的 CO 排放量约为人为源 25 倍。CO 可能的天然源有火山爆发、天然气、森林火灾、森林中放出的烯氧化物、海洋生物的作用、叶绿素的分解、大气中甲烷的光化学氧化和光解等。CO 的主要人为源是化石燃料的燃烧，以及炼铁厂，石灰窑、砖瓦厂、化肥厂的生产过程。在城市中人为排放的 CO 远超过天然源，而汽车尾气则是主要来源。 大气中的 CO_2 受两个因素制约，一是植物的光合作用，春夏季光合作用强烈，大气中的 CO_2 浓度下降；秋冬季光合作用减弱，同时植物枯死腐败数量增加，大气中 CO_2 浓度增加，如此循环。二是 CO_2 溶于海水，以碳酸氢盐或碳酸盐的形式储存于海洋中，对大气中的 CO_2 起调节作用，保持大气中 CO_2 的平衡。 大气中 CO_2 和水蒸气能允许太阳辐射通过而被地球吸收，但它们能强烈吸收从地面向大气再辐射的红外线能量，使能量不能向太空逸散，而保持地球表面空气有较高的温度、造成"温室效应"，将带来严重环境问题
碳氢化合物	烷烃，烯烃，芳香烃，含氧烃		由碳和氢两种原子组成的各种化合物，统称烃类，主要来自天然源。在大气污染中较重要的碳氢化合物有烷烃、烯烃、芳香烃、含氧烃四类
有机污染物	如萜烯类，黄曲霉毒素，氨基甲酸乙酯，麦角，细辛脑，草蒿脑，黄樟素	如环氧黄樟素；2,3-环氧黄曲霉毒素	以碳水化合物、蛋白质、氨基酸，以及脂肪等形式存在的天然有机物及某些可生物降解的人工合成有机物组成的污染物；可分为天然有机污染物和人工合成有机污染物两大类。按其组成可分持久性有机污染物、有机卤化物、多环芳烃、表面活性剂、石油类污染物等。大气中的有机化合物是以气态、气溶胶形态或吸附在颗粒物上，也有在日照下与大气中存在的如氧化剂和自由基等作用发生光化学反应而降解或氧化形成
挥发性有机污染物 VOCs	苯、碳氢化合物、甲醛		是光化学氧化剂臭氧和过氧乙酰硝酸酯（PAN）的前体物，也是温室效应贡献者之一。一般是 C1-C10 化合物，与严格意义上的碳氢化合物的区别在于其除含有碳和氢原子外，还常含有氧、氮和硫的原子。主要来自机动车和燃料燃烧排气，以及石油炼制和有机化工生产等。 世界卫生组织按熔点低于室温而沸点在 $50\sim260℃$ 界定 VOCs，巴斯夫公司按沸点<250℃界定，不管其是否参加大气光化学反应。国际标准 ISO 4618/1—1998 和德国 DIN 55649—2000 标准对沸点初馏点不作限定，也不管是否参加大气光化学反应，只强调在常温常压下能自发挥发

污染物	一次污染物	二次污染物	基于环境污染视角的简要说明
光化学烟雾	NO、NO$_2$、碳氢化合物等	O$_3$、H$_2$O$_2$、硫酸烟雾等	光化学烟雾是一次污染物和二次污染物的混合物所形成的空气污染现象。是在太阳紫外线照射下，大气中的氮氧化物、碳氢化合物和氧化剂之间发生复杂光化学反应，产生新的二次污染物——光化学烟雾。主要生成物有臭氧、过氧乙酰硝酸酯、酮类和醛类等。光化学烟雾的刺激性和危害要比一次污染物强烈得多。 可能发生光化学烟雾的大城市主要分布在北纬 60°与南纬 60°之间。主要发生在阳光强烈的夏秋季节，如湿度低、气温在 24～32℃的夏季晴天的中午或午后。随着光化学反应的不断进行，反应物持续蓄积，光化学烟雾的浓度不断升高，约 3～4h 后达到最大值。 硫酸烟雾系大气中 SO$_2$ 等硫氧化物，在水雾、含有重金属的悬浮颗粒物或氮氧化物存在时，发生化学或光化学反应而生产的硫酸烟雾或硫酸盐气溶胶。硫酸烟雾引起的刺激作用和生理反应等危害，要比 SO$_2$ 气体大得多

a MSO$_4$、MNO$_3$ 分别为硫酸盐和硝酸盐。

1.2.2 环境空气污染物浓度

环境是相对于一个特定主体的相对概念。这里所说的环境是指人类赖以生存和发展的各种物质条件，包括自然要素与社会要素在内的环境综合体。自然环境是人类生存的物质基础，包括如空气、山水、土壤、岩石、矿物、植物、动物、森林、草原、江河、海洋、湖泊等要素。社会环境则是人类生存的精神基础，是从自然环境中逐渐形成的法律意识、道德观念、行为方式、思维模式、风俗习惯、情绪表现等。当然，这里所说的并非是全部要素，从环境外延来讲，涉及内容更多，范围更广。

1.2.2.1 空气污染物浓度及其限值

空气污染物（Air Contaminants，AC）是指环境空气中可能对人和生物、建筑材料，以及整个大气环境构成危害或产生负面影响的物质。环境空气污染浓度指以各种方式排放进入大气的空气污染物浓度；它是在特定时间和地点，受诸多因素影响的复杂现象。就其排放源来看，影响空气质量的重要诱因，有城市发展密度、地形地貌和气象等；有火山爆发等自然现象；更有来自固定和流动污染源的人为污染物排放量，如机动车尾气排放、本地工业废气排放、居民生活和供暖期燃煤、可控燃烧过程烟气排放以及不可控焚烧过程的烟气排放等。当前主要控制的空气污染物是颗粒物、碳的氧化物、氮氧化物、硫化物、卤化物及碳氢化合物六种。

根据空气污染物的物理形态和化学成分，结合当时的社会经济条件划分浓度限值（表 1-6、表 1-7）。随着社会经济高速发展与科学技术不断进步，环境空气质量指标将适应环境空气污染特征向复合型转变，适时修订和完善。

环境空气污染物浓度在273K、101.425kPa标准状态下的限值   表1-6

序号	污染物项目	平均时间	单位	浓度限值	
				一级	二级
环境空气污染物基本项目浓度限值					
1.1	二氧化硫（SO_2）	年平均	$\mu g/m^3$	20	60
		24h平均		50	150
		1h平均		150	500
1.2	二氧化氮（NO_2）	年平均	mg/m^3	40	40
		24h平均		80	80
		1h平均		200	200
1.3	一氧化碳（CO）	24h平均		4	4
		1h平均		10	10
1.4	臭氧（O_3）	日最大8h平均	$\mu g/m^3$	100	160
		1h平均		160	200
1.5	颗粒物（粒径≤10μm）	年平均		40	70
		24h平均		50	150
1.6	颗粒物（粒径≤2.5μm）	年平均		15	35
		24h平均		35	75

附录

1. 颗粒物：指以固体或液体微粒形式存在于空气介质中的分散体，从分子尺度大小到空气动力学当量粒径≤100μm，以悬浮在空气中飘尘、降尘形式的总悬浮颗粒物（Total Suspended Particicular，TSP）。TSP使空气污浊，大气能见度降低。其中当量粒径≤10μm的会引起呼吸系统疾病，称可吸入颗粒物（Particular Matter Less than 10μm，PM_{10}）。颗粒物还影响大气系统辐射收支，参与非均相化学反应。

2. 碳的氧化物：主要有CO_2、CO等气体污染物。

3. 氮氧化物：主要以NO和NO_2形式存在，以NO_2计的氮氧化物。NO_x能与大气中的一些物质反应，并能在太阳紫外线作用下发生光化学反应，生成一些有强烈刺激性和毒性的有机物，形成光化学烟雾，严重污染环境，损害人类健康。

4. 硫化物：主要指SO_2。排放到大气中的SO_2会与一些氧化性较强的物质发生化学反应，转化为SO_3，SO_3溶解于降水中形成酸雨。

5. 卤化物：主要有HF、Cl_2和HCl等气体污染物。

6. 碳氢化合物：主要包括烷烃、烯烃和芳烃类复杂多样的含碳含氢化合物

环境空气污染物其他项目浓度限值					
2.1	总悬浮颗粒物（TSP）	年平均	$\mu g/m^3$	80	200
		24h平均		120	300
2.2	氮氧化物（NO_x）	年平均		50	50
		24h/1h平均		100/250	100/250
2.3	铅（Pb）	年平均		0.5	0.5
		季度平均		1.0	1.0
2.4	苯并[a]芘（BaP）	年平均		0.001	0.001
		24h平均		0.0025	0.0025

空气污染指数分级浓度限值　　　　　　　表 1-7

污染指数	日均污染浓度值（mg/m³）				取值原则
API	SO_2	NO_2	TSP	PM_{10}	
50	0.050	0.080	0.120	0.050	国家环境空气质量一级标准
100	0.150	0.120	0.300	0.150	国家环境空气质量二级标准
200	0.800	0.280	0.500	0.350	根据污染物浓度水平对人体健康影响确定分级浓度限制
300	1.600	0.565	0.625	0.420	
400	2.100	0.750	0.875	0.500	
500	2.620	0.940	1.000	0.600	

资料来源：《环境空气质量标准》GB 3095—2012。

1.2.2.2 环境颗粒污染物

大气污染物中的颗粒物指悬浮在空气中，粒径小于等于 $200\mu m$ 的固体粒子、液体粒子或它们在气体介质中的悬浮体，如 PM_{10}，细颗粒物 $PM_{2.5}$，悬浮颗粒物 TSP 等。我国的环境空气质量标准，根据颗粒物的粒径，有空气动力学当量直径≤$100\mu m$ 的总悬浮颗粒物（total suspended particle）和空气动力学当量直径≤$10\mu m$ 的可吸入颗粒物（inhabitable particle）之分。另有按颗粒物沉降情况分为降尘（>$10\mu m$ 粒子，靠重力作用能在较短时间内沉降到地面的颗粒物）与飘尘（≤$10\mu m$ 粒子，能长期在大气中漂浮）。此外，为适应我国目前普遍采用的低容量滤膜采样法，规定大气中粒径小于 $100\mu m$ 的所有固体颗粒的指标，叫总悬浮颗粒物（TSP）。

按进入大气的途径，将颗粒污染物分为三类：①自然性颗粒物。指自然环境中因自然界的力量而进入大气环境的污染物质。如风力扬尘，火山飞灰。②生活性颗粒物。指人在生活活动中释放到大气环境的污染物质。如打扫卫生扬起的尘埃。③生产性颗粒物。指人类在生产过程中释放到大气中的颗粒污染物，通常称之为粉尘。一些颗粒污染物的基本特征参见表 1-8。

颗粒污染物的基本特征　　　　　　　表 1-8

序号	颗粒物类别	基本特征
1	尘粒（粉尘）dust	一般指悬浮于气体介质中，粒径 $1\sim75\mu m$ 的颗粒物。其中 $10\sim75\mu m$ 尘粒可靠重力沉降到地面，但在一段时间内能保持悬浮状态的颗粒物；粒径在 $10\mu m$ 以下，不易沉降，能长时间在空中的颗粒物叫漂浮，也称可吸入颗粒物。颗粒物通常因固体物质的破碎、研磨、分级、输送等机械过程，或土壤、岩石的风化等自然过程形成。属于尘粒类污染物的种类很多，如煤尘粒、活性炭尘粒、水泥粉尘、黏土粉尘、$CaCO_3$、ZnO、PbO_2 等金属粉尘，等等
2	烟尘 fume	在冶炼、燃烧、升华、冷凝、高温熔融和化学反应等过程中形成以气溶胶形态漂浮于空中，粒径范围一般在 $0.01\sim1\mu m$ 的颗粒物。典型的烟尘是烟筒里冒出的黑色烟雾，即燃烧不完全的小黑色碳粒
3	飞灰 flyash	指随燃料燃烧烟气排出的分散的较细的颗粒物。焚烧灰分是含碳物质燃烧后残留的固体渣，在分析测定时假定它是完全燃烧的。生活垃圾焚烧飞灰被列入我国危险废物名录，必须按危险废物处理、转移、最终处置进行管理

序号	颗粒物类别	基本特征
4	黑烟 smoke	通常指燃烧过程产生的能见气溶胶，不包括水蒸气。在某些文献中以林格曼数、黑烟的遮光率、沾污的黑度或捕集的沉降物的质量来定量表示黑烟。黑烟的粒径范围为 $0.01(0.05) \sim 1\mu m$
5	雾尘 fog	在工程中，一般是指悬浮于空中的小液态粒子，在气象中指造成能见度小于 1km 的小水滴悬浮体。它可能是由于液体蒸气的凝结、液体的雾化及化学反应等过程形成的，粒径一般 $<10\mu m$ 的液滴，如水雾、酸雾、碱雾、油雾等

1.2.2.3　空气污染物浓度单位

空气污染物浓度有两种单位表示法：一是质量浓度，单位体积空气中含污染物质量 mg/m^3；这是我国环境质量标准中采用的污染物质量浓度单位。二是体积浓度，污染物体积与整个空气容积之比，以 ppm 为单位，即污染物体积占空气容积的百万分之一，亦可用 pph 和 ppt 等。显然，它适用于气体污染物计量浓度。两种浓度单位可以相互转换：

$$X = YA/22.4(mg/m^3)\text{；}\quad Y = 22.4X/A(ppm) \tag{1-4}$$

式中　X——质量浓度单位；

　　　Y——体积浓度单位；

　　　A——污染物的摩尔质量。

1.2.2.4　空气污染物计算方法

污染物实际排放量按照排污许可证规定的废气、污水的排污口、生产设施或者车间分别计算，并依照自动监测法→手工监测法→系数法的顺序计算。需说明的是，如有国家生态环境部门的新规定，应按新规定执行。

1. 依法安装使用符合国家规定和监测规范的污染物自动监测设备，按下述自动监测法的计算模型：

$$E = Q \times C \times T \times 10^{-9} \tag{1-5}$$

式中　E——某周期内污染物实际排放量，t；

　　　Q——烟气流量（某周期内若有多次监测数据，取平均值），m^3/h；

　　　C——污染物排放浓度（某周期内若有多次监测数据，取平均值），mg/m^3；

　　　T——某周期内污染物排放时间，h。

2. 依法不需安装污染物自动监测设备的，按下述符合国家规定和监测规范的污染物手工监测法的计算模型：

$$E = V \times T \times 10^{-3} \tag{1-6}$$

式中　E——某周期内污染物实际排放量，t；

　　　V——排放速率（某周期内若有多次监测数据，取平均值），kg/h；

　　　T——某周期内污染物排放时间，h。

3. 不能按自动监测法、手工监测法计算的，包括依法应安装而未安装污染物自动监测设备或者自动监测设备不符合规定的，按下述生态环境部规定的产排污系数、物料衡算法的系数法计算模型：

$$E = A \times \alpha \times B \times (1-C) \times 10^{-3} \tag{1-7}$$

式中　E——某周期内污染物实际排放量，t；

A——某周期内产品产量或者原辅料消耗量，t；

α——污染物产污系数，kg/t$_{产品或者原辅料}$；

B——废气收集效率，%；

C——某污染物去除率，%。

4. 计算时段内的废气排放设备污染物排放量按下式计算：

$$P = (C \times Q \times F^{-1} \times T) \times G \times 10^{-3} \tag{1-8}$$

式中　P——计算时段内该废气排放设备某污染物排放量，kg；

C——该废气排放设备某污染物小时平均浓度，mg/m³；

Q——该废气排放设备小时废气排放量，m³/h；

F——该废气排放设备监测小时内生产负荷，%；

T——计算时段内该废气排放设备的生产小时数，h；

G——计算时段内该废气排放设备的平均生产负荷，%。

1.2.2.5　空气污染物排放浓度折算方法

1. 各项因子的基本含义

过量空气系数是指生活垃圾及可燃废物燃烧时实际空气量与理论空气量比。

氧含量是指生活垃圾及可燃废物燃烧后，以干基容积百分比表示烟气所含有的多余自由氧量。另外，空气中的含氧量按 21% 计取。常用基准含氧量有 11%、10%、8% 等，我国及欧盟等按 11% 计取。

2. 换算系数计算

$$基准过量空气系数 = \frac{21}{21 - 基准氧含量} \tag{1-9}$$

3. 空气污染物排放浓度折算公式：

$$折算后排放浓度 = 实测排放浓度 \times \frac{实测过量空气系数}{基准过量空气系数} \tag{1-10}$$

$$基准含氧量排放浓度 = 实测排放浓度 \times \frac{21 - 基准氧含量}{21 - 实测氧含量} \tag{1-11}$$

1.3　基于烟气污染物来源的生活垃圾基本分析

1.3.1　生活垃圾焚烧污染物概念

生活垃圾主要是家庭使用后废弃的东西。其中可能会含有一些有害物质，即便如此，也不可能作为问题很快表现出来，而是与其他物质混在一起作为一般生活垃圾，并未引起环境问题。生活垃圾经焚烧排放的固、液、气态物质因为含有引起环境问题的物质，而被列为需特别管理的废物。

随着全球大工业生产迅速发展，城市规模持续扩大，从而能源需求快速增长，资源消耗大量增加。相应的负面作用是各类污染物在大气、水体、土壤等环境中积聚，并超过自然环境的自净化能力，打破了生态系统的平衡，以致环境污染问题日益突出。尤其是生产废物、生活垃圾、生产废水、生活污水对环境污染表现更加直接。

烟气净化装置发展始于 19 世纪初，当时设置的目的并非为保护环境，而是按当期的价值观，回收的烟气或是净化后的气体具有使用价值。第二次世界大战后，随着欧洲工业化发展，导致严重的环境污染，自此，烟气净化装置发生了以保护环境为目的的根本转变并延续至今。

在生活垃圾焚烧处理中，可焚烧的生活垃圾包含由足以支持燃烧的碳、氢、氧元素组成的有机物，同时，经分析生活垃圾还含有 N、S、P、Cl 等元素。例如，经统计 2006—2019 年北京海淀区生活垃圾的 C、H、O 元素平均值分别为 19.02%、2.66%、16.34%；2011 年北京部分区县生活垃圾的 C、H、O 元素平均值为 16.50%、2.28%、12.45%。这类元素在燃烧过程中与氧反应生成氧化物及其他化合物。其中：

（1）有机碳的基本焚烧产物是气态二氧化碳（CO_2）。

（2）有机物中的氢的基本焚烧产物是水（H_2O），若有氟（F）、氯（Cl）存在，会有其他氢化物产生。

（3）有机硫及有机磷的基本焚烧产物是二氧化硫（SO_2）或三氧化硫（SO_3）及五氧化二磷（P_2O_5）。

（4）有机氮化物的焚烧产物主要是气态 N_2 和少量氮氧化物（NO_x）；在高温状态下，空气中的氧可能与氮结合成一氧化氮（NO）。生活垃圾中的氮元素含量远小于空气氮。

（5）有机氟化物的焚烧产物是氟化氢（HF）。若炉内的氢量不能平衡与氟反应，则可能产生四氟化碳（CF_4）或二氟氧碳（COF_2）。添加 CH_4、燃料油辅助燃料，可增加氢元素，防止 CF_4 或 COF_2 的生成。此外，金属元素的存在，可与氟化合成金属氟化物，当有其他元素存在也可能生成相关化合物。

（6）有机氯化物的焚烧产物是氯化氢（气态 HCl）；有机溴化物、碘化物焚烧产物是溴化氢及少量溴气及元素碘。有研究显示，氧与氯具有相近的电负性，存在如下可逆反应：$4HCl+O_2 \longrightarrow 2Cl_2+2H_2O$。若炉内氢量不足时，会有游离氯产生。添加天然气等辅助燃料或是大约 1100℃ 的水蒸气，可使反应向左进行，从而减少游离氯气含量。

（7）根据焚烧元素种类和温度，焚烧后的金属元素可能会生成卤化物、硫酸盐、磷酸盐、氢氧化物和氧化物等。

生活垃圾在焚烧锅炉内燃烧过程，首先是生活垃圾吸收炉膛内的辐射热量，当其表面温度升高到 100℃ 左右时，垃圾中的水分蒸发，并在 100～500℃ 时，占可燃物质 70% 以上的挥发性气体——挥发分从垃圾中析出、迅速着火、进入燃烧过程。挥发分着火后，固态垃圾的温度也随之升高，进一步促进挥发分的热分解，使垃圾可燃物质量大幅度减少。随之开始固态碳的燃烧，这时的垃圾质量减少变得缓慢。自挥发分燃烧到固态碳燃尽的时间称为燃烧时间；而燃烧时间中绝大部分是固态碳燃烧时间。源自《燃烧生成物的发生与抑制技术》的燃烧过程示意图（图 1-4）和日本名古屋大学新井纪男教授等汇总了各种燃料理论燃烬时间，并指出预测燃烬时间的垃圾的形状、质量、组成等边界条件（图 1-5）。

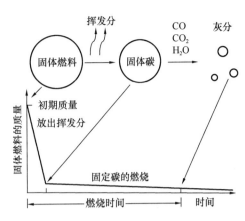

图 1-4　垃圾中可视为固体燃料的燃烧过程

（图片来源：《燃烧生成物的发生与抑制技术》）

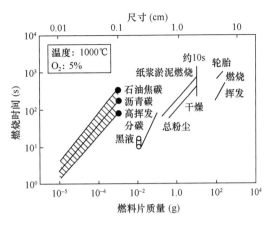

图 1-5　一些固体燃料的燃烧时间

（图片来源：《燃烧生成物的发生与抑制技术》）

就垃圾焚烧视角，我国规定需要从严控制焚烧产生的烟气污染物，包括惰性氧化物、金属盐类及未完全燃烧产物的颗粒物，氯化氢、硫化物、氮化物等的酸性污染物，Pb、Hg、Cd、Ni 及其他重金属，残余有机污染物中的二噁英类等，此外还包括对 CO、CO_2 的减排控制指标。

根据对焚烧污染物进行净化的工艺条件与功能要求，通过炉内高效燃烧，炉内高温脱硝，锅炉省煤器烟气侧出口后经脱酸、脱氮、除二噁英类、除尘等工艺系统，按不同组合串联形成低温烟气净化系统。

1.3.2　焚烧视角的生活垃圾理化特征值统计分析

1.3.2.1　对生活垃圾元素分析

生活垃圾的分析基准是指分离可燃组分组成时所依据的试样状态。因为湿基（类似煤的收到基）表示的是垃圾实际可燃分，在进行可燃分计算和热效率试验时，以湿基作为计算基准。由于垃圾的物理成分及其外在水分的不稳定特性，各物理成分的百分比将随之波动，因此利用评价煤的基准方法是不够准确的，以干基物理成分作为计算基准应是可行的选择。

考虑生活垃圾取样与检测方法和检测过程存在误差，特别是水分对垃圾热值的影响，生活垃圾物理分析和元素分析按是否包含水分（W），分为湿基和干基（类似煤的干燥基）基准。

（1）湿基（无下标）包括全部水分（W）、灰分（A）以及挥发分（V）和固定碳（FC）的可燃分或 C、H、O、N、S、Cl 元素及 A、W 作为 100% 的成分。表示为：

$$W+A+V+FC=100\% \tag{1-12}$$

或

$$C+H+O+N+S+Cl+A+W=100\% \tag{1-13}$$

（2）干基（用下标 g 表示）为去除全部水分后其余成分组合为 100%（对垃圾灰分含量宜用干燥基成分表示）。表示为：

$$A_g + V_g + FC_g = 100\% \tag{1-14}$$

或

$$C_g + H_g + O_g + N_g + S_g + Cl_g + A_g = 100\% \tag{1-15}$$

（3）两种计算基准的成分转换关系为：

$$C = C_g \times \frac{100 - W}{100} \tag{1-16}$$

表 1-9 是对我国 21 世纪初，基于燃烧范畴混合垃圾可燃物的元素成分与垃圾热值统计分析值。其中北京朝阳最大值（max）和朝阳平均值（eq）为原北京市环卫科研所 2015 年各月度检测的结果。垃圾池是指高安屯清洁焚烧中心 2022 年月度检测的平均值。表 1-10 中给出一些城市的元素分析值，经垃圾分类后的其他垃圾目前尚不具备归纳分析条件，元素成分分析结果暂未计入。从长期统计结果显示，垃圾成分变化范围较大，相应的烟气污染物成分具有绝对不稳定性。

对我国生活垃圾元素综合统计分析（单位：％）　　　　　　　　表 1-9

元素	纸类	橡塑	厨余	纤维	竹木	其他	综合	朝阳 max	朝阳 eq	垃圾池
C	38～49	60～78	25～48	36～50	40～53	0～30	10～22	18.30	17.05	17.72
H	5～6.5	7～14	5～6.5	5～6.5	5.5～6.5	0～4.5	1～3	2.50	2.36	2.43
S	0～0.3	0～1.0	0～0.5	0～0.4	0～0.2	≤0.5	<0.7	0.14	0.13	0.10
O	39～44	4～20	28～38	32～45	35～44	≤18	8～15	14.50	13.61	12.81
N	1.62	0.86	2.58	2.18	2.35	≤2.5	<1.8	0.86	0.81	0.74
Cl	0.46	1.89	0.82	0.46	0.36	≤45	0.1～1.0	0.40	0.38	0.34
灰分 A	3～12	4～10	14～25	1～10	1～10	0～50	15～25	8.50	7.48	16.78
水分 W	—	—	—	—	—	—	40～55	64.50	58.20	49.09
低位热值 Q_d^y	—	—	—	—	—	—	—	5606	5289	5895

我国部分城生活垃圾元素统计分析（单位：％）　　　　　　　　表 1-10

城市	安徽 2 市	东北 6 市	江苏 5 市	广东 8 市	湘鄂 5 市	西南 6 市	山西 5 市	新疆 2 市	浙江 2 市	河南 3 市
时间段	2017 年	1998 年—2011 年	2011 年—2018 年	2007 年—2011 年	2017 年—2018 年	2009 年—2012 年	2008 年—2011 年	2011 年	2014 年	2017 年—2018 年
C	16.83	16.16	19.44	17.73	18.06	15.84	15.51	14.59	16.86	17.04
H	2.33	2.25	2.67	2.45	2.47	2.18	2.16	2.04	2.30	2.39
S	0.13	0.15	0.13	0.13	0.12	0.12	0.13	0.12	0.11	0.15
O	13.33	13.52	14.78	14.19	13.12	12.09	12.12	12.70	11.82	14.80
N	0.84	0.96	0.87	0.87	0.79	0.73	0.80	0.80	0.72	0.99
Cl	0.36	0.35	0.40	0.38	0.40	0.35	0.33	0.31	0.36	0.39
灰分 A	11.50	18.42	11.54	9.20	25.52	13.70	29.18	18.41	20.32	21.62
水分 W	56.15	53.14	50.17	55.14	48.68	55.01	39.77	51.00	47.36	46.23
化位热值 Q_d^y	5268	5024	6490	5628	6033	4937	5187	4409	5623	5498

续表

城市	杭州	广州	济南	青岛	西安	上海	成都	天津	福州	北京区县
时间段	1996 年—2008 年	2011 年	2005 年—2009 年	2003 年—2004 年	2007 年	2006 年—2012 年	2010 年—2012 年	2012 年—2013 年	2011 年	2006 年—2016 年
C	14.50	20.08	15.37	15.51	15.41	14.92	20.03	16.85	18.75	16.48
H	2.03	2.77	2.15	2.18	2.15	2.07	2.77	2.34	2.56	2.27
S	0.12	0.14	0.13	0.14	0.13	0.12	0.14	0.14	0.14	0.11
O	12.21	15.63	12.82	13.64	12.13	12.16	16.08	13.75	13.69	12.82
N	0.79	0.94	0.82	0.89	0.81	0.77	0.93	0.86	0.85	0.80
Cl	0.33	0.43	0.34	0.36	0.33	0.34	0.43	0.38	0.44	0.32
灰分 A	14.29	10.28	16.92	12.32	27.85	9.78	19.74	11.27	13.58	11.89
水分 W	55.72	49.23	52.38	54.98	41.18	53.17	49.69	52.33	49.98	57.06
低位热值 Q_d^y	4446	6725	4798	4792	4666	4617	6778	5395	6252	5179

生活垃圾物理成分，随着不同地区、不同生活方式，以及收集方式的不同而有所不同，并且与废品再生利用、垃圾分类情况有关。因生活垃圾具有绝对不稳定的理化特性，又在一定范围、一定时间段内相对稳定变化的特征，使垃圾焚烧成为可能。然而焚烧烟气各项污染物，受生活垃圾成分不稳定的约束，总是在宽范围内变动。需要结合长期运行经验，根据我国的相关规定，按小时与日平均最大经验值确定排放指标和更严格的内控排放指标。

在一定温度、压力、流量等状态下的燃烧过程，也是垃圾各成分的化学反应过程。基于生活垃圾元素特性，以及垃圾含水率、无机成分的影响，生成的烟气污染物在一定范围内具有分布不均匀性、不稳定性。鉴于影响垃圾焚烧过程的因素十分复杂，以至在设定边界条件下，用数学模型设计某一点状态参数作为运行控制的基准参数，不能代表热力过程的实际状态。从监测过程看，因边界条件的差异性与多样性，任何温度、压力、流量、烟气污染物浓度等参数都是在一定范围内的波动运行。由此，在垃圾焚烧运行管理中，要按相关规范规定的基准参数及允许的变化范围进行监控。只要在可控的状态下运行，就应是处于正常运行状态。只是从规范化运行管理要求，控制运行参数波动幅度在最佳可用范围。这也是在运行管理中运用的工程思维方法。如"炉膛内温度一般≤1200℃"等不能作为工程管理的指标。

1.3.2.2 对生活垃圾含水率分析

生活垃圾含水率分为内在水分与外在水分，内在水分是指垃圾各组分内部毛细孔中的水分，外在水分是指各组分表面保留的水分。对不包括掺烧其他废物以及无特殊措施条件下，垃圾池内渗沥出来的水分均是指外在水分，而垃圾特性分析的水分，按其试验条件可近似认为是包括内在、外在水分的全水分。

根据收集生活垃圾平均性状分析结果，我国垃圾含水量最多的是厨余垃圾，而且在按可回收废物、有害垃圾、厨余垃圾、其他垃圾四分法，实施垃圾分类之前的混合垃圾总量中，厨余垃圾的含水率占到一半以上，以致垃圾渗沥液量绝大部分产自厨余垃圾，占到

90％或以上。

根据各地环卫部门长期对城市生活垃圾渗沥液中污染物的统计分析结果，渗沥液中同样含有我国环境优先控制污染物，如 COD_{Cr}、BOD_5、$NH_3\text{-}N$ 等耗氧有机污染物，以及总磷、重金属和植物营养素等多种有害物质及生物污染物。主要差别在于垃圾渗沥出水分具有高浓度的有机废液，其污染性（以有机污染物和营养化污染物为主）更加严重的特征。因此，将渗沥出的水分单独称为渗沥液（生态环境部门称之为"渗滤液"）。

通过对比分析，生活垃圾渗沥液具有与城市污水协同处理的条件。根据 Boyle、Ham 等人的研究，当渗沥液 COD 为 24000mg/L、占城市污水体积 2％时，协同处理不影响城市生活污水处理效果；达到 4％～5％时可能会影响城市生活污水处理厂的正常运行。

垃圾从产生、压缩式中转、转运及垃圾池暂存到进入焚烧炉的过程，沥出的水分有不同变换，以及累积量的过程。例如，北京市生活垃圾管理部门的长期统计显示在压缩中转和转运过程，渗沥出的水分大约在 5％～7％之间。在垃圾池堆放、倒垛过程，根据不同环境条件的统计，渗沥出水分的统计值，大概率在 15％～45％。自垃圾分类收集以后，渗沥出的水分有所减少。

取下标 1、2 分别表示原状态参数和垃圾含水率降低后的状态参数，在垃圾含水率有限降低（如 4％）情况下，热值（Q）增加情况可按下式估算：

$$Q_2 = \frac{(Q_1 + 6W_1)(100 - W_2)}{100 - W_1} - 6W_2 \tag{1-17}$$

含水率减少 1％，垃圾热值增加约 150～165kJ/kg 是对我国多年生活垃圾的统计分析结果，可用于一般工程分析；对实际运行的具体项目，则要根据具体垃圾特性进行具体分析。

1.3.2.3　对生活垃圾灰分分析

生活垃圾焚烧灰渣由可燃物焚烧固态产物和垃圾不可燃物的焚烧产物组成。对采用层燃技术，在正常运行工况、投入化学还原剂并参与反应过程的条件下，我国焚烧灰渣占焚烧垃圾重量比，大概率是在 15％～25％。其中，可燃成分焚烧灰渣的重量比约为 4％～5％，其余为包括灰土、渣石、废玻璃、非金属等无机物的焚烧产物，其重量比取决于垃圾中的无机成分含量及其含水率，以及无机物在焚烧过程属形态转化的吸热过程。无机成分焚烧过程可能产生的热量主要是来自附着其上的标签、涂层及废容器内残留的可燃物质，以及混在内的其他可燃物质，一般情况下可以忽略不计。

这里所说的灰渣包括炉渣和烟气中的颗粒物。其中 90％或以上是以炉渣形式从锅炉排渣口与锅炉受热面烟气通道有组织地可控排出。还有占灰渣总量不足 10％，是混有重金属的颗粒物、喷入烟气净化系统的活性炭、氢氧化钙等碱性还原剂与固态生成物（在此统称"飞灰"）。它们被转移到烟气中。除采用湿法外，99％以上的飞灰通过除尘器被捕集下来。飞灰具有飞散性、吸湿性，特别是含有大量 Na、K、Ca 等碱金属、碱土金属和有溶出性的微量重金属，因此我国将其纳入危险废物，国外有指定其为"特别管理的一般废物"。飞灰从产生、收集、处理、转移到最后处置的全过程要求具有可追溯性。

取下标 1、3 分别表示原状态参数和灰分减少后的状态参数，ΔA 表示灰分减少百分比，则灰分减少对垃圾热值（Q）的影响可按下式估算：

$$Q_3 = \frac{100Q_1}{100 - \Delta A} \tag{1-18}$$

就混合垃圾而言，一般估算时，大致有灰分减少 1%，热值增加 1% 的规律。

焚烧垃圾灰分测定，是将生活垃圾在马弗炉中，以 815℃±10℃ 重复灼烧至恒重时的重量百分比。取挥发分 V，水分 W，与灰分 A 具有如下关系：

$$A = 1 - V - W \tag{1-19}$$

1.3.2.4 生活垃圾热值的估算方法

生活垃圾热值（Q）也称垃圾发热量，是指单位质量的生活垃圾完全燃烧释放的热量。生活垃圾热值分为高位热值（Q_g）与垃圾热值（Q；燃煤用的低位热值）。Q_g 是指垃圾完全燃烧，产物中的水蒸气全部凝结为水时所释放的热量。通常用于如弹桶式量热计、美热分析仪等量热计测定的弹桶热值（Q_{DT}），取系数 α，按下式转换为 Q_g：

$$Q_g = Q_{DT} - (95S - \alpha Q_{DT}) \tag{1-20}$$

再按下式将 Q_g 转换为 Q：

$$Q \approx (Q_g - 206H - 23W)(1 - W/100) \tag{1-21}$$

采用经验公式估算垃圾热值的方法可分为按垃圾元素分析模型加权计算法，按工业分析模型及垃圾物理成分分析模型的方法。后两种方法是在特定条件下的简易估算法，计算误差往往偏大一些，一般不建议采用。对第一种方法是采用湿基准的估算法。已有大量的研究成果，最常用的计算方法有门捷列夫法，以及计算结果相近的 Vonroll 法、Steuer 法、Dulong 修正法，还有三成分法、三角图分析法等。通过对我国不同地区生活垃圾大量应用计算的符合性分析研究，建议采用如下门捷列夫计算法，或是联合国工法组织暨 Vonroll 计算方法：

门捷列夫计算法： $Q = 339C + 1030H - 109(O - S) - 25W$ （kJ/kg） $\tag{1-22}$

Vonroll 计算法： $Q = 348C + 939H + 105S + 63N - 108O - 25W$ （kJ/kg） $\tag{1-23}$

1.3.3 焚烧视角的生活垃圾中的纸类

按照使用途径，常规的纸大致可分为六类（表 1-11）。一般地，干净生活用纸理化特性大致为：含水率约 20%，容积密度 50～80kg/m³，着火点约 130～180℃，焚烧热值约为 16000kJ/kg。由于生活用纸多具有强吸水性，加之其粘有较多杂质，从而会改变其物理化学性质。

常用纸的一般分类　　　　　　　　　　　　　　　　　　　　　　表 1-11

序号	用途分类		对分类收集影响	对焚烧影响
1	生活用纸	卫生纸、餐巾纸、纸尿裤、卫生巾、湿巾纸等	被污染不适合分类收集	适于焚烧
2	印刷用纸	铜版纸、新闻纸、书写纸、字典纸、道林纸等	有含铅油墨污染，需按要求分类收集	适于焚烧
3	包装用纸	白板纸、白卡纸、牛卡纸、牛皮纸、瓦楞纸、箱板纸、卷烟用纸、防潮纸、透明纸、铝箔纸、商标纸、标签纸、果袋纸等	适于分类收集	适于焚烧
4	工业用纸	离型纸、碳素纸、绝缘纸、滤纸、试纸、电容器纸、压板纸、无尘纸、浸渍纸、砂纸、防锈纸等	根据被污染程度，确定是否适宜分类收集	适于焚烧

续表

序号	用途分类		对分类收集影响	对焚烧影响
5	办公、文化用纸	绘图纸、拷贝纸、艺术纸、复写纸、传真纸、打印纸、复印纸、相纸、宣纸、热敏纸等	成型废纸应优先分类收集	适于焚烧
6	特种纸	牛油纸、钢古纸、装饰原纸、水纹纸、皮纹纸、金银卡纸、花纹纸、防伪纸等	多需专门处理	—
	合成纸	高级艺术品、地图、画册、高档书刊用纸；化工薄膜纸、聚合物纸、塑料纸等	—	—

纸张的成分主要是自然界中分布最广、含量最多的一种多糖纤维素。学名聚-β-1,6-葡萄糖，分子式 $(C_6H_{10}O_5)n$，燃烧化学反应式为：

$$(C_6H_{10}O_5)n+13/2nO_2 \Longrightarrow 6nCO_2+6nH_2O。$$

纤维素占植物界碳含量的 50% 以上。其中，棉花的纤维素含量接近 100%，为天然的最纯纤维素来源。一般木材的纤维素占 40%～50%，还有 10%～30% 的半纤维素和 20%～30% 的木质素。燃烧后主要生成 CO_2、水分；不充分燃烧时会产生 CO，剩下的固态粉末主要是碳酸钾。

纸张的制造过程会用到诸多化学药剂，包括蒸煮助剂、脱墨剂等制浆化学品，施胶剂、湿强剂等抄纸化学品，杀菌剂、消泡剂、涂布剂等加工化学品，以及治污化学品四大类。这些会在焚烧过程中形成不同类型、不同浓度的烟气污染源。例如，根据特殊需要的合成纸，一类是以聚乙烯、聚丙烯等合成高分子材料，用压膜或吹膜法制成半成品，再使用不同化学或物理的方法使之纸化，并满足质地柔软性、抗拉性、抗水性、透气性及耐光耐冷热、抗化学腐蚀等的需求。另一类是以聚乙烯、聚丙烯、聚苯乙烯等有机树脂，经熔融、挤压、成膜，沿不同轴向拉伸，生成薄膜；经打浆处理后抄造具有抗张性、绝缘性、抗撕裂强度、光学性能与湿强度的合成纸。

纸类焚烧过程表现为刚开始对纸加热过程持续时间非常短暂。燃烧后，纸中的有机成分开始断键，接着断链烃在高温下与氧气发生氧化还原反应，生成二氧化碳和水。水在高温下迅速汽化变成水蒸气。高碳烃由于瞬间氧气不足，会产生一氧化碳甚至炭黑。

1.3.4 生活垃圾中的废塑料燃烧

1.3.4.1 燃烧视角的生活垃圾塑料基本特征

塑料是以高分子量的合成树脂为主要组分，约占总重量 40%～100%；以及如木粉、碎布、纸张和各种织物纤维等有机填料和玻璃纤维、硅藻土、石棉、炭黑等无机填料，含量一般控制在 40% 以下。还根据不同需要添加增塑剂（常用邻苯二甲酸酯类。如生产聚氯乙烯塑料时，加入较多的增塑剂可得到软质聚氯乙烯塑料）、稳定剂（常用硬脂酸盐、环氧树脂等，用量一般为塑料的 0.3%～0.5%）、润滑剂（常用硬脂酸及其钙镁盐等）、着色剂（常用有机染料和无机颜料作为着色剂）以及增塑剂、抗静电剂等添加剂。它是以单体为原料，通过加聚或缩聚反应聚合而成的高分子化合物（macromolecules）。生活常用的塑料密度在 0.9～2.3g/cm³；熔点为 164～265℃。其中普通塑料燃点大约是 700℃；氟塑料在 1000℃ 都不会着火；聚碳酸酯（PC）高分子化合物没有熔点；聚乙烯（PE）熔点在

120℃左右；乙烯-醋酸乙烯酯共聚物（EVA）材质熔点最低可达到72℃；普通塑料袋的熔点在100～130℃且当环境温度达到50℃以上时就会变形收缩。聚对苯二甲酸丁酯（PBT）、聚亚苯基硫醚（PPS）着火点分别是480℃、400℃。化学特性指标主要是酸性、碱性、稳定性、氧化性、还原性、电阻率等。常用塑料参见表1-12。

常用塑料　　　　　　　　　　　　　　表1-12

中文学名	学名	简称	低压热变形温度/℃	用途
聚乙烯	Polyethylene	PE	90	低温物品
聚丙烯	Polypropylene	PP	102	微波炉餐盒，100℃左右使用
高密度聚乙烯	High Density Polyethylene	HDPE	80	清洁用品、沐浴产品
低密度聚乙烯	Low Density Polyethylene	LDPE	50	保鲜膜、塑料膜等
线性低密度聚乙烯	Linear Low Density Polyethylene	LLDPE	60～80	
聚氯乙烯	Polyvinyl Chloride	PVC	70	很少用于食品包装
通用级聚苯乙烯	General Purpose Polystyrene	GPPS	70～100	
聚苯乙烯泡沫	Expansible Polystyrene	EPS	95	
耐冲击性聚苯乙烯	High Impact Polystyrene	HIPS	70～84	
苯乙烯-丙烯腈共聚物	Styrene-Acrylonitrile Copolymers	AS，SAN	92	
丙烯腈-丁二烯-苯乙烯共聚合物	Acrylonitrile-Butadiene-Styrene Copolymers	ABS	86	
聚甲基丙烯酸酯	Polymethyl Methacrylate	PMMA	100	
乙烯-醋酸乙烯酯共聚合物	Ethylene-Vinyl Acetate Copolymers	EVA	60～80	
聚对苯二甲酸乙二醇酯	Polyeethylene Terephthalate	PET	70	矿泉水瓶、碳酸饮料瓶
聚对苯二甲酸丁酯	Polybutylene Terephthalate	PBT	66	
聚酰胺	Polyamide（Nylon6.66）	PA	58～60	
聚碳酸酯	Polycarbonates	PC	134	水壶、水杯、奶瓶
聚甲醛酯	Polyacetal	POM	98	
聚苯醚	Polyphenylene oxide	PPO	172	
聚亚苯基硫醚	Polyphenylene sulfide	PPS	240	
聚氨基甲酸乙酯	Polyurethanes	PU	220	
聚苯乙烯	Polystyrene	PS	85	碗装泡面盒、快餐盒
聚四氟乙烯	Polytetrafluoroethylene	PTFE	260	

　　生活垃圾中含有高热值的塑料成分。大部分塑料制品在加热时会在100～300℃时熔融，300～500℃时发生热分解，在350～500℃达到着火温度，产生气体着火与燃烧过程。垃圾中的纸类、木材等纤维类物质，其着火温度在230～250℃。塑料的燃烧特性参见表1-13。

塑料的燃烧特性　　　　　　　　　　　　　　　　表 1-13

树脂名称	分子式	组成（湿基）/%						Q_d^y/kcal/kg	氧指数[a]	分解温度/℃	着火点/℃	发火点[b]/℃
		C	H	O	N	Cl	其他					
聚乙烯	C_2H_4	85.7	14.3	0	0	0	0	11000	17.4~19.3	335~450	340~350	350
聚丙烯	C_3H_6	85.7	14.3	0	0	0	0	10500	17.4~19.3	328~410	340	370
聚苯乙烯	C_8H_8	92.3	7.7	0	0	0	0	9600	17.8~19.3	300~400	350~370	488~496
涤纶	$C_{10}H_8O_4$	62.5	4.2	33.3	0	0	0	5500	26.3	383~306	398	486
聚氯乙烯	C_2H_3Cl	39.1	5.0	0.1	0	55.7	Ca0.06 Zn0.10（灰分1.8）	4300	软质硬质 26.5~53.0	200~300	390	454
6-尼龙	$C_6H_{11}ON$	63.2	10.5	14.0	12.3	0	0	7500	26.3	310~380	420	424
软质氨基甲酸酯泡沫	—	62.7	8.7	23.1	5.5	0	0	6500	17~20.5	180~300	310	415
ABC树脂	—	86.4	7.8	0.0	5.8	0	W0.8	9200	18.8~20.0	400~480		466

[a]　18~21—延烧性；22~25—自灭性；20~30 以上—难燃点。

[b]　相当于闪点。

注：报纸的着火点与发火点均为230℃，棉花的着火点与发火点均为255℃，以供参考。

资料来源：《燃烧生成物的发生与抑制技术》。

　　生活垃圾中的废塑料类多来自家庭使用后废弃的塑料制品，特别是塑料袋和塑料包装物。其大多具有可燃性或易燃性，既是焚烧热值的重要贡献者之一，也是发生焚烧 CO_2 排放的主要物质之一。含氯塑料被认为是生成二噁英类的来源之一。基于对人体健康的负面影响，我国对用于人们生活中的含氯塑料是被限制使用的。垃圾中的废塑料表面沾染有其他类物质成分的混合物，严格讲会改变其纯净状态时的燃烧特性参数。由于混合状态具有不稳定性，在热力工程分析中，这种偏差一般是按忽略处理。

1.3.4.2　塑料的热力学特征

　　从燃烧视角，对含有甲醛（尿素或苯酚）及一些乙烯的衍生物类塑料制品，具有易燃但燃烧速率慢，切除火源后可能停止也可能继续燃烧的特点。对含有聚苯乙烯、丙烯、醋酸纤维和聚乙烯等一类塑料制品，具有无阻碍的燃烧，切除火源后能继续燃烧的特点。对含有石棉的苯酚，聚氯乙烯，尼龙和一些碳氟化合物类塑料制品，则有不发生燃烧或切除火源后就停止燃烧的特点。塑料的燃烧属分解燃烧，在锅炉内同样遵循燃烧化学反应基本理论，在满足燃烧过程的热力条件下，在炉膛内按"吸热升温—热降解—着火—燃烧—燃烬"一般燃烧阶段规律进行。

　　在吸热升温阶段，塑料通过以稳态辐射换热为主的吸热反应过程，温度逐渐升高。单从辐射传热的四次方公式 $Q=f(\alpha、A、\Delta T_i^4)$ 可知，升温的速度取决于传热量 Q、辐射传热系数 α、辐射源的发射面积 A 与发射温度 T_1 等，另外，还取决于塑料的比热容和热导率的大小。

　　在热降解阶段，当温度上升到一定程度，塑料吸收的热量足以克服分子内原子间某些弱小键能时，在空气中氧存在下，开始发生自由基链式反应，也就是降解反应。反应的结

果产生如 H_2、CH_4、C_2H_6、CHH_2O、CH_3COCH_3、CO 等可燃性气体，以及如 CO_2、HCl、HBr 等不燃性气体。还会产生固态碳化物、悬浮颗粒物以及液态熔融降解聚合物和预聚体。在着火阶段，当热降解阶段产生的可燃性气体浓度达到着火极限后，在足够燃烧空气环境以及燃烧器或炉膛内火源作用下开始着火与燃烧、燃烬过程。在燃烧阶段，燃烧释放出的热量和活性自由基引起的连锁反应，发生自动扩展的燃烧过程，火焰越来越大。塑料主要燃烧反应有 $RH \longrightarrow R \cdot + H \cdot$；$H \cdot + O_2 \longrightarrow HO \cdot + O \cdot$；$R \cdot + O_2 \longrightarrow R'CHO + HO \cdot$；$HO \cdot + RH \longrightarrow R \cdot + H_2O$。需要说明的是，聚乙烯塑料燃烧过程，因其含有各种填料在燃烧后会产生如 HCl、粉尘，不完全燃烧时会产生烃及其衍生物等污染物。

塑料的热力学性能，如图 1-6 所示，塑料在不同的温度下所表现出来的分子热运动特征称为聚合物的物理状态。热塑性塑料的物理状态分为玻璃态（结晶型聚合物亦称结晶态）、高弹态和黏流态。图中线型 1 所示为无定形聚合物受恒定压力时变形程度与温度关系的曲线，也称热力学曲线。

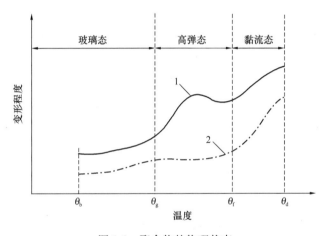

图 1-6 聚合物的物理状态

1. 玻璃态。塑料在温度 θ_g 以下的状态是坚硬的固体，也是聚合物从玻璃态与高弹态互为转变的临界温度暨合理选择塑料的上限温度，称为"玻璃化温度"，它是大多数塑料的使用状态的上限温度。处于此状态的塑料，在外力作用下分子链会发生很小的胡克定律的弹性变形。在 θ_g 以下还存在一个脆化温度 θ_x，聚合物在此温度下受力很容易断裂，所以 θ_x 是塑料使用的下限温度。$\theta_x \sim \theta_g$ 的范围越宽表明塑料的使用温度范围越宽广。

2. 高弹态。当塑料受热温度超过 θ_g 时，由于聚合物的链段运动，塑料进入高弹态。处于这一状态的塑料类似橡胶状态的弹性体，其形变能力显著增大，但仍具有可逆的形变性质。

3. 黏流态。当塑料受热温度超过 θ_f 时，由于分子链的整体运动，塑料开始有明显的流动，塑料开始进入黏流态，变成黏流液体，通常称之为"熔体"。在这种状态下，塑料熔体在不太大的外力作用下就能引起宏观流动，此时形变主要是不可逆的塑性形变，一经成型和冷却后，其形变会永远保持下来。

θ_f 是聚合物从高弹态转变为黏流态（或从黏流态转变为高弹态）的临界温度，称为"黏流温度"。当塑料继续加热至温度 θ_d 时，聚合物开始分解变色，该温度是聚合物在高温下开始分解的临界温度，称为"热分解温度"。聚合物的分解会降低产品的物理性能、力学性能或产生外观不良等缺陷。θ_f 是塑料成型加工的重要参考温度，$\theta_f \sim \theta_d$ 的范围越宽，塑料成型加工越容易。

1.3.5　生活垃圾与煤在热分解过程的异同

从生活垃圾与煤在同样环境下的层燃燃烧现象看，生活垃圾的火焰高度明显高于煤，而固定碳的表面燃烧明显弱于煤。从火焰是与能量密度无关的能量梯度场，是气相分解燃烧的特有现象看，两者的燃烧特征具有较大差别。

生活垃圾与煤挥发分都是在一定温度下持续一定时间，去除水分的产物。此产物不全是生活垃圾或煤的固有成分，还包括热解的产物。两者的试验方法基本相同，但试验的温度条件不同。生活垃圾 ASTM 试验法的挥发分（V_s）是指将除去水分的定量样品（W_3）在无氧状态 600℃±20℃ 温度下，灼烧 2h 所散失的产物。取灼烧后的残留量为 W_4，则：

$$V_s = (W_3 - W_4)/W_3 \times 100\% \tag{1-24}$$

按《工业锅炉设计计算方法》，煤的挥发分（V）指是在隔绝空气条件下加热 900℃±10℃，持续 7min，分解出来的气（汽）态物质剔除水分后的产物。取收到基的灰分 A_{ar}、水分 M_{ar}、固定碳 FC_{ar} 及挥发分 V_{ar}，则：

$$V_{ar} + FC_{ar} + A_{ar} + M_{ar} = 100\% \tag{1-25}$$

从表 1-14 可见，同煤相比，生活垃圾的挥发分与固定碳有着明显差异，即生活垃圾是以挥发分燃烧为主，固定碳燃烧为辅的燃烧过程，煤的燃烧过程则是相反。由此可解释两者燃烧现象差别的内在原因。

生活垃圾与煤的挥发分、固定碳成分　　　　　　　　　　表 1-14

生活垃圾	深圳 1994 年	上海浦东 1996—1997 年	广州 1996 年	武汉 1996 年	宁波 1996—1997 年	北京 1997 年	杭州 1997 年	青岛 1997 年	澳门 1992 年	台湾台南 1992 年	平均
挥发分 V	31.18	27.3	21.37	21.09	19.83	18.88	18.9	18.57	42.87	42.03	25.19
固定碳 FC	4.14	4.15	3.36	3.39	3.11	2.80	3.04	2.78	5.43	5.30	3.63

煤	工业锅炉行业煤的分类（摘录）								典型煤的可燃基挥发分			
	褐煤	烟煤			贫煤	无烟煤			褐煤	烟煤	贫煤	无烟煤
		Ⅰ类	Ⅱ类	Ⅲ类		Ⅰ类	Ⅱ类	Ⅲ类				
$Q_{net,ar}$	>11.5	14.4~17.7	17.7~21	>21	≥17.7	<21	≥21	>21	10.83	22.44	20.54	25.09
V_{daf}	>37	>20	>20	>20	>10~20	6.5~10	<6.5	6.5~10	47.00	32.31	14.00	8.75
M_{ar}									38	9.61	5	7.67
A_{ar}									15.6	19.77	31.51	19.99
V_{ar}	$V_{ar} = V_{daf} \times (100 - M_{ar} - A_{ar})/100$								21.81	22.82	8.89	6.33
FC_{ar}	$V_{ar} + FC_{ar} + A_{ar} + M_{ar} = 100$								24.59	47.80	54.60	66.01

注：V——垃圾挥发分；FC——固定碳，%；$Q_{net,ar}$——收到基低位发热量，MJ/kg；V_{daf}——干燥无灰基挥发分，%。

M_{ar}、A_{ar}、V_{ar}、FC_{ar}——分别为收到基水分、灰分、挥发分、固定碳。

生活垃圾挥发分的起始析出温度大约在 150~200℃。析出挥发分的实验结果显示，

600℃时塑料析出 99.94％，竹木与纸类析出 80％，橡胶为 55％。马晓茜等的研究认为垃圾受热、析出挥发分的时间较长，而提高烟气流速可减少挥发分析出时间。另有研究表明垃圾尺寸也是影响挥发分析出时间的重要因素。析出的挥发分同周围空气接触，发生可燃性气体分子和氧分子相互扩散、混合。当析出的挥发分达到着火温度后即生成以火焰为标志的分解燃烧，并出现反应速度峰值，然后热分解速度急剧下降。

如前述纸类、塑料在内的可燃性固体受热干燥后分解释放出挥发分。由此可知生活垃圾的焚烧过程是以分解燃烧为主要特征的非均一性燃烧过程，影响热分解时析出产物量的因素主要是加热时的加热速率（非燃烧速率），温度范围、持续时间及其颗粒尺寸、气氛压力等。与燃料煤一样，在同一加热速率下，挥发分的析出量随着加热温度的升高而增加。

与垃圾热解和挥发分析出类似的为煤的热解与挥发分过程。煤的挥发分产率是确定煤的类别的主要指标之一。从表 1-12 可见煤的煤化程度（也叫变质程度）越低，挥发分产率越高，随着煤化程度加深，挥发分产率逐渐降低。因此挥发分产率在一定程度上能反映煤的变质程度。由于煤中矿物质会影响挥发分的数值，因此一般用精煤测定挥发分，并以干燥无灰基可燃物为基准，计算挥发分产率。在 105℃之前主要析出吸附气体和水分，在 200～300℃析出热解水并开始析出如 CO、CO_2 及微量焦油等，同时煤粒会软化成塑性状态，到 300℃水分析出基本结束。在 300～500℃开始大量析出如 CH_4 及其同系物，不饱和烃类及 CO、CO_2 等气体和焦油在内的初次挥发物。在此环境下，初次挥发物通过燃料层时，可能再次分解形成二次挥发物。在 500～750℃开始半焦热解，大量析出含氢气体。在 760～1000℃半焦继续热解成高温焦炭，含氢为主的气体析出量快速减少。

1.4　我国垃圾焚烧烟气排放标准与欧盟垃圾焚烧指令的主要差异

编制烟气污染物排放指标的基本原则是保证人体健康不受影响和符合当地环境容量允许的排放指标。由此可知垃圾焚烧与燃料煤燃烧控制的总原则是相同的，基本差别在于不同国家会有符合本国要求的排放指标体系。我国的焚烧烟气污染物控制标准（GB）与欧盟废物焚烧指令（EU）是两个不同规定的指标体系，不具备可比性。主要差异表现在如下方面。

1.4.1　焚烧烟气污染物的排放指标

我国现行生活垃圾焚烧厂与欧盟现行专用焚烧厂及协同焚烧厂的污染物排放限值都是采用在 273K，101.3kPa，11％O_2 工况条件下，由垃圾（欧盟表述为"废物"）焚烧与燃料焚烧烟气产生的污染物总量占焚烧烟气量的比例计算得出。于 2020 年 1 月 2 日起，垃圾焚烧厂主控温度及颗粒物、HCl、SO_2、NO_x、CO 等 5 项常规污染物日均值等信息，通过生态环境部的自动监测数据公开平台向全社会公开，有效扩大公众知情权和监督权。

我国现行《生活垃圾焚烧污染控制标准》GB 18485—2014 及其第 1 号修改单 GB 18485—2014/XG1—2019 是国家级控制红线（表 1-15）。在此基础上地方可制定能保证当地环境容量、具有法律效力的省级排放指标，以及分配给运行主体的特定污染物的"排污许可"。以上各类构成我国特有的结构性体系。

《生活垃圾焚烧污染控制标准》GB 18485—2014 中规定的烟气污染物排放指标　表 1-15

污染物名称	单位	GB 18485—2001		GB 18485—2014		
		数值含义	排放指标	日均值	小时均值	测定均值
工况条件		273K，101.3kPa，11%O$_2$				
颗粒物	mg/Nm^3	测定均值	80	20	30	
HCl	mg/Nm^3	小时均值	75	50	60	
SO$_x$	mg/Nm^3	小时均值	260	80	100	
NO$_x$	mg/Nm^3	小时均值	400	250	300	
CO	mg/Nm^3	小时均值	150	80	100	
烟气黑度	林格曼级	测定值	1	—	—	—
Hg 及其化合物（以 Hg 计）	mg/Nm^3	测定均值	0.2			0.05
镉、铊及其化合物（以 Cd＋Tl 计）	mg/Nm^3	测定均值	0.1			0.1
锑，砷，铅，铬，钴，铜，锰，镍及其化合物（以 Sb＋As＋Pb＋Cr＋Co＋Cu＋Mn＋Ni 计）	mg/Nm^3	测定均值	1.6			1.0
二噁英类	ngTEQ/Nm^3	测定均值	1.0			0.1

注：检测方法等其他规定见《生活垃圾焚烧污染控制标准》GB 18485—2014 及其第 1 号修改单 GB 18485—2014/XG1—2019。

欧盟焚烧指令针对专用废物焚烧厂以及协同焚烧厂，有组织排放的废气以表 1-16 日均值、半小时 100% 和 97% 均值作为限值。专用焚烧厂以 6～8h 采样周期的采样均值满足 0.1ng/Nm^3 作为二噁英和呋喃的排放限值。协同焚烧厂污染物排放限值由废物焚烧与燃料焚烧产生的污染物总量所占焚烧总烟气量的比例按下式计算：

$$C = \frac{V_{waste} \times C_{waste} + V_{proc} \times C_{proc}}{V_{waste} + V_{proc}} \qquad (1-26)$$

式中　V_{waste}——指令中规定的只焚烧最低热值废物产生的烟气量，若焚烧废物产生的热量小于总热量的 10%，V_{waste} 采用废物的燃烧热量等于总热量 10% 的理论值；

C_{waste}——专用焚烧炉的 CO 和有关污染物排放限值；

V_{proc}——燃料的烟气量（不包括燃烧废物），废气中氧的排放必须符合国家标准，不符合规定的工厂，烟气中的氧气必须完全使用；

C_{proc}——某些工业部门附录表中的排放限值，即工厂燃烧遵守国家法规、条例和行政条款获批的燃料（废物除外）时的 CO 和有关污染物排放限值；

C——某些工业部门附录表中的总排放限值，总排放限值替代指令附录中排放限值的 CO 和有关污染物的排放限值。

专用焚烧厂及生活垃圾协同焚烧厂烟气污染物排放标准 表 1-16

污染物名称	单位	欧盟 89/369/EEC 与《欧盟废物焚烧指令》2000/76/EU 标准						
		89/369/EEC（2005 年 12 月 28 日前）			2000/76/EU（2005 年 12 月 28 日后）			
		<1t/h	1~3t/h	≥3t/h	日均值	半小时 100%	半小时 97%	取样周期 30min，最大 8h
工况	—	273K，101.3kPa，11%O_2 或 9%CO_2			273K，101.3kPa，11%O_2			
颗粒物	mg/Nm³	200	100	30	10	30	30	—
HCl	mg/Nm³	250	100	50	10	60	10	—
HF	mg/Nm³	—	4	2	1	4	3	—
SO_x	mg/Nm³	—	300	300	50	200	50	—
NO_x >6t/h	mg/Nm³				200	400	200	
NO_x ≤6t/h					400	—	—	—
CO	mg/Nm³				50	100	150**	
Pb+Cr+Cu+Mn Ni+As Cd+Hg	mg/Nm³		5 1 0.2	5 1 0.2	—	—	—	—
Cd+Ti	mg/Nm³	—	—	—	—	—	—	0.05（0.1*）
Hg	mg/Nm³	—	—	—	—	—	—	0.05（0.1*）
Sb+As+Pb+ Cr+Cu+Co+ Mn+Ni+V	mg/Nm³	—	—	—	—	—	—	0.5（1*）
二噁英	ngTEQ/Nm³	—	—	—	0.1（取样周期 6h，最大 8h）			

注：1. * 表示仅适用于 1996 年 12 月 31 日前运行的焚烧厂及危废焚烧厂；** 表示全部测量数据的 95%10min 平均值。

2. CO 指标包括启动和停运阶段的浓度。NO_x 是指已建成或新建焚烧厂以 NO_2 表示的 NO 和 NO_2。

1.4.2 我国焚烧烟气排放标准与欧盟 EU 指令适用范围

我国现行的废物焚烧污染控制标准是按不同废物分类单独制定的专项标准，如生活垃圾焚烧污染控制标准、危险废物焚烧等。其中生活垃圾焚烧污染控制标准对选址原则、焚烧炉的技术条件、污染物排放限值及建设要求等进行了规定；特别是焚烧烟气排放控制指标是专门适用于生活垃圾焚烧的严格限值，没有允许波动的范围，被誉为不可逾越的红线。

欧盟废物焚烧指令按废物利用率将焚烧方式分为专用焚烧和协同焚烧两类。专用焚烧厂是指任何固定式或可移动的用于废物热处理的装置或设施；焚烧过程包括废物氧化、热解、气化和燃烧等；无论其是否进行了焚烧热能利用。协同焚烧常则是指任何以废物作为燃料或产品原料的固定式或可移动的处理装置或设施，协同焚烧项目以废物作为常规或辅助燃料并同时处置废物。当废物释放的热量不超过释放总热量的 40% 或无协同焚烧城市生活垃圾时，焚烧尾气排放采用不同于专用焚烧的限值。

指令还对专用焚烧厂和协同焚烧厂的经营许可证申请和许可、运营条件、污染物控制类别及排放标准限值、运输和接收、废气净化水和尾渣的排放、污染物控制和监测、信息公开和公众参与、非正常运营情况、审查条款等在一个指令内予以规定。欧盟在制定协同焚烧污染物排放限值时，考虑了废物和燃料污染物排放的权重，计算出水泥窑及特殊废物高温处置方式的排放限值，体现了欧盟废物焚烧标准的特点。

1.4.3 检测方法

我国采用在线连续监测与抽样监测相结合的检测方法，并按我国的取样、检测方法进行检测。当选取的监测时间范围在非正常运营期或突发情况时期，监测结果在日常排放值的 95% 置信区间外，则认定为不具备代表性。

欧盟焚烧指令规定，对于 NO_x、CO、烟尘、TOC、HCl、HF、SO_2 的浓度/温度/含水率、氧浓度、靠近内壁或燃烧室其他典型位置的焚烧温度应进行连续监测，对于可保证 HCl、HF、SO_2 排放不超标的焚烧设施和干烟气的含水率可采用间断式监测方式，对于重金属、二噁英及呋喃的排放尾气一年至少监测两次。各项监测均按指令规定的方法进行。

1.4.4 排放限值的控制

我国现行国家标准（GB）中各项烟气污染物排放指标都是绝对值，没有允许浮动的规定，而且对监测过程产生的误差也是要运营主体在运行过程中内部消化。焚烧项目要根据当地环境容量、行政批准的环境影响评价报告书中各项污染物排放指标，以及当地环境主管部门颁发的年度排污许可证中许可指标进行控制。如《生活垃圾焚烧污染控制标准》GB 18485—2014 中规定 NO_x 日均值排放限值为 250mg/Nm³，某省制定省级 NO_x 日均值排放限值为 120mg/Nm³。运行主体则必须以省级标准作为法定控制指标，同时满足排污许可的规定进行控制。2020 年 1 月 2 日起，垃圾焚烧厂 5 项常规污染物日均值和炉膛温度等信息向全社会公开，有效扩大了公众知情权。

欧盟指令接纳了烟气监测不可避免存在误差的规律，规定了在日均值范围内 95% 置信区间，单次测量值超出标准限值的最大范围（表 1-17）。例如，CO 单个自动检测值 110mg/Nm³。超半小时 100% 排放限值 100mg/Nm³ 的 10%，则不按超标考核。此外，欧盟《空气质量自动测量系统的认证 第 3 部分：固定源排放自动测量系统的性能标准和测试程序》EN 152677-3，规定烟气自动监测设备的测定指标超限比例应在 Drective2000/76/EU 指令规定基础上收紧 25%。

废物焚烧指令95%置信区间允许超限比例   表 1-17

执行的指令	CO	SO_2	NO_x	粉尘	总有机碳	HCl	HF
《欧盟废物焚烧指令》2000/76/EU（附录Ⅲ）	10%	20%	20%	30%	30%	40%	40%
欧盟《空气质量自动测量系统的认证 第3部分：固定源排放监测自动测量系统的性能标准和测试程序》EN 152677-3	7.5%	15%	15%	22.5%	22.5%	30%	30%

1.4.5 焚烧烟气监测的约束条件

我国对焚烧烟气检测要求按生态环境部发布的《生活垃圾焚烧发电厂自动监测数据标记规则》《生活垃圾焚烧发电厂自动监测数据应用管理规定》等法规的标记规则及时在自

动监控系统企业端标记。其中，下述规定不认定为污染物排放超标：标记为"停运"；正常工况下炉膛内热电偶测量温度的5分钟均值低于850℃，一个自然日内累计不超过5次；不可抗力导致炉膛内热电偶测量温度的5分钟均值低于850℃；提前采取了有效措施控制烟气中二噁英类的排放，按照标记规则标记为炉温异常的。下述情况按豁免处理：一个自然年内，每台垃圾焚烧锅炉标记为启炉、停炉、故障、事故，累计不超过60h；一个自然年内，每台焚烧炉标记为烘炉、停炉降温时段，累计不超过700h；一个季度内，每台焚烧炉标记为烟气排放连续监测系统（CEMS）维护时段，累计不超过30h。

欧盟废物焚烧指令以日均值作为限值排放衡量标准。日均值取决于半小时均值和10分钟均值。这些均值指有效运营时间内的监测数据均值，不包括启动和停机阶段。指令还规定，在连续监测系统中一天内因故障或维修使半小时均值失效的数目不得超过5个，一年中因故障或维修使日均值失效的数目不得超过10个。

1.5　焚烧烟气污染物分布式处理概述

1.5.1　化学反应基本原理

化学反应是指不同物质之间的化学变化过程。化学反应是以化学动力学和化学热力学为工程理论基础。在化学反应中，起始参与反应的物质称为反应物（用A、B表示），反应生成的物质称为生成物（用C、D表示）。反应过程的反应物A、B与生成物C、D用化学方程表述。方程式左面为A、B，右面是C、D，表示为A+B══C+D。

化学反应在一定条件下，反应物与生成物的浓度保持在一定比例，称之为化学平衡。在化学平衡状态下，反应物与生成物可能仍在反应，但反应速率相互之间是处于动态平衡。

化学反应过程包括反应物与生成物之间的碰撞、化学键的形成和断裂等。它涉及化学键能的吸收和释放，能量的转化等特征。化学反应过程遵循如下规律：

（1）用质量作用定律说明反应物浓度对化学反应速度（w_m）的影响。按质量作用定律，取化学反应方程式：$\alpha A + \beta B \longrightarrow \cdots$；取反应常数$k$，方括号代表浓度，则有

$$w_m = k[A]^\alpha [B]^\beta \tag{1-27}$$

其中，浓度指数之和$n = \alpha + \beta$称为反应级数。反应常数k称为活性或反应能力。例如烷烃$C_n H_{2n+2}$属饱和烃，结构中均为单键，活性弱些；烯烃$C_n H_{2n}$，属不饱和烃，结构中有双键，活性就强些。

（2）压力对化学反应速度有影响。取反应物A、B分压力为p_A、p_B，由热力学的理想气体压力p、容积V、温度T及通用气体常数R之间的规律，推导出如下反应速度与反应物分压力的下述关系：

$$w_m \propto p_A^\alpha \, p_B^\beta \tag{1-28}$$

（3）温度对w_m有突出的影响。一般在常温下每提高10℃，反应速度将增加2～4倍，近似按等比数列增加。化学反应速度主要表现于反应常数k。这个关系称为阿累尼乌斯定律，也就是垃圾焚烧应用的定律（参见《生活垃圾焚烧锅炉工程基础》）。

1.5.2　焚烧烟气化学反应的理论基础

化学反应是物质之间发生的一种变化过程，它涉及原子、分子之间的结构重组以及键的形成或断裂。化学反应涉及反应类型、速率、平衡和能量等方面的基本原理，其理论基础包括化学动力学、化学热力学（表1-18）。

化学热力学和化学动力学是研究化学反应的两个重要分支，具有物理化学属性。两者既有密切联系，又有不同研究内容。从研究对象及其作用视角，化学热力学是研究物质系统在各种条件下的物理和化学变化中所伴随着的能量变化，作用是对化学反应的方向和进行的程度做出准确判断。化学动力学的研究对象是性质随时间而变化的非平衡的动态体系，主要作用是可知道如何控制反应条件，提高反应速率，抑制副反应速率，减少原料消耗，减少副产物，提高生成物的纯度、质量及生成量。

化学热力学（thermodynamics）是以所有物质都具有能量，能量是守恒的，各种能量可以相互转化；事物总是自发地趋向于平衡态；处于平衡态的物质系统可用几个可观测量描述的能量守恒和熵增原理为核心理论，研究化学反应在不同条件下反应的热效应、熵变、焓变、平衡常数等热力学性质和能量变化。通过吉布斯自由能来说明化学反应能否进行，进行方向与实际限度，而不考虑反应的速率。

化学动力学（kinetics）是以化学反应过程的反应速率为理论基础，研究反应速率与反应物浓度、温度、反应物的物理状态、催化剂、溶剂和光照等影响因素的定量定性关系与其反应机理。需注意：①在化学反应过程中，具有反应速率随着反应物的浓度下降而逐渐降低的基本规律。②经典的化学动力学实验方法不能制备单一量子态的反应物，也不能检测由单次反应碰撞所产生的初生态产物。化学热力学和化学动力学之间的主要区别和联系参见表1-18。

化学热力学与化学动力学的区别和联系　　　　　　　　　　　　　　　　表 1-18

项目	化学热力学	化学动力学
联系	相互补充，共同构成对化学反应的全面理解。两者都涉及如温度、压力和浓度等反应条件的影响，结果都可用以预测和解释化学反应的行为	
主要概念	① 体系与环境。体系指研究对象，体系以外的部分称为环境。例如研究杯子中的 H_2O，则 H_2O 是体系，水面上的空气、杯子皆为环境。 ② 状态与状态函数。状态是由一系列表征体系性质的物理量确定体系的一种存在形式。确定体系状态的物理量是状态函数。 ③ 状态与途径。过程是指体系的状态发生变化，从始态到终态经历热力学过程，简称过程。若体系在恒温条件下发生了状态变化，则体系的变化为"恒温过程"；若体系变化与环境之间无热量交换，称"绝热过程"。 ④ 途径。完成一个热力学过程，可以采取不同的方式，把每种具体方式称为一种途径。过程着重于始态和终态，而途径着重于具体方式。 ⑤ 体积功。化学反应过程常发生体积变化。体系反抗外压改变体积，产生体积功。 ⑥ 热力学能。体系内部所有能量之和，包括分子、原子的动能、势能、核能、电子的动能，以及一些尚未研究的能量，热力学上用符号 U 表示。虽然体系的内能尚不能求得，但是体系的状态一定时，内能是一个固定值，因此，U 是体系的状态函数	① 反应速率。是化学反应快慢程度的量度，广义讲是参与反应的物质的量随时间的变化量的绝对值，分为平均速率与瞬时速率。平均速率是反应进程中某时间间隔（Δt）内参与反应的物质的量的变化量，可用单位时间内反应物的减少量或生成物的增加量来表示；瞬时速率是浓度随时间的变化率，即浓度-时间图像上函数在某一特定时间的切线斜率。 ② 反应平衡。热力学研究反应达到反应平衡时的状态。在可逆反应中，反应物与产物达到动态平衡，正向与逆向反应速率相等，反应物与产物的浓度不再发生变化。 ③ 反应机理。微观上，一个化学反应是经过几步完成的，描述化学反应的微观过程的化学动力学分支称为反应机理。反应机理中，每一步反应称作基元反应，基元反应中反应物的分子数总和称为反应分子数。反应机理由一个或多个基元反应所组成，这些基元反应的净反应即为表观上的化学反应

项目	化学热力学	化学动力学
研究对象	研究物质系统在各种条件下的物理和化学变化中所伴随着的能量变化，从而对化学反应的方向和进行的程度做出准确的判断。经典热力学概念和理论，是不依赖于物质微观分子结构的宏观理论	研究化学反应速率和反应机理。包括确定化学反应速率，以及温度、压力、催化剂等对反应速率的影响；探求物质结构与反应能力的关系和随时间变化规律的非平衡动态体系 （图：纵轴 c，横轴 t；曲线标注 $\dfrac{d[P]}{dt}$，生成物P；$\dfrac{d[R]}{dt}$，反应物R；横轴标注 t'）
研究范围	仅处理平衡问题，只需从系统的起始和终止状态即可得到可靠的结果	分子反应动力学、催化动力学、基元反应动力学、宏观动力学、微观动力学等，也可依不同化学分支分为有机/无机反应动力学
研究方法	① 热化学。主要是用热力学第一定律研究"化学反应热"问题。在化学反应中，生成物或反应物的摩尔物质变化所吸收的热量叫化学反应热。根据热力学第一定律，在定温、定压（或定容）下，化学反应的反应热等于反应过程焓 ΔH 或内能 ΔU 变化。 ② 化学平衡。主要研究化学反应的平衡条件。在化学热力学中通常把化学反应方程写作等式。如在化学热力学中将高温下氢和氧分子化合成水的反应式写为 $2H_2+O_2 \Longrightarrow 2H_2O$。 ③ 溶液理论。研究多组元体系的理论。溶液作为液态溶体，是一含有两种或两种以上组元的均匀系。当溶体是气相时，通常叫作混合气体；当溶体是固相时，叫作固溶体	① 经典化学动力学法。从化学动力学原始实验数据浓度 c 与时间 t 的关系出发，分析获得反应速率常数 k、活化能 E_a、指前因子 A 等某些反应动力学参数。用这些参数表征反应体系速率特征。 ② 分子反应动力学法。从微观分子水平看，一个元化学反应是具有一定量子态反应物分子间的互相碰撞，进行原子重排，产生一定量子态的产物分子以至互相分离的单次反应碰撞行为。 ③ 网络动力学研究法。对包括几十至上百个元反应步骤的重要化工反应过程（如烃类热裂解）进行计算机模拟和优化，以便进行反应器最佳设计的研究
区别	关注反应的热力学性质和能量变化	关注的是反应的速率和反应机理
	研究的是反应的平衡态	研究的是反应的动态过程
	通过焓、熵、自由能等热力学函数显示化学反应热效应	通过速率常数和反应机理描述化学反应速率
约束	不能只从经典热力学获得分子层次的任何信息；不涉及变化的细节，也就不能解决过程的速率问题。欲解决上述两个局限性问题，需要如化学统计力学、化学动力学等其他学科帮助	经典化学动力学实验法不能制备单一量子态反应物，不能检测单次反应碰撞产生的初生态产物。体系的热力学平衡性质不能给出化学动力学信息，认识一个化学反应过程并付诸实现，不能缺少化学动力学研究
实验		分子束实验已经获得了许多经典化学动力学无法取得的关于化学元反应的微观信息

当反应物在反应过程中发生转化时，能量也会发生转化。在化学反应中，能量的转化形式，包括内能和热能的转化。热能转化是化学反应中最常见的一种能量转化形式，而内能转化则涉及了反应物分子内部的能量转化。能量转化的形式会影响化学反应的动力学过程。

1.5.3　化学反应基本类型

化学反应是两种或以上不同结构的物质在一定压力、温度环境条件下，遵循质量定律，可能涉及电子转移的相互作用（包括）结果。其基本化学反应类型有化合反应（也叫合成反应）、分解反应、置换反应及复分解反应（表 1-19）。其中，氧化还原反应属化合反应，氧化反应是指物质失去电子，还原反应则是得到电子，氧化剂接受电子，还原剂失去电子。这类反应尤以金属的大气腐蚀最普遍。属复分解反应的化合反应是一种反应类型多变的反应，常见的有酯化反应，酰氯与醇反应等；另酸碱中和反应，酸中的 H^+ 与碱中的 OH^- 结合生成 H_2O，并释放出盐。常见的置换反应包括金属的单一置换反应与双替置换反应。

化学反应基本类型　　　　　　　　　　　　　　　　　　　　　表 1-19

化学反应类型		代表式	化合价变化	特点	备注
化合反应	定义	由两种或以上反应物生成另一种生成物的反应			
	特征	A+B⟶C	可能变化（就某些反应中某些元素而言）	多变一	反应物 A、B 代表单质或化合物
分解反应	定义	由一种反应物生成两种或以上生成物的反应			
	特征	A⟶B+C	可能变化（就某些反应中某些元素而言）	一变多	生成物 B、C 代表单质或化合物
置换反应	定义	由一种单质和一种化合物生成另一种单质和化合物的反应			
	特征	A+BC⟶B+AC	肯定变化（就所有反应中某些元素而言）	一换一	反应范围有金属+酸，金属+盐类，氢气、碳+金属氧化物，碳+水蒸气
复分解反应	定义	两种化合物互相交换成分，生成另外两种化合物的反应			
	特征	AB+CD⟶AC+BD	肯定变化（就所有反应中某些元素而言）	相互交换	反应范围有酸，酸+碱，酸+盐，酸+碱性氧化物，碱+盐，盐+盐

1.5.4　烟气排放指标与烟气净化系统的配置

环境保护是以允许规定污染物排放的指标作为评价与执行污染物的控制基础性标准。其本质是防止破坏环境，回归自然。这些指标应是针对公众健康和生态环境质量，并与当期经济发展水平相适应的可实施的指标。在保证社会需求条件下，节约生产、生活过程的资源消耗，实现最小化能源消耗，降低各类污染物排放。我国垃圾焚烧行业的环境指标体系是以当期国家相关污染物排放标准为红线，包括《大气污染物综合排放标准》GB 16297—1996、《生活垃圾焚烧污染控制标准》GB 18485—2014、《社会生活环境噪声排放标准》GB 22337—2008、《工业企业厂界环境噪声排放标准》GB 12348—2008、《声环境质量标准》GB 3096—2008、《恶臭污染物控制标准》GB 14554—1993、《污水综合排放标准》GB 8978—1996、《生活垃圾填埋场污染控制标准》GB 16889—2024、《工业企业设计卫生标准》GBZ 1—2010、《电磁环境控制限值》GB 8702—2014 等。还要以当地环境允许容量规定作为依法考核线。为保证不越线，运行主体一般以年度排污许可为准，制定内部运行控制指标，或是将年度排污许可指标分解到各月作为内控线，实施动态管理。同时，要按此内控线的指标作为烟气净化系统工艺设计的基准，包括确定 HCl、SO_x 等酸性污染物、氮氧化物、颗粒物与二噁英类浓度的内控指标，据此进行分布式工艺系统配置，采取最佳可行污染物控制的工程技术、工艺系统，有效提升系统设备的资源化利用水平，作为污染物有效控制手段。要建立项目安全、可靠、环保、节能、减排、能效控制目标，完善运行管理制度。要针对垃圾不稳定特点，加强运行分析，持续提升运行管理水平。

1.5.5 分布式处理与系统串联组合工艺

1.5.5.1 分布式处理工艺

烟气净化处理工艺是指针对不同污染物按单元分项分步串联减排处理的工艺。各净化处理单元按烟气温度降序列串联在一起，由引风机提供动力（负压），将串联末端净化后的烟气通过烟囱排入大气，形成一个完整的烟气净化工艺链，称之为组合烟气净化系统（图1-7）。

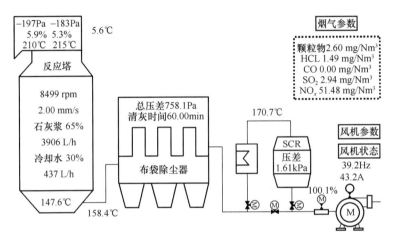

图 1-7 某项目烟气净化系统运行工况截图

任何单元都不会将其对象处理净化到绝对零污染，而是按国家对烟气排放指标限定值，当地环境允许排放容量以及为保证达标排放的内控指标三条线进行严格控制。

经多年实践经验显示，生活垃圾焚烧项目采取"SNCR＋半干法＋干法＋活性炭喷射＋袋式除尘"组合工艺，可满足当前《生活垃圾焚烧污染控制标准》GB 18485—2014 及其第 1 号修改单 GB 18485—2014/XG1—2109 的相关排放指标规定，成为最佳组合工艺技术。目前为改善 SNCR 脱氮效率，研发了 PNCR 等技术；也有些项目为达到低排放指标，增加 SCR 脱氮、湿法等系统。

1. 脱氮系统

SNCR 脱氮系统是在温度窗口 800～950℃，氧共存条件下，向炉膛内直接喷入尿素或氨水等还原剂，将 NO_x 还原成氮气与水气。早期的 SNCR 脱氮效率大约为 30%～50%。国内外运行实践显示最佳反应温度区为 850～925℃。与此同时，在还原剂质量与喷入量、喷嘴布置、烟气流量等适宜的工作条件下，正常脱氮效率可能提升到 50%～60%。例如原始浓度为 350mg/Nm³，在精细化管理下可将 NO_x 降低至 160±15(mg/Nm³)。应用经验还表明，喷入尿素过多会产生氯化氨，排烟显现成紫烟。其运营费用一般为每吨焚烧垃圾 2 元以下。

SCR 脱硝系统是在温度窗口 320～400℃，烟气压降 800～1400Pa 条件下，借选择性催化剂的催化作用，使烟气中的 NO_x 与注入的还原剂进行还原反应，产生无害的氮气与水汽。通常以 NH_3 等作为还原剂，使用喷涂于陶瓷上的 Pt/Al_2O_3、V_2O_5/TiO_2 等金属氧化物为催化剂。工程实践经验显示，在建立适宜的烟气温度和触媒使用量等工作环境，加之精细化运行管理条件下，在触媒脱氮装置前利用蒸汽将烟气再次加温，烟气温度在 220℃ 以上，反应器内烟气平均流速 4～6m/s，系统漏风率小于烟气量的 0.4％时，SCR 法的脱氮效率可达到 60％～90％。例如，NO_x 原始浓度 250mg/Nm³ 时，通过 SCR 系统精细化运行管理可降至 80～120mg/Nm³。

2. 脱酸系统

垃圾焚烧烟气脱酸系统是采用固态或液态碱性物质与烟气中的 HCl、SO_x 及 HF 等酸性污染物通过化学反应，使排入大气中的酸性污染物达到国家和地方允许排放的浓度。治理烟气中酸性污染物发展的基本历史轨迹：炉膛内注入粉状石灰石→采用氧化钙、氢氧化钙等干法→喷嘴组、旋转雾化半干法—湿法—循环流化法。目前，最常采用三类烟气酸性气体脱除基本工艺：粉状 $Ca(OH)_2$ 改良型干法、旋转雾化半干法和湿法。其中，干法作为主工艺时，适宜温度窗口是 150～180℃；在正常操作条件下的 HCl 脱除效率 $\eta_{HCl} \geqslant$ 80％，SO_2 脱除效率 $\eta_{SO_2} \geqslant 75\%$。作为半干法组合工艺的辅助工艺时，工作温度是按进除尘器时的烟气温度，一般在 150～180℃。半干法的适宜温度窗口在 180～220（或 230）℃；在正常操作条件下的 HCl 脱除效率 $\eta_{HCl} \geqslant 90\%$，$SO_2$ 脱除效率 $\eta_{SO_2} \geqslant 85\%$。湿法是 140℃烟气进入湿法塔冷却部，降到 40～60℃并控制到塔出口。在正常操作条件下的 HCl 脱除效率 $\eta_{HCl} > 96\%$，SO_2 脱除效率 $\eta_{SO_2} > 90\%$。烟气中水汽本身的水露点大约在 30～60℃，但烟气中只要有 0.005％的 SO_3，烟气露点即可达到 150℃以上。因此，需要将湿法脱酸后的烟气温度提高到露点温度以上，通常是将出湿法塔的烟气加温到 160℃以上。

从对烟气酸性污染物净化工艺发展历程看，一直是在延续着酸碱反应的基本路径，而主要目的是在提高碱性还原剂利用率和提高酸性污染物的净化效率，并综合具有耦合重金属减排及其他跨媒介效益，成为组合工艺选择的驱动力。例如，①实验结果表明，相对 $Ca(OH)_2$，CaO 的活性更高，但综合考虑对工作环境的不利影响，基本都是采用 $Ca(OH)_2$。②原本发明循环流化法烟气脱酸工艺系统的目的是解决旋转雾化器检修频繁、对反应剂粒径等要求严格，增加运行管理的难度问题。只是我国的循环流化床产品因对反应器主体的温度场、速度场用于压力分布等机理性研究不足，产品远未达到该系统设备应达到的工艺技术水平，以致较少采用。③采用湿法的净化效率高，但要消耗较高的水资源、人力资源以及电能，不利于实现节能减排目标，而且对含有较高浓缩重金属的废水处理工艺的可靠性缺少经验、运行费用高。因此根据允许排放指标，首选工艺是半干法，并加强精细化运行管理以实现最佳处理效果。另针对焚烧线冷态启动过程，半干法系统预热过程较慢的问题，采取在进除尘器前设置干法工艺的辅助措施，且适当增加还原剂投入量，使其裕量在除尘滤袋表面继续反应的办法加以解决。④在符合烟气污染物排放指标要求前提下，采用的系统设备越简单，系统缺陷越低，设备故障越低，也就越容易达到预期目的。这就是以进行增湿干法、最佳工作温度的干法脱酸系统设备分析的驱动力。

3. 活性炭喷射系统

活性炭是一种具有无毒无味，对人体无害，具有多孔、大比表面积的碳质结构，具有很强吸附性的物质。大量研究表明，在一定温度、湿度等环境下，采用具有如 pH 值、碘值、粒度、比表面积等吸附性能指标，是去除烟气中的二噁英类，以及重金属等颗粒物的最佳选择。对活性炭吸附去除二噁英类的效率，应结合炉膛主控区域温度、高温烟气停留时间控制的高温去除作用，活性炭低温吸附作用，袋式除尘滤袋表面遗存活性炭协同作用等综合考虑。按最大化烟气二噁英类原始浓度考虑，通常取 $5ngTEQ/Nm^3$，按现行排放指标 $0.1ngTEQ/Nm^3$ 计，其脱除效率应不低于 98％；另考虑工程余量，实际运行是按去除效率 99％以上进行控制。

从活性炭的跨媒介效应看，①对痕量级的二噁英类，同样要严格按照操作流程和注意事项进行运行控制。②活性炭属于碳结构，容易内燃，需要妥善保管。③对于吸附饱和状态的活性炭，根据危险废物名录，HW18 属危险废物，要按危险废物规定暂存、转移和处理。

4. 除尘系统

我国的垃圾焚烧发电项目是以采用纤维织造滤袋的袋式除尘系统为主。该系统是利用筛滤、惯性碰撞、拦截、扩散等效应，以及附属的重力、静电力、热泳力作用，将烟气中的颗粒物分离，控制烟气颗粒物在许可范围内。一般地，除尘器进口温度在 140～150℃，出口温度在 140℃；除尘器阻力在 1000～1500Pa。按烟气颗粒物原始浓度（1000±200）mg/Nm^3 计，运行除尘效率要求不低于 98％。

1.5.5.2　系统串联组合的安全分析与效率分析

在烟气组合净化系统中，各处理单元系统具有协同处理的作用，因此在综合评估各类烟气污染物处理效率时，往往会高于相应单元的处理效率。其中，具有微量浓度的烟气重金属在各单元处理系统中具有协同处理作用，其排放浓度通常与颗粒物的去除效率相关。因此不再需要单独处理。在半干法处理酸性污染物的同时，有一定去除颗粒物的效果。碱性吸收剂被加入除尘器前管道可用于保护除尘器布袋。当研磨小苏打喷入到高于 160℃的烟气，会转化为高孔隙率的碳酸钠，对酸性气体吸收有效。活性炭通常和碱性吸收剂一起作为附在布袋表面的吸收剂，进一步去除汞和二噁英呋喃。有报道，高于约 210℃的运行温度可能导致活性炭吸附剂对二噁英/呋喃和汞的吸附能力减弱。

与此同时，也要注意运行工况的互相干扰作用。例如 SO_2 对催化剂的催化活性既有提高作用，又有抑制作用。脱氮系统工作温度与排放烟气防腐、防白烟的关联控制。烟气中的水分对钒钛系催化剂上的选择性催化还原反应具有一定抑制作用，但同时能抑制 N_2O 的生成。

1.5.6　生活垃圾焚烧视角的误差控制

1.5.6.1　机械设备加工误差

加工误差是指零件加工后的实际几何参数对理想几何参数的偏离程度，所以，加工误差大小反映了加工精度的高低。实际加工时不可能也没有必要把零件做得与理想零件完全一致，总会有一定的偏差，即"加工误差"。只要这些误差在规定的范围内，则能满足机器使用性能的要求。通常零件的形状误差、位置误差约分别占相应尺寸公差的 30％～50％、65％～85％。

机械加工工艺系统的误差主要包括工艺系统的几何误差、受力效应产生的误差、热变形产生的误差、人的情绪和技术水平不稳定引起的操作误差等（参见表 1-20～表 1-23）。

应根据机械加工误差产生的原因，采取相应控制措施。例如，在零件结构设计、工艺过程设计阶段减少原始误差及加工误差；实行实时补偿控制；实施减少误差源或改变误差源至加工误差之间的数量转变关系的误差预防；将原始误差从误差敏感方向转移到误差非敏感方向的转移误差。

线性尺寸的极限偏差数值 表1-20

公差等级	尺寸分段 mm							
	0.5～3	>3～6	>6～30	>30～120	>120～400	>400～1000	>1000～2000	>2000～4000
精密 f	±0.03	±0.05	±0.1	±0.15	±0.2	±0.3	±0.5	
中等 m	±0.1	±0.1	±0.2	±0.3	±0.5	±0.8	±1.2	±2
粗糙 c	±0.2	±0.3	±0.5	±0.8	±1.2	±2	±3	±4
最粗 v		±0.5	±1	±1.5	±2.5	±4	±6	±8

资料来源：《一般公差 未注公差的线性和角度尺寸的公差》GB/T 1804—2000。

倒圆半径与倒角高度尺寸的极限偏差 表1-21

公差等级	尺寸分段 mm			
	0.5～3	>3～6	>6～30	>30
精密 f	±0.2	±0.5	±1	±2
中等 m	±0.2			
粗糙 c	±0.4	±1	±2	±4
最粗 v				

注：倒圆半径与倒角高度参见 GB/T 6403.4 零件倒圆与倒角。

资料来源：《一般公差 未注公差的线性和角度尺寸的公差》GB/T 1804—2000。

未注公差角度的极限偏差 表1-22

公差等级	长度 mm				
	≤10	>10～50	>50～120	>120～400	>400
m（中等）	±1°	±30′	±20′	±10′	±5′
c（粗糙）	±1°30′	±1°	±30′	±15′	±10′
v（最粗）	±3°	±2°	±1°	±30′	±20′

注：表中长度是指构成角度短边的长度，按圆锥素线的长度而定。

资料来源：《一般公差 未注公差的线性和角度尺寸的公差》GB/T 1804—2000。

直线度、平面度、垂直度未注公差值 表1-23

公差等级	直线度和平面度未注公差值/mm					
	直线度和平面度基本长度范围					
	～10	>10～30	>30～100	>100～300	>300～1000	>1000～3000
H	0.02	0.05	0.1	0.2	0.3	0.4
K	0.05	0.1	0.2	0.4	0.6	0.8
L	0.1	0.2	0.4	0.8	1.2	1.6

垂直度未注公差值/mm				
公差等级	垂直度公差短边基本长度范围			
	～100	＞100～300	＞300～1000	＞1000～3000
H	0.2	0.3	0.4	0.5
K	0.4	0.6	0.8	1
L	0.6	1	1.5	2

对称度、圆跳动未注公差值/mm				
公差等级	对称度公差基本长度范围			圆跳动公差
	～100	＞100～300	＞300～1000	＞1000～3000	
H	0.5	0.5	0.5	0.5	0.1
K	0.6	0.6	0.8	1	0.2
L	0.6	1	1.5	2	0.5

资料来源：《形状和位置公差 未注公差值》GB/T 1184—1996。

1.5.6.2 性能试验的误差

鉴于机组性能对后续烟气净化系统有不可分割的影响，故在此引入锅炉性能测试误差。机组性能可归结为设计性能和实际运行性能。机组性能试验的目的是求得机组实际运行性能，主要是运行条件下对应于各负荷点的热效率，作为校核设计性能，以及设备验收、定型、改进和指导运行、进行经济调度之用。垃圾焚烧项目的机组性能试验是指按试验标准及合同约定性能要求所确定的实际运行性能，以作为考核、验收机组是否达到合同中规定性能的依据，并作为指导机组运行的主要依据。目前，垃圾焚烧厂性能测试的允许误差是如表1-24所示参照《电站锅炉性能试验规程》GB/T 10184—2015的基本规定。

电站锅炉性能试验最大允许波动范围　　　　　表1-24

主蒸汽参数（摘自《电站锅炉性能试验规程》GB/T 10184—2015）		
测量项目		最大允许波动范围
蒸发量 D	$D＞2008t/h$	±1.0%
	$950t/h＜D≤2008t/h$	±2.0%
	$480t/h＜D≤950t/h$	±4.0%
	$D≤480t/h$	±5.0%
蒸汽压力 P	$P＞18.5MPa$	±1.0%
	$9.8MPa≤P≤18.5MPa$	±2.0%
	$P＜9.8MPa$	±4.0
蒸汽温度 t	$t≥540℃$	±5℃
	$t＜540℃$	$^{+5}_{-10}$ ℃

续表

主要测试仪器的最大允许误差（摘自《电站锅炉性能试验规程》GB/T 10184—2015）

序号	测量项目		允许误差（按满量程计）%
1	水和蒸汽	流量	±0.35
		压力	±0.25
		温度	±0.40
2	燃料量		±0.5
3	脱硫测量		±0.5
4	空气和烟气	流量	±5.00
		压力	±0.25
		温度	±0.40
		烟气成分　氧量（O_2）	±1.0
		二氧化碳（CO_2）	±1.0
		一氧化碳（CO）	±5.0（读数的百分数）
		二氧化硫（SO_2）	±5.0（读数的百分数）
		一氧化氮（NO）	±5.0（读数的百分数）

某监测单位进行垃圾焚烧项目性能测试采用的标准（供参考）

指标	标准	允许误差
SO_2	《固定污染源烟气（SO_2、NO_x、颗粒物）排放连续监测系统技术要求及检测方法》HJ 76—2017	≤±17mg/m³
NO_x		≤±12mg/m³
含氧量		≤±15%
CO		≤±15%
流速		≤±10%
颗粒物		≤±5mg/m³
温度		绝对误差≤±5℃
湿度		≤±2.5%
HCl	项目特别规定	绝对误差≤±24mg/m³

锅炉性能试验控制参数的偏差（摘自《锅炉性能试验规程》ASME PTC 4—1998 中译本）

参数名称			短期波动（峰谷差）	长期偏差
控制量	蒸汽压力	>500psiª 设定值	4%（最大 25psi）	3%（最大 40psi）
		<500psi 设定值	20psi	40psi
	给水流量（锅筒锅炉）		10%	3%
	蒸汽流量（直流锅炉）		4%	3%
	省煤器出口 O_2 量体积百分数	燃油（气）锅炉	0.4	0.2
		燃煤锅炉	1.0	0.5
	蒸汽温度（如需控制）		20℉	10℉
	过热器、再热器、减温水流量		40%喷水流量或2%的主蒸汽流量	不采用

续表

参数名称		短期波动（峰谷差）	长期偏差
控制量	燃料量（如果测量）	10%	不采用
	给水温度	20℉	10℉
	燃料层厚度（层燃炉）	2in	1in
	脱硫剂/煤比（给料机转速比）	4%	2%
	飞灰回送量	20%	10%
	床温（空间平均/每区域）	50℉	25℉
	床内/机组固体颗粒存料量	—	—
	床压	4in 水柱	3in 水柱
	稀相区压降	4in 水柱	3in 水柱
被调量	蒸汽流量	4%	3%
	SO_2（脱硫机组）	150ppm	75ppm
	CO（如果测量）	150ppm	50ppm
	悬浮段温度（如果测量）	50℉	25℉

a　美国使用 psi 作单位，意为磅力/平方英寸。单位换算：1bar≈14.5psi。

1.5.6.3 仪器仪表误差

因受各种因素干扰作用，仪表指示值总会是被测量工况实际值的近似值，也就是说两者总会存在差异，这种近似或差异的程度称为误差。仪表测量的误差用准确度来表示，准确度越高，近似程度越高，误差越小。典型的仪表误差表现在仪表指示的零点漂移和量程漂移。其中，零点漂移是指在仪器未进行维修、保养或调节的前提下，烟气排放连续监测系统（CEMS）按规定时间运行后通入零点气体，仪器的读数与零点气体初始测量值之间的偏差相对于满量程的百分比。量程漂移是指在仪器未进行维修、保养或调节的前提下，烟气排放连续监测运行系统（CEMS）按规定时间运行后通入量程校准气体，仪器的读数与量程校准气体初始测量值之间的偏差相对于满量程的百分比。

垃圾焚烧项目是采用工业测量中的准确度等级（即精度等级），表示仪表的准确程度并作为衡量仪表质量的重要指标之一。准确度等级是用最大引用误差去掉正、负号及百分号表示；我国按数字越小精度等级越高、与实际值偏差越小的原则，将仪表分为一、二级标准仪表和工业仪表。其中，一级标准仪表等级是 0.005，0.02，0.05；二级标准仪表等级是 0.1，0.2，0.35，0.5；工业仪表等级分为 0.1，0.2，0.5，1.0，1.5，2.5，5.0 七个等级，并标志在仪表刻度标尺或铭牌上。其中，常用仪表精度为 2.5 级、1.5 级，1.0 级和 0.5 级的属于高精度。现有数字仪表已经达到 0.25 级。对垃圾焚烧系统的安全性要求越高，允许的误差越小，采用的仪表等级就要越高。

基于《市场监管总局关于发布实施强制管理的计量器具目录的公告》2019 年第 48 号规定，表 1-25 根据相关标准、规定，汇集了部分垃圾焚烧工程适用仪表可能的偏差极限，供参考。如表中的偏差极限与现行标准不一致的，以现行标准为准。实际应用可参考《自动化仪表选型设计规范》HG/T 20507—2014 等标准执行。

仪表的可能偏差极限 表 1-25

仪表	偏差极限[a]	仪表	偏差极限[a]
数据采集	对热电偶，参考节点修正方法不同以及热电偶毫伏与温度的转换算法均可引入误差	**固体燃料和脱硫剂流量**	
		称重式给料机	
		经称重容器标定	±2%
数字数据采集器	可忽略	经标准砝码标定	±5%
厂级控制计算机	±0.1%	未标定	±10%
手持温度显示表	±0.25%	容积式给料机	
手持电位计（含参考节点）	±0.25%	皮带	
流速		称重容器标定/未标定	±3%/±5%
标准皮托管标定/未标定	±5%/±8%[d]	螺旋给料机、旋转阀	
S形皮托管标定/未标定	±5%/±8%[d]	称重容器标定/未标定	±5%/±15%
孔探针标定/未标定	±2%/±4%[d]	称重仓磅秤/应力计/杠杆	±5%/±8%/±10%
涡轮流量计	±2%	灰渣流量计	
风烟流量		等速飞灰取样	±10%
多点皮托管（流量内）		称重仓磅秤/应力计/杠杆	±5%/±8%/±20%
标定并检验	±5%		
S形或标准皮托管检验未标定/未检验未标定	±8%/±20%	**气体燃料流量**	
		孔板	
机翼型标定/未标定	±5%/±20%	标定并检验	±0.5%
汽水流量		检验未标定	±2%
带均流装置流量喷嘴		未检验未标定	±0.75%
标定并检验	±0.25%	有自校正的涡轮流量计	±0.75%
检验未标定	±2.5%	无自校正的涡轮流量计	1.0%
未检验未标定	±5%	**温度**	
预装流量喷嘴		热电偶可追溯至 NIST 的标定	ASME PTC19.3 温度测量[b]
标定并检验	±0.5%蒸汽±0.4%水		
检验未标定	±2.2%蒸汽±2.1%水	电阻温度装置追溯至 NIST 的	能够溯源至 NIST 的仪表，其允许的偏差极限等于标定仪表的准确度等级，且该偏差极限不包含仪表漂移的影响
未检验未标定	新机组见上述		
文丘里管喉部取压			
标定并检验	±0.5%蒸汽±0.4%水		
检验未标定	±1.2%蒸汽±1.1%水	标定	能够溯源至 NIST 的仪表，其允许的偏差极限等于标定仪表的准确度等级，且该偏差极限不包含仪表漂移的影响
未检验未标定	新机组见上述		
孔板			
标定并检验	±0.5%蒸汽±0.4%水		
检验未标定	±0.75%蒸汽±0.7%水		
未检验未标定	新机组见上述		
堰型	±5%		
排污阀	±15%	温度表	满量程的±2%

42

仪表	偏差极限[a]	仪表	偏差极限[a]
压力	ASME PTC9.2 压力测量[c]	**烟气分析**	
		氧量分析仪	
压力表计标准	满量程的±1%	连续电子分析仪	满量程的±1%
压力计	±0.5 刻度	奥氏分析仪	±0.2%（V/V）
传感器与变送器标准	满量程的±0.25%	便携式分析仪	读数的±5%，满量程的±2%
气压表	±0.05in 汞柱		
气象站	必须根据距气象站的距离和不同海拔高度进行修正	一氧化碳	
		连续电子分析仪	±20ppm
		奥氏分析仪	±0.2%（V/V）
湿度		二氧化硫	
湿度表	±2%相对湿度	连续电子分析仪	±10ppm
干湿球湿度计	±0.5 刻度	CEM 电子分析仪	±50ppm
气象站	必须根据距气象站的距离和不同海拔高度进行修正	氮氧化物	
		化学光谱仪	±20ppm
		CEM 电子分析仪	±50ppm
电能		碳氢火焰电离探测仪	±5%
电压或电流		**液体燃料流量**	
电流互感器	±10%	流量仪表	
电压互感器	±10%	容积式流量计	±0.5%
手持式数字安培表	±5%	涡轮式流量表	±0.5%
瓦特计	±2%	孔板（大口径管道，未标定）	±1.0%
灰渣取样		称重容器	±1%
等速飞灰取样	±5%	容积容器	±4%
采样器	±200%		
炉渣	±50%[e]		
炉排下灰	±20%		

[a] 除标注外，所有的偏差极限均以百分数表示。

[b] 见 ASME PTC19（*Performance Test Code-Temperature Measurement*）的第 3 部分（PTC 19.3）"温度测量"。

[c] 见 ASME PTC9（Performance Test Code-Temperature Measurement）的第 2 部分（PTC 9.2）"压力测量"。

[d] 这些偏差极限包括使用者引入的误差，例如探头位置。

[e] 底渣含碳量应很小。

1.5.6.4 连续排放检测误差的影响因素

就垃圾焚烧烟气污染物检测分析来说，受垃圾不稳定特性的影响，通过垃圾暂存混合与焚烧过程，在一定条件下只会减缓，但不能完全消除焚烧烟气成分的不稳定性。这也是对烟气污染物的检测，一般都是对检测样品负责的原因。实践经验证实，垃圾成分的不稳定性是影响烟气污染物检测不准确的最主要因素。影响烟气污染物检测的重要因素与控制原则参见表 1-26。作为示例，表 1-27 所示为部分重金属分析允许误差，表 1-28 所示为部分原材料性质的可能偏差极限。

影响烟气污染物检测的重要因素与控制原则 表1-26

序号	影响因素	控制原则
1	垃圾成分的不稳定性	①垃圾分类；②垃圾池内倒垛混合分区运行；③安全排出垃圾渗沥液
2	垃圾焚烧运行管理状态	目前以实施安全、可靠、环保的规范化、稳定化运行管理为主要目标
3	影响烟气特征的环境条件	对环境温度、压力按标准状态折算；对烟气含氧量，我国采用容积比11%为基准折算等
4	烟气净化系统运行	实施流量、压力、温度等与漏风等运行状态参数稳定化控制和系统严密性管理
5	烟气污染物含量变化	对焚烧全过程控制，在省煤器烟气侧出口对颗粒物、HCl、SO_x、O_2 或 CO 等原始浓度检测
6	检测设备、方法与环境	严格按照相关标准、规范、规定进行设备定期检测，对实验室检测环境控制；严格按检测方法实施
7	人为影响因素	依法提升工作责任感，严格执行制定的工作程序、管理办法

重金属分析允许误差范围示例 表1-27

铅的误差/%		锌的误差/%		铜的误差/%		砷的误差/%	
含量	允许误差	含量	允许误差	含量	允许误差	含量	允许误差
≤0.1	0.02	≤0.10	0.03	≤0.10	0.02	≤0.1	0.04
0.1～0.50	0.05	0.11～0.30	0.04	0.11～0.50	0.03	0.11～0.50	0.06
0.51～1.00	0.08	0.31～0.50	0.05	0.51～1.00	0.05	0.51～1.00	0.12
1.01～2.00	0.10	0.51～1.00	0.10	1.01～2.00	0.08	1.00～2.00	0.20
2.01～3.00	0.12	1.01～2.00	0.12	2.01～5.00	0.10	2.01～5.00	0.25
3.01～5.00	0.15	2.01～5.00	0.15	10.01～15.00	0.16	5.01～10.00	0.30
5.01～15.00	0.25	5.01～10.00	0.20	15.01～20.00	0.18	10.01～20.00	0.40
15.01～25.00	0.30	10.01～20.00	0.25	20.01～25.00	0.20	20.01～40.00	0.50
25.01～30.00	0.35	20.01～30.00	0.35	≥25.01	0.25		
30.01～40.00	0.45	30.01～40.00	0.45				
40.01～50.00	0.55	40.01～45.00	0.50				
50.01～60.00	0.60	45.01～50.00	0.55				
60.01～70.00	0.65	＞50.00	0.60				
＞70	0.70						

	部分原材料性质的可能偏差极限		表 1-28

项目	检测方法	偏差极限	备注
		石灰石性质的可能偏差极限	
石灰石成分	《石灰石、生石灰和熟石灰化学分析的标准试验方法》ASTMC25	CaO/MgO：±0.11％；自由水分：其值的±10％；惰性物质（由差值）：其值的±5％	CaO/MgO 按 ASTMC25 中试验方法 31
取样		±2.0％，采样器样品；±5.0％，其他方法	
工业氢氧化钙	《工业氢氧化钙》HG/T 4120—2011	取平行测定含量结果的算术平均值为测定结果，两次平行测定结果的绝对差值：CaO≤0.3％；MgO≤0.5％；盐酸≤0.03％；氧化物≤0.02％；Fe≤0.005％；S≤0.01％；P≤0.002％；SiO_2≤0.03％；灼烧减量≤0.1％；细度≤0.3％；生烧过烧≤1.0％；	取算术平均值
		天然气性质的可能偏差极限	
天然气取样	《气体燃料自动采样的标准实践》ASTMD5287	多个样品，±0.5％；一个样品，±1.0％；供应商的分析值，±2.0％；在线分析采用供应商规范值	
气体组成	《气相色谱法分析天燃气的标准试验方法》ASTMD1945	组成成分的摩尔（％）0.0～0.1：±0.01％；0.1～1.0：±0.04％；1.0～5.0：±0.05％；5.0～10.0：±0.06％；＞10：0.08％	
高位发热量计算	《计算气体燃料热值、压缩系数和相对密度的标准实施规程》ASTMD3588	无	随燃料组分变化
高位发热量	《用连续记录量热计测定天燃气范围内气体热量值的标准试验方法》ASTMD1826	0.3％～0.55％	

注：不加说明时，偏差极限为绝对值。

1.5.7　在线检测烟气排放连续监测系统的环境条件与主要技术经济指标

1.5.7.1　对烟气排放连续监测控制的基础

就生活垃圾焚烧厂而言，按《固定污染源烟气（SO_2、NO_x、颗粒物）排放连续监测系统技术要求及检测方法》HJ 76—2017 中的定义，并结合"生活垃圾焚烧发电厂自动监测数据公开平台"的监测数据可知，"焚烧烟气污染物检测（CEM）"是指对排放焚烧烟气中的颗粒物，CO 与 SO_2、NO_x、HCl 气态污染物的排放浓度和排放量，以及炉膛主控温度等烟气状态参数进行连续、实时自动监测。取样点在烟囱规定高度或是在与烟囱连接的水平烟道固定位置。

我国是以 273K，101.3kPa，11％O_2 等工况条件为基准，在规定技术、焚烧垃圾、运行和检测等约束条件下，对垃圾焚烧烟气颗粒物、CO、HCl、SO_2、NO_x 污染物，按日均排放值和小时排放限值进行检测；对二噁英类与重金属按测定均值进行检测。并对各项污染物制定绝对限制性指标。

对此，运行主体在运行过程中需要根据误差原理自行消化掉可能引起的正相关误差。通常的做法是设定内控指标。例如按当地行政批复的 HCl 日均值排放指标 50mg/Nm³，则需要根据实际排放情况，预期的总体误差［包括参考欧盟 Directive 2010/75/EU of the European Parliament and of the Council of 24 November 2010 on industrial emissions (integrated pollution prevention and control) (Recast)，简称"Directive 2010/75/EU"的容许误差范围］，按排放指标的 50％～60％，即 50×(0.5～0.6)＝25～30mg/Nm³ 设定为内控指标。也可根据当地环境容量规定的年度烟气污染物排污许可容量（折算到小时排放浓度总是会严于规定的排放浓度）分解到月度控制指标，并以批准的小时均值指标作为红线，进行动态运行控制。

采取此控制方法的同时，还必须严格按照《生活垃圾焚烧发电厂自动监测数据应用管理规定》（生态环境部令第 10 号）、《固定污染源烟气（SO_2、NO_x、颗粒物）排放连续监测技术规范》HJ 75—2017、《排污单位自行监测技术指南　固体废物焚烧》HJ 1205—2021 等环境约束机制，依法依规运行管理。其中的基本约束条件，是在一个自然日内，焚烧厂任一垃圾焚烧锅炉排放烟气中颗粒物、NO_x、SO_2、HCl、CO 等的自动监测日均值数据，有一项或以上超过《生活垃圾焚烧污染控制标准》国家标准第 1 号修改单 GB 18485—2014/XG1—2019 或者地方污染物排放标准规定的相应污染物 24h 或日均值限值，即认定其污染物排放超标。对不具备自动监测条件的二噁英类等，以生态环境主管部门执法监测获取的监测数据作为超标判定依据，并规定一个自然月内累计不得超标 5d 以上；一个自然日内正常工况下炉膛热电偶测量温度的五分钟均值低于 850℃，累计不得超过 5 次；保证自动监测设备正常运行，无监测数据缺失或者无效。

按照标记规则及时在自动监控系统企业端如实标记的，不认定为污染物排放超标的情况包括：一是正常工况下焚烧炉膛内热电偶测量温度的 5 分钟均值低于 850℃，一个自然日内累计不超过 5 次；因不可抗力导致焚烧炉炉膛内热电偶测量温度的 5 分钟均值低于 850℃；提前采取了有效措施控制烟气中二噁英类污染物排放，按照标记规则标记为炉温异常的。二是标记为"停运"。下述情况按豁免处理：①每台垃圾焚烧锅炉一个自然年内，标记为启炉、停炉、故障、事故，累计不超过 60h；②一个自然年内，每台焚烧炉标记为烘炉、停炉降温时段，累计不超过 700h；③在一个季度内，每台焚烧炉标记为烟气排放连续监测系统（CEMS）维护时段，累计不超过 30h。

这里涉及的误差问题也就是不确定问题。不确定性与不确定分析的工程基础可参考美国机械工程师协会颁布的，西安热工研究院有限公司施延洲等翻译的《电厂整体性能试验标准》ASME PTC46—1996 与阎维平等翻译的《锅炉性能试验规程》ASME PTC4—1998。ASME PTC46—1996 是针对火力发电机组整体性能的测试方法，其中包括：应用及限制、使用本标准的指南、目的、范围、试验的不确定度、符号、下标的简写、术语、概述、试验计划与准备等。在借鉴 ASME PTC4—1998 的相关经验时，需注意以下几点：

1. 边界条件的差异会导致计算结果的差异。例如，①相关热力系统的国家标准没有明确指定的基准温度，但相关焓值计算是按工程热力学定义的以 0℃ 为基准。而《锅炉性能试验规程》ASME PTC4—1998 的计算基准温度是 25℃（两者的压力基准值相同），包括灰渣、石灰石、煤的焓-温曲线，来源于 JANAF/NASA 的热化学数据的物质焓-温关联式，等等。②国家标准采用可燃物或燃料低位发热量，ASME PTC4—1998 则是采用由氧弹量热计在恒容条件下测定的高位发热量。

2. 排烟热损失计算。利用国家标准与 AMSE PTC4—1998 计算烟气带水的焓值有较大区别。AMSE PTC4—1998 根据烟气中水蒸气来源分为两类：①以固态、液态可燃物及脱硫剂携带水分，雾化、吹灰带入水分；其水蒸气焓值以 0℃ 液态水为基准。②以气态水形式进入锅炉并以气态形式随烟气排出锅炉，包括气体燃料携带的水蒸气；其水蒸气焓值以 25℃ 液态水为基准。

3. 理论空气量计算。国家标准是直接采用计算的理论空气量 Q_0，AMSE PTC4—1998 则是采用修正后的理论空气量 Q_0。这种修正包括计及实际燃烧过程存在的未燃碳与未消耗空气，计及采用石灰石脱硫时，生成物需要消耗的氧气。尽管这对锅炉焚烧烟气所需修正 Q_0 当属更合理些，仍需按我国现行规则定义计算可燃物量与实际量考虑未燃碳的影响。

4. 热损失。①燃烧过程除排烟热损失外，灰渣可燃物损失、散热损失的测量和计算方法也是不同的。加之排烟热损失等的定义、计算热值基准等的不同。因此采用国家标准与 AMSE PTC4—1998 时的某些同类热损失项目不具备可比性。相应热效率结果值也不能简单比较。②其他热损失，如形成 NO 引起的损失：根据化学反应原理，生成 NO 的反应为吸热反应，生成 NO_2 的反应为放热反应。锅炉炉内绝大部分生成的是 NO。再如从锅炉尾部漏入烟气侧的环境空气会增大排烟损失。更如烟气再循环烟道的散热损失。

1.5.7.2　生活垃圾焚烧项目烟气排放连续监测系统（CEMS）的相关技术规定

本节内容源自《固定污染源连续监测系统技术要求及检测方法》HJ 76—2017。

1. 固定污染源烟气（SO_2、NO_x、颗粒物）排放连续监测系统（CEMS）组成示意图（图 1-8）

2. 焚烧烟气污染物连续检测（CEM）仪器设备正常工作的基础条件

（1）环境温度：室外 $-20\sim50℃$，室内 15~35℃；相对湿度≤85%；大气压 80~106kPa。

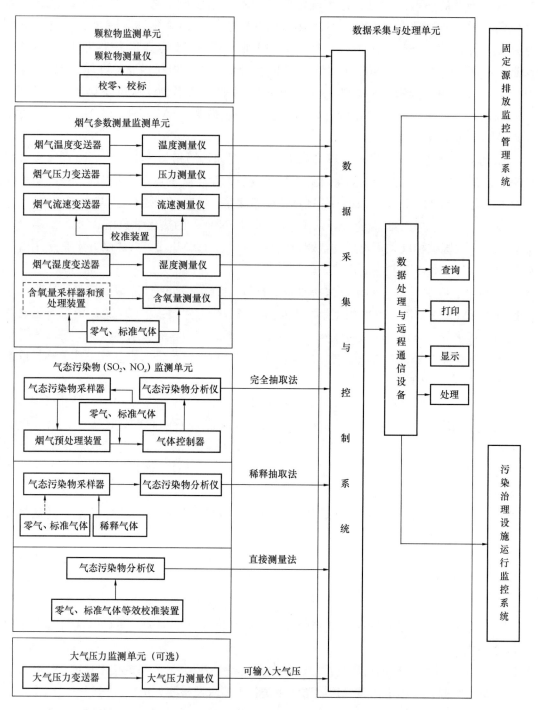

图 1-8　固定污染源烟气（SO₂、NOₓ、颗粒物）排放连续监测系统（CEMS）组成示意图

（2）供电条件：电压 AC（220±22）V；频率（50±1）Hz。

（3）特殊环境：低温、低压特殊环境下的仪器仪表要满足当地环境条件下的使用要求。

（4）防护等级：CEMS检测柜的防护等级不应低于IP55。

（5）系统安全：①在上述室内温度与相对湿度下：系统电源端子对地或机壳绝缘电阻$\geqslant 20\Omega$。②在1500V（有效值）、50Hz正弦波实验电压下持续1min，不出现击穿或飞弧现象。③系统具有漏电保护、良好接地等防雷措施。

（6）功能与校准功能要求、预处理、数据采集与传输等系统设备要求见HJ 76—2017第5.4节。

3. 烟气排放连续监测系统（CEMS）分析仪器的主要技术指标

焚烧烟气污染物连续检测（CEM）分为实验室检测与排放现场检测，不同场合的CEMS有不同技术指标要求。具体技术指标与技术要求参见表1-29、图1-30。监测与计算方法参见第7章。

固定污染源烟气（SO_2、NO_x、颗粒物）CEMS实验室检测项目　　　　表1-29

	实验室检测项目	技术要求		实验室检测项目	技术要求
二氧化硫监测单元	仪表响应时间（上升下降）	$\leqslant 120s$	氧气监测单元	仪表响应时间（上升下降）	$\leqslant 120s$
	重复性	$\leqslant 2\%$		重复性	$\leqslant 2\%$
	线性误差	$\pm 2\%$F.S.		线性误差	$\pm 2\%$F.S.
	24h零点漂移和量程漂移	$\pm 2\%$F.S.		24h零点漂移和量程漂移	$\pm 2\%$F.S.
	一周零点漂移和量程漂移	$\pm 3\%$F.S.		一周零点漂移和量程漂移	$\pm 3\%$F.S.
	环境温度变化的影响	$\pm 5\%$F.S.		环境温度变化的影响	$\pm 5\%$F.S.
	进样流量变化的影响	$\pm 2\%$F.S.		进样流量变化的影响	$\pm 2\%$F.S.
	供电电压变化的影响	$\pm 2\%$F.S.		供电电压变化的影响	$\pm 2\%$F.S.
	干扰成分的影响	$\pm 5\%$F.S.		干扰成分的影响	$\pm 5\%$F.S.
	振动的影响	$\pm 2\%$F.S.		振动的影响	$\pm 2\%$F.S.
	平行线	$\leqslant 5\%$		平行线	$\leqslant 5\%$
氮氧化物监测单元	仪表响应时间（上升下降）	$\leqslant 120s$	颗粒物监测单元	重复性	$\leqslant 2\%$
	重复性	$\leqslant 2\%$			
	线性误差	$\pm 2\%$F.S.		24h零点漂移和量程漂移	$\pm 2\%$F.S.
	24h零点漂移和量程漂移	$\pm 2\%$F.S.			
	一周零点漂移和量程漂移	$\pm 3\%$F.S.		一周零点漂移和量程漂移	$\pm 3\%$F.S.
	环境温度变化的影响	$\pm 5\%$F.S.		环境温度变化的影响	$\pm 5\%$F.S.
	进样流量变化的影响	$\pm 2\%$F.S.			
	供电电压变化的影响	$\pm 2\%$F.S.		供电电压变化的影响	$\pm 2\%$F.S.
	干扰成分的影响	$\pm 5\%$F.S.			
	振动的影响	$\pm 2\%$F.S.		振动的影响	$\pm 2\%$F.S.
	二氧化氮转换效率	$\geqslant 95\%$		检出限（满量程$\leqslant 50mg/m^3$）	$\leqslant 1mg/m^3$
	平行线	$\leqslant 5\%$			

注：实验室与现场检测技术要求中的F.S.表示满量程，氮氧化物以NO_2计。

固定污染源烟气（SO₂、NOₓ、颗粒物）CEMS现场检测项目　　　　表1-30

现场检测项目			技术要求
二氧化硫 CEMS	初检期间	示值误差	满量程≥100μmol/mol（286mg/m³）时，±5%（标称值）； 满量程<100μmol/mol（286mg/m³）时，±2.5%F.S.
		系统响应时间	≤200s
		24h零点漂移和量程漂移	±2.5%F.S.
		准确度	排放浓度平均值： ≥250μmol/mol（715mg/m³）时，相对准确度≤15%； 50～250μmol/mol（143～715mg/m³）时，绝对误差≤20μmol/mol（57mg/m³）； 20～50μmol/mol（57～143mg/m³）时，相对准确度≤30%； <20μmol/mol（57mg/m³）时，绝对误差≤6μmol/mol（17mg/m³）
	复检期间	24h零点漂移和量程漂移	±2.5%F.S.
		准确度	排放浓度平均值： ≥250μmol/mol（715mg/m³）时，相对准确度≤15%； 50～250μmol/mol（143～715mg/m³）时，绝对误差≤20μmol/mol（57mg/m³）； 20～50μmol/mol（57～143mg/m³）时，相对准确度≤30%； <20μmol/mol（57mg/m³）时，绝对误差≤6μmol/mol（17mg/m³）
氮氧化物 CEMS	初检期间	示值误差	满量程≥200μmol/mol（410mg/m³）时，±5%（标称值）； 满量程<200μmol/mol（410mg/m³）时，±2.5%F.S.
		系统响应时间	≤200s
		24h零点漂移和量程漂移	±2.5%F.S.
		准确度	排放浓度平均值： ≥250μmol/mol（513mg/m³）时，相对准确度≤15%； 50～250μmol/mol（103～513mg/m³）时，绝对误差≤20μmol/mol（41mg/m³）； 20～50μmol/mol（41～103mg/m³）时，相对准确度≤30%； <20μmol/mol（41mg/m³）时，绝对误差≤6μmol/mol（12mg/m³）
	复检期间	24h零点漂移和量程漂移	±2.5%F.S.
		准确度	排放浓度平均值： ≥250μmol/mol（513mg/m³）时，相对准确度≤15%； 50～250μmol/mol（103～513mg/m³）时，绝对误差≤20μmol/mol（41mg/m³）； 20～50μmol/mol（41～103mg/m³）时，相对准确度≤30%； <20μmol/mol（41mg/m³）时，绝对误差≤6μmol/mol（12mg/m³）
氧气 CEMS	初检期间	示值误差	±5%（标称值）
		系统响应时间	≤200s
		24h零点漂移和量程漂移	±2.5%F.S.
		准确度	相对准确度≤15%
	复检期间	24h零点漂移和量程漂移	±2.5%F.S.
		准确度	相对准确度≤15%

现场检测项目			技术要求
颗粒物 CEMS	初检期间	24h零点漂移和量程漂移	±2%F.S.
		相关系数	≥0.85
			当测量范围≤50mg/m³ 时，≥0.75
		置信区间半宽	≤10%
		允许区间半宽	≤25%
	复检期间	24h零点漂移和量程漂移	±2%F.S.
		准确度	排放浓度平均值： ＞200mg/m³ 时，相对误差±15%； 100～200mg/m³ 时，相对误差±20%； 50～100mg/m³ 时，相对误差±25%； 20～50mg/m³ 时，相对误差±30%； 10～20mg/m³ 时，绝对误差±6mg/m³； ≤10mg/m³ 时，绝对误差±5mg/m³
流速连续监测系统	初检期间	速度场系数精密度	≤5%
	复检期间	准确度	烟气流速平均值：＞10m/s时，相对误差±10%； ≤10m/s时，相对误差±12%
温度连续监测系统	初检期间	准确度	±3℃
	复检期间	准确度	±3℃
湿度连续监测系统	初检期间	准确度	烟气湿度平均值：＞5.0%时，相对误差±25%； ≤5.0%时，绝对误差±1.5%
	复检期间	准确度	烟气湿度平均值：＞5%时，相对误差±25%； ≤5%时，绝对误差±1.5%

1.6　垃圾焚烧过程排烟量计算

1.6.1　概述

垃圾焚烧烟气是燃烧过程的掺混有一定固态颗粒物的气态产物。焚烧烟气的成分以 N_2、O_2、CO_2 及 H_2O 四种无害物质为主，占总烟气容积的 99% 以上。另有不足 1% 的物质，是对人体健康和环境质量有负面影响与有害的物质，称为"烟气污染物"。主要控制的污染物有：

① 以惰性氧化物、金属盐类以及可能存在未完全燃烧固态物质的颗粒物；

② HCl、SO_x、NO_x 等酸性污染物；

③ 包括 Pb、Hg、Cd、Cr、Mn、Fe、Al 等重金属；

④ 以二噁英及呋喃为重点的残余有机物。

其典型特征表现为，酸性氧化物可使焚烧飞灰的灰熔点提高，碱性氧化物反之；氯化物可能会增加固化体中二噁英与重金属的溶出性。

烟气容积作为烟气污染物浓度计算的基准值，通常是按实际运行状态与标准状态分别标注为 mg/m^3、mg/Nm^3。垃圾焚烧过程受垃圾特性以及焚烧量管理的约束，不同时间段的产生量会有所不同。由此我国是对工程项目正常运行期间的实际运行工况，按自然时间段连续检测的平均值，并取小时均值与日均值作为统计分析的基本依据。

工程项目前期设计与工程设计，是按长期研究的通用经验公式计算。由于存在特定边界条件不同程度的差异，预估设计用生活垃圾物理成分与实际运行时的物理成分存在较大偏离，以及按工程设计惯例采用放大系数做法等因素，以致焚烧烟气量的实际运行值往往低于设计值。对数十个项目的统计结果显示平均偏差是在 20％±10％。从烟气污染物控制视角，对正常运行结果的分析表明，一般这种偏差在 20％以内时，对烟气污染物控制可在运行管理接受的范围内。但当这种偏差超过 20％时，对运行早期的烟气污染物控制会有负面影响，而且偏差越大影响越明显。另一方面，受社会环境影响，一但垃圾可燃成分占比提高，垃圾含水率与无机成分降低，则实际与设计的烟气量偏差可能会减小，也就更有利于烟气污染物的控制。

1.6.2　生活垃圾元素分析

生活垃圾元素分析受源产物及取样的高不准确性影响，不能基于水分与灰分因素，按煤成分百分数的基准反映垃圾的性质。另外，生活垃圾中氯（Cl）对焚烧过程和烟气污染物有着不可忽视的影响。因此对生活垃圾，是基于水分（W）与灰分（A）因素，按碳（C）、氢（H）、氧（O）、氮（N）、硫（S）、氯（Cl）元素成分百分数的基准分为湿基与干基。

目前还没有生活垃圾元素成分的专门检测标准，因此除垃圾的容重、含水率、灰分是按 CJ/T313 标准检测，各元素检测方法是参照电力行业煤的元素分析进行（表 1-31）。

元素分析的标准测定法　　　　　　　　　　表 1-31

分析项目	测定方法	分析项目	测定方法
《煤的元素分析》GB/T 31391—2015			
碳（C）和氢（H）	《煤中碳和氢的测定方法》GB/T 476—2008 或《煤中碳氢氮的测定　仪器法》GB/T 30733—2014	一般分析试验煤样水分	《煤中碳和氢的测定方法》GB/T 476—2008 或《煤中碳氢氮的测定　仪器法》GB/T 30733—2014
氮（N）	《煤中氮的测定方法》GB/T 19227—2008 或《煤中碳氢氮的测定　仪器法》GB/T 30733—2014	全水分	《煤中全水分的测定方法》GB/T 211—2017
全硫	《煤中全硫的测定》方法 GB/T 214—2007 或《煤中全硫测定　红外光谱法》GB/T 25214—2010	灰分（A）	《煤的工业分析方法》GB/T 212—2008 或《煤的工业分析方法　仪器法》GB/T 30732—2014

分析项目	测定方法	分析项目	测定方法
其他检测项目的测定标准			
原生垃圾容重/含水率/灰分	《生活垃圾采样和分析方法》CJ/T 313—2009	氯（Cl）	《煤中氯的测定方法》GB/T 3558—2014

　　由于生活垃圾成分具有绝对不稳定性，相应元素分析值具有较大偏差，加之分析取样的局限性等负面作用，以致垃圾元素分析值的准确性低。为此，作者在汇集与分析大量城市混合生活垃圾干基物理成分及其含水率等特性资料基础上，研究提出混合垃圾的物理成分与湿基元素分析值的关系（表1-32）。经过多年的实践检验，可作为校验元素分析试验结果的工具，也可在缺乏了解元素分析时，作为工程设计的参考依据。

生活垃圾元素分析典型值和分布范围　　　　表 1-32

分析结果		纸类	橡塑	厨余	纤维	竹木	其他
C	典型值	41.33	60.39	35.64	45.04	42.96	27.64
	范围	38～49	60～78	25～48	36～50	40～53	
H	典型值	5.90	7.83	5.12	6.41	6.02	4.06
	范围	5～6.5	7～14	5～6.5	5～6.5	5.5～6.5	
S	典型值	0.20	0.30	0.39	0.15	0.10	0.31
	范围	0～0.3	0～1.0	0～0.5	0～0.4	0～0.2	
O	典型值	42.59	17.85	36.51	42.59	41.24	16.74
	范围	39～44	4～20	28～38	32～45	35～44	
N	典型值	1.62	0.86	2.58	2.18	2.35	1.94
	范围						
Cl	典型值	0.46	1.89	0.82	0.46	0.36	0.45
	范围						
A	典型值	7.81	5.58	19.59	3.17	6.97	48.86
	范围	3～12	4～10	14～25	1～10	1～10	

1.6.3　焚烧烟气量计算

1.6.3.1　理论空气量

　　垃圾在垃圾焚烧锅炉内燃烧所需氧来源于空气，空气中氧容积含量按21%计，1kg焚烧垃圾完全燃烧所需不含水蒸气的理论干空气量（V^0，Nm^3/kg 垃圾）为：

$$V^0 = 0.0889C + 0.2647H + 0.0333S + 0.0301Cl - 0.0333O \qquad (1-29)$$

　　当无元素分析时，参考《污染源源强核算技术指南　火电》HJ 888—2018给出的下式估算：

$$V^0 \approx 0.000263 \times Q \qquad (1-30)$$

53

式中　C、H、S、Cl、O，分别为生活垃圾湿基碳、氢、硫、氯、氧元素含量，%。

用空气重量表示的理论干空气量（L^0，kg/kg 垃圾）为：

$$L^0 = 1.293V^0 = 0.115C + 0.342H + 0.0431S + 0.0389Cl - 0.0431O \quad (1-31)$$

实际运行的空气量 V_k（Nm^3/kg）与 V^0 之比，称为过量空气系数（计算烟气量用 α；计算空气量用 β）：

$$\frac{V_k}{V^0} = \alpha（或 \beta） \quad (1-32)$$

严格讲垃圾火焰焚烧过程在二次风区域基本结束，综合室燃技术、流化技术与层燃技术的不同燃烧过程，仍沿用炉膛出口的过量空气系数 α_1''。对应锅炉机组损失最小，效率最高时的过量空气系数称为最佳过量空气系数。考虑垃圾焚烧锅炉特定垃圾性质，以挥发分燃烧为主、混合固相燃烧的方式，采用平衡通风的垃圾焚烧锅炉设备的结构特点，以及实际运行经验，初步确定炉膛出口最佳过量空气系数 $\alpha_1'' = 1.5 \pm 0.5$。

相对负压锅炉，在炉膛及以后的烟道中会有外界冷空气通过不严密处漏入炉内。漏入的空气量 ΔV_k 与理论空气量 V_0 之比，称为漏风系数 $\Delta\alpha$。就垃圾焚烧锅炉炉膛的漏风系数 $\Delta\alpha_1 \leqslant 0.05$，过热器 + 蒸发器等对流受热面的漏风系数 $\Delta\alpha_d \leqslant 0.03$，省煤器的漏风系数 $\Delta\alpha_s \leqslant 0.02$。由此沿烟气在锅炉炉膛与其后通道与对流受热面、尾部受热面任一烟道中相应的过量空气系数 $\alpha = \alpha_1'' + \sum\Delta\alpha$。

1.6.3.2　标准状态的单位烟气量与烟气焓

垃圾完全焚烧的产物的成分有：①可燃元素 C、H、S 等完全燃烧产物 CO_2、SO_2 和 H_2O；②燃料型和热力型氮 N_2；③过量空气中未被利用的自由氧 O_2；④水蒸气。包括氢完全燃烧的水蒸气产物，垃圾焚烧中水分蒸发形成的水蒸气和随空气进入炉内的水蒸气。因此，1kg 垃圾焚烧完全燃烧时的烟气总容积为：

$$V_y = V_{CO_2} + V_{SO_2} + V_{N_2} + V_{O_2} + V_{H_2O} \quad (1-33)$$

通过对各项烟气成分的理论推导，得出如下垃圾焚烧所产生的标态单位烟气量（V_y，Nm^3/kg）：

$$V_y = 0.01867C + 0.112H + 0.007S + 0.00315Cl + 0.008N + (1.0161\alpha - 0.21)V^0 + 0.0124W$$

$$(1-34)$$

式中　α——过剩空气系数；

　　　W——垃圾含水率，%。

垃圾焚烧烟气作为混合物，在设计与校核计算时需要知道焚烧烟气的温度与焓之间的关系。焚烧烟气焓（h_y）是以 1kg 焚烧垃圾、0℃作为计算基准；是理论烟气焓（h_y^0，kJ/kg）、过量空气焓（h_k^0）与飞灰焓（h_{fh}）的和；记为：

$$h_y = h_y^0 + (\alpha - 1)h_k^0 + h_{fh} \quad (1-35)$$

在温度 θ℃时，理论容积的烟气焓 h_y^0 按下式计算：

$$h_y^0 = (V_{CO_2} \cdot c_{CO_2} + V_{SO_2} \cdot c_{SO_2} + V_{N_2}^0 \cdot c_{N_2} + V_{H_2O}^0 \cdot c_{H_2O})\theta \quad (1-36)$$

式中　c_{CO_2}、c_{SO_2}、c_{H_2O}、c_{N_2} 分别为二氧化碳、二氧化硫、水和氮在 0.101MPa 压力下由

0℃到 θ℃时的平均容积比热，可由相关工程热力手册查到。

1.6.3.3 引风机的计算与选型

1. 一般说明

引风机的选型准则是保证在其设备寿命期内最大工况下可正常运行，设备经常工作区处在最佳效率范围内。其选型参数是以设计点的计算风量、计算风压与功率，并考虑不可控因素的计算结果，而实际确定的引风机规格，至少不低于设计计算参数。

确定的垃圾焚烧系统对应的引风机参数往往大于实际运行的风机功效，且随着垃圾特性改变，其偏差不固定，造成电力消耗增加。为此，增设具有节能、调速或软启动制动功效的变频器或液力耦合器当属最佳可用方法。根据引风机电机功率分为低压变频器与高压变频器，一般当输出功率大于 500kW 时采用如 10kV 高压电机和高压变频器。由于采用高压变频器可能出现电流利用率低或是"大马拉小车"等不节能等问题，可采用降压后，通过低压变频直接驱动低压电机，或是再升压后驱动高压电机等方法。

2. 引风机烟气量（V_f，m^3/h）计算

$$V_f = \frac{k_1 \cdot k_2}{\lambda} \cdot (BV_y + V_s) \cdot \frac{P_0}{P + P_t} \cdot \frac{273 + t}{273} \tag{1-37}$$

式中　k_1——引风机前烟道漏风系数，可按每 10m 管路漏风率 1‰ 取值；

　　　k_2——引风机前设备漏风系数，按相关设备说明确定，也可按 1.01～1.03 取值；

　　　λ——风量修正系数，可根据 HJ 888—2018 的条文说明计算或查表确定；

　　　V_f——引风机风量，m^3/h；

　　　B——单台焚烧炉小时的焚烧垃圾量，kg/h；

　　　V_s——烟气净化系统喷水蒸发引起的烟气量增加量，Nm^3/h；

　　　P_0——标准状态的大气压，一般取 101kPa；

　　　P——焚烧厂运行期间的当地大气压，kPa；

　　　P_t——风机进口断面的烟气静压，kPa；

　　　t——引风机处烟气温度，℃。

3. 引风机的风压计算

$$P_f = \frac{P_g + (P_d \cdot \alpha_1 + P_s) \cdot \alpha_2 - P_c}{\lambda} \tag{1-38}$$

式中　P_f——引风机风压，Pa；

　　　P_g——垃圾焚烧锅炉省煤器烟气出口负压，由设备商提供，Pa；

　　　P_d——引风机前后烟道总压力损失，由烟道水力计算确定，Pa；

　　　α_1——烟道压力损失附加系数，一般取 1.15～1.20；

　　　P_s——烟气流通所有设备压力损失之和，Pa；

　　　α_2——风机全压负差系数，一般取 1.05；

　　　P_c——烟囱热压（见 1.6.4.1 节），Pa；

　　　λ——风压修正系数，可查表确定。

4. 干烟气排放量

干烟气排放量采用设备供货商基于热力平衡参数的烟气排放量。也可按下式（其中 V_0、V_{H_2O} 按 HJ 888—2018 附录 C 的规定计算，本文不再列出）计算：

$$V_g = \frac{B}{3.6}\left\{(1-0.01q_4)\left[\frac{Q}{4026}+0.77+1.0161(\alpha-1)V_0\right]\right.$$
$$\left. -[0.111H+0.0124W+0.0161(\alpha-1)V_0]\right\} \tag{1-39}$$
$$V_s = V_g + V_{H_2O} + 0.0161\times1(\alpha-1)V_0 \tag{1-40}$$

式中　V_g、V_s——干、湿烟气排放量，m^3/s；

　　　B——单台焚烧炉小时的焚烧垃圾量，t/h；

　　　q_4——锅炉机械不弯曲燃烧的热损失，%；

　　　Q——垃圾湿基热值，kJ/kg；

　　　α——过量空气系数。

1.6.4　烟囱热压与抬升高度计算方法

1.6.4.1　烟囱热压 P_c 计算

$$P_c = 10H(\gamma_k - \gamma_y) \tag{1-41}$$

式中　H——烟囱自烟道接入点至烟囱顶部的高度，m；

　　　γ_k——烟囱外空气平均密度，可取 1.2，kg/m^3；

　　　γ_y——烟囱内烟气平均密度，kg/m^3；

1.6.4.2　垃圾焚烧烟囱内筒出口直径

垃圾焚烧的烟囱一般是采用与焚烧线单元配置的耐腐蚀缸内筒与钢混凝土外筒的组合烟囱。内筒有保温层时的温度降可不考虑，无保温层时可按每米温度降 0.5℃ 估算。常用 60～120m 烟囱的出口烟气流速（w_c，m/s）上限参见表 1-33。

烟囱出口烟气流速上限值/（m/s）　　　　表 1-33

烟气温度/℃	60	80	100	110	130	150
烟囱高度/m　60	11	13	15	15	17	19
80	13	16	18	18	20	22
100	14	17	20	20	22	24
120	16	19	22	22	24	26

钢内筒出口直径（d，m）按下式计算：

$$d = \sqrt{\frac{B\cdot V'_y(t_c+273)}{3600\times273\times0.7854\cdot w_c}} \tag{1-42}$$

式中　V'_y——烟囱单内筒计入漏风系数的烟气量，Nm^3/kg；

　　　t_c——烟囱出口处烟气温度，℃；

　　　w_c——烟囱出口处烟气流速，m/s；参见表 1-30；一般不取上限值，100% 负荷取 10～20m/s，最大不宜超 30m/s，最小不低于 4～5m/s，以免冷空气倒灌。

1.6.4.3　烟囱的烟气抬升高度

下述烟囱的烟气抬升高度（ΔH）计算，源于《火电厂大气污染物排放标准》GB 13223—2003。

当 $Q_H\geqslant21000kJ/s$，且 $\Delta T\geqslant35K$ 时：

城市、丘陵：　　　　　　　$\Delta H = 1.303Q_H^{1/3}H_s^{2/3}/U_s \tag{1-43}$

平原农村： $\qquad \Delta H = 1.427Q_H^{1/3}H_S^{2/3}/U_S \qquad$ (1-44)

当 $2100\text{kJ/s} \leqslant Q_H < 21000\text{kJ/s}$ 且 $\Delta T \geqslant 35\text{K}$ 时：

城市、丘陵： $\qquad \Delta H = 0.292Q_H^{3/5}H_S^{2/5}/U_S \qquad$ (1-45)

平原农村： $\qquad \Delta H = 0.332Q_H^{3/5}H_S^{2/5}/U_S \qquad$ (1-46)

当 $Q_H < 21000\text{kJ/s}$，且 $\Delta T \geqslant 35\text{K}$ 时：

$$\Delta H = 2(1.5V_S d + 0.01Q_H)/U_S \qquad (1\text{-}47)$$

上述各式中

V_S——烟囱出口处实际烟速，m/s。

H_S——烟囱几何高度，m。

Q_H——烟气热释放率，kJ/s，按下式计算：

$$Q_H = c_P \times V_0 \times \Delta T \qquad (1\text{-}48)$$

式中 c_P——烟气平均定压比热，$1.38\text{kJ/m}^3\text{K}$；

V_0——标准状态排烟率，Nm^3/s。一座烟囱连接多台锅炉时，该烟囱的 V_0 为所连接的各锅炉该项数值之和。

ΔT——烟囱出口处烟气温度与环境温度之差，K；按下式计算：

$$\Delta T = T_S - T_a \qquad (1\text{-}49)$$

式中 T_S——烟囱出口处烟气温度，K；可用烟囱入口处烟气温度按 $-5℃/100\text{m}$ 递减率换算所得值；

T_a——烟囱出口处环境平均温度，K，可用项目所在地附近的气象台站定时观测最近 5a 地面平均气温代替。

烟囱出口处的环境风速（U_S，m/s），按下式计算：

$$U_S = U_{10} \times \left(\frac{H_S}{10}\right)^{0.15} \qquad (1\text{-}50)$$

式中 U_{10}——距离地面10m高度处平均风速，m/s。采用项目所在地最近气象台站最近 5a 观测距地面 10m 高度处的风速平均值，当 $U_{10} < 2.0\text{m/s}$ 时，取 $U_{10} = 2.0\text{m/s}$。

1.6.5 烟气污染物单位换算

垃圾焚烧烟气污染物浓度采用在 0℃，1atm，干基烟气含氧量 11% 作为标准状态。固态污染物的计量单位只用 mg/Nm^3；气态污染物采用 mg/Nm^3，当采用 ppm 时，按下式换算：

$$X_{mass} = \frac{M}{22.4} \times X_{ppm} \qquad (1\text{-}51)$$

式中 X_{mass}、X_{ppm}——分别为气态污染物质量单位 mg/m^3 与 ppm 的值；M：气态污染物的分子量。

在相同温度和压力的干态烟气状态下，修正为 11% 参比状态时的污染物浓度换算公式为：

$$O_{11} = O_M \times \frac{20.9 - 11}{20.9 - (O_2)_M} \tag{1-52}$$

式中　O_M、$(O_2)_M$：分别为检测的干烟气状态时污染物、O_2浓度，单位为％。

1.6.6　烟气污染物源强核算

烟气污染源源强的核算按《污染源源强核算技术指南　火电》HJ 888—2018 规定进行，核算方法有物料平衡法、实测法、排污系数法，以及非正常排放工况。其中的质量平衡法，是根据物质质量守恒定律，对垃圾焚烧过程使用物料变化情况进行定量分析的方法。此法适合于对年度平均与小时平均运行状态和在线监测结果的工程分析与评价。考虑目前垃圾焚烧行业的实际情况，特在此引述该计算方法，涉及流化技术的特别规定见上述标准，不再列出。

1.6.6.1　基于物料平衡的颗粒物（烟尘）排放量的核算

按年（或月）日平均和小时的时段，焚烧烟气颗粒物（也叫烟尘）平均排放量可按下式核算。

$$M_A = \alpha_{fh} \times B_g \times \left(1 - \frac{\eta_c}{100}\right)\left(\frac{A}{100} + \frac{Q_d \times q_4}{33870 \times 100}\right) \tag{1-53}$$

式中　α_{fh}——焚烧烟气带出的飞灰份额；

　　　M_A——核算时段内颗粒物排放量，t；

　　　B_g——核算时段内焚烧垃圾量，t；

　　　η_c——除尘效率，％，当除尘器下游有湿法脱酸工艺时，应考虑其除尘效果；

　　　A——湿基灰分的质量分数，％；

　　　q_4——锅炉机械不完全燃烧热损失；无数据时，采用统计时间段的实际炉渣热灼减率作为缺省值；

　　　Q_d——焚烧垃圾热值（相当于煤的低位发热量）。

1.6.6.2　基于物料平衡的 SO_x 年度与月度排放量的核算

按年（或月）日平均和小时计，焚烧烟气的 SO_x 平均排放量可按下式核算。HCl 的排放量核算，可参照该公式并按 HCl 规则修正 K、η_{S1}、η_{S2}、S 等参数取得。

$$M_{SO_2} = 2K \cdot B_g \times \left(1 - \frac{\eta_{S1}}{100}\right)\left(1 - \frac{q_4}{100}\right)\left(1 - \frac{\eta_{S2}}{100}\right) \times \frac{S}{100} \tag{1-54}$$

式中　M_{SO_2}——核算时段内 SO_x 排放量，t；

　　　K——焚烧垃圾中硫燃烧后氧化成 SO_x 的份额；

　　　B_g——核算时段内焚烧垃圾量，t；

　　　η_{S1}——除尘效率，％；当除尘器下游有湿法脱酸工艺时，应考虑其出差效果；

　　　η_{S2}——脱酸系统的脱硫效率，％；

　　　q_4——锅炉机械不完全燃烧热损失；无数据时，采用统计时间段的实际炉渣热灼减率作为缺省值；

　　　S——湿基硫的质量分数，％；

1.6.6.3　基于物料平衡的 NO_x 年度与月度排放的核算

按年（或月）日平均和小时计，焚烧烟气的 NO_x 平均排放量可按下式核算。

$$M_{NO_x} = \frac{\rho_{NO_x} \times V_g}{10^9} \times \left(1 - \frac{\eta_{NO_x}}{100}\right) \tag{1-55}$$

式中　M_{NO_x}——核算时段内 NO_x 排放量，t；

　　　ρ_{NO_x}——焚烧锅炉炉膛出口氮氧化物排放质量浓度，mg/m^3；

　　　V_g——核算时段内标态干烟气排放量，t；

　　　η_{NO_x}——脱氮效率，%。

1.6.6.4　基于物料平衡的汞及其化合物年度与月度排放的核算

焚烧烟气的汞及其化合物检测平均排放量可按下式核算。

$$M_{Hg} = B_g \times m_{Hg} \times \left(1 - \frac{\eta_{Hg}}{100}\right) \times 10^{-6} \tag{1-56}$$

式中　M_{Hg}——核算时段内汞及其化合物排放量（以 Hg 计），t；

　　　B_g——核算时段内焚烧垃圾量，t；

　　　m_{Hg}——湿基汞的含量，$\mu g/g$；

　　　η_{Hg}——汞的协同脱除效率，%。

1.6.7　按相关环保规定某一周期的烟气污染物排放计算方法

按环保相关规定，某周期内污染物实际排放量（E，单位 t）的计算方法按如下优先顺序进行：自动监测法＞手工监测法＞系数法。

污染物实际排放量按照排污许可证规定的废气、污水的排污口、生产设施分别计算，依照下列方法和顺序计算。检测周期内有多次监测数据的，取其平均值。

（1）依法安装使用符合国家规定和监测规范的污染物自动监测设备的，按照污染物自动监测数据计算。

$$E = Q \times C \times T \times 10^{-9} \tag{1-57}$$

式中　Q——烟气流量，m^3/h；

　　　C——污染物排放浓度，mg/m^3；

　　　T——周期内污染物排放时间，h。

（2）依法不需安装污染物自动监测设备的，按照符合国家规定和监测规范的污染物手工监测数据计算。

$$E = V \times T \times 10^{-3} \tag{1-58}$$

式中　V——排放速率，kg/h；

　　　T——周期内污染物排放时间，h。

（3）不能按照相关规定方法计算的，包括应当安装而未安装污染物自动监测设备或者自动监测设备不符合规定的，按照生态环境部规定的产排污系数、物料衡算方法计算。

$$E = A \times \alpha \times B \times (1 - C) \times 10^{-3} \tag{1-59}$$

式中　A——周期内产品产量或者原辅料消耗量，t；

α——污染物产污系数，kg/t；

B——废气收集效率，%；

C——某污染物去除率，%。

1.7　生活垃圾焚烧碳排放核算

1.7.1　概述

1.7.1.1　温室效应

温室效应是指透射阳光的密闭空间由于与外界缺乏热对流而形成的保温效应。大气中的某些气体和化合物可以透过太阳可见光的光谱使地球表面升温，能吸收地球表面向宇宙空间发射的红外线，使大气增温变暖，起到类似温室作用即温室效应。

导致温室效应的大气微量组分被称为温室气体，主要是天然的温室气体 H_2O 和 CO_2，产生的温室效应分别占总温室效应的 $60\%\sim70\%$ 与 26%。其他的温室气体还有臭氧 O_3、甲烷 CH_4、氧化亚氮 N_2O、全氟碳化物 PFCs、氢氟碳化物 HFCs、含氯氟烃 HCFCs 和六氟化硫 SF_6 等。正是在 H_2O 和 CO_2 天然温室气体作用下，才形成了对地球生物最适宜的环境温度，从而使得生命能够在地球上生存和繁衍，假如没有大气层和这些天然温室气体，地球的表面温度将比现在低 33℃，人类和大多数动植物将面临生存危机。但是由于人类在自身发展过程中对能源的过度使用和自然资源的过度开发，造成大气中温室气体的浓度打破了天然温室气体的平衡，并以极快的速度增长，成为全球气候变暖的主要原因。

1.7.1.2　垃圾焚烧处理过程的碳排放研究背景

联合国政府间气候变化专门委员会（Intergovernmental Panel on Climate Change，IPCC）是联合国规划署 UNEP 与世界气象组织 WMO 于 1988 年建立的评估气候变化的国际组织，同年得到联合国大会批准。IPCC 是一个政府间科学技术机构，旨在向世界提供一个清晰的有关对当前气候变化及其潜在环境和社会经济影响认知状况的科学观点；负责评审和评估全球产生的有关认知气候变化方面的最新科学技术和社会经济文献。IPCC 是一个政府间机构，既不开展研究也不监督与气候有关的资料或参数；对联合国和 WMO 的所有会员国开放。目前，有 195 个国家是 IPCC 的会员。

IPCC 有独特机会为决策者提供严格和均衡的科学信息。通过批准 IPCC 的报告，各国政府承认其科学内容的权威性。因此，IPCC 的工作与政策既具有相关性又保持着中立关系，不对政策作任何指令或规定。自 1988 年成立以来，IPCC 已编写了五套多卷册评估报告，包括组织编写的 1996 年、2000 年、2006 年三个版本的温室气体清单编制指南。2006 年 IPCC 修订出版的《IPCC 国家温室气体清单指南》和估算温室气体的《IPCC 国家温室气体清单优良做法指南与不确定性管理》，既不高估也不低估核算排放，同时尽可能降低计算过程的不确定性。

我国在 1994 年公布了国家温室气体清单，温室气体范围包括能源活动、工业生产过程、农业、土地利用变化和林业，以及城市废弃物处理的温室气体排放，主要种类有

CO_2、CH_4、N_2O。美国环境保护局（US Environmental Protection Agency，USEPA）[1] 认为，垃圾焚烧中碳排放主要计算矿物质来源碳转化的 CO_2，因为生物质来源的碳无论是好氧还是厌氧处理过程，都要转变为 CO_2 或 CH_4；CH_4 如果利用，最终燃烧也要转变为 CO_2，如果不能利用而排到大气中将产生更大的温室效应。这也是垃圾填埋过程取 CH_4 排放指标的原因。

中国城市环境卫生协会依据《中华人民共和国清洁生产促进法》等温室气体控制法规，以及清洁生产指标体系编制、审核等的规定，自 2009 年开始了生活垃圾清洁焚烧工程基础的研究工作。于 2016 年发布《生活垃圾清洁焚烧指南》RISN-TG 022—2016，在此基础上于 2021 年发布行业标准《生活垃圾高效清洁焚烧指标体系标准》T/HW 00026—2021。其中的垃圾焚烧碳排放量，根据研究成果并参考我国台湾地区和日本等国关于垃圾焚烧温室气体排放的计算方法，采用 IPCC 清单和做法指南中的"废弃物处理温室气体排放计算方法"。

1.7.1.3 垃圾处理/处置过程的碳排放贡献

生活垃圾处理过程的温室气体排放可分为直接排放和间接排放。直接排放是垃圾处理过程中产生 CO、CH_4 以及 NO 的排放。间接排放是指垃圾运输、回收、处理与处置及运行管理中消耗矿物燃料和电力等能源产生的 CO 排放。根据 IPCC 国家温室气体清单指南，固废领域排放的温室气体约占全球温室气体的 3%。该温室气体排放是以生活垃圾填埋过程的甲烷排放为主。填埋过程包括垃圾车经称量后将垃圾卸到指定作业区，再由推土机、压实机等摊铺、压实、覆盖作业。填埋过程温室气体直接产生的 CH_4 排放，占整个填埋场温室气体排放 80% 以上。CH_4 排放因子基本是可降解有机碳 DOC 与分解的 DOC_f，垃圾填埋气体半衰期和 CH_4 的产生率与回收量，以及厌氧分解延迟时间、发生 CH_4 气体被氧化部分的氧化因子等。如无意排放的 CH_4 气体均被焚烧，可视为 CH_4 零排放。

对有组织焚烧过程的 CO_2 排放，有意见认为是属于低碳排放。从生活垃圾焚烧工艺基本过程看，进厂垃圾车经称重、运输、卸料，垃圾在垃圾池堆酵、沥出部分渗沥液后，由垃圾抓斗起重机投送到垃圾焚烧锅炉，以初始吸收炉膛辐射热，继而参与焚烧放热过程。焚烧热能通过发电或供热加以利用，可替代矿物质燃料燃烧而减排 CO_2。以标准状态焚烧烟气体积为基准（%Vol）的排放烟气，大约含有 <12% 的 O_2、60%~80%N_2、15%~25%H_2O、5%~14%CO_2，以及小于 1% 的烟气污染物；净化达标后的烟气通过烟囱排入大气。据此，CO_2 是垃圾焚烧烟气主要排放源；关键排放因子是焚烧垃圾碳总量中的矿物质占比，燃烧效率和发生氧化过程的氧化因子。露天焚烧则是最重要的 CO_2 排放源。另外，锅炉启停过程要消耗柴油或天然气能源。垃圾在垃圾池堆酵过程中沥出、收集的渗沥

---

[1] 美国环境保护局（U.S. Environmental Protection Agency，USEPA 或 EPA）是美国的一个独立行政机构，主要负责维护自然环境和保护人类健康不受环境危害影响。EPA 由美国前总统尼克松提议设立，在获国会批准后于 1970 年 12 月 2 日成立并开始运行。EPA 局长由美国总统直接指认，直接向美国白宫问责。环保局在美国的环境科学、研究、教育和评估方面具有领导地位。具体职责包括，根据国会颁布的环境法律制定和执行环境法规，评估环境状况，主导识别新兴的环境问题，提高风险评估和风险管理的科技水平。将国会批准预算的 40%~50% 通过用申请基金的方式直接资助州政府环境项目，包括国家机构、私人组织、学术机构，以及其他机构的环境研究项目，还通过一些计划提供其他的经济援助、环境教育。环保局可以制裁或采取其他措施协助州政府和美国原住民部落达到环境质量要求的水平。

液，在厌氧状态下会产生 CH_4 排放；废水处理过程可能产生 CH_4 和 N_2O 排放。其排放因子是最大 CH_4 产生能力和 CH_4 修正因子的函数。生活污水处理 N_2O 排放的关键因子包括污水中非消化性蛋白质排放因子，污泥中的氮清除量（缺省值为 0）。

通过对现代垃圾焚烧过程的温室气体直接排放的分析显示，基本排放源是燃烧过程的 CO_2 排放。层燃型焚烧烟气 CO_2 统计范围约在 5%～14%，具有较大离散性。主要原因在于垃圾特性、运行管理、焚烧技术等方面的差异。

1.7.2 二氧化碳排放核算基础

1.7.2.1 国家 CO_2 排放核算

根据政府间气候变化专门委员会（IPCC）指南，国家 CO_2 排放量可按照如下模型核算：

$$CE = \sum CE_{iJ} = \sum AD_{iJ} \times EF_{iJ} \tag{1-60}$$

其中，CE_{iJ} 是与能源有关碳排放核算，与生产过程有关碳排放核算等活动类型 i 的 CO_2 排放量；AD 是如能源消耗等的活动数据；EF 是排放因子，可衡量单位活动所释放的 CO_2 排放量。

对基础统计数据暂时缺失的年份或统计数据与前后年份相比有明显异常、但无可解释依据时，其碳排放量通过以下方式修正：

$$CE_{t1} = CE_{t0} \times (1 + agr)^{t1-t0} \tag{1-61}$$

其中，CE_{t1} 是修正年份的碳排放量，CE_{t0} 是参考年份的碳排放量，agr 是碳排放量的年均增长率。修正即假设碳排放增速不变，以参考年份的排放量推算修正年份的碳排放量。

1.7.2.2 行业 CO_2 排放核算

由于各国的统计口径不同，所核算的行业数目不一。因此，依据已建 47 个行业的 CEADs 数据库匹配行业。根据上述国家的排放账户和行业匹配指标，相应地匹配到行业的 CO_2 排放量如下：

$$CE_{ij} = CE_{iJ} \times \frac{SI_{ij}}{SI_{iJ}} \tag{1-62}$$

其中，SI 代表行业统计指标，包括行业能源消耗、行业能源强度、行业增加值、行业产出等。J 是指国家官方统计定义的行业，而 j 是 47 个行业列表中的匹配行业。

1.7.2.3 区域 CO_2 排放核算

对有区域性的能源统计，有利于区域、省或州一级的能源相关的 CO_2 排放核算。对这些区域性活动数据可以从地方统计中获得，核算方法与国家核算方法类似。对没有完整的区域统计资料，这些区域行业排放核算需要额外的关键指标来对国家排放进行处理。降尺度处理方法可以描述为：

$$CE_{ijr} = CE_{ijc} \times \frac{SIR_{ijr}}{SI_{ijc}} \tag{1-63}$$

其中，CE_{ijr} 是指在地区 r 的行业 i 因活动 j 产生的 CO_2 排放量，SIR 代表区域和行业匹配指标，SIR_{ijr}/SI_{ijc}指区域 r 的能源或经济数据占全国 c 的比例。用于降尺度处理的指标可以是能源消耗、工业生产或其他能近似反映一个地区排放占全国比例的数值。

就垃圾焚烧项目来说，目前是按我国相关规定"低一级的独立法人企业或视同法人的独立核算单位为边界，核算所有生产场所和生产设施产生的温室气体排放"为边界条件，按政府间气候变化专门委员会 IPCC 关于垃圾焚烧的计算模型与缺省办法进行估算。

1.7.3　垃圾焚烧碳排放边界条件及排放源分析

1.7.3.1　垃圾焚烧厂温室气体排放量核算程序

垃圾焚烧厂温室气体排放量核算程序：①确定报告主体的核算边界。②识别企业所涵盖的温室气体排放源类别及气体种类。③选择温室气体排放量计算公式。④选择或测算排放因子。⑤计算与汇总到各个排放源的温室气体排放量。

1.7.3.2　边界条件

按《工业其他行业企业温室气体排放核算方法与报告指南（试行）》的指导意见，以生活垃圾焚烧厂运行主体为边界，核算所有生产场所和生产设施产生的温室气体排放，设施范围包括直接生产系统工艺装置、辅助生产系统和附属生产系统。其中辅助生产系统包括厂区内的动力、供电、供水、供暖、制冷、机修、化验、仪表、原料库、运输等，附属生产系统包括厂内生产指挥管理系统以及如职工食堂、车间浴室、保健站等为生产服务的部门。

根据对焚烧项目评价目的不同，核算的边界条件会有所不同。如以核算垃圾焚烧系统的碳排放为目的时，无须对辅助、附属生产系统核算。对垃圾焚烧的核算依据是《2006年 IPCC 国家温室气体清单指南》《IPCC 国家温室气体清单优良做法指南和不确定性管理》和《工业其他行业企业温室气体排放核算方法与报告指南（试行）》。核算范围根据2006 年 IPCC 规定的生活垃圾焚烧 CO_2 排放量。

1.7.3.3　排放源和气体种类识别

排放源和气体种类识别原则是根据企业实际从事的产业活动和设施类型，识别其应予核算和报告的排放源和气体种类。对于那些监测成本较高、不确定性较大且贡献细微（排放量占企业总排放量的比例小于 1%）的排放源，企业可暂不报告，但需在报告中阐述未报告这些排放源的理由并附必要的佐证材料。

垃圾析出垃圾含水量 $M_{析出}$，大约是垃圾内在水分与残存外在水分、收集渗沥液量与垃圾池内残余渗沥液量之和。由此，取实验室检测的垃圾含水量 $M_{检测}$，则垃圾含水量 M 大致有如下关系：$M = M_{检测} + 1.1M_{析出}$。

对废水处理过程产生的甲烷通过回收自用或火炬焚毁等措施处理的，回收与销毁量按免于排放到大气中的 CH_4 量处理。焚烧项目主体在焚烧系统停运期间净购入的电力占总发电量不足 0.05‰的予以忽略，但按规定由报告主体的消费活动引起，依照约定也计入报告主体名下。不采用石灰石等碳酸盐用作生产原料、助熔剂、脱酸剂或其他用途的使用过程中，不发生分解产生的 CO_2 排放。另按《工业企业温室气体排放核算和报告通则》

GB/T 32150—2015 关于生物质燃料❶的温室气体排放种类应是 CO_2 和 CH_4。

1.7.4　生活垃圾焚烧的碳排放方法学

1.7.4.1　总论

《工业其他行业企业温室气体排放核算方法与报告指南（试行）》规定了报告企业主体温室气体排放源、气体种类（图 1-9），以及下述排放总量计算公式。

如存在除上述排放源之外的排放源，且 CO_2 当量排放对运行主体温室气体排放总量的贡献大于 1% 的，还应分别核算这些排放源的温室气体排放量并在公式右项中加总。具体核算方法请参考这些排放源所适用的相关指南并指明方法来源。

图 1-9　工业其他行业企业温室气体排放源及气体种类示意图

$$E_{GHG} = E_{CO_2 燃烧} + E_{CO_2 碳酸盐} + (E_{CH_4 废水} - E_{CH_4 回收销毁}) \times GWP_{CH_4} - R_{CO_2 回收}$$
$$+ E_{CO_2 净电} + E_{CO_2 净热} \tag{1-64}$$

式中　　　E_{GHG}——报告主体温室气体排放总量，单位为吨二氧化碳当量（CO_{2e}）；

$E_{CO_2 燃烧}$——报告主体化石燃料燃烧 CO_2 排放，单位为 CO_2 当量吨；

$E_{CO_2 碳酸盐}$——报告主体碳酸盐使用过程分解产生的 CO_2 排放，单位为 CO_2 当量吨；

$E_{CH_4 废水}$、$E_{CH_4 回收销毁}$——报告主体废水厌氧处理产生的 CH_4 排放量、回收与销毁量，单位为 CH_4 当量吨；

GWP——CH_4 相比 CO_2 的全球变暖潜势值。根据 IPCC 第二次评估报告，100 年时间尺度内 $1tCH_4$ 相当于 $21tCO_2$ 的增温能力，因此 GWP 等于 21；

$R_{CO_2 回收}$——报告主体的 CO_2 回收利用量，单位为 CO_2 当量吨；

---

❶ 科普中国·科学百科词条定义的生物质包括植物、动物和微生物。广义的生物质包括植物、微生物，以及以植物、微生物为食物的动物及其产生的废弃物。有代表性的生物质如农作物及其废弃物、木材及其废弃物和动物粪便。狭义的生物质是指农林业生产过程中除粮食、果实以外的秸秆、树木等木质纤维素、农产品加工下脚料、农林废弃物及畜牧业的禽畜粪便和废弃物等。正如锅炉从广义上可归结为压力容器，狭义上因与压力容器有重大差别而被单独列为一类一样，在此是按狭义概念理解为农林业生物质，不将生活垃圾列入其中。

生物质燃料则是指将生物质材料作为燃烧燃料，主要是指秸秆、锯末、甘蔗渣、稻糠等农林废弃物。在国家政策和环保标准中，直接燃烧生物质属于高污染燃料，只在农村的大灶中使用，不允许在城市中使用。生物质燃料的应用是将农林废物作为原材料，经粉碎、混合、挤压、烘干等工艺，制成如块状、颗粒状等可直接燃烧的生物质成型燃料（Biomass Moulding Fuel，BMF）。而生活垃圾焚烧以减少其体积和危害，避免或减少可能的有害物质，并利用焚烧能量和矿物质的方法首先是基于环境问题的解决方案，这与界定的生物质燃料有本质区别。而且基于类别，进而焚烧过程排放种类的差异，排放种类是不同的。

$E_{CO_2净电}$、$E_{CO_2净热}$——报告主体净购入电力、热力隐含的 CO_2 排放，单位为 CO_2 当量吨。

1.7.4.2 生活垃圾焚烧的碳排量评价

生活垃圾焚烧的碳排量评价，按 IPCC 在"优良做法指南"的矿物碳与生物碳的 CO_2 排放量计算方法进行。只有垃圾中的矿物碳（包括塑料、橡胶、织物、30%其他，以及液体溶液、废油），在焚烧过程中产生的 CO_2 排放，称为矿物碳排放，被视为净排放，应纳入国家 CO_2 排放总量估算。垃圾中所含的纸类、厨余和竹木等生物质材料称为生物碳，不纳入国家 CO_2 排放总量估算。如果垃圾焚烧作为能源使用，矿物碳与生物碳成因的 CO_2 均应估算且矿物碳纳入国家排放，而生物碳 CO_2 应做信息项，二者均要在能源部门报告。

严格意义上的生活垃圾焚烧碳排放是指单纯的生活垃圾焚烧而言。对掺烧厨余、餐厨垃圾残渣量，暂纳入垃圾中的厨余中并按厨余特性纳入生物碳评价。对掺烧污泥，不适用于本计算方法。考虑我国掺烧污泥情况，在此暂纳入焚烧干化后含水率40%～50%污泥和直接掺烧80%含水率污泥，占焚烧垃圾量不高于5%的工况。此时缺省污泥可降解有机碳值，即缺省 DOC 值是 4%～5%（占湿废物比例 4%～5%，意味 DOC 含量会是干物质的40%～50%）。

生活垃圾焚烧过程 CO_2 排放量，是由焚烧垃圾量（MSW，t/a）和单位焚烧垃圾的 CO_2 排放因子相乘的结果，高效清洁焚烧评价指标体系按 IPCC 在"优良做法指南"的生活垃圾焚烧厂 CO_2 排放量计算方法，即：

$$CO_{2emissions} = MSW \times CCW \times FCF \times EF \times 44/12 \text{ t/a} \tag{1-65}$$

式中　CCW——生活垃圾总碳含量比例%（特征值参见表 1-32），计算公式如下：

$$CCW = \sum_{i=1}^{n} WF_i(垃圾成分 i 比例) \times CF_i(垃圾成分 i 的碳含量) \tag{1-66}$$

FCF——生活垃圾中矿物碳占碳总量的比例%，计算公式如下：

$$FCF = \frac{\sum_{i1=1}^{n1} WF_{i1}(矿物碳质垃圾成分 i 比例) \times FCF_{i1}(矿物碳质垃圾成分 i 的碳含量)}{CCW}$$

$$\tag{1-67}$$

EF——生活垃圾焚烧炉的燃烧效率。缺省值按 95%计，也可按下式估算：

$$EF = [1 - 机械不完全热损失(q_4) - 化学不完全热损失(q_3)] \times 100\% \tag{1-68}$$

$$EF = (1 - 炉渣热灼减率 \times 100\%) \times 0.98 \times 100\% \tag{1-69}$$

注：(1) CCW、FCF 计算公式中，i、i_1 分别为生活垃圾成分及矿物碳垃圾成分类型；n、n_1 分别为生活垃圾总成分及矿物碳垃圾总成分。实际应用中，计算生活垃圾总碳排量时，取 $FCF = 100\%$；计算矿物碳垃圾碳排量时，按下式计算生活垃圾矿物碳含量的比例，也可按表 1-32 的特征值估算：

$$矿物碳含量的比例 = (CCW \times FCF) = \sum_{i=1}^{n1} WF_{i1} \times FCF_{i1} \tag{1-70}$$

(2) 我国生活垃圾各成分含碳量可按表 1-34 估算（%）；其他成分的矿物碳与生物碳按 30%、70%计取。

我国生活垃圾各成分含碳量（单位：%）　　表 1-34

纸类	橡塑	厨余	纤维	竹木	其他
41.37	65.39	35.04	45.04	42.96	27.64

(3) EF 计算公式中 0.98 是考虑含飞灰携带碳、未燃尽 CO 及其他未知因素的系数；EF 估算值小于 95% 时按 95% 计算。式（1-69）仅适用于层燃技术。

(4) 碳氧化因子取为 1，上述相关式中不再反映出。

(5) 按此计算模型，95% 信赖区间上下限尚不确定。

(6) 优良做法指南推荐的排放因子特征值见表 1-35～表 1-38。须注意对单个焚烧厂估算时，需要取得该项目实际统计分析数据，不宜简单用推荐的排放因子。另表中同时列出污水污泥（SS）、医疗废物（CW）、危险废物（HW）因子特征值供参考。

优良做法指南推荐的排放因子特征值　　表 1-35

排放因子	生活垃圾（MSW）		污水污泥（SS）	医疗废物（CW）		危险废物（HW）
	优良做法指南推荐	专家判断中国特有值	优良做法指南推荐	优良做法指南推荐	优良做法指南推荐	专家判断中国特有值
废物碳含量（CCW）	湿垃圾 33%～35% 缺省 40%	20%	干污泥 10%～40% 缺省 30%	干废弃物 50%～70%[a] 缺省 60%	湿废弃物 1%～95% 缺省 50%	未获得
矿物质碳占碳总量比例（FCF）	30%～50% 缺省 40%	100%	0%	30%～50% 缺省 40% 需要资料	90%～100%[b] 缺省 90%	90%
燃烧效率[c]（EF）	95%～99% 缺省 95%	95%	95%	50%～99.5% 缺省 95%	95%～99.5% 缺省 99.5%	97%

[a] 医疗废物主要包括纸张和塑料。碳含量可用下列因子估算：纸张 50%，塑料 75%～85%。

[b] 若包含包装材料以及类似材料的碳，则矿物质碳可能减少。

[c] 取决于工厂设计、维修状况及使用年限。

示例：已知：生活垃圾碳含量 $CCW=20\%$，橡塑、织物等矿物质碳占碳总量 $FCF=95.67\%$，炉渣热灼减率 2.6%

则：燃烧效率 $EF=(100-2.6)\times0.98/100=95.45\%$

生活垃圾总碳排量 $CO_{2emissions}=0.20\times1\times0.9545\times44/12\times MSW=0.7000\times MSW$

矿物碳质垃圾碳排量 $CO_{2emissions}=0.20\times0.9567\times0.9545\times44/12\times MSW=0.6697\times MSW$

常用化石燃料相关参数缺省值　　表 1-36

能源名称	烟煤	原油	燃料油	汽油	柴油	天然气	焦炉煤气	其他煤气
平均低位发热值/(kJ/kg)	23204	41816[③]	41816[③]	43070[③]	42652[③]	38931[③]	12726～17981[③]	52270[①]
单位热值含碳量/($t_{碳}$/GJ)	26.18	20.08[②]	21.10[②]	18.90[②]	20.20[②]	15.32[②]	13.58[②]	12.20[②]
碳氧化率/%	93[②]	98[②]					99[②]	

资料来源：①《中国温室气体清单研究 2007》；②《省级温室气体清单编制指南（试行）》；③《中国能源统计年鉴 2011》。

各工业废水处理系统的矿物质碳占碳总量比例（MCF）缺省值　　表 1-37

处理和排放途径或系统类型	MCF	范围	备注
好氧处理设施	0	0～0.1	管理完善
	0.3	0.2～0.4	管理不完善，过载
污泥厌氧消化池	0.8	0.8～1.0	未考虑 CH_4 回收
厌氧反应器	0.8	0.8～1.0	未考虑 CH_4 回收
浅厌氧塘	0.2	0～0.3	深度不足 2m
深厌氧塘	0.8	0.8～1.0	深度超过 2m

吨燃料燃烧产生 CO_2 量与不同燃烧技术的 CO_2 排放经验值范围　　表 1-38

燃烧项目	燃料种类	CO_2 潜在排放系数/(kg/GJ)	平均低位发热量/(kJ/kg)	吨燃料燃烧产生 CO_2 量/t
吨燃料产生 CO_2 量	汽油	69.363	43124	2.99
	柴油	74.024	42705	3.16
	天然气	56.224	35588	2.00
燃烧 CO_2 排放经验值	燃烧技术	工业炉窑	燃煤锅炉	燃油锅炉	燃气锅炉	气化联合循环
	排放值范围	15%～25%	10%～15%	6%～10%	5%～8%	85%～90%

《IPCC 2006 年国家温室气体清单指南》2019 年修订版提出更新 CO_2 排放因子（表 1-39）中，除污水污泥中氧化因子和总碳含量的默认值外，所有值均来自 2006 年 IPCC 指南。实际做法是根据废物中碳含量来估算有组织焚烧和露天焚烧垃圾排放 CO_2，而不是测量 CO_2 浓度。

焚烧和露天焚烧废物的 CO_2 排放系数的默认数据　　表 1-39

决定因素	管理实践	生活垃圾/%	工业废物/%	医疗废物/%	污水污泥/%[d]	化石液体废物（%）[e]
干物质含量占湿重的百分比[a]			NA	NA	NA	NA
总碳含量占干重的百分比[a]			50	60	30	80
矿物碳含量占总碳含量百分比[b]			90	40	0	100
氧化因子占碳输入量的百分比	焚烧	100	100	100	100	100
	开放式燃烧[c,f]	71	NO	NO	NO	NO

[a]　使用《IPCC 2006 年国家温室气体清单指南》2019 年修订版（本表以下简称《指南》）2.3 节废物成分表 2.4 中的默认数据和公式 5.8（干物质）、公式 5.9（碳含量）和公式 5.10（矿物碳分数）。

[b]　按行业类型划分的默认数据见《指南》2.3 节废物组成部分表 2.5。对于排放量的估计，使用注释 1 中提到的方程式。

[c]　在日本的实验研究中提供的默认值为 71%。其不确定性为 ±8%。

[d]　见《指南》第 2 章第 2.3.2 节　污泥。

[e]　化石液体废物的总碳含量为湿重量百分比，而非干重量百分比（GIO，2005）。

[f]　露天燃烧后的残渣含有灰或其他固体形式的未燃烧碳。将跟踪未燃烧碳的命运，并将未燃烧碳的排放纳入适当的类别。

注：NA 表示不可用，NO 表示未发生。

资料来源：《IPCC 2006 年国家温室气体清单指南》2019 年修订版表 5.29。

现代垃圾焚烧锅炉的燃烧效率一般≥97%，而露天燃烧的燃烧效率明显较低。燃烧产物中的大部分碳氧化为CO_2。由于燃烧过程会有未完全氧化现象，导致一些碳未燃烧或部分氧化为灰渣的成分。如果应用垃圾焚烧的氧化因子低于100%，则需要根据所提供的数据来源详细记录。表1-33显示垃圾露天燃烧更新默认氧化因子和总碳含量占垃圾干重的百分比。如果CO_2排放是根据国内的技术或植物特定基础确定的，最好使用炉排与对流受热面下灰，以及飞灰中的碳含量作为确定氧化因子的基础。对此需要从工程运行角度，在重视烟气污染物排放控制的基础上，审慎增加对焚烧烟气CO_2排放指标的监督。

1.7.5 生活垃圾焚烧碳排放不确定因子的评估

1.7.5.1 垃圾焚烧过程的辅助处理工艺

考虑生活垃圾焚烧过程存在如渗沥液、垃圾应急填埋等规模化辅助处理工艺，在此《IPCC 2006年国家温室气体清单指南2019年修订版》的CO_2排放校正系数，垃圾焚烧过程N_2O排放因子（湿基，g/t），以及用于垃圾填埋过程生活垃圾甲烷特征值取样、检测状态及环境影响因素的校正系数（表1-40）可供应用参考。

CO_2、CH_4排放校正系数与垃圾焚烧过程N_2O排放因子 表1-40

CO_2	默认焚烧垃圾热值检测值/反推计算热值−1		≤10%		10%～30%		>30%
	CO_2排放校正系数		1.0		1.1～1.5		1.6
N_2O	生活垃圾工艺过程		热解		气化		融化
	反应型式		层燃		流化床		回转窑
	温度/℃		300～600		700～900		1300～1700
	N_2O排放因子/(湿基，g/t)		17.4注1,2 (n=11)		5.80注1 (n=10)		8.38注1,3 (n=6)
CH_4	IPCC默认值	−10%，+0%	±20%	±30%	±20%	±30%	±60%	−50%，+60%
	甲烷校正系数	1	0.8	0.7	0.5	0.4	0.4管理好	0.6

1.7.5.2 脱酸过程CO_2排放

生活垃圾焚烧烟气采用碳酸盐脱酸过程时，可参照燃煤机组CO_2排放量由碳酸盐消耗量×排放因子取得。按下式计算：

$$E_{脱酸} = \sum_k CAL_k \times EF_k \tag{1-71}$$

$$CAL_{k,y} = \sum_m B_{k,m} \times I_k \tag{1-72}$$

$$EF_k = EF_{k,i} \times TR \tag{1-73}$$

式中 $E_{脱酸}$——脱酸过程的二氧化碳排放量，t；

CAL_k——第k种脱酸剂类型中碳酸消耗量，t；

$CAL_{k,y}$——脱酸剂中碳酸盐年消耗量，t；

$B_{k,m}$——脱酸剂某月消耗量，t；

I_k——脱酸剂中碳酸盐含量；

y——核算和报告年；

k——脱酸剂类型；

m——核算和报告年中的某月；

EF_k——第 k 种脱酸剂中碳酸盐的排放因子，tCO_2/t；

$EF_{k,t}$——完全转化时脱酸过程的排放因子，tCO_2/t（参见表1-40）；

TR——转化率，%。

① 脱酸过程使用的石灰石等脱酸剂消耗量通过月度运行台账取得。脱酸剂中碳酸盐含量取缺省值90%。②完全转化时脱酸过程排放因子见表1-41。脱酸过程的转化率取100%。

完全转化时脱酸过程排放因子 表 1-41

碳酸盐	$CaCO_3$	$MgCO_3$	Na_2CO_3	$BaCO_3$	Li_2CO_3	K_2CO_3	$SrCO_3$	$NaHCO_3$	$FeCO_3$
排放因子/t_{CO_2}/$t_{碳酸盐}$	0.440	0.522	0.415	0.223	0.596	0.318	0.298	0.524	0.380
建筑材料类别	氢氧化钙	黏土	C30 混凝土		C50 混凝土		F=1.6～3.0 沙	普通硅酸盐水泥	
排放因子/kg_{CO_2eq}/t	1017	2.556	321.3		399.9		2.796	740.6	

1.7.5.3 净购入使用电力产生的排放

对于净购入使用电力产生的 CO_2 排放量 $E_电$（t），用净购入电量乘以该区域电网平均供电排放因子得出，按下述公式计算。

$$E_电 = AD_电 \times EF_电 \tag{1-74}$$

式中 $AD_电$——企业的净购入电量，MWh；

$EF_电$——区域电网年平均供电排放因子，tCO_2/MWh。

净购入电力的活动水平数据以发电企业电表记录的读数为准，如果没有，可采用供应商提供的电费发票或者结算单等结算凭证上的数据。

电力排放因子应根据企业生产地址及目前的东北（覆盖辽宁省、吉林省、黑龙江省）、华北（覆盖北京市、天津市、河北省、山西省、山东省、内蒙古自治区）、华东（上海市、江苏省、浙江省、安徽省、福建省）、华中（河南省、湖北省、湖南省、江西省、四川省、重庆市）、西北（陕西省、甘肃省、青海省、宁夏回族自治区、新疆维吾尔自治区）、南方（广东省、广西壮族自治区、云南省、贵州省、海南省）电网划分，选用国家主管部门最近年份公布的中国区域电网平均排放因子（表1-42）进行计算。

2011—2012 年中国区域电网净购入电力 CO_2 排放因子 [单位：$tCO_2/(MW \cdot h)$] 表 1-42

CO_2 排放因子	华北区域	东北区域	华东区域	华中区域	西北区域	南方区域	（发布单位）
2021 年	0.8967	0.8189	0.7129	0.5955	0.6860	0.5748	
2012 年	0.8843	0.7769	0.7035	0.5257	0.6671	0.5271	
2015 年	0.9590	1.0959	0.7987	0.8767	0.9178	0.8080	0.6101（国家发展改革委）
2016 年	0.9242	1.0634	0.7894	0.8564	0.8614	0.7900	
2017 年	0.9437	1.0886	0.7888	0.8444	0.8990	0.8139	
2021—2022 年							0.5810[a]

[a] 2022 年 3 月 15 日生态环境部发布《关于做好 2022 年企业温室气体排放报告管理相关重点工作的通知》（以下简称《通知》），变更了新版核算办法，调整了全国电网排放因子，并发布《企业温室气体排放核算方法与报告指南 发电设施》（2022 年修订版）。在核算 2021 年及 2022 年碳排放量时，全国电网排放因子由 0.6101tCO2/（MW·h）调整为最新的 0.58109tCO2/（MW·h）[征求意见稿为 0.5839tCO2/（MW·h），正式发布核准为 0.58109tCO2/（MW·h）]。《通知》要求参加温室气体排放核算与报告的发电企业为 2020 年和 2021 年任一年温室气体排放量达 2.6×10⁴tCO2eq（综合能源消费量约 1 万吨标准煤）及以上的发电行业企业或火力发电、热电联产、生物质能发电等经济组织；符合上述年度排放量要求的自备电厂（不限行业）视同发电行业重点排放单位管理。《企业温室气体排放核算方法与报告指南发电设施》的适用时间为 2021 年以及 2022 年 1—3 月。自 2022 年 4 月起，发电行业重点排放单位按该指南 2022 年修订版要求，通过"全国排污许可证管理信息平台"更新数据质量控制计划并组织实施。

1.7.5.4　非 24h 连续焚烧及露天焚烧的 CO₂、CH₄ 排放

非 24h 连续焚烧及露天焚烧应考虑年 CO₂、CH₄ 排放。缺省排放因子可按表 1-43、表 1-44 选取；计算模型为：

$$CH_{4\text{emissions}} = \sum_i (GWP_i \times EF_{CH_4}) \times 10^{-3} \qquad (1\text{-}75)$$

$$N_2O_{\text{emissions}} = \sum_i (GWP_i \times EF_{N_2O}) \times 10^{-3} \qquad (1\text{-}76)$$

式中　GWP_i——废物类 i 的数量，t/a；

EF_{CH_4}、EF_{N_2O}——废物类排放因子，kg(CH₄ 或 N₂O)/t。

MSW 焚烧的缺省 CH₄ 排放因子（单位：kgCH₄/t$_{湿重垃圾}$）　　表 1-43

焚烧技术类型		CH₄ 排放因子	备注
连续焚烧	层燃炉	0.2	无须每日启停
	流化床	0	
半连续焚烧	层燃炉	6	每日至少启停一次
	流化床	188	
分批次焚烧	层燃炉	60	
	流化床	237	

资料来源：日本温室气体清单办公室在 2004 年发布的相关标准和报告。

不同废物类型与管理方法的缺省 N₂O 排放因子（单位：kgN₂O/t$_{废物}$）　　表 1-44

废物类型	技术/管理做法	N₂O 排放因子	加权
MSW	连续和半连续焚烧炉	50	湿重
	分批类焚烧炉	60	湿重
	露天焚烧	150	干重
工业固体废物	所有类型焚烧	100	湿重
废水淤渣（不含污水污泥）	所有类型焚烧	450	湿重
污水污泥	焚烧	990	干重
		900	湿重

资料来源：《IPCC 2006 年国家温室气体清单指南》。

1.7.5.5　生活垃圾焚烧烟气 CO₂ 排放因子的影响因素

生活垃圾具有绝对不稳定的理化特征，又具有在一定范围、一定时间段内相对稳定变化的特征，从而使垃圾焚烧成为可能。目前以设计的垃圾物理成分为基数，相对实际运行的生活垃圾特性，可能存在 20%～30% 的误差，从而影响碳排放估算因子的确定性。另根据每种干基物理成分与元素成分的关系，获取的垃圾热值可作为理论思维原则。问题是每种混合垃圾的物理成分大多是混有其他杂质的混合物，与纯净成分有较大差异，造成碳排放估算因子的误差。还有仪器仪表精度，人工操作因素，工作环境因素等影响碳排放估算因子的因素。这些都需要深入研究，形成适合我国的垃圾焚烧的碳排放评估体系。此外，政府间气候变化专门委员会《IPCC 2006 年国家温室气体清单指南》2019 年修订版发布的亚洲地区与我国的生活垃圾特征值（表 1-45），可作为初步分析参考，但不能作为实际应用的依据。

亚洲地区与我国的生活垃圾特征值 表 1-45

地区	橡胶/皮革	塑料	织物	尿布	纸类/硬纸板	木头	厨余	花园垃圾	金属	玻璃	其他
中亚	0	8.4	3.5	0	24.7	2.5	30.0	1.4	0.8	5.9	23.0
东亚	0.0	6.5	1.0	0.0	20.4	2.1	40.0	0	2.7	4.3	22.9
东南亚	0.0	10.2	0.4	0.0	11.2	0.8	49.9	1.0	4.2	3.7	18.6
南亚	0.4	7.0	1.2	0.0	9.2	0	66.1	0	0.9	1.5	13.9
西亚	0.3	17.2	3.0	0.4	15.3	0.8	42.2	3.2	2.5	3.4	11.8
中国	0.0	13.0	4.1	0.0	8.5	1.6	59.1	0.0	1.1	4.1	8.5
日本	0.0	9.0	0.0	0.0	46.0	0	26.0	0	8.0	7.0	4.0

1.7.6 垃圾焚烧碳排放指标与应用

源自美国环境保护局网站美国垃圾焚烧碳排放的最新计算值是 $0.48 tCO_2/t$ 垃圾，垃圾焚烧非生物质来源部分为 $0.40 tCO_2/t$ 垃圾；另德国垃圾焚烧协会 2021 年报的生活垃圾焚烧 CO_2 排放量为 $0.315 tCO_2/t$ 垃圾。以某焚烧项目为例，取单位燃煤碳排放量 $0.987 kg/(kW \cdot h)$ 为参照物，基于 IPCC 及美国环境保护局的意见，分别计算矿物碳与生物碳的减排（表 1-46）。

垃圾焚烧的矿物碳与生物碳净排放与减排 表 1-46

CO_2 净排放（矿物碳）	FCF	炉渣热灼减率	EF	MSW/(t/a)	$CO_{2emissions}$	单位
	0.168017	0.026588	0.97974	627179.35	378554.31	t/a
算数平均	0.056006	0.026588	0.97974	627179.35	126184.77	t/a
年发电量					219082.00	$10^3 kW \cdot h$
单位燃煤碳排放					0.987	$kg/(kW \cdot h)$
折算煤发电碳排放					216233.93	t/a
燃煤参照物的焚烧垃圾年碳减排					90049.17	t/a
吨焚烧垃圾碳排放					201.19	kg/t
燃煤参照物的吨焚烧垃圾碳减排					143.58	kg/t
CO_2 净排放（生物碳）	FCF	炉渣热灼减率	EF	MSW/(t/a)	$CO_{2emissions}$	单位
	0.2121	0.026588	0.97974	627179.35	477846.67	t/a
算数平均	0.0707	0.026588	0.97974	627179.35	159282.22	t/a
年发电量					219082.00	$10^3 kW \cdot h$
单位燃煤碳排放					0.987	$kg/(kW \cdot h)$
折算煤发电碳排放					216233.93	t/a
燃煤参照物的焚烧垃圾年碳减排					56951.71	t/a
吨焚烧垃圾碳排放					253.97	kg/t
燃煤参照物的吨焚烧垃圾碳减排					90.81	kg/t

计算矿物碳时，对其他类物理成分经对比分析，暂按 20％计入矿物碳的碳含量占比（CCW）。由此，通过对国内采用层燃技术及进厂垃圾为基准的碳排放初步研究，7 座城市的矿物碳与生物碳平均占比分别为 31.34％、68.66％；核算的单位进厂垃圾平均矿物碳排放为 271kg/t，其中受不同地区、不同理解特性影响，最大 326kg/t，最小 155kg/t。需要说明的是，此研究结果尚具有较大的离散性，仍需要足够数据的支撑，故而可用于参考，但还不能作为参考指标。

1.7.7　垃圾焚烧过程的减碳途径

1.7.7.1　实现碳达峰、碳中和目标的基本原则

2021 年 9 月 22 日发布的《中共中央　国务院关于完整准确全面贯彻新发展理念做好碳达峰碳中和工作的意见》确定了坚持"全国统筹、节约优先、双轮驱动、内外畅通、防范风险"原则。意见明确提出，要坚持节能优先的能源发展战略，严格控制能耗和 CO_2 排放强度，合理控制能源消费总量，统筹建立 CO_2 排放总量控制制度；要强化节能监察和执法，加强能耗及 CO_2 排放控制目标分析预警，严格责任落实和评价考核。加强甲烷等非二氧化碳温室气体管控，大幅提升能源利用效率；要健全能源管理体系，强化重点用能单位节能管理和目标责任。瞄准国际先进水平，加快实施节能降碳改造升级，打造能效"领跑者"。

1.7.7.2　减碳基本途径

通过精细化管理，做到节能、降污，实现垃圾焚烧减排目标。垃圾焚烧过程的减排途径可简要归纳为：节能减排、减污控制、精细管理。

节能减排：是以节水、节电，节油（气）矿物燃料为主。通过减少资源能源消耗，达到减少碳排放目标。

减污控制：是指以保证人体健康不受影响，达到最佳环境质量为目的，实施减少烟气污染物，以及污水、恶臭、飞灰、噪声污染物管理；并与节能目标达到最佳协调。

精细管理：是通过规范化、精细化运行管理，实现分数系统设备处于最佳运行状态，减少能量损失，节约能源，使我国目前实现降碳具有的较大空间。有研究统计，节约 1kW•h 电＝节约 0.4kg 标准煤＝减排 $0.997kgCO_2$。

1.7.7.3　应对排放因子不确定性措施

应对排放因子的不确定性的措施，一是依据误差分析理论，加大垃圾理化特性分析的频次，如每月进行至少一次垃圾物理成分分析。二是持续积累影响垃圾元素成分与物理成分量化关系的分析，包括实际运行数据反推热值与检测结果的分析，以取得可供采用的缺省值。三是在协同处理其他废物时，坚持安全、可靠、环保、节能、减排、能效原则。

烟气 CO_2 浓度与燃料种类、组成、状态等性质和工艺过程有关。为获得可接受的准确结果，还需要详细说明垃圾燃烧状态、过量空气系数、炉渣热灼减率、烟气及其污染物组分等。

1.8 环境材料

1.8.1 环境材料理论

环境材料是指同时具有规定使用性能和最低环境负荷、最佳环境协调性的一类材料。其中，使用性能可采用垃圾焚烧可靠性评价方法进行评价。环境协调性是指在加工、制造、使用和再生过程中，对资源和能源的消耗小、污染少、易回收、寿命长。值得注意的是环境材料的概念或定义应是确定的或不变的，而判别与评价的方法是随科学技术的进步而发展。

翁端教授等提出环境材料理论发展三个阶段：①以治污材料（除尘滤袋、汽车尾气催化材料）为标志的末端治理环境材料；②以生态设计、清洁生产为标志的始端环境材料；③以与环境相容为标志的环境协调材料；④当所有的材料都实现"环境材料化"之时，也就是完成环境材料术语的使命之际。

1.8.1.1 垃圾焚烧过程的可靠性工程基础

垃圾焚烧过程的可靠性是指设备（包括机炉及烟气等辅助设备）在规定状态与条件下、在规定时间内，完成规定功能的能力。对指标评价要求的各种基础数据报告，必须准确、及时、完整地反映设备的真实情况。

垃圾焚烧系统设备状态分为机组状态与辅助设备状态。其中：①机组的状态划分为在使用与停用状态。在使用又分为可用与不可用状态。可用状态又分为运行与备用状态，并根据运行情况再细分为全出力与降低出力运行。降低出力运行又区分为计划与4类非计划运行。②辅助设备的状态划分为可用状态（包括运行、备用）与不可用状态（包括计划停运与非计划停运）。各种状态的含义，以及状态转变时间的界线，参见《发电设备可靠性评价规程 第1部分：通则》DL/T 793.1—2017。

鉴于垃圾焚烧烟气是从垃圾焚烧锅炉炉膛内的高温焚烧到低温焚烧烟气污染物净化的全链条减污控制过程。在此将适用于当下垃圾焚烧的机炉与烟气（按辅助设备计）的可靠性控制指标一并列在表1-47中。发电设备状态与可靠性指标中英文对照见表1-48、表1-49。

				垃圾焚烧适用的评价指标			表 1-47
序号	项目	符号	单位	数据来源	备注	适用范围	目的
1	可用小时	AH	h	焚烧厂统计数据			
2	运行小时	SH	h	焚烧厂统计数据			
3	统计期间小时	PH	h	焚烧厂统计数据			
4	计划停运小时	—	h	焚烧厂统计数据			
5	非计划停运小时	—	h	焚烧厂统计数据			
6	非计划停运次数	—	次/a	焚烧厂统计数据			

续表

序号	项目	符号	单位	数据来源	备注	适用范围	目的
7	平均无故障可用小时	—	h	焚烧厂统计数据			
8	年焚烧垃圾处理量	—	t/a	焚烧厂统计数据			
9	年实际发电量	—	kWh/a	焚烧厂统计数据			
10	焚烧炉总铭牌容量	—	t/h	焚烧厂设备数据			
11	汽机总名牌容量	—	kWh	焚烧厂设备数据			
12	可用系数	AF	%	$AF = \dfrac{可用小时}{统计期间小时} \times 100\%$ $= \dfrac{AH}{PH} \times 100\%$		机炉	可执行预定功能的状态
13	运行系数	SF	%	$SF = \dfrac{运行小时}{统计期间小时} \times 100\%$		机炉	执行预定功能的状态
14	暴露率	EXR	%	$EXR = \dfrac{运行小时}{可用小时} \times 100\%$		机炉	设备利用状态
15	计划停运系数	POF	%	$POF = \dfrac{计划停运小时}{统计期间小时} \times 100\%$		机炉	设备正常维护状态
16	非计划停运系数	UOF	%	$UOF = \dfrac{非计划停运小时}{统计期间小时} \times 100\%$		机炉	设备利用状态
17	焚烧利用小时	UTH	h	$UTH = \dfrac{\sum BA \times 年运行时数}{铭牌容量}$	$\sum BA$：垃圾处理量	炉	焚烧/发电利用小时数
18	发电利用小时	UTH	h	$UTH = \dfrac{\sum BA \times 年运行时数}{铭牌容量}$	$\sum BA$：发电量	机	设备利用状态
19	出力系数	OF	%	$OF = \dfrac{年实际发电量}{年运行小时 \times 汽轮发电机组额定容量} \times 100\%$		机	设备利用状态
20	辅助设备故障率	λ	%	$\lambda = \dfrac{8760}{平均无故障可用小时}$ $= \dfrac{8760}{MTBFA}$		辅设	设备利用状态
21	平均无故障可用小时	MTBFA	h	$MTBFA = \dfrac{运行小时}{非计划停运次数}$	电气≮17000h	电/控	设备利用状态

发电设备状态中、英文对照表　　　　　　　　　　表 1-48

中文	英文	英文缩写
在使用	active	ACT
可用	available	A

续表

中文	英文	英文缩写
运行	Inservice	S
备用	Reserves hutdown	R
不可用	unavailable	U
计划停运	Planned outage	PO
大修停运	Planned outage＃1（overhaul）	PO1
小修停运	Planned outage＃2（maintenance outage）	PO2
节日检修	Planned outage＃3（holiday repairing）	PO3
非计划停运	Unplanned doutage	UO
第一类非计划停运	Immediate＃1unplanned outage	UO1
第二类非计划停运	Delayed＃2unplanned outage	UO2
第三类非计划停运	Postponed＃3unplanned outage	UO3
第四类非计划停运	deferred＃4unplanned outage	UO4
第五类非计划停运	extended＃5unplanned outage	UO5
强迫停运	Forced outage	FO
全出力运行	Full capacity in service	FS
降出力运行	in-service united ratted	IUND
计划降低出力运行	in-service planned derated	IPD
非计划降低出力运行（1,2,3,4）	in-service unplanned derated(1,2,3,4)	IUD(1,2,3,4)
全出力备用	Full capacity reserve shutdown	FR
降低出力备用	Reserve shutdown unit derated	RUND
计划降低出力备用	Reserve shutdown planned derated	RPD
非计划降低出力备用(1,2,3,4)	Reserve shutdown unplanned derated（1,2,3,4）	RUD(1,2,3,4)
定期维护	Inactive maintenance	SM
停用	Inactive	LACT

发电设备可靠性指标中、英文对照表　　　　　　　表 1-49

计划停运小时	Planned outage hours	POH
非计划停运小时	Unplanned outage hours	UOH
强迫停运小时	Forced outage hours	FOH
可用小时	Available hours	AH
运行小时	Service hours	SH
备用小时	Reserves hutdown hours	RH
统计期间小时	Period hours	PH
降低出力等效停运小时	Equivalent unit derated hours	EDH
毛实际发电量	Gross actual generation	GAAG
毛最大容量	Gross maximum capacity	GMC

续表

利用小时	Utilization hours	UTH
非计划停运次数	Unplanned outage times	UOT
强迫停运次数	Forced outage times	FOT
计划停运次数	Planned outage times	POT
启动成功次数	Successful start times	SST
启动失败次数	Unsuccessful start times	UST
修复时间	Repaired hours	RPH
平均无故障可用小时	Mean time between failure	MTBF
故障平均修复时间	Mean time between repairing	MTTR
检修费用	Repairing cost	RC
计划停运系数	Planned outage factor	POF
非计划停用系数	Unplanned outage factor	UOF
强迫停运系数	Forced outage factor	FOF
可用系数	Available factor	AF
运行系数	Service factor	SF
机组降低出力系数	Unit derated factor	UDF
等效可用系数	Equivalent available factor	EAF
毛容量系数	Gross capacity factor	GCF
利用系数	Utilization factor	UTF
压力系数	Output factor	OF
强迫停运率	Forced outage rate	FOR
非计划停运率	Unplanned outage rate	UOR
等效强迫停运率	Equivalent forced outage rate	EFOR
强迫停运发生率	Forced outage occupation rate	FOOR
暴露率	Exposure rate	EXR
平均计划停运间隔时间	Mean time to planned outages	MTTPO
平均非计划停运间隔时间	Mean time to unplanned outages	MTTUO
平均计划停运小时	Mean planned outage duration	MPOD
平均非计划停运小时	Mean unplanned outage duration	MUOD
平均连续可用小时	Continuously available hours	CAH
辅助设备平均无故障运行小时	Mean time between failure of auxiliary equipment	MTBFA
启动可靠度	Starting reliability	SR
平均启动间隔时间	Mean time between starting	MTBS

1.8.1.2　环境协调的理论与实用研究路径

自 20 世纪 90 年代初，以环境材料的理论和实用研究为基础，通过数理和实验量化分析，进行生命周期评价（life cycle assessment，LCA）的方法。LCA 已成为当今材料环境影响评价的主流方法，并成为 ISO 14000 系列标准之一。所谓 LCA，一般是指通过对环境材料的理论和实用研究，评价产品和事件的资源、能源消耗，废物排放等环境影响，并寻求改善的可能。这一理论是适用于指导垃圾焚烧运行管理的理论基础之一。

对环境材料的理论研究包括对材料的环境性能评价；材料的可持续发展理论和资源的使用效率理论；材料流理论（mate rials flow）和生态加工、清洁生产理论，再循环、降解、废物处理理论。由此可知，这也是研究垃圾焚烧的工程理论和焚烧全过程的环境协调方法，包括在材料环境影响分析采用与垃圾焚烧系统相同的输入、输出法（图 1-10）。

输入				输出
生活垃圾	→			
协同处理废物	→	占用 运输	→	电能
系统设备	→			
土地资源	→	计量 暂存	→	热能
水资源	→			
电力	→	物化反应		
燃料油（气）	→	焚烧处理	→	炉渣及废金属回收
Ca(OH)$_2$	→			
活性炭	→	热能利用	→	飞灰
螯合剂	→	辅助系统		
水泥	→		→	烟气污染物
氨水/尿素	→	剩余价值再利用		
除尘滤袋	→		→	污水与渗沥液
润滑油	→	无害排放		
其他（其他原材料、噪声、恶臭等）	→		→	其他废物

图 1-10 基于材料自然资源效率（或占有率）理论的垃圾
焚烧线系统输入、输出法分析图

应用此法的分析指标及其计算路径可分为：

1. 物质输入指标

计算路径：① 物质输入量＝实际焚烧物质计量值＝区域内物质提取＋进口；

② 区域物质输入总量＝物质输入量＋区域内隐藏流；

③ 物质需求总量＝区域物质输入总量＋进口物质隐藏流。

2. 物质输出指标

计算路径：① 物质输出量＝实际焚烧物质计量值＝区域内物质输出＋出口；

② 区域物质输出总量＝物质输出量＋区域内隐藏流；

③ 物质输出总量＝区域物质输出总量＋出口及其隐藏流。

3. 物质消耗指标

计算路径：① 区域物质消耗量＝物质输入量－进口；

② 物质消耗总量＝物质需求总量－出口及其隐藏流。

4. 平衡指标

计算路径：① 物质库存净增量＝储存物质净增量；

② 物质贸易平衡＝进口物质量－出口物质量。

5. 强度和效率指标

计算路径：① 物质消耗强度＝物质消耗总量÷人口基数或

＝物质消耗总量÷GDP；

② 物质生产力＝GDP÷国内物质消耗量；

③ 废物产生率＝废物产生量÷GDP。

6. 综合指标

计算路径：① 分离指数＝经济增长速率－物质消耗增长速度；

② 弹性系数＝物质消耗增长速度÷经济增长速度。

对环境材料的实用研究包括：①与环境兼容和协调的材料研究，即材料在完成特定使用功能的同时，减少资源和能源消耗量，降低环境污染。②环境净化和修复材料研究，即各种积极地防止污染的材料，如分离、吸附、转化污染物的材料。③降解材料研究，即通过自身的分解减小对环境的污染。

材料资源效率是指产出的有用产品占投入原料总量的百分比。相对一定原材料投入，具有资源效率越低，有效产品产出率越低，环境污染越严重的规律。进而将此规律提升为极大的有效产品产出率和极小的废物排放量，即"极值理论"。

取 I 为物质总投入量；P 为有效产品产出量；W 为废物产出量，有：

$$I = P + W = \sum_{i=1}^{n} P_i + \sum_{j=1}^{m} W_j \tag{1-77}$$

据此有如下评价指标：

资源效率 $\qquad\qquad\qquad R = P/I \qquad\qquad\qquad (1-78)$

$$R_{max} = \left(\frac{\partial P}{\partial I} \right)_{max} \tag{1-79}$$

废物产出率 $\qquad\qquad\qquad O = P/I \qquad\qquad\qquad (1-80)$

20 世纪 90 年代初，德国 Von Weiz saecker 教授在其《四倍因子：半份消耗倍数产出》一书中提出四倍因子理论，并阐明四倍因子理论的科学含义在于在经济活动和生产过程中，通过采取各种技术措施，将能源消耗、资源消耗降低一半，同时将生产效率提高一倍。这样，在同样的能源消耗和资源消耗的水平上，得到了四倍的产出，即：$R = \dfrac{P}{I} = \dfrac{2}{0.5} = 4$。

就环境材料的资源效率，首先是土地资源的占用。针对生活垃圾焚烧项目占用土地资源问题，2005 年，建设部和国土资源部发布《城市生活垃圾处理和给水与污水处理工程项目建设用地指标》。2010 年，住房和城乡建设部与国家发展改革委发布《生活垃圾焚烧处理工程项目建设标准》建标 142—2010，对 50～2000t/d 或 150t/d 规模以上生活垃圾焚烧项目按不同焚烧规模分级，规定了建设用地指标，其中，1200～2000t/d 规模的控制指标约 33m²/(t·d)，150～＜1200t/d 按 33～67m²/(t·d) 控制，小于 150t/d 的按 15～30亩控制，大于 2000t/d 的超出部分按 30m²/(t·d) 递增。因受焚烧项目建设规模、主设备配置、职工生活需求及地形地貌等条件约束，需要根据实际情况适度调整用地指标。例如，为改善职工生活质量，需要适度增加职工宿舍、食堂、学习与锻炼等场所的建筑或用地面积；为提高全厂文明生产状态与科普宣传，需要增加相对较多的建筑面积；因厂址地形不规整以致增加无效用地面积。当然，在正常调整建筑面积或用地面积时，要从人类生存和发展出发，根据材料资源效率尽可能少占用有效用地。毕竟我国人均占有土地面积13.1 亩，仅为世界人均占有土地面积 45 亩的 1/3。

其次是减少生活垃圾焚烧过程的资源和能源消耗量，最大化降低以污染物控制为主要目标的资源能源消耗。有统计水泥单位资源消耗 1.7t/t，2005 年、2007 年、2008 年单位能耗分别为 127kg 标煤/t、124kg 标煤/t、120kg 标煤/t，资源利用率 58.8%。在垃圾焚烧飞灰处理过程中，根据污染物控制需求，尽可能少用或不用水泥，间接提高环境材料的资源效率。按目前对生活垃圾焚烧烟气运行管理经验，控制质量合格的 $Ca(OH)_2$ 量在 8~12kg/Nm³。

按活性炭生产过程输入的各种能源折标准煤减向外输出各种能源折标准煤计，《煤基活性炭单位产品能源消耗限额》GB 29994—2013 规定，新改扩建煤基原煤破碎活性炭消耗准入值为 4200kgce/t，先进值为 3800kgce/t。就煤质活性炭的生产来说，一般煤质活性炭在碘值 900 时，1t 成品煤质活性炭需要大约 2.5t 原料无烟煤或烟煤，如果对煤质活性炭的碘值要求更高，则消耗的无烟煤或烟煤原材料更多。因此在焚烧烟气二噁英控制中的最佳活性炭消耗，也是间接提高环境材料的资源效率。按目前对生活垃圾焚烧烟气运行管理经验，消耗比表面积 900m²/g 的粉状活性炭不应低于 50mg/Nm³，且在正常运行工况下，不大于 150mg/Nm³。

1.8.2 环境材料工程

1.8.2.1 环境材料的工程特点

1. 适用性：是指基于环境材料视角，是在评估材料使用性能的同时，还要充分考虑到可接受的技术环境负担，材料本身对环境的污染程度。

2. 经济性：是指减轻自然环境负担，包括在材料的生产、使用环节中资源和能源的最小化消耗，在工艺技术中采用温室效应最大化降低，在产品废弃后具有易于再生循环途径，使枯竭性资源最大化循环利用，达到人类活动范围同生存环境协调。

3. 协调性：是指使人们能够接受和使用更加繁荣、舒适的生活环境。关于环境材料的协调性只是定性标准，不同人有不同理解。

1.8.2.2 环境材料生态设计的基本原则

生态设计应是在使用环境材料的同时，切实有效利用可再生资源；应是在认知隐含于资源中物质流问题的同时，尽量选择材料环境影响值更低的物品。这里的环境影响值是表示综合环境影响的指标。一般而言再生材料的环境影响值要比新鲜材料的小。生态设计的基本思路是：低物质化，功能经济，物质替代。

1. 基于生活垃圾焚烧视角，保证环境质量的环境材料生态设计基本原则

(1) 减少原材料使用量原则。例如控制适宜的水、电与燃料油（气）消耗，采用飞灰螯合稳定化，尽可能少用或不用水泥固化；谨慎采用 SCR 催化技术等。

(2) 可再循环利用原材料原则。尽量少用或不用不可再生或需要很长时间才能再生的原材料，例如尽量少用或不用煤炭、石油矿物燃料等；利用废玻璃生产并可再利用免烧

瓷砖。

（3）低能值的原材料原则。一般地，工艺过程愈复杂，原材料生产过程消耗的能源就越多。对此，需要采用系统和全生命周期的观点评价其原料生产和使用过程。比如焚烧飞灰熔融属于生产过程高耗能工艺过程，尽管相对焚烧飞灰填埋具有减少土地等自然资源特点，但考虑其存在的对环境二次污染与能源消耗等负面因素，以及再利用的约束条件，在当前还不是唯一的处理方法的条件下，需要谨慎采用。

2. 生产过程的生态设计思路

（1）尽可能减少生产环节。

（2）选择对环境影响小的生产技术。

（3）建立 ISO14001 环境管理体系。

（4）考虑污染物控制材料的协同作用。

1.8.2.3　环境材料评价

在环境材料的生产和使用过程中，对一些能源消耗的标准煤当量（tce）的指标如下：

电：$1 \times 10^4 kWh = 4.04tce$；汽油：$1t$（$1L = 0.74kg$）$= 1.4714tce$，

$0\#$柴油：$1t(1L = 0.86kg) = 1.4571tce$；燃料油：$1t(1L = 0.86kg) = 1.4286tce$，

天然气：$1 \times 10^4 m^3 = 12.9971tce$；液化天然气：$1t = 1.7572tce$；人工煤气：$1 \times 10^4 m^3 = 5.4286tce$。

对生产 1t 典型材料的资源、能源消耗参见表 1-50，可供评价参考。从表中可见水泥能耗即对环境的影响，要比钢、铝材要大。

生产 1t 典型材料的资源效率 表 1-50

类别	单位	煤	铁	钢	铝	水泥	铑	防水涂料
资源耗量	t/t	1.9	7.9	10.3	15.5	1.7	540000	1.27
能耗	MJ/kg			31.8	36.7	142.4		
资源效率	%	52.6	12.7	10.4	6.45	58.8	1.85×10^{-6}	78.7

这种能耗评价方法指标单一、方法简单，作为一项工程指标而被广泛使用。只是此能耗法难以综合表达对环境复杂影响，从学术角度，有如环境影响因子法（EAF）、环境负荷单位法（ELU）、单位服务的材料消耗法（MIPS）、生态指数法（EP）等评价方法。

1.9　污染防治

烟气污染物的防治应是同时从垃圾的高温焚烧过程与低温烟气净化系统两级减排进行防治。在此，就低温烟气净化系统进行探讨。

经过多年实践，"SNCR＋旋转雾化半干法＋干法喷射（补充）＋活性炭粉喷射＋覆膜 PTFE 袋式除尘"组合工艺是满足我国《生活垃圾焚烧污染控制标准》国家标准第 1 号修改单 GB 18485—2014/XG—2019 规定的最佳适用技术。一些地方根据当地容许环境容量有在此工艺基础上增设 SCR、湿法工艺做法。

1.9.1　选择烟气净化系统需要考虑的常规因素

1. 生活垃圾与掺烧废物的类别、组分和变化；进厂垃圾及其协同处理废物的处理费

（包括市场和政治因素）。

2. 焚烧工艺类型和规模；与任何现有工艺构成要素的兼容性；规划不同烟气工艺装置，尽可能地减少排烟温度。

3. 对烟气污染物浓度（包括必要时的脱白）、飞灰、渗沥液，以及生产生活废水、恶臭、噪声的目标排放限值。

4. 烟气流量和温度；烟气污染物种类与浓度，包括组分变化量和变化率。

5. 控制烟、灰、水、臭、声等污染物排放的主要工艺手段；对相关反应剂的有效性和成本；回收副产物的可利用性和成本。

6. 对土地和限高等自然环境、社会环境要求。

7. 对外提供能源的可行性（如湿法冷凝塔的热量对外输出）；对外输出能源的经济性。

1.9.2　能量优化

采用烟气净化工艺总需要消耗能源，而一些烟气净化技术会显著增加焚烧工艺，从而增加能源消耗；有些低排放应用也是要消耗更多能源。关键点如下：

1. 通过对生活垃圾分类收集，以期降低垃圾含水率；利用倒垛等垃圾池管理，尽可能使垃圾热值相对稳定，避免热负荷或机械负荷过载；利用最佳焚烧控制以保持焚烧稳定一致。

2. 降低排放烟气中的颗粒物与其中金属浓度值，在不改变运行状态参数条件下，就要增加额外的过滤与净化装置，增加能源消耗。

3. 减少 NO_x 的排放浓度至 $100mg/Nm^3$ 以下，适宜使用 SCR。需要注意其负面影响，例如：①SCR 的催化剂比较敏感，易受污染和酸腐蚀的影响；②SCR 系统通常设置在烟气净化系统尾部的低尘区，通常需要对烟气再加热的额外能源，除非原烟气中的 SO_x 水平很低。要实现额外的更严格的烟气净化目的，所需要的能源将会使垃圾焚烧所产生的本来可以对外输出的能源进一步被消耗，或者消耗外部提供的等量的能源。

4. 锅炉出口温度是烟气净化系统能源需求的主要决定因素，为加热烟气使之不低于酸露点就需要消耗额外的能源。

5. 烟气净化系统各工艺段布置，通常是根据运行温度，按高温工艺段优先布置在低温工艺段上游，以获得较低的能源需求。但是这种布置不是在任何情况下都可以实现的，如 SCR 通常需要布置在除尘后干净的低温烟气区域；布置在高尘段可以避免因对烟气再热而消耗能源，但容易面临烟气中污染物组分对催化剂寿命的挑战。

1.9.3　整体烟气净化系统优化

基于能源因素的考虑，将烟气净化系统作为一个整体考虑是非常有益的。这与严控焚烧污染物尤为相关，因为不同工艺段之间相互影响，不但对某一预期工艺段的污染物提供二级减排，而且对其他污染物会有正面或负面的附加影响。基于在烟气净化系统中的不同位置布置，很多密切相关的因素会获得不同的去除效率。欧盟委员会对废物最佳可行技术的研究提出：

（1）袋式除尘器（BF）既有除尘功能又有二次脱酸功能。如果将 BF 置于干粉喷射的下游，作为除尘装置，它还会在纤维滤袋的滤饼上与存留的反应剂进行接触，将成为二次脱酸的反应器。这是因为生活垃圾焚烧用 BF 过滤速度较低（0.8m/s 左右），会获得较长停留时间。因此，除尘器有助于去除酸性气体，还有一定去除如汞和镉气态金属类，以及持续性有机污染物（POPs），如 PAH、PCBs、二噁英和呋喃的作用。此外，烟气重金属排放浓度通常与粉尘的去除效率相关。

（2）湿法洗涤塔除了脱酸功能外，对粉尘捕捉也有一定功效，如果 pH 值够低或在脱硫液中加入 Fenton 试剂可以促进单质汞氧化为二价氧化态汞而被脱硫液吸收，提高脱汞效率。

（3）SCR 脱硝装置如果采取分级设计，对二噁英类会有附加破坏作用。

（4）活性炭和褐煤焦炭（活性焦）吸附作用对二噁英类、汞和其他物质都会有影响。

另有对垃圾焚烧烟气控制的研究提出：

（1）预除尘效率过高会造成酸露点偏高从而影响系统的稳定性；HCl 浓度太低会导致 SO_x 在 150℃ 左右的脱除效率降低；烟气湿含量越高则露点越高，要求操作温度也就越高，从而对收尘器操作参数有影响。

（2）当喷入到的高温烟气高于 160℃ 时，研磨小苏打将转化为高孔隙率的碳酸钠，因此对酸性气体吸收有效。

（3）SCR 具有较高的去除 NO_x 作用，V_2O_5 催化剂具有增加反应速率、降低活化性、改变产物选择性的特点。V_2O_5 还是一种过渡金属氧化物，会与 SO_2 发生氧化还原反应：$V_2O_5 + SO_2 \longrightarrow V_2O_4 + SO_3$。随着反应物浓度增加或反应环境温度增加，都会增加反应速率。显而易见，SO_2 高了会影响 SCR 的催化剂作用与寿命。

1.9.4　烟气净化系统新设备或现有设备的技术选择

从垃圾焚烧全过程看，烟气净化是对环境质量控制的最后防线。要求运行主体必须以生活垃圾焚烧烟气污染物的国家排放标准为底线，根据当地的环境允许容量确定保证达标排放的控制指标，包括自行消化不可避免的运行工况偏差。要求运行主体在两级减排约束条件下的运行过程中，遵循汽水转化与烟风作用的物质不灭与熵增定律的能量平衡、质量平衡、化学平衡与质能转换规律，实施生态环境管理，全面优化协同焚烧与净化系统。烟气净化系统新设备或现有设备的技术选择原则上还要遵守焚烧工程的基本原则：①理解垃圾焚烧工程的垃圾、锅炉、系统三要素。②遵守垃圾焚烧工程的安全、可靠、环保三原则。③以垃圾焚烧工程的节能、减排、能效作为驱动力。④现有装置的技术选择可能比新建装置受到更多的限制。⑤需要从单个烟气处理单元进行系统内部的兼容性讨论。

垃圾焚烧行业发展战略需要跨界结合（垃圾管理学—热能与燃烧工程学—生态环境科学），把握好强化生态环境的大势，做好垃圾焚烧管理与环境监控动态过程结合，提升垃圾焚烧厂规范化和精细化管理水平。同时需要把握跨媒介管理的界限。

1.9.5　污染源控制技术的咨询程序

基于当下集成单个排放源控制的烟气污染物组合系统方法，对每种排放污染源，选择相应控制技术咨询程序，基本程序如下：

（1）获取设施方面的运行状态、环境效益及跨媒介效应等有用数据。

（2）确定国家与地方的政策法规，排放大气污染物排放指标和要求的控制效率。

（3）确定产生污染物的排放源，每个排放流及联合排放流的特性参数。

（4）确定控制要求，包括：①控制设备。包括选择合适的控制技术，是否需要基本设计参数，确定控制系统的基本设计参数。②数字限值。包括确定要求的控制效率。③强制技术措施。确定成本是否是决定性因素。包括行政确定的成本限度，选择适宜的控制技术，确定控制系统的设计参数合成表，结合给定的价格限额选择最佳控制系统。④其他要求。特指国家和当地行政政策法规。

（5）判别是否为最后一个排放流。若是，则推荐合适的控制技术和污染物控制计划；若否，则返回上一级重现确定。

现阶段环保管理台账目录清单如表 1-51 所示，供参考。

现阶段环保管理台账目录清单　　　　　　　　　　　表 1-51

序号	台账清单	主要清单内容
1	项目环评报批及验收资料	① 营业执照； ② 环境影响评价报告书/报告表及其批复文件，登记表网上备案文件； ③ 环境保护设施验收批复、自主验收文件、验收监测（调查）报告； ④ 排污许可证（正、副本）
2	污染治理设施运行台账（包括在线监测设备）	① 生产废水、废气等污染治理设施设计方案及工艺流程图； ② 污染治理设施运行台账及维护记录（包括运行维护记录、加药记录、活性炭更换记录等台账）； ③ 在线监测设备的安装、验收、使用及定期校验资料
3	排污口分布及污染物监测台账	① 排污口规范化设置情况表、排污口标志分布图、排污口标志照片； ② 企业自行监测计划、自行监测报告、重点企业自行监测公开情况
4	固体废物产生及处置台账	① 固体废物申报登记及转移管理（通过省固体废物信息管理平台开展固体废物申报登记、严格执行危险废物转移计划报批和转移联单制度）； ② 与有资质单位签订的危险废物处置合同； ③ 危险废物管理台账（包括危险废物产生环节记录表、贮存环节记录表、内部自行利用/处置情况记录表、月度危险废物台账报表等）； ④ 按照标准规范建设的危险废物贮存场所及设置的相应警示标志和标签； ⑤ 危险废物应急预案、内部管理制度（危险废物管理组织架构、管理制度、公开制度、培训制度、档案管理制度）
5	环境应急管理台账	① 环境应急预案、环境风险评估报告、环境应急资源调查报告，以及专家评审意见、生态环境部门备案意见； ② 环境应急培训，应急演练方案、照片和总结； ③ 环境安全隐患排查治理档案、环境污染强制责任保险资料
6	其他环保管理台账	① 企业环保管理责任架构图及其他环保管理制度； ② 生态环境部门下达的行政处罚、限期改正通知及整改台账； ③其他

1.10　资源和能源节约

1.10.1　节能管理概述

生活垃圾焚烧的城市基础设施属性，决定了在最适宜社会条件下最大化焚烧处理生活垃圾的指导思想。国家推行垃圾焚烧社会化，首先应确保其作为城市基础设施的根本属性，其次从焚烧项目运营主体角度考虑，必须要有经济效益支撑运营企业生存与发展。企业经济盈利能力的驱动力应是行政主体（包括代表行政主体的第三方监管）与运行主体共同作用的结果，包括根据当地容许的环境容量，按项目环境影响评价批复的许可排污量执行。必要时可由行政主体主导，以垃圾焚烧烟气污染物控制的国家标准及当地环境容许容量为基准，实事求是地制定生活垃圾焚烧烟气污染物排放适宜的地方指标。

从温室气体排放造成温室效应，以及 IPCC 方法学角度考虑，垃圾焚烧全过程的节能是减少项目运行过程中污染物排放，避免或减少对人体健康与环境的不利影响，这也是减少碳排放的最主要控制措施。

全国人民代表大会常务委员会于 1997 年 11 月颁布，1998 年 1 月 1 日实施《中华人民共和国节约能源法》。分别于 2016 年 7 月 2 日、2018 年 10 月 26 日进行了修正。该法明确了能源的含义。能源是指煤炭、石油、天然气、生物质能和电力、热力，以及其他直接或者通过加工、转换而取得有用能的各种资源。生活垃圾焚烧项目运行过程需要土地资源、水资源、电力、燃料油（气）等直接资源和能源消耗；焚烧污染物控制需要如 $Ca(OH)_2$ 或 $NaHCO_3$、尿素或氨水、活性炭、螯合剂、润滑油、除尘滤袋等环境材料等间接资源和能源消耗。这些方方面面都是节约能源（简称节能）管理的要点。

《中华人民共和国节约能源法》指明了节能的路线。节能是指加强用能管理，采取技术上可行、经济上合理，以及环境和社会可以承受的措施，从能源生产到消费的各个环节，降低消耗、减少损失和污染物排放、制止浪费，有效、合理地利用能源。国家实行节能目标责任制和节能考核评价制度；任何单位和个人都应当依法履行节能义务，有权检举浪费能源的行为。生活垃圾焚烧项目应按此路线建立节能管理评价体系。

垃圾焚烧项目的节能管理评价体系可参考如下火电厂节能管理经验：以机组性能及主要耗能设备的分析监测为基础，通过清洁焚烧及相关节能评价准则优化运行、综合分析等方法，提高机组运行管理和节能管理水平。通过建立经济指标评价体系，把垃圾焚烧厂诸多经济指标按大小分级管理，主要经济指标具体分解落实到岗位，责任到人，以确保及时发现指标偏差。结合分析采取相应的措施，最终达到经济指标受控，实现节能减排，可持续利用。

1.10.2　生活垃圾焚烧过程节能评价

1.10.2.1　节能评价的工程基础

1. 综述

生活垃圾焚烧是遵循工程热物理的能量守恒定律与质量守恒定律的燃烧化学反应过程，并以源于卡诺循环的朗肯循环工程理论为基础，表示参加反应的汽水、烟风等质能的平衡关系。在烟气污染物控制过程，则是结合反应物与生成物物质转化规律的化学反应原理，与通过反应物质种类（质变过程）与数量变化（量变过程），显示化学反应的质量平衡关系。

与化学反应相比，影响热化学反应热的基本因素有反应时的温度 T 与压强 p；反应物与生成物的状态及能量变化 ΔH（焓变）；反应方程式中的计量数等。书写热化学方程式时要注意：

（1）不同反应 T、p 的 ΔH 不同，需注明反应的 T、p（25℃、101kPa 时可不注明）。

（2）不同物质中贮存的能量不同，需标明各种物质状态。

（3）方程式后面一般要标明反应热，吸热反应 ΔH 为 "＋"、放热反应 ΔH 为 "－"。

（4）热化学方程式中各化学式前面的系数仅表示该物质的物质量，可用分数表示。

（5）ΔH 的数值与反应的系数成比例。

（6）不需要注明反应的条件。

垃圾焚烧厂热平衡的技术经济评价工作目的是在保证系统安全运行的前提下，使热力系统在可靠、经济、节能状况下运行。对运行热效率分析的约束条件有：

（1）由垃圾抓斗计量焚烧垃圾计量点到发电机输出端，供热输出端计量点作为热平衡边界。

（2）有累计计量仪表的按计量仪表取值；有指示仪表的从指示仪表取值；无表计量且与负荷无关的取统计运行平衡期（一般为 30 天）内实测次数不少于 3 次的平均值；垃圾焚烧锅炉各项损失及效率、汽轮机热耗等需通过试验获得。

（3）对热力设备进行热力性能测试；参照《火力发电厂能量平衡导则 第 1 部分：总则》DLT 606.1—2014 做热力系统能量平衡资料整理。

（4）依据热力学第一定律对热平衡体系进行评价；找出热力系统经济运行中存在的问题并提出改进措施。

2. 垃圾焚烧发电厂的全厂热力系统设备热效率

一般地，全厂设备效率（overall equipment effectiveness，OEE）是作为评价生产设施有效运作的关键绩效指标和生产效率指标。垃圾焚烧发电厂为减少设备的能源需求，达到处理垃圾和控制焚烧污染物排放的目的，要在热平衡基础上兼顾全厂热力系统的设备热效率。全厂热力系统的设备热效率（η_c，％），是指在计划运行时间内，能以一个制造单元的实际表现与设计能力比较的指标，包括垃圾焚烧锅炉热效率、汽轮发电机组热效率及管道效率乘积与供热热效率的和，即：

$$\eta_c = \eta_g \cdot \eta_e \cdot \eta_{gd} \cdot \eta_{fd} \cdot \eta_{jx} + \alpha \cdot \eta_g \cdot \eta_{gd} \cdot (1 - \eta_e) \tag{1-81}$$

式中　η_g——垃圾焚烧锅炉热效率，％；

　　　η_e——汽轮发电机组效率，％；

　　　η_{gd}——热力系统管道热效率，％；

　　　η_{fd}——发电机效率，％；

　　　η_{jx}——汽轮机机械效率，％；

　　　α——供热热量与汽轮机热耗量的比即供热比，$\alpha = \sum Q_{gr} / \sum Q_{sr}$。

3. 设备综合生产力

设备综合生产力（Total Effective Equipment Performance，TEEP）是与全厂热力系统的设备热效率紧密相关的，用以表示实际效率和理想效率差异的指标。TEEP 是指日历时间（如每天 24h，每年 365d 或 366d）测得的全厂热效率指标。

4. 垃圾焚烧发电厂其他运行评价指标

垃圾焚烧发电厂其他运行评价指标如表 1-46 所示。

5. 综合能耗计算

生活垃圾焚烧厂的能耗应用《综合能耗计算通则》GB/T 2589—2020 的能耗概念，其中，垃圾焚烧厂综合能耗是指运行年度统计报告期内，主要生产系统、辅助生产系统和附属生产系统的能耗总和；单位为克标准煤（gce）、千克标准煤（kgce）和吨标准煤（tce）等。另在生产过程中所消耗的不作为原料使用、也不进入产品，在生产或制取时需要直接消耗能源的工作物质，叫耗能工质。

生活垃圾焚烧过程消耗的能源与耗能工质。计量等能源种类包括垃圾焚烧锅炉启动、停运与辅助燃烧用的柴油或天然气、煤等燃料。耗能工质包括全厂用水、厂用电。压缩空气的能耗已经计入厂用电内，不再单独统计。

各项能耗指标的修正系数，折算标准煤系数等要求见《生活垃圾高效清洁焚烧评价指标体系标准》T/HW 00026—2021。

综合能耗（E）主要用于考察用能单位的能源消耗总量。按下述公式计算：

$$E = \sum_{i=1}^{n}(E_i \cdot k_i) \tag{1-82}$$

单位焚烧垃圾综合能耗 e_g 按下式计算：

$$e_g = \frac{E}{B} \tag{1-83}$$

式中　n——能源消耗的种类；

　　　E_i——实际消耗第 i 种能源量（含耗能工质消耗的能源量）；

　　　k_i——第 i 种能源折标准煤系数；

　　　B——能量平衡期内进厂垃圾量。

实际消耗的燃料能源应以其收到基低位发热量为计算依据折算为标准煤量。按照《热学的量和单位》GB/T 3102.4—1993 中国际蒸汽表卡换算，低位发热量等于 29307.6kJ（7000kcal）的燃料称为 1 千克标准煤（1kgce）。

按照 20℃卡换算，1 千克标准煤（1kgce）的低位发热量等于 29271.2kJ；按照 15℃卡换算，等于 29298.5kJ。

能源的低位发热量和耗能工质的耗能量，应按实测值或供应单位提供的数据折算为标准煤。无法获得实测值的，折算标准煤系数可参照国家统计局公布的数据或参考《综合能耗计算通则》GB/T 2589—2020 附录 A 和附录 B。自产的二次能源，折算标准煤系数要根据实际投入产出计算确定。

6. 计量器具配置基本要求

生活垃圾焚烧项目以厂为核算单位进行管理计量。生活垃圾焚烧厂集中管理按用能单元配备能源计量器具，所配备的能源计量器具满足评价其单位产品能源消耗率的要求。计量器具准确度等级符合《用能单位能源计量器具配备和管理通则》GB 17167—2006 规定。

能源计量器具包括汽车衡、油流量表或天然气流量装置、水流量表、电能表，以及温度计、压力计、密度计等能源的间接计量器具。计量器具配备率为实际安装配备数量占理论需要量的百分数，按进出量用能单位 100%配备。计量器具应是检定合格的产品并按规定定期标定。

1.10.2.2　热平衡测试

热平衡测试项目参见图 1-11 与图 1-12，测试程序参见表 1-52。

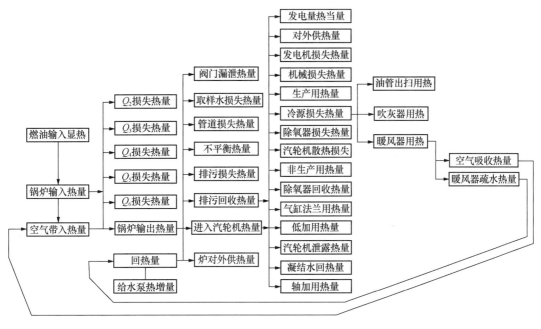

图 1-11 热平衡示意图

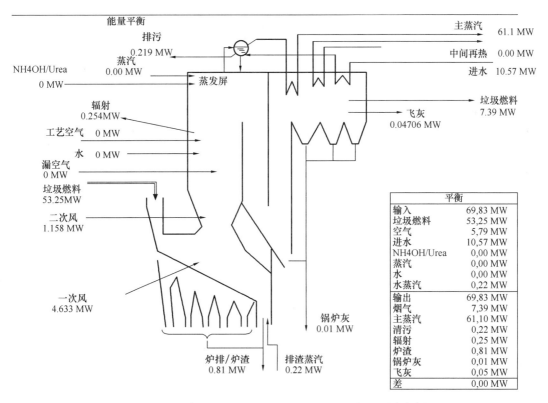

图 1-12 设计工况（9.2MJ/kg，20.8t/h）的能量平衡案例

热平衡测试表　　　　　　　　　　　　　　表 1-52

序号	数据名称	符号	单位	数据来源	设计值	测试值	误差
一	输入垃圾焚烧锅炉热量	Q_r					
1	焚烧垃圾量	B_{lj}	kg/h	垃圾抓斗计量			
2	焚烧垃圾低位热值	Q_{dl}	kJ/kg	日垃圾焚烧量加权平均			
3	焚烧垃圾热量	Q_{lj}	kJ/h	$Q_{dl} \times B_{lj}$			
4	焚烧油（气）量	B_y	kg/h	以油罐计量为准			
5	焚烧油（气）低位热值	Q_{dy}	kJ/kg	按日耗油（气）加权平均			
6	焚烧油（气）热量	Q_y	kJ/h	$Q_y \times B_y$			
7	焚烧油（气）温度	t_y	℃	按日耗油（气）加权平均			
8	基准温度	t_0	℃	平衡期干球平均温度			
9	燃油比热容	c_y	kJ/(kg·K)	$1.738 \times 0.003 \times (t_y - t_0)/2$			
10	燃油物理显热	Q_{yx}	kJ/h	$B_y \times c_y \times (t_y - t_0)$			
11	蒸汽空气加热器送风量	D_k	kg/h	测量、统计平衡期累积量			
12	蒸汽空气加热器出口空气焓	h_{kc}	kJ/kg	由空气平均温度、压力查表			
13	蒸汽空气加热器入口空气焓	h_{kr}	kJ/kg	由空气平均温度、压力查表			
14	空气带入热量	Q_k	kJ/h	$D_k \times (h_{kc} - h_{kr})$			
15	焚烧总热量	Q_r	kJ/h	$Q_{lj} + Q_y + Q_{yx} + Q_k$			
16	折算标准煤总量	B_b	t	$(Q_r/29308) \times 10^3$			
二	输出垃圾焚烧锅炉热量	Q_{sc}					
17	过热蒸汽压力	P_{gr}	MPa	平衡期按蒸发量加权平均计			
18	过热蒸汽温度	t_{gr}	℃	平衡期按蒸发量加权平均计			
19	过热蒸汽焓	h''_{gr}	kJ/kg	按 17、18 查蒸汽性质表			
20	过热蒸汽量	D_{gr}	kg/h	平衡期累计值加权平均			
21	汽包饱和蒸汽压力	P_{qb}	MPa	平衡期按蒸发量加权平均			
22	汽包饱和蒸汽焓	h''_{bq}	℃	平衡期按蒸发量加权平均			
23	抽汽包饱和蒸汽量	D_{bq}	kg/h	平衡期算术平均值			
24	汽包饱和水焓	h'_{qbs}	kJ/kg	平衡期算术平均值			
25	垃圾焚烧锅炉连续排污率	α_{pw}	%	按 1% 计取			
26	排污水量	D_{pw}	kg/h	$D_{gr} \times \alpha_{pw}$			
27	排污回收热量	Q_{pw}	kJ/h	$\alpha_{pw} D_{pw} (h''_{bq} - h'_{ma})$			
28	取样热损失	ΔQ_{qy}	kJ/h	测试			
29	垃圾焚烧锅炉补给水压力	P_{bs}	MPa	按补给水量加权平均			
30	垃圾焚烧锅炉补给水温度	t_{bs}	℃	按补给水量加权平均			
31	垃圾焚烧锅炉补给水焓	h'_{bs}	kJ/kg	按 29、30 查水性质表			
32	垃圾焚烧锅炉输出热量	Q_{sc}	kJ/h	$D_{gr}(h''_{gr} - h'_{bs}) + D_{bq}(h''_{bq} - h'_{bs}) + D_{pw}(h'_{qbs} - h'_{bs})$			

续表

序号	数据名称	符号	单位	数据来源	设计值	测试值	误差
三	垃圾焚烧锅炉热效率及各项损失						
33	锅炉出口排烟温度	θ_{py}	℃	平衡期均值			
34	锅炉出口排烟含氧量	O	%	平衡期均值			
35	排烟热损失	q_2	%	按2.3.3节确定			
36	化学不完全燃烧热损失	q_3	%	按2.3.2节确定			
37	机械不完全燃烧热损失	q_4	%	按2.3.1节确定			
38	垃圾焚烧锅炉散热损失	q_5	%	按2.3.4节确定 一般≯0.4%			
39	灰渣物理热损失	q_6	%	按2.3.5节确定			
40	垃圾焚烧锅炉反平衡热效率	η_g	%	$100-(q_2+q_3+q_4+q_5+q_6)$			
四	热力系统管道热效率						
41	管道热效率	η_{gd}	%	按4.1节或4.2节确定			
五	汽轮机热耗与热效率						
42	汽轮机进汽压力	P_0	MPa	平衡期按蒸发量加权平均计			
43	汽轮机进汽温度	t_0	℃	平衡期按蒸发量加权平均计			
44	汽轮机进汽焓	h''_0	kJ/kg	按42、43查蒸汽性质表			
45	汽轮机排汽压力	P_{pq}	MPa	平衡期按蒸发量加权平均计			
46	汽轮机排汽温度	t_{pq}	℃	平衡期按蒸发量加权平均计			
47	汽轮机排汽焓	h''_{pq}	kJ/kg	按45、46查蒸汽性质表			
48	汽轮机内效率	η_0		$(h''_0-h''_{pq})/(h''_0-h''_{sn})$			
49	汽轮发电机组发电量	N_{fdm}	kWh				
50	汽轮发电机组热耗率	HR_e	kJ/(kW·h)	按发电量加权平均			
51	汽轮机热效率	η_e		$3600/HR_e$			
52	汽轮机机械效率	η_{qj}		按设计值，一般≯99%			
53	发电机效率	η_{fd}		按设计值，一般≯98%			
六	供热						
54	外供热量	Q_w	kJ	按外供热量累计表统计计算			
55	生产用热量	Q_s	kJ	测量累计平衡期量			
56	非生产用热量	Q_{fs}	kJ	测量累计平衡期量			

1.10.3 垃圾焚烧工艺系统的能耗

1.10.3.1 对垃圾焚烧工艺系统能耗的基本分析

生活垃圾焚烧系统设备运行过程所需能量是根据焚烧垃圾及掺烧废物类型，以及设备的设计结构来计算的。其中的水资源、燃料油（气）及其他环境材料需要从外部取得，电能通过焚烧热能回收利用得到。实现生活垃圾焚烧达到最佳能耗，是通过规划设计、安装调试、运行管理、检修维护、技术改造各阶段的完善来实现。

实际上，受生活垃圾成分复杂且不稳定特性的约束，通常是在工程设计阶段，根据焚烧主设备寿命期运行八年后垃圾热值增长的预估指标，进行辅机选型。由于实际设备设计参数很难把握，为避免出力不足，满足高负荷下出力要求，通常对辅机设计冗余过大（如30%），致设备处于低效区运行，造成"大马拉小车"现象。近年来，随着一些地方的除尘、脱酸、脱氮等标准趋严，为避免烟气污染物超标，运行主体不惜重复使用同类污染物控制措施，致使烟气净化系统流程过度复杂，造成辅机运行能耗过高，并给垃圾焚烧锅炉的安全性、经济性带来不确定性。

生活垃圾焚烧发电设施的主要能耗来自：引风机；二次风机，炉墙冷却风机；锅炉给水泵、凝结水泵、循环水泵；废物转移/装载设备（如吊机/除渣机螺旋进料器）；水冷或空冷冷却塔；废物预处理（破碎机等）；SCR 系统等特定污染控制设备的烟气加热；烟气再加热；用于锅炉启动与辅助燃烧器；湿法烟气处理能耗大于半湿法处理系统和干法处理系统；其他设备的电力需求。

1.10.3.2　减少生活垃圾焚烧能耗的措施

1. 焚烧烟气量和烟气污染物浓度明显负偏离设计工况，以及如风机和水泵等设备因变频技术实现设备的有效运行，将大幅度减少平均能耗。

2. 在许多情况下，尤其是当一个烟气净化技术步骤需要改变时，污染物排放限值越低，烟气净化系统耗能越多。因此，在寻求降低烟气排放水平时就要考虑增加的能耗的跨媒介效应。

3. 以下技术和措施，可以减少工艺系统的能源需求：

（1）避免使用不必要的设备；

（2）采用综合办法优化焚烧厂的整体能量需求，而不是优化每个单独的过程；

（3）将高温设备置于低温设备之上；

（4）使用换热器，以减少能源的投入，如 SCR 系统；

（5）为取代外部能量来源输入，使用焚烧厂所产生的能量。

4. 表 1-53 是欧盟委员会在《废物焚烧——综合污染预防与控制最佳可行技术》中推荐减少生活焚烧发电厂能量损失的技术，供参考。

减少生活焚烧发电厂能量损失的技术　　　　　　　　　　表 1-53

能量损失概述	减少损失的技术	注释
主要来自加热炉和锅炉热辐射和对流	绝缘材料；在建筑物内兴建厂房	生活垃圾焚烧厂的损失可限制到输入能量的约百分之一
炉渣和飞灰固体残渣损失	良好的废物完全燃烧；使用热渣浴	生活垃圾焚烧厂的损失约 0.5%～1.0%，且大多损失在炉渣中
锅炉排污和废水	水可为建筑供暖以再利用能源	为冷却的目的闭合回路
锅炉结垢降低传热效率	设计以降低锅炉结垢率。有效的锅炉清洗，见 4.3.12 节部分相关内容	
启动和停炉	避免启动和停炉，保持程序的连续运行和良好状态	如减少锅炉污垢可降低启动和停炉频率，提高可用性

能量损失概述	减少损失的技术	注释
快速变化的废物特性或供暖需求	废物混合和质量保证、缓冲存储网供热	增加稳定输入和输出的技术将有助于优化现场环境
工厂故障、停电	维护工艺防止故障	有些中断会导致部分设备停运。停运也会导致废物分流，在无法贮存情况下意味着工厂处理量降低
外部能源需求的削减/变化	最大化恢复能量供应的可能性，通过贮存网络提供热量	能源外在需求对能源供应有重大影响，主要为热而非电的问题
测量设备和仪器的误差	采用低压降的精密测量系统	如新仪器能够将蒸汽测量的损失几乎降为零

1.10.3.3 运行数据分析

1. 焚烧线系统单位综合自耗电

对运行状态正常的生活垃圾焚烧发电厂统计分析条件：以进厂垃圾为基准，焚烧垃圾全部用于发电；采用层燃技术中压等级垃圾焚烧锅炉，焚烧垃圾热值在 8000 ± 500 kJ/kg；烟气净化系统采用"SNCR＋半干法＋干法＋活性炭喷射＋袋式除尘"组合工艺；渗沥液全部回用，飞灰稳定化处理；不包括厂内部用热等。据此条件统计全厂单位综合自耗电在 $45\sim110$ kW·h/t 范围，且垃圾焚烧处理量大的厂更具有规模效益（表 1-54）。其中，主要用电设备电耗比例大约为：引风机占30%、送风机占20%、给水泵和其他水泵占20%、空气冷凝器占10%、其他占20%。

我国运行垃圾焚烧厂单位厂用电量与德国城市废物焚烧厂处理量和能量需求数据   表 1-54

中国	规模/(焚烧线数×t/d)	2×300	2×500	2×600	3×600	2×750	6×750
	单位厂用电/(kW·h/t进厂垃圾)	108.67	93.83	88.13	53.53	86.99	45.86
德国	相关数据	最小值		平均值		最大值	
	平均电能需求/(kW·h/t废物)	62		142		257	
	平均热能需求/(GJ/t废物)	223		511		925	

资料来源：德国数据引自 *Waste Incineration—Best Available Techniques for Integrated Pollution Prevention and Control*。

2. 适用性

焚烧项目内部能耗大部分是由消耗能量的烟气净化工艺使用所致。基于生态环境效益视角，采用这些工艺是值得的。对于现有焚烧厂都要安装烟气净化系统设备，以实现排放符合标准要求，因此将会产生更高能耗。实际应用时要以能量消耗最小化、生态环境效益最大化为目标。这也是始于前期设计的减少烟气污染物排放和降低能耗二者之间平衡优化的机会。

我国生活垃圾物理成分具有复杂、不稳定的特性，尽管在运行过程中采取垃圾池内均质化措施，仍不能解决这种特性的负面作用。这可从渗沥液产生量、烟气含水率、炉渣热灼减率、飞灰颗粒物浓度等运行指标及其变化范围得到印证。

项目主体的制度建设与运行管理是挖掘发电潜力的奠基石。常态化运行控制炉渣热灼减率不大于 3%（最佳值不大于 2%）、优化节能减排、控制水电燃油（气）资源能源最佳消耗是最大化挖掘垃圾焚烧热能的驱动力。探寻适宜的多元素协同、多途径利用是最大化挖掘热能利用经济效益的途径。例如瑞典通常不选择发电，因为受地缘社会环境条件支持，供热的效益更可观。

3. 工程应用

以凝汽式汽轮发电机组为例，主蒸汽在汽轮机做功后，达到一定真空度（低于大气压压力）的乏汽排入冷凝器。冷凝水通过冷却水间接冷却，再经低压加热器、除氧器控温与除氧，作为锅炉给水循环使用。主蒸汽用于区域供热系统的，冷源是来自区域供热返回的放热水，温度可能低至 40～60℃。

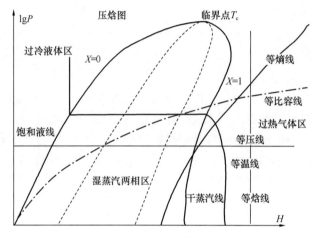

图 1-13　莫尔图即 lg$P$-H 图

相应汽轮机背压出口的冷源温度对汽轮机热效率是很重要的，背压（真空度）越低，冷源温度越低，焓降越大，产生的能量也就越高。最低的温度用空气或水作为冷却液或冷凝蒸汽可得到，这样的温度与低于大气压力的压力是一致的。需说明的是，真空度不是"无限制的"，当蒸汽越过莫尔图（也叫 lg$P$-H 图、压焓图，图 1-13）中的饱和线时，它开始变得潮湿，而且水分会随着汽轮机里蒸汽的膨胀而增长，为避免产生损害汽轮机末端的水蚀及腐蚀，含水量限制在 10% 左右。

这里所说的水蚀是指蒸汽在汽轮机级内做功过程中，凝结成的小水滴与叶片表面撞击、腐蚀作用破坏叶片表面的现象。

4. 降低风烟系统耗电

垃圾焚烧锅炉的风烟系统主要包括引风机、一/二次风机、增压风机、烟气回流风机、炉墙冷却风机等，风烟系统消耗的总能量是系统中各风机消耗的能量和。降低锅炉配套风机能耗的主要途径是在保证锅炉燃烧需要的前提下尽可能降低风烟系统运行流量和系统阻力，以及选择与锅炉风烟系统相匹配的风机及调节装置，提高风机的实际运行效率。对降低风烟系统主要风机能耗进行如下分析：

（1）鉴于焚烧垃圾物理成分的不稳定性，以致垃圾元素分析成分在宽范围内变化。因此，项目配套的主要风机效率曲线会与实际运行状态有较大偏差，烟风量难以在最佳效率区间运行。另外，配套风机的效率曲线基本是制造厂按风机规定指标，进行单体试运时的效率曲线；安装到现场系统后，会因烟风道和挡板等影响出现较大变化，不能准确反映风机的实际运行情况。通常的做法是对一次风机和引风机增设适宜的变频装置随焚烧状态变化调整风机运行状态。此外，还可专门安排主要风机效率及烟风道阻力试验，确定风机在系统中的实际高效运行区；明确动、静叶开度与风机效率关系，使风机在高效区运行。

（2）垃圾焚烧锅炉运行中受垃圾特性的约束，要采用大于燃煤锅炉的过剩空气系数。由此，造成一、二次风机及引风机风烟流量增加，是能耗增加的主要原因之一。实践经验显示，按标准状态计的运行过程的平均烟气量要小于锅炉设计烟气量，如有实际运行的烟气量仅为锅炉制造厂设计烟气量的 60%～70%。因此需要通过积累的运行经验，确定不同负荷下的最佳运行氧量。

（3）借鉴燃煤电厂的经验，采取引风机与烟气净化系统的增压风机（如有）单耗合并的监测、分析与优化调整模式。如引风机、增压风机合并改造，加装变频装置等。

新建项目可考虑"引增合一"联合风机运行模式，但不建议对现有系统按此联合风机模式进行改造，因加装变频装置的节电效果明显。

增压风机加装旁路烟道。低负荷时可停运增压风机，利用引风机剩余压力克服脱硫系统阻力，降低风机能耗。

（4）垃圾焚烧项目烟气净化系统设立压差监测上下限值的主要设备是袋式除尘器、脱酸系统、SCR 脱硝系统、后置湿法系统及 GGH、SGH 等。结合对引、送、一次风机等辅机的电流监视，有效及时发现主要压差监控设备运行工况。

（5）重点监测风烟系统泄漏部位有风烟挡板的法兰面和门轴，以及锅炉冷灰斗周边、水封、关断门、人孔门、看火孔等，发现漏点尽快治理。与此同时，对运行中发现风机电流升高，排烟温度异常降低或升高，应及时检查处理。

以下是电厂节能经验，可供研究：

（1）烟气热能回收问题：开展烟气热能回收工艺研究，不但回收锅炉的排烟热能，还能回收引风机等做功导致的烟气温升，提升项目的边际效益。需要注意的是，其技术关键是要防止热能回收装置的烟侧低温腐蚀及积灰堵塞；要对金相分析其对运行寿命的影响是否可以忽略；对节能效益分析是否具有节约标煤、降低水耗的明显效果。

（2）谨慎配置 SCR 脱硝系统：SCR 脱硝技术在应用过程中存在负面影响，一方面，SCR 在运行过程中会有 NH_3 逃逸，并与烟气中的 SO_3 反应生成 NH_4HSO_4，会造成低温段强腐蚀及堵灰现象。继而风机用电显著增加，甚至会危及锅炉运行安全及出力。催化剂需定期更换，废旧催化剂的后处理困难。另一方面，SCR 运行要维持在满负荷下连续运行。措施是在省煤器烟侧出口加装旁路烟道，直接引一部分烟气至 SCR，提高低负荷下SCR 入口烟气温度以维系运行，代价是煤耗显著增加。

（3）催化剂的活性随运行时间延长会持续降低。相关文献给出的主要原因是催化剂中毒、积碳和积灰、催化剂烧结、表面形成水合物、活性组分流失，以及机械磨损等。一般过了设计寿命期，其脱硝效率会快速下降，且更换费用高。

1.11 小结

2024 年 8 月 14 日，生态环境部以环办便函〔2024〕283 号文件发布《国家污染防治技术指导目录（2024 年，限制类和淘汰类）》（征求意见稿），涉及除尘、脱硫脱硝、VOCs治理等大气污染防治细分领域共 20 项技术，包括限制类 7 项，淘汰类 13 项。其中包括近年曾被市场追捧的光催化、低温等离子、光解等技术及其组合废气净化技术等。特摘录如下（表 1-55、表 1-56）。

限制类　　　　　　　　　　　　　　　　　　　　表 1-55

序号	技术名称	工艺、设施简介	淘汰理由	应用范围
1	低效湿式除尘技术	该技术为采用洗涤、水膜（浴）、文氏口等单一湿法除尘及其组合的除尘净化技术	除尘效率低；产生污水、污泥等二次污染物，对系统及设备腐蚀性强	仅适用于：①易燃易爆气体洗涤净化；②高湿易结露烟气除尘；③预除尘
2	低效干式除尘技术	该技术为利用颗粒物的重力、惯性力和离心力等机械力，采用旋风除尘、多管除尘、重力沉降、惯性除尘等干式除尘技术及其组合的除尘净化技术	除尘效率低	仅适用于预除尘
3	玻璃钢湿式电除尘（雾）器	该装置为采用静电除尘和水喷淋清灰，且阳极板使用玻璃钢材料的电除尘（雾）器	玻璃钢材料易燃，安全风险高	仅适用于煤气净化除尘
4	烟气湿法除尘脱硫一体化技术	该技术湿法除尘与湿法脱硫在一个装置内进行，前后端无其他除尘设施	除尘效率低，单独使用颗粒物难以稳定达标排放	不可作为除尘技术单独使用
5	未实现自动控制的脱硫、脱硝设施	无控制系统或控制系统未实现对脱硫剂投加泵电流、投加量、脱硫浆液 pH 值等关键参数进行自动调节控制的脱硫设施；无控制系统或控制系统未实现对脱硝剂投加泵电流、流量、液位等关键参数进行自动调节控制的脱硝设施	无法保证治理效果连续稳定	不可用于全行业新改扩建烟气脱硫、脱硝装置
6	VOCs（挥发性有机物）洗涤吸收净化技术	该技术采用清水、酸液、碱液等洗涤吸收净化工业废气中 VOCs	对非水溶性 VOCs 无净化效果	仅适用于水溶性 VOCs 处理
7	无控制系统或控制系统未实现对关参数进行自动调节控制的燃烧、冷凝、吸附-脱附、吸收类 VOCs 治理技术	未对燃烧工艺的辅助燃料用量、燃烧温度，冷凝工艺的冷凝温度，吸附-脱附工艺的吸附床层吸附-脱附时间和温度，吸收工艺的吸收剂循环量等关键参数进行自动调节与控制的 VOCs 治理技术	无法保证治理效果连续稳定	不可用于全行业新改扩建 VOCs 治理装置

注：限制类技术为仅在某些领域和条件下可使用的技术。该类技术存在处理效率较低、运行稳定性较差、二次污染处理难度较大、技术经济性较低等问题，但在某些领域和条件下有适用性、尚无合适的替代技术，需要限制其应用范围。

淘汰类　　　　　　　　　　　　　　　　　　　　表 1-56

序号	技术名称	工艺、设施简介	淘汰理由	不可应用范围
1	正压反吸风类袋式除尘技术	该技术为采用正压过滤和反吸风方式清灰，且无排气筒，直接排放的袋式除尘技术	易形成无组织排放，清灰能力弱，无法实现连续监测，排空高度不够	全行业烟气除尘

续表

序号	技术名称	工艺、设施简介	淘汰理由	不可应用范围
2	水喷淋脱硫技术	该技术以水为吸收剂（不加脱硫剂），与烟气接触吸收烟气中的二氧化硫	水对二氧化硫的吸收率很低且不稳定，受烟气温度影响，吸收的二氧化硫易重新析出	全行业烟气脱硫
3	电子束法脱硫技术	该技术利用电子加速器产生的等离子体氧化烟气中硫氧化物，产物与加入的氨气反应生成硫酸铵	治理效率低，能耗高，技术经济性差，不能稳定达标	全行业烟气脱硫
4	烟道中喷洒脱硫剂的脱硫技术	该技术在烟道中直接喷洒气态、液态或固态脱硫剂，吸收脱除烟气中的硫氧化物，且无专门反应器	脱硫效率低，无法确保稳定达标运行；副产物难以处理	全行业烟气脱硫
5	关键组件或工艺单元缺失的湿法脱硫技术	未安装 pH 计、氧化风机、脱硫废液及副产物处理系统等关键组件或工艺单元的湿法脱硫技术，包括：石灰/石灰石-石膏湿法脱硫未配备浆液密度计；双碱法未在脱硫塔、再生池设置 pH 计，未在浆液循环系统外设置副产物氧化和提取设施；钠碱法未配备饱和废水处理或副产物利用装置；氨法脱硫未配备蒸发结晶等回收系统；氧化镁法未配备氧化镁熟化系统以及亚硫酸镁氧化系统、蒸发结晶系统	无法确保稳定达标运行，易导致污染物转移排放	全行业烟气脱硫
6	关键组件或工艺单元缺失的活性焦工艺	未配备副产物制备系统或脱硫解析加热烟气、副产物制备系统含硫尾气等未返回治理设施前烟道；未配备还原剂供应系统的活性焦设施	无法确保稳定达标运行，易导致污染物转移排放	全行业烟气脱硫、脱硝
7	无法评估治理效果的脱硫、脱硝技术	脱硫脱硝剂成分不清，去除原理不明，无法通过药剂或副产物进行污染物脱除效果核查评估的治理技术	无法准确评估脱硫脱硝效果，难以确保稳定达标运行	全行业烟气脱硫、脱硝
8	未配备吸收装置的氧化法脱硝技术	未配备脱硝副产物吸收、处理装置的氧化（含添加氧化助剂）脱硝技术	容易造成隐蔽排放、转移排放	全行业烟气脱硝
9	烟道中喷洒脱硝剂的脱硝技术	该技术直接在烟道中喷脱硝剂，吸收脱除烟气中的氮氧化物	脱硝效率低，易造成氨逃逸浓度超标	全行业烟气脱硝
10	VOCs（挥发性有机物）光催化及其组合净化技术	该技术利用二氧化钛等光催化剂，激活并氧化 VOCs	光催化反应速率慢、产物不明，应用于 VOCs 治理时处理效率低，达不到治理要求	有组织排放的 VOCs 治理

续表

序号	技术名称	工艺、设施简介	淘汰理由	不可应用范围
11	低温等离子体及其组合废气净化技术	该技术利用在电场作用下气体分子产生的包括激发态分子、电子、离子、原子和自由基等在内的活性物种，降解废气中有机污染物分子。大部分挥发性有机物分子在低温等离子体场中降解矿化不完全；目前低温等离子体净化设施普遍装机功率不足、反应时间不充分，处理效率很低；分解产物不明、副产臭氧及氮氧化物等二次污染物	副产臭氧及氮氧化物等二次污染物	全行业 VOCs 治理（恶臭异味治理除外）
12	光解（光氧化）及其组合废气净化技术	该技术利用污染物分子吸收短波长紫外光，引发污染物分子化学键断裂，同时废气中的氧气或水分子吸收短波长紫外光，产生包括臭氧和羟基自由基等在内的活性物种与污染物分子发生降解反应	光氧化光电转换效率低，反应装置有效光辐射能量普遍不足；应用于工业废气处理时，处理效率低；反应产物不明	全行业 VOCs 治理（恶臭异味治理除外）
13	无原位再生系统的 VOCs 蜂窝状活性炭吸附净化技术	该技术采用蜂窝状活性炭吸附装置对 VOCs 进行吸附净化，不设原位活性炭再生系统，吸附饱和的活性炭直接作为危险废物进行处置	蜂窝状活性炭吸附能力低，有效使用时间短，需频繁更换；蜂窝状活性炭的强度低、易破损，一次性使用，难以异地再生利用	全行业 VOCs 治

注：淘汰类技术为在各领域和条件下均不可使用的技术。该类技术存在机理不清、处理效率低下、运行稳定性差、二次污染不可控、物耗能耗高、安全问题突出等问题，已有更先进的替代技术，应该淘汰。

参考文献

[1] 毛跟年，许牡丹，黄建文. 环境中有毒有害物质与分析检测[M]. 北京：化学工业出版社，2004.

[2] 新井纪男. 燃烧生成物的发生与抑制技术[M]. 北京：科学出版社，2001.

[3] 马占云，高庆先. 废弃物处理温室气体排放计算指南[M]. 北京：科学出版社，2011.

[4] 翁端，冉锐，王蕾. 环境材料学[M]. 北京：清华大学出版社，2011.

[5] 李爱年，周训芳. 环境法学[M]. 长沙：湖南人民出版社，2008.

[6] 蒋建国. 固体废物处置与资源化[M]. 北京：化学工业出版社，2008.

[7] 马晓茜，杨泽亮，罗军. 垃圾焚烧时挥发分的析出与燃烧时间的计算[J]. 电站系统工程，1998，14(6)：28-32.

[8] 范浩杰，章明川，吴国新，等. 碳酸钙热分解的机理研究[J]. 动力工程学报，1998，18(5)：40-43.

[9] 覃远根，舒华. CaO 和 Ca(OH)$_2$ 脱硫反应的热力学分析及机理研究[J]. 广州化工，2009，37(5)：129-132.

［10］ 阎维平，云曦. ASME PTC4—1998 锅炉性能试验规程的主要特点［J］. 动力工程，2007，27（2）：174-178，188.

［11］ 废弃物学会（日），金东振. 废弃物手册［M］. 北京：科学出版社，2004.

［12］ R. Y. 珀塞尔，萨里夫. 有害大气污染物控制技术手册［M］. 腾慧法，译. 北京：中国环境科学出版社，1997.

［13］ EUROPEAN COMMISSION. Reference document on the best available techniques for waste incineration［J］. Integrated Pollution Prevention and Control，2006.

第 2 章　颗粒物控制技术

2.1　粉尘来源、性质及危害

2.1.1　垃圾焚烧烟气的粉尘

垃圾焚烧产生的烟气中含有的微粒状颗粒物，称为"粉尘"或是"颗粒物"。粉尘中包括油料中不可燃的灰分、未燃尽的可燃微粒，以及高沸点的碳氢化合物和液态微粒状物质等。颗粒物可分为液滴和固态微粒。一般情况下并不把液滴和固态微粒分开，而是都作为微粒状物质来归纳其特性。只是燃烧气体中的水蒸气冷凝后形成的白烟不包括在粉尘中。

通常液滴因受表面张力的影响，大致成球形，其表面积就是球形面积。低黏度的液滴因液体内部浓度和温度梯度的作用有微观内部流动。它有时会产生分裂聚合等变化，也会因蒸发、凝聚作用引起液滴大小变化或消失。固态微粒因形成过程不同，有晶体和非晶体结构之分。固态微粒的形状不限于球形，也有针形及其他不规则形状。其表面为多孔质层覆盖状态，表面积比液滴显著增大，并且容易吸附其他气体或液体，其特性也随所吸附物质不同而变化。另外，具有晶体构造的微粒，原子往往排列在特定的晶面上。对于固态微粒，工程上常用平均粒径来界定。

粉尘颗粒物粒径大小分布很宽，大多是从不足 $1\mu m$ 到 $100\mu m$。从环保的角度，要对粒径 $10\mu m$ 以下的悬浮微粒加以规定和限制。这是因为 $10\mu m$ 以下的微粒在大气中的停留时间很长，对人体健康和环境影响很大。

就锅炉内的燃烧而言，气体燃料和轻质液体燃料在燃烧过程中很容易达到完全燃烧，而固态可燃物是由表面反应引起的反应，燃烧速度很慢，并容易发生不完全燃烧，使一部分未燃尽的可燃物以微粒形式排放出来。对垃圾焚烧来说，尽管是以气态挥发分燃烧为主，仍然必须安装有排烟除尘器，以去除上述粒径范围的微粒。

颗粒物的粒径分布有以峰值表示的模型等。粒径分布可用 Rosin-Rammler 模型表示，其原型方程为：

$$v = 1 - \exp\left[-(x/x_p)^\delta\right] \tag{2-1}$$

式中　v——粒径小于 x 的颗粒体积分数；

　　x——颗粒的粒径；

　　x_p——粒径；

　　δ——分布指数。

由此可推出粒径的数量分布函数和体积分布函数。

从工程视角，粉尘可分为物理型粉尘与化学型粉尘两大类。其中物理型粉尘主要是指

机械尘、挥发尘；化学型粉尘分为燃烧粉尘、化学反应生成物、工艺过程加入反应物
（表 2-1）。

烟气中粉尘类型

表 2-1

类别	名称	说明
物理型	机械尘	在燃烧过程中，以炉排炉为例，生活垃圾和固体废物首先受炉内热辐射和一次风的作用进行干燥和汽化，生活垃圾中部分细微颗粒在一次风的作用下，漂浮在炉内烟气中，形成机械尘
	挥发尘	在热空气作用下，部分易汽化和易分解的化学物质随着温度的升高也进入烟气中，形成细微颗粒物，如单质汞及其化合物等
化学型	工艺过程加入物	喷入烟气中用于吸附重金属和二噁英的活性炭也是烟气中粉尘来源之一，尤其是CFB净化流程中的返尘成为主要的尘源
	燃烧生成物	在燃烧区，由于生活垃圾中有机物进行剧烈的热化学反应，形成大量的化合物，如金属氧化物、盐等物质进入烟气中，如硫酸盐、PbO等物质
	化学反应产物	在烟气净化过程中产生的部分盐及加入的部分物质。如在脱酸过程中加入的部分碱，如氢氧化钙或小苏打，这部分碱性物质与烟气中的酸性气体反应后生成的盐亦漂浮在烟气中，同时由于脱酸过程中需要加入过量的碱性物质，烟气会有部分未反应的碱性物质存在烟气中

2.1.2　粉尘性质

2.1.2.1　微粒的运动特性

球形微粒的运动特性可表示为以雷诺数（Re）为变量的阻力系数与空气中微粒的终端速度（terminal velocity）。当燃烧排放出的微粒粒径为 $10\mu m$ 时，由球形直径、相对密度与终端速度关系图，可知它在空气中的终端速度是 $2cm/s$。对煤烟中飞灰粒径大于 $10\mu m$ 的微粒，需考虑微粒的沉降。

微粒运动有时需考虑布朗运动和热泳运动。在空气中如粒径 $0.1\mu m$ 的微粒，其终端速度（由重力产生的沉降速度）约为 $2\mu m/s$，而因布朗运动产生的平均移动速度是 $20\mu m/s$，微粒的运动几乎取决于布朗运动。另外煤烟微粒处于有温度梯度的火焰内时，微粒会沿着温度梯度的方向扩散。这也和布朗运动一样，可由周围的气体分子运动来解释。

2.1.2.2　工程应用视角的粉尘特性

1. 颗粒物粒径

颗粒物粒径是选择除尘流程、确定除尘器的基本要素。垃圾焚烧产生的颗粒物粒径分布很不均匀，层燃型焚烧技术的机械尘粒径通常是在 $100\mu m$ 及以下，流化型技术的粉尘粒径可达到 $1000\mu m$，挥发尘与化学反应生成物的粉尘多在 $1\sim0.01\mu m$。工程上可将颗粒物粒径分为三类：①大于 $20\mu m$ 的颗粒物，有明显的沉降速度而停留时间短；②$1\sim20\mu m$ 的颗粒物，具有随气体运动的特征；③粒径小于 $0.1\mu m$ 的颗粒物，是在燃烧过程中蒸发的物质，随后因分子撞击效应而产生不规则的布朗运动凝结为 $0.1\sim1\mu m$ 而悬浮于烟气中的颗粒物。不同焚烧炉型的焚烧飞灰粒径有较大差别，并有一定发散性。

颗粒物粒径分布（particle size distribution）有临界粒径与分割粒径之分。颗粒物粒

径分布是指某一粒子集合中，不同粒径范围内的粒子个数或质量所占比例。以粒子个数所占比例表示时称为计数分布；以粒子表面积表示时称为表面积分布；以粒子质量表示时称为计重（质量）分布。由于我国颗粒污染物排放标准、烟尘浓度测试方法多采用计重法，且除尘器性能分析和计算也涉及粉尘的质量和受力，因此在除尘技术中常使用粒径分布概念，表示方法有列表法、图示法和函数法三种，最常用的是列表法。

临界粒径是指将一个颗粒物体集合，按照尺寸大小划分为不同的大小区间或尺寸等级。它是衡量颗粒尺寸分布的一种方式，常用于颗粒分析等。

分割粒径是指除尘器分级除尘效率为 50% 的粒子直径，是表示除尘器性能的代表性粒径。对于圆形喷嘴的撞击器来说，以 50% 效率被捕获的颗粒物空气动力学直径也称分割粒径，简单地说就是分级效率为 50% 时颗粒的直径。分割粒径的计算通常依赖于所使用的颗粒分析仪器或技术。常用于颗粒分析的仪器可通过测量颗粒的散射、穿透、吸收等性质，对颗粒的尺寸进行分析和计算。根据具体应用需求和实验目的，分割粒径可分为不同的尺寸区间或尺寸等级。在颗粒物理学研究中，常见的分割粒径范围有粗粒级、块状级、粉状级等。在沉积学和岩石学研究中，分割粒径范围一般包括黏土级、粉砂级、细砂级、中砂级、粗砂级、砾石级、卵石级等。

对于圆形喷嘴的撞击器来说，以 50% 效率被捕获的颗粒物空气动力学直径也称分割粒径，简单地说就是分级效率为 50% 时颗粒的直径。一般除尘器分级除尘效率为 50% 的粒子直径称为分割粒径，它是表示除尘器性能有代表性的粒径。

2. 粉尘比表面积

按国际标准化组织规定，粒径小于 $75\mu m$ 的固体悬浮物定义为粉尘。粉尘比表面积是指单位质量粉尘所具有的总面积，一般在 $0.10\sim1.00 m^2/g$，比表面积增加时，表面能随之增大，从而增强了表面活性，对粉尘的湿润、溶解、凝聚、附着、吸附、爆炸等性质都有直接影响。粉尘粒子愈细，比表面积愈大；反之亦然。细粒子常常表现出显著的物理和化学活性，如氧化、溶解、蒸发、吸附、催化，以及生理效应等都能因细粒子比表面大而被加速。有些粉尘的爆炸危险性和毒性随粒度的减小而增加。粉尘的润湿性和黏附性也与其比表面积相关联。比表面积的测定方法有容积吸附法、重量吸附法、流动吸附法、透气法、气体附着法等。

需说明的是，对多孔物质的比表面积，有外表面积与内表面积之分。如硅酸盐水泥等非孔性物质只有外表面积；而石棉纤维、岩（矿）棉、硅藻土等有孔和多孔物质既有外表面积又有内表面积。从工程应用视角，垃圾焚烧的催化剂、吸附剂等多孔物质，是评价利用的重要指标之一，但不再细分内、外表面积。

3. 粉尘密度

粉尘密度通常分为密度和堆积密度。前者随粉尘成分而异，后者还与粉颗粒物度有关。粉尘密度对沉降室和旋风除尘器的除尘效率影响很大，堆积密度对粉尘的贮存和再飞扬有较大影响，如粉尘的密度和堆积密度之比大于 10，粉尘的二次飞扬将十分严重。

4. 粉尘的摩擦角

当物体与固定支承面间的摩擦为静摩擦时，支承面对物体的反作用力 F_R 为法向反作用力 F_N（支持力）和切向反作用力 F_f（静摩擦力）的合力。当物体处于滑动的临界状态时，摩擦力为最大静摩擦力 F_{fmax}，支承面对物体的反作用力 F_R 与法向反作用力 F_N 之间的

夹角 θ 叫作支承面对于物体的摩擦角（图 2-1a）。摩擦角的正切值等于 F_{fmax} 与 F_N 的比，即等于滑动静摩擦系数 μ。表示为 $\tan\theta=\mu$。

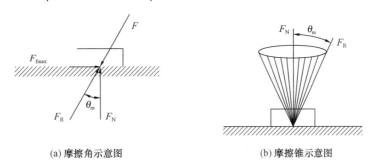

(a) 摩擦角示意图　　　　　(b) 摩擦锥示意图

图 2-1　摩擦角与摩擦锥示意图

法向反力 F_N 与摩擦力 F_f 的合力 F_R 称为支持面对物体的全约束力，也叫全反力或接触反力。静摩擦力 F_f 达到最大值 F_{fmax} 时的支持力与全反力的夹角 θ 也达到最大值 θ_m，称为最大静摩擦角。最大静摩擦角 θ_m 的正切值等于最大静摩擦系数 μ_{max}。以摩擦角的两倍 $2\theta_m$ 为顶角，以 F_N 的方向为轴，以 F_R 为母线所构成的圆锥叫作支承面对该物体的摩擦锥（图 2-1b）。

由摩擦角和摩擦锥的定义可知，当作用于物体的指向支承面的主动力（即除固定支承面的反作用力以外的其他的力）合力的作用线在摩擦锥内部时，法向反力 F_N 与摩擦力 F_f 的合力 F_R 称为支持面对物体的全约束力，也叫接触反力。静摩擦力 F_f 达到最大值 F_{fmax} 时的支持力与全反力的夹角 θ 也达到最大值 θ_m，称之为最大静摩擦角。

粉尘的摩擦角有内摩擦角和外摩擦角之分。外摩擦角为粉尘和与之接触壁面的摩擦角，除与粉尘种类、形状、含水率等有关外，还和壁面材质、光滑度有关。外摩擦角对设计除尘灰斗角度影响很大。常见粉尘的内摩擦角见表 2-2。设计除尘器的灰斗和输灰管道时，倾斜角应大于粉尘的内摩擦角。

内摩擦角亦称安息角，反映了物体内部各部分因相互作用而呈现的摩擦效应，也就是指物体内部各部分之间的相对运动所产生的阻力和相互作用力之间的比值。内摩擦角与粉尘的种类、粒径、形状和含水率有关。具有粉尘颗粒愈细，含水率愈大则内摩擦角愈大；表面光滑的粉尘及球状粉尘的内摩擦角小的特征。通俗讲，内摩擦角就是物体内部因为形状、材料以及结构等因素所具有的阻力特性。其物理意义是由内摩擦引起物体内部不同部分相对运动时所需要的最小外力。一些物质的内摩擦角见表 2-2。

一些物质的内摩擦角　　　　　　　　　　　　　　表 2-2

粉尘名称	内摩擦角	粉尘名称	内摩擦角
滑石粉	$-45°$	黏土	$-35°$
水泥	$53°\sim57°$	焦炭	$50°$
铁粉（0.36mm）	$42°$	干煤灰	$15°\sim20°$
氧化铝	$35°\sim45°$	无烟煤粉	$37°\sim45°$
铝粉	$35°\sim45°$	烟煤粉	$37°\sim45°$
铅锌水碎渣	$42°$	泥煤	$45°$

续表

粉尘名称	内摩擦角	粉尘名称	内摩擦角
石灰	40°	平炉渣	45°～50°
生石灰	45～50°	造型砂	45°
粉状石墨	40°～45°	磁铁矿	40°～45°
铁粉（0.25mm）	41°	锰矿	35°～45°
铁粉（0.18mm）	40°	褐煤	35°～50°
铁粉（0.13mm）	40°		

5. 粉尘的静电特性

在粉尘的产生、输送和含尘气体净化过程中，由于受到破碎、碾磨、筛分、碰撞、摩擦等机械作用，或在放射性照射、电晕电场的作用下，或与其他带电物体表面接触等作用下均可使粉尘荷电。同一种颗粒物可带正电、负电或不带电，有研究显示"飘浮在空气中的颗粒物有 90％～95％ 荷正电或负电，5％～10％ 的颗粒物不带电"，这种静电特性对粉尘的捕集和清灰都有很大影响。不同粉尘和物料具有不同的带电顺序，当其互相接触时将按照各自顺序带电。如袋式除尘器，如果所选滤袋与粉尘的带电顺序较接近，则带电量少。

6. 粉尘的吸水性

粉尘的吸水性决定于粉尘的成分、大小、荷电状态、温度和气压等条件。吸水性随压力增加而增加，随温度的上升而降低、随颗粒物的变小而减少。粉尘易被水湿润的称亲水性粉尘，亲水性粉尘有石灰石、无机氧化物等；相反则称憎水性粉尘，如木炭、硫、孔雀石、硫化锌、硫化铁、硫化铅等。憎水性粉尘不宜采用湿式除尘净化。某些粉尘吸水后形成不溶于水的硬垢，称为水硬性粉尘，硬垢会造成堵塞而导致除尘系统失灵。

粒度较大和球状粉尘的润湿性比粒度小和形状不规则粉尘的润湿性好，粒径小于 $5\mu m$ 的粉尘悬浮于烟气中，很难被水润湿，只有在水与粉尘间有很高的相对速度的条件下，冲破粉尘周围的气膜，粉尘才被水润湿，如文氏管、冲击式除尘器等即起此种作用。

7. 粉尘的凝聚性

在高温条件下呈不规则运动的微细尘，互相碰撞使多个小粒径粉尘结合成大粒径粉尘的特性称粉尘的凝聚性。凝聚性的驱动力包括颗粒物表面的电荷、布朗运动和声波的振动，以及磁力作用；还有表面张力作用可使颗粒物之间的接触面积减小，降低总的系统自由能，使粉尘系统自由能降低而引起凝聚。超声波、电晕电场有促使粉尘凝聚的作用，粉尘围绕悬浮的水滴时亦可凝聚，文丘里除尘器即有这种作用。

8. 粉尘的黏结性

粉尘的黏结性和粉尘的含水、温度、粒度、几何形状、化学成分等有关。粉尘黏结性的强弱可用黏结力表示。从微观上看，黏结力包括分子力、毛细黏结力和静电力，其中毛细黏结力起主导作用。粉尘黏结性强，易使烟道、冷却设备和除尘器内壁黏结而堵塞，降低冷却效率、电除尘器极板和极线上粉尘不易清掉，造成反电晕和电晕闭锁现象，影响除尘效率，袋式除尘器滤布上的粉尘清除不尽，会增加过滤阻力。

9. 粉尘的化学活性

所谓化学活性是自燃性。某些粒径小、比表面积大的粉尘当含有未被氧化的金属、碳、硫化物和元素硫等物质，在粉尘热量不能及时散开而又与空气接触时可能引起自燃。

另外焚烧粉尘的爆炸性问题需要引起注意。爆炸的基本要素是要同时具有在空气中达到一定浓度的可燃或爆炸的粉尘，点火源（火焰、火花、放电等）与足够的助燃空气（氧气）等。由此可知，在正常运行条件下，垃圾焚烧过程不完全具备爆炸条件。但需要特别注意存在引起爆炸的潜在因素。从爆炸的基本要素看，可燃物是要有较强的还原剂 H、C、N、S 等元素存在，这就要求做到充分燃烧过程，加强烟气净化系统运行管理，将上述元素控制在最低水平。特别是在烟气净化系统投加适宜的活性炭、氨水（尿素），避免超量。针对点火源，要严格管理电气设施，严防漏电并采取有效防静电措施。

10. 气溶胶

微粒悬浮在空气中是把空气作为分散介质，把微粒作为分散相所形成的气溶胶。气溶胶除了具有作为分散相的微粒本身所具有的性质外，其性质还受微粒浓度、粒径分布、分散介质流动状态，以及作用于分散相的电场、磁场和声学效应等因素的影响。燃烧产生的微粒还受燃烧气体性质的影响。它与其他气溶胶不同的是把含有凝聚水蒸气的燃烧气体作为分散介质，而且这些微粒的表面吸附了酸性物和碱性物时，微粒易发生二次凝聚。

2.1.3 粉尘的负面影响

粉尘对环境的负面影响主要体现在大气、水体和土壤三个方面，对人类的负面影响主要通过水体、大气、土壤和食物链转移发生的作用。

2.1.3.1 粉尘对人体健康的负面影响

粉尘的化学组成及粉尘的粒径分布对人体健康起着重要的作用，其对人体健康的危害程度随生产性粉尘的种类和性质不同而不同。而粉尘的密度、溶解度、荷电性，以及放射性等也与其危害程度密切相关。粉尘分散度的高低与其在空气中的悬浮性能、被人体吸入的可能性和在肺内的阻留及其溶解度均有密切的关系。

粉尘对人体健康的影响一是通过排入大气污染环境，从而对人体的呼吸系统造成危害，最典型的是尘肺病。二是在露天存放、处理或处置过程中，其中的有害成分在物理、化学和生物的作用下可能发生浸出，含有害成分的浸出液可通过地表水、地下水、大气和土壤等环境介质直接或间接被人体吸收。据估算进入人体肺腔的粉尘颗粒物粒径为 $0.01\sim$ $0.1\mu m$，其中大部分能被呼出，约 $10\%\sim50\%$ 将沉积下来。特别是长期大量吸入含结晶型游离二氧化硅，对人体健康造成更大威胁。

2.1.3.2 粉尘对大气的影响

粉尘质量较小，可随风飞扬，极易形成二次飞扬。研究表明四级以上风力时，在粉煤灰或尾矿堆表层的厚度 $1\sim1.5cm$ 的粉末将出现剥离，其飘扬的高度可达 $20\sim50m$，大气能见度剧烈下降，在季风期间可使平均视程降低 $30\%\sim70\%$。同时粉尘中的挥发性污染物挥发至空气中，污染大气。

2.1.3.3 粉尘对水体的负面影响

粉尘对水体的污染途径分为直接污染和间接污染。直接污染是指把水体作为粉尘的接纳体，向水体直接倾倒或与水体混合，导致水体的直接污染。间接污染是粉尘在存放、堆积过程中，雨水浸淋产生的混合液流入江河、湖泊和渗入地下而导致地表和地下水的污染。

粉尘对水体的污染因子主要是重金属、有机污染物和其他有毒有害物质。这些污染因子进入水体将降低甚至消除水资源的利用价值，影响水生生物的繁殖和动植物的生长，更严重的还会造成一定水域生物死亡。同时有毒有害物质也将通过水生植物和水生动物的富集进入食物链，进而危害人类健康。

2.1.3.4　粉尘对土壤和生物群落的负面影响

粉尘对土壤的污染主要是经过雨雪浸湿后渗出的有毒有害物质进入土壤中，也有部分是污染物直接接触土壤或通过大气沉降进入土壤中导致土壤污染，被污染的土壤会杀死土壤中的微生物而破坏其生态平衡，改变土壤结构和土质，妨碍植物生长；同时有毒有害物质也能通过农作物的富集进入食物链从而危害人类健康。

2.1.3.5　粉尘对建筑物的负面作用

烟气中的粉尘可能是化学惰性或活性的物质。如果是惰性的，也可从大气中吸收化学活性物质，或者会通过化合作用，生成多种化学活性物质。根据化学成分和物理性能，粉尘会对建筑物起到破坏作用。粉尘落在涂过涂料的建筑物表面、玻璃幕墙上，就会污染其表面。为此每年要对建筑物和构筑物内外进行重新涂装和清洗，其费用相当可观。

更重要的是，粉尘物质能通过固有的腐蚀性，或由排入大气中的惰性粉尘所吸收或吸附的腐蚀性化学物质的作用，从而产生直接的化学破坏。金属通常能在干空气中抗拒腐蚀，甚至在清洁的湿空气中也是如此。然而，在大气中普遍存在吸湿性粉尘时，即使在没有其他污染物的情况下，也能腐蚀金属表面。尤其是会加速对金属文物的锈蚀矿化，石质文物酥解剥落，纺织品、壁画褪色长霉。

2.1.3.6　粉尘对设备的负面作用

粉尘对机器设备的影响，表现在含尘气流在运动时会对壁面产生切削和摩擦，引起磨损。一般粉尘磨损与气流速度的 $2\sim3$ 次方成正比。但粉尘浓度到某一程度时，由于粉尘粒子之间的相互碰撞，反而减轻了与壁面的碰撞摩擦。一般认为粒径 $5\sim10\mu m$ 的粉尘磨损性与颗粒大小和成分有关，微细粉尘比粗粉尘的磨损小，但对于如光学仪器、微型电机、微型轴承，粒径 $1\mu m$ 以上的粉尘就能影响精度。消除尘埃的玷污必须采用空气洁净技术。

粉尘污染不仅影响产品的外观，还能造成产品质量的下降。例如石膏粉产品在生产过程中被烘炉黑烟污染，不仅外观受影响，质量也要下降。许多电子产品、化学药品、摄影胶等现代化产品，在生产过程中或操作使用中非常重视防止粉尘污染。在电子产品生产中，即使是 $0.3\mu m$ 的粉尘落到刻线间距只有亚微米的加工表面上，也会对产品造成危害，轻则影响产品性能，重则会使产品报废。

总之，我国经济快速发展，环境质量改善，随着我国对环境污染有效控制，除尘技术进步，运行管理的成熟，当今的垃圾焚烧烟气的粉尘，基本不再对人体健康构成负面影响。

2.2 除尘系统配置原则与性能评价基本指标

2.2.1 除尘系统配置原则

1. 以国家现行烟气污染物控制标准为红线，以批准的环评规定的排放指标和排污许可证规定的年度排放总量作为运营主体依法考核线。运行主体要在此规则下，建立保证达标排放的内控指标。由此，从焚烧过程的初级减排尽可能降低烟气污染物浓度，从烟气净化系统的二级减排严格控制各项污染物的排放。与此同时，尽可能降低烟气含水率，保持烟气净化系统设备处于完好状态，热控仪表完好率、合格率、投入率处于良好水平。

2. 根据烟气条件和要求并结合焚烧过程的初级减排等综合考虑，包含待处理烟气的性质、粉尘性质、烟气含水率、各种烟气污染物含量与变化范围、烟气污染物排放指标和内控指标、二次污染可控性、节能减排、最佳经济效益等因素，综合考虑除尘方案。按现行烟气污染物排放标准，除尘设施可达到的技术质量、制造水平，运行管理能力，以及实际运行经验等条件，要求采用袋式除尘器。当烟气中含有高浓度粉尘时，可谨慎增加如旋风除尘器等的预除尘措施；对现行常用除尘器不能满足更严格的粉尘排放指标时，可通过技术经济对比分析确定是否采用湿法除尘方案。

3. 应综合考虑烟气净化流程，根据烟气中各种污染物的成分、含量和处理后的要求，应尽可能协同处理多种污染物。如在垃圾焚烧行业中，采用袋式除尘器的目的除了可以过滤烟气中粉尘外，还利用了滤袋上的未完全反应的碱性物质与烟气中的酸性气体进一步反应脱酸，也可以将喷入烟气中用于吸附重金属和二噁英的活性炭从烟气中分离出来。目前有运行主体正在研发除尘、脱硝、分解二噁英作用的一体化滤袋，协同处置多种污染物。

4. 根据各种除尘器的性能综合考虑。对于挥发性粉尘应选择袋式除尘器或电除尘器。对烟气温度高于250℃、不希望降温或改变烟气成分时，可选择电除尘器，进行组合搭配。对于含量高、处理后要求较高的烟气可采用一级或几级组合除尘，其原则是首先粗除尘、后精除尘。目前也有采用二级精除尘的流程，即电除尘＋袋式除尘的高配方案。

2.2.2 除尘器分类

一般而言，任何形状与密度的固体粉尘或液珠，粒径在 $0.001\sim1000\mu m$ 之间，并悬浮在气体介质中（如烟气），所形成的混合气体称为含尘气体，也就是理论意义上的气溶胶。把粉尘从气体中分离出来的过程叫作除尘过程。而实现除尘作用的核心设备叫作除尘器。

将粉尘从含尘气体中分离出来，使粉尘颗粒物产生弥散、碰撞、扩散、凝聚、沉降及分离现象。产生这类现象的驱动力即既力学原理。除尘技术是以作用力与反作用力作为理论基础，通过除尘器与粉尘之间的相互作用力，使粉尘的运动方向或其形态发生变化。根据作用力的性质可分为重力、弹力、摩擦力、碰撞力、惯性力、静电力、磁力、分子力等；根据作用力效果分为压力、张力、反作用力、浮力、阻力、向心力、离心力等（表2-3）。根据作用力的性质，设计不同的除尘方法，形成不同类的除尘器。从除尘过程主要作用力的来源看，主要有：①气体介质的分子扩散力，以及紊流扩散、流体流动作用；②粉尘颗粒的布朗运动、范德华力；③电力的库仑力；④外部作用的磁力、声波力以及机械力（重力、惯性力、离心力、电力）等。

机械式除尘技术 表 2-3

类别	主要作用力	适用设备类型	适用范围				分级效率/%		
			粉尘粒径/μm	粉尘浓度/(g/m³)	温度/℃	阻力/Pa	50μm	5μm	1μm
机械除尘	重力	重力除尘器	>15	>10	<400	100~500	96	16	3
	惯性力	惯性除尘器	>20	<100	<400	400~1200	95	20	5
	离心力	一般旋风除尘器、高效旋风除尘器	>5	<100	<400	400~2000	85~90 90~95	<50 50~75	8
过滤除尘	惯性力、扩散力、碰撞力、摩擦力、重力	袋式除尘器 振打清灰、脉冲清灰、反吹清灰	>0.1	30~10	<300	800~2000	>99 100 100	>99 >99 >99	99 99 99
静电除尘	静电力	电除尘器	>0.05	<100	<400	200~1000	>99	99	85
湿法除尘	惯性力、张力、扩散力	水膜除尘器、喷雾除尘器、文丘里除尘器	100~0.5	<100 <10 <100	<400 <400 <800	800~1000 5000~10000	100 100 >99	93 96 >99	40 75 97~93
	静电力	湿式电除尘器、干式电除尘器	>0.05	<100	<400	300~400	>98	98	92

按除尘效率分类 表 2-4

除尘类别	除尘效率/%	适用除尘器示例
低效除尘	50~80	重力沉降室、惯性除尘、低效旋风除尘
中效除尘	80~95	低能湿式除尘、颗粒层除尘、中效旋风除尘
高效除尘	>95	电除尘、袋式除尘、文氏管除尘

当代除尘技术根据除尘机理划分为机械除尘技术、静电除尘技术、过滤除尘技术，以及湿法除尘技术等几大类。根据不同应用场合的不同工艺特点，对上述各大类除尘技术，再进行细分，如机械除尘细分为重力除尘技术、惯性除尘技术、旋风除尘技术等；湿法除尘技术细分为水膜除尘技术、喷雾除尘技术、文丘里除尘技术等。还有根据应用需求的分类法，如按除尘效率分类为低效除尘、中效除尘、高效除尘等（表 2-4）。电除尘器按清灰方式细分为干式电除尘器、湿式电除尘器和电除雾器等（表 2-3）。此外，电除尘器还有按烟气流动方向细分为立式电除尘器和卧式电除尘器；按集尘极分为板式电除尘器和管式电除尘器；按使用温度分为低温电除尘器、中温电除尘器和高温除尘器；按放电极和集尘极的配置分为单区电除尘器和双区电除尘器；按极间距宽窄分为宽极距电除尘器和常规极距电除尘器；按供电电源分为高压脉冲电除尘器和高压电除尘器；此外还有电袋复合除尘器等。

2.2.3 焚烧烟气粉尘的重量与排放量估算

2.2.3.1 焚烧烟气粉尘的重量估算

垃圾焚烧飞灰与垃圾元素含量有定性关系，但不一定有定量关系。主要影响因素包括：①垃圾中的灰分。②一、二次空气量。③燃烧速率。④炉温。⑤炉排搅拌作用。⑥燃烧室设计。⑦吸附剂及脱酸反应剂的添加量。⑧运行操作。

垃圾焚烧产生的灰渣总量（包括垃圾中的无机成分）可按各垃圾组分中的有机成分灰分量之和加上无机成分构成确定。估算时，一般按垃圾处理量的15%～25%计取。炉排型焚烧炉产生的飞灰可按灰渣总量的15%～20%计取。计算示例见表2-5。

烟气飞灰量估算示例 表2-5

项目	单位	纸类	橡塑	竹木	织物	厨余	果皮	无机组分
焚烧厂总垃圾焚烧量 B	t/h				41.66			
垃圾组分 F	%	6.50	11.21	1.47	2.17	59.66	11.99	7.00
各垃圾组分的灰分 A	%	13.97	10.42	4.86	4.67	19.59	10.08	100
各组分灰渣 $G_i=B \cdot F \cdot A$	t/h	0.29	0.49	0.03	0.04	4.87	0.50	2.92
灰渣总量 $G=\sum G_i$	mg/h				$9.19(t/h) \times 1000000000 = 9190000000$			
烟气量（由烟风系统计算）Q_y	m³/h				$93000 \times 2 = 186000$			
单位飞灰量 $d=0.2 \times 0.97 G/Q_y$	mg/m³			$0.15 \sim 0.2 \times 0.97 \times 9190000000/186000 = 7189 \sim 9585$				

2.2.3.2 除尘烟气粉尘量估算

取除尘器入口粉尘质量浓度 c_i（g/m³），处理风量 Q（m³/min），可按下式求出粉尘量 M：

$$M = 60 \times 10^{-3} c_i Q \quad (\text{kg/h}) \tag{2-2}$$

垃圾焚烧飞灰的堆积密度通常在 $0.5 \sim 1.0$ g/cm³ 范围内变动。特别是含水率的影响，当飞灰含水量较高时，其密度会相应增加。另外，其振实密度大约在 $0.8 \sim 1.2$ g/cm³；真密度（即固体物质密度）通常大于 $2.8 \sim 3.2$ g/cm³。取粉尘的堆积密度 β（kg/m³；一般粉尘），可知粉尘容积 V：

$$V = M/\beta \quad (\text{m}^3/\text{h}) \tag{2-3}$$

2.2.4 除尘性能评价基本指标

评价除尘器一般性能的指标是反映除尘器性能的主要参数，这是选择除尘器需要充分考虑的。评价除尘器性能的主要指标是除尘效率、设备阻力，钢材耗量、一次投资费用，以及运行过程的资源与能源消耗等。

2.2.4.1 除尘效率

（1）除尘效率（η,%）系指除尘器捕集下来的粉尘量（G_c，kg/h）占进入除尘器粉尘量（G_i，kg/h）的百分比。另取漏风系数 k，则：

$$\eta = \frac{G_c}{G_i} \times 100\% = \frac{G_i - G_o}{G_i} \times 100\% = \frac{c_i Q_i - c_o Q_o}{c_i Q_i} \times 100\% = \left(1 - k \frac{c_o}{c_i}\right) \times 100 \tag{2-4}$$

式中 G_i、G_c、G_o——除尘器进口、捕集、出口烟气中颗粒物量，单位 g/h；

c_i、c_o——除尘器进口、出口烟气含尘浓度，单位 mg/Nm^3；

Q_i、Q_o——除尘器进口、出口烟气量，单位 Nm^3/h。

（2）当除尘器为多级串联使用时，总除尘效率有：

$$\eta = \left[1-(1-\eta_1)(1-\eta_2)\cdots\right]\times100\%\tag{2-5}$$

（3）除尘器对不同粒径或不同粒径范围的除尘效率叫作分级效率 η_d。设 φ_{id}、φ_{od} 分别为粒径 $d\pm\Delta d$ 范围内的尘粒在除尘器进、出口捕集的粉尘质量的分级效率，则：

$$\eta_d = \frac{\varphi_{id}-(1-\eta)\varphi_{od}}{\varphi_{id}}\times100\%\tag{2-6}$$

由已知各分级效率，可求出总分级除尘效率：

$$\eta = \sum_{d}^{n}\eta_d\varphi_{id}\tag{2-7}$$

通常，将总除尘效率 $50\%<\eta\leqslant80\%$ 的除尘器视为低效除尘器，$80\%<\eta\leqslant95\%$ 的除尘器为中效除尘器，$\eta>95\%$ 的除尘器为高效除尘器。此外，静电除尘器除尘效率也可用 Deutsch 方程式表达为：

$$\eta = 1-\exp(-WA/Q)\tag{2-8}$$

式中　W——电场中的颗粒物迁移速度；

　　　A——收集板面积；

　　　Q——气体流量。

2.2.4.2　除尘器阻力

除尘器阻力也叫压差或压力损失（ΔP，Pa）是指烟气通过除尘器时所消耗的机械能，包括位能和动能。由于流体的重度小且在除尘装置内位置变化不大，忽略其位能，仅考虑动能。ΔP 由除尘器前后管道中气流平均全压（静压+动压）表示为：

$$\Delta P = \bar{P}_i - \bar{P}_o + \frac{\rho_g}{2}v^2\left[1-\left(\frac{A_i}{A_o}\right)^2\right]\tag{2-9}$$

式中　$\bar{P}_i$、$\bar{P}_o$——除尘器进、出口的静压，单位 Pa；

　　　ρ_g——除尘器前后管道内烟气平均密度，单位 kg/m^3；

　　　v——除尘器进口烟气流速，单位 m/s；

　　　A_i、A_o——除尘器进、出口测点处管道截面积单位 m^2。

由上式知，当 $A_i=A_o$ 时，除尘器阻力等于除尘器前后静压差。根据除尘器阻力可划分为：

低阻除尘器（$\Delta P<500Pa$），如重力沉降室、电除尘器等；

中阻除尘器（$500Pa<\Delta P\leqslant2000Pa$），如旋风除尘器、袋式除尘器、低能湿式除尘器；

高阻除尘器（$2000Pa<\Delta P\leqslant20000Pa$），如文氏管除尘器等。

袋式除尘器阻力 ΔP 也可按如下计算公式：

$$\Delta P = \Delta P_1 + \Delta P_2 + \Delta P_3\tag{2-10}$$

式中　ΔP_1——机械设备阻力。是设备进口、出口、内部通流路径、挡板等阻力之和。在正常过滤速度条件下，机械设备阻力约 500Pa。

ΔP_2——滤袋与颗粒物层阻力。一般地，在烟气低流速通过颗粒物层和滤袋时，处于层流状态，则：$\Delta P_2 = \alpha(A/C)$。其中 α 为比例系数；A/C 是过滤速度（m/min）。

ΔP_3——二次颗粒物层阻力。一般用达西公式表示：$\Delta P_3 = [\mu(A/C)/K] \times l$。其中 l 为积灰层厚度（m）；μ 为烟气黏度（Pas）；(A/C) 为过滤速度（m/s）；K 为透气率（m^2）。

因 K 的试验数值与现场测定值偏差大，难以根据飞灰性质做出判断，故可将 $\Delta P_2 + \Delta P_3$ 合并按下式计算：

$$\Delta P_2 + \Delta P_3 = (K_1 + K_2 C_{ma})V_0 = (K_1 + K_2 C_{ma})Q/a_1 \quad (N/m^2) \qquad (2\text{-}11)$$

式中 C_{ma}——单位面积的质量浓度（kg/m^2），与积灰层厚度成正比；

Q——烟气流量（m^3/s）；

a_1——过滤面积（m^2）；

K_1——单位 Ns/m^3（$kg/m^2 s$），一般 $12000Ns/m^3 < K_1 < 120000Ns/m^3$；

K_2——单位 s^{-1}，一般 $10000s^{-1} < K_1 < 130000s^{-1}$。

袋式除尘器阻力 ΔP 还可按清洁滤料阻力 ΔP_0 与滤料上颗粒物层阻力 ΔP_d 之和确定，其中：

$$\Delta P_0 = \xi_0 \mu(A/C) \qquad (2\text{-}12)$$

$$\Delta P_d = \xi_d \mu(A/C) = mR\mu(A/C) = [C_0(A/C)t\eta]R\mu(A/C) = C_0(A/C)^2 t\eta R\mu \quad (2\text{-}13)$$

则袋式除尘器总阻力为：

$$\Delta P = \Delta P_0 + \Delta P_d = [\xi_0 + C_0(A/C)t\eta R]\mu(A/C) \qquad (2\text{-}14)$$

$$\xi_d = mR$$

式中 ξ_0——清洁滤料阻力系数，m^{-1}；

m——滤料上颗粒物负荷，kg/m^2；

R——颗粒物层平均阻力系数，m/kg；

μ——烟气动力黏度，$10^{-6} Pas$；

C_0——除尘器入口颗粒物浓度，kg/m^3；

t——过滤时间，min；

η——平均除尘效率，%。

烟气在除尘器进出口的全压差单位为 Pa。阻力与能耗成比例，通常根据烟气量和设备阻力求得除尘器消耗的功率（N，kW）：

$$N = \frac{Q\Delta P}{9.8 \times 10^2 \times 3600\eta} \qquad (2\text{-}15)$$

式中 Q——处理烟气量，m^3/h；

η——风机和电动机传动效率，%。

2.2.4.3 除尘器的经济性

作为评定除尘器的重要指标之一，经济性包括除尘设备费和运行维护费两部分。其中，设备部分的经济性至少包括选用材质及材料消耗量（如钢材耗量）、加工费（尤其是加工机具、加工精度、加工/检验标准及加工经验等）、辅助设备费用（如空气压缩机、反吹风机等各种辅助设备费用）和安装费用等。

运行维护部分的经济性主要包括：①除尘器做功的功率消耗。②其他能源消耗，如袋式除尘器压缩空气消耗量，静电除尘器电晕功率、振打电耗等。③维修所需要的原材料、易损件消耗、备品备件等。在各种除尘器中，以电除尘器和袋式除尘器的设备费最高，文氏管除尘器、旋风除尘器最低。除尘设备在整个除尘系统的初投资中占的比例很大。

除尘系统的运行维护费主要指能源消耗，主要使含尘气流通过除尘设备所做的功的能量消耗，表现在风机的功率 W（kW）上，根据除尘器阻力 ΔP（Pa）及处理烟气量 Q（m³/h）的不同而不同。另一种是除尘或清灰的附加能量两种不同性质的能耗。取风机效率 η_{fi}，有：

$$W = \frac{\Delta PQ}{1000\eta_{fi}3600} = 2.77 \times 10^4 \frac{\Delta PQ}{\eta_{fi}} \tag{2-16}$$

由上式可知，除尘器阻力愈高，消耗的能量也愈高。也就是有文氏管除尘器的能耗最高。而电除尘器的能耗比较低，因而运行维护费也低。

运行维护费还应包括运行维修，大、中修所需的各种材料、备品备件等，易损件的调换与补充所需的费用。维修费用可按初投资的 2%～10% 计算，对于一般除尘系统取低值，高温易腐蚀系统取高值，袋式除尘器滤袋的更换会增加维修费用。根据滤袋寿命选取适当的百分比。

除尘器的经济比较是较复杂的问题。首先应在考虑除尘性能的基础上进行比较。在进行除尘器的费用比较时，要注意到设备费是一次投资，而运行费是每年的经常费用。因此若一次投资高（例如电除尘器），而运行费用低，则在运行若干年后就可以得到补偿。运行时间愈长，愈显出其经济性。另外，在进行比较时还要考虑处理风量的大小。

2.3　除尘技术概述

2.3.1　主要机械除尘技术

机械除尘是指依靠机械力进行除尘的技术。本书中的机械力单指重力、惯性力和离心力。相应的除尘器是指重力沉降室、惯性除尘器与旋风除尘器。

配套生活垃圾焚烧技术的各类除尘技术而言，最常使用的是袋式除尘器，较少采用电除尘器，旋风除尘器主要用于流化技术的前置预除尘作用。

2.3.1.1　重力沉降室和惯性除尘技术

重力沉降室是利用重力沉降原理使粉尘从烟气中分离出来的除尘技术。惯性除尘是指利用重力、冲击力和离心力等惯性作用使粉尘与气流分离的技术。具有除尘阻力小，除尘效率低，分级效率显示适用粒径 40～50μm 或以上等特点（表 2-3）。重力沉降室的模式有层流式和湍流式之分，关于气流在沉降室内停留时间、沉降距离、分级效率、捕集最小粒径等的计算方法可参见相关除尘技术专著。

此外，还有一种利用如砾石、焦炭、金属屑、陶粒等颗粒状物料作填料层的内滤式除尘技术。其滤尘机制与袋式除尘器相似，主要靠筛滤、惯性碰撞、截留及扩散作用，使粉尘附着于颗粒滤袋及尘粒表面上。过滤效率随颗粒层厚度及其上积附粉尘层厚度的增加而提高，压力损失随之提高。该技术具有较好的耐高烟温、耐腐蚀、耐磨损性能；但不适合用于含尘量高于 $30g/m^2$ 和粒径小于 $1\mu m$ 的烟气。我国使用的颗粒层除尘器有塔式旋风颗粒层除尘器和沸腾床颗粒层除尘器。对于前者，含尘气体经旋风除尘器预净化后引入带梳耙的颗粒层，使细粉尘被阻留在填料表面活颗粒层空隙中。填料层厚度一般 $100\sim150mm$，常用滤袋粒径 $2\sim4.5mm$ 石英砂，过滤气速为 $30\sim40m/min$，清灰时反吹空气以 $45\sim50m/min$ 的气速按相反方向鼓进颗粒层，使颗粒层处于活动状态，同时旋转梳耙搅动颗粒层。反吹时间 15min，周期 $30\sim40min$，总压力损失为 $1700\sim2000Pa$，总除尘效率在 95％ 以上。反吹清灰的含尘气流再返回旋风除尘器。这类除尘器常采用 $3\sim20$ 个筒的多筒结构，排列成单行或双行。每个单筒可连续运行 $1\sim4$ 小时。沸腾颗粒层除尘器不设梳耙清灰，反吹清灰风速较大，在 $50\sim70m/min$，使颗粒层处于沸腾状态。

这类除尘技术一般用于去除大粒径的粉尘或是用于减轻后续除尘器负荷的预除尘技术。受约束条件限制，垃圾焚烧项目尚未见有采用，故不再赘述。

2.3.1.2　湿式除尘器

湿式除尘器是把水浴和喷淋两种形式合二为一。先是利用高压离心风机的吸力，把含尘气体压到装有一定高度水的水槽中，水浴会把一部分灰尘吸附在水中。经均布分流后，气体从下往上流动，而高压喷头由上向下喷洒水雾，捕集剩余部分的尘粒。湿式除尘器具有如下特点：

（1）可以有效地将粒径 $0.1\sim20\mu m$ 液态或固态粒子从气流中除去，同时，也能脱除部分气态污染物。

（2）水膜除尘器、洗涤机等一般湿式除尘器的过滤效率不大于 90％；对粒径小于 $5\mu m$ 粉尘的除尘效率高，但需使液相更好地分散，能耗增大。而文丘里除尘器、湿式电除尘器可达 95％ 以上，且随设备阻力增加而提高。

（3）结构紧凑，占用空间小，耗水量小，每秒处理 $5\sim7m^3$ 含尘气流的占地面积约为 $4m^2$，耗水约 $1t/h$。

（4）可处理高温、高湿气流，将着火、爆炸的可能减至最低。但采用湿式除尘器时要特别注意设备和管道腐蚀，污水和污泥处理，以及冬天可能冻结等问题。湿式除尘过程不利于副产品的回收。

（5）因入口烟气温度过高，会使液体蒸发而影响除尘效率，一般入口温度不宜超过 100℃。

2.3.1.3　旋风除尘器

1. 旋风除尘器的运动机理

旋风除尘器是利用离心力作用，使粉尘从烟气中分离而加以捕集的装置，普通旋风除尘器是由筒体、锥体、排灰管、进气管、排气管等组成。当含尘气流以 $12\sim25m/s$ 速度由进气管进入旋风除尘器时，气流将由直线运动变为圆周运动。旋转气流的绝大部分沿器壁自圆筒体呈螺旋形向下，朝锥体做外旋气流运动。含尘气体在旋转过程中产生离心力，将密度大于气体的尘粒甩向器壁。尘粒与器壁接触，失去惯性力而靠入口速度的动量和向下的重力沿壁面下落，进入排灰管。外旋气流在到达锥体时，因圆锥形的收缩而向除尘器中心靠拢。根据"旋转矩"不变原理，其切向速度不断提高。当气流到达锥体下端某一位置时，即以同样的旋转方向从旋风除尘器中部，由下而上继续做螺旋形运动，即形成内旋气流。净化后的气体经排气管排出，一部分未被捕集的尘粒也由此逃逸。

气流从除尘器顶部向下高速旋转时，顶部的压力下降，一部分气流带着细小的尘粒沿筒壁旋转向上，到达顶部后，再沿排出管外壁旋转向下，最后到达排出管下端附近被上升的内涡旋带走，从排出管排出，这股旋转气流称为上旋气流。灰斗中外旋流转换为内旋流的区域称为回流区。对旋风除尘器内气流运动的测定发现，实际的气流运动是很复杂的，除了切向和轴向运动外，还有径向运动。如在外旋流，少量气体沿径向运动到中心区域，在内旋流，也存在着离心的径向运动。为研究方便，通常把内外旋流气体的运动分解成切向速度、径向速度和轴向速度，三个速度分量。其中切向速度是决定气流速度大小的主要速度分量，也是决定气流质点离心力大小的主要因素。

根据"涡流"定律，外旋流的切向速度 v_T（m/s）反比于旋转半径 R 的 n 次方，$v_T R^n$ ＝常数。此处 $n \leqslant 1$，常称为涡流指数。实验表明，取除尘器直径 D（m），气体绝对温度 T（K），则 n 值可由下式估算：

$$n = 1 - [1 - 0.67 D^{0.14}] \left(\frac{T}{283} \right)^{0.3} \tag{2-17}$$

内旋流的切向速度正比于旋转半径 R，比例常数等于气流的旋转角速度 ω，即：$v_T = \omega R$。因此，在内、外旋流交界圆柱面上，气流的切向速度最大。实验测定表明，交界圆柱直径 $d_i = (0.6 \sim 1.0) d_e$（d_e 为排气管直径）。

旋转气流的径向速度，因为内、外旋流性质不同，其矢量方向也不同。根据塔林登（Ter-Linden）测量的结果，可近似认为外旋流气流均匀地经过内、外旋流交界圆柱面进入内旋流，即近似地认为气流通过这个圆柱面时的平均速度就是外旋流气流的平均径向速度 v_T，即：

$$v_T = \frac{Q}{2\pi r_0 h_0} \tag{2-18}$$

式中　Q——旋风除尘器处理气量 m³/s；

r_0、h_0——分别为交接圆柱面的半径、高度，m。

关于轴向速度，与径向速度类似，视内、外旋流而定。外旋流的轴向速度向下，内涡旋的轴向速度向上。随着气流逐渐上升，轴向速度不断增大，在排出管底部达到最大值。

旋风除尘器内的压力分布，全压和静压的径向变化非常显著，由外壁向轴心逐渐降低，轴心处静压为负压，直至锥体底部均处于负压状态。压力降是评价旋风除尘器设计和性能时的一个主要指标。其压力损失主要包括气体在进气管内的摩擦损失；气体进入旋风除尘器内，因膨胀或压缩而造成的能量损失；气体在旋风除尘器中与器壁的摩擦所引起的能量损失；旋风除尘器内气体因旋转而产生的能量损失；气体在排气管内摩擦损失；旋转运动较直线运动需要消耗更多的能量和排气管内气体旋转时的动能转化为静压的损失，等等。旋风除尘器的压力损失一般与气体入口速度的平方成正比，通常在 1.0～2.0kPa。

应用于垃圾焚烧烟气的旋风除尘器具有较高的 50μm 级的分级效率。可用于高温（450℃）、高含尘浓度（400～1000g/m³）的烟气。多用于流化床焚烧线的烟气净化系统的前置除尘的粗除尘使用，以减轻后序除尘器的负荷。旋风除尘器对处理烟气量的变化很敏感，烟气量变小其除尘效率大幅度降低；烟气量增大其流体阻力急剧加大。在选用和设计旋风除尘器时，对这些特点应充分重视。旋风除尘器分干式和湿式两类，因湿式旋风除尘器在垃圾焚烧行业未见使用，本文仅介绍干式旋风除尘器。

2. 旋风除尘器常用技术指标

（1）临界粒径

旋风除尘器可分离捕集到的最小粒径称为该旋风除尘器的临界粒径，用 d_c 表示。对大于某一粒径的粉尘，旋风除尘器可以分离捕集下来，这种粒径称为 100％临界粒径，用 d_{c100} 表示；有 50％的可能性被分离捕集，这种粒径称为 50％临界粒径，用 d_{cso} 表示。

（2）流体阻力

旋风除尘器的流体阻力主要由进口阻力、旋涡流场阻力和排气管阻力三部分组成。通常按下式计算：

$$\Delta P = \xi \frac{\rho_2 v^2}{2} \tag{2-19}$$

式中　ΔP——旋风除尘器的流体阻力，Pa；

　　　ξ——旋风除尘器流体阻力系数，无因次；

　　　ρ_2——烟气密度，kg/m^3；

　　　v——旋风除尘器的流体速度，m/s。

旋风除尘器的流体阻力系数随着结构形式不同差别较大，而规格大小变化对其影响较小，同一结构形式的旋风除尘器可以视为具有相同的流体阻力系数。目前，旋风除尘器的流体阻力系数是通过实测确定的。

（3）除尘效率

分级效率能够更好地反映除尘器对某种粒径粉尘的分离捕集性能。旋风除尘器的分级除尘效率按下式估算。其总除尘效率可根据其分级除尘效率及粉尘的粒径分布计算。

$$\eta_p = 1 - e^{-0.6932 \frac{d_p}{d_{c50}}} \tag{2-20}$$

式中　η_p——粒径为 d_p 的除尘效率，％；

　　　d_p——粉尘直径，μm；

　　　d_{c50}——旋风除尘器 50％临界粒径，μm。

3. 约束旋风除尘器性能的主要因素

近年来，在世界范围内，纤维过滤器（如袋式除尘器）的应用，无论在数量上还是在投入上都比其他除尘设备具有更快的增长速度。特别是对滤袋覆膜技术（在滤袋表面覆一层多微孔、极光滑的 E-PTFE 薄膜，即膨体聚四氟乙烯薄膜）的应用与推广，使纤维层过滤效率更高、清灰效果更好，甚至可净化有一定黏性的烟尘。从而进一步促进了纤维过滤技术的发展。与此同时，约束旋风除尘器性能的因素仍是不可避免的，主要表现在粉尘的物理性质、运行条件及除尘器的结构尺寸等方面。其中：

运行条件包括进口气流速度、气体流量与密度、气体含尘浓度等。实际应用时，按除尘效率可分为高效和普通旋风除尘器；按处理气量可分为大流量、中流量旋风除尘器；按流体阻力大小可分为低阻、中阻旋风除尘器。

进口烟气流速增大，粉尘的离心力增大，旋风除尘器的 d_{emo} 临界粒径减少，除尘效率提高。但进口流速过高，旋风除尘器内粉尘的反弹，返混及粉尘碰撞被粉碎等现象反而影响除尘效率继续提高。旋风除尘器漏风量增大，筒体内气流紊乱，降低除尘效率。另外，旋风除尘器的流体阻力与进口流速的平方成正比。进口流速达到一定值后，再继续增大，则旋风除尘器的阻力急剧增大，而除尘效率几乎没有提高。因此应根据旋风除尘器特点、烟气和粉尘特性、使用条件等综合因素，选定合适的进口流速。

旋风除尘器的结构尺寸包括筒体直径与高度、进口形式（如螺旋面进口、切向进口、蜗壳进口、轴向进口等），排气管形式等。实际应用时，按结构外形可分为长锥体、长筒体、扩散式、旁通式旋风除尘器；按组合情况分为单管和多管旋风除尘器；按气体导入方向分为切向流和轴向流旋风除尘器；按烟气在旋风除尘器内流动和排出路线分为反转式和直流式旋风除尘器等。

风除尘器进口形式是影响其性能的重要因素。较多使用的是切向进口。螺旋面进口能使气流与水平面呈一定角度向下旋转流动，可减弱进口部分气流的相互干扰，改善除尘性能。渐开线蜗壳进口加大了进口气流和排气管间的距离，减少进口气流对内部逆转气流的干扰和短路逸出。蜗壳圆周角有 90°、180°、270°，以 180°用得较多。轴向进口的气流分布均匀，流体阻力小，但除尘效率较低，常用于组合成小直径的多管旋风除尘器。

旋风除尘器排气管内径愈小，则内旋流直径愈小，最大切线速度增大，但流体阻力也随之增大。高效旋风除尘器排气管内径一般小于等于一般除尘器直径的一半（一般旋风除尘器排气管内径可达 $0.65D$）。排气管的插入深度宜超过进口管下缘，但不要接近锥体上边缘。最佳插入深度由实验确定。由于旋风除尘器 $50\%\sim60\%$ 的流体阻力消耗在排气管上，在排气管入口端安装整流叶片（减阻器），以减少排气管内气流的旋转速度，降低流体阻力，但其除尘效率也略有下降。增加旋风除尘器的锥体长度，可提高除尘效率，降低流体阻力，减少排灰口附近锥体的磨损。灰斗应具足够的容积，除了满足储存的需要外，延伸到灰斗内的旋转气流不致引起被收下粉尘的再飞扬；有良好的气密性；能顺利地排出储存的粉尘。

4. 旋风除尘器的组合

旋风除尘器有并联和串联两种基本组合形式。一般地，型号和规格相同的旋风除尘器并联会有较好的使用效果。并联组合的旋风除尘器的处理烟气量等于单筒旋风除尘器处理烟气量之和，其阻力为单筒阻力的 1.1 倍，除尘效率略低于同规格单筒旋风除尘器。

当处理的烟气含尘浓度大、除尘效率要求高、粉尘粗且磨琢性特强的情况下，可采用串联的旋风除尘器。串联使用的旋风除尘器不受型号与规格同一性要求的约束。旋风除尘器串联使用一般不宜超过两级，且两级的烟气进口流速要有明显的差别。例如，在旋风除尘器的进口流速范围内，一级旋风除尘器应选低值（12～17m/s），二级旋风除尘器应选高值（18～24m/s）。当两台旋风除尘器串联使用时，其处理烟气量等于各台的处理烟气量，流体阻力等于各台的流体阻力之和，除尘效率则等于两台除尘器效率之和减去两台除尘器效率之积。

5. 旋风除尘器的磨损和抗磨措施

旋风除尘器磨损的主要部位是筒体与进口管连接、含尘烟气由直线运动变为旋转运动的部位和靠近排灰口的锥体底部。密度大、硬度大、粒径大、浓度大、外形有棱角的粉尘，具有强磨损性。气流速度越大，磨损越严重。旋风除尘器锥角越大，锥体底部越容易被磨损。在磨损大的条件下使用的旋风除尘器应考虑抗磨问题。可对整个旋风分离器或是只对磨损严重部位做抗磨处理。耐磨处理方法，包括使用抗磨材料、渗硼、内衬和涂料等。

2.3.2 基于垃圾焚烧的静电除尘技术

2.3.2.1 静电除尘基本原理

粉尘粒子荷电后，在电场力的作用下，与气体离子产生 μA 级或 mA 级微小电流。严格意义上，这种现象不是静电，但习惯上是把高电压低电流的现象，都包括在静电范围内，所以把电除尘也称为静电除尘。静电除尘被归类于物理学的电物理学科范畴。静电除尘的工程基础涉及机械工程、电气工程、空气动力、振动力学，以及电子、电化、气溶胶工艺、化学工程和公用工程等诸多学科。

静电除尘是利用电力捕集烟气中的粉尘。荷电粉尘的捕集过程是在两个曲率半径相差较大的金属阳极和阴极上，通过高压直流电，维持一个足以使气体电离的电场，气体电离后所产生的阴离子和阳离子，吸附在通过电场的粉尘上，使粉尘获得电荷。荷电极性不同的粉尘在电场力的作用下，分别向不同极性的电极运动，沉积在电极上，从而达到粉尘和气体分离的目的。

如图 2-2 所示，静电除尘器内有电晕极和沉淀极（除尘电极）。其中，电晕极供高压直流电，除尘极接地。当高压直流电超过临界电压时，电晕极周围产生电晕现象，同时使电晕极周围的烟气电离，产生阳离子和阴离子。含尘烟气通过两电极区时，粉尘表面荷电即向不同极性的电极移动。由于和电晕极相同极性的离子移动距离大，和粉尘接触的机会多，所以绝大部分粉尘向除尘电极移动，当粉尘和除尘电极接触后，粉尘上的离子通过地线导走而呈中性黏附在除尘电极上，再靠自重或振打使粉尘落入灰斗，达到粉尘和烟气分离目的。

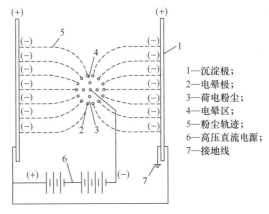

1—沉淀极；
2—电晕极；
3—荷电粉尘；
4—电晕区；
5—粉尘轨迹；
6—高压直流电源；
7—接地线

图 2-2 板极式电除尘器工作原理

以最常用的干式电除尘器为例，是由排列整齐的集尘板及悬挂在板与板之间的电极组成，利用高压电极所产生的静电电场去除气体所夹带的粉尘，电极带有 40kV 以上高压负电荷，而集尘板则接地线。当气体通过电极时，粉尘受电极充电带负电荷，被电极排斥而附着在集尘板上。

2.3.2.2 静电除尘主要相互关联的物理过程

1. 利用高压电场使气体电离，产生带电的离子

物质的原子是由带正电荷的质子和不带电荷的中子构成的原子核，与在外层高速旋转着带负电荷的电子所组成。电子在一定条件下会受外力影响而脱离原子核的束缚，成为带负电的自由电子。有些自由电子还会附着在其他颗粒或分子上，成为带负电的质点，称为"负离子"。气体分子失去一个电子就多出一个正电荷，呈现出带正电的性质，称为"正离子"。这种中性气体分子分离为正离子和负离子（包括自由电子）的现象，称为气体的电离。

2. 利用电晕放电，使烟气中的粉尘颗粒荷电

空气在通常状态下几乎不导电。当气体分子获得一定能量时，就可能使其中的电子脱离，成为输送电流的媒介，于是气体具有了导电性能。

气体的电离分为非自发性电离和自发性电离。非自发性电离是在外部能量作用下形成的。如气体分子受紫外线等辐射线照射，获得能量形成正负离子。其中带有自由电子的原子、分子或它们的混合体形成负离子；失去一个或几个电子的气体分子形成正离子，一般每立方厘米的空气中存在着 $100\sim500$ 个离子，这比导电金属的自由电子相差几百亿倍，所以空气一般都不导电。自发性电离则是在高压电场作用下形成的，在高压电场中，一个电子沿电力线从负极向正极运动，沿途将与中性原子或分子碰撞而引起碰撞电离。和气体原子第一次碰撞电离之后，就多出一个自由电子；两个电子继续飞向正极时，又由子碰撞引起电离，每一个原来的电子又产生一个自由电子，于是第二次碰撞之后就变成四个自由电子。四个电子又与气体原子碰撞，产生更多电子。所以一个电子从负极飞向正极时，由于碰撞电离、电子数雪崩似的增加，致空气中电子、离子数目急剧增加，使之能相对地导电。

3. 荷电粉尘颗粒在电场力作用下向极性相反的电极移动

在非自持放电区的导电过程的初始阶段，气体中仅存在少量自由电子。在较低的外加电压作用下，自由电子做定向运动，形成很小的电流，随着电压的升高，向两极运动的离子也增加，速度加快，而复合成中性分子的离子减少，电流逐增大。

电场内自由电子的总数未变阶段，电流却不会随电压升高而增加，但空气中游离电子获得动量，开始冲击气体的中性分子。当自由电子在电场中加速后超过了临界速度，气体中出现快速电子打击气体分子产生的碰撞电离，于是电流明显增大且随电压提高而快速增大。

活动度较大的负离子随着电场强度的增加，获得足够的能量来轰击中性原子或分子，使得电场中导电粒子越来越多，电流急剧增大。与大量气体被电离的同时，也有一部分离子在复合。复合时一般有光波辐射但无音响，故该阶段称为无声放电或光芒放电段。当电压升到活动度较小的正离子也因获得足够的能量而轰击中性原子的时候，会不断地产生大量新离子。随着电压升高，通过电场的电流也得到更大的增长。与此同时，复合过程也趋激烈，特别是围绕电场强度最高的放电极，既可看到点状或条状光焰，又可听到"毗啦""噼啪"的爆裂声。这种现象通常称之为电晕。

由于电子、正负离子都参与轰击作用，电场的离子浓度大幅度增加。随着电压继续升高，放电极周围的电晕区范围越来越大，电离如雪崩似的进行。当电压升高到正负电极之间可能产生火花甚至电弧，气体介质局部电离击穿，电场阻抗突然减少状态点时，通过电场的电流急剧增加，电压下降而趋近于零，此时气体电离过程中止。相应状态点的电压称为临界击穿电压。从临界电晕电压到临界击穿电压的电压范围，就是电除尘器的电压工作带。电压工作带的宽度除了和气体性质有关外，还和电极的结构形式有关。电压工作带越宽、允许电压波动的范围越大，电除尘器的工作状况也越稳定。

若电极是一个平板和一个尖端，两者的距离又比较大，则只在尖端附近产生气体击穿，而不会扩展到整个空间，这时，气体不需要外界的电离源，也能自行产生足够的高能电子，维持放电的"自持放电"阶段。在此阶段，电离区的电流可以自行大幅度增加，而

消耗的电压反而减少。如两电极是两个平行板，则两极间气体介质全部击穿，不能维持自持放电。

4. 荷电粉尘粒子的捕集

气体中的电子或离子，因带电而受到电场力的作用。此力等于电荷与电场的乘积。若在真空中此力会全部变成动能。但在气体中，因碰撞时与分子的摩擦作用，会失去一部分能量，自身做匀速运动。取荷电粉尘粒子沿电场方向运动的驱进速度为 ω，电场强度为 E，离子迁移率为 K，则：

$$\omega = KE \text{ 或 } K = \omega / E \tag{2-21}$$

电子、离子、荷电粉尘粒子的迁移率有很大差别，特别是在电除尘器电场中，与电子或离子相比，荷电粒子的迁移率都非常小。因此离子形成的空间电荷加上荷电粒子形成的空间电荷将使电场分布形成显著的歪曲。

离子迁移率的大小取决于气体的压力、温度及电场强度。影响最大的是气体的压力，压力减小，离子自由行程的长度增大，在电场作用下离子有最大的速度。当压力足够大时，离子的迁移率与压力的乘积为一常数。此外离子的迁移率与气体的绝对温度成正比，负离子的迁移率比正离子的迁移率大。表 2-6 表示在 0℃、101.325kPa 时一些气体中的正离子和负离子的迁移率。

某些气体的离子迁移率　　　　　　　　　　　　　　　　表 2-6

气体名称	迁移率/[cm²/(V·s)]		气体名称	迁移率/[cm²/(V·s)]	
	$K-$	$K+$		$K-$	$K+$
空气	2.11	1.32	Cl_2	0.74	0.74
H_2	8.15	5.92	SO_2	0.407	0.407
O_2	1.84	1.32	NH_3	0.658	0.565
N_2	1.84	1.28	CO	1.14	1.11
He	6.32	5.14	CO_2	0.96	—
Ar	1.71	1.32	H_2O (100℃)	0.567	0.62
Ne	—	9.87	N_2O	0.91	0.83

2.3.2.3 电场

任何带电体周围都存在弥漫于空间的特殊形态的物质，称之为电场。电场具有能量，能与其他形式的能量互相转化。通过电场，两个不相接触的带电体能互相排斥或吸引。静电场是电场的一种特殊形式。虽然物体中的带电粒子总是不断运动的，但是，如果物体所带电荷对观察者没有宏观的位移，则可认为物体周围的电场是静电场。缓慢变化的电场也可按静电场处理。描述电场性质的基本定律是库仑定律，即

$$F = k \frac{q_1 q_2}{r^2} \tag{2-22}$$

式中　F——电场力，N；

q_1、q_2——两点电荷带电量，C；

k——比例常数，为 $9 \times 10^9 \text{N} \cdot \text{m}^2/\text{C}^2$；

r——两电荷间距，m。

为定量反映电荷周围各点电场的强弱即表征电场各点的状态，采用电场强度来度量，简称场强。电场中某点的场强按下式确定：

$$E = \frac{F}{q} \tag{2-23}$$

式中　E——场强，N/C；

　　　F——电场力，N；

　　　q——试验正电荷带电量，C。

在两块平行金属板之间施加外加电压，可形成一个均匀电场，由于电场中任一点的电场强度均相同，故不能形成电晕。而当电位差（一个大气压下的空气约为 30kV/cm）增大到某一临界值时，电场中任意一点的电场强度也均匀地增加到某一定值，以致使整个电场被击穿而发生火花放电的短路现象。这种配置方式不能形成电晕，这就是电除尘器不能采用均匀电场的缘故。为了使电除尘器中的气体电离又不致将整个电场击穿而产生短路现象，必须采用非均匀电场。即在放电电极周围具有最大的电场强度，在离放电电极较远的地方，电场强度较小。适合这种条件的电场，只能是其一极的曲率半径小于另一极的曲率半径，如一根导线对着一块平板。在电晕放电阶段，电流强度大体按照平方定律增加，因此临界电晕电压 V_C 可以从测绘的电晕放电的伏-安特性曲线求得。

2.3.2.4　粉尘荷电

固体荷电一般要同其他物质相接触，粉尘颗粒在其发生过程中极少会带电，若是人为地使其荷电，必须让它与离子相结合。粉尘需要荷电才能在电场力的作用下从气流中分离出来。粉尘荷电量的大小与粉尘径、电场强度以及在电场中停留时间有关。通常认为粉尘荷电有电场荷电和扩散荷电两种方式。

电场荷电是指在外加电场的作用下，离子与悬浮于气流中的粉尘发生碰撞，并黏附在粉尘上，使之荷电的现象。电场荷电过程可大体描述为粉尘进入电场后，电力线集中在粉尘附近而增加粒子表面的电场强度；如果粒子是导电的，电场的变形最大；如果粒子是介电的，则随着介电常数而减少。

通常认为，粉尘荷电是在电晕区边界到收尘极之间的区域内进行的。在此区域，离子沿电力线移动，直至与通过这里的粉尘碰撞而黏附其上，使之荷电。这种荷电方式又称轰击荷电。如果粉尘已经荷电，而粉尘表面电荷量仍在不断增加，则粉尘表面已有的电荷与继续相遇的离子产生排斥力。粉尘表面荷电量越多，这种排斥力就越大。当排斥力增大到与使离子前进的电场力相平衡时，粉尘上的荷电量就不再增加，这时粉尘达到饱和荷电。

扩散荷电是指气体中的离子与其分子一样也有热运动并遵循气体分子运动理论。这种运动使离子通过气体扩散并与电场内的粉尘碰撞，黏附其上使粉尘荷电。扩散荷电主要取决于离子的热能、粉尘浓度与粒径，以及有效作用时间。

在粉尘颗粒荷电过程中，电场荷电和扩散荷电都起作用。在电除尘器中，一般是以粗粒子的电场荷电为主，扩散荷电基本可以忽略。对直径小于 $0.2\mu m$ 的细粒子，电场荷电的饱和值很小，扩散荷电所占的比例比电场荷电大得多；粒径为 $1\mu m$ 左右的粉尘，电场荷电和扩散荷电所得的电荷数量相近。

2.3.2.5　收尘

在电场力的作用下，按粉尘荷电后所带电荷的极性不同，向极性相反的电极运动，并沉积其上。在负电晕情况下,电晕区内少量带正电荷的粉尘沉积到放电极上,而在电晕外区都带负电荷的大量粉尘,向沉淀极运动。电除尘的基本原理就是荷电的粉尘颗粒在电场中受力而被捕集。这个力的方向取决于电荷的极性和电场的方向。在电力占主导地位的情况下,粉尘将向收尘极移动,其速度取决于电力和黏滞阻力。

2.3.3 静电除尘器的性能参数

静电除尘器属于高效除尘器,捕集粉尘粒径范围为 $0.05\sim20\mu m$,一般在 $100\sim200Pa$ 压力下的除尘效率可达到 $99\%\sim99.5\%$,但对粒径 $1.0\mu m$ 以下的分级效率低。静电除尘器具有设备阻力小,运行费用低,耐高温、耐磨损等正面效应。也具有建设费用高,操作管理技术要求严格等负面影响。

2.3.3.1 影响电除尘器性能的主要因素

1. 电除尘器本身的结构形式,如极间距($250\sim600mm$),放电极结构形式及悬挂方式(如柱状芒刺线、扁芒刺线、管状芒刺线、锯齿线、角钢芒刺线、波形芒线和鱼骨线、圆形线、绞线、螺旋线等),集尘极结构形式及固定方式(园管形、蜂窝管形、C 形板、Z 形板、管尾式等)、分布板形式、振打方式(机械振打和电磁振打)、绝缘子等。

2. 高压电供电方式,如常规的硅整流、高压脉冲供电、间歇供电电源等。

3. 运行环境因素,需要考虑粉尘比电阻、烟气湿度、烟气温度、烟气含尘量、电场风速等。

其中,因素"1"是涉及电除尘器本体的结构设计、制造等不可控运行条件;因素"2"属受限外部条件;因素"3"中涉及的烟气成分、粉尘粒径等特性,属不能改变的运行条件。这些影响因素复杂,本文不再赘述。在此从垃圾焚烧视角,对可通过冷却、加热或在电除尘前增加除尘器等措施而改变比电阻,及其温度、湿度、含尘量等影响因素,使电除尘器在最佳可控条件下运行问题进行讨论。

2.3.3.2 粉尘的比电阻

比电阻是与烟气特性、温度,以及粉尘成分有关的粉尘导电性能的指标。黏附在除尘电极上的粉尘层,在一定温度、湿度等条件下,其单位厚度粉尘的比电阻用下式表示:

$$\rho = \frac{A_0 \Delta V}{\delta_0 i} \tag{2-24}$$

式中　ρ——粉尘比电阻,$\Omega\cdot cm$;

A_0——粉尘试样面积,cm^2;

ΔV——通过粉尘的电压降,V;

δ_0——粉尘试样厚度,cm;

i——通过粉尘的电流,A。

粉尘比电阻是影响电除尘器除尘效率的关键因素之一,电除尘器捕集粉尘的最佳比电阻为 $10^5\sim10^{10}\Omega\cdot cm$。对电除尘器的影响主要表现为:

当粉尘比电阻小于 $10^5\Omega\cdot cm$ 时,粉尘荷电后向集尘极移动,当其和集尘极接触时立即失去电荷,同时获得与集尘极同极性的电荷,受同极性电荷的排斥而脱离集尘极重返气流中,从而降低除尘效率。当粉尘比电阻大于 $10^{10}\Omega\cdot cm$ 时,粉尘荷电后向集尘极移动,当其和集尘极接触后很难释放出电荷,在集尘极上形成一个与电场极性相反的电位差,从而产生反电晕现象。电晕电极上的粉尘,如振打不良而黏结在电晕电极表面达一定厚度,产生电晕闭锁现象,也会导致除尘效率降低。

由于粉尘的电阻系数受温度变化影响很大,在湿度、烟气成分和粉尘成分不变的情况下,温度升高,分子热运动增强,某些粉尘比电阻会下降。因此操作温度必须设定在设计温度范围之内,否则也会造成除尘效率降低。为保证电除尘器正常运行,烟气温度要高于露点 20~30℃ (湿式电除尘器例外)。

基于垃圾焚烧烟气净化工程应用视角,影响除尘效率的现象有:

(1) 当电除尘器振打清灰不良,会使电晕电极上的粉尘层达到一定厚度而阻碍电荷放电,产生电晕电极闭锁现象,造成电压高而电流小,影响除尘效率。

(2) 增加烟气湿度使烟气温度降低,可降低粉尘比电阻。为改善电除尘器捕集高比电阻粉尘的能力,常采用喷雾增湿的方法。烟气中的三氧化硫和水分能改善粉尘的导电性。

(3) 烟气含尘量超过一定数量后,其内空间电荷数量过多,会严重抑制电晕电流的产生,粉尘不能获得足够的电荷,使除尘效率下降。一般应控制电除尘器入口烟气含尘量不大于 $50 \mathrm{g/m^3}$;也可采用芒刺状电晕电极,并降低烟气流速,增加电场数和延长电场长度等措施,以获得较高的除尘效率。当烟气含尘浓度过高时,可采取增加电场数措施,使第一电场在较低电压下运行,后几个电场在较高电压下运行,除尘效率仍可达到 99% 以上。

(4) 烟气成分。烟气中的水分、三氧化硫、氨等可降低粉尘的比电阻,同时烟气成分对电除尘器的伏安特性和火花放电电压也有很大影响,不同烟气成分在电晕放电中使电荷载体有不同的有效迁移率。

烟气中的三氧化硫和水分会影响粉尘的导电性。这是由于粒径大于 $0.5 \mu m$ 的粉尘主要是电场荷电,小于 $0.2 \mu m$ 的粉尘主要是扩散荷电,$0.2 \sim 0.5 \mu m$ 的粉尘驱进速度最低。驱进速度和电场强度、离子密度及停留时间有关,其他条件相同时,粒径大的粉尘驱进速度大。当粗细粉尘同时存在时更有利于捕集细颗粒粉尘。因此,烟气含尘量不太高时,电除尘器前一般不宜设除去粗粒的除尘器。

(5) 烟气温度和压力。烟气温度高使自身密度降低,导致电晕电极附近空间的电荷密度下降,击穿电压和电场强度均随之降低,使除尘效率受到影响。但是烟气温度升高可以改善粉尘的导电性,有利于提高除尘效率,因此应根据粉尘、烟气性质选择适宜的操作温度。

(6) 电除尘器负压运行时,烟气密度降低,使击穿电压和电场强度下降。只是其操作负压不大,其影响可忽略不计。正压操作烟气密度提高,可升高击穿电压和电场强度。负压大、漏风率高,绝缘装置会被粉尘污染,使供电电压被迫降低,影响除尘效率。须加强设备结构的刚度和密封性能。正压操作一般是在进行正压热风清扫时,以保证绝缘装置的清洁。

2.3.3.3　临界电压

在管式电除尘器有效区域内产生电晕放电之前的电场实际是静电场,电场中任一点 x 的电场强度 E_x (kV/cm),可按圆柱形电容器方程式计算:

$$E_x = \frac{U}{x \ln \dfrac{R_2}{R_1}} \tag{2-25}$$

式中 U——外加电压，kV；

R_2——圆筒形沉淀极内半径，cm；

R_1——电晕极导线半径，cm；

x——电场中心线到确定电场强度点的距离，cm。

由上式可知，电晕极导线与沉淀极之间各点的电场强度是不同的，越靠近电晕线，电场强度就越大。故 $x=R_1$ 处的电强度为最大。根据经验，当电晕极周围有电晕出现时，对于空气介质来说，临界电场强度 E_0（kV/cm）可用下面经验公式计算：

$$E_0 = 31\delta\left(1 + \frac{0.308}{\sqrt{SR_1}}\right) \tag{2-26}$$

$$\delta = (T_0 p)/(T p_0)$$

式中 δ——空气相对密度；

$$T_0 = 298K；$$

$$p_0 = 0.1MPa；$$

T、p——运行状况下空气的温度和压力；

S——系数，当负电晕周围空气介质接近大气压时，取空气介质压力 p（kPa），温度 t（℃），则：

$$S = \frac{3.92p}{273 + t} \tag{2-27}$$

由此，可求出临界电压 V_0（kV）：

$$V_0 = E_0 R_1 \ln\frac{R_2}{R_1} \tag{2-28}$$

用该计算式求得板极式临界电压 V_0 后，再乘以系数 1.5～2，即可作为电除尘器的实际工作电压。

2.3.3.4 驱进速度

粉尘颗粒随气流在电除尘器内受电场力、流体阻力、空气动压力及重力的综合作用，由气体驱向于电极运动的过程，称为沉降。沉降速度也称驱进速度，是指在电场力作用下尘粒运动与流体之间产生的阻力达到平衡后的速度。驱进速度大小由其获得的荷电量来决定。尘粒上的最大荷电量可由下式计算：

$$ne_0 = E_x \frac{d^2}{4}\left(1 + 2 \times \frac{\varepsilon - 1}{\varepsilon + 2}\right) \tag{2-29}$$

式中 ne_0——尘粒上的最大荷电量，kV；其中的 n 为附着在尘粒上的基本电荷数；e_0 为 1 个电子的电荷电量，静电单位（1 静电单位=2.08×10⁹电子电荷）；

E_x——电场强度，绝对静电单位；

d——粉尘颗粒直径，cm；

ε——粉尘颗粒介电常数，参见表 2-7。

介电常数										表 2-7
名称	水	空气	金属	玻璃	金属氧化物	石灰石	石膏	地沥青	瓷	绝缘物质
介电常数	81	1	∞	5.5~7	12~18	6~8	5	2~7	5.7~6.3	2~4

由上式知，粉尘颗粒荷电量取决于电场强度、尘粒尺寸和介电常数（电容率）。粉尘颗粒尘粒荷电后，在电场力作用下，由电晕极向沉淀极转移，作用在尘粒上的电场力为 $F = ne_0 E_x$。运动中粉尘颗粒需克服介质阻力 $S = 3X\mu d\omega$。粉尘颗粒稳定运行时，电场力与介质阻力相等。

2.3.3.5　电除尘器的除尘效率

电除尘器的除尘效率是指进入除尘器的烟气中，捕集下来的粉尘量为进入含尘量的百分比。一般地说，影响除尘效率的主要因素有电源电压、供电方式、烟气流速、粉尘浓度和粒度、比电阻、电场长度及电极的构造等。除尘效率的表达式如下：

管式除尘器的除尘效率：

$$\eta = L - \mathrm{e}^{-\frac{4\omega LK}{v_p D}} \tag{2-30}$$

板式除尘器的除尘效率：

$$\eta = L - \mathrm{e}^{-\frac{\omega LK}{v_p b}} \tag{2-31}$$

式中　ω——粉尘驱进速度，m/s；

v_p——含尘气体的平均流速，m/s；

L——在气流方向沉淀极的总有效长度，m；

b——沉淀极和电晕极之间的距离，m；

D——管式沉淀极的内径，m；

K——由电极的几何形状，粉尘凝聚和二次飞扬决定的经验系数。

由上述计算式可知，电除尘器的效率与 L/v_p，即电除尘器的容积有很大关系。假如除尘效率为 90% 时，除尘器的容积为 1，则除尘效率为 99% 的除尘器的容积将增大为 2。

2.3.3.6　电除尘的主要参数

电除尘主要参数包括电场内烟气流速、有效截面积、集尘极总面积、比除尘面积、电场数、电场长度、极板间距、极线间距等。

1. 电场内的烟气流速

选择电场内烟气流速的基本思路是以保证除尘效率，达到最佳技术经济指标为基准。进而考虑除尘器结构的影响，对无挡风槽的极板、挂锤式电晕电极，烟气流速不宜过大，对槽形极板或有挡风槽、框架式电晕电极，烟气流速可大一些。鉴于提高电场内的烟气流速可增加驱进速度，故而该速度并非越低越好，适当大些，可能是更好的选择。

烟气流速还对除尘器断面与长度有影响，例如烟气停留时间相同时，流速大就需要较长的除尘器。在确定流速时，还要考虑除尘器放置位置和除尘器本身的长宽比例等条件。垃圾焚烧行业用静电除尘器的烟气流速经验值在 0.5~1.0m/s 范围内。

2. 电除尘器的有效截面积

电除尘器的有效截面积（F，m^2）是根据运行工况下进入电除尘器的烟气流量（Q，m^3/s）和选定电除尘器截面上的烟气流速（v，m/s）按下式计算：

$$F = \frac{Q}{v} \tag{2-32}$$

电除尘器截面积（F，m^2）也可由除尘电极高度（H，m），除尘电极间距（B，m）以及通道数（n）按下式计算：

$$F = H \times B \times n \tag{2-33}$$

电除尘器截面的高宽比一般为 $1\sim1.3$，高宽比太大，设备稳定性较差，气流分布不均匀；高宽比太小，设备占地面积大，灰斗高，材料消耗多。为此，可采用双进口和双排灰斗形式。

3. 集尘极总面积

电除尘器除尘效率的高低与除尘器本身集尘极总面积、粉尘在电场中的有效驱进速度有直接关系，可按下式，即多依奇公式计算。

$$\eta = 1 - e^{-\frac{A}{Q}\omega} \tag{2-34}$$

式中　η——理论除尘效率，%；

　　　e——2.718；

　　　A——除尘电极的总有效面积，m^2；

　　　Q——进口烟气量，m^3/s；

　　　ω——烟气中各种粒度粉尘的有效驱进速度，m/s；

4. 比除尘面积

比除尘面积即处理单位体积烟气量所需除尘极板面积，是评价电除尘器水平的指标。根据多依奇公式，处理烟气量和粉尘驱进速度一定时，除尘极板总面积是保证除尘效率的唯一因素。除尘极板面积越大，除尘效率越高，钢材消耗量增加越多，因此选择除尘极板面积要适宜。比除尘面积与其他参数的关系为：

$$\frac{A}{Q} = \frac{1}{\omega}\ln\frac{1}{1-\eta} \tag{2-35}$$

式中　A/Q——比除尘面积，$m^2/(m^3 \cdot s)$；

　　　其他符号同式（2-34）。

实际应用比除尘面积多在 $10\sim19.5m^2/(m^3 \cdot s)$ 范围内。驱进速度小，除尘效率要求高时，应选取较大值，反之可用较小值。

5. 电场数

静电除尘器一般采用分电场单独供电，电场数增加的同时增加供电机组，设备投资升高。因此电场数力求选择适当。串联电场数主要是 $2\sim5$ 个，主要是 $3\sim4$ 个，个别使用 5 个。

卧式静电除尘器常采用多电场串联，在电场总长度相同情况下，电场数增加，每一电场电晕线数量相应减少，因而电晕线安装误差造成的影响几率也少，从而可提高供电电压、电晕电流和除尘效率。

6. 电场长度

各电场长度之和为电场总长度。一般每个电场长度为 $2.5\sim6.2m$。其中短电场为 $2.5\sim4.5m$；具有振打力分布较均匀，清灰效果好的特点；长电场为 $4.5\sim6.2m$，根据需要可采取两侧振打，极板高的电除尘器可采用多点振打方式。

电除尘器的极距，即极板间距一般为 $250\sim300mm$。除尘极板的截面积相同时，极板间距加宽，通道数减少，除尘极板面积亦减少。提高供电电压后使粉尘驱进速度加大，能够提高比电阻粉尘的除尘效率，故高比电阻粉尘可采用极距为 450～500mm，配 72kV 电源。继续加大极距，则需配备更高的供电设备。

取除尘器截面积 F（m^2），除尘极板高度 H（m），极板间距 B（m），最外边除尘极板中心至外壳内壁距离 S（m），则电除尘器的通道数 n 按下式计算：

$$n = \left(\frac{F}{H} - 2S \right) \div B \tag{2-36}$$

相邻两电晕线的距离称线距，一般根据异极距来确定。根据试验，极距和线距比为 0.8～1.2。线距太小，相邻两电晕极会产生干扰屏蔽，抑制电晕电流的产生。线距太大，电晕线总长度要减少，总电晕功率减少，影响除尘效率。线距还要根据除尘极板宽度进行调整。

7. 气流分布

为防止粉尘沉积，电除尘器入口烟气流速一般按 10～15m/s 控制，电除尘器内气体流速仅 0.5～2m/s，气流通过断面变化大，而且当烟管与电除尘器入口中心不在同一中心线时，可引起气流分离，产生气喷现象并导致强紊流形成，影响除尘效率，故须改善电除尘器内烟气分布的均匀性。气流在电场区的分布均匀性直接影响除尘效率。气流分布状况意味着粉尘在电场区的浓度分布，局部气流速度过高使粉尘重返气流过多，或局部粉尘浓度过高造成电晕闭锁，都使除尘效率下降。

取断面上的测点总数 n（个），第 i 测点的烟气流速 v_i（m/s），断面各测点烟气流速算术平均值 v（m/s），则一般采用气流分布相对均方根（σ，无量纲）按下式判别气流分布状况：

$$\sigma = \sqrt{\frac{1}{n} \sum_{i=1}^{n} \left(\frac{v_i - v}{v} \right)^2} \tag{2-37}$$

当 $\sigma \leqslant 0.1$ 时，气流分布为优；$\sigma \leqslant 0.15$ 时，气流分布为良；$\sigma \leqslant 0.25$ 时，气流分布为合格。电除尘器各电场烟气分布的均匀程度是从前向后逐步改善的，如第一电场入口 $\sigma = 0.25$，第二电场入口 $\sigma = 0.20$，第三电场入口 $\sigma = 0.15$，第四电场入口 $\sigma = 0.10$。

8. 静电除尘器设计参数之数量级范围（表 2-8）

静电除尘器设计参数之数量级范围　　　　　　　　　　表 2-8

项目	数量级	单位换算
气体流量（Q）	$< 10^6 \, \text{ft}^3/\text{min}$	$< 28300 \, \text{m}^3/\text{min}$
气体温度（T）	$< 1200 \, ^\circ\text{F}$	$< 649 \, ^\circ\text{C}$
气体压力（p）	$< 150 \, \text{psi}$	$< 1.034 \, \text{MPa}$
气体流速（V）	$3 \sim 15 \, \text{ft/s}$	$0.9144 \sim 4.572 \, \text{m/s}$
压力降（ΔP）	$0.1 \sim 0.5'' \text{H}_2\text{O}$	$24.9 \sim 124.5 \, \text{Pa}$
尘粒粒径（d_p）	$> 0.05 \mu\text{m}$	$> 0.05 \mu\text{m}$
停留时间（t）	$1 \sim 10 \, \text{s}$	$1 \sim 10 \, \text{s}$
除尘效率（η）	$80\% \sim 99.5\%$	$80\% \sim 99.5\%$
比收尘面积（A_t/Q）	$0.08 \sim 0.6 \, \text{ft}^2/(\text{ft}^3/\text{min})$	$0.2626 \sim 1.970 \, \text{m}^2/(\text{m}^3/\text{min})$

项目	数量级	单位换算
高度（H）	30~40ft	9.144~12.192m
宽度（W）	30~40ft	9.144~12.192m
长高比（L/H）		0.5~2.0
收集板距（D）	8~12in	20.32~30.48cm

2.3.4 静电除尘器的常用供电设备

2.3.4.1 静电除尘器对供电设备性能的要求

1. 根据火花频率，临界电压能进行自动跟踪，使供电电压和电流达到最佳值。
2. 具有良好的连锁保护系统，对闪络、拉弧、过流能及时做出反应。
3. 具有适宜的自动化水平。
4. 机械结构和电气元件牢固可靠。

2.3.4.2 供电设备的基本组成

电除尘器的供电设备及其基本组成参见表 2-9。

电除尘器的供电设备基本组成　　　　表 2-9

序号	供电设备	备注
		供电设备基本组成
1	升压变压器	将外部供给的低压交流电（380V）变为高压交流电（60~150kV）
2	高压整流器	将高压交流电整流成高压直流电的设备，常用的高压整流器有：①硒整流器。这类整流器容量大，过载能力强，不易损坏，但单个硒整流片工作电压低，因此硒整流器需要的硒片数量多，造成体积大、笨重、价格高，我国很少采用。②高压硅整流器。具有较低的正向阻抗，反向耐压高，耐冲击，整流效率高，轻便可靠，使用寿命长，无噪声等优点。超高压供电装置和脉冲供电装置也都采用高压硅整流器。至于机械整流器因整流效率低、容量小、产生臭氧和氮氧化物，影响工人健康，干扰无线电装置，维修工作量大，已被淘汰。电子管整流器也因使用寿命短、机械强度差、短路不稳定、电子管本身耗电大等缺点被淘汰
3	控制装置	控制系统基本组成：①调压装置。为维持电除尘器正常运行而不被击穿，须采用自动调压的供电系统，以适应烟气、粉尘条件变化时供电电压亦随之变化的需要，自动调压装置有饱和电抗器、可控硅、火花跟踪自动调压装置和临界火花跟踪自动调压装置。其中，火花跟踪自动调压装置性能比较完善，控制系统能自动跟踪火花放电，使整流输出电压保持在火花放电电压附近。在电场工艺操作条件变化频繁时，电除尘器亦能保持在较高电压下操作，获得较高的除尘效率。临界火花跟踪自动调压装置是硅整流器在火花很少而又接近最高电压下运行，适于有可燃性烟气和可燃性粉尘情况下应用，可避免产生爆炸的危险。②保护装置。为防止因电除尘器局部短路和其他故障，造成对升压变压器或整流器的损害，供电系统必须设置可靠的保护装置，此装置包括过流保护、灭弧保护、欠压延时、跳闸、报警保护和开路保护
4	显示装置	控制系统应把供电系统的各项参数用仪表显示出来，显示的内容有一次电压、一次电流、二次电压、二次电流和导通角等

序号	供电设备	备注
		主要供电设备
	高压硅整流供电	将高压交流电整流成高压直流电供电给每一个电场，二次电压根据工况条件不同一般控制在 30～55kV，二次电流一般在 100～400mA
	间歇供电电源	是在半波整流技术基础上发展的间歇供电装置，可调成适合于不同粉尘、烟气条件的波形。其特点是可抑制反电晕产生，降低电能消耗和提高除尘效率
	脉冲供电电源	这种装置能避免对高比电阻粉尘产生反电晕现象，节省电能，获得较高的除尘效率。脉冲供电是在基础直流电压上加一个脉冲电压。对高比电阻粉尘，基本电压一般稍低于起晕电压，而脉冲电压叠加后的总电压高于火花放电电压，电压的宽度一般为 50～200μs，脉冲频率为 25～400Hz。 脉冲供电大幅度提高了电流强度，改善了电流分布的均匀性，空间电荷的增加，改善了粉尘的凝聚性与荷电性能。根据资料，脉冲供电节约电耗 60%～65%，在相同除尘效率下，可节省电除尘器投资 25%～30%

2.3.5　操作注意事项

2.3.5.1　运行状态与烟气调质

在正常负荷下的锅炉烟气流量、排烟温度、烟气含尘浓度等参数与电除尘器设计参数相差不大，电除尘器能正常运行。若锅炉烟气流量增大、排烟温度升高、烟气含尘浓度增加，会造成电除尘器运行状态恶化，除尘效率降低。当锅炉长时间低负荷运行时，为稳定燃烧，必须投入辅助燃料助燃，造成烟气温度和烟气中的黏稠物增加。这些黏稠物会造成阴极线肥大，阳极板积灰，以致除尘效率下降。

对高比电阻粉尘，可采用烟气调质的方式降低比电阻，以适应电除尘的运行工况。烟气中的水分、三氧化硫、氨等可降低粉尘的比电阻，同时烟气成分对电除尘器的伏安特性和火花放电电压也有很大影响，不同烟气成分在电晕放电中使电荷载体有不同的有效迁移率。

如果锅炉水汽系统泄露，将增加烟气湿度，虽然在极短时间内因烟气被调质而降低了比电阻，进而将可能造成电除尘器严重积灰，尤其在泄露量大时，极板甚至结垢，从而降低除尘器使用寿命。

2.3.5.2　电极和绝缘装置的清理

清理电极上的粉尘是避免静电除尘器产生反电晕或电晕闭锁的重要条件，主要措施有：

（1）适当加强电极振打力。要力求使振打力均匀，并且使电极各点振打力大于粉尘振落干净所需的最小力。设备验收时须作测定。

（2）控制电除尘器内适宜烟气温度（通常在 300～350℃）。如温度控制不当，易使粉尘黏结在电晕电极上，严重的极线结瘤直径可达数十毫米，以致一般机械振打难以清除。

（3）保持绝缘装置的清洁。绝缘装置积有粉尘或结露，都会使除尘效率下降。对暴露在大气中的绝缘子应定期清理，或用热风进行气封，或在绝缘装置附近设加热装置，防止酸雾冷凝而产生爬电现象。

2.3.5.3 接地电阻

为确保静电除尘器安全操作，供电装置与电除尘器均须设接地装置，且须有一定接地电阻。一般电除尘器接地电阻应小于 4Ω，电除尘器包括除尘电极、壳体人孔门和整流机等在内的电除尘器接地线应自成回路，不得与其他电器设备，特别是烟囱地线相连。

2.3.5.4 供电系统的安全

电除尘器运行中常易发生电击事故，需要充分考虑，保证其安全操作。如：

（1）设置安全隔离开关。当操作人员需接触高压系统时，先拉开隔离开关，确保电源电流不能进入高压系统。高压隔离开关可附设在电除尘器上，亦可由供电系统另行设置，但其位置必须便于操作。

（2）壳体人孔门、高压保护箱的人孔门启闭应和电源连锁，即人孔门打开时，电源断开，人孔门关闭时，电源供电。

（3）装设安全接地装置。人孔门打开时，安全接地装置接地，导走高压部分残留的静电，保证操作人员不受静电危害，同时可在前两种安全措施发生误操作或失灵时起双保险作用。

2.4 基于垃圾焚烧常用的脉冲袋式除尘技术

2.4.1 脉冲袋式除尘器过滤机理

2.4.1.1 概述

自袋式除尘器从 19 世纪中叶开始用于工业生产以来，经过持续不断地发展，特别是 20 世纪 50 年代，脉冲喷吹的清灰方式以及合成纤维滤袋的应用，为袋式除尘器的进一步发展提供了有利条件。目前在各种高效除尘器中，袋式除尘器是最有竞争力的一种。其中的脉冲式袋式除尘器是利用含尘烟气通过布袋的过滤作用，将粉尘分离出来的常用设备，也是当前生活垃圾焚烧烟气除尘的主要应用设备。基于功能视角，脉冲袋式除尘器的基本结构可分为：①含尘烟气进口，包括导流装置等。②箱体，分为上箱（也叫净气室），包括上箱体、净烟气出口等；中箱（也叫含尘气室或袋室），包括花板等，内设滤袋与袋笼；下箱（即灰斗），包括电加热保温系统、振打机构、卸灰阀等。③清灰系统，包括脉冲控制仪、气包、控制阀、脉冲阀、喷吹管、文丘里诱导器、电磁脉冲阀等。④除尘器框架、支撑、保温层与外护板，以及粉尘输送机等。垃圾焚烧用脉冲袋式除尘器的箱体通常是采用分室双列布置的结构形式，根据处理的含尘烟气量大小，分为 2 室、4 室、6 室等。

从垃圾焚烧锅炉省煤器烟气侧排出含尘及其他污染物的烟气，按 $190\sim200\,℃$ 控制，允许温度变化范围为 $180\sim250\,℃$。此状态下的烟气经过调温、脱酸等工艺过程后，在除尘器烟气进口的导流装置引导下，大颗粒粉尘分离后直接落入灰斗，其余粉尘随气流进入中箱过滤区的各单元袋室，被纤维或针刺毡等合成纤维滤袋织造的除尘布袋（以下简称"滤袋"）过滤。过滤后的净烟气经上箱体、离线阀、排气管排出到后续处理单元，或是通过引风机从烟囱排出。这类滤袋在投运数分钟内，在滤袋外表面形成粉尘层。由于织造的滤袋纤维直径一般在 $20\sim100\,\mu m$，纤维之间的净距 $10\sim30\,\mu m$，因此在粉尘层未形成之前的扩散等效应下，会形成滤袋纤维之间的架桥现象。之后，在除尘滤袋外表面滞留有 $0.3\sim0.5mm$ 的一次粉尘层。在一次粉尘层上面再次堆积的粉尘称为二次粉尘层。

除尘滤袋外表面的粉尘层达到一定厚度后，使滤袋阻力上升，过滤速度与烟气流量降低，透气性下降，且有过滤速度与粉尘层的形成有正比关系。当过滤速度降低，滤袋阻力即压差达到如 1500Pa 上限控制值时，通过清灰控制装置按设定程序关闭离线阀，打开电磁脉冲阀喷吹，使滤袋上的粉尘剥落沉降到灰斗，再经卸灰阀控制，定期排出。焚烧烟气脉冲清灰通常是分室轮流向布袋内喷射压缩空气，造成舱室内的布袋交替膨胀压缩，粉尘从布袋表面落入灰斗中。袋式除尘器所做的是一种周期性收集粉尘和清灰的工作。与此同时，其余几个室仍然继续工作。垃圾焚烧清灰后的下限阻力通常按 1000Pa 进行控制。清灰后的一次粉尘剥落区域的除尘效率会急剧下降，同时阻力减小，含尘烟气会在此部分集中流过，数秒钟后又会形成新的粉尘层。这种压力、流量及效率的重复转化过程，每一次状态参数变化称为一个清灰周期。也就是说，使用滤袋过滤除尘，是要周期地或连续地清扫或更换过滤介质。

垃圾焚烧的去除粒子大小在 $0.05\sim20\mu m$ 范围，压力降 $1\sim1.5kPa$。采用 PTFE ＋ PTFE 覆膜的滤袋，正常除尘效率可达 99.9％以上，可在 250℃左右使用，并可抗拒酸、碱及有机物的侵蚀。有些设计在启动时使用吸附剂，附着于无覆膜的滤袋表面，通过滤饼表面过滤和反应去除烟气中的污染气体，同时防止焦油等黏性物质黏附、堵塞滤袋的筛孔。

2.4.1.2　袋式除尘器的过滤机理

含尘烟气单向穿过袋式除尘器滤袋的运动过程中，同时存在拦截、惯性碰撞、截留、扩散等短程物理作用，以及某些特定条件下的离心力、惯性力、扩散附着力、静电力及重力作用，将粉尘阻留在滤袋表面，实现粉尘与烟气的固、气分离，达到净化烟气目的。其中，粒径大于 $30\mu m$ 的粉尘直接通过筛分作用被捕集；粒径大于 $1\mu m$ 的粉尘通过直接撞击或是偏离气体绕流流线而撞击到滤袋纤维上，发生碰撞或拦截效应被捕集；粒径 $0.01\sim0.2\mu m$ 的粉尘主要是通过布朗运动，分布于气体中间而发生扩散效用被捕集。粒子在纤维上的沉降是几个捕获机理共同作用的结果，其中有一两个机理占优势。各种过滤机理的一般概念参见表 2-10。

袋式除尘器主要过滤机理　　　　　　　　　　　　　　　　表 2-10

序号	过滤机理	一般说明
1	拦截效应	基于粒子有大小而无质量，不同大小的粒子都跟着气流的流线而运动。如果在某一流线上的粒子中心点正好使粒子粒径的一半能接触到捕集体，则该粒子被拦截，这根流线就是该粒子的运动轨迹。离捕集体最远处能被拦截粒子的运动轨迹称为极限轨迹。如果知道绕圆柱体流动的流线方程，便可容易地推导出拦截效率计算公式
2	截留效应	粒子到纤维的距离小于粒子的半径时，在流动过程中被纤维所捕获
3	惯性效应	纤维大多垂直放置于气流方向上，在纤维附近气流流线发生弯曲，由于粒子的惯性，将不随从流线的弯曲而射向纤维并沉降到纤维表面。具有随气流速度增加，惯性沉降作用增大的特点
4	扩散效应	由于布朗运动，粒子的运动轨迹与烟气流线不一致，从气流中可以扩散到纤维上并沉降到纤维表面，粒子直径越小，布朗运动越显著，扩散沉降的效率随之增加；这种运动与烟气温度、压力有关。其扩散效率是绕直径 d_f 圆柱体流动的雷诺数 Re_f 和 Peclet 数（Pe）的函数。有 $Pe=Re_f\times Sc=Re_f\times\mu/(gD)$

序号	过滤机理	一般说明
5	重力效应	由于重力影响，粒子有一定的沉降速度，结果是粒子的轨迹偏离气体流线从而接触到纤维表面而沉降
6	静电效应	除尘器中的纤维和流经滤袋的粒子都可能带有电荷，一般情况下的这种自然带电的力可按忽略处理。但是，由于电荷间库仑力、感应力和外加电场力的作用，发生粒子在纤维上的沉降需要考虑

　　纤维层过滤分内部过滤和表面过滤两种方式。内部过滤又称深层过滤，首先是含尘气体通过洁净滤袋时，主要是纤维起过滤作用，符合纤维过滤的机理。然后阻留在滤袋内部的粉尘将和纤维一起参与过滤过程。当纤维层达到一定的容尘量后，后续的尘粒将沉积在纤维表面，此时在滤袋表面所形成的粉尘层对含尘气流将起主要的过滤作用，这就是表面过滤。

　　过滤过程分三个阶段：洁净滤袋的稳定过滤、含尘滤袋的非稳态过滤和滤袋表面有粉尘层时的表面非稳态过滤。传统的过滤理论主要考虑洁净滤袋和含尘滤袋过滤阶段。从实际应用情况看，洁净滤袋只有在新滤袋开始使用的很短时间内出现，在以后的过滤过程中，洁净滤袋将不复存在，非稳态过滤贯穿整个过程。表面过滤开始时，粉尘层对细尘的过滤效率较低，而对较大尘粒的过滤效率较高。

　　随着粒子不断沉积在滤袋中，随粉尘层的增厚，粉尘层对细尘的过滤效率将高于对粗尘的过滤效率，但滤袋的孔隙率逐渐变小。当滤袋的孔隙率等于粒子层的孔隙率时，粒子开始在滤袋的表面沉积形成很薄的粉尘层。随后沉积在滤袋表面的粉尘层将参与过滤作用，效率进一步增加，即最有意义的表面过滤开始。表面过滤属"尘滤尘"现象，要实现表面过滤，首先应在滤袋表面形成较薄的粉尘层，随过滤时间增加，所收集的粒子直接导致粉尘层增厚，效率提高。

　　表面非稳态过滤效率随过滤时间的增加提高很快，这和实际过滤情况是一致的，如覆膜滤袋在数十秒内，过滤效率就接近100%。这也意味着过滤阻力增加极快，结果使粉尘在较大的压力和较高的过滤层内部风速的共同作用下穿过滤层，导致效率急剧下降。对非覆膜滤袋过度清灰，会破坏纤维表面的粉尘层，失去表面过滤作用，也会导致效率下降。

2.4.2　袋式除尘器的技术指标

2.4.2.1　过滤速度与过滤面积

　　滤袋的过滤速度取决于滤袋材质、织法、密度和过滤介质的含尘浓度以及粉尘性质与清灰方式，并以清灰方式为主。垃圾焚烧烟气的过滤速度一般为 $0.6\sim1.2\text{m/min}$，当前多按 0.8m/min 控制。需要注意的是过滤速度过低，会使过滤面积、投资成本、占地面积的增加；而除尘器阻力降低不明显，过滤效率稍有提高。如果过滤速度增大，会使过滤面积，投资成本减小，但除尘器阻力增加明显，除尘效率降低。袋式除尘器过滤面积按下式计算：

　　在线清灰：
$$S = \frac{Q}{60v} \tag{2-38}$$

离线清灰：
$$S = \frac{Q}{60v} + S_1 \qquad (2\text{-}39)$$

式中　S——过滤面积，m^2；

　　　Q——最大工况烟气量，m^3/h；

　　　v——过滤速度，m/min；

　　　S_1——单个过滤室的面积，m^2。

2.4.2.2　滤袋除尘阻力

滤袋除尘阻力与过滤速度同步增减，并与滤袋的材质、密度、织法以及黏附在滤布上的粉尘厚度等因素有关。垃圾焚烧用除尘器的设计上限通常取 1500Pa。实际上清灰不良的化纤布和玻璃布滤袋的阻力可能上升到 4kPa 以上，垃圾焚烧普遍采用的 PTFE 洁净滤袋的阻力系数一般小于 30Pa，残余阻力一般小于 400Pa，但在实际运行过程中，即使是新更换的滤袋，在投运前一般需要预先挂粉。因此，在工程实践中，袋式除尘器的最小阻力一般为 600～800Pa，正常运行过程中一般控制在 800～1500Pa。

2.4.3　脉冲袋式除尘器的滤袋

2.4.3.1　概述

滤袋是袋式除尘器的基本组成部分，从形状上有圆袋和扁袋之分，因圆袋具有受力较好，龙骨联结方便，清灰功率较小的特点，而被垃圾焚烧除尘器广泛采用。相应滤袋多采用公称直径 φ160mm，长度 6m，允许偏差 0～+20mm，长径比 40：1，内置龙骨，多用不锈钢弹簧圈结构缝制袋口的圆袋。

袋式除尘器的性能在很大程度上取决于与滤袋材质和结构有关的滤袋性能。滤袋的性能，主要指：①温度稳定性。如干热态或湿热态的持续温度、瞬时温度、可燃性、软化点、熔点及分解点等。②物理性能。如耐磨性、可纺性、纵向与横向的断裂强度、断裂伸长率、干收缩率、吸湿率、覆膜牢固度、透气量，以及重量、比重等。③化学稳定性，如耐酸碱性、耐溶剂性、耐水解性，以及抗氧化性等。滤袋材质多样化发展（表 2-11），极大扩展了对环境温度、湿度、粉尘浓度等过滤环境的适应范围。

常用滤袋材质及代号　　　　　　　　　表 2-11

材质	通用名称	代号
棉	棉	Co
毛	毛	Wo
麻	麻	J
聚丙烯	丙纶	PP
聚酯	涤纶	PE
聚丙烯腈	腈纶	A
聚乙烯醇	维纶	PVA
聚氯乙烯	氯纶	PVC
聚酰胺	锦纶、尼龙	PA
芳香族聚酰胺	芳纶	H

续表

材质	通用名称	代号
碳纤维	碳纤维	CA
聚四氟乙烯	特氟纶	F（PTFE）
玻璃纤维	玻纤	G
金属纤维	金属纤维	M

滤袋的材质有天然和人工合成的纤维织物之分。天然纤维织物材料有棉织品和毛织物，其适用最高温度不应高于93℃，并只能耐受中等酸碱腐蚀性。大多数合成纤维，如尼龙、丙烯酸系纤维、聚酯聚丙烯、丙烯酸系纤维、玻璃纤维，以及碳氟化合物等都有用作滤袋材料。

滤袋材料有织布、无纺布之分。织布滤料由经线和纬线交织而成，其中平纹布由每根经线与纬线交错织；斜纹布由经、纬线两根以上按 2×2、3×1、1×3 等交错织成；缎纹布由一根纬线与五根以上经线交错织成。织布的纤维间留有孔隙，不同织法的织布的缜密度、变形程度、透气性、阻力及清灰难易程度等有所差别。织布类型的滤袋清灰时，应保留一次颗粒物层，其过滤速度较低，捕集粒径范围较小。针刺毡滤袋是由基布和针刺毡组成。基布通常由合成纤维或天然纤维制成。针刺毡是由聚酯纤维、玻璃纤维、不锈钢纤维等不同种类的纤维制成。针刺毡的制作是按一定比例将原材料纤维及添加剂进行"毛毡混合"；通过开松机作用，使纤维进行分散的"纤维开松"；用针刺机的刺针对纤维层反复针刺，使纤维层互相融合形成毡状结构的"针刺成毡"；使用覆膜涂料均匀涂布在针刺毡表面的"涂覆稳定"等制作过程，使纤维相互交织。还要通过加热加压，消除针刺毡滤袋的内部应力，提高过滤材料的稳定性和耐久性，形成一种紧密的结构，从而提高过滤效率。

从垃圾焚烧项目安全、可靠、环保、经济运行原则视角，作为焚烧线的重要设备之一的除尘器，需要随焚烧线年最佳运行时间 8000～8400h 同步进行控制。进入除尘器的烟气温度正常在 150～160℃，最高控制不超过 240℃左右。受焚烧垃圾含水率及进入烟气净化系统一些环节的水分影响，目前国内烟气中含水量多在 $25\%\pm5\%$ 范围，具有水分含量高且不稳定特点，还含有少量的酸性污染物及其他微量污染物。在这种运行条件下，需要选择耐高温、高湿，抗化学侵蚀和抗物理损伤性强的滤袋。经过针对我国焚烧垃圾的长期应用经验，适宜采用的滤袋材质有复合玻纤覆膜、PTFE+PTFE 覆膜等，至少目前不宜采用 PPS、P84 等材质，如陶瓷等其他材质尚在积累经验过程。常用材质的技术特点可由相关除尘理论、技术与应用的专著获得。

针对不同使用条件，滤袋的长度与直径比取 20∶1～40∶1，垃圾焚烧用滤袋通常采用有效长度 6m，直径 150mm 左右。为保证在花板和骨架之间起到很好密封作用且不会脱落，开发了多种滤袋的袋口形式。例如采用不锈钢弹簧圈结构的缝制袋口，滤袋顶部缝制块环形滤料法兰的袋口，顶部有金属环缝制的法兰环形袋口，以及法兰顶部单独缝制一块滤袋，套入龙骨时，将滤袋折入龙骨中袖式袋口。而编织滤料的滤袋顶部折回后缝边的卷边袋口，顶部无卷边的光边袋口等形式，较少应用于垃圾焚烧项目。

滤袋底部设计中，编织袋底多采用交织滚边针法并使用双层底；针刺毡袋底多采用双重滚边针法。另外，为防入口颗粒物对袋底的磨损，有在滤袋底部缝制一圈裙摆，也有在滤袋任何部位缝制一块环绕袋体的滤料等多种形式。

2.4.3.2 除尘滤袋基本参数及影响因素

袋式除尘器的除尘效率一般在 99％以上。但如果使用不当，滤袋破损而不及时更换，滤袋厚度不够或密度过稀，以及滤布积尘多少等都会影响除尘效率。

（1）取滤袋迎风面与背面压力 P_1、P_2，则滤袋阻力：

$$\Delta P = P_1 - P_2 \tag{2-40}$$

（2）取滤袋过滤效率 η，透过率 P，G_1、G_2 分别为过滤前、后烟气中粒子总通量，G_3 为单位时间滤袋收集的粒子量。由守恒定律：$G_1 = G_2 + G_3$，则有：

$$\eta = \frac{G_3}{G_1} = \frac{G_1 - G_2}{G_1} = 1 - \frac{G_2}{G_1} = 1 - P \tag{2-41}$$

（3）滤袋容尘量与滤袋质量参数 Γ（kg/m²）。滤袋容尘量大致等于清灰前滤袋含尘量，并与粉尘粒度有关。为比较不同滤袋的过滤性能，可用下述滤袋质量参数判定。该式表示出 Γ 值越大，滤袋过滤性能越好。

$$\Gamma = -\frac{\ln P}{\Delta P} \tag{2-42}$$

影响袋式除尘器除尘效率的主要因素：

（1）粉尘本身的特性，如颗粒物的浓度、粒径分布、密度以及黏性等；

（2）袋式除尘器本体结构特性，包括清灰方式、花板、分室结构、脉冲阀、卸灰阀、气包等；

（3）滤袋特性，主要包括滤袋材质、厚度、长度、直径、编织方法、表面处理方式等；

（4）运行参数，主要包括过滤风速、气流阻力、烟气温度、烟气流量、清灰周期等。

2.4.3.3 滤袋寿命

正常滤袋寿命主要取决于滤袋材质和使用的工况。如未经处理的玻璃纤维滤袋寿命为 3～6 个月，涤纶滤袋为 1～2 年，垃圾焚烧行业普遍使用的 PTFE＋PTFE 覆膜滤袋，保证寿命期在 5 年左右。运行工况是影响滤袋寿命的重要因素之一，如 P84 在高含水烟气中会水解，大大缩短其使用寿命。

2.4.3.4 清灰方式

生活垃圾焚烧烟气除尘器普遍采用低压脉冲清灰，即向滤袋内侧喷吹压缩空气，实现清除滤袋外侧附着的粉尘。对结合干法脱酸使用扁滤袋除尘器工艺的，采用机械振打清灰方式。

脉冲清灰又分为在线清灰和离线清灰两种方式。在线清灰的优点是节省了分室进出口阀门，相对离线清灰的滤袋面积较小；缺点是清灰时二次返尘，导致出口烟气含尘瞬时增大。离线清灰的优缺点正好与在线清灰相反。

2.4.3.5 循环风技术

在早期的垃圾焚烧工程中，袋式除尘器大部分采用热风循环技术，即将袋式除尘器进出口阀门关闭时，启动电加热装置，将部分空气加热后在袋式除尘器内循环，以保证其温度在露点以上。实践证明，采用此方式一方面消耗大量的电能（电加热器功率一般在 50kW 以上），且难以维持其设定的温度；另一方面只要后续引风机开启，无论升温或降温，5min 之内，前期电热器所做的工作基本无效了。因此，在后续的工程中，部分工程已去取消了该技术，实践证明运行良好，并无不良后果。

2.4.4 脉冲袋式除尘器的袋笼

2.4.4.1 袋笼的基本结构

垃圾焚烧用脉冲袋式除尘器一般采用 $\phi150 \times 6000mm$ 圆形袋笼，作为支撑除尘滤袋的框架。袋笼通常是由纵筋和加强反撑环，以及用于固定除尘器布袋或除尘滤袋的袋笼口底组成。袋笼是由专用设备一次焊接成型。其纵筋直径 $\geqslant \phi4mm$，可兼容 6、8、10、12、16（常用）、18、20、24 根筋，用以保证袋笼的垂直及保护滤袋口在喷吹时的安全。加强反撑环 $\phi4mm$、间距 200mm。袋笼材料采用 20#碳钢制作，采用有机硅喷涂技术，以避免除尘器工作一段时间后笼骨表面锈蚀与滤袋黏结，并保证换袋顺利，减少换袋过程中对布袋的损坏。

2.4.4.2 袋笼的质量要求

（1）袋笼支撑环和纵筋要分布均匀，具有足够的强度和刚度，能承受滤袋在过滤及清灰状态中的气体压力，能防止在正常运输和安装过程中发生的碰撞和冲击所造成的损坏和变形。

（2）袋笼的所有焊点焊接牢固，无脱焊、虚焊和漏焊。

（3）与滤袋接触的袋笼表面平滑光洁，不得有焊疤、凹凸不平和毛刺。拉簧式骨架要有足够的圈数和弹性，拉开后间距要均匀。

（4）袋笼表面要做防腐处理，根据不同需要采用镀锌、喷塑或有机硅处理。用于高温环境时，还应满足使用温度的要求。

（5）6m 长度的袋笼垂直度为 $\pm1mm$。袋笼长度 3m 以上可佩戴钢制一次成型文式管。

（6）袋笼有整体，分两节或三节的形式。

（7）和除尘滤袋配合尺寸适宜，才能做到不损伤布袋。脉冲阀喷吹时，几公斤压力喷上去和除尘布袋之间也会有很好的空间可以膨胀，经得起反复喷塑几万次。

2.4.4.3 袋笼尺寸的准确测量

（1）测量除尘花板的直径，外径尺寸要小于花板及除尘布袋内径的尺寸。

（2）袋笼圈梁的间距 200mm 是基本定型的。

（3）除尘骨架总长度小于除尘布袋 5cm 或是尽量短一些。不要过长，否则除尘布袋受力于除尘骨架。

（4）袋笼的文氏管采用合理的流线形和厚度相当的材质加工，文氏管的流线形态决定喷出气流的力度大小和清灰是否彻底。

2.4.5 脉冲袋式除尘器的清灰

2.4.5.1 袋式除尘器清灰方式

除尘器内分为若干个室，每个室内的滤袋分成若干排，每排设置如 15～16 条滤袋。需要清除粒状污染物时，可采用离线方式，即停止该区室的进气，再清除滤袋上附着的粉尘。袋式除尘器清除附着滤袋上粉尘的方式分为机械振打清灰、反吹清灰、脉冲喷吹清灰三类。每类又可细分为若干子类，如反吹清灰类又细分有气环反吹，脉冲清灰又细分有气箱脉冲清灰等（表 2-11）。

机械振打清灰和反吹清灰方法的烟气，是自滤袋内向外流动的内滤式。粒状污染物累积于滤袋的内层，滤袋两端固定。脉冲喷吹清灰系统是烟气自滤袋外表面向内部流动的外滤式。

滤袋清灰技术，从人工到机械振打，再从反吹到脉冲喷吹清灰技术的发展，极大改善了分级效率，长滤袋、长周期的稳定化运行状态。根据不同应用场景，已有不同特征的清灰方法，如手动清灰、水洗清灰、低频振动清灰、声波清灰等。目前常用方法参见表 2-12。

<table>
<tr><td colspan="2">常用袋式除尘器清灰方法</td><td colspan="2" align="right">表 2-12</td></tr>
<tr><th>清灰方法</th><th>基本原理</th><th>驱动力</th><th>负面影响</th></tr>
<tr><td>振打清灰</td><td>通过机械装置振动滤袋，使滤袋表面的粉尘脱落</td><td>操作简单而被广泛采用</td><td>受工作环境影响，若操作不当可能造成一定程度的滤袋损坏</td></tr>
<tr><td>反吹清灰</td><td>通过压缩空气反向吹扫滤袋，将粉尘清除</td><td>具有较高的清灰效率</td><td>需要额外的气源设备</td></tr>
<tr><td>气环反吹清灰</td><td>利用环形管道和喷嘴，与过滤气流反向喷射一定压力气流的方法</td><td>用小型高压风机作气源，造价较低</td><td>气环箱紧贴滤袋做上下往复运动，滤袋磨损快，寿命短</td></tr>
<tr><td>脉冲清灰</td><td>通过向滤袋内部喷吹压缩空气形成脉冲，使滤袋表面粉尘脱落</td><td>清灰能力强，效果好</td><td>在不利条件下，可能造成滤袋损耗</td></tr>
<tr><td>气箱脉冲清灰</td><td>是一种改进型脉冲袋式除尘器。通过气箱脉冲控制系统清灰</td><td>处理高浓度粉尘，减少设备磨损</td><td>初期投资较高。对温湿度、粉尘条件敏感；滤料寿命较短</td></tr>
</table>

2.4.5.2　脉冲袋式除尘器的清灰过程

脉冲袋式除尘器由上箱体、中箱体、灰斗、导流管、支架、滤袋组件及喷吹装置、输灰系统等组成。垃圾焚烧项目通常是采用脉冲喷吹类强力清灰（图 2-3），解决了喷嘴反吹类清灰的市场需求的不足。清灰过程分室进行，一室喷射清灰完成经过约 15~30s 间隔时间，再进行下一室清灰。全部滤袋清灰完成至下一周期的间隔时间，由滤袋的数量和积灰情况决定。

脉冲袋式除尘器清灰系统是采用空气过滤器、气包、脉冲阀及控制阀、喷吹管、文氏诱导器等组成的脉冲注入压缩空气系统，实现对滤袋上积蓄粉尘的迅速清理。清灰过程使用的脉冲阀数量根据除尘器分室的结构形式确定。脉冲清灰是在每一个脉冲阀的出口安装喷吹管，负责对准安装在喷吹孔底下的滤袋进行高效脉冲清灰。脉冲袋式除尘器的管理，得益于脉冲控制器或 PLC 精准控制脉冲阀的开关，使每室的处理单元在最佳工况下工作。

当除尘器处于正常工作状态时，含尘烟气通过除尘器进气口导流装置进入中箱体。粉尘颗粒通过滤袋的过滤作用而积存滤袋外表面，净化烟气则从滤袋内侧进入上箱体，从出口排放到后续烟气净化系统或是直接由引风机从烟囱有组织地排放大气中，实现对粉尘的有效清除。其中也不排除由于气体体积的膨胀效应，较重的粉尘颗粒在惯性力和自然沉降作用下，直接落入除尘灰斗内。

随着除尘过程的持续进行，粉尘被截留、黏附、累积在滤袋外表层。随粉尘累积，除尘器阻力逐渐增加。当阻力达到设定值（如 1500Pa）时，首先由脉冲控制仪指令阀板切

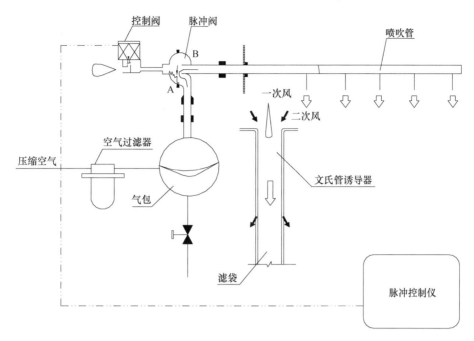

图 2-3 脉冲袋式除尘清灰原则性系统

断设定除尘室的净气出口风道，使该室处于阻断过滤后气流的分室停风清灰状态。再由脉冲控制仪发出信号循序打开电磁脉冲阀，使气包内的压缩空气（称为一次风）由喷吹管喷射到对应清灰管的文氏管，并在高速通过文氏管时，诱导数倍于一次风量的周围空气（称为二次风）进入滤袋，造成滤袋瞬间急剧膨胀，由于脉冲喷射的时间很短，脉冲气流的冲击作用很快消失，滤袋又急剧收缩，这样反复地膨胀、收缩使积附在滤袋外壁上的粉尘被清理、掉落至除尘灰斗中。

清灰是依次分室分单元进行，并不需要切断待处理的含尘烟气，所以在清灰过程中，除尘器的处理能力保持不变，称为"在线清灰"。除尘器脉冲清灰的间隔、脉冲的时间、清灰周期可根据粉尘性质、含尘量、过滤风速、除尘器进出口压力降等因素调整。滤袋长度设计时受制于喷入气体压力的极限，为了维护清灰效果，一般小于 8m。使用脉冲式清灰的滤袋，其内部必须加装环形或直线形金属袋笼，以防在清洗或正常操作时，施于滤布外的压力使滤袋坍陷。当滤袋使用过久时会发生破损，必须置换。

整个清灰过程由可编程控制系统按预设程序，对排气阀、脉冲阀及卸灰阀等的开关动作进行全自动控制。脉冲清灰除尘器每喷吹清灰一次称为一清灰宽度，清灰宽度典型值为 0.1~0.2s；完成一次清灰的循环时间称"一脉冲周期"。对单一材质滤料的脉冲周期的典型值为 0.5~5.0min，随着滤袋材质的改进，延长了脉冲周期，如我国某垃圾焚烧发电厂采用覆膜滤料，实测脉冲周期为 27.7~117.7min。

2.4.5.3 脉冲控制仪

脉冲控制仪是通过人为设定对脉冲喷吹袋式除尘器清灰过程实现自动控制的仪器。清灰用脉冲控制仪有电动控制仪、气动控制仪与机械控制仪之分，常用电动控制仪。脉冲喷吹系统使用的脉冲阀主要有电磁阀和气动阀，多采用电磁阀。喷吹管长度一般在 25~5000mm，常用内径是 40.9mm、52.5mm，也有 26.6mm、62mm、77.9mm 等规格。

对脉冲控制仪的基本技术要求：

（1）脉冲宽度在 0.02～0.2s 内连续可调，脉冲周期在设定范围内连续可调。

（2）脉冲电控仪应具备二位以上输出并能使所有输出电信号保持一致。

（3）挂于振动杠杆上的吊架升降自如，无滞动现象。

（4）凸轮转动方向与设计要求一致，所有凸轮按次序进行咬合，不得卡住或断开。

（5）应有输出限流保护。工作顺序有数字显示或输出指示灯；工作电压 220VAC，波动范围－20%～10%、频率 50Hz。输出控制电压、电流的初始值与额定值允许偏差±5%；输出停止时，在额定使用温度范围内，漏电流不超过 1mA。

（6）脉冲喷吹压缩空气应符合仪表用气质量要求。

2.4.5.4　脉冲电磁阀

脉冲电磁阀是受脉冲电控仪控制的，对滤袋瞬间喷吹压缩空气进行清灰的膜片阀，当阀体进出口成直角时称为"直角脉冲阀"。脉冲电磁阀的脉冲宽度一般为 0.1～0.2s，并可在 0.06～0.2s 范围内变化。快速反应时间取决于双膜片阀，它是通过气包内的压缩空气对启动膜片和主膜片的两侧加压，保持阀在关闭位置。当 PLC 发出指令即电磁阀通电时，使启动膜片两侧产生压差，膜片抬起，空气通过喷吹管上的喷吹孔射入滤袋内进行清灰。电磁阀失电后，压缩空气又将脉冲阀恢复到关闭状态。

判断脉冲电磁阀清灰气量的因素包括膜片开启行程、阀门出气面积、阀腔容积与膜片尺寸等。其数值越大，清灰气量越大，脉冲性能越好。工作压力范围多在 0.1～0.8MPa。脉冲阀工作环境要求：环境温度－25～55℃；相对湿度不超过 85%；无腐蚀性介质；气源温度 1～50℃。

对脉冲电磁阀的基本技术要求：

（1）在气源额定压力下，工作电压为额定电压的 85% 时可使脉冲电磁阀开启。气源压力不低于 0.3MPa 时可使脉冲阀关闭。接入气源压力为 0.8MPa 的洁净气体无漏气现象。

（2）当直流电压为 24V 时，绝缘电阻在规定环境条件下，电磁线圈对外壳绝缘电阻大于 1MΩ；在室温 5～35℃，相对湿度≤85% 条件下，电磁线圈对外壳能承受 50Hz/250V，历时 1min 无击穿现象。

（3）脉冲阀处于正常工作状态时，承受频率 20Hz，全幅值 2mm，历时 30min 的振动后，应能正常工作。

（4）正常工作条件下，膜片累计使用寿命应不低于 200000 次以上。

2.4.5.5　贮气包

脉冲袋式除尘器贮气包外形有方形和圆形两种，其用途在于使脉冲阀供气均匀和充足。贮气包的具体大小取决于贮气量的多少和脉冲阀安装尺寸。贮气包属压力容器，制造完成后应做耐压检验，试验压力是工作压力的 1.25～1.5 倍为宜。

（1）设计圆形或方形截面积气包时必须考虑安全和质量要求，用户可参照《袋式除尘器　安全要求脉冲喷吹类袋式除尘器分气箱》JB/T 10191—2010。

（2）气包必须有足够容量，满足喷吹气量。建议一般在脉冲喷吹后气包内压降不超过原来贮存压力的 30% 为宜。

（3）气包的进气管口径尽量选大，满足补气速度。对大容量气包可设计多个进气输入管路。

（4）对于大容量气包，可用 $\phi76mm$ 管道把多个气包连接成一个贮气回路。

（5）阀门宜安装在气包的上部或侧面，避免气包内的油污、水分经过脉冲阀喷吹进滤袋。

（6）每个气包底部必须带有自动（即两位两通电磁阀）或手动油水排污阀，周期性地把容器内的杂质向外排出。

（7）如果气包按压力容器标准设计。并有足够大容积，其本体就是一个压缩气稳压气罐。当气包前另外带有稳压罐时，需要尽量把稳压罐位置靠近气包安装，防止压缩气在输送过程中经过细长管道而损耗压力。

（8）气包在加工生产后，必须用压缩气连续喷吹清洗内部焊渣，然后才安装阀门。在车间测试脉冲阀，特别是 $\phi76mm$ 淹没阀时，必须保证气包压缩气的压力和补气流量，否则脉冲阀将不能打开或者漏气。

（9）如果在现场安装后，发现阀门的上出气口漏气。那就是因为气包内含有杂质，导致小膜片上堆积铁锈不能闭阀。

2.4.5.6　尘硝噁一体化滤袋

目前国内部分单位正在开发将传统的除尘、脱氮与二噁英分解的三个独立工序集成为"尘硝噁"一体化滤袋，如在国内某项目建设了一条 $10000m^3/h$ 中试线，试验的运行工况显示具有节能，运行成本低的预期效果。其工作原理如下：

处理烟气进入除尘脱硝一体化装置中将会发生如下反应：①待处理烟气中的酸性物质首先在滤袋粉尘层表面进一步与 $Ca(OH)_2$ 进行中和反应，生成 $CaSO_4$ 和 $CaSO_3$。②在滤袋及滤袋粉尘层进行表面过滤，将烟气中的粉尘截留在滤袋和粉尘层表面。③烟气中的 NO_x 和预先喷入烟气中的还原剂 NH_3 在附载于滤袋中间催化剂的作用下，瞬间反应生成 N_2 和 H_2O。④烟气中二噁英及呋喃等有机污染物在催化剂的作用下进行分解。从而实现在除尘的同时进行 SCR 脱硝催化反应和二噁英分解反应，达到"一袋三用"的预期净化效果。

2.4.6　垃圾焚烧烟气净化用脉冲袋式除尘器的选用

2.4.6.1　脉冲袋式除尘器基本结构特征

脉冲袋式除尘器主要由脉冲阀、滤袋、喷吹装置、灰斗，以及支架和排灰系统等部分组成，采用分室布置形式。

滤袋是脉冲袋式除尘器的核心部件。需要采用具有良好的过滤性能和寿命，耐高温、耐腐蚀的材料；滤袋上设置能有效地保持滤袋形状和位置的固定环和金属骨架。

喷吹装置是通过喷嘴将压缩空气以脉冲形式喷入滤袋，进行离线式清灰的除尘器重要部件；喷吹装置的位置和角度可调，以实现最佳的清灰效果。脉冲阀是控制压缩空气开关，产生脉冲气流，对滤袋进行清灰的关键部件。

灰斗是离线式脉冲袋式除尘器的重要组成部分，主要用于收集滤袋过滤后的粉尘。灰斗设有检查口以方便对粉尘进行定期清理，还设有振打及电热保温。灰斗底部的排灰口，通过排灰阀（如启动双层卸灰阀）与输灰系统排到飞灰稳定化处理系统或是依法依规直送第三方利用。其中排灰阀多采用启动双层卸灰阀；输灰系统较多采用埋刮板式输送机或是气力输灰系统。

排灰系统是离线式脉冲袋式除尘器的最后一道工序，它通过输送设备将收集的粉尘输送到指定的地点进行处理。排灰系统一般由输送设备、电机、减速器等组成。

支架是离线式脉冲袋式除尘器的支撑结构，能够承受整个设备的重量和压力。支架一般采用钢材制造，结构稳固、耐用。

2.4.6.2 垃圾焚烧项目采用烟气净化用脉冲袋式除尘器基本特征

（1）除尘器分室布置与操作，既可按设定压差实现在线分室清灰模式，又可实现在线诊断滤袋的破损，实现在线维修。

（2）不设除尘器旁路。

（3）采用 PTFE 材质加 PTFE 覆膜的针刺毡圆形缝制滤袋；袋底由同样材质封闭的缝制结构。滤袋直径 150～160mm，有效长度 6m。滤袋内侧设置金属袋笼支撑。

（4）采用外滤式除尘，负压运行，以及压缩空气驱动的脉冲清灰方式。

（5）应用 PLC 监控除尘器运行状态，包括滤袋破损等事故状态。

2.4.6.3 脉冲袋式除尘器的工作基础

脉冲袋式除尘器是利用滤袋的过滤作用，将含尘气体中的粉尘阻挡在滤袋外侧，使烟气得到净化。该类除尘器采用分室布置，离线清灰方式。切断阀关闭时间足以保证在喷吹后从滤袋上剥离的粉尘沉降至灰斗，避免了粉尘在脱离滤袋表面后又随气流附集到相邻滤袋表面。由可编程序控制仪对排气阀、脉冲阀及卸灰阀等进行全自动控制。当含尘烟气从进风口进入除尘器后，大颗粒的粉尘在重力作用下从滤袋外侧沉积到灰斗，细小粉尘颗粒则被滤袋阻隔。过滤后的清洁烟气通过风机排出。当滤袋表面粉尘积累到一定量，达到设定压差时，开始清灰操作。此时，脉冲阀开启，压缩空气形成高速气流，通过喷嘴喷入滤袋，使滤袋产生振动和扩张，从而清除滤袋表面的粉尘。清灰操作是离线进行的，即一室滤袋进行清灰时，其他各室滤袋仍在正常工作，从而确保了整个除尘器的连续工作。

2.4.6.4 选择脉冲袋式除尘器类型和性能的要点

1. 袋式除尘器使用温度和湿度

袋式除尘器使用温度取决于进入除尘器的最高烟气温度、湿度、露点以及滤袋允许使用温度。按照连续使用的烟气温度，滤袋材质可分为<130℃的常温滤料，130～200℃的中温滤料和>200℃的高温滤料三类。目前进入滤袋的焚烧烟气正常工况是在 150℃左右，属中温滤料的滤袋。考虑对烟气非正常超温工况，按 250＋(10～20)℃控制，属温度波动较大的工作条件。对此宜按安全系数稍大，瞬时峰值温度不超过滤袋允许上限，通常多选用高温滤料的滤袋；也可以在采取冷却措施后选用中温滤料，但需通过技术经济分析比较后确定。

我国目前的焚烧烟气含水率统计值在 24％±4％，并在探讨采取降低烟气含水率的路径。尽管按烟气相对湿度划分，属于小于 30％的干燥状态（30％～80％之间为一般状态，80％以上为高湿气体），但考虑焚烧烟气的不稳定性，相应滤袋仍以选择如 PTFE、玻璃纤维等耐水性的材质为佳。针对除尘过程会有低于露点的情况，应采取设备保温和灰斗伴热等措施。

粉尘对气体中水分的吸收能力称为吸湿性，通常用湿润角表征，小于 60°的为亲水性，大于 90°的为憎水性。吸湿性与粉尘的原子链、表面状态以及液体的表面张力等因素有关。粉粒的凝聚力、黏着力随吸湿性粉尘的湿度增加而增加，从而促使粉尘粘附在滤袋表面上结成板块，导致清灰困难，甚至失效。有些粉尘（CaO、CaCl$_2$、KCl、MgCl$_2$ 等）吸湿后继续发生化学反应，其性质和形态均发生变化，称之为潮解。湿烟气的吸湿性、潮解性粉尘，对滤料的约束作用与采取的主要措施如下：

（1）滤袋表面捕集的含湿烟气粉尘具有润湿黏结作用，导致糊住滤袋。为此可选用玻璃纤维等表面滑爽、长纤维易清灰的滤料，并对滤料使用硅油、碳氟树脂做浸渍处理，或在滤料表面使用丙烯酸、聚四氟乙烯等物质进行涂布处理。覆膜滤料具有优良的耐湿和易清灰性能，应作为高湿烟气首选。

（2）在高温和高湿同时存在的环境下，会影响滤料的耐温性，尤其对锦纶、涤纶、亚酰胺等水解稳定性差的材质更是如此，要尽可能避免。

（3）针对含湿烟气，在除尘滤袋设计时宜采用圆形滤袋、尽量不采用扁滤袋。

（4）对含湿、含尘烟气的系统工况设计，选定的除尘器工况温度应高于气体露点温度 10～20℃，对此可采取混入高温气体（热风）以及对除尘器本体加热保温等措施。

2. 脉冲袋式除尘器阻力

脉冲袋式除尘器的阻力指烟气从除尘器入口到出口的阻力，也称"压力降"，垃圾焚烧用除尘器通常按 1000～1500Pa 进行控制。从工程视角，袋式除尘器的阻力（ΔP）由除尘器结构的结构阻力（ΔP_c）、滤袋阻力（ΔP_f）与滤袋上积附粉尘层厚度（ΔP_d）三部分组成。即：

$$\Delta P = \Delta P_c + \Delta P_f + \Delta P_d \tag{2-43}$$

式中　ΔP_c——包括除尘器烟气通过除尘器进、出口及灰斗内的挡板等所产生的阻力，一般在 200～500Pa。

ΔP_f——是指粉尘过滤之前的阻力，因烟气流速（v）低，属于黏性流（取动力黏性系数 μ）。另取清洁滤料阻力系数 ξ_f，具有与 v 正比关系：$\Delta P_f = \xi_f \mu v$。该值一般在 50～200Pa。

ΔP_d——是指滤袋过滤后，其上沉积有粉尘产生的附加阻力，其大小与粉尘性质有关。取阻力系数 ξ_d，则与 v 有如下正比关系：$\Delta P_f = \xi_d \mu v$。该值一般在 500～2500Pa。

于是通过积有粉尘的滤袋总阻力 ΔP_1 为：$\Delta P_1 = \Delta P_f + \Delta P_d = (\xi_f + \xi_d)\mu v$。另外，滤袋缝制过程会产生断点，如针刺毡上的一些针刺处留下的空隙提供了气流容易通过的局部区域。只是其占总过滤面积很小，可按忽略处理。

3. 焚烧烟气含尘浓度与过滤速度

统计我国目前的垃圾焚烧锅炉省煤器烟气侧排出的烟气粉尘浓度大多在 800～1200mg/Nm^3。每次从滤袋上清下的积灰量控制在 20%～30%。除尘器排放粉尘浓度的控制指标是以《生活垃圾焚烧污染控制标准》国家标准第 1 号修改单 GB 18485—2014/XG1—2019 为红线，以当地环评批复的指标为依法控制线，并结合排污许可的排放总量，作为排放浓度控制指标。下述经验数据可供参考。

一般地，烟气粉尘浓度越高，滤袋的过滤速度愈小。若粉尘浓度超过 20g/m^3，需要增加预除尘措施。另外，含尘浓度增加，则同一过滤面积上的阻力会随之增加，甚至需要增加清灰次数。当粉尘具有强磨蚀性时，其磨损量与粉尘浓度成正比。通常对球状和粒状粉尘的除尘效果比针状、杆状或放射状的低，但后者粉尘黏结现象比较严重，增加了滤袋清理的难度。排灰设备的排灰能力以能排出的粉尘为准，粉尘量可按含尘浓度乘以处理风量确定。

滤袋过滤速度（v_f）是依据粉尘特性和滤袋种类等因素确定的。例如，对垃圾焚烧的粉尘，采用棉、毛滤料时取 0.6～1.2m/min；合成纤维取 0.5～1.0m/min；玻璃纤维取 0.3～0.9m/min。实践证明，v_f 还取决于除尘器入口粉尘的浓度与分散度。为保持除尘器阻力 1000～1500Pa，入口含尘浓度 c_i（g/m³）越高、粒度越小，则 v_f 应取低些。因此，在计算有效过滤面积时，需要考虑单位时间、单位面积积存的粉尘量 q [g/(m² · min)] 不大于一定数值。由此，可按下式确定过滤速度：

$$v_i = \frac{q}{c_i} \tag{2-44}$$

反吹速度可按 1.5～2.0 倍过滤速度选取；据此反吹风量约为 1.5～1.8m³/(m² · min)。反吹风量也可按总烟气量的 10%～15% 选取。对合成纤维与玻璃纤维滤料可按下限值估算，厚滤料取大些。

脉冲清灰用压缩空气的喷吹压力一般按 0.5～0.7MPa 控制，采用气压稳定的大容量气包时，可降到 0.4～0.5MPa。喷入滤袋的压缩空气越多，清灰效果越好；但喷吹时间增加到一定值后对清灰效果的影响不明显。清灰初期随着喷吹时间增加，除尘器阻力降低很快，但达到某一值后，阻力降低很少，压缩空气量却成倍增加。为此可按表 2-13 估算喷吹压力与喷吹时间的关系。

喷吹压力与喷吹时间　　　　　　　　　　　　表 2-13

喷吹压力/MPa	0.7	0.6	0.5
喷吹时间/s	0.1～0.12	0.15～0.17	0.17～0.25

当除尘器过滤速度小于 3m/min，入口含尘浓度 5～10g/m³ 时，脉冲周期（喷吹周期）取 60～120s；含尘浓度小于 5g/m³ 时，脉冲周期可取 180s。当除尘器过滤速度大于 3m/min，入口含尘浓度大于 10g/m³ 时，脉冲周期可取 30～60s。

4. 喷吹用压缩空气量

约束喷吹用压缩空气量的主要因素有喷吹压力、喷吹周期、喷吹时间，以及脉冲阀的口径与数量、除尘器滤袋数量等。当喷吹压力为 0.5～0.7MPa、喷吹时间为 0.1～0.2s 时，每个脉冲阀一次耗气量 q=0.01～0.03m³。选择除尘器时按上限计取。另取脉冲周期（T，min），脉冲阀系数（n），附加系数（α，取 1.2），则总耗气量（Q_f，m₃/min）可按下式计算：

$$Q_f = \alpha \frac{n \cdot q}{T} \tag{2-45}$$

对中心喷吹的脉冲袋式除尘器推荐参数：喷吹压力 0.6～0.7MPa，可调；喷吹时间 0.1～0.2s；喷吹周期 60～120s；过滤速度 2.7～3.2m/min；设备阻力 1000Pa；入口含尘浓度＜15g/m³。

5. 焚烧烟气量与过滤面积

脉冲袋式除尘器处理烟气量是指除尘器在单位时间内净化烟气体积量，单位为 m³/h

或 Nm³/h。工程上，根据处理烟气量（Q，m³/h）、过滤速度 v_f（m/min）确定过滤面积（A，m²）：

$$A = \frac{Q}{60 \cdot v_f} \tag{2-46}$$

处理烟气量通常是根据垃圾元素分析，可参照一般工业锅炉计算模板的标准状态进行计算确定。针对焚烧垃圾不稳定的特点，需要考虑一定余量，一般是按额定烟气量80%～120%（单台垃圾焚烧锅炉大于等于500t/d的按115%）。不要使除尘器在超过规定风量状况下运行，以避免滤袋阻塞，寿命期缩短，以及压力损失大幅度增加。调研发现，当前实际运行时的烟气量一般低于设计烟气量的80%，更有在60%±5%的情况。这对排烟质量控制是很大的考验。

6. 焚烧烟气的磨琢性与腐蚀性

焚烧烟气中的粉尘对滤料的磨损性称为"粉尘的磨琢性"。它与粉尘的形状、大小、硬度、粉尘浓度、携带粉尘的气流速度有关。粉尘的磨琢性与粒径的1.5次方成正比、与携带粉尘的气流速度2～3次方成正比。约90μm尘粒的磨琢性最大。当粒径减少到5～10μm时，磨损十分微弱。因此，为减轻粉尘对滤袋的磨损，应合理设定过滤风速和提高气流速度的均匀性。实际应用中，化纤的耐磨性优于玻纤，毡料优于织物，表面涂覆、压光等后处理也可提高耐磨性。对于玻纤滤料，硅油、石墨、聚四氟乙烯树脂处理可以改善耐磨耐折性。但是覆膜滤料用于磨损性强的工况时，膜会过早地磨坏，失去覆膜作用。

垃圾焚烧烟气中含如 SO_2、SO_3、HCl、HF 等腐蚀性介质，而且受温度、湿度等多种因素的交叉影响。须视其含量、含湿量和露点，选用适宜的抗腐能力滤袋。例如，聚苯硫醚（Ryton，PPS）具有耐高温和耐酸碱腐蚀性能，但抗氧化剂的能力较差；聚苯亚胺（Polyimide，P84）纤维虽可以弥补其不足，但水解稳定性又不理想。诺梅克斯纤维（Nomex）具有耐温耐化学性等性能，但在高水分烟气中的耐受温度由204℃降低到150℃。聚四氟乙烯（PTFE）具有最佳适用的耐化学性，但相对价格较高。因此，在选用滤料时，需要根据含尘烟气的化学成分等因素，择优选定适宜的材料。

7. 关于除尘器旁路

在早期的垃圾焚烧行业内，由于设计、制造和操作及环保政策的原因，袋式除尘器设置有旁路装置，在除尘器出现故障时，可短时间通过旁路排放。随着污染物排放政策的日趋严格和装备制造技术的升级，在垃圾焚烧烟气净化装置中禁止设置旁路装置。

8. 循环流化法脱酸流程中的除尘

在我国垃圾焚烧烟气净化系统，有少部分工程采用循环流化法＋增湿循环灰的脱酸工艺。也就是将部分除尘下灰经过增湿后，返回到循环流化法脱酸工艺系统作为反应物，进行再循环。这是因为除尘器收下的粉尘中含有未反应的碱性反应物，为了提高碱性物质的利用率，将除尘器收下的部分粉尘再次返回脱酸装置中。返回的粉尘量是新加入碱性物质的数千倍，进入除尘器的烟气含尘量高达1000mg/Nm³，甚至更高，为降低袋式除尘器的负荷，减少滤袋的磨损，需要在袋式除尘器入口增加初除尘装置，如沉尘室或旋风除尘器。实际应用中，将沉尘室与袋式除尘器组合在一起，即在袋式除尘器入口设置较大的沉降室和灰斗。同时，还应减低过滤风速，一般控制在0.7m/min或以下。

2.5　袋式除尘器的运行管理

2.5.1　设备完好率的判别与分类管理的准则

2.5.1.1　设备完好率的判别准则

袋式除尘器完好率的判别应遵循下述一般机械动力设备的判别准则。

1. 零、部件完整齐全，质量符合要求

(1) 主、辅机的零、部件完整齐全，质量符合要求。

(2) 仪表、计器、信号联锁和各种安全装置，自动调节装置齐全完整、灵敏、准确。

(3) 基础、机座稳固可靠；地脚螺栓和各部螺栓连接坚固、齐整，符合技术要求。

(4) 管线、管件、阀门、支架等安装合理，牢固完整，标志分明，符合要求。

(5) 防腐、保温、防冻设施完整有效，符合要求。

2. 设备运转正常，性能良好，达到铭牌出力或查定能力

(1) 设备润滑良好，润滑系统畅通，油质符合要求，实行"五定、三级过滤"。

(2) 无振动、松动、杂音等不正常现象。

(3) 各部温度、压力、转速、流量、电流等运行参数符合规程要求。

(4) 生产能力达到铭牌出力或查定能力。

3. 技术资料齐全、准确

(1) 设备运转时间和累计运转时间有统计、记录。

(2) 设备档案、检修及验收记录齐全。

(3) 设备易损配件有图纸。

(4) 设备及环境整齐、清洁，无跑、冒、滴、漏现象。

2.5.1.2　垃圾焚烧设备分类管理准则

设备状态一、二、三类划分，其中：

一类设备：经过运行考验，技术状况良好，能保证安全、可靠、满负荷运行的完好设备。

二类设备：个别部件有一般性缺陷，但能实现满负荷运行，效率保持在一般水平的设备。

三类设备：不能保证安全运行，出力降低，效率很差或"六漏"❶ 严重的有重大缺陷设备。

生活垃圾焚烧工程设备可按机械动力设备、电气设备与热控设备三大类进行管理。控制指标参见行业标准《生活垃圾高效清洁焚烧评价指标体系标准》T/HW 00026—2021。

1. 机械动力设备分类管理

生活垃圾焚烧的机械动力设备是指垃圾抓斗起重机系统、垃圾焚烧锅炉系统、汽轮发电机组系统、烟气净化系统、飞灰处理系统、渗沥液处理系统等的主设备；还有主要给水排水、供暖空调、消防等动力设备；电梯和实验室、检修间用电设备等。机械动力设备完

---

❶　六漏指漏汽、漏水、漏油、漏风、漏粉、漏灰。

好率按下式❶计算。

$$设备完好率 = \frac{一类设备数 + 二类设备数}{生产设备总台数} \times 100\%^{②} \tag{2-47}$$

其中，一类机械动力设备判别标准如表 2-14 所示。

一类机械动力设备判别标准 表 2-14

序号	判别指标	说明
1	功能性	设备运转正常，能持续达到铭牌出力。机械设备性能满足焚烧工艺要求，动力设备达到设计规定标准，辅助设备技术、运行状况能保证主设备安全、出力和效率要求。系统热效率达到设计水平或国内同类型设备的优良水平。泵与风机尽可能保持在最佳效率点附近运行或采取变频方式运行
2	结构性	基础、机座稳固可靠，地脚螺栓和各部螺栓连接紧固、齐整，符合技术要求。容器人孔、检查孔和阀件关闭严密。设备照明充足，平台扶梯完好。所有阀门、挡板开关灵活，无卡涩现象，位置指示正确。事故按钮完好并加盖。标志、标识符合标准化要求
3	安全性	安全防护装置与零部件齐全，无影响安全运行的缺陷，磨损、腐蚀度不超过规定的标准，防腐、保温、防冻设施完整有效。外观完整，基本无锈蚀、无油漆剥落部件
4	可靠性	运转正常无超温超压等现象，温度、压力、转速、流量、电流等主要运行指标及参数符合设计与有关规范规定，振动值不超允许范围，传动系统的变速齐全、滑动部分灵敏、油路系统畅通、润滑系统正常，原材料、燃料、润滑油等消耗正常
5	运行管理要求	设备内外清洁，无漏油、漏水、漏气（汽）、漏电现象。设备周围环境清洁，无积油、积水、积尘及其他杂物。标志、标识符合安全生产与设施标准化要求；设备状态类别要及时记入设备台账。对二类设备，需要根据缺陷等级评估进行维护或检修。三类设备需要根据缺陷等级评估进行降级使用或停机处理，对不能保证安全运行的设备要及时更换

2. 电气设备完好率

电气系统设备要求控制和保护装置齐全，性能灵敏，动作可靠，管线布置完整。电动机各部、地脚螺栓、联轴器螺栓、保护罩等连接状态满足安全运行要求，运行无撞击、摩擦等异常声。电流表指示不超过额定值，旋转方向正确。电缆头及接线、接地线完好，连接牢固，轴承及电机测温装置完好并正确投入。电气设备完好率按下式确定；

$$电气设备完好率 = \frac{一类、二类电气设备总数}{全厂电气设备总数} \times 100\% \tag{2-48}$$

3. 热工仪表及控制装置系统的完好率、合格率与投入率

热工仪表及控制装置系统简称"热控系统"，具有 DAS 的数字采集、MCS 的模拟量控制、SCS 的顺序控制、ACC 的自动燃烧控制等功能。自动控制系统范围包括垃圾焚烧锅炉系统、烟气净化系统、汽轮发电机组或其他热能利用系统、电气控制系统、锅炉给水系统，符合最低控制范围要求。

热控系统设备的正常状态主要是指自动燃烧控制装置能正常投入使用，仪表精度符合要求，系统动作灵敏可靠；测量及保护装置、工业电视监控装置、自动调节、信号及指标

---

❶ 式（2-47）中的生产设备总台数包括在用、停用、封存的设备；应按主设备、辅助机械设备、电气设备、热控设备分类计算完好率。

仪表、记录仪表等齐全并投入运行，指示正确，动作正常。

热工仪表及控制装置按整套启动试运或大修后的热控监督控制指标的完好率、合格率与投入率进行评价。计算公式见表 2-15。其中的完好率主要指 DCS、模拟量控制系统、数据采集系统（DAS）测点；合格率指主要仪表校前、主要热工检测参数现场抽检等；投入率主要指保护、自动调节系统、计算机测点的投入率。

仪表及控制装置完好率、合格率与投入率计算公式　　　　表 2-15

完好率	$自动装置完好率 = \dfrac{一类、二类自动装置总数}{全厂自动装置总数} \times 100\%$	整套启动试运行或大修后的完好率主要指 DCS、模拟量控制系统、数据采集系统（DAS）测点
	$保护装置完好率 = \dfrac{一类、二类保护装置总数}{全厂保护装置总数} \times 100\%$	
合格率	$主要仪表送检校验合格率 = \dfrac{主要仪表送检校验合格总数}{主要仪表送检总数} \times 100\%$	整套启动试运行或大修后的合格率指主要仪表校前、主要热工检测参数现场抽检、计算机测点投入
	$计算机数据采集系统测点合格率 = \dfrac{抽检合格总数}{抽检点总数} \times 100\%$	
投入率	$热工自动控制系统投入率 = \dfrac{一类、二类设备总数}{全厂自动控制系统总数} \times 100\%$	整套启动试运行或大修后的投入率主要指保护、自动调节系统、计算机测点的投入率
	$保护装置投入率 = \dfrac{保护装置投入总数}{全厂保护系统总数} \times 100\%$	
	$计算机采集系统投入率 = \dfrac{实际使用数据采集系统测点总数}{设计数据采集系统测点总数} \times 100\%$	

检测系统或仪表的部分性能评价项见表 2-16。具体检测内容参考《工业过程测量和控制用检测仪表和显示仪表精确度等级》GB/T 13283—2008、《自动化仪表选型设计规范》HG/T 20507—2014、《火力发电企业能源计量器具配备和管理要求》GB/T 21369—2008、《发电厂热工仪表及控制系统技术监督导则》DL/T 1056—2019 等标准。

检测系统或仪表的部分性能评价项　　　　表 2-16

	检测内容	性能指标	
检测系统或仪表的部分性能	测量精度等级	测量范围	允许误差范围内的仪器仪表被测量值范围	
		量程	测量值范围上下限差的模。一般按被测量值在仪表测量上限的 2/3～1 确定	
		过载能力	不引起性能指标永久改变条件下，允许超过测量范围的能力	
		零位（点）	输入量为零时，输出量不为零的数值。应设法消除	
		精度等级	$精度\ q = \dfrac{\lvert \Delta X \rvert_{\max}}{X_{\max} - X_{\min}} \times 100\%$	ΔX：绝对误差；$X_{\max} - X_{\min}$：测量上限与下限差，即量程
			电工仪表精度等级（去掉百分号的精度值）为：0.005、0.01、0.02、0.04、0.05、0.1、0.2、0.4、0.5、1.0、1.5、2.5、4.0、5.0、6.0……	
	稳定性	稳定度（δ）	$\delta = $ 精密度/时间，如 1.2mV	
		影响系数（β）	$\beta = $ 精密度/工作条件变化	
		漂移	系统或仪表输入量不变时，输出测量值随时间或温度改变而缓慢变化。包括零点漂移与灵敏度漂移，又分为时间漂移与温度漂移	
	灵敏度	灵敏度	测量系统在稳态下输出量的增量与输入量的增量之比。若监测系统由多个独立环节组成，则系统总灵敏度＝各环节灵敏度乘积	
		分辨率	仪器在规定量程范围内有效辨别最小可检出的输入变量。数字显示器检测系统的分辨率为最小有效数字加一位数时，测量值的改变量	

续表

	检测内容		性能指标
检测系统或仪表的部分性能	静态特性	线性度（非线性误差）	监测系统输入输出曲线与理想直线的偏离程度。是在全量程范围内实际特性曲线与拟合直线间最大偏差值与满量程输出值的比
		迟滞（变差、滞环）	指传感器在输入量由小到大（正行程）及输入量由大到小变化期间，其输入输出特性曲线不重合的程度。迟滞误差＝正反行程最大迟滞误差÷满量程输出值
		分辨率	能够检测出的被测量的最小变化量，以用能检测的最小被测量的变换量相对于满量程的百分比表示，如 0.02%。具有数字显示的检测系统为最小有效数字增加一位时，相应测量值的改变量
		重复性	指输入量多次连续输入时，特性曲线不一致程度。重复性＝取正行程及反行程两个最大偏差的大者÷满量程输出值
		稳定度	指传感器输出与标定输出的差异，用相对误差或绝对误差表示
	可靠性	平稳无故障时间	平均故障率 λ＝运行时间内的故障次数/运行时间（与辅助设备的定义有差异）；平均无故障可用小时 $MTBF=1/\lambda$
		可靠性评价指标	包括过载保护、疲劳性能、绝缘电阻、耐压性能等

热工仪表及控制装置评级标准参考表 2-17。

热工仪表及控制装置评级标准　　　　　　　　　　　　　　表 2-17

类别	热工仪表及控制装置评级标准	
	一类	二类
评级原则	① 热控装置结合机组检修，与主设备同时进行定级。应消除缺陷并经验收评定后方可按标准升级。 ② 仪表测量各点校验误差≤系统综合误差；主蒸汽温度、压力常用点的校验误差＜系统综合误差的 1/2。 ③ 热工自动调节设备的投入累计时间占主设备运行时间的 80% 以上方可列入统计设备。热工自动保护设备应能随主设备同时投入运行。 ④ 不能达到二类相应类别标准者定为三类	
热工仪表	① 仪表测量系统综合误差符合评级原则②规定。 ② 二次仪表指示和记录清晰，带信号仪表的信号动作正确、可靠。 ③ 仪表及其附属设备安装牢固，绝缘良好，有防震及抗干扰措施。 ④ 管路、阀门不堵不漏，排列整齐，有明显的标志牌。 ⑤ 仪表内外清洁，接线正确、整齐，铭牌齐全。 ⑥ 带切换开关的多点仪表，其开关接触电阻符合制造厂规定，切换灵活，对位指示准确可靠。 ⑦ 仪表技术说明书、原理图、接线图及校验记录齐全，并与实际情况符合	① 仪表测量系统综合误差有个别点超出评级原则②规定，经调校后能符合规定要求。 ② 二次仪表的指示和记录正确，清晰，若有个别点发生超差，稍加调整即能正确指示、记录。 ③ 仪表个别零部件有一般缺陷，但仪表性能仍能满足正常使用要求。 ④ 其他均能符合一类设备标准

续表

类别	热工仪表及控制装置评级标准	
	一类	二类
热工自动调节装置	① 自动调节系统的设备完整无缺，清洁、整齐、校调合格，达到制造厂出厂技术要求。 ② 取样管路和取样点布置合理，管路、阀门、接头不堵不漏，标志牌齐全。 ③ 电缆、线路、盘内布置符合安装规定，电气绝缘良好，标志牌清楚、正确。 ④ 自动调节系统正式投入前应进行对象特性试验，投入后应做扰动试验，试验记录齐全，调节质量参考《热工仪表及控制装置检修运行规程》执行。 ⑤ 自动调节系统累计投运时间/主设备运行时间≥90%。 ⑥ 试验报告、检修报告、原理图、接线图等技术资料齐全，并与实际情况相符	① 自动调节系统的对象特性试验不全，但调节质量基本符合"热工仪表及控制装置检修运行规程"指标的要求。 ② 电缆、线路、盘内布置等有个别地方不正规，但不影响系统的正常投入。 ③ 自动调节系统累计投运时间占主设备运行时间的 80% 以上。 ④ 其他均能符合一类自动调节装置标志设置标准
保护联锁信号及报警装置	① 保护及信号报警装置的机械及电气部分良好，动作正确、灵敏、可靠，能随机、炉及辅助设备连续投入运行，运行中未发生误动或拒动。 ② 整套装置及零部件安装牢固，清洁、整齐，电气绝缘良好，防护措施完善。 ③ 试验报告、检修记录、系统图、接线圈等技术资料齐全，并与实际相符	① 定期校验时，发现整定值有变动，但未发生误动或拒动。 ② 个别零部件有缺陷，但不影响系统的正常投入。 ③ 其他均能符合一类保护及信号报警装置标准
计算机数据采集系统装置	① 计算机数据采集系统测点投入率>99 以上，主要测点系统综合误差符合评级原则②的规定。 ② 计算机数据采集系统装置的 CRT 屏幕显示数据，画面应稳定清晰，信号动作正确，画面切换响应时间应符合设计要求。 ③ 计算机数据采集系统装置及其附属设备完整无缺，打印机动作灵活，打字清晰，时间制表准确。 ④ 计算机数据采集系统的事故顺序记录 SOE 的分辨率应符合要求，动作顺序准确。 ⑤ 计算机数据采集系统的数据处理和性能计算准确。 ⑥ 计算机数据采集系统装置机柜内，输入输出信号二次线路排列整齐，铭牌正确，孔洞严密	① 计算机数据采集系统测点投入率为 98%～99%。 ② 计算机数据采集系统主要测点有个别点超出评级原则②的规定，经调校后能符合规定要求。 ③ 计算机数据采集系统装置的打印机和操作系统单元内有个别部件有一般缺陷，但不影响数据采集系统的正常使用要求。 ④ 其他均能符合一类设备标准

2.5.2　生活垃圾焚烧项目用脉冲袋式除尘器的运行管理

鉴于焚烧烟气净化用脉冲式袋式除尘器运行的安全、可靠、环保性能相对较高，一般须设专职运行管理岗位。另一方面，与工程理论相比，其实际运行管理经验占很大比例，例如部件之间衔接部位的磨损漏风管控，电气设备不安全因素管控，有效延长滤袋寿命期限管控等。为此，要建立健全除尘器运行维护管理制度，包括仪器仪表管理制度、缺陷管理制度、应急管理制度、设备台账、危险源分析清单、动火工作票与操作票、风险管控预案，等等。与此同时，需注意如下事项：按相关规范、规定、程序进行维护管理；维护管理人员要熟知普通维护知识和除尘器的特殊要求；没有查找出问题之前不可贸然操作，以免造成更大故障。

2.5.2.1 初期运行管理

袋式除尘器的初期运行是指启动后 2～3 个月之内的运行，这一期间是除尘器缺陷高发期，需要充分注意，及时维修维护和完善，奠定稳定运行的基础。袋式除尘器初期运行注意事项参见表 2-18。

袋式除尘器初期运行注意事项 表 2-18

序号	事项	说明
1	处理风量	为了稳定滤袋的压力损失，运行初期往往采用大幅度提高处理风量的办法，让烟气顺利流过滤袋。此时如果风机的电机过载，可用总阀门调节风量。在开始时最好观察压力计，也可以从控制盘上电流表的读数推算出相应的风量值
2	温度调整	袋式除尘器处理的是垃圾焚烧产生的高温高湿烟气，初始运行要预热。否则易发生滤袋受潮、网眼堵塞。另外滤袋不充分干燥，会出现结露现象。必须注意结露而造成的滤料网眼堵塞和除尘器机壳内表面的腐蚀问题
3	除尘效率	初期运行阶段，在滤袋上形成一粉尘层后，除尘效率会更好。这时袋式除尘器处于不稳定状态，故而除尘效率测定适宜稳定运行（几天或 1 个月）后进行
4	粉尘排出	收集在灰斗的粉尘可自动排出也可手动排出，但要按规定顺序操作。运转初期，粉尘在布袋上，达到除尘器的最大容尘量为止。此期间粉尘排放周期不易准确确定，经常一到数天都不排灰，也就不能形成稳定的运转制度
5	滤袋吊具调整	袋式除尘器安装并使用 1～2 个月后，滤袋会伸长，变松弛。在此状态下容易和邻接的布袋相接触而磨破；而且在松弛部分，因粉尘堆积和摩擦而使布袋产生孔洞。另外，由于拉力消失，使清灰效果变差而产生布袋网眼的堵塞。因此须在设备安装 1～2 个月后进行检查，并对滤袋吊挂机构长度进行调整。对弹簧式滤袋吊挂机构可以不必调整，但也应经常检查，运转 1 年后，把不合适的弹簧换掉

2.5.2.2 正常负荷运行管理

袋式除尘器在正常负荷运行中，由于运行条件会发生改变或出现故障，都将影响设备的正常运行，所以要按变工况运行，定期进行检查和适当调节，以延长滤袋的寿命，降低动力费用，用最低的运行费用维持最佳运行状态。

1. 利用测试仪表掌握运行状态

袋式除尘器的运转状态，可由测试仪表指示的系统压差、入口气体温度、主电机电压和电流等数值及其变化而判断出来。通过这些数值可了解下列各项情况：

（1）滤袋清灰过程是否发生堵塞，滤袋是否发生破损或脱落现象。

（2）是否有粉尘堆积现象以及风量是否发生了变化。

（3）滤袋是否有结露现象。

（4）清灰机构是否发生故障，在清灰过程中有无粉尘泄漏情况。

（5）风机的转数是否正常，风量是否减少。

（6）管道是否发生堵塞和泄漏。

（7）阀门是否活动灵活，有无故障。

（8）滤袋室及通道是否有泄漏。

（9）冷却水有无泄漏等。

2. 控制风量的变化

风量增加可能引起滤速增大，导致滤袋泄漏破损、滤袋张力松弛等情况。如果风量减少，使管道风速变慢，粉尘在管道内沉积，从而又进一步使风量减少，将影响粉尘抽吸。因此，最好能预先估计风量的变化。引起系统风量变化的原因如下：

（1）入口的含尘量增多，或者是含有黏性较大的粉尘。

（2）开、闭吸尘罩或分支管道的阀门设置不当。

（3）对某一个分室进行清灰，某一个室处于检修中。

（4）除尘器本体或管道系统有泄漏或堵塞的情况。

（5）风机出现故障。

3. 控制清灰的周期和时间

袋式除尘器的清灰是影响除尘性能和运转状况的重要因素。清灰周期、清灰时间与所采取的清灰方式和处理对象的性质有关，所以必须根据粉尘性质，含尘浓度等确定。最佳状况应该是既能保证有效清灰的最少时间，又能确定适当清灰周期，使平均阻力接近水平线。这样将使清灰周期尽可能长，清灰时间尽可能短，从而能在最佳的阻力条件下运转，清灰周期和清灰时间对除尘器性能的影响见表 2-19。

灰周期和清灰时间对除尘器性能的影响 表 2-19

时间	清灰周期对除尘器性能影响	清灰时间对除尘器性能影响
较长时	周期过长：①缩短滤袋寿命；②增加能耗	时间过长：①产生泄漏；②滤袋堵塞；③滤袋寿命缩短；④驱动部分的寿命缩短
较短时	周期过短：①发生泄漏；②滤袋寿命缩短；③常有处于清灰中的分室，致整体阻力增高	时间过短：①一开始收尘作业，阻力立即增高；②阻力继续增高，影响运行

4. 保持袋式除尘器正常阻力

袋式除尘器借助压力计判断压差大小，反映正常运转时的压差数值。如压差增高，意味着滤袋堵塞、滤袋上有水汽冷凝、清灰机构失效、灰斗积灰过多以致堵塞滤袋、风量增多等。而压差降低则可能意味着出现了滤袋破损或松脱、入风侧管道堵塞或阀门关闭、箱体或各分室之间有泄漏现象、风机转速减慢等情况。最好能装设警报装置，在超过压差允许范围时即发出警报，以便及时检查并采取措施。

2.5.2.3 维护管理

在正常运转的情况下，脉冲袋式除尘器的维护工作往往被忽视；或是认为设备陈旧而不再维修管理。建立设备台账，执行"两票三制"，实施计划检修与状态检修，每天进行巡回检查等运行管理制度，是保持设备运行可靠性的有效措施。

1. 停运后的维护

当袋式除尘器长时间停运时，要充分注意高温气体冷却结露现象，以及寒冷地区的袋室内结露现象。防止结露的通常做法为在系统冷却前，通入干燥空气置换含湿气体。在排出系统中的含湿气体后，最好是把箱体密封，也可不断地向滤袋室送进热空气。

袋式除尘器长时间停运时，最好能定期做动态维护，进行短时间的空车运转。尤其是要注意风机及其电机、轴承等部套的防锈、防尘、防雨（室外布置时）。寒冷地区冰冻季节的除尘器停运后，及时将冷却水放空，管道和灰斗内的积尘清扫，清灰机构与驱动部分注油。长期停运时，还要取下滤袋仓储保管。

2. 箱体维护管理

垃圾焚烧项目的袋式除尘器大多是室内固定布置，负压运行状态。所处理烟气条件取决于垃圾成分不可控、燃烧过程复杂、烟气呈酸性、烟气污染物具有一定腐蚀性且不利于环境质量控制等负面因素的约束。对除尘器本体需要从内外两部分进行维护。

外部维护主要是针对设备、钢架等外表面的锈蚀，高湿低温环境下的外部结露现象，采取保温、油漆及密封措施。内部维修维护是针对箱体内侧处于结露，附着粉尘及气体溶解后可能造成腐蚀的环境，包括钢板之间及钢板与角钢之间的焊接部分、花板边缘等易被腐蚀的部位。因此，箱体内部的维修主要是要选择耐酸、耐腐蚀涂料，及时涂装在易腐蚀或已腐蚀的部位。

此外箱体缝隙一般垫有密封橡皮、胶垫、石棉垫等。随着时间延长，有的密封垫会老化变质、损坏脱落，从而加剧内漏。维修时，发现上述现象要及时更换、堵漏，尽可能减少或避免漏风。在已有的堵漏材料中，环氧树脂和防漏胶泥都是较好的材料。如因粉尘冲刷形成孔洞，则必须补焊。

3. 阀门维护管理

运转过程维护管理，包括但不限于检查阀门密闭性、开闭灵活与准确性；维护气动、电动驱动装置及气源配件的动作状况。停车维护管理，包括但不限于处理变形及破损；检查阀门密闭性及动作灵活状况；保证电控部分的连接良好及除尘设备安全阀的动作准确。特别是安全阀要通过定期手动开闭，检查其动作情况。

4. 清灰机构维护管理

清灰机构的作用在于把滤袋上的粉尘有效地清除下来，保证袋式除尘器的正常运行。一般可用安装在控制盘或除尘器箱体上的压差计的读数表示清灰效果的好坏。阻力超过规定值，表明滤袋挂灰太多，此时应对清灰机构进行必要的调节或检修。

（1）清灰机构的运行维修项目包括但不限于

1）根据压差计读数了解清灰状况，压差过大或过小均属正常。

2）检查振动声音是否异常，找出异常原因调至正常。

3）检查压缩空气的压力是否符合要求，压力过低会造成清灰不良，压差偏大。

4）检查电磁阀和振动电机的动作状况，电磁阀动作异常往往是清灰不良直接原因。

5）检查换向阀门的动作及密封状况，电磁阀动作状况。

6）检查反吹风阀门的动作状况及密封情况。

7）检查反吹风机的工作情况及反吹风量，反吹风量不足会导致清灰效果差。

（2）停车时的维修项目包括但不限于

1）振打清灰方式。一般用于分室清灰，清灰时的清灰室阀门关闭，通过机械振动进行清灰，清灰间隔自动控制。因此，对控制盘、各分室阀门、机械振动装置、滤袋的安装等进行维护。维护的要点包括：

① 检查并确认动作程序。检查一个振动清灰循环是否按规定的动作程序进行工作，定时器的时间调整是否得当。

② 清灰室的阀门开关。根据分室压力计的读数是否为零，可以了解阀门的关闭情况是否严密。如果阀门没有关闭，就要流入部分气体，使滤袋在鼓气的状态下振动。

③ 振动机构动作状况。主要注意有无异常声音，传动皮带和轴承等动作是否合适。还要进行电机电流检查和传动皮带的张力调整。

④ 要注意滤袋的安装状况和松紧程度是否适当，滤袋过于拉紧会导致滤布的损伤，如过于松弛，会造成清灰困难，通常以保持松弛度约 30mm 为宜。

2）反吹清灰方式。是对滤袋施加反向压力而达到清灰目的。采用反吹清灰方式一般在滤袋上每间隔一定距离缝入金属环，以减少滤袋的皱曲，防止滤袋磨损。用这种清灰方式停车维修的要点有：

① 检查阀门的动作及密封情况，阀门的密封性能不好将不能进行有效的清灰。

② 检查反吹管道的粉尘堆积情况，反吹风管上调节阀开度是否适当、到位。

③ 检查滤袋的拉力（10cm 长滤袋拉力约 35kgf），拉力不足会使滤袋下部变形过度，形成被吸入灰斗的样子，清灰的效果也会变差。

④ 清灰过程中，检查滤布皱曲厉害的地方，尤其是下部固定在套管上的周围，容易磨损、变薄或穿孔，应予充分注意。

3）气环反吹清灰方式。是使喷吹环沿着滤袋上下运动，有喷吹环的孔口向滤袋喷射出与处理气体流动方向相反的气流，以达到清灰的作用。清灰时应注意下述问题：

① 要对链条进行检查、调整和注油。如果驱动和平衡用的链条发生伸长或生锈时，使上下运动不能平滑的进行。有时可能出现清灰位置改变，使滤袋的一部分发生粉尘堵塞现象。

② 检查气环喷口是否堵塞。喷口堵塞会因喷射气流减少而使清灰效果变坏。特别是长期没有去注意滤袋破损情况而连续运转时，更应仔细地检查。

③ 检查喷射气流的主管与气环间的连接软管，有无破裂和漏气现象。

④ 滤袋的拉力如果不够时，可能阻碍气环上下运动，引起驱动电机的过负荷和断链等事故。并且，在和气环相接触处，会因滤袋急剧收缩而产生纵向皱纹。

4）脉冲喷吹清灰方式。具有运动部件少，金属构件的维护工作少的特点。脉冲控制系统容易结露、堵塞、动作失灵，要十分注意维护。维护要点包括但不限于：

① 要认真检查电磁阀、脉冲阀以及脉冲控制仪等的动作情况。

② 检查固定滤袋的零件是否松弛，滤袋的拉力是否合适，滤袋内支撑框架是否光滑，对滤袋的磨损情况如何。

③ 在北方地区，应注意防止喷吹系统因喷吹气流温度低导致滤袋结露或冻结现象，以免影响清灰效果。

5）振动反吹联合清灰方式清灰，应注意以下几点：

① 检查并确认排气阀和反吹阀门动作是否准确、灵活，密封性是否好。

② 检查动力传递与振动动作是否正常。因振动电机的动力须经振动机构的传递，才能使滤袋产生振动，达到清灰目的。

③ 检查滤袋拉紧程度。若拉力过弱时，反吹不能均匀地作用于全滤袋，则需调整。

6）脉动反吹清灰方式有逐袋反吹与逐室反吹两种情况：

① 逐袋的反吹方式是供给振动气源的鼓风机、脉动阀门以及减速机等都设置在箱体

的顶棚上。可在设备运转过程中进行检查。检查传动皮带时，要先把机器停转才可进行检查。以检查传动皮带拉力、轴承及减速机注油与动作情况为主。

② 逐室的反吹方式是在反吹基础上给予脉动，逐室地顺次进行清灰。逐室反吹需注意：a 反吹空气逆止阀门是否完全关闭，且在停车时，全室的逆止阀是否处于关闭状态。b 反吹风脉动阀是否能平滑地转动，有无异常声音和振动。c 顺次地开闭逆止阀，看看凹缘滚子有无磨损。d 滤袋长期使用将有一些伸长，拉力减弱。清灰时膨胀变粗，两侧滤袋的接触面积增大，使清灰效果变坏，要定期检查拉力并进行调整。

5. 滤袋及其吊挂机构

滤袋是除尘器的核心部件，对除尘性能影响很大，需要经常注意检查。运行中的滤袋状况，可由压差计的读数和变化反映出来。对大型袋式除尘器要每天记录阻力值，及时分析和检查滤袋的破损、劣化及堵塞等情况，并采取必要的措施。

运行中的维护项目包括但不限于测定阻力并做好记录；观察排气口烟尘情况，若从排气口用肉眼能看到排出烟尘，说明有滤袋损坏，为确定损坏位置可用手动逐室地转换清灰操作，观察排气口。因为有滤袋破损的室一停止过滤，就不再向外排出烟尘了。所以，能很容易判断是哪一个分室的滤袋破了。

停车时的维护项目包括但不限于观察判断滤袋的使用和磨损程度，看有无变质、破坏、老化、穿孔等情况；凭经验或实验调整滤袋拉力，凭经验观察滤袋非过滤面的积灰情况；检查滤袋有无互相摩擦、碰撞情况；检查滤袋或粉尘是否潮湿或者被淋湿，是否发生黏结情况。

滤袋安装方法不当，会出现下列现象：排气筒向外冒烟；除尘器阻力降低或增高；滤袋破损或助长滤袋破损；从滤袋安装部位漏尘；滤袋脱落掉下；除尘系统吸尘罩吸风作用变差；清灰作用变坏；滤袋脱落等。特别是在露点以下运转时，需仔细检查滤袋。

2.5.2.4 运行维护管理注意事项

脉冲袋式除尘器的实际运行维护管理经验，在建设、运行过程中起到举足轻重的作用。当然，其实际运行管理经验是以工程理论为驱动力。否则，即使再优良的设备也难以充分发挥其性能，甚至难以保持除尘系统长周期稳定地运行。

要根据生产工艺条件与环保要求，研判拟购设备的工程技术优势与负面影响因素，综合分级效率、技术经济、环境保护、运行周期、维护保养与检修等方面的因素，选择最佳可用的袋式除尘器。

要按照厂家提供的图纸和说明书等技术资料建立设备管理制度，进行建设与运行管理。要了解和掌握袋式除尘器及组成除尘系统各部分的技术要求和操作要点，注意各部分匹配的合理性，尽量避免此大彼小的情况。要时常注意滤袋的工作情况，发现异常，分析原因，及时处理。要经常注意并记录进入袋式除尘器的烟气温度、湿度和压力等状态参数，使除尘器在规定的参数下运行，切忌在低于气体露点温度下运行。

袋式除尘器维护工作容易被忽视，主要原因是在于：①袋式除尘器运行稳定、缺陷和事故少；②袋式除尘器的故障往往表现在滤袋的损坏，滤袋寿命期因其质量和使用场合而异，没有明确定义；③按相关规定，中小型袋式除尘器可不设专职运维管理岗位。为此，提出注意事项：①按表2-20之要点进行维护管理；②维保管理者要熟知普通维护知识和除尘器的特殊要求；③在没有查找出问题之前不可冒失操作，以免造成更大故障。

袋式除尘器维护要点　　　　　　　　　　　表 2-20

项目	维护要点	项目	维护要点
遵守法规	①《中华人民共和国大气污染防治法》； ②《生活垃圾焚烧污染控制标准》国家标准第 1 号修改单 GB 18485—2014/XG1—2019； ③ 大气环境质量相关标准； ④《工业企业设计卫生标准》GB Z1—2010； ⑤ 国家和地方其他环保法规	除尘器	① 制定执行清灰制度，定期清除粉尘； ② 处理高温气体防止冷却引起结露现象； ③ 粉尘排出口、检查门安全密封； ④ 建立管理设备配件制度并严格执行； ⑤ 根据滤袋材质和使用情况定期更换滤袋
电源	① 避免单相运行烧毁电机； ② 必须用有继电器的电器开关； ③ 遵守规定的电器配线方法； ④ 管理电源开关人员要相对稳定	通风机	① 注意振动、异常声音； ② 及时清除叶片黏结粉尘，更换损伤叶轮； ③ 检查皮带松紧度，皮带罩歪斜、错位情况； ④ 轴承部位定时加油，有损坏及时更换
吸尘罩	① 注意腐蚀、磨损； ② 防止安装位置的移动； ③ 注意与管道连接部分的脱落； ④ 不能无计划地增加排风口； ⑤ 避免阀门关闭过紧，使风量降低； ⑥ 严禁把烟头、纸屑、垃圾扔进罩内	其他	① 露天部件应每隔 1～2 年刷一次防锈漆； ② 冬季有防冻措施； ③ 抽入易燃气体吸尘罩挂"严禁烟火"牌； ④ 采取防止作业火花进入除尘系统的措施； ⑤ 对易燃粉尘有防爆措施； ⑥ 大型除尘系统应有防静电措施
管道	① 注意管道连接部分脱落及腐蚀穿孔； ② 不能随便增加支管； ③ 注意支架的牢固程度； ④ 定期进行管道内积灰的检查		

2.5.2.5　提高系统可靠性的探讨

1. 提升控制系统可靠性的探讨

提高 PLC 控制系统抗干扰能力的主要措施：①选用具有稳波和滤波功能的电源；②选用屏蔽层质量高的数据线，在干扰源存在的位置加装信号屏蔽装置；③选用高规格的电源线；④袋式除尘器及控制系统要设置地线。

2. 提高气动阀门可靠性的探讨

气动阀门是在压力 0.2MPa 以上的压缩空气驱动下进行动作，阀门可靠性主要取决于压缩空气的可靠性。探讨提高压缩空气可靠性的路径主要有：①设置压力下限，当压缩空气的压力小于 0.3MPa 时，停止其他用途压缩空气的供给，将压缩空气优先供给升阀和旁路阀，保障气路安全；②在单向流通气路中加装止回阀，防止气体回流，影响气路安全；③在压缩空气系统中设置气动装置专用储气罐，提高系统压缩空气的供应可靠性，也可设置备用气泵，当储气罐内的压力低于 0.3MPa 时，启动备用气泵，稳定压缩空气的供给，保障气路安全。

3. 脉冲袋式除尘器除尘效果不佳时的经验判断案例（供参考）

（1）脉冲袋式除尘一般是靠缝制在滤袋口的弹性胀圈将滤袋嵌压在花板孔上，通过花板将含尘气室与上箱体净气室隔离开。当弹性胀圈未能与花板孔密合时，会导致含尘烟气泄露到净气室，严重时可能发生排气筒出口冒灰。经验做法是逐一检查滤袋口的安装是否压紧密合，必要时调整安装。

（2）垃圾焚烧烟气具有温度较高、烟气含水率高的特点。反吹清灰作业时，通常是喷入常温压缩空气，与净化烟气交会时，可能达到露点温度而在滤袋表面结露，导致滤袋外侧聚集的粉尘糊袋板结。经验做法是尽可能降低烟气含水率；运行中每天排除储气罐、气源三联件、分气包的油水等杂物。必要时可在分气包前安装冷冻干燥机和加热器等提升压缩空气品质。

（3）注意除尘器中间隔板无空焊、无缺口等缺陷，避免含尘烟气与静烟气发生短路事故。

2.5.3 基于运行视角的脉冲袋式除尘器质量控制

2.5.3.1 概述

袋式除尘器是使烟气到达滤袋时，通过以筛分作用为主，同时存在惯性碰撞、拦截、扩散的短程物理效应，以及在某些特定条件下的静电效应及重力效应等，进行气固分离，将粉尘捕集在滤袋上。清灰工作原理是利用滤袋脉冲喷吹技术，以定时或定阻的控制方式，将高压气体瞬间喷入滤袋，使滤袋产生强烈的振动和变形，从而清除滤袋表面的粉尘。其除尘效率与烟气流量、温度、含尘量、颗粒物粒径、过滤速度，以及滤袋材质等有关。袋式除尘器的压力控制范围为 $800\sim1800Pa$，垃圾焚烧通常按 $1000\sim1500Pa$ 控制。过滤速度是根据不同应用场合的烟气粉尘的性质、粒度、温度、浓度，以及排放指标等因素综合考虑。为降低设备阻力，不宜选择太大。一般入口含尘浓度在 $15\sim30g/m^3$ 时，过滤速度不大于 $0.6\sim0.8m/min$；入口含尘浓度 $5\sim15g/m^3$ 时，过滤速度不大于 $0.8\sim1.2m/min$；入口含尘浓度 $<5g/m^3$ 时，过滤速度不大于 $1.5\sim2m/min$。垃圾焚烧烟气粉尘浓度通常在 $4\sim6g/m^3$ 且不够稳定，日均排放浓度按现行国家标准排放浓度 $20mg/Nm^3$ 进行减半控制。在此约束条件下，为保证达标排放，普遍按过滤速度 $0.8m/min$ 进行运行管理。

袋式除尘器多使用针刺毡的脉冲式除尘器和针织类的反吹式除尘器两类，其中脉冲袋式除尘器具有过滤速度大、清灰效果好、设备体积小的特点，使用的更普遍。主要由袋式过滤器机器龙骨、脉冲清灰系统、控制系统等组成。其中，袋式过滤器采用高强度、高密度的滤袋制成，能够有效地捕捉粉尘颗粒，但粉尘粒径在 $0.2\sim0.4\mu m$ 范围内，分级效率较低，在该范围以外的分级效率可达到 99% 以上，总除尘效率达到 99.9% 以上。控制系统则采用 PLC 可编程控制器，实现自动化控制。

2.5.3.2 运行可靠性管理

1. 运行状态分析

准确记录袋式除尘器的压差，进、出口烟气温度，烟气流速，引风机进口阀门开度、电机电流等参数，进行定期分析判断，并及时进行干预调整，排除故障，才能延长滤袋的寿命，保证袋式除尘器长周期稳定运行。

2. 加强每班每日巡检

在每班每日巡视及时发现如跑冒滴漏、异常运转、紧固件松动、电气线路脱扣等各类设备缺陷，以便及时组织处理，如及时更换破损布袋，消除异常现象，保持设备可靠运转。同时提高对除尘器运行故障的判断、分析和处置能力。另外运行人员可通过上位机监控，及时发现异常动作和压差的异常变化，及早发现除尘器运行中的隐患，减少袋式除尘器运行故障。

3．检查袋式除尘器压差

通过脉冲袋式除尘器压差来判断运行情况。当反吹后压差持续增高不降，说明滤袋可能出现堵塞、滤袋外表面积灰增厚，有水汽冷凝板结、清灰系统故障、灰斗积灰过多等问题。而压差降低则可能出现了滤袋破损或脱落、进风侧管道堵塞、箱体或各分室之间存在泄漏情况。袋式除尘器发生压差增高或降低后都要认真检查，及时处理故障。

4．对比袋式除尘器入口烟气温度

袋式除尘器在运行过程中应保持烟气在除尘系统设备内各处温度均高于其露点温度（25～35℃）。

5．检修维护可靠性管理

实施检修维护可靠性管理，是要建立详细可行的检修维护管理制度；制定合理周密的除尘器计划与状态检修维护计划；进行定期分级检修维护和滤袋更换；根据袋式除尘器的材质、使用周期及设备磨损情况，进行状态检修维护和破损滤袋的及时更换。

2.5.3.3　影响袋式除尘器性能的主要因素

袋式除尘器基本性能指标主要有除尘效率和除尘阻力，有效过滤面积、过滤速度、区室数目、安装预拉紧力，除尘器的经济性等。相关指标计算方法参见《生活垃圾焚烧处理工程技术规范》CJJ 90—2009。袋式除尘器的技术要求、检验规则、检测方法，主要性能测试项目和测试方法要符合《袋式除尘器技术要求》GB/T 6719—2009。脉冲袋式除尘器的基本技术要求示例参见表 2-21。

影响袋式除尘器性能的主要因素有：①颗粒物粒径分布、密度，以及黏附性等。②滤袋特性，包括滤袋材质、厚度、长度、直径、编织方法、缝制方法、表面处理方式等。③袋式除尘器结构特征，包括清灰方式、旁路、花板、分室结构形式、脉冲阀、控制阀、旁路阀、卸灰阀、气包等。④运行参数，主要包括过滤速度、气流阻力、烟气温度、湿度、清灰周期等。运行参数对除尘器性能的影响参见表 2-22。

脉冲袋式除尘器的基本技术要求（示例）　　　　　　　　　表 2-21

序号	项目	单位	技术要求	数据示例
1	型式		脉冲袋式除尘器	
2	布置方式		室内或室外	室内
3	处理烟气量（Q）	Nm³/h	指进除尘器的量	77000
4	入口烟气温度	℃	使用条件	160（最高 230）
5	入口烟气含湿量	Vol%	使用条件	25.7
6	入口颗粒物浓度	g/m³	使用条件	10
7	外形尺寸（$L×W×H$）	m	根据场地要求与供货商协调	6.39×11.6×13.65
8	区室数	个	设计确定	6(4)
9	每个仓室内布袋个数	个	设计确定	120～140(194)
10	滤袋尺寸	m	设计确定	Φ130(150)×6000
11	滤袋材质		设计确定	玻纤覆膜
12	每个滤袋过滤面积（C）	m²	滤袋尺寸决定	2.45(2.83)
13	总过滤面积	m²	$S=Q/n(A/C)$	～2058(2194)

续表

序号	项目		单位	技术要求	数据示例
14	滤袋笼架材质/钢丝规格			不得用镀锌材料	Q235/Φ3.5
15	滤袋笼架尺寸		mm	均应小于滤袋尺寸	Φ123×6000
16	竖筋数量/环筋间距/环筋形状		支/mm/	根据滤袋材质确定	20/190/圆形
17	花隔板材料/厚度/孔径		/mm/mm	花板厚度一般不小于5mm	Q235/5/135
	开孔的孔与孔间距		mm	常用φ160×6000滤袋	240
18	滤袋使用寿命		年	根据滤袋材质确定	≥3
19	滤袋使用最高温度		℃	使用条件	260
20	清灰控制方式			定阻或定时+定阻控制	压差1.4～1.5kPa 定时<1.4kPa
21	脉冲阀	型号/数量	/个	设计确定多采用3″阀	3″/60
		工作压力	KGS	大压力范围0.6～8.6	
		膜片开启行程	mm	3″阀为18	
		出气面积	mm²	3″阀为4770	
		膜片使用寿命	a	一般累计200万次以上	
		脉冲宽度	s	可在0.06～0.4范围变化	0.1～0.2
		脉冲周期	min	传统3～5	
22	滤袋清灰方式			离线或在线	离线清灰
23	脉冲吹管材料/数量		/个	设计确定	20#/60
	滤袋清灰频率		min	与滤袋材质有关，常规3～5	覆膜滤袋50
24	滤袋两侧压降		Pa	范围1200～1800	≤1500
25	过滤速度(气布比)		m/min	一室清灰1.0～1.1，全部运行时为1.0	0.99
26	循环加热系统	风机型号/数量	/台	随设备配置	
		电机型号/功率	/kW	随设备配置	/22
		循环入口阀型号/数量	/个	随设备配置	/1
		循环出口阀型号/数量	/个	随设备配置	/1
		加热器型号/功率/数量	kW/个	随设备配置	/150/1
		风管规格		随设备配置	φ630
		测温度仪表型号/数量	/个	随设备配置	/2
		温度高/低报警仪表型号		随设备配置	
27	箱体结构设计压力		kPa	设计确定	-6.5
28	箱体结构校核压力		kPa	设计确定	-10
29	灰斗个数		个	与区室配套	6(4)
30	每个灰斗容量		m³	不宜过小	7
31	灰斗加热器型号/数量		/个	也可选用气动振动器	/6(4×4)
32	灰斗空气炮型号/数量		/个	设计确定	/6

序号	项目		单位	技术要求	数据示例
33	灰斗料位报警仪表型号/数量		/个	设计确定	/2
34	卸灰阀型号/数量		/个	设计确定	/2
35	电动葫芦规格/数量		/套	设计确定	/2
36	压缩空气系统			—	
37	压缩空气储气罐容积/数量		m³/台	不宜过小	2～4/1
38	压缩空气耗量		m³/h	设计确定	3～5
39	压缩空气	压力	MPa	一般取 0.3～0.5	0.28
		质量要求	mg/Nm³	露点-40℃颗粒物 0.1 含油量 0.01	
40	除尘效率		%	由烟气含尘量与排放标准确定	＞99.9
41	漏风率		%	不应大于 2%	＜2
42	除尘器总用电功率		kW	设计确定	连续 26 短时 224
43	除尘器用电负荷表			设计确定	
44	设备总重		t	设计确定	105～150
45	PLC 控制系统			设计确定	
46	箱体最低温度		℃	低于烟气平均温度 5℃	155
47	设备保温材料/厚度		/mm		岩棉/≮100
48	旁路系统	旁路风管	mm		φ630
		旁路阀规格			
		气密风机规格			
49	设备热膨胀		mm		～3
50	管道热补偿		mm		～50
51	烟侧钢板腐蚀余量		mm	进风口处 16Mn 板加固	2
52	接地电阻值		Ω		2
53	除尘器本体重量/主要材质		t	除尘器钢耗率 35～22kg/m²	100/Q235
54	钢支架重量		t		25
55	除尘器平台、扶梯、走道重		t		15
56	辅助设备重		t		11
57	最大件安装吊装重		t		3.5
58	最大件检修吊装重		t		1.5

影响袋式除尘器性能的因素　　　　表 2-22

影响因素	除尘器性能			
	减少压力损失	提高除尘效率	延长滤袋寿命	降低设备费用
过滤速度		大，时间短	大，时间短	大，长期性
清灰作用力	小，长期性	大，时间短	大，时间短	小，长期性
清灰周期	大，时间短	小，长期性	大，时间短	很小，长期性

影响因素	除尘器性能			
	减少压力损失	提高除尘效率	延长滤袋寿命	降低设备费用
气体温度	小，长期性	小，时间短	小，长期性	小，时间短
气体相对湿度	—	长期性	短期性	短期性
气体压力	大，时间短	—	—	—
粒径	小，长期性	小，长期性	小	长期性
入口含尘质量浓度	大，时间短	小，长期性	小，时间短	—
颗粒物密度	—	小		

2.5.4 垃圾焚烧用除尘器运行故障分析

2.5.4.1 对袋式除尘器性能的关注要点

（1）袋式除尘器的载荷、漏风率、噪声、设计寿命、分室结构形式，以及清灰方式。

（2）除尘器滤袋与滤袋材质，以及袋笼要求。

（3）采用循环热风系统，使除尘器在启动和停机时的温度保持不低于140℃。

（4）除尘器壳体、保温层外表面的金属压型钢板，以及锥形灰斗要求。

（5）除尘器本体为自撑式支承结构。

（6）钢结构构件材料。

（7）除尘器应有扶梯和平台以到达除尘器的各相关工作面。

（8）应设有检测，联锁及报警装置；设置自动/手动两种清灰方式。

2.5.4.2 脉冲袋式除尘器运行阻力控制

运行阻力是脉冲袋式除尘器的一项重要性能指标，垃圾焚烧项目通常是按 $1.0\sim 1.2$ kPa，最高 1.5 kPa 进行控制。可能造成除尘器运行阻力高的主要因素如下。

1. 焚烧烟气除尘用滤袋堵塞

滤袋堵塞的负面影响因素主要是过滤速度过大、粉尘黏性、滤袋受潮、滤袋清灰不良等。其中，滤袋清灰不良的主要表现在于清灰次数频繁、清灰时间过长。清灰过于频繁，可能会使清灰时间过短，清灰不充分，导致粉尘积蓄在滤袋表面，造成堵塞。清灰时间过长，则可能会将滤袋表面的初始粉尘层清理掉，降低除尘效率，造成滤袋堵塞。

清灰系统不良，除尘系统的压差阻力过高，风机运行负荷增大，以致能源损耗增大；由于清灰力度不够，导致结露现象，会减少滤袋使用寿命，除尘效率降低。清灰系统不良还会引起如粉尘爆炸等重大安全事故的发生。

2. 压缩空气压力不稳

脉冲袋式除尘器一般采用压缩空气进行喷吹清灰。若压缩空气达不到含油、含水、含尘质量要求，会使滤袋受污受潮导致结露。如果除尘器处理的是高温、高湿烟气，如喷入冷的压缩空气，冷热交会，一旦达到露点就会在滤袋表面结露，黏附大量粉尘造成板结。

脉冲阀喷吹量与气源压力在同一脉冲时间内，不同清灰用气包压力下，其脉冲阀喷吹量与压力成线性关系。由于气包内压力高，对滤袋的反向加速度大，清灰效果好。若夜间管网压力降低，会造成清灰不好，滤袋阻力居高不下，从而影响除尘器正常运行。

3. 脉冲阀损坏

脉冲阀是清灰效果好坏的关键，往往因一只阀漏气而导致整个系统瘫痪。虽然近年来脉冲阀的质量得到了极大提高，但仍属易损部件，主要表现在：①电源断电或清灰控制器失灵。②脉冲阀漏气。③脉冲阀线圈烧坏。④压缩空气压力太低，脉冲阀不启动。造成脉冲阀漏气主要原因有：①电磁脉冲阀的膜片损坏。②膜片的垫片与出气口端面之间有铁锈、焊渣等杂物，以致无法密合，导致电磁脉冲阀漏气。③对于淹没式脉冲阀，如气包的喷吹管有漏点，会导致压缩空气不经脉冲阀直接进入喷吹管导致泄漏。

脉冲阀故障修复方法：①弹簧损坏：脉冲阀阀芯上的弹簧容易损坏，造成的表象是脉冲阀长期向喷吹口放气，处理方式是更换弹簧。②胶垫损坏：使用时间长了以后，脉冲阀阀芯上的胶垫容易损坏，造成的表象是脉冲阀长期向喷吹口放气，处理方式是更换胶垫。③阀芯污垢：由于进气不清洁，造成阀芯处的污垢积结，造成的表象是喷吹口长期进气或者得电后脉冲阀不动作，处理方式是清洗阀芯。④节流孔堵塞或损坏：进气不清洁易导致节流孔堵塞，表象是脉冲阀长期向喷吹口放气，处理方式是清洗节流孔；节流孔损坏或缺失，令节流孔失去截留作用，导致泄压不正常，表象是得电后脉冲阀有动作，泄压口放气，但脉冲阀不进行喷吹，处理方式是更换节流孔。

4. 提升阀不工作

造成提升阀不工作的原因可能有：①电源断电或清灰控制器失灵。②气缸损坏或卡死；③气缸电磁换向阀线圈烧坏。④气缸电磁阀太脏，换气口堵塞或阀芯干涸以致无法运动。⑤压缩空气压力过低。⑥提升阀密封件磨损，造成压缩空气泄漏，致使供气不足，进而提升阀因压缩空气不足而跳停。

5. 过滤速度过高

袋式除尘器的阻力主要集中在滤袋上，滤袋阻力上升主要是源于一次粉尘层。过滤速度过高会使一次粉尘层被压实，阻力急剧增加。过大的滤袋两侧压差会使粉尘细小颗粒渗入到滤袋内部，致使出口含尘浓度增加，这种现象在刚刚清灰后更加明显。过滤速度过高还会导致滤袋上迅速形成粉尘层，引起过于频繁的清灰，从而降低滤袋的寿命。

袋式除尘器糊袋是较常见的运行事故，多发生在烟气水分较高，烟气温度低于露点温度的工况，表现为阻力居高不下且难处理。此时，烟气中的水汽在设备内壁和滤袋上凝结，烟气流中的粉尘黏附在滤袋外表甚至侵入到内部纤维层。由于水的存在，这种黏附牢固，结壳坚实，正常的喷吹清灰不易将其清除。

防止滤袋结露糊袋的主要措施是要使压缩空气温度高于露点温度（25～35℃）。当除尘器用于处理高温、高湿气体时，应在入口处安装温度检测报警装置进行监控，并在壳体外加装岩棉等保温材料进行保温。

2.5.4.3 脉冲袋式除尘器漏风的处理措施

（1）焊接质量严格按照相应标准实施；焊接完成后采用煤油、荧光粉等进行查漏，漏气处重新焊接。还注意要排除沙眼等漏风点。

（2）做好除尘器各卸料器和法兰的密封；检查门采用橡胶条密封，并经常检查更换。

（3）减少除尘器花板、法兰连接处、排灰斗卸料门等运行磨损导致漏气。包括但不限于：对滤袋破损监控；针对以袋口的弹性元件使滤袋嵌入花板袋孔内，可能发生滤袋出口与花板衔接不紧密现象，加强漏风率监视分析；保持灰斗内存留适当的封堵灰量，采用并保持双闸板排灰阀处于正常运行状态。

（4）保证压缩空气质量合规。

（5）注意脉冲阀喷吹时间（清灰过程）可按供货商规定执行。无规定时可在 0.05～0.50s 区间进行调整，同一位置的清灰周期大概为 5～10min。

（6）除尘系统整体停运前，风机应继续运行，以将系统中的湿气全部排出。

（7）坚持每天打开储气罐、脉冲阀分气包等排气排污阀门以排除油、水污物。也可在高压气罐前安装空气加热器，使压缩空气先进行脱水和升温后再喷入滤袋进行清灰。

2.5.4.4　袋式除尘器中粉尘湿度过大的负面影响与处理措施

袋式除尘器中粉尘湿度过大的负面影响因素：

（1）糊袋现象：过高的湿度会使粉尘粘附在布袋表面，形成糊袋。这会显著降低布袋的透气性，增加过滤阻力，导致风量减少，影响除尘效率。

（2）腐蚀布袋：湿度过大的粉尘可能含有腐蚀性成分，长期作用会加速布袋的腐蚀和损坏，缩短布袋的使用寿命。

（3）结块堵塞：湿度大的粉尘容易结块，可能堵塞袋式除尘器的灰斗、输灰系统等部位，造成排灰不畅，影响设备的正常运行。

（4）增加设备负担：为了克服过滤阻力的增加，风机需要消耗更多的能量，从而增加了设备的运行成本。

（5）影响清灰效果：糊袋和结块会降低脉冲清灰等清灰方式的效果，以致粉尘在布袋上的积累越来越多。

（6）降低滤料性能：长期处于高湿度环境，布袋滤料的物理和化学性能可能会发生变化，降低其过滤精度和强度。

（7）引发电气故障：高湿度环境可能导致电气设备受潮，引发短路、漏电等电气故障，影响设备的安全稳定运行。

综上所述，控制进入袋式除尘器的粉尘湿度在合理范围内对于保证除尘器的正常运行、提高除尘效率和延长设备使用寿命具有重要意义。

处理潮湿粉尘时，袋式除尘器的运行和维护需要特别注意：

（1）选择适宜的滤袋材料；必要时使用预处理设备；对操作人员进行针对性培训。

（2）建立并严格执行定检与维护制度。

（3）调整清灰周期，适度增加清灰频次。

（4）加强通风，控制烟气温度、湿度，防止冷凝、漏气。

2.5.4.5　脉冲袋式除尘器运行与维护管理案例

1. 脉冲袋式除尘器运行

某垃圾焚烧项目的脉冲袋式除尘器采用在线顺序控制清灰模式。每台除尘器配有 12 组电磁阀，每组电磁阀承担 126 只布袋的脉冲清灰工作。当一室进入脉冲清灰时，关闭该室进、出口阀门，每 5 分钟启动 1 组电磁阀，60 分钟完成一室清灰。在一室清灰过程中，其他室投入正常运行。当清灰完成后，打开进、出口阀门投入运行，切换到下一室进行清灰，以此类推。滤袋两侧有差压表监视滤袋工作状况，当压差增大时，可进行手动强制逆洗清灰。

运行前的准备检查工作，包括检查卸灰机构和输灰机构是否正常运行；检查完除尘器本体后关闭并锁紧所有的人孔门；压缩空气系统工作正常，清灰系统各开关位置正确，压力表、压差计显示正常；检查清灰系统的气路密封性，检查脉冲阀动作情况。在点炉或系统开机前 12~24h，投入灰斗加热。

运行调整及管理，包括：①监视滤袋的压差、除尘器进出口压力、清灰压力、提升阀工作压力、脉冲间隔、清灰周期；排灰方式采用按高灰位自动排灰。运行过程中当灰位信号失灵时可改为连续排灰，也可利用编程控制器来模拟自动排灰方式运行，使灰斗保持一定灰封。②监视锅炉预热器出口温度、除尘器进出口温度；检查各灰斗加热器工作正常；每班应对袋式除尘器的设备进行全面检查，详细记录本班运行中所发生的异常情况及设备缺陷，做好交接班工作。

2. 脉冲袋式除尘器的维护与检修

日常维护。脉冲清灰系统的日常检查维护，需要每月检查空气系统的所有管道、管件及焊接完好无泄露，气动元件动作灵活、工作正常，法兰连接部位无松动漏气。半年度进行全面外观检查，喷吹系统有无结构损伤；关闭喷吹系统气源，释放储气罐内气体，卸掉放水塞排出内部积水；检查空气炮的吊挂、支撑装置的固定完好无损害，螺栓无松动；检查喷吹管弯头无破损现象，检查全部接线无松动、磨损或断裂现象。

小修。袋式除尘器每运行四个月小修一次，对除尘系统设备一般故障处理。小修内容包括：检查维护排灰系统，校正指示仪表，检查维护清灰气路和喷吹管，检查维护滤袋、袋笼。对袋式除尘器上箱体和灰斗进行防腐处理。

中修。运行半年左右应进行中修。中修内容包括：检查维护清灰气路和喷吹管，检查维护滤袋、袋笼。检查维护人孔门、检修门及法兰。检查维护保温层及防雨设施。检查维护压差、压力管道。检查维护电气设备和其他通用设备。

大修。按照周期进行大修，时间约 5~15 天。大修内容是按上述中修、小修内容检查到的故障但未能及时解决的遗留问题，对损坏、锈蚀、磨损的零部件根据设备状况进行彻底维修。

停用维保。除尘器临时停用时，各加热装置应持续保持工作，且每班打开布袋清灰系统储气罐底部的球阀一次，卸放储气罐内的压缩空气产生的冷凝水。定期检查布袋清灰系统中各个脉冲阀的动作情况，出现不动作的及时处理。定期清洗提升阀气路三联件的过滤器。定期给油雾器加入干净机油。定期检查提升阀动作情况。

2.6　袋式除尘器性能测试与除尘过程数值模拟简介

2.6.1　袋式除尘器性能测试

除尘器在高温、多尘、带压工况下运行，需要有较高气密性，否则会带来能源浪费与非正常除尘效果。及时发现垫圈、人孔及焊接缺陷是保证除尘效果的重要措施。为防止泄漏，在除尘器外壳体安装过程中对漏风采取必要的措施严格把关。对焊缝等采取煤油渗透法或肥皂泡沫法进行检查，杜绝漏焊、开裂、垫圈偏移等泄漏现象。

2.6.1.1　气动性能测试

本节主要是针对此类问题的性能测试，并未涵盖所有测试项。

1. 除尘器空气流量测试

除尘器入口、出口管道内气体流量，可采用皮托管根据除尘器压力差测定，并用下列任何一种状态表示：在入口、出口管道内的温度、压力下的湿气体或干气体的流量；在标准状态下的湿气体或干气体流量。

2. 压力差测试

压力差是除尘器性能的重要指标之一。可用除尘器入口、出口管道内处理气体的平均全压表示。测试时可用皮托管测得各测点的全压 p（Pa）与流速 v（m/s），取下标 ti、to 代表入口、出口平均全压，tin、ton 代表入口、出口各测点全压与流速，按下式计算：

$$\Delta p = p_{ti} - p_{to} \tag{2-49}$$

$$p_{ti} = \frac{p_{ti1} v_{ti1} + t_{ti2} v_{ti2} + \cdots + p_{tin} v_{tin}}{v_{ti1} + v_{ti2} \cdots + v_{tin}} \tag{2-50}$$

$$p_{to} = \frac{p_{to1} v_{to1} + p_{to2} v_{to2} + \cdots + p_{ton} v_{ton}}{v_{to1} + v_{to2} + \cdots + v_{ton}} \tag{2-51}$$

3. 滤袋压缩变形测试

滤袋压缩变形测试可以检测滤袋的变形情况，通常是用来检测滤袋内部集灰的情况，以及滤袋的饱和度。测试时需要使用专门的仪器。

2.6.1.2 除尘器性能测试

1. 除尘器气密性测试

气密性试验是在除尘器安装完毕后进行，通过试验及时发现泄漏问题，并有足够的时间和手段解决泄漏问题。多要求对大中型除尘器进行气密性试验，并以静态泄漏率<1%为合格。

气密性试验方法可分为定性法与定量法。定性试验法是指在除尘器进口处适当位置采用烟雾弹（表 2-23），由鼓风机送风，使除尘器内处于正压状态。此时，壳体泄漏部位就会有白烟产生，而便于对对泄漏点处理。

每 1kg 烟雾弹成分 表 2-23

原料名称	氯化铵	氯化钾	硝酸钾	松香	煤粉
重量/kg	0.3890	0.2619	0.1588	0.1372	0.5310

除尘器壳体基本是在与引风机负压相适应状态下工作的耐压设备。气密性试验时，在其内部充入压缩空气，形成正压状态进行模拟。因为无论是负压还是正压，除尘器里内外压差是相同的，正压试验时不漏风，负压工作时就不会漏风。泄漏率按下式计算：

$$A = \frac{1}{t} \left(1 - \frac{p_a + p_2}{p_a + p_1} \times \frac{273 + T_1}{273 + T_2} \right) \tag{2-52}$$

式中 A——小时平均泄漏率，%；

t——检验时间（应不小于 1h），h；

p_a——大气压力，Pa；

p_1、p_2——试验开始、结束时设备内表压（一般按风机压力选取），Pa；

T_1、T_2——试验开始、结束时温度，℃。

相对定性试验法，定量试验法更准确。可根据工程需要对除尘器进行严格的定量试验时采用。目前安装除尘器无特殊要求时，较少采用这种定量试验法。

2. 除尘器漏风率的测定

取除尘器进、出标准状态风量（Q_i、Q_o，Nm^3/h），除尘器漏风率（a，%）按下式计算：

$$a = \frac{Q_o - Q_i}{Q_i} \times 100\% \tag{2-53}$$

3. 滤袋漏损测试

滤袋漏损测试是用来检测滤袋的密封性能，测试可以通过灰粉黏合、破缺等现象判断出滤袋的漏隙程度和位置。在测试中，可以使用滤袋漏隙检测仪器进行测试。

2.6.1.3　操作与安全性能测试

操作性测试主要是测试除尘器的操作方式和控制系统的可操作性。测试时需要在模拟不同的工作状态下进行测试，包括启动和停机检查等步骤，以确保设备能够操作方便、可靠。

安全性能测试是为了保证袋式除尘器的运行安全，测试包括电气安全、机械安全、气体安全等。在测试过程中，需要检查除尘器和控制系统的保护措施，以及应急故障等情况。

2.6.1.4　维护保养测试

1. 滤袋更换周期测试

滤袋更换周期是衡量袋式除尘器使用寿命的重要指标，测试时需要模拟不同的使用环境和负荷情况，以确定滤袋更换周期。

2. 清灰系统测试

清灰系统测试是为了测试除尘器清灰系统的性能，主要包括清灰压差、清灰周期和清灰时间等方面的测试。测试过程中需要检查清灰设备的性能和运行情况，保证清灰系统正常、高效地运行。

2.6.2　除尘过程性能模拟的理论基础

2.6.2.1　烟气污染物控制的实验研究

烟气流速对除尘效率的影响表现为，当烟气流速较小时，粉尘易在除尘器中沉积，因此除尘效率较高；但当气体流速较大时，粉尘随气体溢出除尘器，导致除尘效率降低。粉尘浓度对除尘效率的影响表现为，粉尘浓度越大，除尘器中要处理的粉尘量也越大，从而影响除尘效率。透气面积对除尘效率的影响表现为，透气面积越大，气体在除尘器中停留时间越长，粉尘沉降的机会也就越大，从而提高除尘效率。

通过实验研究发现：①气体流速、粉尘浓度和透气面积均对除尘器的除尘效率有一定的影响。②当气体流速为 $20 \sim 30 m/s$，粉尘浓度为 $200 \sim 300 mg/m^3$，透气面积为 $80 \sim 100 m^2/h$ 时，除尘器的除尘效率分别达到 96.5%、96.3%、95.8%。

基于上述除尘效率和气体流速、粉尘浓度、透气面积的相关性研究结果，建议在除尘器设计时，应根据生产环境的实际情况，合理确定气体流速、粉尘浓度和透气面积等参数，以达到最佳的除尘效果。在除尘器运行过程中，应控制烟气流速、粉尘浓度和透气面积等参数的变化，以保证除尘器的最佳运行状态。最后，需注意实验数据的局限性，要在实际应用中不断探索和验证。

2.6.2.2　三维流动数值模拟理论基础

　　包括粉尘在内的烟气污染物控制是在烟气运动过程中的工程研究过程。一方面垃圾焚烧烟气含有不足1‰污染物，从污染物控制视角，如上节概述，属实验科学范畴。另一方面此类烟气作为一种流体，其流动规律是以质量守恒、能量守恒和动量守恒定律作为理论基础。这些定律是可以通过如欧拉方程、Navier-Stokes（N-S）方程等复杂的数学模型进行描述。随着计算机科学的高速发展与湍流理论和计算方法的深入研究，数值模拟的可靠性、准确性、计算效率得以极大提高。由此，通过数值模拟可提供丰富的流场信息，具有初步性能预测和流动诊断作用，成为垃圾焚烧烟气污染物更加精准控制的驱动力。

　　袋式除尘数值模拟过程可分成以下若干步骤：建立基本守恒方程组，选择模型或封闭方法，建立离散化方程，确定边界条件，编程调试求解。在此仅就胡满银等教授研究的三维流动数值模拟的理论基础进行简要介绍。

　　实际气态物质的流动几乎都是湍流，湍流是一种带旋转的高度复杂的非稳态三维流动。在湍流中，流体的各种物理参数，如加速度、压力、温度等都随着时间与空间发生随机的变化。从物理结构上，可将湍流视为各种不同尺度涡旋的叠合流动。这些涡旋的尺度和旋转轴的方向是随机分布的，其中大尺度的涡旋主要由流动的边界条件所决定，其尺寸可以与流场的大小相比拟，是引起低频脉动的原因；小尺度涡旋主要由黏性力决定，其尺寸可能只有流场尺度的千分之一量级，是引起高频脉动的原因。大尺度涡旋破裂后形成小尺度的涡旋。大尺度涡流不断从主流获得能量，通过涡旋间的相互作用把能量逐渐传递给小尺度涡旋。最后由于流体黏性的作用，小尺度涡旋不断消失，机械能就转化为体的热能。同时，由于边界的作用、扰动及速度梯度的作用，新的涡旋又不断产生，构成了湍流运动。由于流体内不同尺度涡旋的随机运动造成了湍流的一个重要特点——物理量的脉动。一般认为，无论湍流运动多么复杂，非稳态的Navier-Stokes方程对于湍流的瞬时运动仍然是适用的。

　　关于湍流运动的数值计算方法大致分为用三维非稳态的Navier-Stokes方程对湍流进行数值计算的直接模拟，用非稳态Navier-Stokes方程来直接进行大涡模拟，以及应用Reynolds时均方程的模拟方法。其中前两种方法主要依赖于超级计算机。目前可用于工程实际的模拟方法仍是从Reynolds时均方程出发的模拟方法。描述湍流流动的基本方程是将N-S方程经时均化值处理，所得到的计算模型，在直角坐标系中表示为：

$$\rho\left(\frac{\partial \overline{u_i}}{\partial t}+\overline{u_i}\,\frac{\partial \overline{u_i}}{\partial x_j}\right)=-\frac{\partial \overline{P}}{\partial x_i}+\mu\,\frac{\partial^2 \overline{u_i}}{\partial x_i \partial x_j}+\frac{\partial}{\partial x_j}(-\rho\overline{u_j u_i}) \tag{2-54}$$

　　求解各种湍流问题原则上无理论困难。这是因为，一方面描述湍流运动精确的N-S微分方程已经得出。从数学视角，湍流就是N-S方程的通解，求解湍流问题与求解层流问题无本质区别。另一方面，数值计算方法的发展，已足以求解N-S方程。

　　目前工程上所采用的湍流模型基本上是围绕着雷诺应力，即湍流应力$-\rho\overline{u_j u_i}$如何模拟而展开的。第一种方法是湍流黏性系数模型（EVM），主要是基于Boussinesq假设，把湍流应力表示成湍流黏性系数的函数，将湍流涡团的运动与分子的热运动进行类比，认为湍流应力及雷诺应力的产生机制与分子黏性应力产生的机制类似，雷诺应力也和时均速度场的变形率呈线性关系，把雷诺应力表示成湍流黏性系数的函数，从而引进了湍流黏性的概念。这种模型可分为：零方程模型、一方程模型、两方程模型及修正的两方程模型。大部分湍流模型都属于这种模型。另一种方法是雷诺应力模型（RSM），是对雷诺方程再取时均值，得到关于雷诺应力的偏微分方程，在此过程中，又产生了更高一阶的脉动附加项，还需要再去封闭。这种模型有代数雷诺应力模型（ARSM）及雷诺应力模型（RSM）。

离散微分算法也称"微分数值计算"，是一种解决常微分方程的算法，它把不可解的非线性微分方程拆分成可解的离散问题，将无穷调和的内容拆分成离散的时间点，以及在各个时间点对应的微分方程，从而以简单方法求出最优解。并用微分方程来确定函数在某一时刻的导数和瞬变量，从而求得连续的函数解，也可以用来解决许多控制问题。

关于流动微分方程的离散化研究成果，可供参考的著作较多，如陶文诠的《数值传热学》、窦国仁的《湍流》、陈义良的《湍流计算模型》、J. O. Hinze 的 *Turbulence* 等，不再赘述。

参考文献

[1]　张殿印，张学义. 除尘技术手册[M]. 北京：冶金工业出版社，2022.

[2]　新井纪南. 燃烧生成物的发生与抑制技术[M]. 北京：科学出版社，2001.

[3]　胡满银，赵毅，刘忠. 除尘技术[M]. 北京：化学工业出版社，2006.

[4]　向晓东. 烟尘纤维过滤理论、技术及应用[M]. 北京：冶金工业出版社，2007.

[5]　白良成. 生活垃圾焚烧处理工程技术[M]. 北京：中国建筑工业出版社，2009.

[6]　毛跟年，许牡丹，黄建文. 环境中有毒有害物质与分析检测[M]. 北京：化学工业出版社，2004.

[7]　蒋展鹏. 环境工程学[M]. 北京：高等教育出版社，1992.

第3章　酸性污染物控制技术

3.1　酸性污染源分析

3.1.1　垃圾焚烧过程主要酸性污染物特征、危害及生成机理

垃圾焚烧烟气中的主要酸性污染物有氯化氢（HCl）、氟化氢（HF）、硫氧化物（SO_x）、氮氧化物（NO_x），其中氯化氢、氟化氢等来源于含卤族元素的垃圾焚烧，硫氧化物由垃圾中的有机硫和无机硫燃烧产生，氮氧化物主要来自垃圾中燃料氮燃烧产生。

3.1.1.1　氯化氢（HCl）

基础理论研究显示，卤化氢（HF、HCl、HBr、HI）的生成温度与其分解温度存在分解温度越低，生成温度也越低的特征。其中，稳定性较高且相应分解温度较高的卤化氢（如 HF），具有较高的生成温度，在 2000℃以上还不见分解迹象；而稳定性较低且相应分解温度较低的卤化氢（如 HI），则具有较低的生成温度，在 300℃开始分解；而 HCl 在 1000℃以上开始缓慢分解；HBr 在 500℃开始分解。

工程上通常考虑在 900～1050℃以上高温中，焚烧含卤族元素化合物的废物，会产生大量 HCl（当前的推荐参考值为 800mg/Nm³，范围为 200～1200mg/Nm³）及少量 HF（推荐参考值为 3mg/Nm³，范围为 0.5～5mg/Nm³）等酸性污染物。

我国的垃圾焚烧烟气污染物排放标准，只对卤化氢中的 HCl 提出限制指标，这是因为焚烧垃圾中的 HCl 产生源是生产生活中最常见，产生量相对最大，对生态环境和人体健康危害具有不容忽视影响的重要污染物。生活垃圾中含氯元素的物质主要有：

厨余垃圾：NaCl、KCl 等；

日常废弃物：废纸、布等；

塑料橡胶类：聚氯乙烯（PVC）、聚偏氯乙烯、聚氯丁二烯等；

溶剂：氯化甲烷（CH_3Cl）、二氯甲烷（CH_2Cl_2）、三氯甲烷（$CHCl_3$）、四氯化碳（CCl_4）等；

杀虫剂与农药：三氯苯、五氯酚（PCP）、氯硝基苯（CNP）等；

阻燃剂：卤化磷酸酯、多溴乙烷、多溴丁烷、氯化聚乙烯等。

垃圾焚烧烟气中 HCl 主要来自聚氯乙烯（PVC）等有机氯化合物和氯化钠（NaCl）等无机氯化合物在高温条件下燃烧反应的产生物。

HCl 是无色有刺激性气味的气体，对人体健康（表 3-1）和生态环境均可造成危害。HCl 毒性很强，有窒息性的气味，对上呼吸道有强刺激，对眼、皮肤、黏膜有腐蚀；排放到大气中会与空气中的水蒸气结合生成盐酸，随雨水降落到地面将造成腐蚀性较强的酸雨，对土壤、地下水、建筑物、植物等造成危害。

氯化氢对人体的影响 表 3-1

氯化氢浓度/ppm	氯化氢对人体的影响
5	容许浓度
10	几小时以内安全
35	刺激气管的最低浓度
50～100	1h 以内安全
1000～2000	30min～1h 就会发生危险
1300～2000	很快死亡

1. 有机氯化物产生氯化氢（HCl）

垃圾中含有聚氯乙烯（PVC）和橡胶等有机氯化物，在焚烧过程中，这些有机氯化合物中的"Cl"原子与相邻的"C"原子、"H"原子发生分解反应，释放出 HCl。例如燃烧单一成分的 PVC 时，由于其热稳定性和耐火性较差，在 140℃即可分解释放出 HCl，当燃烧温度达到 230℃时，50％的 PVC 被分解；当温度上升到 600～800℃，15min 之内就可完全分解 PVC。实际在混杂的垃圾中，PVC 分解会有一定差异。因此，在垃圾焚烧炉焚烧垃圾的过程中，含有机氯化物的塑料、橡胶等物质会在高温燃烧中发生分解，产生 HCl。有机氯化物燃烧分解反应式可表示为：

$$C_nH_mCl_p + pO_2 \longrightarrow xCO_2\uparrow + yCO\uparrow + zH_2O\uparrow + wHCl\uparrow$$

PVC 燃烧特性：高温下易燃烧，常温下不易燃烧，燃烧性不好。燃烧时，产生白烟和特有的绿色火焰。由于燃烧产物具有灭火特性，当火焰移开 PVC 时，燃烧停止。

2. 无机氯化物产生氯化氢（HCl）

垃圾中含有氯化钠和氯化钙等一些无机氯化物物质，如厨余垃圾所含的 NaCl 等，这些无机氯化物成分在焚烧炉内高温环境状态和反应条件下，即有 SO_2、CO_2、O_2 和水分存在的条件下，可生成氯化氢和硫酸盐或碳酸盐，其化学反应方程式分别为：

$$2NaCl + SO_2 + 0.5O_2 + H_2O \Longrightarrow Na_2SO_4 + 2HCl$$
$$CaCl_2 + H_2O + CO_2 \Longrightarrow CaCO_3 + 2HCl$$

此外，氯化钠与水蒸气也可发生如下的反应：

$$2NaCl + H_2O \Longrightarrow 2HCl + Na_2O$$

有实验研究表明，有机氯化物焚烧时，氯转化为氯化氢的转化率约为 83％～92％，而无机氯化物焚烧时氯转化为氯化氢的转化率约 25％～40％。

3.1.1.2 硫氧化物（SO_x）

1. 概述

硫是地球上分布广且含量丰富的元素之一，地壳中硫的含量约为 590g/t，约占总质量的 0.052％。自然界中硫主要以化合物形式存在于各种矿物和化石燃料之中，也可见少量单质硫黄。地球上含硫矿物多达数百种，铁、有色金属等金属矿物含硫在 5％～25％之间，煤炭、石油等化石燃料含硫为 0.1％～6％。硫还是组成生命的重要元素，它是构成某些氨基酸和蛋白质的基本元素之一，并且参与机体正常的新陈代谢过程。没有硫就没有生命。

大气硫污染物包括 SO_x、H_2S、亚硫酸盐、硫酸盐、硫酸烟雾、COS（羰基硫）、硫醇、硫醚和含硫有机化合物气溶胶等。其中硫氧化物 SO_x 是典型的大气污染物，尤其是二氧化硫（SO_2），不仅对人体有害，还会引起酸雨等造成环境影响。大气硫污染物与其他大气污染物一样，来源于自然界和人类活动。SO_2主要来自火山喷发和人类生活、生产活动；H_2S主要来源于火山喷发、矿泉水释放和生物体的微生物分解；硫酸盐主要由海水溅射和大气化学反应产生；二甲基硫发生于海洋有机物分解；硫酸及硫酸盐来自SO_2的氧化转化。在大气硫污染中，自然界的排放量很难准确估算，但人类活动引起的排放却可以通过计算和统计，获得相对准确的数量。随着全球工业化的发展，全球SO_2排放量已由自然界为主转变为人类活动为主，据统计，近百年来全世界SO_2排放总量增加了10倍，平均年递增率约5%。总的来讲，SO_2排放量与工业发展水平和人口密集程度相关。

人类活动排放的SO_2主要来自含硫元素的燃料燃烧，燃料中的硫化铁和有机硫，在750℃温度下，90%受热分解并氧化释出。此外，H_2S的氧化也是大气中SO_2的一个来源，工业上H_2S则来自石油炼制、牛皮纸生产和其他化学处理过程等。

生活垃圾中的硫含量约为0.2%～1%，与燃煤相比含量较低，垃圾中的硫分为有机硫和无机硫两类，其中有机硫所占比例为30%～70%，无机硫为70%～30%，含有有机硫的主要物质为橡胶、塑料等成分。硫对垃圾热值影响比较小，但其燃烧产物为有害物质。

2. 硫氧化物的对人体健康的危害

二氧化硫（SO_2）对人体的危害表现在：SO_2浓度为$3mg/m^3$时，多数人能感受刺激。对结膜和上呼吸道黏膜有强烈刺激性；吸入高浓度SO_2可引起喉水肿、支气管炎、肺炎、肺水肿。长期接触低浓度SO_2会损害鼻、喉、支气管等器官，刺激眼睛、皮肤，影响嗅、味觉，并致使心脏功能障碍。暴露于SO_2浓度在$100mg/m^3$以上的环境中时，能致死；SO_2能由肺泡侵入血液，与血液中的维生素C结合，造成维生素C平衡失调，还会抑制或破坏某些酶的活性，使糖和蛋白质代谢紊乱，影响生长发育。

三氧化硫（SO_3）对人体的危害表现在：吸入大量SO_3气体，会刺激呼吸道黏膜，出现咳嗽、气短等症状；人体皮肤接触三氧化硫后会刺激皮肤黏膜，出现皮肤瘙痒、灼痛等症状，同时会产生硫化氢气体；眼部接触三氧化硫气体可能会损伤视神经，出现眼痛、视物模糊等症状。

3. 垃圾焚烧硫氧化物（SO_x）的反应机理

垃圾焚烧产生的SO_x主要源于有机硫分燃烧，也有部分来自于无机硫，其中可燃有机硫的转化率几乎达到100%。燃烧过程中，当过量空气系数$\alpha < 1$时，有机硫的反应产物有SO_2及H_2S、SO等；当$\alpha > 1$即达到完全燃烧条件时，95%以上生成物为SO_2，约有0.5%～2%的SO_2会转变成SO_3。

有机硫的反应机理：

$$C_xH_yO_zS_p + O_2 \uparrow \longrightarrow CO_2 \uparrow + H_2O + SO_2 \uparrow + 未完全燃烧物$$
$$2SO_2 + O_2 === 2SO_3$$

无机硫的反应机理：

$$S + O_2 \uparrow === SO_2 \uparrow$$

3.1.2　氯化氢（HCl）和二氧化硫（SO_2）的生成量估算

垃圾焚烧是垃圾中的可燃元素成分C、H、S与空气中的氧气在炉膛内发生强烈的化学反应的过程。因此，估算酸性气体生成量首先要对垃圾焚烧所需空气量和产生的烟气量进行理论计算。

垃圾的各元素成分通常可用应用基质量百分数来表示：

$$C^y + H^y + O^y + N^y + S^y + Cl^y + A^y + W^y = 100\% \tag{3-1}$$

式中 C^y、H^y、O^y、N^y、S^y、Cl^y、A^y、W^y——垃圾中碳、氢、氧、氮、硫、氯、灰分、水分的应用基质量百分数。

3.1.2.1 空气量及烟气量计算的设定条件

（1）空气和烟气的组成成分，可以当作理想气体进行计算，即 1 摩尔气体在标准状态下的容积是 22.4Nm³。

（2）所有空气和其他气体容积计算的单位都是 Nm³/kg，即以 0℃和 1 个标准大气压（0.1013MPa）状态下的立方米为单位。

3.1.2.2 理论燃烧空气量计算

垃圾焚烧是以抽取垃圾池和焚烧间内的空气作为助燃气体，其中一次空气基本都是抽取垃圾池内的空气。该气体成分中包括空气成分和恶臭物质，其中恶臭物质的量所占比例很小，与空气相比可以忽略。在垃圾焚烧过程中，燃烧空气量计算主要考虑垃圾中的 C、H、S、N 四种可燃元素在燃烧过程中的耗氧量。垃圾中虽然 Cl 含量一般大于 S 含量，但 Cl 是与 H 发生反应，其数量级也很小，计算燃烧空气量时不单独列出。

碳燃烧的化学反应方程式为：$C + O_2 \longrightarrow CO_2$。碳的分子量是 12，则 1kg 碳燃烧时需氧气 $\frac{22.4}{12}$Nm³。在 1kg 垃圾中碳的含量是 C^y kg，燃烧时所需的氧气量为 $\frac{22.4}{12} \times C^y = 1.886C^y$Nm³。

同样，氢燃烧的化学方程式为：$2H_2 + O_2 \longrightarrow 2H_2O$。氢的原子量是 1.008，1kg 垃圾中氢的含量是 H^y kg，燃烧时所需的氧气量为 $\frac{22.4}{4 \times 1.008} \times H^y = 5.55 H^y$Nm³。

硫燃烧的化学方程式：$S + O_2 \longrightarrow SO_2$。硫分子量 32，1kg 垃圾中硫的含量是 S^y kg，燃烧时所需的氧气量为：$\frac{22.4}{32} \times S^y = 0.7 S^y$Nm³。

氮燃烧的主要反应化学方程式为：$N_2 + O_2 \longrightarrow 2NO$。氮的分子量是 28，1kg 垃圾中氮的含量是 N^y kg，燃烧时所需的氧气量：$\frac{22.4}{2 \times 28} \times N^y = 0.4 N^y$Nm³。

1kg 垃圾中本身含有 O^y kg 氧，氧的分子量是 16，因此，这些氧相当于 $\frac{22.4}{2 \times 16} \times O^y = 0.7 O^y$Nm³。

空气中氧的容积百分比按 21%计，所以 1kg 垃圾燃烧所需的理论空气量为：

$$V^0 = \frac{1}{0.21}(1.886C^y + 5.55H^y + 0.7S^y + 0.4N^y - 0.7O^y)Nm^3 。$$

3.1.2.3 烟气量计算

当垃圾在焚烧炉内完成焚烧过程后，垃圾中的各元素成分 C、H、O、N、S、Cl 等的反应产物便形成了烟气中的各种成分：$C \longrightarrow CO_2$；$H \longrightarrow H_2O$；$N \longrightarrow NO$、NO_2；$S \longrightarrow SO_2$、SO_3；$Cl \longrightarrow HCl$。

此外，焚烧烟气中还包括空气中的氮气、过量空气带入未完全参加反应的氧气、空气中带入的水蒸气、垃圾中水分气化产生的水蒸气等。

碳燃烧生成二氧化碳气体：$C+O_2 \longrightarrow CO_2$。1kg 碳完全燃烧产生 $\frac{22.4}{12}$Nm³ 的 CO_2，1kg 垃圾中碳燃烧产生 CO_2 的气体体积为 $\frac{22.4}{12} \times C^y = 1.886C^y$ Nm³。

1kg 硫完全燃烧产生 $\frac{22.4}{32}$Nm³ 的 SO_2，1kg 垃圾中硫燃烧产生 SO_2 的气体体积为 $\frac{22.4}{32} \times S^y = 0.7S^y$ Nm³。

1kg 氮完全燃烧产生 $\frac{22.4}{2 \times 28}$Nm³ 的 NO，1kg 垃圾中硫燃烧产生 NO 的气体体积为 $\frac{22.4}{2 \times 28} \times N^y = 0.4N^y$ Nm³。

烟气中氮气主要为燃烧空气带入的氮气，包括理论燃烧空气带入的氮气和过剩空气带入的氮气：

$$V_{N_2} = 0.79 \times \alpha \times V^0 \quad Nm^3/kg \tag{3-2}$$

式中　0.79——干空气中氮气的容积比例；

$\quad\quad \alpha$——过剩空气系数；

$\quad\quad V^0$——理论空气量。

烟气中的氧气是过量空气带入的氧气：

$$V_{O_2} = 0.21 \times (\alpha - 1) \times V^0 \quad Nm^3/kg \tag{3-3}$$

烟气中水蒸气有 3 个来源：

（1）垃圾中水分带来的水蒸气：$\frac{22.4}{18} \times W^y = 0.0124W^y$ Nm³/kg。

（2）垃圾中氢燃烧生成的水蒸气：$\frac{22.4}{4 \times 1.008} \times H^y = 11.1H^y$ Nm³/kg。

（3）空气中水分带来的水蒸气。

设：1kg 干空气中含有的水蒸气 d（g/kg），干空气密度是 1.293kg/Nm³，水蒸气的密度为 $\frac{18}{22.4} = 0.804$kg/Nm³，则：1Nm³ 干空气中所含水蒸气的容积为：0.00161dNm³/Nm³，

取：$d = 10$g/kg 时，入炉空气带入水蒸气：$0.0161\alpha V^0$ Nm³/kg。

由上述分析得出，1kg 垃圾焚烧后可产生的烟气量为：

$V^y = 1.886C^y + 0.4N^y + 0.7S^y + 0.4N^y + 0.79 \times \alpha \times V^0 + 0.21 \times (\alpha - 1) \times V^0 + 0.0124W^y + 11.1H^y + 0.0161 \times \alpha \times V^0$ Nm³/kg。

扣除水蒸气，1kg 垃圾焚烧后可产生的干烟气量为：

$V^g = 1.886C^y + 0.4N^y + 0.7S^y + 0.4N^y + 0.79 \times \alpha \times V^0 + 0.21 \times (\alpha - 1) \times V^0$ Nm³/kg。

3.1.2.4 氯化氢（HCl）和二氧化硫（SO_2）的生成量估算

烟气中的 HCl 是垃圾中 PVC 等含氯有机物和部分 NaCl 等含氯无机盐在焚烧过程中生成的，PVC 中 Cl 几乎全部转换为 HCl。烟气中的 SO_2 气体主要是垃圾中的有机硫燃烧生成的，有机硫在燃烧过程中向 SO_2 转化的转化率几乎是 100%。

垃圾中的氯、硫两种元素生成 HCl 和 SO_2 比例可按 90%～100% 的 Cl 元素、80%～

100％的 S 元素被转化为 HCl 和 SO_2 进行估算（表 3-2）。

估算示例 表 3-2

单炉垃圾焚烧量	kg/h	25000							
余热锅炉烟气量	Nm^3/h	99525							
垃圾元素分析	％	C	H	O	N	S	Cl	A	W
		18.7	1.89	7.03	0.42	0.11	0.24	21.43	50.20
估算结果	HCl	801（mg/Nm^3 dry）							
	SO_2	571（mg/Nm^3 dry）							
	O_2	10.58（％，dry）							
	CO_2	11.32（％，dry）							
	HO_2	21.85（％）							

当缺乏必要的垃圾成分分析数据时，也可按表 3-3 参考值进行估算。

垃圾焚烧厂烟气污染物原始浓度参考值（干烟气 11％O_2） 表 3-3

项目		典型参考值	参考范围
烟气污染物	HCl（mg/Nm^3 dry）	1150（新修正为 800）	200～1600（同左修正为 1200）
	HF（mg/Nm^3 dry）	3	0.5～5
	SO_2（mg/Nm^3 dry）	600（新修正为 500）	20～800（同左修正为 600）
	NO_x（mg/Nm^3 dry）	400	90～500
	CO（mg/Nm^3 dry）	100	10～200
	CO_2（％，dry）	15	—
	H_2O（％）	20	5％～35％

3.1.3　氯化氢（HCl）和二氧化硫（SO_2）污染源监测

3.1.3.1　垃圾焚烧烟气中氯化氢和二氧化硫的排放限值

我国国家标准《生活垃圾焚烧污染控制标准》GB 18485—2014 和各地区地方标准中均规定了垃圾焚烧排放烟气中的氯化氢和二氧化硫含量限值；不同地区实际执行的标准比国家标准更加严格（表 3-4）。

国家标准和地方标准中氯化氢和二氧化硫的排放限值（单位：mg/m^3） 表 3-4

标准名称	取值时间	氯化氢限值	二氧化硫限值
国家标准 《生活垃圾焚烧污染控制标准》GB 18485—2014	1 小时均值	60	100
	24 小时均值	50	80
上海市地方标准 《生活垃圾焚烧大气污染物排放标准》DB 31/768—2013	1 小时均值	50	100
	24 小时均值	10	50
河北省地方标准 《生活垃圾焚烧大气污染控制标准》DB 13/5325—2021	1 小时均值	20	40
	24 小时均值	10	20

续表

标准名称	取值时间	氯化氢限值	二氧化硫限值
河南省地方标准 《生活垃圾焚烧大气污染物排放标准》DB 41/2556—2023	1 小时均值	20	35
	24 小时均值	10	30
天津市地方标准 《生活垃圾焚烧大气污染物排放标准》DB 12/1101—2021	1 小时均值	20	40
	24 小时均值	10	20

3.1.3.2 烟气中氯化氢和二氧化硫的测定方法

国家标准《生活垃圾焚烧污染控制标准》GB 18485—2014，规定了焚烧烟气中氯化氢和二氧化硫浓度的测定方法，各地方标准也是采用国家标准中规定的测定方法。国际标准和我国环境保护行业标准还规定了其他测试方法。如表 3-5 和表 3-6 所示，各项标准规定的测定方法分为吸收分析法和仪器检测法。吸收分析法是利用吸收液吸收气体中的氯化氢和二氧化硫，再通过对吸收液的分析确定废气中氯化氢和二氧化硫的浓度；而仪器检测法是根据氯化氢和二氧化硫引起的物理化学影响确定废气中氯化氢和二氧化硫的浓度。

烟气中氯化氢含量测定方法的标准　　　　　　　　　　表 3-5

标准要求	标准名称	标准号	浓度范围	测定方法
《生活垃圾焚烧污染控制标准》GB 18485—2014	固定污染源排气中氯化氢的测定　硫氰酸汞分光光度法	HJ/T 27—1999	$3\sim24mg/m^3$	吸收分析法
	固定污染源废气　氯化氢的测定　硝酸银容量法	HJ 548—2016	$\geqslant8.0mg/m^3$	吸收分析法
	环境空气和废气　氯化氢的测定　离子色谱法	HJ 549—2016	$\geqslant0.8mg/m^3$	吸收分析法
固定污染源废气　氨和氯化氢的测定　便携式傅立叶变换红外光谱法		HJ 1330—2023	$\geqslant4mg/m^3$	仪器检测法

烟气中二氧化硫含量测定方法的标准　　　　　　　　　　表 3-6

标准要求	标准名称	标准号	浓度范围	测定方法
《生活垃圾焚烧污染控制标准》GB 18485—2014	固定污染源排气中二氧化硫的测定　碘量法	HJ/T 56—2000	$3\sim24mg/m^3$	吸收分析法
	固定污染源废气　二氧化硫的测定　定电位电解法	HJ 57—2017	$\geqslant8.0mg/m^3$	仪器检测法
	固定污染源废气　二氧化硫的测定　非分散红外吸收法	HJ 629—2011	$\geqslant0.8mg/m^3$	仪器检测法
	固定污染源废气　二氧化硫的测定　便携式紫外吸收法	HJ 1131—2020	$\geqslant4mg/m^3$	仪器检测法
固定源排放　烟气中二氧化硫质量浓度的测定　自动测定系统的性能特点		ISO 7935:2024	—	仪器检测法
固定源排放　二氧化硫质量浓度的测定　离子色谱法		ISO 11632:1998	$6\sim333mg/m^3$	吸收分析法

3.1.3.3　氯化氢和二氧化硫浓度测定原理

1. 吸收分析法

吸收分析法的关键在于确定吸收液所吸收氯化氢和二氧化硫的质量。基于氯化氢和二氧化硫的化学性质，吸收液对气体的吸收量可通过滴定法、分光光度法和离子色谱仪分析测定。国家标准《生活垃圾焚烧污染控制标准》国家标准第 1 号修改单 GB 18485—2014/XG—2019 中所规定的烟气 HCl 浓度测定方法均为吸收分析法，各类方法的原理如下：

硫氰酸汞分光光度法[1]是利用氯离子与硫氰酸汞反应，生成难以电离的二氯化汞分子和硫氰酸根离子，三价铁离子与硫氰酸根离子反应生成橙红色硫氰酸铁络离子，根据颜色深浅，用分光光度法测定被氯离子置换出的硫氰酸根离子，从而确定吸收液中的氯离子。反应式如下：

$$2Cl^- + Hg(SCN)_2 \longrightarrow HgCl_2 + 2SCN^-$$

$$SCN^- + Fe^{3+} \longrightarrow Fe(SCN)^{2+} \quad （橙红色）$$

硝酸银容量法[2]是在中性条件下，以铬酸钾为指示剂，用硝酸银标准溶液滴定，生成氯化银沉淀。过量的银离子与铬酸钾指示剂反应生成砖红色铬酸银沉淀，指示滴定终点。反应式如下：

$$Cl^- + AgNO_3 \longrightarrow NO_3^- + AgCl \downarrow$$

$$2Ag^+ + CrO_4^{2-} \longrightarrow AgCrO_4 \downarrow$$

离子色谱法[3]是利用离子色谱仪分析吸收液中离子的浓度。在离子色谱仪中，根据保留时间定性，根据电导检测器信号的峰高或峰面积对离子进行定量。在《环境空气和废气　氯化氢的测定　离子色谱法》HJ 549—2016 中，利用氢氧化钠或氢氧化钾溶液吸收氯化氢气体，再利用离子色谱测定吸收液中氯离子的含量，得到含有氯离子的标准离子色谱图（图 3-1）。

烟气中二氧化硫浓度测定的吸收分析法包括碘量法[4]和离子色谱法[5]，其中碘量法是国家标准《生活垃圾焚烧污染控制标准》GB 18485—2014 中规定的二氧化硫浓度测定方法之一。

碘量法[6]以氨基磺酸铵混合液为吸收液，二氧化硫在吸收液中与水反应生成亚硫酸，利用碘标准溶液对吸收液进行滴定，以淀粉作为指示剂，定量计算二氧化硫浓度。反应方程式如下：

$$SO_2 + H_2O =\!=\!= H_2SO_3$$

$$H_2SO_3 + H_2O + I_2 =\!=\!= H_2SO_4 + 2HI$$

在垃圾焚烧锅炉正常燃烧工况下，烟气中 H_2S 等还原性物质含量极少，对测定的影响忽略不计。吸收液中氨基磺酸铵可消除二氧化氮的影响。

---

[1] 参考自：《固定污染源排气中氯化氢的测定　硫氰酸汞分光光度法》HJ/T 27—1999。

[2] 参考自：《固定污染源废气　氯化氢的测定　硝酸银容量法》HJ 548—2016。

[3] 参考自：《环境空气和废气　氯化氢的测定　离子色谱法》HJ 549—2016。

[4] 参考自：《固定污染源排气中二氧化硫的测定　碘量法》HJ/T 56—2000。

[5] 参考自：《固定源排放　二氧化硫质量浓度的测定　离子色谱法》ISO 11632:1998。

[6] 参考自：《固定污染源排气中二氧化硫的测定 碘量法》HJ/T 56—2000。

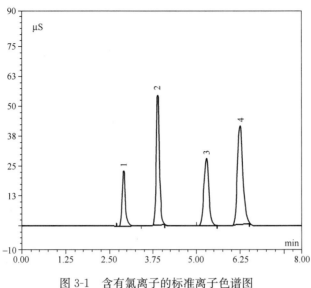

图 3-1 含有氯离子的标准离子色谱图

离子色谱法[1]利用 3％的过氧化氢溶液吸收二氧化硫，二氧化硫与过氧化氢反应生成硫酸，再利用离子色谱仪测定吸收液中硫酸根离子的浓度。反应方程式如下：

$$SO_2 + H_2O_2 \Longrightarrow H_2SO_4$$

2. 仪器测定法

氯化氢对红外光区内 $3.23\sim3.85\mu m$ 特征波长光具有选择性吸收；二氧化硫对红外光区内 $6.82\sim9\mu m$ 特征波长光具有选择性吸收，对紫外光区内 $190\sim230\ nm$ 或 $280\sim320\ nm$ 特征波长光也具有选择性吸收。红外吸收法、傅立叶变换红外光谱法和紫外吸收法均基于氯化氢和二氧化硫对红外光或紫外光的选择性吸收的原理，根据朗伯—比尔定律（光被吸收的量正比于光程中产生光吸收的分子数目）对烟气中氯化氢和二氧化硫浓度进行定量测定。

红外/紫外吸收法气体浓度测定仪的原理如图 3-2 所示，一束恒定波长的红外/紫外光透过气样室照射到检测器上，根据被气体吸收后光通量的衰减确定气样室内气体的浓度。在对不同气体进行测定时，仪

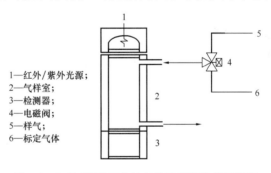

1—红外/紫外光源；
2—气样室；
3—检测器；
4—电磁阀；
5—样气；
6—标定气体

图 3-2 红外/紫外吸收法气体浓度测定仪原理图

器采用相应特征波长的红外或紫外光照射气样室。在进行气体浓度测定前，利用标准气体对仪器进行标定和校正。

傅立叶变换红外光谱仪的工作方式不同于红外/紫外吸收法测定仪。在傅立叶变换红外光谱仪中，红外光源发出的光转变为干涉光后照射气体样品，得到红外干涉图，再由计算机系统做傅立叶变换处理后得到以波数为横坐标、吸光度为纵坐标的红外吸收光谱，通

---

[1] 参考自：《固定源排放　二氧化硫质量浓度的测定　离子色谱法》ISO 11632：1998。

过对比气体样品的红外吸收光谱与标准谱图库中标准物质的红外吸收光谱,定性分析烟气中的气体。由于傅立叶变换红外光谱仪可以分析不同波长光的吸收强度,因此可以同时测定多种气体的浓度。

定电位电解法[1]是另一种二氧化硫浓度测定仪器检测法。该方法根据二氧化硫在敏感电极上发生氧化产生电流的大小确定样气中二氧化碳的浓度。样气进入主要由电解槽、电解液和电极组成的传感器,二氧化硫通过渗透膜扩散到敏感电极表面,在敏感电极上发生氧化反应:

$$SO_2 + 2H_2O \longrightarrow SO_4^{2-} + 4H + 2e^-$$

二氧化硫在敏感电极上氧化释放电子,产生极限扩散电流。在规定工作条件下,极限扩散电流的大小正比于样气中二氧化硫的浓度。由此,根据传感器检测到的电流大小确定烟气中二氧化硫的浓度。

3.1.3.4 采样方法和要求

1. 采样系统

国家标准《固定污染源排气中颗粒物测定与气态污染物采样方法》GB/T 16157—1996规定,应在生产设备处于正常运行状态下,或根据有关污染物排放标准的要求,在所规定条件下进行采样。烟气采样位置优先选择在垂直管段,避开烟道弯头和断面急剧变化的部位。但对于气态污染物,由于混合比较均匀,其采样位置可不受上述规定限制,但应避开涡流区。

根据分析方法的不同,气体采样系统的组成也有差别(图3-3),吸收分析法采样系统包括采样器、导气管、吸收瓶、冷凝装置、流量计量和控制装置;仪器检测法采样系统包括采样器、导气管、除湿器、流量计量和控制装置、分析与记录仪和标准气瓶。

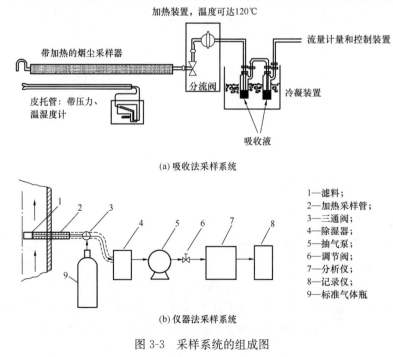

图 3-3 采样系统的组成图

---

[1] 参考自:《固定污染源废气 二氧化硫的测定 定电位电解法》HJ 57—2017。

　　烟气中水蒸气在采样系统中凝结会影响采样过程，因此，当分析仪器或吸收装置离采样器出口较远时，应采用加热式导气管连接采样管出口与吸收装置。加热式导气管的内管应选用耐热、耐腐蚀和不吸附被测气体的材料，管的内径小不于 6mm。导热管整体应设有加热、保温装置，长度一般不宜短于 2000mm。吸收装置或分析仪器紧靠采样管出口时，直接用不吸附被测气体的软管连接采样管出口和吸收装置。导气管内径不小于 6mm，长度不超过 100mm。对于烟气中氯化氢和二氧化硫浓度的测试，导气管的温度和采样系统的材质要求如表 3-7 所示。

加热温度和采样系统的材质要求　　　　　　　　　　　　　　表 3-7

气体	加热温度/℃	采样管、连接管材质	滤料
HCl	120~160	2，3，4，5，6，8	9，10
SO$_2$	120~160	1，2，3，4，5，6，7，8	9，10

注：1. 不锈钢，2. 硬质玻璃，3. 石英，4. 陶瓷，5. 氟树脂或氟橡胶，6. 氯乙烯树脂，7. 聚氯橡胶，8. 硅橡，
　　9. 无碱玻璃棉或者硅酸铝纤维，10. 金刚砂。

　　《固定污染源排气中颗粒物测定与气态污染物采样方法》GB/T 16157—1996 中，规定了烟气采样系统各部分性能要求，包括对容积、温度、阻力和抽气能力的要求，如表 3-8 所示。

采样系统各部分性能要求　　　　　　　　　　　　　　表 3-8

认定检测项目		指标
外观及采样管、连接管、吸收装置结构		用目视和手动检查合格
除湿器		容积≥200cm³
加热保温装置	采样管	130±10℃；150±10℃
	导气管	140℃
吸收瓶玻板阻力		单个吸收瓶装 50mL 蒸馏水，0.5L/min 抽气量，阻力应为 0±0.7kPa
抽气能力	负载流量	系统负压 20kPa，流量≥1L/min
	真空度	系统负压 20kPa，真空度≥70kPa
流量指标	流量波动	≤±5%
	流量计量精确度	≤2.5%
	重复性	≤2%
系统气密性		负压 13kPa 时，1min 内下降≤0.15kPa；正压 2kPa，1min 内压力不变
绝缘电阻		≥20 MΩ
平均无故障时间		≥1000 h
仪器噪声		≤70dB（A）

2. 采样要求

　　为测定烟气中氯化氢和二氧化硫浓度，烟气的采样要求应根据所采用分析方法确定。各分析方法标准所述采样要求汇总于表 3-9 和表 3-10。吸收分析法相关标准对样气流量和测定时间有明确要求；仪器检测法对采样时间有明确要求，而对样气流量不做要求，按照仪器要求的流量进行采样测试。

175

吸收分析法采样要求　　表 3-9

气体	方法和标准号	吸收液	吸收瓶	采样流量和时间
HCl	硫氰酸汞分光光度法（HJ/T 27—1999）	0.05mol/L NaOH	50mL 容量多孔玻璃板吸收瓶，各加入 25mL 吸收液，两只串联	0.5L/min，5～30min
	硝酸银容量法（HJ 548—2016）	0.1mol/L NaOH	75mL 容量多孔玻璃板吸收瓶（或大型气泡吸收瓶），各加入 50mL 吸收液，两只串联	0.5～1L/min，连续采样 1h；或在 1h 内，等时间间隔采样 3～4 次取平均值
	离子色谱法（HJ 549—2016）	0.03mol/L NaOH 或 KOH	75mL 容量冲击式吸收瓶，各加入 50mL 吸收液，两只串联	0.5～1L/min，连续采样 1h；或在 1h 内，等时间间隔采样 3～4 次取平均值
SO₂	碘量法（HJ/T 56—2000）	氨基磺酸铵混合吸收液	75mL 容量冲击式吸收瓶，各加入 30～40mL 吸收液，两只串联	0.5L/min，20～30min；SO₂ 浓度高于 1000mg/m³，采样时间为 13～15min
	离子色谱法（ISO 11632:1998）	3% H₂O₂ 水溶液	125mL 容量多孔板式吸收瓶，个加入 80mL 吸收液	1L/min，30min

仪器检测法采样要求　　表 3-10

气体	方法和标准号	采样流量和时间
HCl	便携式傅立叶变换红外光谱法（HJ 1330—2023）	以仪器规定的采样流量取样测定，待仪器运行稳定后开始按分钟保存测定数据，连续测定 5～15min，取平均值作为 1 次测量值
SO₂	定电位电解法（HJ 57—2017）	以测定仪规定的流量取样，待仪器稳定后，按分钟保存测定数据，取连续 5～15min 测定数据的平均值作为 1 次测量值
	非分散红外吸收法（HJ 629—2011）	以仪器要求流量采样，待仪器读数稳定后即可记录数据，同一工况下应连续测定 3 次，取平均值作为测定结果
	便携式紫外吸收法（HJ 1131—2020）	以仪器规定的采样流量连续自动采样，待仪器读数稳定后即可记录读数，每分钟保存 1 个均值，连续测定 5～15min，测定数据的平均值可作为 1 个样品的测定值

3.2　酸性污染物控制技术概论

3.2.1　基于垃圾焚烧的酸性污染物控制技术分类

本章酸性污染物是指 HCl、HF、SO₂，NOₓ 将在第 4 章单独阐述。这类酸性污染物主要通过与碱性物质发生酸碱中和反应来进行控制，常用的脱酸技术有干法、半干法和湿法三类。

3.2.1.1 干法脱酸

干法脱酸技术是指固态碱性反应剂与烟气中的酸性污染物在干态环境下发生反应，反应后得到的反应物亦以固态形式排出的脱酸工艺。通常将碱性反应剂喷入袋式除尘器之前的烟道中，与袋式除尘器的滤袋上发生脱酸反应，或是在独立的干法脱酸工艺系统进行反应。碱性药剂一般为消石灰 [$Ca(OH)_2$] 或 $NaHCO_3$。

干法脱酸优势在于工艺简单，设备投资和维护量较低。传统的干法脱酸效率相对较低，一般在 40%～60%。传统的干法脱酸技术主要在与半干法或湿法进行组合工艺时应用。目前已经有新型干法脱酸工艺在应用，但仍需要积累运行经验，故而在此仅就传统干法工艺技术进行叙述。

3.2.1.2 半干法脱酸

半干法脱酸技术是指酸性污染物与液态反应剂在脱酸塔内进行中和反应，反应产物以固态形式排出的脱酸技术。在垃圾焚烧烟气净化工艺中，半干法通常利用高速旋转的雾化器或双流体喷嘴将石灰浆溶液雾化成粒径微小的液滴，在反应塔中使酸性气体与石灰浆溶液充分接触，高温烟气和石灰浆雾滴之间进行传热传质及化学反应，在有限的时间段内获得干燥反应物，达到脱除酸性气体的目的。

半干法脱酸具有脱酸效率高（85%～90%）、流程短、运行成本低等优点，不足之处在于石灰溶液制备系统相对复杂，对雾化器、石灰品质要求较高。

循环流化法烟气脱酸技术（如源于法国 NID、德国 CFB、丹麦 GSA 等的技术）于 20 世纪 80 年代中后期，在欧洲一些焚烧厂得到成功应用。该技术时将除尘器排放粉尘中的一部分返回脱酸反应装置，通过加入循环灰的循环流态化运行，以强化脱酸反应过程，降低脱酸还原剂消耗。在脱酸系统中将雾化水和石灰粉分别喷入反应器中，具有半干法脱酸的属性，曾被誉为是替代半干法的最佳技术。早期时将此技术称为"有条件半干法"，此后结合其具有的流态化运行特征，最终定义为"循环流化法"。

我国在 20 世纪 90 年代中期分别从丹麦与奥地利各引进一套替代半干法的循环流化系统设备，且两者的工艺有所差别。实际运行工况显示，这两套系统设备在我国垃圾焚烧烟气污染物排放标准更新后，仍满足要求，无须为此进行技改。

3.2.1.3 湿法脱酸

湿法脱酸技术是在脱除烟气中酸性污染物的过程中，将碱性反应剂以液态形式进入脱酸反应系统中，碱性反应剂与烟气中的酸性污染物在湿态环境下发生反应，反应生成物亦以液态形式排出的工艺。

国内外的应用业绩均表明湿法脱酸技术脱酸效率高，其对 HCl 的脱除率可达到 98%，对 SO_2 的脱除率为 95% 以上，并具有脱除如 Hg 等重金属物质的作用。但是相比半干法和干法脱酸技术，湿法脱酸工艺设备投资高，能源消耗高，运行产生高浓度废水需单独设置废水处理站，造成运营成本高。表 13-11 给出干法、半干法、湿法脱酸技术对比，可供参考。

干法、半干法、湿法脱酸技术对比表 表 3-11

类型	干法	半干法	湿法
工艺	将干反应物喷入烟管或反应器内,让反应物表面直接和烟气中的酸性气体接触,产生化学中和反应,反应要有一个合适的温度,一般为 140℃,生成干式产物,再进入下游的粒状物去除设备	由旋转喷雾反应塔、石灰浆制备等主要工艺系统组成。利用高速雾化器将消石灰溶液从塔顶向下喷入半干反应塔中;烟气与喷入的石灰溶液滴充分接触并产生中和作用	通常设置在除尘之后,使烟气中的颗粒物先被去除,再进入湿式反应塔。在反应塔内通过换热使烟气降到饱和温度,再与向下流动的碱性溶液在填料空隙与表面接触反应,去除烟气污染物
反应物	消石灰干粉	消石灰乳液	NaOH 溶液
反应物用量	多	较少	少
投资费用	低	较低	高
运行费用	较高	较低	高
优点	工艺流程简单,不需要配置制浆系统和分配系统,操作简便,不产生废液。开发新型干法工艺,脱出 HCl、SO_2 效率可达到 85%、80%	HCl、SO_2 去除率分别在 97%、85% 左右;不产生废液;操作温度通常在 200℃ 左右;烟气温度满足排放要求,不产生白烟;耗水量远小于湿法	HCl 去除效率高,一般在 98% 左右;SO_2 去除效率高,一般在 90% 左右;适应范围广、钙硫比低、技术成熟
缺点	反应物耗量大;HCl 去除效率一般在 60% 左右;SO_2 去除效率低在 50% 左右	石灰制浆系统设备复杂;管道和喷嘴易堵塞;塔内壁容易堆积固体化学药剂	投资大;运力消耗大;占地面积大;运行费用和技术要求高

3.2.2 脱酸系统的烟气温度控制

3.2.2.1 绝热饱和温度、近绝热饱和温度差、湿球温度及露点的概念

1. 绝热饱和温度

当流动气体与水接触时,只要气体的相对湿度小于 100%,水就会蒸发汽化。如图 3-4 所示,在绝热条件下,只要气体与水接触的时间足够长、接触的面积足够大,通过充分传热传质,气体中的水汽将会达到饱和,气温与水温相同,热量传递和质量传递都将达到平衡,此平衡系统的温度称为"绝热饱和温度"。由于系统处于绝热状态,水分蒸发需要的热量全部来自未饱和的气体,绝热饱和温度 T_2 必然低于气体入口温度 T。绝热饱和温度是气体(空气或烟气)的一个热力学状态参数,表示在绝热增湿过程中气体温度降低的极限。

2. 近绝热饱和温度差(approaches to the adiabatic saturation temperature,AAST)

AAST 是烟气脱酸工艺中一个重要的运行工艺参数,它表示烟气脱酸塔出口烟气温度与烟气绝热饱和温度之差。这个参数用于衡量烟气接近绝热饱和温度的程度,是与脱酸率密切相关的重要运行参数之一。

3. 湿球温度

在气象、暖通空调等领域,湿球温度是用来度量空气接近饱和程度的一个重要参数。由于绝热饱和温度难以测量,通常用干-湿球温度计来测定湿球温度。干-湿球温度计

（图 3-5）中的干球温度计是普通温度计，湿球温度计头部被尾端浸入水中的吸液芯包裹。当空气流过时，干球温度计反映出空气温度，或称"干球温度"；而湿球温度计反映的是吸液芯中水的温度，这个温度值称为"湿球温度"。如果空气是未饱和的，吸液芯中的水将向空气蒸发而使水温降低；蒸发形成的空气与水之间的温差导致空气向吸液芯中的水传热，从而阻止水温不断下降。当达到平衡时，湿球温度总是低于干球温度。

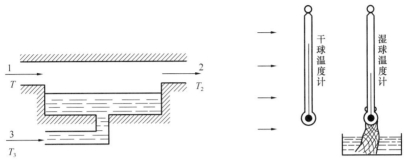

图 3-4　绝热饱和器示意图　　　　图 3-5　干-湿球温度示意图

如果空气处于饱和状态，则湿球温度和干球温度相同。空气的相对湿度越小，干-湿球温度差越大。气流速度对上述蒸发和传热过程有影响，但实验表明当流速在 $2\sim40\text{m/s}$ 范围，气流流速对湿球温度值影响很小。

4. 露点

露点是指当在饱和湿空气中的水蒸气含量和气压保持不变的条件下，降低湿空气温度至饱和状态时的温度。当空气中的水蒸气达到饱和状态时，如果物体的温度低于或等于露点温度，水蒸气就会在物体表面凝结形成露珠。露点是湿空气的状态参数。在焚烧烟气净化系统设计和运行中，要保证烟气温度高于露点，以防止设备和烟道发生腐蚀与湿壁。

影响垃圾焚烧烟气露点的因素众多，很难从工程理论上直接推导出适用的计算模型，一般是通过实验加理论推导等方法确定。在此介绍几种方法。

（1）已知烟气 SO_3 浓度的计算模型

间接测量烟气酸露点的方法是先测量烟气中 SO_3 和 H_2SO_4 的体积含量，然后由 Muller 曲线查酸露点。该曲线是 Muller 在 1959 年使用热力学关系式计算了含有低浓度水蒸气的烟气酸露点得到的，并被许多研究实验证实。现今 Muller 曲线成为评价酸露点测量方法的基础。对曲线进行拟合研究，得出酸露点 t_{sld} 计算公式：

$$t_{\text{sld}}=116.5515+16.06329\lg V_{SO_3}+1.05377(\lg V_{SO_3})^2 \tag{3-4}$$

式中　V_{SO_3}——烟气中 SO_3 的体积百万分率。

（2）荷兰学者 A. G. Okkes 根据 Muller 实验数据，提出如下露点计算公式

$$t = 10.88+27.6\lg P_{H_2O}+10.83\lg P_{SO_3}+1.06(\lg P_{SO_3}+2.9943)^{2.19} \tag{3-5}$$

式中　P_{H_2O}——烟气中水蒸气分压，Pa；

　　　P_{SO_3}——烟气中 SO_3 气体分压，Pa。

由于烟气检测中没有 SO_3 的浓度监测，一般计算按 SO_2 转化为 SO_3 的比率在 $0.1\%\sim3\%$。考虑焚烧烟气净化系统处理设备的安全，计算焚烧烟气露点温度时，建议采用3%的转化率。计算出烟气露点温度，选择合理的近绝热饱和温度差 AAST，可得出工程实际运

用中最佳脱酸温度。

（3）按燃料即焚烧垃圾中的折算硫分与折算灰分含量为基本变量的估算公式

烟气携带飞灰颗粒物中的钙镁和其他碱性氧化物，以及磁性氧化铁，有吸收部分硫酸蒸汽而减小烟气中硫酸蒸汽的浓度，并使硫酸蒸汽分压力减小，烟气露点降低的作用。考虑这种影响因素，可按下述常用的经验公式计算含硫烟气露点（t_{sld}）。

$$t_{sld} = \frac{125 \times \sqrt[3]{S_{ZS}}}{1.05 \times \alpha_{fh} \times A_{ZS}} + t_{ld} \tag{3-6}$$

$$S_{ZS} = \frac{S}{\dfrac{Q_{lj}}{4187}} \tag{3-7}$$

$$A_{ZS} = \frac{A}{\dfrac{Q_{lj}}{4187}} \tag{3-8}$$

式中　S_{ZS}、A_{ZS}——燃料的折算硫分、灰分，%；

　　　S、A——燃料的收到基含硫量、灰分，%；

　　　t_{ld}——烟气水蒸气露点，℃；

　　　α_{fh}——飞灰占总灰的份额，%；

　　　Q_{lg}——燃料的收到基低位发热量，kJ/kg。

该公式适用于固体和液体燃料焚烧烟气的估算，出自苏联全苏热工研究所，也是我国火电厂估算烟气露点温度的典型模型。

（4）已知烟气中 H_2SO_4 蒸汽浓度的计算模型

Halstead 在总结前人大量试验数据的基础上，以常用燃料燃烧形式的水蒸气体积全 11% 为基准，得出表 3-12 中的数据，如水蒸气体积含量低于 9% 或高于 13%，则表 3-12 中的露点温度应再减或加 3℃。

烟气露点温度与 H_2SO_4 蒸气浓度关系 表 3-12

烟气中 H_2SO_4 体积百万分率（$\times 10^{-6}$）	10	20	40	60	80	100
烟气露点温度（℃）	113	130	137	142	146	152

根据表中数据，拟合出如下方程：

$$t_{sld} = 113.9219 + 15.0777 \lg V_{H_2SO_4} + 2.0975 (\lg V_{H_2SO_4})^2 \tag{3-9}$$

式中　$V_{H_2SO_4}$——烟气中硫酸的体积百万分率。

（5）已知烟气中 SO_3 和水蒸气浓度的 Verhoff & Banchero 计算模型

$$1000/(t_{sld} + 273.15) = 2.9882 - 0.1376 \lg P_{H_2O} - 0.2674 \lg P_{SO_3} + 0.03287 \lg P_{H_2O} \times \lg P_{SO_3} \tag{3-10}$$

式中　P_{H_2O}——烟气中水蒸气分压，Pa；

　　　P_{SO_3}——烟气中 SO_3 气体分压，Pa。

（6）日本电力研究院所估算公式

$$t_{sld} = 20 \lg (V_{SO_3} \times 10^{-6}) + a \tag{3-11}$$

式中　a——与烟气中水分有关的常数，当水分体积含量为 5%、10% 时，a 分别为 184、194；

V_{SO_3}——烟气中 SO_3 的体积百万分率。

3.2.2.2 近绝热饱和温度差（AAST）对脱酸系统性能及运行的影响

对脱酸系统的相关研究表明，在保温良好的条件下，脱酸效率与 AAST 呈指数关系，也就是与喷入脱酸塔内的水量和烟气湿度有很大关系。AAST 小意味着脱酸塔内喷水量大，烟气温度高；AAST 越小说明吸收剂的利用率及脱酸效率越高。

在钙硫比较小或吸收剂活性不高的情况下，脱酸效率受烟气湿度、近绝热饱和温度差的影响更明显。一般认为在 AAST 小时吸收剂的含湿量大，液滴干燥时间长，烟气中 SO_2 与吸收剂反应所处的液相离子反应占的份额大，反应接触面积大，而这种液相离子的反应速率比干燥后的气固吸附反应快数千倍；并且低温时 SO_2 的溶解度受温度影响很大，当温度由 $50℃$ 升高到 $80℃$ 时，溶解度降低一半。因此，吸收剂的湿度越高，其反应速率越高。当然，AAST 不是越低越好，AAST 很低可能会带来以下两方面不利影响：①影响脱酸塔稳定运行。当 AAST 很低时，脱酸塔内烟气湿度过高，容易发生物料粘壁，严重时会迫使运行停止。②影响损坏半干法脱酸塔后续袋式除尘器、引风机及烟囱等设备的可靠性运行。这是因为烟气在这些设备中要继续降温，如果脱酸塔出口 AAST 很低，烟气温度极有可能在这些设备中降到露点，凝结出水滴，不良后果有：布袋糊袋；腐蚀引风机叶轮；腐蚀烟囱等。由此可见，AAST 对脱酸装置的脱酸效率和系统稳定运行起着重要的作用。一方面为增大液相反应的份额取得较高的脱酸效率，要求 AAST 越小越好；另一方面为保证物料在脱酸塔出口完全干燥以及脱酸系统和后续设备在露点以上安全运行要求 AAST 越大越好。常规的半干法工艺选 AAST＝10℃ 左右运行，可兼顾高脱硫效率与运行稳定。

在半干法烟气脱酸工艺中，喷水量的控制就是依据这一理论，根据出口处烟气温度的动态检测，通过变频调节调温水路的喷水量，保证在最佳可用的 AAST 条件下运行。

3.2.2.3 烟气温度对脱酸效率影响

笔者在某垃圾焚烧发电厂进行了烟气反应温度对脱酸效率影响的试验研究。

基础条件：该厂的烟气露点大约在 $129℃$ 且波动不大；选择 AAST＝11K，则最佳脱酸温度为 $140℃$。从工程控制视角，以减温塔出口烟气温度为控制参数。烟气从减温塔出口经过一段烟道后再与脱酸反应剂反应，考虑管道散热，减温塔出口温度需略高于脱酸反应温度，取值 $145℃$。

实验方案：以减温塔出口烟气温度为变量，采用烟气分析仪在脱酸系统入口和出口对 HCl 和 SO_2 浓度进行采样，分析温度的变化对 HCl 和 SO_2 去除率的影响（表3-13）。减温塔出口烟气温度通过喷水量进行调节，脱酸剂的投入量保持不变。在采样过程中，尽量保证减温塔入口烟气中的 HCl 和 SO_2 含量大致相同，以减少其他因素对试验结果的影响。

温度对脱酸效率的影响 表3-13

急冷塔出口烟气温度/℃	减温塔入口浓度/（mg/Nm³）		减温塔出口浓度/（mg/Nm³）		HCl 的去除率/%	SO_2 的去除率/%
	HCl	SO_2	HCl	SO_2		
180	758	658	168	295	77.8	55.2
170	671	598	113	229	83.2	61.7
165	751	584	76	117	89.9	80.0

续表

急冷塔出口烟气温度/℃	减温塔入口浓度/(mg/Nm³)		减温塔出口浓度/(mg/Nm³)		HCl 的去除率/%	SO₂ 的去除率/%
	HCl	SO₂	HCl	SO₂		
160	694	581	41	91	94.1	84.3
155	724	598	36	88	95.0	85.3
150	765	568	22	83	97.1	85.4
145	748	623	18	92	97.6	85.2

由表 3-13 可见减温塔出口的温度越低，脱酸效率越高。通过降温措施，SO_2 去除率最高达到 85％左右，温度达到 150℃后，再进行降温，对 SO_2 去除率的影响不大。而对 HCl 言，随着温度的降低，其去除率可不断提高。根据排放浓度，将温度控制在 160℃ 以下，HCl 和 SO_2 的排放指标可以达到很高的期望值。此外，除尘器和烟道会造成 15℃左右的温降，为防止烟气到达除尘器及除尘器后的风机时，烟气温度降至露点温度以下而导致设备腐蚀问题，减温塔出口的烟气温度最好控制在 150～160℃。

3.2.3　多种技术组合的脱酸效率与能耗分析

生活垃圾焚烧产生的酸性污染物基本由垃圾中的 Cl、F、S、N 等元素转化而成，近期统计分析结果显示的 HCl、SO_2 原始浓度低于我国早期研究的结论，其中 HCl 原始浓度为（800±150）mg/Nm³，SO_2 原始浓度为（500±100）mg/Nm³。实际运行经验显示，只要采用适宜的脱酸系统设备和规范的运行管理，目前最常用的"选择性非催化还原（SNCR）脱氮＋旋转雾化半干法脱酸＋干法辅助脱酸＋活性炭喷射＋袋式除尘"组合工艺，可以保证满足现行国家排放标准要求。此外，针对当地环境容量等允许排放量的规定，有的垃圾焚烧项目增设了 SCR 脱氮、湿法脱酸等深度净化工艺。

近年来，如上海、天津、河北、福建、深圳等省市陆续出台了排放限值比《生活垃圾焚烧污染控制标准》GB 18485—2014 更严的地方标准（表 3-14）。其中，对 HCl、SO_2、NO_x 排放限值要求分别比国家标准减排 13％、25％和 27％。为了稳定达到更严格的地方标准，除了采取保证足量的环保耗材投加量、加强设备运行维护外，有必要应用多种技术组合方式满足和保障环保排放的需求，包括增加能源与物料消耗，增加必须的运行费用；而且多种技术组合不可过度重复组合，要基于安全、可靠、环保、节能、减排、经济等工程基础概念，综合考虑垃圾焚烧厂类型与规模、焚烧烟气理化特性与其含水率和排放烟气量，以及烟气污染物排放限值、废水排放标准、设备投资与占地面积、飞灰处理技术与成本、吸收药剂成本、电力与蒸汽成本、垃圾量波动等综合因素，选择技术经济最佳适用的烟气净化工艺。

湿法脱酸工艺对 HCl、SO_2 以及颗粒物均有较高的脱除效率，但其投资成本高、能耗高、运行费用高，同时还会带来浓缩有一定重金属的二次废水处理等难题，国内外均在有严格排放要求的城市才会应用。如法国的生活垃圾焚烧厂采用干法、半干法和湿法脱酸的比例为 42∶29∶39。我国目前新建项目，根据国家现行烟气污染物排放标准，采用半干法＋干法＋袋式除尘脱酸技术。对当地环境容量要求高的地区，采用了增加湿法工艺的技术。

表3-14

我国不同地区生活垃圾焚烧烟气污染物排放限值对比表

地区	排放要求	颗粒物/(mg/Nm³)	CO/(mg/Nm³)	SO₂/(mg/Nm³)	HCl/(mg/Nm³)	NOₓ/(mg/Nm³)	HF/(mg/Nm³)	TOC/(mg/Nm³)	Cd+Tl/(mg/Nm³)	Hg/(mg/Nm³)	Pb等/(mg/Nm³)	二噁英类/(ng/TEQNm³)
《生活垃圾焚烧污染控制标准》GB 18485—2014	24h均值	20	80	80	50	250	—	—	—	—	—	—
	1h均值	30	100	100	60	300	—	—	—	—	—	—
	测定均值	—	—	—	—	—	—	—	0.1	0.05	1	0.1
上海市《生活垃圾焚烧大气污染物排放标准》DB 31/768—2013	24h均值	10	50	50	10	200	—	—	—	—	—	—
	1h均值	10	100	100	50	250	—	—	—	—	—	—
	测定均值	—	—	—	—	—	—	—	0.05	0.05	0.5	0.1
天津市《生活垃圾焚烧大气污染物排放标准》DB 12/1101—2021	24h均值	8	50	20	10	80	—	—	—	—	—	—
	1h均值	10	100	40	20	150	—	—	—	—	—	—
	测定均值	—	—	—	—	—	—	—	0.03	0.02	0.3	0.1
河北省《生活垃圾焚烧大气污染物排放标准》DB 13/5325—2021	24h均值	8	80	20	10	120	—	—	—	—	—	—
	1h均值	10	100	40	20	150	—	—	—	—	—	—
	测定均值	—	—	—	—	—	—	—	0.03	0.02	0.3	0.1

此外，一些城市的生活垃圾焚烧厂还兼顾协同处理市政污泥和一般工业固体废物，引起入炉燃料成分变化，也带来烟气污染物变化。其中，生活污水处理厂污泥含水率高、灰分高、热值低，会导致烟气湿度增大、单位燃料的烟气量减少、烟气污染物中 SO_2 和 NO_x 的质量浓度升高。一般工业固体废物含水率低、灰分低、热值高，但 Cl、S 元素含量和非厨余类 N 元素含量偏高，导致烟气中 HCl、SO_2 质量浓度升高。

对于掺烧污泥、一般工业固体废物引起的烟气处理问题，除需控制入炉掺烧比例外，还需针对 HCl、SO_2 可能引起的酸性污染物原始浓度的大幅波动做好喷干粉脱酸等技术应对措施。

3.3 烟气脱酸的工程基础

3.3.1 烟气酸性的物理化学基础

3.3.1.1 氯化氢（HCl）和二氧化硫（SO_2）物化特性

氯化氢极易溶于水，在 0℃ 和 1 个大气压下，1 体积的水大约能溶解 500 体积的氯化氢，干燥的氯化氢化学性质不活泼，对金属没有腐蚀作用，但在潮湿环境下腐蚀作用很强。氯化氢本身没有可燃性与爆炸性，但有水分存在时，氯化氢与金属反应所产生的氢气与空气混合后有可能发生爆炸。氯化氢的基本理化性质参见表 3-15。

氯化氢物理化学性质　　　　　　　　　　　　　　　　　　　　　　　表 3-15

中文名称	氯化氢
英文名称	Hydrogen chloride
分子式	HCl
分子量	36.46
外观	无色有刺激性气味的气体
熔点/℃	−114.2
沸点/℃	−85.0
相对蒸气密度/（空气=1）	1.27
溶解性（水）	82g/100mL（20℃）（标准状态）
饱和蒸汽压/kPa	4225.6（20℃）
化学性质	腐蚀性不可燃气体、易溶于水但不与水反应、空气中常以盐酸雾的形式存在、与活泼金属及金属氧化物等反应

硫（S）是氧族元素，原子序号 16，原子量 32.066，有 −2、0、+4、+6 等几种价态。S^{2-} 的半径为 1.84Å，S^{4+} 的半径为 0.37Å，S^{6+} 的半径为 0.12Å，共价键半径为 1.03Å。S 的熔点为 120℃，沸点为 444.6℃，临界温度为 1040℃，临界压力为 116atm。硫分属于可燃物质，生成热 9040kJ/kg。SO_2 的基本理化性质参见表 3-16。

二氧化硫物理化学性质   表 3-16

中文名称	二氧化硫
英文名称	Sulfur dioxide
分子式	SO_2
分子量	64.1
外观	无色透明气体，有刺激性臭味
熔点/℃	-75.5
沸点/℃	-10.0
相对蒸气密度/(空气=1)	2.25
溶解性	溶于水、乙醇和乙醚，2.8g/100g 水（0℃）
饱和蒸汽压/kPa	338.42（21.1℃）
化学性质	二氧化硫可作为还原剂、氧化剂、非质子溶剂等。二氧化硫具有漂白性，还可抑制霉菌和细菌的滋生

3.3.1.2 烟气脱酸的化学基础

1. 脱硫的化学基础

SO_2 既有氧化性，又有还原性，同时很多盐类和吸附剂，如碱盐类、碱土化合物、金属氧化物以及活性炭等对 SO_2 有吸附作用。烟气脱硫工艺的化学基础是利用 SO_2 的这些特性进行的。

（1）与水和碱的反应

SO_2 溶解于水的同时生成 H_2SO_3，而硫的化合价不变：

$$SO_2 + H_2O \Longrightarrow H_2SO_3$$

此反应是可逆反应，H_2SO_3 只能存在于稀释的水溶液中，不能以游离态分离出来，温度上升时反应向左移动。

SO_2 不仅与可溶性碱及弱酸盐在水溶液极易发生反应，而且与难溶性碱和弱酸盐，如 $Ca(OH)_2$、$CaCO_3$、$Mg(OH)_2$ 亦易发生反应。显然这时首先生成亚硫酸盐，随后亚硫酸盐即被碱中和。由于亚硫酸是二元酸，故可能产生两种盐类；碱过量时生成正盐（亚硫酸盐）；SO_2 过剩时生成酸式盐（亚硫酸氢盐）。如与 NaOH 反应：

$$2NaOH + SO_2 \longrightarrow Na_2SO_3 + H_2O$$
$$Na_2SO_3 + SO_2 + H_2O \longrightarrow 2NaHSO_3$$

亚硫酸和亚硫酸盐不稳定，能被空气中的氧逐渐氧化为硫酸和硫酸盐：

$$2H_2SO_3 + O_2 \longrightarrow 2H_2SO_4$$
$$2Na_2SO_3 + O_2 \longrightarrow 2Na_2SO_4$$

（2）与氧化剂反应

SO_2 与氧化剂反应生成六价硫化合物，气态 SO_2 直接同 O_2 反应生成 SO_3 的过程进行得很慢：

$$SO_2 + \frac{1}{2}O_2 \longrightarrow SO_3$$

利用催化剂可加速反应，在水介质中 SO_2 经催化剂的作用被氧化得相当快，并生成 H_2SO_4：

$$SO_2 + \frac{1}{2}O_2 + H_2O \longrightarrow H_2SO_4$$

各种强氧化剂，如臭氧、过氧化氢、硝酸、氧化氮等溶液与 SO_2 均能迅速反应，并都生成硫酸。

（3）与还原剂的反应

在各种还原剂的作用下，SO_2 可以被还原成元素硫或 H_2S（在某些情况下，还原只进行到硫代硫酸盐），还原过程亦根据反应条件而定。

1）氢随温度的不同可使 SO_2 还原成元素硫或 H_2S：

$$SO_2 + 2H_2 \longrightarrow S + 2H_2O$$

$$SO_2 + 3H_2 \longrightarrow H_2S + 2H_2O$$

在催化剂，如铂的作用下，反应能在较低温度下进行。

2）不同的金属（镁、铁、铜、镉等）还原 SO_2：

$$SO_2 + 3Mg \longrightarrow MgS + 2MgO$$

3）在高温下 SO_2 被碳、一氧化碳和甲烷还原成元素硫：

$$SO_2 + C \longrightarrow S + CO_2$$

$$SO_2 + 2CO \longrightarrow S + 2CO_2$$

$$2SO_2 + CH_4 \longrightarrow 2S + CO_2 + 2H_2O$$

2. 脱氯、脱氟的化学基础

脱氯、脱氟机理类似于脱硫机理。从反应动力学来看，对于 HCl（HF）这种在水溶液中溶解度很大的气体组分，在整个反应过程液相参与反应的离子扩散成为控制速率的主导因素。随着 HCl 浓度的逐渐降低，气相推动力减弱，HCl 向液滴表面的扩散速率与液相参与反应的离子扩散速率共同成为控制整个反应的因素。当反应温度接近湿球温度的时候，HCl 浓度达到最小，此时气相推动力也达到最小，HCl 向液相的扩散所受的阻力相比于参与反应的离子扩散过程来说处于主导地位。因此，在此情况下，传质阻力为气相传质过程控制。反应过程可描述为：①HCl 气体分子由气相本体向液滴表面扩散。②液滴表面对 HCl 产生物理吸附作用。进入液滴后 HCl 迅速水解并电离为 Cl^- 和 H^+。③$Ca(OH)_2$ 颗粒电离为 Ca^{2+} 和 OH^-，与 HCl 水解的 H^+ 和 Cl^- 反应生成 $CaCl_2$。其相应反应方程式为：

$$HCl \longrightarrow H^+ + Cl^-$$

$$Ca(OH)_2 \longrightarrow Ca^{2+} + 2OH^-$$

$$OH^- + H^+ \longrightarrow H_2O$$

$$Ca(OH)_2 + HCl \longrightarrow CaCl_2 + 2H_2O$$

3.3.2　传质扩散的理论基础

传质扩散是一种重要的质量传递方式，是指物质在混合体系中由高浓度区向低浓度区传播的过程。其基本原理是分子之间的热运动使得高浓度区的分子自发地向低浓度区扩散。扩散的物理原理可以用布朗运动模型来解释。布朗运动是指在液体或气体中，微观粒子由于受到周围分子的碰撞而发生的无规则运动。扩散传质中，扩散的速率与温度、浓度梯度和物质的分子大小有关。

下述引用的"相"是"相态"的简称，也叫"物态"，是指一个宏观物理系统所具有的一组状态。一个态中的物质拥有单纯的化学组成和物理特性（如密度、晶体结构、折射率等）。最常见的物质状态有固态、液态和气态。存在的等离子态称为"物质第四态"；在超高压、超高温下的物质状态称为"物质第五态"；在极低温度下还存在"超导态""超流态"。少见一些的物质态包括夸克-胶子等离子态、玻色-爱因斯坦凝聚态、费米子凝聚态、酯膜结构、奇异物质、液晶、超液体、超固体和磁性物质中的顺磁性、逆磁性等。

3.3.2.1　扩散

当某一相态内各处浓度不等时，物质总要由浓度高处向浓度低处转移，这种现象称为"扩散"。扩散过程要进行到各处浓度相等即是扩散达到平衡为止。气体的质量传递是借助气体扩散过程实现的。扩散过程包括分子扩散和湍流扩散两种方式。物质在静止的或垂直于浓度梯度方向做层流流动的流体中传递，是由分子运动引起的，称为"分子扩散"；物质在湍流流体中的传递，除了由于分子运动外，更主要的是由于流体中质点的运动而引起的，称为"湍流扩散"。物质扩散的结果，会使气体组分从浓度较高的区域转移到浓度较低的区域。

对于吸收操作来说，混合气体中的气态污染物首先要从气相主体扩散到气液界面，然后才能由界面扩散到液相主体中。因此，气体扩散同时发生在气-液相中，扩散过程包括分子扩散和湍流扩散。

设均相混合物由 A、B 两个组分组成，由于各处浓度不等而发生分子扩散。扩散过程进行的快慢可用扩散通量来量度。由于扩散，在单位时间内通过单位面积传递的物质的量称为"扩散通量"。在恒定的温度、压力下，且两组分物质的量浓度之和为常数时，均相混合物中的分子扩散服从下述费克定律（Fick's Law）：

$$N_A = - D_{AB} \frac{dC_A}{dZ} \tag{3-12}$$

式中　N_A——A 组分在 z 方向的扩散通量，$kmol/(m^2 \cdot s)$；

$\quad\quad C_A$——A 组分物质的量浓度，$kmol/m^2$；

$\quad\quad Z$——z 方向的距离，m；

$\quad D_{AB}$——A 组分在 A、B 两组分混合物中扩散时的扩散系数，m^2/s；

$\dfrac{dC_A}{dZ}$——浓度梯度。

分子扩散与湍流扩散同时发生的情况可仿照分子扩散的公式写成：

$$N_A = - (D + D_e) \frac{dC_A}{dZ} \tag{3-13}$$

式中　D_e——湍流扩散系数，m^2/s。

3.3.2.2　气体在气相中的扩散

气态污染物 A 通过惰性气体组分 B 的运动，可用 A 在 B 中的扩散系数 D_{AB} 给出。D_{AB} 与气体 B 通过气体 A 的扩散系数 D_{BA} 相等，由修正的吉里兰（Gilliland）方程得出：

$$D_{AB} = 1.8 \times 10^{-4} \times \frac{\sqrt{T}}{\sqrt{V_A} + \sqrt{V_B}} \times \frac{M_A}{\rho_A} \sqrt{\frac{1}{M_A} + \frac{1}{M_B}})$$

（3-14）

式中　T——温度，K；

D_{AB}——扩散系数，cm^2/s；

M——气体的摩尔质量，g/mol；

ρ——气体密度，g/cm^3；

V——气体在沸点下呈液态时的摩尔体积，cm^3/mol，见表 3-17。

沸点条件下部分气体的液态分子体积（单位：cm^3/mol）　　　表 3-17

原子容积		分子容积		原子容积		分子容积	
C	14.8	H_2	14.3	S	25.6	NO	23.6
H	3.7	O_2	25.6	O	7.4	SO_2	44.8
Cl	24.6	N_2	31.2	O（在甲酯中）	9.1	NH_3	25.8
Br	27.0	空气	29.9	O（在碱中）	12.0	H_2O	18.9
I	37.0	CO	30.7	O（在甲醚中）	9.9	H_2S	32.9
N	15.6	CO_2	34.0	苯环（从计算值减去）	15	Cl_2	48.4

扩散系数是物质的特性常数之一，同一物质的扩散系数随介质的种类、温度、压强及浓度的不同而变化。一些气体物质在空气中的扩散系数见表 3-18。

一些物质在空气中的扩散系数（0℃，101.33kPa）　　　表 3-18

扩散物质	扩散系数 $D/(cm^2/s)$	扩散物质	扩散系数 $D/(cm^2/s)$	扩散物质	扩散系数 $D/(cm^2/s)$
H_2	0.611	SO_2	0.103	C_7H_8	0.076
N_2	0.132	SO_3	0.095	CH_3OH	0.132
O_2	0.178	NH_3	0.170	C_2H_5OH	0.102
CO_2	0.138	H_2O	0.220	CS_2	0.089
HCl	0.130	C_6H_6	0.077	$C_2H_5OC_2H_5$	0.078

3.3.2.3　气体在液相中的扩散

气体 A 通过液体 B 的扩散系数可用下式估算：

$$D_{AB} = 7.4 \times 10^{-10} \times \frac{T\sqrt{\beta M_B}}{\mu_B V_A^{0.6}}$$

（3-15）

式中　D_{AB}——扩散系数，cm^2/s；

μ_B——溶液的黏度，mPa·s；

β——溶剂的缔结因数，其值为：水 2.6，甲醇 1.9，乙醇 1.5，非缔合溶剂如苯、乙醚均为 1.0。

气体在液体中的扩散系数随溶液浓度变化很大，所以上式仅适用于很稀的溶液，标准状态下可以求得 SO_2 在水中的扩散系数为 $1.61 \times 10^5 cm^2/s$，$\mu_B \approx 0.01g/(cm·s)$。可见

SO_2 在水中的扩散系数远远小于在空气中的扩散系数。表 3-19 为一些物质在水中的扩散系数。

一些物质在水中的扩散系数（20℃，稀溶液）　　　　表 3-19

扩散物质	扩散系数 $D' \times 10^9 / (cm^2/s)$	扩散物质	扩散系数 $D' \times 10^9 / (cm^2/s)$	扩散物质	扩散系数 $D' \times 10^9 / (cm^2/s)$
O_2	1.80	H_2S	1.41	C_3H_7OH	0.87
CO_2	1.50	H_2SO_4	1.73	C_4H_9OH	0.77
N_2O	1.51	HNO_3	2.6	C_6H_6OH	0.84
NH_3	1.76	$NaCl$	1.35	$CH_2OH—CHOH—CH_2OH$（甘油）	0.72
Cl_2	1.22	$NaOH$	1.51		
Br_2	1.2	C_2H_2	1.56	NH_2CONH_2（尿素）	1.06
H_2	5.13	CH_3COOH	0.88	$C_5H_{11}O_5CHO$（葡萄糖）	0.6
N_2	1.64	CH_3OH	1.28	$C_{12}H_{22}O_{11}$（蔗糖）	0.45
HCl	2.64	C_2H_5OH	1.00	—	—

3.3.3　吸收法净化理论

当混合气体与液体接触时，混合气体中的可吸收组分就会向液相进行质量传递，这一过程称为"吸收过程"。在吸收过程中，被吸收的气体，即溶于液体的气相组分，称为"吸收质"，其余不被吸收的气体称为"惰性气体"，所使用的液体称为"吸收剂"。吸收质溶解于吸收剂所得的溶液称为"吸收液"或"溶液"。吸收实际上就是气态污染物从气相向液相的相际间质量传递过程。

3.3.3.1　吸收原理

对于吸收机理普遍以双膜理论予以解释，图 3-6 为双膜理论示意图。图中，p 表示组分 A 在气相主体中的分压，p_i 表示在相界面上的分压，c 及 c_i 分别表示组分 A 在液相主体及界面上的浓度。

双膜理论认为，当气液两相接触时，两相之间有一个相界面，在相界面两侧分别存在着层流流动的气膜和液膜。吸收质必须以分子扩散方式从气流主体连续通过这两个膜层而进入液相主体。在膜层以外的气相和液相主体内，由于流体的充分湍动，吸收质的浓度基本上是均匀的，即认为主体内没有浓度梯度存在，浓度梯度全部集中在气膜和液膜内。

吸收过程为：被吸收组分从气相主体通过气膜向相界面移动；被吸收组分在相界面处溶入液相；溶入液相的被吸收组分从气液相界面向液膜移动；溶入液相的被吸收组分从液膜向液流主体移动。

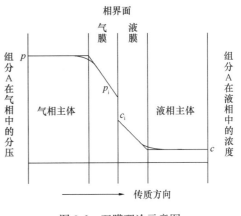

图 3-6　双膜理论示意图

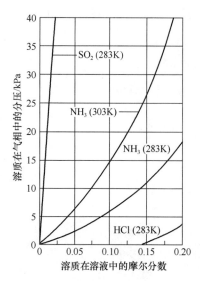

图 3-7　常见气体在水中的
平衡溶解度

3.3.3.2　吸收平衡

当混合气体与液相吸收剂接触时，部分气相组分向液相进行质量传递，即吸收过程；同时还会发生液相中吸收组分反过来向气相逸出的质量传递过程，即解吸过程。在一定的温度和压力下，吸收过程的传质速率最终将会等于解吸过程的传质速率，气液两相间的质量传递达到动态平衡，称为"相平衡"或"吸收平衡"。平衡时气相中的组分分压称为"平衡分压"；液相吸收剂所溶解组分的浓度称为"平衡溶解度"，简称"溶解度"。

(1)气体在液体中的溶解度：气体的溶解度是每 100kg 水中溶解气体的质量(kg)。它与气体和溶剂的性质有关，并受温度和压力的影响。由于组分的溶解度与该组分在气相中的分压成正比，故溶解度也可用组分在气相中的分压表示。图 3-7 分别给出 SO_2、NH_3 和 HCl 在不同温度下，溶解于水中的平衡溶解度。由图 3-7 可知，采用溶解力强、选择性好的溶剂，提高总压和降低温度，都会有利于增大被溶解气体组分的溶解度。

(2)亨利定律：物理吸收时，常用亨利定律来描述气液相间的相平衡关系。当总压不高(一般约 $< 5 \times 10^5$ Pa)时，在一定温度下，稀溶液中溶质的溶解度与气相中溶质的平衡分压成正比。

$$c = H \times p^* \tag{3-16}$$
$$x = p^* / E \tag{3-17}$$
$$y^* = m \times x \tag{3-18}$$

上述各式中，H、E 和 m 均称为亨利系数。当溶质的平衡浓度 c 以 mol/m³ 为单位、溶质组分在气相中的分压 p^* 以 Pa 为单位时，亨利系数的单位为 mol/(m³·Pa)；当溶质组分在液相中的溶解浓度以摩尔分数 x 表示、平衡分压 p^* 以 Pa 为单位时，则亨利系数 E 的单位与分压单位相一致，为 Pa；m 又称为相平衡常数(无量纲)。表 3-20 给出了部分气体水溶液的亨利系数。

部分气体水溶液的亨利系数　　　　　　　　　　　　　　表 3-20

气体	温度/℃															
	0	5	10	15	20	25	30	35	40	45	50	60	70	80	90	100
	$E = 10^{-6}$/kPa															
H_2	5.87	6.16	6.44	6.70	6.92	7.16	7.39	7.52	7.61	7.70	7.75	7.75	7.71	7.65	7.61	7.55
N_2	5.35	6.06	6.77	7.48	8.15	8.76	9.36	9.98	10.5	11.0	11.4	12.2	12.7	12.8	12.8	12.8
空气	4.38	4.94	5.56	6.15	6.73	7.30	7.81	8.34	8.82	9.23	9.59	10.2	10.6	10.8	10.9	10.8
CO	3.5757	4.01	4.48	4.95	5.43	5.88	6.28	6.68	7.05	7.39	7.71	8.32	8.57	8.57	8.57	8
O_2	2.58	2.95	3.31	3.69	4.06	4.44	4.81	5.14	5.42	5.70	5.96	6.37	6.75	6.96	7.08	7.10
CH_4	2.27	2.62	3.01	3.41	3.81	4.18	4.55	4.92	5.27	5.58	5.85	6.34	6.72	6.91	7.01	7.10
NO	1.71	1.96	2.21	2.45	2.67	2.91	3.14	3.35	3.57	3.77	3.95	4.24	4.44	4.54	4.58	4.60
C_2H_6	1.28	1.57	1.92	2.90	2.66	3.06	3.47	3.88	4.29	4.69	5.07	5.72	6.31	6.70	6.96	7.01

气体	温度/℃															
	0	5	10	15	20	25	30	35	40	45	50	60	70	80	90	100
$E=10^{-5}/kPa$																
C_2H_4	5.59	6.62	7.78	9.07	10.3	11.6	12.9	—	—	—	—	—	—	—	—	—
N_2O	—	1.19	1.43	1.68	2.01	2.28	2.62	3.02	—	—	—	—	—	—	—	—
CO_2	0.738	0.888	1.05	1.24	1.44	1.66	1.88	2.12	2.36	2.60	2.87	3.46	—	—	—	—
C_2H_2	0.73	0.85	0.97	1.09	1.23	1.35	1.48	—	—	—	—	—	—	—	—	—
Cl_2	0.272	0.334	0.399	0.461	0.537	0.604	0.669	0.74	0.80	0.88	0.90	0.97	0.99	0.97	0.96	—
H_2S	0.272	0.319	0.372	0.418	0.489	0.552	0.617	0.686	0.755	0.825	0.689	1.04	1.21	1.37	1.46	1.50
$E=10^{-4}/kPa$																
SO_2	0.167	0.203	0.245	0.294	0.355	0.413	0.485	0.567	0.661	0.763	0.871	1.11	1.39	1.70	2.01	—

3.3.3.3 化学吸收

上面所讨论的吸收过程，主要是气体溶解于溶剂中的物理过程，而不发生明显的化学反应，如用水吸收 NH_3、HCl、SO_2 等。在实际工程应用中，为了加大对气态污染物的吸收率和吸收速率，多采用化学吸收。化学吸收是伴有显著化学反应的吸收过程，被溶解的气体与吸收剂或溶于吸收剂中的其他物质进行化学反应。如用各种酸溶液吸收 NH_3 等碱性气体，用碱溶液吸收 SO_2、CO_2、H_2S 等酸性气体。化学吸收机理比物理吸收更加复杂，且因发生反应的情况不同而各有不同。

在化学反应过程中，被吸收气体组分与吸收剂或吸收剂中其他物质发生化学反应，从而降低了被吸收气体组分在液相中的游离浓度，相应增大了传质推动力和吸收系数，从而加快了吸收过程的速率。

对于典型的化学吸收气液相反应：

$$A_{(气)}$$
$$\uparrow\downarrow$$
$$A_{(液)}+B_{(液)} \Longleftrightarrow M_{(液)}$$

气相组分 A 与液相组分 B 的反应全过程，根据双膜理论可表示为图 3-8 的过程，要经历以下步骤：气相反应物 A 从气相本体通过气膜向气-液相界面传递；气相反应物 A 自气-液相界面向液相传递；反应物 A 在液膜或液相主体中与 B 发生反应；反应生成的液相产物留存在液相中；气相产物自相界面通过气向气相本体扩散。

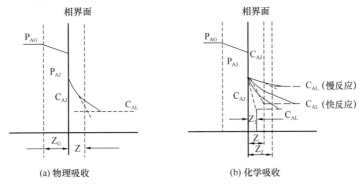

图 3-8 气相组分 A 与液相组分 B 的反应全过程

化学吸收法净化气态污染物质，一般要求吸收剂在吸收条件下的水蒸气压很低直到趋于零，化学反应只在液相内发生。所以上述过程不存在组分 B 从相界面向气相扩散的问题。

在吸收过程中，当传递速率远大于化学反应速率时，实际的过程速率取决于后者，可称为"动力学控制"。反之，如果化学反应速率很快，而传质速率很慢，过程速率主要取决于传质速率的大小，称为"扩散控制"。

对于化学吸收过程，气膜的传质速率仍可按与物理吸收相同，在气液界面处，组分 A 仍处于平衡状态，可用亨利定律描述。

在液膜中的情况，化学吸收和物理吸收却很不相同。对于化学吸收，组分 A 按分子扩散从气相扩散至界面溶解后，在液膜内一面进行扩散，一面进行化学反应，若在液膜内未反应完还要转移至液相主体中进行。由于液相中有化学反应的存在，组分 A 的浓度 C_A 降低加快，从而使过程吸收速率提高。

3.3.4　吸附法净化理论

气体吸附是利用多孔性固体物质将气体混合物的一种或数种组分积聚或浓缩在其表面上，然后将其从气体混合物中分离并除去的过程。具有吸附能力的固体物质称为"吸附剂"，被吸附到固体表面的物质称为"吸附质"。吸附过程根据吸附剂表面与被吸附物质之间作用力的不同，可分为物理吸附和化学吸附。

吸附过程能够有效脱除一般方法难以分离的低浓度有害物质，具有净化效率高、可回收有用组分、设备简单、易实现自动化控制等优点，其缺点是吸附容量较小、设备体积大。

3.3.4.1　物理吸附

由吸附剂与吸附质之间的分子力的作用所引起的吸附称为"物理吸附"。分子力又称为"范德华力"，因此，物理吸附又称为"范德华吸附"。物理吸附的特征可归纳为：①固体表面与被吸附的气体之间不发生化学反应。②对吸附的气体没有选择性，可吸附一切气体。③既可以是单分子层吸附也可形成多分子层吸附。④吸附过程为放热过程，释放出的热量称为吸附热，因此低温有利于物理吸附。

物理吸附放热量约为 2.09～20.9kJ/mol，与相应气体的液化热相近。因而物理吸附可被看成是气体组分在固体表面上的凝聚。固体吸附剂与气体之间的吸附力弱，表现出较高的可逆性。当改变吸附条件，如降低被吸附气体的分压，或是升高系统的温度，被吸附的气体很容易从固体表面上逸出，这个过程是吸附的逆过程，称为"解吸（脱附）"，工业上的吸附操作正是依据这种可逆性进行吸附剂的再生。

3.3.4.2　化学吸附

化学吸附又称为"活性吸附"，它是由于吸附剂表面与吸附质分子之间的化学键力所造成，涉及分子中化学键的破坏和重新组合，化学吸附的特征可归纳为：①具有明显的选择性；属单分子层吸附；为不可逆吸附。②吸附热量大，吸附热与一般化学反应热相当，一般在 40～400kJ/mol，典型的数值为 200kJ/mol，除特殊情况外，自发的吸附过程是放热过程。③从化学吸附中能量变化的大小考虑，被吸附分子的结构发生了变化，成为活性吸附态分子，活性显著升高；由于吸附分子所需的反应活化能比自由分子的反应活化能低，从而加快了反应速度，由此可用化学吸附解释固体表面的催化作用。④吸附速率随温度升高而增加，故化学吸附宜在较高温度下进行。

应当指出，在实际应用中物理吸附和化学吸附之间没有严格的界限，同一物质在较低温度下可能发生的是物理吸附，而在较高温度下所经历的往往是化学吸附，即物理吸附常发生在化学吸附之前，到吸附剂逐渐具备足够高的活化能后，才发生化学吸附。

3.3.4.3 吸附剂

1. 吸附剂的选择

理论上，所有固体表面对流体分子都具有吸附作用，但满足工业需要的吸附剂则应具备如下条件。需说明的是在实际使用中，很难找到一种吸附剂能同时满足下述所有要求，因而只能全面衡量后予以选择。

（1）吸附能力强，吸附容量大。吸附容量是指在一定的温度、吸附质浓度下，单位质量（或单位体积）吸附剂所能吸附的最大量。吸附量大，可降低处理单位流体所需的吸附剂用量。

（2）具有大的比表面积和孔隙率。气体吸附剂的比表面积一般在 $500\sim3000m^2/g$，吸附剂的有效表面积包括颗粒的外表面积和内表面积。而内表面积总比外表面积大得多，只有具有高度疏松结构和巨大暴露表面积的孔性物质，才能提供如此巨大的比表面积。

（3）具有良好的选择性。尤其针对混合气体，选择性是选择吸附剂的首选条件之一。

（4）机械强度、化学稳定性、热稳定性等性能良好，使用寿命长。吸附剂是在温度、湿度、压力等操作条件变化的情况下工作的，这就要求吸附剂有良好的机械强度和稳定性。尤其是采用流化床吸附装置，吸附剂的磨损大，对机械强度的要求更高，否则将破坏吸附的正常操作。

（5）颗粒尺寸均匀。如果颗粒太小和不均匀，易造成短路和流速分布不均，引起气流返混，降低吸附分离效率；若颗粒太小，床层阻力过大，严重时会将吸附剂带出器外。

（6）良好的再生性能。吸附剂在吸附后需再生重用，不间断地进行吸附与再生操作，再生活性稳定。

（7）吸附剂的来源广泛、价格低廉。

2. 常用的工业吸附剂

工业上广泛应用的吸附剂主要有活性炭、活性氧化铝、硅胶、白土和沸石分子筛五种。

（1）吸附平衡

当气体混合物和固体吸附剂充分接触后，一方面吸附质被吸附剂吸附，另一方面，又有一部分已被吸附的吸附质，由于热运动能脱离吸附剂的表面，回到混合物气体中去。前者称为"吸附过程"，后者称为"解吸过程"。在一定温度下，当吸附速度和解吸速度相等（即吸附与解吸达到动态平衡）时，吸附质在气相中的浓度（或压力）称为"平衡浓度（或平衡压力）"；而吸附剂对吸附质的吸附量称为"平衡吸附量"，它是与气相中吸附质的初始浓度达到平衡时的最大吸附量，一般用质量吸附剂在吸附平衡时所能吸附的吸附质质量表示。平衡吸附量是设计和生产中十分重要的参数。

（2）吸附速率

吸附剂对吸附质的吸附效果，除了用吸附容量表示之外，还必须以吸附速率来衡量。

所谓吸附速率，是指单位质量的吸附剂（或单位体积的吸附剂）在单位时间内所吸附的物质量。吸附速率决定了需要净化的混合气体和吸附剂的接触时间，吸附速率快，所需要的接触时间就短，需要的吸附设备容积就小。

吸附速率的变化范围很大，可以从百分之几秒到数十小时，吸附速率决定于吸附过程（图 3-9）

图 3-9 所示的主要吸附步骤为：

① 外扩散：吸附分子 A 从气流主体穿过边界层扩散到固体外表面。

② 内扩散：吸附质分子 A 从外表面进入微孔道内，在微孔内扩散到内表面。

③ 吸附：组分 A 在内表面上被吸附。

④ 脱附：被吸附组分 A 从内表面上脱附。

⑤ 内扩散：被吸附组分 A 在微孔内经内扩散到达吸附剂外表面。

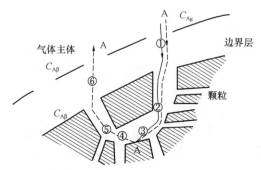

图 3-9　吸附过程示意图

⑥ 外扩散：被吸附组分 A 穿过边界层外扩散进入气流主体。

④⑤⑥的过程也可沿③、②、①的路径进行。

吸附过程的阻力主要来自外扩散阻力（外吸附质分子从气流主体到达吸附剂外表面的扩散阻力）和扩散阻力（吸附质分子沿着吸附剂内部孔道扩散的阻力），吸附速率的计算可用类似于吸收速率的方法来处理。

在用吸附法处理 SO_2 烟气时，常用活性炭作为吸附剂。活性炭具有较大的比表面积，足够的表面活性，一定的耐磨性和机械强度，而且价廉易得。活性炭与 SO_2 之间的吸附，一般认为属于物理吸附。活性炭对 SO_2 的吸附能力除了与活性炭组成和表面特性有关外，还与吸附的各种条件有关，诸如温度、氧和水蒸气分压，以及杂质的影响等。通常物理吸附过程的吸附量是有限的，但气体中如有氧和水蒸气存在时，伴随物理吸附会发生一系列化学变化，尤其是当吸附表面存在碘等某些活性催化中心时，可以将 SO_2 转化成 SO_3 和硫酸，吸附能力大大提高。

浸渍了碘的活性炭可以在炭的表面发生如下一系列化学反应：

$$SO_2 \longrightarrow SO_2\text{（吸附态）}$$
$$O_2 \longrightarrow O_2\text{（吸附态）}$$
$$2SO_2\text{（吸附态）} + O_2\text{（吸附态）} \longrightarrow 2SO_3$$
$$SO_3 + H_2O \longrightarrow H_2SO_4$$
$$SO_2 + I_2 + H_2O \longrightarrow H_2SO_4 + 2HI$$
$$4HI + O_2 \longrightarrow 2I2 + H_2O$$

3.3.5　催化转化法净化理论

催化转化法是借助催化剂的催化作用，将烟气中的气态污染物转化成无害的物质，或转化成更易于处理的物质，甚至有用的副产品。前一种催化转化过程直接完成了对污染物的净化处理，后者则需要借助吸收或吸附等其他操作工序才能完成全部的净化过程。例如

在处理高浓度的 SO_2 废气时，以 V_2O_5 为催化剂，SO_2 氧化成 SO_3，用水吸收制取 H_2SO_4，从而使废气得以净化。催化转化法对不同浓度的污染物均具有较高的去除率，其反应产物无须与主气流分离，因而避免了其他方法可能产生的二次污染，使操作过程大为简化。因此，它已成功地应用于脱硫、脱氮、汽车尾气净化和有机废气净化等方面。但该法对废气组成有较高要求，废气中不能有过多使催化剂性能降低、寿命缩短的物质。

3.3.5.1 催化原理

化学反应速率因加入某种物质（催化剂）而被加速，而被加入物质的化学性质和数量在反应前后没有任何变化，这种作用称为"催化作用"或"催化转化反应"。若催化剂和反应物处于同一相时，称"均相催化"；当催化剂与反应物处在不同相时，称"多相催化"。对于气态污染物的催化净化而言，催化剂通常是固体，因而属于气固相多相催化。

（1）催化作用与反应速率：在化学反应过程中，当反应物变为产物时，反应物分子的某些化学键要断裂，进行分子重排，生成产物。根据活化分子和活化能理论，任何化学反应的进行都需要一定的活化能，只有反应物分子中那些具有较高能量的活化分子，才能打破旧键生成新键，重新组合成产物分子。而活化能的大小直接影响到反应速率的快慢，它们之间的关系可用阿累尼乌斯方程表示：

$$k = A \cdot \exp\left[-E_a / (RT)\right] \tag{3-19}$$

式中　k——反应速率常数；

　　　A——频率因子，单位与 k 相同；

　　　E_a——活化能，kJ/mol；

　　　R——摩尔气体常数，kJ/（K·mol）；

　　　T——热力学温度，K。

由式（3-19）可以看出，反应速率是随活化能的降低而呈指数增加的。当催化剂存在时，可降低反应的活化能，使活化子的数量大大增加，从而加快化学反应的速率。催化剂之所以能降低活化能，主要是由于催化剂使化学反应沿着新的途径进行。新的反应历程往往包括一系列的基元反应，而在每个基元反应中，由于反应分子与催化剂生成了不稳定的活化络合物，反应分子的化学键发生松弛，使得其活化能大大低于原反应活化能，因而化学反应速率明显加快。

设有反应 $A + B \longrightarrow AB$，无催化剂时的活化能为 E_0。在催化剂 K 的参与下，反应将按两步进行：

$$A + K \longrightarrow AK \qquad 活化能\ E_1$$
$$AK + B \longrightarrow AB + K \qquad 活化能\ E_2$$

两步反应的总活化能 $E = E_1 + E_2$。由于 E_1、E_2 大大低于 E_0，因此 E 也就比 E_0 小许多。例如 $2SO_2 + O_2 \longrightarrow 2SO_3$ 的反应，非催化反应的 $E_0 = 2.5 \times 10^5$ kJ/mol，采用 Pt 催化剂，$E = 6.28 \times 10^{-4}$ kJ/mol。

（2）催化作用与化学平衡：物质与物质之间能否进行化学反应，以及反应进行到什么程度，即转化率有多大，完全是由参加反应的物质本性所决定。从热力学上看，一个反应是否可以进行，是由反应物系自由能的改变决定的。不管催化剂的活性有多大，也不可能使在一定热力学条件下不能发生的化学反应进行下去。即催化剂不能改变自由能。由于反应体系的自由能与化学反应的平衡常数有关，因此催化剂也不会影响和改变平衡常数，也就是不能改变化学反应所能达到的平衡状态，使平衡发生移动。但由于催化作用加快了反应速率，因而缩短了反应达到平衡所需的时间。

对于可逆反应而言，平衡常数等于正、逆反应速率常数之比。由于催化剂对正逆反应速率的影响是相同的，因此正、逆化学反应速率常数的比值不变，平衡常数 K 也不变，平衡不发生移动。

3.3.5.2　催化剂

1. 催化剂的组成

凡能够加速化学反应的速率，而本身的化学性质和数量在化学反应前后保持不变的物质，称为"催化剂"。催化净化所用的催化剂通常由主活性物质、载体和助催剂组成。有的还加入成型剂和造孔物质等，以制成所需要的形状和孔结构。

主活性物质：可以单独对反应产生催化作用，由于催化作用一般发生在主活性物质的表面 $20\sim30nm$ 内，因而主活性物质一般附着在载体上。

载体通常是惰性物质，它具有两种作用：一是提供大的比表面积，节约主活性物质，提高催化剂的活性；二是增强催化剂的机械强度、热稳定性及导热性，延长催化剂的寿命。常用的载体有活性氧化铝、硅胶、活性炭、硅藻土、分子筛、陶瓷、耐热金属等。

助催剂本身无催化性能，但它的少量加入可改善催化剂性能。助催剂和主活物质一样，都依附于载体上。净化气态污染物的几种常用催化剂见表 3-21。

净化气态污染物所用的几种常用催化剂

表 3-21

用途	主要活性物质	载体	助催化剂
SO_2 氧化成 SO_3	V_2O_5（$6\%\sim12\%$）	SiO_2	K_2O 或 Na_2O
HC 和 CO 氧化为 CO_2 和 H_2O	Pt、Pd、Pb	Ni、NiO	
	CuO、Cr_2O_3、Mn_2O_3 和稀土类氧化物	Al_2O_3	
苯、甲苯氧化为 CO_2 与 H_2O	Pt、Pd 等	Ni 或 Al_2O_3	
	CuO、Cr_2O_3、Mn_2O_3	Al_2O_3	
汽车排气中 HC 与 CO 的氧化	V_2O_5（$6\%\sim12\%$）；CuO（$3\%\sim7\%$）	$Al_2O_3-SiO_2$	Pt（$0.01\%\sim0.015\%$）
NO$_x$ 还原为 N_2	Pt 或 Pd（0.5%）	$Al_2O_3-SiO_2$ Al_2O_3-MgO Ni	
	$CuCrO_2$	$Al_2O_3-SiO_2$ Al_2O_3-MgO	

2. 催化剂的性能

催化剂的性能主要由活性、选择性和稳定性三项指标来体现。

（1）活性：催化剂的活性是指催化剂加速化学反应速度的能力，通常用单位时间内单位体积（或质量）催化剂在动力学范围内指定的反应条件下所得到的产品数量来表示。

（2）选择性：催化剂的选择性是指在几个平行反应中对某个特定反应的加速能力，常用反应得到的目的产物量与反应物质反应了的量之比来表示。

（3）稳定性：催化剂的稳定性是指在催化反应过程中催化剂保持活性的能力，它包括热稳定性、机械稳定性和抗毒稳定性三方面，通常用寿命来表示。影响寿命的主要因素是催化剂的老化和中毒。催化剂老化是指在正常工作条件下由于低熔点活性组分流失、表面低温烧结、内部杂质的迁移，以及冷热交替造成的机械性粉碎等引起的催化剂逐渐失活过程。催化剂中毒是指反应气体中含有少量杂质使催化剂活性大为降低的现象。中毒分暂时性中毒和永久中毒。前者只要将毒物除去，催化剂即可恢复活性；后者因毒物与催化剂发生了化学反应，其活性很难恢复。

3.3.5.3 催化净化法选用

催化净化法选用催化剂的原则是根据污染气体的成分和确定的化学反应来选择恰当的催化剂，催化剂要求有很好的活性和选择性、足够机械强度、良好热稳定性和化学稳定性。选择催化剂还要考虑其经济性。

1. 烟气脱硫用催化剂

催化氧化法：SO_2催化氧化成SO_3所用的催化剂首选钒催化剂，其次是活性灰以及银、铂贵金属催化剂，但由于银、铂昂贵经常不予采用。应用较多的是以V_2O_5（6%～10%）为活性组分、K_2SO_4为助催化剂、精制硅藻土为载体的钒催化剂。该催化剂使用温度为683～873K，是一种粒度为5mm，长度为5～15mm，外观为橙红色或深黄色圆柱颗粒，堆积密度为600～650kg/m³，比表面积为3～6m²/g，孔原率50%左右。该催化剂的缺点是在空气中易吸湿而导致机械强度下降，酸雾、水分、粉尘、砷化物、氟等也会致使催化剂中毒。研究表明，含碘的活性炭也能快速地把SO_2催化氧化成SO_3。

催化还原法：将SO_2催化还原成S的催化剂有浸渍硅酸盐活性炭、以氧化铝为载体的铜催化剂和以氧化铝为载体的铁催化剂等，反应为：

$$SO_2 + 2H_2S = 2H_2O + 3S$$

2. 催化净化NO_x所用的催化剂

催化氧化法：NO_x中的NO在活性炭催化剂作用下可被氧化成NO_2，然后被水吸收。

催化还原法：采用催化还原法净化气体中的NO_x，根据还原剂是否和废气中的氧气发生反应分为选择性氧化还原法（SCR）和非选择性化还原法（SNCR），相应的催化剂分别称为选择性还原催化剂和非选择性还原催化剂。选择性还原催化剂可优先用贵金属（如铂、钯）或非贵金属（如铜、铁、钒、铬、锰等），如以硅胶为载体的催化剂，以Al_2O_3为载体的亚铬酸铜（$CuCrO_2$）催化剂、铁铬催化剂、磷钼铋催化剂等。非选择性还原催化剂多是含铂（Pt）、钯（Pd）0.4%～0.5%贵金属的催化剂，多用Al_2O_3为载体，或用Al_2O_3-Al_2O_3-MgO作载体，而且可在Al_2O_3表面上镀一层二氧化钍（ThO_2）或二氧化锆（ZrO_2）来提高载体的耐热酸性。

3.4 干法烟气脱酸技术

3.4.1 干法脱酸技术要素

3.4.1.1 干法脱酸技术的主要化学反应

干法脱酸工艺是将$Ca(OH)_2$（或$NaHCO_3$）干粉状颗粒反应剂，通过如压力型专用喷嘴喷入反应器内，使微粒表面直接和烟气中的酸性气体接触，在适宜的烟气温度下进行中和反应，生成 $CaSO_3$、$CaCl_2$ 等中性盐粒子。反应产物再进入下游的颗粒物去除系统。在除尘器里，反应产物连同烟气粉尘和未反应的吸收剂一起被捕集下来，达到净化酸性气体的目的。

1. HCl、HF 与吸收剂的反应

$$2HCl+Ca(OH)_2 \Longrightarrow CaCl_2+2H_2O$$

$$HCl+NaHCO_3 \Longrightarrow NaCl+CO_2+H_2O$$

$$2HF+Ca(OH)_2 \Longrightarrow CaF_2+2H_2O$$

2. SO_2 与吸收剂的反应

$$SO_3+Ca(OH)_2 \Longrightarrow CaSO_4+H_2O$$

$$正常：SO_2+Ca(OH)_2 \Longrightarrow CaSO_3+H_2O$$

$$过量：2SO_2+Ca(OH)_2 \Longrightarrow Ca(HSO_3)_2$$

$$2NaHCO_3 \Longrightarrow Na_2CO_3+CO_2+H_2O$$

$$SO_2+Na_2CO_3 \Longrightarrow Na_2SO_3+CO_2$$

$$SO_2+Na_2CO_3+\frac{1}{2}O_2 \Longrightarrow Na_2SO_4+CO_2$$

3.4.1.2　干法脱酸温度与脱酸效率

为使干法脱酸技术获得较为理想的效果，采用消石灰粉为干法脱酸吸收剂时，推荐的反应温度为 150℃，钙硫比为 2～2.5；采用小苏打为吸收剂时，推荐的反应温度为 140～250℃，其反应化学计量比接近 1（图 3-10）。

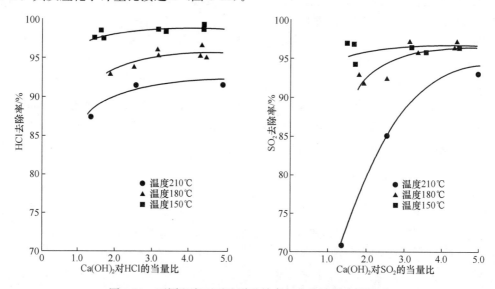

图 3-10　不同温度下干法脱酸效率与化学计量比的关系

常见的干法烟气脱酸技术有：石灰石干式直喷法、消石灰管道喷射法、电子束照射法、干式催化脱酸技术等。干法烟气脱酸技术具有的优点表现在无污水和废酸排出、设备腐蚀小、烟气在净化过程中无明显温降、净化后烟温高、利于烟囱排气扩散；投资省、占地少；国产化率高，运行可靠。

干法脱酸工艺是在相对干燥的环境下与湿烟气（目前含水率在20%～25%）进行的，主要问题在于脱酸率低、脱酸反应速度较慢，容易出现反应不完全的情况。采用小苏打为脱酸反应剂时药剂费用较高。在垃圾焚烧烟气净化工艺系统中，目前干法脱酸工艺常作为半干法组合工艺或湿法组合工艺的辅助手段。另外，探索高效干法脱酸工艺技术途径的研究一直在进行，如IDR钙剂高效干法技术、SDS钠剂干法技术的应用。

工程理论上，钠剂干法技术的化学反应当量为1∶1，一次喷入NaHCO₃反应剂的脱酸效率可达到85%以上。SDS技术应用实例显示，提高脱酸效率的主要途径，一是采用NaHCO₃反应剂；二是控制最佳反应温度；三是增加研磨工艺，提高反应剂细度，以达到产生最佳效率的反应。

采用钙剂干法IDR技术应用实例显示，提高脱酸反应效率的主要途径有调整钙基化合物的喷入量、喷入位置、反应温度等工艺参数。与此同时，要加强抗磨损磨蚀、防止堵塞的运行管理措施，以及探索石膏等反应产物的综合利用技术。

3.4.2　炉内喷钙烟气脱酸工艺与化学反应机理

炉内喷钙烟气脱酸技术的工艺（图3-11），是把石灰石（$CaCO_3$）粉、消石灰[$Ca(OH)_2$]和白云石（$CaCO_3 \cdot MgCO_3$）等吸收剂直接喷到锅炉炉膛，被焚烧烟气气流卷吸的同时，被炉膛内的煅烧裂解形成具有活性的CaO粒子，这些粒子的表面与烟气中的SO_2通过气-固相反应生成亚硫酸钙和硫酸钙。当钙硫比为2～3时，炉内喷钙脱酸技术的脱硫率约50%。从锅炉省煤器排放的烟气通过除尘，将反应产物和飞灰与烟气分离，烟气达标排放。该工艺广泛应用在火电厂。因受限于炉膛焚烧方式及操作环境等条件，没有在垃圾焚烧厂应用。

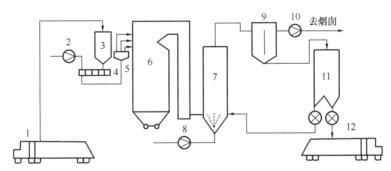

图3-11　炉内喷钙烟气脱硫工艺流程图

1—石灰石车；2—风机；3—石灰石仓；4—给粉机；5—分配器；6—锅炉；

7—活化器；8—水泵；9—除尘器；10—引风机；11—副产品仓；12—副产品车

炉内喷钙与烟气SO_2化学反应的基本流程为（图3-12）：含硫烟气向固相钙基脱硫剂表面扩散过程—含硫烟气体通过脱硫剂颗粒的内孔隙扩散过程—含SO_2烟气在固体颗粒内孔隙表面上进行物理吸附过程—含SO_2烟气与氧化钙的化学反应过程；整个工艺流程的化学反应过程与温度密切相关。

化学反应机理如下：第一阶段为吸收剂煅烧裂解，使气力喷射到炉膛上方的石灰石或熟石灰等吸收剂，在900～1250℃高温下受热分解生成CaO：

$$CaCO_3(s) \longrightarrow CaO(s) + CO_2(g)$$

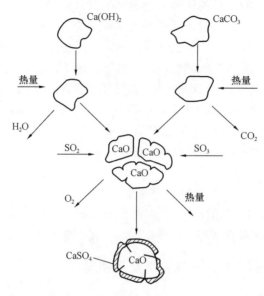

图 3-12　炉内喷钙化学反应过程示意

$$Ca(OH)_2(s) \longrightarrow CaO(s) + H_2O(g)$$

第二阶段为 CaO 硫酸盐化和 SO_2 氧化。

（1）在 700℃ 及有氧环境下，锅炉烟气中的部分 SO_2 和全部 SO_3 与 CaO 反应生成硫酸钙：

$$2CaO(s) + 2SO_2(g) + O_2(g) \longrightarrow 2CaSO_4(s)$$
$$CaO(s) + SO_3(g) \longrightarrow CaSO_4(s)$$

（2）在较低的温度下，上述反应中还会伴随生成 $CaSO_3$：

$$CaO(s) + SO_2(g) \longrightarrow CaSO_3(s)$$

$CaSO_3$ 的生成会发生分解反应和歧化反应：$CaSO_3(s) \longrightarrow CaO(s) + SO_2(g)$

$$4CaSO_3(s) \longrightarrow 3CaSO_4(s) + CaS(s)$$

（3）当温度低于 $CaCO_3$ 的分解温度，SO_2 会直接与 $CaCO_3$ 反应：

$$CaCO_3(s) + SO_2(g) + O_2(g) \longrightarrow CaSO_4(s) + CO_2(g)$$

（4）CaO 还会与燃料中的卤素发生下列反应：

$$CaO(s) + 2HCl(g) \longrightarrow CaCl_2(s) + H_2O(g)$$
$$CaO(s) + 2HF(g) \longrightarrow CaF_2(s) + H_2O(g)$$

3.4.3　管道喷射脱酸技术

管道喷射脱酸工艺是指在除尘器烟气进口与锅炉省煤器烟气出口之间联络的烟道上，喷入固态脱酸还原剂的技术。垃圾焚烧常用的管道喷射脱酸工艺是在袋式除尘器烟气进口与上游设备烟气出口（如半干脱酸塔出口）之间的烟道喷射入钙基或钠基反应剂，脱酸反应开始并延续到袋式除尘器滤袋迎风面上进行脱酸反应的技术。

我国目前大多项目是将管道喷射脱酸技术作为半干法脱酸工艺正常运行期间，弥补烟气酸性污染物浓度突变，以及发生设备缺陷时的辅助手段；特别是作为填补半干法启动与停运时未能正常运行阶段的控制措施。

管道喷射脱酸工艺主要采用两种脱酸反应剂方式，一是喷氢氧化钙（$Ca(OH)_2$）干粉，一般需要在喷入前控制烟气温度与含水率，必要时可采取喷水降温增湿措施，以增强吸收剂的活性，减少绝热饱和温度差，提高脱酸效率。二是喷粉状小苏打（$NaHCO_3$），可选择在降温脱酸塔出口与袋式除尘器之间或者在余热锅炉出口与降温塔/脱酸塔喷入均可，不需要降温增湿。由于小苏打超细粉在日常温度和湿度的环境下容易吸潮、堆叠板结，且直接采购小苏打细粉价格偏高，以经济性和符合碳酸氢钠物理化学性质的合理性而言，一般采用以小苏打粗粉在现场研磨成细粉后再喷射至烟道的方法进行。

管道喷射工艺的脱酸率在50%~70%，受运行条件制约，实际运行往往达不到高脱酸效率。该工艺具有投资低、能耗低、安装简单、便于改造、无废水排放等优点。但也有脱酸效率低、飞灰容易板结硬化、管道容易堵塞等缺点。

管道喷射工艺的化学反应过程，首先在烟气降温塔内喷射雾水，以控制适宜的烟气温度。其次在适当的温度下，向位于烟气冷却塔与袋式除尘器之间的烟气管道内喷射消石灰干粉，使其与燃烧烟气中的氯化氢、硫氧化物、氟化氢发生化学反应（表3-22）。二噁英和水银等重金属被与消石灰一起喷入的活性炭所吸附，通过袋式除尘器去除活性炭、反应生成物及粉尘。

喷射钙基于钠基的脱酸化学反应原理机理   表 3-22

钙基脱酸反应	钠基脱酸反应
$SO_3 + Ca(OH)_2 = CaSO_4 + H_2O$ $SO_2 + Ca(OH)_2 = CaSO_3 + H_2O$ $2HCl + Ca(OH)_2 = CaCl_2 + 2H_2O$ $2HF + Ca(OH)_2 = CaF_2 + 2H_2O$	$NaHCO_3 + HCl = NaCl + CO_2 + H_2O$ $2NaHCO_3 = Na_2CO_3 + CO_2 + H_2O$ $Na_2CO_3 + SO_2 = Na_2SO_3 + CO_2$ $Na_2CO_3 + SO_2 + \frac{1}{2}O_2 = Na_2SO_4 + CO_2$

3.4.4 工程案例——成都洛带生活垃圾焚烧发电厂

1. 项目简介

成都洛带生活垃圾焚烧发电厂位于成都市龙泉驿区洛带镇，项目年处理生活垃圾40万t，采用3台焚烧处理能力400 t/d的层燃型垃圾焚烧锅炉；配置2台额定功率12MW凝汽式汽轮发电机组。烟气净化系统选用"烟气冷却塔＋消石灰喷射干法＋活性炭＋袋式除尘器"组合工艺。于2006年开始建设，2008年建成投产。

洛带项目焚烧炉为进口日本日立造船株式会社 Von Roll 的 L 形炉排往复式炉排。烟气净化成套设备由日立造船做基本设计，无锡雪浪环境公司完成详细设计并制造供货；余热锅炉由四川锅炉厂制造供货。

2. 垃圾设计成分与焚烧炉、余热锅炉参数

项目建设期间，成都市生活垃圾含水率40%~62.9%；生活垃圾热值4186~8372 kJ/kg，该项目的设计焚烧垃圾理化特性、含水率和垃圾热值见表3-23；垃圾焚烧锅炉的主要技术指标见表3-24。

成都市生活垃圾组分表（%，WT） 表 3-23

项目	含水率/%		灰分/%		可燃份/%		热值/（kJ/kg）
数值	51.1		15		33.9		7000/（1672kcal/kg）
项目	C	H	O	N	S	Cl	W
数值/%	20.61	4.32	8.47	31	0.03	0.15	51.10

垃圾焚烧锅炉主要技术指标 表 3-24

序号	项目		参数
1	数量		3
2	焚烧炉炉排型式		Von Roll L 型
3	每台焚烧炉最大连续处理垃圾量（MCR）		16.667t/h
4	每台焚烧炉最大处理垃圾量（110%MCR）		18.333t/h
5	焚烧炉设计热容量		35.80MW
6	进炉垃圾低位发热量设计值		7000kJ/kg
7	进炉垃圾低位发热量变化范围		4186～8372kJ/kg
8	焚烧炉年累计运行时间		≥8000h
9	烟气在>850℃的条件下停留时间		≥2s
10	焚烧残渣热灼减率		≤3%
11	炉排长度	干燥段	3610mm
		燃烧段	5610mm
		燃烬段	5210mm
12	炉排宽度		5080mm
13	炉排倾斜角度		15°
14	炉排表面积		73.31m²
15	炉排热负荷（MCR）		1591MJ/（m²·h）
16	最大炉排热负荷（110% MCR）		1750MJ/（m²·h）
17	炉排机械负荷（MCR）		227.4kg/m²
18	最大炉排机械负荷（110% MCR）		250kg/m²
19	一次风量（MCR）（标况）		58590m³/h
20	二次风量（MCR）（标况）		7130m³/h
21	一次风入炉温度		166℃
22	二次风入口温度（设计工况）		20℃
23	数量		3
24	余热锅炉型式		中压、单体式、自然循环式水管锅炉
25	每台锅炉额定蒸发量（MCR）		36.177t/d
26	蒸汽压力		4.1MPa（a）
27	蒸汽温度		400℃
28	锅炉运行压力		5.25MPa
29	汽包工作温度		266℃

续表

序号	项目	参数
30	余热锅炉年累计运行时间	≥8000h
31	给水温度	130℃
32	锅炉出口烟气量（MCR）（标况）	85240m³/h
33	锅炉出口烟气温度	190℃
34	锅炉效率（MCR）	83%

3. 烟气净化系统组合工艺的基本组成

洛带项目按环评批复，执行以干基、O_2含量11%计的《生活垃圾焚烧污染控制标准》GB 18485—2014 的控制指标。烟气净化系统工艺流程如图 3-13 所示。该工艺按锅炉省煤器烟侧出口烟温约200℃计，通过喷水冷却器，将烟气温度降至要求的145℃；再将消石灰粉在烟气进入袋式除尘器前的管系喷入，并在袋式除尘器的滤料上完成反应。

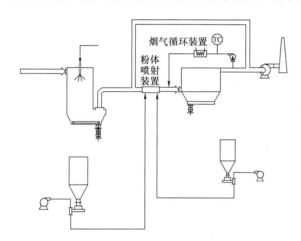

HCl	1750mg/Nm³（干基，11%氧）			
SO_x	400mg/Nm³（干基，11%氧）			
烟气量	93720Nm³/h			
粉尘	6000mg/Nm³			
HCl	1075ppm			
HF	17ppm			
SO_x	140ppm			
Hg	2mg/Nm³			
PCDD/PCDF	2～3TEQ-ng/Nm³			
设计最大烟气组分/%	H_2O	CO_2	O_2	N_2
	21.9	7.53	6.04	64.53

焚烧锅炉出口烟气条件

图 3-13 脱酸系统工艺流程示意图

烟气中的氯化氢、氟化氢、硫氧化物与消石灰反应剂发生化学反应而将其除去，化学反应方程式如下：

$$SO_3 + Ca(OH)_2 === CaSO_4 + H_2O$$
$$SO_2 + Ca(OH)_2 === CaSO_3 + H_2O$$
$$2HCl + Ca(OH)_2 === CaCl_2 + 2H_2O$$
$$2HF + Ca(OH)_2 === CaF_2 + 2H_2O$$

采用的脱酸系统由烟气冷却塔、消石灰供应系统、袋式除尘器、引风机及烟囱组成。其中：

（1）烟气冷却塔由烟气冷却装置和飞灰去除装置组成。烟气冷却水经水泵送到喷嘴，通过压缩空气雾化。烟气冷却塔入口处设有整流板，使烟气沿水喷雾方向自上而下回旋。引入冷却塔的烟气，通过冷却塔上的格子状整流板形成均匀的烟气流。冷却水喷嘴的前端安装在格子状整流板的稍下方，当烟气经整流，均匀地向下回旋流入冷却塔本体时，烟气与被喷嘴喷出的冷却水雾直接接触而被冷却。冷却塔本体直径足够大，使水雾不会接触到冷却塔内壁；设计高度能够满足水雾的完全蒸发。烟气经冷却调温后，从冷却塔底部排出。烟气中的部分粉尘由于烟气流的方向改变，会掉落到冷却塔底部灰斗，再经旋转刮灰器收集，通过旋转阀送至飞灰输送设备。冷却塔底部灰斗安装有防止粉尘结块及冷却塔腐蚀的电加热器。

（2）消石灰粉和活性炭粉从其储罐以气力输送方式定量供应，并通过烟气冷却塔与袋式除尘器之间的烟气管系喷入。消石灰的化学反应和活性炭吸附作用在烟气管道中进行。

（3）收尘系统。烟气在与消石灰和活性炭混合反应后，进入袋式除尘器，烟气中的粉尘被吸附在滤袋上，形成粉尘层。粉尘层中含有未反应的消石灰，与烟气中的有害酸性气体继续进行反应，提高消石灰利用率。净化后的烟气由滤袋花板上方排出。

布袋采用压缩空气清灰方式。压缩空气在极短的时间内，顺序通过各脉冲阀，由喷嘴向滤袋内喷射。附着在滤袋外表面上的粉尘在滤袋膨胀产生振动和反向气流的作用下，脱离滤袋落入灰斗。为防止二次吸附，减少除尘器阻力，延长布袋寿命，采用离线清灰。在正常运行时，布袋清灰利用袋式除尘器的压差进行自动控制。袋式除尘器设有就地控制盘柜。通过调整控制盘内的定时器可以设定清灰作业周期。单台袋式除尘器布袋过滤面积为2600m²，过滤风速 1m/min。

（4）主要工艺系统设备（表 3-25）

主要工艺系统设备表　　　　　　　　　　　　表 3-25

序号	名称	规格、型号	数量	生产厂家
1	烟气冷却塔	塔径×高＝5.3m×21.5m；处理风量 93720Nm³/h；水耗 1.81t/h；压缩空气耗量 6.3Nm³/（h·台）	3 台	无锡雪浪
2	袋式除尘器	脉冲喷吹清灰；过滤面积 2600m²；滤袋材质 TEFIRE；仓室数量 6 个/台；滤袋规格 φ164×5900；风量 99530Nm³/（h·台）；设计负压 3.5kPa；运行负压 2.7kPa；设计温度 240℃；运行温度 150℃；过滤风速 1.0m/min；压缩空气耗量 0.5Nm³/（h·台）（间歇用气），压力 0.6～0.8MPa（G）	3	无锡雪浪
3	活性炭储仓	筒体直径 2200mm，高 4.9m＋锥体高 1.9m；出口直径 0.4m；容量 20m³；材质 Q235-A；活性炭耗量 3×9.1kg/h 加料浓度 100mg/Nm³ 储存时间 168h	1	无锡雪浪
4	消石灰储仓	直径：3800mm；高筒体：13.2m＋锥体 3.6m；出口直径 0.4m；材质 Q235-A；容量 160m³；消石灰耗量：3×151kg/h；化学计量比 1.6；储存时间 168h	1	无锡雪浪
5	引风机	形式：双侧吸入涡轮风机、向后流线型叶片、带耐磨板；通过变频器调节流量；烟气流量 $Q=108200Nm³/h$；风压 $P=4760Pa$；电动机功率 $N=340kW$，电压 380V	3	

4. 系统运行情况

该项目自 2008 年 8 月投入试运行，全厂各系统运行状态正常，年焚烧垃圾约 40 万吨，每吨焚烧垃圾发电量 310kWh/t，消石灰耗量 15kg/t，渗沥液产生量约占入厂垃圾量的 20%，灰渣产生量约占入厂垃圾量的 31%。烟气净化系统各项污染物排放限值完全实现了项目设计保证值，其中 SO_2 约为 80～100mg/Nm³；HCl 约为 15mg/Nm³；HF 约为

$2mg/Nm^3$；颗粒物约为 $15mg/Nm^3$。

5. 干法工艺基本分析

干法净化工艺流程简单，不产生废液。但反应剂过量系数可达到 3.0，消耗量大；传统干法的 HCl 和 SO_x 去除效率一般不高于 50%，但从优化如喷嘴型式，运行工程条件与状态参数等视角，有提高脱酸效率的空间。目前，国内生活垃圾焚烧厂较少单独采用此干法，而是从半干法系统与除尘器之间的烟气管道喷入 $Ca(OH)_2$ 干粉或 NaOH 溶液。目的是填补系统冷态启动起始阶段半干法系统尚未正常投入运行时的空缺，或是因发生系统故障，致半干法后的酸性污染物不能满足排放浓度要求的弥补措施。

干式脱酸消石灰与酸性污染物发生中和反应的最佳反应温度是 150℃ 左右，在 $Ca(OH)_2$ 与酸性污染物当量比相同的条件下，在 150～210℃ 试验范围内的酸性污染物脱除效率随温度提高而降低（参见《生活垃圾焚烧处理工程技术》）。因此，自锅炉省煤器烟气侧出口温度 180～220℃ 的烟气需要在反应塔内或塔外采取降温措施。烟气中部分粉尘沉积到塔底料斗中（此工艺后称为"飞灰"），经排灰阀、输送机送飞灰稳定化系统进行全程可追溯的处理。为避免飞灰内吸湿结块，减温塔底部需配置加热装置。

3.5 半干法烟气脱酸技术

与垃圾焚烧烟气干法脱酸技术反应机理类似，半干法也是采用 $Ca(OH)_2$（消石灰）或 $NaHCO_3$（小苏打）作反应剂（基于厂内环境质量要求，垃圾焚烧项目一般不用 CaO）。反应剂与烟气酸性污染物在半干法反应装置内进行中和反应，达到脱酸目的。

采用 $Ca(OH)_2$ 等半干法工艺，需要将反应剂制备成石灰溶液，再雾化喷入脱酸反应装置中，使 HCl 等酸性污染物易于中和反应，并先于 SO_2 得到脱除。脱酸反应生成固态颗粒物，大多与烟气一起进入袋式除尘器进行捕集脱除，少量较大颗粒物沉降并收集到装置底部落灰斗，定期清除。除尘滤袋也可将截留未反应的 $Ca(OH)_2$ 等吸收剂与残存酸性污染物再次进行中和反应，达到二次脱酸效果。袋式除尘器在对烟尘等颗粒进行捕集的同时，随烟气温度降低而通过凝结作用将吸附在飞灰上的重金属、二噁英及呋喃等一并捕集。半干法烟气脱酸技术因具有成熟可靠、脱酸效率高、运行成本低等特点而在焚烧烟气脱酸领域得到广泛应用。目前常用的烟气半干法脱酸工艺包括旋转喷雾半干法和循环流化法。

3.5.1 喷雾干燥烟气脱酸技术

喷雾干燥法脱酸技术是 20 世纪 80 年代发展起来的一种典型的半干法脱酸技术，也是垃圾焚烧行业烟气脱酸主流工艺。国内垃圾焚烧项目常用的旋转雾化器大多采用如丹麦 Niro、比利时 Seghers 和美国 KS 等进口产品，近年来也有国产旋转雾化器投入商业运行。

3.5.1.1 工艺流程

半干法系统通常布置在锅炉省煤器烟气出口侧，通过烟气管道与反应器烟气进口连接在一起。正常工况是在系统负压状态下，按反应塔内 180～220℃，除尘器入口 160～180℃ 进行温度控制，通过喷入雾化水及控制液态反应剂量进行调节。

半干法喷雾干燥脱酸是将符合规定质量标准的 $Ca(OH)_2$ 等碱性溶液配置成浓度

20％～25％的反应剂溶液，送进反应塔前再将其浓度调整到（10±2）％；然后由特定计量泵，借助设置在反应塔顶的高转速雾化反应器（如 12000r/min）喷入脱酸反应装置中，并雾化成平均液滴粒径 5～40μm（目前多控制在 10～20μm），按一定轨迹运动。与此同时，顺流进入塔内的酸性污染物向雾滴扩散，发生气相与液相的化学吸收反应。通过与烟气充分接触而达到脱除 HCl、SO₂ 等酸性气体的一种工艺（图 3-14）。基本工艺流程为：烟气从反应装置顶部的烟气分配器均匀进入反应装置，粉状消石灰或小苏打与水制成一定浓度的碱性溶液，经溶液泵送入旋转雾化器，将碱性溶液雾化后在反应装置内与热烟气接触，碱性溶液蒸发干燥的同时与烟气中的 HCl、SO₂ 反应生成氯化钙、亚硫酸钙，达到脱酸目的。固体反应产物部分从反应塔底部排出，大多数反应产物随烟气经袋式除尘器收集后送至飞灰储仓。从脱酸系统排放出来的颗粒物同烟气净化系统收集的其他颗粒物是具有危险废物属性的飞灰。

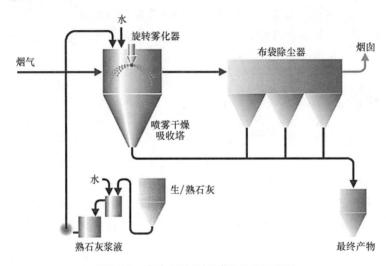

图 3-14　旋转喷雾干燥脱酸工艺流程图

半干法脱酸的基本反应为：

$$2HCl + Ca(OH)_2 \Longrightarrow CaCl_2 + 2H_2O$$
$$SO_2 + Ca(OH)_2 \Longrightarrow CaSO_3 + H_2O$$

与此同时，烟气热量与雾滴之间通过强制传质传热，使雾滴在下降到塔底前充分蒸发，形成固态反应产物。取对流传热系数 k（W/m²K），雾滴球面面积 A（m²），烟气温度与雾滴温度分别为 T_y 与 T_D，则这种通过边界层的传热速率为：

$$\frac{dQ}{dt} = k \times A \times (T_y - T_D) \tag{3-20}$$

喷雾干燥脱酸工艺过程可分为四个阶段：①雾化阶段，采用旋转雾化器或双流体喷嘴雾化将碱性溶液在反应装置内雾化。②混合阶段，烟气经烟气分配器分配后与雾化的碱性溶液充分混合流动。③干燥反应阶段，雾化的碱性溶液滴在反应装置内干燥，同时与酸性气体发生酸碱中和反应。④反应产物分离阶段，固态的反应产物从烟气中分离（包括装置内离心分离和袋式除尘器分离）。

3.5.1.2　物理过程

喷雾干燥法烟气脱酸工艺的脱酸装置内，一方面雾化液滴受烟气加热作用被干燥蒸发，进行传热过程；另一方面进行气相向液相的传质过程。在传质过程中，烟气污染物进入碱性溶液，同时与反应剂离解后产生的 Ca^{2+} 发生反应，最后在干燥作用下生成固态脱酸飞灰。喷雾干燥法烟气脱酸技术是包括蒸发干燥和脱酸化学反应两种过程的一次性连续处理工艺。根据蒸发干燥过程的特点，整个干燥过程可以分为三个阶段。

第一阶段为恒速干燥阶段，吸收剂的蒸发速率大致恒定，雾滴表面温度及蒸汽分压保持不变。水分由液滴内部很容易移动到液滴表面，补充表面汽化所失去的水分，以保持表面饱和。物料的水分大部分在第一干燥阶段排出。此时，由物料内部迁移到表面的水分足以保持表面水分饱和，物料温度称为湿球温度。在喷雾干燥过程中，物料一旦与烟气接触就开始蒸发，水分快速转移到烟气中，降低了烟气的温度，而烟气温度的降低减少了传质推动力，尽管保持表面饱和，蒸发速率也会下降。然而，由于此阶段进行速度极快，一般还是认为物料干燥的初始阶段属于恒速干燥阶段。在这一阶段由于表面水分的存在，为吸收剂与 HCl、SO_2 的反应创造了良好的条件，约 50% 的吸收反应发生在这一阶段，所需的时间仅为 1~2s。

第二阶段为降速干燥阶段，水分移向表面的速率小于表面汽化速率，表面含水量逐渐下降，此时 SO_2 等的吸收反应也逐渐减弱。降速干燥阶段可以维持较长的时间。

第三阶段为动平衡阶段，液滴表面温度接近达到烟气绝热饱和温度。烟气绝热饱和温度与塔内瞬时烟气平均温度之差，决定着雾化颗粒的蒸发推动力。较高的烟气温度，驱使液滴快速蒸发。

3.5.1.3 化学反应过程

半干法通常以消石灰 $[Ca(OH)_2]$ 作吸收剂，将消石灰粉制成消石灰溶液喷入反应装置内，在反应装置内吸收剂与烟气充分混合接触，一方面与烟气中的 SO_2 发生反应生产亚硫酸钙；另一方面烟气冷却，吸收剂水分蒸发干燥，达到脱除 SO_2 目的同时获得固体粉状脱酸生产产物。半干法脱酸主要的化学反应如下：

（1）SO_2 被液滴吸收：SO_2（气）$+H_2O \rightleftharpoons H_2SO_3$（液）。

（2）吸收的 SO_2 同溶解的吸收剂反应：$Ca(OH)_2$（液）$+H_2SO_3$（液）$\rightleftharpoons CaSO_3$（液）$+2H_2O$。

（3）液滴中 $CaSO_3$ 达到过饱和后，结晶析出：$CaSO_3$（液）$\rightleftharpoons CaSO_3$（固）。

（4）部分溶液中的 $CaSO_3$ 与溶于液滴中的氧反应，氧化成硫酸钙：$CaSO_3$（液）$+1/2O_2$（液）$\rightleftharpoons CaSO_4$（液）。

（5）$CaSO_4$ 溶解度低，结晶析出：$CaSO_4$（液）$\rightleftharpoons CaSO_4$（固）。

（6）在脱硫过程中溶解的 $Ca(OH)_2$ 不断消耗，同时固态 $Ca(OH)_2$ 又不断溶解补充以维持脱除 SO_2 的反应继续进行：$Ca(OH)_2$（固）$\rightleftharpoons Ca(OH)_2$（液）。

（7）烟气中的气体酸性气体 HCl、HF 等也会同时与 $Ca(OH)_2$ 反应：$Ca(OH)_2 + 2HCl \rightleftharpoons CaCl_2 + 2H_2O$；$Ca(OH)_2 + 2HF \rightleftharpoons CaF_2 + 2H_2O$。

3.5.1.4 影响酸性气体脱除的主要因素

SO_2 等酸性气体的吸收是一个复杂的物理化学反应过程，影响喷雾干燥过程的热量传递和质量传递的参数都会影响酸性气体的脱除效果。对于干燥过程而言，影响液滴干燥时间的主要因素为烟气温度、液滴含水率、液滴粒径和脱酸反应后烟温趋近绝热饱和程度。从化学反应角度，吸收剂反应特性及比表面积、反应时间、钙硫比等因素对反应过程都有重要影响。

1. 雾滴粒径

研究表明，雾滴粒径是一个重要的过程参数，对干燥时间和 SO_2 等酸性气体吸收反应有关键影响。从理论上分析，一方面良好的雾化效果和极细的雾滴粒径可保证 SO_2 吸收效率和雾滴的迅速干燥，另一方面雾滴的粒径越小，干燥时间也就越短。由此，因脱酸吸收剂在完全反应之前已经干燥，也就使气液反应变成了气固反应；而喷雾干燥脱酸主要是离子反应过程，此反应主要取决于是否存在水分，气固反应使脱酸率达不到要求。因此存在一个合理的雾化程度和合适的雾化粒径，以保证在达到最佳脱酸反应之前液滴不至于干涸。

当反应剂溶液液滴粒径小于 $50\mu m$ 时，随着液滴粒径的增大，脱酸率明显上升；当液滴粒径超过 $50\mu m$ 以后，随着液滴的粒径增大，脱酸装置脱酸率升高幅度降低，直至不再变化。这是因为随着液滴粒径的进一步增大，当反应剂溶液液滴的粒径大于 $100\mu m$ 时，外部传质速率是整个反应程度的控制环节，即粒径增大，反应比表面积减小，脱酸率逐渐降低。

可见，吸收剂通过雾化作用，形成大量的小液滴增加了表面积，提高了气相至液相的传质速度，增大了液相内反应物接触的机会，减少了生成反应产物所需的时间，从而对提高脱酸率和减小反应塔容积有利；但是液滴过细，干燥速度太快，造成脱酸主要作用的离子反应提前终止，脱酸率难以提高。另外，液滴越细要求的能耗也越高。所以，产生合适尺寸的雾滴，控制蒸发速度，调节气相至液相的传质速度，对脱酸塔内烟气流速、烟气停留时间、塔的大小、脱硫率，以及工程造价和能耗指标等都有影响，在整个喷雾干燥过程中有至关重要的作用。此外，Scala 等的研究也指出，溶液雾化粒径的大小对溶液蒸发时间和比表面积有显著影响，减小溶液雾化粒径能够有效增大气体与溶液的接触面积，减小气体传质阻力，并提高酸硫效率；过小的溶液雾化粒径使得蒸发时间缩短，气体与溶液的液相反应时间也缩短，不利于脱酸效率的提高。

2. 接触时间

烟气和反应剂的接触时间对脱酸效果有很大影响，反应物与反应剂之间的充分接触有利于脱酸。在喷雾干燥法脱酸技术中，以烟气在脱酸装置内停留时间来衡量烟气与反应剂的接触时间，烟气在装置内停留时间主要取决于石灰溶液液滴的蒸发干燥时间，一般为 $10\sim12s$；对应的烟气流速称为空塔流速，在实际设计脱酸装置时，烟气空塔流速是重要的设计参数，降低烟气流速即延长烟气在装置内停留时间，有利于提高脱酸率。

实际上，由于恒速干燥阶段所需时间在很短的 $1\sim2s$，而反应在此期间完成了约 50%，剩余时间主要是降速干燥、动平衡和气固接触过程的反应。因此，在脱酸装置内，通过控制进水量确定了烟气近绝热饱和温度差 AAST 后，当烟气温度与烟气绝热饱和温度之差达到了 AAST 时，继续延长烟气停留时间只是增加了液滴干燥后的气固反应，这一阶段脱酸装置内反应本来就对脱硫率的贡献较小，而停留时间越长，脱酸装置尺寸就越大，建设成本将增加。因此，从控制工程造价的角度出发，烟气在装置内应有最佳停留时间。

3. 钙硫比

钙硫比是影响脱酸率的重要因素之一。由于在脱酸反应过程中，反应剂不可能百分之

百和 SO_2 等酸性污染物反应，因此钙硫比一般要取大于 1。通常钙硫比越大脱硫率越高，但同时也说明反应剂利用率越低。

钙硫比主要与脱酸工艺方案，烟气中 HCl、SO_2 等污染物浓度，以及反应剂活性等因素有关。对于半干法，诸多文献确定的钙硫比范围在 1.2～2.0。当其他边界条件相同的情况下，提高钙硫比，就可以提高脱酸率，其主要机理如下：

(1) 钙硫比增加意味着脱硫剂加入量增加，石灰溶液中 Ca^{2+} 的浓度将会升高。因此液相传质阻力减小，使液膜传质系数增大，从而提高脱硫率。

(2) 在后续的除尘器中将继续进行气固反应，由于气相传质阻力不明显，因此，除尘器脱硫率主要与未反应反应剂的浓度和化学反应速率有关。由于钙硫比增加，脱酸装置内的脱酸率不会成比例增加。这样势必会增加除尘器内的脱酸剂浓度，因此脱酸率也有明显提高。尤其是对于袋式除尘器，由于气体和固体紧密接触，随着袋式除尘滤袋外表面过滤层厚度增加，脱酸率明显提高。但钙硫比也不宜过高，钙硫比增高意味着液滴中的水分减少，导致蒸发时间缩短，气液反应时间减小，反而会降低脱酸效率。

4. 脱酸反应剂的反应性能

消石灰溶液与酸性气体的反应性能在很大程度上取决于消石灰的比表面积、纯度、消化过程，以及产地等因素。一般而言，在同样的入口烟气 SO_2 浓度和钙硫比的条件下，比表面积越大，脱酸率越高。

反应剂种类及其在反应时的状态对脱酸过程有很大的影响。脱酸反应剂选择氧化钙或氢氧化钙时，从费用角度考虑，氢氧化钙高于生石灰；但从反应活性角度考虑则与之相反。国内垃圾焚烧厂大多采用消石灰作为反应剂，一些焚烧厂从成本控制和消石灰反应性能考虑，采用生石灰粉在厂内消化制备消石灰溶液，在降低成本的同时，也提高了溶液的反应活性。只是带来系统设备周边的环境脏乱差问题比较突出，对操作人员的身体健康有较大影响。因此在垃圾焚烧项目消耗的反应剂基本不再使用 CaO，而直接应用 $Ca(OH)_2$。

5. 半干法脱酸装置出口烟气温度

在半干法烟气脱酸工艺中，一定湿度和温度的未饱和烟气进入脱酸装置，与雾化器喷入的反应剂溶液液滴接触，因烟气尚未饱和，水分便不断向烟气中汽化，假设反应装置保温良好，散热损失可忽略，也无外界补充热量，水分汽化所需的潜热只能来自烟气的显热，致使烟气的温度逐渐下降，烟气湿度不断增高。

在半干法烟气脱酸工艺控制中要用到近绝热饱和温度差（AAST）状态参数来衡量烟气接近绝热饱和状态的程度。Papadakis 等的研究表明，随着 AAST 的降低，脱酸效率近乎呈指数增长。在运行的过程中，AAST 直接影响脱酸率和装置的运行稳定性，主要体现在以下方面。

(1) 反应装置出口烟气平均温度越接近绝热饱和温度，即 AAST 越小，出口烟气温度越低，烟气湿度越大，脱酸溶液液滴的蒸发速率降低，液滴的停留时间延长，完成液滴干燥以达到允许残余水分含量的时间就越长。反应剂可维持较长的湿态时间，也就是增加了气液反应的时间，由于 SO_2 与脱硫剂的反应条件主要受液相传质控制，气液反应时间的增加就可期望达到更高的脱硫率。

(2) 在气固脱酸反应阶段，脱酸反应剂上吸附的水分对促进 SO_2 的吸附和反应起着关键性的作用。AAST 越低，烟气湿度越大，剩余脱硫剂内部所含的水分越高，脱硫效果就越好。有研究表明，水分存在可使钙基吸收剂反应活性增加，其反应机理相对于干燥状态已发生了明显变化，脱酸反应效率得到提高。

（3）AAST 不能太低，否则会带来堵塞和腐蚀等一系列的经济性和运行可靠性等问题。

6. 氯离子的影响

Cl^- 主要来源，一是以 HCl 的形式由烟气带入脱酸反应装置内，二是通过工艺水进入脱酸反应过程。Cl^- 与 Ca^{2+} 结合形成 $CaCl_2$ 形式的钙盐，盐分可通过降低溶液的蒸汽分压从而增加液滴的干燥时间。另外，$CaCl_2$ 是强吸水性的，也可以起到减缓液滴干燥速度的作用。所以，Cl^- 对于提高吸收剂利用率可起到一定的积极作用，为气相向液相扩散提供了更长的时间。但是这种效果只是一定范围内对脱酸效果有利，因为，如果 Cl^- 浓度太高，反应产物就不易达到干燥状态，此时就有必要提高反应塔的烟气出口温度，即提高 AAST，以保证脱酸反应装置出口的反应产物为干态。但 AAST 的提高对脱酸率又有不利影响。

7. 渗沥液水回用制备溶液应注意的问题

制备消石灰溶液用水分为两种，一种为消化水，另外一种称为稀释水。这两种用水的品质对消石灰的性能和产量都有很大影响。研究表明，当消化水中溶解有 10000mg/L 的亚硫酸根、硫酸根和硫代硫酸根时，消化速率会显著下降，消石灰的产量比用纯水作消化水时低了 30%。消化水中可溶固体含量越高，得到的消石灰颗粒越粗大，反应活性越差，一般应该保证消化水最大的含硫成分不超过 500mg/L，整体可溶固体不超过 1000mg/L。与消化水相比，稀释水的要求比较低，但是当稀释水中所含硫化物的量达到 10000mg/L 时可以引起消化器稀释区域的明显结垢，一般应保证稀释水的含硫成分不超过 5000mg/L。

8. 二次反应

垃圾焚烧烟气净化系统通常设置袋式除尘器分离脱酸后烟气中的反应产物和其他颗粒物，通过控制滤袋清灰时间，可在滤布表面形成一定厚度的过滤层，在过滤层中游离的 $Ca(OH)_2$ 可继续与烟气中的酸性气态污染物发生反应，此过程可提高约 10%～20% 的脱酸率。

9. 生石灰消化

消化温度与水和石灰的比例是密切相关的。为了获得最小的 $Ca(OH)_2$ 晶体，最重要的是维持最佳的消化温度。在合适的温度下消石灰颗粒的平均直径甚至可以达到 $1\mu m$ 以下。消石灰的颗粒直径越小，它的利用率越高。每公斤石灰消化时理论上可以放出 1140kJ 的热量。由于石灰内含有杂质且并不一定能够完全消化，因此对于高钙石灰常为 1045kJ。消化器一般可以在最大消化能力附近生成高质量的石灰，当消化量低于最大出力时，维持最佳的消化温度比较困难，此时必须采取保温措施或对消化水进行预热。与许多其他反应过程一样，消化也需要一定的时间才能进行完全。过早地排出未完全消化的石灰可以导致其温度降低，消化反应速度变慢，导致消石灰品质下降。

3.5.1.5　半干法喷雾脱酸工艺系统

喷雾半干法脱酸系统主要由溶液制备、喷雾干燥吸收、副产物捕集和储运 4 个部分组成。虽然喷雾半干法脱酸的原理简单，但它的系统设计和设备制造要求严格和精确。在自动控制方面，不仅反应剂的用量要根据入口 SO_2 浓度变化迅速加以调整，还要根据烟气温度的高低调节降温水用量，以保证足够的脱酸效率和合理的吸收剂利用率。

喷雾半干法烟气脱酸技术的反应剂一般采用的 $Ca(OH)_2$ 溶液，但由于 $Ca(OH)_2$ 的溶解度相对较低，在标准状况下 100g 水中仅能溶解 0.185g 的 $Ca(OH)_2$，而在反应塔内，雾滴中水分因迅速蒸发而减少，脱酸反应是边干燥边发生化学反应的过程，吸收烟气污染物的过程主要发生在液相（即在雾化溶液完全干燥之前），只有极少部分发生在干燥后。垃圾焚烧厂烟气含湿量低，温度相对较高，一般达到 150～220 ℃，导致雾化的反应剂溶液在脱酸反应装置中快速蒸发，使液相化学反应时间缩短，影响了脱酸效率的提升。对于垃圾焚烧烟气中 $400mg/Nm^3$ 的 SO_2 含量烟气，常用的旋转喷雾半干法已能满足绝大多数排放要求。

3.5.2 循环流化法烟气脱酸技术

循环流化法（circulating fluidized bed，CFB）烟气净化工艺于 20 世纪 70 年代首先在德国的 Grevenbroich 电解铝厂获得应用，用于脱除电解铝烟气中的 HF 有害气体。到 20 世纪 80 年代中期，随着技术发展，CFB 烟气净化工艺被用于电站锅炉的烟气脱硫。1985—1987 年，首台 CFB 烟气脱硫示范装置在德国一家燃煤电站得到应用，处理烟气量为 $40×10^4 m^3/h$，采用消石灰为脱硫剂，SO_2 由入口浓度 $5000mg/m^3$ 降为出口$<400mg/m^3$，脱硫率大于 90%。随后在废物焚烧行业成功用来脱除焚烧烟气所产生的 HCl 等，到 20 世纪 80 年代末实现垃圾焚烧项目的商业化应用。

CFB 烟气脱酸技术以循环流化原理为基础（图 3-15），通过除尘器与循环床反应塔之间的飞灰再循环流化工艺，使反应剂即飞灰中残余反应剂与烟气接触时间增加，一般可达 30min 以上，从而提高了反应剂的利用率。CFB 工艺不但具有干法脱酸工艺的优点，如流程简单、占地少、投资小、不需烟气再热系统、可去除重金属和 SO_2、副产品为干态可综合利用等，而且还能在很低的钙硫比（$Ca/S=1.2～1.5$）条件下，达到湿法工艺的脱酸率（$93\%～97\%$）。

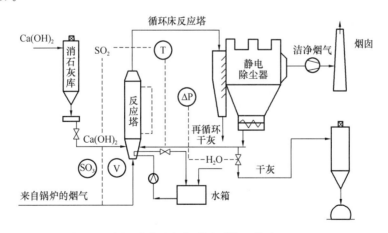

图 3-15　循环流化法烟气脱硫系统工艺流程（CFB）

目前国内有引进并应用的 4 种 CFB 烟气脱酸技术为：①上海龙净环保工程公司引进德国 LLB 公司开发的烟气循环流化床脱酸技术（circulating fluidized bed，CFB）；②武汉凯迪工程股份有限公司引进德国 Wulff 公司的回流烟气循环流化床脱酸技术（reflue circulating fluid-ized bed，RCFB）；③国电龙源环保公司引进丹麦 FLS 公司开发的气体悬浮吸收烟气脱酸技术（gas supension absorber，GSA）；④浙江菲达环保科技股份有限公司引进 ABB 公司开发的增湿灰循环脱硫（novle integrated desulfurization，NID）技术。此外，在垃圾焚烧行业于 20 世纪 90 年代早期进口的 GSA、NID 技术设备至今仍运行良好，而且未受到烟气污染物排放标准升级的影响。

CFB 烟气脱酸工艺与循环流化床锅炉技术不同，前者是燃烧后的烟气净化处理，后者是垃圾焚烧处理与减排技术。前者的反应过程在专门的反应塔内进行，后者的反应过程在锅炉内进行；前者使用反应剂为 $Ca(OH)_2$ 干粉或溶液，属干法或半干法技术范畴，后者采用石灰石为反应剂，参与燃烧反应过程。它们的相同之处都是以流化技术原理为基础，通过飞灰或烟气的再循环，达到降低烟气酸性污染物或氮氧化物排放，提高反应剂的利用率和脱酸效率的目的。它们的化学反应原理基本相同，都是 Ca^{2+} 与 SO_2 作用，生成 $CaSO_3$ 和 $CaSO_4$，但循环流化床锅炉技术是加入的 $CaCO_3$ 先经炉膛高温热解获得 CaO，而循环流化床脱酸技术是使用 $Ca(OH)_2$，利用 $Ca(OH)_2$ 在反应塔内多次的再循环，使烟气中 SO_2、HF、HCl 等污染物与反应剂充分接触，从而大大提高反应剂的利用率，可达到湿法脱硫工艺的高水平。

CFB 烟气脱酸工艺主要由反应剂制备设备、反应塔、反应剂再循环设备和静电除尘器组成。烟气从反应塔下部的文丘里管进入反应塔。烟气在文丘里管喉管得到加速，在渐扩段与加入的消石灰粉和喷入的雾化水强烈混合，$Ca(OH)_2$ 与烟气中的 SO_2、SO_3、HCl 和 HF 等气体在反应塔内发生如下反应：

$$Ca(OH)_2 + CO_2 \longrightarrow CaCO_3 + H_2O$$

与此同时生成 $CaSO_4$、$CaSO_3$、$CaCl_2$ 和 CaF_2 等。负面作用表现在烟气中有 CO_2 存在，会消耗一部分 $Ca(OH)_2$。

脱酸后的烟气进入除尘器前，先经一个百叶窗式分离器，该百叶窗式分离器的除尘效率为 50%。经电除尘后的烟气温度为 70～75℃，可直接从烟囱排出且无须再加热。从百叶窗分离器及电除尘器下部收集的干灰，一部分送回循环反应塔的再循环灰入口，另一部分送至干灰库。

脱酸用的消石灰粉可直接利用商品消石灰，也可将生石灰用于消化现场制取。反应塔喷入的雾化水量，由控制反应塔出口的烟温高于露点温度的差值（ΔT）来决定，ΔT 值越小，脱硫效率越高，但塔内固体物料的粘壁可能性也越大。因此，一般控制 ΔT 为 20～30℃，即控制脱酸反应塔出口烟温 65～75℃。脱酸反应塔是 CFB 工艺中的关键设备，设计文丘里段是为了使气流在整个容器内达到合理分布，气流首先在文丘里喉部被加速。而再循环物料、新鲜 $Ca(OH)_2$ 粉和增湿水均从渐扩段加入，和烟气充分混合，然后进入反应塔柱形段。这段内烟气空塔流速一般设计为 1.8～6m/s，从而使塔内固体物料在烟气上升速度的作用下处于悬浮循环状态，同时适应锅炉负荷 30%～100% 变动的需要。通过固体物料的数次循环，使反应剂在塔内可能有约 30min 的长停留时间。而烟气在反应塔内停留时间设计仅为 3s，从而大大提高了吸收剂的利用率和反应塔脱硫效率。为保证 CFB 系统最佳的脱硫效果，该系统采用以下 3 个自动控制回路。

（1）根据反应塔出口烟气量和烟气中原始 SO_2 浓度控制消石灰粉的给料量，以保证按要求的脱酸效率所必需的 Ca/S 摩尔比。

（2）根据反应塔出口处的烟气温度直接控制反应塔底部喷水量，以确保反应塔内的温度处于尽可能地接近露点的最佳反应温度范围内，喷水量的调节方法一般采用离心式回流调节喷嘴，通过调节回流水压来调节喷水量。

（3）循环流化床内的固/气比或固体颗粒质量浓度是保证其良好运行的重要参数。沿床层高度的固/气比可以通过沿床高度底部和顶部的压差 Δp 来表示。固/气比越大，表示固体颗粒的质量浓度越大，因而塔的阻力损失 Δp 越大。

通常，$\Delta p = \Delta p_v + \Delta p_s$。$\Delta p_v$ 决定于烟气流速，Δp_s 决定于固体颗粒物的浓度。据 Bischoff 介绍，Δp_v 约为 600Pa，Δp_s 为 400～1000Pa。调节固/气比的方法是通过调节分离器和除尘器下所收集的飞灰排量，控制送回反应塔的再循环干灰量，从而保证床内适宜的固/气比。

3.5.3 增湿灰循环脱酸技术介绍

3.5.3.1 工艺原理和特点

增湿灰循环烟气即新型一体化脱硫工艺技术（novel integrated desulfurization，NID），是在袋式除尘器烟气进口侧安装一套应用 NID 技术的增湿灰循环烟气脱酸工艺系统。该工艺技术是 ABB 公司在其完成 120 多套新型半干法（也有将其归类到有条件干法）脱硫装置的工程基础上发展而成的，具有创造性的新一代烟气脱硫工艺。瑞典 Vaexjoe 的 ABB 研究中心设计和制作了示范设备，并于 1995 年 2 月投入试运行。由于运行效果较好，Electrownia Laziska 公司决定在两台 120MW 锅炉上各安装一套，并于 1996 年投产。NID 工艺克服了传统半干法烟气脱硫技术使用制浆或喷水所带来的负面作用，具有负荷可调性大、运行简单可靠、设备紧凑占地小、便于系统设备技术改造等特点。就燃煤焚烧系统来说，当煤中含硫量属中低值时，Ca/S=1.1 的情况下脱硫率可达 80% 以上。从我国生活垃圾焚烧项目运行的一套 NID 工艺运行过程来看，在 2014 版标准将 HCl 排放指标从 2001 版的小时均值 75mg/Nm³，修订为日均值 50mg/Nm³、时均值 60mg/Nm³；SO_x 排放指标从小时均值 260mg/Nm³，修订为日均值 80mg/Nm³、时均值 100mg/Nm³ 的背景下，以 2022 年的取样分析为例，在吨焚烧垃圾投入 12.6kg 质量合格的 $Ca(OH)_2$ 时，检测结果显示，尽管该项目是按我国 2001 版烟气污染物排放标准建设运行的，但仍可完全适应修订版烟气污染物排放指标的要求并留有余地。

NID 烟气脱硫技术工艺原理是利用生石灰（CaO）作为反应剂与烟气中包括 SO_2 在内的酸性污染物进行中和反应。该反应要求 CaO 平均粒径不大于 1mm，CaO 在一个专门设计的消化器中加水消化成 $Ca(OH)_2$；然后与袋式除尘器或电除尘器除去的部分飞灰作为循环灰进入混合增湿器，加水增湿使混合灰含水量从 2% 增加到 5%，之后含钙循环灰被导入烟道反应器。脱酸循环灰进入反应器后，由于有极大的蒸发表面，水分很快蒸发，在极短的时间内使烟气温度从 140℃ 左右降至 70℃ 左右，烟气相对湿度则快速增加到 40%～50%。这种工况有利于 SO_2 气体溶解并离子化，同时使反应剂表面的液膜变薄，加速了 SO_2 的传质扩散速度。并且循环灰中未反应的 $Ca(OH)_2$ 进一步参与循环脱硫，增加了反应器中 $Ca(OH)_2$ 的浓度，有效 Ca/S 增大，提高了脱硫率。

与传统的喷雾半干法或循环流化床法脱硫工艺相比，NID 具有以下特点。

（1）传统的喷雾半干法或循环流化床法是将水和生石灰配制成浓度为 35%～50% 的溶

液或将水直接喷入烟气中以降低烟气温度，形成必要的反应条件。NID 烟气脱硫工艺将水均匀分配到循环灰粒子表面，在一体化的增湿器中加水增湿使循环灰的水分含量从 2% 增加到 5%，然后以流化风为动力借助烟道负压进入截面为矩形的脱硫反应器。

（2）循环增湿消化一体化设计，不仅克服了单独消化时出现的漏风、堵管等问题，而且能利用消化时产生的蒸汽，增加了烟气的相对湿度，对脱硫有利。

（3）含 5% 水分的循环灰由于具有良好的流动性，克服了传统的半干法烟气循环流化床脱硫工艺在反应器内可能出现的粘壁问题。

（4）由于烟气温度的降低及湿度的增加，使得烟气中的 SO_2 等酸性气体分子更容易在反应剂表面冷凝、吸附并离子化，有利于提高脱硫率。

（5）由于循环灰颗粒间的剧烈摩擦，使得被钙盐硬壳覆盖而未反应部分反应剂重新暴露，继续参加反应（表面更新作用）。同时，因反应剂是在混合器中预先混合、增湿并多次循环的，故而可提高有效利用率。

3.5.3.2　工艺系统

从垃圾焚烧锅炉省煤器排出的烟气，经脱酸反应器底部进入，和均匀混合在增湿循环灰中的反应剂发生反应。在降温和增湿的条件下，烟气中的 SO_2 与吸收剂反应生成亚硫酸钙和硫酸钙。反应后的烟气携带干燥固态的飞灰与未反应消石灰进入除尘装置，经过反应、干燥的部分飞灰作为循环灰被除尘器从烟气中分离出来，由输送设备再输送给混合器，同时也向混合器加入消化过的石灰，经过增湿及混合搅拌进行再次循环，循环倍率达到 100 以上，净化后的烟气在露点温度 20℃ 以上，无须再热，经过引风机排入烟囱。

湿法脱酸工艺是指位于除尘器系统之后，烟气中酸性污染物与液相脱酸反应剂的气液反应的方法。湿法脱酸系统主要由湿式洗涤塔、循环水（液）喷射系统、循环冷却水（液）系统、NaOH 储存与制备系统、湿法废水处理系统等组成。作为湿法核心设备的湿式洗涤塔，按气液反应技术特点可分为喷雾式、填料式、筛板式、文丘里式洗涤塔。

$Ca(OH)_2$ 作为湿法工艺的反应剂时，生成物 $CaSO_4 \cdot H_2O$（石膏）会导致填料及管道结垢及堵塞，因此湿法工艺多采用 24% 浓度的 NaOH 溶剂。基本反应过程：

$$HCl + NaOH =\!=\!= NaCl + H_2O$$

$$SO_2 + 2NaOH =\!=\!= Na_2SO_3 + H_2O$$

$$Na_2SO_3 + \frac{1}{2}O_2 =\!=\!= Na_2SO_4$$

$$SO_3 + 2NaOH =\!=\!= Na_2SO_4 + H_2O$$

一般地，垃圾焚烧烟气处理的湿法脱酸工艺，HCl、SO_x 的去除效率可分别达到98%、90% 以上。以一种典型湿法脱酸基本工艺流程（图 3-16）为例，将来自锅炉的焚烧烟气温度降到约 140℃（必要时设置调湿塔），再经除尘后的烟气进入湿式洗涤塔的冷却部。由冷却液循环将烟气温度降至 40～60℃ 并控制到洗涤塔出口。塔底的吸收液一部分循环使用，一部分排出以降低溶液中的含盐量，保证酸性气体的吸收率。

经冷却和吸收后的烟气进入洗涤塔吸收减湿部。减湿水与 NaOH 溶液一并由减湿水循环泵通过减湿部上方高覆盖率的低压喷嘴喷入，并经过充有如高密度聚乙烯、聚丙烯等材料［当烟气流量大于 0.24（0.94）m^3/s 时，填料直径不宜小于 25.4(50.8)mm］的填料床与烟气充分接触，进一步去除酸性污染物，产生的副产物为二水硫酸钙，俗称石膏。反

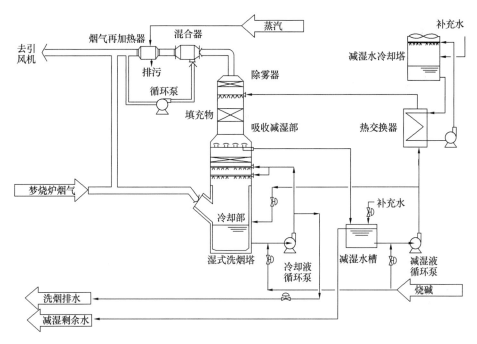

图 3-16 一种典型湿法脱酸工艺原理图

应后的减湿水从吸收减湿部下部排入减湿水槽。净化后的烟气经塔顶除雾器除雾后，约 70℃烟气进入 SGH 或 GGH 将烟气加热至露点以上 20℃（如按 150～160℃控制），再通过引风机经烟囱排入大气，以防止低温腐蚀。目前我国已有采用半干法＋湿法，半干法＋干法＋湿法脱酸工艺，未见有单独采用湿法工艺的。对一些采用湿法工艺规范运行的状态看，鲜有明显优于半干法＋干法工艺的，可见尚需积累应用湿法工艺的经验。

3.6 湿法烟气脱酸技术

湿法脱酸工艺常位于烟气除尘器之后，其脱酸效率主要取决于液体和气体之间的有效接触面积，并影响着从气相到液相的质量传递。

湿法脱酸工艺种类较多，垃圾焚烧行业典型的湿法工艺组合为袋式除尘器和湿式洗涤塔的组合。烟气需要先降温除尘，经冷却至 60℃后再与碱性反应剂进行反应。湿法脱酸的反应剂，常采用烧碱（NaOH）以提高除酸效率。配置好的烧碱溶液喷入湿式洗涤塔，与烟气中的酸性气体进行反应。烟气洗涤器吸收效率是由酸性气体扩散至碱性吸收液滴的速度所控制，必须尽可能增加气液相接触的时间及面积，以及提升液滴中吸收剂的浓度。目前工程中主要使用喷淋式洗涤器或填料塔洗涤器来获得较大的液体表面积，从而增大烟气与液体的接触面积。洗涤塔产生的废水需经专门处理后排放，处理后的烟气需再加热。

湿法烟气净化在国内外的应用案例可见，其对酸性物质、有机污染物及重金属有高去除效率，如 HCl 及 SO_2 去除率可达到 95％以上。对垃圾焚烧烟气超净排放需求有独特的技术优势。但湿法净化技术也有其不足之处，主要表现在：产生高浓度无机氯盐及重金属的废水，需二次处理达标后方可排放；处理后烟气温度降低到露点以下，需再加热到 120℃ 以上，以避免烟囱出口形成白烟现象；设备投资、运行费用也较高。

3.6.1　钠碱法烟气脱酸技术

钠碱法是以 NaOH 或 Na_2CO_3 溶液吸收烟气中的酸性气体，反应产物为 Na_2SO_3、$NaHSO_3$、Na_2SO_4、NaCl 等。由于钠盐溶解度大，所有生成物均可保持在溶液内，从而可避免洗涤塔内结垢和淤塞，有利于湿法系统的稳定运行。

3.6.1.1　吸收原理

用钠碱溶液洗涤含 HCl、SO_2 的烟气时，HCl、SO_2 将先溶于水中，并离解生成 H^+、Cl^-、HSO_3^- 及少量的 SO_4^{2-}。碱溶液中存在着 Na^+ 和 OH^-，由于 OH^- 和 H^+ 反应生 H_2O，使反应向消除 HCl、SO_2 的方向不断进行。

当采用氢氧化钠（NaOH）为反应剂时，主要化学反应方程式如下：

$$SO_2 + 2NaOH == Na_2SO_3 + H_2O$$

$$SO_3 + 2NaOH == Na_2SO_4 + H_2O$$

$$HCl + NaOH == NaCl + H_2O$$

$$HF + NaOH == NaF + H_2O$$

在上述反应中，Na_2SO_3 会被洗涤塔内的空气氧化，生成 Na_2SO_4：

$$Na_2SO_3 + \frac{1}{2}O_2 == Na_2SO_4$$

由于焚烧烟气中含有 CO_2 的体积浓度约 15%，在 SO_2 与钠碱溶液发生反应前，会发生如下反应：

$$2NaOH + CO_2 \longrightarrow Na_2CO_3 + H_2O \quad （pH=11.5）$$

然后再与过剩的 CO_2 反应：

$$Na_2CO_3 + CO_2 + H_2O \longrightarrow 2NaHCO_3 \quad （pH=8.4）$$

之后，由于亚硫酸的酸性比碳酸强，碳酸被置换，才发生 SO_2 的吸收反应：

$$Na_2CO_3 + H_2SO_3 \longrightarrow Na_2SO_3 + H_2O + CO_2\uparrow \quad （pH=7.0）$$

$$2NaHCO_3 + H_2SO_3 \longrightarrow Na_2SO_3 + 2H_2O + 2CO_2\uparrow \quad （pH=7.0）$$

最后再与过剩的 SO_2 反应：

$$Na_2SO_3 + H_2SO_3 \longrightarrow 2NaHSO_3 \quad （pH=4.4）$$

因此 pH 值在 4.4 以上时（表 3-26），SO_2 容易溶解在 NaOH 溶液中，当 pH 值小于 4.4 时，SO_2 在吸收剂溶液中的溶解度会因饱和而下降。在实际工程中，一般将吸收液的 pH 值控制在 6～8。

pH 值与钙硫比的近似关系　　　　　　　　表 3-26

pH	5	5.1	5.2	5.3	5.4	5.5	5.6	5.7
钙硫比	1.023	1.025	1.03	1.035	1.04	1.04	1.05	1.055

3.6.1.2　湿法工艺流程简介

以图 3-17 为例，湿法烟气净化工艺主要由洗涤塔（包括冷却部、填料床、吸收减湿

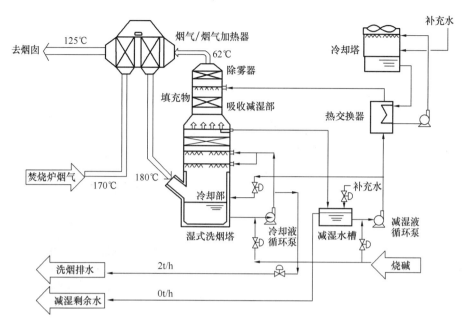

图 3-17 湿法烟气净化工艺

部、除雾器等)、烟气再加热器、冷却液循环泵、减湿液循环泵、减湿水槽等组成。来自余热锅炉出口温度约为 190～210℃的烟气进入减温塔降温至约 155℃,再进入袋式除尘器捕集粉尘。在减温塔与袋式除尘器之间的烟气管道中喷入活性炭以吸收重金属及二噁英类物质。袋式除尘器出口温度约 150℃的烟气从湿式洗涤塔底部进入向上运行。洗涤塔分为冷却部和吸收减湿部,冷却部位于洗涤塔下部。烧碱溶液由冷却部上方的喷嘴向下喷入与逆流的烟气充分接触,将烟气温度逐渐降低至其饱和温度,同时,在此过程中烧碱溶液与烟气中部分的酸性气体 HCl、HF、SO_2 进行反应,生成 NaCl、NaF、Na_2SO_3、Na_2SO_4 等盐类。

烟气经冷却部的冷却和吸收后进入洗涤塔上部的吸收减湿部。从减湿水槽来的减湿水与烧碱输送泵(图 3-17 中未示出)来的烧碱溶液一并由减湿水循环泵经热交换器后,输送至减湿部上方喷嘴,向下喷入,均匀地经过填料床与烟气充分接触,在此可进一步降低烟气温度,同时烟气中水分含量也降低。由于低温有利于碱性溶液对酸性气体的吸收,在此过程中,烟气中的酸性污染物将进一步被吸收,净化后约 60℃的烟气经塔顶除雾器进入烟气再加热系统。为防止烟囱出口冒"白烟",需要根据当地大气压和大气湿度、温度等外部条件,将烟气温度升高到适当的温度才能排放。

3.6.1.3 湿法工艺的废水处理系统

湿法工艺会产生一定量的废水,其污染物特点是 pH 值高、悬浮物浓度高、TDS高、重金属(如 Hg)及氟类物质浓度高。针对上述特点,湿式洗涤塔废水处理系统采用二级混凝沉淀工艺。由以下部分组成:初沉池、调节池、一级混凝沉淀部分、二级混凝沉淀部分、最终中和部分及污泥处理部分等。出水水质要求满足国家及当地的排放标准。

3.6.1.4　湿法洗涤塔设备组成

1. 冷却部

进入烟气洗涤塔约 150℃ 的高温烟气在冷却部被冷却到饱和温度，并进行有害气体的吸收。洗涤塔采用聚丙烯制造的喷雾喷嘴，喷嘴布置要能使喷雾能够均匀。而且，塔的内部采用抗火石以及树脂衬层，在结构上完全耐腐蚀。

2. 吸收减湿部

在冷却部冷却及吸收烟气后，为了进一步提高吸收效果，在吸收减湿部进行烟气吸收及减湿。吸收液由减湿水热交换器循环供应。被吸收了有害气体的烟气从除雾器均匀地流入填充层，填充层中使用了树脂制造的填充物。如图 3-18 所示，吸收冷水循环液由液体分散器变成喷淋状，均匀地经过填充流下，进行气体-液体接触，烟气被冷却。吸收部本体材质为树脂衬层，填充物采用聚乙烯制造，均为耐腐蚀结构。

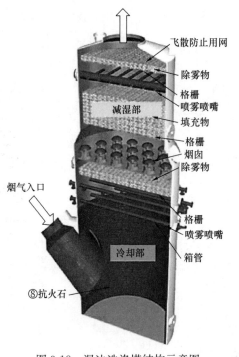

图 3-18　湿法洗涤塔结构示意图

3.6.1.5　烟气-烟气换热器（Gas-Gas Heater，GGH）

由于湿法脱酸后的烟气温度降低到 40~50℃，如直接排放至大气，会造成如下环境问题：① 烟气温度较低，抬升高度较小，有可能造成地面污染浓度较大，这也相当于降低了脱酸效率。② 湿烟羽排出烟囱后会发生水汽凝结，使烟羽的透明度变差，烟羽呈白色甚至灰色。③ 饱和状态的湿烟气总会携带一定量的液滴，液滴可能在烟囱下风向的一定范围内降落，造成环境影响。

由于垃圾焚烧发电厂多位于城市周边，从保障环保指标和城市景观角度考虑，大多数采用湿法脱酸工艺的垃圾焚烧发电厂会设置 GGH 来加热净化后的烟气，从而使烟气温度达到 80℃ 以上再由烟囱排放至大气中。设置 GGH 后，在 GGH 吸热侧将未脱酸的高温烟气在进入吸收塔前由 150℃ 左右降至 100℃，一方面提高烟气中 SO_2 与脱酸吸收剂的反应效率，另一方面保护吸收塔内的防腐层免受高温的伤害；在 GGH 的放热侧将经洗涤脱酸后的净烟气温度由 50℃ 左右加热至 80℃ 后，再经烟囱排放到大气，此外，烟气排放温度虽然仍然低于亚硫酸或硫酸的露点 120~150℃，但高于腐蚀性极强的氯化氢和氟化氢的露点温度（65℃ 左右），从而大大降低了对下游烟道、烟囱和其他设备的腐蚀。同时，烟气排放温度的提高使污染物抬升高度和扩散程度得到提高，烟羽的可见度得到降低，降低了烟囱降落液滴的可能性，对大气环境质量的改善非常有益。

设置 GGH 可能会带来如下一些不利的影响：

（1）投资和运行费用增加

据初步推算，因安装 CGH 而为提高压力增加的增压风机、控制系统增加的控制点数、增加的烟道长度和 GGH 架及相应的建筑设施设备安装费用等，造成脱酸系统总投资约增加 20%；烟气的压降增加 1.2kPa 左右，且为了克服这些阻力，必须增加风机的压头，从而会使整个系统的运行费用增加。

（2）脱酸系统运行故障增加

堵塞和腐蚀是 GGH 运行中常见的故障。原始烟气在 GGH 中由 150℃ 左右降低到 100℃ 左右，在 GGH 的热侧会产生大量黏稠的浓酸液。这些酸液不但对 GGH 的换热元件和壳体有很强的腐蚀作用，而且会黏附大量烟气中的飞灰。另外，穿过除雾器的微小溶液液滴在换热元件的表面上蒸发后，也会形成固体结垢物，这些结垢物质会降低传热效率，并增加系统的阻力。

从化学反应的角度，无论何种脱硫工艺，在理论上只要有一个钙基吸收剂分子就可以吸收一个 SO_2 分子，或者说，脱除 1mol 的硫需要 1mol 的钙。但在实际反应设备中，反应的条件并非处于理想状态，因此一般需要增加脱硫剂的量来保证吸收过程的进行。一般钙硫比 1.03～1.05。

3.6.2 工程案例——浙江海宁市绿能环保发电项目一期工程

3.6.2.1 基本情况

项目规划焚烧生活垃圾处理能力 2250t/d，其中一期建设 2 条 750t/d 焚烧线。项目以焚烧处理生活垃圾为主，协同处理干化污泥和工业固废混烧。一期工程于 2020 年 4 月 30 日完成机组 72+24 小时试运行。烟气净化系统选用 "SNCR+SDA 半干法+干法+活性炭喷射+布袋除尘+GGH1+湿法脱酸+烟气减湿+GGH2+SGH+低温 SCR 脱氮" 组合工艺。额定工况下垃圾焚烧锅炉状态参数、出口烟气条件及污染物排放指标见表 3-27、表 3-28。

烟气净化系统额定工况入口烟气参数表　　　　　　　　　　　　表 3-27

序号	项目	单位	范围
1	额定烟气量（运行值）	Nm^3/h	165000（余热锅炉出口）
2	最大烟气量（设计值）	Nm^3/h	181500（余热锅炉出口）
3	反应塔进口烟气温度	℃	200
4	除尘器出口烟气温度	℃	150
5	O_2	Vol%	6.04
6	H_2O	Vol%	21.9
7	Dust	mg/Nm^3	～6000
8	HCl	mg/Nm^3	～1000
9	SO_x	mg/Nm^3	～1000
10	NO_x	mg/Nm^3	～350
11	Hg	mg/Nm^3	1
12	Cd+Ti	mg/Nm^3	0.6
13	Pb+Cu+As+Sb 总量	mg/Nm^3	20
14	二噁英/呋喃	$ng\ TEQ/Nm^3$	5

烟气污染物控制指标　　　　　　　　　　　　　　　　　　表 3-28

序号	污染物名称	单位	《生活垃圾焚烧污染控制标准》GB 18485—2014		本项目烟气处理系统出口		
			日平均	小时平均	日平均	小时平均	30 分平均
1	颗粒物	mg/Nm³	20	30	10	30	—
2	HCl	mg/Nm³	50	60	10	10	—
3	HF	mg/Nm³	—	—	1	4	—
4	SO$_x$	mg/Nm³	80	100	50	100	—
5	SO$_x$	mg/Nm³	250	300	75	75	—
6	CO	mg/Nm³	80	100	50	100	—
7	Hg	mg/Nm³	0.05		0.02		
8	Cd+Tl	mg/Nm³	0.1		0.03		
9	Pb+Sb+As+Cr+Co+Cu+Mn+Ni+V	mg/Nm³	1		0.5		
10	二噁英类	ngTEQ/Nm³	0.1		0.08		

注：1. 各项标准限值均以标准状态下含 11%O$_2$ 干烟气为换算；
　　2. 烟气最高黑度时间，在任何 1 小时内累计不得超过 5min。

3.6.2.2　工艺系统组成

　　湿法烟气脱酸装置是为了去除垃圾焚烧炉烟气中的酸性污染物，可作为独立烟气净化装置使用，也可结合 SDA 半干法或干法脱酸系统使用。装置系统组成：烟气冷却吸收系统，烟气减湿吸收系统，NaOH 投入系统，烟气再热系统。系统主要设备规格参见表 3-29。

湿法脱酸系统主要设备表　　　　　　　　　　　　　　　　表 3-29

序号	名称	规格、型号	数量	生产厂家
1	湿法洗涤塔	塔径：6.3m，塔高：27.6m，处理风量：187810Nm³/h，空塔流速：2m/s，液气比：3.4L/m³，除雾器：2 层丝网除雾器，减湿填料：ϕ145mm×48mm 泰勒花环，填料高度：1.5m，材质：碳钢+玻璃鳞片防腐，空塔	2	江苏华星东方
2	烟气-烟气换热器	热侧温度：150/99℃，冷侧温度：62/115℃，换热面积：3272m²，热负荷：3.53MW，材质：改性 PTFE	2	Wallstein
3	冷却液循环泵	卧式离心泵，Q=750m³/h、H=40mH$_2$O、N=132kW，材质：2605 双相钢	4	五二五化机
4	减湿液循环泵	卧式离心泵，Q=550m³/h、H=35mH$_2$O、N=90kW，材质：2605 双相钢	4	五二五化机
5	减湿液水箱	ϕ4m×H5m，容积：60m³，材质：碳钢+玻璃鳞片防腐	2	江苏华星东方
6	板式换热器	热侧流量：550t/h，进出口温度：62/29℃；冷侧流量：1070t/h，进出口温度：25/42℃，换热面积：347m²，热负荷：20.7MW，材质：316L 不锈钢	2	阿法拉伐
7	烧碱储存罐	ϕ4m×H5m，容积：60m³，材质：304 不锈钢	1	江苏华星东方
8	烧碱稀释罐	ϕ2.2m×H2.8m，容积：10m³，材质：304 不锈钢	2	江苏华星东方

1. 烟气冷却吸收系统

烟气冷却吸收系统位于湿法洗涤塔的下部，垃圾焚烧炉的烟气经过除尘器过滤后，被引入洗涤塔的底部，与喷嘴喷淋的冷却吸收液碰撞后上升。在此过程中，烟气中的 HCl 和 SO_2 被去除，烟气被冷却到大约 67℃，而冷却吸收液中的水分被蒸发到烟气中。洁净烟气上升，烟气中夹带的雾滴被安装在洗涤塔中部的除雾器去除。冷却吸收液加入 NaOH 后，pH 值自动维持在 6.0～8.0，并经过烟气冷却系统的循环泵循环使用。由于吸收的有害污染物的增加，冷却吸收液的盐浓度变高，为保持要求的盐浓度值，一部分冷却吸收液被自动排到一个排放池。下面的反应方程式表明了有害气体被吸收到冷却吸收液中的反应。

$$HCl + NaOH \longrightarrow NaCl + H_2O$$

$$SO_2 + 2NaOH + \frac{1}{2}O_2 \longrightarrow Na_2SO_4 + H_2O$$

2. 烟气减湿吸收系统

烟气减湿吸收系统安装在湿法洗涤塔的上部。烟气经过洗涤塔下部的冷却吸收系统后继续向上运动，在向上运行的过程中，与喷头喷射的减湿吸收液接触，在这个过程中，烟气被冷却到大约 62℃，烟气中的水蒸气冷凝，烟气被干燥，同时去除了 HCl 和 SO_2。烟气中的雾滴被安装在洗涤塔顶部的除雾器去除，洁净烟气被导入下级烟气再热系统。减湿吸收液和烟气接触后，温度升高，流进减湿吸收液箱，并通过减湿吸收液循环泵送入板式换热器。经过板式换热器冷却后，减湿吸收液再一次通过喷头喷入洗涤塔。

烟气冷却过程中产生的冷凝水一部分被重新用于补充冷区吸收系统蒸发的水量，多余的水量被全部排到废水处理系统，水量的多少主要与垃圾特性及烟气减湿系统的出口温度有关。此外，通过将 NaOH 自动注入减湿吸收液喷嘴前的管道里，使烟气接触后减湿水的 pH 值保持在 6～8 之间。

3. NaOH 加投系统

槽罐车运来的 30％～40％的 NaOH 溶液通过卸载泵输送至 NaOH 储存罐中储存，再通过 NaOH 稀释泵送至 NaOH 稀释罐中稀释成 20％的 NaOH 溶液。20％NaOH 被注入到烟气冷却吸收系统和烟气减湿吸收系统，从而保持两个系统的循环液 pH 值在正常水平。

4. 烟气再热系统

来自除尘器的约 150℃烟气经烟气-烟气换热器（GGH）降温段降温至约 99℃进入湿法洗涤塔，从洗涤塔出口约 62℃的烟气经 GGH 升温段升温至 115℃进入下游 SCR 脱氮系统。

3.6.2.3 脱酸系统运行情况

本项目建设阶段烟气减湿吸收系统出口温度将冷凝水与冷却吸收系统的蒸发水平衡作为设计点，为保证减湿吸收系统不向系统外排废水，最终确定出口温度为 62℃。2023 年，对减湿吸收系统进行了消除白烟改造，包括增加板式换热器面积、减湿填料高度、循环冷却水量等设备和运行参数调整，湿法洗涤塔减湿吸收系统出口温度被控制到 45℃，当环境温度≥2℃，大气相对湿度≤90％情况下，烟囱出口无白烟产生。

3.7　烟气脱酸脱氮技术经济分析

3.7.1　烟气脱酸技术经济分析的基本要求

对垃圾焚烧发电项目的烟气净化技术的评价，要从环境角度的烟气污染物排效果，以及技术经济、资源以及节能减排等角度进行系统的评价，方能确定最佳可行的技术经济方案。垃圾焚烧发电厂的技术经济评价应建立在充分研究其自身工程规律基础上，有条件地借鉴火电厂烟气脱硫脱氮技术分析与评价的研究成果。例如美国电力研究院（EPRI）、田纳西工程管理局（TVA）在 20 世纪 80 年代初从定量经济评价指标、定性技术性能评价指标、定性商业化评价指标三个方面建立的烟气脱酸系统的技术经济评价方法；美国能源部主要从环境特性、技术成熟度、适应性和成本等方面建立的清洁煤技术评价体系（CCTP）。我国的做法与 TVA 采用的方法大致相同，一般采用净现值法和年费用最小法来进行脱硫系统的技术经济分析。

垃圾焚烧烟气处理不同于燃煤电厂脱硫处理，由于垃圾焚烧烟气污染物成分复杂，需要采用去除烟气中的酸性气体、重金属、二噁英及颗粒物等有害物质等组合净化工艺，进而使焚烧烟气净化工艺的环境特性更加明显。垃圾焚烧烟气净化的技术经济分析需考虑的因素更多，但分析的原则和基本做法要按国家相关政策与行政规定的技术经济评价方法进行。一般在评价之前需对工艺方案进行投资与费用估算，其中：

① 基建投资包括直接投资、间接投资及其他投资。项目建设前期按项目建议书、可行性研究、初步设计、施工图设计 4 个阶段进行评估。其误差允许值分别为：项目建议书 -50%～50%；可行性研究 -20%～4%；初步设计 -50%～30%；施工设计 -10%～20%。

② 年费用包括直接运行维护费、间接运行维护费以及资本支出。运行维护费每年不同，资本支出逐年下降，因而每年运行费都在变化，同时还得考虑货币值受通货膨胀的影响，对这些因素一般用均化系数来考虑，相当于把所有可变的年运行费用转化为一个不变的年度值。

③ 运行维护费用均值由第一年运行维护费和均化系数相乘而得，资本支出的均化值以年投资的百分数作为资本支出的均化。均化系数包括两部分，一部分是反映当时货币值的贴现率；另一部分是脱硫系统工作期间通货膨胀的影响因素。对工作寿命为 30 年的机组贴现率为 10%，通货膨胀率为 6%。

3.7.2　我国脱酸工程经济评价方法

我国脱酸工程一般均采用费用现值比较法和年费用比较法来校核，其结果实际上与前述 TVA 采用的方法大致相同。采用的两个主要计算公式是：

（1）费用现值法。以各方案的费用现值 PW 进行比较，以现值最低者为可取方案。

$$PW = \sum_{i=1}^{n}(I + C' - S_V - W)_i \left(\frac{P}{E}, i, t\right)$$

式中　$\left(\dfrac{P}{E}, i, t\right)$ ——折现系数 $\left(\dfrac{1}{1+i}\right)$；

I——全部投资（包括固定资产和流动资金）；

C'——年经营总成本；

S_V——计算期末回收固定资产余值；

W——计算期末回收流动资金；

i——基准收益率（财务）或社会折现率（经济）；

n——计算期。

（2）等额年费用。以各方案的等额年费用 AC 值来比较，年费用较低者为可取方案。

$$AC = \left[\sum_{i=1}^{n} (I + C' - S_V - W)_i \left(\frac{P}{E}, i, t \right) \right] \left(\frac{A}{P}, i, n \right)$$

式中 $\left(\dfrac{A}{P}, i, n \right)$——资金回收系数 $\left[\dfrac{i(1+i)^n}{(1+i)^n - 1} \right]$。

3.7.3 基于生命周期的垃圾焚烧厂烟气处理技术评价

国内学者基于生命周期评价（Life Cycle Assessment，LCA）方法对垃圾焚烧厂烟气处理技术进行了评价研究。LCA 是一种定量化、系统化评价各种产品、服务和技术所造成综合资源环境影响的标准方法，具有系统全面、指标客观量化、工作方法标准化及方法应用普适性的优点，能够对产品全过程所涉及的各种资源环境问题进行分析评价。这种评价可以是宏观上的，也可以是微观方面的。国内外均有学者应用 LCA 方法对污水处理、固体废物处理与管理、金属冶炼等方面的工艺技术进行了研究，结果表明，LCA 方法是分析比较工艺技术方案环境影响的有效方法。

根据《环境管理——生命周期评估——原则和框架》ISO 14040：2006 标准的定义，生命周期是指产品从原材料的获取或自然资源的生成直至最终处置的一系列相互联系的过程。LCA 方法体系包括目的与范围的确定、清单分析、影响评价和结果解释四个部分。

1. 目标与范围的确定

垃圾焚烧烟气净化系统的功能与范围的评价目标为各种烟气净化工艺及其组合技术在 LCA 角度的效益与负面影响因素，包括适用性和经济性的评价，LCA 评价的系统边界可确定为自垃圾焚烧省煤器烟气出口开始到净化烟气自烟囱排放到大气结束，包括烟气净化整个工艺系统及能量和物质输入输出。研究范围除烟气净化本身外，还包括生产过程及公路运输过程。

2. 分析清单

进行 LCA 分析研究必须为生命周期每一个过程收集其过程清单数据集，也就是在此过程中单位产出所对应的原料和能源的投入及各种排放。过程清单数据的来源分为两类：一类是从实际生产过程记录、技术方案或文献调查中获得的原始数据，经过处理后成为过程清单数据集，称为实景过程数据；另一类是从现有 LCA 基础数据库中找到并选用所需原料和能源的生产数据，称为背景过程数据。

收集烟气处理过程中消耗的资源、能源包括：氢氧化钙、活性炭、氨水、工业用水、工业用气和电力等各项资源能源消耗数据。收集烟气处理系统排放的污染物主要包括排放烟气中含有的大气污染物和烟气处理过程产生的固体废弃物，如飞灰等。在得到所有单元过程的清单数据后，可以计算单位产品的生命周期清单表，也就是在整个生命周期模型所涵盖的过程中，总共消耗的各种资源的数量和造成的环境排放的数量。

3. 影响分析

影响评价是将生命周期清单数据和具体的环境影响联系起来，根据生命周期清单分析的结果对潜在环境影响的程度进行评价。评价方法包括特征化分析、归一化分析、贡献分析和敏感度分析。

特征化分析研究的基本步骤是：选择一种环境影响类型，找出相关的清单物质种类，并建立从这些清单物质到产生环境影响的环境因果链模型。从因果链模型中选择一个效果参数，并选择一种基准物质，将其他清单物质的效果与基准物质的效果对比，可以得出各种清单物质的特征化因子，也就是同类环境影响的各种清单物质之间的当量因子或折算因子。在具体 LCA 分析研究中，可引用各种特征化因子将同类清单物质数据汇总为针对主要环境影响类型的特征化指标，用来描述产品系统造成的各种环境影响的大小。LCA 结果中各种清单物质指标和特征化指标的单位、含义均不相同，因此不具有可比性，但有时为判断哪一种指标更为重要时，可以进行归一化计算。

所有生命周期指标均是由各个过程的同一指标累加得到的，因此所有生命周期指标均可进行过程分析，即哪些过程对全生命周期有主要的贡献；贡献分析实质上就是对各指标的构成结构进行分析，目的是找出生命周期影响因素的主要来源，从而辨识问题出现的主要环节和原因，通常贡献越大，改进的余地也越大。

敏感度分析也称为扰动分析，其实质是分析清单数据单位变化率引起的指标变化率。敏感度分析是假设任意一项过程清单数据都有相同的变化范围，如果已知或估计出实际可能的变化范围时，可以计算出各指标的相应变化，称为潜力分析。

4. 生命周期解释

生命周期解释就是在确定的研究目的和研究范围内，综合考虑生命周期清单分析和影响评价的发现，从而形成结论并提出建议。LCA 提供了最佳的产品环境评价指标，后续的决策和措施不仅要体现生命周期解释中所确定的环境内涵，还可以结合技术可行性、经济效益、社会效益等因素进行综合分析。

韩娟从生命周期评价的角度，对"半干法＋活性炭＋布袋除尘""半干法＋干法＋活性炭＋布袋除尘""SNCR＋半干法＋干法＋活性炭＋布袋除尘"三种垃圾焚烧烟气净化组合工艺进行了环境影响分析和综合评价。选取了潜在酸化效应、一次能源消耗、潜在全球变暖效应、潜在富营养化效应、潜在非生物资源消耗和可吸入无机物六类环境影响指标和基于我国节能减排控制目标的综合评价指标 ECER 进行特征化分析，研究结果表明：①三种方案对潜在酸化效应、可吸入无机物这两类环境影响的贡献程度差别不大；对一次能源消耗、潜在非生物资源消耗这两类环境影响的贡献程度差异显著，半干法＋干法工艺方案的影响最小；对潜在全球变暖效应贡献程度最大的是"SNCR＋半干法＋干法"工艺方案，其他两个方案贡献程度基本相同；对潜在富营养化效应贡献程度最小的是"SNCR＋半干法＋干法"工艺方案；ECER 的主要贡献指标是一次能源消耗、SO_2 和 NO_x，用 ECER 评价三种方案，"半干法＋干法"工艺方案的环境影响最小。②一次能源消耗是烟气处理工艺方案的主要环境影响类型。③烟气处理现场阶段和工业用水、工业用气、消石灰等原料的生产阶段是对环境影响贡献比较显著的四个过程。④基于我国目前国情及技术发展现状，从全生命周期环境整体优化角度，推荐采用"半干法＋干法"工艺方案。

3.7.4 烟气脱酸技术的综合评价

3.7.4.1 烟气脱酸技术评价指标

随着脱硫脱氮技术在火力发电和垃圾焚烧行业的广泛应用,其技术评价体系也在不断发展,无论是国内还是国外,评价指标大体上是类似的,主要是技术成熟度、技术环境性能和技术经济性能,技术评价指标越来越细化,而且越来越定量化,主要体现在如下三个方面:

1. 环境特性

根据处理后烟气的 SO_2、NO_x 等酸性污染物排放量进行评价,按其平均值与排放标准进行比较分为很好、好、中等和不好四个等级,低于排放标准的为很好,达到标准的为好,接近标准的为中等,达不到标准的为不好。

2. 经济性指标

选用烟气脱酸系统占发电厂总投资的比例和 SO_2、NO_x 单位脱硫、脱氮成本作为综合经济性能评价的标准,在发电厂规模、贴现率和燃料性质等参数均一致时,单位 SO_2、NO_x 脱除成本和烟气净化系统投资比例最低者即为最佳技术。

3. 技术性能指标

包括脱硫率、脱氮率、吸收剂与还原剂的利用率、吸收剂与还原剂的可获得性和易处理性,副产品的处置和可利用性,对锅炉和烟气处理系统的影响,对机组运行的影响,对周围环境的影响,占地大小、流程的复杂程度、动力消耗、工艺成熟度、技术复杂程度等反映技术综合指标性能。

3.7.4.2 烟气脱酸技术的综合评价模型

烟气脱酸是涉及技术、经济、资源、环境等多因素、多目标的复杂问题,具体评价指标既有定量的又有定性的。如何根据垃圾焚烧发电厂的实际情况,有效地处理这些定性的和定量的总指标,评估和优选出水平先进、经济适用的控制技术是非常困难的。参照清华大学王书肖、郝吉明针对燃煤电厂开发的烟气脱硫技术多级模糊综合评价模型,应用模糊数学的理论评价垃圾焚烧烟气脱酸系统特有的多元化和模糊性,其主要方法如下。

多级模糊综合评价原理为:将多种因素按属性分为若干类大因素,然后对每一类大因素进行初级的综合评价,在此基础上再对初级评价的结果,进行高一级的综合评价。其一般步骤如下。

(1)将给定的因素集,按其不同的属性划分成 s 个互不相交的因素子集。

$$U = \{U_1, U_2, \cdots, U_s\}$$

(2)对每个 U_K($K=1$,2,$\cdots$,s)进行初级综合评价。

根据 U_K 中各因素所起作用大小定出权数分配 A_K:

$$A_K = (a_{k1}, a_{k2}, \cdots, a_{km}) \text{ 且 } \sum_{j=1}^{n} a_{kj} = 1$$

对 U_K 中的每个因素 u_{ki} 或是引入隶属函数,将该指标进行处理,用隶属函数形式表达;或按照评价集 $V = \{V_1, V_2, \cdots, V_n\}$ 给出 u_{ki} 对 V_j 的隶属度 r_{kij},由此组成单因素评价矩阵 R_K。据此,可得出对 U_K 的一级综合评价 B_K。

$$B_K = A_K R_K = (b_{k1}, b_{k2}, \cdots, b_{kn})$$

（3）对 U 进行综合评价。将 U 上的 s 个因素子集 U_K 看成是 U 上的 s 个单因素，按各 U_K 在 U 中所起作用的大小，给出其权重分配 $A = (a_1, a_2, \cdots, a_s)$。

由各 U_K 的评价结果 B_K，得出总的评价矩阵 $\boldsymbol{R}$：

$$\boldsymbol{R} = \begin{vmatrix} B_1 \\ B_2 \\ \vdots \\ B_S \end{vmatrix} = \begin{vmatrix} b_{11} & b_{12} & \cdots & b_{1n} \\ b_{21} & b_{22} & \cdots & b_{2n} \\ \vdots & \vdots & \vdots & \vdots \\ b_{s1} & b_{s2} & \cdots & b_{sn} \end{vmatrix}$$

即可得 U 的综合评价矩阵 $\boldsymbol{B}$：

$$\boldsymbol{B} = \boldsymbol{A} \cdot \boldsymbol{R} = \boldsymbol{A} \begin{vmatrix} A_1 & R_1 \\ A_2 & R_2 \\ \vdots & \vdots \\ A_S & R_S \end{vmatrix} = \boldsymbol{A} \begin{vmatrix} B_1 \\ B_2 \\ \vdots \\ B_S \end{vmatrix} = (b_1, b_2, \cdots, b_n)$$

由此得出两级模糊综合评价的数学模型。

3.7.4.3　烟气脱酸技术综合评价

以垃圾焚烧烟气净化常见的技术组合作为综合评价目标，分别为：A——机械旋转喷雾半干法＋袋式除尘；B——机械旋转喷雾半干法＋消石灰粉喷射干法＋袋式除尘；C——机械旋转喷雾半干法＋消石灰粉喷射干法＋湿法＋袋式除尘；D——消石灰粉喷射干法＋湿法＋袋式除尘；E——消石灰粉喷射干法＋袋式除尘；F——增湿循环灰干法＋袋式除尘（表 3-30）。

焚烧烟气脱酸技术综合性能分析表

表 3-30

指标	A	B	C	D	E	F
脱酸率	85%～90%	HCl 96%～98%；SO₂ 90%～92%	HCl 99%；SO₂ 99%	HCl 99%；SO₂ 95%	80%	85%
钙硫比	1.5～1.6	1.6～1.8	1.0～1.2	1.2～1.3	2.0～2.5	1.5～1.8
工艺流程	较简单	较简单	复杂	复杂	简单	简单
吸收剂利用率	50%	50%	90%	90%	50%	60%
吸收剂获得与处理	容易	容易	一般	一般	容易	容易
副产物	飞灰	飞灰	飞灰、废水	飞灰、废水	飞灰	飞灰
适用情况	推广性高、工艺较简单、投资合理		备用性、去除率高	稳定性高、去除率高	工艺简单、辅助工艺	工艺简单、投资少
负面影响	投资偏高、维护量大	投资偏高、维护量大	工艺复杂，占地较大，能耗较大，投资高		飞灰量大	飞灰量大
电耗/总发电量	1	1.1	2	2	0.5	0.8
技术成熟度	成熟	成熟	成熟	成熟	成熟	较成熟
系统投资/总投资	8%～12%	8%～12%	20%	20%	5%～8%	10%
脱酸成本/（元/t）	900～1200	900～1200	1000～1500	1000～1500	800～1000	800～900
副产品处理成本	一般	一般	高	高	较高	较高

参考文献

[1] 白良成．生活垃圾焚烧处理工程技术[M]．北京：中国建筑工业出版社，2009．

[2] 杨飏．烟气脱硫脱氮净化工程技术与设备[M]．北京：化学工业出版社，2013．

[3] 新井纪男[日]．燃烧生成物的发生与抑制技术[M]．北京：科学出版社，2001．

[4] 谢冰．史力争，洪澄泱，等．国内外生活垃圾焚烧烟气排放与监管标准比较分析[J]．环境工程学报，2023(10)：3434-3443．

[5] 张克虎，张凡，李中和，等．生活垃圾焚烧烟气中 HCl 的生成与控制研究[C]//中国环境科学学会，大气环境科学技术研究进展，2004：714-718．

[6] 王冬梅．突发环境事件风险物质应急处理手册(气态环境风险物质 第一册)[M]．北京：中国环境出版集团，2021。

[7] 葛介龙，张佩芳，周钧忠，等．几种半干法脱硫工艺机理探讨[J]．电力环境保护，2005，21(1)：13-16．

[8] 郭士义，潘卫国，康迪．基于钙基和钠基喷雾半干法烟气脱硫技术的经济性研究[J]．动力工程学报，2020，40(5)：412-418，432．

[9] 李玉忠，马春元，董勇．半干法烟气脱硫工艺中的近绝热饱和温度[J]．环境保护科学，2003，29(4)：5-8．

[10] OKKES A G，BADGER B V. Get acid dew point of flue gas[J]. Hydrocarbon Processing，1987，66(7)：53-55．

[11] 穆璐莹，王伟权，张沁慧．垃圾焚烧发电厂烟气干法脱酸系统温度的控制[J]．中国环保产业，2014(12)：54-55．

[12] 住房和城乡建设部．生活垃圾焚烧技术导则：RISN-TG009—2010[S]．北京：中国建筑工业出版社，2010．

[13] 蒋文举．烟气脱硫脱氮技术手册(第二版)[M]．北京：化学工业出版社，2012．

[14] 曾丹苓，敖越，张新铭．工程热力学(第三版)[M]．北京：高等教育出版社，2002．

[15] BEYLOT A，HOCHAR A，MICHEL P，et al. Municipal solid waste incineration in france：an overview of air pollution control techniques，emissions，and energy efficiency[J]. Journal of Industrial Ecology，2018，22(5)：1016-1026．

[16] 郝吉明，马广大，王书肖．大气污染物控制工程(第四版)[M]．北京：高等教育出版社，2021．

[17] 蒲敏，陈德珍．生活垃圾焚烧污染控制与烟气净化[M]．北京：化学工业出版社，2022．

[18] 韩娟．基于 LCA 的垃圾焚烧厂烟气处理技术评价[D]．北京：清华大学，2013．

第4章 氮氧化物控制技术

4.1 氮氧化物的污染源分析

4.1.1 氮氧化物的基本组成与污染来源

氮氧化物（nitrogen oxides，NO_x）是多种氮氧化合物的统称，属常见污染物。常见的 NO_x 有 NO、N_2O、NO_2、N_2O_3、N_2O_4、N_2O_5 等。其中：

（1）N_2O_3 和 N_2O_5 是酸性氧化物（N_2O_3 是亚硝酸 HNO_2 的酸酐，N_2O_5 是硝酸 HNO_3 的酸酐），而 NO、N_2O、NO_2、N_2O_4 不是酸性氧化物。

（2）正常环境条件下，N_2O_5 呈固态，其他氮氧化合物均呈气态。

（3）NO_2 具有化学稳定性，其他氮氧化合物均很不稳定，受光、湿、热等环境条件作用，极易转换成 NO_2 及 NO，NO 又会转化为 NO_2。

（4）作为工程控制的 NO_x，通常是指 NO 和 NO_2。

就全球环境保护视角，对来自土壤细菌对硝酸盐的分解和海洋中有机物的分解，扩散到空气中的 NO_x，属于自然界的氮循环过程。追溯除此之外的 NO_x 源，可分为天然源和人为源。天然源是指如闪电同大气中 NH_3 发生氧化，以及使已经呈游离态的空气成分 N_2、O_2 结合生成 NO，森林失火等自然现象所产生的 NO_2。人为源主要是指来自石油、煤、天然气等化石燃料，生活垃圾等可燃烧物质，汽车发动机燃油等的燃烧过程所产生的 NO_2；再有如硝酸厂、氮肥厂、硝基炸药厂、冶炼厂等生产过程需要排放 NO_2 的工业生产过程。在人为源活动所排放的 NO_x 中，作为反应物的含氮化合物燃料与空气中的氧化合生成 NO_2。另外，在高温条件下空气中的氮与氧也会结合生成 NO_2。除此之外，金属铜和稀硝酸作用、亚硝酸在水溶液中歧化分解，以及氨在高温条件下分解等可产生 NO。飞行器在平流层中排放废气会促进 NO_x 逐渐积累，浓度增大。NO_x 再与平流层内的 O_3 反应生成 NO 与 O_2，并会进一步反应生成 NO_2 和 O_2，从而打破 O_3 平衡，使 O_3 浓度降低。

据 20 世纪 80 年代的研究成果，从天然源视角，闪电、森林大火等自然现象排放的 NO_x 约占总排放量的一半。从人为源视角，初步估计人类活动向大气排放的 NO_x 量为 5300×10^4 t。其中，在固定源中的燃烧排放的 NO_2 占 93%。各种工业生产过程释出量约占 5%。从控制角度，特别关注的燃烧反应产生的 NO_x 中，天然气为 6.35g/kg，石油为 $9.1 \sim 12.3$ g/kg，煤为 $8 \sim 9$ g/kg；统计生活垃圾焚烧烟气携带的 NO_x 大约在 $0.35 \sim 0.45$ g/Nm³；处于高速运转的燃油汽车发动机排放废气中的 NO 含量在 $3 \sim 6$ g/m³。

在高温燃烧条件下，NO_x 主要以 NO 的形式存在，最初排放的 NO_x 中 NO 占 90% 以上。但是，NO 在大气中极易与空气中的氧反应生成 NO_2，故而 NO_x 是按 NO_2 作为统计基准。空气中的 NO 和 NO_2 通过光化学反应，相互转化而达到平衡。在温度较高或有云雾存在时，NO_2 进一步与水分子作用形成硝酸 HNO_3，造成酸雨现象。在此场景下，若有催化剂存在，会加快 NO_2 转变成硝酸的速度；如果是 NO_2 与 SO_2 同时存在，可以相互催化，更加快硝酸形成的速度。

4.1.2 NO_x 理化性质

NO_x 一族的种类很多，造成大气污染的主要是一氧化氮 NO 和二氧化氮 NO_2，从环境控制角度，NO_x 一般是这二者的总称。

4.1.2.1 一氧化氮

一氧化氮（NO）为双原子分子，分子构型为直线形。一氧化氮中的氮与氧之间形成一个 σ 键、一个 2 电子 π 键与一个 3 电子 π 键。氮氧之间键级为 2.5，氮与氧各有一对孤对电子。根据 NO 的分子结构可见，它有未成对的电子，两个原子共有 11 个价电子，也就是个奇分子，大多数奇分子都有颜色，然而 NO 仅在液态或固态时才呈蓝色。NO 分子在固态时会缔合成松弛的双聚分子 $(NO)_2$，这也是它具有单电子的必然结果。

一氧化氮是一种无机氮氧化合物，化学式为 NO，化合价 +2，分子量为 30.006。NO 密度为 $1.27kg/m^3$，对空气的相对密度为 1.0367；熔点为 $-163.6℃$，沸点为 $-151.7℃$，沸点状态下的蒸气压为 101.31kPa，饱和蒸气压为 6079.2kPa（$-94.8℃$）。

NO 常温常压下为无色、无味的气体（接触空气会散发出棕色有酸性氧化性的棕黄色雾），溶于乙醇、二硫化碳，微溶于水，水中溶解度 4.7%（20℃），而且不与水发生反应；但有 O_2 存在时，可与水发生反应：$4NO+3O_2+2H_2O \Longrightarrow 4HNO_3$。NO 具有性质不稳定性与强氧化性，在空气中极易发生氧化反应：$2NO+O_2 \longrightarrow 2NO_2$，且氧化速度很快。也能与卤素反应生成卤化亚硝酰，如 $2NO+Cl_2 \Longrightarrow 2NOCl$；与易燃物、有机物接触会着火燃烧；与氢气会发生爆炸性化合。需注意 NO 可以被过氧化钠吸收：$Na_2O_2+2NO \Longrightarrow 2NaNO_2$。

NO 对环境的负面影响表现为造成对水体、土壤和大气的污染，具有燃烧、爆炸危险。从对人体毒性作用看，NO 无刺激性，被吸入后可直接到达肺的深部。因此 NO 对上呼吸道及眼结膜的刺激作用较小，主要作用于深呼吸道、细支气管及肺泡。NO 还能和血红蛋白结合形成亚硝基血红蛋白，使血液中高铁血红蛋白含量增加，导致红细胞携氧能力下降。但在深入研究发现，由人体的内皮细胞所产生的 NO 可以作为机体的信息分子而具有调节细胞的功能，并在抵抗感染、调节血压、促进大脑记忆等方面发挥一定作用。

在工程控制方面采取的防控基本措施是对 NO 系统严加密闭，采取局部排风和全面通风；提供安全淋浴和洗眼设备；工作现场禁止吸烟、进食和饮水；保持良好的卫生习惯。在健康防护方面采取的防控基本措施是操作中佩戴自吸过滤式防毒面具（半面罩）；紧急事态抢修或撤离时佩戴空气呼吸器；佩戴化学安全防护眼镜与手套；穿透气型防毒服。

4.1.2.2 二氧化氮

二氧化氮（NO_2）是大 π 键结构的典型分子。大 π 键含有四个电子，其中两个进入成键 π 轨道，两个进入非键轨道。二氧化氮分子是 V 形分子、极性分子。在二氧化氮分子中，N 周围的价电子数为 5（图 4-1），根据 VSEPR 理论，氧原子不提供电子，因此，中心氮原子的价电子总数为 5，相当于两对是成键电子对，一个成单电子当作一对孤电子对。氮原子价层电子对排布应为平面三角形。所以，NO_2 分子的结构为 V

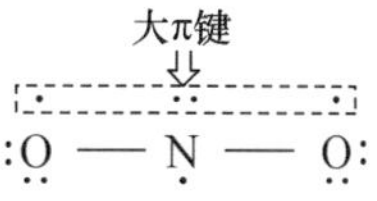

大π键
$:O \!\!-\!\! N \!\!-\!\! O:$

图 4-1 NO_2
分子结构

字形，O—N—O 键角约为 120°。

二氧化氮，化学式为 NO_2，化合价为 +4，分子量为 46.01，熔点为 −11.2℃，沸点为 21.2℃。气态密度为 $2.05kg/m^3$，对空气的相对密度为 1.58，标态质量为 $2.0565g/L$。临界压力/温度为 10.13MPa/158℃，饱和蒸气压为 101.32kPa（2l℃）。NO_2 具有腐蚀性和氧化性，在 21.1℃ 时为有毒、有刺激性气味的棕红色气体；在 21.1℃ 以下呈暗褐色液体，加压液体为 N_2O_4；在 −11.2℃ 以下为无色固体。当温度高于 150℃ 时开始分解，到 650℃ 时完全分解为 NO 和 O_2。

NO_2 与 O_3 和碳氢化合物等共存于大气中，经阳光紫外线照射可发生光化学反应，产生具有强氧化性光的化学烟雾。NO_2 加压时很容易聚合，通常情况下与其二聚体形式 N_2O_4（无色抗磁性气体）混合存在，构成一种平衡态混合物 $2NO_2 \leftrightarrow N_2O_4$。

NO_2 能与许多有机化合物反应，如溶于浓硝酸生成发烟硝酸，与碱作用生成硝酸盐。表现为能使多种织物褪色，损坏多种织物和尼龙制品；对金属和非金属材料也有腐蚀作用；在臭氧的形成过程中起着重要作用。

人为产生的 NO_2 主要来自燃烧过程的释放。NO_2 还是酸雨的成因之一，所带来的环境效应包括：使大气能见度降低，地表水酸化、富营养化（由于水中富含 N、P 等营养物，藻类大量繁殖而导致缺氧），以及增加水体中有害于鱼类和其他水生生物的毒素含量。还会对湿地和陆生植物物种之间竞争与组成变化带来影响。

NO_2 溶于水，并反应生成 HNO_3 和 NO：$3NO_2 + H_2O = 2HNO_3 + NO$（工业上利用这一原理制取硝酸）；在氧存在条件下发生反应：$4NO_2 + 2H_2O + O_2 = 4HNO_3$。但 NO_2 溶于水后不会完全反应，仍有少量 NO_2 分子存在，呈黄色。另外，硝酸同时会分解，所以可以看作可逆反应。因 NO_2 溶于水后还生成 NO，所以不是硝酸的酸酐。

NO_2 可以直接被过氧化钠吸收，生成硝酸钠：$2NO_2 + Na_2O_2 = 2NaNO_3$；也可与氢氧化钠发生歧化反应：$2NO_2 + 2NaOH = NaNO_2 + NaNO_3 + H_2O$；若和 NO 一起被吸收，则发生归中反应：$NO + NO_2 + 2NaOH = 2NaNO_2 + H_2O$。

NO_2 和金属氧化物反应生成无水硝酸盐和 NO：$3NO_2 + MO = M(NO_3)_2 + NO$。生成的 NO 会与空气中 O_2 反应：$2NO + O_2 = NO_2$，NO_2 再与云中水结合成 HNO_3：$3NO_2 + H_2O = 2HNO_3 + NO$，与雨水一起进入土壤中，溶解一些岩石中的矿物质成为硝酸盐，变成天然氮肥。

由于 NO_2 有氧化性，和 O_2 一样支持某些金属和非金属的燃烧反应。表现为固体在红棕色气体中继续燃烧，发出耀眼的光芒，直至气体的红棕色逐渐褪去，燃烧趋弱到结束。$2C + 2NO_2 = 2CO_2 + N_2$；$4Mg + 2NO_2 = 4MgO + N_2$；$8NH_3 + 6NO_2 = 7N_2 + 12H_2O$。

NO_2 是刺激性气体。正常呼吸时，80% 的 NO_2 可被吸收。NO_2 在 $4.1 \sim 12.3mg/m^3$ 时即可通过嗅觉感受到。毒性作用表现为：NO_2 浓度为 $53.4mg/m^3$ 时，对鼻腔和上呼吸道产生明显刺激作用，出现头痛、咽喉不适、干咳等症状；达到 $267 \sim 411mg/m^3$ 时，起初表现为鼻腔和上呼吸道轻度刺激症状，如此经过几小时或几十小时后，就会出现肺炎和肺水肿症状；在 $411 \sim 617mg/m^3$ 下暴露 $30 \sim 60min$ 可引起喉头水肿，出现呼吸困难、紫绀，甚至窒息致死。与烃类共存时，在强日光照射下，可发生光化学反应会生成的光化学氧化物会对机体产生危害。

4.1.2.3 其他 NO_x

1. 一氧化二氮（氧化亚氮）

一氧化二氮也叫氧化亚氮，又名笑气，分子式为 N_2O，是有甜味的无色气体。其分子是直线形结构，中心氮形成四个键（与另一个氮成三键，与氧成单键），其中一个氮原子与另一个氮原子相连，而第二个氮原子又与氧原子相连。可视作两种结构的共振杂化体。氮将其孤对电子贡献给了与氧形成的键，因此氮带有正电荷，氧带有负电荷。

N_2O 理化特性：熔点为 $-91℃$（又有 $-102.6℃$ 之说），沸点为 $-88℃$，气态密度为 $1.977kg/m^3$，摩尔体积为 $29.9cm^3/mol$，临界温度为 $36.5℃$；分子结构特征：等张比容（90.2K）为 86.9，表面张力为 $70.7dyne/cm$，极化率（$10^{-24}cm^3$）为 3.31。其中等张比容（Isotonic volume）是度量物质摩尔体积的物理量，主要用于计算纯物质和混合物的表面张力。

在计算杂化作用时，应该考虑 N_2O 最常见形式中，两个 N 原子间有一个三键，N 和 O 之间有一个单键。这涉及具有相似能量的原子轨道的混合，以形成混合轨道或杂化轨道，这些杂化轨道在空间中的取向使它们可以与后续的合适轨道重叠。如果轨道的能量相同，则称为等性杂化；如果混合轨道的能量不同，则称为不等性杂化。其中，末端 N 和中心 N 都是 sp 杂化，因此 N—N—O 的键角为 $180°$；末端 O 是 sp3 杂化。所以围绕末端 O 原子的分子形状略有倾斜。需注意的是 N_2O 是线性的，而 NO_2 是弯曲的。NO_2 的偶极矩高于 N_2O，极性更大。

2. 三氧化二氮

三氧化二氮是两个氮原子通过 σ 共价键相连，在整个分子中存在着一个五中心六电子的离域大 π 键。氮的氧化数为 +3。分子结构特征：摩尔体积为 $39.0cm^3/mol$，等张比容（90.2K）为 125.2，摩尔折射率为 12.1，表面张力为 $105.3dyne/cm$，极化率（10～24cm^3）为 4.79。

三氧化二氮是一种无机酸性氧化物，亚硝酸的酸酐。化学式为 N_2O_3，分子量为 76.010。属于强氧化剂。熔点为 $-102℃$，沸点为 $3.5℃$，折射率为 1.531，临界压力为 $6.99MPa$。外观为红棕色气体，低温时为深蓝色液体或固体。溶于苯、甲苯、乙醚、氯仿、四氯化碳、酸、碱，主要用作火箭燃烧系统中的氧化剂，也可用于制取纯亚硝酸。

N_2O_3 在正常环境条件下为气态，此时大部分分解为 NO 和 NO_2，在 $25℃$ 时未分解的仅占 10%。由于这种反应是可逆反应，等体积的 NO 和 NO_2 的混合气体与化合物 N_2O_3 有完全相同的性质。冷却到 $-20℃$，凝结为深蓝色液体，在此状态时仍会发生部分分解；在 $-103℃$ 凝结为蓝色固体，并且只在此固态时处于稳定状态。N_2O_3 对水体、土壤和大气可造成污染。

3. 四氧化二氮

四氧化二氮属无机化合物，化学式为 N_2O_4，分子量为 92.011。可与 NO_2 相互转化，形成平衡态混合物 $N_2O_4 \leftrightarrow 2NO_2$，当温度升高时，反应向生成 NO_2 方向进行。常温常压下为无色气体，可溶于水；N_2O_4 与水反应生成硝酸 HNO_3 和亚硝酸 HNO_2。

物理性质：熔点为 $-11℃$，沸点为 $21℃$，折射率为 1.434，临界温度/压力为 $157.8℃/10.13MPa$，饱和蒸气压为 $85.9kPa$（$25℃$），外观为无色气体。

分子结构数据：摩尔折射率为 14.09，摩尔体积为 $54cm^3/mol$，等张比容（90.2K）

为 149.2，表面张力为 57.9dyne/cm，极化率（10～24cm^3）为 5.58。

4. 五氧化二氮

五氧化二氮，别名硝酐，化学式为 N_2O_5，分子量为 108.2。N_2O_5 分子是平面形分子，分子中主要为 sp2 杂化，含有 6 个 σ 键和 2 个三原子四电子离域 π 键。N_2O_5 结构中四个氧原子（除了中间那个以外）实际上是等价的（图 4-2）。在标准工况下，五氧化二氮为无色固体，在漫射光和温度 280K 以下稳定，在气态时不稳定。

通常认为，固体状态下，N_2O_5 由 NO_2^+ 和 NO_3^- 两种离子构成。其中阳离子呈直线型，键长 115pm；阴离子呈三角形，键长 122pm。阴阳离子的中心 N 原子间距 273pm，且阳离子垂直于阴离子所在平面。

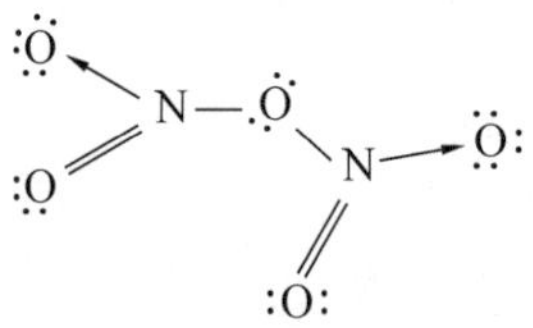

N_2O_5 是一种无机物，属强氧化剂，易升华，易分解。通常状态下呈无色柱状结晶体，微溶于水，水溶液呈酸性。密度为 1.642g/cm^3，熔点为 30℃，32℃时升华并明显分解，47℃时完全分解。N_2O_5 溶于氯仿，氯仿溶液在 -20℃ 时可存放 1 周。具有强氧化性，能使苯、丙三醇、纤维素等硝化。其与过氧化氢作用生成过氧硝酸（HO_2NO_2）。

图 4-2　N_2O_5 分子结构

N_2O_5 很不稳定，纯品在室温下易升华，受日光照射则爆炸分解为 N_2O_4 和 O_2。N_2O_5 在空气中很容易吸潮生成硝酸。低温时 N_2O_5 为白色鳞片状结晶，在 -10℃ 以下时较稳定。随着温度的上升，白色晶体逐渐变为浅黄色、橘黄色，甚至棕褐色，45℃ 左右呈液态并分解释放出 NO_2 及 O_2，若遇高温或可燃性物质，就会发生爆炸。纯品 N_2O_5 在 0℃ 环境下 10d 可分解一半，在 20℃ 环境下 10h 可分解一半，在 -60℃ 以下环境中可存储 1 年。

4.1.3　$NO_2/NMHC$ 光化学反应二次生成物影响

根据相关文献报道，光化学大气污染中，对健康或者植物有影响的主要物质是连锁反应产生的二次生成物，而不是从发生源直接排放的 NO_2、NMHC。这里的 NMHC 即是非甲烷总烃，定义为从总烃测定结果中扣除甲烷后剩余值，而总烃是指在规定条件下在气相色谱氢火焰离子化检测器上产生响应的气态有机物总和。光化学氧化物，即所谓的典型二次生成物是 O_3。此外还有很多二次生成物会对健康与环境产生重大影响。

在光化学污染中，NO_2 和 OH 基的反应为 $NO_2 + OH + M \longrightarrow HNO_3 + M$。在夏季白天发生的光化学反应中，假定 OH 自由基浓度为 $5 \times 10^{-6}\ mol/cm^2$，则 NO_2 向 HNO_3 的转换速度为 $0.216h^{-1}$，即白天的平流扩散可使大部分 NO_2 转换成 HNO_3；而在夜间，NO_2 被白天产生的高浓度的 O_3 氧化而转变成 HNO_3。昼夜的反应物 HNO_3 在陆地上空与从地表排放的 NH_3 气体反应生成 NH_4NO_3，最终转变成硝酸气溶胶。而在海面上空不存在 NH_3，故而 HNO_3 在海盐表面上转变成 NO_3。

在光化学烟雾的反应过程中，NMHC 类有机物氧化反应生成醛类物质，如乙烯和丙烯的光化学氧化反应生成甲醛。当这些醛类生成物的浓度较高时，对眼睛有刺激。无论是直接排放或是光化学反应生成的醛类，都会进一步氧化产生 PAN、有机酸、有机过氧化物等。其中，由 OH 自由基与醛的反应生成物 PAN 具有强烈的催泪作用并引起呼吸障碍。假设以 O_3 和 PAN 为主成分的光化学氧化物浓度从 0.1ppm 增加到 0.45ppm，会加强对眼睛的刺激，但是在这个浓度范围内只存在 O_3 时对眼睛则没有刺激。可认为光化学烟雾引起的健康危害主要来自于 PAN 等二次生成物，以及无机、有机过氧化物的生成过程：$2HO_2 + M \longrightarrow H_2O_2 + O_2 + M$；$HO_2 + CH_3O_2 \longrightarrow O_2 + CH_3OO$。

4.1.4 垃圾焚烧 NO_x 污染源检测

4.1.4.1 基本要求

如前所述，燃烧过程生成的 NO_x 是按 NO 和 NO_2 计，其浓度随温度提高而迅速增加且高温区烟气停留时间越长，NO 生成量越多。低温则有利于 NO_2 的生成。虽然 NO_x 通常以 95％NO 和 5％NO_2组成，但一般都按 100％NO_2 考虑，这是因为在低于 200℃的温度条件下，NO 通过光化学反应转化成 NO_2。因此，根据 NO_x 检测的国家规定，实际检测 NO_x 要以 NO_2 作为统计基准。对于 NO_x 监测单元，NO_2 可以直接测量，也可按《固定污染源烟气（SO_2、NO_x、颗粒物）排放连续监测系统技术要求及检测方法》HJ 76—2017规定转化为 NO 后一并测量，但不允许只监测烟气中的 NO。

对于抽取采样法（含稀释法和完全抽取法），如果分析仪中有内置 NO_2 转换器，则 NO_x 浓度值即为烟气中 NO 和 NO_2 浓度的之和。如果分析仪中没有内置 NO_2 转换器，则 NO_x 浓度输出即为烟气中 NO 浓度，此时，需要用换算系数将 NO 浓度值修正为 NO_x。参照燃煤电厂设定换算系数，NO_2 含量不超过 NO 含量的 5％。

实验室检测 NO_2 转换效率适用范围与转换方法按《固定污染源烟气（SO_2、NO_x、颗粒物）排放连续监测系统技术要求及检测方法》HJ 76—2017 中 7.1.3.1.11 执行。关于焚烧烟气技术指标的误差按《固定污染源烟气（SO_2、NO_x、颗粒物）排放连续监测技术规范》HJ 75—2017 的规定执行。

4.1.4.2 污染物浓度转换计算公式

（1）干、湿基状态相同条件下，污染物实测状态工况浓度与标准状态工况浓度转换按下式计算：

$$C_{sn} = C_s \times \frac{101325}{B_a + P_s} \times \frac{273 + t_s}{273} \tag{4-1}$$

式中　C_{sn}——污染物标准状态下质量浓度，mg/Nm^3；

　　　C_s——污染物工况条件下质量浓度，mg/m^3；

　　　B_a——CEMS 安装地点的环境大气压值，Pa；

　　　P_s——CEMS 测量的烟气静压值，Pa；

　　　t_s——CEMS 测量的烟气温度，℃。

（2）干、湿基工况状态相同条件下，污染物干基浓度和湿基浓度转换按下式计算：

$$C_干 = \frac{C_湿}{1 - X_{sw}} \tag{4-2}$$

式中　$C_干$、$C_湿$——污染物干、湿基浓度，mg/m^3（$\mu mol/mol$、ppm）；

　　　　X_{sw}——烟气绝对湿度（又称水分含量），％。

（3）干、湿基烟气量工况转换按下式计算：

$$V_g = V_s \times \left(1 - \frac{X_{H_2O}}{100}\right) \tag{4-3}$$

式中　V_g、V_s——每台锅炉干、湿烟气排放量，m^3/s；

$X_{\mathrm{H_2O}}$——烟气含湿量，%。

（4）气态污染物体积浓度与标准状态下质量浓度转换可按下式计算：

$$C_{\mathrm{Q}} = \frac{M}{22.4} \times C_{\mathrm{V}} \tag{4-4}$$

式中　C_{Q}——污染物的质量浓度，mg/m³；

　　　C_{V}——污染物的体积浓度，μmol/mol（ppm）；

　　　M——污染物的摩尔质量，g/mol。

（5）当系统未使用 NO_2 转换器而分别测量 NO 和 NO_2 浓度时，氮氧化物 NO_x 质量浓度按如下二式之一计算：

$$C_{\mathrm{NO}_x} = C_{\mathrm{NO}} \times \frac{M_{\mathrm{NO}_2}}{M_{\mathrm{NO}}} + C_{\mathrm{NO}_2} \tag{4-5}$$

$$C_{\mathrm{NO}_x} = (C_{\mathrm{NO,v}} + C_{\mathrm{NO}_2,\mathrm{v}}) \times \frac{M_{\mathrm{NO}_2}}{22.4} \tag{4-6}$$

式中　C_{NO_x}、C_{NO}、C_{NO_2}——NO_x、NO、NO_2 质量浓度，mg/m³；

　　　M_{NO}、M_{NO_2}——NO、NO_2 摩尔质量，g/mol；

　　　$C_{\mathrm{NO,v}}$、$C_{\mathrm{NO}_2,\mathrm{v}}$——NO、$NO_2$ 体积浓度，μmol/mol（ppm）。

4.1.4.3　NO 和 NO_x 的转换

按我国现行规定，CEMS 测量 NO_x 浓度是以 NO_2 计算。需要先将 NO 检测值转换为 NO_2，再按"NO_x＝NO_2 测量值＋NO 转换 NO_2 的测量值"计算。

NO 转换成 NO_2 及总 NO_x 浓度的计算，可按下述方法取得：

条件：按 N、O 原子量分别为 14.01、15.999，则 NO 分子量为 30.009、NO_2 分子量为 46.008。

（1）由 ppm 转换为 mg/m³

设 NO_x 的分子量为 M_{NO_x}，并以 NO_2 分子量 46.008 为例。

则：$NO_x(\mathrm{mg/m^3}) = M_{\mathrm{NO}_x} \div 22.4 \times NO_x(\mathrm{ppm})$

$= 46.008 \div 22.4 \times NO_x(\mathrm{ppm}) = 2.0539 NO_x(\mathrm{ppm})$

（2）对时态容积含氧量，按基准含氧量 11%O_2 折算标准状态值

$$NO_x(\mathrm{mg/Nm^3}) = NO_x(\mathrm{mg/m^3}) \times (21-11)/(21-O_2)$$

（3）NO 测量值转换为 NO_2 按下式换算

$$NO_2 = \frac{46.008}{30.009} \times NO = 1.5331 \times NO$$

（4）计算总 NO_x 浓度

$$\sum NO_x = NO_2 测量值 + NO 测量值转换为 NO_2 转换值$$

计算示例：

条件：当前标态 NO_2 测量值＝5.64mg/Nm³，NO＝82.26ppm，时态容积含氧量 9.3%，基准含氧量 11%O_2。

求：标准状态总 NO_x 排放浓度。

解：（1）ppm 转换为 mg/Nm³

$NO(\mathrm{mg/m^3}) = M_{\mathrm{NO}} \div 22.4 \times NO(\mathrm{ppm}) = 30 \div 22.4 \times 82.26 = 110.17\mathrm{mg/m^3}$

（2）时态 NO 折算标准状态 NO

$$NO(mg/Nm^3) = 110.17(mg/m^3) \times (21-11)/(21-9.3) = 73.4466mg/Nm^3$$

（3）NO 测量值转换为 NO_2 的转换值

$$NO_2 = 73.4466 \times 46.008/30.009 = 112.6039 \approx 112.60mg/Nm^3$$

（4）计算总 NO_x 浓度

$$\sum NO_x = 5.64 + 112.60 = 118.24mg/Nm^3$$

4.1.5 生态环境部颁发标准关于 NO_x 检测的规定

生态环境部（原称环境保护部）于 2017 年颁布《固定污染源烟气（SO_2、NO_x、颗粒物）排放连续监测系统技术要求及检测方法》HJ 76—2017，对固定污染源烟气（SO_2、NO_x、颗粒物）排放连续监测系统的组成结构、技术要求、检测项目和检测方法进行了相关规定。在此仅就涉及 NO_x 的相关规定摘录如下，并未就通用性规定进行摘录，如仪表响应时间，重复性，平行性，振动，线性误差，零点漂移和量程漂移，环境温度、进样流量、供电电压变化的影响，干扰成分的影响等规定。

4.1.5.1 CEMS 检测的应能正常工作的条件

（1）室内环境温度：15～35℃；室外环境温度：—20～50℃。

（2）相对湿度：≤85%。

（3）大气压：80～106kPa。

（4）供电电压：AC（220±22）V，（50±1）Hz。

（5）低温、低压等特殊环境条件下，仪器设备的配置应满足当地环境条件的使用要求。

4.1.5.2 安全要求

（1）环境温度 15～35℃，相对湿度≤85%条件下，系统电源端子对地或机壳绝缘电阻≥20MΩ。系统在有效值 1500V、50Hz 正弦波实验电压下持续 1min，不应出现击穿或飞弧现象。

（2）系统应具有漏电保护装置，具备良好的接地措施，防止雷击等对系统造成损坏。

4.1.5.3 涉及 NO_x 现场检测的相关规定

（1）气态污染物 CEMS 示值误差

1）当系统检测 NO_x 满量程值≥200μmol/mol 时，示值误差不超过±5%标准气体标称值。

2）当系统检测 NO_x 满量程值<200μmol/mol 时，示值误差不超过±2.5%满量程。

（2）对参比方法测量烟气中 NO_x 排放浓度平均值的准确度规定：

1）≥250μmol/mol 时，CEMS 与参比法测量结果相对准确度≤15%。

2）≥50 且<250μmol/mol 时，CEMS 与参比法测量平均值绝对误差的绝对值≤20μmol/mol。

3）≥20 且<50μmol/mol 时，CEMS 与参比法测量结果平均值相对误差的绝对值≤30%。

4）<20μmol/mol 时，CEMS 与参比法测量结果平均值绝对误差的绝对值：≤6μmol/mol。

（3）气态污染物 CEMS（含 O_2）系统响应时间≤200s。

（4）气态污染物 CEMS（含 O_2）24h 零点漂移和量程漂移：不超过 $\pm 2.5\%$ 满量程。

4.2　NO_x 反应动力学暨生成机理与应用分析

4.2.1　燃烧过程 NO_x 生成机理

4.2.1.1　概述

和化石燃料燃烧产生的 NO_x 一样，工程应用视角下垃圾燃烧生成物中的 NO_x 是指具有不稳定特性 NO 和稳定特性 NO_2 的统称，其中绝大部分是存在于烟气中的 NO。NO_2 是在火焰带下游或排放烟气中转化形成的。实际检测 NO_x 排放值时需考虑生成物的稳定性，因此以 NO_2 作为统计基准；而从生产途径与机理角度进行分析时，就要从生成途径，近似按 NO 作为分析对象。

燃烧过程中 NO_x 因其生成机理不同，分为由空气中 N_2 与 O_2 反应生成的热力型 NO_x、由燃料中的有机氮成分生成的燃料型 NO_x 和由碳氢化合物燃烧时产生的快速型 NO_x（图 4-3）。其中的快速型 NO_x 生成机理是在高温条件下，燃料中的碳氢化合物受热分解产生 CH 自由基，由 CH 自由基和炉膛内空气中的 N_2 反应生成 HCN（氰化氢）、NH_3 等，再转化为 NO_x，反应动力学的计算结果证实了这一反应机理。在碳氢类燃料扩散火焰中 NO 生产量占有相当大的比例，实际上即使是在不含燃料 N 的碳化氢湍流扩散火焰中也有检出高浓度 HCN 的案例。由于燃料分解需要的温度高于常规的炉膛温度，因此快速型 NO_x 生成量亦相对较少。

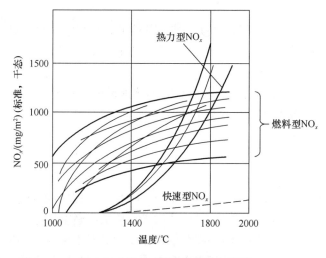

图 4-3　NO_x 不同生成型式与温度

然而，由于快速型 NO_x 的生成机理和燃烧反应密切相关而且非常复杂，因此在以实用型燃烧装置为对象的燃烧模拟中，是将快速型 NO_x 的生成作为热力型 NO_x 的一种表现形式。因此，就垃圾焚烧工程基础而言，仅考虑热力型 NO_x 和燃料型 NO_x 生成机理与计算方法，快速型 NO_x 生成机理与计算方法按忽略处理。

气体燃料通常不含有机氮成分，所以其生成机理包含热力型 NO_x 和快速型 NO_x。迄今为止有关气体燃烧的 NO$_x$ 抑制原理和技术主要是针对热力型 NO$_x$ 的研究。然而，随着全球对 NO$_x$ 排放的规定和限制越来越严格，对于碳氢化合物气体燃烧，快速型 NO$_x$ 也必须考虑加以抑制。

4.2.1.2 热力型 NO$_x$ 的生成机理与应用分析

热力型 NO$_x$ 通常认为是源于焚烧空气中的 N$_2$ 与过量的 O$_2$ 反应生成。温度和氧浓度是反应的关键因素。温度为 1000℃ 时，NO$_x$ 的浓度值接近于 0；温度为 1300℃ 时，NO$_x$ 的浓度值为 10×10^{-6} mg/Nm^3；温度为 1500℃ 时，NO$_x$ 的浓度值为 200×10^{-6} mg/Nm^3。而层燃型垃圾焚烧锅炉炉膛温度为 950～1100℃。由此可知，一方面在焚烧炉炉膛的高温、高过量燃烧空气区域容易生成热力型 NO$_x$；另一方面热力型 NO$_x$ 不是垃圾焚烧系统中 NO$_x$ 生成的主要原因。

按扩大的捷里多维奇机理分析，NO$_x$ 主要在温度 1800K 以上时生成。该机理可由如下三式表示：N$_2$+O ═══NO+N；N+O$_2$═══NO+O；N+OH ═══NO+H。设正反应、逆反应的速度常数分别表示为 $k_{1f} \sim k_{3f}$ 与 $k_{1b} \sim k_{3b}$；取 [X] 表示各成分物质量浓度（mol/m^3），则有如下 NO 和 N 的反应速度公式：

$$d[NO]/dt = k_{1f}[N_2][O] - k_{1b}[NO][N] + k_{2f}[N][O_2]$$
$$- k_{2b}[NO][O] + k_{3f}[N][OH] - k_{3b}[NO][H] \tag{4-7}$$
$$d[N]/dt = k_{1f}[N_2][O] - k_{1b}[NO][N] - k_{2f}[N][O_2] + k_{2b}[NO][O]$$
$$- k_{3f}[N][OH] + k_{3b}[NO][H] \tag{4-8}$$

鉴于相对其他成分，氮浓度随时间变化非常小，将其予以忽略。则根据高温、高浓度状态下的拟稳态近似原理，有 $d[N]/dt = 0$。由此，经公式整理与归纳，可从下式求得 $d[NO]/dt$：

$$d[NO]/dt = (k_{1f}[N_2][O] - k_{2b}[NO][O] - k_{3b}[NO][H]) + k_{2f}[N][O_2]$$
$$+ \{(-k_{1b}[NO] + k_{2f}[O_2] + k_{3f}[OH]) \times (k_{1f}[N_2][O]$$
$$+ k_{2b}[NO][O] + k_{3b}[NO][H])/(k_{1b}[NO] + k_{2f}[O_2] + k_{3f}[OH])\} \tag{4-9}$$

根据捷里多维奇机理，NO$_x$ 是在火焰带下游高温环境下生成的，从工程上，将 NO 与 N 以外的组分采用平衡浓度，则可简化上式的计算。在 NO 生产初期，NO 浓度很小，可以忽略，则上式可简化为 $d[NO]/dt = 2k_{1f}[N_2][O]$。进一步假设 $\frac{1}{2}$O$_2$=O，依据平衡常数 K_{fo}，取 $k = 2k_{1f}K_{fo}$，有：

$$d[NO]/dt = k[N_2][O_2]^{\frac{1}{2}} \tag{4-10}$$

由此可知，氧浓度越高，热力型 NO$_x$ 生产速度越快（图 4-4）；正反应速度常数 k_{1f} 与温度成指数关系。另根据试验研究和运行经验，当燃烧温度小于 1500℃ 时，热力型 NO$_x$ 生成量很小；当燃烧温度大于 1500℃ 时，每提高 100℃ 时，反应速率提高 6～7 倍。另有常压下分别以甲烷为燃料、以空气为氧化剂的研究显示，在同样停留时间下，若还没有达到平衡浓度，在温度 2000K 左右（按此模型采用热力学温度，不予折算）时，温度降低 100K 可使 NO 浓度由平衡浓度的 1/5 下降到 1/10；在温度 2200K 左右时，温度降低 100K 可使 NO 浓度由平衡浓度的 1/3 下降到 1/5。因此热力型 NO$_x$ 生成速率对温度有很高的依赖性。

气体燃料通常不含有机氮成分，所以其 NO$_x$ 的生成机理是以热力型 NO$_x$ 和碳氢化合

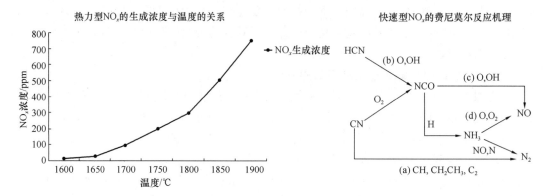

图 4-4　热力型 NO_x 生产浓度与温度关系以及快速型 NO_x 的费尼莫尔反应机理

物燃烧时产生的 NO_x 为对象。迄今为止研究的有关气体燃烧 NO_x 抑制原理和技术主要是针对热力型 NO_x。根据对热力型 NO_x 转化过程影响因素的研究发现，在空气中燃烧时，可通过降低氧浓度、降低燃烧温度、缩短热力型 NO_x 生成的停留时间抑制 NO_x 生成量。根据热力型 NO_x 生成理论，产生诸多抑制热力型 NO_x 生成的技术途径，例如：

（1）向火焰中喷射水、水蒸气，利用水的蒸发潜热和水蒸气降低火焰温度。有试验研究，添加和燃料相同质量流量的水可以使绝热火焰温度降低 150～200K，由此在相当宽的当量比范围内有可能使 NO 浓度降至 1/10 以下。当然这种方法会导致能量损失很大，除了燃烧工艺的需求，一般十分谨慎采用。

（2）通过烟气再循环，把温度已降低的一部分烟气再循环与燃烧空气混合，通过降低氧浓度和火焰温度来抑制 NO_x 的生成。根据相关气体燃烧的研究，10％的烟气再循环率可使火焰温度降低 100K，在较宽的当量比范围内使 NO_x 浓度降至 1/3～1/2。烟气再循环有采用风机强制循环的方法，也有利用燃烧炉的设计使燃烧气体在燃烧室内自行再循环的方法等。

（3）促进传热冷却火焰法。燃烧的热能利用目的之一是把燃烧产生的热能传递到需要热能的地方，因此促进火焰的传热可以降低火焰温度，减少在高温区的停留时间。火焰的传热形式以对流传热和辐射传热为主，针对不同的传热方式有不同的促进传热、降低 NO_x 的燃烧方法。

（4）在燃料稀薄侧甲烷的可燃极限当量比为 0.5 左右，但使用催化剂就能够使更稀薄的混合气燃烧，从而有可能把 NO 的生成降低到极限，此种方法为催化燃烧法，也被称为扩散燃烧法。

（5）纯氧燃烧法。纯氧燃烧原本是根据生产工艺需要，当空气燃烧无法达到超高温度时所使用的方法。纯氧燃烧不仅在理论上可使热力型 NO_x 的生成降到极低，而且由于燃烧器中不含有与热辐射无关的氮气，因而具有能强化火焰辐射传热、提高热效率的优点。另外因为烟气中只有水分和二氧化碳，所以二氧化碳也易于回收。但在实际应用上，燃烧器对高温火焰存在耐受性，而且当燃烧器里混入被视为杂质的微量氮或空气时就会产生高浓度的热力型 NO_x，因此纯氧燃烧法较少使用，而采用高温空气燃烧抑制热力型 NO_x 生成。

此外还有其他相关方法抑制热力型 NO_x 的生成，如将燃烧空气分为两段的两段燃烧法和将燃料分为两段的两段燃烧法；避开在极易生成热力型 NO_x 的理论混合比附近燃烧的浓淡燃烧法；燃料和氧化剂在燃烧前预先混合好的预混合燃烧法等。

4.2.1.3　燃料型 NO_x 的机理与应用分析

燃料型 NO_x 由燃料中的氮元素及其化合物在燃烧中氧化生成。垃圾焚烧温度为 1300℃时，燃料型 NO_x 约占总生成量的90%。

根据对国内14个省的部分市、区，总跨度10~20年的348个生活垃圾样本的元素分析显示，氮元素占比为0.87%，变化范围为0.42%~1.21%。从检测结果的地域趋势看，南方沿海城市如广东省的生活垃圾含氮量相对较高，北京的生活垃圾含氮量居中，当期经济不很发达的城市生活垃圾含氮量较低。

从控制视角考虑，垃圾中的氮是指其中的有机氮。有机氮在焚烧中被分解释放成 NH_3、HCN 中间产物，最终和含氧原子的化学组分 RO（OH、O、O_2）反应生成 NO_x，其中一部分转换为 NO，其余转换为 NO_2，还有少量未完全燃烧物。表示为：

$$C_XH_YO_ZN_W+O_2\longrightarrow CO_2\uparrow+H_2O+NO_2\uparrow+NO\uparrow+未完全燃烧物$$

燃料型 NO_x 生成机理还在进行深入的理论探讨。一种说法是燃料中由于氮分子 N≡N 键能远大于有机化合物中 C—N 键能，因此氧首先破坏 C—N 键而生成 NO_x，生成温度为 600~800℃。当温度大于900℃时，NO_x 生成量急剧下降。另有试验研究显示，燃料型 NO_x 生成率与炉膛空气量关系密切，当空气量充足时，生成率较高，空气量较低时，生成率较低。当过量空气系数 $\alpha<1$ 时，NO_x 转化率显著降低，$\alpha=0.7$ 时，NO_x 转化率趋于0。故燃烧温度对 NO_x 生成量的影响较小，而过量空气系数的影响显著。

空气中的氮需在氧化气氛和1200℃高温条件下转化为 NO_x。而垃圾焚烧锅炉内不完全具备这种条件，故垃圾焚烧生成的 NO_x，90%是以燃料型为主。燃烧过程中，当过量空气系数为1.2时，燃料氮转化为 NO_x 的比例与燃料中氮含量之关系参见图4-5。

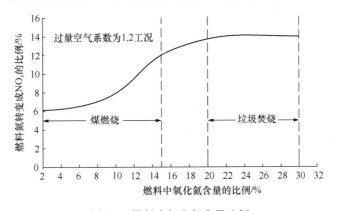

图4-5　燃料中氧和氮含量比例

生成的燃料型 NO_x 浓度和当燃料氮100%转换时的 NO_x 浓度的比，称为燃料氮向 NO_x 的转化率，记为 CR。垃圾焚烧的 CR 因当量比、温度、压力、垃圾特性，以及氮化合物的种类与浓度的不同而不同。一般地，随着燃烧温度上升，NO_x 浓度、氮向 NO_x 的转化率总的来说呈现出增大的趋势，但在高温下，NO_x 浓度、氮向 NO_x 的转化率都有所下降。有对此的解释为，这是因为在高温的情况下，垃圾在着火之前就失掉大量的挥发分，未来得及燃烧便被气流带走，从而失去一部分结合氮。因此，如果加热速率很高，则挥发分与焦渣的燃烧几乎同时发生，这时 CO 可还原初始所形成的 NO，温度越高 CO 的分解作用越大。综上两种原因，导致 NO_x 排放浓度与其释放率，在较高温度下反而有所降低。

生活垃圾中的燃料氮根据燃烧过程可分为挥发性氮和不分解的固态残留氮。其中挥发性氮是在燃烧过程挥发后，与燃烧空气中的 O_2 反应生成 NH_3、HCN 等含氮的中间生成物，最终还原成 NO，其中有约 5％ 的燃料氮转化为 NO_2。垃圾燃烧过程中不分解的固相残留氮，也会引起 NO 的生成和还原反应。对燃料型 NO_x 转化过程影响因素的研究，得到如下规律：

（1）在不同温度下，随着燃烬率的增大，氮的析出率增大，这表明，提高垃圾的燃烬率与降低 NO_x 生成存在一定的矛盾。

（2）随着过量空气系数的增加，NO 生成浓度显著增大；高温下过剩空气系数对 NO_x 浓度大小的影响较低温时小。

（3）在不同温度下，氮的转化率随炉内停留时间的变化趋势一致。不同的是在同一炉内停留时间内，温度高时氮的转化率较大，且转折点的出现提前。

（4）SO_2 的存在会加速 NO_x 的分解，因此添加 CaO 会减少 NO_x 分解，导致 NO_x 的增加。

（5）大气中 N_2O 远低于 CO_2、CH_3，但其温室效应比 CO_2 高很多。

（6）热力型 NO_x 对绝热火焰温度的依赖性很高，而燃料型 NO_x 的温度依赖性却较低。然而在追求高效率清洁燃烧时，燃料型 NO_x 的温度依赖性却并非可以忽视。对燃用煤种类的基础性研究结果表明，燃料型 NO_x 的温度依赖性是不一样的，空气比越低，受温度的影响越大。

利用燃烧抑制 NO_x 生成的技术有多种方法，通过调节燃烧空气来控制燃烧场气氛的方法，如低氧燃烧；通过改变燃烧空气的吹入方式控制燃烧场混合的方法，如采用低 NO_x 燃烧喷嘴；通过形成瞬间高温区域来控制燃料氮向含氮中间体转化的方法，如撞击燃烧；通过燃料的两段吹入促进 NO_x 还原的方法，如再燃烧等。这些抑制技术都是基于抑制空气比和气体混比，以及热负荷、燃料种类、燃料粒径等主要影响因素。

4.2.2　不同燃烧条件下的 N_2O 生成机理

4.2.2.1　燃烧过程的 N_2O 生成-消失机理

大气中 N_2O 浓度约为 310ppbv，N_2O 寿命期大于 100 年，容易积累。统计显示 N_2O 每年以 0.2％～0.3％ 速率上升。大气中累积的 80％ N_2O 与生物作用有关，其中最大发生源是湿地，约占 25％；另 20％ 与工业活动有关，其中与燃烧有关的占 12％。就垃圾焚烧工程来说，因其燃烧过程产生的 N_2O 可归结为痕量气体，基本可以按忽略处理。但是与 CO_2 相比，尽管 N_2O 在大气中的含量很低，但其单分子增温潜势却是 CO_2 的 298 倍（IPCC，2007），对全球气候的增温效应未来将会越来越显著。N_2O 浓度的增加，已引起科学家的极大关注。对这一问题的研究也正在深入进行。故而在此借鉴化石燃料燃烧技术的相关研究成果，做一简要介绍。

燃烧过程的温度是影响 N_2O 产生的主要因素。N_2O 的生成机理可按高温与低温燃烧条件进行研究。低温燃烧条件是指在小于 1026.85℃（1300K）的条件下进行燃烧。从热力过程视角，具备此燃烧条件的是流化型燃烧技术，采用的设备是多种类型的流化床锅炉。从化石燃料的燃烧过程看，此时的 N$_2$O 生成特点主要表现在产生量约为 98.24～196.48mg/Nm^3（50～100ppm）。测试结果显示，随着燃烧温度的增加，NO 生成量增加，N$_2$O 生成量减少；随着挥发分的增加，NO 生成量增加而 N$_2$O 生成量减少。在 726.85～826.85℃（1000～1100K）温度范围内排出浓度达到最大值，且排出浓度随温度的增加而减少。高温燃烧条件是指在温度大于 1026.85℃（1300K）的条件下进行燃烧，具备此燃烧条件的燃烧技术是层燃型、室燃型燃烧技术，采用的燃烧设备主要是电站锅炉、工业锅炉和垃圾焚烧锅炉。

20 世纪七八十年代，对化石燃料锅炉排出的 NO 和 N$_2$O 进行随机采样，通过气相色谱法研究，认为 NO$_2$ 和 N$_2$O 的生成有密切关系，NO$_2$ 抑制措施对降低 N$_2$O 是有效的。然而，20 世纪 80 年代后期的研究证实以往报告的 N$_2$O 发生量并非是锅炉内产生的 N$_2$O，而是 NO$_2$、SO$_2$ 和 H$_2$O 共存时在气体采样容器内产生的，对锅炉在线分析的数据再次验证表明 N$_2$O 的浓度很低。另外，对煤粉锅炉和流化床锅炉的研究显示，在一定压力下对炉膛绝热温度不同时 NO 和 N$_2$O 的平衡计算结果表明，物质的量之比（N$_2$O/NO）<10^{-4}，也说明 N$_2$O 的浓度很低。另有报道日本测定的商用锅炉出口 N$_2$O 平均排放浓度为 0.3ppm，接近大气中的 N$_2$O 浓度。在 1500K 以上的高温下，煤粉燃烧速度很快，若假定排出气体的组成已接近热平衡状态，则平衡组成的计算结果可以说明实测结果的倾向。但是虽然接近平衡组成，反应整体上并没有都达到平衡，因此预测 N$_2$O 的排出浓度时有必要采用反应动力学理论。

燃料氮的挥发性成分在着火后迅速以 HCN 或 NH$_3$ 的形式释放出来，N$_2$O 是在呈氧化性气氛的高温烟气下与 NO 同时生成，此后由于 H 活性基引起的催化分解使 N$_2$O 生成量减少，NO 生成量增加。另外，在向火焰下游输送由剩余的挥发性成分形成的 HCN 和残存在焦炭中的氮化合物时会生成 N$_2$O。只是由于气相中的还原反应和催化分解反应较 N$_2$O 的生成反应占优势，最终使 N$_2$O 的排出浓度变得很低。

N$_2$O 排出量因燃料种类、燃烧条件的不同而有所差异。以煤粉锅炉为代表的高温燃烧情况下排气中的 N$_2$O 浓度，难以成为 N$_2$O 发生源。如有报道日本统计 N$_2$O 排放的最大浓度为 3ppm，平均浓度为 0.5ppm。下面以新井纪南教授等关于流化床煤燃烧过程的研究成果，说明 N$_2$O 的生成-消失机理。

图 4-6 表示流化床燃烧情况下 N$_2$O 的生成-消失原理。其中，N$_2$O 生成可分为三种反应机理，一是在反应初期燃料氮中的气相 N，以 HCN 或 NH$_3$ 的形式释放，经 HCN ⟶ NCO（+NO）⟶ N$_2$O 气相反应，生成 N$_2$O；二是固相燃烧缓慢释放氮化合物 HCN 或 NCO，经气相反应最终生成 N$_2$；三是在焦炭表面或附近 NO+charN ⟶ N$_2$O 反应生成 N$_2$O（charN）。消失机理可分为起因于 H 自由基的气相还原反应和焦炭或流化床介质颗粒参与的固体表面反应。

1. 气相反应

N$_2$O 生成-消失的重要气相反应见表 4-1。其中最重要的反应是 CNO+NO ⟶ N$_2$O+CO（R14）。根据基元反应的数值解析知，在 1500K 高温区域发生的反应是 CNO+OH ⟶ NO+CO+H（R16），其反应速度增大，阻碍了 R14 中 N$_2$O 的生成。同时很活跃的反应是 N$_2$O+H ⟶ N$_2$+OH（R18），导致了 N$_2$O 的消失。

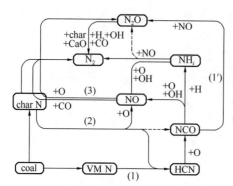

图 4-6　煤燃烧 N_2O 生成-消失机理

(1) 初期生成（热分解）挥发份的 HCN；
(1') HCN——→NCO(+NO)——→N_2O（气相反应）；
(2) 后期燃烧，挥发分中的 HCN 或 NCO；
(3) NO+charN——→N_2O（固相碳表面反应）

有关 N_2O 生成-消失的主要气相反应　　　表 4-1

NO 和 N_2O 的生成		NO 和 N_2O 的生成	
由 NH_3 出发		N_2O 的消失	
R1	$NH_3+OH \longrightarrow NH_2+H_2O$	R18	$N_2O+H \longrightarrow N_2+OH$
R2	$NH_2+OH \longrightarrow NH+H_2O$	R19	$N_2O+OH \longrightarrow N_2+HO_2$
R3	$NH_2+H \longrightarrow NH+H_2$	R20	$N_2O+O \longrightarrow NO+NO$
R4	$NH+H \longrightarrow N+H_2$	R21	$N_2O+O \longrightarrow N_2+O_2$
R5	$N+OH \longrightarrow NO+H$	R22	$N_2O+M \longrightarrow N_2+O+M$
R6	$NH+O \longrightarrow NO+H$	R23	$N+NO \longrightarrow N_2+O$
R7	$NH_2+NO \longrightarrow N_2O+H_2$	R24	$NCO+H \longrightarrow NH+CO$
R8	$NH+NO \longrightarrow N_2O+H$	R25	$NCO+H_2O \longrightarrow HNCO+OH$
由 HCN 出发		R26	$NCO+H_2 \longrightarrow HNCO+H$
R9	$HCN+O \longrightarrow NCO+H$		
R10	$HCN+OH \longrightarrow HNCO+H$		
R11	$CN+O_2 \longrightarrow NCO+O$		
R12	$HNCO+OH \longrightarrow NCO+H_2O$		
R13	$HNCO+H \longrightarrow NH_2+CO$		
R14	$CNO+NO \longrightarrow N_2O+CO$		
R15	$CNO+O \longrightarrow NO+CO$		
R16	$CNO+OH \longrightarrow NO+CO+H$		
R17	$CNO+H \longrightarrow NH+CO$		

　　以 NH_3 或 HCN 作为初始反应物并采用 N_2O 反应模型所进行的数值解析与实验结果进行相互印证，可确认 N_2O 的生成主要起因于 HCN。气相反应引起的 N_2O 在 1000K 温度附近生成最多；在 1000K 以上的高温区域，因 CNO 向 NO 的转化反应（R15、R16）比向 N_2O 的反应要快，所以 N_2O 的生成量减少。

　　从气相反应研究得到了以下重要结论：①N_2O 的生成以 NH_3 和 HCN 为初始物，但 HCN 的贡献大于 NH_3。②NO 和 N_2O 具有共同的前驱物质，与 NCO 及 NH、NH_2 等反应生成 N_2O 时，NO 的存在是必要的。

2. 气-固反应

有关气-固反应的初期研究表明，焦炭氮向 N$_2$O 的转化率约为 5％。但此后的系统实验证实其转化率取决于焦炭样本的干馏条件；即使是在还原气氛中也受到升温速度及干馏时间的影响，而且在燃烧的强氧化气氛下，短时间干馏得到的焦炭也会因干馏条件不同，向 N$_2$O 的转化率不同。在低温条件下干馏得到的焦炭中，由气相反应生成 N$_2$O 的比例高，可认为是缓慢挥发成分多。在有氧存在的 NO 和焦炭反应中，N$_2$O 浓度与 NO 浓度成比例增加。

4.2.2.2 垃圾焚烧的 N$_2$O 排放量

垃圾焚烧的 N$_2$O 排放量 E_{N_2O}（tCO$_2$）按下式计算：

$$E_{N_2O} = MSW \times EF_{N_2O} \times GWP_{N_2O} \tag{4-11}$$

式中　MSW——核算期内焚烧垃圾量，t；

$\quad EF_{N_2O}$——N$_2$O 排放因子，tN$_2$O/t，优先采用烟道监测数据，无监测数据时，可采用《2006 年 IPCC 国家温室气体清单指南》推荐值 50×10^{-6}tN$_2$O/t；

$\quad GWP_{N_2O}$——N$_2$O 全球增温潜势，tCO$_2$/tN$_2$O。

4.2.3　反应动力学模型

为了有效管控垃圾焚烧锅炉内的燃烧状态，以往是按焚烧要求控制焚烧烟气的组成、温度、焚烧效率等出口指标，依据长期积累的经验决定运行过程的焚烧垃圾量、一/二次空气量、工作温度及供给方法等入口条件。继而为了有效管控燃烧状态，进行了大量炉内相关测定的探索。但实际运行工况总是与实验室模拟燃烧工况不同，以致不仅难以使用当时最新的光学测定方法，检测探头的插入也都存在问题。由此得到的运行状态，导致如烟气组成、检测点的温度和负压，其测定精度和数据量都不够充分。此后开发了计算机燃烧模拟技术，也就是在特定初始、边界条件下，建立了如下控制模型以及计算方法等工程理论。该模型综合了连续方程、动量守恒方程、能量守恒方程、化学组分守恒，以及湍流能量及其消散率的偏微分方程。当方程式中的 $\varphi = u$、v、w 时，为动量守恒式；$\varphi = h$ 时，为能量守恒式；$\varphi = m_i$ 时，为化学组分守恒式；I_φ 为扩散系数，可代表黏度和导热系数等；生成项表示剩余项及反应引起的生成项或消失项。并依据此基础理论，建立了辐射传热、喷雾流等的解析法。实际应用中，还要结合如状态方程、反应速度公式等辅助数学模型。

$$\frac{\partial}{\partial t}(\rho\varphi) + \mathrm{div}(\overrightarrow{\rho u}\varphi) = \mathrm{div}(I_\varphi \mathrm{grad}\varphi) + S_\varphi \tag{4-12}$$

上式含义为：非定常项＋对流项＝扩散项＋生成项。

此公式更具理论意义，不经处理无法应用计算机直接求解。当前的解决办法是采用离散化方法，也就是通过理论推演先将此偏微分方程转换为代数方程，再用四则运算求解的方法。至今最具代表性的离散化方法是将计算对象区域分为有限网格，求解网格点上变量值的有限差分法、控制体法与有限流场时间与空间单元法。在流场计算时，多采用有限差分法和控制体法。

从流体力学视角，炉膛内的烟气流动过程可按湍流处理。但是，在实际应用中，为了得到流场时间和空间上的脉动，计算时间步长与计算网格都需要划分的非常细小。如此一来，计算时间达到无法估量的地步，因而直接数值模拟是极其困难的。目前是通过湍流的模型化减少计算工作量。

理论上,即使是高雷诺数的湍流也可将如下连续方程和动量守恒方程离散化后求解。此二式是使用张量表示的。对流场的时间和平均流速,可将式中随时间变化的速度 u_i 和压力 p 用时间平均值和湍流脉动值之和表示:$u_i = U_i + u'_i$;$p = P + p'$。实际解析方法需参考相关文献,不再介绍。

$$连续方程:\frac{\partial u_i}{\partial x_i} = 0 \tag{4-13}$$

$$动量守恒方程:\frac{\partial u_i}{\partial t} + u_j \frac{\partial u_i}{\partial x_j} = \frac{1}{\rho} \frac{\partial p}{\partial x_i} + \frac{\mu}{\rho} \frac{\partial}{\partial x_j} \left(\frac{\partial u_i}{\partial x_j} \right) \tag{4-14}$$

4.2.4　焚烧烟气中的 NO_x 数值计算方法

预测焚烧过程的 NO_x 浓度分布,并进行生成机理分析,可通过计算机模拟掌控焚烧烟气流动,温度及其分布,化学组分浓度分布与 NO_x 浓度分布的关系,继而根据模拟结果采取降低 NO_x 排放量的措施。还可根据数值解析阐明 NO_x 的生成机理,包括不稳定中间体的生成、消失情况。

常用的 NO_x 数值计算方法,一是将 NO_x 生成机理简化(即模型化),再将其与燃烧模拟结合求解燃烧装置内的 NO_x 浓度分布。二是简化烟气流场以及温度场、浓度场,并考虑诸多化学组分和基元反应,从而可深入探讨反应机理,并通过计算机模拟燃烧过程,预测 NO_x 的浓度分布。

其中,燃料型 NO_x 可参照化石燃料 NO_x 生成模型,采用 De Soete 提出的生成机理。针对煤粉燃烧释放出的燃料氮分向氰化氢(HCN)转化速度 v_f 可认为等于挥发分的释放速度;De Soete 提出的综合反应速度 v_2 是由 HCN 引起的 NO 还原反应,并考虑焦炭作用最终生成物 N_2;v_3 则是直接由 HCN 转化生成物 N_2。

热力型 NO_x 生成模型是指在不同反应速度常数(表 4-2)下的 $N_2 + O \longleftrightarrow NO + N$,$O_2 + N \longleftrightarrow NO + O$ 捷里多维奇机理;或是考虑 OH 反应式 $N + OH \longleftrightarrow NO + H$ 的扩大的捷里多维奇机理。具体计算方法复杂不再赘述,需要时可参考相关的专业著述。

由扩大的捷里多维奇机理得到的反应速度常数　　表 4-2

反应常数	$k_{if} = A_{if} \exp(-E_{if}/T)$		反应常数	$k_{ib} = A_{ib} \exp(-E_{ib}/T)$	
反应常数	A_{if}	E_{if}	反应常数	A_{ib}	E_{ib}
k_{1f}	6.63×10^7	37765	k_{1b}	1.55×10^7	0
k_{2f}	$8980T$	3281	k_{2b}	$1950T$	19343
k_{3f}	4.20×10^7	0	k_{3b}	12×10^7	24395

另有研究提出如下氮氧化物生成与分解反应速度的动态方程,可供参考。

4.2.5　垃圾焚烧与渗沥液处理工程产生 CH_4 排放量

垃圾焚烧状态分为完全焚烧与不完全焚烧,焚烧产生的 CH_4 是不完全焚烧的产物。对此,推荐按同时满足下述完全燃烧的两项指标进行评价:①排放烟气中在线检测 CO 含量

低于 $40mg/Nm^3$；②年度炉渣热灼减率平均值不大于 2%。如国家和地方无特别规定，满足此指标要求的即是属于完全焚烧。

垃圾不完全焚烧的 CH_4 年排放量（t/a）基于焚烧垃圾量 MSW（t/a）及排放因子 EF（$t_{CH_4}/t_{垃圾}$），可按下式计算：CH_4 排放量＝MSW×EF。其中的 EF 采用烟道中 CH_4 监测值，无监测值时，可采用《2006 年 IPCC 国家温室气体清单指南》推荐值 $0.2×10^{-6}$ $t_{CH_4}/t_{垃圾}$。

垃圾焚烧厂内 CH_4 的主要源头，除不完全燃烧外，还要格外注意的是毗邻垃圾池，处于厌氧状态密闭受限空间的渗沥液收集通道、渗沥液收集池系统和渗沥液厌氧处理工艺过程中产生的量。

渗沥液收集系统含一定 CH_4 浓度的恶臭气体，一般是送垃圾焚烧锅炉焚烧处理。按 IPCC 的计算方法，这部分 CH_4 作忽略处理。只是这里还需要特别关注的是，按容积比计的 CH_4 爆炸下限是 5%（表 4-3），而垃圾焚烧厂内的这类气体是 CH_4 为主同时包含其他气态物质的沼气，其爆炸下限多在 $4.5\%\sim5.5\%$。为保证安全、可靠运行，推荐我国福建省在总结经验教训和研究基础上，确定的 CH_4 报警限值指标为 1%。

CH_4 主要热力过程参数　　　　　　　　　　　表 4-3

相对密度（空气＝1）	0.5548（273.15K，101325Pa）	密度（标准状态）(g/L)	0.717
蒸汽压/kPa	53.32（−168.8℃）	饱和蒸气压/kPa	53.32（−168.8℃）
临界温度/℃	−82.6	临界压力/MPa	4.59
沸点/℃	−161.5	闪点/℃	−188
引燃温度/℃	538	燃烧热/（kJ/mol）	890.31
总发热量 （产物：液态水）	55900kJ/kg （40020kJ/m³）	净热值 （产物气态水）	50200kJ/kg （35900kJ/m³）
爆炸上限/%（V/V）	15.4	爆炸下限/%（V/V）	5.0

对渗沥液处理过程产生的沼气，当产生量较大时，多采取回收利用，不适于回收利用时采取火炬燃烧方式就地处理。对垃圾焚烧厂渗沥液处理产生的 CH_4 量按 5% 泄漏量计算，折算为 CO_2 占全厂总 CO_2 排放量不足 1%。实际应用显示，垃圾不完全燃烧与渗沥液厌氧处理过程产生的 CH_4 量通常很小。

4.3 焚烧生成 NO_x 的控制原理

4.3.1 垃圾焚烧过程中 NO_x 控制的基础

4.3.1.1 关于 NO_x 排放标准

我国现行《生活垃圾焚烧污染控制标准》GB 18485—2014 规定 NO_x 排放标准是：在干气体 11% O_2 条件下日均值为 $250mg/Nm^3$、小时均值为 $300mg/Nm^3$。检测按固定污染源排气中氮氧化物测定方法进行：紫外分光光度法（《固定污染源排气中氮氧化物的测

定　紫外分光光度法》HJ/T 42—1999)、盐酸萘乙二胺分光光度法（《固定污染源排气中氮氧化物的测定　盐酸萘乙二胺分光光度法》HJ/T 43—1999)、定电位电解法（《固定污染源废气　氮氧化物的测定　定电位电解法》HJ 693—2014）等。

与此同时，要按《污染源自动监控管理办法》（国家环境保护总局令第 28 号）等规定安装生活垃圾焚烧厂烟气在线监测装置并对其定期校对。在线监测结果要采用电子显示板进行公示并与国控平台、当地环保行政主管部门和行业行政主管监控中心联网。

此外，我国地方根据国家标准的约束条件，以及当地环境容量等制定了严于国家标准的省（市）级地方标准。运营主体执行标准的基本原则是以国家标准为红线，以地方标准为法定控制线，根据实际运行条件制定内部控制指标，从而形成了我国特有的烟气污染物排放质量控制体系。

4.3.1.2　关于 NO_x 浓度与排放量的估算

如前所述，NO_x 浓度分布的数值计算是一个繁复过程，需要运用计算机模拟，把握焚烧烟气的流动状态参数、区域温度参数，以及化学组分浓度分布与 NO_x 浓度分布的关系。还可通过化学动力学计算，求解各组分生产速度的联立方程来追踪浓度的变化。以此作为工程应用的理论基础。

实际运行应用中，通常是按积累的运行经验数据或是经验公式确定。根据多年生活垃圾焚烧运行管理经验，在焚烧垃圾热值为 7000～8000kJ/kg、炉膛主控温度为 870～950（最大 1050)℃、平均负荷率为 0.8～1.1、年运行时间为 8200～8400h 等运行管理条件下，近年统计的 NO_x 产生量大约为 300～450mg/Nm³。

在生活垃圾焚烧厂建设初期，也可依据焚烧过程的基本化学反应，按焚烧垃圾量 B（kg/h)、垃圾中氮元素分析 N（%)。其他元素分析为碳 C、氢 H、氧 O、硫 S、氯 Cl，水分 W，并取标准状态的实际烟气量 V_y，采用下述经验公式进行氮氧化物浓度 NO_x（mg/Nm³）粗估：

$$NO_x = \frac{132000 \times B \times N}{V_y} \tag{4-15}$$

式中的 V_y（Nm³/kg）为过量空气系数 $\alpha > 1$ 时，标准状态下的实际烟气容积。按下式计算：

$$V_y = V_{RO_2} + V_{N_2}^0 + V_{H_2O} + (\alpha - 1)V^0 \tag{4-16}$$

其中：V^0（Nm³/kg）为理论空气容积，即过量空气系数 $\alpha = 1$ 时的燃烧空气容积，按下式计算：

$$V^0 = 0.0889C + 0.2647H + 0.0333S + 0.0301Cl - 0.0333O \tag{4-17}$$

V_{RO_2}（Nm³/kg）为三原子气体 RO_2 容积，即二氧化碳 CO_2 与二氧化硫 SO_2 的容积之和，按下式计算：

$$V_{RO_2} = 0.01866 \times (C_{ar} + 0.375 S_{ar}) \tag{4-18}$$

$V_{N_2}^0$（Nm³/kg）为理论氮容积，计算公式为：

$$V_{N_2}^0 = 0.79 V^0 + 0.8 \frac{N_{ar}}{100} \tag{4-19}$$

V_{H_2O} 为水蒸汽容积，包括理论水蒸汽（燃料氢燃烧、水分蒸发、随理论空气量带进水分之和）与过量空气带入的水蒸汽容积 0.0161（$\alpha - 1$)。按下式计算：

$$V_{H_2O} = 0.111H^y + 0.0124W^y + 0.0161\alpha V^0 \tag{4-20}$$

湿空气焓值 h_k（kJ/kg 干空气）计算公式如下：

$$h_k = 1.01t + (2500 + 1.84t)d = (1.01 + 1.84d)t + 2500d \tag{4-21}$$

式中　t——空气温度℃；

　　　d——空气的含湿量，g/kg 干空气；

　　　1.01——干空气的平均定压比热，kJ/(kg·K)；

　　　1.84——水蒸气的平均定压比热，kJ/(kg·K)；

　　　2500——0℃时水的汽化潜热，kJ/kg。

由上式可以看出：$(1.01 + 1.84d)t$ 是随温度变化的热量，即"显热"；而 $2500d$ 则是 0℃时水的汽化潜热，它仅随含湿量变化而变化，与温度无关，即"潜热"。

4.3.2　层燃型锅炉炉膛内的燃烧与污染物产生过程

在生活垃圾焚烧过程中，火焰是可燃气体燃烧时产生的现象，从炉膛内垃圾焚烧火焰高度可知焚烧过程是以挥发分燃烧为主，与固定碳的质量比一般大于 4：1（有统计最高可达到约 9：1）。含有大量挥发成分的氮化合物经挥发后，其中很多成分发生分解和氧化燃烧。

在层燃型锅炉中的炉排驱动下，从垃圾投入到燃烧残渣排放之间形成长约 9~12m 的移动垃圾层。通过炉排送入的空气，在炉排上部辐射传热作用下，进行干燥、气化和气/固燃烧过程。垃圾在炉膛中的燃烧过程可分为以固定碳为主的固态可燃物（以下统称"固定碳"）燃烧过程与气态挥发分的（以下统称"挥发分"）燃烧过程，以及高温烟气流动与辐射换热过程。根据固定碳和挥发分燃烧的热力过程、能量转换和传递过程，以及烟气污染物控制过程，可从功能角度将炉膛自下向上分为炉膛燃烧区、二次空气紊流区、高温烟气辐射换热区、炉膛出口区。图 4-7 表示垃圾中氮在采用层燃技术的垃圾焚烧锅炉炉膛内的燃烧转化途径。

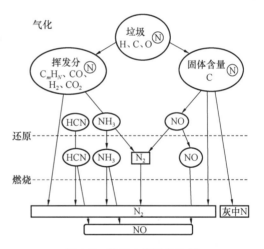

图 4-7　垃圾中氮转化途径

在正常燃烧条件下采取"3T"控制方法，是控制燃烧过程初级减排的有效方法。"3T"原则在此体现在固相燃烧过程的"3T"和气相燃烧与传热过程的火焰温度监视与燃烧空气调控等。

4.3.2.1　炉膛燃烧区 NO_x 的产生与控制

炉膛燃烧区位于炉排工作面到二次空气紊流区以下的空间。从换热角度看，进入炉内的生活垃圾在炉膛燃烧区进行与空气混合、干燥、气化、着火、气相与固相燃烧过程。在着火后的很短时间内，垃圾燃烧产热量远超过放热量，温度急剧上升，中心区温度在约 1050~1400℃范围内变化，气相燃烧（也叫均相燃烧）/固相燃烧过程持续时间可能长达数十分钟。该区燃烧与热辐射过程是同时进行的，辐射介质产生了内部热源，形成极为复杂的火焰燃烧和向炉墙及前后拱的放热过程。随着可燃物浓度降低以及挥发份和固定碳燃烬，发热强度降低，温度上升趋缓，发热量与放热量趋于平衡，达到温度的最大值水平。此后产热过程不能补偿放热的消耗，火焰温度与固相温度下降，直到进入二次空气紊流区与排渣口预定的温度水平。气相燃烧过程在二次空气紊流区基本结束，固相燃烧过程在燃烬段之前结束。

固定碳燃烧过程，是随着炉排正向或负向运动，生活垃圾按Ⅰ、Ⅱ、Ⅲ、Ⅳ段正向顺序运动且发生气固转化过程。其中，在Ⅰ段是以干燥为主，包括少量 CO、C_mH_n 等还原性气体析出过程；在Ⅱ段是低水分垃圾气化为主，包括 C_mH_n、CO、NH_3、CN 等大量还原性气体及 NO_x 释放过程；Ⅲ段是灼热层燃烧段，包括大量 CO、O_2、CN、NH_3 等燃烧气体燃烧及 NO_x 产生过程；Ⅳ段是燃烬段，包括少量 O_2、NO_x 等气体，以及炉渣产生过程。

在垃圾燃烧过程产生的气体向各个方向扩散的同时做上升运动，挥发份同共存的或者扩散供应的氧发生燃烧反应，同时可燃成分中的氮发生氧化反应生成 NH_3、HCN，经还原反应生成 NO_x 及 N_2。在炉膛燃烧区，由于挥发份在炉内分布不均匀，炉墙与新进入的垃圾又会使火焰受到冷却，导致横截面上的温度不均匀。理论上该区域处于零压平衡状态，但受一次风量与风压影响，控制不当会出现正压现象。该区域有明显的火焰锋面，俗称"火线"，一般控制在炉排燃烧段中部，作为炉渣热灼减率监控措施。在炉膛燃烧区存在可燃气体的扩散燃烧，燃烧温度局部可达 $1050\sim1300℃$，会导致 HCN 的产生，生成热力型 NO_x。在垃圾燃烧炉膛内最高温度在 $1300℃$ 左右，可推测热力型 NO_x 的产生量为 $40\sim60mg/Nm^3$（$20\sim30ppm$）左右。

炉膛燃烧区的负面影响在于灰渣温度可能大于灰分软化温度而使其处于结渣环境；以及一次空气进入炉膛内燃烧空间区域，会发生特殊的重新分配现象（至今研究还很少）。对炉膛燃烧区的监控目标是最大限度控制垃圾不稳定特性与不完全燃烧。监控方法包括通过巡检观察火焰颜色判断燃烧温度、监督火焰锋面。主要监控指标是炉渣热灼减率、一次风量分配与总风量。

4.3.2.2 二次空气紊流区与 CO 充分燃烧控制

二次空气紊流区介于炉膛燃烧区与高温烟气辐射换热区之间。该区是从焚烧过程向高温烟气辐射换热过程转化，以强化 CO 与可燃颗粒物完全燃烧的湍流过渡区。此区是根据流体力学的射流理论，通过横向注入二次空气，与自下而上运动的主气流形成一定角度的倾斜射流，发生对炉膛主气流的流场扰动，即紊流。该过程促使主气流中残存的 CO 等可燃物进行完全燃烧，也可认为是二次混合燃烧过程。在此区理论上存在热力氮生成 NO_x 的可能，但生成量很少，基本是主气流中携带的 NO_x。另外，自由射流长度受二次空气入口口径与流速等条件约束，就垃圾焚烧锅炉来说，射流长度与炉膛中心存在一定距离，因此这种直接扰动属局部扰动，以致在后续烟气中仍有残留 CO 生成。"3T"原则在二次空气紊流区气相热力过程主要表现为：

（1）二次空气是以高速射流方式进入炉膛内并扰动主气流流场，具有温度不稳定且使平均温度降低、但主气流中心区域温度可能会高于该断面平均温度的特征。

（2）垃圾焚烧锅炉的二次空气入口按前后墙、相对不等高、带倾角布置。每侧均采取多喷嘴、按 1~2 排形式布置，形成互相干扰现象。

（3）主气流动量远大于二次空气射流的动量。

（4）在此区及以后的高温烟气辐射换热区与炉膛出口区，NO_x 浓度基本稳定下来。

需对二次空气紊流区进行有效监控：①按欧盟在其最佳可行技术中的意见，烟气再循环可减少来自空气中的 N_2，从而对减少 NO_x 生成有一定作用，但由此归结为再循环烟气是减少 NO_x 的说法不够严谨。这是因为热力型 NO_x 产生比例比较小，所以烟气再循环对降低 NO_x 排放的效果也相对较小。②渗沥液回喷处于二次空气紊流区，并且直接参与燃烧及辐射换热，是吸热过程，会增加烟气污染物浓度与烟气含水量。采用烟气回流技术需要评估对初级减排、稳定燃烧及辐射换热的影响。实际运行中通过采取监控省煤器烟气侧出口 CO 浓度，对二次空气量、风温、风压等进行调控。

4.3.2.3 高温烟气辐射换热区与二噁英类的初级减排

高温烟气辐射换热区位于二次空气紊流区与炉膛出口区之间，是以传热学的辐射换热理论为基础，供烟气流动并进行辐射换热，从而使烟气侧温度降低的区域，尤其是通过炉膛主控温度，对二噁英初级减排进行监控。"3T"原则在此体现为高温烟气温度衰减、控制炉膛主控温度在设定范围。从环保视角，该区主要工程特征是以"炉膛主控温度区"作为初级减排监控指标之一。虽然炉膛主控温度区的烟气滞留时间随着烟气量增减而变动，但要在额定焚烧负荷运行工况下滞留时间不低于 2 秒，否则应需采取人工干预的控温措施。一般运行过程控制炉膛主控温度不宜高过 1050℃，以免飞灰达到软化温度而造成结焦、腐蚀，并增加热力型 NO_x 的产生。

初级减排是垃圾焚烧锅炉风烟系统安全运行管控的内容之一，需要从热力、传热、流体力学等方面实施全方位运行管理。例如从炉膛结构视角，垃圾焚烧锅炉是采用水冷壁＋耐火材料的复合炉墙。其热力过程表现在管壁热阻不大但热负荷很高，管内外壁温差在 60℃ 左右，从而产生热应力，首先需要将其控制在允许范围内。这是进行初级减排控制的必要条件。从工程设计视角，要按工业锅炉设计计算方法计算辐射换热，并按预定方向自由膨胀。当承压部件的自由膨胀受到限制时会产生附加应力，造成应力叠加或应力集中。这也是进行初级减排控制的必要条件之一。

对运行监控要求，一是基于初级减排的运行控制，垃圾焚烧锅炉的日均负荷率控制在 0.70~1.10。二是加强对焚烧垃圾特性分析，针对焚烧垃圾热值超设计点现象，合理确定焚烧垃圾量。避免过度焚烧导致炉温过高，主控温度区上移现象。三是按环保规定连续监测主控温度。如实际运行烟气量减少较多时，烟气流速与区段温度均会降低，滞留时间延长。当主控温度区下移超过按经济负荷设定的温度限时，需要投加辅助燃料。

高温烟气辐射换热区的主要特征参数是炉膛主控温度，以及其他必要的温度、烟气流速与区域负压等相关状态参数的监测。其中炉膛主控温度控制的基本要素：①以炉膛最后二次空气入口的标高作为基准高度。②检测温度按现行《生活垃圾焚烧污染控制标准》GB 18485—2014，以任一小时均值为准。以查验环保平台公示的在线温度曲线为准。③停留时间 s 通过烟气流量 Q 或流速 w，核定区域体积 V、截面积 S、相对高度 ΔH 等结构尺寸，按 $s=\Delta H/w=(V/S)/(Q/S)=V/Q$ 的基本关系计算的结果。核算滞留时间时，下限可按额定工况省煤器出口烟气量的 80%~100%，上限按 100%~120%（<500t/d 时）或 115%（≥500t/d 时）进行。

4.3.2.4　炉膛出口区与烟气温度控制

炉膛出口区位于炉膛顶部烟气出口窗区域。该区域的烟气温度通过与水冷壁换热而降低。炉膛出口温度可根据炉膛整体状态计算，允许误差±100℃。"3T"原则在此区体现为炉膛出口温度以及负压控制。工程特征表现为：①此区会发生复合炉墙改为水冷壁炉墙、增加堆焊等炉墙结构性的变化。炉墙结构形式的改变必然造成传热性能改变，从而导致烟气温度衰减速度改变。②炉膛出口温度通过与水冷壁换热而降低。正常运行时可控制在 800～950℃，以避免或减少水冷壁腐蚀与爆管事故。炉膛出口烟气通过与第二、三辐射烟道的水冷壁辐射换热，控制对流受热面入口温度不大于 650℃，以避免或减轻过热器或前置蒸发器（如有）结渣、高温腐蚀与爆管事故。③炉内能量在极端情况下发生瞬时改变可能导致炉膛压力突增或突减，一旦超过炉膛承压能力就会使炉墙遭到破坏。因此炉膛必须具备一定承压能力，数值上等于炉膛设计压力。④在正常运行条件下，此区的烟气污染物浓度不再发生变化。

对炉膛出口区的监控应注意，欧盟委员会曾规定最小含氧量 6%，此后在技术发展和运行管理水平提高基础上，新的指令废除了含氧量的规定。然而需要对材料进行特殊保护，以防止可能增加腐蚀性的危险。另外，垃圾焚烧锅炉采用平衡通风方式。适合设置负压监测点的位置在炉膛出口区。为了保持整个炉膛在负压状态运行并考虑垃圾不稳定的燃烧特性，宜控制此区域设计点负压在 -120～-50Pa。

4.3.2.5　其他

NO_x 发生量固然是与燃料含氮量有关，但是对于垃圾燃烧却很难正确地把握燃料性质和 NO_x 生成的关系。燃料氮对 NO 的转换率大体上与燃料含氮量的 0.5～0.7 次方成反比，而 NO_2 发生量则与含氮量的 0.5～0.3 次方成正比。实际的转换率还和挥发、气体化的难易程度、燃烧方法有很大关系。

4.3.3　脱氮的路径与采用的工艺

按照焚烧过程的氮源以及 NO_x 的生成形态，可分为燃烧前、燃烧中与燃烧后三种脱氮途径，并形成相应的处理技术。

途径一是在燃烧前降低焚烧垃圾氮源，也就是降低焚烧垃圾中的含 N 可燃物。主要处理技术是采取加氢脱除技术和降低氮源可燃物质的洗选技术。生活垃圾物理成分与元素分析显示计入垃圾渗沥出水分与无机成分的条件下，N 元素成分占比一般不大于 1%。从氮源分布情况看，贡献最大的是厨余与竹木，其含氮量大约各在 2.5%左右。基于垃圾不稳定特性与氮源含量很低的情况，单独处理的经济性以及对环境二次污染的负面作用制约了此途径的发展。在我国尚未见有焚烧前单独处理的案例。但垃圾分类具有一定降低氮源的作用。

途径二是燃烧中抑制 NO_x 生成途径，这是采用层燃型锅炉针对炉膛燃烧区及二次空气紊流区气相焚烧过程相对容易操作的适用途径。主要有控制空气比的低氧燃烧、空气/燃料混合燃烧、低温燃烧、采用低 NO_x 燃烧器等常用的技术，以及烟气再循环工艺等。此外还有流化燃烧技术、对室燃型电站锅炉采用煤粉浓淡分离、多段吹入的再燃烧技术等。

途径三是燃烧后脱氮途径，目前最常用垃圾焚烧烟气的 NO_x 减排方法是在炉膛辐射换热区应用无催化剂的选择性非催化还原法（SNCR）与在锅炉体外有催化剂的选择性催化还原法（SCR）脱氮技术。针对垃圾焚烧烟气 NO_x 原始排放值在 $300\sim450mg/Nm^3$ 与现行垃圾污染控制标准要求，采用 SNCR 技术，在正常运行条件下是可行的选择。当要按日排放均值 $120mg/Nm^3$ 控制时，按 NO 70% 去除率计，正常运行状态下可做到达标排放。但是，由于垃圾理化特性稳定性很差且难以有效管控，要保证达标排放还是有风险的，通常需要增加 SCR 工艺。其负面作用是导致能耗增加，运行经济性下降。

依据相应理论研发出包括催化剂和活化剂等有机或无机 PNCR 脱氮的反应剂。其中催化剂与活化剂是 PNCR 脱氮反应剂的核心成分。该反应物是由氧、镁、铝、硅、硫、钙、钡、锰和稀土元素等多种化学物质组成的高分子聚合物，通过增加催化剂，强化还原反应的活性。不同产品还可能包含如功能高分子还原材料（CnHmNs）、乳化剂、分散剂、缓释剂和渗透剂等辅助成分。在这些成分共同作用下，达到 PNCR 脱氮剂的稳定性和高效性等性能指标。在正常运行条件下可实现 NO_x 日均排放值 $120mg/Nm^3$ 的要求，但长期运行工况还有待时间的检验。另有 SNCR 与 PNCR 组合投用并实现全自动操作时，排放的 NO_x 可减排到 $120mg/Nm^3$ 或更低。例如上海嘉定厂对排放 NO_x 检测结果显示，2022 年未投入 PNCR 与全自动操作，2023 年初期投运后采用高分子聚合物，对比 NO_x 检测结果显示，NO_x 排放量降低了 3.21%，且投入后 NO_x 日均浓度检测值为 $120.8mg/Nm^3$。

从目前运行管理正常的实际运行状态看，在炉膛 $780\sim920℃$ 反应温度区（采用不同 PNCR 技术的最佳反应温度区会有差别）喷入 PNCR 反应剂，与 NO_x 反应生成 N_2 和 H_2O，可达到脱氮目的。此外，为达到抑制 NO_x 或回收利用 N 等目的，人们开发了多种干式或湿式脱氮的其他技术。这些技术受到处理能力、处理效果、能源消耗等负面因素约束，大都还不具备作为垃圾焚烧的技术应用条件。如可同时降低 SO_x 与 NO_x，但处理规模受限的活性炭吸附技术；仅适用于清洁气体的分子筛吸附技术；需要大型电子加速器，电力消耗较多的电子束照射技术；装置复杂、成本高的氧化铜吸收技术等干式脱氮技术。再如使用活性碳酸钠反应物的碳酸钠吸收（等物质的量吸收）技术；使用氧化剂和石灰石或活性碳酸钠反应物（SO_2 还原 NO_x）的氧化还原技术；使用乙二胺四乙酸（EDTA）和碳酸钠或碳酸钾还原（络合盐吸收）技术等。

4.3.4 关于 PNCR 脱氮技术

4.3.4.1 概述

PNCR 脱氮技术是采用一种高分子材料作为脱氮载体，把氨基成分聚合负载在高分子材料上，形成粉体状（如 80 目）材质的脱氮反应剂。固态反应剂通过气力输送装置喷入垃圾焚烧锅炉的炉膛中，在高温下氨基高分子化学键断裂，释放出大量的含氨基官能团，氨基反应剂与烟气中 NO_x 发生反应生成 N_2 与 O_2，达到脱除 NO_x 目的。反应式为：

$$CO(NH_2)_2 + H_2O \Longrightarrow 2NH_3 + CO_2 \uparrow$$
$$4NO + 4NH_3 + O_2 \Longrightarrow 4N_2 \uparrow + 6H_2O$$
$$4NO + 2NH_3 + O_2 \Longrightarrow 3N_2 \uparrow + 6H_2O$$

温度对 SNCR 的脱氮效率是很敏感的。从其工艺过程看，利用气力输送装置直接将 PNCR 反应剂喷入垃圾焚烧锅炉炉膛 $750\sim900℃$ 温度窗口，工程理论上可理解为是在按烟气流向的炉膛辐射换热区上限到炉膛出口区域。这与工程上自行对比分析的反应温度

650～800℃不相容，因为此温度窗口一般是在按烟气流向的炉膛出口后烟气辐射通道后段。但在实际运行时，运行主体为保证炉膛主控温度区不低于850℃，通常是在此区域按900～1050℃进行控制，由此，750～900℃温度窗口可能会后移到炉膛出口到烟气辐射通道前端区域。

PNCR脱氮技术既具有SCR技术高的脱氮率，又具有SNCR技术低建设投资的优点。其主要特点表现在：①还原反应过程不产生水蒸气，这对减少烟气含水率是有利因素。②高分子碳骨架自然分解成CO_2释放，对锅炉其他设施不会产生负面影响。③具有工艺系统简单，运行维护成本较低，固态粉末状运输、储存安全方便，无二次污染的优势。

PNCR脱氮技术主要负面影响表现在已经运行项目中的系统存在氨逃逸高、故障率偏高、系统尚待优化等问题。另从表4-4也可以看出，还需要积累经验，对相关指标及运行条件进行优化，如与烟气混合程度、温度/压力、适宜停留时间、原材料消耗等运行指标性数据；对焚烧规模、工作条件适用性；固定资产成本、试剂及电消耗成本、采购成本等经济性均需要进一步研究。以发挥80％～90％最佳运行脱氮系统效率（此指标引自该技术发明人即清华化工系某教授团队介绍）。

PNCR与SNCR脱氮的区别主要体现在反应剂、反应原理、应用范围和设备安装运行等方面（表4-4，在此一并给出SCR对比）。在选择使用哪种技术时，要根据实际情况进行综合考虑，以达到最佳的处理效果。相关实验研究显示：PNCR系统的投用可较快且明显降低NO_x排放指标，但会提升氨逃逸数值；单投PNCR系统且蒸汽量波动较大时，氨逃逸数值出现明显波动；SNCR和PNCR混合投用时脱氮效果比较稳定；PNCR喷枪的位置对脱氮效果有较大影响；结合使用PNCR，处理成本在可控范围，有利于焚烧厂降本增效。

应用于垃圾焚烧工程 PNCR 与 SNCR 及 SCR 脱氮的区别　　　　表 4-4

内容	SCR	SNCR	PNCR（干法）
反应剂	氨水或尿素溶液氨水蒸发或尿素热解	氨水或尿素溶液	高分子聚合物
反应温度/℃	320～410	800～1000	780～920
系统压力损失	新增部件及催化剂模块	无新增压力损失	无新增压力损失
催化剂主要成分	V_2O_5-WO_3/TiO_2	无	无
实际脱除效率	75％～90％	30％～60％	80％～90％
喷射位置	烟气系统适宜串联位置	炉膛适宜温度窗口	炉膛适宜温度窗口
SO_2/SO_3	可发生	不发生	不发生
应用范围	用于焚烧烟气	用于垃圾焚烧锅炉	用于垃圾焚烧锅炉
水、电消耗	消耗大	消耗较高	消耗较小
工程造价	高	低	低

4.3.4.2 PNCR 工艺流程与初步运行数据

据张海元在《脱硝脱硫一体化 PNCR 新技术在垃圾焚烧炉上的研发与应用》中介绍，PNCR工艺系统主要包括：罗茨风机、气料喷射器、气料分配器、专用喷枪及管路、电子控制给料器、中央控制模块和在线监测系统。气料喷射器是按文丘里原理设计的气固混合加速装置，气料分配器将物料从主管路分配给支管路，最后分为 1~32 支喷枪，喷枪分布在一、二烟道的前墙和侧墙，根据锅炉负荷变化，布置 1~3 层。每条支路流量通过压力和阀门控制，保证通过风机输送的物料均匀分配到烟道中。在线监测系统主要实时监测氮氧化物的变化，将信号传输给中央控制模块。中央控制模块根据在线监测的信号反馈调节固体粉末给料量（电子控制给料器）和风机的功率，最大化节省运行成本，根据反应温度窗口控制喷枪的使用，优化运行工况。

表 4-5 是某 500t/d 项目垃圾焚烧锅炉脱氮系统的烟气初步运行参数，可供参考。另按 NO$_x$110mg/Nm^3 以下排放指标控制的实际运行统计，PNCR 脱氮成本大约是 SNCR 的 2.5 倍，是 SCR 综合成本的 10%~25%。

某项目 500t/d 垃圾焚烧锅炉脱氮系统运行参数 表 4-5

项目	烟气流量	处理前 NO$_x$ 浓度	处理后 NO$_x$ 浓度	脱氮效率
性能要求	94300Nm^3/h	400mg/Nm^3	100mg/Nm^3	＞75%

4.3.5 烟气温度降低的负面作用与应对措施

脱氮装置的运行负荷变化会使排放烟气温度发生变化。当低负荷运行时，处理的烟气温度低于一定值后，会在催化剂表面析出酸性硫铵。硫铵在催化剂表面累积将影响烟气向催化剂细孔内部扩散，导致催化剂性能暂时性降低。采取措施是再用具有温度窗口温度（如 320~400℃）的烟气通过催化剂床，可使累积的酸性硫铵被分解脱离，逐渐恢复催化剂性能。总之，为了避免催化剂的一次性中毒，最好是使装置在酸性硫铵的析出温度以上运行。当使用含硫量较多的燃料时，必须提高低负荷运行时的处理气体温度。

脱氮催化剂的另一负面反应是当排放烟气中 SO$_2$ 浓度较高时，通过脱氮装置出口的 SO$_3$ 浓度也升高。这时必须注意催化剂内的 SO$_2$⟶SO$_3$ 副反应，以防止从烟囱向大气排放有色烟气。

4.3.6 关于烟气再循环方法

烟气再循环（FGR）法是指从净化烟气引出一部分，再次作为燃烧空气一部分从炉膛二次风口附近送进炉膛内；一般用于普通低氮燃烧技术。为控制再循环烟气污染物对再循环系统设备的负面效应，目前垃圾焚烧项目多采用从除尘器后引出再循环烟气。

严格意义的 FGR 技术可分为烟气内部与外部再循序。烟气内部再循环是利用燃烧器喷嘴流速产生卷吸烟气的效应，使少量烟气再次参与燃烧，降低火焰温度，排放目标值为 80mg/m^3。而烟气外部再循环是通过风机的机械力大幅度增加再循环烟气量。工程上基本是指外部再循环且不会引起歧义，因此本书不再细分，均指外部再循环。目前垃圾焚烧的烟气再循环率（再循环烟气量与不采用再循环时的烟气量比）大约在 20% 左右。此时的 FGR 可有效降低火焰温度，达到更低的 NO$_x$ 排放指标，其 NO$_x$ 排放目标值为 30mg/m^3。

采用 FGR 法的驱动力在于具有调节炉膛温度，降低氧浓度，进而降低垃圾焚烧锅炉烟气 NO$_x$ 排放的作用；在正常条件下还会有一定减少烟气排放量，节约能源的作用。有对燃气锅炉的研究表明，FGR 技术能够降低超过 60% 的 NO$_x$ 排放。其负面影响是增加厂用电率，要对节能效果进行综合评估。其不利条件是对锅炉系统建成后的技改增加 FGR 系统，需要进行炉膛温度场与空气动力场核算以调整系统最佳工艺参数，必要时还需要对锅炉炉墙进行局部改动。

主要约束烟气再循环降低 NO_x 排放效果的因素是焚烧垃圾的特性、燃烧温度与烟气再循环率。煤粉炉的运行经验表明烟气再循环率 15%～20%时，可降低 NO_x 排放量 25% 左右；并且 NO_x 排放降低率随着烟气再循环率的增加而增加。此外，燃烧温度越高，烟气再循环率对 NO_x 排放降低率的影响越大。电站锅炉的运行经验显示，最佳烟气再循环率控制在 10%～20%，再高时会造成燃烧不稳定、增加未完全燃烧造成的热损失。另外，因为需要增加再循环风机系统，从而增加了厂用电率。

4.3.7　应用脱氮系统设备的注意事项

氨反应剂用量据 NO_x 总量（处理烟气量与 NO_x 浓度乘积）决定，通过调节 NH_3 量与 NO_x 量之比，作为保证脱氮装置出口 NO_x 浓度达到运行管理要求指标的措施。实际应用时，还应增加前馈修正回路和对出口 NO_x 浓度反馈修正回路，以提高系统控制的精度。

应用脱氮系统设备，首先要明确脱氮系统设备的常用负荷、最低负荷、利用率等运营计划，以及脱氮系统的设计条件，如处理烟气量、烟气温度、处理气体温度、脱氮效率等。还需要确定脱氮反应剂种类及其品质，考虑氨逃逸、导致催化剂中毒气体成分的分离等常规问题。

SCR 技术使用的催化剂大多以 TiO_2 为载体，以 V_2O_5 或 $V_2O_5\text{-}WO_3$ 或 $V_2O_5\text{-}MoO_3$ 为活性成分，制成蜂窝式、板式或波纹式三种类型。应用于烟气脱氮中的 SCR 催化剂一般分为高温催化剂（传统划分为 345～590℃，垃圾焚烧项目未见使用）、中温催化剂（传统划分为 260～380℃，实际应用为 220～260℃）和低温催化剂（传统划分为 80～300℃，多按 160～180℃应用）。不同的催化剂的适用反应温度不同，如果不同催化剂的相应反应温度偏低，会降低催化剂活性，降低脱氮效率；如果催化剂持续在低温下运行会使催化剂发生永久性损坏。如果反应温度过高，NH_3 易被氧化，使 NO_x 生成量增加，还会引起催化剂材料的相变，使催化剂的活性退化。

4.4　氮氧化物工程控制概论

4.4.1　NO_x 控制原则

控制 NO_x 的方法，首先是要遵循燃烧控制的温度、时间、紊流的"3T"基本原则，包括合理的垃圾焚烧锅炉几何尺寸设计，有效控制一次空气与优化二次空气供给，保证高温条件下较长的烟气停留时间，保持烟气中低氧含量。还有利用 SNCR 与烟气再循环的低氮燃烧技术，达到可接受的低成本 NO_x 控制；控制燃烧条件抑制 N_2O 生成等。通过这些措施，在减少 NO_x 生成的同时，可减少 CO 的生成并破坏二噁英等有机污染物的合成。从运行经验看，通过此类措施，NO_x 可控制在 $300mg/Nm^3$ 以下。随着技术进步和管理水平提高，进一步降低 NO_x 排放浓度。

从垃圾焚烧范畴，采用添加化学反应剂去除 NO_x 的方法有干式法和湿式法。湿式法

是基于烟气中的 NO_x 是以 NO 为主，用 NaOH 溶液洗烟不能直接去除 NO 所采取的对策。湿式法有氧化吸收法、吸收还原法等。其中，氧化吸收法是在反应剂溶液中加入如 $NaClO_2$ 强氧化剂，先将 NO 转换成 NO_2，再通过加入含钠碱性溶液吸收去除 NO_x，同时可达到去除 HCl 和 SO_x、Hg 等目的。吸收还原法是加入 Fe^{2+} 离子，使 NO 成为 EDTA 化合物，再与亚硫酸根或硫酸氢根反应，达到去除 NO_x 目的。湿式法在工程实践中应用不多的原因在于：①NO 在水中的溶解度非常低。②NO 氧化成 NO_2 的成本非常高。③硝酸盐和亚硝酸盐生成物的分离回收和废液处理都很困难。

常用的干式法有选择性无催化还原法（selective non catalytic reduction，SNCR）与选择性催化还原法（selective catalytic reduction，SCR）。还有活性炭或分子筛吸附 NO_x 法等。还要注意，若在脱氮装置下游设置脱硫装置时，须防止泄漏的 NH_3 混入脱硫排水中。

1. 活性炭吸附 NO_x 法

活性炭吸附 NO_x 法，根据吸附力的性质将吸附过程分为物理吸附与化学吸附过程。物理吸附主要通过范德华引力实现，是单分子层或多分子层吸附。化学吸附则是通过吸附剂与吸附质之间的化学键力实现的，是单分子层吸附。由于随温度提高吸附剂活化能逐渐提高，故在较低温度下多以物理吸附为主，而在较高温度下则多以化学吸附为主。

活性炭吸附 NO_x 法是在焚烧烟气中加入反应剂 NH_3 后，通过特定活性炭同时吸附 NO_x 和 SO_x，其中，将 NO_x 还原成 N_2 的基本反应方程为：$2NO+C \longrightarrow N_2+CO$，$2NO_2+2C \longrightarrow N_2+2CO_2$。有实践经验与理论分析认为，当温度在 250℃ 左右时，脱氮率、脱硫率可达到 85%～90%。此外，在活性炭里添加 Cu、V、Cr 等金属化合物也可提高脱氮率、脱硫率。

2. 电子束法

电子束法是指在烟气中加入反应剂 NH_3，通过电子束照射使之产生 OH、O、HO_2 等自由基。这些自由基将 SO_x 和 NO_x 分别氧化为硫酸和硝酸，再和添加的 NH_3 反应成为硫铵和硝铵。

电子束发生器由直流高压电源和电子束加速管通过电缆连接组成。在高真空下，加速管端部的灯丝发射出热电子，在高压静电场作用下，使热电子加速到任意能级，再通过照射窗进入反应器内，与 NO_x 和 SO_x 发生强氧化反应。

电子束法一直被列为是脱硫、脱氮的方法之一。直到 2024 年 8 月 14 日，生态环境部在《国家污染防治技术指导目录（2024 年，限制类和淘汰类）》（征求意见稿）（环办便函〔2024〕283 号）从烟气脱硫视角，明确将"电子束法脱硫技术"列为淘汰类技术，并指出主要原因是该技术利用电子加速器产生的等离子体，氧化烟气中硫氧化物的产物与加入的氨气反应生成硫酸铵；具有治理效率低，能耗高，技术经济性差，不能稳定达标的缺点。

4.4.2 选择性非催化还原（SNCR）脱氮法

SNCR 全称选择性非催化还原，记为 SNCR（selective non-catalytic reduction）。SNCR 是一种在炉膛内适宜温度区域（850～1050℃），在氧共存及无催化剂作用的条件下

还原 NO_x 的方法。所谓"选择性"是指反应剂仅与烟气中的 NO_x 反应，而不与 O_2 及其他烟气成分反应。常用氨水或尿素等氨基反应剂，将其直接喷入炉膛内，有选择性地将 NO_x 还原成 N_2 和 H_2O，且基本不与烟气中的 O_2 作用。

4.4.2.1　SNCR 脱氮的反应原理

（1）采用 NH_3 作为反应剂，还原 NO_x 的基本化学反应原理为：

$$4NH_3 + 4NO + O_2 \longrightarrow 4N_2 + 6H_2O$$

同时发生如下副反应：$4NH_3 + 5O_2 == 4NO + 6H_2O$

$$4NH_3 + 4O_2 == 2N_2O + 6H_2O$$

$$4NH_3 + 3O_2 == 2N_2 + 6H_2O$$

（2）尿素 $CO(NH_2)_2$ 是 NH_3 和 CO_2 合成的具有盐味的无害颗粒状固体，常温下储存，加热后分解。尿素作反应剂，还原 NO_x 的主要化学反应原理为：

$$(NH_2)_2CO + 2NO + 1/2O_2 \longrightarrow 2N_2 + CO_2 + 2H_2O$$

实际工程应用上，是将固态尿素水解生成 NH_3 和 CO_2，再由 NH_3 与 NO_x 进行脱氮反应：

$$(NH_2)_2CO + H_2O \longrightarrow 2NH_3 + CO_2$$

$$4NH_3 + 4NO + O_2 \longrightarrow 4N_2 + 6H_2O$$

（3）SNCR 反应过程中，会生成 N_2O 的副反应：

$$CO(NH_2)_2 \longrightarrow NH_3 + NHCO$$

$$NHCO + OH \longrightarrow NCO + H_2O$$

$$NCO + NO \longrightarrow N_2O + CO$$

$$NH_3 + OH \longrightarrow NH_2 + H_2O$$

$$NH_2 + OH \longrightarrow NH + H_2O$$

$$NH + NO \longrightarrow N_2O + H$$

4.4.2.2　SNCR 系统的温度窗口

SNCR 脱氮效率受到反应剂类型、适宜温度下的停留时间、反应剂与烟气的混合程度、氨氮比、初始 NO_x 浓度、烟气中氧和 CO 浓度等多种因素的影响。特别是生成 NO_x 的还原反应是在一定温度范围内进行的，称为"温度窗口"。温度窗口的温度范围为 850～1050℃。在实际垃圾焚烧锅炉不同运行条件下，最佳温度窗口会有一定范围内的偏离。例如，对 SNCR 系统采用 NH_3 反应剂反应的温度窗口，有研究提出在 900℃以下时的反应会很慢，低于 870℃时，脱硝反应速度大幅降低；在 1000℃以上时会有一部分 NH_3 转变成 NO，到 1100℃氧化速度明显加快，从而降低脱氮的效率。当温度窗口为 900～950℃，$NH_3/NO_x = 2$，停留时间为 0.4s 时，脱氮的效率可达到 90%。但实际运行的脱除效率仅在 50%左右，其原因可能是：①在最佳脱氮反应温度范围内的高温烟气停留时间短。②未能长期稳定在上述反应条件内。③难以在上万立方米的烟气中快速、均匀注入氨气并达到良好混合。此外，以尿素 $CO(NH_2)_2$ 溶液作为反应剂时，温度窗口的经验值范围一般为 950～1100℃。

日本一项研究显示（图 4-8），从工程应用角度保持 SNCR 工艺最适宜脱氮效率的炉膛最佳温度窗口大约为 850～1050℃。这是基于炉膛温度低于 850℃时，NH_3 逃逸率会随着炉膛温度降低而明显增加；大于 900℃时，NH_3 氧化成 NO 比率（即氨损失率）会随着温度提高而明显增加。

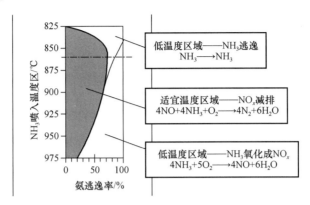

图 4-8 NH₃ 喷入炉膛的最佳温度（资料来源：日立公司交流资料）

4.4.2.3 应用 SNCR 的工程计算

（1）取 SNCR 系统输入与排放 NO_x 浓度 A、B（mg/Nm³），SNCR 系统脱氮效率 η 为：

$$\eta = 1 - \frac{B}{A} \tag{4-22}$$

（2）NO_x 的生成速率。燃烧过程中的火焰最高温度，以及氮浓度 $[N_2]$、氧浓度 $[O_2]$ 是 NO_x 生成速率 w_{no} 的主要影响因素。可按下式计算：

$$w_{no} = 3 \times 10^{14} [N_2][O_2] \times \exp(-54200/RT) \tag{4-23}$$

式中　R——气体常数；

　　　T——温度。

上式显示出 NO_x 生成速率与温度呈指数关系。当温度达到 1500℃时，每升高 100℃，NO_x 生成速率增加 6～7 倍，高温燃烧技术与传统燃烧相比没有燃烧的局部高温区，同时也降低了氮、氧的浓度。

（3）取脱氮时间为 t；燃烧过程的 NO_x 生成速率为 w_{no}，则脱氮剂投加量 Q_{NO_x} 可按下式估算：

$$Q_{NO_x} = \frac{(A-B) \times t}{w_{no}} \tag{4-24}$$

（4）取脱氮反应剂投加量为 Q_{NO_x}，混合比为 V，则脱氮反应剂的能效 E 计算公式为：

$$E = \frac{(A-B) \times Q_{NO_x}}{V} \tag{4-25}$$

（5）氨逃逸率（即氨逃逸浓度）计算方法：

转换系数＝气体分子量(NH₃＝17)÷摩尔体积 22.4(L/mol)＝17÷22.4＝0.76

氨逃逸率(ppm) ＝ NH₃ 浓度(mg/m³)/ 转换系数 0.76 　(4-26)

（6）系统可用率。是指脱氮系统每年正常运行时数与锅炉每年总运行时数为 T_1 的百分比。取脱氮系统每年总停运时数为 T_2，按下式计算：

$$系统可用率 = \frac{T_1 - T_2}{T_1} \times 100\% \qquad (4-27)$$

4.4.2.4　SNCR 系统

1. 概述

以采用尿素反应剂为例，SNCR 脱氮系统是由如下四个基本单元组成：

(1) 反应剂的接收储存、溶液制备与输送单元，包括尿素储罐及溶解、稀释缓冲等设备。尿素溶液输送包括蒸汽管道、脱盐水管道、反应剂管道等，以及尿素溶液循环泵、输送泵、稀释水泵等。

(2) 反应剂的计量输出单元，包括反应剂、雾化介质和稀释水的压力、温度计量设备，以及流量分配设备等。

(3) 在锅炉炉膛适当部位的注入单元，包括喷射枪及电动推进装置等。

(4) 反应剂与烟气混合进行脱氮反应单元。

如图 4-9 所示，采用尿素反应剂的 SNCR 基本工艺流程为：尿素以粉状固体送入尿素储罐，并用水溶解到 20% 浓度后，用尿素泵打入尿素稀释槽，稀释到浓度为 8% 的溶液，再由尿素稀释液泵通过喷嘴喷射到垃圾焚烧锅炉内 850～1100℃ 的温度区域，以有效发挥其作用。基本反应过程如下所示：

$$NH_3 \longrightarrow NH_2 + NO \longrightarrow N_2 + H_2O \cdots\cdots (R1)$$
$$NH_3 \longrightarrow NH_2 + NO \longrightarrow NNH + OH \cdots\cdots (R2)$$

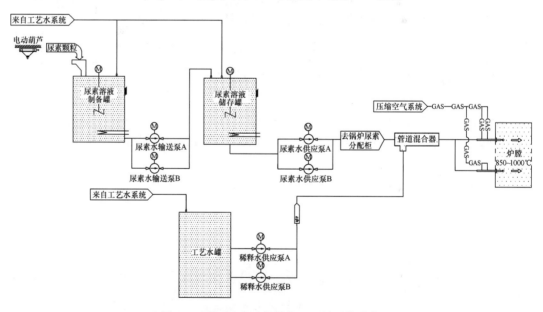

图 4-9　采用尿素反应剂的 SNCR 系统示意

另外烟气中的 CO、H_2O 主要通过改变反应过程中 NH_2、OH、O、H 自由基数量从而影响脱氮效率。

自炉膛最佳温度窗口喷入反应剂 NH_3 的主要反应路径如图 4-10 所示。

氨水和尿素的 SNCR 工艺相似，可参见《火电厂烟气脱硝工程技术规范　选择性非催化还原法》HJ 563—2010。其中，采用氨水反应剂的 SNCR 工艺时，使用 20% 左右浓度

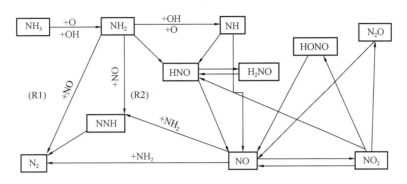

图 4-10　喷入反应剂 NH_3 的主要反应过程

的氨水。同时，氨喷射系统需要：①根据炉膛截面、高度等几何尺寸进行氨喷射系统的设计，使进入炉膛的氨能与烟气达到充分均匀混合。②选用耐磨、抗高温及防腐特性的材料。③具有清扫功能，避免堵塞。

2. 脱氮系统运行状态控制

原瑞士 Von Roll 公司采用的 SNCR 技术是在炉膛温度 800～950℃ 范围内，设置三层喷枪，不同标高喷枪的切换基于炉膛温度测量值，并于 1982 年首先成功应用于 BRE-MERHAVEN 垃圾焚烧厂。此后逐渐被公认是生活垃圾焚烧烟气脱氮的主要应用技术之一。

传统 SNCR 工艺的氨浓度一般控制在 3%～5%，采用尿素溶液时控制在 8% 左右。此时，为保证脱氮效率，要采用除盐水作为稀释水。稀释的副作用是水的蒸发潜热会导致锅炉蒸发量降低。为解决该工艺的不足，Von Roll 公司研究出蒸汽喷雾式高效 SNCR 技术。该技术使用浓度 25% 的氨水，通过流速 300～500m/s 的高速蒸汽喷枪的喷雾搅拌，不但保持锅炉蒸发量不变，而且使脱氮效率进一步提高。其特点还体现在工程上采用高速蒸汽喷枪的管径为 $\Phi3～9$，实现了小型化。实际使用效果参见图 4-11。以日处理 600t 生活垃圾焚烧锅炉为例，SNCR 喷枪设置三层，每层设 14 支喷枪；设计消耗浓度 25% 的氨水 72.8kg/h，0.48MPa 的蒸汽 2710kg/h。

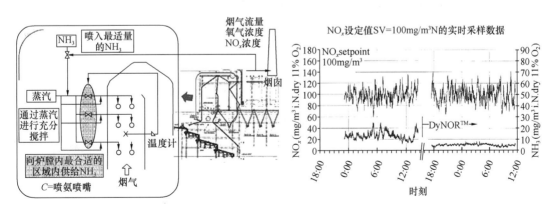

图 4-11　蒸汽喷雾式 SNCR 系统图（左）与某项目采用该技术的实时取样数据（右）

脱氮控制系统一般是采用可独立运行的可编程逻辑控制器（PLC）。控制子系统包反应剂流量控制系统、喷射控制系统、冷却水或蒸汽控制系统、空气及净化控制系统、温度监测系统等。控制系统应能在无就地人员配合的情况下，通过远程控制实现反应剂的输送、计量，以及喷枪系统等启停、调节和事故处理。

SNCR 脱氮系统的基本控制指标包括：

① 设计和制造应符合安全可靠、连续有效运行的要求，服务年限在 30 年以上，整个寿命期内系统可用率不小于 98%。

② 对锅炉效率的影响小于 0.5%。负荷响应能力应满足锅炉负荷变化率要求。能在锅炉最低稳燃负荷工况和 MCR 工况之间的任何负荷持续安全运行。不对垃圾焚烧锅炉运行产生干扰，不增加烟气阻力。

③ 氨逃逸率暂按《火电厂烟气脱硝工程技术规范　选抬性非催化还原法》HJ 563—2010 规定，控制在 $8mg/Nm^3$ 以下。

3. SNCR 工艺的适用性

大量实践证实，采用 SNCR 工艺可在正常运行条件下达到 NO_x 排放控制指标 $200mg/Nm^3$ 的要求。为符合更严格的排放指标要求，已经开发的 PNCR 工艺具有一定良好作用，目前尚处于研究阶段，在工程应用中脱氮效率稳定（如 NO_x 日均排放指标 $120\sim150mg/Nm^3$），并取得初步预期效果。针对处理规模超大、NO_x 排放指标更严格（如 $100mg/Nm^3$）的环境保护要求，就需要考虑 SCR 等其他脱氮工艺。相对 SCR 脱氮工艺，SNCR 工艺具有系统配置与运行维护简单、维修量小、二次污染物排放低、投资低的优势。在 NO_x 排放限定范围内 SNCR 工艺是最佳选择之一。

4. 采用 SNCR 工艺的注意事项

烟气 NO_x 原始浓度在 $300\sim500mg/Nm^3$ 范围，理论上可减排 80% 左右。受垃圾特性及安全、环保运行约束条件等影响，实际运行中，反应剂难以在最佳炉膛温度窗口投入与反应。因此，目前在工程上可将其控制在减排 50% 左右。

SNCR 工艺技术关键是反应剂喷射在合适的温度窗口内，喷入的反应剂与烟气中的 NO_x 能够进行充分混合，从而实现较高的脱氮效率，减少反应剂耗量，同时降低尾部氨逃逸。

稀释尿素用水需要采用锅炉软化水，以免水中钙离子化合物影响设备运行。与此同时稀释水箱内需要投入次氯酸钠，以保持足够的氯浓度。

4.4.2.5　SNCR 喷枪

1. 概述

SNCR 喷枪（图 4-12）是垃圾焚烧烟气脱氮工艺的关键设备，其工作原理是基于选择性非催化还原反应，在高温环境下，使氨气、氨水或尿素水解制氨等 NH_3 反应剂，在喷枪特定混合器内进行混合雾化，正常工况的雾化粒径小于等于 $80\mu m$。混合雾化的 NH_3 有选择性地与烟气中的 NO_x 反应生成气态 N_2 和 H_2O。

SNCR 喷枪设置在炉膛 $850\sim1050℃$ 区域的温度窗口。这是因为温度是约束脱氮效率，以及影响氨逃逸或促使 NO_x 生成的主要因素；而且不同反应剂的最佳温度窗口会有所差异。

SNCR 喷枪一般要求具有高雾化性能、分布均匀、强渗透力，以保证 NH_3 反应剂与烟气中的 NO_x 充分接触，从而获得高脱氮效率和较低的氨逃逸率。表 4-6 所示 SNCR 喷枪的常用技术参数可供参考。

附带法兰（扇形用喷嘴头）

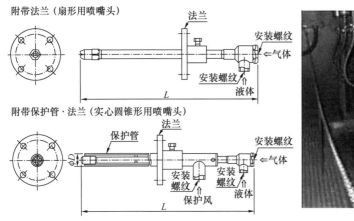

附带保护管·法兰（实心圆锥形用喷嘴头）

图 4-12 SNCR 喷枪示意图（左）及安装后的外观（右）

（图片来源：左引自上海雾泰流体技术有限公司网站）

垃圾焚烧烟气 SNCR 喷枪的一般性要求 表 4-6

序号	名称	常用规格	说明
1	喷嘴直径	$\phi45mm$、$\phi50mm$	确保脱氮剂充分雾化、均匀喷洒
3	喷雾角度	50°～110°	
4	雾化粒径	50～80μm	
5	喷射速率	0.8～1.2L/min	过低导致脱氮效果差，过高浪费反应剂
6	气液压力	0.1～0.3MPa	
7	流量范围	10～250kg/h，可调	指脱氮喷枪流量范围
8	比表面积	比表面积大，可增加反应剂与 NO_x 接触面积，提高脱氮效率	指喷嘴出口液滴平均直径与截面积比值
9	喷枪材质	316 不锈钢/哈氏合金等	喷嘴/枪杆材质为耐温 1200℃的 310S 不锈钢；套管/法兰材质为 304 不锈钢；耐磨套管材质为碳化硅
10	喷枪接口	气动推进、法兰连接、快拆接头连接	根据接口方式的不同选择
11	软管长度	1.5～2.0m	
12	喷射形状	窄角实心锥（20°～30°）、多孔实心锥（50°～90°）、广角扇形（50°～70°）	
13	最佳位置	炉膛温度窗口（一般为 850～1050℃）	通过流体解析模拟确定

2.SNCR 喷枪制造和运行的基本要求

脱氮喷枪要根据实际需要和相关标准进行制造和运行，以保证其性能和可靠性、安全性。

（1）喷枪材质需要具备耐高温、耐腐蚀等特性，以适应脱氮反应的高温、腐蚀环境。常用的材质包括不锈钢、合金等。

（2）喷雾形式以保证脱氮效率为准则，可考虑能形成均匀、细小液滴的实心锥、扇形等形式。雾化角度要能够保持脱氮反应的均匀性。

（3）流量范围能够满足实际运行的最大需要，并根据实际运行工况进行调节，以适应不同的脱氮反应需求。

（4）要考虑喷枪的连接方式、冷却方式等因素，以保证其稳定性和可靠性。外观尺寸要符合标准要求，安装和使用方便。

（5）应有防止喷枪堵塞、防止喷枪温度过高等影响安全的措施。

4.4.2.6　采用尿素反应剂的 SNCR 技术应用实例

1. 目前常用的 SNCR 系统

目前采用的 SNCR 系统，一般是由尿素溶液配置罐（内含加热器）、尿素溶液储存罐，尿素溶液泵（2 用 1 备）、SNCR 喷枪、送风机、输送设备，以及自动控制和电气系统设备等组成。

系统的基本流程是：先向尿素溶液配制罐注入定量的水，用罐内加热器在 6h 内将水加热至设定的 50℃。通过电动葫芦将袋装尿素粉投入尿素溶液配制罐，由自动控制系统控制尿素溶液浓度为 40％。此尿素溶解过程为吸热过程，会导致溶液温度下降到 30℃左右。此后再由尿素溶液泵向焚烧线提供尿素溶液，并在输送过程中与厂用水混合，将溶液浓度稀释到 3％左右，最后在 SNCR 喷枪内由压缩空气雾化以雾化态喷入垃圾焚烧锅炉炉膛 850～950℃（当前多在 900～1000℃）的温度窗口。在炉膛设置三层喷枪进行切换。试运行期间，可根据局部温度的具体情况，选择合适的喷入位置。

采用此法的驱动力在于不需要催化剂。其去除效率受 NH_3 反应剂与 NO_x 接触条件（如炉膛主控温度）影响较大，因此 SNCR 喷枪吹入口位置要根据炉体型式、构造及烟道形状分层确定。

采用 SNCR 法对 NO_x 去除效率通常大约在 50％以下。若为了提高 NO_x 去除率而增加药剂喷入量时，氨逃逸率相应增加，剩余的 NH_3、HCl 及 SO_3 化合成氯化铵及硫酸氢氨而沉淀在锅炉尾部受热面，导致垃圾焚烧锅炉尾部受热面结垢和堵塞。同时可能会使烟囱排气形成白烟。尽管如此，氨或尿素喷入法的投资及操作维护成本较催化还原法及湿式吸收法的费用低廉甚多，且无废水处理的问题，以致使用实绩相当多。

2. 德国 Bremerhaven MBA 的城市垃圾焚烧厂 1990 年投运的 SNCR 工艺

该厂采用 SNCR 脱氮工艺，流程图参见图 4-13。氨水的实际用量为理论值的 3 倍，按浓度 25％的氨水喷入炉膛内。该系统配置洗涤系统，在较低温度范围内进行这一过程。

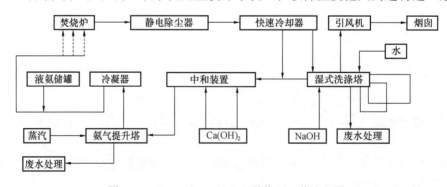

图 4-13　Bremerhaven MBA 焚烧厂工艺流程图

由于垃圾焚烧锅炉炉膛温度分布波动大，该系统沿锅炉不同高度设置了三个氨水注入区，共计 13 个喷射装置。喷射装置直接嵌入锅炉侧墙，沿气流方向喷射。在燃烧室顶部对流受热面前安装与触发器相连的测温装置，在接近 650℃ 温度区域，触发器注入氨水，通过专门设计的双喷嘴增加蒸汽以产生氨雾气。通过对烟气氨逃逸量监测，一旦达到限值，就对反应剂量重新进行调整。

没有发生反应和燃烧的剩余氨进入湿式洗涤塔，转化为 NH_4^+ 离子形式，可与 HCl 在 300℃ 以下反应生成 NH_4Cl，同时与 SO_2 反应生成（NH_4）$_2SO_4$，形成悬浮态盐类。Symalit 公司为此开发了一种悬浮物质沉降法，把处理前含量 $200mg/Nm^3$ 的悬浮物质降低到 $5mg/Nm^3$ 以下。

对这种烟气处理系统产生的过量氨应进行特殊处理。它是在一个充满蒸汽的氨气提升塔里进行的，其废水先在中和装置内经过石灰液中和处理，把 pH 值从 0.5 提高到 11，离子化氨重新转化为分子态氨气。由于石灰液是作为中和剂，不会产生起副作用的石膏。

4.4.3　选择性催化还原（SCR）脱氮法

4.4.3.1　概述

选择性催化还原（Selective Catalytic Reduction，简称 SCR）技术以 NH_3、CO、H_2 等为脱氮反应剂（还有 CH_4、C_2H_6 等），其中 NH_3 反应剂因脱除 NO_x 效率最佳而被广泛采用。反应剂在适宜烟气温度窗口，通过 Pt/Al_2O_3、V_2O_5/TiO_2、$V_2O_5/WO_3/TiO_2$、Fe_2O_3/TiO_2、CrO_3/Al_2O_3 及 CuO/TiO 等金属催化剂作用，将焚烧烟气中的 NO_x 选择性地催化还原为 N_2 与 H_2O。这里的"适宜烟气温度窗口"是指对不同的氨基反应剂与催化剂的类型，以及烟气成分等条件，确定快速、高效地将焚烧烟气中的 NO_x 选择性还原为 N_2 与 H_2O 的温度窗口。目前垃圾焚烧脱氮温度多在 $260\sim400℃$ 范围内，采用高、中、低工作温度的催化剂，确定一个适宜的反应温度窗口。所谓"选择性"同样指在含氧气氛下，NH_3 反应剂只于与烟气中的 NO_x 反应，而不与 O_2 以及其他烟气成分反应。

对反应剂的基本要求，应是具有选择性地与 NO_x 反应，而不与烟气中的氧及氧化物反应；还应具有高反应性；价格支持使运作低成本化。对催化剂的基本要求是：具有结构稳定；满足特定的低 NO_x 还原温度；具有高催化活性以利于烟气中低浓度 NO_x 有效还原，而对反应剂与烟气中其他氧化性物质的反应表现惰性。

SCR 工艺多以 NH_3 作反应剂，V_2O_5/TiO_2 金属氧化物作催化剂，无需高温条件，即可有效进行脱氮反应。实践证明 400℃ 以下的烟气通过催化剂层，在 O_2 共存状态下，NO_x 与喷入的反应剂 NH_3 进行选择性催化反应。其反应方程式如下：

$$4NH_3 + 4NO + O_2 \longrightarrow 4N_2 + 6H_2O$$
$$4NH_3 + 2NO_2 + O_2 \longrightarrow 3N_2 + 6H_2O$$
$$4NH_3 + 6NO =\!=\!= 5N_2 + 6H_2O$$
$$8NH_3 + 6NO_2 =\!=\!= 7N_2 + 12H_2O$$

此外在一定反应环境条件下，会产生如下副反应：

$$4NH_3 + 4NO + 3O_2 \longrightarrow 4N_2O + 6H_2O$$
$$4NH_3 + O_2 \longrightarrow 2N_2O + 6H_2$$

SCR 的基本运行操作过程包括如下几个步骤：①氨的准备与储存。②氨的蒸发并与预混空气相混合。③氨与空气的混合气体在反应器前的适当位置喷入烟气系统中，其位置通常在反应器入口附近的烟道中。④喷入的混合气体与烟气的混合。⑤各反应物向催化剂表面扩散并进行反应。

4.4.3.2　SCR 脱氮催化剂、反应剂用量及脱氮率计算方法

1. 脱氮催化剂用量计算法

脱氮催化剂用量，可分为按空气污染物排放浓度计算法和脱氮剂稳定性计算法。

（1）按照烟气 NO_x 排放浓度的催化剂用量计算法

按照烟气 NO_x 排放浓度计算催化剂用量（kg）的方法，首先需要根据排放标准和现场监测数据按下式确定：

$$催化剂用量 = \frac{NO_x 排放浓度 \times 排放烟气体积}{催化剂活性系数 \times 催化剂使用效率} \tag{4-28}$$

式中，NO_x 排放浓度（mg/Nm³）是以标准状态烟气量为基准，取稳定、可靠的数值；排放气体体积（Nm³/h）是指标准状态下，排放烟气的体积；催化剂活性系数和使用效率需要根据实际使用情况确定。

（2）按照脱氮反应剂稳定性计算

按照脱氮反应剂稳定性，计算催化剂用量的方法一般要先测试脱氮催化剂的稳定性，在确定了其稳定性之后，可以通过计算得出合适的用量。具体计算方法如下：

$$催化剂用量(kg) = \frac{NO_x 排放浓度(mg/Nm³) \times 排放烟气体积(Nm³/h)}{反应剂稳定性系数 \times 氨浓度 \times 催化剂使用效率} \tag{4-29}$$

式中，排放 NO_x 浓度和排放烟气的体积取值方法与上述方法相同；脱氮反应剂稳定性系数需要通过实际测试获得，其值一般为 0.8～1.2；氨浓度需要根据实际情况进行调整；催化剂使用效率需要根据实际情况确定。

2. SCR 脱氮反应剂的消耗量计算

$$反应剂 NH_3 消耗量 = \frac{(NO_{x入口} - NO_{x出口}) \times Q}{2401} \tag{4-30}$$

式中　反应剂 NH_3 消耗量——在 SCR 脱氮过程中所需的氨气消耗量，mol；

　　　$NO_{x入口}$、$NO_{x出口}$——SCR 脱氮前、后烟气中 NO_x 的浓度，mg/m³；

　　　　　　　　Q——经过 SCR 脱氮系统的烟气流量，m³/h；

　　　　　　　2401——将 NO_x 浓度转化为摩尔的常数。

3. 脱氮率（η）计算

$$\eta = 100\alpha[1 - \exp(1 - k/SV)] \tag{4-31}$$

式中　α——NH_3 与 NO_x 容量比；

　　　k——反应速度常数；

　　　SV——催化剂填充量指标，其中填充量是设计最适宜量与使用期间损失量之和。可按下式计算：

$$SV = \frac{处理烟气量(m³/h)}{催化剂量(m³)} \tag{4-32}$$

另有如下泄漏的 NH_3 浓度（$L\text{-}NH_3$）计算方法可供参考：

$$L\text{-}NH_3 = NO_x \ln\left(\alpha - \frac{\eta}{100}\right) \tag{4-33}$$

4. 催化剂实际运行过程中的注意事项

（1）催化剂的存储和运输应遵循相关规定，避免受潮受污染。

（2）催化剂使用过程中应定期检测和更换，确保其使用效果。

（3）使用催化剂的设备和管道要保持清洁，避免污染和堵塞。

（4）使用前要对催化剂进行检查和测试，保证其稳定性和活性。

4.4.3.3 影响 SCR 脱氮效率的因素与控制措施

（1）烟气中 SO_x 会造成催化剂活性降低及粒状物堆积使催化剂床阻塞。控制措施是 SCR 脱氮工艺串联布置在烟气净化系统脱酸与除尘工艺之后。此时的烟气温度多在 200℃ 以下，因此在进入 SCR 反应器之前，需要视不同 SCR 工艺调整烟气温度。

烟气升温的热源可采用 GGH 烟气换热及 SGH 饱和或过热蒸汽、或机组抽汽换热。采用锅炉新蒸汽换热时，开机时新蒸汽压力约在 1.30MPa，正常运行时约为额定蒸汽压力（如 4.0MPa、6.4MPa），饱和蒸汽是来自锅炉汽包的更高压力。此时，需要根据烟气换热器的规格进行蒸汽减压，以保证系统安全运行。

（2）催化剂的催化作用与催化反应温度密切相关。当温度过高时，催化剂的活性位点往往会因热量影响而失活，反应效率明显下降；当温度过低时，反应物的吸附能力降低，反应速率也会随之降低，并加速催化剂的老化。从应用视角，通常认为采用反应的温度范围大约在 260～400℃，典型温度是 350℃。据报道的火电厂经验，在反应温度 350±50℃，$NH_3/NO=1$ 的条件下，可去除 80%～90% 的 SO_x。垃圾焚烧烟气采用 SCR 工艺中温反应的温度窗口多为 220～260℃。

（3）SCR 系统采用的反应剂氨水，氨水通过蒸发，在催化剂的作用下按适宜比例与 NO_x 进行催化还原反应。首先，如氨水蒸发效果不好与氨气分布不均匀，会导致氨气与烟气中的 NO_x 不能充分、均匀地混合与还原反应而降低脱硝效率。而且未完全蒸发的氨水溶液可能会在催化剂表面形成积液，一方面使 NO_x 和氨气达不到催化剂活性位点，导致催化剂活性下降。另一方面溶液的氨分子扩散速度比气态氨分子慢，从而导致反应速率减小，脱氮反应效率降低。其次，氨水蒸发不完全，会使更多氨气未进行脱氮反应，而是随着烟气排出 SCR 反应器，造成氨逃逸增加。再次，如氨水中含有碱金属离子、重金属离子等杂质，在蒸发效果不佳工况下，容易沉积在催化剂表面而引起催化剂中毒，还可能会与催化剂中活性成分发生化学反应，使催化剂失活。

未完全蒸发的氨水可能会使 SCR 系统设备局部形成高湿度环境，使残余酸性气体更容易在设备表面形成酸液，从而增加设备腐蚀风险。氨水蒸发不完全可能会改变烟气密度、黏度等物理性质，影响烟气的流动特性，导致脱氮系统内的压力分布发生变化。

特别要注意的是氨水爆炸极限（在空气中体积分数）为 15%～28%，为保证 NH_3 注入的绝对安全及均匀混合，须将氨浓度控制在 5% 以内，必要时需引入稀释风。

（4）SCR 催化剂一般厂家承诺寿命期在 3～5 年。某项目采用优质 V_2O_5-TiO_2 催化剂，正常运行 1 年后脱氮效率明显降低，打开设备检查（图 4-14），发现堵塞严重并且进行了更换。对此，运行主体采取更严格的前序脱酸、除尘排放指标控制，以及保持烟气流量运行均匀稳定性，烟气温度控制在规定温度窗口，避免低负荷运行等措施。

（5）在 SCR 脱氮工艺过程中，N_2O 的生成量随着温度升高而增加，但在 300℃ 以下的温度环境下，增量较少。对催化剂而言，主要受活性组元类型影响，如锰基催化剂因具有强氧化性，更容易生成 N_2O。还受添加剂组成影响，如添加 Ce 等碱性助剂，有利于抑制 N_2O 的生成。

(a) 待安装的钒钛基催化剂　　　　　　(b) 运行一年后出现阻塞现象

图 4-14　某项目 SCR 催化剂使用一年的现象

（6）SCR 法一次投资费用和运行成本高，主要表现在催化剂价格昂贵，而且每 3～5 年需要更换一次。以我国南京江南和江北两座生活垃圾焚烧厂采用美国壳牌的低温催化剂为例，4 台炉的催化剂高达 2000 多万人民币；上海老港和深圳东部采购的三菱重工的催化剂每立方近 20 万人民币。除了一次性投资外，SCR 工艺的运行成本也很高，其主要表现在催化剂的更换费用高、反应剂（氨水、尿素等）消耗费用高等。另外，失效的催化剂是一种重金属富集物，必须按危险废物处理。要通过积累运行经验，将氨水或尿素等反应剂消耗量控制在最佳范围，减少氨逃逸量，同时控制水、电等能源消耗在正常合理范围内。

4.4.3.4　SCR 脱氮系统设备

焚烧烟气净化系统的工艺过程，包括串联布置的烟气脱酸（HCl、SO_x 等）系统、脱氮系统、除尘系统，以及二噁英二级减排系统和重金属协同处理等。其中的 SCR 脱氮系统（图 4-15）是由 SCR 反应器系统和反应剂贮存供应系统组成，还包括加热蒸汽系统、废水处理系统、压缩空气系统等公用系统，电气系统、采暖及空气调节、烟气在线连续检测系统等辅助系统。

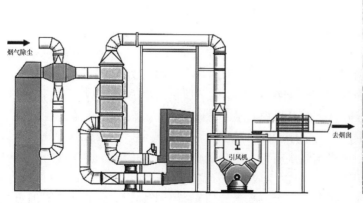

图 4-15　SCR 工艺流程示意图（左）与实景图（右）

1. SCR 反应工艺

基于整个烟气净化系统的工艺过程，SCR 反应器系统布置方式分为前催化工艺与后催化工艺。前催化工艺是将脱氮系统设置在与锅炉省煤器烟侧连接的静电除尘器与后置除酸系统之间的脱氮工艺。后催化工艺则是将脱氮系统设置在袋式除尘系统与烟囱之间的脱氮工艺（表 4-7）。我国生活垃圾焚烧烟气净化系统极少采用静电除尘器，特别是由于烟气中硫氧化物可能造成催化剂活性降低及粒状物堆积于催化剂床造成阻塞。故而生活垃圾焚烧厂都是采用后催化工艺。

前催化与后催化工艺对比　　　　　　　　　　　　　　　　　　表 4-7

工艺名称	优点	缺点
前催化工艺	烟气处于高温状态，催化剂不需升温	重金属和酸性污染物等可能使催化剂中毒；烟气中的粉尘可能导致催化剂系统堵塞
后催化工艺	催化剂中毒危险小	通过湿式洗涤塔后，温度降低到 60～70℃，需加热增温，如加热到 160℃ 或以上

2. SCR 反应器

SCR 反应器系统由催化反应器、催化剂、喷氨装置、空气供应及控制系统等组成（表 4-8）。其中，催化反应器采用固定床平行通道形式，按多个床层设置。另设一个预留床层位置，以备脱氮效率低于规定值时安装催化剂使用。

SCR 反应器系统各部分基本结构　　　　　　　　　　　　　　表 4-8

模块	主要特征
催化反应器	外部机壳支撑整体设备荷重，内部催化剂床层支撑结构能承受压力、地震、灰尘、催化剂负荷和热应力等。催化反应器底部安装气密装置，防止未处理的烟气泄漏
催化剂模块	采用具有高活性、长寿命期、低压降、紧密、刚性和容易处理等特点的催化剂。催化剂基本单位由元件构成，多个元件组装成一个催化剂单位，多个单位组成催化剂模块。例如每一个催化剂单位由多个厚 1mm、节距 6mm 的元件组成。催化剂元件以不锈钢板为主体，进行表面处理形成多孔性材料后镀一层 TiO_2 作为活性组分。烟气平行流过催化剂元件应使压力降最低
稀释空气模块	氨/空气混合器所需的稀释空气是利用风门手动操作的，一旦空气流调整后就不需随锅炉负荷再调整。氨气和空气流设计稀释比最大为 5%，当锅炉低负荷且 NO_x 浓度低时，氨浓度将降低至 5%，止回阀安装在氨气管线上且位于氨/空气混合器的上游，用以防止烟气回流。稀释空气由送风机出口管路引出
注氨模块	注氨装置设置在催化剂床的上游，由反应剂储供槽罐（含节流阀与节流孔板）、注氨喷嘴、氨气的配管、氨气流量调节阀等组成。通过调整节流阀对 NH_3/NO 摩尔比进行调节，并调整各部分的氨流量来保证脱氮装置出口的 NO_2 浓度分布均匀。大容量装置的配管内烟气流速变化较大，注氨喷嘴分成多个。 反应剂氨量基本上是根据处理总 NO_2 量（烟气量×NO_2 浓度）所决定，由调节注氨量（NH_3 与 NO_2 的容量比）保证脱氮装置出口的 NO_2 浓度达到排放要求。实际使用时，还可增加前馈修正回路和对出口浓度的反馈修正回路来提高系统控制精度

模块	主要特征
SCR 控制模块	在 DCS 系统实现 SCR 的控制。控制系统利用设定的 NH_3/NO_x 摩尔比提供所需氨气量。入口 NO_x 浓度和烟气量乘积，产生的 NO_x 流量信号与所需 NH_3/NO_x 摩尔比的乘积是氨气流量信号。摩尔比值在现场测试期间决定并记录在氨气流控制程序上。计算出的氨气流需求信号送控制器并和真实氨气流信号比较，产生的误差信号经比例积分处理，定位氨气流控制阀。若氨气因某些联锁失效造成动作跳闸，则氨气流量控制阀关断。按设计脱氮效率，依据系统入口 NO_x 浓度和设计要求最大氨漏失量 $3.8mg/m^3$ 计算出修正的摩尔比并输至氨气流控制系统的程序上。SCR 控制系统根据计算出的氨气量需求信号定位氨气流控制阀，实现对脱氮的自动控制。通过在不同负荷下对氨气流的调整，获取最佳喷氨量

从结构上看，SCR 反应器可分为横流式反应器和纵流式反应器（图 4-16）。粉尘含量高时选择纵流式反应器。还要选定不会发生粉尘堆积及磨损的适宜烟气流速。为防止粉尘堆积，应根据需要选择吹灰器，并在 SCR 反应器入口处设置具有使灰尘均匀分布的导流器，以最小化催化剂的磨损和堵塞。

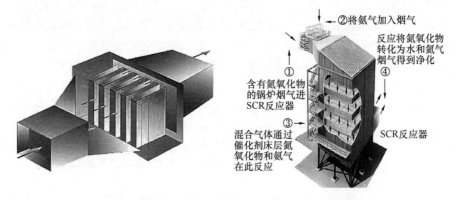

②将氨气加入烟气

反应将氮氧化物转化为水和氮气烟气得到净化

①含有氮氧化物的锅炉烟气进 SCR 反应器

③混合气体通过催化剂床层氮氧化物和氨气在此反应

④

SCR 反应器

图 4-16　横流式（左）与纵流式（右）SCR 反应器

催化反应器作为 SCR 法脱氮反应的关键设备，其截面的设计不但要考虑最佳烟气流速，还要考虑能够适应不同类型催化剂模块布置、安装的要求。因此，反应器截面与催化剂支撑梁的设计要按如蜂窝式、平板式、波纹板式等不同形式催化剂模块选择与通用设计考虑，使得每种类型的催化剂模块都能互换。

催化剂的吊装是通过布置在反应器外的吊轨和电动葫芦来实现的，吊轨的设计要充分考虑催化剂模块、吊具、电动葫芦的重量，以及吊装过程中各种摆动引起的惯性力作用。反应器内催化剂安装轨道的设计要充分考虑易于催化剂模块吊装的要求。

为了防止积灰堵塞催化剂孔道，通常在每层催化剂层上部设置吹灰器。常用于 SCR 脱氮法的吹灰器有声波和蒸汽两种形式，其选型与布置要根据具体工程烟气灰的特性以及反应器截面尺寸来确定。

3. SCR 系统基本要求

（1）SCR 脱氮系统可用率应不小于 98%，使用寿命和大修期应与发电机组相匹配。

（2）SCR 脱氮系统应能在锅炉最低稳燃负荷工况和 MCR 之间的任何负荷下持续安全运行。

（3）SCR 脱氮系统的烟气压降为 $800\sim1400Pa$；反应器内烟气平均流速一般取 $4\sim6m/s$；系统漏风率不宜大于烟气量的 0.4%。

（4）失效催化剂应尽可能采用再生处理，无法再生的，要及时按《危险废物填埋污染控制标准》GB 18598—2019 要求进行安全处理。

（5）氨逃逸指脱氮系统出口烟气中氨的体积与烟气体积之比，SCR 及 SNCR-SCR 系统控制在 2.5×10^{-6}（3ppm）以下；SNCR 氨逃逸控制在 8×10^{-6}（10ppm）以下。

（6）脱氮系统性能试验包含功能试验、技术性能试验、设备试验和材料试验。其中，技术性能试验至少应包括：脱氮效率；脱氮反应器出口烟气残氨量；烟气系统压力降；烟气系统温降；电能消耗；催化剂活性与纯度；SO_2 至 SO_3 的转化率。

（7）二次污染控制与突发事故应急措施中，要采取控制氨气无组织排放的措施，氨的厂界排放浓度应符合《恶臭污染物排放标准》GB 14554—1993 的规定；液氨储存与供应区域要严格遵守相关消防规定，包括设置洗眼器及防毒面罩，喷淋设施要考虑工程所在地冬季气温因素等；氨站应设防雨、防晒及喷淋措施。

（8）注氨装置作为 SCR 法脱氮系统的核心部件之一，直接影响脱氮效率及烟气系统阻力，从而影响脱氮系统的运行成本。用于 SCR 法脱氮的喷氨装置主要有涡流混合器、喷氨静态混合器、喷氨格栅、锯齿喷氨格栅等。其特点比较见表 4-9。

注氨装置一般性技术经济比较　　表 4-9

项目	涡流混合器	注氨静态混合器	喷氨格栅	锯齿喷氨格栅
结构形式	简单	复杂	中等	中等
烟气阻力/Pa	$150\sim200$	$180\sim230$	$150\sim200$	$100\sim150$
混合距离要求	长	较短	短	短
混合效果	正常	较好	较好	较好
负荷变化适应性	差	较好	好	好
规划建设成本	低	高	中等	中等
运行维护成本	中等	高	低	低

（9）SCR 催化反应器的催化剂床层是由多个填充有催化剂的钢制装置组成，在 SCR 系统设计上多采用催化剂床高 $1.5\sim3m$，分 $2\sim3$ 段布置。其中的烟气流动方向可在催化剂输送、装填及维修操作方便等条件下，设计为水平或垂直方向。在处理排放烟气颗粒物浓度较高的场合，为防止粉尘堆积在催化剂床层上，一般采用垂直下降流设计方式。

提高脱氮反应器内烟气流速，可减小反应器截面积，降低设备投资。负面作用是能量消耗会随着截面积减小、压力损失增大而增加。决定流速的最佳选择是在综合设备费和能耗费等的平衡点上，脱氮装置的烟气流速一般在 $5\sim7m/s$，压力损失可能在 $0.5\sim10kPa$。

（10）脱氮系统定期维护检修主要内容如表 4-10 所示。

4. 流场模拟试验条件

SCR 反应器催化剂模块入口的烟气流场分布均匀与否，会显著影响脱氮系统的脱氮效率、氨逃逸、催化剂磨损等各项性能指标。严重时还会使催化剂堵塞和严重腐蚀，影响系统正常运行。流场模拟试验研究在脱氮系统设计中是十分必要的。典型流场设计要求反应器的催化剂层入口烟气条件见表 4-11 所示。如果要求脱氮效率达到 85% 以上，催化剂层入口的烟气条件还要更严格。

脱氮系统定期维护检修基本内容　　　　　　表 4-10

序号	项目	检查内容	维修和处理
1	反应器本体	催化剂上积灰状况	吹灰机除灰
		催化剂的损坏及堵孔	清扫或调换催化剂
		密封件变形失效	换密封件
		测孔堵塞	吹扫测孔
2	注氨喷嘴	喷嘴堵塞	吹扫喷嘴
		喷嘴磨损，腐蚀	修理或调换喷嘴
3	管路	管路堵塞，腐蚀	清、修补或更换管道
		阀座受损，填料，垫片损坏	更换损坏件或整体更换
		过滤器元件损伤	修复或更换
		节流孔板损坏	修复或更换
4	测量仪器	O_2、NO_x、NH_x 分析仪的检修及零位调整	调整分析计
		阀类的拆卸检修	修复或更换
		安装在现场的流量计、压力计等仪器的拆卸、检修和修复或更换和校准	修复或更换
		过滤器调换	调换

典型催化剂层入口烟气流场条件　　　　　　表 4-11

项目	单位	数值
烟气流速均方根偏差	%	≤±10
烟气温度偏差	℃	≤±10
NH_3/NO_x 摩尔比	%	≤5
烟气入射催化剂角度	°	≤±10
SCR 反应器内烟气流速	m/s	4～6

4.4.3.5　应用于 SCR 脱氮系统的催化剂

1. 应用于 SCR 系统的催化剂形状与组成

最初开发的催化剂是粒状的。此后为防止催化剂层被粉末堵塞，减少压力的损失，并根据使用条件改良为蜂窝式、波纹板式、平板式等形式的催化剂（图 4-17）。平板式催化剂开孔率较高，压降小，不易堵灰，可适用于灰含量较高的工况。波纹式耐磨性弱，适用灰含量较低的工况，如燃气机组。垃圾焚烧项目基本是采用蜂窝式催化剂。这种催化剂可根据排气粉尘浓度选定格子的间距，大节距的蜂窝催化剂可在高灰工况下使用。典型案例：催化剂断面尺寸 150mm×150mm；最大制造长度约 1m；孔距 3～10mm。

催化剂是由构成催化剂骨架的基材、起催化作用成分的活性金属以及使活性金属成分能够较好地分散和保持材料的载体组成（表 4-12）。现在多使用的蜂窝状催化剂不用基材，仅由载体与活性金属构成。常用活性金属/载体的材质有 V_2O_5/TiO_2、Pt/Al_2O_3、WO_3/TiO_2、Fe_2O_3/TiO_2、CrO_3/Al_2O_3 及 CuO/TiO 等多种，使用寿命 3～5 年。

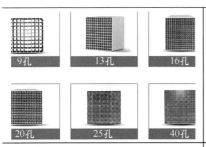
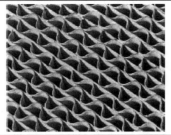

均质整体一次挤压成型，催化剂内部仍是活性物质。有较高比表面积	应用负压浸渍工艺，在强化玻璃纤维表面附着活性物质。质量小、活性高、抗CaO中毒能力强	在不锈钢网格基材表面浸镀活性物质。耐飞灰磨损，压损较低，抗砷中毒能力强
(a) 蜂窝式催化剂	(b) 波纹板式催化剂	(c) 平板式催化剂

图 4-17 催化剂产品形状

催化剂的构成及其功能　　　　表 4-12

名称	功能	常用成分
基材	催化剂形状的骨架	钢材、陶瓷
载体	活性金属的分散和保持	TiO_2
活性金属	催化剂活性作用	TiO_2、V_2O_5、WO_3、MoO_3

2. 影响催化剂性能的因素

常用 SCR 法脱氮的催化剂主要为氧化钛基催化剂，其活性组分为 TiO_2、V_2O_5、WO_3 和 MoO_3 等，用各成分的质量百分数表示。活性组分含量根据不同用户的需求会有所不同，如 $V_2O_5-WO_3/TiO_2$ 催化剂，一般 V_2O_5 占 1%～5%，WO_3 占 5%～10%，TiO_2 占其余绝大部分比例。对催化剂性能影响较大的因素有反应温度、催化剂量、氨的注入量。

（1）脱氮反应温度。催化剂反应温度是由催化剂不同活性成分浓度与比例所决定的。通过选择适宜的活性金属组成，可以制造适合于各种用途且具有最佳特性的催化剂（图 4-18）。不同催化剂有不同活性。工程上，脱氮反应温度视不同催化剂材质、工艺系统及其运行工况，中温催化反应温度范围大致为 220～420℃。其中我国垃圾焚烧项目目前采用下限温度的较为普遍，但还缺少工程规律的研究，以致形成多种最佳反应温度的说法。热电厂则更

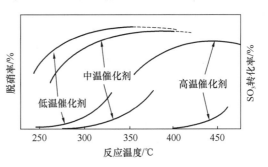

图 4-18 活性金属种类和催化剂活性
（注：沿用原图采用的"脱硝率"）

多是采用较高温度，依据是中温催化剂在催化反应温度 320～400℃有最佳活性。随着脱氮催化剂研发的深入，适用温度范围扩大，已经开发适用于垃圾焚烧袋式除尘器后反应温度 160～200℃的低温催化剂产品，适用于气轮机出口处反应温度大于 550℃的高温脱氮催化剂产品。但还需要经过实践经验的积累。

（2）催化剂用量。催化剂用量是根据脱氮装置的设计能力和操作要求决定的，增加催

化剂用量可提高脱氮效能。实际应用中，催化剂初期充填量是设计要求的最适量和使用期间的损失量之和。一般用 SV 值＝处理气体量（m^3/h）/催化剂体积（m^3），作为催化剂充填量指标。

（3）NH_3/NO_2 脱氮反应。排放烟气中的 NO_2 和注入的 NH_3 几乎是以 1：1 的容量比进行反应，因此在相同的催化剂充填量下，通过增加 NH_3 的注入量可能提高脱氮效能。其负面作用是增加 NH_3 的注入量，也会增加 NH_3 泄漏量，所以在决定氨浓度和催化剂量时要评估最佳 NH_3 用量。NH_3 的注入量指标用注入 NH_3 与处理烟气中 NO_x 的容量比（NH_3/NO_x）表示，一般根据所要求的脱氮装置性能设定。

（4）其他影响因素。不同类型的催化剂其活性、节距、比表面积、催化剂体积与阻力等均不相同。因此，需要对比分析，选择最佳的催化剂型式与布置方式，降低项目初建与运行成本。应用于垃圾焚烧脱氮系统的催化剂应是采用专为烟气脱氮用催化剂的形状，V_2O_5 活性金属与 TiO_2 载体。

综合以上分析，根据 NH_3 和 NO_2 在催化剂表面进行等摩尔数反应的 NH_3 注入量，以及在最佳反应温度窗口，$NH_3/NO=1$ 的条件下，NO_x 的去除效率可达到 75％～90％或更高。

3. 使用 SCR 脱氮催化剂的负面作用

（1）催化剂的使用寿命较短，费用高，目前实际运行 3 年左右就需要更换。我国早年前使用的催化剂是购自德国、日本、美国、奥地利等国的进口催化剂，单价大约在 20 万元/m^3，近年逐步国产化降低到（5～6）万元/m^3。按照 750t/d 一台炉，催化剂用量 50m^3 计，近期每年每条焚烧线更换催化剂费用大约在 250～300 万元。需要注意的是，随着市场竞争，现阶段可能有掺混回收料的催化剂现象，导致单价低至 1～2 万元的催化剂出现在市场上，这类催化剂通常无法满足 3 年的使用寿命或是氨逃逸现象严重。

（2）更换后的催化剂再生技术，需解决技术经济问题，特别是针对废弃催化剂必须要采取符合生态环境的要求，需要进一步完善的处理方法。

（3）为维持催化剂的活性，需要选择在一定环境中进行催化反应，但是为防止二噁英再生成，要求烟气温度不断下调。因此需要协调二者温度，避免在低温时可能反应生成氯化铵的负面效应。

（4）燃烧过程中可生成一定量 SO_3。在有氧条件的催化剂作用下，SO_3 生成量会明显增加，并与过量的 NH_3 生成具有腐蚀性和黏性的 NH_4HSO_4，导致尾部烟道设备损坏。虽然 SO_3 的生成量有限，但其造成的影响不可低估。另外，如钾钠盐等碱金属等使催化剂中毒现象，偶有发生的金红石化问题，起炉阶段的一些特殊烟气进入尾端的 SCR 导致烧结现象等，也不容忽视。需要在实际应用中积累经验，解决更多催化剂长期运行的缺陷。

（5）存在氨泄漏问题。在未制定生活垃圾焚烧氨逃逸控制标准情况下，SCR 工艺暂按《火电厂烟气脱硝工程技术规范　选择性催化还原法》HJ 562—2010 标准的氨逃逸浓度小于 2.5mg/Nm^3 进行控制。SCR 脱氮工艺的氨逃逸浓度是以标准状态（101.325kPa、0℃）干基烟气条件下的质量浓度（mg/m^3）确定，当用体积浓度（ppm）计时，按下式换算：质量浓度＝体积浓度×转换系数＝ppm×NH_3 分子量 17/摩尔体积 22.4＝0.76×ppm(mg/m^3)。

（6）针对低负荷运行时的中低温烟气条件，目前国内外 SCR 脱氮催化剂研究按照使用的主要活性组分不同可分为：锰基催化剂、铈基催化剂、钒基催化剂。锰基催化剂与铈基催化剂具有较高的低温脱氮活性，但其在中低温烟气中会同时发生可逆和不可逆失活。钒基催化剂在较低烟气温度时的负面作用表现在：①其活性温度窗口较窄，一旦低于温度窗口，催化剂活性迅速下降，使 NO_x 脱除率达不到要求。②钒基催化剂容易将烟气中的 SO_2 转化为 SO_3，在较低温度时与 NH_3、H_2O 反应生成 NH_4HSO_4，对催化剂及下游设备造成危害。③SO_2 易与 V_2O_5 反应生成不具备脱氮活性的吸附态金属硫酸盐 $VOSO_4$，导致催化剂脱氮效率下降。

（7）目前实际应用中存在催化剂劣化现象，包括化学性劣化即催化剂中毒与热劣化等。在垃圾焚烧烟气产生的重金属容易引起催化剂中毒，削弱催化剂活性。

垃圾焚烧烟气的 SCR 脱氮系统（图 4-19）多见是采用中温、低尘催化剂，反应温度区间按不低于 220～240℃控制。但此种模式的负面作用，一是要采用热源对烟气再加热，其额外能源消耗巨大，导致运行费用昂贵。二是从反应温度视角，当反应温度超出此温度范围内时，催化剂的性能将降低，特别是在超上限温度时，超限过热会使催化剂活性微晶高温烧结，出现催化剂寿命显著降低的现象。但是如果反应温度过低，会使催化剂活

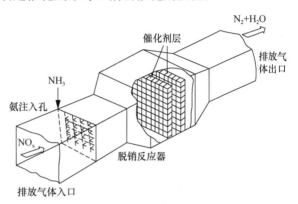

图 4-19　SCR 脱氮反应器

性降低，脱氮效率下降。如果催化剂持续在低温下运行还可能造成催化剂永久性损坏。反之如果反应温度过高，如前所述，NH_3 容易被氧化，使 NO 生成量增加，还会引起催化剂材料的相变，使催化剂的活性退化。

据多年前报道，在垃圾处理规模为 800t/d 的意大利某垃圾焚烧厂设置有三层催化剂，运行初期进行高温、高尘的 SCR 脱氮试验结果，运行 2 年后发现催化剂腐蚀、堵塞严重。此后该厂采取每年将迎风面的那一层催化剂按计划换掉，再将下面一层催化剂提升起来，把最新替换的催化剂放在最后面，达到稳定运行要求。

4.4.3.6　影响催化剂性能的指标性参数

1. 影响催化剂性能的处理烟气指标

（1）处理的烟气量

在一定烟气量条件下，对 NO_x 的脱除率的影响取决于催化剂组成、比表面积、线速度和空速。在烟气量一定时，空速值决定催化剂用量。线速度值决定催化剂反应器的截面和高度，因而也决定系统阻力。

（2）焚烧烟气粉尘浓度、粒度和重金属含量

焚烧烟气粉尘浓度、粒度和重金属含量是影响催化剂结构和运行的主要因素。其中粉尘浓度与粒度是选择催化剂节距的主要因素，浓度高时应选择大节距，以防堵塞；粉尘浓度也是影响催化剂数量和寿命的因素之一。某些重金属能使催化剂中毒，例如砷、汞、铅、磷、钾、钠等，尤以砷的含量影响最大。故而烟气中重金属组成不同，催化剂组成就不同。

（3）烟气温度

按 SCR 脱氮催化剂适用烟气温度，常将低温催化反应界定为 $160\sim250℃$，中温催化反应界定为 $250\sim450℃$，高温催化反应界定为 $420\sim520℃$。随着催化技术的发展，此界定范围也在修正。实践经验显示，中温催化反应温度在 $350\pm50℃$ 时的催化剂活性最大，故而火电厂 SCR 反应器布置在锅炉省煤器与空预器之间。受垃圾相对不稳定特性约束，垃圾焚烧厂的 SCR 反应器多布置在烟气净化除尘系统之后，此时的烟气温度在 $200℃$ 以下，需要采取 GGH（烟气-烟气加热器）、SGH（蒸汽-烟气加热器）等将烟气加热升温到 $240℃$ 左右。

（4）压力损失

指烟气经过催化剂层后的压力降。整个脱氮系统的压力降是由催化剂层压降、脱氮反应器及烟道压降等组成。应控制此压降越小越好，否则会直接影响垃圾焚烧锅炉系统和引风机的安全运行。在催化剂设计中合理选择催化剂孔径和结构形式，是降低催化剂压降的重要手段。

（5）防爆

SCR 脱氮系统采用反应剂 NH_3，其在空气中爆炸极限为 $15\%\sim28\%$（体积比）。为保证 NH_3 注入以及均匀混合的绝对安全，需要引入稀释风将 NH_3 浓度控制在 5% 以内。

2. 影响催化剂性能的工艺性能的指标

下述指标一般要按实际烟气工况对催化剂成品进行实验室检测，以确认各指标符合要求。

（1）脱氮效率

指 SCR 反应器烟气进口、出口的烟气 NO_x 浓度差占反应器进口 NO_x 浓度（浓度均换算到 $11\%O_2$，单位 mg/Nm^3）的百分比。一般情况下，SCR 脱氮工程是按初期脱氮率和远期脱氮率考虑设计。通过初置和预留若干催化剂模块，根据实际需要逐步增加模块，以满足未来可能日益严格的排放要求。

（2）SO_2/SO_3 转化率与中毒反应

SO_2/SO_3 转化率指在 SCR 脱氮系统内、一定温度等条件下，烟气中 SO_2 氧化生成 SO_3 的比例。SO_2/SO_3 转化率越高，表明催化剂活性越好，所需要催化剂量越少。但转化率过高会导致后续系统设备的堵灰与腐蚀，而且会造成催化剂中毒。故而一般要求 SO_2/SO_3 转化率小于 1%。在钒钛催化剂中加入钨、钼等成分，可有效地抑制 SO_2 转化成 SO_3。

（3）氨逃逸率

指 SCR 反应器出口烟气中 NH_3 的体积分数，即未参加反应的残存 NH_3 量。NH_3 逃逸率取决于 NH_3/NO_x 摩尔比（理论值为 $1:1$）与工况条件。受 SCR 运行的边界条件制约，实际运行氨用量需要有一定富余量，带来的负面效应就是氨逃逸。工程上，SCR 系统氨逃逸可按 $2.28mg/Nm^3$（3ppm）作为控制指标，SNCR 按 $6.07mg/Nm^3$（8ppm）作为控制指标。如氨逃逸超过控制指标较多，不但会造成 NH_3 的二次污染，而且在反应温度窗口下限，过量 NH_3 会与烟气中 SO_3 反应生成 NH_4HSO_4 和（NH_4）$_2SO_4$，继而腐蚀下游设备并增大系统阻力。

（4）中毒反应

在脱氮反应的同时会有副反应发生，如 SO_2 氧化生成 SO_3；大于 $450℃$ 时的氨分解氧化；

小于 280℃低温条件下，SO_2 与氨反应生成 NH_4HSO_3 等，这种物质会附着在催化剂上，使得反应无法进行并造成下游设备堵塞。另外，不同类型的催化剂有其耐受温度限（如某中温催化剂温度不得高于 427℃），超过该限值如前所述会导致催化剂活性微晶高温烧结。

3. SCR 脱氮催化剂的指标

SCR 脱氮反应器的催化剂是依据项目烟气成分、特性、脱氮效率，为项目量身定制的。催化剂的性能包括活性、选择性、稳定性和再生性，无法直接量化，而是综合体现在一些参数上，主要有活性温度、几何特性参数、机械强度参数、化学成分含量、工艺性能指标等。

（1）催化剂结构型式。垃圾焚烧烟气脱氮催化剂有多种结构形式，目前较多采用的是中温低粉尘蜂窝式结构。这是基于蜂窝形催化剂表面积大、体积小、机械强度大、阻力较大的特点。

（2）催化剂活性与活性温度范围。催化剂活性是指催化剂的催化能力。工业上常用单位时间内单位重量或比表面积的催化剂在设定条件下所得到的产品量。也有用在指定压力、温度条件下，一定量催化剂上的反应速率来衡量。影响催化剂活性的主要因素是反应温度，还有载体、助催化剂及催化剂添加物。催化剂活性温度是指催化剂能够起催化作用的温度范围。如 V_2O_5-WO_3/TiO_2 催化剂的反应温度范围为 160～280℃（应用较多的是为 180～240℃）。

（3）平均孔径和孔径分布。通常所说的孔径是指由实验室测得的比孔体积与比表面相比的平均孔径。若各处孔径分布不同，那么反应物在微孔中扩散时会表现出很大差异的活性，只有大部分孔径接近平均孔径时，效果最佳。

（4）比表面积。比表面积是指单位质量催化剂所暴露的总表面积，可用单位体积催化剂所拥有的表面积表示。由于脱氮反应是一个多相催化反应，且发生在固体催化剂的表面，所以催化剂表面积的大小直接影响到催化活性的高低。蜂窝式催化剂的比表面积一般为 427～860m^2/m^3，平板式催化剂比表面积约为其一半。

（5）催化剂节距/间距。这是催化剂的一个重要指标，以 P 表示。其大小直接影响到催化反应的压降和反应停留时间，同时还会影响催化剂孔道是否会发生堵塞。对蜂窝式催化剂，取蜂窝孔宽度（孔径）d，催化剂内壁厚度 t，则 $P = d + t$。同样，对平板和波纹式催化剂，取板与板间距 d，板厚度 t，则 $P = d + t$。由于垃圾焚烧的 SCR 系统一般设置在除尘系统之后，干基飞灰浓度小于 30mg/Nm^3，一般情况下可选用较小节距的蜂窝式催化剂。

（6）孔隙率和比孔体积。孔隙率是指催化剂中孔隙体积与整个颗粒体积之比，是催化剂结构最直接的一个量化指标，决定了孔径和比表面积的大小。一般催化剂的活性随孔隙率的增大而提高，但机械强度会随之下降。比孔体积则指单位质量催化剂的孔隙体积。

（7）机械强度参数。机械强度是指材料受到外力作用时，单位面积上所能承受的最大负荷。催化剂的机械强度主要体现了催化剂抵抗气流产生的冲击力、摩擦力、耐受上层催化剂的负荷作用、温度变化作用及相变应力作用的能力。机械强度参数共有轴向机械强度、横向机械强度和磨耗率三项指标。前两个分别是指单位面积催化剂在轴向和横向可承受的重量。磨耗率则是用一定的试验仪器和方法测定得到的单位质量催化剂在特定条件下的损耗值，用于比较不同催化剂的抗磨损能力。

4.4.3.7　脱氮系统调试

脱氮系统调试是保证系统运行的稳定性、可靠性，以及能否达到设计性能保证值最重要的工作之一。脱氮系统调试可分为反应剂供应系统调试及喷氨系统调试两部分进行。在此暂按调试过程采用液氨反应剂的供应系统为例，主要包含液氨卸载、液氨蒸发及供应、罐区水喷淋、氨区消防及废气收集排放等子系统。反应剂供应系统的调试最重要的是卸氨前氨管道的气密性检查与氮气置换，要确保氨管道的气密性与氮气置换的彻底性，调试的关键是液氨蒸发系统的运行与控制。喷氨系统调试是脱氮系统调试最为关键和重要的部分，不但关系到脱氮系统性能是否满足设计要求，还关系到脱氮系统是否能够优化运行。

工程建设中由于新装的催化剂活性较高，脱氮系统运行初期，即便喷氨装置没有优化调整，通常也能满足性能要求。由于喷氨系统调试工作量较大，脱氮工程往往会忽略喷氨系统的优化调试，这将严重影响脱氮系统的长期运行，工程建设中需特别注意。

4.4.3.8　脱氮系统运行与维护管理

脱氮系统的正确运行与定期维护是保证脱氮装置正常运行的关键，目前建设的脱氮系统自动化水平均较高，除了反应剂卸载外，基本可以实现无人值守，但系统的正确运行、维护与管理非常重要。系统运行期间要特别关注稀释风量、脱氮效率、氨逃逸量、氨水消耗量、催化剂层阻力、空气预热器阻力等参数的变化，要按要求定期检查分析仪表、吹灰器、稀释风机、卸氨压缩机、催化剂的活性，以及氨管道的泄漏情况等。

4.4.3.9　瑞士 Josef Strasse 垃圾焚烧厂案例（图 4-20、图 4-21）

经除尘后的烟气，通过烟气预热器及辅助燃烧器，被加热到 260℃。其后，来自氨站的氨水经过蒸发器通入脱氮反应塔上游管道。混合氨的烟气在脱氮反应塔内进行选择性催化还原反应。经过催化处理后的烟气，经引风机通过烟气预热器被冷却到 160℃后，经烟囱排入大气。该厂运行的统计数据显示，湿烟气流量 164000Nm³/h；含氧量 8.8%～10.7%；脱氮处理后的烟气温度，预热前 215℃，预热后 142℃。

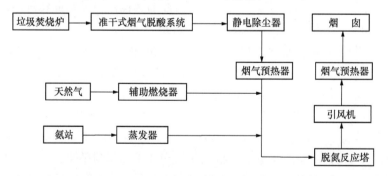

图 4-20　Josef strasse 垃圾焚烧厂烟气净化系统

4.4.4　SNCR＋SCR 组合脱氮工艺

通过燃烧控制可将垃圾焚烧锅炉内产生的 NO_x 控制为 350～400 mg/Nm³。此时若仅通过 SCR 脱氮将 NO_x 从 300～400mg/Nm³ 降到 100mg/Nm³，所需要催化剂的量会很多。由此两级减排工艺成为一种可选择的工艺，即烟气污染物通过炉膛燃烧过程的高温烟气辐射换热区使用 SNCR 脱氮工艺抑制/减排（如使 NO_x 从原始浓度 400mg/Nm³ 降到 240mg/

(a) 氨储存罐氨液

(b) 氨卸料台

(c) 蒸发器系统

(d) 氨液泵系统

(e) 氨控制系统

图 4-21　SCR 系统主要设备（图片来源：INTGRAL 公司）

Nm³）和在低温状态下串联 SCR 脱氮控制/减排（如从 240mg/Nm³ 降到 100mg/Nm³）的两级减排工艺。

NO$_x$ 脱除的工程基础遵循氧化还原机理，只是受到化学反应的约束条件，需要不同的工艺路线来达到预期效果。从反应机理、温度条件、使用的反应剂与催化剂，以及去除效果及工艺技术特点来看，采用 SNCR＋SCR 组合工艺并没有技术突破，而是互为弥补反应过程所带来脱氮效率的不利因素。例如针对 SNCR 脱氮反应温度区间的不同会有相对较低温度的氨逃逸与高温生成 NO 的副作用，使其脱氮效率远达不到 NO$_x$ 去除效率 80％ 的工程理论结果。当采用 SNCR 工艺达不到当地修订后的排放指标时，一般是在保留 SNCR 工艺的同时，增加 SCR 工艺，形成 SNCR＋SCR 组合工艺。

该组合工艺的技术原理与各自特点并无改变，只是要从最小经济容量原则对组合技术进行优化。这种优化是根据行政许可的排放指标确定更严格的项目内部控制指标，按 SNCR 工艺高温的初级减排和串联的 SCR 低温工艺的二级减排，采取适宜的分级效率进行有效达标控制。也就是先要按 SNCR 工艺的 NO$_x$ 排放效率最大化进行高温初级减排，再按 NO$_x$ 排放内控指标配置最佳效率的 SCR 工艺，进行低温二级减排。

例：取原始 NO$_x$ 产生浓度 400mg/Nm³，根据排放浓度指标 120mg/Nm³ 确定内控指标 100mg/Nm³。从工程留有余地考虑，SNCR 初级减排按原始浓度 40％（实际可按 50％ 控制）考虑，则有 400×(1−0.4)＝240mg/Nm³。SCR 二级减排按不低于 1−100÷240≈60％ 设计，考虑一定余量与影响 SCR 减排的负面因素，取减排 75％ 选择配置方案。

采用 SNCR＋SCR 组合烟气脱氮工艺的驱动力在于把 SNCR 工艺的低费用特点同 SCR 工艺的高脱氮率进行有效结合（表 4-13），具体表现为：①可在更宽范围内满足 NO$_x$ 的脱氮率要求，并可降低 NH$_3$ 泄漏率。②相对单纯采用 SCR 工艺，减少了催化剂用量，相应减小 SCR 反应塔体积，提高空间适应性；减小系统压降相应降低了运行费用。采用该技术的负面影响因素是：①增加了处理流程与运行控制难度。②SCR 催化剂的性能对

SCR 脱除 NO_x 效率具有重要作用；催化剂工程应用的负面作用没有改变；相对单独用 SCR 系统时，催化剂占总运行成本的 $40\%\sim50\%$ 的比例并无改变。③过度依赖 SNCR，部分氨逃逸会在 SDA 半干法工艺段被捕捉，生成氨盐，最终在飞灰稳定化区域再次逃逸，污染环境。因此，更需要根据排放指标，通过技术经济比选确定最佳组合方案。

在垃圾焚烧厂 SCR 法、SNCR 法、SNCR＋SCR 法及 PNCR 法脱氮技术经济指标对比　　表 4-13

技术经济指标	单位	SCR	SNCR	SNCR＋SCR	PNCR
反应剂		尿素或氨水	尿素或氨水	尿素或氨水	高分子脱氮剂
催化剂		钒钛型，高量	不需要	钒钛型，少量	不需要
脱氮还原反应空间		炉外独立空间	炉膛辐射换热区	炉外＋炉膛	炉膛辐射换热区
脱氮效率	%	70～90	30～50	≥80	70～90
适宜反应温度窗口	℃	320～400	850～1050（最佳 850～925）	初级减排 850～1050；二级减排 320～400	750～850
出口烟气 NO_x 浓度	mg/Nm³	≤100	≤200	≤100	≤150
氨氮摩尔比		0.8～1.0	1.5～2.5	0.8～1.0	1.5～2.5
脱氮系统压降	kPa	高	无	小	无
吹灰		多层布置	不需要	通常布置一层	不需要
氨逃逸率控制指标	ppm	≤3	≤8	≤4SNCR 泄漏氨作为 SCR 反应剂	≤8
系统稳定性		较可靠	可靠	较可靠	可靠
SCR 反应器体积		大	—	小	—
SCR 反应器控温旁路		需要		可不设置	
$SO_2 \longrightarrow SO_3$ 转化副作用		可发生	—	有一定遏制作用	—
烟气特性的影响		高灰分、碱金属会使催化剂磨耗或钝化	无	同 SCR 负面影响，影响程度低	无
催化剂回收处理量		正常		可减少	
使用尿素条件		尿素热解制氨	直接利用炉膛高温将尿素溶液分解为氨		
烟气脱氮过程副产物 N_2O		无法避免	无	减轻产生	无
导致 SO_2 氧化可能性		可能	无	可能	无
建设成本比例(SNCR 为 1)		5	1	6	～2
年运行成本比例(SNCR 为 1)		4	1	5	2～3
反应剂消耗		低	高	较低	较高
催化剂消耗量		大	无	小	无
脱氮系统电耗		较高	低	高	低

注：PNCR 相关指标属初步统计分析结果，需要进一步实践经验进行必要的调整。

4.4.5　烟气脱氮系统常用反应剂

4.4.5.1　反应剂

反应剂是 SCR、SNCR 及 SNCR-SCR 等技术必需的，主要来源于液氨、尿素和氨水。

1. 液氨

液氨又称为无水氨，呈无色液体状，有强烈刺激性气味。为运输及储存便利，通常将气态的氨气通过加压或冷却得到液态氨。氨易溶于水，溶于水后形成铵根离子 NH_4^+、氢氧根离子 OH^-，呈碱性溶液。液氨多储于耐压钢瓶类容器，且不能与乙醛、丙烯醛、硼等物质共存。液氨具有腐蚀性且容易挥发，所以其化学事故发生率很高。

液氨的理化性质：分子量 17.04；相对水密度 0.602824（25℃）；熔点 −77.7℃；沸点 −33.42℃；水溶液 pH 值 11.7；自燃点 651.11℃；爆炸极限 16% ～ 25%；比热 4.609kJ/(kg·K)；存在自偶电离：$2NH_3 \Longrightarrow NH_4^+ + NH_2^-$。因此，在液氨中 NH_4Cl 是酸，$NaNH_2$ 是碱。

从中毒机理看，液氨人类经口 TDLo：0.15ml/kg，液氨人类吸入 LCLo：5000ppm/5m。急性毒性 LD50350mg/kg（大鼠经口）；LC501390mg/m，4h（大鼠吸入）。氨进入人体后会阻碍三羧酸循环，降低细胞色素氧化酶的作用。致使脑氨增加，产生神经毒作用。高浓度氨可引起组织溶解坏死作用。因此，当氨气泄漏时滞留在地面，会对在现场人员与附近居民造成相当程度的危害。按《重大危险源辨识》GB 18218—2018 规定，氨作为有毒物质，储存量超过 100t 则属于重大危险源。按照《建筑设计防火规范（2018 年版）》GB 50016—2014 规定，液氨储罐与周围的道路、厂房、建筑等的防火间距最小不少于 15m。凡用液氨作为脱氮反应剂的厂，其占地面积就要扩大。从安全性考虑，垃圾焚烧发电厂一般采用氨水或尿素，不采用液氨。

2. 氨水

氨水又称阿摩尼亚水，由氨气通入水中制得，工业氨水是含氨 25% ～ 28% 的水溶液。主要成分为 $NH_3·H_2O$，无色透明且具有刺激性气味。氨水中仅有一小部分氨分子与水反应生成水合氨，是仅存在于氨水中的弱碱。挥发的氨气对眼、鼻、皮肤有刺激性和腐蚀性，能使人窒息，空气中最高容许浓度 30mg/m³。氨水凝固点与氨水浓度有关，常用的重量百分比（wt%）20% 浓度凝固点约为 −35℃；与酸进行放热反应；有燃烧爆炸危险。比热容为 $4.3×10^3$J/(kg·℃)（10% 的氨水）

$NH_3·xH_2O$ 中，NH_3 分子周围饱和蒸气压直接以氢键缔合的水分子有 4 个，则 $x=4$。这 4 个氢键中，氨分子作为"质子受体"并导致部分质子转移而表现出弱碱性的那个氢键 N…H−O 较强些；其余三个都是氨分子作为"质子给体"却难发生质子转移的氢键 O…H−N，则稍弱些。为突出这一导致部分质子转移而表现出弱碱性的氢键 N…H−O，通常把氨的水合物（主要是 $NH_3·4H_2O$）简作 $NH_3·H_2O$。

按《危险货物品名表》GB 12268—2012，氨水属危险品，CAS 号为 1336-21-6，危规号为 82503。但与液氨相比，氨水在储存时的危险性更低，但其运输过程中的危险性远大于液氨，且由于外购氨水仅 25% 浓度，加热汽化能耗大，运输和贮存的成本较高，自 20 世纪 90 年代以后国际上有逐渐减少以氨水作为脱氮反应剂的倾向。

3. 尿素

尿素（Urea）又称脲、碳酰胺，是由碳、氮、氧、氢组成的简单的有机化合物之一，分子式是 CH_4N_2O 或 $CO(NH_2)_2$，含氮（N）45% ～ 46%。尿素的分子量 60.06；熔点 132.7℃；沸点 196.6℃/标准大气压；溶解度 1080g/L（20℃）；密度 1.335g/cm³；闪点 72.7℃。尿素有结晶尿素与粒状尿素之分。结晶尿素呈白色针状或棱柱状晶形，吸湿性强，吸湿后结块，吸湿速度比颗粒尿素快 12 倍。粒状尿素为粒径 1～2mm 的半透明粒子，外观光洁，吸湿性有明显改善。尿素的储存、运输及供氨系统不需要特殊的安全防护，用尿素制氨作为 SCR 脱氮系统的反应剂是一种不错的选择；只是利用尿素作为脱氮反应剂，需要利用专门的设备将尿素转化为氨。鉴于尿素的安全有效性并易于获取，不但在我国广泛用于焚烧烟气 SCR 工艺的反应剂，而且在美国新建的 SCR 系统也被优先考虑，欧洲采用尿素的 SCR 工艺也逐渐增多。

尿素的物理性质表现在与水不反应，但易溶于水并生成氢氧氨 NH_4OH，在 20℃时的溶解度 105g/100ml，水溶液呈中性反应。20℃时临界吸湿点为相对湿度 80%，但 30℃时降至 72.5%，因此尿素要避免在盛夏潮湿气候下敞开存放。在尿素生产中加入石蜡等疏水物质，吸湿性会大大下降。尿素的化学性质表现为与酸反应生成盐；在酸、碱、酶作用下（酸、碱需加热）水解生成 NH_3 和 CO_2；高温下经缩合反应生成缩二脲、缩三脲和三聚氰酸。加热至 160℃分解为氨气同时变为异氰酸。尿素具有热不稳定性，加热至 150～160℃将脱氨成缩二脲。若迅速加热，将先脱氨，生成异氰酸（HN=C=O）；再脱氨而三聚成六元环化合物三聚氰酸。另外，与乙酰氯或乙酸酐作用生成乙酰脲与二乙酰脲；在乙醇钠作用下与丙二酸二乙酯反应生成丙二酰脲（又称巴比妥酸，因其有一定酸性）。在氨水等碱性催化剂作用下能与甲醛反应，缩聚成脲醛树脂；与水合肼作用生成氨基脲。

4. 综合分析

反应剂选择、储存及制备系统是烟气脱氮工艺中的一个重要环节，相比三种反应剂虽然液氨已成功地为全世界的烟气脱氮系统使用了 20 多年，但它具有最大的安全风险，最高的核准费用以及最多的法规限制。在美国要受到美国环保署 EPA、美国职业安全和卫生管理局 OSHA 的严格管理，以及当地行政主管部门的附加限制。尤其是自"911"事件以后，出于对安全以及恐怖袭击等的考虑，液氨的管理规定更加严格。

氨水作为脱氮反应剂，其设备投资以及运行的综合成本，在三者中为最高，并且与液氨一样，同样存在安全隐患。因此，自 20 世纪 90 年代以后国际上已经减少以氨水作为脱氮反应剂，取而代之的是成功应用的尿素。

反应剂的选择应综合考虑设备投资，占用场地、运行成本、安全管理及风险费用等。三种反应剂的综合成本比较见表 4-14。

反应剂选择的综合分析 表 4-14

反应剂选用	尿素 SCR 工艺	氨水 SCR 工艺	液氨 SCR 工艺
设备投资	中	低	高
占用场地	小	中	大
反应剂运行成本	中	高	低
运行能耗	中	高	中
安全管理费用	无	中	高
风险费用	无	中	高

4.4.5.2　氨基反应剂的反应

含有氨基的反应剂主要有氨气、液氨、氨水和尿素。从垃圾焚烧过程的安全性考虑，基本是采用氨水或尿素。总体上看温度窗口一般为 850～1050℃，采用不同反应剂所对应的温度窗口有所差别。新兴起的 PNCR 工艺是采用高分子聚合物，但目前还处于积累工程经验的过程。本书仅针对垃圾焚烧与烟气净化系统所常用的脱氮反应剂尿素和氨水作简要介绍。

采用尿素或氨水反应剂的反应：

尿素反应剂的反应：$(NH_2)_2CO + H_2O \longrightarrow 2NH_3 + CO_2$

氨水反应剂的反应：$4NO + 4NH_3 + O_2 \longrightarrow 4N_2 + 6H_2O$

对垃圾焚烧脱氮系统应用的尿素与氨水的质量要求依据《工业氨水》HG/T 5353—2018、《尿素》GB/T 2440—2011，以及《火电厂烟气脱硝工程技术规范　选择性非催化还原法》HJ 562—2010等工业级质量要求确定（表4-15）。

对尿素、氨水质量的基本要求　　　　　　　　　　　　表4-15

反应药剂	形态	纯度	杂质	含水率	喷入炉内尿素浓度	氨逃逸	寿命期内系统可用率	NO排放浓度（11%O₂）
尿素	粉状	总氮质量分数45%	纯度≥98.6%且不含Ca等不纯物	<1%	8%	8mg/m³	98%	200mg/Nm³
氨水	无色或淡黄色液体	NH₃含量20%（25%）	蒸发残渣≤0.3g/L	—	3%～5%			—

4.4.5.3　尿素的制氨基本工艺

1. 尿素水解制氨

用于SNCR脱氮工艺的尿素又称碳酰二氨、碳酰胺、脲。使用尿素脱除焚烧烟气NO_x是指将尿素水解制氨后，用氨作为烟气脱氮工艺反应剂，这也是当下最适宜的选择。尿素水解的工作原理是尿素在水的作用下分解成NH_3和CO_2。这一反应过程可在一定温度条件下进行。为加快反应速率并提高产氨量，适宜在150～200℃下进行。水解反应的化学式为：$CO(NH_2)_2 + H_2O \longrightarrow 2NH_3 + CO_2$。

尿素水解制氨系统主要包括固相尿素储存间、斗提机、尿素溶解罐、稀释罐、尿素溶液给料泵、尿素溶液储罐、尿素溶液输送装置等组成的尿素储存和溶解输送系统；尿素水解反应器及控制装置等设备组成的尿素水解系统。此系统设备共同构成了安全、高效运行的尿素水解制氨工艺系统。其中，固态尿素在尿素溶解罐中按一定质量浓度（溶质质量与溶液质量的百分比，如采用质量浓度40%～60%）配置成尿素溶液储存。尿素溶液在稀释罐稀释到8%～10%后，由稀释泵送到水解反应器中，发生水解反应产生氨气。产生的氨气随后进入SCR区氨空气混合器，再喷入烟道中用作烟气脱氮的反应剂。

尿素制备成重量比为50%的尿素溶液储存，总储存容量可按大于等于MCR工况下7天的总消耗量计。尿素溶解设备宜布置在室内，储存设备宜布置在室外。设备间距应满足施工、操作和维护的要求。

2. 尿素水解制氨的驱动力

相对于氨水及液氨，尿素水解制氨工艺具有高安全性，并解决了液氨的装卸、运输、储存等问题，水解制氨可随制随用，无需储存，解决了脱氮工艺中反应剂制备系统的安全隐患。

3. 尿素水解制氨的负面影响因素

为避免稀释尿素液含有影响设备运行的有机成分，稀释水要采用除盐水，另外在稀释水箱内投入次氯酸钠以保持有足够的氯浓度。此外，采用尿素制氨工艺增加了SNCR工艺系统的流程，相应能耗增加。尿素溶液管道应保温。

4. 尿素水解制氨的应用举例

西安热工研究院于2011年对某电厂项目出具《烟气脱氮用尿素水解制氨装置水解制氨能力检测、评价报告》的检测结论为：

（1）尿素水解制氨装置在不同进料情况下，对尿素溶液水解产氨率均大于 95.38%，平均水解产氨率为 98.73%。

（2）测试期间，通过对尿素水解制氨装置的多批次检测，尿素水解制氨装置产品气含氨量为 27.1%~28.8%（质量百分比），平均值为 28.25%（质量百分比）（换算成体积含氨量为 37.42%），与设计相符。

（3）测试期间，尿素水解制氨装置最大氨气出力为 570.8kg/h，最小氨气出力为 250.9kg/h。

4.5　脱除烟气 NO_x 的几个问题

4.5.1　氨逃逸与氨逃逸控制

4.5.1.1　概述

作为脱氮反应的反应剂，氨具有易挥发特性，只要是有氨参与反应的场合都会有氨挥发。对未参与反应的氨，随烟气排出的现象叫作氨逃逸。在脱氮反应器出口测量出的氨浓度叫作氨逃逸率。

从焚烧烟气脱氮反应模型可知，理论上要保持 NH_3/NO_x 摩尔比（NSR）为 1.0。实际运行中，保持较高脱氮效率的方法是采取提高 NSR 的措施，也就不可避免地带来氨逃逸的负面效应。氨的过量和逃逸取决于 NSR、工况条件与催化剂用量。垃圾焚烧氨逃逸率对于 SCR 脱氮工艺出口按 $2.5mg/Nm^3$ 进行控制，对于 SNCR 脱氮工艺出口按 $8mg/Nm^3$ 控制。

氨逃逸的负面作用表现在 SCR 反应器出口烟气中存在的未反应的 NH_3、SO_3 及水蒸气，会进一步反应生成铵盐-硫酸氢铵（ABS）或硫酸铵：

$$NH_3 + SO_3 + H_2O \longrightarrow NH_4HSO_4$$
$$2NH_3 + SO_3 + H_2O \longrightarrow (NH_4)_2SO_4$$

铵盐易在设备表面形成液态悬浮颗粒；在温度降低时会吸收烟气中的水分，形成腐蚀性溶液。在温度较低的催化剂表面，烟气中的铵盐会堵塞催化剂，造成催化剂失活。在经过后续设备时，会在温度较低的设备表面沉积，增大压降产生堵塞及腐蚀。当烟气中的 NH_3 浓度远高于 SO_3 浓度时，会生成干燥粉末状硫酸铵，但不会产生黏附结垢现象。当烟气中 SO_3 浓度高于逃逸氨浓度时，主要生成硫酸氢铵。在 150~220℃ 温度区间，硫酸氢铵是一种高黏性液态物质，易冷凝沉积在后续管件表面，继而黏附烟气中残余的颗粒物，造成管件堵塞，增加系统阻力并影响换热效果。因此从工程视角，在 SCR 脱氮系统中，要特别注意氨逃逸对脱氮系统下游设备的腐蚀作用。

4.5.1.2　影响氨逃逸率的因素

氨逃逸率也叫氨逃逸浓度，通常是指在 SCR 脱氮工艺系统的出口，省煤器烟侧出口，检测的未参与还原反应的 NH_3 与烟气总量的体积占比。《燃煤电厂烟气脱硝装置性能验收试验规范》DL/T 260—2012 对氨逃逸率解释为：烟气脱氮装置出口烟气中氨的质量和烟气体积（标准状态、干基、6% O_2）之比，用单位 mg/Nm^3（ppm）表示。对垃圾焚烧而言，检测的烟气基准值是：标准状态、干基、11% O_2。氨浓度单位转换：

$$(mg/m^3) = (17/22.4) \times (ppm) \approx 0.76 \times (ppm)$$

实际应用 SNCR 脱氮系统的逃逸指标为 6.07mg/m³（8ppm），SCR 脱氮系统为 2.28mg/m³（3ppm）。氨逃逸是影响 SCR 系统运行的一项重要参数，烟气温度决定着 SNCR 和 SCR 的反应效果，进而影响氨逃逸的大小。在脱氮过程中由于氨的不完全反应，SCR 烟气脱氮过程中氨逃逸是难免的，并且氨逃逸随时间会发生变化。影响氨逃逸的主要因素有：①注入氨流量；②设定的 NH$_3$/NO$_x$ 摩尔比；③反应温度；④催化剂。其中：

（1）反应温度过低，NO$_x$ 与氨的反应速率降低，会造成 NH$_3$ 大量逃逸；而反应温度过高，NH$_3$ 被氧化成 NO。因温度原因造成反应效果差，必然造成多余的氨逃逸。

（2）为了达到脱氮效果，一般都会采用适度过量反应剂的措施，过量的氨可导致氨逃逸增加。

（3）反应剂分布不均、烟气流速不均或用于反应剂喷射的喷枪雾化效果不好，使反应剂与烟气不能充分混合，造成反应剂相对过剩而产生氨逃逸。这种情况最终会在烟囱出口区域与烟气中的氯离子形成氯化铵，生成白烟。

一般可将白烟分为极淡、淡烟、浓烟三个级别。从氨逃逸激光光谱分析仪检测结果得出：极淡烟对应的氨逃逸质量浓度＜0.38mg/m³；淡烟对应的氨逃逸浓度为 0.38～0.76mg/m³；浓烟对应的氨逃逸浓度＞0.76mg/m³。

（4）实际运行中受以下因素影响，反应剂用量往往偏大：

1）各氨喷嘴的喷氨量总会有一定差异，加之每支枪喷氨流量分布不均或是烟气流速不均，以致烟气中的氨分布不均，会使浓度高的地方氨逃逸相对较高。

2）锅炉炉膛内 SNCR 反应温度大约为 850～950℃，并呈现中心区域高边缘区域低的特征。当低温度区的温度过低（如＜800℃）时，NO$_x$ 与氨反应速率降低，会造成 NH$_3$ 逃逸。反应温度过高（如＞1050℃）则会生成 NO。温度过高或过低均达不到反应效果，势必增加氨逃逸。

3）催化剂堵塞，脱氮效率下降，为保持 NO$_x$ 不超标，则需增加喷氨量，这将引起恶性循环，催化剂局部堵塞、性能老化，导致催化剂各处催化效率不同，为了控制出口参数，只能增加喷氨量，从而导致局部氨逃逸升高。

4）雾化风量偏小，喷枪雾化不好，氨水与烟气不能充分混合，将会产生氨逃逸。此外，当氨水浓度高、氨水调阀开度过小时，雾化效果不好，也会造成氨逃逸高。

5）炉膛燃烧过程波动，使 SNCR 入口烟气中的 NO$_x$ 浓度大幅波动时，往往会加大喷氨量，过量的氨可导致氨逃逸增加。

4.5.1.3　对氨逃逸的控制

（1）对喷氨流量分布不均造成的氨逃逸，可调整氨水喷枪前的球阀，控制每支枪喷氨分布。正常操作时尽可能使旋转喷枪枪头下倾，以增加反应时间，NH$_3$ 与 NO$_x$ 充分反应，降低 NH$_3$/NO$_x$ 摩尔比，从而降低氨逃逸，达到脱氮效率与运行费用的平衡。另当氨水喷枪喷嘴堵塞时会加剧氨逃逸现象，需要在锅炉运行过程中检查喷枪，及时疏通或更换，确保喷枪正常投运。

（2）烟气温度决定着 SNCR 和 SCR 的反应效果，进而影响氨逃逸量。在低焚烧垃圾负荷下运行时，烟气温度下降且变化幅度大。若局部烟温下降到低于该区域正常温度窗口（SNCR 系统为 850～950℃，SCR 系统为 180～240℃），就会随着温度降低引起催化剂活性下降，从而氨逃逸量上升。所以要根据锅炉负荷和燃烧工况维持烟气温度在最佳温度窗口范围。

（3）催化剂一旦使用时间过长老化，催化效果就会变差，脱氮反应会随之变差。为保证环保达标排放而过量喷氨，就会造成氨逃逸量增加。所以当催化剂老化时要及时在停炉大、小修时进行更换，以保证氨逃逸在规定指标内。

（4）一般垃圾焚烧烟气的 SCR 系统布置在除尘系统下游，短期对选择性催化反应过程不会产生明显负面作用。但随着运行期增加，会使粉尘聚集，浓度增加，使催化反应变差，氨逃逸增加。在锅炉运行过程中，SCR 反应器需要定期吹灰，以保持反应器在高效和降低氨逃逸状态下运行。

（5）当垃圾焚烧锅炉燃烧扰动时，要及时根据 SCR 脱氮反应器入口的 NO_x 浓度，对氨水进行调整分配，防止氨逃逸过大或两侧偏差大，甚至因为调整不到位带来的环保排放超标问题。

（6）借鉴火电厂运行经验，降低 SCR 反应器出口 NO_x、氨逃逸浓度，通常选择降低锅炉炉膛负压方式进行，控制锅炉运行过程中炉膛负压为 $-100\sim-30Pa$，保持锅炉燃烧稳定，在 SCR 反应器出口氮氧化物达标排放前提下、氨逃逸浓度能有效控制。当氨逃逸过大时，会生成硫酸氢铵，不仅会造成催化剂层的失效，更会造成设备腐蚀，降低寿命。

此外，影响 SCR 氨逃逸量的因素是焚烧垃圾的含硫量。含硫量是决定烟气 SO_3 含量的主要因素，而 SO_3 的含量对硫酸氢铵的形成有显著影响。所以对于含硫量越高的焚烧垃圾，SCR 氨逃逸量的控制也要越高。具有成分复杂且不稳定的生活垃圾 S 含量，统计平均值为 $0.4\%\sim0.8\%$。参考火电厂燃煤锅炉氨逃逸控制要求：含 S 量为 3％时，宜控制氨逃逸量 $<2.5mg/m^3$；含 S 量为 1.5％时，宜控制氨逃逸量 $<3mg/m^3$；含 S 量为 1％时，氨逃逸量可适当放宽。借鉴此经验并考虑垃圾特性，按 $<2.5mg/m^3$ 控制焚烧垃圾氨逃逸量应是可行的。

（7）氨逃逸量的控制可利用计算流体力学软件进行优化，包括对脱氮反应器入口烟气流量和流速均匀性分布进行模拟来确定导流叶片的类型、数量和位置。另外模拟氨气的均匀混合，定期（如每年一次）调整喷氨格栅各喷口流量，减少氨逃逸。

4.5.1.4　氨逃逸的检测

氨逃逸检测方法主要包括半导体激光法、化学发光法、傅立叶变换红外光谱法、靛酚蓝分光光度法、纳氏试剂分光光度法、离子选择电极法、离子色谱法、紫外差分吸收光谱法（DOAS）、抽取法、激光原位测量法等。

半导体激光法和化学发光法是国内外广泛认可和采用的方法，用于测量微量的逃逸氨。

傅立叶变换红外光谱法可以同时分析 NO、NO_2、NH_3 等多种组分。

靛酚蓝分光光度法和纳氏试剂分光光度法对测试时间的要求较高，而离子选择电极法对样液中低浓度飞灰的抗干扰能力非常突出。

离子色谱法用于高校和科研院所中实验室精确监测，具有快速简单、准确度高、灵敏度高及重复性好的优点。

紫外差分吸收光谱法（DOAS）通过将透射光强与原始光强对比，利用多项式拟合出一条吸收度慢变化曲线，从而计算得到待测气体的浓度值。

抽取法和激光原位测量法是两种主要的氨逃逸检测技术，前者通过化学法测量氨逃逸浓度，后者利用激光的单色性以及对特定气体的吸收特性进行分析。

这些方法各有优缺点，适用于不同的应用场景和测量需求。例如，半导体激光法和化学发光法适用于在线实时监测，而离子色谱法则更适合实验室精确监测。选择合适的检测方法是保证氨逃逸测量的准确性和可靠性的基础。

4.5.2 酸性硫铵的析出腐蚀问题

在 SCR 脱氮系统除 NO$_x$ 时，注入氨量既要保证有足够的 NH$_3$ 与 NO$_x$ 反应、降低 NO$_x$ 排放量，以满足 NO$_x$ 排放要求；又要避免向烟气中注入过量的 NH$_3$，否则不仅会增加腐蚀，缩短催化剂寿命，还会污染烟尘，增加下游设备的氨盐沉积以及排放的氨逃逸量。催化剂也会将烟气中部分 SO$_2$ 氧化成 SO$_3$，与逃逸 NH$_3$ 反应生成 NH$_4$HSO$_4$，即 ABS。

在脱氮过程中，NH$_3$、H$_2$O 和 SO$_3$/SO$_2$ 的反应主要生成硫酸氢铵（NH$_4$HSO$_4$）。硫酸氢铵是一种无机化合物，是硫酸和氨的酸式盐，其熔点 147℃，具有黏性，易在设备表面形成液态悬浮颗粒。硫酸氢铵在温度降低时会吸收烟气中的水分形成腐蚀性溶液。在催化剂表面，硫酸氢铵会堵塞催化剂，造成催化剂失活，增加反应器压损，特别是铵盐形成。

4.5.2.1 硫酸氢铵形成机理

在脱氮过程中，H$_2$O 和 SO$_3$/SO$_2$ 反应生成 H$_2$SO$_4$，再与 NH$_3$ 反应生成 NH$_4$HSO$_4$，即硫酸氢铵。硫酸氢铵加热分解反应为 NH$_4$HSO$_4 \Longleftrightarrow$ NH$_3$＋H$_2$SO$_4$；其化合与分解反应是可逆反应。硫酸氢铵加热分解的反应过程如下：硫酸氢铵在加热条件下分解成氨气和硫酸——氨气和硫酸在高温下反应生成硫酸铵和水——硫酸铵在高温下分解成硫酸和氨——硫酸和氨在高温下反应生成硫酸氢铵和水。

硫酸氢铵分解反应是在加热条件下进行的，反应温度越高，反应速度越快。取反应平衡常数 k＝［NH$_3$］［H$_2$SO$_4$］／［NH$_4$HSO$_4$］。k 值越大，反应的平衡位置越偏向产物侧。

在脱氮过程中，NH$_3$ 的不完全反应与适度过量添加，致使氨逃逸不可避免。反应生成的 SO$_2$ 则会进一步与逃逸的 NH$_3$ 生成硫酸铵或硫酸氢铵。这是因为催化剂中活性组分钒对 SO$_2$ 的氧化起到了催化作用。其基本反应机理为：

$$V_2O_5 + SO_2 \Longrightarrow V_2O_4 + SO_3$$
$$2SO_2 + O_2 + V_2O_4 \Longrightarrow 2VOSO_4$$
$$2VOSO_4 \Longrightarrow V_2O_5 + SO_2 + SO_3$$

在脱氮过程中，催化剂会将烟气中部分 SO$_2$ 氧化成 SO$_3$，再与逃逸的氨在不同反应条件下生成硫酸铵或硫酸氢铵：

$$\text{生成硫酸铵：} 2NH_3 + SO_3 + H_2O \Longrightarrow (NH_4)_2SO_4$$
$$\text{生成硫酸氢铵：} NH_3 + SO_3 + H_2O \Longrightarrow NH_4HSO_4$$

4.5.2.2 生成硫酸氢铵的影响因素

硫酸氢铵形成主要受温度、氨逃逸、SO$_2$/SO$_3$ 转化率等因素的影响。其中，温度对硫酸氢铵形成的影响表现在，当烟气温度低于硫酸氢铵的初始形成温度，硫酸氢铵就开始形成，当温度下降至低于硫酸氢铵的初始形成温度 25℃时，硫酸氢铵反应完成率高于 95%。在通常运行温度下，硫酸氢铵熔点为 147℃，其以液体形式在物体表面聚集或以液滴形式分散于烟气中。

NH$_3$ 和 SO$_3$ 对硫酸氢铵形成的影响表现在，当 NH$_3$/SO$_3$ 摩尔比大于 2 时，主要形成固态硫酸铵，其对下游设备影响较小。影响硫酸氢铵形成的重要因素是 NH$_3$ 和 SO$_3$ 浓度的乘积。由图 4-22 可见，随着 NH_3 和 SO_3 浓度乘积的升高，硫酸氢铵的露点温度升高。

一般认为氨逃逸量在 2ppm 以下将不会形成硫酸氢铵，然而在足够高的 SO_3 烟气浓度下，即使 1ppm 的氨逃逸量仍可形成硫酸氢铵。研究发现硫酸氢铵的生成是 NH_3 和 SO_3 浓度乘积的函数（图 4-23）。

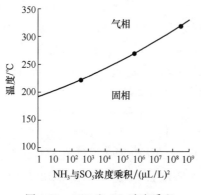 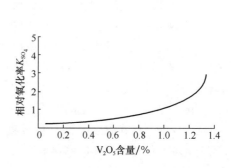

图 4-22　NH_3 和 SO_3 浓度乘积
对硫酸氢铵 ABS 形成的影响

图 4-23　SO_2 氧化率与 V_2O_5 含量关系

（图片来源：李丁辉，《低排放形势下脱硝 SCR 系统升级改造高效运行技术》）

4.5.2.3　控制硫酸氢铵形成的途径

控制硫酸氢铵形成途径，主要是通过控制运行温度、降低 SO_2/SO_3 转化率和氨逃逸率等。

1. 合理控制喷氨温度

从工程视角，有运行资料显示，受到干扰因素作用，硫酸氢铵被加热到接近气化温度的 235℃，开始分解为氨气和硫酸；当温度升高到 400℃ 以上时，硫酸会进一步分解成 SO_3 和 H_2O。另有研究显示，硫酸氢铵沸点为 350℃，但受其含有杂质影响，将温度升高到 316℃ 就会使硫酸氢铵升华。因此，合理控制 SCR 反应器喷氨温度与烟气温度是控制生成硫酸氢铵的首要措施。根据实际运行情况，减少硫酸氢铵生成，防止 SCR 催化剂堵塞的工程措施还有：根据硫酸氢铵的生成与烟气 SO_3 含量成正比关系，需减少烟气 SO_3 的生成量。控制措施包括通过前序脱酸系统尽可能降低 SO_x 浓度；注意减少尾部烟道漏风；严格控制氨逃逸；尽量采用低氧燃烧，控制过量空气系数，减少烟气中 SO_2 向 SO_3 转变；氨水用量较大的情况下进行炉内脱硫，降低烟气硫含量，等等。

2. 控制 SO_2/SO_3 转化率

脱氮催化剂既能够促进 NO_x 与 NH_3 反应，也能够促进 SO_2 转化为 SO_3。一般来说脱氮系统的 SO_2/SO_3 转化率要求不高于 1%。增加备用层催化剂，系统的 SO_2/SO_3 转化率就会增加，三层催化剂运行系统的 SO_2/SO_3 转化率很难保证在 1% 以内，导致下游设备易堵塞等。因此，选择适宜的催化剂体积，控制催化剂 SO_2/SO_3 转化性能对于脱氮质量起到重要作用。

在 SO_2 氧化率的控制方面，对于 V_2O_5 类催化剂，钒的担载量不能太高，通常控制在 1% 左右，可减少 SO_2 氧化。减少催化剂孔道的壁厚也可降低 SO_2 氧化率。此外，采用提高催化剂活性组分（如 WO_3）含量，亦可抑制 SO_2 氧化。

当 NH_3/NO_x 比例高时会抑制 SO_2/SO_3 转化率。有运行经验显示，第一层催化剂 NH_3/NO_x 比例最大，此时催化剂的 SO_2/SO_3 转化率相对较小；第二层和第三层 NH_3/NO_x 比例较小，SO_2/SO_3 转化率相比第一层有所提升。

3. 控制氨逃逸率

SCR 的脱氮技术是在适宜温度与催化剂条件下，利用 NH_3 或尿素等反应剂，有选择地将气相中的 NO_x 转化为 N_2 和 H_2O 的一种脱氮技术。然而 SCR 催化剂也会将烟气中部分 SO_2 氧化生成 SO_3，SO_3 在烟气水蒸气存在条件下与 SCR 逃逸 NH_3 反应生成具有黏性和腐蚀性的硫酸氢铵；其沉积会造成 SCR 下游设备堵塞和金属材料的腐蚀，并随着硫酸氢铵浓度增大，产生腐蚀速率加快等问题，从而影响机组的安全运行。目前研究推测，这种腐蚀是因硫酸氢铵在有水的环境中电离出 H^+，导致碳钢的酸腐蚀。与此同时还发生阳极反应生成的 Fe^{2+}，导致系列次生反应生成 Fe 氧化物，并且 Fe_2O_3、Fe_3O_4 与硫酸铵盐作用生成 $(NH_4)Fe(SO_4)_2$ 等复盐。对气相中的硫酸氢铵和硫酸铵在高温条件下的腐蚀特性尚在深入研究中。

4.5.3 脱氮反应温度窗口优化

根据脱氮反应原理 $4NH_3+4NO+O_2 \longrightarrow 4N_2+6H_2O$，脱氮效率主要取决于反应区温度、$NO_x$ 浓度、NH_3/NO_x 摩尔比、反应接触时间等各种参数。最佳反应温度取决于所处烟气的成分。在 $850℃$、$1000℃$ 时，达到反应平衡的时间分别是 $\geqslant 0.2s$、$<0.1s$。

对 SNCR 系统，NH_3 喷入点需要保证使氨水进入适宜反应的温度窗口 $850 \sim 1050℃$，在正常运行条件下，可达到氮氧化物日均排放值 $200mg/Nm^3$。在低于温度窗口下限的温度下，反应速度会很低，只有少量 NO_x 被还原。汪伟等研究提出，要达到更低的排放限值，降低脱氮温度窗口是必要的。否则可采取扩大 SNCR 脱氮的温度窗口范围的措施，例如采用 CH_4、C_2H_6、H_2、CO 或 H_2O_2 等不同的添加剂，产生不同的有利基团组分，可在较低温度下发生有利于 OH 基生成的基元反应，由此在较低温度下就引发连锁反应。因此，可使 SNCR 反应最低温度窗口扩大到 $760℃$ 左右，采用 C_2H_6 作添加剂，最佳状态可使适宜温度窗口扩大到 $740℃$。

理论上氨水作为反应剂，反应适宜氨氮比为 1.7 时，氨水为反应剂的 SNCR 脱氮最佳温度窗口可扩大到 $800 \sim 1150℃$；增大氨氮比或降低烟气氧浓度均可提高 SNCR 脱氮效率；加入钠盐添加剂 NaOH 和 Na_2CO_3，可在保证最大脱氮效率基本不变的前提下，使反应温度窗口扩大 $40℃$ 左右，通过增加添加剂系统（表 4-16），添加不同的添加剂提高温度窗口范围，可以提高脱氮率。

有无添加剂脱氮效率对比（以氨水为反应剂）　　　　　　　　　　表 4-16

序号	名称	单位	无添加剂	有添加剂
1	有效反应温度区	℃	$800 \sim \sim 1050$	$760 \sim 950$
2	脱氮效率	%	$40 \sim 50$	$60 \sim 65$
3	氨逃逸	ppm	$\geqslant 8\%$	$\leqslant 8\%$

4.5.4 联合脱硫脱氮技术

烟气污染物排放指标日益趋严使烟气净化系统流程变长，从而增加系统设备缺陷及故障管理负担，使投资和运行费用越来越高。在 SO_x 与 NO_x 治理的各自原理、相互作用的研究基础上，研究开发联合脱硫脱氮的新技术、新设备成为烟气净化技术发展的总趋势。据美国电力研究所（EPRI）统计，联合脱硫脱氮技术不下 60 种。

联合脱硫脱氮技术大致分为炉内燃烧过程中同时脱硫脱氮技术和燃烧后烟气中同时脱硫脱氮技术。这些技术中，除 SCR、SNCR 技术已经广泛用于垃圾焚烧行业，其他联合脱氮脱硫技术主要是在火力发电行业、化工、水处理等排污行业中应用或研究，并积极进行机理性探索和拓宽应用范围。这些联合脱氮脱硫成果的应用，是立足于实际需求与客观运行条件，做出的科学合理选择，以发挥联合处理脱氮脱硫作用，作为适用性、安全性、环保性与经济性检验的基本准则。

以下汇集的联合脱氮脱硫技术的资料性介绍，提供了深入研究线索，尽管有些技术不一定直接适用。这些技术资料主要来源于《钢铁研究学报》、科普中国网、中科环保网、冶金信息网，以及专家学者公开发表的学术论文等。下面将按燃烧过程与低温烟气联合脱氮脱硫技术和催化脱硫脱氮技术两部分摘录相关技术进行简要介绍。

4.5.4.1　燃烧过程与低温烟气联合脱氮脱硫技术

1. 燃烧过程同时脱氮脱硫技术

对采用化石燃料的锅炉炉膛燃烧过程中的脱氮研究，始于降低燃烧过程中的 NO_x 生成。在此基础上，为达到脱硫目的，人们又加入固硫剂，以脱除燃烧过程中产生的 SO_2。由此产生同时脱硫脱氮的效果。最具代表性的有循环硫化床燃烧技术等。其特点是通过控制燃烧温度减少 NO_x 的生成，同时利用钙吸收剂来吸收燃烧过程中产生的 SO_2 以达到同时控制 SO_2 和 NO_x 排放目的。这些技术有不少运用到火电厂污染治理中。20 世纪 80 年代以后，炉内同时脱硫脱氮的研究先后研发了一些新技术，如石灰/尿素喷射法、钠质吸收剂喷射法、气体二次燃烧吸收剂喷射工艺，以及炉内有机酸盐吸收剂工艺等。这些技术的脱硫率一般达 70%～80%，脱氮率达 50%～70%。

2. 低温烟气联合脱氮脱硫前沿技术

燃烧后烟气中联合脱硫脱氮技术是在脱硫技术基础上发展起来的。与单独采用脱硫或脱氮工艺相比，在一个系统内联合脱硫脱氮的工艺减少了系统复杂性，具有更好的运行性能并且降低成本。其中被认为具有实际应用价值的方法摘录汇集于表 4-17。这些技术目前在火电厂有应用案例，可供垃圾焚烧项目参考。

低温烟气联合脱氮脱硫技术　　　　　　　　　　　　　　表 4-17

序号	联合工艺	低温烟气联合脱氮脱硫工艺说明
1	WSA-SNO_x 技术	WSA-SNO_x 技术即湿法＋NO_x 脱除（Wet Scrubbing Additive for NO_x Removal）技术，是针对电厂日益严格的 SO_2、NO_x、粉尘排放标准而设计的高级烟气净化技术。烟气先经过 SCR，NO_x 在催化剂作用下被 NH_3 还原为 N_2，随后烟气进入改质器，SO_2 在此被固相催化剂氧化为 SO_3，SO_3 经 GGH 进入 WSA 冷凝器被水吸收转化为硫酸，并进一步浓缩为浓度超过 90% 可销售的浓硫酸。 SNO_x 工艺最初作为美国能源部 CCT-2 示范项目在 Ohio 的 Edison Niles 电站 2 号锅炉进行改造，1992 年运行。SNO_x 技术仅消耗氨，不消耗其他的化学品。不产生其他湿法脱硫产生的废水、废弃物等二次污染，不产生采用石灰石脱硫产生的 CO_2。ABB 环境系统公司在几家电厂采用 SNO_x 技术，SO_2、NO_x 脱除率可达 95%，具有高可靠性；能耗大，投资费用高的特点

序号	联合工艺	低温烟气联合脱氮脱硫工艺说明	
2	SNRB（SO_x-NO_x-RO_x-BO_x）技术	是 B&W 公司开发的一种新型高温烟气净化技术，能同时去除 SO_2、NO_x 和粉尘，此三种污染物在高温布袋除尘器内去除，SNRB 将下列 3 种功能结合在一起：①SO_2 用石灰基或钠基吸收剂吸收；②采用 SCR 将 NO_x 用 NH_3 还原为 N_2；③在高温脉冲喷射布袋除尘器去除烟尘。工艺采用编织的陶瓷过滤袋，可以承受 $425\sim470℃$ 的高温。SNRB 技术已列入美国 CCT-Ⅱ示范工程，在 Ohio 州的 R. E. Burger 电站 5MW 锅炉上试验。要求脱除 80%SO_2，减少 90%NO_x，减少 99%烟尘。对 SNRB 工艺费用进行分析表明，该工艺比传统的干法、与布袋结合的 SCR 系统的应用范围更广泛（主要指机组容量和原煤含硫量而言）	
3	NO_xSO 技术	是由 NO_xSO 公司开发的一种吸附再生技术。在电除尘器（EP）的下游设置流化床吸收（FB），用硫酸钠浸渍过的 γ-Al_2O_3 圆球作为吸收剂，吸收 NO_x、SO_2 后，在高温下用还原性气体 CO、CH_4 等进行再生成 H_2S，然后由 Clause 法回收硫。 5MW 的中试试验在 Ohio 的多伦多电厂进行，另作为 CCT-Ⅱ项目，在印第安纳州 Warrick 电站（144MW）上进行示范，脱硫率达 90%，脱氮率 70%$\sim$90%。该工艺不仅效率高，而且可回收副产物硫磺或硫酸。 上述再生工艺已具有商业可行性，但尚未被广泛采用。原因在于反应后的吸收剂需要加热或化学反应后重新使用；产物回收成本较高，工艺复杂。目前在德国和美国建成 17 套共 4.7GW 再生工艺，SO_2、NO_x 联合脱除工艺有 18 套共 3.0GW	
4	等离子体活化法[a]	电子束（EBA）技术	电子束辐射烟气脱氮是利用高能射线（电子束或 γ 射线）照射烟气，发生辐射化学变化，将 NO_x 去除，同时去除 SO_2。一般认为该反应为自由基反应。高能射线照射烟气，其中水被分解为 OH、O、HO_2 等自由基，这些活泼的自由基与 NO_x 反应生成酸，经分离到净化目的。EBA 工艺的工艺过程为：①游离基的产生；②脱硫脱氮反应；③硫酸铵、硝酸铵的产生。 此法脱硫率 90%以上，脱氮效率 75%$\sim$80%。投资费用为 800 元/kW，运行费用 850 元/吨 SO_2 脱除。具有工艺简单、投资低、占地小的特点。但需要昂贵的电子加速器，处理单位体积烟气的能耗高，并要有 X 射线屏蔽装置，难以大规模推广
		电晕法脱氮脱硫技术	是由电子束法发展而来的一种物理和化学相结合的技术。它克服了电子束法昂贵的加速器、电子枪寿命和 X 射线屏蔽等问题，直接应用于现有除尘装置。该法是在电晕放电过程中产生的活化电子与气体分子碰撞，产生 OH、N、O 等自由基和 O_3。这些活性物质先把气态 SO_2 和 NO_x 转变为高价氧化物，再形成 HNO_3。在 NH_3 注入下进一步生成硝铵等气溶胶。产物可用 ESP 或布袋常规方法收集，完成从气相中的分离
		脉冲电晕等离子体活化法	该法对的烟气脱硫脱硝过程耗能低，气体温度不会升高，所以也被称为"冷等离子体法"或"非平衡等离子体法"。其工业化过程的关键在于降低能耗（<3kWh/Nm^3）。此法占地小，操作方便，无二次污染，具有市场应用潜力。目前脉冲电晕等离子体的研究大多用加氨制肥料方法，直接将 SO_2、NO_x 分解的研究尚有待进一步探讨
5	氯酸氧化技术	根据氯酸的强氧化性，采用氯酸氧化工艺可以同时脱硫脱氮，其中脱硫率达 98%，脱氮率 95%以上。氯酸的来源是氯酸钠电解，采用两段脱除工艺，除了采用氯酸脱硫脱氮外，Chu, T. W 等人于 1994—1995 年采用 $NaClO_3$/$NaOH$ 同时脱除 SO_2 和 NO_x，获得较好效果，Chu、Li 及 Chen 还采用 $KMnO_4$/$NaOH$ 进行从烟气中吸收 NO_x 的动力学实验。采用强氧化剂脱氮的主要缺点是容易对设备造成强腐蚀，以及氧化剂的回收、吸收废气后溶液的处理等较为困难，需谨慎使用	

序号	联合工艺	低温烟气联合脱氮脱硫工艺说明
6	湿式 FGD 加金属螯合物技术	传统湿法脱硫工艺可脱除 90％以上 SO_2，但因 NO_x 在水中溶解度很低，故很难去除。因为典型的石灰石-石膏法仍将占据主要地位，以致采用促进 NO_x 吸收的化学添加剂对控制战略有重要影响。 　　1986 年 Sada 等，1988 年 Huasheng 和 Wenchi 发现一些金属螯合物，如 Fe（Ⅱ）、EDTA 等与溶解的 NO_x 能快速反应，有促进 NO_x 吸收的作用。在此发现基础上，1986 年 Harkness 等，1993 年 Benson 等开发出用湿法系统联合脱除 SO_2 和 NO_x，并首先在 DOE 资助下由 Dravo 石灰公司进行了采用 6％氧化镁增强 Fe、EDTA 金属螯合物的联合脱除 SO_2 和 NO_x 的中间试验，获得 60％以上脱氮率和几乎 100％的脱硫率。DRAVO 公司利用电化学槽维持铁离子浓度的情况下，增加控制 NO_x 的投资费用为 48～65 美元/kW。金属螯合物工艺的较大缺点是螯合物的循环利用比较困难，因为在反应中螯合物有损失，这造成运行费用很高

　　a　等离子体活化法是 20 世纪 80 年代发展的一种干法烟气脱氮脱硫技术，是在烟气中产生自由电子和活性基因，同时脱除 NO_x 和 SO_2。该法可分为两大类：电子束法（EBDC）和脉冲电晕等离子法。前者利用电子加速器获得高能电子束（500～800keV），后者利用脉冲电晕放电获得活性电子（5～20eV）。

4.5.4.2　催化脱硫脱氮技术

　　催化法脱硫脱氮技术的产物硫主要以硫酸或硫酸盐及硫单质的形式存在，而氮主要以氮气的形式排放。因此催化法进行脱硫脱氮的研究具有发展前景。催化脱硫脱氮工艺按其氧化还原性主要分为催化氧化法脱硫脱氮工艺和催化还原法脱硫脱氮技术。此外还有如吸收法、等离子体活化法、电晕法、生化法脱硝等前沿技术等。为扩大视野，尽管有些技术不适于垃圾焚烧项目应用，仍将其列入（表 4-18）。

催化脱硫脱氮技术　　　　　　　　　　　　　　　　　　　　　表 4-18

序号	催化技术		催化脱硫脱氮概述
1	吸附法脱硫脱氮技术[a]	活性炭吸附法脱硫脱氮技术	活性炭脱硫是基于 SO_2 在活性炭表面的吸附和催化氧化；脱氮是基于其对低浓度 NO_x 有很高的吸附能力，其吸附量超过分子筛和硅胶。但由于活性炭在 300℃以上有自燃的可能，给吸附和再生造成较大的困难。 　　日本某公司研制了一种由酚醛树脂制成的活性炭吸附 NO 的吸附剂。可以直接吸附达吸附剂重量 1％左右的 NO，在 150℃左右进行再生，具有耐水性。据称该吸附剂特别适合处理低浓度 NO（如 $5×10^{-6}$ mg/Nm³）的场合，脱除率可达 90％左右。我国一些院所利用变温吸附脱硝技术，为国内某厂建立了一套两塔流程变温吸附工业装置，处理工业窑炉废气。装置实际运行处理的废气含 NO_x 约 1000mg/Nm³ 及少量 SO_2，变温吸附处理后，净化气中 NO_x 和 SO_2 都可控制在 $1×10^{-6}$ mg/Nm³ 以下。在脱硫方面的一项研究显示在氧气和水蒸气存在条件下，温度 100～170℃时，SO_2 被转化为 H_2SO_4。活性焦具有表面积小、硫容高（注：一种用于测量物质硫含量的指标）和机械强度高的特点。在颗粒层厚度 100mm、空速 994～1342m³/h、温度 100～200℃条件下，脱硫效率最高达 86％。当颗粒排出量为 12g/min、空速 994m³/h 时，脱硫效率可稳定在 70％。 　　吸附剂的再生可采用水洗涤法和加热再生法。水洗涤法是把活性焦吸附的 H_2SO_4 洗下来，使之得以再生。洗下的稀酸通过浓缩可制取 65％的硫酸，也可用洗下浓度 17％的稀硫酸与石灰石反应生成商品化的石膏。用加热再生法生成 H_2SO_4，在一定温度条件下与活性焦的碳发生还原反应转化为 SO_2。热载体可以用热砂或热气体，再生释放气中 SO_2 浓度可达到 20％～50％，SO_2 脱水后氧化为 SO_3，用于生产硫酸或者被还原成单体硫

序号	催化技术		催化脱硫脱氮概述
1	吸附法脱硫脱氮技术[a]	分子筛吸附法	已有工业装置用于硝酸尾气处理，国外已有实际运行案例，我国已进行了半工业试验。该法可将 NO_x 浓度由 $(2250\pm750)\times10^{-6}\,mg/Nm^3$ 降到 $50\times10^{-6}\,mg/Nm^3$，用吸附法从尾气中回收的硝酸量可达工厂生产量的 2.5%。用作吸附剂的分子筛有氢型丝光沸石、氢型皂沸石、脱铝丝光沸石、13X 型分子筛等。吸附后的分子筛可用干燥后的净化气或水蒸气加热再生。 当用干燥的净化气再生床层，如尾气中 NO_x 含量为 0.35%~0.38%、入口温度为 $10\pm2\,℃$ 时，相应的绝热吸附床层平均温度可控制在 $25\sim35\,℃$。如控制净化气中 NO_x 含量不超过 $50\times10^{-6}\,mg/Nm^3$，NO_x 净化率 >97%，当空速为 $1280h^{-1}$ 时，吸附量为 $30\sim35mL/g$；空速为 $1030h^{-1}$ 时，吸附量为 $37mL/g$。再生时要求再生气入口温度 $350\,℃$。日本在分子筛吸附剂脱除 NO_x 方面，提出了一些适用于低浓度、大气量的脱除 NO_x 或同时脱除 SO_x 的方法。这些方法的核心在于吸附剂的制备，针对不同的废气源配置工艺过程，但工业化报道不多
		液相催化氧化法	是在水溶液中加入 SO_2 氧化催化剂，使吸收的 SO_2 液相催化氧化，然后回收酸或采用碱中和。本工艺是在湿法脱硫的基础上，以 Fe、Mn 离子为催化剂采用液相催化氧化 SO_2 和 NO_x，再用氨吸收的脱硫脱氮技术
		硅胶吸附剂吸附法	硅胶对水汽的吸附能力较强，含水分的 NO_x 废气可用硅胶去湿。干燥气体中 NO 因硅胶的催化作用被氧化为 NO_2 并被硅胶吸附。吸附一般在 $30\,℃$ 以下进行，然后加热解吸再生。硅胶在温度超过 $200\,℃$ 时会干裂，从而限制了应用范围。含 NO_x 废气若含粉尘，要事先除去，以免堵塞吸附剂空隙
2	催化还原法脱硫脱氮技术[b]	选择性催化还原法 SCR	是一种干法脱氮技术。采用氨反应剂加入低温烟气中，NO_x 在 $320\sim400\,℃$ 的催化剂层中分解为 N_2 和 H_2O，没有副产物；适用于处理大气量烟气。在联合 SCR/VOC（易挥发有机化合物）催化系统中，烟气流首先通过一种氧化催化剂将 VOC 转化成 CO_2 和 H_2O。烟气流过催化剂表面，由于扩散作用进入催化剂的细孔中，使 NO_x 的分解反应得以进行；其 NO_x 脱除率可达 99.0%。催化剂大多采用板状或格状多孔结构的钛系氧化物
		选择性非催化还原法 SNCR	选择性非催化还原法是指在催化剂的作用下，以原有气氛中的 CO、H_2、CH_4 等为反应剂，使 NO 催化还原生成 N_2、CO_2、H_2O 的技术。1990 年 Iwamoto 和 Held 独立地报道了在 Cu-ZSM-5 催化剂上，分别以 C_2H_4、C_3H_6、C_4H_8、C_8H_8 和 CO、CH_4、C_2H_6 为反应剂在富氧条件下的还原催化反应，O_2 对此反应有显著的促进作用。王月娟、徐春保等采用固定床流动反应器，研究了负载金属氧化物对 CO 还原 NO 反应的催化活性，结果表明：CO 和 NO 的比例，以及反应温度对催化活性和 N_2O、N_2 生成有明显影响；N_2O 是 NO 和 CO 反应的中间产物，低温或 NO 过量时有利于生成 N_2O，高温或 NO 不足时有利于生成 N_2；氧化活性顺序为：$CuO_x>CoO_x>MnO_x>FeO_x>NiO_x>CrO_x$。包信和等采用 Ag_2O、Ag80Si170 合金和 Ag 离子交换的 ZSM-5 分子筛研究了以 CO 作为反应剂的选择还原反应，结果显示 Ag 基催化剂有一定 NO 分解活性；当反应温度低于 800K 时，适量 CO、NH_3 可提高反应活性和催化剂寿命；当 O_2：$H_2O=18:1$，反应温度 600K 时，NO 在 Ag-ZSM-5 催化剂存在时被氨还原生成 N_2 的转化率近 70%

续表

序号	催化技术		催化脱硫脱氮概述
2	催化还原法脱硫脱氮技术[b]	无触媒非选择性还原法	也叫碳还原法，是用炭反应剂无触媒还原烟气中的 NO_x 技术。与 SNCR 相比，无需铂/钯贵金属催化剂，也就不存在催化剂中毒问题；和 NH_3 反应剂的 SCR 相比，炭价格便宜，来源广泛。O_2 和 NO_x 与炭的反应都是放热反应，炭放出的热量与普通燃烧过程基本相同，可回收利用。利用炭质固体还原 NO_x 是基于下述反应：$C+2NO\longrightarrow CO_2+N_2$；$C+NO_2\longrightarrow CO_2+1/2N_2$。当尾气中存在 O_2 时，O_2 与炭反应生成 CO，CO 也能还原 NO_x：$C+NO\longrightarrow CO_2+1/2N_2$；$C+NO_2\longrightarrow CO_2+1/2O_2+1/2N_2$。动力学研究表明，$O_2$ 与炭的反应先于 NO 与炭的反应，故尾气中 O_2 的存在使炭耗量增大。企图控制 O_2 与炭的反应，或用催化剂改变 NO 和 O_2 与炭的反应活性顺序，至今没有取得令人满意的结果
		催化分解法	该法基于 SNCR 法，要消耗燃料或固体炭，SCR 法存在消耗 NH_3 的缺点，将 NO_x 直接催化分解为 N_2 和 O_2，从而达到既可消除污染，又节约能源和资源的目的。 对 NO_x 的分解有催化作用的组分有铂系金属、过渡金属、稀土金属及其氧化物等。有些催化剂的分解效率高，但是 NO_x 分解产生的氧易从载体上脱除，易使催化剂丧失活性。用炭代替传统的 Al_2O_3 和 SiO_2 等载体物质制成脱氮催化剂，易与氧结合为 CO、CO_2 等气态物质，可使氧从炭的表面脱除，避免催化剂表面上的活性中心因吸附氧而中毒。另外，炭本身就是反应剂，易于将 NO_2 还原为 NO 或 N_2O。因反应过程消耗炭载体，该催化剂寿命将取决于炭的消耗速度，尤其是对氧含量较高的气体，寿命较短。该法还在进一步的研究中
3	液态吸收法	水吸收法	水可与 NO_2 反应生成硝酸和 NO：$3NO_2+H_2O\longrightarrow 2HNO_3+NO\uparrow$。NO 不溶于水（溶解度很低）。因而常压下水吸收法效率不高，因燃烧烟气中 NO 占总 NO_x 的 95%，不适用于燃烧烟气脱氮。增加压力有助于吸收过程的进行但需增加能耗
		稀硝酸吸收法	NO 在稀硝酸中的溶解度远比水中大，故可用硝酸吸收烟气 NO_x。NO 在 12% 以上的硝酸中的溶解度比在水中大 100 倍，因此对 NO 含量较高的气源的脱除效果好。该法可用于硝酸尾气的处理，目前未见在电厂和焚烧厂应用
		浓硫酸吸收法	浓硫酸吸收 NO_x 可生成亚硝基硫酸 $NOHSO_4$ 和混合硫酸反应：$NO+HNO_3+H_2SO_4\longrightarrow NOHSO_4+NO_2+H_2O$。亚硝基硫酸可用以浓缩稀硝酸，因此在采用硫酸吸收 NO_x 的同时又提浓了稀硝酸。此法只在用浓硫酸提浓硝酸以制取浓硝酸时可以考虑
		碱液吸收法	碱性溶液和 NO_2 反应生成硝酸盐和亚硝酸盐，和 N_2O_3 反应生成亚硝酸盐。用氨水吸收 NO_2 时，挥发的 NH_3 在气相与 NO_x 和水蒸气还可反应生成 $0.1\sim10\mu m$ 的气溶胶，即气相铵盐。这种铵盐不易被水或碱液捕集，逃逸的铵盐形成白烟。吸收液生成的 NH_4NO_2 不稳定，当浓度较高、吸收热超过一定温度或溶液 pH 值不合适时会发生剧烈分解，甚至爆炸，因而限制了氨水吸收法的应用
4	吸收法	氧化吸收法	NO 除生成络合物外，无论在水中或碱液中都几乎不被吸收。在低浓度下，NO 氧化速度十分缓慢，故而其氧化速度是吸收法脱除 NO_x 总速度的决定因素。为加速 NO 氧化，可采用催化氧化和氧化剂直接氧化。而氧化剂有气相和液相氧化剂两种。气相氧化剂有 O_2、O_3、Cl_2 和 ClO_2 等；液相氧化剂有 HNO_3、$KMnO_4$、$NaClO_2$、$NaClO$、H_2O_2、$KBrO_3$、$K_2Br_2O_7$、Na_3CrO_4、$(NH_4)_2CrO_7$ 等。此外，还有利用紫外线氧化的。NO 的氧化常与碱液吸收法配合使用，即用催化氧化或氧化剂将烟气中 NO 氧化后用碱液回收 NO_x。其实际应用决定于氧化剂的成本。硝酸氧化时成本较低，国内硝酸氧化-碱液吸收流程已用于工业生产，其他氧化剂因成本高国内很少采用。需要慎用

续表

序号	催化技术		催化脱硫脱氮概述
4	吸收法	液相还原吸收法	该法用液相反应剂将 NO_x 还原为 N_2，也叫湿式分解法。常用反应剂有亚硫酸盐、硫化物、硫代硫酸盐、尿素水溶液等。液相反应剂同 NO 的反应生成物是 N_2O，反应速度不快。因此液相还原法要预先将 NO 氧化为 NO_2 或 N_2O_3。还原吸收率随着 NO_x 氧化度的提高而增加。还原吸收是将 NO_x 还原为无用的 N_2，为有效利用 NO_x，对高浓度 NO_x 废气一般先用碱液或稀硝酸吸收，再用还原法作为补充净化手段
		液相络合吸收法	是利用液相络合剂直接同 NO 反应的方法，对处理主要含 NO 的 NO_x 尾气具有特别意义。NO 生成的络合物在加热时又重新放出 NO，使 NO 能富集回收。目前研究的 NO 络合吸收有 $FeSO_4$、Fe(Ⅱ)-EDTA 和 Fe(Ⅱ)-EDTA-Na_2SO_3 等。该法对 NO 脱除率的实验可达 90%，但在工业装置上很难达。Peter Harriott 等人在中试规模达到了 10%~60% 的 NO 脱除率。该法目前未见工业化报道，主要问题是回收 NO_x 必须选用不使 Fe(Ⅱ)氧化的惰性气体将 NO_x 吹出；而且络合反应的速度也有待进一步提高
		膜吸收法	以有机高分子膜为代表的膜分离技术与吸收技术相结合的一种气体分离新技术，已得到应用，尤其在水的净化和处理方面。金美等研究员创造性地利用膜来吸收脱出 SO_2 气体，脱硫率达 90%。该技术是利用聚乙烯中空纤维膜吸收器，以 NaOH 溶液为吸收液，脱除 SO_2 气体，其特点是利用多孔膜将气体 SO_2 气体和 NaOH 吸收液分开，SO_2 气体通过多孔膜中的孔道到达气液相界面处与 NaOH 迅速反应，达到脱硫的目的
5	生化法脱硝技术		是利用微生物的生命活动将废气中的有害物质转化为无机物和微生物的细胞质。微生物的种类繁多，特定的待处理成分都有其特定的适宜处理的微生物群落。生化法净化废气通常可分为生物洗涤、生物过滤及生物滴滤等几种形式。 基本原理是适宜的脱氮菌在有外加碳源的情况下，利用 NO_x 作氮源，将 NO_x 还原为最基本的无害的 N_2，而脱氮菌本身获得生成繁殖。其中 NO_x 先溶于水形成 NO_3^- 及 NO_2^-，再被生物还原为 N_2，而 NO 则是被吸附在微生物表面后直接被生物还原为 N_2。微生物法处理污染物是一自然过程，人类主要是从强化传质和控制有利于转化反应过程的条件两方面研究强化和优化该过程

a 吸附法是利用吸附剂对 NO_x 的吸附量随温度或压力变化而变化的干法脱硝技术。是通过周期性地改变操作温度或压力控制 NO_x 的吸附和解吸，使 NO_x 从气源中分离出来，根据再生方式的不同，可分为变温吸附法和变压吸附法。根据变温吸附所用吸附剂种类的不同，可分为活性炭吸附、分子筛吸附、硅胶吸附等。吸附法尚未在垃圾焚烧行业进行应用。

b 催化还原法脱氮技术主要有选择性催化还原法（SCR），非选择性催化还原法（SNCR）。另外 SO_2 氧化结合选择性催化还原除 NO 一体化法，氧化铜去除 SO_2 和 NO_x 法，以及稀土氧化物法。

4.5.4.3 联合烟气脱氮脱硫技术发展趋势

目前已有的各种烟气脱氮脱硫技术都有自己的优势和缺陷，需要从投资、运行、环保等各方面综合考虑选择一种适合的脱氮脱硫技术。

近年发展较快的活性炭纤维，也有用于脱除 NO_x 的研究报道，该类吸附剂吸附收率高、吸附容量大，其对 NO_x 的静态吸附量可以是颗粒活性炭的 3 倍左右。

随着科学技术的发展，某一项新技术的产生都会涉及很多不同的学科，因此，留意其他学科的最新进展与研究成果，并把它们应用到烟气脱硫技术中是开发新型烟气脱硫技术的重要途径。

同任何技术的应用都是在不断提高处理能力，最大化降低负面影响因素一样，烟气脱氮脱硫技术应用，需要从改进工艺路线出发，使处理水平尽可能接近工程理论指标，降低资源、能源消耗，运行操作最优化。对系统设备改进原则如：做到最佳反应器内的流速场、压力/温度场，以及烟气流速、高效喷淋、脱除效率、优化吸收塔烟气入口设计。

随着时代的发展，技术的进步，人们对环境治理的日益重视，面对烟气排放量的不断增加、投资和运行费用需减少的压力，烟气脱硫脱硝处理技术将会以其高效的处理效果、最低的运行成本、成熟的工艺技术应用而进一步发展，反应剂可以得到最有效污染控制且无二次污染的脱氮脱硫技术必将成为今后烟气脱硫技术发展的主要趋势。

参考文献

[1]　马双忱，焦坤灵，张立男，等．高温气相条件下硫酸氢铵与硫酸铵对 20♯碳钢的腐蚀行为研究[J]．中国腐蚀与防护学报，2017，37(6)：605-612.

[2]　新井纪南．燃烧生成物的发生与抑制技术[M]．北京：科学出版社，2001.

[3]　汪伟，费月秋．垃圾焚烧炉 SNCR 脱硝系统的优化与研究[J]．华章，2013(26)：341，343.

[4]　张辉．垃圾焚烧发电厂 SNCR 投运后白烟分析[J]．华电技术，2018，40(6)：71-72，76，80.

[5]　张海元．脱硝脱硫一体化 PNCR 新技术在垃圾焚烧炉上的研发与应用[EB/OL](2017-08-10)．https：//huam bao. bjx. com. cn/tech/201708101157110-2. shtml.

第5章　关于垃圾焚烧烟气二噁英类的综述

5.1　概述

作为一个化学名词的二噁英（Dioxins），在 20 世纪末～21 世纪初成为全球环境关注的热点。各国政府、国际组织在寻求解决其对人类负面作用的途径，科学家在研究它，正直媒体在客观宣传它。也有对其不正常的夸大歪曲报道，造成负面影响。更有反对焚烧的社会环保组织从反面宣传到正面建议的转变，公众从不知到逐渐认知、赞同、参与。

据报道，1977 年在荷兰的生活垃圾焚烧飞灰中检测出二噁英类（PCDD/PCDF）后，引起各国政府及其研究机构的特别重视，对二噁英问题进行了大量试验、数据整理、分析研究等基础性工作，使人们持续深入了解了二噁英类的分子结构、理化特性、毒性作用、产生机理、起始来源与同类范围等。由于二噁英类至今未见有独立存在，且是看不见摸不着的痕量物质，对烟气中 CO 与二噁英的量化模型建立等更深入的研究工作带来麻烦。目前已经发现二噁英类具有如下存在特征：

（1）对二噁英的种群与毒性已有结论。目前公布的该种群有近 300 种，其中大部分异构体是无毒性的或是毒性可忽略不计，有毒性的异构体有 29 种，毒性最强的 2，3，7，8-TCDD 的毒性当量因子为 1，低毒性异构体的 TEF 可低至 0.00003（如部分 OCDD 和 PCB_S）。

（2）对二噁英的生成机理、量级已有结论。环境中的二噁英类，是一类只有通过化学合成才能产生的物质；是非人为生产，无任何用途的物质；是一种 $pg\text{-}TEQ/m^3$ 数量级的超痕量物质，其浓度与人类生产活动密切相关。

（3）二噁英类是在人类生存环境中普遍存在的一种强毒性物质，几乎所有媒介上都发现有二噁英。环境中二噁英类主要是工业生产过程的副产品，但也不排除来自自然过程。当今在已经清楚二噁英生成机理的基础上，从保护人体健康的目的出发，根据人体健康不受影响的量级进行有效控制。其中对生活垃圾焚烧烟气按普遍接受的排放指标 $0.1ngTEQ/Nm^3$ 进行严格有效的控制，做到可知、可控、可防。

（4）垃圾焚烧锅炉内温度、时间、紊流，以及负荷率、O_2 量等燃烧条件对二噁英高温生成有重要影响。根据燃烧条件，二噁英通常在数纳克到数十纳克范围内（每 Nm^3）。实际运行证明，无组织的开放式垃圾焚烧是二噁英产生量的主要来源，数量级一般在上限区域；有组织的规范化生活垃圾焚烧会产生二噁英，但不是主要来源。尽管生活垃圾焚烧占总二噁英排放的比例是很小的，数量级一般在下限区域。但仍应严格按目前最严格的排放要求即 $0.1TEQng/Nm^3$ 进行有效控制。垃圾焚烧处理规模与二噁英排放的关系，在工程技术上，主要表现在炉膛容积热负荷与焚烧处理规模正相关，处理规模越小，容积热负荷越小，热冗余能力也就越小，对运行管理要求也就越高。

5.1.1　辨识二噁英类

5.1.1.1　二噁英类的结构形态

　　二噁英类物质是多氯代二苯并-对-二噁英（PCDDs）、多氯代二苯并呋喃（PCDFs），以及多氯联苯（PCBs）等化学物物质的总称，是具有相似结构和理化特性的氯与苯环结合的产物，即一组多氯取代的平面芳烃类化合物，属氯代含氧三环芳烃类化合物（图 5-1）。

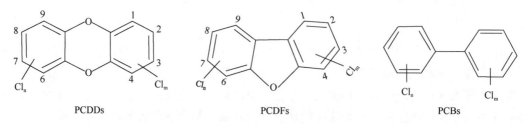

图 5-1　二噁英的基本结构

　　由于氯原子的取代数目和位置不同，构成了 75 种 PCDDs 和 135 种 PCDFs。二噁英类是联合国环境规划署列入急需加强管制的持久性有机污染物（persistent organic pollutants，POPs）。一般所称的二噁英类泛指 17 种 2、3、7、8 位全部被氯原子取代的 PCDDs/PCDFs 及 12 种平面型 PCBs。取毒性最强的 2，3，7，8-T_4CDD 当量因子 TEF 为 1，其他 TEF 均小于 1（表 5-1）。不同国家对毒性当量因子有不同的规定（表 5-2）。

二噁英类毒性当量因子

表 5-1

名称	缩写	分子式	平均相对分子量	异构体数	TEF
二氯二苯并二噁英	DCDD	$C_{12}H_6Cl_2O_2$	253.1	10	0
三氯二苯并二噁英	T_3CDD	$C_{12}H_5Cl_3O_2$	287.5	14	0
2,3,7,8-四氯二苯并二噁英	2,3,7,8-T_4CDD	$C_{12}H_4Cl_4O_2$	322.0	22	1
1,2,3,7,8-五氯二苯并二噁英	1,2,3,7,8-P_5CDD	$C_{12}H_3Cl_5O_2$	365.4	14	0.5
1,2,3,4,7,8-六氯二苯并二噁英	1,2,3,4,7,8-H_6CDD				0.1
1,2,3,6,7,8-六氯二苯并二噁英	1,2,3,6,7,8-H_6CDD	$C_{12}H_2Cl_6O_2$	390.9	10	0.1
1,2,3,7,8,9-六氯二苯并二噁英	1,2,3,7,8,9-H_6CDD				0.1
1,2,3,4,6,7,8-七氯二苯并二噁英	1,2,3,4,6,7,8-H_7CDD	$C_{12}H_1Cl_7O_2$	425.3	2	0.01
1,2,3,4,6,7,8,9-八氯二苯并二噁英	1,2,3,4,6,7,8,9-O_8CDD	$C_{12}Cl_8O_2$	459.8	1	0.001
2,3,7,8-四氯二苯并呋喃	2,3,7,8-T_4CDF	—			0.1
1,2,3,7,8-五氯二苯并呋喃	1,2,3,7,8-P_5CDF	—			0.05
2,3,4,7,8-五氯二苯并呋喃	2,3,4,7,8-P_5CDF	—			0.5
1,2,3,4,7,8-六氯二苯并呋喃	1,2,3,4,7,8-H_6CDF	—			0.1
1,2,3,6,7,8-六氯二苯并呋喃	1,2,3,6,7,8-H_6CDF	—			0.1
1,2,3,7,8,9-六氯二苯并呋喃	1,2,3,7,8,9-H_6CDF	—			0.1
2,3,4,6,7,8-六氯二苯并呋喃	2,3,4,6,7,8-H_6CDF	—			0.1

名称	缩写	分子式	平均相对分子量	异构体数	TEF
1,2,3,4,6,7,8-七氯二苯并呋喃	1,2,3,4,6,7,8-H_7CDF	—	—	—	0.01
1,2,3,4,7,8,9-七氯二苯并呋喃	1,2,3,4,7,8,9-H_7CDF	—	—	—	0.01
八氯二苯并呋喃	O_8CDF	—	—	—	0.001
其他 PCDDs/PCDFs 异构体	—	—	—	—	0
3,3′,4,4′-多氯联苯	3,3′,4,4′-T_4CB	—	—	—	0.01
3,3′,4,4′,5-多氯联苯	3,3′,4,4′,5-P_5CB	—	—	—	0.1
3,3′,4,4′,5,5′-多氯联苯	3,3′,4,4′,5,5′-H_6CB	—	—	—	0.05
2,3,3′,4,4′-多氯联苯	2,3,3′,4,4′-P_5CB	—	—	—	0.001
2,3,4,4′,5-多氯联苯	2,3,4,4′,5-P_5CB	—	—	—	0.001
2,3′,4,4′,5-多氯联苯	2,3′,4,4′,5-P_5CB	—	—	—	0.001
2′,3,4,4′,5-多氯联苯	2′,3,4,4′,5-P_5CB	—	—	—	0.001
2,3,3′,4,4′,5-多氯联苯	2,3,3′,4,4′,5-H_6CB	—	—	—	0.001
2,3′,4,4′,5,5′-多氯联苯	2,3′,4,4′,5,5′-H_6CB	—	—	—	0.001
2,3,3′,4,4′,5,5′-多氯联苯	2,3,3′,4,4′,5,5′-H_7CB	—	—	—	0.001
其他 Co-PCB 异构体	—	—	—	—	0

一些国家的 PCDDs/PCDFs 毒性当量因子（TEF） 表 5-2

名称	同份异构物名称	EadOn, 82	US-EPA, 85	Nordic	TEF
TCDDs	2,3,7,8	1	1	1	1
	其他(21 种)	0	0.01	0	0
Pedas	1,2,3,7,8	1	0.5	0.5	0.5
	其他(13 种)	0	0.005	0	0
H_xCCDs	1,2,3,4,7,8	0.03	0.04	0.1	0.1
	1,2,3,6,8,9	0.03	0.04	0.1	0.1
	1,2,3,7,8,9	0.03	0.04	0.1	0.1
	其他(7 种)	0	0.0004	0	0
HpcDDs	1,2,3,4,6,7,8	0	0.001	0.01	0.01
	其他(1 种)	0	0.00001	0	0
OCDD(1)	—	0	0	0.001	0.001
TCDFs	2,3,7,8	0.33	0.1	0.1	0.1
	其他(37 种)	0	0.001	0	0
PeDCFs	1,2,3,7,8	0.33	0.1	0.01	0.05
	2,3,4,7,8	0.33	0.1	0.5	0.5
	其他(26 种)	0	0.001	0	0

续表

名称	同份异构物名称	EadOn,82	US-EPA,85	Nordic	TEF
H$_x$CDFs	1,2,3,4,7,8	0.01	0.01	0.1	0.1
	1,2,3,6,7,8	0.01	0.01	0.1	0.1
	1,2,3,7,8,9	0.01	0.01	0.1	0.1
	2,3,4,6,7,8	0.01	0.01	0.1	0.1
	其他(12 种)	0	0	0.001	0.001
HPCDPs	1,2,3,4,6,7,8	0	0.001	0.01	0.01
	1,2,3,4,7,8,9	0	0.001	0.01	0.01
	其他(2 种)	0	0	0.001	0.001
OCDF(1)	—	0	0.001	0.01	0.01

5.1.1.2　二噁英类的理化特性

二噁英类的理化特性表现为：①所有二噁英化合物皆为固态（有观点认为在 75℃ 及以下温度时呈固态）。②具有较高的热稳定性、化学稳定性及生物化学稳定性，分解温度为 750～800℃，半衰期约为 9 年，环境中很难自然降解消除。③具有高熔点和沸点，蒸汽压很小；极难溶于水，可溶于大部分有机溶剂。④是无色无味的脂溶性物质，容易在生物体内积累。98% 以上的人可通过食物摄入体内；由土壤或饲料转入食物链，通过脂质转移和生物富集后，生物浓集因子可达 10^4；二噁英在人体脂肪富集部位的含量一般是 0（未检出）～20pg/kg。

其主要毒理特性表现为：①急性毒性：LD50 22500ng/kg（大鼠经口）；114μg/kg（小鼠经口）；500μg/kg（豚鼠经口）。②刺激性：2mg（兔经眼），中等刺激。③致突变：微生物突变－鼠伤寒沙门氏菌，3mg/L；微生物突变－大肠杆菌，2mg/L。④致癌性判定：按 RTECS 标准属于一级致癌物；动物和人皆为不肯定性反应。

5.1.1.3　二噁英类的污染来源

大气环境中的二噁英类主要来自人类生产活动释放的副产物，包括冶炼、纸浆氯漂白，以及一些除草剂、杀虫剂制造等各种生产过程的有害副产品，此外，大量储存的 PCB 工业废油中含有高浓度的 PCDFs。环境中的二噁英类也可能来源于自然过程，如火山爆发和森林火灾。从社会发展视角，二噁英类则主要是来源于二战后迅速发展起来的大工业生产，以及至今仍不排除自然界存在二噁英的可能。尽管二噁英来源于本地，但环境分布是全球性的。世界上几乎所有媒介上都被发现有二噁英。这些化合物聚积最严重的地方是土壤、沉淀物和食品，特别是乳制品、肉类、鱼类和贝壳类食品中。其在植物、水和空气中的含量非常低。

含铅汽油、煤、经防腐处理过的木材，以及石油产品、各种废弃物特别是医疗废弃物在燃烧温度低于 300～400℃ 时容易产生二噁英。聚氯乙烯塑料、纸张、氯气，以及某些农药的生产环节、钢铁冶炼、有色金属冶炼，汽车尾气，催化剂高温氯气活化等过程都可能向环境中释放二噁英。二噁英还存在于如五氯酚、2,4,5-T 等农药产品中。PCB 工业废油的大量储存，其中许多含有高浓度的 PCDFs，这种现象遍及全球。长期储存及不当处置会使二噁英泄漏到环境中，致使人类和动物食物被污染。PCB 废物因很难做到在不污染环境和人类的情况下被处理掉而被视为危险废物，可通过高温燃烧处理。另外，电视机若不及时清理，机内堆积起来的灰尘中也会检测出溴化二噁英，而且含量较高，平均每克灰尘中，就能检测出 4.1 微克溴化二噁英。

历史上含氯有机化学品的生产是二噁英类的重要来源，如大量用于木材防腐和灭钉螺的五氯酚和五氯酚钠；2,3,7,8-TCDD 含量 0.1～100ppm 的 2,4,5-T 落叶剂；世界上几次重大二噁英污染食品案例均非源于焚烧二噁英，这也是人体摄入二噁英的主要途径（图 5-2）。

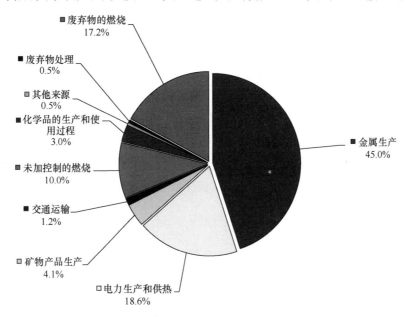

图 5-2　我国 2004 年行业二噁英排放量分布图

环境中的二噁英，基于高亲脂性，容易通过食物链富积在动物脂肪中。因此肉、禽、蛋、鱼、乳及其制品最易受到污染。另外，在食品加工过程中，如溶剂油、传热介质等加工介质异常泄露也可造成加工食品的二噁英污染。

城市生活垃圾焚烧产生的二噁英受到的关注程度最高，焚烧生活垃圾产生二噁英的机理比较复杂，投入的研究最多。焚烧过程中二噁英的形成机制已经取得很大成果，但仍在深入研究之中。目前认为主要有以下几种途径：

（1）在对氯乙烯等含氯塑料及其他含氯物质的焚烧过程中，焚烧温度低于 750～800℃，以及不完全燃烧后形成氯苯，而成为二噁英合成的前体。

（2）其他含氯、含碳物质的纸张、木制品、食物残渣等经过铜、钴等金属离子的催化作用不经氯苯生成二噁英。

（3）在制造包括氯系化学物质农药，如杀虫剂、除草剂、木材防腐剂、落叶剂、多氯联苯等产品的过程中派生。不能排除这类物质混入到生活垃圾中的可能性。

（4）燃烧后的低温异相催化反应再生成二噁英，主要有从头合成与前驱物合成。从头合成，是通过飞灰中的大分子碳（残碳）同有机或无机氯在低温下（250～350℃）经如 Cu、Fe 等过渡金属或其氧化物等催化生成 PCDDs/PCDFs。前驱物合成，是在 200～500℃温度范围内，在 $CuCl_2$、$FeCl_3$ 等催化剂作用下，发生不完全燃烧和飞灰表面的非均相催化反应形成如多氯联苯和氯酚等多种有机前驱物，再由这些前驱物生成 PCDDs/PCDFs。

5.1.2 二噁英类的存在特征

二噁英以气、固相（吸附或附着在颗粒物中）存在于焚烧烟气中。在通常的运行温度范围，活性炭的吸附作用非常强烈并且将在很大程度上取决于烟气与活性炭粉末的气/固相接触（外扩散），而吸附容量则主要取决于活性炭的内部孔隙结构（内扩散）。焚烧烟气中的二噁英类物质大部分是吸附在飞灰表面，因此高效除尘可以极大减小焚烧设施向大气排放二噁英类物质。

目前普遍认同的二噁英类是不完全燃烧的产物，其生成与垃圾热值及焚烧工艺有直接关系，与生活垃圾中的某些成分不存在直接显著相关性。其中，生活垃圾中的塑料主要是聚乙烯、聚丙烯等链烃，目前流行的垃圾中的塑料焚烧是产生二噁英类物质来源的观点是没有科学依据的臆想。

经过国内外广泛的工程技术研究，已经取得如二噁英分解动力学，二噁英转化率与炉膛温度、停留时间的关系等研究成果（图 5-3）；取得二噁英的脱除效率模型的阶段研究成果，包括活性炭、飞灰等在烟气管道携流中二噁英的吸附效率与活性炭在布袋表面的滤层中吸附二噁英的吸附效率；对二噁英低温生成关联性的阶段研究成果也已应用于工程实

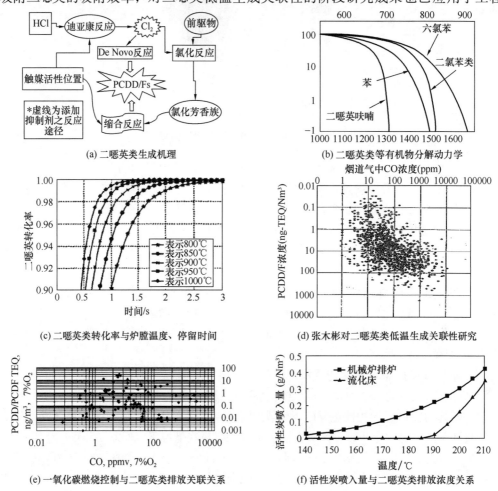

(a) 二噁英类生成机理

(b) 二噁英类等有机物分解动力学

(c) 二噁英类转化率与炉膛温度、停留时间

(d) 张木彬对二噁英类低温生成关联性研究

(e) 一氧化碳燃烧控制与二噁英类排放关联关系

(f) 活性炭喷入量与二噁英类排放浓度关系

图 5-3　二噁英类应用研究的部分成果

践，可间接控制二噁英生成；垃圾焚烧线达到 $0.1ngTEQ/Nm^3$ 的活性炭喷入量分析等。

对 CO 排放浓度与二噁英排放浓度关系进行了大量研究，可基本确认二者之间有一定关联性，但一直未能取得量化关系（图 5-3d）。对易于监控的 CO 燃烧控制与二噁英类排放关联关系研究，陆胜勇团队认为 CO 浓度的高与低，不能直接用于评价衡量有机物排放指标（图 5-3e）。另有研究证明，二噁英在烟气冷却过程中合成的先决条件是有一定量未完全燃烧有机物作为合成二噁英的前生体，焚烧烟气急冷不是控制二噁英的必需措施。控制烟气冷却过程中二噁英合成的根本是提高垃圾燃烧效率，减少前生体生成。

对垃圾焚烧系统达到 $0.1ngTEQ/Nm^3$ 的活性炭喷入量的工程案例分析见图 5-3f。该工程分析是以活性炭（AC）＋袋式除尘系统，入口气相二噁英浓度 $2.5ngTEQ/Nm^3$ 为条件，设定流化型和层燃型炉飞灰浓度分别为 $25g/Nm^3$ 和 $2g/Nm^3$，石灰浓度为 $3g/Nm^3$，AC 比表面积为 $850m^2/g$，携流停留时间为 2s，滤层厚度为 2mm，体积密度为 $500kg/m^3$。研究结果：系统二噁英脱除效率＞96％；出口烟气二噁英浓度为 $0.1ngTEQ/Nm^3$；AC 喷入量随温度的升高而增大。

5.1.3 一些二噁英污染事件的历史报道

二噁英类污染事件的历史报道如表 5-3 所示。

一些二噁英污染事件的历史报道 表 5-3

序号	事件	简介
1	美国木材防腐剂生产工人出现氯疮	据报道，最早发现二噁英引起的临床中毒事件，是 1937 年美国木材防腐剂生产工人出现氯疮
2	比利时于 1999 年 2 月爆发二噁英中毒事件	1999 年 2 月，比利时养鸡业者发现饲养母鸡产蛋率下降，蛋壳坚硬，肉鸡出现病态反应，因而怀疑饲料有问题。据欧盟初步调查及我国驻欧盟使团的报告，发现荷兰三家饲料原料供应商提供含二噁英脂肪给比利时韦尔克斯特饲料厂，使该厂 1999 年 1 月 15 日以来误将其混掺在饲料中出售。已知其含二噁英成分超过允许限量 200 倍左右。据悉，被查出的该饲料厂生产含高浓度二噁英的饲料已售给超 1500 家养殖场，包括比利时 400 多家养鸡场和 500 余家养猪场，并已输往德、法、荷。比利时其他畜禽类养殖业也不能排除使用该饲料的可能性。 4 月 26 日，有关部门对肉鸡的脂肪化验后发现，二噁英超过世界卫生组织规定标准的 140 倍。5 月 28 日，比利时公共卫生部宣布即日起从所有货架撤下当年 1 月 15 日至 6 月 1 日期间饲养的肉鸡和鸡蛋。6 月 1 日，比政府宣布停售和收回市场上所有比制造的蛋禽食品。同日，比利时农业部长和卫生部长引咎辞职。新上任的卫生部长再次要求进行化验，发现二噁英含量超标 1500 倍，于是又宣布禁止 200 多种以鸡和鸡蛋为原料的制品上市。6 月 3 日，比政府再次宣布，由于不少养猪和养牛场也使用了受到污染的饲料，全国的屠宰场一律停止屠宰，等待对可疑饲养场进行甄别，并决定销毁当年 1 月 15 日后至 6 月 1 日前生产的蛋禽及其加工制成品。当天欧盟委员会又对所有比利时牛肉和猪肉发出禁售令。对牛奶和奶酪是否受影响还不清楚。6 月 22 日，比利时有关当局宣布，导致比利时饲养业遭受二噁英污染的原因已基本查清。经化验分析，在比利时福格拉公司送检的废油样品中发现超量二噁英，由于这家公司专门向制造动物饲料的有关厂家提供原料，可以初步断定是二噁英污染的根源。 6 月 5 日，瑞士和俄罗斯停止鸡肉类和鸡蛋产品进口后，又禁止出售比利时的牛奶及奶制品、奶酪、猪肉和牛肉制品。同时美国决定全面封杀欧盟 15 国的肉品，并说直到欧洲的肉食品完全摆脱受染才会松解禁令。法国、希腊、日本、韩国、加拿大、新加坡宣布全面禁止比利时肉类、乳制品和相关加工产品进口。6 月 10 日，中国卫生部决定暂停进口相关自 1999 年 1 月 15 日生产的乳制品、畜禽类制品及其原料、半成品。在此期间已进口的，一律封存暂停销售。与此同时，我国台湾于 8 日宣布禁止比利时畜产品进口

续表

序号	事件	简介
3	乌克兰尤先科中毒	乌克兰政治家维克多·尤先科在 2004 年乌克兰总统大选时遭人蓄意投毒，造成脸部皮肤留下严重的痘疮伤疤。为尤先科进行诊治的奥地利医生表示导致尤先科"毁容"的"罪魁祸首"是毒性很强的"二噁英"。当时化验的结果表明，尤先科血液和皮肤组织中的二噁英含量超过正常水平 1000 倍。这种症状会持续数月乃至数年
4	越战橙剂事件	1962 年，美国军队在越战中实施了一场"牧场行动计划"的环境战，向丛林地区喷洒了 7600 万升名为"橙剂"的落叶型除草剂，清除了遮天蔽日的树木，同时毁掉了水稻和其他农作物。因其包含有高浓度二噁英，使污染地区人群（包括越南与美军人员）血液中的二噁英的含量远远高于常人。在战后，"橙剂后遗症"逐渐显现，直接受害者出现了各种病变，尤其是大量非正常流产、畸形与怪胎等生殖异常病例。据统计越战中曾在南方服役的人，其孩子出生缺陷率高达 30%
5	塞维索化学污染事故	1969 年，意大利 ICMESA 化工厂生产一种名为 2，4，5－三氯酚（TCP）的产品，要在 150～160℃的温度下持续加热一段时间，因而为二噁英类物质的产生创造了条件。1976 年 7 月 10 日，ICMESA 化工厂的 TBC（1，2，3，4－四氯苯）加碱水解反应釜（釜内压力 4ata，温度 250℃）的反应放热失控，引起压力过高，安全阀失灵而发生爆炸事故。大约 600kg 三氯酚钠及含有二噁英类等化学物随反应物喷入大气，过程持续了约 20 分钟。不久，来自瑞士日内瓦的 GivaudanS. A. 公司总部传来消息，公司实验室在事故发生后第一时间于现场采集的样品中发现二噁英。此后意大利政府进行了长达 10 年的跟踪调查和全面影响评价。污染区居民普遍患油氯痤疮等疾病
6	米糠油事件	1968 年，日本福冈与长崎地区发生米糠油事件，出现大量"油症"皮肤病患者，调查结果是吃了被二噁英和多氯联苯玷污的米糠油。11 年后在中国台湾再次发生 2000 人米糠油中毒事件，原因是使用日本产米糠油中混入了在脱臭工艺中使用的热载体多氯联苯，造成食物油污染，在油症患者的组织和血液样本中检出高浓度多氯联苯。由于被污染的米糠油中的黑油被用作饲料，还造成数十万只家禽的死亡。这一事件的发生在当时震惊了世界
7	美国与德国二噁英污染	1997 年，美国发生鸡肉、蛋类和鲶鱼遭受二噁英污染，原因是动物饲料制造过程中使用了一种被污染成分膨润土（又叫球粘土）。受污染粘土的行踪一直查到了一个膨润土矿。由于没有证据表明该矿埋有危险废物，调查者认为该例二噁英的来源可能是一个自然过程，也许归因于史前森林大火
		1998 年 3 月，德国销售的牛奶中出现高浓度二噁英，追踪其来源，是巴西出口的动物饲料含有柑橘果泥球所致。此项调查导致欧盟禁止所有巴西柑橘果泥球的进口
8	台湾安顺厂二噁英污染	台湾安顺厂利用水银电解法电解食盐水以制造碱氯，生产过程中的污泥及废水排放造成鹿耳门地区的底泥受到污染。制造农药、除草剂及木材防腐剂时使用的五氯酚钠会产生二噁英，安顺厂区存放的五氯酚钠长期受到雨水冲刷，使得厂区之土壤及地下水遭到五氯酚钠及二噁英污染。2000 年，安顺厂附近养殖的鱼类、贝类检测出含有高浓度二噁英、五氯酚钠和汞。2004 年 10 月，安顺厂一居民的血液中检测的二噁英浓度高达创世界纪录的 308.553pg. I-TEQ/g 脂质
9	香港迪士尼二噁英污染	2001 年 4—12 月，香港政府对建设香港迪士尼乐园的香港财利造船厂址进行环评，发现其中的 30000m³ 淤泥受到香港最严重的重金属和二噁英污染。此报告经公示与公众咨询，获得环境保护署核准。次年 3 月 12 日，立法会环境委员会论证二噁英土地修复路径，经综合比较三种修复法后确定使用热力解吸法。在 1～2 年热力解吸法处理期间，形成约 600m³ 的油性剩余物，这些物质在试烧后显示符合所有的环保规定，环保署批准焚化含二噁英剩余物

续表

序号	事件	简介
10	食品增稠剂	2007 年 7 月，作为肉类、奶制品、甜点或熟食制品中增稠剂的一种食品添加剂瓜尔胶（guargum）中发现有二噁英。其后欧盟委员给成员国发布了卫生警报。其源头追踪到印度的瓜尔胶，其中含有五氯苯酚 PCP，这是一种已经被摒弃的杀虫剂
11	德国二噁英饲料	2010 年年底，德国北威州养鸡场曝出饲料二噁英污染，其他州相继发现受污染饲料事件。德国下萨克森州农业部发言人说，该州一养猪场的猪肉样本被检测出二噁英含量超标。这是德国"二噁英毒饲料"事件中首次发现猪肉被二噁英污染。污染源头可能同样来自石荷州"哈勒斯和延奇"公司生产的受污染饲料。此前，在可能受二噁英毒饲料污染的农场中，只在鸡蛋和产蛋鸡样本中查出二噁英超标。德国警方 1 月 6 日调查位于石勒苏益格－荷尔斯泰因州的"哈勒斯和延奇"公司涉嫌将工业用脂肪酸用于生产饲料脂肪，供应给其他商家。其后该公司生产的部分饲料脂肪样本被发现二噁英含量超出法定标准 77 倍

5.1.4 垃圾焚烧过程二噁英排放的工程应用研究

5.1.4.1 关于二噁英类排放清单

与联合国环境规划署《二噁英和呋喃排放识别和量化标准工具包》相一致的识别方法，我国在 2004 年发表了一份行业二噁英类排放预估量清单（图 5-2）。其中废弃物的焚烧是包括生活垃圾焚烧估算 3.3%，危险废物焚烧估算 2.38%，医疗废物焚烧估算 11.49%。需说明的是，图 5-2 中各行业二噁英排放比例只是当初的历史记录，随着时间推移和对二噁英持续研究并采取有效措施，已经发生了巨大变化。这从日本环境省公布日本 1997—2007 年不同行业二噁英产生源排放量发展情况（表 5-4）也可得以证明。

日本二噁英年产生源排放量（g-TEQ）　　　　　　　　　表 5-4

年份	1997	1998	1999	2000	2001	2002	2003	2005	2007
常规焚烧设施	5000	1550	1350	1019	812	370	71	62	52
工业废物焚烧	1505	1105	695	558	535	266	75	73	60
小型焚烧设施	700~1153	700~1153	517~848	544~675	342~454	112~135	73~98	78~102	70~88
工业生产*	470	335	306	268	205	189	149	110	100
其他**	4.8~7.4	4.9~7.6	4.9~7.7	4.9~7.6	4.7~7.5	4.3~7.2	4.4~7.3	4.2~7.2	4.2~7.3
总计	7680~8135	3695~4151	2874~3208	2394~2527	1899~2013	941~967	372~400	327~354	286~307

注：* 包括电炉炼钢、矿石烧结、锌回收熔炼炉、铜回收熔炼炉、造纸制浆过程、其他生产工程等类别。

　　** 包括焚尸炉、吸烟、汽车尾气、污泥处理、填埋场等。

把环境中的二噁英全归结于焚烧，不区分老式焚烧炉的不完全燃烧和现代化焚烧炉的完全焚烧，不是学者应有的态度。欧洲和日本曾关闭过大量的焚烧炉，但关键问题是关闭什么样的焚烧炉。如法国 1993—2003 年关闭了近 200 多座难以达到法规要求和经济上运转困难、不能回收能源的焚烧炉，其中大多数是处理能力小于 3t/h 的老式小型焚烧炉，且自 1993 年开始，不再建设没有任何能量回收的焚烧炉。因此，其焚烧炉的数量大幅减少，但是垃圾焚烧厂的平均处理能力和总的焚烧能力增大。

5.1.4.2　减少垃圾焚烧二噁英排放的工程研究

有研究提出，1t 垃圾露天焚烧或在填埋场自燃排放的二噁英，是当今规范化焚烧垃圾所排放二噁英的数千倍。因此，在正常环境条件下，要严格禁止无组织焚烧。

为搞清楚生活垃圾焚烧过程中二噁英的原始状态、高温消减量以及排放量的情况，各国相关研究机构进行了大量研究，以此研究成果作为制定二噁英控制指标、进行最佳可用工程技术以及运行管理的基础。我国二噁英研究的资深专家在一篇科普二噁英的文章中介绍，在 20 世纪 80 年代，西方一些国家曾因焚烧产生二噁英类污染而动摇过对垃圾焚烧工艺的信心，瑞典曾在 1985 年下令暂缓新建垃圾焚烧炉，之后开展了调查研究，1986 年规定新建垃圾焚烧炉烟气中二噁英类的排放限量为 0.1ng-TEQ/Nm³，并于当年解除了禁令。近年来，随着对垃圾焚烧运行管理水平与烟气污染物控制装置的提升，焚烧排放二噁英类的量急剧下降。浙江大学陆胜勇在《垃圾焚烧炉二噁英生成与计算》中提出，相比于 1990 年，欧盟 2010 年二噁英的排放有大幅度降低，其中，垃圾焚烧降幅达 87.8%。目前工业发达国家对二噁英类物质污染控制的重点已由废弃物焚烧转向金属冶炼等其他工业污染源。

在垃圾焚烧减少二噁英排放量方面取得的成功，一是应归功于科学家对焚烧过程中二噁英生成机理研究的突破性进展。自 20 世纪 80 年代中期至 90 年代初期，焚烧过程中二噁英类的生成机理研究取得了诸多共识，一些重要的前生体已得到确认。二是要归功于通过两级减排的运行管理，实现垃圾在炉内得以充分燃烧，以 "3T" 为原则的有效控制。

源自德国 TWG Comments（2003 年）的研究报告表明，被运往焚烧厂的生活垃圾本身的二噁英含量约 50ng/kg。焚烧后，约 32.37ng/kg（64.7%）的二噁英得以高温分解，另外约 17.63ng/kg（35.3%）的二噁英排放出来，其中在烟气中的含量约为 0.48ng/kg，炉渣中约为 1.75ng/kg，飞灰中约为 15.40ng/kg，分别占排放量的 1.0%、3.5%、30.8%。

据美国环保署 2004 年的统计，美国生活垃圾焚烧厂的二噁英排放量从 1987 年的 1000g 下降到 2002 年的 12g，15 年下降了近 83 倍。与此同时，美国庭院垃圾露天焚烧产生二噁英 600g，是生活垃圾焚烧厂排放量的 50 倍。

酒井伸一等在日本第 8 次废弃物学会研究发表的论文，提出生活垃圾二噁英含量 1.4～50.2ng/kg 的研究结论。相对焚烧烟气二噁英允许排放浓度 0.1ng-TEQ/Nm³，经过焚烧与烟气净化的两级减排，二噁英排放量应控制在小于 2.9ng/kg。另据日本环境省的是泽裕二在 2008 年的一份研究报告，日本 1997 年生活垃圾二噁英排放量约 5000g，为日本总二噁英排放量 8000g 的 62.5%；经过各方面努力，2004 年日本总排放量下降到 350g，其中生活垃圾焚烧排放量 64g，占 18.3%，7 年间总排放量下降了近 22 倍，生活垃圾焚烧二噁英排放量下降了 77 倍。

据英国环保部门 2000 年一份对本国研究的资料显示，1990 年二噁英排放总量 1142g，其中生活垃圾焚烧的产生量约占 52%；到 1999 年总排放量减少到 345g，而生活垃圾的二噁英产生量仅占 1% 左右，9 年间下降了 171 倍。

德国环境部门在 2005 年 9 月的一份报告中指出，所有 66 座焚烧厂的总处理规模，相对 1985 年增加了 1 倍，但二噁英年排放量，由 400g 降到不足 0.5g，降幅约 1000 倍。相对其他工业排放，1990 年德国生活垃圾焚烧二噁英排放量约占全部排放量的 1/3，到 2000 年降低到不足 1%。

2012年，我国住房和城乡建设部城建司组织对全国的垃圾焚烧厂进行调研和评价。统计的149条线（含流化型技术26条线）、196组数据中，全部达到当时的1.0ngTEQ/Nm³二噁英排放标准。其中90.5%低于0.1ngTEQ/Nm³（图5-4），也有较早建设按1.0ngTEQ/Nm³控制的7条线，17次检测结果在0.15~0.82TEQ/Nm³。项目主体已经在加大提标改造力度。时至今日，环保平台向社会公开的项目几乎100%达到规定的排放指标。其中的一个原因是项目运行主体建立并严格执行规范化运行管理制度；采取质量合格的活性炭并按投入不低于50mg/Nm³（实际投入量大多在80~120mg/Nm³）操作；按排放指标减半进行内部控制并强化运行分析。

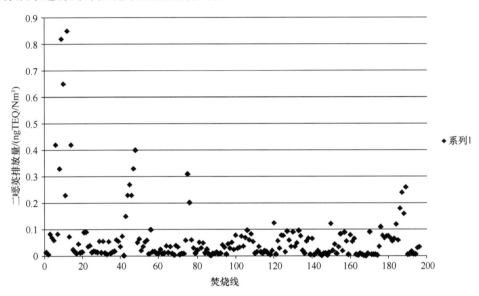

图5-4　对我国123条焚烧线2010年左右对生成二噁英统计

5.1.4.3　工程研究应用的二噁英排放识别和量化标准

联合国环境规划署于2005年发布第2版《二噁英和呋喃排放识别和量化标准工具包》中再次明确：PCDD/PCDF是在一些特定的过程和活动中作为非故意产生的副产物而生成的，例如那些列在斯德哥尔摩公约附件C中的过程和活动。除了作为制造或处置过程中非故意产生的副产物生成，二噁英类也以原料中的杂质形式被引入工艺中。因此，二噁英类即使在那些被认为不会生成二噁英类的过程中也可能存在。二噁英类的生成途径可以广义地分为两类：①热过程，②工业化学过程。

《关于持久性有机污染物的斯德哥尔摩公约》要求缔约方削减如多氯代二苯并-对-二噁英和多氯代二苯并呋喃等非故意产生的持久性有机污染物（POPs）的排放总量，其目的是使其持续地尽量减少并在可行的情况下达到最终消除。因此，缔约方需要识别二噁英类的排放源，并对排放进行量化。为了能在不同时间对不同国家进行二噁英类排放的评价，用于评估排放源的方法学应当是一致的。

该工具包明确了过程分类和源定量。包括十个主要源类别及其子类别的所有排放因子的汇编。其中对生活垃圾焚烧源类别分为无烟气净化的简陋焚烧设施，配置基本烟气净化设施的可控焚烧设施，配置较好烟气净化设施的可控焚烧设施，配置成熟烟气净化设施的先进焚烧设施；相应大气排放因子分别为 $3500\mu g/t_{垃圾}$、$350\mu g/t_{垃圾}$、$30\mu g/t_{垃圾}$、$0.5\mu g/t_{垃圾}$，还分别针对 $1\%\sim2\%$ 焚烧飞灰和 $10\%\sim25\%$ 焚烧底灰（炉渣）给出了各自的排放因子。与此同时，对源类别和源定量给予了约束性说明。该工具包还给出露天焚烧过程的界定，并指出其可能是重要的 PCDD/PCDF 生成源。生物质露天燃烧通常会导致较混合人造材料废物燃烧更低的 PCDD/PCDF 生成量。高排放是由于贫燃、不均匀和燃料混合不好、氯代前驱物、湿度，以及催化活性金属所造成的。所有情况下主要的排放介质都是到空气和残渣中。然而，在一些情形下也可能向水和土地排放。

5.1.4.4　垃圾焚烧烟气二噁英类控制标准

对二噁英排放控制标准，首先保证人体健康不受影响是共同遵循的基本准则。其次，各个国家及地区都有一个因地制宜提高标准的过程，主要体现在两个方面，一是随着对二噁英类产生机理、控制方法等的研究进展和本国实际情况，制定或修订标准。以挪威为例，1983 年垃圾焚烧还没有二噁英类排放控制指标，1990 年制定指标为 $2ng\text{-}TEQ/Nm^3$，2002 年修订为 $0.1ng\text{-}TEQ/Nm^3$。二是根据焚烧处理规模不同，焚烧与烟气净化系统运行管理冗余性、允许误差范围与达标可靠性等工程特点，烟气排放要求是有区别的。例如我国台湾地区曾提出如下二噁英类排放标准：以 $O_2\ 11\%$ 为基准，垃圾焚化厂处理规模小于 $5t/h$ 的不规定二噁英控制标准值；处理规模 $5\sim10t/h$ 的规定二噁英控制标准值为 $1.5ng\text{-}TEQ/Nm^3$；处理规模大于 $10t/h$ 的规定二噁英控制标准值为 $0.1ng\text{-}TEQ/Nm^3$（源自《垃圾焚化厂系统工程和规划与设计》）。该书还介绍美国以 $O_2\ 7\%$ 为基准，对任何处理规模≥$250t/d$ 的规定二噁英控制标准准值为 $5\sim30ng\text{-}TEQ/Nm^3$；新建处理规模<$250t/d$ 的规定二噁英控制标准准值为 $75ng\text{-}TEQ/Nm^3$；对既有处理规模<$220t/d$ 的规定二噁英控制标准准值为 $500ng\text{-}TEQ/Nm^3$；既有处理规模 $220\sim250t/d$ 的规定二噁英控制标准准值为 $125\sim30ng\text{-}TEQ/Nm^3$。

1. 我国垃圾焚烧烟气二噁英控制标准

我国根据不对生态环境和人体健康造成不良影响的原则，在 2014 年以前，二噁英类排放指标执行《生活垃圾焚烧污染控制标准》GB 18485—2001，其中焚烧烟气二噁英类执行以 $O_2\ 11\%$ 为基准的 $1.0ngTEQ/Nm^3$ 排放指标。此后，我国根据社会与经济发展状况，自 2014 年 7 月执行《生活垃圾焚烧污染控制标准》GB 18485—2014，其中焚烧烟气二噁英类执行以 $O_2\ 11\%$ 为基准的 $0.1ngTEQ/Nm^3$ 排放指标。

2. 欧盟垃圾焚烧烟气二噁英控制标准

欧洲议会和 2000 年 12 月 4 日理事会关于废物焚烧的 2000/76/EC 指令规定废物焚烧厂焚烧烟气中二噁英类以 $O_2\ 11\%$ 为基准（取样周期 6h，最大 8h）的排放限值为 $0.1ng/Nm^3$（在 89/369/EEC 标准无此排放规定）。此规定不适用于下述情况：①仅处理以下废物的焚烧厂：单独处理包括农林有机垃圾、食品加工工业有机垃圾、造纸厂的纤维性植物垃圾、建筑和工地废渣的木材垃圾；植物垃圾且产生的热量被回收利用；原浆生产和原浆造纸的，该联合焚烧厂建在生产地点且产生的热量被回收利用；除了因使用木材防腐剂和涂料而可能包含卤化有机化合物或者重金属之外的木材垃圾，特别是软木垃圾、放射性垃圾；欧洲议会第 1774/2002 号法规（EC）和 2002 年 10 月 3 日颁布的关于非供人类食用的动物副产品的健康规则中所规定的动物尸体；产生于考察和开发石油天然气的离岸装置且在船上焚烧的垃圾。②为改进焚烧工艺而用于研究、发展和测试的试验性工厂，其处理量

<50t/年。

3. 日本基于二噁英类对策特别措施的基准

（1）环境基准：大气年平均值 0.6pg-TEQ/m³ 以下；水质年平均值 1pg-TEQ/l 以下；底质年平均值 150pg-TEQ/g 以下；土壤年平均值 1000pg-TEQ/g 以下。❶

（2）以 O₂10% 为基准，废气特定设施及其排放基准值参见表 5-5，单位为 ng-TEQ/Nm³。法律施行时对现有设施的排放标准适用缓期 1 年。

废弃特定设施及其排放基准值   表 5-5

特定设施种类	设施规模焚烧能力	新设施基准（ng-TEQ/Nm³）	既有设施基准（ng-TEQ/Nm³）
废弃物焚烧炉（炉排面积为 0.5m² 以上，或者焚烧能力为 50kg/h 以上）	4t/h 以上	0.1	1
	2~4t/h	1	5
	小于 2t/h	5	10
炼钢电炉（变压器额定容量 1000kVA 以上）		0.5	5
烧结矿（仅限用于生铁制造的烧结炉）的制造用烧结炉（原料处理能力在 1t/h 以上）		0.1	1
锌的回收（由供炼钢用的电炉产生的烟尘，仅限于从由集尘机收集的烟尘中回收锌）用的焙烧炉、烧结炉、熔炉、溶解炉、干燥炉（原料的处理能力为 0.5t/h 以上）		1	10
铝合金的制造〔仅限于作为原料使用铝屑（在进行该铝合金制造的工厂内的铝的轧制工序中产生的除外）〕用焙烧炉、溶解炉、干燥炉（焙烧炉、干燥炉：原料处理能力 0.5t/h 以上，溶解炉：容量 1t 以上）		1	5

特定设施种类	排放标准/（pg-TEQ/L）
用于硫酸盐纸浆（牛皮纸纸浆）或亚硫酸纸浆（亚硫酸盐纸浆）制造的氯或氯化合物的漂白设施； 碳化法用于制造乙炔的乙炔清洗设施； 用于制造硫酸钾的废气清洗设施； 用于制造氧化铝纤维的废气清洗设施； 用于制造带有载体的催化剂（仅限于使用氯或氯化合物的催化剂）的处理从烧成炉产生气体的设施中的废气清洗设施； 用于氯乙烯单体制造的二氯乙烷清洗设施； 用于制备己内酰胺（仅限于使用硝基氯）的硫酸浓缩、环己烷分离、废气清洗的设施； 用于制造氯苯或二氯苯水洗设施、废气清洗设施； 4-氯邻苯二甲酸氢钠制造用的过滤设施、干燥设施及废气清洗设施； 2,3-二氯-1,4-萘醌的制造用过滤设施及废气清洗设施； 用于制造氧化二噁嗪紫的硝化衍生物分离设施、还原衍生物分离设施、硝化衍生物清洗设施、还原衍生物清洗设施、二噁嗪紫清洗设施及热风干燥设施；	10

---

❶ 从防止土壤污染的进行等观点出发，将作为进行监测和调查基准的调查指标设定为 250pg-TEQ/g。另外，关于污染土壤的对策条件，一般国民的居住和活动场所采用 1000pg-TEQ/g。

续表

特定设施种类	排放标准/（pg-TEQ/L）
用于制造铝或其合金的焙烧炉、处理溶解炉或干燥炉产生气体的设施中的废气清洗设施及湿式集尘设施； 锌的回收（从供制钢用的电炉产生的烟尘，仅限于从由集尘机收集的烟尘中回收锌）用的精制设施、废气清洗设施及湿式集尘设施； 从带有载体的催化剂（仅限于使用过的催化剂）中回收金属（不包括添加苏打灰在焙烧炉中处理的方法和通过碱提取的方法，仅限于不在焙烧炉中处理的催化剂）的过滤设施、精制设施及废气清洗设施； 废弃物焚烧炉（炉排面积 0.5m² 以上或焚烧能力 50kg/h 以上）的废气清洗设施、湿式集尘设施、排出污水或废液的灰的贮存设施； 废 PCB 等或 PCB 处理物的分解设施及 PCB 污染物或 PCB 处理物的清洗设施及分离设施； 氟利昂类（CFC 及 HCFC）的破坏（仅限于利用等离子体反应法、废弃物混烧法、液体中燃烧法及过热蒸汽反应法）用的等离子体反应设施、废气清洗设施及湿式集尘设施； 处理从水质基准对象设施排出污水的下水道终端处理设施； 从设置水质基准对象设施的工厂或车间排出水的处理设施	10
关于废弃物最终处理厂排放水的标准，根据废弃物的处理及清扫相关的法律规定维持管理标准的命令	10

注：对于已经在大气污染防治法中适用了新设的指定物质抑制基准的废弃物焚烧炉（炉排面积为 2m² 以上，或焚烧能力为 200kg/h 以上）及炼钢用电炉，适用上表的新设设施的排放基准。

5.1.5 世界卫生组织关于二噁英类对人体健康影响的评价与对策

5.1.5.1 二噁英类对人体健康影响的评价

关于二噁英类对人体健康影响的研究指出，人类短期接触高剂量的二噁英，可能导致皮肤损害，如氯痤疮和皮肤色斑，还可能改变肝脏功能。长期接触则会造成免疫系统、发育中的神经系统、内分泌系统以及生殖功能的损害。世卫组织国际癌症研究所（IARC）于 1997 年对 TCDD 进行了评价。IARC 根据动物数据和人类流行病学数据，将 TCDD 分类为"已知人类致癌物"。不过 TCDD 不影响遗传物质，并且低于一定剂量的接触，致癌风险可以忽略不计。

由于二噁英普遍存在，因而所有人接触的环境且身体里都有一定程度的二噁英，也就产生了所谓的机体负担。目前，正常环境的接触总体上不会影响人类健康。事故状态下垃圾焚烧项目产生的二噁英对周围地区的环境空气质量影响有限，对人体健康不构成危害影响，风险评价结果为可接受。然而，由于这类化合物具有很高的潜在毒性，需要努力减少目前环境的接触。

5.1.5.2 预防和控制人类接触二噁英类的途径

预防或减少人类接触二噁英，最好的措施就是瞄准源头，在热力、化学等工业过程，严格控制，尽可能减少形成二噁英的途径。预防和控制焚烧污染物是目前最为有效的方法。焚烧需要根据热处理对象，在实验研究的消除温度与滞留时间基础上，工程上采取适宜裕量的参数，如对生活垃圾焚烧过程按高温烟气日均值 850℃ 以上、停留时间不低于 2s 控制；对危险废物甚至需要 1000℃ 或以上，停留时间 1～2s 以上。

人类接触二噁英，90% 以上是通过食品，其中主要是肉制品和乳制品、鱼类和贝类，遭污染的动物饲料往往是食品污染的根源。因此，保护食品供应是关键。除了瞄准源头措施降低二噁英排放以外，还需要避免在食品链中对食品形成二次污染。初级生产、加工、分发和销售中良好的控制与操作，建立食品污染监测体系，对安全食品的生产来说都必不可少。国际食品法典委员会与世界卫生组织合作，于 2001 年通过了《瞄准源头降低食品中化学品污染的措施的操作规程》CAC/RCP 49—2001。之后，在 2006 年通过了《预防和降低食品和饲料中二噁英和类二噁英 PCB 污染的操作规程》CAC/RCP 62—2006。作为消费者减轻二噁英机体负担的长期策略，主要是平衡的膳食，包括适量的水果、蔬菜和谷物，避免从单一来源过量摄入。不过，让消费者减少自身接触的可能性在某种程度上受到制约。

5.1.5.3 世界卫生组织有关二噁英的活动

世界卫生组织于 2015 年首次发布了全球食源性疾病负担估计。在这一背景下审议了二噁英对生育和甲状腺功能造成的影响。在仅考虑这两个后果时，情况显示在世界上某些地方这种接触可显著加重食源性疾病负担。降低对二噁英的接触，是实现减少疾病的重要公共卫生目标。

为了对可接受接触剂量提供指导，世界卫生组织召开了一系列专家会议来确定二噁英容许摄入量。早在 1990 年，世界卫生组织对二噁英及其相关化合物进行了健康危险的评估，根据动物试验中出现的肝毒性以及生殖和免疫毒性的结论，以及人的代谢动力学资料，将四氯二苯并-p-二噁英（TCDD）每日耐受摄入量（TDI）定为 10pg/kg 体重。1998 年 5 月，世界卫生组织（WHO）、欧洲环境健康中心（ECEH）以及国际化学品安全规划署（IPCS）联合召开研讨会，确定了二噁英及 PCBs 的 TDI 为 1～4pg/kg 体重。一些机构根据雌鼠长期暴露 TCDD 而出现肝癌的数据，采用多级线性模式计算安全摄入剂量。美国环保署（USEPA）计算的每日 TCDD 最低安全剂量为 0.006pg/kg 体重。2001 年，联合国粮农组织和世界卫生组织食品添加剂联合专家委员会对 PCDD、PCDF 和"类二噁英"（PCB）进行了最新的综合风险评估。为了评估这些物质对健康的长期和短期风险，总摄入量或平均摄入量应采用几个月的时间数据进行评估，容许摄入量则应采用至少一个月的时间数据进行评估。专家确定了暂定人体体重每月容许摄入量（PTMI）是 70pg/kg 体重。这种剂量是在对健康无可察觉的影响下终身可摄入的二噁英剂量。WHO 与粮农组织合作，通过食品法典委员会制定了《预防和降低食品和饲料中二噁英和类二噁英 PCB 污染的操作规程》CAC/RCP 62—2006，为各国和地区主管当局制订预防措施提供了指南。

世界卫生组织一直负责全球环境监测系统中的食品污染监测和评估规划，通常称为 GEMS/Food。它通过全球 50 多个国家参与的实验室网络，提供食品污染程度与趋势方面的信息。其监测规划中包括二噁英，以及对人乳中二噁英的含量进行定期研究。通过这些研究，对人类接触各种来源的二噁英进行了评估。最近的数据表明，过去二十年来，多个发达国家采取的控制二噁英排放的措施已经大大降低了对这种物质的接触。

世界卫生组织正与联合国环境规划署就实施《关于持久性有机污染物的斯德哥尔摩公约》展开合作，这是一项减少排放包括二噁英在内的某些持久性有机污染物的国际协定。同时正在采取若干行动，减少焚烧和制造过程中产生的二噁英。世界卫生组织和联合国环境规划署开展全球母乳调查，以监测全球二噁英污染趋势，并确保《关于持久性有机污染物的斯德哥尔摩公约》实行的各项措施的有效性。

二噁英在环境和食品中以一种复杂的混合物形式出现。为了评估整个混合物的潜在风险，经过专家会商，世界卫生组织对这种污染物确立了适用于人类、哺乳动物、鸟类和鱼类的毒性当量概念，确定了二噁英及相关化合物的毒性当量因子（TEFs），并定期进行重新评估。

5.2　我国二噁英问题的社会效应

就垃圾焚烧来说，应区分完全燃烧和不完全燃烧工况污染物产生的不同；区分焚烧炉炉型、规模差异和运行方式对燃烧的影响；区分有无烟气净化系统及其完善程度对焚烧烟气二次污染控制的差异。还要了解焚烧技术发展过程中造成污染的原因；了解国外关闭的炉型，发展的炉型。在以上综合分析基础上，判定引导焚烧的发展，而不能仅依据"垃圾焚烧产生二噁英，国外关闭了一些焚烧炉"的报道就反对垃圾焚烧。下面梳理几项影响生活垃圾焚烧项目建设运行的案例，以通过回顾过去的问题，面对现在的提升，展望未来发展。

5.2.1　邻避现象

作为垃圾焚烧发电厂敏感话题往往绕不开"邻避"一词。"邻避"来自英文 Not In My Back Yard（不要建在我家后院）。2007 年 6 月，北京六里屯垃圾焚烧项目在完成项目征地、环境影响评价、可行性研究等前期建设工作，初步设计完成待批之际，受到了悬挂"为环境不被恶化而抗争"的巨大条幅口号等民意阻力，而被国家环保总局紧急叫停。反对并成为后续反对焚烧厂建设的基本理由是"垃圾焚烧所产生的有毒废气、烟尘，特别是强致癌物二噁英的产生、扩散及在人体、水体及土壤中的积淀，无可避免地严重影响居民身体健康"。自此后，对焚烧厂的"邻避"迅速蔓延成多地反对焚烧厂建设事件，如浙江嘉兴、武汉汉口、郑州荥锦围堵正常运行垃圾车辆事件；北京高安屯、南京天井洼、深圳白鸽湖居民联名强烈反建垃圾焚烧项目事件；广东番禺、杭州余杭、江苏吴江等群体事件。2009 年的北京阿苏卫和广州番禺案例更是将"邻避运动"推至高潮。进入 2016 年，嘉兴海盐、海南万宁、湖北仙桃等地的项目又相继引发抗议事件。

尽管具有权威性的国际机构公示没有发现二噁英致死、致残的调查结果，反对焚烧的推手仍是一味在公众中强化垃圾焚烧产生二噁英的恐慌，不惜隐瞒、夸大，甚至造假、传播二噁英致癌、致死谎言，再将其"病因"嫁祸于垃圾焚烧。由于这关系每个人的身体健康，加之个别焚烧厂存在暴露垃圾臭味的影响，以致用谎言"妖魔化"二噁英，很容易激化不明真相群众的抵触情绪，继而发展成群体事件。典型"妖魔化"二噁英的案例，无视垃圾焚烧与焚烧污染物实际控制效果，诡辩"很难简单说垃圾焚烧是否有害，这些安全值在学术界是存在争议的""从致癌风险来看，是滞后的，可能需要十几年、二十几年的时间去判定，因此不能绝对说现在是安全的，就永远是安全的"。"垃圾焚烧技术正在走向衰亡，预计十年左右时间初步退出市场；源头零垃圾政策开始主导垃圾处置技术的发展趋势"。

针对"邻避活动"各地政府职能部门主要采取三方面的措施进行应对，一是暂缓或停止项目建设工作；二是积极向群众解释项目的安全环保；三是官方通过公关方式加强正面宣传，抵制负面影响。化解二噁英的邻避效应的典型案例是杭州余杭 3000t 垃圾焚烧发电项目从强烈遇阻到顺利原址落地。当地政府通过近 1 年时间从应对群众诉求，与群众协商沟通，克服信任危机，维护群众利益等方面做了大量细致工作。并总结为：①尊重知情权，聆听群众声音。②尊重发展权，切实考虑群众利益。③强化监督权，确保正常生活环境；④实行保证运行主体的安全、可靠、环保、经济的清洁生产管理。⑤通过组织群众参观工厂、发放宣传册、开展科普教育等方式向群众介绍垃圾焚烧发电项目的安全可靠。

国家、地方行政部门协同垃圾焚烧项目责任主体，引导周边群众力所能及地参与垃圾焚烧厂建设运行管理工作；建设教育基地，向社会开放，有组织地接待公众参观；项目责任主体公开年度发展报告；环境部门从主导焚烧项目的"装、树、联"，到烟气排放指标公开，二噁英通过自检、省检与部检三级控制。通过以上综合措施，不但做到厂内人员聚集区域和厂区环境无臭味，极大促进了垃圾焚烧项目更加规范运行，而且营造出杭州余杭、南京江南等厂为代表的美丽舒适的工作环境和厂区环境。鉴于垃圾焚烧厂良好的环境效益远超出公众的预想，焚烧行业发展得到民间环保组织及项目周边群众的支持。

5.2.2 对待垃圾焚烧二噁英类问题的案例

5.2.2.1 调研案例：中科院大连化学物理研究所等的报告，垃圾焚烧厂 16% 不合国家标准

这是一篇在当时中国缺乏垃圾焚烧二噁英排放全面数据信息的背景下，中科院大连化学物理所和中科院研究生院的科研团队，于 2009 年在化学科学杂志 *Chemosphere*，发表题为《中国市政固体废物焚烧厂的二噁英/呋喃排放》的文章。作者历时一年对中国 19 个市政生活垃圾焚烧炉（从其配图及当时国内垃圾焚烧的实际情况可知，包括层燃型与流化型焚烧炉）的二噁英排放进行了检测和分析。研究采用国际通行的二噁英检测方法，二噁英浓度单位为 ng-TEQ/Nm^3。每个样本焚烧炉排放数值的结果，均为多次采样后的平均值。采样次数少则 3 次，多则 5~6 次。这份报告提供了部分了解中国垃圾焚烧炉二噁英排放确切水平的依据。此次检测分析 19 个样本焚烧炉的二噁英/呋喃物质的排放量为 0.042~2.461ng-TEQ/Nm^3，平均值为 0.423ng-TEQ/Nm^3。16 个样本（不超过所占比率的 84%）的二噁英排放达到中国环保部门目前的 1.0ng-TEQ/Nm^3 标准，其中有 6 个样本达到欧盟 0.1ng-TEQ/Nm^3 排放标准，占比 31.6%。

研究者还在当期的论文中提到了以下发现：①作为二噁英检测研究的重要学术指标，中国垃圾焚烧厂的二噁英产生因子要高于早前一些研究得出的数据。②各焚烧厂之间的二噁英产生因子差别很大。总的来说，国产焚烧炉的排放控制水平要低于进口焚烧炉。③通过对三座同一公司生产的焚烧炉进行了对比研究，说明经过一系列污染控制技术的应用，二噁英排放可以显著降低。

5.2.2.2 负面案例一：《中国正在烧掉自己的生态未来》摘录

2019 年罗马尼亚亚太研究所（Romanian Institute for the Study of the Asia-Pacific，RISAP；为 2014 年成立的民间组织）中国问题研究员安德烈娅·列昂特撰文《中国正在烧掉自己的生态未来》。该文很不专业地称，垃圾焚烧发电需要极高的温度，因此会产生二噁英。二噁英是一种持久性有机污染物，很容易进入食物链，而且具有剧毒。二噁英与呋喃、重金属和纳米颗粒等其他有害物质一起存在于飞灰中，因此对飞灰的处理极为重要。

文中提到，在中国垃圾焚烧排放的污染物主要通过填埋方式进行处理。根据"十三五"规划，如果某个省份没有足够的土地新建垃圾填埋场，那么"鼓励"相邻地区"通过区域共建共享等方式建设焚烧残渣、飞灰集中处理处置设施"。虽然有控制飞灰的监管规定，但遗憾的是执行不力。在很多起案例中，有毒的灰渣在没有任何监督或适当标识的情况下与普通垃圾一起被倾倒在填埋场内。报告还说，中国的环境法律规定，垃圾焚烧厂理应被纳入重点排污单位名录并主动公开排放信息。

5.2.2.3　负面案例二：关于《焚化炉与人类健康》的研究报告

根据反对垃圾焚烧的民间环保组织的信息，2001 年 3 月，英国埃可塞特大学（University of Exeter）国际绿色和平组织研究实验室的一篇名为《焚化炉与人类健康》（Incineration And Human Health）的冗长报告，是反对垃圾焚烧者的依据。报告宣称不管是老式焚化炉还是经过改良的新型焚化设施，依然是排放二噁英的主要源头。这份报告还"纠正"许多传统误解：虽然控制空气污染的科技经过改良，新型焚化设施通过烟气排放的二噁英及重金属数量已大为降低，然而在灰烬中的二噁英及重金属含量却相应提高，仍然造成环境污染；焚化并不能完全消除废物中的有毒物质，而只是改变了它们的形态，部分物质的毒性甚至较原来更高；所谓焚烧可减少废物的重量和体积，不过是针对灰烬而言，如果将焚化炉气体输出量加起来，总输出将超过废物原来的重量。

鉴于该报告罗列的现象多与正常垃圾焚烧的实际不符，下面仅摘录该报告翻译件的研究结论（如有兴趣，可参见原文）：①实验数据证实，焚烧炉释放有毒物质，对大气、土壤、生物造成普遍影响，其结果是大气、土壤、生物与人类必然暴露在这些有毒物质的污染中。②经过焚烧的垃圾释放出大量污染物，有些新的有毒物质毒性更强，包括二噁英、多氯联苯、多氯萘、氯苯、多环芳烃等大量挥发性、半挥发性有机化合物，以及铅、镉、汞等重金属，这些物质具有持久性存在、生物蓄积性和生物毒性。③对焚烧炉工人、居住在焚烧炉附近居民的相关研究证明，垃圾焚烧对人类健康存在着广泛的影响：诱发基因突变、癌症、呼吸疾病、性别比例失调、先天性缺陷、多胎妊娠、心脏病、皮肤疾病等。④人们常常应用的观点是，垃圾焚烧后的体积实际减少到接近 45%，重量减至大约 1/3，但如果计算焚烧炉所有输出的质量，包括所有排出的气体加在一起，则输出的总重量实际将超过废物的投入量。⑤迫切需要淘汰焚烧炉的政策，健全并执行以预防为基础的废物管理政策，切实实施再利用和回收方案。

5.2.2.4　极端案例一：《纽约时报》2009 年 8 月 12 日发表《中国垃圾焚烧炉威胁全球》

美国《纽约时报》8 月 12 日发表布拉德肖（向阳译）的《中国垃圾焚烧炉威胁全球》。文章语出惊人道："中国成世界最大家庭垃圾国后，便开始建造焚烧炉。但这些焚烧炉已成为有毒物质排放来源，排放物不仅危害中国，还随气流越过太平洋到达美国海岸。"文中提到，随着中国从贫穷奔向消费主义，政府正努力处理堆积成山的垃圾。一些城市，特别是富裕、市民素质高的城市，其政府正在设置与欧洲一样严格的污染标准。尽管如此，北京等大城市还是有人不相信焚烧炉需按国际标准建造和运营。内陆城市还在继续建造焚烧炉，那里的居民还没有污染意识。

据美国华盛顿大学和阿贡国家实验室的研究估计，落到北美湖泊的汞有 1/6 来自亚洲，特别是中国，主要来源是熔炉以及焚烧炉。世界银行 2005 年一份报告警告称，如果中国快速建造焚烧炉却不减少排放，全球大气二噁英水平将翻倍。中国须从此放缓建造焚烧炉项目并限制其污染物的排放。

5.2.3 欧洲垃圾发电联合会驳斥全球反垃圾焚烧联盟的无端指责

美国基要行动中心（Essential Action）的 Neil Tangri 为全球反垃圾焚烧联盟所著《垂死的技术：废弃物垃圾焚烧》，这也是全球焚化炉替代方案联盟/全球反垃圾焚烧联盟的 2003 年报告书。该报告书提出如下观点：垃圾焚烧在废弃物处理上是一种不永续、过时的方法；垃圾焚烧炉和其他形式的废弃物管理方法是互不兼容的，而且垃圾焚烧炉还会危害到可驱使废弃物获得妥当处理的"源头分类"准则；无法解决有害废弃物的既有库存问题，这需要用垃圾焚烧法之外的其他方式来处理。当全球反垃圾焚烧声浪持续高涨的同时，世界各地对于永续的垃圾管理，也不断地发展出零废弃物愿景，创新理论思维与做法。

2022 年 8 月 29 日，我国某民间环保组织翻译标题为《欧洲垃圾发电联盟直硬怒怼环保 NGO：垃圾焚烧二噁英只占 0.2%，居民烧柴取暖才是二噁英大头》的文章，并针锋相对指出，长期以来，欧洲极端环保组织和绿党等极端环保激进势力，利用二噁英问题，无视垃圾焚烧的巨大生态意义，长期对垃圾焚烧进行抹黑造谣。此次报告发布，欧洲垃圾发电联盟用扎实可信的大量证据，对非理性的极端环保主义进行了强有力的回敬。基于欧洲垃圾发电联盟通过对二噁英长期分析发表下述观点：欧洲各国绿党势力，借助国际上反对焚烧组织，不断在公众中强化关于垃圾焚烧的二噁英恐慌，不惜在科研报告和数据上，隐瞒、夸大，甚至造假。

很显然我国很多正直的环保人士，以及公众某些被欺骗、利诱了，不自觉地成了零废弃联盟等组织在中国的代言人。就此，垃圾焚烧需要回归到以符合客观规律的工程理论指导垃圾焚烧工程管理实践的轨道上来。

上面所说的译文，就是欧洲垃圾发电联合会于 2022 年 3 月发布的《全欧垃圾焚烧发电厂周边环境的二噁英长期分析》综述报告（表 5-6）。它是一份详细整合欧盟环保署对全欧二噁英排放清单的长期研究，包括欧盟各国大量良知科学家对垃圾焚烧二噁英环境影响的研究报告，以及大量来自焚烧项目一线的二噁英定期或连续监测数据，有些监测数据累积长达数十年之久。该报告展现了采取最佳可行技术范畴，严格控制污染排放，大幅度提升能源效率的大量科学事实。垃圾焚烧发电厂早已不是公众认知中的二噁英排放主要来源，反而成为削减整体二噁英排放，削减废弃物甲烷排放，气候友好型的新兴低碳行业。以下是引用原文翻译稿的基本观点（可直接查阅原文）。

欧盟环保署的相关报告认为，2019 年以来，欧洲所有垃圾焚烧厂合计二噁英排放量，从 1990 年的 32.5gI-TEQ，降到 2004 年的 2.1gI-TEQ，占欧洲工业企业总二噁英排放量不足 0.2%。2021 年发布的"1990—2019 欧盟排放清单"显示二噁英排放比例最高的行业为"商业、机构和家庭"，占比 43%；填埋和露天焚烧排名第二，占比 21%；以钢铁为主的工业生产排名第三，占比 19%；工业能源发电占比 8%。表 5-6 是对垃圾焚烧二噁英类控制的长期分析。

目前，欧洲二噁英最大排放源被认定是冬季居民分散式焚烧取暖（欧洲居民在冬季普遍使用烧柴火壁炉或家用柴油炉的取暖方式）。2018 年的一项研究认为，居民自发的分散取暖，二噁英排放量占当年同期整个欧洲所有排放量的 90%。

对欧洲一些国家垃圾焚烧二噁英类控制的长期分析　　　　表 5-6

国家	垃圾焚烧二噁英类控制的长期分析
法国	2014 年的一项研究对 100 台（套）垃圾焚烧炉的二噁英检测采样情况，进行了定期一次性检测和连续性检测的结果比对，发现一次性采样的二噁英数值，与连续性采样的数值，分别为 0.011ng-TEQ/Nm³ 和 0.019ng-TEQ/Nm³
比利时	一项对同一套炉排炉二噁英排放的研究，2002—2005 年，进行连续性采样检测和一次性定期采样检测的对比，二噁英排放值并无较大差异，且均大大低于欧盟的排放限值要求。这说明 NGO 一贯鼓吹的单次采样不能代表焚烧炉的二噁英排放水平，是不科学且不客观的言论
德国	2005 年的一项研究，调查了 1990—2005 年德国 66 家垃圾焚烧发电厂，研究了二噁英历年排放量和垃圾焚烧量的关系。结果发现，在十几年中，垃圾焚烧量从 920 万 t 增加到 1690 万 t，但二噁英的年度合计排放量减少了 1000 倍，是所有同类能源企业中下降幅度最大的
丹麦	针对一家垃圾焚烧发电厂的两条焚烧线，2019—2021 年，每两到三个月定期检测显示，二噁英类所有测量值，都低于 0.002ng-TEQ/Nm³，明显低于实验室的最低检出限值
瑞典	一份研究报告认为，瑞典垃圾焚烧量从 20 世纪 80 年代至 2015 年增加了 4 倍，垃圾发电量增加了 6 倍，但二噁英的排放量下降了 100 倍。报告还认为，垃圾填埋场中的垃圾自燃火灾，导致的二噁英排放，是普通垃圾焚烧炉排放的 5000 倍
意大利	一份北部城市二噁英排放论文，采集了垃圾焚烧发电厂 2015 年和 2017 年每年 12 个月的定期检测数据，并与该地的交通车辆二噁英排放定期监测数据做对比，发现机动车的二噁英排放量是垃圾焚烧发电厂的 1000 倍。意大利都灵一家垃圾焚烧发电厂，评估了工厂职工与周边居民的长期健康水平，50 名驻厂职工、50 名工厂周边市民、13 名 5km 外的市民，共同参与了长达三年的血液二噁英浓度定期检测。结果显示，垃圾焚烧电厂运行前、运行第一年和运行第三年后，上述 113 名被检测对象，体内血液的二噁英浓度没有增加，三组之间也没有浓度上的差异
奥地利	一座垃圾焚烧发电厂对二噁英的沉降问题进行了研究，其在厂区 650m 和 1km、3km 三个距离范围内，种植了同种对二噁英吸附作用较强的草类植物。结果发现无论在焚烧厂施工期间还是运行期间，不同距离内的植物，二噁英沉积数值并无特别差异

5.3　对二噁英的工程研究

5.3.1　关于二噁英的生成规律的研究

从物料平衡视角，垃圾焚烧过程排放二噁英类来自垃圾焚烧锅炉（正常炉膛主控温度区的温度窗口在 800～1050℃，实际运行按＞850℃控制）高温气相过程和烟气净化系统（系统入口温度实际运行多按 190～220℃控制）的低温异相催化前驱物合成或是低温异相催化从头合成过程。

有研究发现由前驱物反应生成的主要是 PCDDs，从头合成的主要是 PCDFs，因此有研究提出，若 PCDDs/PCDFs＞1，前驱物反应占优势；反之，是从头合成占主导地位。无论是前驱物还是从头合成反应都可以归结为飞灰表面的低温异相催化反应。飞灰是生成二噁英的主要反应表面,飞灰上的金属、金属氧化物或金属氯化物会促进二噁英的生成。迄今为止,对垃圾焚烧过程中二噁英的生成机理仍在深入研究与学术探讨之中。

5.3.1.1 焚烧过程的二噁英类与生活垃圾相关性

焚烧过程产生的二噁英与生活垃圾中的某些成分可能存在相关性;一种解释是在燃烧过程中由氯乙烯、氯代苯、五氯苯酚等含氯前体物分子,在燃烧中通过重排、自由基缩合、脱氯或其他分子反应等过程会生成二噁英类。这部分二噁英类在高温燃烧条件下大部分也会被分解。实际应用是根据研究成果＋工程裕量原则,按不低于850℃控制。

另一种解释是生活垃圾本身含有一定痕量二噁英类。由于二噁英类具有热稳定性,在燃烧过程中大部分二噁英得以分解,但焚烧烟气中仍会有小部分以气相及吸附于颗粒物的二噁英类形式排放出来。下述是一种尚有学术争议但传播较广的观点:当未能达到充分燃烧而在烟气中产生过多未燃尽物质,遇到适量重金属(特别是铜等触媒),在300～500℃的温度环境下,高温分解的二噁英类可能会重新生成。

有研究认为,生活垃圾中的 Cl、S 和重金属含量是影响垃圾焚烧二噁英产生的因素之一。垃圾中 Cl 的含量与烟气中 PCDD/Fs 浓度具有正相关性,而且对 PCDDs 排放浓度的影响比 PCDFs 更强;但增加垃圾中 Cl 的含量并没有按亲电芳香的取代方式产生氯化作用,表现为未发现同分异构体的变化。另有研究,S 的加入则可抑制燃烧过程中二噁英的生成,当 S/Cl>0.4 时就能实现对前驱物生成二噁英反应超过 80% 的抑制效率;S/Cl 在 0.7～1 范围内的抑制效果最好;S/Cl>1 时,SO_2 可抑制 PCDDs 的生成。

垃圾中普遍存在的微量重金属作为低温异相催化反应的催化剂,对二噁英的生成有影响。有研究表明,增加垃圾中 Cu 含量对 PCDD/Fs 的排放浓度、同系物分布或同分异构体都没有明显影响。分析原因,一是可能需要更大的 Cu 含量,二是可能 PCDD/Fs 的生成反应速率不受垃圾中 Cu 含量的控制。

5.3.1.2 垃圾焚烧二噁英类减排

对垃圾焚烧锅炉按"3T"控制法实现充分燃烧,是减少二噁英类生成的根本所在,成为国际上普遍采用的措施。可通过在线监测数据预判二噁英类排放情况。二噁英类在烟气低温冷却过程中合成的先决条件是有未完全燃烧的有机物作为合成二噁英类物质的前生体。对焚烧设施必须装备烟气急冷设施,使高温烟气在 1s 内降至 200℃以下,但不是防止二噁英类生成的必需措施。

瞬态燃烧条件下,PCDFs 同系物分布在瞬态燃烧过程中发生了改变,而 PCDDs 同系物无显著变化。此外,瞬态燃烧引起 PCDD/Fs 同分异构体的变化。这些现象说明,PCDDs 通过多氯苯酚缩合反应生成,依赖于烟气中 O_2 的含量和不完全燃烧过程中形成的碳基质,尽管 PCDDs 同系物种类没有随着 O_2 的减少而明显变化。

5.3.1.3 尚在深入探索二噁英类生成途径

目前还在深入进行工程原理的探索,如对焚烧烟气是否从高温状态降到低温状态时会发生二噁英再生成的研究;将 SO_2 和 HCl(或者 S/Cl 元素)关联在一起的交互作用对二噁英生成的影响;垃圾焚烧烟气中 PCDD/Fs 浓度随着烟气中 CO 含量的降低而下降的量化关系;高烟气 O_2 含量(如 10.5%)加速 PCDD/Fs 的从头合成,并且能增加合成 PCDD/Fs 前驱物的生成量,进而增加 PCDD/Fs 前驱物合成反应的关系;烟气中 H_2O 含量对 PCDD/Fs 具体生成途径是否有影响及影响规律等。

1983 年以来，陆续有学者研究提出不同的二噁英生成模型，如建立在氯酚反应基础上的炉内气相二噁英生成模型、飞灰表面催化反应模型、重新合成模型等。由于垃圾组分的复杂性、不稳定性、不均匀性，各种计算模型存在许多差异，至今尚未取得普遍认可的模型。

值得一提的是，清华大学热能系钱原吉、吴占松根据在垃圾焚烧锅炉内生成二噁英类的区域（图 5-5），应用热能工程基础理论，分别进行了炉膛内、高温换热热区及低温换热区，与二噁英类相关反应模型的研究，以及灰渣中以 denovo 合成反应为主的二噁英类生成的数学模型研究。研究成果可通过各计算方程的变量对二噁英类生成影响进行分析。

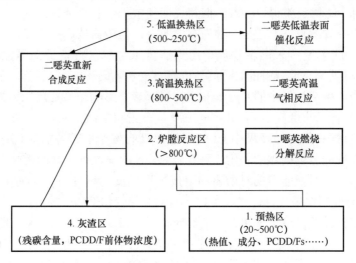

图 5-5　在垃圾焚烧锅炉内生成二噁英类的区域

5.3.1.4　垃圾焚烧二噁英控制的关键路径

垃圾在焚烧炉内得以充分燃烧是减少二噁英类生成的根本所在，以温度（Temperature）、时间（Time）、湍流（Turbulence）为初级减排控制要素，简称"3T"控制法，是针对垃圾气固相焚烧，以烟气与灰渣为指标而普遍采用的控制措施。"3T"是指垃圾焚烧锅炉的炉膛"3T"，包括气相"3T"与固相"3T"，在此暂不涉及固相"3T"。从功能上看，炉膛自下而上可划分为炉膛燃烧区、二次风紊流区、高温烟气辐射区、炉膛出口区。各区都有其理论基础、计算模型、控制指标等。对照相应区的工程基础可知，"3T"中的湍流是发生在二次风紊流区；"3T"中的温度与时间从高温二噁英类控制角度，是指以二次风入口断面为基准，发生在高温烟气辐射区，定义其为炉膛主控温度。

"3T＋E"的"E"是指过量空气（excess air），而空气本是燃烧三要素中的一项核心内容，控制要求也与"3T"不在同一层次，这在锅炉工程理论及计算方法中有十分明确的表述。故而在此只用"3T"概念。

由于焚烧烟气中的二噁英类物质主要是吸附在飞灰表面，因此应用袋式除尘技术＋活性炭吸附＋规范化运行管理，可有效控制向大气排放二噁英类。活性炭吸附是焚烧设施普遍采用的低温二噁英类控制方法。一般活性炭吸附不具有选择性，在活性炭吸附有机污染物的同时，挥发性重金属及其化合物也可以被吸附，从而也减少了向大气中释放重金属的量。20 世纪 90 年代，欧美已推出几种可用于焚烧设施烟气中二噁英类降解的催化剂，测试数据显示对烟气中二噁英类的去除率较高,但设备的投资和运行费用也较大。

5.3.2 垃圾焚烧过程去除二噁英的工程分析

5.3.2.1 二噁英类控制指标的管理

垃圾焚烧烟气二噁英类控制是以保证人体健康不受影响为总原则,不同国家和地区根据本国和地区的环境、经济、技术、规模与管理状况制定相应单一或分级控制的指标并适时进行修订。我国一直是按单一指标管控;欧盟是从早期无控制要求调整到目前的单一指标管控;日本则是根据单台焚烧规模的数量与范围宽泛特点,采取分级管控。

对焚烧烟气二噁英类排放指标有着不同的理解与管控要求。欧盟委员会的指导意见是"运行经验表明较低的炉膛温度、较短的停留时间和较低的烟气含氧量在一定情况仍然能够实现完全燃烧,并全面改善环境质量",基于这种热能动力工程理念的环境管理可称为"动态管理"。我国台湾地区张木彬对完全燃烧的控制指标的解释为,炉体必须符合混合均匀、停留时间在 1.5s 以上的条件;燃烧区的最低温度在 600~650℃ 以上,高于此温度则二噁英类破坏之趋势大于生成;当温度达到 900℃ 以上则二噁英类将被完全摧毁。我国大陆地区是以炉膛主控温度(850℃/2s)为红线,从锅炉启动进垃圾到停运清空垃圾期间,必须达到并保持 850℃。为保证满足我国红线指标要求,在分析研究运行管理过程曾经发生过的超标现象,以及征求二噁英研究和检测的专家意见基础上,推荐各焚烧主体按 0.05ngTEQ/Nm^3 作为内部控制指标并建立必要的压线专题研究制度。需说明的是,相对当前绝对化约束运行状态条件下的排放指标,这是从运行管理视角的严厉应对措施,至少目前不要将该措施上升到标准高度。

5.3.2.2 二噁英的脱除效率模型研究

在对垃圾焚烧烟气中二噁英的脱除效率模型研究中,浙江大学陆胜勇团队对烟气净化系统喷射粉状活性炭的吸附控制模型,进行了扩展,完善了经典的 Everaerts-Baeyens 模型,得出如下基本结论:

(1) 活性炭、消石灰、飞灰等在烟气管道携流中二噁英的吸附效率为:

$$\eta_\text{t} = 1 - \exp\{-k_1[2\varphi_\text{residual-carbon} \times 10^{-0.0125T-3}C_\text{dust} + 10^{-0.0125T-5}C_{\lim e} + 5.31 \times S_\text{ss} \\ \times 10^{-0.0125T-6}C_\text{AC}]t_\text{t}\} \tag{5-1}$$

式中 η_t——携流吸附效率;

k_1——携流吸附系数 [本文取 275395Nm³/(mol·s)];

t_t——携流接触时间,s。

(2) 活性炭在布袋表面的滤层中吸附二噁英的吸附效率:

$$\eta_\text{f} = 1 - \exp(-82.3(\rho_\text{b} \times 10^3)f_\text{s}[2\varphi_\text{residual-carbon} \times 10^{-0.0125T-3}f_\text{D} \\ + 10^{-00125T-5}f_\text{L} + 5.31 \times S_\text{SS} \times 10^{-0.0125T-6}f_\text{A}]\frac{\text{d}\varepsilon}{v_\text{f}}) \tag{5-2}$$

式中 η_f——布袋滤饼中二噁英吸附效率;

v_f——过滤速度,m/s;

ρ_b——布袋滤饼的堆积密度,kg/m³;

ε——滤饼孔隙度,约为 0.5;

f_D、f_L、f_A——布袋滤饼中飞灰、碱性吸附剂、活性炭的质量分数;

f_s——布袋滤饼中吸附剂未被占用的活性吸附位置比例。

（3）上述两个过程中，吸附剂对烟气中气相二噁英的总吸附效率可以表示为：

$$1 - \eta_g = (1 - \eta_t)(1 - \eta_f) \tag{5-3}$$

（4）继而可推导出活性炭＋袋式除尘系统对二噁英的脱除效率：

$$\eta = \varphi_s \eta_s + (1 - \varphi_s)\eta_g \tag{5-4}$$

式中　η——活性炭＋袋式除尘系统对气、固相二噁英总脱除效率；

　　　η_s——布袋除尘器对固相二噁英的脱除效率。

5.3.3　垃圾焚烧二噁英类跨媒介效应

5.3.3.1　人体内的二噁英类 90% 来自食品

研究表明，人体内的二噁英类 90% 以上来自食品。人体对二噁英类的暴露途径主要是通过食物。二噁英类可能通过食物链传递、包装材料的迁移和意外事故三种途径污染食品。一方面，二噁英类高度脂溶性的特点使其极易透过细胞膜进入细胞质，在细胞质内作为配体与转录因子芳香烃受体结合后产生毒性作用。另一方面，动物实验表明，2，3，7，8-TCDD 急性致死效应 LD50 在不同种属试验动物之间差异极大，如以单位体重计最敏感的豚鼠 LD50 为 0.6μg，而仓鼠 LD50＞3000μg，两者相差 5000 倍。由于在现实中人类不可能暴露于高浓度二噁英类中，尽管 1997 年国际癌症研究中心将 2，3，7，8-TCDD 列为人类致癌物，至今未有一例人类因二噁英类致癌的病例报道，更未见到由于人类中毒而死亡的报告；所见观测病例报道是氯痤疮及暂时性肝毒效应。另外，二噁英类具有结构稳定，半衰期长的特性，二噁英类在人体内的半衰期长达 5～12 年，仍需要注意长期接触可造成体内蓄积问题。

5.3.3.2　生活垃圾焚烧烟气排放对周边农田土壤二噁英浓度影响的模拟研究案例

浙江大学徐梦侠、严建华等就生活垃圾焚烧烟气排放对周边农田土壤二噁英浓度影响进行了研究，利用 GPS 定位仪采集了杭州某生活垃圾焚烧项目周边 0～7km 范围内的 33 个农田土壤样本，进行了二噁英浓度的测定和模拟，以不同距离土壤中 17 种有毒性二噁英同系物（congener）及毒性当量（I-TEQ）的贡献率来表征，即模拟值与实测变化值之比。研究还显示烟气排放对周边农田土壤的影响随距离的增加总体呈现下降趋势；对周边土壤中二噁英浓度的主要影响区域集中在 0～500m 的区域，其中只有 250～500m 区域烟气排放对 congener 及 I-TEQ 增加值的平均贡献率大于 0.1（分别为 0.19 和 0.13），对 1.5km 半径外的区域影响甚微。

为加强对二噁英类的有效控制，生态环境部发布了《排污单位自行监测技术指南　固体废物焚烧》HJ 1205—2021。其中针对二噁英类的检测要求包括对锅炉排气筒的烟气二噁英类每年检测不少于 1 次（有焚烧主体的是每半年或是每季度检测一次）；对周边环境空气、土壤的二噁英类每年检测不少于 1 次；飞灰按《生活垃圾焚烧飞灰污染控制技术规范（试行）》HJ 1134—2020 规定进行检测。对厂界无组织废气排放的检测，根据排污许可证、环境影响评价文件及其批复等相关生态环境管理规定执行。

5.3.3.3　关于生活垃圾焚烧项目排污许可与环境影响评价问题

1. 两个"82 号文"

国家环保总局、国家发展改革委于 2006 年 6 月 1 日发布《关于加强生物质发电项目环境影响评价管理工作的通知》（环发〔2006〕82 号），规定生活垃圾焚烧发电项目环境影响报告书应报国务院环境保护主管部门审批。2008 年 9 月 4 日，环境保护部、国家发展改革委、国家能源局发布《关于进一步加强生物质发电项目环境影响评价管理工作的通知》（环发〔2008〕82 号），将生物质发电项目环境影响报告书（表）调整为报项目所在省、自治区、直辖市环境保护行政主管部门审批。上述两个规划性文件见证了两年间，生活垃圾焚烧项目环境影响评价的审批权从地方到中央，再从中央返回地方的过程。

2. 建立排污许可证制度

2016 年 12 月，环境保护部发布《排污许可证管理暂行规定》（环水体〔2016〕186 号），对排污许可证等基础概念做出界定，并对排污许可证申请、审核、发放、管理等程序做出规范性规定。2017 年 7 月，根据《中华人民共和国环境保护法》《中华人民共和国水污染防治法》《中华人民共和国大气污染防治法》《中华人民共和国行政许可法》和《国务院办公厅关于印发控制污染物排放许可制实施方案的通知》（国办发〔2016〕81 号）等，环境保护部发布了《排污许可管理办法（征求意见稿）》，同时启动了排污许可条例的编制工作。2019 年 12 月，生态环境部公布了《固定污染源排污许可分类管理名录（2019 年版）》，分批分步骤推进排污许可证管理。2020 年 9 月底前基本完成所有行业排污许可证核发和排污信息登记工作，排污许可证审查与决定、信息公开通过全国排污许可证管理信息平台办理。前提之一是依法取得建设项目环境影响报告书（表）批准文件，或者已经办理环境影响登记表备案手续。

3. 关于环评自主验收

根据《中华人民共和国固体废物污染环境防治法》《中华人民共和国大气污染防治法》《中华人民共和国水污染防治法》《中华人民共和国噪声污染防治法》《建设项目环境保护管理条例》和《环境保护部关于发布〈建设项目竣工环境保护验收暂行办法〉的公告》（国环规环评〔2017〕4 号）附件 1 等有关规定，自 2020 年 9 月 1 日起由企业自主全面开展建设项目竣工环境保护验收。

2021 年 8 月 20 日，生态环境部发布《关于进一步完善建设项目环境保护"三同时"及竣工环境保护自主验收监管工作机制的意见》（环执法〔2021〕70 号），明确需要对建设项目配套环境保护设施进行调试的，建设单位应当确保调试期间污染物排放符合国家和地方有关污染物排放标准和排污许可等相关管理规定。

纳入排污许可管理的建设项目，排污单位应当在项目产生实际污染物排放之前，按照国家排污许可有关管理规定要求，申请排污许可证。环境保护设施未与主体工程同时建成的，或者应当取得排污许可证但未取得的，建设单位不得对该建设项目环境保护设施进行调试。

环保验收期限是指自建设项目环境保护设施竣工之日起至建设单位向社会公开验收报告之日止的时间。除需要取得排污许可证的水和大气污染防治设施外，其他环境保护设施的验收期限一般不超过 3 个月；需要对该类环境保护设施进行调试或者整改的，验收期限可以适当延期，但最长不超过 12 个月。

验收报告公示期满后 5 个工作日内，建设单位应当登录全国建设项目竣工环境保护验收信息平台，填报建设项目基本信息、环境保护设施验收情况等相关信息。建设单位应当将验收报告以及其他档案资料存档备查。

5.3.3.4　学习二噁英检测知识，做好配合取样工作

《生活垃圾焚烧发电厂自动监测数据应用管理规定》自 2020 年 1 月 1 日起正式实施。加之此前已经实施的"装、树、联"等系列依法环保监督措施，成为促进生活垃圾焚烧项目规范化运行的驱动作用。当然，任何事情都很难做到完美无瑕，当这些环保规定完全是建立在燃烧与热能工程理论基础上时，才能更加充分发挥生活垃圾焚烧项目安全、可靠、环保与经济运行的作用。

运行主体要主动学习《环境二噁英监测技术规范》HJ 916—2017、《环境空气和废气　二噁英类的测定　同位素稀释高分辨气相色谱-高分辨质谱法》HJ 77.2—2008 等规范性检测方法，遵循采样条件与要求，提取、净化、上机样品以及仪器分析、数据保证等要求，创造良好的取样环境。

5.4　垃圾焚烧烟气二噁英的控制

5.4.1　垃圾焚烧烟气二噁英类控制概述

根据焚烧工程理论，以最早从垃圾焚烧过程发现二噁英类为驱动力，进行最佳可用工程技术应用研究，形成高温燃烧烟气与低温烟气的两级污染物控制措施。随着对垃圾焚烧锅炉及其燃烧工况的改进以及安装更先进的污染控制装置，垃圾焚烧排放二噁英类的量急剧下降，例如日本近 10 年来二噁英类物质的年排放总量由 8.13kg-TEQ 下降到 0.4kg-TEQ。

以下技术已被证明为最佳可用控制技术，如基于二噁英高温分解特性的炉膛主控温度区（850℃/2s）的工程技术、为提高污染物控制的袋式除尘技术、粉状活性炭吸附二噁英技术，以及建立我国焚烧烟气二噁英控制标准和内部控制指标。与此同时，对垃圾焚烧全过程二噁英类控制的深入研究一直在进行。锅炉启动与停运过程处于状态参数迅速变化的不稳定工况，对启炉过程二噁英类浓度变化的一项案例（表 5-7）显示有相同的不稳定性。在不同运行阶段，检测期间需要遵守如此例的基本规律。

垃圾焚烧锅炉启动过程的二噁英类控制　　　　表 5-7

运行状态	采样点/（ng-TEQ/Nm³，11%O₂）			
	炉膛	省煤器出口	袋式除尘器后	烟囱
正常运行		0.7	0.01	0.02
启炉过程				
暖炉过程		20～35.2	2.5	0.23
燃油过程	2.2～9.6	41～267	5～26.6	0.08～0.72
投料过程	1.1～8.7	16～64	3.9～16.5	1.35～4.3
稳定运行后				1.1(3d);0.21(4d);0.1(8d)

注：启炉过程中的二噁英类剧增，特别是燃油过程的排放量是正常运行过程 200 倍以上。待运行稳定一段时间后，二噁英类排放量才会降下来。

近年的一项研究显示，正常运行条件下生活垃圾焚烧向大气排放二噁英类的量，占我

国各类二噁英类污染源大气排放总量的 1.4％（2004 年的清单估算值为 3.3％）。据 2009 年 5 月斯德哥尔摩公约第四次缔约方大会公布的文件，全球二噁英年排放量为 13×10^4g-TEQ，我国垃圾焚烧年排放为 338g-TEQ。这与我国在焚烧设施的建设运行中掌握了二噁英类控制技术和方法不无关系。曾经在对国内 19 组焚烧烟气二噁英类排放量的检测中，有 6 组排放数据在 0.11～0.84ng-TEQ/Nm³，达到当期 1.0ng-TEQ/Nm³ 排放指标规定。此后又经过多年探索，特别是实现烟气排放数据公开，对二噁英类进行行政监测过程存在问题调整后，再未见对向社会公开项目的监测结果超 0.1ng-TEQ/Nm³ 现象。在对待中国建设垃圾焚烧设施的宣传上，那种借"二噁英是个坏东西，一个分子也不能让其产生"的伪科学思潮已经不攻自破；更使西方媒体所谓"中国兴建垃圾焚烧炉的计划一旦实施，全球的二噁英排放可能会在现在的水平上翻番"一类有意妖魔化中国的倾向言论不攻自破。

自 1986 年欧洲一些国家实施 0.1ng-TEQ/Nm³ 二噁英排放标准以来，已积累有近 40 年的经验，达到该指标的二噁英类控制工艺技术可公开获取。1996 年美国环保局对俄亥俄州 East Liverpool 的一座距居民住地、小学和饮用水源地都很近且运行了 10 年的废弃物焚烧厂，开展了广泛的环境和人体健康影响调查。耗资 100 万美元，完成的调查报告厚达 3300 页。报告结论是，此焚烧厂运行没有对当地生态环境和人体健康造成不利影响。但是，国内外多年运行经验表明，焚烧规模小于 4t/h 非连续运行焚烧炉是很难达到 0.1ng-TEQ/Nm³ 的二噁英排放控制水平。这与具有很小冗余的锅炉炉膛热容量、很难适应垃圾不稳定性能的变化、各控制点温度难以稳定有关。

在垃圾焚烧二噁英类减排方面取得的成功，与焚烧二噁英类重要前生体等生成机理研究成果；以及对减少二噁英类生成的"3T"控制法等充分燃烧运行管理方法密不可分。另外，由于焚烧炉烟气中的二噁英类物质主要是吸附在飞灰表面，因此高效除尘可以极大减小二噁英类排放。活性炭吸附是焚烧设施普遍采用的尾气净化方法，一般活性炭的吸附不具有选择性，在活性炭吸附有机污染物的同时，挥发性重金属及其化合物也可以被吸附，从而也减少了向大气中释放重金属的量。自 20 世纪 90 年代，欧美国家已推出几种可用于焚烧设施烟气中二噁英类降解的催化剂，测试数据显示对烟气中二噁英类的去除率较高，但设备的投资和运行费用也较大。

5.4.2　影响生活垃圾焚烧过程二噁英控制与监测的负面因素

二噁英类初级减排主要控制措施是对炉膛主控温度区域的运行管理。垃圾不稳定的理化特性决定了燃烧工况是在一定区域内波动的特征，燃烧和传热规律决定炉膛内各点温度差异的特征。鉴于有脱离锅炉工程原理错误解析炉膛、炉膛温度与炉膛主控温度等概念，甚至做出错误的运行评价，需要明确的是，炉膛主控温度区是以炉膛上二次空气入口断面为基准，烟气达到 850℃ 及以上且滞留时间不小于 2s 的运行区域。在锅炉设计时，由设计垃圾热值及保证正常辐射换热的 80％～115％（120％）额定烟气量确定。实际运行过程可取年平均烟气量作为额定运行烟气量，取实际年平均垃圾热值，进行主控温度的核定。此外，炉膛主控温度并非是垃圾焚烧锅炉唯一监控点，实际锅炉监控是对包括烟风侧与汽水侧各典型温度点的温度系统的安全、可靠、环保与经济运行的监控。

作为痕量级有害物质的二噁英类具有取样精细、检测复杂、检测误差相对较大特征。影响二噁英检测结果的因素复杂并具有随机性，影响二噁英排放的因素众多，除前述焚烧状态因素外，还有如烟气含水率、携带细微颗粒及气溶胶、催化物质致使二噁英生成不可控，除尘器漏风、滤袋质量，活性炭质量、注入状态、失效条件，取样口清洁等。这就需要做好运行维护与监测取样的标准、程序、过程、设施等多方面的协调、配合工作。

按检测误差分析理论，样品抽取是影响检测的基本因素。按《环境空气和废气　二噁英类的测定　同位素稀释高分辨气相色谱-高分辨质谱法》HJ 77.2—2008 中 7.2 规定：环境条件（温度、水分、压力、流速、氧含量等）；采样内标物质回收率 70%～130%；采样嘴与气流方向≤10%；采样管抽出后用水冲洗采样管和连接管，保留冲洗液与冷凝水。检测前 1 个月无停炉，检测前 20 分钟未进行锅炉清灰。根据历史数据和现场核查情况，取样期间的各种复杂的干扰因素可能导致二噁英取样与建设运行工况不一致，以至检测结果与运行数据不匹配的现象。

控制好二噁英达标排放，需做好以下方面：①加强垃圾焚烧与环境保护等相关行业之间的跨界合作。②提升垃圾焚烧运行管理的工程理论水平。③在二噁英基础理论研究基础上，深入研究提高二噁英主动控制的工程理论，如二噁英高温去除后低温再生成的机理、燃烧过程中二噁英与 CO 量化关系等，以指导与提升垃圾焚烧运行状态及运行管理水平。

5.4.3　对垃圾焚烧烟气二噁英监督性检测问题的调查分析与建议

5.4.3.1　对垃圾焚烧烟气二噁英监督性检测问题的调查分析

2017 年，生态环境部门对具有国内示范作用、规范化运行的几个项目监督性抽检后通知二噁英检测值异常，甚至有二噁英检测值 40% 厂超标的"事件"。此事一出，惊诧运行主体与主管部门，并引起行业高度重视。经自查无果后，立即组织二噁英科研与检测、焚烧项目工程运行管理、生态环境研究与执法、项目主管和监管等部门进行"会诊"。此外，对取样与取样仪器校准等问题由监测责任人掌控，不在此讨论范畴。

1. 对取样当日的运行与烟气排放状态调查

调阅取样当日环保平台公示的运行状况，显示抽检焚烧线运行温度、平均污染物排放正常，查证日报表各项运行参数正常，查活性炭质量与当日添加量正常，查验取样前当日除尘器压差曲线显示取样期间未进行清灰，检测前 1 个月无停炉、采样前 20 分钟未进行锅炉清灰。

2. 对取样前的年度工程运行管理调查与分析

对运行工况、历史记录核查与初步判断，建设程序合规，运行管理制度和应急预案健全并严格执行，主设备配置与运行状态参数规范，采用污染控制标准准确且具有可追溯性。

3. 对取样环境调查

多存在监测与除尘器清灰的时间协调问题。根据检测要求及相关试验分析，采样前 20 分钟不清灰，实际都是连续检测 6h，从而与除尘器清灰周期等的运行状态不协调。检测 4h 后的阻力处在顶格运行状态，此时正是取第三个样品时间段。

脉冲式布袋除尘器运行阻力在 1000～1200Pa 时的除尘效率比较高，耗电量比较经济。实际设计一般按不大于 1500Pa 控制。清灰周期一般在入口含尘浓度≤5g/m³ 时，喷吹周期 25～30 分钟。采用覆膜滤料有延长到 118 分钟。显然 6h 不清灰会影响除尘效率。

对普通粉尘，表面覆膜的微孔孔径要求小于 2μm，对处在拦截作用下限、扩散作用上限的 0.2～0.4μm 超细颗粒（气溶胶）本身就很难捕集即除尘效率较低。增大压差则降低除尘效率，可能会增加进除尘器净室的概率。

另外，调取某项目监测期间除尘器阻力曲线，初步判断有除尘器漏风情况。除尘器灰斗中的灰一次清空是造成漏风的原因之一。取样口在方形水平烟道上，其后有波纹管补偿器，存在管件不严密情况。

5.4.3.2 二噁英类检验的采样问题

二噁英类作为痕量物质，而且处于运行热力过程的恶劣环境条件，为保证检测误差在允许范围内，对采样环境的要求，保持焚烧垃圾成分基本稳定；锅炉温度、压力等级运行工况稳定，生产负荷达到设计生产能力 75％以上；保持进烟气净化系统的烟气温度、压力、流速、湿度、CO 含量、O_2 含量等运行状态稳定。按二噁英监测技术规范要求采样前至少稳定运行 2h，样品采样周期不少于 2h，采样量同时满足方法检出限要求，现场测量无异常现象，采样前加入采样内标物质的回收率在 70％～130％，否则重新采样。

为避免短时间不稳定工况对采样结果造成影响，最好在检测前 1 个月无停炉；采样前 20～30 分钟不进行锅炉清灰；采样周期一般为 6h，最大 8h。另外，考虑袋式除尘器清灰周期一般在 2h 内的规律，采样频次间隔时间不宜少于 0.5h。2020 年二噁英类连续取样 6h 不能清灰，取样约 2h 后的清灰阻力均处于顶格运行状态，以致仅出现前 2 个样检测正常，第 3 个样超标的不正常现象。对此，生态环境部门将正常二噁英检测调整为监督性检测，采样频次相应调整为 1 次样。鉴于这种检测结果的误差可能更大，可适当调整控制指标，如为正常指标的 1.3 倍。

包括检测方法，试验室温度、湿度、洁净度，检测试剂等环境条件，检测仪器与计量器具，检测质量—人员素质等试验室检测，应符合《污染源在线自动监控（监测）数据采集传输仪技术要求》HJ 477—2009 等标准要求，此部分内容不在此探讨范围。

5.4.3.3 生活垃圾焚烧二噁英类控制实操管理措施

常态化安全、可靠、环保、经济运行是达到二噁英类脱除效率的基本保证。根据系统设备工程基础与实际运行经验，一般可控制焚烧线连续运行 4～5 个月后进行维护保养；要保持 CEMS 准确性，做到烟气监测仪每周校准 1 次，每季度按参比法进行烟气在线检测系统校验；在线监测仪标定用标准气正常；取样口口径 100mm，以保证检测探头顺利插入；注意取样口清洁，进行烟道积灰清理，有效管控叠加飞灰二噁英量的烟道记忆效应。

注意运行参数控制。在垃圾焚烧炉尾气温度 150～220℃范围内，脱除效率随温度的升高下降非常快。尽量降低活性炭吸附 AC＋袋式除尘器 BF 系统运行温度，实际应用中最低温度极限大约为 150℃左右，在更低的运行温度下便会发生 $CaCl_2$ 等吸湿盐的潮解；省煤器出口氧量约 5％，烟囱测点处氧量约 6％～8％，根据实际情况间隙调整；注意控制烟气含水率。

加强飞灰量控制。烟气颗粒物粒径多≤10μm，75％以上之固相二噁英分布其中，故颗粒物排放值高，不利于二噁英排放控制。要达到二噁英 0.1ngTEQ/Nm^3 排放值，须控制日均值颗粒物排放浓度≤20mg/Nm^3。

对活性炭性质需考虑：①吸附效果随粒度减小而增大。②关注喷入活性炭粉末的气流，确保活性炭粉末能够均匀地分布于烟气中。③脱除效率随活性炭比表面积 S_b 的增大而有弱增加，S_b 的增加对于脱除效率的提高作用在较高的操作温度下比较低的操作温度下更加显著。

活性炭量的控制。基于 $0\sim65\mathrm{mg/Nm^3}$ 范围内脱除效率 η_g 几乎随活性炭喷入浓度的增加而成线性增加考虑，活性炭喷入量要求 $\geqslant50\mathrm{mg/Nm^3}$。到约 $150\mathrm{mg/Nm^3}$ 时，继续增加活性炭浓度，η_g 增加不再明显。活性炭携流停留时间 t_{xl} 一般随温度升高而增大，投加的活性炭被截留在除尘滤袋外表面，t_{xl} 受滤袋清灰周期的约束。

5.4.4　垃圾焚烧过程的二噁英类控制措施

针对生态环境部门对烟气二噁英排放监督性检测中的检测值超标现象，再度核查监督性检测前后时段的运行状态，表现正常，只是除尘器阻力未能按清灰周期运行，出现顶格运行的非正常现象。在二噁英研究学者和专家共同分析研究的基础上，汇集了如下二噁英控制与监测的负面影响因素。

5.4.4.1　垃圾焚烧过程二噁英类控制的基本要求

包括二噁英类在内的垃圾焚烧烟气减排是复杂的系统工程，检测值是各种影响因素叠加的综合结果。要从炉膛温度、烟气含氧量、CO 等特征参数与二噁英生成相关条件进行综合控制（表 5-8）。

影响环保达标的运行因素与对策　　　　　　　　表 5-8

序号	影响因素	对策
1	垃圾不稳定特性与不完全燃烧	控制指标：炉渣热灼减率，CO 浓度。 监控方法：直接观察火焰颜色判断燃烧温度，进行火线监督
2	炉膛主控温度区随着负荷降低下移	运行控制：垃圾焚烧锅炉的日均负荷率控制在 0.8～1.1 区间，且要避免低于 0.7 或高于 1.2
3	焚烧垃圾热值 LHV 大于 MCRLHV	运行控制：控制负荷运行。 环保措施：针对 LHV＞MCRLHV 加强垃圾特性分析，合理调整焚烧量。避免过度焚烧导致炉膛主控温度区上移现象
4	运行故障与排除状态分为可预见与不可预见现象	负面作用：烟气温度与污染物的波动。 管理对策：提高 ACC 投入率。避免或减少故障率，提高初级减排水平
5	检测设备在恶劣工作环境下的寿命很短，发生失真现象，发送、传输、接受过程故障	运行管理：按规定期限进行仪表设备检测与比对。 环保措施：要及时沟通，建立企业、省级环保监督与国家环保平台监督通道的畅通

要以垃圾焚烧工程理论为基础，以环保检测作为驱动力，从垃圾储存、焚烧过程的初级减排到烟气污染物控制的二级减排进行全链条控制，提升规范化运行管理水平。尤其注意二噁英检测值是各种影响因素叠加的综合结果，需要按二噁英检测规范做好检测前的准备工作。取样周期与间隔应与除尘器清灰制度协调一致，以符合使取样周期在 2h 之后可进行脉冲清灰、在两个样品采集之间留有不少于 30min 清灰间隔等规定。检测期间运行主体值长要加强观察除尘滤袋阻力以及温度、流量状态，异常时要及时与现场监测人员沟通。

324

严格根据生产安排按计划落实维保与检修,以保持设备性能;做到各项安全、环保、经济管理制度规范,以保持系统设备运行的可靠性,环保数据正常并可追溯。

关于焚烧过程分解的前生体在 300~500℃ 温度区间可能会在烟气中的 $CuCl_2$、$FeCl_3$ 催化条件下重新与 Cl^- 反应生成二噁英的烟气控制措施,经实践证明,袋式除尘＋活性炭吸附是低温减排的有效措施。

此外,应根据垃圾焚烧工程理论基础和当地环境容量要求,控制合理的排放指标并留有余地,不应过分强调低指标;每年对飞灰二噁英、土壤二噁英累积情况进行一次检测,有异常情况时增加检测频次。还要注意,烟管中可能留存的二噁英前生体,随时间缓慢释放,与催化物质反应生成二噁英的"记忆效应"。采取定期清除管内积碳措施可降低记忆效应的负面影响。

5.4.4.2 焚烧过程初级减排二噁英类控制

垃圾焚烧工程初级减排二噁英控制指标是与锅炉运行的温度相辅相成的。下述基础性研究可供工程分析参考:保持炉膛内高温烟气温度达到 850℃,滞留时间大于 2s 时的炉内相关反应原理及反应常数如下(表 5-9)。

炉内相关反应原理及反应常数   表 5-9

序号	反应公式	反应常数
1	P(氯酚)⟶PCDD/Fs+2HCl	$63.6\exp[-83600/RT]$
2	PCDD/Fs+nO_2⟶mCO_2+βHCl	$431\exp[-46600/RT]$
3	P(氯酚)+nO_2⟶mCO_2+φHCl	$431\exp[-46600/RT]$

如前所述,垃圾焚烧锅炉系统按"3T"控制法实现充分燃烧,是保持焚烧线良好运行、减少二噁英类生成的根本所在。有研究称按"3T"控制燃烧过程二噁英类消减率可达到 99.9%。"3T"控制需要遵循锅炉工程理论基础,正确理解锅炉设计计算用理论炉膛温度和基于二噁英类控制的特征参数炉膛主控温度。

基于辐射换热的炉膛主控温度是我国当前环保监管的指标。但是欧盟近年研究结论是温度低一点、滞留时间短一点,不影响二噁英达标排放。对此可理解为:一是炉墙侧面检测测点温度会低于该断面的平均温度 50~100℃;二是热力过程的误差理论是指导实际运行管理的工程基本规律之一;三是基于试验研究(750~800℃/1s)与工程余量控制(850℃/2s)的应用控制理念转变结果。控制垃圾焚烧过程二噁英达标排放的初级减排经验性要求:

(1)控制垃圾焚烧处理量。避免过度超负荷或是过低负荷(如长期低于 80% 额定负荷)运行,保障设备在设计点附近的良好运行性能。对层燃型垃圾焚烧技术,日焚烧垃圾量不宜超过处理规模的 1.05 倍(按每天每次运行 2h,每日 2 次超额定处理量 10% 计),并根据垃圾池内渗滤液产生量控制进厂垃圾量。

(2)加强对焚烧垃圾的分析,加强对垃圾池内垃圾的管理以改进垃圾均质性;按"3T"原则进行焚烧过程控制,保证适宜的炉膛负压与烟气流速,避免或减少偏烧现象;保持垃圾稳定充分燃烧,控制炉渣热灼减率≤3%,合理控制燃烧过量空气系数(α)及省煤器烟侧出口 CO≤40mg/Nm³,推荐控制烟气含水率<20%。注意渗滤液回喷对烟气含水率的影响。

（3）加强设备维护，尽可能减少焚烧线停运频次，年度计划检修＋非计划检修不超过4 次。保持每条焚烧线年运行时间不低于 8000h 且不宜超过 8400h。

5.4.4.3　焚烧烟气二级减排的二噁英控制应用措施

加强对管道管件之间、管道管件与设备之间、设备各部套之间密封的管理，避免或减少烟气净化系统漏风率。要保证除尘系统管件与管件、管件与设备、滤袋与花板、除尘器各部套之间全方位密封处于良好运行状态。

宜控制烟气进袋式除尘器时的温度＜200℃。尽可能降低颗粒物排放浓度，控制 97％ 额定负荷的小时均值与日均值≤10mg/Nm³，100％额定负荷的小时均值≤20mg/Nm³。充分注意袋式除尘器的脉冲周期、除尘器阻力与二噁英监测取样周期的关系。应设置两个除尘器卸灰阀串联工作，并保证两卸灰阀不同时开启卸灰。保持卸料器的上方有一定高度灰柱形成的灰封，保证布袋除尘器排尘口处的气密性。

注意烟道中飞灰的记忆效应（memory effect）❶，定期清除烟道中的积灰。将定期清除排放管道中之积碳、保持采样口清洁纳入日常管理并形成运行管理制度。采样口口径要求 $\phi 80 \sim \phi 100mm$ 且保证其密封性。注意在 220～240℃工况下，SCR 具备有限减排二噁英作用，但工况变化对二噁英排放的影响大，甚至产生负面影响。

严控活性炭品质与稳定性。在活性炭比表面积≥800m²/g 条件下，投入量应＞50mg/Nm³，且不宜超过 150mg/Nm³；做到活性炭均匀给料；关注喷入活性炭粉的气流，确保均匀分布于烟气中。注意烟气含水率对活性炭失效的影响。

5.4.4.4　活性炭喷射联合袋式除尘系统对二噁英类脱除效率的影响

活性炭是一种主要由含碳材料制成的，内部孔隙结构发达、比表面积大、吸附能力强的一类微晶质碳素材料。活性炭材料中有大量微孔，1g 活性炭材料中微孔的展开表面积可高达 800～1500m²。正是这些如人体毛细血管的高度发达孔隙结构，使活性炭拥有了优良的吸附性能。活性炭常用比表面积（BET）指标，是用氮气或丁烷的吸附方法测出活性炭总表面积的应用参数。其局限性在于并不完全存在 BET 越大、吸附力也越大的规律。这是因为活性炭的孔有大孔、中孔和微孔的区别，有时仅有部分的孔适合于某类大小吸附物的进入。

活性炭分子之间受到相互吸附的"范德华力"作用，在微环境下始终是不停运动的。分子运动速度受温度和材质等原因的影响。当一个分子被活性炭内孔捕捉进入到活性炭内孔隙中后，由于分子之间相互吸引的原因，会导致更多的分子不断被吸引，直到添满活性炭内孔隙为止。活性炭同样具有物质吸附量随温度升高而减小、随压力升高而升高，以及置换吸附等特征。在正常的运行温度范围，活性炭的吸附作用非常强烈，并且将在很大程度上取决于烟气与活性炭粉末的气/固相接触（外扩散），而吸附容量则主要取决于活性炭的内部孔隙结构（内扩散）。

在垃圾焚烧二级减排的实际应用中，采用活性炭（AC）＋袋式除尘（BF）系统脱除二噁英类的联合工艺，并进行一定条件下活性炭喷入量和温度关系、烟气工作温度以及活性炭投入量对二噁英类脱除效率的工程应用研究。影响活性炭＋袋式除尘系统活性炭喷入

---

❶　记忆效应是烟道气排放管道中，留存有二噁英或二噁英的前驱物，上述物质随时间缓慢释出，与催化物质反应生成二噁英效应，造成改良的 APCD 无法达成原先设计的去除效率。

量的主要因素有烟气温度、活性炭特性、飞灰浓度、夹带停留时间、AC＋BF 系统入口二噁英浓度等。其中活性炭喷入量随着温度的升高而增大。这是因为吸附是放热过程，随着温度的升高，吸附剂的表面覆盖分数降低，吸附效率下降，消耗活性炭量增加（图 5-6）。

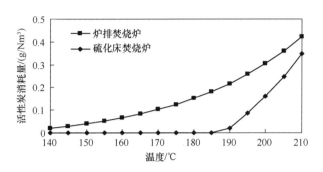

图 5-6　活性炭喷入量和温度的关系

（图片来源：陆胜勇等，《垃圾焚烧烟气中二噁英的脱除效率模型研究》）

下述研究结论可供应用参考：仅当活性炭＋袋式除尘系统入口二噁英浓度≤5ngTEQ/Nm³ 时，出口浓度方可满足 0.1ngTEQ/Nm³ 排放指标要求。案例 1：在反应常数 $k=431\times\exp[-46600/RT]$ 下，800℃-2s 二噁英类脱除效率 $\eta_g=99\%$，850℃-2s 二噁英类脱除效率 $\eta_g=99.5\%$，1000℃-1.5s 二噁英类脱除效率 $\eta_g\approx100\%$。案例 2：采用下述参数设置：流化和层燃炉飞灰浓度 25g/Nm³ 和 2g/Nm³，石灰浓度 3g/Nm³，活性炭比表面积 850m²/g，在携流中的停留时间 2s，滤层厚度 2mm，体积密度 500kg/m³；此时系统入口气相二噁英浓度为 2.5ngTEQ/Nm³；则系统对气相二噁英脱除效率＞96%。案例 3：不同温度、活性炭喷射量，活性炭＋袋式除尘对二噁英类脱除效率 η_g 的影响如表 5-10 所示。

不同温度、活性炭喷入量，活性炭＋袋式除尘对二噁英类脱除效率 η_g 的影响　表 5-10

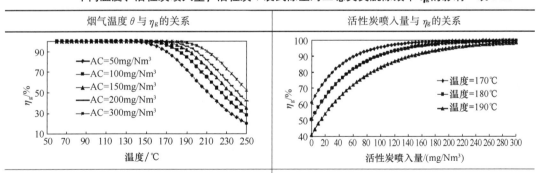

烟气温度 θ 与 η_g 的关系	活性炭喷入量与 η_g 的关系
说明：烟气温度上升，二噁英脱除效率降低。烟气温度在 150～200℃范围时，二噁英脱除效率下降非常快。活性炭喷入量为 50mg/Nm³ 时，烟气温度 150～200℃，二噁英脱除效率从 98.2%下降到 61.6%	说明：活性炭喷入量为 0～65mg/Nm³ 时，二噁英脱除效率升高；活性炭喷入量大于 150mg/Nm³ 时，二噁英脱除效率增加不明显；活性炭喷入量为 200mg/Nm³ 时，二噁英脱除效率趋近 100%

注：其他工程经验——①吸附剂的吸附效果随其粒度的减小而增大。应该更加关注喷入活性炭粉末的气流，确保活性炭粉末能够均匀地分布于烟气中。②随活性炭比表面积的增大而有微弱的增加，活性炭比表面积的增加对于 η_g 的提高作用在较高的操作温度下比较低的操作温度下更加显著。

5.4.4.5 垃圾焚烧烟气二噁英排放指标与实际排放情况

2014 年前，我国根据不对生态环境和人体健康造成影响并适当严格控制的原则，垃圾焚烧烟气二噁英类排放指标按 1.0ngTEQ/Nm³ 执行。2014 年 7 月，我国根据社会与经济发展状况，开始实施垃圾焚烧烟气二噁英类 0.1ngTEQ/Nm³ 排放指标。

浙江大学 2009 年发表了一份生活垃圾焚烧烟气二噁英排放情况的调查报告（表 5-11），显示当时垃圾焚烧减排压力还较大。该报告认为流化型焚烧技术有更高的燃烧效率和灼减率，采用添加重量比小于 20% 含硫煤，有助于降低二噁英的生成和排放。

不同炉型二噁英排放情况（单位：ngTEQ/Nm³） 表 5-11

炉型	焚烧炉数	平均处理量	浓度范围	平均浓度	按 1.0 达标率	按 0.1 达标率
层燃型炉	26	355t/d	0.013～4.140	0.753	73.1%	42.3%
流化型炉	20	355t/d	0.005～1.860	0.350	85.0%	45.0%

2015 年，中国环境卫生协会对运行的 149 条焚烧线（含 26 条流化型焚烧线）196 组二噁英类排放的调研结果显示，12 条较早建设的焚烧线按 1.0ngTEQ/Nm³ 控制，23 次检测结果在 0.11～0.82ngTEQ/Nm³。于 2017 年调查运行的 236 座焚烧厂（含 60 座流化型焚烧厂）按 0.1ngTEQ/Nm³ 指标控制，仅有一座焚烧厂检测值超标，另有几座焚烧厂的检测值在 0.08～0.09ngTEQ/Nm³，属压线运行。

到 2021 年运行的 700 多个项目均达到 0.1ngTEQ/Nm³ 指标。这与大多按 0.05ngTEQ/Nm³ 作为内控指标，一旦出现 0.05ngTEQ/Nm³ ≤ 二噁英排放值 < 0.1ngTEQ/Nm³ 现象时，及时就两级减排的运行管理过程进行专题分析是密不可分的。

附录 5-1

ELSEVIER 公司出版的《监管毒理学和药理学 146（2024）105525》发布了 2022 年世界卫生组织对人类和氯多氯哺乳动物二噁英、二苯并呋喃和联苯毒性等效因子的重新评估报告。

报告摘要如下：2022 年 10 月，世界卫生组织在葡萄牙里斯本召开了一个专家小组会议，在会上对 2005 年世卫组织对氯化二噁英类化合物进行了重新评估（附表 5-1）。与早期采用专家判断和基于共识的 TEF 值分配的小组相比，目前的工作采用了对 2006 年 REP 数据库的更新、基于共识的加权方案、贝叶斯剂量反应模型和元分析来推导"最佳估计" TEF。更新后的数据库包含的数据集数量几乎是早期版本的两倍，并包含了通知加权方案的元数据。该数据集的贝叶斯分析结果是一个与不确定性估计的同源特异性效力的无偏定量评估。来自该模型的"最佳估计"TEF 用于为几乎所有的同源物分配 2022 个 WHO-TEF，这些值没有像之前所做的那样四舍五入到半对数。例外的是单邻多氯联苯，由于该小组同意保留其 2005 年世卫组织-tef 的有限和这些化合物的异质性数据。将这些新的 TE-Fs 应用于母乳和海产品中有限的一组类似二噁英的化学浓度，结果表明，总毒性当量将往往低于使用 2005 年的 TEFs。

二噁英类化合物当前用 I-TEF 和 WHO-TEF 与 2005 年、2022 年 WHO-TEF 比较

附表 5-1

PCDD/Fs	I-TEF	2005 年 WHO-TEF	2022 年 WHO-TEF
2,3,7,8-TeCDD	1	1	1
1,2,3,7,8-PeCDD	0.5	1	0.4
1,2,3,4,7,8-H$_x$CDD	0.1	0.1	0.09
1,2,3,6,7,8-H$_x$CDD	0.1	0.1	0.07
1,2,3,7,8,9-H$_x$CDD	0.1	0.1	0.05
1,2,3,4,6,7,8-HpCDD	0.01	0.01	0.05
OCDD	0.001	0.003	0.001
2,3,7,8-TeCDF	0.1	0.1	0.07
1,2,3,7,8-PeCDF	0.05	0.03	0.01
2,3,4,7,8-PeCDF	0.5	0.3	0.1
1,2,3,4,7,8-H$_x$CDF	0.1	0.1	0.3
1,2,3,6,7,8-H$_x$CDF	0.1	0.1	0.09
1,2,3,7,8,9-H$_x$CDF	0.1	0.1	0.2
2,3,4,6,7,8-H$_x$CDF	0.1	0.1	0.1
1,2,3,4,6,7,8-HpCDF	0.01	0.01	0.02
1,2,3,4,7,8,9-HpCDF	0.01	0.01	0.1
OCDF	0.001	0.0003	0.002

报告指出，2005 年版 WHO-TEF 通常比对应的 I-TEF 值小（仅 1,2,3,7,8-PeCDD 除外）。2022 年版 WHO-TEF 中七氯代、八氯代和部分六氯代 PCDD/Fs 的毒性当量因子有了较明显的上调。

应该说关于二噁英类的研究使人们日益接近对其本质的认识，但仍有未知领域，需要持续探索。从工程视角，在新的规则未出台前，仍需要按现行规则执行。

参考文献

[1] 钱元吉，吴占松. 生活垃圾焚烧炉中二噁英的生成和计算方法[J]. 动力工程，2007，27(4)：616-619.

[2] 李煜婷，金宜英，刘富强. AERMOD 模型模拟城市生活垃圾焚烧厂二噁英类物质扩散迁移[J]. 中国环境科学，2013，33(6)：985-992.

[3] 徐梦侠，严建华，陆胜勇，等. 城市生活垃圾焚烧厂烟气排放对周边农田土壤二噁英浓度影响的模拟研究[C]//持久性有机污染物论坛 2008 暨第三届持久性有机污染物全国学术研讨会，2008-05-01. 北京：中国化学会，2008：204-205.

第6章 其他有害物控制技术

6.1 垃圾焚烧过程中一氧化碳（CO）的生成与控制

6.1.1 一氧化碳（CO）的特征

一氧化碳（CO）在常规状态下是一种无色、无味的气体，难溶于水，不易液化和固化，它是大气中分布最广、数量最多的一种污染物，也是物质燃烧过程中产生的主要污染物之一。CO既有氧化性，又有还原性，还具有毒性，当浓度较高时能使人出现不同程度中毒症状，危害人体的脑、心、肝、肾、肺及其他组织，人吸入最低致死浓度为5000ppm（5分钟），美国早在20世纪90年代就将其列为6种标准污染物之一。除此之外，CO还会与空气中非甲烷总烃（NMHC）、氮氧化物（NO_x）发生光化学反应，形成光化学烟雾污染；与臭氧发生氧化还原反应，使大气中臭氧量下降。其理化性质如表6-1所示。

一氧化碳理化性质

表6-1

中/英文名称	一氧化碳/ Carbon monoxide
分子式	CO
分子量	28.01
外观	无色、无臭、无味的气体
熔点、沸点、闪点	$-207℃$、$-191.5℃$、低于$-50℃$
气态密度（0℃，101.325kPa）	1.2505g/L
液态密度（$-191.5℃$，101.325kPa）	789g/L
相对空气密度/（空气=1）	0.967
溶解性	微溶于水，易溶于氨水，溶于乙醇、苯等多数有机溶剂
爆炸上限/下限（体积分数）%	74.2 / 12.5
化学性质	可燃性、还原性、毒性、极弱的氧化性

6.1.2 垃圾焚烧过程中一氧化碳生成机理

在垃圾焚烧过程中，一氧化碳（CO）主要来源于挥发分的释放和不完全燃烧，以及固定碳的不完全燃烧。另外，在高温燃烧过程中存在生成CO的分解或还原反应过程：会有少量CO_2分解反应生成CO与O_2；还会有少量H_2O分解反应生成H_2与O_2，H_2又可与CO_2还原反应生成CO。

垃圾吸热后温度在100℃左右时，水分开始蒸发，温度上升至120℃或以上时，水分蒸发过程基本结束，垃圾开始热分解和挥发份析出过程。虽然各地垃圾成分有较大差异，但热分解产生的挥发分成分却表现出很大的相似性。垃圾热分解产生的挥发分主要成分有

CH_4、C_mH_n、H_2 及 CO，随着热分解温度升高到 $500 \sim 600℃$，更多的 C_mH_n 大分子断裂为次甲基键：$—CH_2—$，热解脱出的水分和次甲基键反应产生 CO，主要反应式为：

$$—CH_2—+H_2O \Longrightarrow CO+2H_2$$

$$—CH_2—+—O— \Longrightarrow CO+H_2$$

垃圾在各温度下热分解的固相产物固定碳在高温下进行燃烧反应，固定碳燃烧一般为表面燃烧，为异相反应过程，在此过程中会产生 CO，主要反应为：

$$4C+3O_2 \Longrightarrow 2CO+2CO_2（温度略低于 1200℃）$$

$$C+CO_2 \Longrightarrow 2CO-162MJ（包括吸附、络合与分解的异相气化反应）$$

$$C+H_2O(g) \Longrightarrow CO+H_2-123MJ（经水蒸气吸附、络合与解析环节的反应）$$

CO 被氧化为 CO_2 的速率比 CO 的产生速率慢，主要反应式：

$$2CO+O_2 \Longrightarrow 2CO_2$$

6.1.3 垃圾焚烧过程一氧化碳与二噁英的协同控制

6.1.3.1 一氧化碳（CO）和二噁英污染控制及监测

焚烧烟气中一氧化碳（CO）和二噁英的控制标准遵循《生活垃圾焚烧污染控制标准》GB 18485—2014 的要求。2000 年，国家环境保护总局发布《生活垃圾焚烧污染控制标准》GWKB 3—2000，随后生态环境部（原环境保护部）和国家质量监督检验检疫总局发布《生活垃圾焚烧污染控制标准》GB 18485—2001，替代上述《生活垃圾焚烧污染控制标准》GWKB 3—2000，两部标准对于 CO 和二噁英的排放限值一致。为了保护环境，防治污染，促进生活垃圾焚烧处理技术的进步，2014 年 5 月，再次修订发布《生活垃圾焚烧污染控制标准》GB 18485—2014，于 2014 年 7 月 1 日实施，提高了生活垃圾焚烧厂排放烟气中各类污染物排放控制要求，CO 和二噁英的排放限值详见表 6-2。

2013 年，上海市环境保护局和上海市质量技术监督局联合发布《生活垃圾焚烧大气污染物排放标准》DB 31/768—2013，2014 年 1 月 1 日开始实施，在《生活垃圾焚烧污染控制标准》GB 18485—2001 基础上对 CO 和二噁英排放限值进行了从严要求，2014 年 10 月发布《生活垃圾焚烧大气污染物排放标准》DB 31/768—2013 第 1 号修改单，主要对颗粒物的排放限值进行了修订，对 CO 和二噁英排放限值未作更改。2017 年 2 月，深圳市市场监督管理局发布《生活垃圾处理设施运营规范》SZDB/Z 233—2017，对生活垃圾焚烧厂焚烧炉排放烟气中污染物浓度进行了要求，分为新建设施和现有设施，其中新建设施为2017 年 1 月 1 日以后建成的设施，现有设施未能达到规范要求的，应进行改造，并于2018 年 12 月 31 日前达到规范要求。随后海南、河北、河南等地也陆续发布当地的生活垃圾焚烧污染控制标准，其中海南对 CO 和二噁英排放限值提出了更严格的要求（表 6-2）。

我国国家与地方对 CO 和二噁英排放限值　　　　表 6-2

国家《生活垃圾焚烧污染控制标准》中 CO 和二噁英排放限值要求/（mg/Nm³）				
序号	标准号	CO 排放限值		二噁英排放限值
		小时均值	日均值	测定均值
1	国家环境保护标准 GWKB 3—2000	150	—	1.0
2	国标 GB 18485—2001	150	—	1.0
3	国标 GB 18485—2014	100	80	0.1

地方标准对 CO 和二噁英排放限值要求/(mg/Nm³)

序号	标准号	CO 排放限值				二噁英排放限值
		小时均值		日均值		测定均值
1	上海 DB 31/768—2013	100		50		0.1
2	深圳 SZDB/Z 233—2017	新建	现有	新建	现有	0.05
		50	100	30	50	
3	海南 DB 48/484—2019	50		30		0.05
4	河北 DB 13/5325—2021	100		80		0.1
5	河南 DB 41/2556—2023	100		80		0.1

6.1.3.2　垃圾焚烧过程中 CO 和二噁英生成的相关性

垃圾焚烧锅炉出口烟气中 CO 浓度和二噁英浓度存在近于正比的关系，两者在相同的燃烧条件下产生趋势一致，焚烧烟气中 CO 浓度控制低时，二噁英的产生浓度也会随之降低，而 CO 浓度产生较高时，二噁英的产生浓度也会相应增高。

CO 是燃烧条件不充分时，燃烧不完全的中间产物，而二噁英则是在特定条件下由不完全燃烧产物通过一系列化学反应生成的污染物质。为控制二噁英的产生，燃烧过程中通常遵循"3T"控制，能有效分解炉膛烟气中的二噁英和二噁英前驱体，此条件下烟气中二噁英分解率超过 99%。从两者的产生及控制机理可知，高温燃烧、适量的空气系数（烟气含氧量控制在 6%～12%），以及适当的紊流度都是控制 CO 产生的主要影响因素，能促进垃圾中的 C 元素充分燃烧转化为 CO_2，减少 CO 的产生，同时也能降低飞灰中的大分子碳、氯基及其他二噁英前驱物的含量，进而降低二噁英的高温气相合成、前驱物的异相合成和从头合成。

6.1.3.3　一氧化碳（CO）的控制技术

CO 燃烧是按照链式反应机理的燃烧化学反应过程，只需要较少的活化能就能引起燃烧反应，存在于生活垃圾中的所有 C 都将形成中间产物 CO，在燃烧过程中有足够的氧和停留时间时，CO 的浓度可以达到非常低的水平，几乎全部转化为 CO_2。因而仅当燃烧条件不充分、燃烧不完全时，才会导致 CO 作为中间产物直接排放出来。

控制 CO 生成的理论依据主要基于化学反应动力学和热力学原理，燃烧温度、停留时间、紊流混合程度、过剩空气量、垃圾预处理，以及监测和调节均是影响 CO 产生和燃烧的重要因素。

1.最佳炉膛主控温度控制

根据化学反应理论，CO 的燃烧与反应温度成正相关，温度越高，CO 燃烧速率越高，燃烧完全所需时间越短，CO 排放浓度越低。因而提高燃烧温度，控制垃圾焚烧炉内的温度在适宜范围内，可以使 CO 充分燃烧转化为 CO_2。研究表明在 750～950℃区间内，每升高 25℃，CO 燃烧速率常数增加约 1 倍，相应燃烧时间约减少一半。

在当下垃圾焚烧的运行管理过程中，运行主体为保证满足《生活垃圾焚烧污染控制标准》GB 18485—2014 中炉膛主控温度≥850℃的规定（指以炉膛上二次风标高为计算基准，停留时间不低于 2s，温度≥850℃的炉膛辐射换热区间），多按 950～1050℃进行控制。运行实践显示在此工况下，一方面可充分满足 CO 排放浓度限值日均值 $80mg/Nm^3$ 以下的规定；另一方面还要符合通过辐射通道进入对流受热面高温过热器温度不高于 $650℃$ 安全运行的控制要求。因此综合高温烟气传热过程，锅炉安全、可靠、环保要求，确定最佳 CO 排放浓度。

2. 炉膛内高温烟气最佳停留时间控制

在 CO 的燃烧过程中，停留时间是非常重要的参数。如果停留时间不足，燃烧不完全，CO 无法完全燃烧转化为 CO_2，导致 CO 排放浓度较高。为了确保垃圾中的 C 能够完全燃烧不以中间产物 CO 的形式排放，需要保证垃圾在焚烧炉中有足够的停留时间，以便 CO 能够完全燃烧。根据现行环境质量控制规定，以炉膛上二次风为基准，炉膛主控温度区的高温烟气停留时间应维持在 2s 以上。

实际运行经验显示，当高温烟气温度在 $850℃$ 时，以上二次风为基准，主控温度区的高温烟气停留时间 1s，即可使二恶英分解。据此在工程上必须考虑可控与不可控因素对达标排放的影响，规定烟气停留时间不低于 2s 的合理要求。另从安全运行视角，在同样锅炉炉膛内，高温烟气停留时间过长，则烟气流速很低，会增加炉膛结焦故障的气氛。通常燃煤工业锅炉的炉膛烟气流速是按 $4\sim5m/s$ 控制，而垃圾焚烧过程是以挥发分燃烧为主，适宜烟气流速为 $2\sim2.5m/s$。

3. 增强紊流混合控制

紊流（也称湍流）混合则是指流体在流动时表现出的不规则、混乱的运动状态，它有助于提高燃料与氧化剂的混合反应效率，使得燃烧更加完全。CO 与 O_2 反应生成 CO_2 的过程释放大量热能，紊流混合能够促进燃烧过程中的热量传递，并控制偏烧等负面作用，使得 CO 燃烧更为迅速和彻底，因而提高焚烧炉内的紊流混合程度，可以有效控制 CO 的产生。

垃圾焚烧过程分为挥发分气相燃烧和固定碳固相燃烧过程。气相燃烧过程的紊流，是基于射流理论，喷射二次风。通常通过优化二次风的分配，及根据包括射流的速度、扩散性、卷吸和动能紊流等动力学特征来实现紊流控制措施。然而，过度的紊流混合也会带来负面效果，如造成燃烧不稳定、火焰熄灭或者燃烧效率下降，因此，控制适宜的紊流混合程度对于优化 CO 燃烧过程至关重要。固相燃烧过程的紊流，是基于机械学的理论，主要是通过不同功能炉排之间的落差，增强未燃尽垃圾的搅动与翻动等物理过程，增强其燃烧反应的接触表面，促进燃烧过程。

4. 过剩空气量调整控制

过剩空气量直接影响燃烧的完全性和燃烧效率。理论上燃烧空气量是过量空气系数 $\alpha=1$，而实际运行中受到各种干扰因素影响，需要 $\alpha>1$，以使足够空气量带入的氧气供应能够支持 CO 的完全燃烧；如果空气量不足，燃料燃烧不完全就会导致 CO 的生成。过多空气量虽然可以确保燃料完全燃烧，但会吸收过多的热量，燃烧温度下降，导致排烟损失增加，燃烧效率降低。因此需要适当控制空气供应量，既能控制 CO 的燃烧，同时提高燃烧效率，减少能源浪费。

5. 垃圾预处理

垃圾预处理主要是为了保证垃圾在炉膛内分布均匀，减少垃圾进入炉膛时的团聚现象，避免局部过热或者不完全燃烧现象，使得垃圾燃烧更加充分，提高燃烧效率，减少

CO 的产生。

对层燃技术的垃圾预处理措施主要是对垃圾池内的垃圾进行搅混、倒垛，使焚烧垃圾尽可能均质化，并排出垃圾堆体水分，便于后续的干燥、气化和燃烧过程顺利进行。此外，均匀给料可以避免垃圾团聚时风量补给不及时导致燃烧局部缺氧，中间产物 CO 排放增加的情况。对流化技术的垃圾预处理，是根据焚烧垃圾要求，进行分选、破碎等预处理。

6. 监测和调节

烟气中的 CO 能直接反映炉膛内的燃烧状况，烟气 CO 浓度高说明含 C 有机物燃烧不完全，表明炉内存在局部缺氧，或是垃圾混合不均匀。当前垃圾焚烧尾部烟道或者烟囱设有烟气在线监测系统，也有在锅炉省煤器烟气侧出口设置在线监测系统，实时监测烟气中 CO 的浓度，并作为判断炉膛内的燃烧状态的一项指标，同时可根据 CO 的监测结果对燃烧状态进行诊断和调整。在燃烧负荷稳定的工况下，减少炉膛内总风量，CO 含量会随着风量减少而逐渐增加，当总风量减少到临界值时，CO 的含量会急剧增加，在该临界值附近，O_2 的细微变化即可导致 CO 含量的急剧变化。根据这一特征，通过 CO 的浓度监测值调整空气量或者调整燃料的投加量，维持最佳的燃烧条件，提高燃烧效率，减少能源浪费。

当前垃圾焚烧厂依据氧量进行燃烧调整，但氧量无法反映炉内局部混合不均的情况，基于烟气 CO 浓度检测的燃烧控制也可作为探讨方向之一，力求焚烧炉能更安全、经济和环保运行。

6.2　垃圾焚烧过程重金属生成与控制

6.2.1　重金属的来源

重金属一般是指密度大于 $4.5g/cm^3$ 的金属。由于人们日常吃穿住行都会接触到重金属，导致垃圾中重金属种类众多，主要有汞（Hg）、镉（Cd）、锌（Zn）、锑（Sb）、砷（As）、铜（Cu）、铅（Pb）、铬（Cr）、镍（Ni）等，重金属性质及来源见表 6-3。

重金属性质及主要来源　表 6-3

元素	理化性质	垃圾物理成分	危害性
Hg	常温液态金属。密度 $13.6g/cm^3$，熔点 $-38.87℃$，沸点 $356.58℃$，不溶于水，亦不为水所浸润，可溶于硝酸，能溶解许多金属而生成"汞气"；汞蒸气比空气重 6 倍，并具有强毒性	荧光灯、含汞电池、温度计、含有硫化汞的红色颜料等	生物毒性显著，容易累积在肾、肝脏及大脑，造成中枢神经疾病
Cd	灰色，有金属光泽，坚硬而耐腐蚀的金属。密度 $7.2g/cm^3$，熔点 $320℃$，沸点 $765℃$。空气中迅速形成一层氧化膜而失去光泽，不溶于水（氯化镉除外），溶于硝酸铵；镉蒸气与空气中的氧结合成棕红色氧化镉烟尘	电镀制品、涂料、PVC 塑料、报纸等	生物毒性显著，生物体内累积性强，引发贫血、疼痛病

元素	理化性质	垃圾物理成分	危害性
Zn	柔软白色有光泽的金属。空气中稳定，不溶于水，与酸碱作用放出氢。密度 7.14g/cm³，熔点 419.4℃，沸点 907℃	电池、涂料、防腐剂、金属表面剂、灰土等	一定毒性，引起发育不良，新陈代谢失调
Sb	有光泽银白色金属，有鲜明的晶体结构、化学性能稳定。密度 6.68g/cm³，沸点 1750℃，熔点 630.74℃，质坚且脆，易碎为粉末，无延展性，有冷胀性，不溶于水、盐酸和碱溶液，溶于王水、浓硫酸及硝酸与酒石酸的混合液，能燃烧成氧化物	油漆、焊料、阻燃剂、化妆品、电子产品、压型板等	引起急性和慢性锑中毒，造成组织器官的损害
As	灰黄或黑色固体。密度 5.73g/cm³，熔点 817℃，升华点 613℃，不溶于水和酸。因砷不溶解，故纯砷不能引起中毒。其化合物剧毒，主要有 As₂O₃，不纯的俗称砒霜或白砒，为白色粉末，易溶于水，193℃升华。砷化氢是种无色气体，稍有大蒜样臭味，密度 2.65g/cm³，沸点 −55℃，熔点 113.5℃；常聚集于地面，此外还有 As₂S、As₂O：H：AsO：（亚砷酸）、As₂Cl 等	玻璃器皿、农药、防腐剂	造成消化系统、皮肤、神经系统损伤
Pb	灰白色软质金属。密度 11.3g/cm³，熔点 327℃，沸点 1740℃，加热到 400～500℃即有大量蒸气析出，并随温度升高而增多。铅蒸气在空气中可迅速氧化，凝结成氧化铅烟尘。铅氧化物中硫化铅极难溶于水，氧化铅等较容易溶于水	废电池、塑料制品、涂料、农药等	生物毒性显著，慢性中毒，危害神经、造血及循环系统
Cu	带红色而有光泽的金属，富有延性。密度 8.92g/cm³，熔点 1083℃，沸点 2567℃。在含 CO 的湿空气中，表面易生铜绿。铜化合物中，氯化铜、硫酸铜易溶于水	电线、电镀制品、玻璃、陶瓷制品等	一定毒性，长期摄入会造成肝中毒、刺激消化系统
Cr	银白色，有光泽，坚硬而耐腐蚀。密度 7.2g/cm³，熔点 1857℃，沸点 2672℃，铬化合物以 Cr²⁺、Cr³⁺、Cr⁶⁺ 形式存在。Cr²⁺ 可氧化为 Cr³⁺；Cr⁶⁺ 在加热或还原剂条件下，还原成 Cr³⁺	涂料、皮革、金属表面剂、化学药品等	生物毒性显著，对皮肤、呼吸道、细胞和遗传造成危害
Ni	银白色硬金属，富延性，可被磁铁吸引，很好的耐腐蚀性，空气中不被氧化，耐强碱，与盐酸和硫酸作用缓慢，溶于硝酸。原子量 58.71，密度 8.908g/cm³，熔点 1455℃，沸点 2732℃	电子产品、电池、金属容器、厨房用具、电镀产品等	易在环境中长期累积，在食物链中积累致皮肤过敏、呼吸系统问题

环境中的重金属主要来源生活垃圾、工业活动与农业活动。其中，生活垃圾中重金属来源受经济水平和生活习惯等多方面因素影响，厨余垃圾、灰土、纸张、橡胶、塑料等均含有重金属，如铅和镉重金属主要来源于厨余垃圾，锌和铬主要来自灰土，铜主要来自灰土、纸张、橡胶、塑料、电池和电子废物，镍主要来自电池和电子废物，砷主要来自农药和化肥。

工业活动产生的固体废物中也会含有大量的重金属，固体废物未经适当处理与生活垃圾混合时会增加垃圾中重金属的含量。随着电子产品的广泛应用，电子废物也成了重金属污染的重要来源，废弃的电子产品中含有铅、镉、汞等重金属。农业生产活动中使用的农药和化肥中含有重金属，这些物质最终会通过农产品进入食物链，成为厨余垃圾。

6.2.2　吸附法脱除重金属技术

所谓吸附（adsorption），是指两相物质组成一个体系时，其组成在两相界面（Interface）与相内部是不同的，处在两相界面处的成分产生积蓄（浓缩）的现象。在此是指一种物质的分子、原子或离子能自动地附着在某固体表面上的现象。

吸附法是利用多孔性固体相物质对某一组分的选择吸附能力，将其富集在吸附剂表面，从而将其分离出来的一种方法，活性炭就是一种优良吸附剂，对以气态形式存在的重金属有较好的吸附作用。

吸附过程的分离效果取决于吸附平衡与吸附速率。这两类因素是设计吸附装置或强化吸附过程的关键。

6.2.2.1　吸附平衡

当吸附质与吸附剂持续接触一定时间后，将达到以平衡吸附量（无量纲）表示的吸附平衡。它是吸附剂极限吸附量，亦称静吸附量分数或静活性分数，是用 X_T 表示的一个重要参数。吸附达平衡时，吸附质在气固两相中的浓度间有一定的函数关系，一般用等温吸附线表示。已观测到 5 种吸附类型的等温吸附线，其中，化学吸附只有 I 型，物理吸附有 I～V 型（图 6-1）。相应的等温吸附方程式如下：

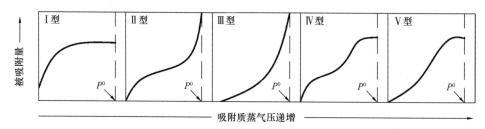

图 6-1　五种类型等温吸附线（P^0 为饱和压力）

（1）弗伦德里希（Freundlich）对 I 型等温吸附线提出如下经验方程式。

$$X_T = kP^{1/n} \tag{6-1}$$

式中　X_T——吸附质质量与吸附剂质量之比值，无量纲；

　　　P——吸附质在气相中的平衡分压，单位：Pa；

　　k，n——与吸附剂、吸附质种类及吸附温度有关的经验常数。

对上式取对数：$\lg X_T = \lg k + (1/n) \lg P$。则函数 $\lg X_T$ 与自变量 $\lg P$ 呈线性关系。由斜率 $1/n$ 和截距 $\lg k$ 可求出 n 和 k 值。如果 $k = 0.1 \sim 0.5$，吸附容易进行；$k > 2$，则难以进行。

（2）朗格缪尔（Langmuir）1916 年导出能较好适用于 I 型等温吸附线的理论公式。

设吸附质对吸附剂表面的覆盖率为 θ，则未覆盖率（$1-\theta$）。若气相分压为 P，则吸附速率为 $k_1 P (1-\theta)$，解吸速率为 $k_2 \theta$。取 k_1、k_2 分别为吸附、解吸常数，则有如下吸附平衡关系式：$k_1 P (1-\theta) = k_2 \theta$。据此，取常数 $A = $ 饱和吸附量，$B = k_1/k_2$，可推导出下述朗格缪尔方程式：

$$X_T = \frac{ABP}{1+BP} \tag{6-2}$$

（3）适合Ⅰ、Ⅱ、Ⅲ型等温吸附线的理论的 BET 方程式。

勃劳纳尔（Brunauer）、爱米特（Emmett）和泰勒（Teller）三人于 1938 年提出了适合Ⅰ、Ⅱ、Ⅲ型等温吸附线的多分子层吸附理论，并建立了如下 BET 等温方程式：

$$X_T = \frac{X_e CP}{(P_0 - P)[1 + (C-1)P / P_0]}$$ （6-3）

式中　X_e——饱和吸附量分数，无量纲；

　　　P——气相分压，Pa；

　　　P_0——在同温度下该气体的液相饱和蒸气压，Pa；

　　　C——与吸附热有关的常数。

6.2.2.2　吸附速率

吸附平衡仅表明吸附过程的限度，但未涉及吸附时间。吸附过程常需要较长时间才达到两相平衡，而在实际生产过程中，接触时间是有限的，因此，吸附量取决于吸附速率，而吸附速率与吸附过程有关。

对物理吸附过程，一般是由内、外扩散控制。内扩散是指吸附质由外表面经微孔扩散至吸附剂微孔表面；外扩散是指吸附质从气流主体穿过颗粒周围气膜扩散至外表面。化学吸附则是既有内、外扩散控制，还有表面动力学控制化学反应过程发生。

6.2.2.3　吸附到达吸附剂微孔表面的吸附质被吸附

物理吸附过程一般由内、外扩散控制；化学吸附既有表面动力学控制，又有内、外扩散控制。

1. 外扩散速率

吸附质 A 的外扩散传质速率可按下式计算：

$$\frac{\mathrm{d}M_A}{\mathrm{d}t} = K_V \alpha_p (Y_A - Y_{Ai})$$ （6-4）

式中　$\mathrm{d}M_A$——$\mathrm{d}t$ 时间内吸附质从气相扩散至固体表面的质量，单位：kg/m^3；

　　　K_V——外扩散吸附分系数，单位：$kg/(m^2\ s)$；

　　　α_p——单位体积吸附剂的吸附表面积，单位：m^2/m^3；

　Y_A、Y_{Ai}——分别为吸附质 A 在气相中及吸附剂外表面的浓度，质量分数。

2. 内扩散速率

吸附质 A 的内扩散传质速率计算式为：

$$\frac{\mathrm{d}M_A}{\mathrm{d}t} = k_x \alpha_p (X_{Ai} - X_A)$$ （6-5）

式中　k_x——内扩散吸附分系数，单位：$kg/(m^2 s)$；

　X_A、X_{Ai}——分别为 A 在固相外表面及内表面的浓度，质量分数。

3. 总吸附速率方程式

总吸附速率方程式通常基于双膜理论，涉及气膜吸附速率和液膜吸附速率的计算。在气相中，总吸附速率方程式可以表示为以气相组成（如摩尔分数或气相压力）为推动力的形式。具体总吸附速率[$kmol/(m^2 \cdot s)$]可以用气相总吸附系数（如 K_G 或 K_{AG}）与气相中溶质的分压或摩尔分数之差（$P_A - P_{Ai}$ 或 $Y_A - Y_{Ai}$）的乘积来表示。在液相中，总吸附速率方程则涉及液相中溶质的浓度或摩尔分数之差与液相总吸附系数的乘积。

这些方程式的具体形式取决于传质过程中的驱动力和阻力因素，以及所应用的物理化学原理。例如，亨利定律和双膜理论是推导这些方程式时常用的基本概念。在实际应用中，总吸附速率方程式的形式和参数会根据具体的吸附系统和操作条件而有所不同。

4. 吸附法应用技术

焚烧烟气温度从炉膛产生端至垃圾焚烧锅炉烟侧出口呈降低趋势，大部分重金属会凝结成粒状物或者吸附于飞灰中。因此除尘效率与重金属去除效率息息相关。目前"活性炭喷射吸附＋袋式除尘"是垃圾焚烧项目应用最广泛的重金属去除工艺，此外还有湿法洗涤去除重金属。

"活性炭喷射吸附＋袋式除尘"去除重金属：

袋式除尘器在运转前，通常会采用粉状 Ca(OH)$_2$ 对除尘滤袋表面进行喷涂形成滤饼，在启炉时起到防止滤袋糊袋的作用，半干法脱酸在运行时也会有干燥后的过量石灰粉末或者飞灰随烟气进入袋式除尘器滤袋层形成滤饼，该滤饼层对烟气中重金属尤其是 Hg 有一定的去除率（图 6-2）。

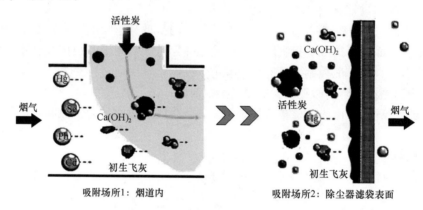

图 6-2 多源颗粒与气态重金属的反应过程

粉状活性炭由气力输送（压缩空气浓相输送或者罗茨风机稀相输送）至袋式除尘器入口烟道前端管系的平直管段，经由专用喷射系统喷入。平直管段要有一定距离以保证活性炭与烟气混合均匀。活性炭的喷射量根据处理烟气量进行调整，常规设计为 50～150mg/Nm^3。活性炭品质要求见表 6-4。

活性炭品质要求 表 6-4

序号	项目		参数
1	纯度		＞90%
2	灰分		＜10%
3	水分		＜3%
4	比表面积		＞900m^2/g
5	碘吸附值		＞800mg/g
6	粒径/mm	≤0.150	97%
		≤0.074	87%
		≤0.044	72%
		≤0.010	40%

对于循环流化床垃圾焚烧锅炉的重金属去除方式也是采用"活性炭喷射吸附＋袋式除尘"工艺。常用粉状碳酸钙反应剂向炉膛内喷钙的工艺。钙基物质在高温区也对重金属有一定的吸附作用，这也是循环流化床锅炉烟气中重金属浓度相对较低的原因。

6.2.3 垃圾焚烧过程重金属迁移特性

6.2.3.1 重金属迁移转化机理

垃圾中重金属含量会随着季节、地域、生活方式，以及回收方式不同而不同，在垃圾焚烧过程中，重金属的迁移转化行径如图 6-3 所示，大致会经历以下过程：

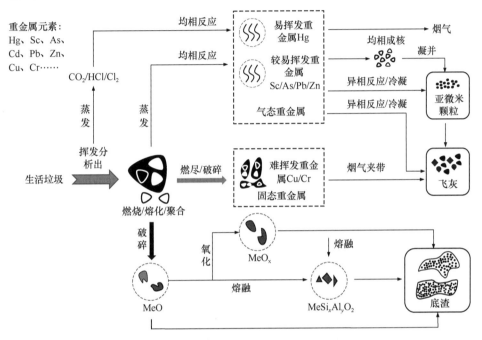

图 6-3 垃圾焚烧过程重金属的迁移路径
注："Me"表示重金属

1. 重金属的蒸发

Cahill C A 通过观察飞灰中重金属化合物的存在形式，提出了蒸发-凝结的迁变机理。垃圾在焚烧炉内吸热，温度升高，易挥发的重金属通过蒸发释放转变为气态形式，部分重金属以元素态重金属形式存在于烟气中，还有一些以气态重金属氯化物和重金属氧化物形式停留在烟气中，如汞在炉内高温区，基本以汞蒸气和气态 HgO 形态存在，经垃圾焚烧锅炉后转变为 $HgCl_2$ 存在于烟气中；铅在高温区主要以气态 PbO，少量气态氯化铅形式存在，在余热锅炉段大部分以 $PbCl_2$、$PbCl_4$ 形态存在于烟气中。

2. 均相反应与冷凝团聚

烟气中的气态重金属一部分直接排放到大气中，一部分与烟气组分（含 Cl、S、O 等物质）发生均相反应。均相反应产物在降温过程（400～600℃）中通过均相成核、冷凝、凝并及异相反应等方式富集在亚微米颗粒物。随着烟气温度的降低，重金属蒸气的分压力将高于其对应温度下的饱和压力，过热的重金属蒸气会在烟气中颗粒物表面发生凝结。如颗粒物表面不满足凝结需要则发生均相成核，形成离散金属颗粒气溶胶悬浮于烟气中，最终通过袋式除尘器过滤转移到飞灰中。

3. 夹带和机械迁移

难挥发的重金属在焚烧过程中伴随着颗粒破碎重新分布，部分重金属被烟气夹带直接进入飞灰中，如 Cu 和 Cr，而大颗粒物中难挥发的重金属通过氧化熔融等方式进入底渣中，主要通过机械迁移方式进入到飞灰或者底渣中。

6.2.3.2　重金属迁移转化影响因素

影响垃圾焚烧过程中重金属迁移转化的因素众多，主要有重金属自身熔沸点、垃圾组分（各组分含量、Cl、S 和氧化物含量等）和焚烧工况（炉型、燃烧温度、停留时间等）。

1. 不同形态重金属的熔沸点

不同形态重金属的熔沸点是决定重金属在焚烧过程中迁移转变的关键因素（表 6-5）。根据重金属挥发性的高低，将重金属元素分为易挥发性元素，如 Hg，主要集中在烟气和飞灰中；中等挥发性元素，如 As、Cd、Pb、Sb、Zn 等，主要集中在飞灰和底渣中；以及低挥发性元素，如 Cr、Ni、Cu 等，主要集中在底渣中。根据文献整理了 8 种不同重金属及其化合物的熔沸点（表 6-5）。其中，Hg 的熔沸点较低，其挥发性最强，因而主要以气相形式存在于烟气中；Cr 的沸点最高很难蒸发，故主要存在底渣中，其他重金属的熔沸点差异较大，所以挥发释放的比例也不尽相同。但熔沸点不是判断重金属挥发性的绝对依据，如 Fe、Al 虽然沸点低，却不经历挥发—凝结过程，大部分出现底灰中，形成灰颗粒的基体。Ag 没有挥发性化合物，却凝结聚合在飞灰表面。

由表 6-5 可知，重金属氯化物熔沸点通常要更低于其他形态因而更容易挥发，在垃圾中氯化物含量高会促进重金属的挥发，而其硫化物和硫酸盐形态的熔沸点要高，在垃圾中的硫会抑制重金属的挥发。

重金属及其化合物的熔沸点/℃　　　　　　　　　　　　　表 6-5

元素	单质态	氯化物	氧化物	硫化物	硫酸盐
Hg	39/357	276/302	−/357	−/300	
Se	217/685	—	−/357	100/—	
As	817*/613	300/707	313/460	310/707	57/193
Cd	321/769	568/967	−/1559	1480/—	1000/—
Pb	328/1740	501/954	886/1470	1114/1281	1170/—
Zn	420/907	283/600	1975/～2360	1700/—	−/1020
Cu	1083/2595	630/993	1326/—	200**	590/650
Cr	1857/2672	1150/1300	2266/4000	−/1500	100/—

注：数据格式显示为熔点/沸点；—表示该数据未知；* 表示在 100MPa 压力下；** 表示 200℃以下分解。

2. 垃圾组分的影响

垃圾本身存在的氯、硫会对重金属的蒸发释放造成影响。生活垃圾中塑料以及厨余垃圾分别是有机氯（如 PVC）和无机氯（如 NaCl）的主要来源，有机氯/无机氯可与重金属生成溶沸点更低的重金属氯化物，能够促进重金属的挥发释放。研究表明对于挥发性强的重金属 Hg、Cd、Pb、Zn，有机氯的影响大于无机氯，并且焚烧温度越高影响越显著，可能因为有机氯通过分子键结合，无机氯通过原子键结合，有机氯物质比无机氯物质更容易分解提供更多 Cl；氯对于难挥发的重金属 Cu、Cr 的影响较小，也有研究表明当氯的含量进一步增大时，也会促进难挥发的重金属逐渐释放。垃圾中硫含量相对较低，垃圾中的硫物质主要为硫化物、硫酸盐、有机硫及单质硫等，有研究通过热力学平衡计算发现低温下硫与重金属生成较为稳定的硫酸盐从而抑制重金属的释放，但温度升高时，硫酸盐也会分解从而减弱抑制作用，而在强氧化环境下，硫并不会明显地促进重金属释放。也有研究表明 S、Na_2S 会抑制 Cd 的释放，它们会与 Cd 反应生成硫化物和硫酸盐，使得 Cd 在底渣中分布更多，Na_2SO_4 和 Na_2SO_3 对 Cd 的挥发没有太大影响，但不同形态的硫均会促进 Pb 的释放，使得 Pb 更多分布在飞灰中。垃圾中水分及碱（土）类金属（CaO、MgO、K_2O 和 Na_2O）会与垃圾中氯、硫元素反应进而影响重金属氯化物或硫化物的生成，从而间接影响焚烧过程中重金属的释放，如水分增加会促使 $ZnCl_2$ 和 $PbCl_2$ 向各自的氧化态 ZnO、PbO 转变，进而减少 Zn 和 Pb 的挥发，降低在飞灰中的分布。

3. 垃圾焚烧工况的影响

垃圾焚烧工况对重金属迁移的影响主要是指焚烧温度、停留时间、烟气湿度等的影响。烟气温度、湿度等条件改变可形成饱和蒸汽环境使重金属发生相变凝聚，增大细颗粒物的粒径和质量，同时表面相变散发热量使颗粒物在热泳力❶的作用下进一步碰撞团聚长大。温度的增加能够有效提高重金属饱和蒸气压力，从而促进重金属的蒸气释放。图 6-4 为重金属化合物蒸气压力与温度的关系，一般认为，Pb、Zn、Cu、Cr 等重金属的饱和蒸气压随温度升高逐渐增大，提高温度会增加重金属的挥发，也有部分学者认为温度对重金属释放的影响有限。

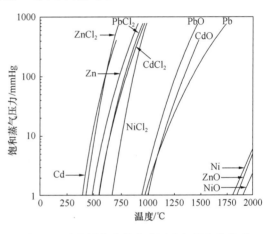

图 6-4　重金属化合物蒸汽压力与温度的关系

温度对重金属形态的转化有着重要影响，如在 200℃ 内，Cu 以 $CuCl_2$ 形式稳定存在；在 100～700℃ 以 CuO 形式稳定存在；而在 700～900℃ 是以 Cu_3Cl_3 形式为主，高于 900℃ 时则是以 CuCl 为主。此外，温度超过 100℃ 时，Hg 会完全挥发，温度高于 700℃ 时，Hg 大部分以 Hg^0（0 价汞）形式存在，继续升温会转化为气态 HgO。温度从 550℃ 升至 1000℃ 的过程中，重金属 Cd 和 Pb 在底渣中的含量随着温度的升高而降低。

在焚烧初始阶段重金属的挥发速率最高，随着停留时间的增加，挥发速率逐渐减慢，如在焚烧初始的 3～6min，停留时间对 Cd、Pb 迁移特性影响显著，超过 6min 影响甚微。

6.2.4　垃圾焚烧过程重金属控制技术

6.2.4.1　重金属及其化合物、飞灰污染源控制监测

由于生活垃圾具有很强的地域性，各地的垃圾成分不尽相同，虽然我国在 2019 年推

---

❶　粒子在具有温度梯度的气体中，由于较高温部分的气体分子要比较低温部分的气体分子以更高的动能与粒子碰撞，导致粒子从高温部分向低温部分移动的现象。这种现象中作用在粒子上的力被称为热流力，即热泳力。

广生活垃圾分类，剔除了来源明显的重金属，但还是有很多潜在的重金属源，如由于垃圾量不足，很多垃圾焚烧厂混入部分工业垃圾和建筑垃圾，使得垃圾组分更加复杂，重金属含量偏高。垃圾焚烧后，重金属集中在烟气、飞灰和底渣中，垃圾焚烧产物重金属的质量分布见表6-6，由表可知，由于挥发性不同，重金属在烟气、飞灰和底灰中的含量分布差异较大，其中烟气中的重金属通过吸附以及袋式除尘器的过滤被拦截，最终沉积在飞灰中。

垃圾焚烧产物中重金属的质量分布（单位：%）　　　　　　　表 6-6

元素	烟气	飞灰	底渣
Hg	47.0～100.0	0～52.0	0～36.7
Se	0.3～1.3	85.7～87.7	12.0～13.1
As	1.0～8.0	23.3～84.5	11.6～76.0
Cd	1.0～33.0	38.0～90.0	10.0～48.0
Pb	1.0～5.0	25.0～99.4	0.6～71.0
Zn	1.0～4.0	37.0～74.0	21.0～59.0
Cu	0.1～1.0	2.5～10.0	89.0～97.0
Cr	0.1～1.0	1.9～39.0	60.0～98.1

1. 重金属及其化合物控制标准

21 世纪初，我国垃圾焚烧处理设施较少、处理规模也小，日处理能力不超过 6520t（2001 年数据），排放的污染物，尤其是重金属，与工业排放相比微乎其微。2000 年，国家环境保护总局发布《生活垃圾焚烧污染控制标准》GWKB 3—2000，随后生态环境部（原环境保护部）和国家质量监督检验检疫总局发布《生活垃圾焚烧污染控制标准》GB 18485—2001，替代《生活垃圾焚烧污染控制标准》GWKB 3—2000，两部标准仅对焚烧烟气中重金属汞、镉和铅提出了排放限值要求，为了保护环境，防治污染，促进生活垃圾焚烧处理技术的进步，2014 年 5 月，第二次修订发布《生活垃圾焚烧污染控制标准》GB 18485—2014，于 2014 年 7 月 1 日实施，提高了生活垃圾焚烧厂烟气中颗粒物、二氧化硫、氮氧化物、氯化氢、重金属及其化合物、二噁英类排放控制要求（表6-7）。

2013 年，上海市环境保护局和上海市质量技术监督局联合发布《生活垃圾焚烧大气污染物排放标准》DB 31/768—2013，2014 年 1 月 1 日开始实施，在《生活垃圾焚烧污染控制标准》GB 18485—2014 基础上对重金属及其化合物的排放限值进行了从严要求，2014 年 10 月发布《生活垃圾焚烧大气污染物排放标准》DB 31/768—2013 第 1 号修改单，主要对颗粒物的排放限值进行了修订，重金属及化合物的排放限值未作更改。2017 年 2 月，深圳市市场监督管理局发布《生活垃圾处理设施运营规范》SZDB/Z 233—2017，对生活垃圾焚烧厂焚烧炉排放烟气中污染物浓度进行了要求，分为新建设施和现有设施，其中新建设施为 2017 年 1 月 1 日以后建成的设施，现有设施未能达到规范要求的，应进行改造，并于 2018 年 12 月 31 日前达到规范要求。随后海南、河北、天津、河南等地也陆续发布当地的生活垃圾焚烧污染控制标准，对重金属排放限值提出了更严的要求（表6-7）。

焚烧烟气中重金属及其化合物还无法实现在线监测，按照《生活垃圾焚烧污染控制标准》GB 18485—2014 要求：生活垃圾焚烧厂运行企业对烟气中重金属类污染物的监测应每月至少开展 1 次，如项目当地有更严格标准或者项目环评影响评价报告和环评批复有另行要求的按项目当地要求执行。

国家及地方标准对重金属及其化合物排放限值要求 表 6-7

《生活垃圾焚烧污染控制标准》中重金属及其化合物排放限值要求/(mg/Nm³)			
序号	标准名称	汞及其化合物（以 Hg 计）测定均值	镉、铊及其化合物（以 Cd＋Ti 计）测定均值	锑、砷、铅、铬、钴、铜、锰、镍及其化合物（以 Sb＋As＋Pb＋Cr＋Co＋Cu＋Mn＋Ni 计）测定均值
1	《生活垃圾焚烧污染控制标准》GWKB 3—2000	0.2（Hg）	0.1（Cd）	1.6（Pb）
2	《生活垃圾焚烧污染控制标准》GB 18485—2001	0.2（Hg）	0.1（Cd）	1.6（Pb）
3	《生活垃圾焚烧污染控制标准》GB 18485—2014	0.05	0.1	1.0

地方标准对重金属排放限值要求/(mg/Nm³)						
序号	标准名称	汞及其化合物（以 Hg 计）测定均值		镉、铊及其化合物（以 Cd＋Ti 计）测定均值		锑、砷、铅、铬、钴、铜、锰、镍及其化合物（以 Sb＋As＋Pb＋Cr＋Co＋Cu＋Mn＋Ni 计）测定均值
1	《生活垃圾焚烧污染控制标准》DB 31/768—2013	0.05		0.05		0.5
2	《生活垃圾处理设施运营规范》SZDB/Z 233—2017（深圳）	新建 0.02	现有 0.05	新建 0.04	现有 0.05	新建 0.3　现有 0.5
3	《生活垃圾焚烧污染控制标准》DB 48/484—2019（海南）	0.02		0.03		0.3
4	《生活垃圾焚烧大气污染控制标准》DB 13/5325—2021（河北）	0.02		0.03		0.3
5	《生活垃圾焚烧大气污染物排放标准》DB 12/1101—2021（天津）	0.02		0.03		0.3
6	《生活垃圾焚烧大气污染物排放标准》DB 41/2556—2023（河南）	0.02		0.03		0.3

2. 飞灰

《生活垃圾焚烧污染控制标准》GB 18485—2014 规定生活垃圾焚烧飞灰与焚烧炉渣应分别收集、贮存、运输和处置。生活垃圾焚烧飞灰应按危险废物进行管理，如进入生活垃圾填埋场处置，应满足《生活垃圾填埋场污染控制标准》GB 16889—2024 的要求；如进入水泥窑处置，应满足《水泥窑协同处置固体废物污染控制标准》GB 30485—2013 的要求。

《生活垃圾填埋场污染控制标准》GB 16889—2024 规定生活垃圾焚烧飞灰经处理后满足：①含水率小于 30%；②二噁英含量低于 3μgTEQ/kg；③按照《固体废物浸出毒性浸出方法醋酸缓冲溶液法》HJ/T 300—2007 制备的浸出液中危害成分浓度低于表 6-8 规定的限值，可以进入生活垃圾填埋场填埋处置。

浸出液污染物浓度限值/（mg/L）　　　　　　　　　　　　　　　表 6-8

项目	汞	铜	锌	铅	镉	铍	钡	镍	砷	总铬	六价铬	硒
浓度限值	0.05	40	100	0.25	0.15	0.02	25	0.5	0.3	4.5	1.5	0.1

《水泥窑协同处置固体废物污染控制标准》GB 30485—2013 要求入窑固体废物应具有相对稳定的化学组成和物理特性，其重金属，以及氯、氟、硫等有害元素的含量及投加量分别做出相应规定。

2020 年 8 月，生态环境部发布《生活垃圾焚烧飞灰污染控制技术规范（试行）》HJ 1134—2020，提出飞灰处理产物用于水泥熟料生产时，应控制飞灰处理产物中的重金属含量和飞灰处理产物的投加速率，使所生产的水泥熟料按照《水泥胶砂中可浸出重金属的测定方法》GB/T 30810—2014 规定的方法测定的可浸出重金属含量不超过《水泥窑协同处置固体废物技术规范》GB/T 30760—2014 规定的限值。飞灰处理产物用于水泥熟料之外的其他利用方式，应控制飞灰处理产物中的重金属浸出浓度，飞灰处理产物按照《固体废物浸出毒性浸出方法　水平振荡法》HJ 557—2010 方法制备浸出液，其中重金属的浸出浓度应不超过《污水综合排放标准》GB 8978—1996 规定的最高允许排放浓度限值，其中第二类污染物最高允许排放浓度按照一级标准执行。

6.2.4.2　垃圾分类对焚烧飞灰的影响

自 2019 年 7 月 1 日垃圾分类在上海正式实施起，我国各地逐步开始全面推行垃圾分类制度，对垃圾进行分类储存（可回收物、厨余垃圾、有害垃圾和其他垃圾）、投放和运输，提高垃圾的资源价值和经济价值。垃圾分类正式实施后，厨余垃圾以及重金属等有害垃圾进入焚烧系统的可能性降低，厨余垃圾的减少可降低焚烧垃圾中无机氯的带入，从一方面减轻重金属氯化物的形成，降低重金属的挥发。有学者对垃圾分类实施后飞灰中重金属的浓度进行研究，结果发现分类后飞灰中重金属 Cu、Pb、Zn 的含量明显下降，而 Cr 和 Cd 含量变化不大，结合重金属的来源，垃圾组分复杂，分类后垃圾焚烧依然存在重金属控制不能完全达标的问题，仍需考虑焚烧烟气及飞灰中重金属的控制，使用不含或含重金属量低的替代材料，可从根本上减少垃圾中的重金属含量。

6.2.4.3　焚烧烟气重金属去除机理

因重金属易在环境和人体内累积而产生严重危害，故需对焚烧烟气中的重金属进行控制及脱除。根据重金属及其存在形态特性，重金属控制主要基于以下机理：

（1）饱和温度较高的重金属元素经烟气温度降低凝结成粒状物后被除尘设备收集去除。

（2）饱和温度较低的重金属元素在飞灰表面由于催化反应形成较易凝结的氧化物或氯化物，易于被除尘设备收集去除。

（3）以气态存在的重金属元素及物质吸附于细小飞灰或活性炭粉末而被除尘设备一并收集去除。

（4）水溶性的重金属氯化物经水洗涤溶于水中从烟气中去除。

（5）湿法洗涤去除重金属。湿法洗涤对酸性物质、有机污染物及重金属有着高去除效率，通常设置在袋式除尘器之后，冷却至 60℃后，与湿法脱酸药剂进行反应。脱酸药剂一般采用 NaOH。烟气洗涤吸收效率是由酸性气体扩散至碱性吸收液滴的速度所控制，应尽可能增加气液相接触的时间及面积,并提升液滴中吸收剂的浓度。烟气中的水溶性重金属氯化物也会经由湿式洗涤塔的洗涤液从烟气中吸收下来转移至洗涤塔产生的废水中。

6.2.4.4 焚烧飞灰重金属稳定化

焚烧飞灰是烟气净化系统捕集物和烟道及烟囱底部沉降的底灰,我国垃圾焚烧飞灰产率约为垃圾焚烧量的 3%~5%,由于飞灰中富集重金属及二噁英,被列入国家危险废物名录,属于危险废物(HW18)。聂永丰等对生活垃圾焚烧飞灰的主要组分的量化研究表明,焚烧飞灰以 CaO、SiO_2、Al_2O_3、Na_2O 为主,其次含有少量的 Fe_2O_3、MgO 和 K_2O,属于 SiO_2-Al_2O_3-Fe_2O_3 金属氧化物体系。飞灰颗粒一般在 $50\mu m$ 以下,部分颗粒小于 $10\mu m$,并且颗粒形状各异,表面存在很多微小的孔洞,比表面积大,可为重金属提供较多的附着点位,具有较强的吸附作用。

1. 飞灰中重金属分布及浸出毒性

根据垃圾焚烧过程中重金属迁移转化特性,重金属会经过元素挥发、化学反应、颗粒夹带、蒸汽冷凝、颗粒物沉降捕集等作用附存于飞灰颗粒内部或附着于飞灰颗粒表面。孔祥蕊总结了国内外生活垃圾焚烧飞灰中重金属含量,可看出我国垃圾焚烧飞灰中 Pb、Cu 与 Zn 的含量普遍较高,分别为 493.75~4039mg/kg、280~4084mg/kg、1166.3~9782mg/kg。Cr、Cd、Ni 等重金属在飞灰中也有一定富集,其含量分别为 35~787 mg/kg、25~424mg/kg、10~125mg/kg。由于我国焚烧垃圾中的有机组分更高,相应生活垃圾焚烧飞灰的 Pb、Cu、Zn 含量低于发达国家。

聂永丰等研究结果表明,在 4<pH<8 环境下,重金属浸出性能随 pH 减小而增加;在 pH<3 时,浸出性能达到最大,在 8<pH<12 的碱性环境下重金属浸出很少;但当 pH>12 的强碱环境下,Pb 和 Zn 浸出浓度略有增加。Cl 对重金属挥发性能有明显影响,在同一 pH 环境下,重金属与 Cl 含量越高,重金属浸出越高。从表 6-9 可以看出,某项目焚烧飞灰中 Pb、Cu、Zn、Cd 和 Ni 浸出浓度含量均超过《危险废物鉴别标准 浸出毒性鉴别》GB 5085.3—2007 的标准值(表 6-9)。

某项目焚烧飞灰中重金属元素的含量及浸出浓度 表 6-9

重金属	飞灰中重金属含量/(mg/kg)	飞灰中重金属浸出浓度/(mg/L)	浸出毒性鉴别标准[a]/(mg/L)
Pb	1770	20.31	5
Cr	1.3	0.47	15
Ni	88	5.22	5
Cu	390	7.69	100
Zn	5590	137.06	100
Cd	100	5.26	1

[a] 浸出毒性鉴别标准参考自:《危险废物鉴别标准 浸出毒性鉴别》GB 5085.3—2007。

2. 飞灰中重金属控制技术

飞灰中重金属控制技术主要包括固化稳定化、化学稳定化、固热处理和金属回收等。前三种控制技术的理念在于减少飞灰中重金属的渗透和溶解,进而降低环境风险;而金属回收的目的是对有价值金属进行分离和再利用,减轻环境负担的同时可寻求经济效益,但飞灰中重金属含量相对来说较低，回收工艺极其复杂，同时还会产生废水的二次污染，在国内无应用，故不在此做详细介绍。

固化稳定化和化学稳定化是目前应用最为广泛的飞灰重金属控制技术，包括传统的凝胶材料固化、新型凝胶材料固化和化学药剂稳定化等。固化过程主要通过固化剂采用包裹的方式将有害物质封存在水合硅酸盐内，降低重金属与环境的接触面积和迁移速度。重金属浓度高时会在一定程度上抑制水化反应进程并对固化体内部结构产生影响，对于同浓度重金属的固化体，随着龄期的增加，固化体内部逐渐反应完全，三维网络结构越来越致密，从而增加重金属固化效果。常用的固化剂有水泥、沥青和高岭土等，单用固化剂固化飞灰的效果相对较差，且添加量达30％以上，固化后的产物增容比较大，增加填埋厂库容压力。

化学稳定化是一种通过添加试剂，将重金属物质经化学反应转化为溶解度或毒性更低的形式，进而减少重金属物质的浸出浓度，这种方法具有高效、操作简单、处理后体积增加较小的优点，可有效地实现稳定飞灰中重金属，降低其浸出浓度。化学稳定化技术主要基于络合机制，使用有机螯合剂与金属离子形成稳定的配位键稳定重金属，但有机螯合剂对重金属的螯合作用具有选择性且价格较高，无机药剂长期稳定性相对较差，但成本较低。早期用于飞灰稳定化的螯合剂多来自日本，如东曹株式会社生产的基团螯合剂（TS300）、栗田工业株式会社生产的 ASHNITE 系列无机磷酸盐类螯合剂，而后国内对于重金属螯合剂的研究也逐步开展并成功用于飞灰处理。目前常用的有机螯合剂二甲胺类、二乙胺类、硫代羧基、双二硫代羧基类等，无机药剂主要为磷酸系，如磷酸钠、磷酸氢二钠和磷酸钙类。含有硫代氨基甲酸盐与 2 价离子的重金属反应，形成难溶性化合物。

Pb^{2+} 与无机药剂反应式如下，铅等重金属与磷灰石中的钙置换，形成磷酸铅化合物后成为结晶。

$$5Pb^{2+} + Ca_5(PO_4)_3OH \longrightarrow Pb_5(PO_4)_3OH + 5Ca^{2+}$$

$$5Pb^{2+} + Ca_5(PO_4)_3Cl \longrightarrow Pb_5(PO_4)_3Cl + 5Ca^{2+}$$

固热处理主要通过高温反应促进化学键合、元素取代和结晶相中新组分的形成。飞灰颗粒的热力学稳定性条件发生变化，固体颗粒经历多晶转变和熔融相变，促使飞灰中的重金属等被稳定在高温反应产物中。热处理的常用技术包括高温烧结和高温熔融/玻璃化。经过热处理后，产生的熔渣由 Si—O 网络结构组成的玻璃基质构成，重金属被有效地包裹在这种无序网络结构中，因此熔渣中的重金属几乎不可溶解。这种处理得到的产品可以用于制造路基材料和玻璃陶瓷，以实现资源的再利用。飞灰高温烧结和高温熔融温度高，通常达到 1200℃ 和 1400℃ 以上，能耗高，减容效果好，对多种重金属的适用性强，但对于一些挥发性元素，如 Hg、Cd、Pb、Zn，特别是当存在高浓度的氯化物时，它们的稳定效果较差，烧结和熔融产生的烟气处理难度较大，设备投资和运维成本很高，在国内应用相对较少。

国家发展改革委等部门在 2020 年颁布了《城镇生活垃圾分类和处理设施补短板强弱项实施方案》，其中明确了不再新建原生生活垃圾填埋场的原则，浙江省也相继出台了危险废物"趋零填埋"政策，随着这些政策的出台，飞灰无害化处置与资源化利用技术的开发与应用势在必行。

6.2.5　垃圾焚烧过程中汞的形成与控制

6.2.5.1　汞的特性及形成

汞是常温状态下唯一的液态金属，具有银色的光泽，熔点$-38.87℃$，沸点$356.58℃$，加热时剧烈蒸发，汞蒸气有剧毒，吸入人体内会引起急性中毒。表6-10给出了汞在各个温度的蒸气压。

汞的蒸气压力	表 6-10
温度/℃	蒸气压力
0	0.000207mmHg
30	0.00299mmHg
350	683.86mmHg
500	7kg/cm²
700	46kg/cm²
1000	260kg/cm²

汞在常温干燥环境下不被氧化，但温度升高时，如加热至$300\sim400℃$，汞会转化为红色的氧化汞HgO，在高于$400℃$时，氧化汞分解重新转化为Hg；除了温度，湿度也是影响汞氧化的因素，在潮湿环境下汞也会被空气中的氧气氧化。汞可与所有的卤素及硫蒸气直接化合反应，溶于硝酸和浓硫酸，一般汞化合物的化合价是$+1$或$+2$，如HgO、$HgCl_2$、Hg_2Cl_2，$+4$价的汞化合物有HgF_4。Hg_2Cl_2难溶于水，但$HgCl_2$易溶于水，有剧毒。

垃圾中混有干电池、荧光灯、体温计，以及含有硫化汞的红色颜料制品，这些物质里面含有汞，在焚烧炉的高温下，Hg大部分以难溶于水的汞蒸气存在，但焚烧炉内HCl浓度高，常规为$400\sim1500ppm$，且炉内一般处于氧化气氛，大概$70\%\sim90\%$的汞会转化为水溶性的$HgCl_2$。

有实验研究汞的吸收率与HCl浓度以及气体温度之间的关系，见图6-5，气体温度越高，HCl浓度高，汞的吸收率越高，气体温度$900℃$，HCl浓度$1500ppm$时，汞的吸收率达到90%。

6.2.5.2　汞的控制技术

垃圾中的汞在进入垃圾焚烧锅炉后，大部分以蒸气状态存在于焚烧烟气中，少部分吸附在锅炉灰中进入炉渣，因而汞的控制技术主要集中在源头处理和焚烧烟气处理。

源头处理主要通过垃圾分类将含汞的物质单独收集，避免进入焚烧炉，我国垃圾分类政策已在众多城市开始实施，但由于含汞垃圾类别也较多，仅靠分类难以完全杜绝汞

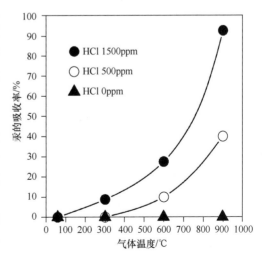

图 6-5　在水银蒸气和 HCl 反应试验中，气体温度与模拟烟气洗涤水的水银吸收率关系

的排放，如日本是垃圾分类处理执行很好的国家，通过回收废干电池也依旧不能控制汞的排放，对于焚烧烟气中汞的处理必不可少。焚烧烟气处理主要是对烟气中的汞进行吸收和吸附控制，分为湿法和干法两类。

湿法处理主要是利用湿式洗涤塔对烟气中的酸性污染物以及汞进行吸收，当烟气中的水溶性 $HgCl_2$ 比例较高，用湿式洗法处理焚烧烟气，$70\%\sim90\%$ 的 $HgCl_2$ 被吸收在洗涤液中。但如果垃圾在焚烧过程中，焚烧烟气中 HCl 浓度较低或者因为炉内处于还原性气氛，烟气中 $HgCl_2$ 的占比会较小，湿法洗涤时会降低汞的吸收率。此外，还可能出现已经吸收在洗涤液中的汞在还原气氛下被还原、重新逸散到排放气体中的情况。为此，很多学者正在研究在湿法处理过程中增加各种添加剂进而提高汞的吸收率。

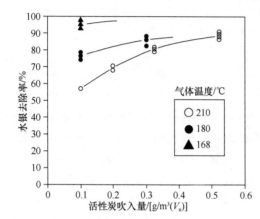

图 6-6　采用袋式除尘器时的活性炭吹入量和水银去除率的关系

有研究提出，向洗涤液同时添加液体螯合物和铜盐或者锰盐，能够去除约 50% 的汞蒸气、氧化汞等难溶性汞，以及 100% 左右的易溶性汞。此外，还有向排放气体中添加次氯酸钠，将排放气体中的汞氧化为水溶性汞或者抑制洗涤液中的汞重新被还原逸散到排放气体中去的方法，另外还有学者正在研究对排放气体进行电晕放电来增加活性质，通过汞与活性物质的反应促进汞氧化的方法。

湿法处理焚烧烟气脱汞，主要是将烟气中的汞转移至洗烟废水中，故需要对洗烟废水进行重金属的处理，主要方法有还原法、沉淀法（硫化物或者螯合剂）、活性炭吸附法，以及离子交换法，洗烟废水的处理不在本章进行详细论述。

常用的干法主要是向焚烧烟气中喷射活性炭对汞进行吸附，再通过袋式除尘器的滤饼将汞及其化合物吸附过滤，统一收集至飞灰中，即采用"活性炭喷射吸附＋袋式除尘器除尘"工艺。汞及其氯化物的饱和浓度很高，在 130℃ 时为 $10\sim20g/m^3$，通过凝聚作用和滤饼的吸附被去除，且飞灰容易吸附氯化汞，有报告提出 190℃ 下，飞灰可将 $HgCl_2$ 还原为挥发性较低的 Hg_2Cl_2 固定在飞灰中，温度高于 190℃ 时，$HgCl_2$ 会被还原成金属汞，一部分重新回至烟气中。活性炭的喷射量、烟气温度与汞的去除率关系详见图 6-6，烟气温度 168℃，活性炭的喷射量达到 $100mg/m^3$ 时，汞的去除率达到 90% 以上。随着温度提高，去除率降低；喷射量增加，汞的去除率也随之增加。

当烟气中汞含量较高时，可通过调整活性炭喷射量和烟气温度将烟气中的汞控制在排放限值之内，还可通过设置活性炭填充塔对焚烧烟气中的汞进行去除。

6.3　恶臭污染物的生成与控制

6.3.1　恶臭物质概述

气味是指刺激嗅觉神经产生的感觉，由刺激强度、心理感觉（愉快与否）与气味本质三要素综合产生的感受结果。根据生理与心理条件、爱好、经验，以及社会意识来判断气味的种类和强度，以及喜欢与否。一种气味包括许多化学成分，各成分之间有加强或减弱其气味的相互作用。

恶臭是刺激人体嗅觉器官、引起不愉快、厌恶，甚至难以忍受感觉的异常气味，以及有可能损坏生活环境的气味统称。恶臭是一种复合气味，由具有气味的多种物质构成，它刺激人们的嗅觉，带来不快和厌恶感，被称为"感觉公害"。大气、水、物体中的异味通过空气介质，作用于人的嗅觉而被感知；表征它不仅要靠分析数据，还要通过人们的感知思维进行分析和判断。

恶臭物质大多易挥发，在常温下呈现气体状态。空气常成为其扩散传播的介质，因而其易受气象因素的影响。恶臭物质分布很广，影响范围大。其中对人体健康危害较大的有几十种，有的散发出腐败的臭鱼味，如胺类；有的刺鼻，如氨类和醛类；有的放出臭鸡蛋味，如硫化氢；有的散发类似烂洋葱或烂洋白菜味等。恶臭物质使人呼吸不畅、恶心呕吐、烦躁不安、头晕脑胀、甚至窒息。

恶臭物质主要来源于动植物本身散发的异味，以及腐败的动植物、陈腐的食品、生活垃圾、污水散发的高浓度异味，化学、制药、制纸、制革、肥料、食品、铸造等工业生产过程排放的异味。恶臭对人的呼吸系统、循环系统、消化系统、内分泌系统、神经系统都有不同程度的负面影响。恶臭还会使人烦躁不安，工作效率减低，判断力和记忆力下降；高浓度恶臭物质的突然袭击，有时会把人当场熏倒，造成事故。

人的鼻腔上部有嗅上皮，它由嗅觉细胞、支持细胞和基底细胞形成的嗅黏膜，以及嗅黏液表面所构成。在嗅觉细胞末端有嗅小胞，并伸出嗅纤毛到嗅黏液表面下的黏液中。从嗅觉细胞伸出嗅神经进入嗅球，经两条通路传入大脑的嗅觉中枢。

近年来，恶臭污染的社会关注程度迅速提高，已被列为继大气污染、水体污染、土壤污染、噪声污染、振动、地面下沉之后的世界第七大公害。恶臭污染与噪声污染同属于感觉公害，只是噪声污染是对人听觉造成的危害，而恶臭污染则是对人嗅觉造成的公害。在我国还发生过一些有较大影响的恶臭污染事件，例如在 2006 年以前多次发生的垃圾卫生填埋场附近居民强烈投诉的垃圾恶臭污染事件；1988 年九江炼油厂废气燃烧不完全导致的恶臭事件；2001—2002 年遭到 1763 次投诉的南京城区恶臭污染事件；2003 年导致 19 名学生住院治疗的昆明女子中学不明恶臭污染事件等。在其他国家因恶臭污染发生的投诉的比例越来越高，如澳大利亚对恶臭污染的投诉占环境污染总投诉的 91.3%，美国对恶臭污染的投诉占全部气体污染投诉的 50%～60%，日本的恶臭污染投诉案为仅次于噪声污染投诉的第二位。

6.3.2 恶臭污染物主要特征

恶臭依托其高挥发性、亲水性及亲脂性特征，通过气体介质作用于人的嗅觉，并经嗅觉神经向大脑神经传递信息，通过对气味鉴别，完成人的嗅觉过程。恶臭污染物主要特征见表 6-11。

全球有 200 多万种化合物，其中包括引起厌恶或不愉悦等感受的各类异味化合物 40 多万种。根据异味物质结构及人对厌恶异味感知特征的瓦德麦克分类法，将气味分为醚类、芳香类、香脂（或花）类、琥珀类、韭菜（或大蒜）类、焦臭、山羊臭、不快臭、催吐臭九类。在这 40 多万种有气味的化合物中，约有 1 万种为重要恶臭物质，其中有 4000 多种恶臭物质可通过人的嗅觉感知。

恶臭污染物的主要特征　　　　　　　　　　　　　　　　表 6-11

序号	恶臭污染物特征	恶臭污染物表现状态
1	易挥发性	蒸气压大的物质大多具有强烈的气味，少数如香猫酮和混合二甲苯麝香在 0.1~0.01Pa 下也具有强烈气味
2	易溶解性	一般气味大的物质溶于水和脂肪
3	低嗅阈值	指人感觉到最小臭气物质浓度，大多数恶臭物质嗅阈值数量级在 $10^{-9}mg/m^3$
4	多组分混合	臭味大多为多种恶臭物质组成的复合体，其复合浓度是抵消、叠加、促进等多种作用的结果，并非单一气味的简单叠加
5	强感知性	人对恶臭的感觉与恶臭浓度的对数成正比
6	可降解性	多数恶臭物质通过氧化法、燃烧法、吸附法、生物法等可被分解
7	区域性与时段性	① 受大气扩散影响，恶臭浓度快速衰减；②大多恶臭物质为有机物不完全氧化分解的中间体，在扩散过程中会继续氧化分解
8	强吸收红外线能力	与物质对可见光谱的吸收波段决定其颜色类似，有气味物质对红外线吸收的波段决定其气味，石蜡油及二硫化碳例外，它们有气味，但基本不吸收红外线
9	丁铎尔（Tyndoll）效应	当测定气味物质（如丁香酚、黄樟脑等）在甘油、石蜡油或水中溶解时，当一束紫外线通过溶液时，由于被溶质微粒散射作用，呈现乳白色
10	拉曼（Raman）效应	当单色光通过一种纯物质发生散射时，散射光波长或大于或小于原单色光波长，这种效应即拉曼效应，其波长变化量称为拉曼位移。比较具有强烈恶臭的甲基硫醇、乙基硫醇、丙基硫醇及戊基硫醇的光谱，都有 $2567~2580cm^{-1}$ 拉曼位移，其他不具有该拉曼位移数值的物质，没有硫醇特殊气味

按化学组成，除硫化氢、氨为无机物外，大都是具有低沸点、强挥发性的有机化合物及其衍生物，简称 VOCs。这些恶臭化合物质可分为含硫化合物、含氮化合物、含氧化合物、烃类化合物与卤素化合物五类（表 6-12）。

以日本的《恶臭防止法》为例，定义"产生令人不快的气味并有可能损害生活环境的物质"为"特定恶臭物质"，并规定了表 6-13 所示的 22 种物质。

常见恶臭物质分类及其特性　　　　　　　　　　　　　　表 6-12

分类		主要恶臭物	臭味特征
无机物	含硫化合物	硫化氢，二氧化硫，二硫化碳	腐蛋臭，刺激臭
	含氮化合物	二氧化氮，氨，碳酸氢铵，硫化铵	尿臭，刺激臭
	卤素化合物	氯化氢，氯，溴	刺激臭
	其他	臭氧，磷化氢	刺激臭

分类		主要恶臭物	臭味特征
有机物	烃类	苯，甲苯，二甲苯，丁烯，丁二烯，苯乙烯，乙炔，萘	卫生球臭，电石臭，刺激臭
	含硫化合物 硫醇类	（甲，乙，丙，丁，戊，己，庚，二异丙，十二碳）硫醇	烂洋葱臭，烂甘蓝臭
	含硫化合物 硫醚类	甲硫醚，二甲二硫，二乙硫，二丙硫，二丁硫，二硫苯	蒜臭，烂甘蓝臭
	含氮化合物 胺类	甲胺，二甲胺，三甲胺，乙二胺，二乙胺	烂鱼臭，腐肉臭，尿臭
	含氮化合物 酰胺类	二甲基甲酰胺，二甲基乙酰胺，酪酸酰胺	汗臭，尿臭
	含氮化合物 吲哚类	吲哚，β-甲基吲哚	粪臭
	含氮化合物 其他	硝基苯，吡啶，丙烯腈	芥子臭
	含氧化合物 醇和酚	甲醇，乙醇，丁醇，甲酚，苯酚	刺激臭
	含氧化合物 醛	甲醛，乙醛，丙烯醛	刺激臭
	含氧化合物 酮和醚	丙酮，丁酮，己酮，乙醚，二苯醚	汗臭，尿臭，刺激臭
	含氧化合物 酸	甲酸，乙酸，羧酸	刺激臭
	含氧化合物 酯	丙烯酸乙酯，异丁基酸甲酯	香水臭，刺激臭
	卤素化合物 卤代烃	甲基氯，二氯甲烷，三氯乙烷，四氯化碳，氯乙烯	刺激臭
	卤素化合物 氯醛	三氯乙醛	刺激臭

注：本表参考《恶臭的评价与分析》。

《恶臭防止法》（日本）中规定的"特定恶臭物质"（22 种）和限制基准值的范围（单位：ppm）

表 6-13

恶臭物质	1 级	2 级	2.5 级	3 级	3.5 级	4 级	5 级
甲苯	0.9	0.5	10	30	60	100	700
乙酸乙酯	0.3	1	3	7	20	40	200
甲基异丁基甲酮	0.2	0.7	1	3	6	10	50
氨	0.1	0.6	1	2	5	10	40
二甲苯	0.1	0.5	1	2	5	10	50
苯乙烯	0.03	0.2	0.4	0.8	2	4	20
异丁醇	0.01	0.2	0.9	4	20	70	2000
丙醇	0.002	0.02	0.05	0.1	0.5	1	10
乙醛	0.002	0.01	0.05	0.1	0.5	1	10
丙酸	0.0017	0.0084	0.019	0.041	0.09	0.2	0.97
异丙醛	0.0007	0.008	0.02	0.07	0.2	0.6	5
正戊醛	0.0007	0.004	0.009	0.02	0.05	0.1	0.6
硫化氢	0.0005	0.006	0.02	0.06	0.2	0.7	8
二甲二硫	0.0003	0.003	0.009	0.03	0.1	0.3	3
正链丁醇	0.0003	0.003	0.009	0.03	0.08	0.3	2
异戊醛	0.0002	0.001	0.003	0.006	0.01	0.03	0.2
二甲硫醚	0.0001	0.002	0.01	0.04	0.2	0.8	2
三甲胺	0.0001	0.001	0.005	0.02	0.07	0.2	3
甲硫醇	0.0001	0.0007	0.002	0.004	0.01	0.03	0.2
正戊酸	0.0001	0.00045	0.00093	0.0019	0.004	0.0082	0.035
正丁酸	0.000096	0.0007	0.0019	0.0051	0.014	0.037	0.27
异戊酸	0.000053	0.00044	0.0013	0.0037	0.011	0.03	0.25

生活垃圾恶臭污染物主要包括垃圾携带与渗沥液产生恶臭的污染物。目前是采用硫化氢、甲硫醚、二甲硫醚、甲硫醇、三甲胺、氨、乙醛及苯乙烯 8 种恶臭污染物作为控制对象（表 6-14）。

垃圾恶臭物质种类与浓度参考值 表 6-14

序号	恶臭物质	分子式	臭味特征	单位	浓度值
1	氨	NH_3	尿臭味	ppm	1.0
2	硫化氢	H_2S	臭鸡蛋味	ppm	0.5
3	甲硫醇	CH_3SH	烂白菜味	ppm	0.05
4	甲硫醚	$(CH_3)_2S$	烂蔬菜味	ppm	0.02
5	二甲硫醚	$((CH_3)_2S)_2$	烂蔬菜味	ppm	0.02
6	三甲胺	$(CH_3)_3N$	刺激性鱼腥味	ppm	0.02
7	乙醛	CH_3CHO	木腥臭味	ppm	0.05
8	苯乙烯	C_8H_8	橡胶臭味	ppm	0.01
9	有害气体传感器标准报警级别按硫化氢			ppm	10

6.3.3 恶臭污染源及恶臭危害

6.3.3.1 恶臭污染源

恶臭物质来源于大气、水、固体物质中含发臭基团的异味物质。按恶臭发生源可分为体泌污染源、生活污染源和工业污染源三类。

从恶臭物质的生成特性可知，恶臭污染源主要来自自然界动植物生命期与工业生产过程。在生态环境系统中动植物自身散发与体泌排放异味，在对其加工过程中产生释放异味，以及生物体腐败分解产生异味气体。这是因为生物体由蛋白质、脂肪、碳水化合物组成，在生命期间蛋白质分解出含有胺、酮、硫醇、硫醚类等恶臭物质；脂肪和碳水化合物分解出中间体醇、醛、酯、脂肪酸类等恶臭物质；蛋白质、脂肪、碳水化合物等在厌氧菌或好氧菌的作用下分解出各种不完全氧化恶臭气体。养殖场、肉食加工厂、生活下水处理厂、生活污水处理厂、垃圾处理厂、各类食品加工厂及火葬场等都属于这类恶臭污染源。工业性恶臭污染源，主要指各种天然材料或合成产品在加工、生产、贮存、运输过程的正常排放，跑冒滴漏或意外突发性事故排放的恶臭物质，而且是多种恶臭物质的混合体。一些典型恶臭物质的排放源参见图 6-7。该图显示石油、塑料、橡胶、医药、农药、涂料、冶金、造纸、炼焦等生产、加工、使用的行业，都是具备排放恶臭物质的污染源。但恶臭污染程度随工业发展水平、生产设备、工艺及处理设施的完善程度、城市规划及管理的现状和自然环境等条件不同而不同。

图 6-8 中还显示出，一种恶臭物质可以来自多个不同的污染源，从而具有污染源比较广泛的特点。例如，牛皮纸浆、炼油、石油化工、焦化工、二硫化碳生产，天然气、煤气使用，粪便、污水处理等，都会产生 H_2S 恶臭物质。

进一步研究显示，产生的恶臭物质与其分子结构有关。如两个烷基同硫结合时就会生成 $(CH_3)_2S$(二甲基硫)和 $CH_3 \cdot C_2H_5S$(甲基乙基硫)等有恶臭的硫醚。若再改变某些化合物分子结构中 S 的位置，其臭味的性质也会改变。例如将有烂洋葱臭味的 C_2H_5SCN(乙基

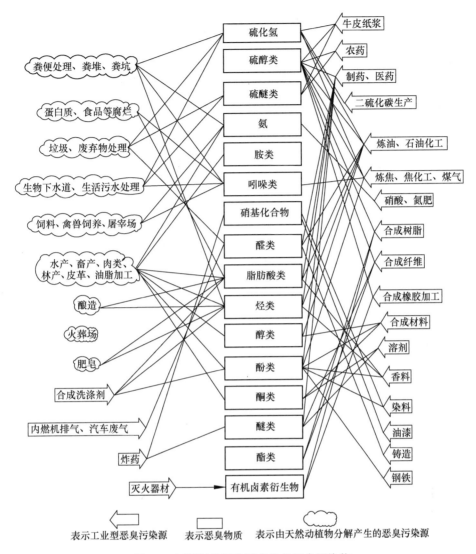

表示工业型恶臭污染源　　表示恶臭物质　表示由天然动植物分解产生的恶臭污染源

图 6-7　不同恶臭污染源产生的恶臭污染物

硫氰化物)中的 S 与 N 的位置对调,就会转化为芥末臭味的 C_2H_5NCS(硫代异氰酸酯)。各种化合物分子结构中的硫(=S)、巯基(—SH)和硫氰基(—SCN)是形成恶臭的原子团,称为"发臭团"。另有一些有机物,如苯酚(C_6H_5OH)、甲醛(HCHO)、丙酮($C_2H_6C=O$)和酪酸(C_3H_7—COOH)等,其分子结构虽不含硫,但含有羟基、醛基、羰基和羧基,也散发各种臭味,发挥"发臭团"的作用。

6.3.3.2 恶臭对人体危害的表现

(1) 人们突然闻到恶臭,产生反射性抑制吸气,使呼吸次数减少,深度变浅,妨碍正常呼吸功能。

(2) 随着呼吸的变化会出现脉搏和血压变化,危害循环系统。如刺激性恶臭氨会使血压出现先降后升,脉搏先减慢后加快现象。

(3) 经常接触恶臭会使人厌食、恶心、呕吐,使消化功能减退。

（4）经常受恶臭刺激，会使内分泌系统功能紊乱，影响机体代谢活动。

（5）长期受到一种或几种低浓度恶臭物质刺激，会引起嗅觉脱失、嗅觉疲劳障碍，导致大脑皮层兴奋和抑制功能失调。

（6）使人精神烦躁不安，思想不集中，工作效率减低，判断力和记忆力下降，影响大脑的思考活动。

（7）高浓度恶臭物质的突然袭击，有时会把人当场熏倒，造成事故。有案例显示恶臭扩散到距排放源 20km 以外的地方，近处有人当场被熏倒；远处有人在熟睡中被熏醒；还有人恶心、呕吐、眼睛疼痛等。

6.3.4　高斯恶臭扩散模型

高斯恶臭扩散模型是高斯应用紊流统计理论，在大量实验数据分析以及正态分布假设的基础上，得到恶臭污染物在大气中扩散的数学模型。经过多年的研究试验，国内外建立了多种高斯扩散模型，包括高斯点源扩散模式、点源封闭式扩散模型、高斯面源（虚拟点源）扩散模型，以及多种特殊气象条件和复杂地形条件下的高斯扩散模型。高斯扩散模型也是目前在模拟恶臭污染扩散方面运用的最普遍的模型。

6.3.4.1　高斯点源扩散模型

高斯点源扩散模型适用于均一的大气条件。排放恶臭污染物的烟囱、放散管、通风口等，只要不是讨论近距离污染问题的应用条件，不受排放量的约束，均可近似将其视作点源。在点源扩散过程中，如果污染物质量不变，即不发生沉降和化学反应，则在污染源下风向任意一点的浓度公式为：

$$C(x,y,z,H) = \frac{Q}{2\pi \bar{u} \sigma_y \sigma_z} \exp\left(-\frac{y^2}{2\sigma_y^2}\right) \left[\exp\left(-\frac{(z-H)^2}{2\sigma_z^2}\right) + \exp\left(-\frac{(z+H)^2}{2\sigma_z^2}\right)\right]$$

(6-6)

在上浓度公式中，

① 令 $z=0$，可得到点源的地面浓度一般公式：

$$C(x,y,0,H) = \frac{Q}{\pi \bar{u} \sigma_y \sigma_z} \exp\left(-\frac{y^2}{2\sigma_y^2}\right) \exp\left(-\frac{H^2}{2\sigma_z^2}\right)$$

(6-7)

② 当 $z=0$、$y=0$ 时，代入上述浓度公式，即可得到 x 轴的地面源浓度公式：

$$C(x,0,0,H) = \frac{Q}{\pi \bar{u} \sigma_y \sigma_z} \exp\left(-\frac{H^2}{2\sigma_z^2}\right)$$

(6-8)

③ 当 $H=0$，$z=0$、$y=0$ 时，代入上述浓度公式，则有地面源浓度：

$$C(x,0,0,0) = \frac{Q}{\pi \bar{u} \sigma_y \sigma_z}$$

(6-9)

④ 地面最大浓度及其离源的距离。通过对扩散系数做贴近实际的假设：$\sigma_y / \sigma_z =$ 常数，再将 x 轴地面浓度公式对 σ_z 求导并取极值（$x = x_{C_{max}}$）。则有地面源最大浓度及其离源距离：

$$C(x_{C_{max}}, 0, 0, H) = \frac{2Q}{\pi e \bar{u} H^2} \times \frac{\sigma_z}{\sigma_y}$$

(6-10)

上述各式中　C——任一点的污染物的质量浓度，mg/m^3，g/m^3；

Q——恶臭源强，单位时间内污染物排放量，mg/s，g/s；

σ_y——横向扩散系数，污染物在 y 方向分布的标准偏差，是距离 x 的函数，m；

σ_z——垂直扩散系数，污染物在 z 方向分布的标准偏差，是距离 x 的函数，m；

$\bar{u}$——排放口处的平均风速，m/s；

H——有效源高，m；

x——污染源排放点至下风向上任一点的 x 轴方向距离，m；

y——污染源排放点至下风向上任一点的 y 轴方向距离，m；

z——污染源排放点至下风向上任一点的 z 轴方向距离，m。

6.3.4.2 高斯扩散模式

鉴于上述恶臭扩散模型受限于一类稳定度气层的扩散计算，同时还需要地形平坦以及风速不太小等条件的局限性，针对如上部逆温的扩散情况、漫烟型的扩散和微风情况下的扩散等特殊条件，取得针对上部逆温时的扩散情况的点源封闭式扩散模型，虚拟点源的面源扩散模型等研究成果。

6.3.4.3 用于恶臭污染扩散的计算机数学模型

自 20 世纪 60 年代出现专门用于恶臭污染扩散的计算机数学模型，如恶臭动态扩散 AODM 模型（the dynamic Austrian odour dispersion mode1）及其计算机评价系统。该模型考虑到如下恶臭扩散特征：高斯烟羽计算模型是恶臭 30min 平均浓度，而恶臭感觉是依赖于恶臭瞬时浓度；在恶臭源不同距离处，基于紊流作用，峰值与平均值比随着距离增加而减小，可通过经验稀释公式计算。

此外，还有许多适用于不同恶臭污染扩散条件的计算模型，例如适用于点源、线源、面源和体源等多种工业污染源的美国两种 ISC3（industrial source s-trial source complex model）模型；适用于平坦与复杂地形、地面源和高架源等多种排放扩散情景，包括点源、面源和体源等多种污染源排放的 AERMOD 稳态烟羽模型；适用于可随时间和空间而变化的非稳态烟团污染物的迁移、转化和去除模拟；并对距离污染源较远的污染物浓度计算，考虑了大气的自净、化学转化、垂直风向的剪切作用，以及沿海地区海陆交互作用的影响；包括点源、线源以及面源等多种污染物排放的 CALPUFF 模型。还有如 AUS-PLUME、ADMS 等恶臭污染物扩散的计算模型。

6.3.5 恶臭污染物评价标准与评价指标

人类嗅觉能感受极微量的气味，即使分解、去掉 90% 的恶臭物质，人体对臭味的感觉也只减少一半，因此对于恶臭处理来说，其处理效率必须达到 99% 以上。

对恶臭污染源所排放恶臭物质的种类、性质、污染范围，以及臭气强度进行流行病学调查、检测和评价时，询问法和嗅觉法可作为微量气体化学分析法的补充。

恶臭物质的臭味，不仅取决于它的种类和性质，也取决于它的浓度。浓度不同的同一物质的气味也会改变。如将极臭的吲哚稀释成极低的浓度时，就会变成茉莉香味；高浓度的丁醇发出恶臭，低浓度的则放出苹果酒的芳香。

对恶臭评价，应以感受到的浓度强弱为准，而不是以香臭划分。恶臭物质可采用高温燃烧、催化燃烧、活性炭吸附、清水加除臭剂进行淋洗等清除的方法。含恶臭物质的废水，在排放前应进行除臭处理。散发恶臭严重的污染源，应迁出居住区。

6.3.5.1 关于恶臭污染物的相关标准

1. 恶臭强度级别

恶臭强度是指嗅觉感知到的臭气程度与臭气强度级别对照而得出的一项指标，适用于官能测定法中的直接法。恶臭强度法是根据恶臭气味的强弱分为若干级（表 6-15），然后由训练有素的嗅辨员闻后进行分级。日本公害对策审议会于 1972 年根据 6 级分类法规定恶臭强度控制为 2.5～3.5 级，当恶臭强度超过 3.5 级时，表明大气已受到恶臭污染，要采取防治措施。

恶臭强度级别   表 6-15

恶臭强度级别	嗅觉对臭气的反应的制度		说明
	恶臭分级制度	日本曾经规定	
0	无臭	无气味	—
1	勉强嗅出臭味（感觉阈）	勉强感到有气味（感觉阈值）	不易辨认气味性质，感到无所谓
2	刚能辨别出恶臭特征气味（识别阈值）	能确定气味性质的较弱的气味（识别阈值）	闻到较弱的气味，可辨认气味性质
3	明显感觉臭味	很容易闻到，有明显的气味	很容易闻到，有所不快，但不反感
4	强烈感觉臭味	较强的气味	有很强的气味，很反感，想离开
5	无法忍受	极强的气味	有极强的气味，想立即离开

2. 恶臭污染物厂界标准值

恶臭污染物厂界标准如表 6-16 所示。

恶臭污染物厂界标准   表 6-16

序号	控制项目	单位	一级	二级		三级	
				新扩改建	现有	新扩改建	现有
1	氨	mg/m³	1	1.5	2	4	5
2	三甲胺	mg/m³	0.05	0.08	0.15	0.45	0.8
3	硫化氢	mg/m³	0.03	0.06	0.1	0.32	0.6
4	甲硫醇	mg/m³	0.004	0.007	0.01	0.02	0.04
5	甲硫醚	mg/m³	0.03	0.07	0.15	0.55	1.1
6	二甲二硫	mg/m³	0.03	0.06	0.13	0.42	0.71
7	二硫化碳	mg/m³	2	3	5	8	10
8	苯乙烯	mg/m³	3	5	7	14	19
9	臭气浓度	无量纲	10	20	30	60	70

3. 恶臭污染物排放标准

恶臭污染物排放标准如表 6-17 所示。

恶臭污染物排放标准　　　　　　　　　　　　　表 6-17

| 序号 | 控制项目 | 单位 | 排气筒高度/m | | | | | | | | | |
| | | | 15 | 20 | 25 | 30 | 35 | 40 | 60 | 80 | 100 | 120 |
			排放量									
1	硫化氢	kg/h	0.33	0.58	0.9	1.3	1.8	2.3	5.2	9.3	14	21
2	甲硫醇	kg/h	0.04	0.08	0.12	0.17	0.24	0.31	0.69	—	—	—
3	甲硫醚	kg/h	0.33	0.58	0.9	1.3	1.8	2.3	5.2	—	—	—
4	二甲二硫醚	kg/h	0.43	0.77	1.2	1.7	2.4	3.1	7	—	—	—
5	二硫化碳	kg/h	1.5	2.7	4.2	6.1	8.3	11	24	43	68	97
6	氨	kg/h	4.9	8.7	14	20	27	35	75	—	—	—
7	三甲胺	kg/h	0.54	0.97	1.5	2.2	3	3.9	8.7	15	24	35
8	苯乙烯	kg/h	6.5	12	18	26	35	46	104	—	—	—
9	臭气浓度标准值	无量纲	2000	—	6000	15000	20000	40000	60000	—	—	—

4. 我国对含硫、氮和苯系化合物中主要恶臭物分析测定的国家标准

(1)《空气质量　恶臭的测定　三点比较式臭袋法》GB/T 14675—1993。

(2)《空气质量　三甲胺的测定　气相色谱法》GB/T 14676—1993。

(3)《环境空气　苯系物的测定　固体吸附/热脱附　气相色谱法》HJ 583—2010。

(4)《空气质量　硫化氢、甲硫醇、甲硫醚、二甲二硫的测定　气相色谱法》GB/T 14678—1993。

(5)《环境空气　氨的测定　次氯酸钠　水杨分光光度法》HJ 534—2009。

(6)《空气质量　二硫化碳的测定　二乙胺分光光度法》GB/T 14680—1993。

6.3.5.2 恶臭污染物的采样与测定

有组织排放源的采样点在臭气进入大气的排气口，也可以在水平排气道和排气筒下部采样监测，测得臭气浓度进行换算求得实际排放量。经过治理的污染源监测点设在治理装置的排气口，并应设置永久性标志。要按生产周期确定监测频率，生产周期在 8h 以内的，每 2h 采集一次；生产周期大于 8h 的，每 4h 采集一次；取其最大测定值。

无组织排放源的厂界监测采样点，设置在厂界的下风向侧，或有臭气方位的边界线上。连续排放源采样频率相隔 2h 采一次，共采集 4 次，取其最大测定值；间歇排放源采样频率选择在气味最大时间内进行，样品采集次数不少于 3 次，取其最大测定值。

6.3.5.3 恶臭污染物监测方法

目前广泛应用的恶臭物质测定方法为仪器分析法与官能测定法，参见表 6-18。

恶臭污染物监测方法　　　　　　　　　　　　　表 6-18

项目	仪器分析法	官能测定法
常用方法	1. 规定恶臭物质的一般实验室仪器分析方法。 2. 自动监测仪器法。 3. 色谱质谱大型仪器联用法。 4. 检知管法及其他分析法	1. 直接法：感觉到的臭气强度与强度分级表比较。 2. 空气稀释法：（1）静态法：①无臭室稀释法，②ASTM注射器稀释法，③三点比较式臭袋法；（2）动态法：①臭气浓度测定器法，②嗅觉计法

项目	仪器分析法	官能测定法
特点	1. 测定精度高，数据客观。 2. 可连续测定，实现自动监测。 3. 可定性、定量了解气体组分	1. 适用范围广，可用于不了解气味成分的场合。 2. 单一组分或多组分均可给出总强度。 3. 不需熟练技术，操作简单，对检测人员有特定规定
适用范围	1. 数据可作为制定法规依据。 2. 追踪污染源。 3. 可作为选择托抽技术方案的依据	1. 用于恶臭强度现状评价。 2. 用于恶臭综合治理效果的评定

6.3.5.4　恶臭评价指标

1. 臭气浓度（odor concentration）

臭气浓度（简称 ODC）是官能测定法中三点比较式臭袋法或注射器稀释法的测定结果；是用无臭空气对臭气样品连续稀释至嗅觉阈值时的稀释倍数，臭气浓度与仪器分析浓度、嗅觉阈值的关系表示为：

$$臭气浓度 = 仪器分析浓度/嗅觉阈值$$

其中，嗅觉阈值（olfaction threshold value）为嗅觉感知到气味的含量，即恶臭最低嗅觉含量（表 6-19）。嗅觉阈值多在 10^{-9} 以下，而仪器最低检测含量在 $10^{-6} \sim 10^{-9}$ 范围内。为标准化需要，使用恶臭指数（OI）表示恶臭浓度（ODC）数据：

$$恶臭指数（OI）= 10 \times \lg（ODC）$$

空气中臭气阈值（根据静态调查法）　　表 6-19

物质名称	阈值/10^{-6}	臭气种类	物质名称	阈值/10^{-6}	臭气种类
乙醛	0.21	木腥味	二甲胺	0.047	腐烂鱼腥味
醋酸	1.0	酸臭味	三甲胺	0.00021	刺激性腐烂鱼味
丙酮	100.0	有刺激性化学甘臭味	氨	46.8	刺激性臭味
丙烯醛	0.21	有刺激性焦臭味	苯胺	1.0	刺激性臭味
丙烯腈	21.4	洋葱臭味，大蒜臭味	苯	4.68	溶剂味
丙烷氯化物	0.47	洋葱臭味，大蒜臭味	甲基氯化物	＞10	—
苄基氯化物	0.047	溶剂	亚甲基氯化物	214.0	—
苄基亚硫酸盐	0.0021	硫磺味	甲乙基酮	10.0	香甜气味
溴	0.047	似漂白粉的刺激味	甲基异丁基酮	0.47	香甜气味
正丁酸	0.001	酸臭味	甲基硫醇	0.0021	刺激性硫磺味
二硫化碳	0.21	蔬菜硫磺味	三烯酸甲酯	0.21	刺激性硫磺味
四氯化碳(二氯化碳氯化)	21.4	刺激性甘臭	单氯基苯	0.21	氯气味，卫生球味
四氯化碳（甲烷氯化）	100.0	—	硝基苯	0.0047	刺激性鞋油味
氯醛	0.47	甘臭	对甲酚	0.001	刺激性焦油臭
氯	0.314	似漂白粉的刺激臭	对二甲苯	0.47	香甜气味
二甲基乙酰胺	46.8	焦臭、油臭	对氯乙烯	4.68	氯化物溶剂臭

物质名称	阈值/10^{-6}	臭气种类	物质名称	阈值/10^{-6}	臭气种类
二甲基亚硫酸盐	0.001	蔬菜硫磺臭	酚	0.047	药品味
二苯亚硫酸盐	0.0047	橡胶的焦臭	光气	1.0	干草味
乙基硫醇	0.001	泥土味，硫磺味	磷化氯	0.021	洋葱味，芥末味
乙醇（合成产品）	10.0	香甜气味	吡啶	0.021	刺激性焦油味
丙烯酸乙酯	0.00047	塑料烧焦臭味	抗反应性苯乙烯	0.1	橡胶味
甲醛	1.0	刺激性麦秸秆味	非抗反应性苯乙烯	0.047	橡胶味，塑料味
氯化铵气体	10.0	刺激性味	二氯化硫	0.001	硫磺味
硫化物制备的硫化氢	0.0047	腐蛋臭味	亚硫酸气体	0.47	—
硫化氢气体	0.00047	腐蛋臭味	焦炭制备甲苯	4.68	似花的刺激性气味
甲醇	100.0	香甜气味	石油制备甲苯	2.14	卫生球味，橡胶味
一甲胺	0.021	刺激性烂鱼味	异氰酸盐	2.14	刺激性医用绷带味
三氯乙烯	21.4	溶剂	—	—	—

2. 恶臭散发率

恶臭散发率（OER）是官能测定法臭气浓度和臭气排放量（m^3/min）的乘积。恶臭散发率与公害关系的基本情况如表6-20所示。

恶臭散发率与公害关系 表6-20

恶臭散发率	发生恶臭公害情况	受害范围
小于10^4	基本不引起公害	
$10^5 \sim 10^6$	污染厂区或引起小范围公害	在500m范围内，最大距离1000m
$10^7 \sim 10^8$	引起中小型污染	在1000m范围内，可达2000～4000m
$10^9 \sim 10^{10}$	引起大的环境公害	2～3km，最大距离达10km
$10^{11} \sim 10^{12}$	可引起大规模环境公害	4～5km，最大可达几十千米

垃圾的臭气污染，主要来自垃圾发酵产生的氨、硫化氢、甲硫醇、甲硫醚、二甲硫醚、三甲胺、二硫化碳等数百种有机恶臭物质。这些恶臭物质有一个迥异于其他大气污染物的特性——污染释放的绝对剂量不大，常规仪器很难检测出来，往往只能靠经过专业训练的嗅辨员进行嗅觉监测。但人的嗅觉却对上述物质极度敏感，嗅觉阈值超低。如氨这种日常生活常见的致臭物质，尿骚味，人的鼻子嗅觉阈值大约在0.6mg左右；而对于甲硫醇、甲基硫醚、硫化氢等有较强烈致臭感觉的物质，嗅觉阈值却只有氨的1/8000。所以，这些污染物的释放浓度小，释放方式隐蔽多元，生态环境部门和焚烧厂运营团队很难及时发现，但造成的周边群众和公众不良影响颇大，可谓"伤害性不大，但侮辱性极强"。国内有相当多数的垃圾焚烧厂现场运营团队，对臭气问题个人体感上已经相对比较麻木，意识上也往往默认必臭事实，运营团队对臭气问题也没有考核压力，所以，既无动力也无技术经验去彻查臭源、开展治理。

6.3.6　脱除恶臭的技术路径

脱臭技术一般可分为物理脱臭方法、化学脱臭方法、生物学脱臭方法三种。每种方法都具有其最佳适用范围。关于其应用特点可参考相关撰述，在此不再专门论述。

6.3.6.1　物理脱臭方法

（1）采用水、活性炭悬浮液的水洗法。

（2）采用活性炭、沸石的物理吸附法。

（3）水冷却、空气冷却的冷却冷凝法。

（4）空气、大气扩散的稀释法。

6.3.6.2　化学脱臭方法

（1）药液吸收法，包括采用气相氧化剂（臭氧、氯、二氧化氯）、液相氧化剂（次氯酸钠、次溴酸钠、高锰酸钾、过氧化氢）的氧化吸收法。

（2）采用酸（硫酸、盐酸）、碱（氢氧化钠、石灰）反应剂的酸碱吸收法。

（3）采用离子交换树脂、碱性气体吸附剂（磺化炭、酸浸渍炭）或酸性气体吸附剂（氢氧化铁、氯化铁、碱浸渍炭）的化学吸附法。

（4）采用直接燃烧或催化氧化的燃烧法。

（5）使用掩蔽剂、中和剂等的中和剂法。

6.3.6.3　生物学脱臭方法

生物学脱臭方法根据微生物的生存状态，进一步分为微生物在固体表面附着的固相性方法（包括土壤、堆肥、纤维状泥炭及生物膜脱臭）和微生物在液体中分散的液相性方法（包括气体分散与液体分散类型）。

生物学脱臭方法包括采用土壤过滤的土壤吸附法、采用活性污泥的活性污泥法和采用消化促进剂的酶剂方法。

6.3.7　垃圾焚烧厂的恶臭源与应对措施

6.3.7.1　防臭除臭的基本准则

（1）建立堵漏除臭源分析清单和管理制度，做好恶臭漏点台账。

（2）建立并认真执行厂区恶臭巡检计划。

（3）做好计划停运的恶臭控制措施，降低非停概率，保持主厂房内处于常态化负压运行状态。

（4）在垃圾池区域设置除臭系统，并保证其处于正常启动状态。

（5）加强对未知恶臭漏点和硫化物等无组织排放的预判。

（6）在厂区环境绿化中，尽可能考虑单株具有消减 $PM_{2.5}$、SO_x、NO_x 功能最强的植物，例如马褂木、枫杨、乌桕、广玉兰、大叶黄杨、梅花、栀子花等。广东省林科院研究认为，黄槐、红花银桦、红千层、复羽叶栾树和大花紫薇叶片对吸收净化 SO_2 和 NO_2 能力表现较强。

6.3.7.2　垃圾焚烧厂的臭源控制基本要求

垃圾焚烧厂内的恶臭，主要来自垃圾运输车进入厂卸料大厅前，撒漏在厂内途经道路、栈桥的垃圾和垃圾渗沥液散发的恶臭，垃圾池内垃圾堆体逸散出的恶臭，以及渗沥液处理系统扩散出的恶臭。

我国生活垃圾焚烧项目通过下述运行管理，总体上实现了在厂内与主厂房内人员聚集空间，闻不到臭味（相当于≤1级恶臭强度）：

（1）对垃圾运输车辆进行箱体密封的升级改造，杜绝车辆运输过程中的跑冒滴漏现象。

（2）对垃圾车运输通道、栈桥定期清理；栈桥进出口设置两道快关门，切断恶臭逸散点。

（3）卸料大厅处于封闭状态。保持卸料大厅的清洁，卸车后及时清扫卸料门处残留垃圾，定期清洗地面。

（4）保持垃圾池卸料门处于正常运行状态，关闭严密；非卸车期间保持常闭。

（5）垃圾池上部四壁与下部同样采用钢筋混凝土结构，避免砖砌可能造成恶臭溢出的缝隙；对通过垃圾池墙体、楼板必要的孔洞采取有效封堵措施；保证构造柱与墙体结合密实；做好垃圾池沉降措施，设置必要的沉降监测点。

（6）保持垃圾池处于负压状态。一般在卸料门全关时不低于-40Pa左右，并根据当地大气压进行调整。

（7）焚烧线正常运行过程期间，抽取垃圾池内恶臭气体作为一次燃烧空气。

（8）对通过恶臭气体的管道无特殊要求的采用焊接连接方式；采用法兰连接时，要注意垫片与紧固件的严实密封。

（9）设置针对垃圾池的活性炭除臭系统。根据质能平衡原理，可按一条焚烧线停运时的除臭风机风量与一次风机风量平衡关系确定除臭系统的规模，并考虑风机计算风量与采购风机的铭牌风量关系。

（10）渗沥液处理系统的恶臭源采取封闭措施；对产生的沼气根据经济适用原则采取回收利用。

6.3.8　气味的感官分析

恶臭作为一种特定的气态污染物质，同样遵循气味特征、感官分析方法等基本规则。

6.3.8.1　气味特征

1. 气味（恶臭）浓度

气味浓度是指用无臭的清洁空气对异味样品连续稀释至嗅辨员阈值时的稀释倍数，是量化异味大小的指标。

我国的"三点比较式臭袋法"中，恶臭浓度是一个有特定意义的稀释倍数，是无量纲指标。而在欧洲执行的"空气质量-动态嗅觉计法测定臭气浓度"中，规定以正丁醇作为标准物质，其臭气的浓度单位是有量纲的。

2. 气味强度

是指人的嗅觉对气味强弱程度（即心理感受）的一种描述。气味的强度一般分成若干等级（详见6.3.5.1节）。因国家、地区的不同，恶臭强度（I）的分级有所不同。一般的恶臭多为复合恶臭，其强度与恶臭物质的种类和浓度有关，两者符合下述韦伯-费希纳定律：

$$I = k\lg C \tag{6-11}$$

式中　k——常数；

　　　C——恶臭物质在空气中的浓度（用稀释倍数表示，无量纲）。

3. 气味的持久性

气味的持久性与强度相关联，气味的强度随其浓度而变化。但对各种气味（包括恶臭）来说，这一强度对浓度的变化率是不一样的，这个变化率被称为持久性。气味的持久性表现为"剂量响应"函数。这个函数可通过分别测定不加稀释的恶臭样品和逐个稀释点直至嗅觉阈值的嗅觉强度而得到。

取气味强度对数＝f（稀释倍率对数），作图可得到"剂量响应"函数的一条直线。直线的斜率说明了该恶臭的持久性。直线越平坦，恶臭的持久性越强，也就是在空气中"逗留"的时间越长。

4. 气味品质

由于人们生活的地域、习俗、经历等的多样性，对同一恶臭的气味描述也会不一样，人们会用不同的词汇来描述这种恶臭，因此建立描述气味品质的标准术语是十分必要的。在这方面国外有许多使用参考的"标准"气味描述应用于各种行业。其中，在气味评价中常用蔬菜植物（vegetable）、水果（fruity）、花类植物（floral）、药品（medicinal）、化学品（chemical）、腥臭（fish-y）、令人生厌的（offensive）、泥土（earthy）这 8 类已经被人们所认识的气味类别，以及每一类下面若干具体的物质来进行描述或表达。

5. 愉快、不愉快度

愉快、不愉快度是表示某个恶臭样品令人愉快或不愉快的程度。愉快、不愉快度是一个独立的气味特征，一般用 20 级或 10 级分度表示：

$$-10，-9，-8，-7，-6，-5，-4，-3，-2，-1，0\leftarrow$$
$$中性\rightarrow+1，+2，+3，+4，+5，+6，+7，+8，+9，+10$$
$$不愉快程度\leftarrow中性\rightarrow愉快程度$$

对某个恶臭样品愉快、不愉快度的赋值，是由训练有素的嗅辨员根据其经验和对恶臭有意识的记忆作为参考尺度主观确定，并最终以嗅辨组的平均值报告恶臭样品的愉快、不愉快度。由于缺乏标准的量度约定以及嗅辨员个体之间的差异，从不同实验室得到的愉快、不愉快度不能相比较。但是同一实验室的嗅辨组得出的愉快、不愉快度能够对气味随时间的变化作出比较正确的评价。

6.3.8.2　气味检测基础

1. 物质的蒸气压

具有挥发性有机化合物的分子从气液或气固界面挥发进入气相，通常用蒸气压来表示其挥发性。蒸气压是指在一定温度下置于真空中液态或固态物质产生的压力（单位为 Pa）。在 25℃室温下，蒸气压高于标准大气压 101325Pa 的物质是气体，其沸点在 25℃以下。某一气味物质在空气中产生的蒸气压与其在真空中产生的蒸气压是相等的。需注意的是物质气味强烈程度与蒸气压大小无关，如麝香酮具有浓烈气味，但其蒸气压是非常小的。表 6-21 列出了一些气味物质的蒸气压。

一些气味物质在 25℃的蒸气压　　　　　　　　　　　　表 6-21

气味物质	蒸气压/Pa	相对分子质量	空气中浓度/（mg/m³）
三甲胺	$2.27×10^5$	59	$5.4×10^6$
吡啶	2665.10	79	$8.5×10^4$

气味物质	蒸气压/Pa	相对分子质量	空气中浓度/（mg/m³）
异丁酸异丁酯	559.97	144	3.3×10^4
L-香芹酮	16.00	150	9.7×10^2
苯乙醚	2.93	170	2.0×10^2
D-氯乙酰苯	1.00	155	6.3×10^1
w-十五烷内酯	6.00×10^{-2}	240	5.8×10^0
麝香酮	2.80×10^{-4}	294	3.3×10^{-2}

取 25℃时气味物质的蒸气压 P（Pa），摩尔质量 M（g/mol），则该气味物质在标准状况下空气中的浓度 C 可由下式计算：

$$C = (P/101325) \times (273/298) \times M/22.4 = 4.04 \times 10^{-1} PM \tag{6-12}$$

2. 物质的气味与其结构、性质的关系

气味物质一般具有一定挥发性，有的在常温下就呈气态，且既有水溶性又有脂溶性。化合物的脂溶性很小，不能通过嗅觉细胞膜的脂层；相对分子质量很大，蒸气压很小，则不能扩散到鼻黏膜而不能被嗅觉细胞感受，因而没有气味。因此有人提出相对分子质量在 50～300 之间的有机化合物才有气味。

无机化合物中除了 SO_2、NO_2、NH_3、H_2S 等少数几种有强烈的气味外，大多数没有气味。而目前知道的 200 万种有机化合物中，约有 40 万种是有气味的。它们的气味与其结构、性质存在密切关系（表 6-22）。

另外在研究中还发现：高分子化合物的气味决定于分子结构的形状和大小；偶极矩、空间位阻、红外光谱、拉曼光谱、氧化性能等对气味的品质有影响；蒸气压、溶解度、扩散性、吸附性、表面张力等性质对气味也有一定的影响。

有机化合物的气味与其分子的组成和结构之间的关系 表 6-22

化合物	分子组成与结构的特征	气味
烃类	含 C—C 键、C—H 键	具有石油气味，较弱，对恶臭影响不大
有机硫化物，如硫醇、硫醚含硫基	SH 或硫醚键—S—	强烈臭味，一般阈值很小，即使含量极微，也能对气味有影响
醇类	含羟基—OH	C_{10} 以内的醇随分子质量增大气味增强，C_{10} 以上的醇气味逐渐减弱至无气味。不饱和醇比对应饱和醇气味强，多元醇及丙二醇、丙三醇（甘油）无气味
醛类	含醛基—CHO	低级脂肪醛具有强烈的刺鼻气味，随着相对分子质量增加刺激性减弱。C_8～C_{12} 饱和醛高度稀释后有良好的香气
酮类	含碳基＞C＝O	大多数有较强的气味。如香芹酮有留兰香的特征香味
羧酸类	含羧基—COOH	低分子羧酸气味显著，C_5 以上一般无气味。如甲酸、乙酸有强烈的刺激性气味，丁酸有腐败气味，异戊酸有恶臭味等

化合物	分子组成与结构的特征	气味
酯类和内酯类	酯类含有－COOR	一般都具有很好的香气。低级饱和脂肪酸和脂肪醇形成的酯具有各种水果香味
芳香族	含芳香环	大多数具有芳香气味
含氮化合物	含氮原子或杂环	甲胺、二甲胺、三甲胺、吲哚、甲基吲哚等含氮化合物都有恶臭而且有毒

注：低级醇（$C_1 \sim C_4$）可与任何比例的水混合，有强酒精味，也有 $C_1 \sim C_3$ 醇具有轻快香味；中级醇（$C_5 \sim C_{11}$）在水中的溶解度随分子量增加而减少，有点儿臭味，也有 $C_4 \sim C_6$ 醇有近似麻醉性的气味，C_7 以上醇有芳香性；C_{12} 以上高级醇为螺状固体，不溶于水，某些高级醇却很香。液体醇能溶解多种无机物和有机物，因醇分子中含有烃基，故沸点高于烷烃。以 C_{28} 代表的高级醇绝大部分以脂肪酸酯形态出现。高级脂肪醇广泛存在于自然界，几乎遍及一切生物。

3. 人的嗅觉阈值和嗅觉疲劳

人的嗅觉阈值包括感觉阈值（也称"检知阈值"）和识别阈值（也称"认知阈值"）。感觉阈值是人能感觉气味物质存在的最低浓度；对嗅辨员个人来说叫个体嗅觉阈；对规定一定比例嗅辨员来说叫组嗅觉阈。识别阈值是人的嗅觉对气味物质所能识别的最低浓度，也有个体识别阈和组识别阈之分。

嗅觉阈的定义会因具体过程与方法的不同而不同。一般人的嗅觉对多数气味物质的感觉阈值在 10^{-9} 以下，而化学分析、仪器分析对气味物质的最低检出浓度在 $10^{-9} \sim 10^{-6}$ 数量级范围。要注意的是个体嗅觉阈值会因采用不同的测定方法及条件（实验者、地域、时间等）和不同的定义而不同。

嗅觉可以产生疲劳，通常称之为嗅觉疲劳现象或嗅觉适应现象。这一现象可以用于研究气味物质的相关性，同时对恶臭的感官分析具有指导意义。研究发现，一次吸入浓度为阈值 64 倍的有气味的空气，就会降低受试者对相同气味的嗅觉敏感性达 15s 之久，这种效应称为"自适应"。对于没有相互关系的气味，嗅觉敏感性一般不受影响。嗅觉疲劳是气味检测技术中的重要现象之一。人们长期接触某种气味，会使感受该气味的嗅觉敏感性不断减弱。一旦远离这种适应了的气味，呼吸于新鲜空气中，则对所适应气味的嗅觉敏感性就会得到恢复。恶臭感官分析方法中的一些具体规定都是基于这一现象而做出的。

4. 气味感觉强度与刺激强度的关系

当人们在闻到某种足够刺激强度的气味时，就会建立包括识别气味、判断气味强弱程度这两方面的心理感受。尽管这种心理感受会因人、因时、因地而异，但人们对气味感觉强度与刺激强度（即气味的浓度）之间的关系遵循韦伯-费希纳定律。

（1）韦伯定律

德国解剖学和生理学教授恩斯特·韦伯（1795—1878 年）从实验心理学角度，用实验证明了赫尔巴特的阈限概念。作为心理学史上第一个数量法则即韦伯定律，表述为"观察彼此对象间的差异时，我们所觉察到的不是绝对的差别，乃是相对的差别""把两件东西比较而观察其差别时，我们并不是看到这两件东西的差异，乃是这个差异对于所比较的东西的分量之比"。用公式表示为：

$$K = \Delta I / I \tag{6-13}$$

式中　K——常数；

I——原来的刺激量；

ΔI——刚能引起较强感觉的刺激增加量。

韦伯定律表明物理刺激同它引起的知觉之间不存在直接对应关系，但其研究显示出身体与心理之间、刺激与感觉之间有相互依存的关系，且这种关系可以通过实验用数学公式表示。

（2）韦伯-费希纳定律

德国物理学家古斯塔夫·费希纳（1801—1887年）在韦伯已完成对韦伯定律表述的基础上，提出可用测量刺激量的变化来确定感觉量的大小；同时他也发现了刺激量按几何级数增加而感觉量则按算术级数增加的规律。经多年研究和推导，在韦伯定律的基础上推演出感觉强度与刺激强度关系的韦伯-费希纳定律：

$$S = K \lg R \tag{6-14}$$

式中　S——感觉强度；

R——刺激强度；

K——常数。

费希纳在心理物理学的研究中曾应用包括最小可觉差法、正误法和均差法在内的心理物理法，把关于刺激量的变化和感觉量的变化之间的关系研究称为"心理物理学"。由此，费希纳第一次把物理学的数量化测量方法带到心理学中来，提供了后来心理学实验研究的工具，促进了实验心理学的诞生。在20世纪人们对气味恶臭的研究中，应用实验心理学的方法，发现对于中等强度的刺激，气味感觉强度与刺激强度之间的关系符合韦伯－费希纳定律。

6.3.8.3　恶臭的分析方法

1. 关于仪器分析

恶臭分析方法主要是感官分析和仪器分析。作为分析化学的仪器分析与化学分析方法之一的仪器分析是指采用比较复杂或特殊的仪器设备，通过测量物质的某些物理或物理化学性质的参数及其变化来获取物质化学组成、成分含量及化学结构等信息的一类方法。

仪器分析的对象一般是半微量（$0.01 \sim 0.1$g）、微量（$0.1 \sim 10$mg）、超微量（< 0.1mg）组分的分析，灵敏度高；而化学分析一般是半微量（$0.01 \sim 0.1$g）、常量（> 0.1g）组分分析，准确度高。

仪器分析主要特点表现在灵敏度高、取样量少、低浓度分析的准确度较高、专一性强、仪器设备较复杂，价格较昂贵等。

仪器分析法可以分为电化学分析法、核磁共振波谱法、原子发射光谱法、气相色谱法、原子吸收光谱法、高效液相色谱法、紫外-可见光谱法、质谱分析法、红外光谱法，以及其他仪器分析法等。

2. 感官分析与人体嗅觉刺激理论

感官分析是通过对人类嗅觉进行卓有成效的探究，发现人的嗅觉能够在非常低的气体浓度下区分出数目极多的化合物的规律。由此，许多学者在从不同视角、不同方向的研究基础上，提出了诸如立体化学理论、振动理论、酶理论等几十种嗅觉刺激理论，以探寻对气味和嗅觉的合理解释。其中，化学理论指出化学物质的特殊气味是由其分子形态和大小来决定的。气味立体化学理论在此基础上，进一步指出，每一种基本气味都与神经感受体位置相对应，进而提出了醚气味、樟脑气味、麝香气味、花气味、薄荷气味、辛辣气味和腐烂气味等七种基本气味，并对气味物质分子模型的大小、形状进行比较和测量。立体化学理论与后来的"气味受体蛋白质只在特定的位置上接受某种气味物质"的观点相吻合。到 20 世纪 60 年代末 70 年代初，科学界对各种理论在气味物质分类上的正确性展开了深入的辩论，尤其是振动理论受到挑战。例如光学对映体薄荷醇和香芹酮具有同样的红外光谱，但它们的气味截然不同，随后的振动理论渐渐失去认同。20 世纪 90 年代注入振动理论新的观点，即受体蛋白质担当生物分光镜作用的"非弹性电子隧道"过程，形成振动诱导电子隧道分光镜理论。

3. 气味受体蛋白质与嗅觉感受机理

上述几种有关嗅觉的理论是未经实践证实的假说，事实证明，单凭物理学家和化学家的纯理论研究方法，还不能全面阐明有关嗅觉感受和嗅觉辨识的最终机理。随着人类认知的深入，生物化学家和神经生理学家探明，嗅觉这一化学感受过程的最初作用是在专一的受体蛋白质上进行的。进而在嗅觉机理的研究中发现了具有重大突破意义的嗅觉受体蛋白，例如在嗅上皮发现能与苯甲醚（茴香醚）结合的蛋白质以及能与樟脑结合的蛋白质，与具有樱桃－杏仁气味的苯甲醛（安息香醛）结合的蛋白质，与具有胡椒气味的 2-异丁基-3-甲氧基-吡嗪结合的蛋白质，等等。到 1991 年，美国科学家 Richard Axel 和 Lin-da Buck 通过各自独立的研究发现了一族跨膜蛋白质并认为它们就是气味的受体，同时还发现了某些用来对气味受体进行编码的基因，并指出这一大族气味受体是属于 G-蛋白偶联受体。目前，已知在人体中大约有 350 种受体气味基因和 560 种受体气味预测基因。这近千种特定嗅觉系统的基因和预测基因占人类 50000 多种整组基因的 2%，数量上仅次于人类免疫系统受体的基因。2000 年，在魏茨曼科学院人类基因中心建立了人类嗅觉感体基因数据库，这一高度自动化的不重复的数据库包括 906 种人类嗅觉感受体基因，其中 60% 以上是预测基因。

研究揭示每一单个嗅觉感受细胞仅仅表达一个气味受体基因。也就是说，有多少种气味受体就有多少种嗅觉感受细胞。由于大多数气味是由多种气味物质的分子组成，为协调器官感知多种气味，这些气味参与了某些组合，即一个受体往往能够与几种相关类型的气味物质的分子相互作用。反之，一种气味能和多个受体相互作用，编码形成"气味模式"。当气味受体被气味物质激发，首先活化其所偶联的 G-蛋白，G-蛋白依次去刺激形成环腺苷酸（cAMP），这一信息分子激发了离子通道并使之打开，整个细胞被活化了。嗅觉感受细胞把信息传送到嗅球。嗅球里面有约 2000 个嗅小球，其数目是嗅觉感受细胞种类的 2 倍。

据介绍，携带相同受体的感受细胞的轴突聚集形成嗅小球，于是对同种气味物质分子处理的信息被聚集在同一个嗅小球，在生理学上这种聚集增加了传送到大脑的嗅觉信号的强度。每一个僧帽状细胞只被一个嗅小球激活，于是信息流的特征被保留下来，信息从僧帽状细胞通过嗅神经管直接向大脑传送，这些信号依次到达大脑皮质中特定的微单元，在这里来自一些不同类型的气味受体的信息合成一个表达该种气味特征的"气味模式"，在大脑特定的部位存储起来。当人们再次闻到气味时，所得到的信息会与大脑里所存储的各种"气味模式"比对，确定闻到了什么气味。从而解释了人对气味的辨识和通过感受经验而记忆气味机理。

参考文献

[1]　沈培明，陈正夫，张乐平．恶臭的评价与分析[M]．北京：化学工业出版社．2005.

[2]　新井纪南．燃烧生成物的发生与抑制技术[M]．北京：科学出版社，2001.

[3]　郝吉明，马广大．大气污染控制工程（第四版）[M]．北京：高等教育出版社．2021.

[4]　白良成．生活垃圾焚烧处理工程技术[M]．北京：中国建筑工业出版社．2009.

[5]　张效源，沈迎，孙凯，等．基于 CO 在线监测的锅炉燃烧状态诊断与调整[J]．新型工业化，2020，10（7）：155-158.

[6]　ABANADES S，FLAMANT G，GAUTHIER D．Kinetics of heavy metal vaporization from model wastes in a fluidized bed．Environmental[J]．Science & Technology，2002，36（17）：3879-3884

[7]　陈勇．垃圾焚烧中镉、铅迁移转化特性研究[D]．北京：清华大学，2008.

[8]　徐浩然．垃圾焚烧过程中重金属 Cd 和 Zn 迁移特性及热力学模拟研究[D]．上海：华东理工大学，2019.

[9]　李帅，胡红云，黄永达，等．垃圾焚烧电厂重金属排放与控制[J]．能源环境保护，2023，37（3）：36-49.

[10]　慕宗宇，杨玉飞，王菲，等．飞灰哌嗪类螯合剂固化/稳定化体中重金属释放机理[J]．环境工程技术学报，2024，14（1）：174-183.

[11]　耿继光，张树艳，刘佳欣，等．DTC 类重金属螯合剂制备研究进展[J]．应用化工，2021，50（9）：2540-2544，2549.

[12]　孔祥蕊，董玥岑，张蒙雨，等．生活垃圾焚烧飞灰处理技术研究进展[J]．化工进展，2024，43（7）：4102-4117.

[13]　住房和城乡建设部标准定额研究所．生活垃圾焚烧技术导则：RISN-TG009-2010[S]．北京：中国建筑工业出版社，2010.

[14]　吴沛东，张军营，赵永椿，等．固体废弃物焚烧过程中铬的释放及脱除研究[J]．中国电机工程学报，2014，34（8）：1238-1244.

第7章 白 烟 控 制

7.1 白烟生成机理及应用工程理论依据

7.1.1 关于焚烧过程的颗粒物

颗粒物是包含固体和液体两种形式的物质，微量金属、烟、灰尘、烟雾、雾和飞沫状物均在颗粒物范畴。焚烧过程中最常见的颗粒物是烟，烟是气态释放物中的固体或液体悬浮微粒物质。微粒粒径是用以描述颗粒物大小的指标，按国际标准化组织（ISO）定义为 $0.1\sim100\,\mu m$。空气中的微粒通常在 $5\,\mu m$ 以内。烟雾的可见性与颗粒物数量有关而与颗粒物重量无关，因此排放颗粒物的重量难以表示排放密度。此外，排放物的颜色与烟雾的密度和混浊度也无关。

基于环境工程视角的白色烟雾，是指白色或其他不透明的非黑色烟雾（图 7-1）。白色烟雾的成因，一是源于碳氢化合物（HC）在垃圾焚烧锅炉炉膛内被加热蒸发或分解，但没有达到 HC 充分燃烧的温度。二是当烟囱进口烟温在 150℃ 左右时，诸多 HC 会冷凝成液态气溶胶。由于固体颗粒物的存在，使得烟雾呈现非黑色。

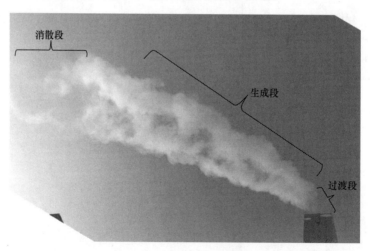

图 7-1　垃圾焚烧白烟生产与消散过程

减少白色烟雾（以下简称"白烟"）的方法，主要是提高炉膛或烟囱入口温度，增加排烟湍流度使排烟温度均匀。还包括对引入垃圾焚烧锅炉的空气量进行测定，这是因为过量的气流将导致过量的降温。此外出口气体中的无机气体也会形成非黑色烟雾的排放，如硫化物会使排烟呈现黄色，氧化钙和氧化硅会使排烟呈现深浅不同的褐色。

HC 在氧量不足情况下燃烧时发生不完全燃烧，以致烟气中的炭颗粒物被排放，形成

"黑色烟雾"。造成炉内局部缺氧与产生炭颗粒物的原因，包括炉膛中发生不良雾化，紊流或混合不充分，以及空气分配不均，从而造成排出气体呈现黑色。普遍采用控制黑色烟雾的方法是向炉内烟侧注入水蒸气。反应如下：$3C+2H_2O \rightarrow CH_4+2CO$。HC 也进行相似的反应，通过 CH_4 和 CO 在炉膛充分燃烧，杜绝在没有注入水蒸气情况下黑色烟雾的产生，基本反应是：$CH_4+2O_2 \rightarrow CO_2+2H_2O$；$2CO+O_2 \rightarrow 2CO_2$。此外，除尘用袋式除尘器、静电除尘器和预除尘设备都可以用来控制颗粒物的排放。

7.1.2 燃烧过程产生的各类气体及其他污染物

燃烧过程中产生水蒸气、二氧化碳，以及残余一氧化碳、氮氧化物及硫氧化物等无机气体。其中，在高温燃烧过程中，氮会形成 NO 和 NO_2，硫则会形成 SO_2 和 SO_3。

同任何物质没有绝对纯净一样，净化后的烟气仍可能存在不同微量或痕量级别的有机气体物质，特别是与人们生存环境密切相关的物质，如四氯化碳、全氯乙烯、痕量二噁英类，以及与大气中的其他成分反应生成污染物的醛、酮、醇和酸；易于和其他化合物发生反应的非饱和烃类；在氮氧化物和几种其他污染物存在情况下参与光化学反应的烯烃等。

有机物质不完全燃烧产生的苯、甲苯、二甲苯和多环芳烃（PAH）等有机废气，可能会与大气中的其他成分反应生成光化学烟雾。

根据国家生活垃圾焚烧烟气污染物排放标准和地方允许的环境容量，通过采取最佳可用的烟气净化技术，已经将无机、有机气体，以及颗粒物等各类烟气污染物有效控制在人体健康不受影响的指标以内。排放烟气的白烟不属于污染物，在烟气污染物控制理论和实践中不予考虑这种工况，除非有感官方面的特别需求。反之，排放烟气产生非视觉的黑烟现象，则要依据焚烧与烟气两级减排工程技术理论，按国家和地方污染物控制标准，采取最佳可行控制工艺，进行有效控制。

7.1.3 干湿基物质的转换

干湿基物质之间进行转换可按照下式确定：

$$P_{wet} = P_{dry}(1 - H_2O) \tag{7-1}$$

式中　P_{dry}、P_{wet}——分别为干基、湿基物质的分数，且 $P_{wet} < P_{dry}$；

　　　　H_2O——初始含水量的分数或小数，而不是百分数。

表 7-1 列出了干湿基分析的数据，以灰分为例，它的湿基分数为：

$$P_{wet} = 0.1534 \times (1 - 0.3632) = 0.0977（灰分）$$

干湿法分析数据　　　　　　　　　　　　　　　　　　　　　　表 7-1

物质	干法	湿法	物质	干法	湿法
C	0.6300	0.4012	S	0	0
H_2	0.0937	0.0597	H_2O	0	0.3632
Cl	0.0470	0.0299	灰分	0.1534	0.0977
O_2	0.0747	0.0476	总数	1	1
N_2	0.0012	0.0008	—	—	—

7.1.4　焚烧烟气的水蒸气露点与酸露点

在生活垃圾焚烧过程中有水蒸气（H_2O）生成，并且生活垃圾含水率越高，垃圾焚烧烟气含水率较高。这些水蒸气会随着烟气温度降低而凝结（即结露），发生凝结时的最高温度叫烟气露点温度，简称烟气露点。

7.1.4.1　烟气中水蒸气露点计算

当已知烟气含湿量 d_g（g/kg 干烟气）时，可按下式计算：

1. $d_g = 3.8 \sim 160 g/kg$ 时，水蒸气露点 t_{DP} 按下式计算：

$$t_{DP} = \frac{236.908 \cdot \left\{ 0.21433 + \lg\left[\frac{P_g \cdot d_g}{(804/\rho_{d \cdot g}) + d_g}\right] \right\}}{7.491 - \left\{ 0.21433 + \lg\left[\frac{P_g \cdot d_g}{(804/\rho_{d \cdot g}) + d_g}\right] \right\}} \tag{7-2}$$

2. $d_g = 61 \sim 825 g/kg$ 时，水蒸气露点 t'_{DP} 按下式计算：

$$t'_{DP} = \frac{238.1 \cdot \left\{ 0.20974 + \lg\left[\frac{P_g \cdot d_g}{(804/\rho_{d \cdot g}) + d_g}\right] \right\}}{7.4962 - \left\{ 0.20974 + \lg\left[\frac{P_g \cdot d_g}{(804/\rho_{d \cdot g}) + d_g}\right] \right\}} \tag{7-3}$$

以上二式中　P_g——烟气绝对压力，kPa；

$\quad\quad\quad\quad d_g$——烟气含湿量，g/kg 干烟气；

$\quad\quad\quad\quad \rho_{d \cdot g}$——干烟气密度，kg/Nm³。

7.1.4.2　烟气酸露点计算

烟气酸露点是 SO_3 在一定浓度与一定含水率条件下结露的温度。烟气中的 SO_3 与水蒸气相互作用生成硫酸蒸汽；当与硫酸蒸汽接触的管壁温度低于某一数值时，硫酸蒸汽就会在管壁上凝结并产生腐蚀，这一发生凝结的最高温度称为烟气露点。因为 HCl 露点低于 SO_3，而 HF 露点低于 HCl，故一般按 SO_3 确定露点温度。

烟气酸露点只是预测腐蚀发生的条件，并非反映腐蚀发生的程度，腐蚀程度是通过腐蚀速率反映的。确定烟气酸露点，控制排烟温度在经济范围内是出于如下两方面的需要：一方面避免排烟温度高而使垃圾焚烧锅炉热效率降低（一般认为每提高 15~20℃，热效率降低约 1%），导致全厂经济效益下降；另一方面避免排烟温度过低，使与烟气接触的管壁温低于烟气酸露点，引起低温腐蚀。

垃圾焚烧烟气酸露点参见图 7-2。由图可知，当 SO_3 含量一定时，含水率越低，露点温度越低；当含水率一定时，SO_3 含量越低，露点温度越低。也就是说降低 SO_3 的浓度就会降低酸露点温度，也就降低了酸露点腐蚀程度。一般而言，烟气露点温度是在一定范围内变化的，当烟气中不含 SO_3 时，其露点温度即水蒸气露点温度，约为 40~50℃。

影响烟气酸露点的因素很多，而且各因素又与实际操作条件有关，用理论方法进行准确计算是困难的。故众多烟气露点计算公式都是以烟气中 SO_3 及水蒸气含量两项要素作为基本变量，并考虑一些影响因素总结出的经验公式。

烟气酸露点是发生腐蚀的重要判别条件，也是判别发生烟羽的重要指标。已有众多富有成效的研究取得不同条件下的计算模型。在此推荐原全苏热工研究所在试验基础上整理、适用于固体和液体燃料的下述计算模型：

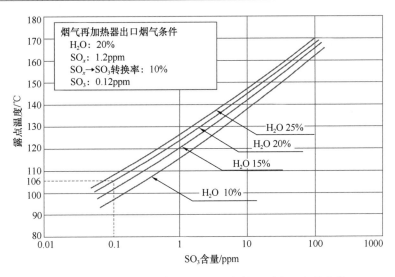

图 7-2　SO_3 浓度和不同的水分含量条件下露点温度的变化

$$t_{ald} = \frac{\beta \times \sqrt[3]{S^n}}{1.05^{\alpha_{fh} A^n}} + t_{ld} \tag{7-4}$$

$$S^n = \frac{418.7 \times S_{ar}}{Q_{ar,net}} \times 100\% \tag{7-5}$$

$$A^n = \frac{418.7 \times A_{ar}}{Q_{ar,net}} \times 100\% \tag{7-6}$$

$$t_{ld} = 42.4332 P_{H_2O}^{0.13434} - 100.35 \tag{7-7}$$

式中　t_{ald}——烟气露点温度，℃；

$\quad\quad \beta$——与炉膛出口过量空气系数 α 相关的系数，$\alpha=1.4\sim1.5$ 时，$\beta=129$，$\alpha=1.2$ 时，$\beta=121$；

$\quad\quad \alpha_{fh}$——飞灰占总灰分份额，%；

$\quad\quad S^n$——燃料折算硫分，%；

$\quad\quad A^n$——燃料折算灰分，%；

$\quad S_{ar}$、A_{ar}——燃料收到基含硫量、灰分，%；

$\quad Q_{ar,net}$——燃料收到基低位发热量，kJ/kg；

$\quad\quad t_{ld}$——水蒸气露点温度℃，文献拟合出 $0\sim80$℃温度内饱和蒸汽压力方程如式（7-7），在此温度范围内，平均相对误差 0.23%，最大相对误差 0.67%。

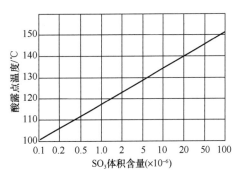

图 7-3　Müller 酸露点曲线图

也可按照图 7-3 进行初步估算。

7.1.4.3　烟气含水率对烟气酸露点的影响

烟气含水率愈大，水蒸气分压也就愈大，相应烟气露点温度越高。在 250℃ 及以下温度状态下，烟气含水率趋近 0 时，酸腐蚀作用可以忽略。水蒸气对烟气露点的影响如图 7-4所示。

实际上，燃煤电厂在增加湿法脱硫后，烟气含水率由原先的不足 4% 增加到接近

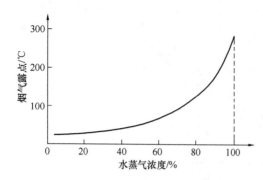

图 7-4　水蒸气浓度对烟气露点的影响

10%，也就是说由干烟气转变成湿烟气。许多报道证实，增加湿法脱硫后的湿烟气对烟囱的腐蚀作用已经影响到电厂安全运行。垃圾与煤的特性有很大差别，如垃圾焚烧厂与火电厂排放烟气中 SO_2 与 HCl 的比例关系是相反的，垃圾焚烧厂的烟气含水率与水煤浆燃烧烟气的含水率统计值（分别为 15.6%、19.7%）相近，远大于燃煤电厂的烟气含水率（表 7-2），达到 20% 左右，因而对烟囱腐蚀作用的影响更大。

垃圾焚烧发电厂与火力发电厂影响腐蚀性的主要烟气物质示例　　表 7-2

SO_x/(mg/Nm³)		HCl/(mg/Nm³)		烟气含水率/%	
脱酸前	脱酸后	脱酸前	脱酸后	脱酸前	脱酸后
200～600	260	600～1500	75	20～25	15～20
1800～4500	400	200～300	—	—	湿法<10

注：脱酸后 SO_2 与 HCl 的数值按现行国家相关标准计

7.1.5　湿空气的性质

7.1.5.1　湿空气的状态参数

1. 湿空气相对湿度 φ 与湿空气含湿量 d

湿空气相对湿度指在某一温度下，湿空气的水蒸气分压 p_w 与同温度下的饱和水蒸气分压 p_s 的比，用 φ 表示，%。表示湿空气中水蒸气接近饱和的程度，用下式表示：

$$\varphi = \frac{p_w}{p_s} \tag{7-8}$$

湿空气含湿量 d 指湿空气中与单位干空气并存的水蒸气的质量，用 d 表示，单位 g/kg 干空气。d 几乎同水蒸气分压 p_w 成正比，而同空气总压 p 成反比。由于某一地区，大气压力基本上是定值，所以空气含湿量仅同水蒸气分压力 p_w 有关。含湿量的计算公式如下：

$$d = 0.622 \times \frac{p_w}{P - p_w} \tag{7-9}$$

2. 湿空气水蒸气分压 p_w

湿空气水蒸气分压指湿空气中，水蒸气单独占有湿空气的容积，并具有与湿空气相同的温度时所形成的压力，用 p_w 表示，Pa。一定温度下空气的水蒸气含量达到饱和时的水蒸气分压称为该温度的饱和水蒸气分压。取水蒸气分压 p_w，干空气分压 p_a，大气压 p，则根据道尔顿定律有：

$$p_w + p_a = p \tag{7-10}$$

空气中水蒸气分压愈大，水分含量就愈高。环境空气中水蒸气分压可按下式计算：

$$p_w = 0.61078 \times (\varphi/100) \times \exp[T/(T + 238.3) \times 17.2694] \tag{7-11}$$

式中　T——温度，℃；p_w——水蒸气分压力，kPa；φ——相对湿度，%；exp——以 e 为基的指数。

一般常温下大气压中水蒸气分压所占比例很低，寒冷地区比湿热地区低，冬季比夏季低，但昼夜相差不大。水蒸气分压随海拔增加而下降，其下降比例比空气压力的比例大。示例：当 $T=0℃$，$\varphi=100\%$（即水蒸气饱和状态）时，$p_w=0.611\text{kPa}$。

3. 湿空气露点温度 t_d 与绝热饱和温度 t_{as}

湿空气在含湿量不变的情况下，冷却降温到饱和状态时的温度称为"露点温度"。空气在露点温度下，相对湿度达 100%，此时干球温度、湿球温度、饱和温度及露点温度为同一温度值。

绝热混合过程中，水分蒸发所需的热量全部来自空气显热，空气温度下降，焓值减少，而空气得到水蒸气带来的气化潜热，总焓值保持不变，相对湿度增加直至饱和，此时，饱和湿空气的温度为绝热饱和温度。

4. 湿空气的焓

湿空气的焓等于干空气的焓与其所携带水蒸气焓之和。用 I 表示，单位 kJ/kg干空气。可由相关热力手册查得，也可按下式计算：

$$I = (1.01+1.84d)t + 2500d \tag{7-12}$$

式中　t——空气温度，℃；

　　　d——空气含湿量 g/kg 干空气；

　　1.01——干空气平均定压比热，kJ/(kg·K)；

　　1.84——水蒸气平均定压比热，kJ/(kg·K)；

　　2500——0℃时水汽化潜热，kJ/kg。

上式中，$(1.01+1.84d)t$ 是随温度变化的热量（即显热）；$2500d$ 是 0℃时水的汽化潜热，它与温度无关，仅随含湿量而变化。

7.1.5.2　温湿图

为了避免繁琐的公式计算，可将一定大气压下的温度、湿含量、相对湿度等湿空气的状态参数用线算图表示出来，以温度为横坐标、湿含量为纵坐标，称为温湿图，在白烟消除的计算中，主要使用相对湿度为 100% 时的曲线（即饱和湿空气线），如图 7-5 所示。

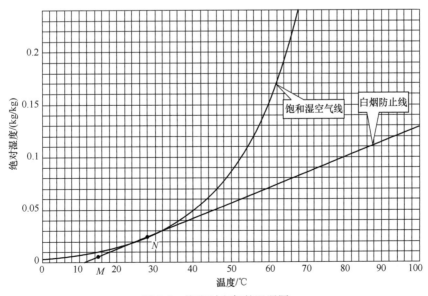

图 7-5　饱和时空气的温湿图

7.1.5.3 饱和湿空气线与饱和湿烟气线

1. 概述

湿烟气在与大气的混合过程中,如果任意时刻其在温湿图上的状态点不在过饱和区,即烟气状态点与环境大气状态点的连线不与饱和湿空气线相交,就不会产生白烟现象。如图 7-5 所示,过大气状态点做与饱和湿空气线相切的直线 MN,位于该直线上的烟气状态是湿烟气与大气混合不产生白烟的极限状态,这条线即白烟生成的边界线,也称饱和湿烟气线。在垃圾焚烧的工况条件下,湿烟气状态点落在饱和湿烟气线以右区域均不会产生白烟。

2. 饱和湿烟气线的计算和白烟生成的判定条件

对饱和湿空气线和饱和湿烟气线进行数字化处理,并找出判定给定的大气状态点和烟气状态点是否产生白烟的条件,条件允许的话,也可通过计算表格将计算过程程序化。

3. 饱和湿空气曲线方程

取常数 a、b、c;温度 t,℃,应用安妥因方程,有:

$$p_w = 10^{\left(a - \frac{b}{t+c}\right)} \times 100 \, (kPa) \tag{7-13}$$

需要注意的是,安妥因方程中 a、b、c 并非一成不变,对水蒸气而言,在 0~30℃ 范围内分别是 5.40221、1838.675、241.413,该范围已经能覆盖白烟消除计算应用,但在制取温湿图时,若饱和湿空气线超出 30℃ 范围的数值,常数 a、b、c 则需要另外取值。

4. 白烟判定方法

依据湿烟气(温度 t_g,含湿量 d_g)与大气 M(温度 t_a,含湿量 d_a)的混合线方程及其斜率 k:

$$\frac{d - d_a}{d_g - d_a} = \frac{t - t_a}{t_g - t_a} \tag{7-14}$$

$$k = \frac{d_g - d_a}{t_g - t_a} \tag{7-15}$$

结合图 7-5,得到过大气 M(t_a,d_a)与饱和湿空气线切点 N(t_N,d_N)的饱和湿烟气线方程与斜率 k:

$$\frac{d - d_a}{d_N - d_a} = \frac{t - t_a}{t_N - t_a} \tag{7-16}$$

$$k' = \frac{d_N - d_a}{t_N - t_a} \tag{7-17}$$

则,当 $k > k'$,有白烟产生;$k < k'$,无白烟产生;$k = k'$,烟气状态位于饱和湿烟气线上。

5. 切点 N 的计算

设切点 N 的坐标为 t_N、d_N,推导出 N 点饱和湿烟气线斜率:

$$k'' = 0.00143 \times \frac{p}{[p - p_w(t_N)]^2} \times \frac{p_w(t_N) \times b}{(t_N + c)^2} \tag{7-18}$$

同时,N 点也经过饱和湿烟气线,在求 k' 和 k'' 的方程中,饱和温度 t_N 是唯一的未知数,借助计算表格让 k' 和 k'' 无限趋近,就可求出 t_N 值,进而求出 d_N 值。

7.2 消除白烟的原理

7.2.1 焚烧烟气的白烟来源

焚烧烟气是以现行国家规定的排放指标和地方容许环境容量为基准,将烟气成分中的颗粒物、酸性污染物、氮氧化物、重金属及二噁英类污染物降低到人体健康和生态环境的安全水平。剩下的烟气成分主要是排烟中的二氧化碳、水汽,以及基本可忽略的残存微量或痕量物质。一旦燃烧不充分,焚烧烟气未能达到有效处理,从而发生超标颗粒物、酸性污染物、氮氧化物从烟囱排放出去,就会产生黑色烟雾。当排放烟气中含有超量硫化物时,则会排放出黄烟。在自然环境中没有绝对的纯净,可认为本质上白色烟雾对环境质量不会产生直接影响,与改善环境质量无关。

垃圾中的水分在垃圾焚烧锅炉内的吸热过程中,首先转化为饱和水,继而蒸发为饱和蒸气。通常水在3000℃以上分解成氢气和氧气,但在密闭容器中,2727℃时平衡状态下,有11.1%分解成氢气和氧气。因此正常垃圾焚烧工况下,水分只是发生相变,不需考虑分解反应。

在垃圾燃烧反应过程中,取理论空气量V^0(过量空气系数$a=1$),焚烧垃圾的氢化学元素占比H,含水率占比M,向炉内喷入的水按1kg焚烧垃圾水耗量G(kg/kg)计,则完全燃烧生成烟气的理论水蒸气量$V^0_{H_2O}$(m^3/kg)按下式计算:

$$V^0_{H_2O}=0.111H+0.0124M+0.016V^0+1.24G \tag{7-19}$$

对我国进入焚烧厂原生生活垃圾特性的概率统计,其外在含水率当前多在45%~65%。在垃圾池暂存过程中,沥出渗沥液15%左右。在垃圾焚烧过程中,垃圾中的水分蒸发、汽化,大部分以饱和蒸汽形式转移到焚烧烟气中。另有来自如焚烧烟气通道及半干法喷水雾调温、湿法脱酸工艺、燃烧空气携带,以及汽水系统泄漏等的水或水蒸气。也不排除有掺混入炉渣或参与物化反应的可能性,只是在目前工程条件下,根据误差理论及实践经验,其量级可以被忽略。根据对我国近年烟囱出口水蒸气含量的统计结果,大致在(23±3)vol%。

总之,相对煤燃烧烟气,垃圾焚烧烟气的携带水分更高。而且是在不同温度、压力下转化为不同相态。就大气中水的固相、液相与气相三种相态转化关系而言,在同一地点不同时间的大气压力变化通常按忽略处理,简化为在不同大气温度下,水呈现出不同相态。

白烟与烟气温度和湿度,以及环境温度、湿度及风速等因素相关,烟气温度越高,携带热量越大,相应携带水汽的能力越强,越不易产生白烟。环境湿度越大,温度越低(表现为天气越冷),容纳水汽的能力越差,则越易产生白烟,且天气越冷白烟越明显。当环境温度低于烟气排放温度,烟气被冷却。一旦降到烟气中水汽本身的露点(大约在45±15℃),形成白烟凝结成水蒸气,凝结后回归大气,大气将其回收自然循环现象。就会出现烟气排放携带水汽的"白烟"。要使烟气排出不冒"白烟",主要是在热湿烟气排放与大气接触时,控制其排放温度高于其露点温度,相对湿度达到饱和,从而无水分凝结析出。经过严格的烟气净化措施,达到环评批复的排放指标与允许排放容量要求后,白烟现象就不会对环境构成危害。在此条件下,若仅凭感官需求去治理白烟,热力计算结果显示要消耗大量热、电能量，会对节能减排起到负面作用。

7.2.2　焚烧烟气的白烟热力学基础

在热力学里，可使一种纯物质在某一压力下发生气—液—固相状态互转变。在这种转变中，气相—液相是通过吸热汽化及放热液化发生的；气相—固相是通过吸热凝华及放热升华发生的；固相—液相则是通过吸热熔化及放热凝固发生的（图 7-6）。

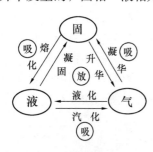

图 7-6　物质状态的转变

一种纯物质在某一压力下气—液—固三相共存的温度，称为该物质三相点（图 7-7，附坐标图含义说明）。纯水在其饱和蒸气压力下的气—液—固三相成平衡的温度叫水的三相点，在 0.0098℃、611.73Pa（汞三相点在 −38.8344℃、0.2MPa），其中的气态是在升华作用产生而非沸腾作用产生的，可在一个密封装有高纯度水（水的同位素成分相当于海水）的玻璃容器（水三相点瓶）内复现。

一定温度和一定量的空气所能容纳水蒸气量有一定的限度。所能容纳水蒸气量与温度密切相关，温度愈高容纳的水蒸气就愈多。水蒸气含量达到最高限量时的空气称为饱和空气。依据中央气象局全球信息网气象常识文献，空气中的平均水蒸气含量约占整个大气的 1.1%，多时可占 3%～4%，少时仅占 0.01%。若大气温度每增加 11℃，空气中能容纳水蒸气之能力约增加一倍，反之当其温度降至某一程度时，将使未饱和的空气变成饱和空气。在此条件下若温度持续降低又或受外在因素影响而增加了空气中水蒸气量，将使空气中之水蒸气凝结形成雾、云、雨、雪等。

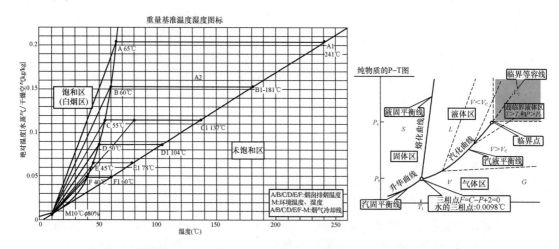

图 7-7　温湿图（左）与水的三相点 P-T 图（右上）及各曲线的含义（右下）

如前所述焚烧厂烟囱排出的净化烟气中的水蒸气量高出外界大气很多，当大气相对湿度高、温度低时，水蒸气含量接近饱和状态，湿冷空气与烟囱口排出的气体接触时，外界大气无法吸收排出的水蒸气，会降至露点形成水蒸气白烟。

这里所说的相对湿度，是指空气中实际含有水蒸气量与相同温度下可含最大水蒸气量之比。如空气在完全饱和状态时相对湿度为 100%；空气中所含水蒸气仅为当时温度下所含最大水蒸气量一半时，则相对湿度为50％。所谓露点，是指在一定大气压力下，空气中水蒸气含量固定不变时，若气温持续降低，待降至相当温度时，空气变成饱和状态，气温再稍低，即水蒸气凝结，此时温度为露点温度，简称"露点"。

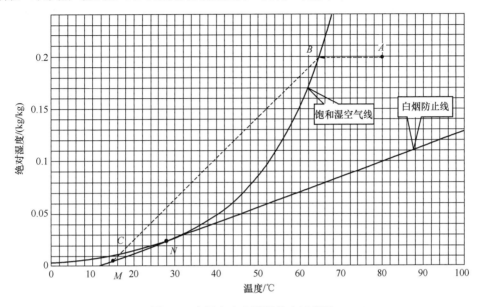

图 7-8　白烟产生和消散热力过程图

　　垃圾焚烧白烟的热力过程如图 7-8 所示。图中横坐标为温度（℃），纵坐标为湿度（kg/kg 干空气），曲线 BNC 为饱和湿空气线，过 M 点与 BNC 相切的直线 MN 为饱和湿烟气线，切点为 N，A 点为烟囱烟气状态点，M 点烟囱出口处大气状态点。

　　烟气向空气的扩散和混合过程可认为是绝热过程，遵循质量守恒、能量守恒定律。垃圾焚烧烟囱出口烟气通常为不饱和烟气，因此 A 点落在曲线 BNC 的右侧区域。烟气向大气扩散的过程中的状态点 $A→B→C→M$ 变化中，A 点到 B 点的过程发生在烟囱出口，中心区域无明显白烟，此过程烟气温度降低，绝对湿度不变，相对湿度由小变大直至饱和，在此过程末端随着相对湿度升高，白烟开始出现。B 点到 C 点距离烟囱出口有一段距离，忽略烟气中的水蒸气向大气扩散过程中发生的相变，理论上烟气呈饱和状态。随着烟气温度沿直线 BM 降低，烟气中水蒸气凝结放热。释放热量加热汽水混合物并使部分凝结的水蒸气重新汽化，温度降低、湿度减少，烟气从新的状态点（记为 B'，图中未表示）继续沿 $B'M$ 扩散。重复上述过程，一直持续到烟气状态到达 N 点。此时烟气仍处于饱和状态，但已接近白色烟羽的尾端。烟气从 N 点向 M 点扩散时，烟气状态沿直线变化，并始终处于不饱和状态，扩散过程无水蒸气冷凝，表现为白烟消散。

　　综上所述，不饱和烟气从烟囱向大气扩散的过程中，其状态点的实际变化过程为沿图 7-1 的 $AB→\overparen{BN}→NM$ 线变化，当扩散过程在 AB 段时，烟气相对湿度增加，由不饱和变为饱和，为白烟形成的过渡段；当扩散过程进行到 $\overparen{BN}$ 段时，烟气始终处于饱和状态，冷凝水不断析出，为白烟的发生段；当扩散过程进行到 NM 段时，不再有冷凝水析出，烟气相对湿度降低，为白烟的消散段，烟囱白色烟羽的生成和消散的实际过程参见图 7-1。

7.2.3　消除烟气白烟的工程技术路径

7.2.3.1　消除白烟措施

对垃圾焚烧烟囱排放白烟的控制，是在热湿烟气排放与大气接触时，控制其相对湿度不达到饱和，烟气排放温度不低于其露点温度，无水分凝结析出。这样，未饱和烟气排放时与干空气排放一样，不会形成白烟。控制排放烟气相对湿度的方法，主要是"升温法"，即升高烟气排放温度，降低烟气相对湿度。

当烟囱出口的饱和湿烟气与低温环境空气接触时，在烟气温度下降过程中，烟气中的水蒸气过饱和凝结成无数依次排放的烟团（即液相水滴）聚合成烟羽，也叫烟流。表现为每个烟团排出后即沿风向运动，在折射和散射光线作用下，形成外形呈羽状的白色或灰色烟羽。烟羽形状与大气稳定度（即大气的湍流状况）密切相关。

不同的大气稳定度产生不同的烟羽形状。对垂直于烟气流动轴向的尺度，通常用浓度分布标准差表示。湿烟羽的严重程度受到环境温度和相对湿度的约束。其中冬季温度较低时湿烟羽更容易出现，夏季温度较高时湿烟羽出现的可能性大大降低。基于同样的原理，在北方寒冷地区，烟气直接加热消除白烟技术需消耗更多的能量，而且还很难消除白烟。此外，当湿烟气携带的液滴大量蒸发后，会产生对环境有负面影响的小粒径盐颗粒。

减少焚烧烟气中水分的主要措施有：①减少焚烧垃圾含水率，尽可能减少烟气净化系统携带外来水分；②通过烟气换热器降低原烟气进入脱酸系统的温度；③烟气脱酸后增加管束除雾器，去除大部分液滴；④通过换热器冷凝脱酸净烟气，降低烟气温度，冷凝回收烟气中的水分。为了提高烟气的最终排放温度，净烟气的排放温度可以通过烟气－烟气换热器 GGH 达到 80℃ 左右，使加热后的烟气处于不饱和状态。

根据烟羽产生的原因，采用消除白烟的工艺主要有如下几个路径：①减少烟气中含水率；②提高烟气排放温度；③降低烟气流量和二次夹带；④引入热风混合排放；⑤采用烟塔一体化技术。

消除白烟的主要方法是烟气加热技术、烟气冷凝再热技术、空气加热混合技术(图 7-9)。

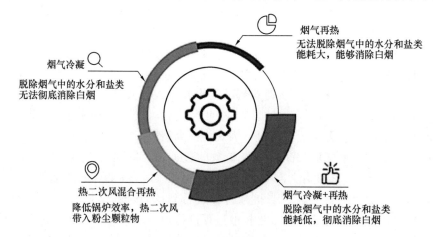

烟气再热
无法脱除烟气中的水分和盐类
能耗大，能够消除白烟

烟气冷凝
脱除烟气中的水分和盐类
无法彻底消除白烟

热二次风混合再热
降低锅炉效率，热二次风
带入粉尘颗粒物

烟气冷凝+再热
脱除烟气中的水分和盐类
能耗低，彻底消除白烟

图 7-9　消除白烟的主要方法

7.2.3.2 冷凝再热消白烟技术原理

以图 7-10 为例，设 A 点湿烟气初始温 55℃，E 点环境温度 20℃。如采用不冷凝直接加热法消白烟（图中 A-B），需根据相关条件将 A 点湿烟气加热到 72℃以上（如图示约 95℃）才能不产生白烟，其温差 17（40）℃；如果将 A 点湿烟气冷凝除湿到 50℃的 C 点（图中 A-C-D），以去除湿烟气中的部分水分，然后从 C 点再加热到可消除白烟羽的 60℃，则温差只需要 10℃。如果将 A 点湿烟气温度直接冷凝除湿到更低温度（一般达不到极端温度 E 点，图中 A-C-E），通过对烟气除湿可实现无白烟。

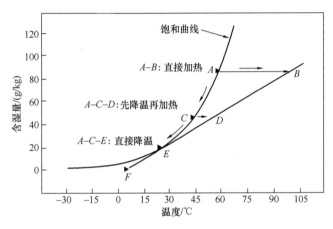

图 7-10　不同脱白技术温湿示意图

这种冷凝再加热湿烟气的方法，一方面可回收湿烟气冷凝释放热量和冷凝水，另一方面经过冷凝水分析后，湿烟气的定压比热降低，需再加热的热量降低。从工程基础看属适用技术，但受到实际工程条件的约束，需要进行工程经济合理性分析论证，不能盲目采用。

7.2.3.3 直接加热消白烟工艺案例

1. 概述

目前生活垃圾焚烧发电厂的烟气脱白工艺，多采用烟气换热器（GGH），利用原始烟气热量对脱酸后烟气加热，使排烟处于不饱和状态，排烟温度在露点以上，从而达到烟气脱白目的。本案例考虑冬季低气温运行时，净化后烟气中的水蒸汽凝结，导致在烟囱排放口处冒白烟现象。只是为避免感官上的负面影响，在 SCR 脱氮装置后，进入烟囱前的主烟道增设消白烟系统，采用按设计风量 30000Nm³/h，给净化烟气中补入约 350℃热空气（室内抽取电加热）的消白烟措施，从而在大气温度 5℃、相对湿度 60% 的气象条件下，降低烟气中的绝对湿度，可达到降低白烟排出的基本目的。

2. 获得的环境效益

消白烟系统的投入，会使进入烟囱的烟气流量增加约 20%，温度升高，烟气含湿量下降。烟气的酸露点是酸性气体绝对浓度、水分绝对含量的函数。酸性气体浓度与水分含量越高，酸露点温度越高。消白烟系统的投入降低了烟气含湿量与酸性气体的绝对浓度，使进入烟囱的烟气的酸露点降低，有利于腐蚀控制，进而有利于钢烟囱的选材。通常烟囱设计时，烟囱虽有保温，但烟囱出口温度也比进口温度低 5℃左右，因此烟囱出口段一般采用不锈钢。

烟气从烟囱口排出的速度越大，扩散稀释的效果越好。但是，烟气流速一般不应大于 30m/s，否则会发生笛音现象。但是烟气流速过低，又会增加烟气对排气筒腐蚀的因素，也降低烟气的扩散稀释效果，通常的烟气流速控制在 10～20m/s，一般取 15m/s。就本项目而言，烟气量增加 20%，烟气流速大约会增加 20%。如果本项目选取的烟囱出口烟气流速为 15m/s，消白烟系统的投入会使烟囱出口的烟气流速增加到约 18m/s，仍在允许设计流速范围内。

3. 跨媒介效应

烟气实际体积和烟气绝对温度，即开氏温度（＝273.15＋摄氏温度）具有正比关系。但绝对温度升高的比例有限，在本项目排烟温度范围内，升温对烟气体积增加的影响可以忽略。

烟气流速的增加会增加烟囱的阻力，使得设在 SCR 旁路的增压风机或引风机压头增加，增压风机或引风机电耗增加。

就环保排放指标的测试而言，由于测量的是 $11\%O_2$ 和干基数据，所以消白烟系统的投入对 CEMS 测量没有影响。主要问题是存在换热片腐蚀、积灰结垢、烟气堵塞问题，造成运行阻力大、维护成本高、故障严重，甚至影响系统正常运行。而且 GGH 装置在冬季或气温较低时，并不能清除白色烟羽，需要环境温度在 15℃ 以上才可达到消除湿烟羽的目的。

4. 主要设备性能特点

消白烟系统组成如下：消白烟风机；电加热器；系统仪表及阀门；风道、风门及附件；控制柜等其他所需设备和组件（表 7-3）。

消白烟系统技术规格　　　　　　　　　　　　　　　　表 7-3

项目		单位	数据
消白烟风机			
数量		台套/线	1
设计空气流量		Nm³/h	30000
风机压头		Pa	3000
风机电机功率		kW	30KW
电加热器			
数量		台套/线	1
电加热器空气出口温度		℃	350
电加热器功率		kW	4280
混合后烟气的温度		℃	213
烟气管道风机（含调节风门，消音器，电控柜等）	数量	套	3
	流量	Nm³/h	30000
	压力	Pa	2000
	功率	kW	30

消白烟风机采用可顺时针和逆时针旋转的单吸双支撑的结构。风机主要由叶轮、机壳、进风口、进气箱、调节门、主轴、轴承箱等组成。风机风量由变频器及入口调节风门

控制，就地/远程启停。风机设计上，外壳把叶片发出的气体在理想的涡形室内变换成有效压力；为防止振动、噪声，采用 JIS SS400 材质的厚钢板并通过加强提高其刚性。叶轮根据使用的流体，设计适宜的结构，采用相当于 HT60 材质的高强度钢。轴设计要求能足够承受叶轮转动荷载产生振动，特别重要部件研磨加工，采用相当于 JIS S45CN 优质碳钢制造；轴承要精选能承受连续运行的滚动轴承或油浴式的滑动轴承。

消白烟加热器由加热器壳体、壳体进出口天圆地方风道、风道连接及反法兰和加热管固定装置、设备的平台扶梯、支撑钢架等组成。其初始温度的介质在风机驱动下，通过管道进入加热器进口，沿着 1～4 级电加热器内部特定的按高效散热热力学原理设计的路径，带走电热元件表面散发的大量热量，在出口得到满足工艺温度要求的介质。每级风道加热器配套电源柜，电气控制柜分为 5 个回路对加热器进行控制，电源柜和控制柜安装在现场，就地控制，并将信号送至 DCS。电气系统采用 PLC 控制，在每级风道电加热器出口安装传感器，将温度信号转换成 4～20mA 信号送入控制柜，PLC 上的温度模块根据加热器出口温度和工艺设定的温度值，通过 PID 运算，逐级控制每一个回路，从而实现介质的温度达到所需的工艺温度要求。在每级加热器内设 4 个超温报警温度传感器，防止加热管干烧，并在特殊情况下（如出口温度失控）达到超温设定温度时，切断加热电源并报警和保护电热元件。

5. 执行的驱动力

采用消白烟系统的驱动力，是在不清楚白烟缘由，将其归结为污染物排放而加以反对的社会反映下，所采取的"花钱解惑"的措施。

7.2.3.4 冷凝再热消白烟工艺案例

根据是否设置湿式洗涤塔的烟气净化系统，可将排放烟气的冷凝再热消白烟工艺分为增湿冷凝再热消白烟和直接冷凝再热消白烟两种工艺形式。

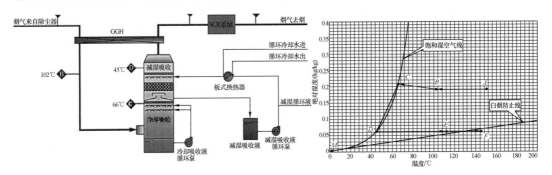

图 7-11 增湿冷凝再热工艺流程图（左）与热力过程图（右）

1. 案例一：增湿冷凝再热

本案例取自要求全年无白烟的浙江某 $2\times750t/d$ 生活垃圾焚烧发电厂，采用 SNCR 脱硝＋半干法脱酸＋活性炭喷射＋袋式除尘＋湿法脱酸＋SCR 脱硝的烟气净化系统。净化后的烟气经引风机从烟囱排出。钠碱湿法脱酸工艺由烟气-烟气换热器（GGH）、单塔双循环洗涤塔、板式换热器等子系统构成（图 7-11 左），通过单塔双循环洗涤塔实现烟气增湿和冷凝，再通过 GGH 及下游的 SCR 系统实现烟气再热，达到烟气消白的目的。单塔双循环洗涤塔采用钠碱湿法烟气脱酸技术选择的关键设备，是立式圆柱形自立式塔体，根据功能分为冷却吸收部和减湿吸收部。来自除尘器的高温烟气经 GGH 热侧降温后，自下而上进入冷却吸收部，与喷嘴喷淋雾化的冷却吸收液碰撞后上升，脱除烟气中剩余酸性污染物的同时，烟气温度降低、湿度增加直至饱和。低温饱和烟气向上进入减湿冷却部，与自上而下的低温冷却水在减湿吸收部填料层的填料表面接触并发生传热和传质。在此过程中，冷却水温度升高，低温饱和烟气的温度进一步降低，烟气中的水分冷凝析出，与升温后的冷却水一并排出塔外，低温饱和烟气经 GGH 冷侧吸热升温后进入下级系统。板式换热器采用全厂循环冷却水作为冷源，对减湿吸收液进行降温。经此过程，烟气中的水分被冷凝析出后外排，烟气中的热量被转移到循环冷却水中，最终通过冷却塔排入大气。

　　烟气从袋式除尘器出口到烟囱出口的热力变化过程见图 7-11（右）。图中经过 CD 点的曲线为饱和湿空气曲线，经过 M 点与饱和湿空气曲线的切线为饱和湿烟气线，M 点为最不利环境状态点，A 点为除尘器出口烟气状态点，B 点为 GGH 热侧出口烟气状态点。烟气从 A→B 是烟气等湿度（降温）放热过程；C 点为冷却吸收部出口烟气状态点，从 B→C 温度降低，湿度增加直至饱和；D 点为洗涤塔出口烟气状态点，从 C→D 饱和烟气沿曲线 CD 变化，烟气温度、湿度同时降低，冷凝水析出；E 点为 GGH 冷侧出口烟气状态点，烟气从 D→E 是烟气等湿度（升温）吸热过程。F 点（烟气温度 145℃，绝对湿度 0.062kg/kg）为烟囱出口烟气状态点，中间历经 SCR 系统的加热和引风机的等湿度升温的压缩做功过程。图 7-11 中，烟囱出口 F 点只要位于饱和湿烟气线右侧，就会产生白烟。

　　设计消除白烟过程，要综合考虑消白要求、整体烟气工艺、大气环境、排烟状态等条件。应对本案例全年无白烟要求，首先要确认饱和湿烟气线，即 M 点参数。为此收集了该地区历年平均气象资料（表 7-4），经分析，南方地区 12 月至次年 2 月的这段时间，大气温度低相对湿度大，是白烟多发的月份。通过计算，确定 1 月状态参数作为设计点 M（1℃，0.0031）。因 SCR 脱硝工艺要求最终排烟温度为 145℃，从图 7-11（右）可知冷凝温度约 45℃。C→D 点的冷凝降温过程，析出冷凝水约 28t/h。冷凝水混合烟气中一部分污染物，为污水处理系统带来一定压力。

历年平均气象资料　　　　　　　　　　　　　　　　　　　　表 7-4

月份	1 月	2 月	3 月	4 月	5 月	6 月	7 月	8 月	9 月	10 月	11 月	12 月
日均最低温度/℃	1	3	6	12	17	21	25	25	21	15	9	3
相对湿度/%	76	81	67	56	69	78	51	58	74	73	68	65

　　对于有利于白烟控制的气象条件所在月份，可以通过调节减湿吸收部烟气温度（图 7-12）实现消白的同时使冷凝水的排放最低。如图 7-11 的 C 点至 D 点的冷凝降温过程，同时伴随热量的迁移，整个过程将有约 21MW 热量从烟气转移到冷凝水和减湿吸收液，再通过换热器转移至循环冷却水中。尽管这部分热源品质较低，但不加处理仍会造成能源浪费，从欧洲近年运行的一些项目看，设置深度白烟消除工艺时，可结合项目的实际情况，通过热泵技术、ORC 技术等将这部分热量加以利用。

　　钠碱湿法脱酸系统配置的消白工艺中，管式烟气-烟气换热器（GGH）是烟气再热的主要设备，由来自除尘器的高温烟气通过换热管散热直接加热来自湿法脱酸系统后经过冷凝的低温烟气，以提高湿法脱酸系统后的排烟温度。

　　垃圾焚烧烟气中的主要酸性污染物 HCl、SO_x 在烟气热量交换的过程中，会伴随着水

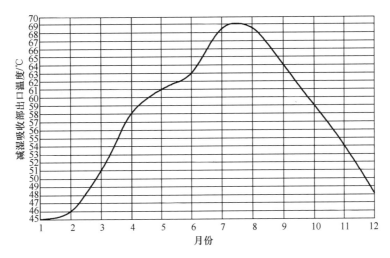

图 7-12 推荐减湿吸收部操作温度

蒸气的冷凝、结露，造成换热元件的严重腐蚀，因而与烟气接触的换热元件、端板、壳体多采用氟塑料（PTFE）或钢衬氟塑料，氟塑料具有极强耐腐蚀性和表面不黏性，具有较宽的温度范围和耐老化性，可有效解决金属换热器的腐蚀问题。特别需要注意的是，氟塑料换热管通常耐压较低，以水为介质的间接式烟气-烟气换热器（MGGH），并不适合在垃圾焚烧工况中单独使用。

2. 案例二：直接冷凝再热

本案例取自华东地区某 880t/d 生活垃圾焚烧发电厂，白烟消除是烟气净化工艺建成后的技改项目，要求全年无白烟（最不利月份日均最高温度为参考温度）。烟气净化主工艺采用 SNCR＋半干法脱酸＋活性炭喷射＋布袋除尘＋中温 SCR 脱硝，净化后的烟气经引风机从烟囱排出。SCR 脱硝后的排烟温度 170℃，烟气含水率约 24％vol，该地区历年平均气象条件如表 7-5 所示，经计算，以 2 月气象资料作为设计点。

历年平均气象参数　　　　　　　　　　　表 7-5

月份	1月	2月	3月	4月	5月	6月	7月	8月	9月	10月	11月	12月
日均最高温度/℃	9	10	15	21	26	30	34	33	29	24	18	12
相对湿度/%	81	90	79	77	78	81	68	64	71	61	70	54

烟气消白系统采用直接冷凝再热工艺（图 7-13 左）由烟气-烟气换热器（GGH）、烟气冷却器、烟气冷凝器、机力冷却塔等系统组成。图 7-14 是烟气换热、冷却、冷凝设备实景图。

来自 SCR 脱硝系统的烟气经 GGH 热侧放热后进入烟气冷却器降温直至饱和，再进入冷凝器对饱和烟气进一步冷却，烟气温度降低、冷凝水析出，饱和烟气通过 GGH 冷侧吸收高温烟气放出的热量，温度升高后经引风机排出，冷源由冷却塔提供，其热力变化过程如图 7-13 右所示。本案例中，经过 CD 的曲线为饱和湿空气曲线，经环境状态点 M（10℃，0.0069kg/kg）点与饱和湿空气曲线的切线为饱和湿烟气线。A 点为 SCR 出口烟气状态点，B 点为 GGH 热侧出口烟气状态点，烟气从 A→B 是烟气恒湿度放热过程，温

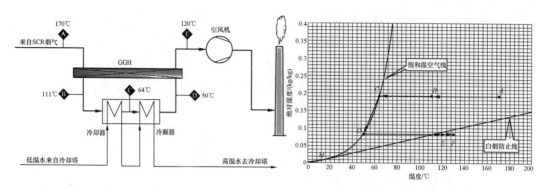

图 7-13　直接冷凝再热工艺

图 7-14　氟塑料烟气-烟气换热器（左）与氟塑料烟气冷却器、烟气冷凝器（右）

度降低；C 点为烟气冷却器出口烟气状态点，从 $B \to C$ 温度降低至饱和，没有冷凝水析出，因而湿度不变；D 点为烟气冷凝器出口烟气状态点，从 $C \to D$ 饱和烟气沿曲线 CD 变化，烟气温度、湿度同时降低，冷凝水析出；E 点为 GGH 冷侧出口烟气状态点，烟气从 $D \to E$ 是烟气恒湿度吸热过程，温度升高；经引风机压缩做功，温度进一步升高，F（130℃，0.083kg/kg）点为烟囱出口烟气状态点。整个消除白烟过程析出冷凝水约 20t/h，同时将约 20MW 的热量从烟气中通过冷凝水迁移至冷却水中。

7.3　焚烧烟气消白烟计算方法

7.3.1　概述

生活垃圾焚烧烟气消白烟，主要是对高含水量的湿烟气、湿法脱酸系统出口低温湿烟气，采取加热、冷凝、空气热混合等消白烟工艺技术。研究表明，当环境温度较高时，直接加热法即可有效消除白烟。当环境温度低于 9℃时，采取先对脱酸系统出口饱和湿烟气降温，使一部分水蒸气冷凝排出，再对降温后的烟气进行加热的降温再热法消白烟。此外，还有利用脱酸系统前的高温烟气作为热源的工艺技术，利用水为循环媒介，在高温烟气吸热和低温烟气放热的水媒式烟气加热技术。

7.3.2 一种消白烟的计算程序

7.3.2.1 计算程序说明

根据日益严格的环保要求，在烟气排入大气之前需要进行脱酸、脱氮、除尘，以及对重金属、二噁英类等烟气污染物进行净化处理。其中对脱酸处理，在垃圾焚烧发电行业是以"半干法＋干法"工艺为主，湿法工艺的应用仍处于积极探索阶段。由于垃圾焚烧烟气本身含水率高，加之湿法脱酸后的烟气温度降低、湿度增大，导致烟囱出口存在"冒白烟"的视觉污染现象。下面以烟气含湿量与温度的温湿图为例，针对烟气再加热消白烟技术，设计一种"消白烟临界温度计算程序"，确定消白烟临界温度的计算方法。

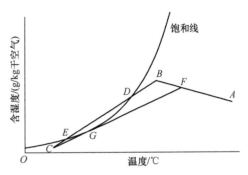

图 7-15 烟气脱白烟温湿图

如图 7-15 所示，A 点表示脱酸装置入口处烟气条件，烟气在脱酸过程中沿绝热冷却线由 A 到 B 的方向被增湿冷却到脱酸结束时的 B 点烟气状态。C 点表示大气状态，从烟囱排出的烟气和大气混合，沿 BC 线向 C 发生状态变化。到达 D 点达到饱和并开始产生白烟，直到 E 点又进入非饱和区白烟消失，DE 为白烟产生段。从 C 点引饱和线的切线和 AB 线相交于 F，G 点为 CF 和饱和线的切点，若再热后的烟气状态位于 CF 线右下侧即可避免白烟发生。

7.3.2.2 图解计算示例

1. 以脱酸进出口烟气条件为例，进行计算，具体参数见表 7-6。

烟气及空气参数　　　　　　　　　　　　　　　表 7-6

位置	温度/℃	含湿量/（g/kg 干烟气）
脱酸入口（A 点）	140	46.812
脱酸出口（B 点）	50.6	86.415
大气环境（C 点）	20	13.08（相对湿度 90%）[注]
热空气（H 点）	100	10.1

注：可从《水和水蒸气热力性质图表》查到处理后排烟参数。也可按本节 4. 的方法确定。

2. 根据表 7-4 及饱和湿空气参数，绘制消白烟烟的含湿量-温度坐标系（图 7-16）。

绘制消白烟烟临界温度计算程序说明如下：

首先，在含湿量（g/kg 干空气）-温度（℃）坐标系上，绘制 1 标准大气压（1atm＝101.325kPa）饱和空气曲线。其次，按表 7-4 确定的脱酸入口 A 点、脱酸出口 B 点、大气环境 C 点、热空气 H 点的参数，以及湿空气参数，求解出如下直线方程：

消白烟烟临界线方程，即直线 CG：$y=a_1x+b_1=1.2243x-11.408$；

混合过程方程，即直线 BH：$y=a_2x+b_2=-1.5448x+164.58$；

脱酸过程方程，即直线 AB：$y=a_3x+b_3=-0.443x+108.83$。

从图 7-16 知，CG 线和上述 AB、BH 直线及等含湿量 DN 直线分别交于 M、F、N

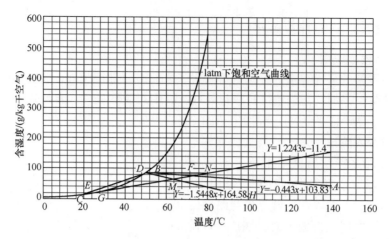

图 7-16 脱酸烟气状态变化曲线

点。其中：

M 点为 CG 与 BH 交点，表示采用 100℃，含湿量 10.1g/kg 干空气的热空气再热时的消白烟烟的临界点，可求得此温度为 63.6℃，含湿量为 66.4g/kg 干空气。

F 点为 CG 与 AB 交点，表示采用脱酸前的 140℃，含湿量 46.812g/kg 干空气的热空气再热时的消白烟烟的临界点，可求得此温度为 72.2℃，含湿量为 76.9g/kg 干空气。

N 点为 CG 与平行于 x 轴水平线 BN 交点，表示采用没有其他介质进入烟气的换热器再热时的消白烟烟的临界点，可求得此温度为 79.9℃，含湿量为 86.415g/kg 干空气。

3. 讨论：

（1）采用不同再热方式，需要的再热温度不同。

（2）若大气温度在 0℃ 以下，则 CG 线接近水平，表示几乎不可能完全消除白烟。

（3）案例是按照湿法脱酸工艺计算，但该原理可适用于任何场合下烟囱消白烟的计算。

（4）不同工况下，只需按表 7-4 确定对应的参数，将数据输入计算程序即可取得相应的结果。

4. 周森等依据热力学原理，提出在－5～80℃ 环境温度下消除白烟的极限排烟温度和湿度的计算模型。

首先，设定湿烟气绝对含湿量近似取空气含湿量计算式，取湿空气总压力（P，Pa）与湿空气中水分压力（P_s，Pa），则饱和湿空气绝对含湿量（d）与温度以及换算为烟气容积含湿量的关系如下：

$$d = 0.622 \frac{P_s(t)}{P - P_s(t)} = 0.622 \frac{X_V}{1 - X_V}$$

（7-20）

依据《水和水蒸气热力性质图表》的饱和蒸气压和温度，以及极限直线的斜率计算公式，湿烟气饱和曲线和极限直线相切的

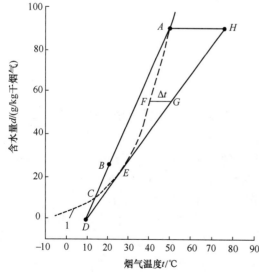

图 7-17 湿烟气饱和线及消白烟烟原理

切点参数，可在含湿量与温度坐标系绘制出湿烟气温湿图（图7-17）。

考虑烟囱实际温降 Δt_y，取大气参数（温度 t_0，含湿量 d_0），再取与环境状态有关的参数：

$$m = (0.0707t_0 - 0.2458) + 0.5\left[(0.4916 - 0.1413t_0)^2 - 0.5653d_0 + 2.27032\right]^{\frac{1}{2}}$$

$$(7\text{-}21)$$

则有不产生白烟的最低近绝热饱和温度 Δt：

$$\Delta t = \frac{d - d_0}{m} + t_0 - \frac{0.2458 + \sqrt{0.1413d - 0.5675}}{0.07066} + \Delta t_y \qquad (7\text{-}22)$$

7.3.3　一种消白烟估算方法示例（表7-7）

一种消白烟的估算方法示例　　　　　表7-7

序号	名称	符号	单位	A_2 点	数据来源
1	烟囱出口工况				
1.1	烟囱出口烟气容积流量（标态、湿基）	Q_v	Nm³/h	113674	按物料平衡计算值
1.2	烟囱出口烟气温度	θ_{yc}	℃	192	
1.3	烟气容积含水率	w	%Vol	24.4000	物料平衡计算
1.4	烟气密度	ρ_y	kg/Nm³	1.21	
1.5	烟囱出口烟气质量流量（标态、湿基）	Q_G	kg/h	137546	$Q_v \times \rho_y$
1.6	水蒸气密度	ρ_w	kg/Nm³	0.80425	—
1.7	烟囱出口水蒸气质量流量（标态）	Q_w	kg/h	22307	$Q_v \times (w/100) \times \rho_w$
1.8	烟气绝对湿度	H_y	kg水蒸气/kg干烟气	0.1936	$Q_w/(Q_G - Q_w)$
2	环境空气				
2.1	环境温度	t_0	℃	5.0	
2.2	环境全压力	P_{II}	kg/cm²	1.01325	高度0m时大气压力
2.3	t_0 下饱和水蒸气压力	P_S	kg/cm²（bar）	0.00871	610.78×exp(F3/(F3+238.3)×17.2694)/100000
2.4	饱和绝对湿度	H_b	kg水蒸气/kg干烟气	0.00539	
2.5	相对湿度	X_0	%	58.00	
2.6	环境绝对湿度	H_0	kg水蒸气/kg干烟气	0.00312	
3	无白烟条件			35.89	$H_y : H_b < 1$

7.4　白色烟羽控制方法

7.4.1　烟气消白烟控制路径

消白烟是一个烟气综合治理的工程，具体路径如下：

（1）降低烟气的相对湿度。

（2）降低烟气的绝对湿度。

（3）降低烟气中湿法脱酸系统的烟气再热及湿烟气中三氧化硫的产生和排放。

（4）控制脱硝设备的喷氨量和降低氨逃逸的产生。

（5）去除烟气中由烟尘和酸雾组成的酸性气溶胶。

根据生产实际需要，当前主流烟气脱白技术主要是烟气再热技术、烟气冷凝技术、烟气冷凝再加热技术。这些技术在火电厂有应用案例，而在生活垃圾焚烧厂是采用烟气再热技术。

7.4.2　白色烟羽排放的影响因素

7.4.2.1　排烟温度与环境温度的影响因素

垃圾焚烧运行管理全过程尽可能降低烟气含水率是控制白烟的一项重要措施。应在焚烧厂烟气污染物运行内控指标中，基于各种复杂的交互影响因素，逐步降低排放烟气的含水率，控制排放烟气含水率最佳指标不大于15%。另外，焚烧烟气采用湿法脱酸具备发生白烟的条件，因此需要防控低温腐蚀，将烟气温度从 $50\pm10℃$ 提高到焚烧烟气露点温度以上，通常不低于 $160℃$。

排烟温度与环境温度是排放白色烟羽直接的影响因素。冬季由于温度低，更容易出现湿烟羽；夏天温度高，出现湿烟羽的概率大幅降低。湿烟羽的严重程度与排放烟气温度有明显关联，图 7-18（左）显示随着环境温度降低白色烟羽长度减小，表明采用降温措施可以在一定程度上减弱或消除湿烟羽现象。湿烟羽的严重程度还与环境温度有明显关联，图 7-18（右)显示环境温度越低白色烟羽长度呈指数关系增加，表明环境温度越低，湿烟羽治理难度越大。

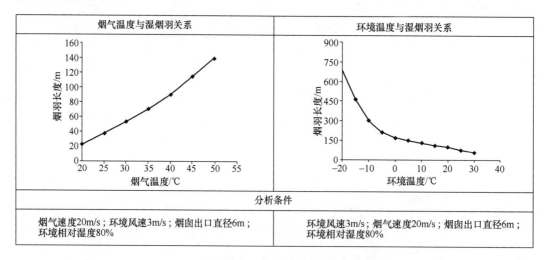

图 7-18　烟气温度、环境温度与湿烟羽关系

7.4.2.2　烟气流速与环境风速的影响因素

图 7-19（左）显示烟气流速越大，白色烟羽长度越长；环境风速越高，白色烟羽飘散的距离越远。白色烟羽治理装置应根据机组负荷变化调整运行状态，提高治理白色烟羽的经济性。

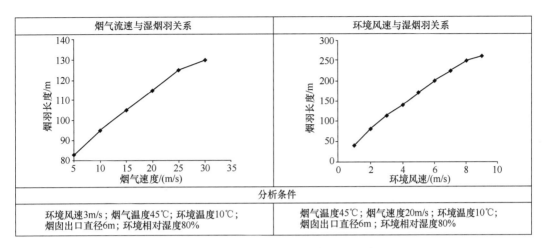

图 7-19 烟气流速、环境风速与湿烟羽关系

7.4.2.3 烟气含水率的影响因素

烟气含水率影响垃圾焚烧运行管理全过程，根据不同季节变化（图 7-20）尽可能降低烟气含水率被视为控制白烟的一项重要措施。应在焚烧厂烟气污染物运行内控指标中，基于各种复杂的交互影响因素，逐步降低排放烟气的含水率，控制排放烟气含水率最佳指标不大于 15%。

另外，焚烧烟气采用湿法脱酸具备发生白烟的条件，因此需要根据防控低温腐蚀，将烟气温度从 $50\pm10℃$ 提高到焚烧烟气露点温度以上。

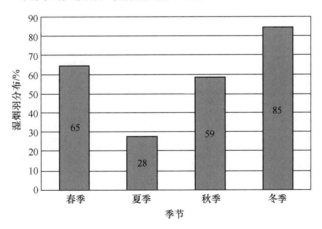

图 7-20 湿烟羽在不同季节的分布

7.4.3 湿法脱酸系统的消白烟控制

7.4.3.1 湿法系统与烟气含水率

湿法系统运行需消耗相对较多的水量，排放的湿烟气尽管通过有效烟气净化，但因在系统出口含有水蒸气、残存 SO_2 及其少部分残存飞灰，经催化作用仍会生成具有强腐蚀性的 SO_3。湿法出口的烟气温度通常降到露点以下（如 $45\sim55℃$），继而在引风机驱动下从烟囱排放到大气。这种在降温作用下的湿烟气是引风机叶轮带水、积灰、振动和酸性腐蚀

的主要因素，也是造成烟囱出口冒白烟的重要因素。

目前常用解决引风机叶轮带水积灰和减少冒白烟现象的措施，是把烟气温度加热到露点以上。加热方法主要有利用旁路更高温度烟气的气-气加热法（GGH）、利用冷却塔余热的水-气加热法（WGH）、利用蒸汽加热的汽-气加热法（SGH）。下面以案例形式做一简要功能性介绍。

GGH 采用蓄热式加热器。它用热端未脱酸烟气（一般为 130～150℃）将冷端已脱酸烟气加热到露点以上。采用此法的主要约束条件：①需要在其进出口采用如搪玻璃、考登钢等耐腐蚀材料；②需配套有密封装置和清洗装置（压缩空气、低压水/高压水），以防止烟气泄漏和粉尘粘附、堵塞，以及将热端烟气冷凝部分的硫酸带到冷端烟气中；③增加 GGH 换热器使脱酸系统阻力明显增大、能耗增加、维护费用提高、运行费用增大。

WGH 采用由热烟气室和净烟气室组成的管式烟气换热器。热端烟气在热烟气室将热量传给循环水；冷端净烟气在净烟气室将热量吸收。采用该技术的驱动力，在于较好解决了 GGH 的烟气泄漏及热端烟气冷凝部分硫酸带入冷端烟气等问题，比较适合高 SO_2 浓度烟气或要求脱酸效率非常高的情况。WGH 加热器的投资高于 GGH 加热器，但可由漏气率的降低和占用空间更小的设备布置得到补偿。

SGH 采用间接加热的加热器。它是利用在管内流动的机组抽汽或锅炉主蒸汽，将热量传给管外流动的烟气。其跨媒介效应表现为初投资少、能耗大。

当环境温度处于近饱和状态时，饱和湿烟气因水汽凝结会使其抬升高度超过 100℃ 干烟气的抬升高度。因此，在这种情况下无需对烟气进行加热。但是考虑到环境并不是经常处于近饱和状态，尤其是在北方，环境温度常低于饱和温度 40% 以下，这时就要考虑对烟气进行再加热，再加热温度需要结合不同温度下 SO_x 的去除率确定。有研究显示，以 100℃ 作为再加热基准，如将烟气再加热到 70℃，比加热到基准温度引起的地面烟气最大浓度高 19%，相当于将 95% 的脱酸效率降低到约 94%。考虑到湿法烟气脱酸效率均能达到 95% 以上，因此，从空气污染角度可以加热到 70℃。另考虑工作环境的复杂影响因素，工程上常提高到 80℃。

湿烟气中的水汽凝结会造成白烟问题。白烟的长度随环境温度、相对湿度以及烟气温度等参数变化。一般环境湿度越大，白烟长度越长；白烟长度随环境温度的升高缩短。理论计算显示，环境温度高于 5℃ 时不出现白烟，则 45℃、50℃、55℃ 的饱和湿烟气分别需加热到 68.8℃、86.2℃、108.3℃ 以上。由此还可知，脱酸后烟气再加热温度笼统地统一确定为某一个温度（如 80℃）不是合理的选择，而应根据具体条件及当地气候条件确定烟气排烟温度。

7.4.3.2　湿法脱酸工艺增设 GGH 问题

1. 国内外火电厂行业增设 GGH 的现状和发展趋势

生活垃圾焚烧是以焚烧烟气脱除 HCl 与 SO_2 为主，并涵盖其他酸性污染物的脱酸工艺。尽管垃圾焚烧烟气中，HCl 浓度远高于 SO_x，但是 HCl 的化学反应过程更容易进行且脱除效率明显高于 SO_x，从而残存的 SO_x 对金属的腐蚀作用必须被高度关注。特别是采用湿法工艺时，基本都采用 GGH 或 SGH，以提升排烟温度到酸露点以上。需要说明的是，生活垃圾焚烧发电厂采用 GGH 系统的较少，经验也不多，为此可借鉴火电厂的建设运行经验。

据资料介绍，20 世纪 80～90 年代，德国按烟气温度应超过 72℃ 的环保法规，采用的烟气脱硫工艺全部设有回转式 GGH。但多年运行发现，GGH 是脱硫系统的故障多发点。自德国加入欧盟后，于 2002 年采用欧盟标准，取消了对烟气排放温度的限制。此后，采用脱硫工艺建设的部分电厂改 GGH 为将脱酸后通过冷却塔排放。从而既提高了烟气污染物扩散能力，又改善了视觉效果。日本为减轻排放烟气对本土的污染，从增强烟气扩散能力视角，一直采用较高排烟温度，其烟气脱硫系统一般都设有 GGH。美国环保标准对烟囱出口排烟温度无要求，自 20 世纪 80 年代中期以后安装的烟气脱硫系统基本都不设置 GGH。为应对不设置 GGH 可能会因烟温过低对周围环境产生影响，采用了在烟囱底部安装燃烧洁净燃料燃烧器的方法，以控制气象条件不利于扩散时的影响，对脱硫后的烟气进行临时加热。

我国初期建设的火电厂烟气脱硫技术是在引进国外技术基础上发展起来的，基本沿用了它们的技术规则，包括烟气脱硫装置设置 GGH。随着我国脱酸技术的发展，对脱酸技术的深化研究，对火电厂烟气脱硫装置运行状态分析，目前在建电厂的烟气脱硫系统中，就保留还是取消 GGH 工艺，一直在进行更深入的技术讨论。这也是垃圾焚烧发电厂借鉴火电厂脱硫工艺经验的驱动力。应说明的是，GGH 并不是烟气保证脱酸效率的必备系统，是否设置 GGH 应根据工程所处的地理位置、机组容量、机组烟囱的设计等具体情况确定。

2. 湿法工艺设置 GGH 的跨媒介效应

脱酸后烟气是否冒白烟除与当地的环境温度有关，还与环境湿度有关，当环境湿度未饱和时，烟羽的初始抬升高度比在同样温度下干烟羽的抬升高度要高。这是因为烟气中的水汽凝结释放出的潜热，使烟羽获得额外的浮力所致。但在达到最大抬升高度后，由于烟羽中的液态水再蒸发时吸收潜热，烟羽下降的速度比同温度下的干烟气快，不利于污染物的扩散。如果当地环境处于饱和状态，由于烟羽的抬升高度甚至比加热到 80℃ 的烟羽还要高，在这种情况下，不对烟气进行再加热也不会造成地面污染物浓度增加。环境湿度对烟气扩散的影响在南方相对要重一些，对于北方，特别是东北的冬季，在环境湿度处于饱和状态时安装 GGH 或不安装 GGH 对烟气抬升高度的影响不大。

烟气脱白的原理是围绕着烟气中的湿度和温度两个方面展开的。因此，只要提高烟气排放温度，降低烟气相对湿度（即减少烟气中的绝对含水量），使烟气在降温到露点前在烟囱口扩散，即可消除白烟。

应用于生活垃圾焚烧烟气的湿法系统案例，是基于未经湿法脱硫的高温烟气加热湿法后端低温烟气工艺，从而控制白烟的措施。

经除尘后 150℃ 左右的烟气，通过 GGH 与湿法脱硫后约 45℃ 烟气进行换热，降温至约 115℃ 后进入湿法塔，自下而上依次通过湿法塔的冷却部、吸收部和减湿部。其中，冷却液循环泵将塔底冷却液通过冷却部上方的二流体喷嘴向下喷入，与逆流的烟气充分接触后返回塔底形成循环，烟气则在冷却部将烟气冷却到 90~100℃。继而在吸收部喷入雾化吸收循环液，将烟气进一步降低到约 60℃ 饱和温度。60℃ 的烟气进入吸收减湿部，从减湿水槽来的减湿水由减湿水循环泵，经热交换器降温后，输送至减湿上方喷嘴再向下均匀地喷入，经过填料床与烟气充分接触，然后再回到减湿水槽形成循环。烟气在吸收减湿部再被降低到约 45℃ 后从湿法塔顶部排出，其含水量随之降低。这样，既防止了烟囱出现冒白烟的状况，又由于低温有利于碱液对酸性气体的吸收，烟气中的酸性气体含量将进一步降低。

运行经验表明，150℃ 对湿法塔的内衬防腐层会有热冲击，而 GGH 使进入湿法塔的烟气温度降到 90℃左右，这对塔内衬的防腐层会起到很好的保护作用；同时，由于原烟气温度的下降，也降低了脱酸塔内水的蒸发量。

从湿法塔出口的湿烟气主要成分为水蒸气与 SO_2、SO_3 等酸性气体。低温下含饱和水蒸气的净烟气很容易产生冷凝酸，据某厂实测，在净烟道或烟囱中的凝结物 pH 值约在 1～2 之间，硫酸浓度可达 60%，具有很强的腐蚀性。为避免强腐蚀，通常在吸收塔脱酸后采用蓄热式 GGH，利用未经湿法脱酸的约 150℃烟气将湿法脱酸的烟气加热到 80℃左右，以最大化降低低温湿烟气烟道、烟囱内壁的腐蚀，并提高烟气抬升高度。由于再热器热端烟气含硫量高、温度高，冷端温度低、含水量大，故一般需要在其进出口使用如搪玻璃、考登钢等制作要求很高的耐腐蚀材料，气流分布板可采用塑料，导热区一般用搪瓷钢。此种加热系统的主要缺点是烟气的泄漏、粉尘的黏附与堵塞，加热烟气会冷凝部分硫酸在蓄热板上并带到烟气中，因此需配套有密封装置和清洗装置（压缩空气、低/高压水）。此外，还有其他加热方式，如采用非蓄热式间接加热的汽-气加热器，利用管内流动的低压蒸汽将热量传给管外流动的烟气。最大的特点就是初投资少，但能耗大。

7.4.3.3　减轻湿法脱酸后烟囱冒白烟问题

GGH 的功能主要是增强污染物的扩散，降低烟羽可见度，避免烟囱降落液滴以及湿法塔后续设备腐蚀。GGH 作为脱酸装置中最大的单体设备，其负面影响表现在不仅要求更大的占地面积，造成湿法脱酸系统的总投资增加（如 5%～10%）；而且脱酸系统阻力增大，会带来能耗增加和运行维护费用增加。同时，GGH 还是造成脱酸系统事故停机的主要设备。另外一个不容忽视的问题是再热后的烟气温度仍处在酸露点以下时会造成严重腐蚀。

湿法工艺系统设置 GGH 后可将净化后的排烟温度升高至酸露点以上，使排入烟囱的烟气密度降低，会提高烟囱排放烟气的抬升能力，增大了烟气扩散能力。只是由于酸性污染物、氮氧化物和粉尘的源强浓度通过烟气净化系统后大大降低，即脱除污染物效率较高，则无论是否设置 GGH，这类污染物只占环境允许值的很小部分，以致扩散作用不明显，最大落地浓度无较大影响。但如果垃圾焚烧的环境湿度处于饱和状态，则湿烟气的抬升与其处于环境湿度未饱和时有明显不同。湿法系统后的烟气升温，主要是在一定条件下改善烟气。扩散条件对污染物的排放浓度和排放量没有影响。

安装湿法系统之后，经脱酸后的净化烟气及烟囱排出的烟气基本处于饱和状态，在当地环境温度较低时凝结水汽会形成白色烟羽。当加热器对净化烟气再加热时，饱和烟气温度上升到未饱和状态，表现为从烟囱排出白烟的情况得以改善。白烟在我国环境温度较低的北方地区出现的概率较大。要完全消除白烟的通常做法是将烟气温度加热到 110℃以上。此时，设置 GGH 也只能使烟囱出口附近的烟气不产生凝结，但会使白烟在较远的地方形成。白烟对环境质量没有影响，只是个公众认识问题。而从能源消耗视角，加热排烟是最不经济的方法。

经湿法脱酸后的烟气，在排放过程中，随着烟温降低，烟气易于冷凝结露并在潮湿环境下产生腐蚀性液体，而且当烟气温度低于露点时，此液体的腐蚀性会随温度上升而增强。理论上，采用 GGH，脱酸处理后的排烟温度可减少结露，减缓下游设备及烟囱腐蚀。实际上，无论是否设置 GGH，采用湿法工艺的烟囱都要采取防腐措施。钢烟管常用的防腐方式是内壁衬玻璃鳞片，或是内表面衬钛合金板或镍基合金板。湿烟囱在我国应用实绩尚少,待深入研究。

GGH包括设备本体、密封系统、水和压缩空气冲洗等较为的复杂系统,且工作条件恶劣。基于火电厂运行经验,设置GGH后,因系统部件的腐蚀和换热元件堵塞而造成的增压风机运行故障,已经成为烟气脱酸系统稳定运行的瓶颈之一;不设GGH可减少故障点,提高系统运行的可靠性,相应减少维护和检修工作量。

GGH并不是烟气保证脱酸效率的必备系统,是否设置GGH应根据工程所处的地理位置、机组容量、机组烟囱的设计等具体情况确定。

7.4.3.4 对烟囱内压力的影响

采用湿法脱酸并通过GGH,烟囱进口温度从130~150℃降到80℃左右,导致烟气密度增大,烟囱的自由抽吸能力降低,这样会使烟囱内正压区扩大,压力分布改变(表7-8)。

对某火电厂烟囱内压力影响的计算结果　　　　　　　　　　　表7-8

项目	脱酸前		脱酸后	
	最大静压/Pa	所在标高/m	最大静压/Pa	所在标高/m
满负荷	16.3	164.6	40.5	148.9
50%负荷	无正压现象		无正压现象	
正压区范围	>146		90~180	

烟气压力与烟气的温(湿)度和烟囱结构型式密切相关。烟气温度低、湿度大,烟囱内的烟气抽力小,易产生烟气聚集并对烟筒内壁产生压力。进而影响烟气的流速、抬升高度及烟气扩散效果。这对烟气污染物,特别是NO_x达标排放带来负面作用。单筒式烟囱结构型式中的烟气基本上处于正压运行状态,而垃圾焚烧厂设置集束烟囱中的排烟筒是负压运行状况。烟气正压运行时,易对排烟筒壁产生渗透压力,加快腐蚀进程;而负压运行时,烟气渗透和腐蚀速度将大为减缓。

烟囱热应力与烟囱内外温度差成正比,如湿法后温差由脱酸前的约120℃降低到60℃,热应力减小,对烟囱的安全运行有利。

7.4.3.5 烟气温度变化对腐蚀的影响

如前所述,脱酸后处于饱和的烟气温度一般在45℃左右,低于酸露点并在潮湿环境下产生腐蚀性的液体。通常的湿法处理是采用加设GGH来提高湿法处理后排放的烟气约80℃及以上。采用提高烟气温度,减少结露的GGH系统,有利于减缓烟气腐蚀,但烟气湿度、水分等诱发腐蚀的因素依然存在,况且GGH的运行能否满足运行温度值的要求,尤其是在机组低负荷运行、启动和停运及其他不利工况时能否满足运行温度值的要求值得关注和重视。此外,湿法脱酸后的烟气对烟囱的腐蚀隐患并未消除,当烟气处于低温、高湿等环境可能使腐蚀状况进一步加剧。下述工况仍需要充分注意:

(1)尽管脱酸后SO_2和飞灰浓度降低了很多,但烟气温度一旦低于露点,烟囱内仍会不可避免地发生酸结露现象。长此以往运行,会有很强的腐蚀作用。

(2)如只有80℃的烟气无法在短时间内将凝结在烟道或烟囱表面上的雾滴快速蒸干,只能使这些雾滴慢慢地浓缩干燥,这个过程使得原来酸性不强的液滴变成腐蚀性很强的酸液,在烟道或烟囱上形成点腐蚀。

(3)根据Arrhenius法则,烟气温度每升高10℃,化学反应速度增加1倍,因此烟气经加热器加热过程可能发生更强的腐蚀。

（4）在 GGH 未脱硫烟气侧可能会产生有强腐蚀作用的酸性液体黏附在 GGH 上。而且这类腐蚀性液体还会黏附含有大量重金属的飞灰。这些重金属对烟气中 SO_2 转化成 SO_3 反应过程具有催化作用。对已运行的脱酸系统案例分析显示，湿法工艺对 SO_2 脱除效率很高，但对 SO_3 脱除效率不高（有案例约 20%）。

GGH 带来的负面作用主要有：

（1）降低脱酸效率。GGH 热端向净烟气侧泄漏会降低脱酸效率，按 1% 的泄漏率计，则由于加热器泄漏使脱酸后净烟气中 SO_2 浓度增加 $30\sim50mg/m^3$。虽然增加的负荷不多，但毕竟是一种无谓的损失。

（2）增加湿法系统运行故障。原烟气在 GGH 中由 150℃ 左右降到约 90℃，在其热端会产生大量浓酸液，这些酸液不但对加热元件和壳体有很强腐蚀作用，而且原烟气带来的飞灰极易黏结在加热元件上，阻碍烟气正常流动和换热元件换热。另外，穿过除雾器的微小液滴黏附在加热元件的表面，蒸发后会发生固态结垢，上述这些物质会堵塞加热元件的通道，进一步增加 GGH 的压降、漏风率。

（3）增加系统的投资与运行费用。GGH 是湿法塔以外的最大单体设备，火电厂案例显示，其初投资及安装等费用约占脱酸系统的 15%，GGH 及其烟道的总压损约 1200Pa，接近脱酸系统总压损的 1/3，GGH 运行本身的电耗、水耗、气（汽）耗增加，其运行费用约占脱酸系统的 8%。

（4）不安装 GGH 带来的问题如下：烟气离开烟囱时易形成白烟；净烟气温度在 45℃ 左右，并且在烟囱前为正压，以致烟气腐蚀性和渗透性大为增强；烟囱内的烟气上抽力降低，影响烟气的流速和烟气抬升高度及烟气扩散效果，对排放的烟气满足环保要求带来不利的因素。由于对原烟气降温的需要，系统的耗水量要比安装 GGH 增加约 50%；烟气在烟囱中的凝结水量大。

（5）白烟问题不是环境问题，而是一个公众认识问题。更何况与冷却塔相比，烟囱的白烟是很少的，因此需科学地进行白烟知识普及，加强与公众的沟通，取得社会共识。

（6）运行经验表明 GGH 出口温度可能存在分布不均现象，设计时应留有较大余量。

（7）脱酸后的烟气腐蚀性能：①烟气冷凝物中氯化物/氟化物会提高腐蚀程度。②处于湿法系统下游的浓缩或饱和烟气条件被视为高腐蚀等级（化学荷载）。③确定含有硫氧化物的烟气腐蚀等级（化学荷载）是按 SO_3 的含量值为依据。④烟气中的氯离子遇水蒸气形成氯酸，它的化合温度约 60℃，低于氯酸露点温度时会产生严重的腐蚀，即使是化合中很少量的氯化物也会造成严重腐蚀。

7.4.3.6　烟气抬升高度

烟气从烟囱排出时，因具有一定动能，在浮力作用下会上升。在横向风力驱动下，烟气流逐渐从竖直方向转到与地面平行的水平方向。通常把水平烟羽流中心轴到地面的高度，称为烟囱有效高度 H_x。据此定义，H_x 由烟囱自身高度 H_s、烟气动能引起的上升高度 H_d 及浮力引起的上升高度 H_f 三部分组成，有：

$$H_x = H_s + H_d + H_f \tag{7-23}$$

其中将动能和浮力引起的抬升高度 $H_d + H_f$，称为烟气抬升高度 H_t，即

$$H_t = H_d + H_f \tag{7-24}$$

关于烟气抬升高度的计算，学者从理论推导、模型实验及实际测定等方法，提出了多种计算方法，包括适用于火电厂等的《火电厂大气污染物排放标准》GB 13223—2011 给出的计算模型。对垃圾焚烧锅炉的烟气抬升高度 H_t（单位：m），可采用计算比较简单、计算边界条件比较接近垃圾焚烧特征的如下赫兰计算模型：

烟囱有效高度： $$H_x = H_t + H_d + H_f \tag{7-25}$$

烟气抬升高度： $$H_t = H_d + H_f = \frac{1.5 v_g d}{v_p} + \frac{0.96 \times 10^{-5} Q_g}{v_p} \tag{7-26}$$

烟气散热量： $$Q_g = G_g \times C_p \times (T_g - T_a) \tag{7-27}$$

式中　　v_g——烟囱出口的烟气流速，m/s；

v_p——烟囱出口高度的平均风速，m/s；

可在测得 10m 高度风速 v_{10} 基础上乘以烟囱高度系数 γ 得出，$v_p = \gamma v_{10}$

烟囱高度/m	10	20	40	60	80	100	120
高度系数 γ	1	1.15	1.30	1.40	1.46	1.50	1.54

d——烟囱出口内径，m；

Q_g——烟气散热量，t/s；

G_g——烟气排放量，kg/s；

C_p——烟气定压比热，J/kg·K；

T_g——烟气绝对温度，K；

T_a——烟囱出口高度空气的绝对温度，K。

有对某火电厂 2×300MW 机组安装和不安装 GGH 的实际研究显示，烟气抬升高度分别为 524m 和 274m，最大落地浓度点到烟囱的距离分别是 10.539km 和 6.689km；另从环境质量视角对同一个案例污染物的分析计算结果显示，安装与不安装 GGH 的排放浓度，SO_2 占允许排放浓度 0.15mg/Nm³ 的 1.13%、2.57%；粉尘占允许排放浓度 0.15mg/Nm³ 的 1.99%、4.51%；NO_x 占允许排放浓度 0.12mg/Nm³ 的 4.3%、9.74%。由于上述污染物的源强度在除尘和脱酸之后均有较大程度降低，因此无论是否安装 GGH，它们的贡献只占环境的允许值的很小一部分，因此对环境的影响不会很显著。实际上，降低 NO_x 对环境影响的根本措施还是在安装脱氮装置，通过扩散来降低落地浓度只是一种权宜之计。

7.4.4　选择性非催化还原法与消白烟

7.4.4.1　投运选择性非催化还原的白烟现象

选择性非催化还原法 SNCR 是控制垃圾焚烧烟气 NO_x 的基本方法。SNCR 是指无催化剂条件下，在炉膛 860～980℃ 适合脱硝反应温度窗口内喷入氨水、尿素或氢氨酸等还原剂，迅速热分解成 NH_3，与烟气中的 NO_x 还原为无害的氮气和水，一般不与氧反应。在实际运行过程中传统的 SNCR 反应效率多在 40%～50%，新型 SNCR 系统可达到 80% 左右。通过规范化运行管理，优化焚烧参数，可保证焚烧烟气中 NO_x 排放满足《生活垃圾焚烧污染控制标准》GB 18485—2014 的规定。随着 SNCR 在垃圾焚烧发电厂广泛应用，经常在投运过程中出现烟囱冒"白烟"现象。通过使用氨逃逸激光光谱分析仪与烟气自动监控系统相结合的试验方法对白烟成分分析，显示白烟成分含有氯化铵（NH₄Cl）而不是硫酸铵［（NH₄）₂SO₄］。

因为城市生活垃圾来源极其复杂，相对传统的燃煤或燃气电厂而言，垃圾焚烧烟气组分也更加复杂。垃圾焚烧产生的烟气主要含有酸性气体（SO$_x$、NO$_x$、HCl 等）、烟尘、重金属等污染物，SO$_x$、HCl 浓度较高通过脱酸工艺去除，NO$_x$ 通过 SNCR 脱硝系统（选择性非催化还原）去除，脱硝过程中会发生一定量的氨逃逸，与硫氧化物、氯化氢发生反应易生成硫酸铵和氯化铵，对比硫酸铵和氯化铵的物化特性，白烟更符合氯化铵（NH₄Cl）的性质。

含氯塑料是垃圾焚烧烟气中 HCl 的主要来源，在低于 120℃时，HCl 与 NH₃ 反应容易生成固态氯化铵（NH₄Cl），形成白色烟雾。在烟气净化系统运行过程中温度较高，不易产生此反应过程，但当烟气从烟囱出口排出与大气接触温度降低时，会生成氯化铵形成白烟。

7.4.4.2 氨逃逸的测量及仪器

由于氯化铵的物化特性及垃圾焚烧电厂的工作条件，实验无法直接对氯化铵进行测量。考虑到垃圾焚烧过程中氯离子的浓度相对比较稳定，可以通过氨逃逸激光光谱分析仪比对烟气中氨的光谱变化，从而对烟气中的氨浓度进行监控。氨逃逸激光光谱分析仪采用一种高分辨率的光谱吸收技术：激光穿过烟气时，通过快速调制激光频率并使其扫过被测的氨气吸收谱线的定频率范围，然后采用相敏检测技术测量被气体吸收后透射谱线中的谐波分量来分析烟气中氨气情况（图 7-21）。

可以将白烟分为三个级别：极淡、淡烟、浓烟。从氨逃逸激光光谱分析仪检测结果得出：极淡烟对应的氨逃逸质量浓度＜0.38mg/m³；淡烟对应的氨逃逸质量浓度为 0.38～0.76mg/m³；浓烟对应的氨逃逸质量浓度＞0.76mg/m³。

7.4.4.3 SNCR 调节试验

受运行环境条件制约，当进风量、炉膛温度不理想或发生突变，且 SNCR 喷氨量不进行随动调节时，烟囱就会有白烟产生。

试验研究发现，当炉膛温度低于 850℃时，无论喷氨量如何调节都会有白烟生成，而且在此温度下 SNCR 脱硝效果很差。当温度低于 860℃，NO$_x$ 的转化效率小于 50%（图 7-22）。

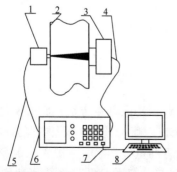

1—激光发射器；2—绑道；3—激光接收器；4—同轴电缆；
5—光纤；6—氨逃逸激光光谱分析仪；7—网线；8—终端电缆

图 7-21 氨逃逸激光光谱分析原理

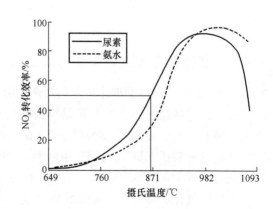

图 7-22 尿素、氨水对 NO$_x$ 转化效率与温度之间的关系

垃圾焚烧锅炉的工况可分为稳态工况和瞬态工况。稳态工况中锅炉的风量、炉膛温度、SNCR 喷氨量、烟气中 NO_x 排放以及烟气中氨逃逸的浓度相对稳定。可通过试验确定炉膛温升幅度和风量增加幅度；根据烟气在线连续监测系统 CEMS 反馈的烟气中 NO_x 排放量，结合 SNCR 的反应效率计算 SNCR 的喷氨量；通过氨逃逸分析仪测得氨逃逸浓度，并在保证 NO_x 满足排放标准的情况下，确定锅炉不同稳态工况下的 SNCR 控制策略。进而绘制炉膛温升、风量以及 SNCR 喷氨量的三维等高线的 MAP 图，并经试验优化 MAP 图，争取使氨逃逸浓度 $<0.38mg/m^3$。鉴于烟气是从锅炉炉膛至 CEMS，而 CEMS 安装在引风机之后的烟囱上或是入口处，为保证试验数据的准确性，试验的稳态工况则要维持 10min 或以上。

由于目前的试验技术条件无法分析锅炉内部温度场和流场的分布、变化情况，所以主要采用试验验证法研究锅炉瞬态工况下锅炉风量与炉膛温度的关系。以风量为主要的研究因素可以将瞬态工况的变化分成比原稳态工况风量增加和降低两个方向。而锅炉进风量无论突然增加还是突然降低，都会扰乱 SNCR 反应区流场，造成 SNCR 反应时间变短或者单位体积内氨量的突然增加。瞬态工况下 SNCR 系统应采取保守喷氨的控制策略。

因为烟气中 NO_x 排放与 SNCR 喷氨量及 SNCR 白烟存在背反关系，即要保证 NO_x 低排放就要多喷氨，这势必会增加白烟产生的概率；若为了保证烟囱不冒白烟而少喷氨，就可能会有 NO_x 超标排放现象。所以 SNCR 控制策略第一原则是在保证 NO_x 排放达标的情况下，控制 SNCR 的喷氨量，从而抑制白烟的生成。

7.4.4.4　SNCR 运行效果

（1）高温脱除垃圾焚烧烟气中 NO_x，是在炉膛处于 860～980℃ 的适宜温度区域喷入氨或者尿素。少部分氨未参与反应，逃逸后在后续烟道和烟气净化系统中被吸收。负荷变化时偶尔会有少量的氨通过烟囱进入大气，一般进入大气的氨质量浓度小于 $0.76mg/m^3$。

（2）垃圾焚烧烟气中氯的成分较多，在烟囱出口温度低于 120℃ 区域逃逸的氨易与烟气中的氯反应产生浓度很小氯化铵，产生可见白烟。

（3）在不考虑氨逃逸及白烟的情况下，SNCR 运行可以保证脱硝效率 ≥50%。有研究显示新型 SNCR 的脱氮效率可提升到 75%～80%。

（4）通过调试与长期的试运行，目前 SNCR 控制程序所执行的控制策略可以保证烟气中 NO_x 排放满足现行最新的国家标准（$<250mg/Nm^3$），有效降低白烟的产生浓度和排放时间。

（5）有试验发现氨逃逸数据在某些情况下急剧升高，甚至高于该时刻炉膛内喷氨总值。部分原因在于烟气湿度大，部分水汽覆于仪器光电吸收端镜头片上形成雾滴，烟气中的 NH_3 溶解于雾滴中，导致激光穿过镜头的过程中对 NH_3 生成错误数据；部分原因怀疑为垃圾中混有含 NH_3 的物质在燃烧过程中被释放出来。

（6）在稳态工况下，CEMS 对 SNCR 系统有良好的反馈作用，可有效帮助 SNCR 确定喷氨量，以抑制烟气中的 NO_x 排放量。在瞬态工况中，因烟气从炉膛至 CEMS 需要一定的时间，CEMS 反馈的 NO_x 排放值信号对 SNCR 喷氨量的控制意义不大，建议瞬态工况过程中 SNCR 采用开环控制方式。同时，烟气对氨逃逸仪器有明显的腐蚀，在后续试验过程中，试验仪器的维护必须考虑。

7.5　消白烟工程技术评价

7.5.1　白烟成分以水雾为主，与改善环境质量无关

焚烧烟气以严格执行国家生活垃圾焚烧烟气排放标准和地方环境容量，作为探讨白烟问题的工程基础。从环境效益视角，在焚烧烟气控制的工程理论中，因排放白烟的成分以水雾为主，污染物浓度对人体健康、环境质量基本没有影响，属于视觉污染。因而，不在环境工程讨论的范畴，只是在特殊需要时按热力学工程理论进行分析。

如果关注我国北方地区一些大型生活垃圾焚烧发电厂，以及火电厂、热电厂的烟气排放，会在低温环境下看到烟囱里持续冒出白烟。其原因主要是烟气温度大致在 45～52℃ 条件下，排放烟气与低温环境空气接触，以致烟气中的水蒸气冷凝，形成大量雾状水汽对光线产生了折射或散射结果。由于天空背景色和天空光照、观察角度等因素发生了颜色的细微变化，通常呈现出白色或灰白色（图 7-23）。较为常见的是呈现类似羽毛状白色冷凝水汽的烟气团，称之为"白色烟羽"，也叫"湿烟羽"。此外，有提到蓝色烟羽状况，那是烟气中含有以 SO_3、硫酸气溶胶为代表的可凝结颗粒物，在浓度较高时形成的，通常极为罕见。

当然，不能排除烟气污染物不达标排放黑烟的可能性。这种黑烟的成分主要是能见气溶胶，包括固体小颗粒和碳氢化合物、一氧化碳、二氧化碳、硫化物等。这些成分主要是源于垃圾焚烧过程的不完全燃烧，或是在高温下与氧气反应产物，以及如 NO_x 等某些化合物在高温下与碳氢化合物反应产生更多的复杂化合物所致。在判别这种黑烟时，要以中国环境监测总站在线监测数据为准。

图 7-23　烟囱排放烟气在 1km 内与 2～5km 的感官颜色

7.5.2　烟气脱白跨媒介效应

（1）经过烟气净化工艺达到国家和当地正常排放标准后，排放烟气白烟不可能是绝对洁净的，这是人类赖以生存的环境没有绝对纯净物质的客观规律。白烟也不例外，其中可能会有烟气净化后残存的颗粒物及 SO_2、SO_3 等污染物，只是量级小到不足以影响人体健康及系统设备可靠性（如腐蚀）的现象。当然，一旦发生此种非正常现象，就首先要追溯烟气净化的系统设备状态和规范化运行管理问题。

（2）采用 SNCR 法脱除焚烧烟气中 NO_x 需要在炉膛喷入氨水或尿素，未参与反应的余量氨逃逸后，在后续烟气净化系统中会以化合物形态出现，负荷变化时还可能有少量氨通过烟囱进入大气。有研究通过物化特性分析，确定生成的白烟更符合氯化铵 $[NH_4Cl]$ 性质表现，而不是硫酸铵 $[(NH_4)_2SO_4]$。根据进入大气的氨质量浓度大小将从烟囱冒出含有氯化铵的白烟，按观测并由氨逃逸激光光谱分析仪检测，结果分为极淡、淡烟、浓烟级别，分别对应的氨逃逸质量浓度为 $<0.38mg/m^3$、$0.38\sim0.76mg/m^3$、$>0.76mg/m^3$。

（3）从质量平衡视角，白烟作为一种特定物质，最终会融入大气之中。其质量相对大气是可以忽略的。只是浓度在局部暂时有一定表现，不会对当地气象条件有影响。

（4）烟气加热消白烟方式需要消耗能量，增加了能源消耗。这就意味着总体上增加了污染物排放。而采用回收烟气中凝结水的烟气冷凝消白烟方式，对减少烟气污染物排放有一定效果，只是这种效果是有限的，对改善环境空气质量也收效甚微。因此，本质上与改善环境质量无关。另外，采用提高排烟温度脱白、深度冷凝、冷凝再加温措施都需要大量增加电、热的能源消耗，又不会带来环境效益，故而这种做法除非有特殊需求，一般是不可取的。

附录 7-1 源自中国电力企业联合会秘书长王志轩的介绍

以火电厂 2018 年估算年份为例，统计天津、上海、河北等已实施湿烟羽治理政策的地区涉及燃煤机组约 4.5 亿千瓦。按照典型湿烟羽技术改造工艺，年增加运维费用约 120 亿人民币，增加标准煤消耗 $230\times10^4\sim600\times10^4$ t。相当于向大气多排放粉尘、SO_2、NO_x 累计 $3200\sim8400$ t，增加 CO_2 排放量 $600\times10^4\sim1500\times10^4$ t。为此建议，应科学认识湿烟羽的基本情况，运行好现有的环保设施，减少二次污染物的产生。明确地方政府制定污染物排放标准的基本条件，防止出现不科学、损害企业合法权益的情况。加强宣传，提高公众对火电厂污染物治理情况的知情度。

附录 7-2 来自我国台湾地区宜兰的报道

由台北到宜兰县境的高速公路上每天可看到烟囱升起两缕"白烟"，尤其在阴霾天会垄罩半边天，造成过客误以为是严重污染空气质量。台化龙德厂对于烟囱排白烟属正常现象之解释指出：①焚烧发电厂烟囱排放白烟属正常现象，如同家中电锅煮饭或开水煮沸时冒出之白烟一般，非异常排放，更非臭气异味之来源。②烟囱排放之白烟会受气候条件（温湿度、气压、光线等）影响，而呈现出不同之排烟状态，都属正常情形。③所有焚烧发电厂之烟囱，均依法规设置 CEMS 连续排放自动监测系统 24h 持续监控，并将监测结果连线至环保部门，如有超限排放即遭开单罚款处分，故无侥幸偷排之可能。

台化龙德厂附近居民反映工厂每天排放的气体有酸味。对此，台化宜兰管理处表示，冒出的白烟是冷气水塔的水蒸气，没有酸味，酸味应是其他原因，但三十多年来居民健康没有异状。宜兰县环保局长表示，三十年前，台化龙德厂建厂时还没有环保法规；如今行政部门只有照现行法令"依法行政"，环保局 24h 派员驻守厂区，环保局空气污染检测连线至该厂烟囱，如有超过标准即开单罚款处分，绝无侥幸、放纵、包庇之可能，否则需负刑责。同时也不能滥用公权力。没有任何工厂能达到"零污染"的完美境界，但可接受污染在国家标准范围内。

参考文献

[1] C. C. Lee. 环境工程计算手册[M]. 全燮，杨凤林，等译. 北京：中国石化出版社，2003.

［2］　周森，崔琳，等．消除白烟极限参数计算模型［J］．环境工程，2020，38：192-195.

［3］　张辉．垃圾焚烧发电厂 SNCR 投运后白烟分析［J］．综合智慧能源，2018，40（6）：71-73.

［4］　贾明生，凌长明．烟气酸露点温度的影响因素及其计算方法［J］．工业锅炉，2003（6）：31-35.

［5］　胡彩云．论烟气脱硫工程省却 GGH 的可行性［J］．湖南有色金属，2006，22（2）：44-47.

［6］　张殿印，张学义．除尘技术手册［M］．北京：冶金工业出版社，2002.

第8章 垃圾焚烧飞灰的处理

8.1 生活垃圾焚烧灰渣

生活垃圾焚烧过程产生的固态残余物被称为灰渣。以层燃技术为例的燃烧过程，可将生成的灰渣分为下述四类。其中的第四类"飞灰"是本章讨论的基本内容。

1. 炉排漏渣

炉排漏渣（grate leakage）也有叫细渣（grate shifting），是指从炉排片间隙落下，经由炉排下灰斗收集的固态残余物。其成分主要含有垃圾中的灰土、玻璃、低熔点的熔融金属等无机物碎屑。炉排漏渣的最大粒径受炉排片间隙大小限制，一般不大于1.0mm；漏渣率受炉排结构制约，正常情况下一般不大于0.5%。运动炉排组形式越多漏渣率会越高，甚至可能达到2%～5%。

2. 炉渣

炉渣（slag）是指来自炉排尾部落渣管并经过冷却后排出的固态残余物。其成分包括垃圾可燃物焚烧产生的残余物，以及如金属物体、砖石、灰土等，并含有混杂物的不可燃物。针对排出的炉渣温度较高（如300～400℃）的工况，常采用水冷却后再排放。对焚烧过程的炉渣产生率分析研究显示，有机可燃垃圾中的灰分总产生率为5%～6%，并以炉渣为主，大约占灰分总重量的95%以上，还包括下述的锅炉灰和飞灰，其余是垃圾焚烧后的无机物。按我国标准判定，炉渣属于一般废物，从而可直接进行综合利用或最终处理。

炉渣中未燃尽的有机物是评价垃圾焚烧状态的一个重要指标。与火电厂通常采用的炉渣含碳量，以及美国采用的燃烬指数（ash burnout index，ABI）基本含义相同，我国生活垃圾焚烧项目采用炉渣热灼减率（P）表示，并要求炉渣热灼减率不大于5%，对运行管理良好的厂按等级评价要求应小于等于3%，并以2%作为衡量完全燃烧的指标。该指标取原状炉渣质量（a）、灼热燃烧后的炉渣质量（b），按下式计算：

$$P = \left(1 - \frac{a-b}{a}\right) \times 100\% \tag{8-1}$$

3. 锅炉灰

锅炉灰（boiler ash）是指焚烧烟气中的悬浮颗粒物通过重力作用从垃圾焚烧锅炉辐射通道直接落入锅炉下灰斗的固态残余物，还有受到锅炉对流换热管束拦截作用落入锅炉下灰斗的固态残余物，以及接近或达到飞灰软化温度而黏附在对流受热面上，再由吹灰器吹落入锅炉下灰斗的固态残余物。其最大粒径可能会达到200～400μm。这部分残余物的质量较小并具有随机性，在工程计算中按忽略处理。按我国现行规范，此锅炉灰未列入危险废物名录，故而可混入炉渣中进行资源化利用。

4. 飞灰

生活垃圾焚烧飞灰（fly ash）也叫颗粒物，是指从垃圾焚烧锅炉省煤器烟侧出口到引风机前的烟气净化系统捕集的，以及系统烟道与烟囱底部沉降的固态细颗粒物。此飞灰主要来自烟气携带的颗粒物、化学反应产物和加入但未完全反应的化学药剂。由于炉膛温度大于大多数重金属的气化温度，以致垃圾焚烧飞灰中含有汞、铅和镉等多种重金属。而且焚烧烟气中的二噁英类多富集在飞灰中，因此在最终处置之前需要进行稳定化处理（包括直接由水泥窑、高温熔融、烧结处理）。我国是将垃圾焚烧飞灰列入危险废物名录（代号 HW18），需要按危险废物进行处理，并要做到从飞灰的收集、处理、暂存、转运到最终处理处置的全过程可追溯。

8.2 生活垃圾之焚烧飞灰特性

8.2.1 垃圾焚烧飞灰产生量

炉型对飞灰产量和性质影响最大，以焚烧垃圾量为基准，层燃型垃圾焚烧锅炉原灰产生量为 2%～3%。另据不完全统计，流化型垃圾焚烧锅炉飞灰产生量为 8%～15%。由于烟气处理过程不同，层燃炉产生的飞灰中 Ca、Cl 和重金属含量可能会高于流化型炉，而流化型炉的飞灰主要组分为 Al、Si 和 Fe 等。由于世界上的垃圾焚烧炉绝大多数为炉排炉型，因此有关生活垃圾焚烧飞灰的研究多集中在炉排炉型飞灰上。

按 2021 年焚烧能力统计数据，全国飞灰日产生量大约在 28780 万 t。目前上海运行和在建的共 16 座垃圾焚烧设施，总焚烧能力为 28895t/d。以飞灰的原灰产率 0.025 计，16 座焚烧厂全部投运后，上海每天将产生飞灰约 720t。由天津、上海等较早使用垃圾焚烧技术城市的处理成本数据测算，稳定化/固化飞灰通过危废处理，每吨飞灰最终处理成本为 1500～3000 元。

8.2.2 垃圾焚烧飞灰的基本特征

8.2.2.1 垃圾焚烧飞灰的成分

垃圾焚烧飞灰是由反应产物、未反应产物和冷凝产物聚集而成的一种高孔隙率、高比表面积，呈现浅灰色碎海绵状或粉末状不规则的固体。焚烧飞灰表面沉淀有石英（SiO_2）、氯盐（KCl、$NaCl$）、无水石膏（$CaSO_4$）及少量方解石（$CaCO_3$）等结晶物质。统计所取灰样含水率为 10.0%～23.0%，在垃圾充分焚烧后飞灰热灼减率为 4.0%～8.0%。焚烧飞灰的表面粗糙，呈多角状，使铅和镉等易挥发性金属在其表面凝结富集。

焚烧飞灰的化学成分可分为，如 SiO_2、Al_2O_3、TiO_2 等酸性氧化物，CaO、Fe_2O_3、MgO、K_2O、Na_2O 等碱性氧化物，以及氯化物和硫化物盐类等，其中 CaO、SiO_2、Al_2O_3 及氯化物、硫化物等占总灰分 80% 以上。主要化学成分案例参见表 8-1。

飞灰主要化学成分分析单位重量/% 表 8-1

样品来源	CaO	Cl	SiO₂	SO₃	K₂O	Al₂O₃	Fe₂O₃	P₂O₅	CuO	TiO₂	ZnO
宁波垃圾焚烧厂	23.62	7.09	25.11	14.60	5.99	8.52	5.27	2.64	0.16	1.44	1.06
浦东垃圾焚烧厂	32.77	20.59	10.77	10.74	8.58	3.23	3.28	1.53	0.20	0.94	1.36
法国[a]	24.20	10.90	33.60	—	2.60	11.60	1.90	—	—	—	—

样品来源	CaO	Cl	SiO₂	SO₃	K₂O	Al₂O₃	Fe₂O₃	P₂O₅	CuO	TiO₂	ZnO
福州[a]	32.40	9.90	31.70	1.50	0.40	14.40	1.90	—	—	—	—
深圳某厂[b]	47.09	—	10.30	—	9.50	2.36	7.06	3.43	3.63	5.80	ZnCl₂ 10.85
法 ROUEN 厂[b]	76.75	—	1.67	—	KCl₂ 2.22	1.06	0.56	0.71	CuCl₂ 9.63	0	ZnCl₂ 7.40
天津[c]	21786	NaCl 7.754	16.20	6.300	KCl 6.077	9.655	FeO 1.044	CaCl₂ 14.286	0.094	CdO 0.04	CaSO₄ 5.143

样品来源	MgO	Na₂O	SnO₂	MnO	PbO	Cr₂O₃	NiO	Br	Rb₂O	SrO	ZrO₂
宁波垃圾焚烧厂	0.35	2.29	0.48	0.29	0.59	0.16	0.02	0.03	0.02	0.10	0.04
浦东垃圾焚烧厂	0.72	3.81	0.22	0.13	0.56	0.11	0.01	0.20	0.15	0.07	—
法国	2.20	2.20	其他: 10.80	—	—	—	—	—	—	—	—
福州	2.70	0.50	其他: 4.60	—	—	—	—	—	—	—	—
天津	1.202	—	0.173	0.072	0.778	0.022	0.007	—	—	—	—

a 源于姜永海《垃圾焚烧飞灰主要成分对熔融温度及挥发量的影响》。

b 源于李润东等《城市垃圾焚烧飞灰熔融动力学研究》。

c 源于 STEINEURTEY 对天津双港垃圾焚烧的分析值。

垃圾焚烧飞灰的危险成分是具有一定浓度的重金属和二噁英类。据统计，我国部分焚烧飞灰测定二噁英类值为 0.34～8.0ngTEQ/g，低于日本公开的 1～50ngTEQ/g 测定值。当烟气净化系统加入活性炭时，排放烟气中的二噁英类大致减少 54%，并富集到飞灰中。因焚烧飞灰含有二噁英等有机污染物而不能直接被填埋处理，必须按我国危险废物处理规定执行。

焚烧飞灰的特征温度如表 8-2 所示。其中，DT-ST 是软化期，HT-ST 是熔化期。各期的温度范围变动处于 50～400℃，它在一定程度上可以表示灰分在不同温度下的黏度特性。一般垃圾低熔点灰分 ST＜1100℃，中熔点灰分 ST＞1100～1250℃，较高熔点灰分 ST＝1250～1500℃，高熔点灰分 ST＞1500℃。

焚烧飞灰的特征温度　　　　　　　　　　　　　　　　　　　表 8-2

特征温度	说明
变形温度 DT	即椎体尖端变圆或开始倾斜时的温度
软化温度 ST	即锥体顶端由于弯曲而触及锥底平面，或变成球形时的温度
熔化温度 HT	即熔化成饼状摊开在垫片上时的温度
流动温度 FT	即作液体状态流动，不能停留在垫片平面上时的温度

垃圾焚烧飞灰的热力学特征温度表现为，炉膛内烟气携流飞灰的变形温度（DT）约为 1150℃、软化温度（ST）约为 1180℃、熔化温度（HT）约为 1220℃，流动温度（FT）十分接近熔化温度（HT），无特别要求不再单列。受不稳定垃圾特性的影响，各飞灰特征温度都不是固定值，经对有限的飞灰特征温度分析显示，变化范围在 ±100℃ 以内。按飞灰特征温度规定，垃圾焚烧飞灰属于中灰熔点灰分。另外，为避免锅炉受热面结焦，

炉膛主控温度一般控制在 870～950℃，最大不宜超过 1050℃。

8.2.2.2 焚烧飞灰的基本物理性质

1. 颗粒物密度。由于颗粒表面和内部吸附着一定空气。排除空气的密度称为"真密度"，用 ρ_p 表示，单位为 kg/m^3。成堆积状态并包括颗粒之间与内外空气的颗粒物密度称为"堆密度"，用 ρ_b 表示，单位为 kg/m^3。取孔隙率 ε，两者之间存在如下关系：$\rho_b = (1-\varepsilon)\rho_p$。

垃圾焚烧干灰采用工程用容重，即单位容积内物体的重量，用 γ 表示，表示物体由于受地球引力的重力特性。取加速度 g，γ 与 ρ_b 有如下关系：$\gamma = \rho_b \times g$。经多年统计的生活垃圾含水率不大于 15% 左右时的容重为 300～500 kg/m^3。在国际单位制中，其单位是 kN/m^3（如空气在标准状态下的密度为 1.293 kg/m^3，即 $1.293 \times 10^{-3} g/cm^3$，对应该状态下空气的容重为 $12.70 \times 10^{-6} N/cm^3$）。

2. 安息角与滑动角。颗粒物从漏斗落到水平板上堆积呈圆锥体，则椎体母线与水平面夹角称为"安息角"。光滑平板倾斜时，椎体开始滑移的倾角称为"滑动角"。一般滑动角略大于安息角。

安息角与滑动角是设计除尘器灰斗与灰仓锥度及输送管道倾斜度的主要依据。一般飞灰体的安息角为 33°～35°，滑动角 40°～55°。主要影响上述角度的因素是颗粒物粒径、形状、表面粗糙度、含水率、黏性等。

3. 颗粒物润湿性。润湿性是指颗粒物与液体附着的难易程度，取决于液体分子对颗粒物表面作用力大小。一般取润湿时间 20min，测出此时间的润湿高度 L_{20}，则有润湿速度 v_{20}，$v_{20} = L_{20}/20$。以此作为评价颗粒物润湿性的指标，是选用除尘滤袋的主要依据之一。根据水堆颗粒物润湿性，可将颗粒物分为如下四类（表 8-3）。

颗粒物分类　　　　　　　　　　　　　　　　表 8-3

粉尘类型	Ⅰ	Ⅱ	Ⅲ	Ⅳ
湿润性	绝对憎水	憎水	中等亲水	强亲水
v_{20}/（mm/min）	＜0.5	0.5～2.5	2，5～8.0	＞8.0
颗粒物举例	石蜡、沥青	石墨、煤、硫	玻璃微珠、石英	锅炉飞灰、钙

4. 颗粒物磨损性。是指颗粒物在流动过程中对容器与管道壁，以及滤料的磨损性能。通常对刚性壁表现为撞击性磨损，对塑性壁表现为切削磨损。其磨损率与颗粒物的入射角、入射速度、粒径、硬度、浓度及球形度等因素有关。目前已有研究提出磨损率的经验计算公式，可参考相关文献，不再赘述。

5. 此外，还有以介电率反映颗粒物电性、粉尘爆炸性，以及光学性能等物理性能的评价指标。

8.2.3 垃圾焚烧飞灰中的重金属

8.2.3.1 垃圾焚烧飞灰中重金属成分

飞灰中检测出有 Ca、Na、K、Mg、Fe、Al、Ti、Ba、P、As、Ni、Mn、Pb、Cd、Cu、Cr、Zn、Hg、Sn、Cl、S 及其化合物等多种成分，其中 Cd、Cr、Pb、Hg、Sb、Zn、Cu 等重金属含量较高，浸出毒性最容易超标的是 Pb，其次为 Hg、六价 Cr 等

（表 8-4、表 8-5）。高沸点重金属在燃烧过程中易均匀凝结成飞灰核，根据蒸发-冷凝机理，高温下易挥发的重金属在离开燃烧区后，随温度下降到低于重金属及其化合物露点时，发生同类核化与异相相吸而凝结在飞灰结构表面。炉排炉飞灰中重金属含量高于流化床，主要与飞灰总含量有关，其中炉排炉飞灰（原灰）占垃圾量 2.5% 左右，而流化床占 8%～18%。

某项目焚烧飞灰元素分析（单位：mg/kg）　　　　　　　　　　　　表 8-4

元素	Ca	Na	K	Mg	Fe	Al	Ti	Ba	P	As
含量	16.36	2.60	3.79	0.88	1.52	2.08	0.41	0.15	0.51	0.001

元素	Ni	Mn	Pb	Cd	Cu	Cr	Zn	Hg	Cl^-	S（SO_4^{-2} 计）	Sn
含量	0.0073	0.060	0.32	0.0064	0.078	0.012	0.53	0.0001	13.75	6.13	0.084

注：1. 焚烧飞灰含水率 11.01%，灼烧减量（800℃）13.58%，样品重 400g，检测室温 22℃。

2. 测试方法：

（1）均匀化处理并 104℃下干燥 24h。

（2）采用 HNO_3-HF-$HClO_4$ 进行消解。

（3）去离子水＋不同量 2.5mol/LHNO_3 作为渗沥液。

（4）用原子吸收光谱仪测试。

资料来源：清华大学分析中心对某项目飞灰元素分析数据。

垃圾与灰渣重金属元素分析对比　　　　　　　　　　　　　　　　表 8-5

元素	垃圾中重金属	飞灰中重金属	烟道灰中重金属	飞灰中重金属典型值		粉煤灰中重金属	土壤中重金属背景
				中国飞灰	日本飞灰		
As	—	148	Nd	82	62	—	8.7
Cd	10～40	3	29	72	290	0.24	0.15
Cr	100～450	179	306	318	360	65.53	59.2
Cu	450～2500	365	638	977	1300	47.45	27.2
Mg	—	2885	6882	3854	20000	—	—
Mn	—	1194	2011	2035	930	167	—
Ni	50～200	140	203	186	100	—	—
Pb	750～2500	439	2267	4770	6500	34.14	18.78
Sn	—	1112	3125	5880	—	—	—
Zn	900～3500	2035	5352	6090	18000	54.92	58.9
合计	—	8500	20813	24264	47542	369.28	172.93

8.2.3.2　焚烧飞灰 pH 值及 Cl 对重金属浸出性能的影响

由于烟气净化的脱酸过程会喷入过量如氢氧化钙等碱性物质，以有效去除 HCl、SO_x 等酸性污染物，导致产生的飞灰碱性和腐蚀性较强，pH 一般为 11～13。

在 4＜pH＜8 环境下，重金属浸出性能随 pH 减小而增加；当 pH＜3 时，浸出性能达到最大；在 8＜pH＜12 碱性环境下重金属浸出很少。但试验结果显示 Pb、Zn 在 pH＞12 的强碱条件下，浸出特性略有增加。Cl 对重金属挥发性能有明显影响，在同一 pH 条件下，Cl 含量越高，重金属浸出越高。

8.2.4　飞灰粒径分布

根据长期实践总结，生产过程中随机产生的颗粒物粒子大都服从对数正态分布规律。无论是质量密度还是数量密度的分布函数（$f_{m,n}$）都可用下式表示。

$$f_{m,n} = \frac{1}{d_p \ln\sigma_g \sqrt{2\pi}} \exp\left[-\frac{(\ln d_p - \ln d_g)^2}{2(\ln\sigma_g)^2}\right] \tag{8-2}$$

式中　d_p——粒径，μm；

d_g——几何平均粒径，μm，可用中位径 d_{g50} 近似替代；

σ_g——几何标准偏差。

实际应用时也常采用筛下累积分布表示。

$$f_{m,n} = \frac{1}{\ln\sigma_g \sqrt{2\pi}} \int_0^{d_p} \exp\left[-\frac{(\ln d_p - \ln d_g)^2}{2(\ln\sigma_g)^2}\right] d(\ln d_p) \tag{8-3}$$

飞灰粒径分布主要集中在 43～175μm 范围内，占 83%（表 8-6）。重金属随粒度减小而富集浓度增加，其中 Cd 的变化趋势较为明显，这是因为越小粒度飞灰富集越高浓度未燃烬的碳，其对重金属有吸附作用。

不同炉型的飞灰粒径分布　　　　　　　表 8-6

飞灰粒径/μm	飞灰粒径分布/%				飞灰粒径/μm	天津垃圾飞灰粒径分布/%
	炉排炉		流化床			
	FA1 厂	FA2 厂	FA3 厂	FA4 厂	0～40	0.6
<43	2.51	4.67	0.11	8.39	40～50	2.2
43～74	**28.30**	**34.47**	**57.29**	**34.75**	50～63	2.1
74～138	**29.19**	**34.90**	**22.53**	**27.74**	63～80	**9.9**
138～175	**22.69**	**17.01**	**8.36**	**16.82**	80～100	**18.7**
175～295	9.88	6.11	0.40	8.72	100～125	**21.0**
>295	6.17	3.45	—	3.57	125～160	**23.5**
分析					160～200	**10.7**
43～175	80.18	86.38	88.18	79.31	200～250	4.5
	平均 83.28		平均 83.75		250～315	3.0
STEINEURTEY 统计分析					315～400	2.1
63～200	83.80				400～500	0.2
小结：主要粒径分布在 43～175μm，占 83%					500～1000	1.1
					>1000	0.4

8.2.5　烟气中飞灰迁移的动力学基础

烟气中飞灰颗粒的迁移主要分为气相扩散、热迁移、惯性迁移。对于很小尺寸的飞灰颗粒和气相灰分，是以费克扩散、布朗扩散和湍流旋涡扩散为主要迁移方式。稍大的颗粒是以炉内温度梯度为驱动力，实现从高温区向低温区的热迁移，并产生飞灰沉积。对于较大飞灰颗粒，惯性力是造成灰粒向水冷壁面迁移的重要因素。当含灰气流转向时，具有较大惯性动量的飞灰颗粒离开气流而撞击到锅炉水冷壁面，其撞击水冷壁面的概率取决于灰粒的惯性动量、所受阻力、在气流中的位置，以及气流速度。

颗粒物在重力作用下沉降的基本规律，是建立在如下假设条件取得的计算模型。假设在静止空气中，颗粒物在重力作用下自由沉降，随着速度加快阻力增大，最终达到匀速运动，称为最终沉降速度。在忽略浮力，颗粒物运动服从斯托克定律，则通过重力和阻力的受力平衡。取颗粒物真密度 ρ_p（kg/m³）与粒径 d_p（m），动力黏性系数 μ（Pa·s），并引用气溶胶力学常用的张弛时间 τ（s），得到如下颗粒物最终沉降速度（v_t）：

$$v_t = \frac{\rho_p d_p^2}{18\mu}g = \tau g \tag{8-4}$$

扩散的基本数学模型是用以描述扩散物质传质过程的基本规律。对各向同性的介质，应用费克第一扩散定律和质量守恒定律即可导出如下费克第二扩散定律。

取通量 F，kg/(m²·s)；质量浓度 c，kg/m³；扩散系数 D，其中 D_1 为半径 r_1 的扩散系数，m²/s，得到如下费克第一定律：

$$F = -D\frac{\partial c}{\partial x} \tag{8-5}$$

另取气流速度 u，m/s，得到费克第二定律：

$$\frac{\partial c}{\partial t} = D\nabla^2 c - \Delta(uc) \tag{8-6}$$

颗粒物热扩散热凝聚基本规律，是在无外力条件下产生的。由 Smoluchowski 早年推导出在静止连续介质中球形颗粒物热凝聚计算模型。设有计数浓度 n，半径 r_1 向 r_2 中心离子碰撞，则单位时间 r_1 的减少量应等于单位时间这两种颗粒物的碰撞次数，表述为：

$$\frac{\mathrm{d}n}{\mathrm{d}t} = -4\pi r D_1 r_1\left(\frac{n^2}{2}\right) \tag{8-7}$$

飞灰在锅炉管壁上的沉积有两个不同过程，一个是初始沉积层的形成过程，主要是由挥发性灰组分在水冷壁上冷凝和化学活性高的微小颗粒热迁移沉积共同作用，并经黏附及与管子化学反应所生成牢固的薄灰覆盖层。初始沉积层中碱金属类和碱土金属类硫酸盐含量较高，这些微小颗粒由范德瓦尔力和静电力保持在管壁上，并与管壁金属反应生成低熔点化合物，强化了微小颗粒与壁面的连接。初始沉积层具有良好的绝热性能，它的形成使管壁外表面温度升高。

另一沉积过程是较大灰粒在惯性力作用下冲击初始沉积层过程。当初始沉积层具有黏性时，它捕获惯性力迁移的飞灰颗粒并使沉积层厚度增加。从工程视角，很难防止初始沉积层的形成，从而造成炉内结渣增加。影响锅炉安全运行的主要因素是惯性沉积。由于惯性迁移的飞灰颗粒在初始沉积层上的黏结除与初始层的性质有关外，还与撞击飞灰颗粒的温度有关。当撞击飞灰颗粒的温度很高，呈熔融状液态时，很容易发生黏接，加剧结渣过程。沉积层厚度通常是不均匀的，它与炉膛结构、燃烧中心位置、空气动力特性、炉膛温度特性及燃料的物理化学性质有关。在炉膛的不同位置，灰渣的厚度和结构将有很大的差别。

8.2.6　案例分析

8.2.6.1　广东省三厂焚烧飞灰案例（表 8-7）

广东省三厂飞灰物化特性　　　　　　　　　　　　表 8-7

组分（干基）		珠三角地区三厂检测值/%（质量百分比）		
		样品 A	样品 B	样品 C
概况		焚烧温度 800～950℃		
		20 世纪 80 年代末建厂	2003 年投产	2002 年投产
		生活垃圾	生活垃圾	布料/皮革工业垃圾＋生活垃圾
		静电除尘	滤袋除尘＋尾部烟气喷钙＋活性炭	滤袋除尘
飞灰的 pH 值		10.95	11.32	9.15
影响物化特性的主要因素	SiO_2	27.2	5.33	18.8
	CaO	15.5	30.5（因喷钙脱酸）	18.4
	MgO	20.1	1.00（MgO，流动温度 FT 为 2800℃）	26.2
Al_2O_3		11.9	1.94（Al_2O_3 流动温度 FT 为 2050℃）	6.78
Fe_2O_3		4.03	1.85	2.93
Na_2O		5.05	8.00	3.77
MnO		0.15	0.15	0.10
P_2O_5		2.49	0.79	1.01
SO_3		6.79	12.5	16.1
Cl		6.76	22.8（因喷钙脱酸）	5.85
θ_{DT}/℃		1337	1191	1382
θ_{ST}/℃		1349	1203	1390
θ_{HT}/℃		1360	1208	1396
θ_{FT}/℃		1370	1215（$CaCl_2$，772℃）	1412
飞灰热灼减率/%		3.98	4.12	4.62
密度/（t/m³）		0.653	0.454	0.614
含水率/%		1.02	2.03	2.30

注：数据来源于国内相关报道。

检测结果显示，影响飞灰物化特性的主要因素是 SiO_2、CaO 与 MgO。Al_2O_3 质量分数较高而 $CaCl_2$ 质量分数较低的飞灰，其灰熔点相对较高；CaO 和 $CaCl_2$ 质量分数较高的飞灰，其水分和热灼减率也相对较高；SiO_2 质量分数较高的飞灰，其重金属的浸出率相对较低；CaO 和 Al_2O_3 等碱性氧化物质量分数较高的飞灰，其浸出液的 pH 值相对较高。

三种飞灰浸出前后溶液 pH 值的变化规律表明，浸出液 pH 为 6～8 时，pH 值上升较快；pH 值低于 6 或大于 8 时变化较慢。当下分析认为，这可能与飞灰缓冲能力有关。因飞灰中含有大量碱性氧化物，当浸出液的 pH 较小，即酸性较高时可中和大部分从飞灰中溶出的碱性物质，浸出液的 pH 值变化较小；随着浸取液 pH 值的增大（6～8 时），可以中和的酸逐渐减少，浸出液的 pH 值变化稍大；当浸取液 pH 值再大时，其中和能力几乎消失，浸出液 pH 值主要受飞灰溶出的碱性物质影响，因此变化不大。

就垃圾焚烧飞灰来说，飞灰的变形温度（DT）、软化温度（ST）、溶化温度（HT）与流动温度（FT）四个特征温度的变化不大，特别是溶化温度与流动温度十分接近，实际应用时，如没有特别需求可忽略溶化温度。例如一项检测结果显示特征温度 θ_{DT}、θ_{ST}、θ_{HT}、θ_{FT} 分别为 1308℃、1365℃、1373℃、1395℃。李润东研究提出灰熔点（即软化温度）ST＝1050～1100℃。

8.2.6.2　我国台北市四厂焚烧飞灰案例（表 8-8）

我国台北市四厂物理特性　　　　　　　　　　　表 8-8

特性	比重/ (kg/m³)	精细度模式/ ＜(3/8)″	含水率/ %	＜75μm 粒径占比/ %	含泥量/ %	飞灰热灼减率/ %
A 厂	2.0810	4.07	2.25	2.04	4.85	6.66
B 厂	2.3011	2.55	1.90	5.02	8.42	5.21
C 厂	1.8911	3.78	0.73	6.39	6.67	7.63
D 厂	1.7211	4.13	1.15	2.57	7.61	7.88

注：来源于我国台湾地区环保部门的相关报道。

基本分析说明：

（1）我国台北市 A、B、C、D 四座城市型焚烧厂的垃圾可燃分为 89.10%～92.41%，不可燃分为 7.61%～10.90%，显示其垃圾物理组成相似度很高。

（2）焚烧飞灰的干密度为 1034～1149kg/m³，比重为 1.72～2.30；四厂飞灰小于 75μm 的比例分别为 2.04%、5.02%、6.39% 及 2.57%；其中 B 厂的粒径最细，而 D 厂的粒径最粗。

（3）飞灰 pH 值为 9.94～11.22，经一年室内自然熟化后下降至 8.30～10.96。飞灰含泥量为 4.85%～8.42%，适合高温烧结处理，而资源化利用需有除泥程序；飞灰的氯盐含量为 0.338%～0.677%，远高于国家标准对混凝土粒料之氯盐限值。

（4）飞灰的灼烧减量为 5.21%～7.88%，D 厂飞灰最高，B 厂飞灰最低，显示焚烧炉的燃烧效率有待提升。

（5）飞灰的 Cu、Zn、Ni、Pb、Cd、Cr 等重金属的总量分布较小粒径的比例高于较粗粒径，重金属溶出浓度分布较细粒径的比例高于较粗粒径。

（6）飞灰的主要化学成分为 SiO_2、Fe_2O_3，其次为 Al_2O_3、K_2O、Na_2O、CaO。其以氧化物形态存在为主的主要晶相物为 SiO_2、$CaCO_3$ 与 CaO；飞灰含 Cr_2O_3、Ti_2O、Pb_2O_3、PbO、$ZnSiO_3$、$Na_4(CrO_4)$ 等重金属物质，含 KCl、$NaCl$、$SiCl_4$、$CaClOH$ 等氯盐物质；C 厂飞灰仅鉴定出 KCl 成分。

8.2.6.3　日本城市生活垃圾焚烧捕集的飞灰成分和溶出实验结果

尽管受城市生活垃圾特性影响，每条焚烧线的飞灰产生量不同，但连续运行层燃技术的垃圾焚烧线产生的飞灰一般为 3～4ng/m³，并有微增长趋势。概率统计的颗粒物粒径多集中在 1～3μm 范围，真密度为 2～2.5，视密度为 0.2～0.4，排放烟气成分和溶出实验结果见表 8-9。

409

日本城市生活垃圾焚烧捕集的飞灰成分分析和溶出实验结果　　　表 8-9

焚烧项目	A	B	C	D	E	F
采样时间	1977 年		1980 年		1990 年	
捕集设备	静电除尘器			袋式除尘器		
中和剂	—	—	粒状消石灰	消石灰浆液	粒状消石灰	粒状消石灰
成分分析/%　水分	1.15	1.10	1.18	1.15	0.10	0.10
热灼减率	1.78	3.45	4.90	4.39	9.51	9.51
SiO_2	25.4	24.9	17.6	15.40	—	—
Fe_2O_3	9.44	6.85	1.76	0.66	1.24	1.24
Al_2O_3	4.71	6.83	6.99	3.25	5.74	—
Na_2O	9.02	8.27	4.56	6.95	1.35	—
K_2O	7.83	8.82	4.40	8.39	—	—
MgO	2.78	1.89	3.20	1.34	—	—
CaO	7.20	3.89	27.0	34.6	3.53	23.5
NiO	0.04	0.03	<0.01	<0.01	—	—
MnO	0.24	0.15	0.08	0.04	—	—
CuO	0.27	0.23	0.08	0.04	—	0.04
ZnO	3.45	5.10	1.23	0.53	0.82	0.155
SO_4^{2-}	10.25	13.82	5.16	4.65	3.22	—
Cl^-	11.28	10.25	13.0	15.0	11.0	—
Cr_2O_3	0.08	0.07	0.13	0.07	<0.20	—
CdO	0.07	0.03	—	—	<0.20	0.002
PbO	1.38	1.42	—	—	0.56	0.057
HgO	70	2.00	—	—	—	3.00
溶出实验/(mg/L)　Cr^{6+}	0.06	0.75	<0.01	<0.01	<0.05	<0.05
Pb	0.04	0.07	52	138	60.1	<0.1
Cu	<0.01	<0.01	—	—	<0.05	<0.05
Zn	0.45	<0.01	—	—	11.2	0.06
Cd	5.64	0.30	<0.01	<0.01	<0.01	<0.01
Hg	0.002	<0.0005	0.002	0.008	<0.0005	<0.02

对同一项目，采用层燃型垃圾焚烧锅炉和静电除尘工艺技术，使用同样石灰浆液中和剂对焚烧飞灰成分的影响分析如表 8-10 所示。

使用石灰浆液中和剂改变飞灰成分　　　表 8-10

成分		水分	pH	SiO	Na	Ca	K	Cl^-
单位		%	—	%	%	%	%	%
飞灰	处理前	0.09	7.5	35.5	5.0	5.2	8.0	1.1
	处理后	1.5	12.5	19.6	3.9	18.6	5.9	1.9

续表

成分		SO_4^{2-}	CO_3^{2-}	Cd	Pb	Cr^{6+}	Hg	As
单位		%	%	mg/kg	mg/kg	mg/kg	mg/kg	mg/kg
飞灰	处理前	9.3	1.9	350	6600	0.96	1.2	18.6
	处理后	4.6	2.2	230	6000	<0.01	25.0	2.04

8.3 飞灰稳定化处理标准与螯合剂的应用指标

8.3.1 我国垃圾焚烧飞灰重金属浸出标准 (表 8-11)

我国垃圾焚烧飞灰重金属浸出标准　　　　　　　表 8-11

《危险废物鉴别标准腐蚀性鉴别》GB 5085.1—2007			《危险废物鉴别标准浸出毒性鉴别》GB 5085.3—2007		
pH 值≥12.5 或≤2 时的废物是有腐蚀性的危险废物					
序号	项目	浸出液中危害成分质量浓度限值/(mg/L)	序号	项目	浸出液最高允许浓度(mg/L)
1	烷基汞	不得检出	8	锌（以总锌计）	100
2	汞（以总汞计）	0.1	9	铍（以总铍计）	0.02
3	铅（以总铅计）	5	10	钡（以总钡计）	100
4	镉（以总镉计）	1	11	镍（以总镍计）	5
5	总铬	15	12	砷（以总砷计）	5
6	铬（六价）	5	13	无机氟化物（不包括氟化钙）	100
7	铜（以总铜计）	100	14	氰化物（以 CN^- 计）	5
《含多氯联苯废物污染控制标准》GB 13015—2017			多氯联苯含量		10mg/kg

8.3.2 日本垃圾飞灰处理重金属渗沥物标准 (表 8-12)

日本垃圾飞灰处理重金属渗沥物标准　　　　　　　表 8-12

飞灰中重金属污染物	渗沥物标准
有机汞	ND
Hg 及其化合物	<0.005mg/L
Cd 及其化合物	<0.3mg/L
Pb 及其化合物	<0.3mg/L
六价 Cr 及其化合物	<1.5mg/L
As 及其化合物	<0.3mg/L
Se 及其化合物	<0.3mg/L

8.3.3　欧洲一些国家和美国的垃圾灰渣利用规定的部分重金属限值（表 8-13）

欧洲一些国家和美国的垃圾灰渣利用规定的部分重金属限值　　　　　　表 8-13

重金属	丹麦*	法国*	德国**			荷兰（C4）	美国
Pb/(mg/L)	3000	10	0.2	1	0.05	0.04	5.0
Cd/(mg/L)	10	1	0.05	0.1	0.005	0.004	1.0

注：* 表示单位为 mg/kg 干固体。

　　** 自左至右为：Landfill class I，Land fill class II，LAGA（a German state ministers）的限值。

8.4　飞灰稳定化控制方法

8.4.1　飞灰排放的控制技术

8.4.1.1　飞灰稳定化处理的路径

　　飞灰稳定化处理是依据排放限值，通过物化反应，对其中的重金属、二噁英类，以及氯盐等物质进行有限程度去除或抑制其可浸出性，使稳定化或固化飞灰满足后续利用或处置要求的过程。还包括直接送水泥窑项目处理。飞灰稳定化处理可分为高温处理与低温处理两大类，其中高温处理分为熔融与烧结；低温处理分为稳定化（包括固化）与湿法两类。根据子类划分的方法参见图 8-1。

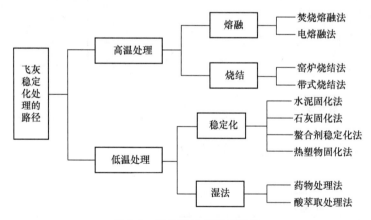

图 8-1　飞灰稳定化处理路径

　　1. 飞灰的稳定化处理

　　飞灰稳定化属飞灰低温处理技术，包括化学稳定化和固化方法。稳定化的主要目的是减少飞灰污染物排放。

　　化学稳定化技术是借助化学药剂的化学反应，主要是指将重金属稳定成比未处理的飞灰更加不易溶出的形式。这个过程包括飞灰重金属的化合反应，以及随后生成物中重金属的沉淀或吸附。与此同时，也能保证少增容甚至不增容，提升稳定化飞灰处理的经济效益。采用的稳定化药剂主要是有机或无机螯合剂，目前常用的有二硫酸型、磷酸盐型、硫氢基型及二硫氨基型螯合剂，如常用的 HF-801 型二硫代氨基甲酸盐螯合剂。不同性能螯合剂的消耗量是不同的，实际运行显示大约是处理原状飞灰质量的 $2\%\sim6\%$。化学稳定化技术的应用，必须建立在特定的范围内，它主要应用在重金属废物的处理中。现阶段，金属稳定化技术已经十分丰富，像 pH 值控制技术、离子交换技术、沉淀技术等。

　　飞灰固化则是采用水泥等胶凝粘合剂，将飞灰改性成一种具有物理和力学性能的物质，以降低飞灰的水力传导性和多孔性，增加其强度，通过提高混合物的碱性来改进固化飞灰的浸出特性，控制污染物的迁移。固化用无机黏合剂可以是水泥、石灰和如粉煤灰等其他固化用材料，也有使用如沥青粘合剂或黏合剂，以及各种类型专用或非专用添加剂的组合。在固化过程中，就要根据危废的性质及其对反应产物的质量要求，选择适宜的添加剂类型、剂量。目前我国普遍采用水泥固化。其负面作用表现在可能增加如铅、锌等两性金属的可溶性，并使资源性水泥材料改变为危险废物，增加危废产生量及资源消耗。固化产物通常是直接填埋，也有根据需要采用压铸成型填埋。

　　另有一些固化方法包含最初的洗涤步骤，在此过程中，大部分可溶性盐及一些金属在发生化学键关联以前被提取，以用于后续利用。其主要的副作用是对作为液态污染物的再处理及其对环境的影响。目前的实用技术是水洗脱盐预处理（FWD）＋水泥窑协同处置技术。它是利用三级或多级逆流漂洗技术对飞灰、窑灰或类似粉体物料进行水洗以脱除物料中的可溶性物质，实现飞灰高效脱盐，进而达到二次利用目的。经 FWD 技术处理后的飞灰或窑灰，Cl 去除率≥95％，含水率低于 2％。

　　2. 飞灰的热处理

　　飞灰（国外不将其列入危险废物，而和底灰混合处理）热处理主要用于减少其体积，并减少其有机物和重金属的含量，以及在填埋之前改进其浸出特性。飞灰热处理可分为熔融和烧结两种方法，它们之间的区别主要与最终产品的特征和性质有关。也有将玻璃化从熔融中分离单列为一种方法。

　　熔融通常是在 1200～1400℃ 环境下改变金相结构的热处理方法，可通过控制淬火过程使熔融物结晶，导致多相产物的生成。也可以通过增加特定的添加剂促进基相的结晶。单独列出的玻璃化方法是在 1300～1500℃ 高温环境中处理（有时增加添加剂来促进玻璃基的形成），然后用空气或水快速淬火，获得无定形的玻璃基。冷却后的融化物形成单相产品，称为玻璃化物。玻璃化物根据熔化成分的不同显现不同形态，如玻璃或石头状。

　　烧结涉及加热残渣到发生微粒结合的水平使其化学相重新构造。和原始产物相比，具有孔隙更少、强度更高密集产物。典型的烧结温度为 900～950℃。实际上，焚烧生活垃圾时，会在焚烧炉中产生一定程度的烧结现象，尤其是使用回转窑作为焚烧过程一部分的时候。

　　不管实际过程如何，多数飞灰的热处理都会产生更均一、更密实的产物，并能够改善浸出特性。单独热处理一般需要消耗非常高的能量。在某些情况下，通过使用装置在更高温度的燃烧阶段熔化飞灰（如不在单独的熔化过程中），在这类情况下使用烟气热能可以部分满足能量需求，并且减少外部能量的输入需求。

　　飞灰热处理的烟气含有如 NO_x、TOC、硫化物、灰尘和重金属等高浓度的污染物，该烟气处理过程中烟气脱硫装置飞灰的高盐含量会引起腐蚀问题，所以需要适当的烟气处理。如果附近有焚烧炉的烟气脱硫装置，则可将产生的烟气直接给入该系统。

　　SiO_2对焚烧灰渣和模拟灰渣都具有助熔作用，可使熔点降低 170℃ 以上，但对两者的添加量不同，如质量分数分别为 10% 和 30%；添加 Al_2O_3 则会增加焚烧炉灰渣的熔点，但可使模拟灰熔点 θ_{FT} 略有降低约 100℃；Fe_2O_3 对真实灰渣和模拟灰渣均具有明显的助熔作用，θ_{FT} 降低幅度 160℃ 以上，质量分数为 25%；Na_2CO_3 对灰渣有一定的助熔作用，θ_{FT} 降低约 60℃，质量分数为 15%；NaCl 含量对焚烧炉灰渣和模拟灰渣的熔点影响均不明显；CaO 含量的增加使焚烧炉灰渣和模拟灰渣的熔点都呈单调上升趋势。

3. 飞灰酸萃取和分离

飞灰酸萃取和分离属湿式化学处理方法。原则上利用萃取和分离工艺进行的选择性处理过程，可以包含所有从飞灰中提取特定成分的过程，然而最受关注的还是用酸提取重金属和盐的过程，此类技术大多用于湿法烟气脱酸系统第一洗涤器的酸性溶液。飞灰湿式化学处理法有加酸萃取和烟气中和碳酸化法等，该工艺运行成本较低，可回收重金属和盐类。提取飞灰重金属的方法有酸提取、碱提取、生物及生物制剂提取等。经过重金属提取后飞灰和重金属可以分别进行资源化利用。

聂永丰等研究指出，大多数有害离子浸出率较低，如磷酸洗涤后 Zn 的溶出率由水洗时的 112.65mg/kg 降低至 2mg/kg 左右，Pb 的溶出浓度未检出，固留在灰样中重金属的残留态和有机态的比例都有不同程度的提高。磷酸洗涤不但能有效抑制重金属溶出，还有助于改善重金属的化学稳定性和焚烧飞灰的热稳定性。重金属萃取和分离技术主要优点在于飞灰中的可溶盐溶解于水中，增加了处理物的稳定性；处理物中的可溶盐较少，且形态为脱水滤饼状，易于操作、搬运、填埋；工艺简单，可操作性强。但同时也存在需要对可溶盐和排水进行处理的弊端，一般只用于重金属浓度较高、有必要进行回收的情况，目前很少应用。

8.4.1.2 焚烧飞灰控制设备综述

控制飞灰扩散用的除尘器可分为以下几种类型：①沉降式除尘器（又称机械式除尘器），常见的有重力沉降室、旋风除尘器、惯性除尘器等。②洗涤式除尘器，如喷淋洗涤器、文丘里洗涤器、自激式洗涤器、水膜除尘器等。③过滤式除尘器，如袋式除尘器和颗粒层除尘器等。④吸附式除尘器，如电除尘器等。⑤综合式除尘器，即综合了几种除尘机理的新型除尘器，如高梯度磁分离器、荷电袋式过滤器、荷电液滴洗涤器等。

生活垃圾焚烧烟气飞灰的常用控制设备分为袋式除尘器、静电除尘器和旋风除尘器三大类。长期运行经验显示，袋式除尘器都是采用圆袋而不用扁带，静电除尘器极少采用湿式 ESP，旋风除尘器包括多管旋风除尘器，国外针对烟气污染物排放指标宽松的地方，有采用文丘里除尘器（按英语原意翻译成"文丘里洗涤器"）。在正常环境下，我国当前最多应用的是采用短纤维的 PTFE 加覆膜材质，综合除尘效率达到 99.9%、分级效率也较高，价格可接受的袋式除尘器。静电除尘器因受到污染物控制要求的一些约束条件，应用较少。多管旋风除尘器目前是作为去除粒径 100μm 以上大颗粒为主的预除尘功能使用。

随着主要材质、分级效率及复合功能的研发，多功能除尘正在引起越来越多的关注。表 8-14 给出了颗粒物控制设备的一般优缺点，还可为其他某些考虑提供一些补充资料。这些考虑虽然不一定会对烟气控制设备的技术可行性有影响，但可能会对用某一给定烟气控制设备的理想程度有影响，在确定某种给定的颗粒物控制设备是否能够或是否应该用于烟气控制时提供指导。要对某种烟气控制设备的适用性做出完整技术评价，还必须进一步考虑设计准则和成本要求。

颗粒物控制设备的优缺点 表 8-14

除尘设备	优点	缺点
袋式除尘器	1. 去除烟气极细颗粒物很有效，控制效率可达 99% 以上。 2. 控制细颗粒物的压力为 497.7～1493Pa，小于文丘里除尘器 (9953.6Pa)。 3. 能收集电阻性粒子。 4. 使用机械振动或反吹清灰、控制效率与进口负载无关。 5. 可在运行中取样	1. 不能控制 >288℃ 的高温流，高腐蚀性粒子要损坏过滤器，不能有效控制高湿度烟气。 2. 如有大量 >20μm 颗粒物，上游需加机械收集器。 3. 需要特殊的或可供选择的织物以控制腐蚀性流。 4. 颗粒物直径在 0.1～0.3μm 范围的效果差
静电除尘器	1. 能高效收集 <0.1μm 颗粒物，腐蚀性和焦油物质，湿式 ESP 能收集气态污染物。 2. 运行费用低、压降小 (0.124kPa)。 3. 连续运行能耗低	1. 初始投入高。 2. 不易适应条件变化。 3. 比袋式过滤器和文丘里除尘器占空间大。 4. 对控制电阻性颗粒物需用调节剂
文丘里除尘器	1. 初始投资低，所占空间小，操作简单，无移动部件。 2. 控制黏性、易燃性和腐蚀性物质的问题少。 3. 控制效率与颗粒物的电阻率无关。 4. 能同时收集颗粒物和气态物质	1. 压降高 (≥22.3956kPa) 而使运行费用高，特别是对于细小颗粒物。 2. 有废水和清洗或处理费用。 3. 对直径 <0.5μm 的颗粒物效率低

对不同除尘器的选择是基于适用性和控制效果，根据烟气负载颗粒物的物理、化学和电学性质，有选择性地应用重力、惯性力、离心力、扩散附着力、电场力等级作用力，使颗粒物偏离烟气流动方向，或是将其阻止在捕集物料上，或是使其聚集在集尘级上以达到允许的排放浓度。

控制设备的选择取决于具体烟气性质和影响各种控制设备适用性的有关参数，如除尘效率等。表 8-15 引用了影响控制设备适用性的烟气的基本性质，这些参数只能按一般性导则对待而不应视为绝对的限定性数值。把所考虑的烟气性质与表 8-15 所列有关资料进行对照后，将能确定适宜控制该烟气的各种技术，而这并不意味着将排除考虑其他特定的设备。

如果烟气是用 ESP 或袋式除尘器收集颗粒物，烟气的温度应高于其露点 10～38℃，如果烟气温度低于此范围，一般会发生冷凝继而导致金属腐蚀、滤袋堵塞或变质等事故；如果烟气的温度高出这一范围则不会得到最理想的收集。通过降低烟气的温度可减少排放大气污染物的成分，这样 ESP 和袋式除尘器能更有效地收集有害大气污染物。

除尘设备的主要性质 表 8-15

控制设备	预期效率	粒径限度	温度	腐蚀性/电阻率	湿度
袋式除尘器	可达 99.9%	粒径在 0.1～0.3μm 时效率最低	视织物种类定，无预冷时，温度不得超过 288℃ (550°F)	对抗腐蚀所必需的特种纤维	对湿度大的烟气效果差，对烟气的湿度变化很敏感

续表

控制设备	预期效率	粒径限度	温度	腐蚀性/电阻率	湿度
静电除尘器	可达98%	一般粒径在0.2～0.5μm时效率最低	一般可到538℃（1000℉）	需要防蚀材料、对电阻率高的颗粒物需调节剂；ESP不用于控制有机物质因为这有火灾的危险	可控制具有高湿度的烟气（如34%（体积）），对于湿度变化很敏感
文丘里除尘器	可达85%	粒径＞0.5μm时的运行效果最佳	一般无限制	对于腐蚀性烟气需要特殊的结构	对烟气湿度变化不敏感

注：1. 本表摘自《有害大气污染物控制技术手册》，原文预期效率均为可达99%，按我国实践经验做了调整。

2. 原文为华氏温度，按下式转换：摄氏温度＝（华氏温度－32）÷1.8。

8.4.1.3 袋式除尘器

1. 概述

袋式除尘器是一种分离烟气排放源载带大气污染物飞灰（也称颗粒物）的有效设备。一般情况下，对大于100μm的固态颗粒物，因沉降速度大于0.1m/s而不能存于气溶胶中（气溶胶是指以分散形式处于悬浮状态的颗粒物），小于0.01μm以下的颗粒物，由于布朗运动的凝聚作用会变大，所以理论上的颗粒物粒径范围大致为0.001～100μm，从实际工程视角，固态颗粒物的粒径范围为0.01～100μm。根据不同粒径颗粒物粒的分布规律，袋式除尘器按上述粒径范围进行控制和评价。

对于控制飞灰污染物排放的袋式除尘器有两项具体强制性规定：一是应有密闭的负压结构，以防止烟气流和已捕获大气污染物飞灰的事故性释放。二是包括机械振荡、逆流和脉冲喷射三种主要的滤袋清理法。

早期研究认为采用脉冲喷射法清理过滤器不如用其他方法清理过滤器有效，而且在整个过滤周期内其排放也不如用其他两种清灰方法的过滤器那样稳定。采用机械振动或反吹清灰方法的袋式除尘器，经过适当设计和操作，会产生相当稳定的出口颗粒物浓度。按美国的研究，典型出口粒子浓度范围为0.003～0.01gr/sft²（0.0020904～0.006968g/m²）（gr/sft²＝格令/平方英尺＝0.0648g/0.093m²＝0.6968g/m²），平均值为0.005gr/sft²（0.003484g/m²）。这些数字可用于确定预期性能水平。但这并不意味着是一个绝对的或明确的性能水平，若要试图定量评价实际的性能水平，需要运行主体给予帮助。

袋式除尘器对烟气温度比较敏感，因此必要时可能需要预冷器或预热器。袋式除尘器在低压差工况下运行，运行费用低。对控制高湿度烟气，通常其不是适宜的选择对象。

2. 袋式除尘器的工程基础与控制指标

关于袋式除尘器的工程基础与控制指标可见《生活垃圾焚烧处理工程技术》或本书第2章内容，在此不再赘述。

3. 袋式除尘器结露原因分析及解决

袋式除尘器滤袋使用中要防止烟气在除尘器内冷却到露点以下，特别是其在负压下运行时，常常会有空气漏入，使袋室烟气温度低于露点。继而滤袋就会受潮，会使颗粒物黏附在滤袋上，把滤袋的透气孔眼堵死，导致透气性降低，造成清灰困难甚至失效；还会使除尘器

压差过大, 无法继续运行。除尘器结露的主要原因在于其工作环境温度, 表现如下:

(1) 随着烟气含 SO_3 越高, 烟气结露、糊袋的机会越大。

(2) 烟气含水分可能使温度降低, 烟气含水率越高, 低于露点的概率越大。当烟气含水分过高, 造成进入除尘器时的水分过大, 温度过高, 造成大量蒸汽, 导致袋内结露。

(3) 脉冲喷吹气体温度过低, 如压缩空气温度与除尘器内部烟气温度相差较大, 当压缩空气瞬间注入滤袋时, 温度会大幅度下降, 会出现结露现象。

(4) 除尘器壳体保温效果不佳, 出现孔洞漏风。外界冷空气进入除尘器, 降低烟气温度, 析出饱和水分, 引起滤袋结露; 除尘器存在漏风现象, 如除尘器壳体制作安装过程及非标管道安装过程存在漏焊现象, 卸料装置密封不严, 会使外界的冷空气进入除尘器内, 导致局部空气温度急剧下降, 产生结露。

(5) 脉冲滤袋除尘器外壳保温效果差, 当外部冷空气进入除尘器时, 烟气温度缓慢接近露点, 温度大大降低, 此时袋式除尘器会出现结露现象。

(6) 室外布置除尘器的防雨措施不当, 下雨时有雨水通过顶部盖板缝隙进入除尘器内, 引起糊袋。

解决除尘器结露问题需要针对具体原因进行具体分析, 采取相应的解决措施才能有效解决问题。基于运行经验防止结露的主要路径, 是保持烟气在除尘器及其系统内各处的温度均高于其露点 $25 \sim 35℃$, 以保证滤袋的良好使用效果。但受工艺条件的限制, 无法从烟气源头提高烟气温度, 只能间接进行一些保温及降低露点的方法, 如:

(1) 提高脉冲喷吹气体温度, 使其与除尘器内部烟气温度相差减小。

(2) 在烟气进入除尘器之前进行冷却, 降低烟气温度, 避免结露现象的发生。

(3) 降低烟气中的水分含量, 对物料进行预处理或改进工艺流程。

(4) 修复除尘器的漏风现象, 加强除尘器的密封性和保温性。

(5) 合理添加石灰粉。石灰粉主要成分 CaO 不仅能吸收烟气当中的水分, 还能与烟气当中的 SO_3 反应, 降低烟气当中的水分及 SO_3, 从而降低露点, 可作为在无法提高烟气温度的情况下, 避免滤袋出现结露、糊袋现象的有效措施。

(6) 除尘器运行初期对滤袋进行预涂石灰, 在滤袋表面形成一层保护膜, 此保护膜不仅能吸收 SO_3、水分, 避免出现糊袋现象发生, 还能在滤袋表面形成一良好的过滤层, 过滤烟气。

(7) 在除尘器冷态启动时, 烟气温度 $50 \sim 70℃$, 而除尘器温度与大气温度一样可能只有 $0 \sim 30℃$。较大的温差势必会造成烟气中水分过饱和析出, 造成糊袋现象, 系统阻力急剧升高。源自电力行业对锅炉后除尘器, 通过人工添加及气体输送进行预涂石灰, 取得了良好效果。

4. 袋式除尘器的应用案例

(1) 案例 1——来自厂家的折叠滤筒除尘技术的公开信息

折叠滤筒是一种筒状过滤元件, 其外形呈折叠状, 内有金属骨架, 通过注胶将过滤材料、骨架、头盖、底盖形成一体, 作为一种新型的过滤元件 (图 8-2)。通过滤料折叠以增大过滤面积。采用纳米纤维面层、超细纤维面层或覆膜滤料, 实现表面过滤以提高细颗粒物捕集效率。优化滤筒折叠数量和间距, 提高滤筒清灰效果, 增加滤筒长度, 以提高滤筒除尘器处理大风量烟气的能力。

图 8-2 折叠滤
筒示意

由于折叠滤筒的特殊结构，在原有袋式除尘器箱体中安装后可以增大 2～3 倍的过滤面积，大幅度降低了过滤风速，显著提高细颗粒物的过滤效率，降低设备的运行阻力，用户在不改造除尘器本体情况下，通过更换折叠滤筒，即可经济、快捷地完成超低排放提效改造。

1）折叠滤筒技术特点

① 过滤面积增加，过滤风速降低。普通滤袋一般长 6～8m，更换折叠滤筒后的长度约 1.5～2m，有效过滤面积提高 1.5～2 倍，由此带来更低过滤风速和更大气流通量。

② 过滤效率高，确保出口排放达标；折叠滤筒没有针孔，可以避免针孔的微小粉尘泄漏，从而确保除尘器出口颗粒物稳定超低排放。

③ 降低系统压损，减少变频风机耗电量；滤筒下部形成"缓冲仓"，降低了过滤风速，粒径较大的颗粒物在进入仓室后可自然沉降。到达滤筒表面的粉尘减少，降低了过滤压差，同时降低清灰频率。

2）折叠滤筒的跨媒介效应

① 适用于空气等含尘浓度较低的气体过滤，不适用于高温、高尘工况，以及烟气湿度大、粉尘吸附性强、黏性大的工况。

② 滤筒的核心是折叠结构，折叠不均匀会造成折叠角的差异，使用时产生夹灰，褶皱间容易堵塞失效，造成清灰不畅，运行阻力高。

③ 从滤筒的加工工艺来看，折数越密清灰越差，阻力越高，理论计算的过滤面积和实际使用中的有效过滤面积相差较大。

（2）案例 2——来自戈尔公司的高过滤风速除尘技术公开信息

过滤风速是影响袋式除尘器性能的一个重要因素，每一个过滤系统根据它的清灰方式、滤料、颗粒物性质、处理气体温度等因素都有一个最佳的过滤风速。一般处理高浓度颗粒物的过滤风速要比处理低浓度颗粒物低；大型除尘器的过滤风速要比小除尘器的低，这是因为大除尘器气流分布容易不均匀。

使用常规滤袋，颗粒物小时排放浓度均值小于 10mg/m³ 时，过滤风速要求小于 0.8m/min；排放浓度小于 5mg/m³ 时，过滤风速要求小于 0.65m/min（表 8-16）。

降低烟气颗粒物排放路线选择 表 8-16

滤袋型式	排放路径	过滤风速技术要求
常规滤袋/褶皱滤袋	降低过滤风速	不宜大于 0.8m/min
折叠滤袋	增大过滤面积	不大于 0.7m/min
戈尔膨体聚四氟乙烯（ePTFE）覆膜滤袋	提高过滤风速 过滤面积不变	不大于 1.3m/min

戈尔自述其除尘技术特点：过滤风速 1.3m/min 时，烟气颗粒物排放指标可稳定达到 5mg/Nm³。相比传统滤袋，长期运行压差可降低 300Pa。基于最新覆膜技术和稳定的物化特性，加之戈尔覆膜滤料特有的基材及袋底、袋身、袋头设计和缝线工艺，造就了滤袋长寿命期（比常规滤袋延长 2～4 年）。基于表面过滤技术，覆膜具有憎水、憎灰作用，相对传统飞灰处理技术可减少喷吹压力（自述可降低 50% 左右）。

（3）案例 3——高精度除尘扁袋、除尘褶皱滤袋与高效湿式水浴精除尘技术

1）高精度扁滤袋除尘技术与褶皱滤袋除尘技术介绍

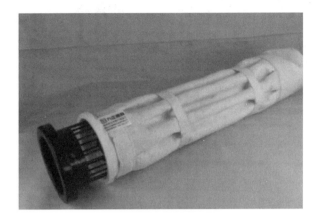

图 8-3　扁滤袋

（图片来源：工业环保节能净化工程技术）

图 8-4　褶皱除尘滤袋

（图片来源：工业环保节能净化工程技术）

高精度扁滤袋除尘技术采用顺流式设计、集灰斗内无气流。该除尘器以顶面无开口的扁滤袋（图 8-3）作为过滤载体，侧插结构；覆盖于整台除尘器顶部的整体式进气罩，配以专门设计的气流均布板。滤袋采用多孔板及滤袋支撑架两端定位。每列过滤袋的进气处都有滤袋保护罩，避免进气流直接冲刷滤袋。袋式除尘器采用力度柔和的反吹清灰。

高精度扁袋除尘器的特点：模块化设计，工厂预装预调试，结构紧凑，同样过滤面积的体积只有传统滤袋的 1/2～2/3；部件及整体在专用工装夹具上焊装，室体为全焊接结构。做到 5 年以上免维护，如反吹机构等关键部件做到终身免维护。

褶皱除尘滤袋（图 8-4）也叫星形除尘滤袋，是一种可应用在脉冲式除尘器上的新型除尘滤袋，与褶皱除尘滤袋配套使用的除尘骨架需要特殊设计，而其他配套组件则通用。

褶皱滤袋技术特点：使过滤面积增加，过滤风速降低，可在设计长度 0.5～10m 范围内按需要做成任何长度，比常规滤袋增加过滤面积 50%～150%。与传统滤袋花板孔兼容性好，安装和运行与常规滤袋基本相同。褶皱滤袋清灰机理为较小范围内的形态变动和压力的脉冲振荡。配套龙骨消除了横向支撑，还增加了纵向支撑，避免滤袋局部疲劳损伤。

褶皱滤袋技术负面影响和不利条件表现在：不适用烟气湿度大、粉尘吸附性强、粘性大的工况；因褶皱数量增加，处理风量增加，袋间流速增加、袋口的气体流速增加，致使滤袋磨损加快；褶皱滤袋龙骨的纵向筋贯通始终，中心区域要畅通无阻以满足脉冲气流和净气流通要求，制作比常规圆形龙骨复杂，焊接要求进一步提高；褶皱滤袋龙骨纵筋上下贯通，滤袋与龙骨接触容易造成磨损。

2）高效湿式水浴精除尘技术

高效湿式水浴除尘技术采用管道喷淋冲洗，设备喷淋冲洗及栅管水浴洗涤的"两淋一浴多瀑"方式；混合后的烟气通过两级除雾器去除水滴和含水烟尘（图 8-5）。该技术利用蓄水池和重力原理，循环喷雾、脱水，提高除尘效率，降低实际水耗。水平管道设置多个 120°喷雾装置，形成水膜并设置收水装置，多重措施防止管道堵塞。采用计算机仿真技术，优化捕集罩，防止气流过快误吸尘料致管道堵塞。

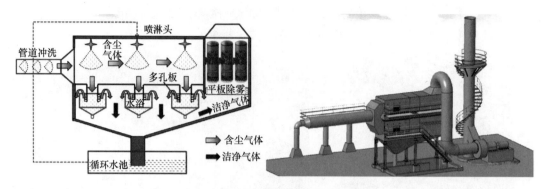

图 8-5　高效湿式水浴除尘系统原理图
（图片来源：工业环保节能净化工程技术）

高效湿式水浴精除尘技术通过将水雾化成微米级颗粒，比传统雾化水增大数十倍，增大水颗粒比表面积，极大增强对粉尘的捕捉能力，然后采取分离技术实现了颗粒物高效处理。相对传统工艺，极大减少用水量、除尘效率高、运营成本低、占地面积小，无需冷却塔等配套设施，能耗降低。

8.4.1.4　静电除尘器

静电除尘器（ESP）是先使颗粒物带电，然后收集颗粒物并把已收集到的微粒传输到收集容器。ESP 对微粒大小的要求不如其他两种设备灵敏，但对影响运行所需最大电功率（电压）的一些因素很敏感，这些因素主要是气溶胶的密度和物质的电阻率，微粒的电阻率影响其漂移速度和微粒与收集板之间的吸引力，电阻率高将导致漂移速度低，从而减少总的收集效率。

8.4.1.5　文丘里除尘器

文丘里除尘器是使用水流脱除烟气颗粒物的设备。其性能不受粒子黏滞性、易燃性和腐蚀性的影响，对微粒大小分布的敏感性要比 ESP 或袋式除尘器大。一般说来，文丘里除尘器能有效脱除直径 $0.5\mu m$ 以上的粒子，从分级效率和总除尘效率视角，不能很好满足去除烟气颗粒物的要求。因此通常定位在根据需要进行预处理的选项。相对袋式除尘器和 ESP，文丘里除尘器初始投资较低，但是由于高的收集效率要求有高的压降，将造成运行费用的增高。

8.4.2　飞灰熔融稳定化法

8.4.2.1　熔融稳定化机理及主要影响因素

飞灰熔融技术有多种类型，如图 8-6 所示。不同熔融方法的适应性，见表 8-17。

不同熔融方法的适应性　　　　　　　　　　　　　　表 8-17

熔融方法	焚烧式熔融					电熔融				
	飞灰单独熔融	胶片状熔融	内部熔融	焦炭床熔融	旋回流熔融	电解炉	电阻炉	熔融炉	电加热熔融炉	低周波诱导熔融炉
炉渣+飞灰处理		✓	✓	✓		✓	✓	✓		✓
飞灰处理	较少应用	✓			✓		✓		✓	

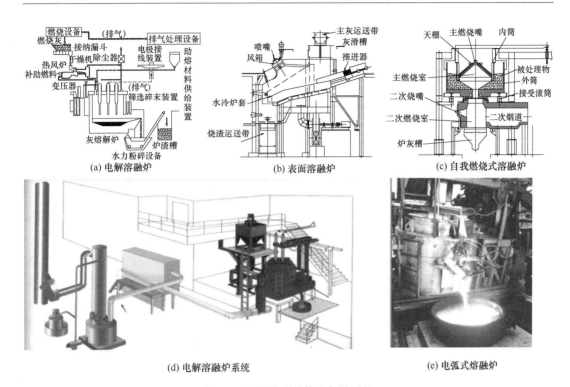

(a) 电解溶融炉　　(b) 表面溶融炉　　(c) 自我燃烧式溶融炉

(d) 电解溶融炉系统　　　　　　(e) 电弧式熔融炉

图 8-6　不同类型焚烧飞灰熔融炉

飞灰熔融是一包括干燥脱水、多晶转变（大约发生在 500℃）和熔融相变（约发生在 1130℃）的吸热过程。约占垃圾焚烧飞灰总重量 90％ 的主要成分 CaO、SiO_2、Cl 和 Al_2O_3，以及 SO_3、K_2O、Fe_2O_3 是决定熔融温度、烧失量及金属固化效果的主要因素，对飞灰熔融处理的技术选择、处理效果有着重要的影响。

飞灰的灰熔点及流动温度同焚烧飞灰碱度关系较大，焚烧飞灰碱度（K）指总碱性氧化物与总酸性氧化物质量分数比：

$$K = \frac{CaO + Fe_2O_3 + MgO + K_2O + Na_2O}{SiO_2 + Al_2O_3 + TiO_2} \tag{8-8}$$

焚烧飞灰的主要化学成分 CaO、SiO_2、Cl 和 Al_2O_3 对飞灰熔融温度和挥发量等特性具有重要影响。其中：

CaO：飞灰中的 CaO 主要来源于应用干法、半干法时，喷入烟气净化系统中的消石灰，当飞灰碱度为 0.9 左右时，飞灰的熔点最低。当飞灰碱度小于 0.9 时，增加 CaO 会使碱度升高，熔点降低；大于 0.9 时，增加 CaO 则会使碱度升高，熔点升高。此外，当 CaO 过量时，过量的物质将无法形成低熔点的共熔体，因此增加含量会使得熔点上升。

SiO_2 和 Al_2O_3：飞灰中的 SiO_2 含量为 10％～40％，Al_2O_3 含量为 15％ 以下。在飞灰熔融过程中，SiO_2 和 Al_2O_3 基本上都以硅酸盐矿物群的形式存在于熔渣中，形成低熔点共熔体而降低飞灰熔点。这将有利于实现飞灰熔融与玻璃化，有效抑制易挥发性金属的挥发，并显示出良好的物理性能和金属固化性能。

Cl：飞灰中的 Cl 元素含量一般为 5％～25％。采用干法或半干法进行焚烧烟气脱除酸性气体时，Cl 元素主要以 $CaCl_2$ 形式聚集在飞灰中，但在熔融渣中几乎检测不出。分析认

为 $CaCl_2$ 多以低熔点共熔体形式存在于飞灰中，其灰熔点仅为 772℃，因此在飞灰熔融过程挥发到烟气中，并与金属氧化物置换反应生成金属氯化物和氧化钙，从而使重金属溢出。在烟气冷却过程中过量的 Cl 通过化学反应生成 KCl、NaCl 等盐类，不利于重金属稳定在玻璃体中。

总之，CaO、SiO_2、Al_2O_3 对熔融温度的影响与飞灰的碱度有关；过高的 Cl 元素含量会增大飞灰的挥发量，增加烟气量，从而增加了飞灰熔融烟气的处理费用。

8.4.2.2 飞灰熔融的特点

熔融灰呈现的物理特性中，熔融玻璃体容重约为 $2.65t/m^3$；稳定性达到 99%；吸水率表现为空冷 0.12、水冷 0.75；磨损率呈现为空冷 30%～35%、水冷 50%～60%。

飞灰熔融的优点表现在：①密度增加，总减容量达 99%。②在安全性、减容性方面，飞灰重金属熔化和二噁英类分解问题不失为理想的处理方法。③尾气排放量低。飞灰熔融的负面与不利因素表现在：①能耗高。案例显示电熔融处理 1kg 飞灰耗电 1.1kWh，耗水 6L、冷却水 70L、饱和蒸汽 0.95kg、压缩空气 17L 等。②需充分考虑伴随熔融而发生的熔化飞灰和熔化盐类的处理问题，增加了尾气处理费用。③熔融技术运行成本高。

大量的能量消耗和高昂的尾气处理费用阻碍了熔融技术的推广应用。近年来，诸多学者在研究如何降低飞灰熔融温度、抑制重金属挥发问题，以减少能量消耗、降低烟气处理费用。

8.4.3 飞灰水泥固化法

8.4.3.1 概述

飞灰固化法是借水泥、沥青、石灰等固化剂的物化特性，将飞灰掺混包容在固化剂中，使焚烧飞灰形成具有紧密性、低渗透性及高抗压强度的惰性固体。固化目的在于改进如渗透性、抗压强度等的物理特性，较为认同的水泥固化机理是水泥直接包容飞灰的物理过程，并伴随有稳定在固化剂晶格中的化学过程。因此，固化法归结为物理处理属性，但也不排除飞灰与水泥结合的附属化学过程。用水泥和水进行飞灰造粒、成型、混凝时，根据采用的不同方法，分为高温混凝造粒法、团块成型法、挤出成型法及振动造粒法等。

沥青固化法是在飞灰中掺混沥青，使飞灰颗粒表面形成一层表面膜，再压缩成形，减少颗粒间空隙。因表面膜切断了飞灰中的重金属与环境水接触途径而避免了重金属析出。与水泥固化法比，沥青固化法的运行成本高，且使用沥青操作复杂，对环境影响较大，故较少应用。

固化法因具有明显的经济性和可操作性等方面优势而得到了广泛应用。但飞灰对水泥的硬化、抗压强度等方面存在着负面影响。受飞灰中 Cl 离子影响，重金属容易渗出导致对 Hg、两性金属的处理效果不理想。故需要添加螯合剂以达到飞灰稳定化。另外当飞灰 pH＞12 时，重金属 Pb 容易析出。一种办法是添加酸性药剂或 pH 调节剂，降低 pH 到 10～11，再进行水泥固化；也可直接用重金属析出防止剂与水泥结合办法解决 Pb 析出的问题。

8.4.3.2 关于水泥固化法

目前最常用的水泥固化法，是基于水泥能产生黏结、吸附、包覆与固定的物理特性，以及能提供稳定重金属的碱度化学特性，利用水泥与水的水化作用所生成的产物造成水泥凝固硬化的基质。根据我国台湾大学环工所黄锦明博士等公开文献，水泥的物理作用一方面可使每一水泥粒子皆可黏结与吸附重金属的沉淀物，另一方面其包覆作用是水泥水化反应后形成许多胶体，胶体外表会随着时间增加而逐渐长出细密纤毛，同时会将氢氧化钙及其他一些水合物的结晶产物交织在一起，将重金属沉淀物固定在此结构中。

常用水泥固化工艺过程是飞灰储罐内的飞灰与水泥储罐内的水泥，通过各自的控制阀并由给料器送入搅拌成型机（或通过预混螺旋输送机后再送入搅拌成型机），加入适当水分形成固化体（图8-7）。采用该工艺需根据环保要求设置粉尘收集系统，将易发生粉尘逸出操作点的粉尘集中收集后送预混螺旋输送机。飞灰储罐容量一般按1～3天的飞灰产生量确定；罐顶需要设置小滤袋，罐底通常设电伴热装置。水泥储罐一般按7天需要量设置。水泥固化流程图参见图8-7。

常用水泥固化工艺的主要优势表现在装置简单、运转容易、成本低、能耗少。其负面因素与不利条件表现在：①以处理重金属为主，但重金属含量过高时会出现不溶性问题。还存在解决飞灰二噁英类的性能较差的问题。②飞灰 pH＞12 时单靠水泥固化难以解决铅析出问题。③易出现 Ca^+ 盐类析出，造成碱性危害。④由于固化剂的加入导致危废最终处理量增加，加重了填埋场的负担。

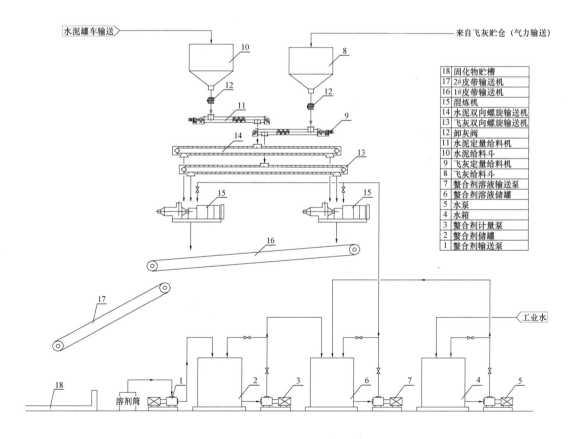

图8-7 飞灰水泥固化流程图

从飞灰处理工艺的可用性看，固化法仍是目前主流处理工艺。针对水泥固化工艺存在的不利条件，改进为性能更加稳定的螯合处理工艺，并已得到广泛应用。

8.4.4　飞灰药剂处理法

8.4.4.1　螯合物——螯合剂

螯合物（旧称内络盐）是由中心离子和多齿配位体结合而成具有环状结构的一种配合物（图 8-8），形成螯合物的配位体叫螯合剂，是具有多基配位体能与金属离子起螯合作用的试剂。焚烧飞灰用螯合剂常用 EDTA 指代。

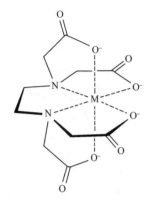

图 8-8　金属 EDTA 螯合物

螯合物是通过两个或多个配位体与同一金属离子形成螯合环的螯合作用而得到的，其结构一定有一个或多个多齿配位体提供多对电子与中心体形成配位键。配位体和金属离子间的配位键通常有两种类型：①配位体上的酸基团离解去 H^+，然后与金属离子配位。②配位体上含有孤电子对的中性基团与金属离子配位。这里的"螯"指螃蟹的钳子，比喻多齿配位体像螃蟹一样用两只大钳紧紧夹住中心体。从配合物的研究可知，螯合物通常要比一般配合物稳定。具有五元环或六元环的螯合物更是很稳定，而且所形成的环越多，螯合物越稳定。螯合环的稳定性与芳香环相似。

螯合物具有热稳定性。螯合物可为不带电荷的中性分子，也可为带电的络离子，前者易溶于有机溶液中，后者可溶于水中，此性质可用于分离和分析金属离子。金属离子与配位体形成螯合物的一般原则是软硬酸碱理论，就是硬亲硬、软亲软。金属离子与多齿配位体生成的螯合物比与单齿配位体生成的类似配合物有较高的稳定性。这是由于要同时断开螯合剂配位于金属上的两个键是困难的。由螯合作用得到的某些金属螯合剂用途很广，例如六齿螯合剂可用于水软化、食物保存等方面；环状配位体冠醚类对碱金属和碱土金属的分离和分析特别适用。

8.4.4.2　螯合反应

螯合反应又称螯合效应或螯合作用。含两个或两个以上具有孤对电子原子的螯合配位体，与中心离子同时形成两个或以上的配位键，生成环状结构的配位化合物过程称为螯合反应。例如，乙二胺四乙酸（EDTA）能与如 Fe、Th、Hg、Cu、Ni、Pb 等许多金属离子通过四个或三个羧酸基和二个氮原子键合而形成五个五元螯合环，生成比络合物具有更高稳定性的金属——EDTA 螯合物。天然水体和废水中的金属发生螯合作用对重金属元素在环境中的迁移、归宿或毒性有很大影响。对微量金属离子有明显的反应，灵敏度很高。

8.4.4.3　螯合程度的检测

如果配位体和银离子结合后，紫外可见区有变化，可以用紫外光谱测定反应进行的程度；如果没有光信号变化，也可以使用电化学手段，用银-氯化银电极测定体系游离银离子浓度；如果是固体的话，只能用溶剂洗涤固体将游离银离子洗脱，然后用原子吸收或其他手段检测银离子含量。

8.4.4.4　焚烧飞灰用螯合剂类型

可形成螯合物的螯合剂，主要有乙二胺（en），二齿；2,2′-联吡啶（bipy），二齿；1,

10-二氮菲（phen），二齿；草酸根（ox），二齿；乙二胺四乙酸（EDTA），六齿。需要注意的是，飞灰螯合剂的具体成分会因不同的产品和应用而有所差异。使用时应根据实际情况选择合适的产品，并按照相关的操作指南和安全注意事项去使用。实际应用时分为有机螯合剂与无机螯合剂。表 8-18 是目前应用的螯合剂类型。

螯合剂类型 表 8-18

类型	分子基团	特点
二醋酸型	$-CH_2N\begin{array}{c}CH_2COOH\\CH_2COOH\end{array}$	此类螯合剂于高碱度环境（pH≈12）下效果不佳
磷酸盐型	$-CH_2P\begin{array}{c}O\\OH\end{array}-OH$	对重金属螯合效果初期不佳，但经过数月时间养成后则效果明显
硫氢基型	$-SH$	属单键结构，容易断键导致重金属溶出，并在固化过程中释放 H_2S
二硫胺基型	$-NHC\begin{array}{c}S\\S\end{array}$	在高碱度（pH≈12）环境中具有强螯合力。为日本目前最广泛使用的螯合剂之一

资料来源：台湾勇铮实业有限公司 2003 年"重金属螯合剂"。

1. 有机螯合剂

有机螯合剂多为含硫的碱性药剂，具有二硫代氨基甲酸官能基与碳化氢系分子形成的结构物质，并根据碳化氢系分子的高低属性，区分为高分子系液体螯合剂与低分子系液体螯合剂。其种类包括有与重金属形成稳定的配位络合物的有机酸、有机胺等，如乙二胺四乙酸、亚硫酸盐（如 Na_2SO_3）、柠檬酸等。目前常用的有机螯合剂为乙二胺四乙酸 EDTA（ethylene diaminetetracetic acid），化学式 $C_{10}H_{16}O_8N_2$（图 8-8），分子量 292.25。这个分子具有 8 个吸电子中心，可以与金属离子配位形成稳定的络合物和离子配合物。其外观为白色粉末，水中的溶解度很小。EDTA 主要有四种形态：二钠盐（Na_2EDTA）、四钠盐（Na_4EDTA）、二氢盐（H_2EDTA）及铁盐（FeEDTA），其中二钠盐、四钠盐是常用型号。一般用乙二胺四乙酸二钠盐与硫酸亚铁等作用生成乙二胺四乙酸二钠铁等，其螯合能力强，除碱金属外，几乎能与所有的金属离子形成稳定的螯合物。目前国内焚烧厂多采用硫化钠作为螯合稳定剂。当保持常温下 15％硫化钠时不易产生结晶物。其存在的负面影响和不利条件表现为有机螯合剂属高 pH 值液体，与空气接触时可能会产生劣化或腐败现象；在高温或酸性环境下容易释放过量 H_2S；螯合剂添加过量时，会有残余硫化物产生造成臭味与二次污染。

2. 无机螯合剂

无机螯合剂有 Na_2S、液态 $Al_2(SO_4)_3$ 等，并以磷酸盐系为代表。磷酸盐系螯合剂呈粉末状固态或液态，经混炼后得到如 $Pb_5(PO_4)_3OH$ 等低溶解度螯合物。此工艺的优点在于对重金属离子有强反应性，可瞬间生产固态螯合物，且反应后残余重金属离子的浓度低。其跨媒介效应表现在药剂用量较大，且遇外部酸或碱物质时会影响螯合物的安定性。对以 PO_{3-4} 为稳定剂，将重金属转变为长期稳定存在的矿物质处理法研究，以及无结晶磷酸盐系螯合剂在稳定化过程中添加适当比例活性炭，以更有效控制二噁英类极低排放的研究，被视为应用前景广阔的飞灰处理方法。

飞灰螯合处理法具有处理过程简单、设备投资低、最终处理量少的优点，但是会产生高浓度无机盐的废水，需要进一步处理。根据实际应用所必需的造粒成型方法，螯合处理法与水泥固化法类同，有高速混合搅拌造粒法、挤出式成型法及振动造粒法等。为降低药剂添加量，当飞灰 pH 值大于 12 时，需调节到 10～11，再进行药剂处理。目前的液态螯合剂添加量是飞灰处理量的 2%～5%，但因 Cu、Ni、Fe、Zn 等金属离子参与反应，应根据其含量适当调节螯合剂的添加量。药剂处理工艺流程图参见图 8-9。

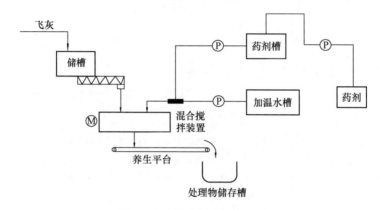

图 8-9　飞灰药剂处理流程图

8.4.5　飞灰酸析出处理法

酸析出处理法是指往烟尘中加入盐酸或硫酸等，并使其混溶于水溶液中，实现重金属类向溶液方向析出，之后再加入药剂生成氢氧化物或硫化物等不溶性物质。也可向溶液中直接加入重金属捕集剂。

该方法与水泥固化和药剂处理法相比，装置略复杂些，但飞灰稳定性好，并有盐类析出和回收的特点。酸析出处理法的工艺流程示意图参见图 8-10。

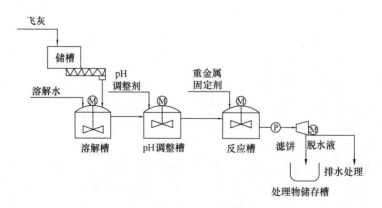

图 8-10　飞灰酸析出处理法工艺流程图

8.4.6 飞灰排气中和处理法

把飞灰悬浮于水中或污水中，重金属类向溶液方面析出后，往悬浮液里吹入一部分焚烧废气，废气中碳酸气体与之作用生成不溶性酸盐。为去除废气中的 HCl、SO_2 等有害气体，使用消石灰等药剂，所以捕集到的飞灰呈现碱性。排气中和处理法的工艺流程见图 8-11。

本法在浸有烟尘的水中，用一部分烟气进行曝气、中和，使其碳酸盐化，降低运行成本。由于切断了飞灰中重金属与环境水的接触，避免了重金属析出问题，但需要处理排放废水，而且从设计上要充分注意管道堵塞集装置内的水分。

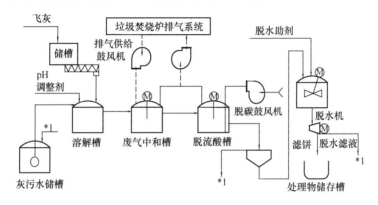

图 8-11 飞灰排气中和处理法工艺流程图

8.4.7 飞灰烧结固定法

该方法是采用钢铁行业中的烧结精炼原料技术，根据其原理，往飞灰加入黏土和少许煤粉，经过造粒后在运送带上烧结（图 8-12）。该法有如下特点：①烧结温度 900～1000℃，与熔融技术相比，能源消耗较少。②对重金属类和二噁英类分解颇为有效。③烧结物可作为骨架材料得到综合利用。

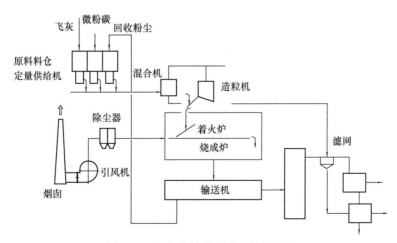

图 8-12 飞灰烧结处理法工艺流程图

8.5　水泥窑处理危险废物的典型工艺

8.5.1　利用新型干法水泥窑处理危险废物典型工艺

如图 8-13 所示，飞灰由窑尾投入，废油和可燃性粉末状固体废物由窑头加入，窑尾炉气温度可达 1050℃，废物随窑的旋转缓慢移动至烧成带（距窑口 18～23m 处）时，因喷入 5～6t/h 煤粉的剧烈燃烧，炉温达到 1750～2000℃，物料温度达到 1450℃，此时废物中有机污染物被完全分解氧化，无机物也呈熔融状态，一些重金属元素通过液相反应占据到水泥半成品——熟料组分的晶格中，经急冷后被完全固化，焚烧过程中产生的 SO_2 等酸性气体在水泥回转窑内被碱性物料所中和，气化的重金属吸附在烟尘上，随着气流，大部分烟尘随预热器中的物料返回窑中，少部分烟气经增湿塔迅速降温降尘，出塔后又进入滤袋除尘器彻底除尘，收集下的回灰通过输送带传送，与生料混合，再进入水泥窑烧制成水泥。

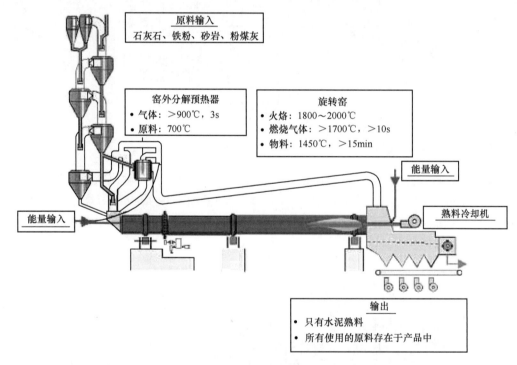

图 8-13　新型预分解干法水泥窑的输入/输出，及其温度分布

8.5.2　新型干法水泥窑熟料烧成工艺的优点

（1）窑内气体和物料温度分别为 1750℃ 和 1450℃，热惯量大，工况稳定；窑内气体通过时间长达 4s 以上。

（2）高温气体强烈湍流有利于气固两相的传热传质过程。

（3）可以将二噁英等有机污染物完全破坏分解，大部分重金属固定在熟料中，避免再次扩散。

（4）除尘飞灰作为水泥生产的原料再次返回熟料烧成系统，这种不断循环使得二噁英能够被几乎完全破坏分解，而废物中的重金属大部分得以完全固定在水泥熟料中。

8.5.3 煅烧过程中的重金属

（1）Hg 与在煅烧过程中生成的 $HgCl_2$ 同属高挥发性物质，绝大部分随飞灰排出，少部分冷凝附着在粉尘上。

（2）Zn 在煅烧过程中约有 90％结合到熟料中，其余约有 3％以氯化物形式挥发，随窑灰构成外循环，约 0.1％随粉尘排放。Pb 在回转窑中的特性和 Zn 相似。

（3）Cd 和原料中的 Cl 生成 Cd 的氯化物，随窑灰做内循环，在回转窑一般废气温度下可不考虑 Cd 化合物的排放。

（4）Cr、Co、Ni 和 Cu90％以上固化在熟料中，很少部分结合到窑灰中，微量排入大气中。

（5）As 有 85％左右固化在熟料中，其余大部分和生料中的 Cl 或 Si 生成化合物随窑灰做内循环。进入大气中的可以忽略不计。

（6）Pb 在煅烧过程中 90％以硫酸盐的形式固化在熟料中。原燃料中的 Pb 可以降低熟料中游离氧化钙的含量，改进生料的易烧性。

（7）Ni 在煅烧过程中不挥发。生料中过多的 Ni 会影响熟料的形成和水化。

8.6 飞灰稳定化效能评估

8.6.1 指标特性试验

飞灰稳定化/固化（以下简称"稳定化"）处理前后，需要通过物理化学试验以了解其特性，作为可行性研究及工程运行成本预估的基本资料。因此在工程设计前，要对焚烧飞灰的下述物理化学特性进行指标特性分析。

8.6.2 对稳定化飞灰的稳定性基本要求

1. 固化体是密实的，物理化学性质稳定。
2. 有效减少有毒有害物质溢出。
3. 固化体的体积尽可能小。
4. 有毒有害物质的水分及其他析出量不超过容许水平。
5. 处理费用适宜。

8.6.3 性能测试基本方法

目前关于可直接而明确地证明固化体之稳定性测试方法仍在持续研究之中。但有许多相关的理化测试方法，可作判定其最终处置可行性参考。基本的测试方法有物理与化学特性试验。下面根据我国台湾省张乃彬教授等的理化特性相关试验含义作简要介绍。

物理特性试验目的是有效掌握垃圾及其稳定化体在稳定化中间处理前后的各种物理特

性资料，即可判定稳定化处理效果，有效估算处理成本。指标特性测试乃是几项基本物理试验的组合，用以量测未经稳化处理时的垃圾本身特性及程序操作参数间的关系。对飞灰物理特性试验分析指标包括但不限于粒径分布、含水率、密度或容重、抗压强度、渗透性、孔隙率、毒性溶出率等。试验方法参见相关飞灰控制的标准规范。化学特性试验的目的在于检查核定化学性作用对稳定化处理的贡献，主要是通过溶出试验来判定。溶出试验是假设稳定化体中未被稳定或稳定化不完全的重金属离子，经水洗/萃取后大部分会被释放出来，故其所得到的结果为萃取条件下的最大溶出浓度。溶出试验可分为批次式与连续式操作。批次式是模拟垃圾在最恶劣环境条件时所含污染物的可能溶出行为，属静态的试验方式。连续式则是动态、连续操作方式。目前国际上各国所采用的溶出试验方法，依所模拟的对象环境不同而有显著的差异，例如美国环保署 1986 年发布毒性特性溶出方法规定，溶出试验前试料必须做固体含量的三项测试，以及干固体含量和 pH 测试。尽管测试环境会有所不同，但皆以静态之溶出试验作为判定准则。对飞灰化学特性试验分析指标包括但不限于元素组成、飞灰热灼减率、重金属含量及其溶出特性、有机成分，以及氯盐成分。

8.6.4　对飞灰全过程运行管理与监测

垃圾焚烧项目主体应遵照现行国家有关垃圾焚烧飞灰的处理政策与行政规定，包括《生活垃圾焚烧飞灰污染控制技术规范（试行）》HJ 1134—2020 等，严格进行运行管理，开展自主检测与监督性检测。要根据飞灰的危险废物属性，做到从飞灰产生、输送、暂存、处理、转移、最终处理（处置）的全过程可追溯。应设置检修飞灰、不合格飞灰处理产物的处理系统或者返料再处理装置。

全程可追溯的关键点是运行主体对飞灰转移过程执行联单制度和按行政规定进行自主检测，项目主管部门独立进行监督性检测。应按现行国家和地方生态环境部门规定，要求运行主体对重金属浸出浓度、可溶性氯等污染物指标每日进行自主检测，每周由第三方进行监督性检测；对二噁英类由运行主体每半年检测一次。对飞灰暂存间要严格按危废储存的规范性要求进行管理，特别是要加强氨逃逸指标的检测频次，也可进行在线自动检测。还要按规定对飞灰及其处理产物贮存设施直接排放的废气，按季度进行检测；对飞灰稳定化固化间排气筒进行月度自检；对飞灰处理过程产生的废水，每个季度至少检测 1 次。对烧结、熔融等热处理产物中重金属浸出浓度和可溶性氯含量每周检测 1 次，二噁英类每 6 个月 1 次。

8.6.5　约束焚烧飞灰处置的技术问题

目前焚烧飞灰处置技术体系仍不够完善，最佳适宜的飞灰处理技术仍待进一步研究。目前，飞灰资源化利用工程除水泥窑有限协同处置外，成熟可靠应用的实际工艺案例有待开发，主要表现在：

（1）垃圾焚烧飞灰富集了焚烧烟气中的重金属、二噁英等污染物，并具有高氯的特点，成为其处理处置的难题。如建材利用存在重金属与二噁英造成环境污染的风险；高氯易导致设备易腐蚀；且氯回收难度大。

（2）以水泥窑协同处理工艺为代表的焚烧飞灰处理，对原灰质量有相应要求，目前的处理单价为 1800～3000 元。采用"稳定化固化＋填埋"工艺必须保证生态环境的质量要求，实际填埋单价为 100～300 元。

参考文献

［1］ 李建新，严建华，池涌，等．垃圾焚烧飞灰重金属含量与渗滤特性分析［J］．环境科学学报，2004，24(1)：168-170.

［2］ 阎常峰，林伯川，陈恩鉴，等．垃圾焚烧灰渣的成分分析及其熔融特性［J］．热能动力工程，2002，17(100)：356-359.

［3］ 李润东，池涌，王雷，等．城市垃圾飞灰熔融动力学研究［J］．浙江大学学报(工学版)，2002(5)：498-503.

［4］ 金重阳，崔涤尘．垃圾焚烧炉残渣处理技术探讨［J］．环境保护科学，2003，29(2)：32-35.

［5］ 蒋建国．固体废物处置与资源化［M］．北京：化学工业出版社，2008.

［6］ R. Y. 珀赛尔．有害大气污染物控制技术手册［M］．北京：中国环境科学出版社，1997.

［7］ 向晓东．烟尘纤维过滤理论、技术及应用［M］．北京：冶金工业出版社，2007.

［8］ 张乃彬．垃圾焚化厂系统工程规划与设计［M］．台北：台湾省茂昌图书有限公司，1999.

［9］ 白良成．生活垃圾焚烧处理工程技术［M］．北京：中国建筑工业出版社，2009.

［10］ EUROPEAN COMMISSION. Reference document on the best available techniques for waste incineration［J］. Integrated Pollution Prevention and Control，2006.

［11］ 新井纪男．燃烧生成物的发生与抑制技术［M］．北京：科学出版社，2001.

第9章 烟气净化系统的工程建设

9.1 工程项目管理概述

9.1.1 工程项目

工程项目是指以工程建设为载体，依照法律规定，在限定的资源与时间条件下，通过决策与实施一系列程序，将投入定量资本转化为资产，达到预期目标的整体工程。作为被管理对象的一次性工程建设活动过程，包括投资前期、投资建设期和运营期，是由多个单项工程组成的复合活动。

工程项目的基本特征表现在：①具有明确的建设规模、建设期与工程概预算，以形成固定资产的一次性活动过程。②是遵循基本建设程序的特定建设过程。③是受到功能、环境、社会、费用和标准约束的过程。④有一临时性的工程项目组织，根据具体项目要素或专业之间的配置关系做好集成管理，而不能孤立地开展项目各个专业或专业的独立管理。⑤具有定好时间，伴随不确定因素，一次性解决问题的特征。一项不断重复的工作或反复完成某单一任务不能称为工程项目。

生活垃圾焚烧工程项目具有建设前期慢、建筑安装工程建设期快、收尾工程建设后期迅速减缓的建设周期，且有共同的人力和费用投入模式、相似的投资回收期、较长的项目寿命周期的特征。为顺利完成工程项目建设，通常要把一个工程项目划分为决策与策划、设计、施工与竣工验收四个工作阶段，每一阶段由事先定义的一个或数个某种有形的、可以核对的工作成果构成，以达到预期控制水平的可交付成果作为完成标志。可交付成果及其对应的各阶段组成了一个"构想—策划—准备—执行—监控—收尾—验收"逻辑序列，最终形成了工程项目成果。

9.1.2 工程项目建设模式

生活垃圾焚烧厂建设的基本原则是与我国生活垃圾行政管理模式、日产日清的收运体系相适应；根据国家和地方的城市管理规定、安全生产要求和环境保护制度，建设适宜的焚烧处理工艺、适宜的焚烧处理规模，保证实现焚烧厂的安全、可靠、环保、经济建设运营。

建设过程是要依据国家城乡建设方针与工程技术标准，按照现行基本建设程序，取得项目法人资格的项目主体按工程建设前期的项目决策、投资决策，进行项目设计、资金筹措。包括建立完善的建设期组织结构、质量保证体系、投资计划、建设进度、安全管理等准备阶段的工作。工程建设期间的项目管理，即在工程项目活动过程中，运用专门的知识、技能、工具和方法，通过整体监测和管控，满足或超过预定需求目标，以及未明确规定的潜在需求和追求的过程。项目管理活动包括领导、组织、用人、计划、控制、评价

432

等。项目管理的主要职能是计划职能、协调职能、组织职能、控制职能与监督职能。其中计划职能是指对工程项目的预期质量、进度、投资与资源目标进行统筹安排，制订项目全过程和全部活动的控制性计划，并通过动态的分解工作计划系统进行协调控制，使项目在合理的工期内，协调有序地达到预期的项目质量成本和环境质量目标。协调职能是指在工程项目不同阶段、不同环节、不同部门、不同层次之间建立起有效沟通机制，使时间、空间和资源利用之间的关系协调有序，达到统一行动纲领，统一参与各方的认识和要求；明确各项工作的顺序和衔接，加强协作和配合；以及顺利解决执行中出现的新情况、新问题、新矛盾的目的。组织职能是指通过部门分工、职责划分和建立健全规章制度，使工程项目各阶段、各环节、各层次都有分工负责，形成组织保证体系，以确保工程项目各项目标的实现。控制职能是指对项目目标提出、检查、分解的控制，对合同签订与执行的控制，对各种指标、定额的控制，对贯彻标准、规范的控制，以及实施中的反馈和决策等。监督职能是指依据工程项目的合同、计划、规章制度、质量标准等，通过政府监督、监理作用，以及日常巡检、工程例会制度等手段实施对工程项目的有效监督，以实现工程项目各阶段目标。

9.1.3 烟气净化系统设备制造

1. 要有足够的制造场地、完整的制造装备、可靠的检验手段及检验装备，以及规范可靠的生产管理。烟气净化设备工件都比较庞大，以某企业为例，车间跨度≥24m，起吊高度≥10m，设置有 5t、10t、20t 行车多台，以满足 30m 有一台行车辅助加工（图 9-1）。为提高现场安装的精度和控制建设进度，在半干法的"旋转雾化器"等关键设备出厂前，可针对从垃圾到烟气污染物浓度运行不稳定的特点，进行厂内参数调试（图 9-2）。

图 9-1　某企业烟气净化设备制造车间

2. 加工质量控制，严格执行自检、互检、专检的三级检验制度；从材料进场到成品发货，每道工序做到检验无遗漏。板材、型材等原材料采购有质量保证的企业产品，进厂做好理化试验等质量检验，检验和试验状态标识分为待检、合格、不合格三类，标识可采用文字、标签、标牌、色标、存置场所和记录等形式。按《标识和可追溯性控制程序》执行，采用色标时，用"黄色"表示待检，"绿色"表示合格，"红色"表示不合格；不合格而又不能返工或返修的，生产责任部门应填写"产品报废审批单"，申请报废。

3. 具备满足烟气净化设备加工需要的所有装备。如下料激光切割、数控等离子及大型剪板机；工件组装平台、折弯机、校直机、卷板机、龙门埋弧焊机及自动化焊接设备；

图 9-2　某公司建立的烟气雾化器检测台

表面处理制动化抛丸设备及保证环保要求的喷漆房和 VOC 处理设备；以及精密工件制造所有设备等。

4. 烟气净化设备主要部件在工厂内加工完成，经严格检验合格才可以出厂。例如，除尘器花板是对装配完整的花板进行焊接（图 9-3），焊缝厚度≤6mm，两侧角钢外侧采用 50～150mm 菱形间断焊（角钢另一侧焊缝不能焊接，要等整体装配结束进行）；花板与筋板焊接焊缝在两孔的正中间，焊缝长度 2mm、厚度≤6mm；筋板与筋板交汇处的角焊缝满焊，该处花板面上的焊缝长度 1mm 即可。对于焊接完成花板要对平整度进行检验，满足《垃圾焚烧袋式除尘工程技术规范》HJ 2012—2012 中 7.1.20 的要求。要按照工件纵横方向总长 2/1000 来测量计算，如果达不到必须进行校平找正。

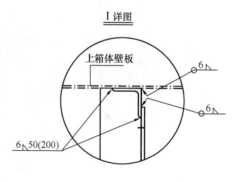

图 9-3　除尘器花板焊接和质量控制要求

5. 喷吹装置安装按中心线偏差±5mm、标高偏差±10mm 控制。保证喷管与花板间的距离，喷管上各喷嘴中心与花板孔中心同心偏差按±5mm，接力误差按±5mm 进行控制。

6. 反应塔及圆形弧板卷制必须符合校正后采取临时支撑连接，固定弧度不变形。具体要求（取 D 为筒体直径）：

筒体圆度允差：$+0.3\%D$；

筒体周长允差：$+0.25\%D$（$D \leqslant 4m$）；

$+0.20\%D$（$D > 4m$）；

钢板对接错边量（纵向和环向）：$b \leqslant 1.5mm$；

棱角度 E：0.1s+2，最大 5mm（E 用弦长 $L=D/6$ 且≥300mm 的样板检验）。

7. 筒体板在开料时椎体板一端弧板开单面 V 形坡口，坡口按照 60°标准进行。板材长度不足时按照规范要求进行接板，对接后的焊缝进行煤油渗透实验。检查焊缝检查无夹渣、咬边、气孔、未焊透等缺陷，焊缝成形良好后开始做煤油渗透实验。焊缝完成后在单面涂刷白石灰，等待白石灰干透后在反面焊缝涂刷煤油，20 分钟后无黄色斑点即为合格。

8. 烟气净化设备内部，接触烟气部位焊接必须全部连续焊接；钢板之间对接焊实行开坡口双面熔透焊接；角接焊缝外侧有加强包角的，包角加强筋可实施 50～100mm 菱形间断焊，焊接总长度不能低于单边焊缝的 50%；角接焊缝内侧包角的加强筋必须进行全部焊接，外侧不接触烟气部位可以实行菱形间断焊接；焊角高度不能低于母材厚度；焊材选用必须等于大于母材材质，特别注意接触盐碱仓体管道焊缝焊材选用必须符合规范要求；DN50 以下管道焊接必须采用钨极氩弧焊进行，蒸汽管道焊接完要做好探伤检验。

9.1.4 烟气净化系统设备安装

近年来，随着垃圾焚烧发电行业的不断发展，烟气净化系统的安装建设也是推陈出新。随着新技术、新工艺、新材料、新设备"四新"技术的不断更迭创新，烟气净化系统的安装越来越趋近于一体化建设模式。在烟气净化工程项目中，是以 EPC、EP 两种承包模式为主。以下主要介绍 EPC（设计、供货、安装）项目的管理经验；EP（设计、供货）项目施工队伍主要由建设单位选择。

在烟气净化系统选型安装过程中，主要工艺设备基本相同，处理烟气指标方式基本相近，并且锅炉大小的选型随着时间的推移，衍生出几种固定日处理量的锅炉。据此，项目主体从技术层面，建立标准化技术体系，实现设计标准化、构件标准化、信息管理标准化。从而减少了施工浪费，避免了重复建设及返工现象发生。

在项目主体建立的信息化管理平台，项目施工日志是现场管理的重要一环，也是公司各个部门了解现场的主要平台，因此施工项目日志是公司收集项目信息的主要手段。项目施工日志的表格如表 9-1 所示。

项目施工日志的表格形式　　　　　　　　　　　表 9-1

项目施工日志						
项目名称		项目代号		商务负责人		工程负责人	
开工天数		天气情况		温度		湿度	
项目总包形式				预计竣工日期		
当日投入机械			数量		台班	
施工人员总数						
安装人数		电气人数		保温人数		管理人员	
1. 本周施工计划：						
2. 今日到货情况汇总：						
3. 施工当日安全检查内容及结果：						
4. 施工当日质量检查内容及结果：						
5. 施工过程资料进度（综合册、验评、设备材料报验）：						
6. 今日完成工作量明细：						
7. 未完成计划任务原因：						
8. 需要业主、监理、供货等部门单位协调工作内容：						
9. 上传当日重要工作完成状态照片：						

通过信息平台管理的流程，把整个烟气净化工程建设纳入建设监控体系之中，各个部门得到信息明确，确保有效沟通协调，把握整个烟气净化系统的设备设计、制造、设备采购、运输、安装的全流程监控，有利于各个部门参与控工期管理，对制造安装质量、安全文明、资源供应、投资等进行控制。

9.2 烟气净化系统建设安装流程

9.2.1 基本安装流程

烟气净化工程具有设备多、工艺复杂、施工难点多的特征。在安装烟气净化设备过程中，需要依据工程特征，采取多种手段，确保施工与生产安全，选择适合现场的经济技术施工方案，做到最佳施工方案、最佳质量管理、最佳工程造价、最佳施工工期等。

在烟气净化工程的实际建设安装中，基本建设流程是从前往后、从主到次、由大到小进行施工部署。从全工艺段来讲，即按反应塔、除尘器、烟道连接、湿法塔安装、SCR 系统安装、输灰系统安装、飞灰固化系统顺序安装。

公用系统设备可同时开工，按照先后使用顺序穿插进行安装。例如可以先安装浆液制备系统、干粉和活性炭系统。管道布置、热工仪表、电气安装等多部门参与，可以在具备条件以后同时施工至调试运行状态。

9.2.2 物料平衡

烟气净化系统的建设可分为 EP 和 EPC 项目。EP 项目建设中，项目管理人员主要的施工工作就是积极协调处理物资问题，保证物资供应。EPC 项目需要根据施工工艺流程，保持施工安装过程的连续性。为此，需要成立施工项目部，做到专业划分，专业人员定岗定责，保证施工安装期间的物料供应，顺利安装。

现场专业负责人要做到熟悉图纸和安装流程，及时在项目管理的施工中或者纸质文件上更新物料需求。项目负责人应结合现场实际施工情况，仔细审核物流信息，周边环境，完善物资需求计划。依靠施工主体信息化管理平台，每天更新设备材料到货计划，让工程、技术及采购部门心中有数，及时做到支持现场货物的供应，从上到下的信息畅通。

专业技术人员要主动了解设备制造时间，物流运输周期，及时拟定设备材料到场时间，协调分管部门，对材料进场计划紧盯不放松，及时协调处理问题，保证设备材料的及时到现场。

EPC 项目的施工管理过程中，常采取分包施工做法。因此针对承包商的材料进场计划，现场施工管理人员应及时审核施工队的物资供应计划，同步反馈在施工主体的信息化管理平台中。在施工队的物资供应中也要做好监督管理，积极参与协调处理相关问题，争取施工期间做到物资供应不间断，施工过程不误工，不浪费。

9.2.3 节点状态参数

在工程建设中，烟气净化和锅炉安装密不可分。其中，烟气净化系统的安装节点随着锅炉的安装节点（主要有低温烘炉、高温烘炉、煮炉、吹管、汽轮机冲转）"72h＋24h"

满负荷试运行。这几个节点中根据现场实际使用情况，往往在正式运行之前都采用天然气或者柴油等燃料进行低温烘炉，直至吹管结束。在这期间，烟气净化系统设备投用不多。所以根据项目主体经验设置以下几个节点状态，即调试过程中第一次烘炉期间，烟气净化设备应该安装完成如表 9-2 各项内容。低温烘炉后，需要高温烘炉，而煮炉、吹管往往在同一期间内完成。在此期间应完成全部烟气净化系统设备的安装（表 9-3），并且进入调试状态。在吹管结束以后，应该完成烟气净化系统冷态调试，面临开始投运垃圾点火阶段工作。此时最主要的工作量集中在更换临时布袋及安装正式布袋上面，需要集中优秀的专业的施工人员来完成此项工作。进入热态调试以前，需要完成烟气净化系统安装调试以外的设备施工安装工作。对湿法、SCR 系统的调试应放在运行稳定以后，并在前期做好设备保护。表 9-4 为试运行前应完成的工作。

低温烘炉期间完成烟气净化系统设备　　表 9-2

系统名称	完成状态	备注
反应塔	安装完成、孔洞封堵完成	
除尘器	安装完成，临时布袋安装完成	
连接烟道	安装完成孔洞封堵完成	
湿法塔	旁路完成	
SCR 系统	旁路完成	

高温烘炉期间完成烟气净化系统设备　　表 9-3

系统名称	完成状态	备注
反应塔	安装完成孔洞封堵完成	
除尘器	孔洞封堵完成，并完成喷吹系统调试	
连接烟道	安装完成孔洞封堵完成	
湿法塔	旁路完成	
SCR 系统	旁路完成	
公用系统	安装完成	
系统冷态调试	基本完成	

正式运行前完成烟气净化系统设备　　表 9-4

系统名称	完成状态	备注
反应塔	设备安装完成，并完成调试	
除尘器	安装完成，并完成调试	
连接烟道	安装完成	
湿法塔	安装完成（物料未填充、旁路打开）	
SCR 系统	安装完成（物料未填充、旁路打开）	
公用系统	安装完成，并完成调试	
热工仪表	安装调试完成	
电气设备	安装调试完成	

9.3 安装建设程序、工期、安全与质量控制

9.3.1 施工组织和现场管理体系

为落实施工安装主体"塑造精品、创建一流"的质量方针，结合工程的特点，施工安装主体对工程项目应在组织机构、管理体制、进度控制、质量管理、成本控制等要素上做好工程项目统筹规划安排，确保工程如期、优质、高效完成。为确保工程各项目标的实现，建设安装主体授权项目经理部履行合同义务，并且建立一套有效的评分机制，来对项目管理人员在工程项目结束后进行考核，决定奖惩结果。

9.3.2 项目部质量、技术管理体系

通过体系建设，确定岗位职责，调配生产、安装责任人、做到专人专岗，职责清晰，保证工程在施工过程中全面贯彻公司制定的生产制度（图 9-4），确保工程质量。

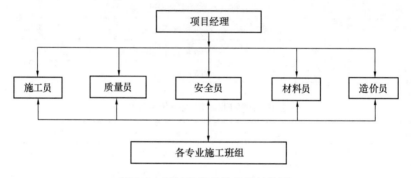

图 9-4 烟气净化系统组织结构图

9.3.3 施工部署

9.3.3.1 工程目标

（1）质量目标：单位工程质量等级合格。

（2）管理目标：安全生产、文明施工项目达标。

（3）工期目标：确保安装工期按预期或通过合理调整计划满足试生产条件。

9.3.3.2 施工准备

（1）施工网络图的编制。

（2）施工机械调配及租赁。

（3）组织适应本工程技术要求的专业队伍，开展技术培训，提高操作技能。

9.3.3.3 现场施工准备

（1）按照规定，与有关单位签订安全、消防和文明施工协议。

（2）办理施工临时占地申请手续。

（3）办理开工审批手续。

（4）办理施工临时用电手续，接通施工电源。

（5）设置必需的起重设备。

（6）完成基坑开挖的所有准备工作。

（7）完成测量控制点线和基础的交接及复检，增设测量控制点线。

（8）设置必需的现场施工照明及办公设施。

（9）根据具体工程量，合理配置劳动力及施工机械。

9.3.4 工程建设项目工期控制

1. 加强项目组织管理，成立施工创优保竣领导小组，实施全面协调、控制，确保工程按期完成（图 9-5）。

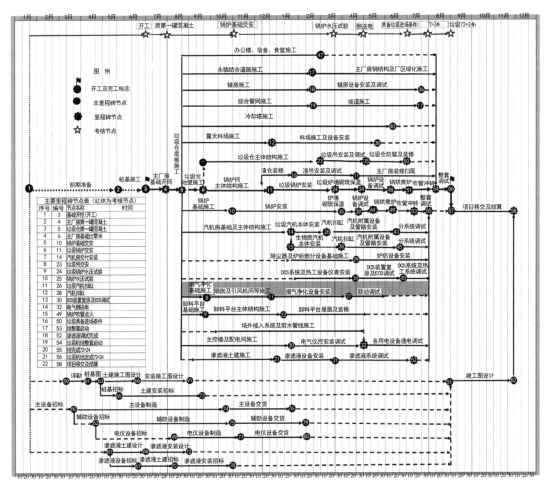

图 9-5 全厂施工进度计划

2. 确保劳动力数量和素质，选择素质高、有丰富施工经验的人员组成专业施工队参加施工，管理人员择优选调。

3. 对工程施工实行分阶段控制，将施工准备、工艺设备安装、支架构件加工、管道构件加工、管道安装等确定为阶段控制目标，进行进度专门控制，每天定时召开工程例会，及时研究处理施工中出现的问题，与计划对比，分析原因，制定对策，保证合同工期

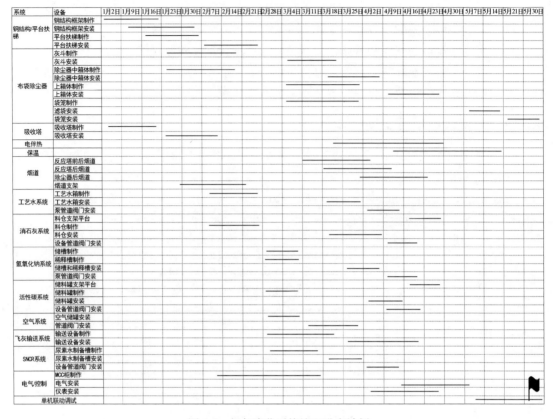

图 9-6　烟气净化系统施工进度计划

的实现。

4. 加大机械设备和施工周转材料的投入，提高机械化施工水平。

5. 使用大型起重机械，保证多作业面同时施工，提高场地利用率。

6. 合理安排各专业穿插施工，充分利用空间和时间。

7. 合理安排各部件设备到场时间，保证各部件到场能够及时安装。

8. 在全场的施工进度框架内合理预制烟气部分施工进度计划（图 9-6）。

9.3.5　工程建设项目质量控制

9.3.5.1　工程质量标准依据原则

设备供应商有施工标准要求的按其要求为准安装，无标准要求的按以下常规标准建设：

（1）《电力建设施工质量验收规程》DL/T 5210.1～5210.6。

（2）《电气装置安装工程质量检验及评定规程（合订本）》DL/T 5161.1～5261.17—2018。

（3）《火力发电厂热力设备及管道保温防腐施工质量验收规程》DL/T 5704—2014。

（4）《建设工程质量管理条例》（国务院令第 279 号）。

（5）《建设工程安全生产管理条例》（国务院令第 393 号）。

（6）《实施工程建设强制性标准监督规定》（建设部令第 81 号）。

（7）《生活垃圾焚烧处理工程技术规范》CJJ 90－2009。

（8）《施工机械安全技术操作规程》DLJS 2-1～2-10—1981、DLJS 2-12～2-17—1981。

（9）《火电建设项目文件收集及档案整理规范》DL/T 241—2024。

（10）国家及行业有关的其他规范和技术标准。

（11）项目招标文件及有关资料。

（12）建设安装主体质量体系文件及同类工程施工经验。

9.3.5.2 烟气净化系统安装节点质量控制要素

关键设备出厂前的检测包括如下内容：

（1）结构件安装控制，对土建专业提交的基础进行验收，包括检查中心线、标高、预埋柱脚螺栓组的跨距，对角线距离，丝扣的外观质量，螺栓的偏移量等。此工作由项目主体会同安装主体、土建、监理单位共同进行，做出检查记录，发现问题共商解决。

（2）在土建放线的基础上，根据工艺图纸给定尺寸控制偏差范围（表 9-5）。

工艺图纸给定尺寸控制偏差范围   表 9-5

序号	检验项目	允许误差（mm）
1	基础尺寸	±20
2	中心位置偏差	≤20
3	基础划线（纵、横中心线）	±20
4	中心线距离偏差	±3
5	地脚螺栓孔偏差	±10
6	标高偏差	±10
7	柱脚中心线偏差	±5
8	立柱标高偏差	±5
9	各立柱间相互标高偏差	≤3
10	各立柱间距偏差	≤1/1000 柱距，且≤10
11	立柱垂直度偏差	≤1/1000 立柱长，且≤15
12	对接中心线偏差	≤1.5
13	立柱对角线差	≤1.5/1000 对角线长，且≤15
14	横梁标高偏差	±5
15	横梁水平度偏差	且≤5
16	与柱中心线偏差	±5
17	连接板安装	位置正确，与梁柱紧贴，无间隙

（3）检查清点钢构件和设备，如发现缺陷或变形应及时处理，大件设备在吊装能力允许的情况下，尽量在地面先进行拼装、组对，以减少高空作业、有限空间作业。

（4）安装方法及特点：钢塔架、除尘器和塔、仓的安装按一定顺序交叉进行，由下到上逐层叠装，每层钢塔架安装完成后，相应的除尘器、塔、仓设备等必须安装就位，一些次要的结构如操作平台、梯子、栏杆，可在主体安装完成后安装。每层钢塔架、除尘器及塔、仓等安装完毕，经检验合格后再进行下一层的安装。钢塔架、除尘器和塔、仓安装工程具有安装技术要求高、焊接质量要求高、高空作业、交叉施工多等特点。

（5）工程项目的技术标准、技术要求：钢塔架、除尘器和塔、仓类等安装工程施工及验收和质量检验要遵守设计单位或业主提出的安装技术要求。业主和设计单位没有提出特殊要求的内容，执行相关安装工程施工验收及规范和质量检验标准，并进行工程质量评定。

（6）吊装方案的选择：除尘器、吸收塔安装工程相对集中、安装高度高，采用 QTZ-50 型和 QTZ-20 汽车吊为主要吊装设备。

（7）质量控制检验工具包括水平仪、经纬仪、卷尺、焊角尺、角尺等。

9.3.5.3　焊接节点

（1）金属材料熔焊及钢结构焊接选择合适的焊接方案及手段，满足《金属材料熔焊质量要求》GB/T 12467.1～12467.5—2009、《钢结构焊接规范》GB 50661—2011，焊接后进行外观检查，不允许出现裂纹、夹渣、焊瘤、气孔、毛刺等。

（2）焊接完成后要进行焊接焊缝质量检验，一般普通焊接的焊缝，也就是反应塔、除尘器、飞灰固化仓等设备焊接焊缝可以采取煤油渗透试验。

（3）根据金属材料熔焊质量要求系列标准，对有特殊要求的Ⅰ、Ⅱ级焊缝要进行探伤检验。烟气净化项目 SCR 系统的蒸汽管道，应该采取氩弧焊施工。

（4）蒸汽管道属于高压管道，应该重点控制质量，一旦忽视可能会造成严重安全隐患，因此项目施工管理人员应对此处提高警觉性，管理人员还要组织和督促施工队进行有效探伤，可以采用磁粉探伤或超声波探伤等。

9.3.5.4　管道及阀门安装

（1）管材在安装前，要检查材料合格证和质量证明文件，检查外观质量和管内壁，拒绝使用内外腐蚀严重、有裂纹、贴砂、折叠、重皮严重的管材，特殊种类的合金钢在使用前还要进行光谱检验，安装使用符合设计要求的管材，不得现场私自替换，要严格监督审核。

（2）汽水管道钢管有较重锈蚀、重皮的，100％做喷砂处理或酸洗处理（包括弯头），以上处理在配管或安装前完成，在有腐蚀性的工艺中，如除盐水系统、仪用空气系统、尿素水系统等应该使用不锈钢管道。

（3）管道上开孔时的清洁措施：Φ30mm 以下的管孔一律用电钻开孔，施工现场要杜绝焊条直接戳孔，场地配管时，尽可能完成各种开孔。开孔后用磨光机、电磨或者锉刀打磨内外壁，去除毛刺、飞边。内壁无法目检的开孔，用手指触摸确认内壁毛刺已去除，确要在已安装的管道上开孔的，一律用磁性钻头开孔。

（4）阀门安装前，主要阀门应该进行强度及严密性试验。阀门安装要注意使用位置，项目主体在发货清单基本标注了主要设备阀门的使用位置以及使用型号及材质，尤其应注意浆液管道使用的阀门应该是硬密封材质管道，不得胡乱替换使用，在安装浆液系统阀门区域时施工管理人员应该主动参与指导，参与监督检查。

（5）法兰安装应该选择与法兰相同材质的法兰螺栓，工地上常见问题就是碳钢和不锈钢材质的法兰、管道、阀门、螺栓之间窜用，碳钢和不锈钢之间会发生电化学腐蚀，因此在安装过程中禁止相互窜用。

9.3.5.5　设备仪表安装

（1）热控仪表系统均为精密设备，要轻拿轻放，确保设备安全运至安装现场。开箱时要会同业主有关人员或监理工程师共同进行，认真做好开箱记录，并现场会签。

（2）对照装箱单核对各部件的型号、出厂序号、数量以及附件、资料的数量及名称。

（3）对设备进行外观检查，有无磕碰，有无缺件，或因运输振动造成组件脱落、损坏。

（4）远程控制单元作为重要设备，安装前应核对底座尺寸与实际无误，就位时应保证设备不受磕碰、冲击，就位后应用水平尺进行测量，保证横平竖直，误差小于规范要求。

（5）所有取源部件安装必须低于测量变送器高度。

（6）烟气净化系统中的设备仪表安装基本分为栓接和焊接，栓接要注意螺栓材质，要按照相关标准配备螺栓垫片弹簧垫圈，尤其在普遍出现问题的空气锤安装中，应按照图纸要求进行高强度螺栓的安装。

9.3.5.6 取源部件及仪表安装管的敷设

（1）取源部件的安装宜在工艺设备制造和工艺管道预制或安装的同时进行，其安装位置要根据设计规定或符合规范要求。

（2）安装取源部件时，开孔与焊接工作要在管道或设备的防腐、吹扫和试压前进行。在安装后随同本体一起做压力试验。

（3）测孔应选择在管道的直线段，压力和温度测孔在同一地点时，压力测孔要开凿在温度测孔的前面。在同一地点的压力或温度测孔中用于自控系统的测孔应开凿在前面。

（4）快速接头安装时需要核对连接丝扣，其丝扣的尺寸必须和所安装的仪表相符。

（5）在水平和倾斜的工艺管道上取压口的方位要符合有关规定。

（6）管路敷设前应进行吹扫，以达到管内清洁畅通，不准使用有明显变形和损伤的管道。

（7）测量管路沿水平敷设时，需要根据不同的介质及测量要求，设置 1:100（差压管路）~1:10 倾斜度，其倾斜方向应能保证排除气体或冷凝液，否则应在管路的最高处安装排气装置，最低处安装排液装置。

（8）管子弯制时一般采用冷弯。切割应用机械切断，严禁使用气割。管路敷设应整齐、美观、固定牢固，尽量减少弯曲和交叉。

（9）管子对接焊接时，应使用对口钳保持对接管的同心度，再由焊工施焊。焊缝不得置于墙内或其他不便于检查的隐蔽地方。

（10）管子应用可拆卸的管卡固定在支架上，管卡的间距应符合规范要求。

（11）管路敷设完毕后应用水或空气进行冲洗，并随同工艺管道、设备进行压力试验。

9.3.5.7 电缆的敷设接线

电缆接线时按施工准备→电缆整理→电缆接线、终端头制作（简称做头）→电缆挂标识牌→电缆芯线整理、套号头→接线→防火封堵顺序进行。为了提高二次配线施工工艺，使二次配线整齐美观，要提前做好二次接线的准备工作，认真核对原理图和端子排接线图，画出盘内端子排接线图，防止由于设计错误造成的返工现象。并根据电缆数量及盘内设备布置，由有经验的专业人员统一制订具体方案，确保布线合理美观（图9-7）。

（1）自控电缆敷设应同强电电缆分开，当与强电电缆交叉时，间距不小于 150mm。

（2）屏蔽电缆连接时，应将外层屏蔽层拆除用线鼻子按照规定接入双色接地线，连接在指定的接地端子上，并采用控制室一端接地的方式。

（3）线路敷设路径尽量避开热源，不能避开时，选用耐热电缆。

（4）集控系统的电缆敷设需要特别注意防干扰，包括电磁感应、静电感应、电磁波等干扰。

（5）电缆做头，电子设备间盘内采用热缩套管；就地箱柜、组件、仪表设备内采用自粘胶带；盘内配线，采用绑扎线固定。

（6）每一块屏的所有控制电缆（包括电气电缆）应由一人整理、配线，并进行挂牌标识，使每块盘内的配线形式一致。

（7）配线时用统一模具，使线芯的弯曲弧度保持一致，线束绑扎整齐，间距一致。控制电缆字头号采用电脑打号机打印且长度一致。

（8）控制电缆如果是单股线芯，则直接压接，如果是多股线芯，则选用与之相匹配的线鼻子压接，压接必须牢固。电缆及芯线均不得出现中间接头。为了提高控制电缆的接线速度和正确率，建议在控制电缆订货时，要求制造厂在生产电缆芯线的绝缘层上打印上号码。

（9）电缆对线采用对线器或直流 3V 通灯，以防对设备造成损坏。

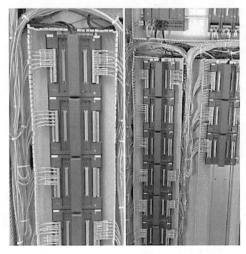

图 9-7　布线案例（左）与伴热带安装案例（右）

9.3.5.8　伴热、保温和防腐油漆施工

（1）伴热带安装要保证接线端和尾端在同一位置（设备法兰口便于检修位置），并且均匀有序安装。

（2）涂装时的环境温度和相对温度应符合涂料产品说明书的要求，当无要求时，环境温度宜在 5～380℃之间，相对湿度不应大于 85%。

（3）涂装构件部位表面有油、锈、水时不得涂装，除锈后四小时内严禁淋雨。

（4）涂层检查应均匀，无明显起皱，流挂，附着力良好。

（5）设备、管道外壁保温前要进行彻底清理。清除灰尘、油垢、焊渣。对底漆脱落或烧坏的，要进行打磨修补油漆。

（6）安装保温板、保温管壳时，要紧贴设备外壁，并用保温钉固定牢固。

9.3.5.9 关键部位（除尘器滤料、袋笼安装）安装质量控制（表 9-6）

关键部位（除尘器滤料、袋笼安装）安装质量控制　　　　表 9-6

步骤	操作内容	示例
第一步	全面清洁上箱体内侧四壁、花板等处的积灰，检查净气室安装人员的鞋底是否符合要求：软底鞋或布鞋	
第二步	检查花板孔的内侧孔边，用手触摸，发现有因涂防腐涂料而导致内侧边有涂料或其他异物的，用砂纸打磨，去除花板孔内侧边缘的涂料或异物，确保花板口光滑，没有毛刺，放入套袋	
第三步	折叠滤袋，注：因 PTFE 覆膜滤袋的覆膜比较脆弱，禁止小角度折叠	
第四步	将滤袋穿过花板孔，注意：滤袋穿过花板孔时，应小心翼翼尽量使滤袋不要从花板孔孔侧边缘滑下去，否则会造成腹膜的损伤，有提供保护套的，应使用保护套进行将滤料穿过花板孔的工作。安装前注意热熔线或者三针缝线的朝向，确保其尽量避免在除尘器的迎风面。	
第五步	滤袋自身自然垂直	
第六步	用拇指扣住弹簧圈的一边向内弯曲将袋口弯成凹形，同时让弹簧圈另一侧的凹槽嵌进除尘器花板（安装基础结构）对应孔位	
第七步	将滤袋卡口的凹槽对齐花板孔，并调整卡口位置	

续表

步骤	操作内容	示例
第八步	向内侧压卡口，直至滤袋卡口外边缘与花板孔全部接触，卡口安装完毕	
第九步	按此步骤一个上箱体全部安装完毕后，进行拍照，一个上箱体至少两张照片，全景 1 张（需看到所有滤袋）和几个滤袋的特写 1 张	
第十步	安装袋笼：袋笼在被吊装到除尘器顶部前，项目经理应进行全部检查，从袋笼存放支架里拿取袋笼的人负责检查袋笼的质量；净气室安装袋笼至少 2 人进行配合操作，一人站在净气室里，一人在上部协助操作；袋笼安装时，应当首先保持垂直于滤袋内部，然后垂直徐徐往下放，直至袋笼碗口距离花板平面小于 20cm 时方可松手，放下袋笼，并检查袋笼碗口是否与花板平面接触，是否还有滤料被碗口压住等问题，如有则全部调整后，一个袋笼就规范安装结束；全部仓室安装结束后即进行上箱体清理工作，用漆刷或吸尘器去除表面积灰	

9.3.6　工程建设项目安全控制

安装过程是一长期过程，只有保证了人、材、机的相互和谐，现场的安全才能得到保障。

9.3.6.1　施工作业人员和管理人员的安全保证措施

（1）认真贯彻国家有关安全生产的方针、政策、法律、法规及上级颁发的安全生产责任制度，施工人员进场前必须进行安全教育。参加工程管理的人员要进行岗位职责、专业技术、质量意识的教育和培训，班组级人员，一般由现场组成的项目部进行施工入场前的专业安全教育培训，并进行考核，合格后方能进入岗位。

（2）在工程项目施工中，重点施工人员要查询其资格证书，从事特殊作业的人员，如焊工、电工、安全员、起重工等应严格审核其从业资格，均应取得相应的特种岗位操作证书。对其中的部分人员如焊工等还应进行现场考核，考核合格后方可入岗作业。

（3）正确使用各种防护用品和安全设施。施工现场个人防护用品齐全，正确使用，高空作业必须使用安全带；上下交叉作业必须采取防护措施；安全帽、安全带、安全网要定期检查，不符合要求的不得使用。

9.3.6.2　施工质量中的机械安全保证措施

在项目施工中工器具运用是施工质量保证的灵魂，因此在施工质量的控制过程中应保证施工工器具合格，符合项目要求，项目管理人员应做到定期检查、审核和把关。

计量器具按照国家规范分为 A、B、C 三种类型，其中 A 类计量器具为强制检定器具，要定期检定。B 类、C 类计量器具也应该检定合格后方能使用。超过检定有效期的、标志模糊不清的、损坏的计量器具禁止在安装过程中使用。保证施工及检验过程中所使用的计量器具都在检定有效期内，定期由具有资格的计量机构检定，符合使用要求的发放检定合格证书。

施工机械选择也是施工中的重难点。合理地选择施工机械，往往可以有效提高安装效率并且保证施工质量问题。在烟气净化的项目建设中，吊车的选择是重点。要定期和施工班组成员交流，对选型的移动式吊车吨位严格审核，尤其在大型吊装过程中，要审核其吊装方案，移动式吊车选型，卡扣、吊绳直径选型都要严格把关，严防施工质量事故的发生。合适的吊车选型，可以让焊接方案最优化，较好地保证施工质量。

9.3.6.3 施工用材料设备安全控制措施

（1）安装过程物料设备质量不合格，或者选型错误通常是造成质量事故的主要原因。因此施工管理人员要严格控制原材料、半成品、到货设备质量。工程项目的各类材料、各种设备都必须有出厂合格证，对主要材料还要审核其检验资料。到场设备材料第一时间进行质量外观检查，对比发货单及采购清单进行数量、型号、质量等的查验。对于不合格的进场材料、不合格的设备要及时反馈处理，往往在运输途中会导致部分设备外观破损等，这部分也要及时留下影像资料，能处理的立即反馈处理，否则会在后期的设备建设中带来问题。对需要进行实验及第三方检测的还需及时安排检测，如主要材料、电缆第三方检测，热工仪表的第三方检测，压力容器的检验。

（2）只有符合相关技术标准和设计要求的设备、材料，并经检验合格后方可用于工程现场。对于现场堆积材料应挂牌标识注明材料名称型号日期、检验状态，对于特殊种类的合金钢材料（如 SCR 区域的高温高压蒸汽管道）要分区域堆放，使用前应经光谱分析确认后方可使用。到货以后的设备和材料在运输、装卸过程中要重视保护，临时存取要按规定进行。

（3）对于项目现场的施工，施工管理人员对于承包队伍和建设单位提供的材料和设备也要做到监督核实，重点核实材料质量型号是否与图纸设计一致，需要检测的还要监督其送第三方检测，只有符合图纸设计要求及相关标准的材料、设备，方可用于施工现场，对于检查不合格的设备、材料要及时提出反馈。

（4）设备、材料和构件堆放场地平整坚实，各区域之间保持一定距离，以防止吊运撞击。

（5）设备、材料和构件要求分类码放，码放高度要执行有关规定，并有防护措施。

9.4 竣工验收

9.4.1 竣工验收依据

竣工验收应依据以下法规标准的最新版本。

（1）《建设工程质量管理条例》（国务院令第 279 号）。

(2)《建设工程安全生产管理条例》（国务院令第 393 号）。

(3)《实施工程建设强制性标准监督规定》（建设部令第 81 号）。

(4)《生活垃圾焚烧处理工程项目建设标准》建标 142—2010。

(5)《生活垃圾焚烧处理工程技术规范》CJJ 90—2009。

(6)《环境空气质量标准》GB 3095—2012。

(7)《工业企业厂界环境噪声排放标准》GB 12348—2008。

(8)《污水综合排放标准》GB 8978—1996。

(9)《恶臭污染物排放标准》GB 14554—1993。

(10)《生活垃圾焚烧污染控制标准》GB 18485—2014。

(11)《大气污染物综合排放标准》DB 11/501—2017。

(12)《固定污染源排气中颗粒物测定与气态污染物采样方法》GB/T 16157—1996。

(13)《施工机械安全技术操作规程》DLJS 2-1～2-10—1981、DLJS 2-12～2-17—1981。

(14)《火力发电厂热力设备及管道保温防腐施工质量验收规程》DL/T 5704—2014。

(15)《电力建设施工质量验收规程》DL/T 5210.1～5210.6。

(16)《火电建设项目文件收集及档案整理规范》DL/T 241—2024。

(17)《电气装置安装工程质量检验及评定规程（合订本）》DL/T 5161.1～5161.17—2018。

(18) 国家及行业有关的其他标准、规范。

(19) 项目招标文件及有关资料。

9.4.2　验收程序

依据相关规范文件，成立专门验收小组，建立健全验收体系制度，以项目经理为第一责任人，在项目部的组织下，带领施工班组长进行自检，严格把控安装焊接质量，做好影像资料并做好检验记录。

在整体工程建设完成以后，及时移交工程项目建设资料文件，并移交竣工图纸，按要求提交电子档资料。

在自检合格的基础上，严格按照验收程序，报监理单位组织进行竣工预验收，提交竣工验收报告，提交工程质量保修书，监理检查验收后，及时完成验收消缺处理项，对消缺项目做到有迹可循，保存影像资料。

在监理预验收合格后，向建设单位申请竣工验收，由建设单位组织竣工验收，按照验收规范进行验收，有整改项目必须整改完成，整改完成后，形成竣工验收完成文件。

工程施工验收必须符合相关国家标准规范及行业标准。

9.4.3　烟气净化系统验收

烟气处理工程施工分为机务设备部分安装、电气动力部分安装、热控仪表部分安装；施工质量应遵循"施工质量验收范围划分表"规定，并且按规定进行验收评定。

9.4.3.1　烟气净化系统设备验收

1. 完工验收

完工质量验收前施工单位应自检合格，且自检记录齐全方可报工程监理单位进行质量验收；隐蔽工程应在隐蔽前由施工单位通知监理及有关单位进行见证验收。分项工程在施工单位自检的基础上，由建设主体委托的施工安装单位负责按相关质量标准进行完工验收。

分项工程检验评定合格后方可对分部工程进行验收。分项工程施工质量检验，只设"合格"。如果设备原因，虽然经施工人员努力修改，也难以达到质量标准的少数非"主要"检验项目，应由施工单位提出书面报告，经监理及建设单位确认后，该检验项目可不参加质量评定，不影响该分项工程质量验收评定，但应在"质量检验结果"栏内注明。书面报告应附在该分项工程检验评定表后。

分部工程应在各分项工程验收合格的基础上，由施工单位向建设单位提出报验申请，由建设单位项目负责人组织施工单位和监理、设计等有关单位项目负责人及技术负责人进行验收。分部工程应检验评定合格，方可对单位工程进行验收。分部工程质量只设"合格"并且要符合工程质量验收评定，应认真填写分部工程质量验收评定表，进行质量评定，并应签名验收。所属分项工程质量检验评定，应全部合格。

单位（子单位）工程完工后，由施工单位向建设单位提出报验申请，由建设单位项目负责人组织施工单位、监理单位、设计单位等项目负责人进行验收。单位工程质量设"合格""优良"两个等级，验收评定应按单位工程质量验收评定表的内容进行。

2. 启动试运行

烟气净化系统经过设计、采购、施工安装之后，需要进行试运行以消除可能存在的缺陷，通过单体试运行、冷态、热态启动试运行合格后便可转入正常运行。包括：

（1）试运行前准备的基本要求

1）制订各岗位、工种的操作规程和试运行方案。进行试运行前的人员培训，包括操作和技术管理，安全和环保等方面的知识和技能的培训。

2）施工安装任务完成后，按设计要求对烟气净化系统、设备，以及厂房建筑、水、电、交通、监测仪表及安全设施等进行全面检查。

3）对高压和气密性设备进行耐压和气密性试验。

4）按运行管理要求，做好原材料、备品备件、维修工具、劳保用品等各方面的准备。

（2）系统设备的试运行

1）净化系统在运行前需要经过包括单体设备、子系统、整体系统在内的试运行，消除系统设备、工程设计、施工安装中存在的缺陷，以保证日后的正常运行。

2）单体设备试运行。主要是对各种传动设备分别进行单机试车，一般要连续运行24h以上。对于处理液体物料的设备可以用水代替进行试运行，而处理固体物料的设备可空载运行。

3）冷态试运行。主要是对系统按正常操作规程，用水或空气代替液态或气态工质进行冷态试运行，进行一次全面的系统检查，其方法是去除净化系统中因施工、安装带入的固体杂物、粉尘及油污等。一般要求采用符合质量要求的压缩空气或氮气进行置换作业；对置换净化系统含水及有机物的气体，要防止氯气、水蒸气及易燃易爆气体进入净化系统。

4）热态试运行。是在单体与子系统试运行，并做好试运行前各项准备后，严格按安全、环保规定，试运行计划与操作规程，进行整体投垃圾试运行，消除系统缺陷。（72＋24)h连续试运正常，即可转入正常运行。

（3）系统验收

焚烧炉烟气焚烧废气成分比较复杂，其含有粉尘（颗粒物）、酸性气体（HCl、HF、SO_x 等）、重金属（Hg、Pb、Cr 等）和有机剧毒性污染物（二噁英类）等。必须按项目环评批准的各项污染物的排放限值和排污许可证约束的指标，按规定的检测方法，周期检测全部合格。

9.4.3.2　烟气净化系统的运行注意事项

烟气净化系统的正常运行与多种因素有关，一般情况下应注意以下几个方面：

（1）净化系统的操作运行，要严守国家和地方的环境保护规定，符合工艺技术标准，安全运行与岗位操作规程以及各种规章制度。

（2）一般情况下，烟气净化系统应先于焚烧工艺系统运行，在焚烧系统停运后再退出运行，以避免粉尘在净化装置和管道中沉积，或因净化系统滞后运行造成对环境污染。为防止电动机过载，需在低风量下启动排风系统。

（3）净化系统在运行中出现问题，要及时分析原因总结经验，避免类似情况的发生。为此，要做好常态化操作运行记录、事故记录和维修记录等。

（4）严格执行日常维护和检修规章制度，消除管道和设备的沉积物，严控设备、管道、阀门、操作孔、观察窗等部件的泄漏，调节系统的风量和风压，排除各种事故隐患。

（5）要根据原始焚烧污染物与排放指标规定，以烟气量为基准加强反应药剂的质量与添加数量的控制。并注意积累添加反应药剂的适宜量，避免过低、过高的负面影响。

（6）注重烟气净化组合系统的各功能单元处于良好的运行状态，注意各功能单元之间的正面协同作用以及负面影响，以达到各类污染物的最佳去除效率。

9.4.3.3　烟气净化系统的防腐、防磨和防爆

1. 防腐

垃圾焚烧烟气净化系统处理的烟气中含有氯、硫等腐蚀性物质，而且其腐蚀性会随着温度、湿度等因素的影响，进一步增强对净化设备与管道的腐蚀作用，从而影响烟气净化系统设备的去除效率等工作性能，缩短其使用年限，还可能因腐蚀而产生泄漏引起污染，甚至造成中毒或爆炸等恶性事故。

钢材和其他金属材料的腐蚀一般有两种类型，一种是化学腐蚀，另一种是电化学腐蚀。烟气中含有二氧化硫、氯化物等腐蚀性物质，再加上烟气湿度和温度的变化，致使金属材料表面形成一层具有较强腐蚀性的液膜（可以是酸性的，也可以是碱性的，视烟气成分而定），从而产生对金属材料化学腐蚀。另外，由于金属材料本身纯度不够，如钢材是一种铁碳合金，碳的活性远小于铁，当钢材表面附着一层电解质溶液时，就会形成以铁为阳极，碳为阴极的原电池效应，产生电化学反应，从而造成比化学腐蚀更严重的电化学腐蚀。若处理烟气的温度和湿度较高，将导致两类腐蚀现象加剧，大幅缩短净化装置与系统的寿命。

2. 防腐措施

常用的金属保护膜有化学保护膜与物理保护膜两种。

化学保护膜是在钢材等金属表面涂覆一种比金属活性更强的电负性化学物质，在金属表面形成一层氧化物、氢氧化物或者盐类保护膜。这种膜可防止金属表面暴露在空气或水中，避免金属进一步氧化。在这一过程中，保护膜不仅起到了化学保护的作用，同时也发

生了一些物理反应，如膜的形成和增厚，表面的缺陷填充等等。常见的化学保护膜有氧化膜、磷化膜、镀层等。

物理保护膜是一种通过对金属加装外壳或包装等物理性措施，保护金属表面的方式。这种保护膜可以防止金属被氧化、污染、磨损和腐蚀等。例如在锅炉换热管壁迎风面加装金属铠甲，在汽车表面喷涂漆面等，起到防止外界影响的保护性作用。与化学保护膜不同，物理保护并不改变金属表面的化学性质，只是在保护的基础上起到了美化、装饰、隔离和防护的作用。

非金属保护膜一般是采用油漆等各种有机防腐材料，通过喷涂、衬贴等工艺形成金属材料的保护层，从而达到防腐蚀的目的。

目前采用较多的防腐蚀材料有：耐腐蚀的合金和抗腐蚀金属材料；具有良好抗腐蚀性能的新型复合材料；陶瓷，铸石等无机耐腐蚀材料；耐腐蚀有机材料及有机复合材料，如钢塑复合材料等。

设备长期防治腐蚀，除采用防腐措施外，还要加强对设备的防腐维护管理。

3. 防磨损

烟气净化系统的一项重要任务就是除尘，但粉尘在净化系统中随烟气的流动会与净化装置及管道产生不同程度的摩擦，从而造成某些部件和管道的磨损，最终可能造成粉尘及烟气的泄漏，恶化作业环境。因此，净化系统的防磨损也应得到足够的重视。

（1）造成系统设备磨损的主要因素

粉尘性质的影响。垃圾成分的复杂特性决定了焚烧烟气中的粉尘性质有较大差异，不同性质粉尘的磨损性能相差较大。

净化装置与管道材质不同，抗磨损性能相差较大。一般情况下，材料抗磨损性能随硬度增加而增强。可以通过不同的加工工艺和制备新型耐磨材料来提高材料的抗磨损性能。

粉尘运动速度，输送管道形状等对磨损会有明显影响。有实验表明，粉尘的磨损量与气流速度的三次方成正比。速度增大，粉尘对器壁的撞击和摩擦作用增强，磨损量增加。另外由于输送管道形状的变化，形成涡流或造成粉尘对管壁的撞击作用，都会增大磨损量。输送气流方向与速度的改变，也会增加磨损量。

（2）防磨损措施

采用耐磨材料制造易磨损部件与衬里。由于烟气净化系统中粉尘对器壁的冲击作用不是很强，结合其磨损机理，主要考虑材料的耐磨性及硬度，而对材料的韧性及抗拉强度没有严格要求。

由于粉尘磨损量与烟气流速的关系，粉尘输送宜在保证不造成粉尘沉积的条件下，选择适当风速。

针对输送管道弯曲部分会造成严重磨损，除采用耐磨材料衬里外，还可以选择适当的截面形状和尺寸，来提高其抗磨损性能。

4. 防爆

对沼气、粉尘等爆炸源及其他潜在爆炸因素的分析，提出如下经验性防爆措施。

（1）爆炸的首要条件是形成爆炸混合物。在烟气净化系统中，形成爆炸混合物的重要原因是系统的密闭性差，导致空气中的氧进入净化系统，形成爆炸性混合物。为此，要保证净化系统的气密性，防止系统负压过大，导致氧气的渗入，也要防止正压过大，使可燃成分溢出。二者都可能形成爆炸性混合物。

（2）加入惰性气体，改变混合气体成分，防止形成爆炸性气体混合物。或者采用惰性气幕，防止爆炸性气体与氧气混合，形成爆炸性混合物。

（3）消除引爆源，防止因摩擦、撞击、静电及明火等形成引爆源。

（4）使用仪器监测易爆物的温度、压力、浓度、湿度等参数，为控制爆炸混合物的形成提供依据，最好安装自动监控及警报系统。

（5）在易发生爆炸的部位和地点设置泄爆装置，如泄爆孔与阀门。

（6）设计可燃气体管道时，必须使气体流量最小流速大于该气体燃烧的传播火焰速度，以防止产生回火。

（7）为防止火焰在设备之间传播，可在管道上装设内有数层金属网或砾石层的阻火器。

（8）建立并不断完善严格的操作规程与管理制度。

9.5　某项目烟气净化系统烟气净化半干法系统调试报告案例

9.5.1　基本系统组成

1. 烟气系统。整个烟气系统的阻力由引风机来克服。从锅炉来的原烟气由烟道经引风机引至本次设计的 SDA 塔和布袋除尘器，烟气进入 SDA 塔和布袋除尘器进行脱硫除尘反应。净化的烟气经湿法脱酸系统和 SCR 脱硝系统后进入烟囱排放到大气中。

2. SDA 系统。①半干反应塔系统；②石灰浆液制备系统（内容略）

3. 消石灰和活性炭喷射系统。半干法脱硫工艺采用氢氧化钙溶液作为吸收剂，氢氧化钙颗粒通过槽车运来注入消石灰制备仓中，在制备罐中加水制备成为 15% 左右的氢氧化钙溶液储存在浆液储备罐中，通过浆液输送泵送至半干反应塔旋转雾化器中。

4. 工艺水系统。半干法系统工艺用水使用独立的工艺水箱，再由工艺水泵送至半干法系统各用水点。

5. 仪表和控制系统。本工程设置以分散控制系统（DCS）为核心的完整的检测、调节、联锁和保护装置，实现以 LCD/键盘和鼠标作为监视和控制的中心，对整个除尘系统进行集中控制。

6. 电气系统。在半干法系统中，380V 工作段及备用进线、保安电源等电气设备的电流、电压、功率有功功率等，以 4～20mA DC 或脉冲信号送入 DCS 进行监测。电源系统控制在 DCS 内完成。

9.5.2　启动组织及项目完成情况

9.5.2.1　组织结构形式表

启动验收领导组，成立试运指挥部（内容略）。

9.5.2.2　启动调试范围及项目完成情况

在开展调试工作之前，各专业人员均已收集有关技术资料，了解设备安装情况，对设计、安装和制造等方面存在的问题和缺陷提出改进建议，参加了设计、调试联络会议，严把质量关；准备调试需用的仪器仪表；编制好各专业分系统试转调试和整套启动调试方案措施并已通过审查。

1. 工艺专业完成情况

分系统调试项目已完成清单：SDA塔系统调试；布袋除尘器系统调试；浆液制备系统调试；工艺水系统调试；消石灰和活性炭喷射系统调试；阀门验收。

整套启动调试项目完成清单：热态通烟气调试；系统水平衡调试；系统物料平衡调试；系统变负荷调试；

系统优化调试；完成（72+24）h试运行。

2. 电气专业完成情况

分系统试运调试项目完成清单：电气信号和电气设备传动试验的调试。

低压厂用变压器试运行；直流屏试运行；配合保安电源系统调试及试运行；辅机电机试运行；UPS电源系统调试及试运行。

3. 整套启动调试项目完成清单

烟气脱硫除尘系统电气保护联锁回路带负荷试验；烟气脱硫除尘系统电气测量回路带负荷试验；烟气脱硫除尘系统电气就地操作保护单元带负荷试验；信号系统带负荷试验；烟气脱硫除尘系统电气电源带负荷切换试验；配合主体工程的厂用电源系统试运行。

4. 热控专业完成情况

分系统试运调试项目完成清单：审查热工控制系统的原理图和组态图；对不合理处提出修改意见；检查测量元件、取样装置的安装情况及校验记录，仪表管严密性试验记录，必要时复校检查；检查执行机构的安装情况，配合安装单位进行远方操作试验，了解有关一次元件及特殊仪表的安装情况，必要时对他们进行抽检；参加调节机构的检查，进行特性试验；了解调节仪表、保护装置等的单体调校情况，必要时对他们进行抽检。

配合DCS厂家进行上电前检查（包括接地检查、绝缘检查等，不限于此），完成DCS上电工作、软件恢复和相应试验，编写试验小结。进行热控电源切换试验，配合厂家进行DPU冗余切换试验；参与单体调试，负责在DCS上满足设备单体的试运条件，单体调试前完成设备的联锁保护检查，配合厂家进行就地控制柜与DCS系统的联调；分散控制系统现场组态检查及参数修改；检查热控气源的质量和可靠性。DCS功能调试：DCS系统I/O校验、接地电阻（审查报告）、绝缘电阻、电源部件性能测试，对主机及外部设备进行功能检查，系统硬件设备和系统及应用软件调试，通讯回路测试。数据采集和处理系统（DAS）调试：输入、输出信号回路测试、测点信号回路校对、监控画面的检查与修正，参数报警值的设置，报表打印功能调试，事故追忆功能及事故顺序记录（SOE）调试。联锁调节系统（MCS）调试：输入输出信号回路测试、测点信号回路校对、校正回路参数计算，系统检查、模拟回路检查，计算机应用软件检查修改，系统动态、静态试验，动、静态参数设置，手动/联锁，控制方式、监控等功能调试；程序控制系统（SCS）调试：输入、输出信号回路测试、测点信号回路校对、组态检查与修改，参数设置与逻辑功能调试，设备级及功能组级开环调试，分系统调试阶段部分顺控系统投运调试等。半干法系统逻辑保护联锁回路调试。各辅助系统监控功能的实施。各设备的联锁保护及声光报警系统调试。化学分析仪表调试。就地盘常规仪表调试。烟气连续监测系统（CEMS）。

整套启动调试项目完成清单：

(1) 半干法系统联锁调节系统调试：主要阀门特性摄取，静态参数调试，确定调试步骤和整定参数，动态投运，定值扰动，调整参数，负荷扰动，考核品质。

(2) 半干法系统数据采集系统调试：各项功能投运，主要参数比较、核对、功能完善。

(3) 半干法系统自启、停顺序控制调试：各顺序控制回路投运、运行维护及功能完善。

(4) 半干法系统逻辑保护联锁回路调试：分项及联动试验、运行考核、运行维护及功能完善。

(5) 化学分析仪表调试。

(6) 热工仪表逻辑报警系统调试。

(7) 就地盘常规仪表调试。

9.5.3　调试管理目标和调试管理措施实施情况

9.5.3.1　调试质量管理目标

零缺陷管理目标：调试过程中调试质量事故为零；调试原因损坏设备的事故为零；半干法系统启动未签证项目为零。

质量目标：半干法系统调整试验项目实施率 100%；半干法系统调试的质量检验分项合格率 100%；半干法系统试运的质量检验整体优良率 100%。

建立管理网络；程序化、文件化调试管理；重视过程控制；工程调试的依据和标准；项目严格执行《火电工程调试工作规定》《电力建设施工质量验收及评价规程》。

9.5.3.2　调试管理措施

1. 准备工作。成立调试小组，建立调试管理网络；收集工程调试所需的产品特性信息，对试验设备、计量器具、现场工作设备和环境进行配置；编制调试大纲，对调试项目进行策划，包括组织机构，过程进度和调试程序等；编制调试措施，对具体调试项目进行计划，包括调试的条件、方案、测量和验收标准等；编制《调试质量检验评定项目划分表》，明确调试及其相关的职责和工作范围。

2. 调试过程的实施。实施调试过程的主要依据是调试大纲及调试措施，调试过程的开始首先是对调试人员的技术交底，其次是按照调试措施开展调试的各项具体工作，同时进行记录和监控；对调试中的特殊过程的控制程序，明确试验必备的设备、技术及人员等方面的特殊要求，规定试验准则，确定特定的试验方法和程序，提出记录和再确认要求，并接受工程质量监督检查，实施整改，确保试验安全、顺利完成。

9.5.3.3　职业安全健康和环境管理过程

1. 管理依据。通过危害辨识和危险评价以及环境因素识别和评价工作，形成《危险源清单》《重要危险源清单》《环境因素清单》《重要环境因素清单》；针对危险源等提出的相应的控制措施、管理计划；相关的法律法规。

2. 管理措施和要点。按照调试活动的重要环境因素和重要危险源进行控制，制定相应的管理目标；针对管理目标制定管理方案，编制管理计划，保证管理目标、指标的实现；对调试过程中，潜在的危险及环境因素制定应急预案，进行应急预案的演习，确保在危害发生时，各项应急措施的有效性。

9.5.4　整套启动调试条件的检查和确认

9.5.4.1　试运行现场条件

①场地基本平整，消防、交通及人行道路畅通，厂房各层地面已完成，试运行现场已设有明显标志和分界（包括试运区和运行区分界），危险区设有围栏扣和警告标志。②试运行区的施工脚手架已全部拆除，现场（含电缆井、沟）清扫干净。③试运行区的梯子、平台、步道、栏杆、护板等已按设计安装完毕，正式投入使用。④厂内外排水设施能正常投运，沟道畅通，沟道及孔洞盖板齐全。⑤试运行范围的工业、生活用水系统和卫生、安全设施已投入正常使用，消防系统已经当地政府消防部门检查并投用。⑥试运行现场具有充足的正式照明，事故照明能及时联锁投入。⑦各运行岗位已有正式的通信装置，试运行增设的临时岗位，亦设有可靠的通信联络设施。⑧试运行区的空调装置、采暖及通风设施已按设计能正常投入使用。⑨启动试运行需要的石灰石吸收剂、化学药品、备品备件及其他必需品已备齐。⑩环保、职业安全卫生设施及监测系统已按设计要求投运。⑪保温、油漆及管道色标完整，设备、管道和阀门等已有命名和标志。⑫与半干法系统配套的电气工程满足要求。⑬各个专业在整套启动前，应进行的分系统试运行、调整已结束，并核查分系统试运行记录，已能满足整套启动试运行条件。⑭电厂机组可满足试运行所需的负荷要求。

9.5.4.2　组织机构、人员配备和技术文件准备

1. 调试单位已经过资质认证，并配备了充足、合格的调试人员，且有明确的岗位责任制。

2. 运行操作人员已经培训，确实能胜任本岗位的运行操作和故障处理。

3. 施工单位已根据半干法系统整套试运行方案和措施的要求，配备了足够的维护检修人员，并有明确的岗位责任制；维护检修人员能够熟悉所在岗位的设备（系统）性能，并能在整套试运行小组统一指挥下胜任检修工作，不发生设备、人身事故和中断试运行工作。

4. 施工单位已备齐半干法系统整套试运行的设备（系统）安装验收签证和分部试运行记录。

5. 调试单位已按照《火电工程启动调试工作规定》及工程设计、设备资料，编制了脱硫岛整套试运行方案和措施，已经试运行总指挥审定，并在试运行前已经向参与试运行的各有关单位人员交底。

6. 已在试运行现场备齐有关运行资料，如系统流程图册、控制及保护逻辑图册、设备保护整定值清册、制造厂家的设计、运行和维修手册等有关技术文件。

9.5.5　调试内容

9.5.5.1　系统的联锁和保护试验

通过试验验证半干法系统联锁和保护动作的准确性和可靠性，以便半干法系统或锅炉出现危险时停运半干法系统或锅炉MFT，以保证人身和设备的安全。根据现场安装进度情况，在一个系统内所有阀门均传动完成后，对照厂家的设备说明书，核对该系统热控保护功能及定值的完整性及准确性。对个别不符合厂家设备说明书要求的报警定值进行改正；设备的启动、停止程序控制及所有联锁保护项目均在试验位进行了试验，对暴露出的

各种问题均已处理。

烟气系统联锁保护试验在锅炉停炉时进行。所有的联锁由半干法系统的 DCS 系统执行，锅炉的保护信号由半干法系统的 DCS 通过硬接线输出模式送到锅炉的 DCS 系统上。温度、压力等异常信号的产生由热工模拟。烟气挡板的开关为真实动作。

9.5.5.2　1 号半干法系统烟气系统冷态调整试验

为了获取冷态情况下半干法系统的正常启停及事故停运对锅炉负压的影响数据，和为锅炉和半干法系统的运行操作提供优化指导，进行冷态调整试验。通过此次试验，大致了解了半干法烟气系统投停对锅炉炉膛压力的影响情况，为半干法烟气系统正式投运时的操作提供了一定的参考。

9.5.5.3　1 号、2 号半干法系统整套启动试运行主要形象进度

系统联锁、保护传动试验；系统冷态调整试验；法系统首次通烟气；系统热态初调；系统（72＋24）h 满负荷试运行。

9.5.5.4　整套试运行过程

1. 根据现场安装进度情况，对各个系统的所有阀门、挡板进行了传动试验，对其行程开关时间、开关方向、标记、标识进行了检查确认；并在一个系统内所有阀门均传动完成后，对照厂家的设备说明书，核对该系统热控保护功能及定值的完整性及准确性，对个别不符合厂家设备说明书要求的报警定值进行了改正；设备的启动、停止程序控制及所有联锁保护项目均在试验位进行了试验，对暴露出的各种问题均已处理。

2. 半干法烟气系统冷态调整试验。

3. 进行 1 号半干法系统设备清水试运行。结合某个系统的整体安装及单体调试工作的完成情况，先后对半干法系统的工艺水及石灰石浆液制备、布袋除尘器、消石灰及活性炭喷射等进行冷态试运行。首先对各个系统相应的箱罐注入清水，然后按照各系统分系统调试措施的要求和步骤对每个系统的泵和搅拌器以及风机等进行了清水带负荷试运行，验证了系统流程的连贯性和各个管路的严密性。试运行后对各个系统进行了检查和签证。为热态整体调整做好了准备。

4. 1 号、2 号半干法系统首次通烟气。

9.5.6　72＋24 运行参数调整

1. 烟道系统。脱硫效率一般在 80％以上，除尘效率 99.9％以上，符合烟气排放标准。

2. 工艺水系统。工艺水箱在低时，补水门联锁打开，在高时联锁关闭。低于保护液位时，保护跳工艺水泵和渣浆泵冲洗水泵。工艺水母管压力一般控制在 600kPa.

9.5.7　调试结论

（略）

参考文献

［1］　蒲恩奇．大气污染治理工程［M］．北京：高等教育出版社，2004．

［2］　James P Lewis(美)．项目计划、进度与监控［M］．赤向东，译．北京：清华大学出版社，2002．

第 10 章 烟气净化系统和焚烧系统可靠性运行管理

10.1 烟气净化系统组成与自行检测规定

10.1.1 概述

我国生活垃圾焚烧是采用层燃技术（炉排工艺设备）和流化技术（流化床工艺设备）为主的焚烧技术。针对不同的焚烧技术，烟气净化系统会有运行管理的差异。在工程实践中，因工程管理与环境控制等问题，我国已较少应用流化技术，对一些现有流化床工艺设备，拆除改造为炉排工艺设备，形成当前以采用国产层燃技术的焚烧设备为主，进口设备为辅的局面。在此背景下，本章主要探讨采用层燃技术的烟气净化系统运行管理。

生活垃圾焚烧烟气中含有少量杂质，其中对环境、人体健康有害的物质大约占烟气量的不足1%，但其影响不能小嘘，称之为烟气污染物。对烟气污染物控制是按我国当前规定的允许排放的红线指标，以标准状态、干烟气11%O_2为基准，对颗粒物、HCl、SO_x、NO_x等污染物，以及CO、运行状态参数进行在线连续检测，按小时均值与日均值进行严格控制；对Pb、Hg、Cd为主要控制对象的及其他重金属按测定均值进行控制；对二噁英类按年度进行定期检测。与此同时，还要对CO、烟气量、烟气含水率及状态参数等辅助指标进行检测。

烟气净化系统可靠性运行与焚烧系统是不可分割的统一体，烟气排放状态同时受到高温焚烧与烟气净化过程的约束。因此，本章涉及系统设备运行管理内容均涵盖焚烧系统内容。

10.1.2 适宜烟气净化组合工艺

通过多年实践经验证实，采用"SNCR＋半干法＋干法＋活性炭喷射＋袋式除尘"组合工艺系统，并在系统设备正常配置，采用的氢氧化钙、活性炭、尿素或氨水等反应剂的质量合格等条件下，是满足《生活垃圾焚烧污染控制标准》GB 18485—2014的最佳可用技术。有些地方根据当地对酸性污染物、氮氧化物的环境容量的更严格需求，还配置了必要但不利于节能减排的湿法、SCR等系统设备。另外，通过行政管理与执法部门的共识，提出除特别需要外，一般不必要配置高耗能"脱白"工艺的指导意见。

10.1.3 烟气自动监测规定

基于生活垃圾焚烧发电厂运行管理过程，需要运行主体按照《生活垃圾焚烧发电厂自动监测数据标记规则》（生态环境部公告2019年第50号）、《生活垃圾焚烧污染控制标准》GB 18485—2014、《生活垃圾焚烧发电厂自动监测数据应用管理规定》（生态环境部令第10号），以及《排污单位自行监测技术指南 固体废物焚烧》HJ 1205—2021等相关规定，从垃圾焚烧锅炉启停过程与烟气净化系统污染物排放，一个整体两个方面进行自动监控，并接受生态环境部门的监管。

生态环境部规定按《生活垃圾焚烧发电厂自动监测数据标记规则》（生态环境部公告2019 年第 50 号），及时在自动监控系统企业端，如实标记每台焚烧炉工况和自动监测异常情况，作为判定是否违反环境法行为的证据。其中，对锅炉启停是针对炉膛运行状态（正常运行—停炉—停炉降温—（停运）—烘炉—启炉—正常运行），按一定约束条件的下述工况进行标记："烘炉（每次时长 $T \leqslant 12h$，炉墙修复 $T \leqslant 168h$）""启炉（$T \leqslant 4h$）""停炉（垃圾烧尽，炉膛温度 $t \geqslant 850℃$）""停炉降温（t 从 $\geqslant 850℃$ 降到 $400℃$）""停运（烟气含氧量 $\geqslant$ 当地空气 O_2% $+2$%）""故障""事故"（$T \leqslant 4h$）。还规定除"烘炉"前序标记"停炉降温"，"故障"或"事故"工况外，炉膛温度起点应低于 $400℃$。

依据《生活垃圾焚烧发电厂自动监测数据标记规则》（生态环境部公告 2019 年第 50 号）、《生活垃圾焚烧污染控制标准》GB 18485—2014，对排放烟气污染物规定如下。

（1）日均值超标：一个自然日的焚烧厂任一焚烧炉排放烟气中颗粒物、NO_x、SO_2、HCl、CO 等污染物自动监测日均值，有一项或以上超过《生活垃圾焚烧污染控制标准》GB 18485—2014 或者地方烟气污染物排放标准规定的日均限值，认定其污染物排放超标。

（2）在一个自然月内日均值数据累计超标 5 天以上，依照《中华人民共和国大气污染防治法》第九十九条第二项的规定处罚，应当依法责令限制生产或者停产整治。

（3）垃圾焚烧厂存在下列情形之一，按照标记规则及时在自动监控系统企业端如实标记的，不认定为污染物排放超标：①一个自然年内，每台焚烧炉标记为启炉、停炉、故障、事故，且颗粒物浓度的小时均值不大于 $150mg/Nm^3$ 的时段，累计不超过 60h。②一个自然年内，每台焚烧炉标记为烘炉。停炉降温时段，累计不超过 700h。③标记为停运。

（4）下列情形不认定为未保证自动监测设备正常运行：①在一个季度内，每台焚烧炉标记为"烟气排放连续监测系统（CEMS）维护"的时段，累计不超过 30h 的。②标记为停运。

10.1.4 运行主体自行检测和行政监管主体监督性检测

对排放焚烧烟气的检测是对烟气净化系统运行控制不可或缺的环节。就垃圾焚烧项目按当期生态环境部要求，依据《排污单位自行监测技术指南 固体废物焚烧》HJ 1205—2021、《生活垃圾焚烧飞灰污染控制技术规范（试行）》HJ 1134—2020 等规定，进行运行主体自行检测和行政主管部门监督性检测（表 10-1）。

10.1.5 烟气净化系统设备配置原则

（1）作为焚烧项目安全、可靠、环保、经济运行的重要环节，生活垃圾焚烧烟气污染物应以《生活垃圾焚烧污染控制标准》GB 18485—2014 作为控制红线；以地方生态环境部门基于当地环境容量批复与排污许可的控制指标为依法控制线，即法控线；项目运行主体按不可逾越的红线和法控线，根据服务范围的垃圾不稳定特性导致烟气量及其污染物的波动情况，制定确保达标排放的内部控制指标，即内控线。

按生态环境部门要求的检测表　　　　　　　　表 10-1

检测项目	检测因子	检测点位	自检/监督检测频次	检测单位
焚烧烟气	汞及其化合物，镉、铊及其化合物，锑、砷、铅、铬、钴、铜、锰、镍及其化合物重金属	♯x 烟囱	月自检□ 季监检□	
焚烧炉渣	炉渣热灼减率（按焚烧标准）	♯x 渣池	日自检□	
焚烧飞灰	重金属浸出浓度，可溶性氯	飞灰稳定化处理间	日自检□监检□	
	二噁英类		半年自检□监检□	
	注：1. 飞灰处理产物用于水泥熟料生产，对熟料的监测频次应符合《水泥窑协同处置固体废物技术规范》GB/T 30760—2024 的要求。 2. 飞灰处理产物用于除水泥熟料生产外其他利用方式的，飞灰处理产物（除高温烧结和高温熔融产物外）中重金属浸出浓度和可溶性氯含量监测频次应不少于每日 1 次，二噁英类的监测频次应不少于每季度 1 次；高温烧结产、高温熔融处理产物中重金属浸出浓度和可溶性氯含量监测频次不少于每周 1 次，二噁英类的监测频次应不少于每 6 个月 1 次。 3. 飞灰处理产物进入生活垃圾填埋场处理的，飞灰处理产物中重金属浸出浓度监测频次应不少于每日 1 次，飞灰处理产物中二噁英类监测频次不少于每 6 个月 1 次。 4. 基于可靠性运行视角，采用生活垃圾焚烧相关规范规定			
有组织废气	炉膛主控温度	炉膛上二层	在线检测	
	活性炭原料仓的排气筒		年度自检□	
	飞灰暂存间的排气筒		季度自检□	
	飞灰稳定化固化间的排气筒		月度自检□	
	渗沥液站排气筒的硫化氢、氨、臭气浓度		季度自检□	
	注：1. 废气监测应按照相应监测分析方法、技术规范同步监测废气参数。 2. 设区的市级以上生态环境部门明确要求安装自动监测设备的污染物指标，应采取自动监测。 3. 生活污水处理设施产生的污泥焚烧排污单位、一般工业固体废物焚烧排污单位等执行或参照执行《生活垃圾焚烧污染控制标准》GB 18485—2014 的排污单位或焚烧设施按照生活垃圾焚烧排污单位监测要求执行；执行或参照执行《危险废物焚烧污染控制标准》GB 18484—2020 或《医疗废物处置污染控制标准》GB 39707—2020 的排污单位或焚烧设施按照危险废物焚烧排污单位监测要求执行			
无组织废气	硫化氢、氨、臭气浓度、颗粒物、挥发性有机物		季度自检□和监检□	
	注：1. 无组织废气排放监测应同步监测气象参数。 2. 生活污水处理设施产生的污泥焚烧排污单位、一般工业固体废物焚烧排污单位等执行或参照执行《生活垃圾焚烧污染控制标准》GB 18485—2014 的排污单位按照生活垃圾焚烧排污单位监测要求执行；执行或参照执行《危险废物焚烧污染控制标准》GB 18484—2020 或《医疗废物处置污染控制标准》GB 39707—2020 的排污单位按照危险废物焚烧排污单位监测要求执行。 3. 根据排污许可证、环境影响评价及其批复等相关生态环境管理规定及危险废物特性，从《恶臭污染物排放标准》GB 14554—1993、《大气污染物综合排放标准》GB 16297—1996 等相关排放标准中筛选具体监测指标			

续表

检测项目		检测因子	检测点位	自检/监督检测频次	检测单位
厂界噪声		等效 A 声级	厂界	季度自检□和监检□	
周边环境	环境空气	氨、硫化氢、臭气浓度，二噁英类、其他特征污染物		年度自检□	
	土壤	镉、汞、砷、铅、六价铬、铜、镍、二噁英类、其他特征污染物	厂界	年度自检□	
	地下水	pH 值、总硬度、溶解性总固体、高锰酸盐指数、氨氮、硝酸盐、亚硝酸盐、硫酸盐、氯化物、挥发性酚类、氰化物、砷、汞、六价铬、铅、氟、镉、铁、锰、铜、锌、粪大肠菌群	地下水检测点	年度自检□	

注：1. 监测应按照相应监测分析方法、技术规范同步监测相关参数。

2. 根据生产工艺过程，结合《环境空气质量标准》GB 3095—2012、《土壤环境质量　农用地土壤污染风险管控标准（试行）》GB 15618—2018、《土壤环境质量　建设用地土壤污染风险管控标准（试行）》GB 36600—2018、《地下水质量标准》GB/T 14848—2017 和《环境影响评价技术导则　大气环境》HJ 2.2—2018，筛选确定具体监测指标。

3. 根据排放标准及处置固体废物种类等实际生产情况，结合《环境空气质量标准》GB 3095—2012、《环境影响评价技术导则　大气环境》HJ 2.2—2018、《土壤环境质量　农用地土壤污染风险管控标准（试行）》GB 15618—2018、《土壤环境质量　建设用地土壤污染风险管控标准（试行）》GB 36600—2018，筛选确定具体监测指标。

4. 设置填埋场的排污单位，地下水监测频次分别按照《生活垃圾填埋场污染控制标准》GB 16889—2024、《危险废物填埋污染控制标准》GB 18598—2019 执行

污水排放监测	废水	流量、pH 值、化学需氧量、氨氮、悬浮物、总磷、总氮、BOD$_5$、粪大肠菌群数	总排放口	直排月度自检□ 间接排放季度自检□	
	渗沥液	总汞、总砷、总镉、总铅、总铬、六价铬	排放口	直排月度自检□ 间接排放季度自检□	

注：1. 设区的市级以上生态环境部门明确要求安装自动监测设备的污染物指标，应采取自动监测。

2. 生活污水处理设施产生的污泥焚烧排污单位、一般工业固体废物焚烧排污单位等执行或参照执行《生活垃圾焚烧污染控制标准》GB 18485—2014 的排污单位按照生活垃圾焚烧排污单位监测要求执行；执行或参照执行《危险废物焚烧污染控制标准》GB 18484—2020 的排污单位按照危险废物焚烧排污单位监测要求执行；执行或参照执行《医疗废物处置污染控制标准》GB 39707—2020 的排污单位按照医疗废物焚烧排污单位监测要求执行

说明：烟气在线自动监测项，二噁英年度（或季度、半年度）检测项不在此列出。

（2）根据必须控制的烟气污染物种类，按照各污染物间的相互关联关系，以及烟气温度升降趋势等要素，采取分步减排、系统串联的烟气净化系统。

（3）对焚烧飞灰从收集、处理、转移到最终处置的每个环节都要按相关规定严格控制，做到全程可追溯。

（4）对排放烟气及其污染物监测的同时，加强对烟气原始浓度的检测，作为减排污染源强的基础。

（5）满足烟气污染物排放行政规定条件下，系统设备配置极具简单的，就是最佳配置。

（6）提升烟气净化系统设备的安全可靠、环境保护、节能减排、能源效率、经济效益的运行指标。

10.1.6　关于垃圾焚烧烟气污染物控制的基本程序

当地行政管理主体承担垃圾焚烧项目管理和对建设运营主体监管的责任。目前多由当地政府委托行政管理主体，通过特许经营或其他模式，确定具备焚烧处理生活垃圾能力，具有运行管理经验与经济实力，主动承担相应的社会责任，取得特许运营期内稳定经济效益的运行主体。

焚烧项目按照建设程序依法依规完成项目前期规划、土地取得、环评批准和其他建设手续；完成建设期土建施工、设备安装、系统调试、性能测试、专项工程验收，直至全厂竣工验收。在进入运行期之前要遵照国家相关规定完成行政规定的事项；特别是要完成自主环保验收与全厂竣工验收，并向当地环境或行政主管部门报备；在规定时间段内取得排污许可和电力业务许可；按生态环境部 2017 年规定完成"装、树、联"，按 2019 年规定安装完成各项污染物排放的自动检测系统设备。这一系列举措是推动生活垃圾焚烧项目规范化建设运营的驱动力。

10.1.7　生活垃圾焚烧发电行业现状及其影响因素

10.1.7.1　生活垃圾焚烧发电行业现状

据统计，截至 2022 年 12 月，全国焚烧发电项目共 932 座焚烧厂（在同一地块同一运行主体分期建设的按一厂计；不含港澳台地区的项目），建设总规模 1042350t；配套机组发电总规模 23860MW，单台机组发电功率范围 3～50MW；受当地社会、自然条件制约，现阶段对外供热规模按忽略处理。根据实际焚烧垃圾量，折算标准煤 0.335t/MWh 计，估算节约标准煤当量 8380 万 t。受供热对象的约束。主蒸汽参数以采用中压等级，温度 450℃为主。目前在对锅炉压力管道采取腐蚀堆焊、耐磨堆焊等技术基础上，正在积极进行垃圾焚烧锅炉主蒸汽中压等级到次高压等级，温度仍取 450℃的探索实践。

我国早期的垃圾焚烧自动控制 ACC 以进口专利系统为主，鉴于其对我国燃烧控制的"水土不服"，总体应用情况不是很好。为此，一些垃圾焚烧项目主体正在开发具有自主知识产权的 ACC，或是通过对热控系统相关逻辑图的完善，有效提高 ACC 投入率，扩大DCS 的应用范围，并已经取得较好的成果。将 AI 技术、VR 技术、云计算等应用于垃圾焚烧厂的数字化管控和远程集中管理等智能化管理正在探讨过程中，并取得积极成果。

对近 2～3 年评价运行状态良好的 20 多个主蒸汽采用中压或次高压等级，温度不大于450℃的生活垃圾焚烧项目统计（表 10-2），以及影响锅炉压力等级因素的分析，并参考电力系统的锅炉主蒸汽参数系列，从单元制系统小时产汽量看，适合采用中压等级参数；从母管制系统的小时产汽量分析，则适于采用中压、次高压等级参数。也就是说对焚烧垃圾规模 2000t/d，在一定条件下采用次高压等级是可行的选择。运行分析还显示目前 2000t/d以下规模的项目采用次高压等级，相比采用中压等级的热能利用效益没有明显优势。另外，采用高压等级参数，通常是要考虑蒸汽再热的热力系统。参考火电蒸汽参数系列的高压等级参数适合于机组进汽量不宜低于 400t/h 的经验，对我国当前的垃圾焚烧项目，采用次高压等级、非再热式机组，从安全、可靠、经济等角度看，是适宜的选择。

不同规模垃圾焚烧锅炉焚烧热能利用情况　　　　　　　　　　表 10-2

单台锅炉规模/ （t/d）	锅炉产汽量/ （t/h）	单位焚烧垃圾发电量/ （kW·h/t）	备注
450～500	42～46	400～516	次高压等级锅炉产汽 43.08t/h，发电 415kWh/t
600～624	53～67	410～509	统计数据离散性较大
750～800	72～74	468～565	单台规模产汽量最小 67t/h，最大 79t/h

根据蒸汽初压与朗肯循环关系等工程理论，对汽水循环倍率工况变化、中间再热式循环、主蒸汽压力等级与汽包蓄热能力、压力等级对锅炉压力部件材质、垃圾焚烧锅炉汽水质量等影响因素的研究，提出如下焚烧热能利用的因素与提高利用效率的可能性与途径的建议：

（1）循环热效率随主蒸汽初压提高而提高，是提高热经济性的重要因素，但不是唯一因素。实际运行过程影响单位焚烧垃圾发电量的因素应是综合因素共同作用的结果，不应依赖于单一状态参数，这是由蒸汽动力循环的性质决定的。

（2）热经济性不仅与热力系统循环热效率有关，还与生产设备产生的各种损失相关。提高蒸汽初压力取得最大化经济效益应是通过最小经济容量体现出来。这也是选择压力等级的基本原则。所谓最小经济容量是指综合焚烧垃圾特性、处理规模、适宜技术、生态环境、设备质量、系统安全可靠、热能利用效率、运行维护与工程实践经验等因素，取得最佳可用经济指标的评价原则。

（3）应充分考虑实际运行提高蒸汽压等级对汽水循环倍率、循环系统类型、汽包蓄热能力、锅炉压力部件材质、汽水质量等运行管理过程造成的影响。在当下焚烧厂处理规模不大情况下不推荐采用高压等级的主蒸汽参数。从安全可靠运行视角，主蒸汽温度一般按不大于 450℃ 控制。

10.1.7.2　我国生活垃圾焚烧运行主体对烟气污染物排放要求执行情况

我国生活垃圾焚烧运行主体对焚烧烟气采取"三条线"控制，并接受相关主管部门的有效监督管理。从"生活垃圾焚烧发电厂自动监测数据公开平台"显示，按"三条线"控制烟气污染物全都能实现达标控制。实际上运行主体对各种排放污染物是按 5 分钟均值，并且按对应法控线指标值的 80% 左右进行运行控制。例如根据实际运行炉膛主控温度区烟气温度变化速率情况，基本都是采取比法定 850℃ 高 100～200℃ 的安全裕量控制，并把垃圾焚烧锅炉后续高温控制问题，留给辐射通道去解决，以保持进对流受热面时的烟气温度不高于 650℃。再如，针对二噁英类 $0.1ngTEQ/Nm^3$ 控指标，保证达标排放的做法是根据其痕量级特征和长期运行经验，取 $0.05ngTEQ/Nm^3$ 作为运行过程的内控指标，一旦超过，就及时进行专题分析并制定控制措施。

10.1.7.3　垃圾焚烧项目运行和管理的协调发展

对生活垃圾焚烧烟气污染物的控制需要从垃圾焚烧到烟气净化全过程进行规范化运行管理，包括解决其运行过程中，持续改进行业发展中所面临的困境，持续提升规范化、精细化运行管理水平。

（1）垃圾焚烧项目各参与方都要坚守生活垃圾焚烧项目的城市基础设施基本属性的底线，以各项污染物达标排放为基准，继续执行垃圾焚烧项目不参与电网调峰的现行国家规定。

（2）运行主体建立健全运行管理制度并切实贯彻实施，确保焚烧线安全可靠，满足环境保护、节能减排、能源效率运行的年度目标。为此，可按80％～115％额定焚烧垃圾量，并保持焚烧线在年度8000～8400h运行时段内进行控制，根据可焚烧垃圾量、垃圾热值与炉膛容积热负荷关系进行必要的运行调整管理，且作为月度平均焚烧垃圾量与处理规模达到产能平衡的评价指标。该指标下限是实现烟气污染物稳定排放的基本保证，上限是保持安全可靠运行的基本要求。对此，运行管理的基本前提是要处理好焚烧垃圾的社会责任与企业经济效益的关系；基于历史渊源，在项目规划外谨慎适度运作扩容现象。

（3）行政主体作为生活垃圾全链条管理主体，承载保证日产日清、焚烧设施留有余地、属地管理与异地补偿、对焚烧项目监管等责任。可按年度焚烧垃圾量低于焚烧处理规模80％时，认定为当期焚烧垃圾属产能过剩。还可结合垃圾焚烧锅炉的工程约束条件，鼓励、支持、协调跨区域协同处理模式，并处理好行政区划及异地补偿问题。进行区域合理规划，避免如简单规定"一县一厂"等可能重复建设现象。还要妥善处理达不到委托合同规定处理量、污染物违规排放等现象。另外，焚烧烟气污染物受生活垃圾成分不稳定，总是在宽范围内变动的特点，可从环境安全、经济效益与因地制宜视角，以不低于500～600t/d的规模化集中焚烧为主，其他处理形式为补充，多策并举。

（4）制定《生活垃圾焚烧污染控制标准》GB 18485—2014的基本原则，是在国家法律框架内，以保护人体健康和环境质量为约束条件，以安全生产、环境保护、循环利用、节能减排等国家政策为基础，以垃圾熵、温度等级、碳减排、能源效率等工程理论及相关社会学理论为支撑，正确处理获取经济效益和承担环境与社会责任的关系。现行《生活垃圾焚烧污染控制标准》GB 18485—2014是我国执行焚烧烟气污染物排放的总体规定，属不可逾越的红线。地方环境管理部门要会同行政管理部门，依据国家的排放红线，并根据当地环境容量、焚烧工艺可实施性、经济承受能力，以签发的"排污许可"规定的年度排放量为当地限额排放的法控线。运行主体则要依据垃圾不稳定特性、排放污染物波动范围的经验值、5分钟烟气污染物排放波动平均峰值，以及相对我国现行烟气污染物排放标准、需要在运行过程中内部消化检测过程的误差等，制定避免超过法控线的安全裕量，也就是更严格内控指标。近年来，我国一些地方对垃圾焚烧项目的烟气污染物排放浓度，制定了严于《生活垃圾焚烧污染控制标准》GB 18485—2014的地方排放标准。制定地方生活垃圾焚烧烟气排放指标要充分理解运行主体为实现国家和环评批复烟气污染物排放指标的内部控制指标的做法，实施最适宜的烟气污染物排放要求。适宜排放要求的基本原则，一是要保证在人体健康可承受的范围以内；二是要与当地环境容量相适应；三是要与当地社会、经济条件相适应；四是与当前的工艺水平相适应；五是要有高可信度的工程依据和基本工程分析。

（5）对生活垃圾焚烧项目进行合理规划，避免过度超前、重复建设。按特许经营合同规定，属行政主体与运行主体各自负责的建设内容，要同步建设，同步投入运行。

（6）结合当前市政污泥、一般工业固体废弃物处置存在的问题及垃圾焚烧设施产能闲置问题，需要以政策引领焚烧可控技术，制定多固废协同处置管理办法，提升垃圾焚烧处理设施产能利用率。

10.2　烟气污染物及其净化效率管理

本节是从管理角度，对源自生活垃圾和垃圾焚烧过程热转化与化学反应的颗粒物、HCl、SO_x、NO_x、重金属等产物检测方法、浓度控制等进行简要剖析。关于这类污染物的生成机理、控制技术、工程基础等方面内容，可参阅本书相关章节。

10.2.1　颗粒物

10.2.1.1　垃圾焚烧的颗粒物概要

垃圾焚烧烟气的颗粒物是指燃烧过程中产生的飞灰和不完全燃烧产生的炭粒等组成的固体微粒和液滴所组成的非均匀系。粒径范围一般为 $0.01 \sim 1000 \mu m$。属一次颗粒物。含有重金属及二噁英类垃圾焚烧飞灰属于危险废物。其存在形态分为可交换态及碳酸盐结合态、铁锰氧化物结合体、有机结合态与残渣态。其中可交换态与碳酸盐结合态占比最高。

颗粒物的组成十分复杂，基于近年实际运行统计概率，工程上需考虑一定富余量，以标准状态烟气量为基准单位，颗粒物原始浓度根据当地垃圾特性确定，变化范围为 $500 \sim 4000 mg/Nm^3$。

10.2.1.2　颗粒物测定方法

计量颗粒物的重量指标称为含尘浓度，是指在标准状态下，每单位烟气体积含尘重量，单位是 mg/Nm^3。一些颗粒物浓度的测定方法参见表 10-3。我国对生活垃圾焚烧烟气颗粒物的检测按《固定污染源排气中颗粒物测定与气态污染物采样方法》GB/T 16157—1996 进行。

颗粒物浓度检测基本方法　　　　　　　　　　　　　　　　　　　　　表 10-3

序号	检测方法	说明
1	重量法（重量浓度法）	采用滤纸、聚苯乙烯的微滤膜等过滤器，或其他分离器收集粉尘并采用测定仪器称重的方法。如静电降尘重量分析仪可测出含尘 $10\mu g/Nm^3$ 的浓度
2	光散射法	采用内置滤膜在线采样器的激光粉尘仪，仪器在连续监测粉尘浓度的同时，可收集到颗粒物，以便对其成分进行分析，并求出质量浓度转换系数值
3	浓度规格表比较法	该表是在长×宽＝14cm×20cm 的各张白纸上描出宽度分别为 1.0mm、2.3mm、3.7mm、5.5mm、10.0mm 的方格黑线图，使矩形白纸板内黑色部分所占的面积大致为 0、20%、40%、60%、80%、100%，以此把烟尘浓度区别为 0 度、1 度、2 度、3 度、4 度、5 度 6 级。在标准状态下，1 度烟尘浓度相当于 $0.25g/Nm^3$，2 度约为 $0.7g/Nm^3$，3 度约为 $1.2g/Nm^3$，4 度约为 $2.3g/Nm^3$，5 度约为 $4 \sim 5g/Nm^3$。在使用时，将浓度表竖立在与观测者眼睛大致相同的高度上，然后在离开纸板 16m、离烟囱 40m 的地方注视此纸板，与离烟囱口 30~45cm 处的烟尘浓度作比较。观测时，观测者应与烟气流向成直角，不可面向太阳光线，烟囱出口的背景上没有建筑物、山体等障碍物。浓度规格表比较法的优点是简便易行，缺点是易产生误差
4	光度测定法	用一定强度的光线通过受测气体，或用水洗涤一定量的受测气体使气体中的尘粒进入水中，然后用一定强度的光线通过含尘水，气体或水中的尘粒就对光线产生反射和散射现象，用光电器件测定透射光或散射光的强度，并与标准的光度比较，即可换算成含尘浓度

序号	检测方法	说明
5	粒子计算法	将已知空气体积中的粉尘沉降在一透明表面上，然后在显微镜下数出尘粒数目（测定下限到每立方厘米 200 个尘粒），测量结果用"粒子数/cm³"表示，可换算成含尘浓度。其换算的近似值为：有 500 个尘粒/cm³、2000 个尘粒/cm³、20000 个尘粒/cm³，则标准状态下含尘浓度为 2mg/Nm³、10mg/Nm³、100mg/Nm³
6	间接测量法	含尘气流以湍流状态通过测量管，由于粉尘粒子和管内壁之间的摩擦而使尘粒带电，测量电流量，即可根据标准曲线换算出含尘浓度。此外，用热电偶测定尘粒吸收特定光源的辐射热，可间接测出含尘浓度。在离子化室内，测出空气中尘粒对离子流的衰减，也可算出含尘浓度

10.2.1.3 颗粒物浓度控制原则

颗粒物浓度控制的基本原则是，自然过程产生的颗粒物（粉尘）是靠大气自净化作用，包括在重力作用下的干沉降与降水作用下的湿沉降。而人类活动产生的颗粒物则要根据其不同粒径，及其润湿性（与液体附着难易程度）、磨损性、静电性、自燃性与爆炸性等理化性质，以人体健康可接受的水平为基准，采取基于应用物理或静电理论的控制措施。对一次颗粒物（包括脱酸反应产物）排放控制的有效措施是采用不同类型除尘器，并对捕集下来的飞灰进行全程可追溯的处理。对二次颗粒物的形成和变化规律仍属环境科学的重大研究课题，目前是以控制其前躯体为主。

就垃圾焚烧烟气的颗粒污染物来说，对不同类型除尘器选择性地应用重力、惯性力、离心力、扩散附着力、电场力等作用力，使颗粒物偏离烟气流动方向，或是将颗粒物阻止在捕集物料上，或是使颗粒物聚集在集尘极上。目前应用最多的除尘器是在正常条件下，采用 PTFE 加覆膜材质、除尘效率不低于 99%、分级效率也较高的袋式除尘器。静电除尘器因受到一些约束条件而应用较少。多管旋风除尘器目前是作为去除如粒径 $100\mu m$ 以上大颗粒为主的预除尘功能使用。随着主要材质、分级效率及复合功能的研发，正在引起越来越多的关注。

10.2.2 氯化氢（HCl）与硫氧化物（SO_x）

10.2.2.1 HCl 与 SO_x 概要

1. HCl

生活垃圾焚烧烟气中的 HCl 主要来源于聚氯乙烯（PVC）、聚偏二氯乙烯（沙纶）等氯乙烯系列塑料。此外，漂白、洗涤、消毒用品等会有残留氯化物。高温状态下食盐等无机氯化物会与 H_2O、SO_2 反应生成 HCl。

以热稳定性差的 PVC 有机氯化物为例，在 140℃开始分解产生气相 HCl，基本反应温度为 600～800℃，反应时间为 10～15min，反应原理为：$CH_2CHCl + 5/2O_2 \rightarrow 2CO_2 \uparrow + HCl \uparrow + H_2O$。

以热稳定性好的氯化钠为例的无机氯化物，在高温环境下一般不发生分解反应，但在达到熔点时首先熔解。NaCl 与浓硫酸会发生反应：$2NaCl + H_2SO_4（浓）\rightarrow Na_2SO_4 + 2HCl \uparrow$。在 430～540℃环境下，NaCl 会与几乎全部的 SO_2 发生反应，与灰分中 SiO_2 及

Al_2O_3 发生共轭反应：

$$2NaCl + SO_2 + 1/2O_2 + H_2O \longrightarrow Na_2SO_4 + 2HCl$$

$$2NaCl + 2SiO_2 + H_2O \Longrightarrow Na_2O(SiO_2)_2 + 2HCl$$

$$2NaCl + 4SiO_2 + Al_2O_3 + H_2O \Longrightarrow Na_2Al_2Si_4O_{12} \cdot H_2O + 2HCl$$

当 HCl 浓度 $>81.5mg/Nm^3$（10ppm）时，会与 CO_2 反应：$2NaCl + CO_2 + H_2O \rightarrow Na_2CO_3 + 2HCl$。

此外，NaCl 还可能与水蒸气发生如下反应：$2NaCl + H_2O$（水蒸气）$\rightarrow 2HCl + Na_2O$，但在水蒸气浓度大于 $8.04mg/Nm^3$，$700 \sim 1300℃$ 时，几乎不生成 HCl。

HCl 生成量与炉膛内不同功能区温度有关，因此给出具体生成量的范围是比较困难的，一般都是采用多年积累的经验值。HCl 的浓度随着焚烧垃圾质量变化而变化，难以做到准确预判，当下的参考范围为 $400 \sim 800mg/Nm^3$。

采用半干法脱酸工艺的，在喷水降温过程中，也就增加了飞灰含湿量，HCl 被吸收；另在水分蒸发过程中，飞灰中的碱性成分会将 Cl 元素固定。

2. SO_x

大气中的 SO_x 大约 43% 来自人类生产与生活活动，如纸类、含硫橡胶、厨余等。对我国生活垃圾中的硫元素的统计范围为 $0.4\% \sim 0.8\%$，目前大概率是在 0.4% 左右。其中一半以上固定在炉渣与飞灰中，特别是硫酸盐（Na_2SO_4、K_2SO_4 等）含量在 5% 以上（换算成 SO_4）有统计，受污染城市 SO_x 平均浓度在 $0.29 \sim 0.43mg/m^3$，大约是大气对流层的平均浓度 $0.0006mg/m^3$ 的 $480 \sim 720$ 倍。

垃圾焚烧烟气 SO_x 以来自生活垃圾中的有机硫为主，基本反应是：

$$C_XH_YO_ZS_W + O_2 \longrightarrow CO_2\uparrow + H_2O + SO_2\uparrow + 未完全燃烧物$$

$$2SO_2 + O_2 \longrightarrow 2SO_3\uparrow$$

还包含一定量的无机硫份，其基本反应是：

$$S + O_2 \longrightarrow SO_2\uparrow$$

其中可燃性硫份的转化率近乎 100%。在过量空气系数 $\alpha \leqslant 1$ 时的生成物则是 SO_2 及 H_2S。在 $\alpha > 1$ 工况下，95% 以上的生成物是 SO_2，其中约有 $\leqslant 2\%$ 可能会进一步反应生成 SO_3 且过量空气系数越大生成量越多，但有试验研究在 1127℃ 环境下，基本不会生成 SO_3。

10.2.2.2　生成物的特征及其影响因素

HCl 的沸点是 $-85℃$，对空气的相对密度 1.26。对不影响人体健康的容许浓度是 $8.15mg/Nm^3$，1h 的安全浓度 $82 \sim 163mg/Nm^3$，很快致死浓度是 $2118mg/Nm^3$ 以上。

硫氧化物中，SO_2 沸点为 $-10℃$，熔点约 $-76℃$，对空气的相对密度 2.26。气态 SO_2 易溶于水，0℃ 时 100g 水可溶解 22.8g。在铁、锰离子催化作用下，SO_2 会氧化成 SO_3。SO_3 有 α、β、γ 三种变态结构，α-SO_3 呈丝质纤维状和针状，密度为 $1.97g/cm^3$，熔点为 $62.3℃$；β-SO_3 呈石棉纤维状，熔点为 $32.5℃$，在 $50℃$ 可升华；γ-SO_3 呈玻璃状，熔点为 $16.8℃$，沸点为 $44.8℃$。溶于水，并跟水反应生成硫酸和放出大量的热。

基于近年实际统计概率，从垃圾分类政策与实施，以及工程上考虑一定富余量，但不考虑协同焚烧其他废物的基础上，以标准状态烟气量为基准的单位为 mg/Nm^3，推荐 HCl 原始浓度典型值为 $500mg/Nm^3$，变化范围为 $200 \sim 1000mg/Nm^3$。SO_x 原始浓度典型值为

$300mg/Nm^3$，变化范围为 $200\sim800mg/Nm^3$。

对我国单条线处理规模 $500\sim600t/d$，HCl、SO_x 脱除效率分别是 $99.0\%\sim99.5\%$、$85\%\sim90\%$ 的 23 条焚烧线，核定 SO_x 与 HCl 原始浓度比例关系的平均概率统计值是 10.09，变化范围是 $1:8\sim1:12$。这与常见提法 $1:10$ 基本吻合，但不能作为一般规律去引用。

10.2.2.3　检测方法

按《生活垃圾焚烧污染控制标准》GB 18485—2014 及其第 1 号修改单 GB 18485—2014/XG 1—2019 规定，氯化氢的测定可按《固定污染源排气中氯化氢的测定　硫氰酸汞分光光度法》HJ/T 27—1999 采用硫氰酸汞分光光度法，或按《固定污染源废气　氯化氢的测定　硝酸银容量法》HJ 548—2016 采用硝酸银容量法，或按《环境空气和废气　氯化氢的测定　离子色谱法》HJ 549—2016 采用离子色谱法测定。规定二氧化硫的测定可按《固定污染源排气中二氧化硫的测定　碘量法》HJ/T 56—2000 采用碘量法，或《固定污染源废气　二氧化硫的测定　定电位电解法》HJ 57—2017 采用定电位电解法，或《固定污染源废气　二氧化硫的测定　非分散红外吸收法》HJ 629—2011 采用非分散红外吸收法测定。

10.2.2.4　HCl 与 SO_x 排放浓度控制

1. HCl 与 SO_x 浓度基本控制原理

生活垃圾焚烧烟气酸性污染物基本控制条件是在 $180\sim250℃$ 温度条件下，采用 $Ca(OH)_2$ 或 NaOH 等碱性反应剂与 HCl、SO_x 等酸性污染物进行中和反应。为取得良好的中和反应效果，需要通过气相温度、时间、紊流的"3T"控制原则，控制炉膛燃烧过程、对流受热面气相换热过程处于最佳稳定、均衡的状态。烟气中的 SO_x 与飞灰反应：$Na_2O+SO_2+1/2O_2\longrightarrow Na_2SO_4$。

烟气中的硫氧化物浓度比较低，参考范围为 $100\sim350mg/Nm^3$。SO_x 由 SO_2（约占 98%）和 SO_3 组成。采用 $Ca(OH)_2$ 等脱酸剂可使除尘器出口的 SO_x 浓度降低，但 SO_3 的浓度即使降低到 $7\sim10mg/Nm^3$，温度 $120\sim130℃$，也可形成酸露点，并且露点温度随着烟气含水率增加而提高（图 10-1），因此必须考虑低温酸腐蚀问题。

常温下的 CaO 与 $Ca(OH)_2$ 的脱酸反应有正向进行的趋势，随着温度升高，吉布斯函数 $\Delta G=\Delta H-T\Delta S$ 的负值减小，反应的正向趋势

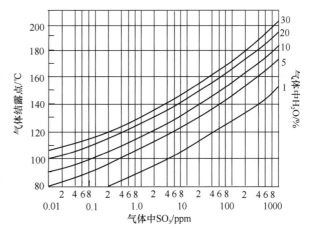

图 10-1　气体中 SO_3 浓度与露点关系

（图片来源：《废弃物手册》）

减小。另外，CaO 与 SO_x 的气固反应的生成物 $Ca(SO)_4$，会阻碍气态 SO_x 向固态反应剂内部的扩散，使脱酸效率降低。吉布斯函数中，ΔG 表示表示物质从一种状态转变到另一种状态时的能量变化量；ΔH 表示热化学变化量；T 表示热力学温度；ΔS 表示热力过程中熵变化量。

就 $CaCO_3$ 来说，常温状态下具有结构稳定的特征，密度为 $2.93g/cm^3$，分解温度为

825～896.6℃，熔点为 1339℃（10.7MPa 为 1289℃）。但在高温状态下的 $CaCO_3$ 具有不稳定性和 900℃左右热分解产生 CaO 的特征。对热分解机理的研究认为，其细颗粒的热分解受传热、CO_2 扩散和化学反应机理控制，并且在众多化学反应控速机理中，单步随机成核是化学反应控速的主要机理。

CaO 熔点为 2572℃，沸点为 2850℃，相对密度约为 3.35，具有如下特性：容易从周围环境中吸收水分，发生放热反应，生成 $Ca(OH)_2$；长时间暴露在空气中会吸收 CO_2 变成粉状 $CaCO_3$。在常温下的 $Ca(OH)_2$ 的半干法或湿法脱酸反应是离子间的反应，反应速率快，脱除效率较高。

20 世纪 60～70 年代，我国及德国、美国、日本等国家学者对电站锅炉进行了炉膛内投放石灰石（$CaCO_3$）按下式 $CaCO_3 \longrightarrow CaO + CO_2$ 进行高温分解反应，以及直接采用 CaO 作为脱除 SO_x 反应剂的基础性研究和工业化试验，结果显示炉内脱酸效率不高（SO_2 脱除效率约 50%），加之运行操作条件的变化，试验效率仅 30%～40%。所以这种高温技术未被实际采用。

2. 对生活垃圾酸性污染物控制

控制生活垃圾焚烧烟气中以 HCl、SO_x 为代表的酸性污染物，目前主要采用的是干法、半干法、循环流化法和湿法脱酸工艺。采用哪种单一或组合控制的主要依据是：

（1）立足锅炉省煤器出口烟气温度 180～220℃，最高 250℃的条件。

（2）允许向大气排放的酸性污染物指标。

（3）包括脱酸系统在内的烟气净化系统的设定负压、温度梯度等状态参数。

（4）脱酸吸收剂的理化性质。

（5）烟囱入口的温度与当地环境条件等。

3. 提升当期运行管理水平的途径

在实际运行控制中，可考虑从以下几方面考虑提升当期运行管理水平。

（1）提高干法脱酸效率

传统干法脱酸效率低，不能达到脱酸效率的期望值。需要从反应机理研究和工艺系统优化来提高脱酸效率。但目前还不适于单独采用，而是从烟气净化整体系统出发，用于补充调整。

（2）加强对湿法的研究

采用湿法脱酸技术具有反应速度快、反应剂利用率高、理论脱酸效率相对较高的正面作用。但相对半干法＋干法组合工艺，存在系统复杂，运行维护工作量大，废水处理问题，建设投资、运行费用相对高等负面影响因素。

从对比目前烟气净化系统投入和运行管理类同的项目看，当前实际运行的湿法＋半干法＋干法工艺与半干法＋干法工艺的脱酸效率没有明显差别。这也印证了半干法是最佳可用技术的论断。从脱酸组合工艺选择的启示，首先是以实现安全、可靠、环保运行为目标，在此条件下遵循系统设备越简单运行越可靠，以及效率提高是以增加能耗为代价的基本规律。特别是从节能减排、能源效率视角，半干法＋干法能解决污染物达标排放的，没有特殊要求就不一定要采用湿法。

对我国目前一些采用有湿法工艺规范运行的状态看，鲜有明显优于半干法＋干法工艺的，由此，尚需积累应用湿法工艺的经验，尤其是要避免重复建设，减少系统设备的运行缺陷。就此，要从系统功能性要求，设备可靠性保证指标，工程技术的节能减排，运行主体的运行管理状态等全方位综合评价。

（3）按规定质量采购脱酸反应剂

常用的脱酸吸收剂有氢氧化钙和氢氧化钠。对 $Ca(OH)_2$ 的溶解度随着温度升高而降低的问题，主流的解释是因为 $Ca(OH)_2$ 有两种水合物［$Ca(OH)_2 \cdot 2H_2O$ 和 $Ca(OH)_2 \cdot 12H_2O$］，这两种水合物的溶解度较大，无水 $Ca(OH)_2$ 溶解度很小。随着温度的升高，这些结晶水合物逐渐变为无水 $Ca(OH)_2$，其溶解度也就随着温度的升高而减小。

常用的脱酸反应剂有氢氧化钙［分子式 $Ca(OH)_2$，俗称熟石灰或消石灰］和氢氧化钠（分子式 NaOH，俗称苛性钠、烧碱、火碱），较少采用的是碳酸氢钠（分子式 $NaHCO_3$，俗称小苏打）。$Ca(OH)_2$ 和 NaOH 的特征值参见表 10-4。

$Ca(OH)_2$、NaOH 的特征值与控制指标　　　表 10-4

$Ca(OH)_2$ 的特征值									
25℃密度			熔点				沸点		
2.24g/mL			580℃（失水，分解）				2850℃		
氢氧化钙在水（100g）中的溶解度（g）随温度（单位为℃）的变化									
水温/℃	0	10	20	30	40	50	60	70	80	90
溶解度/g	0.185	0.176	0.165	0.153	0.141	0.138	0.116	0.106	0.094	0.085

应用 $Ca(OH)_2$ 的控制指标			
密度	CaO 纯度	比表面积	粒度/占比
900~1100kg/m³	＞85%	15m²/g	0.090mm/≮98%；0.063mm/≮95%；0.032mm/≮83%；0.010mm/≮62%

NaOH 的特征值				
密度	熔点	沸点	饱和蒸气压	溶解性
2.13g/cm³	318℃	1388℃	0.13kPa(739℃)	溶于水、乙醇、甘油，不溶于丙酮、乙醚

工业用 NaOH 控制指标（《工业用氢氧化钠》GB/T 209—2018）				
指标项	IS[a]-Ⅰ	IS-Ⅱ	IL[b]-Ⅰ	IL-Ⅱ	IL-Ⅲ
氢氧化钠≥	98.0	70.0	50.0	45.0	30.0
碳酸钠≤	0.8	0.5	0.5	0.4	0.2
氯化钠≤	0.05	0.05	0.05	0.03	0.008
三氧化二铁≤	0.008	0.008	0.005	0.003	0.001

$NaHCO_3$ 的特征值					
热分解	生成热	溶解热	比热容（C_p）	密度	水中溶解度
在潮湿或热空气中缓慢分解产生 CO_2，270℃完全分解	229.3kJ/mol	4.33kJ/mol	20.89J/mol℃	2.20g/cm³	7.8g(18℃)、16.0g(60℃)

工业 $NaHCO_3$ 控制指标（《工业碳酸氢钠》GB/T 1606—2008）			
指标项	Ⅰ类[2]	Ⅱ类	Ⅲ类
总碱量（以 $NaHCO_3$ 计），w/%≥	99.5	99.0	98.5
干燥减量，w/%≤	0.10	0.15	0.20
pH 值（10g/L 水溶液）≤	8.3	8.5	8.7
氯化物（以 Cl 计），w/%≤	0.10	0.20	0.50
铁（Fe），w/%≤	0.001	0.002	0.005
水不溶物，w/%≤	0.01	0.02	0.05
硫酸盐（以 SO_4 计），w/%≤	0.02	0.05	0.5
钙（Ca），w/%≤	0.03		0.05
砷（As），w/%≤	0.0001		
重金属（以 Pb 计），w/%≤	0.0005		

[a]　IS 指固态 NaOH 控制指标，IL 指液态 NaOH 控制指标。

[b]　工业 $NaHCO_3$：Ⅰ类用于化妆品行业；Ⅱ类用于日化、引燃、鞣革、橡胶等行业；Ⅲ类用于金属表面处理。

对一些正常运行项目的统计分析，当运行控制粒径在 $20\mu m$ 以内时，基于工程分析的 HCl 与 SO_x 脱除效率可分别达到98％、85％以上。我国目前的垃圾焚烧项目实际应用中多采用半干法＋干法组合工艺，其中在半干法工艺系统与袋式除尘器之间增加干法工艺，是保证生活垃圾焚烧线启动过程或是运行过程环保控制无缝衔接的措施。项目的运行工况显示 HCl 与 SO_x 脱除效率均可达到99％与90％，甚至更高。按现行酸性污染物日均值排放指标 $50mg/Nm^3$、$80mg/Nm^3$，相对现行国家标准分别减排 60％、40％。在这样的背景下，如果无特别环境要求而单纯追求更高排放指标，则需要结合节能减排、经济效益平衡分析，并充分考虑项目运行主体为保证达标排放而制定有内控指标等，做出客观评价。实际运行项目还有采用如压力-气流型专用喷嘴组的工艺，其雾化粒径在 $50\sim100\mu m$。在其他运行条件不变，脱酸效率可分别达到排放指标 96％、85％左右，也可符合现行国家标准要求。

针对雾化反应器喷嘴易堵塞，定期更换维护较为频繁（正常每周要从系统筒体取出维护一次）等缺陷，欧洲国家研制出了循环硫化法脱酸系统。循环流化法脱酸工艺过程是：烟气从反应吸收塔底部进入，通过流化风机或塔内文丘里的加速作用，使颗粒物在反应塔内按 $40\sim60$ 倍的循环倍率进行循环，从而循环飞灰处于流化状态。与此同时，在强烈传热传质过程中，酸性污染物与 $Ca(OH)_2$ 干粉进行充分的化合反应。通过在反应塔或消化器内喷水增湿，造成反应塔中气、固、液三相之间极大的反应活性和反应表面积，有效去除酸性污染物；同时具有调节床内温度作用。与此同时，根据烟气净化需要，添加适量的活性炭，能更有效地吸附脱除重金属与二噁英类等有机污染物。在我国运行的两套系统表明，可达到采用雾化反应器的脱酸效果。但是我国自行研制的循环硫化法的工艺系统在一些地方运行效果不够理想，仍需要加强机理性研究和提高设备制造质量标准。

鉴于半干法工艺具有耗水量较湿法少且不产生废液；系统出口烟温满足排放要求；技术成熟可靠，已被国内外垃圾焚烧项目广泛采用，并视为最佳可行技术之一。对反应剂溶液输送过程在系统故障停运时容易发生堵塞问题，可通过良好的设计及操作管理等措施加以克服。其主要缺陷是雾化反应器喷嘴磨损问题。

10. 2. 3　氮氧化物（NO_x）

10. 2. 3. 1　NO_x 概要

氮氧化物 NO_x 是物料与空气高温燃烧时产生 NO，再经过气相反应的产物。基本反应是 NO 与大气中的 O_3 反应：$NO+O_3=NO_2+O_2$。日本新井纪男教授等研究的 O_3 浓度为 $10\sim100$ pbb。垃圾焚烧烟气中的 NO_x 中，NO 占95％或以上，NO_2 约占 5％。其中 NO 不稳定，在空气中极易氧化成 NO_2，故而烟气 NO_x 浓度质量标准是以 NO_2 表示，但排放标准仍按 NO_x 计。

垃圾焚烧烟气排放的 NO_x 主要来源于垃圾中的有机氮元素，包括蛋白质系列的厨余、含氮元素树脂、尿素，以及氨基甲酸乙酯、三聚氰胺等。垃圾焚烧烟气中的 NO_x 是以在高温环境下氧化生成的燃料型 NO_x 为主。还有在不低于 1500℃ 环境下与 O_2 生成的热力型 NO_x，其中碳氢化合物燃烧生成 NO_x 被称为快速型氮，也有将此类反应归并为热力型氮。其中，

燃料型 NO_x 基本反应原理：$C_xH_yO_zN_w+O_2\longrightarrow CO_2\uparrow+H_2O+NO_2\uparrow+NO\uparrow+$ 未完全燃烧物；

热力型 NO_x 基本反应原理：$2N_2 + 3O_2 \longrightarrow 2NO_2 \uparrow + 2NO \uparrow$。

相对电站锅炉来说，垃圾焚烧温度要低，所以热力型的 NO_x 生成量相对较少。生活垃圾的燃料型 NO_x 即使在较低的 $600 \sim 900℃$ 也能生成，实际情况大约 $70\% \sim 80\%$ 是燃料型 NO_x。垃圾焚烧烟气中的 NO_x 浓度为 $90 \sim 500mg/Nm^3$。抑制燃料型 NO_x 的高温生成条件是避开 $600 \sim 800℃$ 环境温度，保持过量空气系数小于 1。

对热力型 NO_x 生产量预测，可按设定氮原子近似稳态（即 $dN/dt = 0$）为边界条件的捷里多维奇模型进行估算。基于近年实际统计概率分析，从垃圾分类政策实施及工程上考虑一定富余量，以标准状态烟气量为基准单位，NO_x 原始浓度变化范围为 $200 \sim 450mg/Nm^3$，最大为 $500mg/Nm^3$。此外，有如下对 N_2O 的研究意见：①当炉膛出口温度在 $800℃$ 以上时，N_2O 的浓度可降低到 5ppm。②在 $500 \sim 1000℃$ 温度范围内，N_2O 浓度随着温度的降低而增加。③N_2O 浓度有随着 CO 浓度增加而增加的趋势。

10.2.3.2 生成物的特征浓度及其影响因素

在炉膛内通过各功能区域的温度控制与选择性非催化还原等高温脱氮技术，根据烟气的不同氧浓度可使 NO_x 浓度控制到 $150 \sim 200mg/Nm^3$。但这与通过降低 CO、HCl 与颗粒物浓度来控制二噁英的办法难以做到两全其美，如果还原性物质减少，则很难取得将 NO_x 还原成 N_2 的良好效果。

在层燃型垃圾焚烧锅炉的炉膛内气相燃烧过程中，同时发生垃圾中的燃料型氮经气化氧化成 NH_3，再经还原反应生成 NO_x 的过程。与此同时，在局部燃烧温度超过 $1200℃$ 时，导致产生 HCN，生成热力型氮。另在炉排燃烧段的固定碳燃烧过程中，可燃成分中的燃料型氮主要被转化成 NO_x 和 N_2。

基于近年实际统计概率，从垃圾分类政策与实施，以及工程上考虑一定富余量，以标准状态烟气量为基准的单位为 mg/Nm^3，推荐原始浓度典型值为 $350mg/Nm^3$，变化范围为 $200 \sim 450mg/Nm^3$。

10.2.3.3 检测方法

按《生活垃圾焚烧污染控制标准》GB 18485—2014 规定，氮氧化物的测定可按《固定污染源排气中氮氧化物的测定　紫外分光光度法》HJ/T 42—1999 采用紫外分光光度法，或按《固定污染源排气中氮氧化物的测定　盐酸萘乙二胺分光光度法》HJ/T 43—1999 采用盐酸萘乙二胺分光光度法，或按《固定污染源废气　氮氧化物的测定　定电位电解法》HJ 693—2014 采用定电位电解法测定。

10.2.3.4 基本控制原则

生活垃圾焚烧烟气中 NO_x 的控制可分为炉内高温烟气控制与炉外低温烟气控制。

炉内高温控制是在炉膛 $850 \sim 1050℃$ 适宜温度区，布置三层喷嘴组，根据炉膛温度区的最佳温度状态点，自动选择一层喷入尿素 $[(NH_2)_2CO]$ 溶液或氨水 (NH_3) 反应剂，进行选择性非催化还原（SNCR）反应。基本反应原理是：

喷尿素：$2(NH_2)_2CO + H_2O \longrightarrow 2NH_3 + CO_2$

$\qquad 4NH_3 + 4NO + O_2 \longrightarrow 4N_2 + 6H_2O$

喷氨水：$4NH_3 + 4NO + O_2 \longrightarrow 4N_2 + 6H_2O$

以及如下反应：$4NH_3 + 5O_2 \longrightarrow 4NO + 6H_2O$

$\qquad 4NH_3 + 3O_2 \longrightarrow 2N_2 + 6H_2O$

通过炉膛各功能区的温度控制与选择性非催化还原（SNCR）高温脱氮技术，按烟气的不同氧浓度可使 NO_x 浓度控制为 $150\sim200mg/Nm^3$。SNCR 对锅炉温度的变化，以及垃圾热值和组成的变化十分敏感，故而垃圾和燃烧过程的良好混合是必要的。有研究提出，在炉膛喷入氨水反应区域的温度为 $900\sim950℃$、$NH_3/NO=2$、停留时间为 $0.4s$ 条件下，NO_x 脱除率可达到 90%。但实际运行时，喷入氨水的均匀程度与时间难以掌控，以致实际运行的脱氮效率仅在 50% 左右。据此，要在基础理论研究基础上，进行自动调控适宜喷入位置、改进脱除 NO_x 反应剂及喷射系统的工程实践研究工作。如果还原性物质减少，很难取得将 NO_x 还原成 N_2 的良好效果。近年来行业内开发了 PNCR 脱氮工艺用反应剂，但还需要积累工程应用经验，提高脱氮效率。

对炉外低温烟气采取独立脱除 NO_x 系统，NH_3 与 NO_x 在不同温度环境下进行等摩尔数的选择性催化还原（SCR）反应。选择性是指在催化剂的作用和氧气存在条件下，NH_3 优先和 NO_x 发生还原脱除反应，生成氮气和水，而不和烟气中的氧进行氧化反应，主要反应式为：

$$4NO+4NH_3+O_2\longrightarrow4N_2+6H_2O$$
$$2NO_2+4NH_3+O_2\longrightarrow3N_2+6H_2O$$

在没有催化剂的情况下，上述化学反应只在 $980℃$ 左右很窄的温度范围内进行，采用催化剂时，根据催化剂的特性可分为 $160\sim200℃$ 低温催化反应、$280\sim420℃$（实际运行多在 $220\sim350℃$）高温催化反应的 SCR 脱硝工艺技术。该技术是在催化剂作用下，向上述温度的烟气中喷入 NH_3，将 NO_x 还原成 N_2 和 H_2O。由于 NO_x 在烟气中的浓度较低，故反应引起催化剂温度的升高可以忽略。为防控催化剂中毒，脱除 NO_x 系统多是串联布置在袋式除尘系统后。

调低锅炉烟气含氧量可以减少脱硝系统的氨耗量。这是因为适当降低氧含量可减小锅炉燃烧的过量空气系数。在整个过程中燃烧处于微缺氧燃烧的状态，那么煤中的硫元素与空气的接触面积减小，燃烧生成的 NO_x 量就会减少。此时喷氨调节门就会关小，氨量自然也就会下降。另一方面，虽然低氧量有助于减少 NO_x 的生成量，降低氨耗，但过低的氧量会造成锅炉燃烧不完全，使焚烧飞灰含碳量增加，增大不完全燃烧损失，氧量严重不足时甚至会发生燃烧不稳定，影响锅炉运行的安全性。通常，氧量控制应在 CO 含量骤升的拐点右侧，即锅炉热损失最小的区域。

焚烧烟气中总的 NO_x 含量随着氧量的增而增加，因此高氧量运行对锅炉的 NO_x 控制是不利的。也会造成脱硝系统氨耗增加，这样对于经济性和安全性都是不利的。

10.2.3.5　关于氨逃逸

垃圾焚烧过程是以环评批复指标为法控线，并按年度 NO_x 排放总量，确定并考核月度内控排放指标实施动态管理。另反应剂的投入量，是针对 NO_x 原始浓度与氨逃逸工况进行控制。

氨逃逸主要是指 SNCR 与 SCR 工艺系统，未参与还原反应并以气态形式散逸到大气中的 NH_3。氨逃逸是影响 SCR 系统运行的一项重要参数。烟气温度是决定 SNCR 和 SCR 的反应效果的基本要素，也是影响氨逃逸大小的因素之一。其量化指标用氨逃逸率表述，通常是指 SNCR 系统在锅炉省煤器烟气侧的出口和 SCR 工艺系统出口，未参与还原反应的 NH_3 质量与出口烟气体积（标准状态、干基、11%O_2）之比，单位 mg/Nm^3。需注意，与《燃煤电厂烟气脱硝装置性能验收试验规范》DL/T 260—2012 定义的氨逃逸浓度基本含义相同，但是 O_2 的基准不同：电力标准是取 $6\%O_2$，垃圾焚烧烟气取 $11\%O_2$。

1. 造成氨逃逸的主要原因

（1）氨水等反应物质量因素。当氨水纯度、浓度偏离正常运行要求时，会改变原设计最佳投入氨水用量。为避免达不到脱销指标，往往是采取过量投入办法，造成氨逃逸。

（2）投入氨水等反应剂的数量、温度、压力的因素。当超量投入氨水，氨水富裕量过大，发生氨逃逸；当烟气量大幅降低，不能均匀投入氨水；脱除 NO_x 的反应温度过低，以致 NO_x 与氨的反应速率降低造成 NH_3 逃逸。反应温度过高时，氨又会生成 NO 而降低反应效果，进而造成多余的氨逃逸；喷入氨水用压缩空气压力偏高偏低，也会引起氨逃逸。

（3）系统设备布置与故障的因素。喷嘴设置位置、喷射角度因素。常发生喷入的氨水分布不均，以致烟气流速不均，反应时间偏低，造成氨逃逸。另外，雾化效果差喷枪雾化不好，氨水与烟气不能充分混合，发生运行过程喷嘴堵塞，系统泄露故障等发生氨逃逸。

2. 对氨逃逸的控制

（1）对于喷氨流量分布不均造成的氨逃逸的偏差，可通过调整氨水喷枪前的球阀控制。通常操作中，尽可能使旋转喷枪枪头朝下倾斜以增加反应时间，通过压力降控制每只喷枪的氨分布均匀；管控 NH_3 与 NO 充分反应，降低 NH_3/NO 摩尔比，从而降低氨逃逸。应在锅炉运行过程中检查氨水喷枪，及时疏通或更换，确保氨水喷枪正常投运。

（2）烟气温度决定着 SNCR 和 SCR 的反应效果，进而影响氨逃逸的大小。在低负荷时，烟温下降导致局部烟温太低，会引起催化剂活性下降，进而氨逃逸升高。需要根据选用的脱硝剂，锅炉负荷和燃烧情况在满足的条件下维持烟气温度在最佳范围内。

（3）催化剂老化会使脱硝反应效果变差，为保证环保达标而大量喷氨就会造成氨逃逸增加，所以当催化剂老化时要及时在停炉大、小修时进行更换。

（4）氨水的雾化风量对于脱硝反应明显，也直接决定着氨逃逸，而氨水能否充分雾化与风量成正比关系，为提高氨枪的雾化效果，需控制压缩空气压力不低于正常范围。

（5）当锅炉燃烧扰动时要及时根据脱硝反应器入口的 NO_x 含量对氨水进行调整分配，防止氨逃逸过大或两侧偏差大，甚至因为调整不到位带来的环保超标问题。锅炉负荷变化会导致锅炉烟气量、烟气温度及脱销系统入口浓度变化。当锅炉负荷降低时，烟气量减少，烟气中 NO_x 含量降低，使得 SCR 反应器内流速降低，烟气在催化剂上停留时间增加，提高了脱硝效率，从而降低了氨逃逸浓度。

（6）为使焚烧烟气中残留氨水与烟气中的 NO_x 在催化剂作用下有足够反应时间，降低锅炉 SCR 反应器出口氮氧化物、氨逃逸率，通常选择降低炉膛负压的方式进行（如控制炉膛负压在 $-50\sim-30Pa$），在锅炉燃烧稳定，SCR 反应器出口氮氧化物达标排放前提下，氨逃逸浓度能有效控制。氨逃逸过大的话会生成的硫酸氢铵，造成催化剂层的失效。控制喷氨系统氨逃逸率，可减轻氨逃逸后硫酸铵或硫酸氢铵对炉后设备的影响。

（7）参考火电厂相关规定，对 SCR 脱氮工艺出口按 $2.28mg/Nm^3$（3ppm）进行控制。另对 SNCR 脱氮工艺出口按 $6.07mg/Nm^3$（8ppm）控制。

10.2.4 重金属

重金属原义是指比重大于 5，即相对密度在 $4.5g/cm^3$ 以上的金属，是在自然界地壳岩石中广泛存在的天然组成成分。原子序数从 23（V）至 92（U）的 60 种天然金属元素，从相对密度的视角，其中 54 种是重金属。但在进行元素分类时，其中有的属稀土金属，有的划归难熔金属。最终在工业上划入重金属的 10 种具有金属共性的元素是汞（Hg）、铜（Cu）、铅（Pb）、锌（Zn）、镍（Ni）、锡（Sn）、钴（Co）、锑（Sb）、铬（Cr）和铋（Bi）。这 10 种重金属除了密度大于 4.5g/cm³ 外，并无其他特别的共性，各种重金属各有各的性质。

钾（K）、钠（Na）、钙（Ca）、镁（Mg）、铁（Fe）、铜（Cu）、锌（Zn）等是人体有限需要的元素，而铅（Pb）、砷（As）、汞（Hg）、铬（Cr）等则是人体不需要的。为此，根据生物毒性及对人体健康影响程度，将焚烧烟气中的汞（Hg）及其化合物、镉（Cd）、铊（Ti）及其化合物、锑（Sb）、砷（As）、铅（Pb）、铬（Cr）、钴（Co）、铜（Cu）、锰（Mn）、镍（Ni）及其化合物列为严格管控的物质，统称重金属。尽管其中的砷（As）是根据其具有某些类同金属毒性性质而被列入重金属范围。这与工业上界定的重金属有所差别。

10.2.4.1　重金属概要

由于人类日益增加的对重金属的开采、冶炼、加工及商业制造活动，造成 Pb、Hg、Cr 等诸多重金属进入大气、水体、土壤，进而打破了自然界容纳与自净化能力。以单质与化合态存在的重金属会在生态系统内存留、积累和迁移，从而引起日益严重的环境污染。例如随废水排放的重金属会在藻类和底泥中累积，被鱼、贝等水产物的体表吸附，产生食物链浓缩。

焚烧烟气中的重金属是以单质或化合态形式存在于生活垃圾中，具有随季节变化，但总体上处于比较平衡状态的特征。来自北京大学等多所院校发表的论文显示，生活垃圾中的 Pb，大约 37% 来自橡胶塑料，10%～15% 来自纸制品；Hg、Cr 则主要是来自厨余。中科院广州能源所等发表文献，Hg、Pb、Cd、Cr 多来自金属制品与镀金材料，Cd、Cr 还来自包装垃圾等。As 则来自生活垃圾中的草木、灰土。在垃圾焚烧过程中，重金属多以化合形态转移到炉渣与飞灰中。大量检测统计显示，重金属类占比不高，不会改变炉渣的安全属性，但因浓缩作用而对飞灰有影响。据统计占飞灰质量的 2%～3%。

10.2.4.2　生成物的特征浓度及其影响因素

作为焚烧烟气有害成分的重金属，多以化合形态存在，较少以单质形态存在。鉴于生活垃圾物理成分不稳定特性，以致焚烧烟气重金属浓度具有较大变化范围。基于近年垃圾分类政策与实施，以及工程上考虑一定富余量，根据以标准状态烟气量为基准的统计概率，对早期推荐原始值进行了调整（表 10-5、表 10-6）。部分重金属及其化合物热力特征参数参见表 10-7。

推荐的重金属原始浓度（mg/Nm³）　　　　　　　　　　　　表 10-5

原始浓度		汞及其化合物（以 Hg 计）	铅及其化合物（以 Pb 计）	镉及其化合物（以 Cd 计）	锑、砷、铅、铬、钴、铜、锰、镍及其化合物（Sb＋As＋Pb＋Cr＋Co＋Cu＋Mn＋Ni 计）
修订推荐	典型值	2.5	4.5	0.5	10
	范围	0.05～5.0	1～10	0.01～1.5	10～50
原推荐值	典型值	5	10	1.0	15
	范围	0.1～10	1～50	0.05～2.5	10～100

城市生活垃圾中金属的典型含量范围（单位：g/t）　　　　表 10-6

微量成分	Fe	Cr	Ni	Cu	Zn	Pb	Cd	Hg
范围（g/t）	2500～7500	100～450	50～200	450～2500	900～3500	750～2500	10～40	2～7
按 4000Nm³/t 折算 mg/Nm³	625～1875	25～113	13～50	113～625	225～875	188～625	2.5～10	0.5～1.8
按 5000Nm³/t 折算 mg/Nm³	500～1500	20～90	11～40	90～500	180～700	150～500	2～8	0.5～1.5

金属及其化合物的熔沸点　　　　表 10-7

金属元素	原子量	熔点(℃)	沸点(℃)	氧化物(℃)	氯化物(℃)	硫酸盐
Hg	200.59	−39	357	分解温度＞400	熔点 275，沸点 301	熔点分解
Zn	65.39	419	907	生华温度 1800	熔点 283，灼烧升华	灼烧时分解
Cu	63.546	1083	2595	熔点 1026	熔点 620，分解 993	560℃分解
Pb	207.2	327	1744	熔点 886，沸点 1516	熔/沸点：501/950℃	熔点 1170℃
Cd	112.411	321	767	升华 900	熔点 570，沸点 960	熔点 1000℃
Ni	58.69	1555	2837	熔点 1980	熔点 1001	熔点 31.5℃
Cr	51.9961	1900	2480	熔点 2435，沸点 3000	熔点 83	高温时分解
Fe	55.847	1535	3000	熔点 1377，分解 3410	熔点 282，沸点 316	高温室分解

10.2.4.3　测定方法

根据《生活垃圾焚烧污染控制标准》GB 18485—2014，汞按《固定污染源废气　汞的测定　冷原子吸收分光光度法》HJ 543—2009 采用冷原子吸收分光光度法测定；镉、铊、砷、铅、铬、锰、镍、锡、锑、铜、钴按《空气和废气　颗粒物中铅等金属元素的测定　电感耦合等离子体质谱法》HJ 657—2013 采用电感耦合等离子体质谱法测定。

10.2.4.4　基本控制原则

生活垃圾焚烧烟气中的重金属多以化合态存在于飞灰中，其存在形态有占比较高的可交换态与碳酸盐结合态，还有铁锰氧化物结合态、有机结合态及残渣态。

焚烧温度是重金属元素及其化合物在气、固、液相中分布规律的重要影响因素。其中 SiO_2 易与 Al_2O_3 形成低熔点共熔体，熔点高低与 SiO_2 含量成正比。作为低熔点共晶体重要组成部分的 CaO 在添加量 15％之前，灰熔点呈下降趋势。因 CaO 的熔点高达 2614℃，添加量高于 15％后，会使含有多余 CaO 混合物的熔点随之增加而升高，直至添加量 50％时达到最高。此外，pH 值、不同吸附剂对重金属分配也有影响。

基于焚烧烟气中重金属及其化合物的存在与分布特征，目前多通过飞灰稳定化工艺，同时进行重金属控制。在采用熔融法处理飞灰时，需要特别注意熔融烟气中浓缩重金属及其化合物的再处理问题。此外，在采用湿法脱酸工艺时，也会有一定协同处理重金属作用，但也要特别注意含有浓缩重金属及其化合物的废水处理问题。

10.2.5　二氧化碳（CO_2）与一氧化碳（CO）

10.2.5.1　CO_2 与 CO 概要

大气中的 CO_2 浓度大约是 0.35‰。通常认为，CO_2 排放同大气圈储存量与海洋的吸收量有着平衡关系（源自 Watson. Greenhouse Gases and Aerosol）。普遍认同的是人类活动中过量消耗化石燃料，以及自然界森林火灾，破坏性开发利用土地等，使 CO_2 排放量大于自然环境储存与吸收量，造成"温室效应"。作为无毒气体，CO_2 本不属于大气污染物，但随着"温室效应"影响到人类生存环境，故而将其作为大气污染物对待，采取碳减排行动。

CO 的熔点为 $-205℃$，沸点为 $-191.5℃$，着火点为 $651℃$，相对密度为 0.98。爆炸上/下限浓度为 $74\%/12.5\%$，爆炸上/下限空气比（当量比）为 $0.15/2.94$（$6.80/2.94$）。CO 是一种窒息性气体，进入大气后，由于大气的扩散稀释作用和氧化作用，一般不会造成危害。但当气象条件不利于排气扩散稀释时，CO 的浓度有可能达到危害人体健康的水平。其中 CO 在空气中的浓度到 0.02% 时，持续 $2\sim3h$ 有轻微头痛；到 0.16% 时，持续 $2h$ 引起死亡；到 1.28% 时，持续 $1\sim3min$ 引起死亡。CO 和 NO_x 之间存在相互牵制的关系，设计时必须要考虑这种关系。我国 2012 年颁布的《环境空气质量标准》GB 3095—2012 规定有控制指标。

CO 分子是以三重键结合，键长比一般碳氧双键短、键能比一般碳氧双键大。又因氧原子电负性比碳原子高，电子云偏向氧原子，从而 CO 分子会有较大的偶极矩。但 CO 分子中形成配位键的电子对是由氧原子单独提供的，使电子云又反馈到碳原子上，在一定程度上补偿了因氧原子和碳原子间电负性差所造成的极性，使得 CO 分子偶极矩很小。

从垃圾焚烧视角，CO_2 是正常燃烧的产物。CO 是燃烧过程的中间产物。基本反应原理为：碳充分燃烧生成 CO_2，化学反应式为 $C+O_2 \longrightarrow CO_2$；不充分燃烧生成 CO，化学反应式为 $2C+O_2 \longrightarrow 2CO$。CO 燃烧生成 CO_2，化学反应式为 $2CO+O_2 \longrightarrow 2CO_2$；$CO_2$ 与碳在高温下生成 CO，化学反应式为 $CO_2+C \longrightarrow 2CO$。

产生 CO 的因素主要有不完全燃烧；一、二次空气分配不合理；燃烧温度过高等。

CO 单独存在时难以发生燃烧，但和氧一样对碳氢化合物的燃烧起着重要作用。在 CO 燃烧反应中，若存在水蒸气等氢发生源，将促进其氧化反应，且在高温时在宽温度范围进行如下高速氧化反应：$CO+HO \longrightarrow CO_2+H$；在低温环境中，停止自由基的再结合反应，并以下述反应为主：$CO+H_2O \longrightarrow CO_2+H$。另在 CO 的氧化反应中要充分注意对 NO_x 浓度增加的作用。基于近年实际统计并考虑一定富余量，推荐 CO 原始浓度典型值为 $80mg/Nm^3$，变化范围为 $10\sim180mg/Nm^3$。

10.2.5.2　一氧化碳（CO）检测方法

按《生活垃圾焚烧污染控制标准》国家标准第 1 号修改单 GB 18485—2014/XG—2019 规定，固定污染源排气中 CO 的测定，按《固定污染源排气中一氧化碳的测定　非色散红外吸收法》HJ/T 44—1999 采用非色散红外吸收法测定。

10.2.5.3　一氧化碳基本控制原则

CO 是在燃烧过程产生并进行控制，通过一、二次空气合理分配，燃烧温度控制等，实现充分燃烧，将 CO 浓度控制在预期范围内。需注意的是：

（1）随着我国制造工艺的高速发展，基本解决了炉内温度高，传感器性能等制约因素，使 CO 检测装置得以工程应用，并使平衡高效燃烧、低氮排放、高温腐蚀与结焦三者关系成为可能。

（2）垃圾焚烧锅炉启动时的炉膛温度较低，可能出现焚烧垃圾不充分燃烧现象。另外升温速度过快虽然会降低燃料反应时间，但也可能增加反应不充分性。对此应按锅炉启动升温曲线，在保证锅炉安全启动前提下，根据对环境的影响，合理控制升温速度与运行时间关系，以及投入垃圾时间节点与投入量的关系。

（3）缺氧情况下，碳化物和氧气反应生成 CO 和水，表现为因空气量不足导致燃烧不完全，CO 波动。与此同时，还要注意在保证焚烧氧量充足的状态下，可能不利于 NO_x 控制。因此为保证燃烧反应速度，要进行适宜的一、二次风过量系数控制。

相对一次空气，横向送入炉膛二次风通过对竖向主流烟气的扰动，起到"3T"中的紊流作用。然而在实际运行中，由于炉膛截面较大，基于射流理论的二次风穿透力不足，紊流作用受限，导致不完全燃烧，增加 CO 排放浓度。由此需要注意提高二次风喷口速度与避免炉内烟气流过度扰动的关系。

（4）因垃圾质量变化或湿度过高而发生不完全燃烧，表现为垃圾焚烧炉 CO 波动。可依据误差理论，通过对焚烧烟气量、烟气含水率监督，适时调整燃烧工况。

（5）生活垃圾焚烧线系统存在缺陷以致不能正常工作时，也会导致垃圾焚烧炉 CO 波动。需要在运行中对锅炉压力与温度系统监控，避免燃烧太过强烈而导致燃烧不完全，产生 CO。还要采取故障检修、定期检修与状态检修有机结合的方法，保持设备处于可靠运行状态。

10.3　垃圾渗沥液的问题

垃圾渗沥液是指垃圾有机成分中含有的水分，在收集、运输及处置过程中发生物理变化、化学反应及生化反应而渗沥出来成分复杂，高污染性、高浓度有机废液。其污染性尤以有机污染和富营养化污染最严重。生活垃圾渗沥液的各种污染物的变化范围很宽，水质以及水量十分不稳定；从感官特征来看，渗沥液多呈现为黑褐色、黄棕色至熏灰色的粘稠状液体，散发出强烈的恶臭气味。

10.3.1　垃圾渗沥液回喷入炉内对燃烧温度的影响分析

当原生垃圾热值比较低时（如<5000kJ/kg），从热量平衡看，渗沥液和垃圾混合进入垃圾焚烧锅炉与分别进入焚烧炉具有类同性。从燃烧视角，前者是在炉排干燥级吸收炉膛辐射热，而后者是渗沥液直接参与燃烧过程，其干燥时间短一些，但对燃烧工况的直接影响比较大。基于热量平衡的计算模型与边界条件，以焚烧垃圾量为基数的理论计算显示，每喷入渗沥液 1%，炉膛温度降低 3.8℃左右。下面给出垃圾渗沥液回喷炉内对燃烧温度影响的计算示例：

1. 设定边界条件（表 10-8）

边界条件设定参数　　　　　　　　　　　　　　　　　表 10-8

垃圾处理量	33300kg/h		
湿基垃圾低位热值	4600kJ/kg		
渗沥液喷入比例	8%		10%
渗沥液喷入量	2670 kg/h		3340kg/h
炉膛内的烟气成分	CO	H_2O	N_2
	13%	11%	76%

注：渗沥液特性近似按等同水的特性考虑；忽略炉膛负压（～50Pa），按大气压计。

2. 热力特性分析——渗沥液汽化容积及汽化潜热（表 10-9）

渗沥液汽化容积及汽化潜热计算　　　　　　　　　表 10-9

序号	项目	计算公式	单位	数值	
1	烟气量	烟风计算	m^3/h	169880	
2	渗沥液喷入量	D（设定的边界条件）	kg/h	2670	3340
3	水蒸汽比容	v''	m^3/kg	(1.667)	
4	渗沥液汽化容积	$V_{汽化}=Dv''$	m^3/h	4466.91	5587.82
5	蒸汽焓	h''	kJ/kg	2676	
6	20℃水焓	h'	kJ/kg	83.86	
7	汽化潜热	$Q_{渗沥液}=D(h''-h')$	kJ/h	6921013.8	8657747.6

3. 烟气特性（表 10-10）

烟气特性参数　　　　　　　　　　　　　表 10-10

θ	K	1073	1083	1093	1103	1113	1123	1173
c_p	kJ/(kg·K)	1.2640	1.2665	1.2691	1.2716	1.2742	1.2767	1.2895
$(c\theta)_y$	kJ/kg	1356.272	1371.6195	1387.1263	1042.5748	1418.1846	1433.7341	1512.5835

4. 建立烟气-渗沥液的热力过程平衡

$$(c\theta)=\frac{Q_y(c_p\theta)_y-D(h''_{100}-h'_{20})}{(Q_y+D)}=\frac{169880\times1433.7341-D\times(2676-83.77)}{169880+D}$$

当 $D=2670$kg/h（喷入 8%）时，$(c\theta)=1371.4372$kJ/kg；

$D=3340$kg/h（喷入 10%）时，$(c\theta)=1356.1060$kJ/kg。

通过试凑法分别求出 c、θ（表 10-11）：

比热和温度计算结果　　　　　　　　　表 10-11

按试凑法的结果	温度 θ/K	819.6	811.5
（喷入前的炉膛温度 850℃）	比热 c/[kJ/(kg·K)]	1.6734	1.6712

5. 结论

渗沥液喷入量 2670kg/h 时，每喷入渗沥液 1%，炉膛温度降低 (850-819.6)/8=3.8℃；

渗沥液喷入量 3340kg/h 时，每喷入渗沥液 1%，炉膛温度降低 (850-811.5)/10=3.85℃。

若保持喷入渗沥液前的温度场工况，需要喷入辅助燃料，按下式计算喷入量：

$$Q_{rl}=\frac{D(h''_{100}-h'_{20})}{Q_d^y} \tag{10-1}$$

式中　Q_{rl}——辅助燃料量 kg/h；

　　　D——喷入渗沥液量 kg/h；

　　　Q_d^y——辅助燃料的发热量，kJ/kg；

h''_{100}、h'_{20}——渗沥液在 100℃时的饱和蒸汽焓和常温时液体的焓，kJ/kg。

　　则按辅助燃料热值 8600kJ/kg 计：

渗沥液喷入量 2670kg/h 时，需要投入辅助燃料＝6921013.8/8600＝805kg/h；

渗沥液喷入量 3340kg/h 时，需要投入辅助燃料＝8657747.6/8600＝1007kg/h。

10.3.2 渗沥液收集系统产生沼气问题

某省某垃圾焚烧发电厂曾发生渗沥液收集系统爆炸的事故，据省安监局等的分析研究，确定是垃圾渗沥液收集系统内的电气装置产生静电，引起沼气爆炸。针对此类事故，在省住房和城乡建设厅主导下的防爆研究基础上，在国内首次做出了防治渗沥液收集系统沼气爆炸的规定。

沼气是有机物质在厌氧环境中，通过多种微生物分解作用，发生复杂生物化学反应的结果。根据沼气生成过程中各类沼气细菌的作用分为两大类，第一类细菌叫作分解菌，是将复杂的有机物分解成简单的有机物和二氧化碳等。第二类细菌叫作甲烷菌，是把简单的有机物及二氧化碳氧化还原成甲烷。这是沼气生成的基本原理，称为厌氧机理。因此厌氧状态是产生沼气的根本条件。影响沼气产生的因素主要有水分、温度、湿度、酸碱度等环境条件。

沼气的基本成分：CH_4 含量占比 $50\% \sim 80\%$、CO_2 含量占比 $20\% \sim 40\%$、H_2S 含量占比 $0.1\% \sim 3\%$、N_2 含量占比 $\leqslant 5\%$、H_2 含量占比 $< 1.0\%$、O_2 含量占比 $< 0.4\%$ 等。因沼气的组成是以甲烷为主，通常按甲烷作为控制指标。

垃圾渗沥液作为高浓度有机废液，具备产生沼气条件。而垃圾渗沥液收集池及其输送沟道内处于近似封闭状态，如不采取有效通风措施，就会增加该区域的厌氧气氛。在此状态下，尽管池内沼气产生量小，但会通过沼气累积效应而存在达到甲烷爆炸下限的机会。因此，必须按可发生爆炸的特征，在建设和运行管理过程中，对渗沥液收集系统采取防止沼气聚集的通风、防爆措施。

我国在推行垃圾分类前的生活垃圾，含有 50% 左右的有机物与 $40\% \sim 60\%$ 含水率，这也是垃圾池内可能处于产生沼气的厌氧条件。为此在焚烧运行过程中，对垃圾池实施制度化垃圾翻堆倒垛工序，保持垃圾堆体处于好氧环境，破坏产生沼气的厌氧环境。从理论意义上看，在垃圾池底部仍可能会有局部处于厌氧状态的现象，但实际检测和统计分析表明这部分垃圾通常只占池内垃圾总量的极小部分，工程上对其产生的沼气量一般可以忽略。

10.3.3 关于爆炸的工程理论

爆炸是瞬时的燃烧反应。以甲烷计的反应机理为：$CH_4 + 2O_2 \rightleftharpoons CO_2 + 2H_2O + W$。化学反应过程的能量变化如图 10-2 所示：初始状态 Ⅰ 的反应物"$CH_4 + 2O_2$"经混合、吸收活化能 E 而达到活化状态 Ⅱ，进而通过拐点迅速达到正向反应过程的终止状态 Ⅲ，生成物为"$CO_2 + 2H_2O$"，并释放能量 W，$(Q + E)$。根据燃烧理论和爆炸极限理论，任何可燃气体与

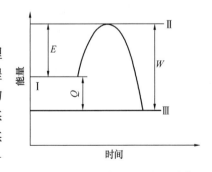

图 10-2 化学反应过程的能量变化

空气的混合物并非在任何组成下都会发生爆炸，而且爆炸速率也受其组成制约。研究成果显示，混合的可燃反应物浓度接近化学反应式的化学计量比时，爆炸最强烈（燃烧最快）；浓度减小或增大，爆炸速率降低（燃烧蔓延速率降低）；浓度低于或高于某一极限值时，爆炸则不会发生（火焰不在蔓延）。可燃气体发生爆炸（或使火焰蔓延）的最低浓度称为

下限爆炸浓度，简称"爆炸下限"，记为 L_{III}；发生爆炸的最高浓度为上限爆炸浓度，简称"爆炸上限"，记为 L_{I}，合称"爆炸极限"。爆炸极限一般用可燃气体占混合气体的体积百分数表示，也可用单位体积可燃气体的质量（kg/m^3）表示。从爆炸极限分析，当可燃气体浓度低于爆炸下限浓度时，表明含有过量空气，此时在空气冷却作用下，活化中心的消失数大于产生数，从而阻止了爆炸的发生。当可燃气体浓度高于爆炸上限浓度时，表明空气不足，不能产生足够的活化中心，从而不能发生爆炸。但此时不能认为超过爆炸上限就是安全的，若补充空气降低可燃气体浓度，仍会发生爆炸。

爆炸极限理论认为，在空气中的 N_2 占 78%，O_2 占 21% 状态下，甲烷与氧气的体积比为 1：2 时，爆炸最强烈，此时甲烷在空气中所占的体积分数为 9.5%。爆炸极限理论还认为，爆炸下限浓度（L_{III}）与燃烧热（摩尔燃烧热 Q）近似成正比，即 $L_{\text{III}} \times Q =$ 常数，表明可燃气体燃烧热越大，其爆炸下限越低。表 10-12 给出一些可燃气体爆炸极限与燃烧热，可供参考。

可燃气体爆炸极限与燃烧热　　　　　　　　　　　　　　　　　　表 10-12

指标	单位	CH_4	H_2S	CO	NH_3	H_2
爆炸极限 $L_{\text{III}} \sim L_{\text{I}}$	%	5～15	4.3～45.5	12.5～74.2	15～27	4～74.2
燃烧热 Q	kJ/mol	799.1	510.4	280.3	318	238.5

关于可燃气体爆炸极限的计算方法，可参见《生活垃圾焚烧锅炉工程基础》，不再赘述。

10.4　生活垃圾恶臭概念

10.4.1　概述

凡是能刺激人的嗅觉器官，引起不愉快、厌恶，损害生活环境，以致损害人体健康的气体物质均称为恶臭污染物。恶臭污染物源于大气、水、固体物质中含发臭基团的异味物质，借助其强挥发性、易溶解性、亲脂性、低沸点性，及强吸收红外线能力特征，通过气体介质作用于人的嗅觉细胞，并经嗅觉神经向大脑神经传递信息，实现人对气味鉴别的一种感知。

地球上约有 1 万种重要恶臭物质，其中有 4000 多种恶臭物质仅凭人的嗅觉可以感知。基于化学组成的恶臭物质分为五类：①如硫化氢、二氧化硫、硫醇、硫醚、二甲基二硫等含硫化合物；②如氨、胺、酸胺、吲哚类等含氮化合物；③如卤代烃类等卤族及其衍生物；④如醇类、酚类、醛类、酮类、酸类、脂类等氧的有机物；⑤如烷、烯、炔烃及芳香烃等烃类。其中对人影响较大的恶臭物质有硫化物，以及氨、三甲胺、苯乙烯、正丁酸（酪酸）、乙醛等。

现行恶臭污染物排放标准的控制项目见表 10-13 的 1～7 项，以及无量纲的臭气浓度，而乙醛等恶臭物质不在我国标准序列内。作为常见且十分敏感的恶臭物质硫化氢，在大气中浓度要控制在 10PPb 量级，原标准一级限值、二级新建限值、三级现有限值分别为 $0.03mg/m^3$、$0.32mg/m^3$、$0.6mg/m^3$，折算为 19.7PPb、210PPb 与 394PPb。

恶臭污染物厂界标准与建议值

表 10-13

序号	控制项目	分子式	分子量	臭味特征	单位	一级《空气质量 三甲胺的测定》GB/T 14676—1993	二级 新扩改	二级 现有	三级 新扩改 气相色谱法 GB/T 14676—1993	三级 现有	日本标准值 JIS 2.5级	日本标准值 JIS 3.5级	检测方法
1	氨	NH_3	17.034	尿臭味	mg/m^3	1	1.5	2	4	5	1	5	《环境空气 氨的测定 次氯酸钠-水杨酸分光光度法》HJ 534—2009
2	硫化氢	H_2S	34.086	臭鸡蛋味	mg/m^3	0.03	0.06	0.1	0.32	0.6	0.02	0.2	《空气质量 硫化氢、甲硫醇、甲硫醚和二甲二硫的测定 气相色谱法》GB/T 14678—1993
3	三甲胺	$(CH_3)_3N$	59.110	刺激性鱼臭味	mg/m^3	0.05	0.08	0.15	0.45	0.8	0.005	0.007	GB/T 14676—1993
4	甲硫醇	CH_3SH	48.112	烂白菜味	mg/m^3	0.004	0.007	0.01	0.02	0.04	0.01	0.2	《空气质量 硫化氢、甲硫醇、甲硫醚和二甲二硫的测定 气相色谱法》GB/T 14678—1993
5	甲硫醚	$(CH_3)_2S$	62.138	烂蔬菜味	mg/m^3	0.03	0.07	0.15	0.55	1.1	0.002	0.01	《空气质量 硫化氢、甲硫醇、甲硫醚和二甲二硫的测定 气相色谱法》GB/T 14678—1993
6	二甲二硫	$(CH_3)_2S_2$	94.208	烂甘蓝/蒸臭味	mg/m^3	0.03	0.06	0.13	0.42	0.71	0.009	0.1	《空气质量 硫化氢、甲硫醇、甲硫醚和二甲二硫的测定 气相色谱法》GB/T 14678—1993
7	二硫化碳	CS_2	76.131	蔬菜硫磺味	mg/m^3	2	3	5	8	10	—	—	二乙胺分光光度法
8	苯乙烯	C_8H_8	104.151	橡胶臭味	mg/m^3	3	5	7	14	19	0.4	2	《环境空气 苯系物的测定 固体吸附/热脱附-气相色谱法》HJ 583—2010
9	恶臭浓度				无量纲	10	20	30	60	70	—	—	《空气质量 恶臭的测定 三点比较式臭袋法》GB/T 14675—1993
10	乙醛	CH_3CHO	44.053	木腥臭味	mg/m^3	—	—	—	—	—	0.05	0.5	日本用 CCl_4 苯取法
11	丙酸	C_2H_5COOH	74.078	有刺激性气味	mg/m^3	—	—	—	—	—	0.02	0.09	日本用涂布氢氧化钾玻璃管捕集采样,注入甲酸后升温180℃进样
12	正丁酸	$CH_3(CH_2)_2COOH$	88.105	酸臭味	mg/m^3	—	—	—	—	—	0.002	0.01	

在较早引进焚烧技术设备期间，供应商曾给出垃圾池内恶臭物质成分及控制浓度经验值（表 10-14），可供参考。

垃圾池内恶臭成分及浓度的经验数值 表 10-14

恶臭成分		化学式	单位	经验值
恶臭浓度	Odor Concentration	（简称 ODC）	—	2500
氨	Ammonia	NH_3	ppm	1.0
硫化氢	Hydro Sulfide	H_2S	ppm	0.5
甲硫醇	Methyl mercaptan	CH_3SH	ppm	0.05
二甲硫	Methyl Sulfide	$(CH_3)_2S$	ppm	0.02
三甲胺	Trimethylamine	$(CH_3)_3N$	ppm	0.02
乙醛	Acetaldehyde	CH_3CHO	ppm	0.05
苯乙烯	Styrene	C_8H_8	ppm	0.01
粉尘	Dust	—	mg/Nm^3	8
有害气体传感器标准报警级别按硫化氢			ppm	10

恶臭评价指标主要有恶臭浓度与恶臭散发率（OER）。其中 OER 是官能测定法恶臭浓度和恶臭排放量（m^3/min）的乘积。OER 与公害关系的基本情况如表 10-15 所示。

OER 与公害关系 表 10-15

恶臭发散率	发生恶臭公害情况	受害范围
小于 10^4	基本不引起公害	—
$10^5 \sim 10^6$	污染厂区或引起小范围公害	在 500m 范围内，最大距离 1000m
$10^7 \sim 10^8$	引起中小型污染	在 1000m 范围内，可达 2000～4000m
$10^9 \sim 10^{10}$	引起大的环境公害	2～3km，最大距离达 10km
$10^{11} \sim 10^{12}$	可引起大规模环境公害	4～5km，最大可达几十千米

10.4.2 恶臭污染物的采样与测定

有组织排放源的采样点应为恶臭进入大气的排气口，也可以在水平排气道和排气筒下部采样监测，测得恶臭浓度或进行换算求得实际排放量。经过治理的污染源监测点设在治理装置的排气口，并应设置永久性标志。采样频率应按运行周期确定监测频率：运行周期在 8h 以内每 2h 采集一次；大于 8h 的每 4h 采集一次，取其最低测定值。由此，垃圾焚烧项目应是按每 4h 采一次。

无组织排放源的厂界监测采样点设置在厂界的下风向侧，或有恶臭方位的边界线上。连续排放源采样频率相隔 2h 采一次，共采集 4 次，取其最大测定值。间歇排放源采样频率选择在气味最大时间内采样，样品采集次数不少于 3 次，取其最大测定值。由此，垃圾焚烧项目无组织排放源应按每隔 2h 采一次，样品采集 4 次，取其最大测定值。

目前应用的恶臭物质测定方法是仪器分析法与官能测定法（表 10-16）。

恶臭物质测定方法与适用范围　　　　　　　　　　　表 10-16

项目	仪器分析法	官能测定法
常用方法	1. 一般实验室仪器分析方法； 2. 自动监测仪器法； 3. 色谱质谱大型仪器联用法； 4. 检知管法及其他方法	1. 直接法：感觉到的恶臭强度与强度分级表比较； 2. 空气稀释法：（1）静态法——①无臭室稀释法，②ASTM注射器稀释法，③三点比较式臭袋法； （2）动态法——①恶臭浓度测定器法，②嗅觉计法
特点	1. 测定精度高，数据客观； 2. 可连续测定，实现自动监测； 3. 可定性、定量了解气体组分	1. 适用范围广，可用于不了解气味成分的场合； 2. 单一组分或多组分均可给出总强度； 3. 不需熟练技术，操作简单，对检测人员设有特定规定
适用范围	1. 追踪污染源，制定法规依据； 2. 可作为选择托抽技术方案的依据	1. 用于恶臭强度现状评价； 2. 用于恶臭综合治理效果的评定

10.4.3 垃圾焚烧项目混合垃圾的恶臭评价方法

常用于恶臭评价的恶臭强度，是指嗅觉感觉到的恶臭强度与恶臭强度级别对照而得出的强度。恶臭强度适用于官能测定法中的直接法。该方法通过在现场或实验室测试人的鼻子及生理对 VOOCs 恶臭的反应，得到半定量综合判定指标。也就是根据恶臭的强弱，分成不同等级，由训练有素的嗅辨员来测试恶臭污染物的强弱。

对垃圾焚烧项目无组织排放的混合垃圾恶臭，几乎囊括了五类恶臭物质的大部，从而形成特有的生活垃圾混合异味。对此，采用仪器分析法具有一定局限性，采用官能测定法又受到专业嗅辨员不足的限制。实际应用中，是以厂区环境及厂房内人员聚集区为评价范围；按照恶臭强度级别为评价指标；参照官能测定法，由不少于 3 人的评价组共同认定的级别作为现场评价结果。为避免这种评价可能存在的主观片面的负面因素，要结合仪器分析法作为综合评价结果，并以仪器分析法作为追踪污染源和制定运行管理制度的依据。

注：恶臭强度与恶臭浓度的关系符合韦伯定律：$Y = k\lg\dfrac{22.4 \times X}{M_r} + \alpha$。

式中　Y——恶臭强度平均值；

　　　X——恶臭质量浓度，mg/m^3；

　　k、α——常数；

　　　M_r——恶臭物质相对分子质量。

相对于恶臭强度、恶臭指数、恶臭浓度 3 种衡量指标，恶臭强度评价法简洁明了，易于公众接受和理解，常用于代替物质浓度来表示恶臭的程度（表 10-17～表 10-19）。

恶臭强度级别　　　　　　　　　　　表 10-17

恶臭强度级别	嗅觉对恶臭的反应	说明
0	无臭	—
1	勉强感到轻微臭味（感觉阈值）	不易辨认气味性质，感到无所谓
2	容易感到轻微臭味（识别阈值）	闻到较弱的气味，可辨认气味性质
3	明显感到臭味	很容易闻到，有所不快，但不反感
4	强烈臭味（强臭）	有很强的气味，很反感，想离开
5	无法忍受（剧臭）	有极强的气味，想立即离开

恶臭强度和恶臭指数、恶臭浓度的关系　　　　　表 10-18

恶臭强度	恶臭指数（10 logODC）	恶臭浓度（ppm）
2.5	10～15	10～32
3.0	12～18	15～63
3.5	14～21	25～126

恶臭强度和恶臭浓度的关系　　　　　表 10-19

项目	单位	恶臭强度						
		1	2	2.5	3	3.5	4	5
		恶臭物质浓度						
氨	mg/m³	0.0760	0.4562	0.7604	1.5208	3.8020	7.6040	30.4159
	ppm	0.1	0.6	1	2	5	10	40
甲硫醇	mg/m³	0.0002	0.0015	0.0043	0.0086	0.0215	0.0644	0.4295
	ppm	0.0001	0.0007	0.002	0.004	0.01	0.03	0.2
硫化氢	mg/m³	0.0008	0.0091	0.0304	0.0913	0.3043	1.0651	12.1728
	ppm	0.0005	0.006	0.02	0.06	0.2	0.7	8
甲硫醚	mg/m³	0.0003	0.0055	0.0277	0.1387	0.5547	2.2189	5.5473
	ppm	0.0001	0.002	0.01	0.05	0.2	0.8	2
二甲二硫	mg/m³	0.0013	0.0126	0.0378	0.1262	0.4205	1.2616	12.6163
	ppm	0.0005	0.003	0.009	0.03	0.1	0.3	3
三甲胺	mg/m³	0.0002	0.0020	0.0098	0.1968	0.1377	0.3935	5.9029
	ppm	0.0001	0.001	0.005	0.02	0.07	0.2	3

10.4.4　生活垃圾焚烧项目的恶臭污染物控制方法

10.4.4.1　恶臭控制的基本方法

　　恶臭污染物治理的基本方法有物理法、化学法、生物法等三类。其中，物理法是将恶臭物质掺混缓和、稀释缓和或物态转移，而不改变恶臭物质的化学性质的方法。常见方法有掩蔽法、稀释法、吸附法及冷凝法。采用物理法治理恶臭物质灵活性大，费用低，适用于需要暂时消除低浓度恶臭影响的环境。化学法是通过可控的化学反应，改变恶臭物质的化学结构，从而达到消除或降低臭味的目的。常见方法有酸碱中和法、氧化法、燃烧法等。采用化学法治理恶臭物质净化效率高，处理成本高，可能形成二次污染，适用于处理种类简单、中高浓度的恶臭物质。生物法是应用自然界微生物代谢过程中降解恶臭物质，使之氧化为最终产品而达到无臭化目的。采用生物法可处理复杂成分的恶臭物质，净化效率较高，无二次污染，对生物生存温度、湿度环境有要求，适用于处理中低浓度的恶恶臭体。表 10-20 是对目前采用的恶臭处理技术及其适用范围、特点等的简要说明，供参考。

484

几种脱臭方法的特征与经济性　　　　　　　　　　表 10-20

方法	定义	适用范围	特点
燃烧法	通过强氧化反应降解臭气中可燃烧恶臭物质	高浓度、小流量、可燃烧的恶臭物质	恶臭物质分解彻底。但设备易腐蚀；需消耗燃料，处理成本相对较高；会形成二次污染
氧化法	利用氧化剂氧化反应脱除臭气中恶臭物质	中、低浓度恶臭物质	处理效率较高。但需要氧化剂，处理费用较高
吸收法	适用溶剂溶解臭气中恶臭物质	高、中浓度恶臭物质	可处理大流量恶臭气体，工艺成熟。但去除效率较低，消耗吸收剂并使恶臭物质从气相转移到液相
吸附法	利用吸附剂使臭气中恶臭物质从气相转为固相	中、低浓度恶臭物质	可处理多组分恶臭物质；动力消耗小、系统设备简单、运行管理容易。但需要消耗吸收剂，且对吸附剂进行后处理；对恶臭气体湿度和含尘量有要求
中和脱臭法	适用中和脱臭剂减弱恶臭感官强度	需立即、暂时消除低浓度恶臭气体影响的场合	可快速消除恶臭影响，灵活性大。但需投加中和剂；并未除去恶臭物质
生物脱臭法	利用微生物生物降解臭气中恶臭物质	可生物降解的水溶性恶臭物质	除臭装置简单，处理成本低，运行维护容易。需占较大空间；具体除臭效率待确定
物理稀释法	烟气携带的恶臭物质通过烟囱向大气扩散	有组织排放源	只是恶臭物质转移

10.4.4.2 我国垃圾焚烧发电厂的恶臭控制

目前国内生活垃圾焚烧发电厂的恶臭控制基本都是采用隔离、吸附或化学吸收的方法。其中，隔离原则是对臭味产生区做负压处理，防止恶臭污物质向外逸散；吸附原则是采用活性炭颗粒吸附的通风除臭系统；化学吸收原则是对含硫、含氮等恶臭物质进行中和反应。重点控制区域一是厂内的垃圾运输坡道、卸料大厅与垃圾池，二是渗沥液处理区。

目前，正常运行的焚烧厂都能做到厂区环境和车间内有人聚集的场所清洁卫生，嗅觉对恶臭反应达到无臭反应，即恶臭强度 0 级，取得良好的环境效果并为行业积累了经验（表 10-21）。

垃圾、渗沥液恶臭控制经验　　　　　　　　　　表 10-21

序号	采取的经验方法
1	采用封闭式垃圾运输车，避免垃圾运输过程的遗撒及密封不严造成对环境的恶臭污染
2	对厂内垃圾运输坡道和卸料平台封闭，坡道入口处置自动开关门。设置垃圾池自动卸料门
3	对垃圾池上部由砖砌结构改为钢筋混凝土结构一通到顶。同时在垃圾卸料门下的挡车门槛应留有一定的孔洞作为垃圾池的补风孔以保证垃圾池排风顺利
4	从垃圾池上方抽取池内气体作为焚烧用一次空气，并控制垃圾卸料门全关状态时的垃圾池内形成 40～80Pa 负压

序号	采取的经验方法
5	垃圾卸料平台每天进行冲洗，保持环境清洁
6	与垃圾池相邻的走道、办公区等，设计带消除异味过滤功能的正压通风系统
7	设置一套用于垃圾池除臭的独立活性炭除臭排风系统，当一条焚烧线检修停运时，开启该系统，消除臭味后排至大气

10.5　系统设备缺陷管理

系统设备缺陷是指运行或备用的系统设备，存在影响设备安全、可靠、环保运行的状况或异常现象。垃圾焚烧系统设备的缺陷管理是使设备处于健康状态，为运行工作提供尽可能好的硬件条件，是保证全厂安全、可靠、环保、经济运行的非常重要的环节。

10.5.1　系统设备的缺陷分类

反映设备事故事件即焚烧厂安全可靠运行状态的指标分为一、二类障碍，异常与运行事故。

10.5.1.1　一类障碍

（1）生产运行过程中，因管理疏忽、违章操作等造成设备、设施损坏，建（构）筑物损毁及火灾等，造成一次直接经济损失 5 万元及以上，20 万元以下；或是主设备被迫停运时间不低于 96h，但小于 96h。

（2）电气误操作、热机误操作，人员误动、误碰设备等造成后果的。

（3）监控过失：因未认真监视、控制、调整等造成烟气自动监测、环保设备运行出现异常的。

（4）得到当地供电局调度批准，没有按电网调度规定的时间恢复送电或备用。

（5）其他经有关领导，以及安全、卫生健康、环境保护等部门认定的一类障碍。

10.5.1.2　二类障碍

1. 公用部分

（1）生产运行过程中，因检修质量不良，不能保证设备检修周期，使主设备被迫停运时间大于 12h 小于 48h，主要辅助设备被迫停运和退出备用超过 24h 者。因管理疏忽、违章操作等造成设备、设施损坏及建（构）筑物损毁等，直接经济损失 1～5 万元；恶性电气误操作（如带负荷拉、合隔离刀闸等）等安全运行事件。

（2）汽轮发电机油系统、电缆沟、电缆夹层、油库等生产现场禁火区发生明火，动用灭火器者。

（3）未经有关批准，私自动用消防；消防水系统检修完，系统未恢复，未造成后果者。火灾（有毒气体）报警装置退出运行 24h。

（4）由于人员责任，造成设备、厂房被水淹者；引起主要转机跳闸或误启动者；无故解列机组主要保护，及主辅设备联动保护装置者；错割水冷壁管、省煤器管、过热器管及其他高压汽、水管道或承压部件，或错用钢材未造成后果者。

（5）运行或备用设备未办理工作票和工作许可手续，擅自拆卸检修，迫使设备停运或退出备用。已生效工作票、操作票存在危及人身和设备安全或造成机组异常运行问题，被发现阻止者。未严格执行工作票开工、间断、转移和终结制度，或交接不清，影响设备按时归调或造成窝工者。

（6）由于检修质量不良或操作不当，影响机组晚并网 2h 以上者；透平油、绝缘油质量不合格，未按规定质量标准运行超过 24h；安全工器具超过试验周期仍在使用者；安全工器具试验不合格仍在使用者而未造成后果者；充油电气设备油位低至油位计以下，需要临时停运加油处理，造成后果者。

（7）设备检修、消缺中，由于检修人员未执行检修工艺标准或遗漏项目，应消除的主要缺陷、隐患未能消除，直接威胁设备安全者；在检修设备上（如容器、管道、电气设备等）遗留杂物或工具影响设备安全运行，在设备运行中或投入备用后被发现者；机组及主辅设备联动、保护装置在设备故障时起不到联动保护作用或误动作者；跑油、跑酸碱、跑渗滤液等造成严重污染者；乙炔瓶、氧气瓶或非生产专用压力容器爆破未造成后果者。

（8）其他较严重不安全情况和严重检修质量事件，公司根据其情节定为障碍者。

2. 电气部分

（1）10kV 及以上电气设备与系统不同期并列或未经同期检定合闸并列者；因试验错误引起绝缘击穿者，或发电机、主变压器耐压试验电压超过试验标准 10% 者。

（2）10kV 及以上电气开关或刀闸操作机构失灵，造成给水泵、凝结水泵、循环水泵、取水泵、引风机、送风机、一次风机等主要转机误跳闸或误碰误动。其他开关误跳闸以后果定性。

（3）高压充油、充气电气设备，因人员责任导致漏油、漏气或油质变色，需停电处理者。

（4）发电机、主变压器、主母线、10kV 及以上电气设备或线路的继电保护未能正常投入运行，失去一种主要电气保护，时间超过 1h 或失去全部电气保护者（直流系统瞬间接地立即恢复者除外）。

（5）主要电气仪表失灵，威胁主要设备安全经济运行，停用在 8h 以上，如发电机、交直流电压表、电流表、功率表、母线电压表、周波表、主变压器电压表、电流表、功率表、温度表，110kV 系统各出线电流表、功率表、电度表等。

（6）发电机定子线圈温度超过 105℃，油浸自冷式、油浸风冷式变压器上层油温超过 85℃。

（7）由于人员责任，造成 10kV 以上的高压电缆损坏，需修理者。

（8）不停电源故障，备用电源未能正常投入运行者。

（9）强行解除防误闭锁装置被他人制止者。

（10）主要辅助设备的电动机相序接反，正式投运后被发现者。

（11）在送电前遗漏了接地线（刀闸），未能一次拆除，而后被发现者；检修现场接地线（接地刀闸）的位置和组数，在值班记录或管理记录中交代错误者。

（12）运行中的 10kV 及以上电压互感器回路短路，电流互感器开路者；防雷保护装置失去保护作用，未造成事故者；运行中发电机转子回路一点接地；未经调度部门许可，擅自操作调度管辖设备。

3. 汽机部分

（1）人为责任使汽机真空下降至－72kPa，或真空缓慢下降3kPa、4h未恢复者；人员过失造成汽轮机、发电机轴承温度高至 85℃以上，或回油温度达到 65℃；人为责任造成电液切换过程中参数变化至障碍者。

（2）人为责任造成汽轮机停运中，缸内进水、进汽者；人员过失致使监视、调整不当，使冷水塔水位降至 1m 或使冷水塔满水外溢者。

（3）汽机危急保安器误动作或拒绝动作；调速系统失灵或机组出力波动范围超过额定出力 25％者。汽轮机在开停过程中，由于操作和调整不当，使上下缸温差大于 50℃。

（4）由于操作调整不当使凝汽器泄漏，除氧器含氧量超标，4h 内未采取措施，不能恢复者；误判、误碰、误操作使运行的主要辅助设备停止运行或备用，未造成严重后果者。

（5）汽机开停或重大系统操作，不执行操作票者。

4. 焚烧线部分

（1）因监视、调整不当，中压、次高压等级锅炉主蒸汽温 400～450℃时，升高超过15℃或低至 365℃，以及主汽温 10 分钟内变化 40℃及以上者（以炉侧记录为准）。

（2）调整操作不当导致主蒸汽、给水管道、除盐水母管、渗滤液管道、油管路泄漏、法兰刺开、阀门故障被迫停止运行需检修，或者管道保温大量脱落，未造成更严重后果者。

（3）锅炉运行中，无故解列水位保护、紧急停炉保护、10kV 电气大连锁保护装置等，或保护动作后，对首次跳闸原因不明确就进行复归者。

（4）因人员责任引起主要转机跳闸或启动，风门关闭或误开者。

（5）机组滑参数启停过程中，未严格执行滑参数升温升压、降温降压曲线者。

（6）未及时掌握环保耗材消耗情况，造成中断供料者。

（7）由于监测不当、误操作造成燃油泄漏。

（8）锅炉烟道、风室清灰造成地面积灰影响环境卫生，8h 未清理干净者。

（9）环保指标超标 5 分钟未合格者；烟气在线指标不合格未及时汇报监管部门者。

（10）烟气在线指标出现异常、参数死机，未及时发现和联系处理者。

（11）运行操作不当或设备故障，造成烟气监测不合格者（按项考核）。

（12）设备、系统检修工作完成后，无故不恢复备用超过 4h 者。

（13）因人员责任造成除灰系统堵塞超过 4h 者。

（14）空压机故障 48h 不能恢复，未影响生产主要工作者。或者母管压力低于 0.5MPa。

5. 热控部分

（1）一台锅炉远方水位表全部失常未造成后果者，或任意一远方水位计解列超过24h 者。

（2）主要热机保护装置误动或拒动，未造成严重后果者。

（3）机炉并网正常运行后，真空、超速、低油压、轴向位移、水位、紧急停炉、发电机全停、锅炉大连锁等任一主保护 1h 内不能投入者。

（4）机组运行中失去一种热机主保护装置，时间超过 1h 者。

（5）任一机、炉热工仪表或计算机总电源失去，10分钟不能恢复者。

（6）全部或部分DCS操作站发生故障时（黑屏或死机）未能立即恢复者；一台DCS操作站故障时（黑屏或死机），恢复时间超过2h者；未经批准，在DCS系统软件上修改、更新、升级、下载未造成后果者。

（7）私自解除机组任一主保护，未造成后果者。

（8）主要热工仪表失灵、误差、超限、断水，影响事故分析者（如给水流量、汽包水位、主蒸汽、压力、流量、炉膛负压、凝汽器真空、汽轮机转速、汽轮机轴振动、给水泵转速等），或8h不能恢复正常者。

（9）一般热工仪表失灵，或停用超过48h不能恢复者。

（10）汽机凝汽器、低压加热器、除氧器等热工水位表失常，引起容器水位变化造成后果者。

（11）主要热工自动装置故障，造成后果者，或主要热工自动装置因人员过失而停用超过12h者，或一般自动装置连续24h不能投入运行者。

（12）事故追忆故障不及时处理，或无故不投，打印出的各参数与实际不符，给事故分析造成困难者。

6. 垃圾运储部分

（1）垃圾吊故障达4h以上未恢复者；由于人员责任，使一台垃圾吊退出运行或无备用，4h不能恢复者；垃圾吊故障未及时汇报联系检修者。

（2）因人员责任，发生垃圾车翻进垃圾池被垃圾填埋者。

（3）垃圾储存管理不当，发生垃圾池内着火，需动用消防人员扑灭者；垃圾池液位高于6米未及时采取措施者。

（4）卸料门未及时关闭或故障未及时报修者；卸料平台门窗未关闭造成臭气外溢者。

（5）卸料平台管理不当、吊车司机未及时抓取门后垃圾造成堵门者；卸料平台不干净未及时清扫者。

（6）地磅计量系统出现异常，未在30分钟内报监管方，按规定解决计量数据问题者；地磅房擅自调度垃圾进厂和接收非调度垃圾进厂者。

（7）调度不合理造成垃圾车滞留时间超过15分钟者；未按领导或环卫部门要求调度垃圾进厂者。

7. 化学部分

（1）人员过失，造成除盐水质恶化，除盐水箱被迫排水或再处理。

（2）透平油、绝缘油等因人员责任或由于化学原因造成不合格超过72h者。

（3）由于化学方面误化验、误加药，造成机组大量排泄水、油；错配、误发试剂或加错药品，造成不良后果者。

（4）消防栓全部故障或消防泵备用期间起不到可靠备用，现场发生异常情况10分钟内不能供水正常者。

（5）由于取样设施故障或冷却水不足等原因，影响汽水监督中断6h及以上者；因人员过失，冷却水中断，造成化学仪表损坏，经济损失在3万元下及1万元及以上者。

（6）由于锅炉排污设施故障，造成定排超过16h不能排污；或者连排8h不能排污者。

（7）化验人员作假报表者。

（8）因检修维护不到位，造成除盐水系统泄漏，大量跑水者。

8. 供水部分

（1）由于人员责任，迫使停运供水泵，取水泵者；正常运行中，取水泵故障失去备用。

（2）由于人员责任，不按规定加药，使水质超标 8h 不能恢复者。

（3）由于设备故障向厂区供水全停者。

9. 其他部分

（1）生产现场潜伏着威胁人身安全及设备安全的隐患，安全、卫生健康、环境保护部门多次提出要求整改完善，负责部门未落实者，不采取措施者。

（2）生产现场用车辆和非生产车辆在生产区域内行车生撞坏设备及公共设施。

（3）发生本障碍规定所未列出的不安全现象时，公司领导以及安全、卫生健康、环境保护部门根据情节认定的一类障碍。

10.5.1.3　异常

未构成二类障碍且符合下列条件之一者定为异常。

1. 设备损坏及经济损失

（1）生产运行过程中，因管理疏忽、违章操作等造成设备、设施损坏及建（构）筑物损毁等，直接经济损失 1 万元以下。

（2）操作未按照规程或技术措施要求内容执行，造成辅助设备损坏、影响机组负荷、影响机组供热，未构成二类障碍者。

（3）设备检修、设备维护、专项工程、技改项目等作业未按照规程或技术措施或技术协议要求内容执行，造成辅助设备损坏、影响机组负荷、影响机组供热，未构成二类障碍者。

（4）因物资计划、采购、存储、保养、人为过失等因素，致使备品备件、修理设备、土木建筑等不符合技术要求，造成辅助设备损坏、影响机组负荷、影响机组供热，未构成二类障碍者。

2. 热机部分

（1）主要辅助设备运行中跳闸或被迫停用；主要辅助设备发生损坏，但不需要紧急停止运行，并且能维持至检修消缺者。

（2）辅助设备或系统故障，造成机组实际降低出力运行，未构成二类障碍者。

（3）主要辅助设备轴承温度达到规定最高值；轴承缺油、加错油、维护不当造成轴承温度升高，超过规定值或轻度烧瓦，未影响主设备正常运行者。

（4）由于控制不当，造成汽轮机调节级温度异常、高、中压缸的上下缸温差超 42℃、内外缸温差等超过规定，未导致其他后果者。

（5）凝结水泵、循环水泵、坑地面积水威胁其正常运行，未导致其他后果者。

（6）冷油器、空冷器断水断油、风温超过规定。

（7）汽轮机叶片有裂纹，检修时未发现，验收时被查出者。

（8）误送已停役设备或误拉备用设备的电源、汽源、水源、气源等，未造成后果者。

（9）因操作不当或设备故障，造成主要热力管道剧烈振动，未造成后果者。

（10）机炉系统压力容器的安全门误动、拒动作或检查发现锈蚀卡死，未造成其他后果者。

（11）机组正常运行中擅自退出热工保护或自动装置者。

（12）锅炉就地水位计两只同时失灵，短时修复未造成后果者。

（13）热工、电气保护未按规定投运者。

（14）小车脱轨或抓斗运行时钢丝绳全断抓斗落下，未造成后果者。

（15）仪用压缩空气系统故障，影响控制系统正常工作者。

（16）机组启动过程中，主辅设备不符合启运条件影响机组启动。

（17）厂房或设备被水淹，且未造成主要辅助设备停用者。

（18）脱硫、脱硝系统非计划停运，未构成二类障碍者。

（19）除灰、渣系统严重堵渣，造成锅炉除渣中断超过 2h。

（20）汽轮机冷油器出口润滑油中含水量≥2000mg/L。

3. 电气部分

（1）主要辅助设备电动机故障，未构成二类障碍者。

（2）低压配电装置上工作造成短路、接地、失电。

（3）设备检修漏挂接地线或接地未登记；复役时漏拆地线或拆除未注销，未造成后果者。

（4）变压器分接头调错。

（5）直流母线电压过高或过低而发出信号者。

（6）直流系统出现接地信号，4h 内未消除者。

（7）变压器中性点刀闸未按规定投用或断开。

（8）高压设备刀闸、闭锁装置或销子操作后不在规定位置；高压试验中操作失误，电压超过标准值，但未造成设备损坏者。

（9）主要电气仪表失灵或停用超过 4h 者。

（10）电流互感器二次开路，电压互感器二次短路者。

（11）限位开关装错或失灵者。

（12）更换发电机碳刷造成短路、接地或换错型号。

（13）辅助设备开关合闸、分闸失灵者。

（14）二次线接错、漏接，未构成二类障碍者。

（15）电气设备或电气保护装置故障，导致辅助设备跳闸或被迫停运，未构成二类障碍者。

（16）10kv 及以上的开关、刀闸、互感器、避雷器等损坏，造成设备停运者；10kV 及以上开关的操作机构或远方操作装置失灵，在 30 分钟内不能恢复，影响机组正常启停时间，未构成二类障碍者。

（17）主要电气保护未投或误投，发电机和母线电压、电流、有功功率、无功功率仪表故障停用 24h 以上，电气保护装置误动作，电气系统或设备误操作，均未构成二类障碍者。

（18）厂用电备用电源自动投入失灵，由于人员过失造成自动调整励磁装置失灵。

（19）主要辅助设备连锁失灵。

（20）二套励磁装置均不能投自动。

（21）电气防误装置未经批准擅自解除。

（22）10kV 及以上开关远方断不开；变压器、电动机、电力电缆发生单相接地或损坏未构成二类障碍者。

4. 热控部分

（1）按运行方式要求，应投入或退出的备用电源自投入装置、一般热工保护或连锁装置，未经批准而擅自退出或投入运行者。

（2）电动门限位开关装错，不起限位作用，且损坏设备者。

（3）主要辅助设备的操作、动力、信号、热工电源失电，使保护或遥控失灵。

（4）主要热工自动装置故障，停用时间超过 24h（指主汽温、主汽压、引风、除氧器压力、水位、轴封压力等）。

（5）机炉侧主要辅助设备（机侧：电动泵、循环水泵、凝结水泵；炉侧：送风机、引风机、一次风机、炉水循环泵）的热工保护未经批准退出或拒动、误动，未构成二类障碍者。

（6）主要仪表（汽包水位、压力，主汽压力、温度，机前主汽压力、温度，第一级压力、排汽压力、温度，给水流量、温度，除氧器水位，凝汽器水位）故障停用 24h 以上。

（7）主要自动装置（协调、炉膛风量及压力调节，一次风压调节、汽包水位调节、主汽温调节、除氧器水位调节、凝汽器水位调节）失灵停用 24h 以上。

（8）热工保护、测量装置故障或接线松动等原因，引起主要辅助设备跳闸或被迫停运，未构成二类障碍者。

（9）热控元件、保护或自动装置故障，造成烟气净化系统非计划停运，未构成二类障碍者。

（10）上传环保部门脱硫、脱硝、除尘数据中断，时间超过 4h 未能恢复者。

5. 化学部分

（1）大修检查的样品丢失或损坏，影响化验分析者。

（2）化学试剂配错，造成分析返工者。

（3）未经许可即取充油设备油样。

（4）汽水品质出现下列情况之一者：给水 pH 值不合格，时间超过 2h 但不超过 4h；给水溶氧不合格，时间超过 8h 但不超过 24h；炉水指标不合格，时间超过 4h 但不超过 8h；过热蒸汽质量不合格，时间超过 4h 但不超过 8h；凝水硬度、导电度（或含钠量）溶氧不合格，时间超过 8h，但不超过 24h。

（5）使用过期的化学试验药品、试验分析仪器进行分析化验工作，造成分析数据与实际不符，未构成二类障碍者。

（6）化学补水质量不合格直接补充到运行机组；化学分析报告错误，引起不良后果，未构成二类障碍者。

（7）透平油、绝缘油的酸值、闪点、黏度（透平油）、抗乳化度（透平油）、绝缘强度（绝缘油）及水溶性酸碱值等的任一项超过法规要求，时间超过一周。

6. 供热、供燃气管路部分

（1）设备故障等造成供热、供燃气管路参数无法控制，未构成二类障碍者；维护不到位，供热、供燃气管路系统设备发生泄漏，或自动调整装置失灵；供热、供燃气管路系统发生误调度，或人员误操作者，未构成二类障碍者。

（2）供热管路系统发生水击致供热管路管道振动，未造成设备损坏，且未构成二类障碍者。

（3）由于缺少备品备件或采购不及，使供热、供燃气管路系统检修或消缺工作延期，未构成二类障碍者；由于备品备件质量问题，发生供热、供燃气管路泄漏，或调整操作失灵者。

（4）因供热管路系统设备原因造成供热管路单支线供热中断，未构成二类障碍者。

7. 其他

（1）误启（停）辅助设备，误开（关）阀门对安全运行构成影响，但未构成二类障碍者。

（2）各主要参数超过规定限额，在监盘、抄表或巡检时未及时发现，尚未造成设备损坏者。

（3）未办理检修工作票终结手续或试转申请手续，即拆除安全措施。

（4）操作、检查中漏项，致使设备处于假备用或延误投运。

（5）违反有关规定，未经运行值班人员许可，擅自在运行中的设备、系统上进行维护、操作、校验、拆卸、消缺等工作，对安全构成影响，但未造成二类障碍者。

（6）因执行防寒防冻措施不力，造成设备、管道、阀门、表计等冻结冻裂损坏，未构成二类障碍者。

（7）设备停役后，安全措施未做或不符合规定而许可工作，以及工作中擅自变更安全措施者；或检修工作结束未恢复拆除的安全防护装置即终结工作票者。

（8）加工及检修质量不良，造成返工或设备损坏，未构成二类障碍者。

（9）验收时或交付运行后发现装配不正确或接线错误，保护整定值错误或未经标准校验而按刻度调整者。

（10）工作不慎或维护不到位造成汽、水、油、灰、气外喷，影响运行或备用需处理者。

（11）重要部件、汽水油管、容器拆修时未做记号或未加封堵者。

（12）因防范措施不到位，小动物进入电气或热控设备柜内，造成危害但未构成二类障碍者。

（13）其他经有关领导，以及安全、卫生健康、环境保护部门认定的二类障碍。

10.5.1.4 未遂

1. 起重类

（1）起吊重物过程中发生被吊物件坠落；起吊物件时，造成机具损伤，钢丝绳、绳索断裂或吊件突然跌落者。

（2）未设置警戒区或派人看守的可靠措施，在有可能造成行人经过的；未经专业培训考核合格或未经领导批准的人员，擅自指挥操作起吊设备；在起吊物体下部进行工作者。

（3）停放或行走的起重设备的吊物或吊钩自行下落者。

（4）现场所使用的绳索、钢丝绳捆绑在有棱角的设备上。

（5）被起吊的物体重量超过起吊设施的负荷。

2. 电气类

（1）发生触电高空感应电电击，瞬时失去知觉或经他人协助脱离危险者。

（2）误入高压电气设备间，或擅自越过高压遮栏，未造成后果的。

（3）在没有明显断开点（未拉开闸刀或取下熔丝）的电气设备上测量绝缘。

（4）工具或人身误碰邻近带电设备而发生弧光，未造成后果者。

（5）未与运行人员联系擅自拆除电气设备安全措施者。

（6）使用电气工具时，未戴绝缘手套，发生麻电者。

（7）搬运金属物件时，将电源线轧断、压破、发生轻微电击者。

（8）在无人监护的情况下，进入风道、烟道、容器内进行工作者，或在金属容器中工作，不用行灯而用 220V 照明者。

（9）在停电的电气设备上发现带有电压；停电检修的转机设备突然带电或转动，未伤及工作人员者。

（10）电气设备检修、运行切错电源被发现者。

（11）雷雨、大雾天在室外巡检或操作电气设备不带绝缘手套、不穿绝缘鞋者。

（12）10kV 系统接地，在室、内外巡检或操作电气设备不带绝缘手套、不穿绝缘鞋者。走错电气设备间隔（已将间隔打开、准备进入）而被制止者。

3. 高处类

（1）使用不合格或未经定期检试的安全带，安全绳、腰带等安全工具。

（2）高空作业中虽系了安全带，但发生高空摔跌悬吊。

（3）高处作业抛掷工具、杂物、材料、部件等。

（4）工作人员由 1.5m 以上高空跌下或掉入孔洞、容器内，未构成轻伤者。

（5）在架空管道、支吊架上行走而无安全措施者。

4. 检修维护类

（1）检修作业中发生违章，危及人身安全者；检修热力设备时，因人员疏忽未做好安全措施或因误操作造成汽水喷出未造成后果的；热力系统检修工作未结束，拆除安全措施。

（2）工器具使用脱手、飞出的；违反规定使用砂轮、切割机等工具而发生飞出未造成后果。

（3）未按规定做好防止转动的安全措施，在有可能转动的部件上工作，或在转动的设备上工作，未做好防止卷入的措施。

（4）擅自在高温受压管道上进行拆、装、焊工作；脚手架、扶梯、三脚架在使用时发生断裂，倒塌，未造成后果者。

（5）搬运较大物件时，发生物件翻倒，未伤人者；脚手架严重超载、脚手板、跳板已经明显弯曲，仍在进行冒险作业者；未按规程要求使用梯子，使用时发生滑动、倾斜；戴手套抡大锤者。

（6）误开已停役的设备或运行设备的隔绝。

（7）炉内清焦，不从上往下清，清理不干净，作业过程中从炉顶掉焦者。

（8）转动机械上工作，不切电者。

（9）气焊气割时，发生乙炔回火，未造成其他后果者。

（10）未采取任何安全措施即进入 60℃以上或有毒气体的设备、沟道、容器内进行工作者。

5. 票证类

（1）工作中吸进毒气（如有毒气体、油漆、苯）发生昏厥或身体异常病态等。

（2）未办理工作票手续，擅自在电气设备上进行检修，试验工作。

（3）未办理动火工作票手续，擅自进入禁火区或动火地点作业。

（4）工作票未终结，即进行送电操作。

6. 驾驶类

（1）无驾驶证开机动车辆或私开执照规定以外的车辆；驾驶不当或车速过快，刹车时人从车辆上摔下，虽未伤人者。

（2）驾驶不当造成机动车辆倾翻，或与其他车辆（包括非机动车）碰，擦等未造成后果的。

（3）机动车辆装运物件时，未采取绑扎固定措施，刹车时物件滑移。

（4）倾倒或落下，虽未挤伤人或损坏物件者。

7. 化学品类

（1）危险品（易燃、易爆、有毒等）保管不当，长时间置于工作场所者。

（2）在酸碱设备上进行工作的，系统未隔离，未造成后果者；检修人员，或化验人员，未备用自来水、毛巾、药棉及急救时中和用的溶液者。

（3）强酸碱药品使用时，不执行安规规定者。

（4）其他经有关领导，以及安全、卫生健康、环境保护部门认定的未遂事件。

10.5.2 垃圾焚烧系统设备的缺陷分类与消缺时效性

垃圾焚烧系统设备的缺陷分类与消缺时效性参见表 10-22。根据我国现行运行经验，对不能在计划时间内完成的方式、物料、技术，以及其他缺陷延期申请，一类和二类缺陷由设备管理部专业主管提前提出延期申请，三类和四类缺陷由设备管理部、运行部、总经理工作部责任人提前提出延期申请，填写清楚延期原因和延期日期，经过责任部门分管领导审核后，方式待机缺陷发送运行部审核，物料待机缺陷由设备管理部审核，其他缺陷延期发送安全监察部缺陷管理人员审核，一类缺陷和技术延期缺陷发送总工程师审核批准。

垃圾焚烧系统设备的缺陷分类与消缺时效性　　　　表 10-22

类别	说明	消缺时效
零类缺陷	设备和设施经评估无影响功能性的其他异常状态填写零类缺陷	—
一类缺陷	指严重危及人身安全、设备安全、供热安全和环保参数超标事故，不及时消除可能造成人身伤害、导致停机、降低热电负荷出力、设备损坏、对外供热部分或全部中断、排放环保参数及上传数据超标，应立即组织消除和采取有效控制措施的缺陷。该类缺陷系指锅炉、汽轮发电机组、主变、供热、环保、机组主保护、主要辅机和系统等缺陷	24h
	需紧急采取应急措施，进行连续不间断处理的设备缺陷。又称紧急缺陷	

类别	说明	消缺时效
二类缺陷	缺陷不及时处理有可能导致主要辅机跳闸但不连带机组降出力，或严重影响经济性或造成项目内部污染，或一般辅机脱备（主要辅机以外均为一般辅机）；或热工控制系统和自动装置不能投入；或有可能影响人身和设备安全运行的缺陷	48h
	主设备主要辅助设备、控制保护及自动装置等需要即时处理，否则理将威胁人身及设备安全或造成扩大事故的缺陷。也称大修性缺陷	
三类缺陷	指对安全经济运行有一定影响，在机组运行中可以通过采取措施予以消除，消除时不影响机组出力。该类缺陷指除主设备和主要辅助设备以外的一般生产辅助设备，包含现场设备、设施经评估存在影响安全性的缺陷	72h
	能坚持运行，但会影响设备安全运行，属于可随时消除的缺陷	
四类缺陷	为文明生产缺陷，主要包含照明、土建、物业修缮、设备标牌、阀门标牌、管道介质流向、划线、色标色环、绿化、腐蚀、锈蚀、保温、构建筑物类缺陷（含屋顶、门窗、玻璃、走梯、平台、围护栏、遮拦、护罩、墙壁、地面、综合管架、沟道、孔洞盖板等）、卫生等。其中设备、设施经评估存在影响功能性的填写四类缺陷	120h
	能长期安全运行，但影响经济运行或影响设备美观和寿命，通过设备倒换、系统隔离即可消除的缺陷；对建筑物等非生产性建筑物发生的缺陷。也称一般性缺陷	

10.6　生活垃圾焚烧项目的设备完好率管理

生活垃圾焚烧项目的设备完好率管理，是使设备处于健康状态，为运行提供尽可能好的硬件条件；是保证全厂安全、可靠、环保、经济运行的基础性环节。一般地，设备状态分三类评级，缺陷状态按四类划分。

10.6.1　设备完好率的分类管理

10.6.1.1　完好设备基本要求

1. 零、部件完整齐全，质量符合要求

（1）主、辅机的零部件完整齐全，质量符合要求。

（2）仪表、计器、信号连锁，以及各种安全装置、自动调节装置齐全完整、灵敏、准确。

（3）基础、机座稳固可靠，地脚螺栓和各部螺栓连接坚固、齐整、符合技术要求。

（4）管线、管件、阀门、支架等安装合理，牢固完整，标志明显，符合要求。

（5）防腐、保温、防冻设施完整有效，符合要求。

2. 设备运转正常，性能良好，达到铭牌出力或查定能力

（1）设备润滑良好，润滑系统畅通，油质符合要求，实行"五定、三级过滤"。

（2）无振动、松动、杂音等不正常现象。

（3）各部温度、压力、转速、流量、电流等运行参数符合规程要求。

（4）生产能力达到铭牌出力或查定能力。

3. 技术资料

（1）技术资料齐全、准确。

（2）设备运转时间和累计运转时间有统计、记录。

（3）设备档案、检修及验收记录齐全。

（4）设备易损配件有图纸。

（5）设备及工作环境整齐、清洁，无跑、冒、滴、漏现象。

10.6.1.2 机械动力设备完好率

生活垃圾焚烧厂的机械动力设备是指垃圾抓斗起重机，垃圾焚烧锅炉系统，汽轮发电机组；烟气净化系统等机械主设备，主变压器等电气主设备，热工仪表及自动控制系统装置等热控系统主设备。还包括飞灰、渗沥液处理系统和给水排水、采暖空调、消防等主要辅助机械设备，以及电梯和实验、检修等主要辅助用电设备。

设备的状态类别按一、二、三类划分（表 10-23）。

机械动力设备状态类别　　　　　　　　　　表 10-23

一类设备	设备符合运行标准要求，标志及运行、检修、试验等基础资料齐全并与实际相符。是经过运行考验，技术状况良好，能保证安全、可靠、满负荷运行的完好设备
二类设备	设备存在一般缺陷，包括个别部件有一般性缺陷，但能实现满负荷运行且不影响安全运行，效率保持在一般水平，基础资料基本齐全的设备
三类设备	存在重大缺陷，出力降低，效率很差或漏汽、漏水、漏油、漏风、漏粉、漏灰"六漏"严重，直接影响安全运行和人身安全，必须尽快处理的设备

设备完好率按下式计算，式中的生产设备总台数包括在用、停用、封存的设备。应用时要按主设备、辅助机械设备、电气设备、热控设备分类计算。

$$设备完好率 = \frac{一类设备数 + 二类设备数}{生产设备总台数} \times 100\% \qquad (10-2)$$

控制指标参见《生活垃圾高效清洁焚烧评价指标体系标准》T/HW 00026—2021。一类机械动力设备判别标准见表 10-24。

一类机械动力设备判别标准　　　　　　　　　　表 10-24

序号	判别指标	说明
1	功能性	设备运转正常，能持续达到铭牌出力。机械设备性能满足焚烧工艺要求，动力设备达到设计规定标准，辅助设备技术、运行状况能保证主设备安全运行、出力和效率要求。系统热效率达到设计水平或国内同类型设备的优良水平。泵与风机尽可能保持在最佳效率点附近运行或采取变频方式运行
2	结构性	基础、机座稳固可靠，地脚螺栓和各部螺栓连接紧固、齐整，符合技术要求。容器的人孔、检查孔和阀件关闭严密。设备照明充足，平台扶梯完好。所有阀门、挡板开关灵活无卡涩现象，位置指示正确。事故按钮完好并加盖。标志、标识符合标准化要求
3	安全性	安全防护装置与零部件齐全，无影响安全运行的缺陷，磨损、腐蚀度不超过规定的标准，防腐、保温、防冻设施完整有效。外观完整，基本无锈蚀、无油漆剥落部件
4	可靠性	运转正常无超温、超压等现象，温度、压力、转速、流量、电流等主要运行指标及参数符合设计与有关规范规定，振动值不超允许范围，传动系统的变速齐全、滑动部分灵敏、油路系统畅通、润滑系统正常，原材料、燃料、润滑油等消耗正常

序号	判别指标	说明
5	运行管理要求	设备内外清洁，无漏油、漏水、漏气（汽）、漏电现象。设备周围环境清洁，无积油、积水、积尘及其他杂物。标志标识符合安全生产与标准化要求；设备状态类别及时记入设备台账。对二类设备要根据缺陷等级评估进行维护或检修。三类设备要根据缺陷等级评估进行降级使用或停机处理，对不能保证安全运行的设备要及时更换

10.6.1.3　电气设备完好率

电气系统设备要求控制和保护装置齐全，性能灵敏，动作可靠，管线布置完整。电动机各部、地脚螺栓、联轴器螺栓、保护罩等连接状态满足安全运行要求，运行无撞击、摩擦等异常声。电流表指示不超过额定值，旋转方向正确。电缆头及接线、接地线完好，连接牢固，轴承及电机测温装置完好并正确投入。

电气设备完好率按下式确定；控制指标见《生活垃圾高效清洁焚烧评价指标体系标准》T/HW 00026—2021。

$$电气设备完好率 = \frac{一类、二类电气设备总数}{全厂电气设备总数} \times 100\% \tag{10-3}$$

10.6.1.4　热工仪表及自动控制系统装置的完好率、合格率与投入率

自动控制系统具有 DAS 数字采集、MCS 模拟量控制、SCS 顺序控制、ACC 自动燃烧控制等功能。自动控制系统范围包括符合最低控制范围要求的垃圾焚烧锅炉系统、烟气净化系统、汽轮发电机组，或其他热能利用系统、电气控制系统、锅炉给水系统等。自动控制系统设备状态主要是指自动控制装置能正常投入使用，系统动作灵敏可靠；测量及保护装置、工业电视监控装置、自动调节、信号及指标仪表、记录仪表等齐全并投入运行，仪表精度符合要求，指示正确，动作正常。

热工仪表及控制装置按整套启动试运或大修后监督控制指标的完好率、合格率与投入率进行评价。计算公式见表 10-25，控制指标见《生活垃圾高效清洁焚烧评价指标体系标准》T/HW 00026—2021。其中的完好率主要指 DCS、模拟量控制系统、数据采集系统（DAS）测点完好；合格率指主要仪表校前、主要热工检测参数现场抽检等合格；投入率主要指保护、自动调节系统、计算机测点的投入状态。

仪表及控制装置完好率、合格率与投入率计算公式　　　　　　　　表 10-25

完好率	$自动装置完好率 = \dfrac{一类、二类自动装置总数}{全厂自动装置总数} \times 100\%$	整套启动试运或大修后的完好率，主要指 DCS、模拟量控制系统、数据采集系统（DAS）测点
	$保护装置完好率 = \dfrac{一类、二类保护装置总数}{全厂保护装置总数} \times 100\%$	
合格率	$主要仪表送检校验合格率 = \dfrac{主要仪表送检校验合格总数}{主要仪表送检总数} \times 100\%$	整套启动试运或大修后的合格率指主要仪表校前、主要热工检测参数现场抽检、计算机测点投入
	$计算机数据采集系统测点合格率 = \dfrac{抽检合格总数}{抽检点总数} \times 100\%$	
投入率	$热工自动控制系统投入率 = \dfrac{一类、二类设备总数}{全厂自动控制系统总数} \times 100\%$	整套启动试运或大修后的投入率主要指保护、自动调节系统、计算机测点的投入率
	$保护装置投入率 = \dfrac{保护装置投入总数}{全厂保护系统总数} \times 100\%$	
	$计算机采集系统投入率 = \dfrac{实际使用数据采集系统测点数}{设计数据采集系统测点数} \times 100\%$	

　　检测系统或仪表具体检测内容参考《工业过程测量和控制用检测仪表和显示仪表精确度等级》GB/T 13283—2008、《自动化仪表选型设计规范》HG/T 20507—2014、《火力发电企业能源计量器具配备和管理要求》GB/T 21369—2008、《发电厂热工仪表及控制系统技术监督导则》DL/T 1056—2019 等标准。自控系统设备及热工仪表性能评价见表 10-26，评级标准见表 10-27。

检测系统或仪表的部分性能评价项　　　　　　　　　　表 10-26

检测内容		性能指标
检测系统或仪表的部分性能		
测量精度等级	测量范围	允许误差范围内的仪器仪表被测量值范围
	量程	测量值范围上下限差的模。一般按被测量值在仪表测量上限的 2/3～1 确定
	过载能力	不引起性能指标永久改变条件下，允许超过测量范围的能力
	零位（点）	输入量为零时，输出量不为零的数值。应设法消除
	精度等级	精度 $q=\dfrac{\lvert \Delta X \rvert_{max}}{X_{max}-X_{min}}\times 100\%$　　ΔX：绝对误差；$X_{max}-X_{min}$：测量上限与下限差，即量程
		电工仪表精度等级（去掉百分号的精度值）为：0.005、0.01、0.02、0.04、0.05、0.1、0.2、0.4、0.5、1.0、1.5、2.5、4.0、5.0、6.0……
稳定性	稳定度（δ）	δ＝精密度/时间（如 1.2mV）
	影响系数（β）	β＝精密度/工作条件变化
	漂移	系统或仪表输入量不变时，输出测量值随时间或温度改变而缓慢变化。包括零点漂移与灵敏度漂移，又分为时间漂移与温度漂移
灵敏度	灵敏度	测量系统在稳态下输出量的增量与输入量的增量之比。若监测系统由多个独立环节组成，则系统总灵敏度＝各环节灵敏度乘积
	分辨率	仪器在规定量程范围内有效辨别最小可测出的输入变量。数字显示器检测系统的分辨率为最小有效数字加一位数时，测量值的改变量
静态特性	线性度（非线性误差）	监测系统输入输出曲线与理想直线的偏离程度。是在全量程范围内实际特性曲线与拟合直线间最大偏差值与满量程输出值的比
	迟滞（变差、滞环）	传感器在输入量由小到大（正行程）及输入量由大到小变化期间，其输入输出特性曲线不重合的程度。迟滞误差＝正反行程最大迟滞误差/满量程输出值
	分辨率	能够检测出的被测量的最小变化量，用能检测的最小被测量的变换量相对于满量程的百分比表示，如 0.02%。具有数字显示的检测系统为最小有效数字增加一位时，相应测量值的改变量
	重复性	指输入量多次连续输入时，特性曲线不一致程度。重复性＝取正行程及反行程两个最大偏差的大者÷满量程输出值
	稳定度	指传感器输出与标定输出的差异，用相对误差或绝对误差表示
可靠性	平稳无故障时间	平均故障率 λ＝运行时间内的故障次数/运行时间（与辅助设备的定义有差异）；平均无故障可用 $hMTBF=1/\lambda$
	可靠性评价指标	包括过载保护、疲劳性能、绝缘电阻、耐压性能等

热工仪表及控制装置评级标准 表 10-27

类别	热工仪表及控制装置评级标准	
	一类	二类
评级原则	① 热工仪表及控制装置结合机组检修，与主设备同时进行定级。在消除缺陷并经验收评定后方可按标准升级。 ② 仪表测量系统各点校验误差≤系统综合误差；主蒸汽温度表、压力常用点的校验误差＜系统综合误差 1/2。 ③ 热工自动调节设备的投入累计时间占主设备运行时间的 80％以上方可列入统计设备。热工自动保护设备应能随主设备同时投入运行。 ④ 不能达到二类相应类别标准者定为三类	
热工仪表	① 仪表测量系统综合误差符合评级原则②规定。 ② 二次仪表指示和记录清晰，带信号仪表的信号动作正确可靠。 ③ 仪表及其附属设备安装牢固，绝缘良好，必要时有防震及抗干扰措施。 ④ 管路、阀门不堵不漏，排列整齐，有明显的标志牌。 ⑤ 仪表内外清洁，接线正确、整齐，铭牌齐全。 ⑥ 带切换开关的多点仪表，其开关接触电阻符合制造厂规定，切换灵活，对位指示准确可靠。 ⑦ 仪表技术说明书、原理图、接线图及校验记录齐全，并与实际情况符合	① 仪表测量系统综合误差有个别超出评级原则②规定，经调校后能符合规定要求。 ② 二次仪表指示和记录正确，清晰，若有个别超差，稍加调整即能正确指示、记录。 ③ 仪表内个别零部件有一般缺陷，但仪表性能仍能满足正常使用下的要求。 ④ 其他均能符合一类设备标准
热工自动调节装置	① 自动调节系统设备完整无缺，清洁、整齐、校调和格，达到出厂技术要求。 ② 取样管路和取样点布置合理，管路、阀门、接头不堵不漏，标志齐全；电缆、线路、盘内布置符合安装规定，电气绝缘良好，标志清楚、正确。 ③ 自动调节系统正式投入前应进行对象特性试验，投入后应作扰动试验，试验记录齐全，调节质量参考《热工仪表及控制装置检修运行规程》执行。 ④ 自动调节系统累计投运时间/主设备运行时间≥90％。 ⑤ 试验报告、检修报告、原理图、接线图等技术资料齐全，并与实际情况相符	① 自动调节系统的对象特性试验不全，但调节质量基本符合《热工仪表及控制装置检修运行规程》指标的要求。 ② 电缆、线路、盘内布置等有个别地方不正规，但不影响系统的正常投入。 ③ 自动调节系统累计投运时间占主设备运行时间 80％以上。 ④ 其他均能符合一类自动调节装置标志
保护连锁信号及报警装置	① 保护及信号报警装置机械及电气部分良好，动作正确、灵敏、可靠，能随机炉及辅助设备连续投运，无运行误动或拒动。 ② 整套装置及零部件安装牢固，清洁、整齐，电气绝缘良好，防护措施完善。 ③ 试验报告、检修记录、系统图、接线圈等技术资料齐全，并与实际相符	① 定期校验时，发现整定值有变动，但未发生误动或拒动。 ② 个别零部件有缺陷，但不影响系统的正常投入。 ③ 其他均能符合一类保护及信号报警装置标准
计算机数据采集系统装置	① 测点投入率＞99％以上，主要测点系统综合误差符合评级原则②的规定。 ② CRT 屏幕显示数据，画面稳定清晰，信号动作正确，画面切换响应时间符合设计要求。 ③ 系统装置及附属设备完整无缺，打印机动作灵活，打字清晰，时间制表准确。 ④ 事故顺序记录 SOE 的分辨率符合要求，动作顺序准确。 ⑤ 数据处理和性能计算准确。 ⑥ 输入输出信号二次线路排列整齐，铭牌正确，孔洞严密	① 系统测点投入率 98％～99％。 ② 个别主要测点超评级原则②规定，调校后符合规定要求。 ③ 系统装置的打印机和操作单元内个别部件有一般缺陷但不影响采集系统正常使用。 ④ 其他均能符合一类设备标准

10.6.2 特种设备管理

10.6.2.1 概述

垃圾焚烧项目的特种设备指涉及生命安全、危险性较大的锅炉、压力容器（含气瓶）、压力管道、电梯、起重机械、厂内机动车辆（表10-28）。还包括其附属的安全附件、安全保护装置和与安全保护装置相关的设施。在设备生命周期中，按国家现行规定的使用登记和注销是两项必需的行政程序。在运行期必须要执行《中华人民共和国特种设备安全法》《特种设备事故报告和调查处理规定》。

使用登记是指特种设备在投入使用前或投入使用后的30日内按照国家行政许可的相关规定办理的行政许可手续。按照一般规定经过使用登记后，方可投入使用。

注销是指对存在严重事故隐患，无改造、维修价值，或者超过安全技术规范规定使用年限的特种设备，特种设备使用单位向原登记的特种设备安全监督管理部门办理的登记变更手续。

垃圾焚烧厂常用的特种设备及其附件　　　　　　　　　　表 10-28

序号	名称	说明
1	压力容器	指在盛装一定压力的气体或液体的密闭设备。其中对盛装气体、液化气体的压力容器规定为：最高工作压力≥0.1MPa（表压），压力与容积的乘积≥2.5MPa·L；对盛装液体的压力容器规定为：最高工作温度≥标准沸点；盛装公称工作压力≥0.2MPa（表压），且压力与容积的乘积≥1.0MPa·L 的气体、液化气体和标准沸点≤60℃液体气瓶等
2	压力管道	指利用一定的压力，输送气体或者液体的管道。其范围规定为最高工作压力≥0.1MPa（表压）的气体、液化气体、蒸汽介质，或者可燃、易爆、有毒、有腐蚀性、最高工作温度≥标准沸点的液体介质且公称直径>25mm 的管道
3	起重机械	指用于垂直升降或者垂直升降并水平移动重物的机电设备。其范围规定为额定起重量≥0.5t 的升降机；额定起重量≥1t，且提升高度≥2m 的起重机和承重形式固定的电动葫芦等
4	安全附件	指锅炉、压力容器、压力管道等承压类特种设备上用于控制温度、压力、容量、液位等技术参数的测量、控制仪表或装置，通常指安全阀、压力表、液（水）位计、温度计等及其数据采集处理装置
5	安全保护装置	指电梯、起重机等机电类特种设备上，用于控制位置、速度、防止坠落的装置，通常指限速器、安全钳、缓冲器、制动器、限位装置、安全带、门锁及其连锁装置等

10.6.2.2 特种设备的事故分类

根据《中华人民共和国特种设备安全法》《特种设备事故报告和调查处理规定》等，按照造成的人员伤亡或者直接经济损失的分类规定，将特种设备事故分为特别重大事故、重大事故、较大事故和一般事故（表10-29）。

特种设备事故分类　　　　　　　　　　表 10-29

事故分类	人员死亡、财产损失界定	其他界定
特别重大事故	造成 30 人以上死亡，或者 100 人以上重伤，或者 1 亿元以上直接经济损失	①600 MW 以上锅炉爆炸的；②压力容器、压力管道有毒介质泄漏，造成 15 万人以上转移的；③客运索道、大型游乐设施高空滞留 100 人以上，时间 48h 以上

续表

事故分类	人员死亡、财产损失界定	其他界定
重大事故	造成 10 人以上 30 人以下死亡，或者 50 人以上 100 人以下重伤，或者 5000 万元以上 1 亿元以下直接经济损失	①600MW 及以上锅炉安全故障中断运行 240h 以上；②压力容器，压力管道有毒介质泄漏，造成 5 万人以上 15 万人以下转移；③客运索道，大型游乐设施高空滞留 100 人以上，时间 24h 以上 48h 以下
较大事故	造成 3 人以上 10 人以下死亡，或者 10 人以上 50 人以下重伤，或者 1000 万元以上 5000 万元以下直接经济损失	①钢炉，压力容器、压力管道爆炸的；②压力容器，压力管道有毒介质泄漏，造成 1 万人以上 5 万人以下转移的；③起重机械整体倾覆的；④客运索道、大型游乐设施高空滞留人员 12h 以上
一般事故	造成 3 人以下死亡或者 10 人以下重伤，或者 1 万元以上 1000 万元以下直接经济损失	①压力容器、压力管道有毒介质泄漏，造成 500 人以上 1 万人以下转移的，电梯轿厢滞留人员 2h 以上；②起重机械主要受力结构件折断或者起升机构坠落；③客运索道高空滞留人员 3.5h 以上 12h 以下；④大型游乐设施高空滞留人员 1h 以上 12h 以下；⑤国务院特种设备安全监督管理部门对一般事故的其他补充规定

10.6.2.3　建立健全特种设备运行管理制度

1. 建立健全安全、可靠、环保、经济管理目标和管理制度

（1）建立明确管理目标。包括但不限于特种设备安全管理要求和事故控制目标；负责人熟练掌握特种设备安全管理目标。

（2）健全安全管理制度。包括但不限于岗位安全责任制度；维修保养和定期检验制度；岗位安全操作规程。

（3）具体考核措施。包括但不限于对控制目标、安全管理要求有考核，考核有记录；有违反安全管理要求的处罚规定。

（4）工程档案管理。包括但不限于依规办理使用登记手续；按每台一档建立专项台账，做到台账齐全。

（5）安全装置与安全附件。包括但不限于按法规、标准或图纸要求配备齐全；经过有关机构校验、校准合格并在有效期内使用；有管理台账；校验校准报告与实际使用的编号一致；现场抽查完好、灵敏等性能符合要求。

（6）管理人员。包括但不限于各级管理人员经过特种设备安全知识培训，有考核合格证书；专职管理负责人或专职特种设备管理人员有工程师以上职称；专职管理人员有五年以上特种设备安全管理经验和特种设备安全知识培训合格证书。

（7）作业人员。包括但不限于所有特种设备岗位的作业人员均经过特种设备安全知识培训考核合格，持有效证书；作业人员有文化基础，经过岗前安全知识和技能培训、安全教育。有日常安全教育记录，有教育考核纪录；特种设备操作岗位中级及以上人员比例≥10%；至少有 1 至 2 名压力容器操作高级工或技师；有新产品、新工艺、新设备运行前的培训学习记录。

2. 定期检验

（1）按规定期限建立有可追溯的定期检验计划和定期检验申请书。

(2) 在用设备均在检验有效期内。

(3) 在用设备的使用参数均在检验报告规定的使用参数范围内。

(4) 定期检验报告提出的整改意见、监控措施或限制使用条件得到整改或落实。

3. 日常检查

(1) 建立有日常检查制度。每台设备均有运行记录，每月至少有一次日常检查记录。

(2) 日常检查发现的问题有处理和跟踪记录，发现的重大问题有书面报告。

4. 隐患排查与整改

(1) 有年度事故隐患排查计划并实施。

(2) 对排查出的事故隐患及时制定整改计划并实施；有事故隐患检查与整改台账。

(3) 未整改到位的事故隐患有可行的监控措施。

5. 维修保养

(1) 有可追溯的维修保养计划，并切实得以实施且有维修保养记录。

(2) 运行过程中出现的故障有记录、有处理结果。

(3) 维修保养后有检查、调试记录或调试验收合格报告。

6. 报废与停用

(1) 停用设备办理有齐全的申报手续；报废设备办理注销手续。

(2) 停用设备与外部的水、电、气、汽均已断开或进行有效的隔离。

(3) 报废设备已从原位拆除或进行破坏性处理。

7. 预防措施

(1) 制定有预防措施的组织结构，明确责任人及职责。

(2) 根据日常检查和事故隐患制定对应的预防措施；重要的预防措施经过评审或验证。

(3) 对预防措施的实施有跟踪记录。

8. 应急预案

(1) 有各类型特种设备专项应急预案；管理和作业人员熟悉预案的内容。

(2) 有应急预案演练记录。

(3) 应急预案的适用范围及内容发生变化后，预案得到及时修改。

(4) 应急设施、装备、工具完好率 100%。

9. 改进

(1) 定期对特种设备安全管理状况进行评审；评审后能及时制定改进措施。

(2) 改进情况和改进结果有书面记录。

10.7 误差管理

本节是在第 1.5.6 节分析和 ASME PTC4—1996 不确定性分析基础上，对实际检测、校验的基本要求，详细分析方法及其理论基础请见相关规定、标准等。

10.7.1 关于正态样本离群值的判断和处理

《数据的统计处理和解释 正态样本离群值的判断和处理》GB/T 4883—2008 规定了

离群值的判断和数据处理规则：首先，对检出的离群值，应尽可能寻找其技术上和物理上的原因，作为处理离群值的依据。其次，应根据实际问题的性质，权衡寻找和判定产生离群值的原因所需代价、正确判定离群值的得益及错误剔除正常观测值的风险。最终按下述三原则之一实施修正：

（1）若在技术上或物理上找到了产生高群值的原因，则应剔除或修正；若未找到产生它的物理上和技术上的原因，则不得剔除或进行修正。

（2）若在技术上或物理上找到产生离群值的原因，则应剔除或修正；否则，保留歧离值，剔除或修正统计离群值；在重复使用同一检验规则检验多个离群值的情形，每次检出离群值后，都要再检验它是否为统计离群值。若某次检出的离群值为统计离群值，则此高群值及在它前面检出的高群值（含歧离值）都应被剔除或修正。

（3）检出的离群值（含歧离值）都应被剔除或进行修正。被剔除或修正的观测值及其理由应予记录，以备查询。已知标准差情形离群值的判断观测的一般原则，是当已知标准差时，使用奈尔（Nair）检验法，奈尔检验法的样本量 $3 \leqslant n \leqslant 100$。具体判断规则与引用的精度指标和自由度的计算，灵敏度系数及不确定度的精度与偏整分量的讨论等。

10.7.2　关于机械加工精度误差剖析及应对方法

机械加工通常是指工件和刀具在机床作用下的运动并受机床和刀具的约束。在机械加工过程中，受到机床、夹具、刀具本身精度，以及使用磨损、工件装夹、测量、工艺系统调整影响，还受到外力、内力、温度、湿度、冷却、润滑，以及人为操作因素的影响。从而不可避免地以不同程度和方式，表现在工件的尺寸、表面和位置等几何参数的机械加工误差或加工精度。

机械加工误差定义为，零件加工后的实际尺寸、形状和相互位置等几何参数，相对理想几何参数的偏差程度。从符合程度视角则称为加工精度，是一个问题两种提法。加工精度与加工误差两者之间具有误差越小，精度越高的关系。这里所说的理想几何参数，可归纳为绝对平行、垂直、同轴等的位置；绝对平面、圆柱面等的表面；位于公差带中心的尺寸等三个方面。

根据产生的原因，机械加工误差可归纳为系统误差和随机误差两类。系统误差包括有定位精度误差、几何精度误差、机床部件刚度误差等。随机误差包括运动误差、内应力形变误差、热变形误差、测量系统误差等。

10.7.3　烟气污染物检测分析的误差

对烟气污染物自行检测时的误差控制，包括对连续监测系统的技术性能要求，对工作条件、安全要求、性能要求等技术要求，应符合《固定污染源烟气（SO_2、NO_x、颗粒物）排放连续监测系统技术要求及检测方法》HJ 76—2017，《固定污染源烟气（SO_2、NO_x、颗粒物）排放连续监测技术规范》HJ 75—2017 等规定。表 10-30 是摘自《固定污染源烟气（SO_2、NO_x、颗粒物）排放连续监测系统技术要求及检测方法》HJ 76—2017，并附有源自某项目的性能测试结果而编制的，供参考。

检测项目的比对执行检测技术要求　　　　　　表 10-30

检测项目			技术要求	标准依据
气态污染物	SO_2	准确度	排放浓度＞715 mg/m³ 时，相对准确度≤15％； 143mg/m³≤排放浓度＜715mg/m³ 时，绝对误差不超过±57mg/m³； 57mg/m³≤排放浓度＜143mg/m³ 时，相对误差不超过±30％； 排放浓度＜57mg/m³ 时，绝对误差不超过±17mg/m³	《固定污染源烟气（SO_2、NO_x、颗粒物）排放连续监测技术规范》HJ 75—2017 《固定污染源烟气（SO_2、NO_x、颗粒物）排放连续监测系统技术要求及检测方法》HJ 76—2017
	NO_x [a]	准确度	排放浓度＞513mg/m³ 时，相对准确度≤15％； 103mg/m³≤排放浓度＜513mg/m³ 时，绝对误差不超过±41mg/m³； 41mg/m³≤排放浓度＜103mg/m 时，相对误差不超过±30％； 排放浓度＜41mg/m³ 时，绝对误差不超过±12mg/m³	
	其他气态污染物	准确度	相对准确度≤15％	
氧气		准确度	＞5.0％时，相对准确度≤15％； ≤5.0％时，绝对误差不超过±1.0％	
颗粒物		准确度	排放浓度＞200 mg/m³ 时，相对误差不超过±15％； 100mg/m³＜排放浓度≤200mg/m³ 时，相对误差不超过±20％； 50mg/m³＜排放浓度≤100mg/m³ 时，相对误差不超过±25％； 20mg/m³＜排放浓度≤50mg/m³ 时，相对误差不超过±30％； 10mg/m³＜排放浓度≤20mg/m³ 时，绝对误差不超过±6mg/m³； 排放浓度≤10mg/m³ 时，绝对误差不超过±5mg/m³	
流速			流速＞10m/s 时，相对误差不超过±10％； 流速≤10m/s 时，相对误差不超过±12％	
温度		准确度	绝对误差不超过±3℃	
湿度			＞5.0％时，相对误差不超过±25％； ≤5.0％时，绝对误差不超过±1.5％	

[a] 氮氧化物以 NO_2 计，以上各参数区间划分以参比方法测量结果为准。

附烟气污染物示例如表 10-31 所示。

烟气污染物示例　　　　　　表 10-31

技术指标	误差值			准确度	标准	备注
	含义与单位	1 号线	2 号线			
SO_2	绝对误差（mg/m³）	−2.3	−1.3	≤±17	HJ 76—2017	达标
NO_x	绝对误差（mg/m³）	−3.8	−3.0	≤±12		达标
含氧量（％）	相对准确度（％）	14.7	7.46	≤±15		达标
CO	相对准确度（％）	11.8	8.41	≤±15		达标
流速	相对误差（％）	8.05	5.43	≤±10		达标
颗粒物	绝对误差（mg/m³）	0	−0.6	≤±5		达标
温度	绝对误差（℃）	2.4	2.0	≤±5		达标
湿度	相对误差（％）	1.98	5.65	≤±25		达标
HCl（max 误差）	绝对误差（mg/m³）	23.29	12.52	≤±24	作业指导书	达标

10.8　仪表管理

10.8.1　测量仪表校验

10.8.1.1　测量仪表校验的注意事项

测量仪表校验，需要充分了解测量仪表与设备的测量原理。还要注意仪表校验环境，校验标准器、零位偏差、有效期、与被校对象的阻抗匹配等符合计量要求。标准器选择符合相关规定。误差校验至最小，防止现场环境变化引起误差。

各类压力开关校验时，膜盒放置与安装位置一致，微压测量仪表膜盒内无积水。压力仪表校验到上限的要求以及压力开关校验重复次数，符合相关标准规定。仪表校验需进行外观和绝缘检查，进行通电热稳定后耐压实验与调前精度校验。精度计算时注意量程范围、精度等级。

10.8.1.2　仪表校验基本要求

仪表需做调校前校验，当调校前误差≥2/3 允许基本动作误差时须进行调整。校验后的仪表误差，宜控制在小于等于 2/3 允许基本动作误差范围内。

校验压力仪表如需调整，不要将压力突然全部泄去，应缓慢下降，防止对标准仪器造成冲击。力学类仪表校验量程上限时，应关闭校准器通往被检仪表的阀门，耐压 3min 无泄漏；标准计量表计的零位应符合精度要求；计量标签、调前合格率符合规定。校验完后应将其取压口擦净密封。

注意校验记录点，通常正行程校验时不记零点，反行程校验时不记量程上限值。精度计算时注意量程应是量程上限－下限量程。

10.8.1.3　压力表校验

主要校验内容包括但不限于标准器表选择（允许误差值、量程）；常规检查（外观、零位、校验日期、电接点压力表绝缘等）；校验过程包括环境温度、调整校验台、校验点选择、排气、校验前后读数、上限耐压、上下行程、电接点压力表报警点接触电阻等的校验。

校验时，要注意杠杆的活动螺丝和改扇形齿轮与杠杆夹角；活动螺丝调整传动比用于线性误差，改变夹角调整压力表非线性误差的两个调整环节。还要注意泄压、特殊测量校验介质。压力表一般在出厂前进行校验，现场可按规定和当地检测要求进行校验。

校验记录具有完整性，包括记录点、上限精度、误差计算、校前和校后的记录。

10.8.1.4　智能变送器校验

智能变送器是一种集信号采集、处理、转换和输出等多种功能于一体的工业自动化仪表。对智能变送器校验内容包括但不限于标准器表选择，外观、校验日期、绝缘等常规检查，密封性试验、校验记录等。户外安装的智能变送器，选择具有防雷功能，或在现场加电容、套磁环。

智能变送器校验方法与程序一般要求包括：①校验前检查智能变送器的电源正常；确认其测量范围。②零点校准。要将输入信号断开，调整零点校准螺丝，使输出信号为零。③满量程校准。将输入信号接到满量程，调整满量程校准螺丝，使输出信号与实际输入信号相同。④测试信号。要求调试过程使用标准信号进行测试，以便确认智能变送器的测量精度和准确性。⑤校验输出。是将智能变送器的输出信号接到标准信号的接收器上，进行校验输出，以确认输出信号的准确性与稳定性。

注意事项：在进行智能变送器调试时要注意：必须按照操作手册的要求进行调试，严格按照程序进行操作。必须使用专业的工具和设备，确保安全可靠。在操作过程中，需要注意观察指示灯和显示屏的反应，及时发现问题并处理。调试完成后，注意记录变送器的设置值，以以备后用。

此外，变送器出厂时常常设有阻尼。需调整阻尼（一般为 0.2s～0.4s），但不得影响变送器测量准确度和稳定度。初次校准时应施加被测物理量进行，以后校准可以通过手操器进行。小信号变送器要注意测量室内的水滴，当压力超过 0.49MPa 时，禁止带压拧紧各连接头。

10.8.1.5　压力开关校验

外观检查：①控制器的铭牌完整清晰且应标注产品名称、型号、级别、规格、控压范围、制造厂名或商标、出厂编号、制造年月等。②控制器完整无损，紧固件无松动现象，可动部分灵活可靠。③新制造的控制器外壳、零件表面涂层、镀层应完好、无锈蚀和霉斑；内部无切削、残渣等杂物。使用中和修理后的控制器不允许有影响计量性能的缺陷。

校验控制范围要求设定点误差与重复性误差均不超过量程的 4%。切换差不可调的控制器，起始切换差不大于量程的 10%；切换差可调的控制器，最大切换差不大于量程的 30%，最小切换差不大于量程的 10%；生产厂对切换差有特殊要求的按其要求。

绝缘电阻在环境温度 15～35℃、相对湿度 45%～75% 时，控制器下列端子之间的绝缘电阻应不小于 20MΩ：各接线端子与外壳之间；互不相连的接线端子之间；触头断开时，连接触头的两接线端子之间。

绝缘强度在环境温度 15～35℃、相对湿度为 45%～75% 时，控制器各接线端子与外壳及互不相连的接线端子之间，施加频率为 5～65Hz 的 1.5kV 交流电压，历时 1min 无击穿和飞弧现象。

10.8.1.6　热电偶校验

热电偶检查内容与质量要求参见《火力发电厂热工自动化系统检修运行维护规程》DL/T 774—2015。

零点校验：使用校准源或已知温度的参比热电偶，将热电偶两端接触同一温度的物体，调整温度表为零位，并记录读数。如果读数有偏差，可以通过修正温度表的零位点校正热电偶的测量。

对比校验：使用已知温度的标准温度计与热电偶同时测量同一温度物体的温度，并比较两者的读数。如果存在较大的差异，可以通过修正热电偶的温度系数或校准温度表来提高测量准确性。

误差计算：标准热电偶误差修正、补偿导线、冰点误差。感温元件的绝缘电阻测试。

市电点检查：将热电偶两端用导线连接，然后让一根导线与市电相连，通过观察读数是否为市电频率的整数倍（如 50Hz）来判断热电偶的工作是否正常。若读数为非整数倍或波形不正常，可能存在热电偶接点松动或损坏的问题，需要进行维修或更换。

不均匀检查：使用已知温度分布的设备（如恒温槽）将热电偶置于不同温度区域中，

同时记录热电偶的读数。如果热电偶测量结果与设定的温度分布不一致，说明可能存在热电偶的不均匀性问题，需要进行修正或更换。

注意事项：校验热电偶的方法应根据具体的检测标准和要求来选择，并在适宜环境条件下进行。此外，定期的校验和维护对于保证热电偶测量的准确性和可靠性也是必要的。校验结束后禁止直接手接触加热端。铠装热电偶注意测量端是否接地。新安装于高温高压介质中的套管，应具有材质检验报告，其材质的钢号及指标应符合规定要求。

10.8.1.7　热电阻校验

热电阻的校验：将待校的热电阻及校验用设备按图 10-3 线路连接，测出 0℃ 及 100℃ 的热电阻值，求出 R_0 和 R_{100}/R_0，符合技术要求即可。

校验原理：如图 10-3 所示，被校的热电阻 2 和标准电阻 5（一般用 1Ω 或 3Ω）、加热恒温器 1、标准温度计 3、毫安表 4、分压器 6、双刀双掷开关 7、电位差计 8 串接在一起形成回路。调节分压器 6，使回路电流约为 1mA。当热电阻 2 插入冰水或水沸腾器中，电流在标准电阻 5 和被校热电阻 2 上产生了一定的电压降，电压降可通过切换开关 7 输到电位差计 8，由电位差计指示出读数。

改变切换开关 7 的接点位置，可顺序把标准电阻 5、被校热电阻 2 上的电压降输到电位差计。被校热电阻的电阻值也可按公式 $R_t=(U_t/U_s)\times R_s$ 求得，这样即可测得 R_0 和 R_{100}/R_0 数值。

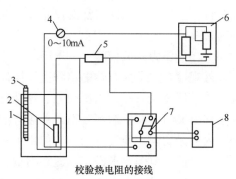

校验热电阻的接线

1—加热恒温器；2—被校验电阻体；3—标准温度计；
4—毫安表；5—标准电阻；6—分压器；7—双刀
双投开关；8—电位差计

图 10-3　校验热电阻的接线图

10.8.2　分散控制系统测试与试验

10.8.2.1　系统综合误差校验程序

（1）大小修后的测量系统应进行系统综合误差校准，校准点包括常用点在内不少于 5 点，下限值只检下行程，上限值只检上行程。

（2）系统综合误差的校准应在系统各单体设备校准工作结束并合格后进行。

（3）合上系统中各个设备的电源，按系统中预热时间最长的仪表预热时间进行预热。

（4）在测量系统的信号发生端（温度测量系统可在线路中）输入模拟量信号，在测量系统的显示端记录显示值，进行系统综合误差校准。

（5）若综合误差不满足要求，应对系统中的单体仪表进行校准或检修。

10.8.2.2　机组连锁保护及试验

从安全级别来说，单元机组的连锁保护分为机组级和设备级两层。机组级连锁保护的目的是实现重大故障情况的安全停炉和停机，主要有锅炉主燃料跳闸、主汽轮机跳闸。设备级连锁保护的目的是既要保护设备又要保护热力系统，在局部故障下努力维持机组的安全运行。设备级的连锁保护主要有报警条件、启动许可条件、停止许可条件、跳闸条件、备用设备的自启停条件等。

分散控制系统试验前的准备工作基本要求包括系统设备外观和安装环境条件检查，接地、电缆及接线检查及软件检查；现场过程控制站机柜通电、人机接口系统设备通电、控制系统软件恢复；热工信号系统检查；测试与试验项目。其中，电源电压测试包括电压测量，自备 UPS 的通信检查与性能测试，电源切换及备用时间试验。此外，还有开关量控制系统的调整试验；锅炉辅机设备主要联锁保护及试验；汽机辅机设备主要连锁保护及试验。

10.8.3 检修维护部门热控专业巡检制度及考核办法

10.8.3.1 点检概述

所谓点检，是指按照一定标准、一定周期、对设备规定部位进行检查，以便早期发现设备故障隐患，及时加以修理调整，使设备保持其规定功能的设备管理方法。点检是与设备维修相结合的动态管理。根据点检的对象状态可分为对常规巡检点的日常点检；重要设备与异常设备的重点点检。

点检的基本要素有：①压力；②温度；③流量；④润滑；⑤泄漏；⑥异声；⑦振动；⑧龟裂（折损）；⑨磨损；⑩松弛。同正常巡检一样，要求设备见本色，地面清洁。通常做法是现场卫生每周清扫一次，有浮尘脏污时随时清扫；机柜表里、盘面每月清扫一次，环境恶劣的每周清扫一次；集箱、监视器每两个月清扫一次，环境恶劣设备每月清扫一次。

设备点检需要常态化进行，并形成健全的点检制度。包括但不限于根据设备分类，制定点检的项目、内容、计划、周期，以及判断标准。对点检的设备详细记录部位、运行状态、故障或倾向情况、处理过程，更换器件型号、种类、件数等。点检时要携带齐全检测工具；发现点检问题及时通知维修人员；不急处理的问题则记录在案，留待计划检查处理。

10.8.3.2 点检的基本要求

点检适用于设备维护部所辖的所有维护设备。一般要求：

（1）对辖区设备按规定日期进行点检。包括查看岗位生产记录；与岗位人员交换信息；收集设备运行状况并进行分析；掌握机件劣化程度；根据点检情况提出预防、改善设备性能的意见。

（2）对现场仪表每日进行点检。其中仪表要保持安装状态；外观完好、清洁、标识齐全；仪表引线整齐牢固，无脱落无裸线；导压管保持安装状态，无堵、无漏、无扭曲。

（3）对现场控制箱及管路每日进行点检。其中管线要保持安装状态，横平竖直；线槽、线管无拖吊，导线无裸露，线槽盖板齐全完好；管路、接头、气源、保温无堵、漏、渗现象；阀门完好，开闭灵活可靠，手轮齐全，丝杆无弯曲。

（4）对电源每日进行点检。其中电源线应无破损裸露，绝缘良好；保护盖齐全无损坏；24VDC 符合要求，电流正常。

（5）对执行、调节阀每日进行点检。其中执行、调节阀保持正常运行状态；连杆、调节杆无弯曲、螺丝无松动；可动部分润滑良好。

（6）对室内操作员站每日进行点检。做到外观完好、标志标识齐全、部件无缺损；显示准确、键盘、鼠标灵活可靠，其他部件正常，系统供电正常；网络通信正常运行中；连锁、报警调节及显示参数，调节加路品质正常；信息记录表，掌握点检周期内设备运行情况及系统报警情况正常；布线整齐、规范，端子接线牢固可靠；照明良好；附属设备齐全完好；盘内设备内外清洁。

(7) DCS/PLC 系统柜（端子柜）每日进行点检。保持系统电源正常；CPU、I/O 模板运行正常，无故障报警指示；系统总线运行指示正常，通信正常等；布线整齐规范，端子接线牢固，接触良好；改造线、临时线要进线槽；照明良好。

10.9 可靠性分析

10.9.1 可靠性与可靠性理论概念

10.9.1.1 可靠性基本概念

可靠性是指系统或设备、元器件在规定的条件下和规定的时间内，完成规定功能的能力，一般用概率来衡量。可靠性的三项基本要素是规定条件、规定时间、规定功能。其中，规定条件是指系统或产品所处的使用条件、环境条件与维护条件，包括机械条件、气候条件、生物条件、物理条件和使用维护条件等。规定时间是指系统、设备或元件的使用时间、储存时间等。规定功能一般指应具备的技术指标，包括用户提出的指标和要求。

基于系统、设备或元件的可靠性是一个与时间有密切关系的量，依据使用时间越长系统越不可靠的工程规律，得到可靠性的量化定义：系统、设备或元件在时间 t 内不失效的概率 $P(t)$。取 T 为系统、设备或元件从开始工作到首次发生故障的时间，其无故障工作概率表示为：

$$P(t) = P(T > t) \tag{10-4}$$

此量化关系式 $P(t)$ 的典型性质表现为：①$P(t)$ 为时间的递减函数；②$0 \leqslant P(t) \leqslant 1$；③$P(t=0)=1$；$P(t=\infty)=0$。

据西南交通大学电气工程学院的一项复杂性对系统可靠性影响辅助报告（表 10-32）的基本规律是，随着组成系统的元件数增加，系统可靠性降低；元件的可靠性降低，系统可靠性降低。

复杂性对系统可靠性的影响（单位：%） 表 10-32

系统的元件数	单个元件可靠性			
	99.999	99.99	99.9	99.0
	系统可靠性			
10	99.99	99.90	99.00	90.44
100	99.90	99.01	90.48	36.60
250	99.75	97.53	77.87	8.11
500	99.50	95.12	60.64	0.66
1000	99.01	90.48	36.77	<0.10
10000	90.48	36.79	<0.10	<0.10
100000	36.79	<0.10	<0.10	<0.10
1000000	<0.10	<0.10	<0.10	<0.10

10.9.1.2 可靠性理论

可靠性理论❶是以概率论和数理统计为主要工具，研究系统运行可靠性的定量规律，以及对其进行分析、评价、设计和控制的理论和方法。可靠性研究的主要内容包括影响可靠性的因素、可靠性自身的规律、选用确定可靠性指标体系、提高系统可靠性途径等。

可靠性理论可分为可靠性数学、可靠性物理与可靠性工程三个独立学科。

可靠性数学是可靠性研究的基础理论之一，属应用数学范畴，涉及概率论、数理统计、随机过程、运筹学及拓扑学等数学分支。主要研究各种可靠性问题的数学方法和定量规律，应用于可靠性的数据收集与分析，以及系统设计及系统、设备或元件寿命试验等方面。

可靠性物理又称失效物理，是研究失效的物理原因，即探究不可靠因素的机理，建立失效的数学物理模型、检测方法与纠正措施的可靠性理论；使可靠性工程从数理统计方法发展到以理化分析为基础的失效分析方法；为实现系统、设备或元件的高可靠性提供科学的依据。

可靠性工程是基于系统工程方法，运用概率论与数理统计等可靠性数学工具，采用失效物理的分析方法和逻辑推理，进行系统、设备或元件的故障研究。通过对可靠性方面的数据进行收集统计与定量分析，进行失效机理及其发生概率研究。进而对系统、设备或元件进行可靠性预测、可靠性设计，可靠性试验，可靠性评估与检验；进行可靠性控制、可靠性维修并综合权衡经济、功能等方面的得失，以便完善质量管理与质量检验以保证产品的可靠性，同时将其可靠性提高到满意程度的一门边缘性工程学科。可靠性工程基本内容参见表 10-33。

可靠性工程基本内容 表 10-33

序号	基本内容	主要细分内容
1	可靠性基本理论	可靠性数学与故障物理学；集合论与逻辑代数；概率论与数理统计；图论与随机过程；系统工程；环境工程学与环境应力分析；试验与分析理论
2	可靠性设计	设备设计与裕度设计；降额设计与构建概率设计；热力工程设计及抗机械力设计；防潮、防腐、防尘、防排烟设计；电磁兼容设计和抗辐射设计；维修性设计与使用性设计；质量、体积、重量与经济指标综合设计
3	可靠性试验	环境试验；寿命试验；筛选试验
4	制造	质量控制体制、制度、方法及手段
5	使用的可靠性保证	建立运行维护制度、规范标准；人员培训；安全性设计；人机匹配设计和环境设计

❶ 可靠性理论源自 20 世纪 30 年代，针对的是系统设备维修问题，将更新理论应用于产品更换问题，以及材料的疲劳寿命问题等。在第二次世界大战期间，随着军事技术装备日趋复杂而故障与失效问题日益突出，由于新军事技术装备研制周期长而经不起重大反复，促进了可靠性理论的发展。到 20 世纪 50 年代进入快速系统性研究，20 世纪 60 年代形成了可靠性理论的实践性学科——可靠性工程，对系统故障原因研究的学科——故障物理学。特别是故障物理学提出的"故障不是偶然出现的，是可以避免的"等系列规律，被广泛应用于许多技术领域。

序号	基本内容		主要细分内容
6	可靠性信息		现场数据收集、分析、整理与反馈；试验数据处理与反馈；元件是效率统计；各种可靠性信息收集与交流；用户调查与反馈
7	实体可靠性	元件	失效分析与可靠性评价；原材料选择；老化筛选；现场使用情况调查
		系统	可靠性预测与分配；失效模式效应与危害程度分析；可靠性综合分析法
8	可靠性管理		建立可靠性管理与研究机构；制定可靠性管理体系、规范；建立质量反馈制度；开展相关产品可靠性评审
9	可靠性标准		工程基础性标准；试验方法标准；产品与认证标准，设计标准与管理标准
10	可靠性教育		建立可靠性学习班组；内外培训及考察；专业工程技术会议；出版可靠性刊物、教材
11	系统可靠性模型		系统可靠性逻辑框图、原理图及其数学模型

10.9.2　生活垃圾焚烧的机组状态划分

10.9.2.1　生活垃圾焚烧项目可靠性评价范围

生活垃圾焚烧项目的可靠性评价包括垃圾抓斗起重机、垃圾焚烧锅炉、汽轮发电机组、烟气净化系统、DCS、主变压器（包括高压出线套管），以及给水泵组、各类送、引风机、加热器等辅助设备，还包括公用系统和设施。其中给水泵组（含）包括液力偶合器、电动机、给水入口阀至出口阀之间所有部件及装置；送、引风机及其电动机入口挡板至出口挡板之间的部件与装置。

10.9.2.2　机组状态释义

表 10-34 机组状态释义是依据《固定污染源烟气（SO_2、NO_x、颗粒物）排放连续监测系统技术要求及检测方法》HJ 76—2017、《固定污染源烟气（SO_2、NO_x、颗粒物）排放连续监测技术规范》HJ 75—2017 以及《发电设备可靠性评价规程　第 2 部分　燃煤机组》DL/T 793.2—2012 编制。适用于垃圾焚烧线（焚烧锅炉系统＋烟气净化系统）的状态。

机组状态释义　　　　　　　　　　　　　　　　　　　　　表 10-34

状态	释义
在使用	设备处于要进行统计评价的状态。使用状态分为可用（A）和不可用（U）
可用	设备处于能够执行预定功能的状态，而不论其是否在运行，也不论其能够提供多少出力。可用状态包含运行（S）和备用（R）。其中的运行，对于机组是指发电机或调相机在电气上处于联接到电力系统工作（包括试运行）的状态，可以是全出力运行，计划或非计划降低出力运行；对于辅助设备是指垃圾抓斗起重机、给水泵、送/引风机和加热器等在全出力或降低出力为机组工作。备用是指设备处于可用，但不在运行状态。对于机组，备用可分为全出力备用、计划或非计划降低出力备用
运行	对锅炉，指处于主蒸汽管道连通蒸汽母管工作的状态。对机组，指发电机或调相机在电气上处于联接到电力系统工作（包括试运行）的状态，可以是全出力运行，计划或非计划降低出力运行；对于辅助设备，指给水泵、一二次风机、炉墙冷却风机、再热风机、引风机和除氧器、低压加热器等，正在全出力或降低出力为机组工作

续表

状态	释义
备用	设备处于可用，但不在运行状态。对于机组，备用可分为全出力备用、计划或非计划降低出力备用。由于锅炉统计范围外的设备引起锅炉"停运"的状态记为"备用"
机组降低出力	机组达不到毛最大容量运行或备用的状态，但不包括按负荷曲线正常调整出力。机组降低出力可分为计划降低出力和非计划降低出力。其中，计划降低出力指机组按计划在既定时期内的降低出力。如季节性降低出力，按月度计划安排的降低出力等。机组处于运行，则为计划降低出力运行（IPD）；机组处于备用，则为计划降低出力备用（RPD）
	垃圾焚烧锅炉或机组在降低出力状态时，实际能达到的最大连续出力（AC）与额定容量（GMC）的差值，即：UNDC＝GMC－AC
非计划降低出力	机组处于运行，则为不能预计的非计划降低出力运行状态（IUD）；机组处于备用，则为非计划降低出力备用状态（RUD）。按机组降低出力的紧迫程度分为以下 4 类： 第 1 类非计划降低出力：机组需要立即降低出力者； 第 2 类非计划降低出力：机组虽不需立即降低出力，但需在 6h 内降出力者； 第 3 类非计划降低出力：机组可延至 6h 以后，但需在 72h 内降低出力者； 第 4 类非计划降低出力：机组可延至 72h 以后，但需在下次计划停运前降低出力者
不可用	设备不论其什么原因处于不能运行或备用的状态。不可用状态分为计划停运和非计划停运
计划停运	机组或辅助设备处于计划检修期内的状态（包括进行检查、试验、技术改造，或进行检修等而处于不可用状态）。计划停运应是事先安排好进度，并有既定期限。对于机组，计划停运分为 A 级、B 级、C 级及 D 级检修四类。对于辅助设备，计划停运分为大修、小修和定期维护三类
非计划停运	设备处于不可用（U）而又不是计划停运（PO）的状态。对于机组，根据停运的紧迫程度分为以下 5 类。其中第 1～3 类非计划停运状态称为强迫停运（FO）。 第 1 类非计划停运：机组需立即停运或被迫不能按规定立即投入运行的状态（如启动失败）； 第 2 类非计划停运：机组虽不需立即停运，但需在 6h 以内停运的状态； 第 3 类非计划停运：机组可延迟至 6h 以后，但需在 72h 以内停运的状态； 第 4 类非计划停运：机组可延迟至 72h 以后，但需在下次计划停运前停运的状态； 第 5 类非计划停运：计划停运的机组因故超过计划停运期限的延长停运状态
停用	机组按国家有关政策，经规定部门批准封存停用或进行长时间改造而停用的状态，简称停用状态。机组处于停用状态的时间不参加统计评价
年均利用 h	年焚烧垃圾量按垃圾焚烧锅炉运行 h 数折算为日焚烧垃圾量，与全厂焚烧线 h 处理规模之比。机组利用 h 为年发电量按机组运行 h 数折算为日发电量，与全厂机组规模之比

生态环境部门从烟气污染物排放视角对垃圾焚烧线运行状态的做出规定：一般情况下，焚烧炉工况呈现为"正常运行—停炉—停炉降温—（停运）—烘炉—启炉—正常运行"。启炉、正常运行和停炉时，炉膛温度不应低于 850℃；焚烧炉工况标记包括烘炉、启炉、停炉、停炉降温、停运、故障和事故 7 种。各工况定义如表 10-35 所示。首先，需要肯定的是，该规定对垃圾焚烧规范化运行起到了很大的正面促进作用。其次，对如炉膛温度，启炉工况等与热能动力工程界定有所差异的，只要对锅炉系统安全可靠运行没有重大影响，就要按该规定执行。当然，也不应盲目以此概念作为运行管理的工程理论依据。鉴于焚烧过程的温度系安全可靠控制的重要性，如炉膛主控温度计算方法需要符合锅炉工程理论基础的规定。

环境部门对垃圾焚烧锅炉工况标记的含义　　　　　　表 10-35

序号	工况	定义
1	烘炉	在未投入垃圾情况下，用辅助燃烧器将炉膛温度升至 850℃ 以上的时段。一般情况下，炉膛温度起点应低于 400℃；当烘炉的前序标记为停炉降温、故障或事故时，允许炉膛温度起点高于 400℃。一般情况下，每次烘炉时长不应超过 12h；炉内耐火材料修复或改造后，每次烘炉时长不应超过 168h
2	启炉	完成烘炉后，投入垃圾至工况稳定，且炉膛温度保持在 850℃ 以上的时段。启炉每次时长不应超过 4h
3	停炉	停止向焚烧炉投入垃圾至炉膛内垃圾完全燃尽，且炉膛温度保持在 850℃ 以上时段
4	停炉降温	炉膛内垃圾完全燃尽后，温度继续降低的时段。一般情况下，炉膛温度应从 850℃ 以上降至 400℃ 以下；当"停炉降温"后，标记为"烘炉"时，允许该标记时段结束时炉膛温度高于 400℃
5	停运	焚烧炉停止运转的时段。标记为"停运"的，烟气含氧量不应低于当地空气含氧量的 2%
6	故障	无定义。焚烧炉发生故障或事故的时段。标记为故障或事故的每次时长不应超过 4h
7	事故	
8	基本要求	一个自然年内，每台焚烧炉标记为启炉/停炉/故障/事故，且颗粒物浓度小时均值不大于 150mg/m³ 的时段，累计不超过 60h； 一个自然年内，每台焚烧炉标记为烘炉、停炉降温时段，累计不超过 700h

10.9.3　垃圾焚烧发电过程的可靠性评价指标

10.9.3.1　机组运行特性

1. 设备与元件的寿命期

设备、元件寿命期分为物理寿命、技术寿命与经济寿命。其中，物理寿命是指设备、元件从投入运行开始到不能正常工作退役结束所持续的时间。技术寿命是指因技术原因而被新设备元件所替代的时间，尽管设备元件仍可运行。经济寿命是指设备元件仍可以正常运行，但已经不具备任何经济价值的时间。

2. 可修复系统设备的可靠性分析

设备维修包括设备维护、保养与检修。检修又分为计划检修与非计划检修。需注意的是在计划检修中可能存在过修或欠修问题。对可修复系统设备，工程上通常采用事后维修和预防性维修两种维修手段，以改善系统设备的可靠性，保持系统设备具有所要求的性能。事后维修是指设备发生故障后的修复性或矫正性维修。其典型步骤包括问题诊断、故障零件修理或更换，以及维修确认。预防性维修是通过巡检、定检、换油等，对系统设备运行状态按计划进行全面监控，对局部元件进行清洁、调整或更换，检查修复失效的冗余元件等。

3. 运行过程的可靠性分析

在机炉运行的热力过程中，焚烧垃圾量、初终蒸汽参数、主蒸汽流量等都等于设计参数的运行工况称为额定工况，也称设计工况。工程理论上，额定工况的热效率最高。但是对垃圾热值、含水率与物理成分等具有不稳定特性的生活垃圾,很难保持在设计的垃圾特性的设计工况下长周期运行。实际上是要以额定工况为基准,在满足焚烧垃圾量、焚烧烟气排放要求的一定范围内,实施运行控制,即变工况运行,并具有处理规模越大运行控制范围越趋近于额定工况的工况。如一般情况下,为达到垃圾处理与排放烟气指标要求,焚烧垃圾量控制在设计值的80%~110%,主蒸汽流量多控制在70%~100%,特将这种工况称为经济工况。

运行工况的变化将引起相关的压力、温度、焓降、效率,特别是汽轮机反动度及轴向推力等发生变化。这不仅影响机炉运行的经济性与焚烧烟气有效控制,还将影响安全、可靠与环保运行过程。例如,主蒸汽温度升高可能引起的负面影响表现在超温会导致金属材料的机械强度降低,部件的热变形和热膨胀加大,蠕变速度加快;调节级叶片可能过负荷;各受热金属部若膨胀受阻可能发生振动等。再如主蒸汽温度降低的负面影响则表现在末级叶片可能过负荷;末几级叶片的蒸汽湿度增大;各级反动度增加,机组运行的安全可靠性降低;高温部件将产生很大的热应力和热变形;主蒸汽温度急剧下降50℃以上时,会是发生水冲击事故的先兆。更如当焚烧垃圾量低于80%额定工况时,烟气量会远低于额定工况,导致焚烧烟气的运行状态参数改变,以致降低烟气净化效果,甚至影响到达标排放。

4. 对机械设备的可靠性基本要求

对机械设备可靠性的适宜要求,包括在设备选择时,对设备性能指标、结构型式、安装精度、材料选择、表面处理、涂层防护等方面的合理性要求。在运输、贮存、安装、使用过程中,适应环境影响能力的要求,包括运输过程的适应冲击,振动等影响的能力;贮存过程的适应温度、湿度、腐蚀等影响的能力;在安装使用过程适应气候、地震、风雨灾害、电磁干扰、热应力等影响的能力。运行过程中应对蠕变、冲击振动、疲劳、断裂、磨损、润滑、腐蚀等失效情况的能力。在设备部套维修时,满足维修者操作性、人力限度、身体各部的适合性等要求。设备结构尽可能简单,降低维修技术要求与工作量,即使在维修人员缺乏经验且在艰难的恶劣环境条件下也能进行维修。尽可能采用免预防性维护或低维修频次的设备部套。减少贮存中的维修,保证有最长的贮存寿命。应提供磨损后的调整措施并便于调整。

5. 超龄设备延寿问题

出于设备损耗自然规律,以及社会、环境需求,包括垃圾焚烧设备在内的所有设备都有不同的设计年限与实际寿命期,也就面临超龄运行问题。所谓超龄设备与延寿,是指在设备早期失效、运行期偶然失效与后期耗损失效期间,通过加强运行设备的可靠性管理、适宜的维护管理等措施,延长设备寿命期。因此,预测设备的安全性、可靠性、风险性、材料损伤程度、失效预防等工程技术引起高度关注,从而焚烧设备材料损伤、失效分析和寿命预测技术及其工程基础已成为重点关注并持续发展的技术。

6. 运行期满后的设备移交

按 BOT 合同,运行主体在运行期满移交合同主体。也就要求运行期内系统设备进行正常维护保养,以期处于可靠、稳定运行状态;要求按计划进行年度检修维护,尽可能避免或减少非计划检修。

10.9.3.2　可靠性评价指标与分类原则

系统、设备或元件的可靠性指标原则上可分为主要指可靠性或可用性的概率型；主要指单位时间内的故障次数的频率型；包括首次故障的平均时间、故障平均持续时间及故障间平均持续时间等的平均持续时间型；以及期望年故障天数的期望值型。具体衡量可靠性指标很多，且各指标之间有着密切联系。据此，可原则性划分为五类指标（表 10-36）。可靠性评价指标是根据本行业应用的系统、采用的关键设备及主要元件特点，结合建设运行规则等确定的，如火电机组百万燃煤机组的年度等效可用系数、非计划停运次数等可靠运行评价指标（图 10-4）。

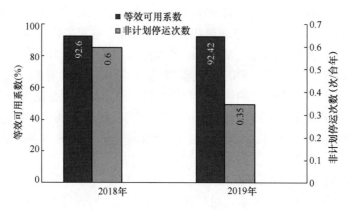

图 10-4　火电机组可用性评价指标

可靠性评价指标类别　　　　　　　　　　　　表 10-36

第一类指标	第二类指标	第三类指标	第四类指标	第五类指标
可靠度 $R(t)$； 故障概率 $F(t)$； 也称不可靠度； 故障(失效)密度 $f(t)$	故障率 $\lambda(t)$	平均寿命 MTTF； 中位寿命； 可靠寿命； 特征寿命	维修率； 平均修复时间 MTTR	可用性； 瞬时可用性； 稳态可用性

1. 可靠度 $R(t)$ 与故障概率 $F(t)$

可靠度 $R(t)$ 是指把设备、元件在规定条件下、规定时间内，完成规定功能的概率。表示为：

$$R(t) = P(T > t) \tag{10-5}$$

其中 $P(T > t)$ 就是设备、元件使用时间 T 大于规定时间 t 的概率。

若有 N_0 个设备，到 t 时刻未失效设备有 $N_s(t)$，失效的设备有 $N_f(t)$。则未失效的概率即可靠度估值为：

$$R(t) = \frac{N_S(t)}{N_S(t) + N_f(t)} = \frac{N_S(t)}{N_0} = \frac{N_0 - N_f(t)}{N_0} \tag{10-6}$$

当 N_0 足够大时，可将 $R(t)$ 作为概率的近似值。同时可靠度是时间 t 的函数。故称 $R(t)$ 为可靠度函数，有 $0 < R(t) < 1$。

故障概率 $F(t)$ 也叫不可靠度，是指把产品在规定条件下、规定时间内，丧失规定功能的概率(即发生故障的概率)。表示为 $F(t) = P(T \leqslant t)$。故障概率估值为：

$$F(t) = \frac{N_f(t)}{N_S(t) + N_f(t)} = \frac{N_f(t)}{N_0} = \frac{N_0 - N_S(t)}{N_0} \tag{10-7}$$

$$R(t) + F(t) = 1 \tag{10-8}$$

2. 故障（失效）密度 $f(t)$

设 N_0 为产品总数，ΔN_f 为时刻 $t \to t + \Delta t$ 时间间隔内的故障产品数，$\Delta N_f(t)/(N_0 \Delta t)$ 称为 $t \to t + \Delta t$ 时间间隔内的平均故障（失效）密度，表示这段时间内平均单位时间的故障频率；如 $N_0 \to \infty$，$\Delta t \to 0$，则频率 $\to$ 概率。

$$f(t) = \lim_{N_0 \to \infty} \frac{1}{N_0} \frac{dN_f}{dt} \tag{10-9}$$

也可根据 $F(t)$ 定义得到下述 $f(t)$ 数学模型。此 $F(t)$ 为增函数，且 $0 \leqslant F(t) \leqslant 1$。

$$F(t) = \frac{N_f(t)}{N_0} = \int_0^t \frac{1}{N_0} dN_f(t) = \int_0^t \frac{1}{N_0} \frac{dN_f(t)}{dt} dt = \int_0^t f(t) dt \tag{10-10}$$

3. 故障率 $\lambda(t)$

故障率 $\lambda(t)$ 基本定义是指某种设备在 t 时间后的单位时间 dt 内发生故障的台数相对于 t 时间内仍在运行与故障的总台数之比。可取 $dN_f(t)$ 为 dt 时间内产品故障数，用下式表示：

$$\lambda(t) = \frac{1}{N_S(t)} \frac{dN_f(t)}{dt} \tag{10-11}$$

另有对某一设备而言，故障率＝设备停机时间与设备运行与停机总时间之比。

4. 故障率 $\lambda(t)$、故障密度 $f(t)$ 及可靠度 $R(t)$ 之间的关系

当 $N_0 \to \infty$ 时，

$$\lambda(t) = \frac{1}{N_0 - N_S(t)} \frac{dN_f(t)}{dt} = \frac{dN_f(t)}{dt N_0 [1 - N_f(t)]/N_0} = \frac{f(t)}{R(t)} \tag{10-12}$$

根据 $R(t)$、$F(t)$、$f(t)$、$\lambda(t)$ 的定义，另可推导出：

$$R(t) = e^{-\int_0^t \lambda(t) dt} = \exp\left[-\int_0^t \lambda(t) dt\right] \tag{10-13}$$

设备在物理寿命期内的失效（故障）率按运行初期、正常、末期有规律性发生的趋势，用"浴盆曲线"表示（图 10-5）。浴盆曲线显示出系统、设备、元件的早期失效期、偶发失效期与耗损失效期。其中，早期失效期又称调整期或试运行期，是在设备安装运行或元件安装使用的初始期，也是设计、制造、加工、装配等的质量缺陷集中暴露期。此时期内的失效历经时间与失效程度正相关，通常是采取设备修理、元件更换、设计变更、系统调整、厂内试验等措施加以弥补、消除和完善。就生活垃圾焚烧发电厂来说，是将可能出现的失效因子，通过单体调试、子系统调试与全面启动试运过程，由简到繁逐步消解。其中的启动试运工作要在影响全厂热力运行的各子系统建设完成后进行，包括组建启运组织机构、编制启运纲要、物资准备、安全措施落实、一次性完成 72h＋24h 试运及之后的缺陷整改工作。

偶发失效期是系统、设备与元件低故障率的稳定工作期。在此期间发生的故障大多是由如过载、碰撞，以及腐蚀等偶发因素所导致的。此期间的可靠性研究重点，在于对潜在偶发因素的预判和控制措施，同时规范对设备巡检、定检、维保等的运行维护管理，有效

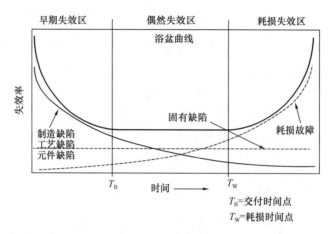

图 10-5　浴盆曲线

延续系统、设备与元件的有效寿命期。

后期失效期也叫耗损失效期或磨损故障期。设备、元件在此期内受长期疲劳、磨损、腐蚀作用，引起材料力学性能退化，导致设备劣化、故障率升高。此期间需要通过加强巡检，及时进行设备维修或元件更换，以延长可维修的系统、设备的有效寿命。故障率的单位一般采用 10^{-9}h（称为 1fit），也可用 10^{-5}h，或是工作次数、转速、距离等表示。

5. 平均寿命

平均寿命是指设备、元件自投入运行到发生故障的平均工作时间。对不维修者又称失效前平均时间 $MTTF$（mean time to failure），可推导出：

$$MTTF = \int_0^\infty tf(t)\mathrm{d}t = \int_0^\infty R(t)\mathrm{d}t = \int_0^\infty \mathrm{e}^{-\lambda t}\mathrm{d}t \tag{10-14}$$

对可维修的设备、元件，平均寿命是指其两次相邻故障之间的平均工作时间，称为平均无故障可用时间 $MTBF$（mean time between failure），和 $MTTF$ 有同样的数学模型。当 $\lambda(t)=$ 常数时，且 $R(t)=\mathrm{e}^{-\lambda t}$，则有：

$$MTBF = \int_0^\infty \mathrm{e}^{-\lambda t}\mathrm{d}t = \frac{1}{\lambda} \tag{10-15}$$

实际应用时，对机组按下式进行评价：

$$机组\,MTBF = \frac{可用小时}{强迫停运次数} = \frac{AH}{FOT} \tag{10-16}$$

$$辅机设备\,MTBFA = \frac{运行小时}{非计划停运次数} = \frac{SH}{UOT} \tag{10-17}$$

6. 可用性

可用性的概念是指在某个考察时间，系统能够正常运行的概率或时间占期望值的百分比。考察时间为指定瞬间，称为瞬时可用性；为指定时段，称为时段可用性；为连续使用期间的任一时刻，则称固有可用性。可用性是衡量设备在投入使用后实际使用的效能，是系统、设备或元件的可靠性、可维护性和维护支持性的综合特性。

可用性并不是某一个具体指向，没有明确的量化定义，其实就是一个概念框架。当讨论可用性的时候，我们一般指向的是其子属性，也就是指在特定的使用场景下，设备、元件为特定用户用于特定目的时所具有的有效性、效率和主观满意度。就工程而言，与可用性的差别,在于可靠性一般指系统、设备元件、产品在一定时间内、在一定条件下无故障执行指定功能的能力或可能性。

7. 机组与热力管道寿命评估

生活垃圾焚烧厂的机组寿命评估条件主要有:①机组运行 30 年或 20×10^4 h 及以上。②对长期偏离设计参数运行的机组的评估时间要适当提前。③对规定各种工况下允许启停次数的机组,当超过规定启停循环周次后,应对汽包、汽机分离器、汽轮机转子等进行低周疲劳寿命估算;对启停频繁的机组或参数波动较大的锅炉,应对评估的蒸汽管道和高温联箱的危险部位进行蠕变-疲劳寿命评估。④根据机组或部件金属监督检验,专责工程师可提出是否进行寿命评估的建议;热力管道寿命评估包括寿命评估、强度校核,以及启停频繁时低周疲劳-蠕变寿命评估。

热力管道评估范围主要是主蒸汽管道,及其他带基本负荷的管道。寿命评估条件主要有:①运行 20×10^4 h 或以上。②提高运行参数(相对设计参数)运行的热力管道寿命评估时间要适当提前。③对蒸汽工作温度≥450℃的 20G 蒸汽管道出现下列情况之一时,应进行寿命评估:运行时间≥15×10^4 h;按《火电厂用 20 号钢珠光体球化评级标准》DL/T 674—1999 进行的珠光体球化评级达到 5 级;按《碳钢石墨化检验及评级标准》DL/T 786—2001 进行的石墨化评级达到 3 级;12CrMo、15CrMo、12CrMoV 和 12Cr1MoV 钢制蒸汽管道相对最大蠕变应变≥0.75%或最大蠕变速率≥0.35×10^{-7} h,蠕变按《火电发电厂高温高压蒸汽管道蠕变监督规程》DL/T 441—2004 进行测量;其他合金钢蒸汽管道相对蠕变应变达到 1.0%或最大蠕变速率大于 1.0×10^{-7} h。④管道实测壁厚小于取用壁厚时,应进行壁厚强度校核。⑤管道存在体积型超标缺陷时,首先应进行消缺处理;若消缺难度大或暂不具备消缺条件,应用断裂力学方法对缺陷进行安全性评定。

汽包或热力管道寿命评估的其他条件,具体寿命评估计算方法与强度校核方法,以及评估的程序等可分别参照《火电机组寿命评估技术导则》DL/T 654—2022、《火力发电厂蒸汽管道寿命评估技术导则》DL/T 940—2022。

10.9.3.3 垃圾焚烧发电设备的评价指标

1. 发电设备评价指标及其计算方法

表 10-37 的评价指标摘自 DL/T 793.1—2017《发电设备可靠性评价规程 第 1 部分 通则》的指标,相关具体规定请查阅该规程。生活垃圾焚烧工程项目评价常采用的指标有计划停运系数 POF,运行系数 SF,机组降低出力系数 UDF,等效可用系数 EAF,暴露率 EXR,辅助设备故障率 λ(次/年),检修费用 RC 等。实际应用时,可按需取舍相应指标。

发电设备评价指标 表 10-37

序号	指标	计算公式
1	计划停运系数(POF)	$POF = \dfrac{\text{计划停运小时}}{\text{统计期间小时}} \times 100\% = \dfrac{POH}{PH} \times 100\%$
2	非计划停运系数(UOF)	$UOF = \dfrac{\text{非计划停运小时}}{\text{统计期间小时}} \times 100\% = \dfrac{UOH}{PH} \times 100\%$
3	可用系数(AF)	$AF = \dfrac{\text{可用小时}}{\text{统计期间小时}} \times 100\% = \dfrac{AH}{PH} \times 100\%$

续表

序号	指标	计算公式
4	运行系数（SF）	$SF=\dfrac{设备年运行小时}{统计期间小时}\times100\%=\dfrac{SH}{PH（8760）}\times100\%$
5	机组降低出力系数（UDF）	$UDF=\dfrac{降低出力等效停运小时}{统计期间小时}\times100\%=\dfrac{EUNDH}{PH}\times100\%$
6	等效可用系数（EAF）	$EAF=\dfrac{可用小时-降低出力等效停运小时}{统计期间小时}\times100\%=\dfrac{AH-EUNDH}{PH}\times100\%$
7	利用系数（UTF）	$UTF=\dfrac{利用小时}{统计期间小时}\times100\%=\dfrac{UTH}{PH}\times100\%$
8	出力系数（OF）	$OF=\dfrac{毛实际发电量}{运行小时\times毛最大容量}\times100\%=\dfrac{GAAG}{SH\times GMC}\times100\%$ $=\dfrac{利用小时}{运行小时}\times100\%=\dfrac{UTH}{SH}\times100\%$
9	非计划停运率（UOR）	$UOR=\dfrac{非计划停运小时}{非计划停运小时+运行小时}\times100\%=\dfrac{UOH}{UOH+SH}\times100\%$
10	暴露率（EXR）	$EXR=\dfrac{运行小时}{可用小时}\times100\%=\dfrac{SH}{AH}\times100\%$
11	平均计划停运间隔时间（MTTPO）	$MTTPO=\dfrac{运行小时}{计划停运次数}=\dfrac{SH}{POT}$
12	平均非计划停运间隔时间（MTTUO）	$MTTUO=\dfrac{运行小时}{非计划停运次数}=\dfrac{SH}{UOT}$
13	平均计划停运时间（MPOD）	$MPOD=\dfrac{计划停运小时}{计划停运次数}=\dfrac{POH}{POT}$
14	平均非计划停运时间（MUOD）	$MUOD=\dfrac{非计划停运小时}{非计划停运次数}=\dfrac{UOH}{UOT}$
15	平均连续可用时间（CAH）	$CAH=\dfrac{可用小时}{计划停运次数+非计划停运次数}=\dfrac{AH}{POT+UOT}$
16	启动可靠度（SR）	$SR=\dfrac{启动成功次数}{启动成功次数+启动失败次数}\times100\%$
17	平均启动间隔时间（MTTS）	$MTTS=\dfrac{运行小时}{启动成功次数}=\dfrac{SH}{SST}$
18	辅助设备故障平均修复时间（MTBR）	$MTBR=\dfrac{累积修复时间}{非计划停运次数}=\dfrac{\sum RPH}{UOT}$
19	辅助设备修复率（μ）	$\mu=\dfrac{8760}{故障平均修复时间}=\dfrac{8760}{MTTR}$
20	检修费用（RC）	一台机组一次检修费用。包括材料费、设备费、配件费、人工费等子项

2. 发电设备可靠性评价数据统计案例

发电设备可靠性评价数据应是实际运行数据。为获取足够的样本数，一般统计发电设备较长时间（如5年）的运行数据。对发电系统可靠性评估指标主要是发电机强迫停运率。

鉴于垃圾焚烧行业运行管理水平尚有偏差，运行数据仍有一定离散性，因此尚未开展这方面统计分析工作。表10-38暂取100MW及以上规模的火力发电机组五年平均可靠性指标统计。

100MW及以上规模的火力发电机组五年平均可靠性指标统计　　　　表 10-38

机组容量/ MW	运行时间 (SH)/h	强迫停运(FO)		强迫停运率 (FOR)/%	降低出力等效时间 (EDH)/h	等效强迫停运率 ($EFOR$)/%	故障率 (次/台年)	修复率 (次/台年)
		次数 (FOT)/次	小时数 (FOH)/h					
100	6468.76	1.30	62.67	0.96	8.58	1.09	1.760	181.71
125	6663.95	1.87	73.32	1.09	17.93	1.35	2.458	223.42
200	6611.39	2.26	112.17	1.67	20.19	1.96	2.994	176.50
210	6253.24	0.96	63.12	1.00	4.20	1.07	1.345	133.23
250	8073.16	0.70	31.08	0.38	1.63	0.40	0.760	197.30
300	6374.21	3.78	145.7	2.23	23.27	2.58	5.195	227.27
320	3818.64	1.00	15.29	0.40	0.85	0.42	2.294	572.92
330	6184.71	6.74	396.22	6.02	14.25	6.22	9.547	149.01
350	7057.32	3.43	107.58	1.50	15.50	1.71	4.258	279.30
500	6572.37	3.37	351.31	5.07	32.76	5.52	4.492	84.03
600	6785.99	5.30	265.12	3.76	24.52	4.09	6.842	175.12
660	6859.92	12.99	942.86	12.08	300.5	15.34	16.588	120.69
700	7439.12	6.30	489.54	6.17	242.2	8.96	7.419	112.73
800	5497.56	6.43	483.92	8.09	18.56	8.37	10.246	116.40

3. 垃圾焚烧发电热力系统设备可靠性评价

垃圾焚烧系统采用的热力系统指标应是有热能动力工程与环境科学等理论支撑的指标内涵。具有一般规律性的指标可直接采用火电行业的规定；具有垃圾焚烧特殊含义的指标或是与火电行业规定边界条件有差异的指标，应在符合相应工程基础理论条件下，参考国际上行业共识，并符合我国使用语言特点的指标，如采用炉膛主控温度、炉渣热灼减率、垃圾池等垃圾焚烧行业特定指标（表10-39、表10-40）。

常用垃圾焚烧基本热力概念与可靠性评价　　　　表 10-39

一、几个常用垃圾焚烧基本热力概念		
序号	指标	说明
1	进厂垃圾量	进厂汽车衡计量后卸入垃圾池的生活垃圾量（t）
	焚烧垃圾量	经垃圾抓斗计量后送入垃圾卸料斗的生活垃圾量（t）
2	焚烧处理规模	垃圾焚烧锅炉日焚烧处理垃圾的能力（t/d）

一、几个常用垃圾焚烧基本热力概念			
序号	指标		说明
3	炉膛主控温度		以炉膛上二次风入口所在断面为基准，70%～120%焚烧负荷不同工况下的高温烟气达到850℃及以上、滞留时间达到2s或以上的炉膛区域的温度（℃）
4	垃圾焚烧能力		单台垃圾焚烧锅炉日焚烧垃圾处理能力（t/d）。其应用取决于热能可利用程度，通常对日处理规模100t以下的生活垃圾焚烧产蒸汽的适用性评价为不宜
5	垃圾焚烧	蒸汽锅炉参数	蒸发量（D）指蒸汽锅炉长期安全运行时，每小时所产生的蒸汽量（t/h）
			额定蒸汽参数（P_0/t_0）指垃圾焚烧锅炉出口额定主蒸汽压力（MPa）与温度（℃）
			炉膛负压指炉膛出口区域负压（Pa），按锅炉厂设计确定；如有缺失可按-60～-40Pa控制
		热水锅炉参数	锅炉的热功率（V）、出水压力（Pa）及供回水温度（℃）
6	锅炉热效率 η_{gl}		按MW计的单位时间垃圾焚烧锅炉有效利用热（产生蒸汽与供热总热量）Q_1与输入锅炉总热量 Q_r（输入焚烧垃圾热量 Q_{lj}＋其他废物及给水等输入 Q_{fr}热量）百分比（%）
7	发电热效率 η_{fd}		单位时间内垃圾焚烧锅炉发电热功率＋供热热功率之和 Q_{11}与输入锅炉总热量 Q_r的百分比（%）
8	锅炉净热效率 η_j		锅炉供出的热量 Q_{12}与输入的 Q_{lj}＋Q_{fr}之和的百分比（%），也就是在毛效率基础上，扣除锅炉运行时的自用热能和电能（$\Delta\eta$）后的垃圾焚烧锅炉效率，即 $\eta_j=\eta_{gl}-\Delta\eta$
9	垃圾焚烧发电综合厂用电量		综合厂用电量＝发电量－上网电量，（kW·h）。其中，发电量指该厂所有发电机出口的发电计量之和；上网电量指并网关口表计量点电能表抄见电量即出售的电量
10	吨垃圾发电量		焚烧厂年度焚烧垃圾发电量与焚烧垃圾量或进厂垃圾之比，分别叫吨焚烧垃圾发电量（kW·h/t焚烧垃圾）或吨进厂垃圾发电量（kW·h/t进厂垃圾）
11	烟气露点		烟气中含有硫酸酐的水蒸汽开始凝结时的温度（℃）
12	凝汽器端差		凝汽器压力下的饱和水蒸气温度与凝汽器冷却水出口温度之差（℃）。135MW以下机组的正常凝汽器端差按6～8℃控制为宜
13	炉渣/飞灰/渗沥液产生率		以进厂垃圾为基准的炉渣/飞灰/渗沥液产生量占比（%）
14	氢氧化钙单耗		年或月度的氢氧化钙消耗量与对应焚烧垃圾量之比（kg/t_{lj}）
15	脱氮药剂单耗		年或月度的脱氮药剂消耗量与对应焚烧垃圾量之比（kg/t_{lj}）
16	活性炭单耗		年或月度活性炭消耗量折算的运行小时消耗量（mg/h）与每小时平均焚烧烟气量（Nm³/h）之比（mg/Nm³）
17	除盐水能耗		指单位除盐水分别消耗的电量（kW·h/t_{ys}）、酸量及碱量（kg/t_{ys}）

续表

二、部分常用垃圾焚烧可靠性评价方法

序号	可靠性指标	符号	单位	计算公式或范围
1	燃烧效率	η_T	%	$\eta_T = \dfrac{CO_2}{CO_2 + CO} \times 100\% \approx 100\% - $ 炉渣热灼减率（%）
2	垃圾焚烧锅炉热效率	η_{gl}	%	$\eta_{gl} = \dfrac{\begin{array}{l} D_{gr}(h''_{gr} - h'_{gs}) + D_{zr}(h''_{zr} - h'_{zr}) + D_{zr}^{j\omega}(h''_{zr} \\ - h'_{gs}) + D_{bq}(h''_{bq} - h'_{gs}) + D_{pw}(h'_{bs} - h'_{gs}) \end{array}}{BQ_d}$ D——汽或水量；h''——蒸汽焓；h'——水焓；B——焚烧垃圾量；Q_d——焚烧垃圾热值下标：gr 过热，gs 给水，zr 再热，bq 饱和蒸汽，bs 饱和水，pw 排污；jω——减温水
3	综合厂用电率	q_E	%	$q_E = \dfrac{综合厂用电量}{发电量} \times 100\% = \dfrac{发电机有功电量 - 上网电量}{发电机有功电量} \times 100\%$ 注：综合厂用电量包括生产/生活/行政用电＋主变损耗＋线损＋基建等临电＋合作单位直供电等
4	机组汽耗率	d	kg(kW·h)	$d = \dfrac{汽轮机年度中能够进汽量（kg）}{年度发电量（kW·h）}$
5	机组热耗率	q_r	kJ/(kW·h)	$q_r = d \times (h''_0 - h'_{gs})$ $\qquad$ h''_0——主蒸汽焓；h'_{gs}——给水焓
6	焚烧线利用小时数	UTH_1	h	$UTH_1 = \dfrac{年焚烧垃圾总量（t/a）}{全厂总焚烧垃圾规模（t/h）}$
7	焚烧锅炉负荷率	LFM_{gl}	%	$LFM_{gl} = \dfrac{年焚烧垃圾总量（t/a）\times 24（h）}{年均运行小时（h/a）\times 全厂焚烧垃圾规模（t/d）}$
8	焚烧锅炉热负荷率	LFH_{gl}	%	$LFH_{gl} = \dfrac{年焚烧垃圾总量（t/a）\times 24（h）\times 垃圾平均 LHV}{年均运行小时（h/a）\times 全厂焚烧垃圾规模（t/d）\times 设计点 LHV}$
9	主设备年（月）使用率	SF_1	%	$SF_1 = \dfrac{主设备年（或月）运行小时数}{8760（或月小时数）}$
10	汽水损失率		%	汽水损失量＝锅炉补水量＋返回冷凝水量＋吹灰用汽量＋锅炉排污量－发电用汽量＋外供汽水量 汽水损失率＝汽水损失量/锅炉过热蒸汽流量×100%
11	一二次风机与引风机用电单耗		kW·h/t_{zq}	各类风机用电单耗 ＝ $\dfrac{该类风机用电量（kW·h）}{锅炉蒸发量（t）}$
12	掺煤比（适用流化床垃圾焚烧锅炉）	$COAL$	%	$COAL = \dfrac{月度掺煤量（t/m）\times 煤发热量（kJ/kg）}{月度焚烧垃圾量（t/m）\times 23027（kJ/kg）} \leqslant 5\%$
13	飞灰处置率		%	飞灰处置率 ＝ $\dfrac{飞灰安全可靠处置量}{飞灰产生量}$

垃圾焚烧可靠性评价　　　　　　　　　　　　　　　　　　　表 10-40

可靠性指标项	推荐指标	可靠性指标项	推荐指标
垃圾焚烧锅炉事故率控制指标	1%	Ca（OH）$_2$ 单位消耗量参考值	8～12kg/t$_{lj}$
年累计运行小时数（推荐指标）	8200～8400h	活性炭单位消耗量参考值	50～100mg/Nm^3
正常垃圾焚烧锅炉可用率	90%～95%	SCR 装置出口烟气氨浓度参考值	2.28mg/m^3
炉渣热灼减率（内控指标）	<3%	SNCR 装置出口烟气氨浓度参考值	8.00mg/m^3
飞灰/渗沥液安全可靠处置率	100%	按批准的环境影响评价标准	
烟气污染物排放指标	100%	参考《生活垃圾焚烧污染控制标准》GB 18485—2014	

10.9.3.4　垃圾焚烧项目电力系统运行状态评估

关于电气系统可靠性控制要求和方法，扰动情况分类等，可参考《电力系统安全稳定控制技术导则》DL/T 723—2000。

1. 电气设备运行状态划分（表 10-41）

电气设备运行状态划分　　　　　　　　　　　　　　　　　　　表 10-41

运行状态	状态基本特征	采取措施
正常	保持全厂发变及供配电系统。由一次系统、继电保护及安全稳定预防性控制组成第一道防线	预防控制
紧急	系统元件超载、母线电压和系统频率超允许范围、电压不稳定、攻角不稳定等潜在不充裕和不安全的异常状态，可能损失部分负荷	紧急控制以保持系统稳定，防止设备损坏和系统状态进一步恶化
极端紧急	系统不能维持稳定但可实现解列，部分符合中断供电、部分系统元件超载、部分母线电压和系统频率超过允许范围	紧急控制以避免系统崩溃
崩溃	系统稳定破坏、连锁反应、电压或频率崩溃，导致全厂停电，需要需较长时间恢复供电	恢复控制

2. 电气控制系统设备性能评价指标及其一般要求

可用系数（AF）：$AF = \dfrac{可用小时}{统计期间小时} \times 100\% = \dfrac{AH}{PH} \times 100\% \geqslant 99.5\%$。

平均无故障可用小时数（$MTBFA$）：$MTBFA = \dfrac{运行小时}{非计划停运次数} = \dfrac{SH}{UOT} \geqslant 17000\text{h}$。

平均修复时间（$MTTR$）：$MTTR = \dfrac{累计修复时间}{非计划停运次数} = \dfrac{\sum RPH}{UOT} \geqslant 6\text{h}$（控制系统）或 $\geqslant$ 1h（单个电气控制装置）。

此外，可根据运行管理需要，增加如非计划停运系数（UOF）、强迫停运系数（FOF）、不可用小时数（$UH = POH + UOH$）等指标。

3. 对电气系统设备功能可靠性的基本要求

（1）为了保证电气系统设备的稳定性，电气线路一般有 20%～30% 的裕量，重要地方的裕量有 50%～100%。稳定性、可靠性要求越高的地方，其裕量越大。对失效率较高及重要的电路及元器件要采取特别降额措施。所谓降额指适度增加负载系数和安全余量，如根据触点间隙大小、直流及交流要求进行适当电压降额；接插件电流与电压一般要进行降额；开关器件要对开关功率及对接点电流降额应用；电动机应考虑轴承负载和绕阻功率降额等。

（2）如果主电源出了故障，报警系统和主要控制器应立即接上应急电源。报警信号只用于报警，不要太长，能唤起注意就够，报警灯闪光每秒 3 至 5 次，发光与熄灭的间歇时间大致相等。报警灯保证与环境照明水平相协调。当照明太暗则白天会看不到，太明亮又可能不利于对黑暗的适应。对此，如必要可采用光度调整器的调节措施。音响报警器的频率范围为 250～2500Hz，这是因为 2000Hz 以下的音频分量容易分清。各个信号应有不同的强度、音调和节拍。

（3）最有效的电磁干扰控制技术，应在设计部件和系统的最初阶段加以采用。电磁波频率高于 1MHz 时，用 0.5mm 厚的任何一种金属板制成的屏蔽体，场强可减弱 99％；频率高于 10MHz 时，用 0.1mm 的铜皮制成的屏蔽体，场强可减弱 99％以上；频率高于 100MHz 时，绝缘体表面的镀铜层或镀银层是良好的屏蔽体。

（4）每天 8h 工作时间内的微波辐射平均功率密度应小于 $0.01mW/cm^2$；激光进入眼睛的密度应小于 $5×10^{-6}J/cm^2$；X 射线每周累计照射量应小于 100 毫伦琴。

（5）人员可能暴露在超过 1000 高斯环境时，应在所有防护设施上加警告标志，包括指明存在危险场并规定允许的暴露时间。暴露在 5000 高斯以下磁场的时间限定为每年 3 天，5000～15000 高斯之间限定为每年 15 分钟。

（6）应对设备的温度和湿度进行控制。对参数随随温度变化而变化的元器件进行温度补偿。

（7）变压器绝缘等级为 A 级时，温升 $\not>$ 50℃；绝缘等级为 B 级时，温升 $\not>$ 60℃。为了消除变压器的交流声，应特别注意变压器铁芯的构造和制作。

（8）使用的每一类型保险设施要有少于总数的 10％的备用件。

（9）选择抽屉式滑板时须注意能承担的负荷。在拉开的位置上，底盘不允许有凹下、弯曲或摇摆现象。能迅速打开的自动锁，应能将底盘维持在拉开的维修位置上。若采用软电缆，须能自动随底盘拉出或推进，可带电维修。

10.9.3.5 垃圾焚烧厂热控系统设备的可靠性

1. 对影响热控系统可靠性的基本分析

机组安全、经济运行在很大程度上依赖于热工保护和控制系统（简称"热控系统"）功能的正常发挥。因控制逻辑的条件合理性和系统完善性、保护信号的取信方式和配置、保护连锁信号定值和延时时间设置、系统的安装调试和检修维护质量、热控技术监督力度和管理水平等存在的不足，极易引热控系统的误动。通过对系统各类故障的分析发现，当用作连锁保护的测量信号本身不可靠时，系统的误动概率会大大增加。更多情况是如接线不良、强磁场等外部因素诱导下的瞬间误发信号引起。还有不少故障仅仅是因为开关接触不良或挡板卡涩，造成机组跳闸。此外，大量的热控保护误动事件都与接地有直接关系，而接地是有效抑制电导祸合、电磁辐射等环境的干扰、提高所采集信号的可靠性和 DCS 可靠性的有效办法之一。

热控误动有很多原因来自于辅机控制逻辑的不正确或不完善，尤其是新建机组在投产前几年，大多是在针对已经发生的故障或发现的某种故障隐患，进行辅机控制逻辑的改进和完善，但这只是被动的事后改进且有其局限性。控制逻辑的改进需要综合比较和整体优化，充分采用容错逻辑设计方法，对运行中易出现故障的设备要从控制逻辑上进行优化和完善，通过预先设置的逻辑判断条件来降低或避免整个控制逻辑的失效。因此，如何保证自动化控制系统设备可靠性，制定合理的仪表校验周期，是垃圾焚烧厂管理工作中迫切需要解决的问题。

保持计算机监控系统可靠性的手段之一是采取多种在线冗余方式，包括电源负荷不超过 60％的电源系统冗余；操作员站与控制单元的控制器 N∶1 冗余、重要 I/O 模块冗余、通信冗余、网络冗余、数据库冗余及应用软件的安全闭锁与冗余等。手段之二是在线故障检测，将故障设备与系统隔离，不影响其他设备的正常运行。手段之三是防止不合理的或非法的命令输入的防错、容错技术。手段之四是中央控制室采取隔热、防尘、避开强电磁干扰及强振动、强噪声措施；地面采用无尘、无静电作用的光滑地板，下部空间高度≥150mm；保证室内温度在 18～25℃ 范围内，温度变化率＜5℃/h，相对湿度为 45％～70％；室内净高不宜小于 3.2m，面积宜按一台计算机及其外围设备不小于 20m² 控制。

提高执行机构及可编程控制器的可靠性是提高热控系统可靠性的基本保证。在此列出提高系统及执行机构可靠性的五条基本要求：①合理设置智能型执行机构的力矩参数、报警组态、紧急状态下位置设定、动作方式、控制信号回路断路时处理方式等。②选择合适的模拟量、短脉冲及长脉冲的控制信号。③灵活运用执行机构的报警信号和 DCS 根据指令和位置反馈偏差计算的报警信号，参与自动控制。④通过逻辑组态减少执行机构故障引起的危害。⑤根据设备对动作时间要求选择气动执行机构的气源管路与电磁阀通径及电磁阀得电或失电的动作方向。提高可编程控制器 PLC 可靠性的六条基本要求：①PLC 软件和数据应有备份。定期检查或监控控制装置的散热器运转情况。②应充分重视 PLC 卡件消缺检查时的防静电措施，及其一些软硬件失电保护、故障状态位的设置。③逻辑设计应充分考虑高速 PLC 程序执行与低速电器元件之间的时间匹配；对如电机正、反转的交流接触器触电吸合或断电时间远低于 PLC 程序执行速度的，应增设正、反转接触器之间硬件互锁的防电气故障设施。④监控画面需有后备电池电量低报警。⑤PLC 及监控软件应妥善设置用户权限、账号口令。⑥脉冲指令复位应在 PLC 中实现，尽量避免通过监控软件执行。

下述有关热控系统的各项内容，可按《火力发电厂热工自动化系统检修运行维护规程》DL/T 774—2015 进行：①输入/输出模件通道测量方法。②控制系统功能试验，包括控制系统基本功能试验、系统组态和在线下载功能试验、操作员站人机接口功能试验、报表打印和屏幕拷贝功能试验、历史数据存储和检索功能试验、性能计算功能检查、通信接口连接试验等。③不间断电源 UPS 试验，包括 UPS 性能测试、UPS 与计算机通信检查等。④控制系统运行维护，包括控制系统投运、验收、维护及停用。⑤检测仪表及装置的检修与校准。⑥热工设备检修项目管理。⑦仪表的准确度与误差。

要求热工测量和控制仪表一般由检出元件、取源部件、检测仪表、显示仪表及辅助元件等部分组成，几乎触及全厂所有系统（相应仪表管路敷设，占热控系统专业安装工作量的 30％），是保障热控系统进而全厂机组的安全启停、稳定运行、防误操作与故障处理等极其重要的系统装备，也是反映垃圾焚烧厂自动化水平的重要标志。不同系统应根据可靠性要求，选用可靠性级别不同的设备，特别是对控制仪表可靠性的选用，因为仪表的可靠性是热控系统及装备可靠性的基础与核心，为保证设备或系统可靠工作，对仪表可靠性的要求就非常高且非常苛刻。需要说明的是，仪表的技术性能指标只反映可靠性的一个方面，还应包括制造公差、安装工艺的可靠性、环境条件变化（包括环境温度、湿度、振动、冲击、强磁场、电压等）与仪表失效的物理、化学过程的关系。这种失效有突然失效、参数逐渐变差，性能逐渐降低导致的退化失效，退化失效导致的系统局部功能失效的局部失效或因突然失效而使整个系统失效的全部失效等。

测量和控制仪表本身的准确度等级、参比条件、允许偏差值达不到规定要求，安装位置不当、屏蔽、接地系统不当导致信号漂移以及各种干扰问题等，哪怕是一个元件发生问题，都会影响全厂的安全可靠性，甚至严重到导致全厂设备失效。

我国对仪表准确度等级指数规定，应从 1-2-5 序列及其十进倍数和小数中选择，如 0.05、0.1、0.2、0.5、1.0、1.5、2.0 等。

仪表最大允许误差是将带有正负号的以百分数表示的等级指数作为误差限值，如等级指数 0.05，基本误差限值为基准值的 ±0.05%。安装式数字显示仪表基本误差不应超过下述公式表示的测量值绝对误差（Δ）：

$$\Delta = \pm(a\%U_x + b\%U_m) \tag{10-18}$$

式中 U_x、U_m——被测量读数值、满度值；

  a、b——分别为与读数值、满度值有关的误差系数，并满足 $a \geqslant 4b$。

测量和控制仪表的准确度及误差的具体规定见《火力发电厂热工自动化系统检修运行维护规程》DL/T 774—2015、《安装式数字显示电测量仪表》GB/T 22264.（1~8）—2022 及《直接作用模拟指示电测量仪表及其附件》GB/T 676.（1~9）—2017。为使用方便，摘录 DL/T 774—2015 的准确度与误差要求（表 10-42~表 10-47）。

输入模件通道误差要求　　　　　　　　　　　　　表 10-42

信号类型	单位	基本误差		回程误差	模件通道数				
		通道	抽样点的方和根			1	4	8	16	32
电流	mA	±0.2%	±0.15%	±0.1%	随机抽样通道	1	1	2	3	4
直流电压	V					1	1	2	3	4
直流电压（0~1）	V	±0.3%	±0.2%	±0.15%		1	1	2	3	4
脉冲	Hz	±0.2%	±0.15%	±0.1%		1	1	2	3	4
热电偶	mV	±0.3%	±0.2%	±0.15%		1	1	2	4	6
热电阻	Ω	±0.3%	±0.2%	±0.15%		1	2	2	4	6

输出模件通道误差要求　　　　　　　　　　　　　表 10-43

AO信号类型	单位	基本误差	回程误差
电流	mA	±0.25%	±0.125%
电压	V	±0.25%	±0.125%
脉冲	Hz	±0.25%	±0.125%

仪表示值基本误差和回程误差 表 10-44

准确度等级		0.3	0.5	1.0
允许基本误差	示值	$0.3\%(A_{max}-A_{min})$	$0.5\%(A_{max}-A_{min})$	$1.0\%(A_{max}-A_{min})$
	记录	$0.5\%(A_{max}-A_{min})$	$1.0\%(A_{max}-A_{min})$	$1.5\%(A_{max}-A_{min})$
允许回程基本误差	示值 $\geqslant5\text{mV}$	$0.15\%(A_{max}-A_{min})$	$0.25\%(A_{max}-A_{min})$	$0.5\%(A_{max}-A_{min})$
	示值 $<5\text{mV}$	$0.15\%(A_{max}-A_{min})+0.5\mu\text{V}$	$0.25\%(A_{max}-A_{min})+0.5\mu\text{V}$	$0.5\%(A_{max}-A_{min})+0.5\mu\text{V}$
	记录	$0.3\%(A_{max}-A_{min})$	$0.5\%(A_{max}-A_{min})$	$1.0\%(A_{max}-A_{min})$

注：A_{max}、A_{min} 分别为仪表上、下限的电量值。

工业热电偶允许误差 表 10-45

热电偶名称	分度号	Ⅰ级		Ⅱ级		Ⅲ级	
		温度范围 /℃	允许误差	温度范围 /℃	允许误差	温度范围 /℃	允许误差
铂铑-铂	LB-3	—	—	600~1700	$\pm0.25\%t$	600~1700	±4℃或 $\pm0.25\%t$
	R、S	0~1600	±1℃或 $\pm1+0.3\%(t-1100)$	0~1600	±1.5℃或 $\pm0.75\%t$	—	—
镍铬-镍硅（铝）	K、N	−40~1000	±1.5℃或 $\pm0.4\%t$	−40~1300	±2.5℃或 $\pm0.75\%t$	−200~167	±2.5℃或 $\pm1.5\%t$
镍铬-铜镍	E	−40~800	±1.5℃或 $\pm0.4\%t$	−40~900	±2.5℃或 $\pm0.75\%t$	−167~167	±2.5℃或 $\pm1.5\%t$
铁-铜镍	J	−40~750	±1.5℃或 $\pm0.4\%t$	−40~900	±2.5℃或 $\pm0.75\%t$	—	—
铜-康铜	T	−40~350	±0.5℃或 $\pm0.4\%t$	−40~350	±1.0℃或 $\pm0.75\%t$	−200~40	±1.0℃或 $\pm1.5\%t$

注：t 为测量端温度；表中允许误差两个值中取大者。

工业热电阻允许误差 表 10-46

热电阻名称		分度号	R_0 标称电阻值/Ω	电阻比 R_{100}/R_0	测量范围/℃	允许误差/℃
铂热电阻	Ⅰ级	Pt_{10}	10.00	$1.3851\pm0.05\%$	−200~500	$\pm(0.15+0.2\%|t|)$
		Pt_{100}	100.00	$1.3851\pm0.05\%$		
	Ⅱ级	Pt_{10}	10.00	$1.3851\pm0.05\%$	−200~500	$\pm(0.30+0.5\%|t|)$
		Pt_{100}	100.00	$1.3851\pm0.05\%$		
铜热电阻		Cu_{50}	50	$1.428\pm0.2\%$	−50~150	$\pm(0.30+0.6\%|t|)$
		Cu_{100}	100	$1.428\pm0.2\%$		

注：$|t|$ 为绝对温度值；Ⅰ级允许误差不适用于采用二线制的铂热电阻。

绝缘电阻测量条件与阻值表 表 10-47

被测对象	环境温度/℃	相对湿度/%	被测仪表电源电压/V	绝缘表输出直流电压/V	绝缘表读数前稳定时间/s	绝缘电阻/Ω			
						信号c-信号	信号-接地	电源-接地	电源-信号
热电偶	15~35	≤80		500		≥100	≥100		
铠装热电偶a	15~35	≤80		500		≥1000	≥1000		
热电阻/壁温专用　铂	15~35	≤80		250/100		≥100	≥100		
热电阻/壁温专用　铜	15~35	≤80		250/100		≥50	≥50		
直读式仪表	5~35	≤80	>60	500		≥20	≥20	≥20	≥20
压力开关	15~35	45~75	>60					≥20	≥20
动圈式仪表	15~35	45~75	>60	500			≥40	≥20	≥20
常规仪表b	15~35	45~75	>60	500			≥20	≥20	≥20
常规仪表b	15~35	45~75	≤60	100			≥7	≥7	≥7
调节、控制仪表	15~35	45~75		500		≥20	≥20	≥50	
变送器	15~35	45~75	>60	500	10	≥20	≥20	≥50	≥50
变送器	15~35	45~75	≤60	100					
执行机构	−25~75	<95	>60	500			≥20		≥50
伺服放大器	0~50	10~70	>60				≥20		≥50
电接点水位计	15~35	45~75	>60	500		≥50	≥20	≥50	≥50
电磁阀	15~35	≤85	>60					≥20	
电涡流传感器	15~35	45~75	>60	500		≥5	≥100	≥100	
分析仪表	15~35	45~75	>60	250		≥2	≥2	≥20	≥20
发电间检漏仪	15~35	45~75	>60	500		≥100	≥100	≥100	≥100
工业摄像机d	15~35	45~75	>60	100/500			≥1		≥20
皮带秤　显示仪表	15~35	45~75	>60	500			≥20	≥20	≥20
皮带秤　传感器	15~35	70~75	≤60	100			≥20		

a　其绝缘电阻单位为 MΩ。
b　统指显示、记录、计算、转换仪表。
c　信号-信号指互相隔离的输入间、输出间、测量元件间以及相互间的信号，视被测对象而定。
d　探头使用100V绝缘表，电源回路使用500V绝缘表。

2. 焚烧厂自动控制系统的功能和措施

根据《火力发电厂热工仪表及控制装置技术监督规定》，热控监督"三率"指标应达到如下要求：仪表准确率为100%；保护投入率为100%；自动调节系统投入率不低于95%；计算机测点投入率为99%，合格率为99%。焚烧厂信息系统的安全保护等级按《信息安全技术　网络安全等级保护定级指南》GB/T 22240—2020 中的第三级确定。理由是焚烧厂信息系统被破坏时，会造成工作职能受到严重影响，业务能力显著下降且严重影响主要功能执行，出现较严重的法律问题、较高的财产损失、较大范围的社会不良影响。

焚烧厂自动控制系统应具有如下功能和措施：

（1）具有可扩充性。所谓可扩充性是指自控系统为适应自动化技术发展的需求可方便地扩展。要求自控系统的硬件留有充分余量和通信接口，软件采用功能模块，子系统或子系统功能的增加只是功能模块的增加，系统不因技术改造而重新调整。

（2）具有冗余。其中①电源采用双回路供电方式，包括双路电源自动切换回路。②控制器采取用规格相同的 N 台主控制器与 1 台备用控制器的 N+1 冗余方式，当任一台主控制器故障时均能自动退出并发出报警信号，同时自动切换至备用控制器工作。③数据库采用冗余、备份技术。

（3）具有避错、容错、纠错技术措施。所谓避错，是要求组成系统的各个元器件、软件出错率降至最低，包含数据采集的有效性合理性判断，通信的 CRC 检验、多重冗余通信和通道检测，避免错误信息进入数据库等功能。避错不能保证永远不出错，对可靠性的提高也是有限的。容错是承认故障存在，当控制系统内部出现故障的情况下，系统仍能正确地运行程序并给出正确结果。纠错则是指对出错的处理功能，且当操作命令有误时能自动地闭锁并产生报警，以及自动重新启动。

（4）DCS 系统现场接地应：① I/O 柜的电源地线与 UPS 的电源地线应接至同一个接地点，保证等电位。②接地电缆应符合 DCS 厂商的要求并接到机柜内专用的接地螺丝上。③系统接地与屏蔽接地必须单独接进到接地网。④柜间接地应用接地线连接，不能用机柜并接螺栓代替。⑤接地要牢固可靠，汇流板涂防腐漆。⑥接地电阻符合 DCS 系统要求并进行严格的测定。

（5）现场监控设备管理信息化，包括设有在线诊断功能、预防性检测维护功能，采用防误操作、故障监测和诊断装置，以及工厂资源管理功能等。实现全厂一体化解决方案，避免多套系统共用。

（6）仪表精度与漂移表征的系统稳定性要符合焚烧厂运行要求。其中的仪表精度指其绝对误差与测量范围上下限之比的百分比，一般要求流量仪表精度等级不低于 1%，其他仪表与传感器精度等级不低于 0.1%；漂移是指保持仪表输入量不变时，输出测量值随时间和或温度改变而缓慢变化，分为时间漂移与温度漂移，又零点漂移与灵敏度漂移。一般要求灵敏度漂移不大于 0.2%F.S. 。

（7）元器件经过长期应用和环境条件的变化会引起特性参数发生变化，且降额系数随温度的增加而降低。故在选用元器件时，除应考虑加到元器件上的电应力性质及大小外，还应注意作用在极限环境条件下，元器件仍能正常工作的条件。

（8）仪表面和文字应该用差别最大的颜色。仪表与指示器灯光应按人的感觉习惯并服从国际惯例。如红光闪表示紧急情况；红色表示设备失灵；黄色表示有潜在问题；绿色表示设备正常；白色表示不存在"正确""错误"的问题；蓝色表示备用颜色等。

（9）尽量减少显示器的数量，可以在一种显示器上显示多种指示且各色光亮度要平衡。显示装置排列的跨度不要太大，避免操作者监视的时候，动作幅度太大而引起疲劳。

（10）适于操作人员最佳工作空间距离及操作范围（表 10-48）。

操作人员最佳工作空间距离及操作范围　　　　　　　　　　表 10-48

序号	操作条件	空间范围	较佳距离（cm）
1	站着看垂直安装的仪表	与地面距离	127～175
2	坐着看的垂直显示器	距座椅面高度	36～94

序号	操作条件	空间范围	较佳距离（cm）
3	站着操纵	控制器距地面高度	86～145
4	坐着操纵的控制器	距座椅面高度	20～76
5	控制器	与操作者肩膀距离	≥71
6	控制面板和设备布局	双手平均分摊操作，最重要的控制动作由右手完成	
7	人体上肢	正常工作区域	约120×40
8	不带手套便于操作把手的地方	11kg力以下的把手直径	0.6～1.3
		11kg力以上的把手直径	1.3～1.9
		指间距离	5
		把手宽度	10～13
9	控制机构手轮/旋转手柄调节用力限度	用手腕、手肘、全胳臂	分别≤1kg、≤4kg、≤8kg
10	主要用手操作的旋钮	突出控制面板表面	1.3～2.5
	主要用手指操作的调整旋钮	直径宜在	1～10，旋钮的扭矩要小

10.9.3.6 生活垃圾焚烧烟气净化系统评价

（1）评价年度炉渣产生量为焚烧垃圾量的统计值一般为15%～25%；年均炉渣热灼减率<3%。结合飞灰运行状态分析，并考虑掺烧医疗废物与陈腐垃圾等的现象，运行状态正常。炉渣间设有通风装置。公司对炉渣热灼减率进行日自检。炉渣委托有资质的公司综合利用。

（2）飞灰。按环评要求采用"飞灰仓、双向螺旋输送机、飞灰称重秤、药剂称秤、混炼机、打包机、装车养护、养护填埋"的飞灰稳定化工艺，并按此工艺完成建设，其中螯合剂为液态螯合剂；飞灰暂存间建筑面积按>5d量（按吨袋堆放3层计）。委托有资质的公司运送至行政主管指定地点。飞灰转移过程执行电子+纸质并于固废平台填报的联单制度。评价年度产生原状飞灰量通常为焚烧垃圾量的2.5%左右；添加螯合剂为螯合飞灰量的2.0%～0.5%。

（3）渗沥液。执行《城市污水再生利用　工业用水水质》GB/T 19923—2024。采用"预处理+厌氧+外置式MBR+纳滤+反渗透"处理工艺，处理规模为进厂垃圾量35%～50%，处理后的渗滤液回用70%～80%。其中，①反渗透处理后的RO清液作为主厂区冷却塔的补水；RO浓液作为主厂区烟气处理系统的石灰浆制浆用水。②物料膜浓缩液分为两级，一级浓缩液送回主厂区炉膛回喷焚烧，二级浓缩液送回至渗滤液系统前端进行二次处理。③渗滤液系统产生的污泥经过污泥脱水机脱水后，输送至炉膛内进行焚烧处理。

（4）恶臭。按《恶臭污染物排放标准》GB 14554—1993的二级新改扩建标准控制。垃圾池区域设有一套活性炭除臭通风装置。除臭风机标牌风量为1台炉的总一次风机标牌风量的80%以上。厂界噪声按昼间60dB（A）、夜间50dB（A）控制，评价年的检测达标，未发生噪声投诉事件。

（5）烟气污染物中的NO_x、SO_2、HCl排放按严于国家标准且在线检测指标日均值与小时均值为同一值的环评批复指标执行，其中的二噁英类排放指标为0.05ngTEQ/

Nm³。烟气净化系统采用无锡雪浪环境科技股份有限公司与上海泰欣环境工程股份有限公司的"SNCR＋旋转雾化半干法＋活性炭喷射吸附＋干法（熟石灰）＋布袋除尘＋湿法＋SCR"组合工艺系统。其中：①半干法采用旋转式雾化器；干法采用熟石灰粉，通过气力输送至反应塔出口烟道，采用专用喷嘴喷入烟道，通过螺旋给料机变频器频率计算熟石灰使用量；湿法使用氢氧化钠脱酸，废水产生量为 110％MCR 工况 1.31t/h。②SCR 使用日本三菱品牌催化剂用氨水还原 NO_x，催化剂基材：TiO_2，每台炉两层催化剂，每台炉体积 46m³。SNCR 使用氨水还原，每台 SNCR 氨水泵用三台炉氨水，氨水与软水混合，通过压缩空气雾化，喷入炉内，有电磁流量计。炉膛设有 3 层开孔，第一层前墙 8 个喷嘴，左右侧墙各 1 个喷嘴，共计 10 个喷嘴；第二层前墙 8 个喷嘴，左右侧墙各 1 个喷嘴，共计 10 个喷嘴；第三层炉膛顶部 8 个喷嘴。③活性炭通过气力输送，活性炭喷嘴从反应塔后烟道喷入，用称重称测量活性炭重量，精度为 0.01kg。④袋式除尘器采用 100％PTFE 针刺毡覆膜滤袋，通过布袋舱室仓压、荧光粉、布袋出口粉尘测量设备判断布袋是否泄漏。

（6）核查吨添加质量合格的 $Ca(OH)_2$ 量（一般≤12kg/t）；按评价年运行平均烟气量的 80％、100％、115％折算的单位烟气量，通过喷嘴投入质量合格的活性炭量（＞50mg/Nm³），核算结果显示运行控制合规，尽可能优化活性最佳消耗量。

（7）污染物检测值按"装、树、联"与市环保局实时传输，公示牌项符合环保要求。各项烟气污染物标定用标准气正常。监测用仪表每周校准一次零点和量程，每三个月一次全系统校准。对烟气二噁英类的控制值＜0.1ngTEQ/Nm³。评价年度内按半年度委托有检测资质单位，对每条焚烧线进行二噁英检测，检测值均＜0.1ngTEQ/Nm³。

（8）按《排污单位自行监测技术指南　固体废物焚烧》HJ 1205—2021、《生活垃圾焚烧飞灰污染控制技术规范（试行）》HJ 1134—2020 规定的检测单位、检测内容与频次，参见表 10-1。

10.9.4　垃圾焚烧系统设备的可靠性评价

垃圾焚烧行业在积累运行经验，执行国家相关规定，借鉴热力工程行业经验的基础上，建立了垃圾焚烧行业分类分级运行管理的可靠性指标体系。

10.9.4.1　垃圾焚烧系统设备基本功能与性能的可靠性原则

垃圾焚烧系统设备可靠性是指焚烧厂设备持续处理垃圾的能力。焚烧系统设备包括从垃圾进厂计量到烟气从烟囱排出，电能从主变压器（或隔离变压器）输出，全厂用水接入口到污水（包括渗沥液）排出口，以及灰渣恶臭等污染物排放口范围内的所有系统设备。垃圾焚烧设备按处理垃圾的特征分为关键设备、重要设备和辅助设备。关键设备包括垃圾抓斗起重机系统设备、垃圾焚烧炉系统设备、烟气净化系统设备、自动化控制系统设备，以及主变压器系统设备；重要设备包括汽轮发电系统设备、发变系统设备、厂用电系统设备、消防系统设备等。

对焚烧系统设备基本功能与性能的可靠性要求的基本原则是要确立以安全性、可靠性、环保性和经济性为准则的最佳整体方案。要避免提出局部过高的性能，导致可靠性下降的要求；要在确定产品技术指标的同时，根据使用条件和环境条件确定可靠性指标与维修性指标，包括分系统、分部（套）的可靠性指标；要尽可能采取在原有成熟产品上逐步扩展的先进技术与标准化的零部件，当没有现成数据和可用经验时，通过必要的小试、中试等确认。

具有设备可靠性的基本原则是：①越简单越可靠，在保证正常功能和技术要求条件下，简化工艺方案、电路设计和结构设计，减少整机部（套）及机械结构零件数量。②采用必要的功能冗余技术。③保证系统设备不发生破坏的安全寿命，即使某一部分发生故障，不会影响整个系统功能的失效。

对部（套）或元件可靠性的基本要求包括但不限于：①部套的使用应力要小于额定应力，保证零部件的安全裕度与互换性。②标准化程度高、稳定性好、通用性强及接口参数易匹配。③以简单、最有效的冷却方法，消除全部发热量的 80%。

10.9.4.2 事故事件分级界定（表 10-49）

事故事件等级   表 10-49

序号	类别	等级	说明
1	生产人身伤亡事故等级划分	一级	一次死亡 1 人及以上，或者一次重伤 3 人及以上的
		二级	一次重伤 1 人及以上，3 人以下的
		三级	无人员死亡或重伤，一次轻伤 1 人及以上的
2	经济损失事故事件等级划分	一级	一次造成直接经济损失人民币 100 万元及以上的
		二级	一次造成直接经济损失达 100 万元以下 50 万元及以上的
		三级	一次造成直接经济损失达 50 万元以下 20 万元及以上的
3	环境事件事故等级划分	一级	发生泄漏和超标排放产生的环境污染影响范围超过场界的环境事故等环境管理问题，或受到政府部门/监管部门书面处罚通知（1 万元及以上或处罚信息公开的），或受到新闻媒体的属实负面报道，或因项目主体责任引起群众聚集事件
		二级	因环境管理问题受到政府部门（主管部门、环保部门）的书面警告（限期整改）或处罚（1 万元以下且信息不公开），但是对外界影响很小的
		三级	因环境管理问题遭到居民有效投诉的

10.9.4.3 风险评估等级

风险评估等级的可能性定性度量与后果或冲击定性度量按表 10-50 进行。

风险评估等级   表 10-50

	风险等级	等级说明	等级示例
可能性的定性度量	A	几乎肯定	期望任何情况下都发生
	B	多半会	在多数情况下会发生
	C	可能有	有时会发生
	D	也许会	有时也许发生
	E	极少有	只在例外情况下可能发生
	风险等级	等级说明	等级示例
后果或冲击的定性度量	1	忽略	无人员伤害，低经济损失
	2	轻	即时救援处理，现场即刻释放，请经济损失
	3	中	需作医药处理，获得外部帮助并在现场解决，搞经济损失
	4	重	广泛地受伤害，丧失生产能力，重大经济损失
	5	灾难	死亡，对场外释放毒物，巨大经济损失

10.9.5　设备三级保养制度

10.9.5.1　一级保养

设备一级保养是在日常维护基础上的保养。一级保养由设备使用部门的操作人员负责，以清洁、润滑、紧固工作为主，对保持设备完好和有效利用负直接责任。维修人员给予配合。

一级保养内容至少包括设备的日常点检、润滑油的液位计指示仪器、仪表检查，清扫、加油、消耗品更换及简易零件的修理，并做好更换与修理记录工作。要做到：

（1）外表。设备无漏油、漏水、漏气现象；表面无灰尘、油污，本体见本色；周围环境整洁。

（2）传动。保持设备传动联轴器轴向和径向平行；动作传递装置无异常发热、噪声、振动现象；各传动丝杠、滑动导轨、滑块等部位无卡阻、停滞现象。

（3）润滑。各相对运动的设备间，如导轨、滑块润滑油量充分，无干磨现象；各齿轮箱内油量足，在视镜的一半以上，油色清晰。各辊端轴承润滑到位；清洗液压系统油路管线与滤油器，油箱添加油或换油。

（4）冷却。设备运转过程产生热量的设备，如液压油泵、电机等设备，其冷却系统通畅，降温效果良好。冷却方法包括水冷、风冷等。

（5）紧固。如油缸底座、滑块连接处、联轴器连接部位、电机经常运动部位的固定螺栓定期紧固；管线支吊架、设备地脚等紧固部位无松动，法兰紧密坚固无泄漏。

10.9.5.2　二级保养

二级保养以专业维修人员负责，运行操作人员参加，以清洁、检查、调整、校验工作为主。

（1）二级保养要完成一级保养的全部工作，要求检查部件的安全可靠，消除隐患；润滑部位全部清洗，结合换油周期检查润滑油质，进行清洗换油。

（2）检查设备动态技术状况与噪声、振动、温升等主要运行指标，调整零部件的配合状况，更换或修复零部件，清洗或更换电机轴承，测量绝缘电阻，校验指示用、计量用仪器仪表等。经二级保养后要求性能达到工艺要求，无漏油、漏气、漏电现象，声响、振动、压力、温升等符合标准。

（3）按计划对设备局部拆卸和检查，清洗规定的部位（如清洗过滤器网、清洗水夹套），疏通油路、管道，更换或清洗油路管线、滤油器，紧固设备的各个部位。

（4）二级保养前后应对设备进行动、静技术状况测定，并认真做好记录。

（5）针对大气季节性温度相差较大，引起设备工作条件发生明显变化的情况，在季节交换之前，应结合二级保养进行季节性保养，以避免因气温变化造成设备性能不良与机件损坏。

10.9.6　设备检修

10.9.6.1　设备检修等级（表 10-51）

设备检修等级　　　　　　　　　　　　　　　　　　表 10-51

检修等级	检修内容	主设备停用时间
A 级	对焚烧设备进行全面的解体检查和修理	16~21d

检修等级	检修内容	主设备停用时间
B级	重点对存在问题的主辅助设备进行解体检查和修理	10～18d
C级	根据设备磨损、老化规律，进行重点检查、评估、修理、清扫	7～15d
D级	只对焚烧厂附属系统设备进行集中性消缺	3～6d

10.9.6.2 动火级别范围

（1）一级动火范围。油区和油库围墙内的油管道及与油系统相连的汽水管道、油箱；危险品仓库及汽车加油站、液化气站内；变压器等注油设备、蓄电池室；其他需纳入一级动火管理的部位。

（2）二级动火范围。与燃油系统能加堵板隔离的汽水管道；油管道支架及支架上的其他管道；动火地点有可能火花飞溅落至易燃易爆物体附近；电缆沟道（竖井）内、隧道内、电缆夹层；调度室、控制室、通信机房、电子设备间、计算机房、档案室；其他需要纳入二级动火管理的部位。

10.9.6.3 三级保养

三级保养需由项目公司委托生产厂商、专业机构做性能恢复检查或保养修理。三级保养以解体清洗、检查、调整工作为主，对设备进行全面检查，消除隐患、排除缺陷。视需要进行除锈、补漆，对电气设备进行试验等。

10.9.6.4 常用测量仪表的检定周期（表10-52）

常用测量仪表检定周期　　　　　　　　　　　　　　　表 10-52

测量仪表名称	检定规程	计量检定规程适用范围	最长检定周期
弹簧管式精密压力表	《弹性元件式精密压力表和真空表检定规程》JJG 49—2013	弹簧管式精密压力表和真空表	1年
弹簧管式一般压力表	《弹性元件式一般压力表、压力真空表和真空表检定规程》JJG 52—2013	弹簧管式一般压力表、压力表真空表和真空表	0.5年
工作用玻璃液体温度计	《工作用玻璃液体温度计》JJG 130—2011	（工业和实验）普通温度计和精密温度计	1年
速度式流量计	《速度式流量计检定规程》JJG 198—1994	0.1、0.2、0.5级流量计和分流旋翼式流量计	1年
		低于0.5级涡轮、涡街、旋进漩涡和电磁流量计	2年
		低于0.5级超声波和激光多普勒流量计	3年
双金属温度计	《双金属温度计校准规范》TJF 1908—2021	—	1年
工业用廉金属热电偶	《廉金属热电偶校准规范》JJF 1637—2017	K、N、E、J型热电偶	0.5年
氧化锆氧分析器	《氧化锆氧分析器检定规程》JJG 535—2004	结合氧化锆探头性能 自定检定周期	—

测量仪表名称	检定规程	计量检定规程适用范围	最长检定周期
压力控制器	《压力控制器》JJG 544—2011	压力控制器（开关）和真空控制器（开关）	1 年
数字温度指示调节仪	《数字温度指示调节仪检定规程》JJG 617—1996	也适用于直流模拟电信号输入的数字指示调节仪	1 年
差压式流量计	《差压式流量计检定规程》JJG 640—2016	用几何检验法和系数法检定节流装置或传感器	2 年
		用几何检验法检定测量单相清洁流体的标准喷嘴	4 年
		差压式流量计中的差压计或差压变送器	1 年
液体容积式流量计	《液体容积式流量计检定规程》JJG 667—2010	用于贸易结算的腰轮、齿轮、刮板等流量计	0.5 年
		使用条件恶劣且优于 0.5 级的流量计	0.5 年
		其他流量计	1 年
可燃气体检测报警器	《可燃气体检测报警器》JJG 693—2011	—	1 年
电动温度变送器	《温度变送器校准规范》JJF 1183—2025	也适用于直流模拟电信号输入的其他电动变送器	1 年
压力变送器	《压力变送器检定规程》JJG 882—2019	正、负压力，差压和绝对压力变送器	1 年
液位计	《液位计检定规程》JJG 971—2019	浮力式、压力式、电容式、反射式和射线式液位计	1 年

10.9.6.5 汽机机械振动评价规定

机械振动的三个基本要素是振动幅值、频率和相位；在工程上一般用振幅（mm）、振动速度（振速，mm/s）、振动加速度（mm/s²）三个参数表示。

1969 年，国际电工组织 IEC 推荐汽轮发电机组的振动标准如表 10-53 所示。

国际电工组织 IEC 推荐汽轮发电机组振动标准　　　　　表 10-53

转速	r/min	1000		1500	1800	3000	3600	6000	7200
轴承振动	双振幅/μm	75		50	40	25	21	12	6
轴振动	双振幅/μm	150		100	80	50	42	24	12

转速	r/min		1500			3000			$\geqslant$5000	
评价级别		优	良好	合格	优	良好	合格	优	良好	合格
轴承振动	双振幅/μm	30	50	70	20	25	50	10	25	50

汽轮机轴振动标准规定，刚性转子的一阶临界转速 n_{c1} 与工作转速 n_0，要符合 $n_{c1} > (1.2 \sim 1.25)n_0$，且不允许在 $2n_0$ 附近。对挠性转子，n_0 在临界转速 n_{ci}、$n_{c(i+1)}$ 之间，即 $1.4 n_{ci} < n_0 < 0.7 n_{c(i+1)}$。当叶片受到一周期性外力（激振力）作用时，会按外力的频率振

动而与叶片的自振频率无关，即强迫振动。在强迫振动时，若叶片的自振频率与激振力频率相等或成整数倍，叶片将发生共振，振幅和振动应力急剧增加，可能引起叶片的疲劳损坏。若叶片断裂，其碎片可能将相邻叶片及后边级的叶片打坏，还会使转子失去平衡，引起机组强烈振动，造成严重后果。下面是我国国家标准及 ISO 标准的相关规定，供参考。

（1）参考《机械振动　在旋转轴上测量评价机器的振动　第 2 部分：功率大于 50MW，额定工作转速 1500r/min、1800r/min、3000r/min、3600r/min 陆地安装的汽轮机和发电机》GB/T 11348.2—2012。表 10-54 给出的值分别用于评价额定转速稳态工作下，在轴承上或靠近轴承处转轴相对振动和绝对振动测量值。这些值可保证避免重大缺陷或不切实际的要求。其他约束条件，如在某些情况下的某些特殊类型及其可能需要不同值等规定，参见该标准。

区域边界轴相对位移峰值和绝对位移峰值　　　　　表 10-54

区域边界	机组状态	轴转速/（r/min）			
		1500	1800	3000	3600
		区域边界轴相对位移峰-峰值/μm			
A/B	良好	100	95	90	80
B/C	合格	120～200	120～185	120～165	120～150
C/D	不合格	200～320	185～290	180～240	180～220
		区域边界轴绝对位移峰-峰值/μm			
A/B	良好	120	110	100	90
B/C	合格	170～240	160～220	150～200	145～180
C/D	不合格	265～385	265～350	250～300	245～270

注：区域 A——新投产机组的振动通常在此区域；区域 B——在此区域内的机组振动通常认为合格，可长期运行；区域 C——此区域内的机组振动，通常认为长期连续运行不合格；采取补救措施之前可允许有限允许一段时间；区域 D——振动幅值在此区域内，通常认为是危险的，其剧烈程度足以引起机组破坏。

（2）国产 200MW 及以下机组轴承振动指标（表 10-55）。

国产 200MW 及以下机组轴承振动指标　　　　　表 10-55

国产 200MW 及以下机组一般以检测轴承振动为主			
轴承转速/（r/min）	轴承振幅（双振幅）/mm		
	优等	良好	合格
1500	0.05	0.07	0.10
3000	0.04	0.06	0.08
＞5000	0.03	0.04	0.05
制造厂无规定的可参考如下轴承振动指标			
轴振动评价	1500/（r/min）		3000/（r/min）	
	相对位移	绝对位移	相对位移	绝对位移
A（良好）	100	120	80	100
B（合格）	200	240	165	200
C（停机）	300	385	260	320

（3）附属机械轴承振动指标（表 10-56）。

附属机械轴承振动指标　　　　　　　　　　　　　表 10-56

转速	振幅（双振幅）/mm		
	优等	良好	合格
N≤1000	0.05	0.07	0.10
1000＜N≤2000	0.04	0.06	0.08
2000＜N≤3000	0.03	0.04	0.05
N＞3000	0.02	0.03	0.04

（4）ISO 3945 振动标准（表 10-57）。

ISO 3945 振动标准　　　　　　　　　　　　　表 10-57

振动烈度 V_f/(mm/s)	支撑分类	
	刚性支撑	柔性支撑
0.45、0.71、1.12	A（好）	A（好）
1.8、2.8、4.5	B（满意）	B（满意）
7.1、11.2	C（不满意）	C（不满意）
18	D（立即停机）	D（立即停机）

10.9.6.6　电动机振动限值

（1）单台电动机空载时振动限值（表 10-58）。

单台电动机空载时振动限值　　　　　　　　　　　　　表 10-58

安装方式	弹性						刚性	
轴中心线高度	4.5～132mm		132～225mm		225～400mm		400～630mm	
转速（r/min）	600～1800	1800～3600	600～1800	1800～3600	600～1800	1800～3600	600～1800	1800～3600
振动等级	振动速度有效值/(mm/s)							
N（普通级）	1.8		1.8	2.8	2.8	4.5	2.8	
R（一级）	0.71	1.12	1.12	1.8	1.8	2.8	1.12	1.8
S（优等级）	0.45	0.71	0.71	1.1.2	1.12	1.8	0.71	1.12

（2）ISO 2373 与 ISO 3945 标准对电机振动强度规定如下（表 10-59）。

电机振动强度对比　　　　　　　　　　　　　表 10-59

震动强度 / (mm/s)	ISO 2373				ISO 3945	
	K 组	M 组	G 组	T 组	刚性基础	柔性基础
0.28	最佳	最佳	最佳	最佳	最佳	最佳
0.45						
0.71						
1.12	允许					
1.8		允许	允许		允许	
2.8	可承受			允许		允许
4.5		可承受	可承受		可承受	
7.1	不允许			可承受		可承受
11.2						
18		不允许	不允许		不允许	
28				不允许		不允许
45						
71						

（3）电机轴承振动一般采用BVT-1仪器检测，分为V1、V2、V3、V4级别，运行主体可根据具体要求选择不同等级（表10-60）。

电机轴承振动级别　　　　　　　　　　　　表10-60

内径 (mm)	V			V1			V2			V3			V4		
	低频	中频	高频	低频	中频	高频	低频	中频	高频	低频	中频	高频	低频	中频	高频
3/4	80	44	44	60	35	32	48	26	22	31	16	15	28	10	10
5/6	110	72	60	74	48	40	58	36	30	35	21	18	32	11	11
7/8/9	130	96	80	92	66	54	72	48	40	44	28	24	38	12	12
10/12	180	120	100	120	80	70	90	60	50	55	25	30	45	14	15
15	210	150	120	150	100	85	110	78	60	65	46	35	52	18	18
17	210	150	120	150	100	85	110	78	60	65	46	35	52	25	25
20	260	190	150	180	125	100	130	100	75	80	60	45	60	25	25
22/25	260	190	150	180	125	100	130	100	75	80	60	45	60	30	32
28	260	190	150	180	125	100	130	100	75	80	60	45	60	35	40
30/32	300	240	190	200	150	130	120	120	100	90	75	60	70	35	40
35	300	240	190	200	150	130	120	120	100	90	75	60	70	42	45
40	360	300	260	240	180	160	180	150	130	110	90	80	82	50	50
45	360	300	260	240	180	160	180	150	130	110	90	80	82	60	60
50	420	320	320	280	200	200	210	160	160	125	100	100	95	70	70

10.9.6.7　系统设备可靠性维修策略分析

可靠性维修策略是指以可靠性为中心的维修分析方法，以最少的维修资源消耗保持设备固有安全、可靠性为原则，应用逻辑分析方法确定设备预防性维修要求的过程。

系统设备可靠性维修分析方法的主要内容包括：①确定重要预防性维修的部件。②进行故障模式和影响分析。③确定预防性维修工作类型与维修周期。④提出维修级别建议，进行维修周优化分析等。

具体可靠性维修分析方法可参见《火力发电厂设备维修分析技术导则　第1部分：可靠性维修分析》DL/T 302.1—2011，《电力设备预防性试验规程》DL/T 596—2021等。

10.9.7　汽水质量标准

全固形物≤0.10ppm，机组负荷＜30％MCR时，按启动过程水汽质量标准执行。当机组负荷≥30％MCR时，按正常运行水汽质量标准执行。见表10-61～表10-70。

汽包锅炉主蒸汽质量指标　　　　　　　　　表10-61

监测项目		启动指标[a]	运行指标		期望值	
项目	单位		≤15.6MPa	≤5.8MPa	≤15.6MPa	≤5.8MPa
钠	$\mu g/L$	≤20	≤5	≤10	≤2	≤5
SiO_2	mg/L	≤60	≤15	≤20	≤5	≤10
铁	$\mu g/L$	≤50	≤15	≤20	≤5	≤10
铜	$\mu g/L$	≤15	≤3	≤5	～0	～0
氢电导率	$\mu S/cm$	≤1	≤0.3	≤0.3	≤0.15	≤0.15

[a]　锅炉启动后，并汽或汽轮机冲转前的蒸汽质量，一般可参照本表启动指标栏内的标准执行。

注：本表指标是基于《火力发电机组及蒸汽动力设备水汽质量》GB/T 12145—2016，并参考欧洲相关标准的推荐指标得出的。

炉水（过热蒸汽压力≤12.6MPa 的汽包炉）指标 表 10-62

监测项目		启动指标	运行指标			
			全挥发工况		磷酸盐工况	
			指标	期望值	指标	期望值
PO₄³⁻	mg/L	—	—	—	0.5~3	0.5~1.5
Na⁺/PO₄³⁻		—	—		2.5~2.8	
pH（25℃）		8.6~9.7	9.0~10.0	9.0~9.7	9.0~10.0	9.0~9.7
含盐量	mg/L	≤0.75	≤2.0		≤15	
SiO₂	mg/L	≤0.03	≤0.2	≤0.1	≤0.25	≤0.1
Cl⁻	mg/L		≤0.5	~0	≤1	

给水（过热蒸汽压力≤12.6MPa 的汽包炉）指标 表 10-63

监测项目		启动指标	运行指标	期望值
总溶解固形物	μg/L	≤250	≤50	
溶解氧［AVT（R）］	μg/L	≤30	≤7	≤7
SiO₂	μg/L	≤30	≤15	≤15
pH		9.2~9.6	9.2~9.6	9.2~9.6
Fe	μg/L	≤50	≤10	≤10
Cu	μg/L	—	≤5	≤3
N₂H₄	μg/L	10~50	10~30	10~30
油	mg/L		≤0.3	≤0.3
氢电导率	μS/cm		≤0.3	≤0.15

注：锅炉启动时，给水质量一般应满足本表启动指标栏的要求，并在 8h 内达到正常运行时的标准。

凝结水（过热蒸汽压力≤12.6MPa 的汽包炉）指标 表 10-64

监测项目		启动指标	运行指标	期望值
硬度	μmol/L	≤5[a]	0	0
溶氧	μg/L	≤100	≤30	≤10
氢电导率	μS/cm	—	≤0.3	≤0.15
pH		9.2~9.5	9.2~9.5	9.2~9.5
SiO₂	μg/L	≤80	≤15	≤10
铁	μg/L	≤80	≤30	≤30
铜	μg/L	≤30	≤2	~0
外状		—	无色透明	—	—

a 项目为凝水回收控制项目。

除盐水指标 表 10-65

监测项目	运行指标	期望值
SiO₂	≤15μg/L	≤10μg/L
导电度	≤0.20μs/cm	≤0.10μs/cm

疏水、生产回水及闭式循环冷却水指标 表 10-66

监测项目	硬度	油	铁	N_2H_4	pH（25℃）	导电度（25℃）
SiO₂	≤2.5μmol/L	≤1μg/l	≤50μg/l			
闭式循环冷却水			≤500μg/l	1.5～2.0mg/l	8.0～9.2	≤50μS/cm

发电机定子冷却水及励磁冷却水指标 表 10-67

监测项目	定冷水电导率	定冷水 pH	励冷水电导率
运行指标	0.2～0.5 μS/cm	中性	1～1.2 μs/cm
期望值	≤0.35 μS/cm	6.0～7.5	

锅炉给水水质指标 表 10-68

监测项目		标准值	处理等级		
			一级	二级	三级
pH（25℃）	无铜给水系统	9.2～9.6	<9.2	—	—
	有铜给水系统	8.8～9.3	<8.8 或>9.3	—	—
氢电导率（25℃）（μS/cm）	无精处理除盐	≤0.30	>0.3	>0.40	>0.65
	有精处理除盐	≤0.15	>0.15	>0.20	>0.30
溶解氧（μg/L）	还原性全挥发处理	≤7	>7	>20	

锅炉炉水水质指标 表 10-69

汽包压力（MPa）	处理方式	pH（25℃）标准值	处理等级		
			一级	二级	三级
3.8～5.8	炉水固体碱化剂处理	9.0～11.0	<9.0 或>11.0	—	—
5.9～10.0		9.0～10.5	<9.0 或>10.5	—	—
10.1～12.6		9.0～10.0	<9.0 或>10.0	<8.5 或>10.3	—
>12.6	炉水固体碱化剂处理	9.0～9.7	<9.0 或>9.7	<8.5 或>10.0	<8.0 或>10.3
	炉水全挥发处理	9.0～9.7	<9.0	<8.5	<8.0

注：炉水 pH 低于 7.0 时应立即停炉。

凝结水水质指标 表 10-70

项目		标准值	处理等级		
			一级	二级	三级
氢电导率（25℃）（μS/cm）	有精处理除盐	≤0.30[1]	>0.30[1]	—	—
	无精处理除盐	≤0.30	>0.30	>0.40	>0.65
钠[2]（μg/L）	有精处理除盐	≤10	>10	—	—
	无精处理除盐	≤5	>5	>10	>20

注：1. 主蒸汽压力>18.3MPa 的直流锅炉，凝结水氢电导率标准值为≤0.2μS/cm，一级处理为>0.2μS/cm。
2. 用海水或苦咸水冷却的电厂，当凝结水中的含钠量>400μg/L，应紧急停机。

10.9.8 约束性要求

约束性要求见表 10-71～表 10-73。

生活垃圾焚烧厂使用后会转化成的危险废物示例　　　　　表 10-71

序号	危险废物名称	危险废物类别	危险废物代码	产生工序及装置	形态	主要成分	有害成分	产废周期	危险特性[a]	污控措施
1	废滤袋	HW49 其他废物	900-041-49	袋式除尘器	固态	聚四氟乙烯	重金属、二噁英	3～4 年	T	在危废间暂存定期委托有资质单位处理
2	废催化剂	HW50 废催化剂	772-007-50	焚烧厂 SCR	固态	陶瓷	废钒钛系催化剂	4～5 年	T	
3	废过滤材料	HW49 其他废物	900-041-49	医废处理车间高精度生物过滤器	固态	聚四氟乙烯	致病菌	2 次/年	In	
4	废活性炭	HW49 其他废物	900-041-49	医废处理车间废气应急处理装置	固态	碳	致病菌	不定	In	
5	废 UV 灯管	HW29 含汞废物	900-023-29	医废处理车间废气应急处理设施	固态	玻璃	汞	不定	T	
6	废机油	HW08 废矿物油与含矿物油废物	900-249-08	生产设备	半液态	矿物油	矿物油	年	T，I	
7	化验室废液	HW34 废酸，HW35 废碱	900-349-34，900-399-35	化验室	液态	水	酸碱	年	C	
8	栅渣及污泥	HW49 其他废物	900-041-49	医疗废水处理站	固态	杂质污泥	致病菌	年	In	消毒后焚烧

　a　危险特性指腐蚀性（Corrosivity）毒性（Toxicity）易燃性（Ignitability）反应性（Reactivity）和感染性（Infectivity）。

渗滤液通道与其他可能产生沼气的容器内有害气体最高允许浓度　　　　　表 10-72

名称		最高允许浓度（%）
一氧化碳	CO	0.24
氮氧化物（换算成 NO_2）	NO_x	0.025
二氧化硫	SO_2	0.05
硫化氢	H_2S	0.066
氨	NH_3	0.4

外排水限值　　　　　表 10-73

序号	污染物项目	限值（mg/l）		
		生产废水	雨水	清洁下水
1	COD	500	300	15
2	氨氮	15	25	—

续表

序号	污染物项目	限值（mg/l）		
		生产废水	雨水	清洁下水
3	总氮	70	45	—
4	pH	6.5～9.5	6.5～9.5	6.5～8.5
5	总磷	3	5	0.1

10.9.9　风险控制之专项预案

10.9.9.1　突发事件分级

（1）按表 10-74 的三级突发事件辨识、执行与控制。

三级突发事件　　　　　　　　　　　　　　　　　　　表 10-74

Ⅰ级事件	人身伤亡事故（1人以上死亡或5人及以上重伤）；或造成设备设施200万元及以上直接经济损失的安全事故。因公司大型泄漏、火灾事故，对周边居民的生命财产安全具有一定威胁；对大气、地表水或地下水造成严重污染
Ⅱ级事件	人身重伤事件（1人以上，5人以下重伤）；或造成设备50万元及以上、200万元以下直接经济损失的安全事故。公司泄漏、火灾事故，在短时间内可采取相应的措施，组织自救，未对周边企事业单位或居民产生影响；对大气、地表水或地下水造成一定污染
Ⅲ级事件	人身重伤事件（1人及以下重伤或处于危险境地需救援）；或造成50万元以下直接经济损失。库房、储罐区、生产及以外场所小面积初期火灾事件；设备、设施等故障导致某工段泄漏、火灾等安全生产事件的；车间、仓库、储罐区发生小范围或有少量危化品泄漏事件

（2）根据公司可能发生的安全生产事故的严重性和紧急程度，将安全生产事故预警级别分为Ⅲ级（一般）、Ⅱ级（较大）和Ⅰ级（重大），并分别用黄色、橙色和红色表示。具体预警发布条件见表 10-75。

安全生产事故预警级别　　　　　　　　　　　　　　　表 10-75

级别	预警条件	预警对象
Ⅰ级	国家相关部门发布红色或Ⅰ级预警信息，存在发生Ⅰ级突发事件的预期，需要立即举全厂之力应急响应的风险	全公司
Ⅱ级	国家相关部门发布橙色或Ⅱ级预警信息，存在发生Ⅱ级突发事件的预期，需要多部门立即联合应急响应的风险	公司多部门或全公司
Ⅲ级	国家相关部门发布黄色/蓝色或Ⅲ级/Ⅳ级预警信息，存在发生Ⅲ级突发事件的预期，需要单个部门立即响应的风险	相关部门或车间

（3）特种设备事故（事件）分级（表 10-76）。

特种设备事故（事件）分级　　　　　　　　　　　　　表 10-76

Ⅰ级事件	一次事故造成直接经济损失200万元及以上
Ⅱ级事件	一次事故造成直接经济损失50万元及以上，200万元以下
Ⅲ级事件	一次事故造成直接经济损失50万元以下

（4）电力设备事故分级（表 10-77）。

电力设备事故分级 　　　　　　　　　　　　　　　　　　　表 **10-77**

Ⅰ级事件	一次事故造成直接经济损失 200 万元及以上
Ⅱ级事件	一次事故造成直接经济损失 50 万元及以上，200 万元以下
Ⅲ级事件	一次事故造成直接经济损失 50 万元以下

（5）公司突发停电事故（事件）分级（表 10-78）。

突发停电事故（事件）分级 　　　　　　　　　　　　　　表 **10-78**

Ⅰ级事件	全厂停电造成 5 人及以上人身重伤，或 1 人及以上死亡，或 200 万元及以上直接经济损失，或次生衍生事故事件超出公司应急救援能力的
Ⅱ级事件	全厂停电造成 1 人以上、5 人以下人身重伤，或 50 万元以上 200 万元以下直接经济损失，公司应急救援能力可以控制次生衍生事故事件的
Ⅲ级事件	全厂停电未造成重大人员伤亡、重大设备损坏，运行部门可以控制次生衍生事故事件的

（6）电力网络信息系统突发事故定义为三个等级的事件（表 10-79）。

电力网络信息系统突发事故分级 　　　　　　　　　　　　表 **10-79**

Ⅰ级事件	重要系统受到严重影响，并且需要外部资源才能处理的事件。下述表现均属于一级事件：机房火灾；厂级控制系统故障影响安全生产；硬件基础设施损失≥20 万；网络大面积中毒，导致重要数据破坏严重；重要数据被盗窃或篡改；SIS 系统外发数据超过半小时不能正常发送
Ⅱ级事件	指系统受到严重影响，MIS 系统或其他重要管理信息系统发生故障，停运 8h 以上，但调用公司内部资源即可处理的事件。表现为网络设备大面积瘫痪，硬件基础设施故障损失＜20 万元
Ⅲ级事件	指系统故障，但 8h 以内可处理的事件；属单个网络设备故障，硬件基础设施故障损失＜2 万元

（7）火灾事件分级（表 10-80）。

火灾事件分级 　　　　　　　　　　　　　　　　　　　　表 **10-80**

Ⅰ级事件	火灾造成 3 人及以上重伤或 1 人及以上死亡，或者 100 万元及以上直接经济损失
Ⅱ级事件	3 人以下人身重伤，或者 50 万元及以上 100 万元以下直接经济损失
Ⅲ级事件	发生 1 人及以上人身轻伤，或者 50 万元以下直接经济损失

（8）交通事故分级（表 10-81）。

交通事故分级 　　　　　　　　　　　　　　　　　　　　表 **10-81**

Ⅰ级事件 特大事故	一次造成死亡 3 人及以上；或者重伤 11 人及以上；或者死亡 1 人，同时重伤 8 人以上；或者死亡 2 人，同时重伤 5 人以上；或者财产损失 6 万元以上的事故
Ⅱ级事件 重大事故	一次造成死亡 1～2 人；或者重伤 3 人及以上 10 人以下；或者财产损失 3 万元及以上不足 6 万元的事故
Ⅲ级事件 一般事故	一次造成重伤 1～2 人；或者轻伤 3 人及以上；或者财产损失不足 3 万元的事故
Ⅳ级事件 轻微事故	一次造成轻伤 1～2 人；或者财产损失机动车事故不足 1000 元，非机动车事故不足 200 元的事故

（9）群体性不明原因疾病事件分级（表10-82）。

群体性不明原因事件分级　　　　　　　　　　　　　　**表 10-82**

Ⅰ级事件	10人及以上的职工出现症状相同或相近的不明原因疾病、传染病
Ⅱ级事件	3人及以上、10人以下的职工出现症状相同或相近的不明原因疾病、传染病
Ⅲ级事件	3人以下的职工出现症状相同或相近的不明原因疾病、传染病

（10）群体性影响社会和谐事件处置程序（表10-83）。

群体性事件分级　　　　　　　　　　　　　　　　　**表 10-83**

Ⅰ级事件	特别重大：参与人数在300人及以上的
Ⅱ级事件	重大事件：参与人数在100人及以上、200人以下的
Ⅲ级事件	较大事件：参与人数在30人及以上、100人以下的
Ⅳ级事件	一般事件：参与人数在5人及以上、30人以下的

（11）突发新闻媒体事件处置程序（表10-84）。

突发新闻媒体事件分级　　　　　　　　　　　　　　**表 10-84**

Ⅰ级事件	省级或全国性新闻媒体进行失实或负面报道，传播范围超越市级，造成严重负面影响
Ⅱ级事件	地方主流媒体出现有关公司的失实或负面报道，传播范围在市级，造成较大负面影响
Ⅲ级事件	部分地方媒体出现有关公司失实或负面报道，传播范围在县区级，造成一定负面影响

10.9.9.2　专项预案类别

专项预案类别可分为自然灾害类、事故灾难类、公共卫生事件类与社会安全事件类（表10-85～表10-88）。

自然灾害类专项预案　　　　　　　　　　　　　　　**表 10-85**

预案：针对可能面临的气象灾害，如雨雪冰冻、大风暴雨、大雾天气，以及可能面临的地震、地质灾害等自然灾害编制的专项应急预案

序号	自然条件	事故类型	事故表现	事故后果
1	地震	自然灾害类	对房屋建筑、基础设施造成巨大破坏，导致交通、通信瘫痪，水、电、气、油等供应中断，引起停机、停电、系统解列，人员伤亡等	建构筑物损坏、设备设施损坏、人员伤亡、环境污染
2	地质灾害	自然灾害类	塌陷、沉降可能对各种运行设备、生产建构筑物和办公设施造成一定损坏，进而导致全厂停电、停机与系统解列等	建构筑物损坏、设备设施损坏、人员伤亡、环境污染
3	大风、洪水、强对流天气	自然灾害类	内涝、雷击、触电、停电、电气火灾、建构筑物坍塌等	建构筑物损坏、设备设施损坏、人员伤亡、环境污染
4	大雾、大雪	自然灾害类	闪络、停电、低温伤害、管道冻结引起供应中断等	设备设施损害、人员伤亡

事故灾难类专项预案	表 10-86

预案：针对可能发生的人身事故、电网事故、设备事故、火灾事故、交通事故及环境污染事故等各类电力生产事故编制的专项应急预案

一、物料危险、有害因素分析

序号	危险物料名称	危险特性	有害影响	存在部位
1	高温、高压、汽水	当承压管道或压力容器破裂爆炸时，管道或容器内的过热蒸气及饱和水的蒸发膨胀，产生大量湿蒸气，向四周扩散，可使周围人员烫伤	造成人员的烫伤	热力系统（如余热锅炉、汽包、疏水扩容器等）
2	柴油	具有易燃、易爆、易产生静电、易受热沸腾、易受热膨胀突溢、易蒸发等特性，与氧化剂接触，有引起燃烧爆炸的危险	可引起吸入性肺炎。柴油蒸汽可引起眼、鼻刺激症状、头晕及头疼，皮肤接触可引起接触性皮炎、油性痤疮	油罐区、输油管道、焚烧炉
3	乙炔	闪点−32℃，自燃点305℃，气体能与空气形成爆炸性混合物，爆炸极限2.1%～80%体积比；乙炔溶解于丙酮和二基甲酰胺，才能在高压下保持稳定，否则易分解成氢和碳，产生爆炸。乙炔能与铜、银、汞等化合物生成爆炸性混合物	受撞击、摩擦或干状态下升温可导致分解，并能与氟、氯发生爆炸性反应，遇热、明火和氧气有着火、爆炸危险；有毒、麻醉作用，人吸入10%轻度中毒反应，吸入20%显著缺氧、昏睡、发绀，吸入30%动作不协调，步态蹒跚	乙炔气瓶间
4	抗燃油	油质不洁，可能造成调节部（套）卡涩，导致机组飞车事故发生	成分中含 P_2O_5，对人体有一定腐蚀性和毒性，皮肤直接接触抗燃油可引起不良反应	汽轮机调速系统油箱/管路
5	汽轮机油	开口闪点一般高于150℃，燃点低的仅200℃，属可燃物品；油和水易乳化失去润滑作用		润滑油系统（油箱及管路）
6	六氟化硫	SF_6 气体在电气设备中经电晕、火花及电弧放电作用会产生多种有毒、腐蚀性气体及固体分解产物。在受限空间内积聚可能发生人员窒息事故	SF_6 在电弧的作用下会发生分解，形成具有毒性的低氟化合物，对人体呼吸系统、黏膜及皮肤等有一定的危害，可导致肺部损伤，甚至死亡	GIS室

二、其他危险化学品分析

序号	物质名称	侵入途径部位	危险特性	有害影响	存在场所
1	氨水	吸入或摄入与眼睛和皮肤接触，呼吸系统	无色透明液体，有特殊强刺激性臭味，易挥发且浓度越大、温度越高、挥发分越多。属碱性反应，有强腐蚀性，对铜、铝、铁等金属腐蚀性强	低浓度氨对黏膜有刺激作用，高浓度可造成组织溶解性坏死，引起化学性肺炎及灼伤	脱硝系统氨罐间、余热炉、汽包间

续表

序号	物质名称	侵入途径部位	危险特性	有害影响	存在场所
2	盐酸	皮肤直接接触	能与一些活性金属粉末反应，放出氢气。遇氰化物能产生氰化氢气体。与碱发生中和反应，并放出大量的热。具有较强的腐蚀性	接触盐酸蒸汽或烟雾，鼻及口腔黏膜有烧灼感并引起急性中毒。眼和皮肤接触可致灼伤。长期接触引起慢性鼻炎、慢性支气管炎	化学水处理系统、盐酸储罐
3	氢氧化钠	吸入或食入，眼睛、皮肤	与酸中和反应并放热。遇潮时对铝、锌、锡有腐蚀性并放出易燃易爆氢气。遇水和水蒸气大量放热，形成强腐蚀性溶液	有强烈刺激和腐蚀性。粉尘刺激眼和呼吸道隔；皮肤和眼直接接触可引起灼伤；误服可造成消化道灼伤，粘膜糜烂、出血和休克	化学水处理系统、碱储罐
4	次氯酸钠	皮肤接触、吸入、食入	具有腐蚀性，可致人体灼伤，具致敏性	经常用手接触，指甲变薄，毛发脱落。本品有致敏作用。本品放出的游离氯有可能引起中毒	化水处理系统、循环水加药系统
5	沼气	吸入	与空气混合成爆炸性混合物，遇明火爆炸。可与氯等剧烈反应，遇高热，高容器内压有爆炸可能	空气中甲烷浓度 25%～30%时，可引起头疼头晕、乏力和心跳加速，精神动作障碍等，甚至窒息	垃圾收集储存系统
6	二噁英类	吸入	有毒品、可能致癌物	化学结构稳定，亲脂性高，不能生物降解。在空气，土壤中都能吸附于颗粒中借助于水生和陆生事物链富集而危害人类	垃圾焚烧炉烟气管道内、飞灰

三、生产过程危险、有害因素分析

序号	潜在事故单元	事故类型	事故表现	事故后果	存在场所
1	垃圾池单元	火灾事故	垃圾池渗沥液收集系统可燃气体，遇明火、静电或高温有引发火灾、爆炸	设施损坏、人员伤亡、环境污染	垃圾池渗滤液通道回喷站
		人身事故	垃圾池内有毒有害气体聚集，可能对人员造成中毒、窒息	人员伤害	
2	锅炉单元	人身事故	在炉膛/高平台（含脚手架）/高斜梯/高直梯等处作业，可能发生高空坠落、触电伤害和物体打击等伤亡事故；汽水管道保温不良，高压汽水泄漏，发生人员灼伤事故	人员伤亡	余热锅炉本体
		火灾事故	启动及故障时，柴油进入锅炉烟风系统，未及时清除可能引起锅炉火灾	设施损坏、人员伤害	
		设备事故	锅炉承压部件爆破		

序号	潜在事故单元	事故类型	事故表现	事故后果	存在场所
3	汽轮机单元	火灾事故	遇明火或较高热体金属，汽轮机油易被燃着而发生火灾。油系统着火会引燃机头电缆，事故扩大	设备设施损坏、人员伤害	蒸汽轮机本体及其系统
		人身事故	可能造成物体打击、高处坠落、灼烫；在受限空间违规作业致窒息或碰撞伤害；直接接触抗燃油会造成身体伤害；保温设施不完善，高温汽水管道爆破会造成灼烫及热辐射	人员伤亡	
		设备事故	汽轮机超速；汽轮机轴系断裂；汽轮机大轴弯曲；轴瓦烧损；压力管道和压力容器爆漏；水击；机组振动过大	设备设施损坏、人员伤害	
4	发电机及电气设备单元	火灾事故	变压器火灾；电缆火灾；高压配电装置火灾		汽机 0m/3.5m/7m 处，变压器区，GIS 间，电子设备间，配电室，电缆桥架及沟道
		人身事故	电气误操作；人身触电；高压电磁辐射；中毒；窒息（柴油机房、GIS 室等通风不畅）	人员伤亡	
		设备事故	发电机损坏；励磁系统故障；变压器损坏；GIS，开关设备事故；接地网，过电压危害；远动及保护系统控制失灵、继电保护失灵	设备设施损坏	
5	热控设备单元	人身事故	带电设备存在漏电、触电、电伤等潜在危险性；巡检和检修作业过程中，易产生机械伤害和高处坠落等伤害	人员伤害	热控设备及其系统（工程师站、电子间及热控一次元件和设备安装区域）
		设备事故	DCS 失灵；热工一次检测元部件故障；自动调节系统失控故障；热工保护拒动或误动；电源系统失电/通信网络回路/接地系统故障	设备设施损坏、人员伤害	
6	化学水处理单元	人身事故	接触、吸入危险化学品致灼烫、中毒；检修作业过程易产生机械伤害，受限空间窒息，高处坠落等伤害	人员伤害	化水间、循环水加药间、综合水泵房
		环保事故	工业废水未经处理或处理未达标排放	环境污染	

续表

序号	潜在事故单元	事故类型	事故表现	事故后果	存在场所
7	脱硝设备单元	火灾事故	氨水泄漏时，遇高温、明火等着火、爆炸	设施损坏、人员伤害	脱硝设备及其系统、氨水储罐间
		人身事故	人体吸入、接触会造成中毒或化学灼伤	人员伤害	
		环保事故	脱硝设备设施故障，烟气排放超标	环境污染	
8	供热设备单元	设备事故	供热母管蒸汽倒流造成机组超速飞车；发生管道爆破；设备故障致供热系统中断	设备设施损坏导致不良社会影响	热网系统；汽机0m、6.5m、12m处
9	特种设备单元	火灾事故	气瓶遇超压、碰撞、腐蚀、泄漏等，不仅会引起爆炸，还可能导致火灾	设备设施损坏、人员伤害	气瓶间、电梯间、行车等生产区域
		人身事故	电梯设备故障等原因而造成轿厢坠落；厂内机动车伤害；起重作业伤害		
10	受限空间单元	人身事故	受限空间存在人员窒息、中毒、触电等危险	人员伤害	受限空间
11	消防设备单元	火灾事故	消防设备设施以及检测、控制系统失效等造成火灾扩大	设备设施损坏、人员伤害	消防系统设备
12	公用单元	人身事故	转动机械、高处平台、爬梯、桥架、吊物孔、检修工具、金属容器，和临电共存的高处坠落、机械伤害、物体打击、灼烫伤以及触电	人员伤害	各生产系统
13	交通运输单元	人身事故	受气象条件、道路状况、车辆状态、驾驶人员因素等影响导致交通事故发生	人员伤亡；车辆损坏；环境污染	道路运输

公共卫生事件类专项预案表 10-87

预案：针对可能发生的传染病疫情、群体性不明原因疾病、食物中毒等突发公共卫生事件编制的专项应急预案

序号	事件名称	事件表现	事故后果
1	传染病疫情事件	突发的传染病疫情能在短时间内发生、波及范围广泛，可能出现大量的病人或死亡病例，或严重影响企业正常生产生活、全民健康或社会秩序、经济发展等，严重时会造成社会动荡	人员伤害、停机停产
2	群体性不明原因疾病事件	疾病原因不明，很难在短时间内查明病原，波及范围广泛，可能出现大量的病人或死亡病例，或严重影响企业正常生产生活、全民健康或社会秩序、经济发展等，严重时会造成社会动荡	
3	食物中毒事件	食物过期变质、储存/加工不当，细菌、真菌中毒，动物性、植物性食物中毒，化学中毒等。中毒潜伏期短，发病急，需立即进行急救	

		社会安全事件类专项预案	表 10-88
预案：针对可能发生的群体性事件、突发新闻媒体事件、恐怖事件等社会安全事件编制的专项应急预案			

序号	事件名称	事件表现	事故后果
1	群体性突发社会安全事件	电厂内部可能存在劳资纠纷、各方面的利益冲突，或因发电厂的废气、废渣等污染物或废弃物的储存、排放等可能造成不良的环境影响，而引电厂内部或与周边个体的纠纷，可能导致群体性上访、聚集、围堵、滋事等突发事件，影响正常生产、工作、生活秩序	人员伤害、停机停产
2	突发新闻媒体事件	电厂内部可能存在劳资纠纷、各方面的利益冲突事件，可能发生自然灾害、生产事故、公共卫生和社会安全等事件，成为社会关注的焦点和各级新闻舆论热点，可能会对电厂生产稳定和人心安定造成不利影响，甚至会造成集团公司的负面影响，使集团公司形象受损	
3	恐怖袭击事件	恐怖分子不择手段进入厂内，从事破坏正常生产、生活秩序的行为，对生产设备设施进行破坏	

10.9.9.3　压力容器和压力管道的失效分析

1. 概述

压力容器和压力管道失效分析和失效预防技术是以变形、表面损伤、材料性能退化和泄漏，以及灾难性的爆炸和断裂为失效模式（图 10-6）。其失效机理以疲劳、地震及晶间

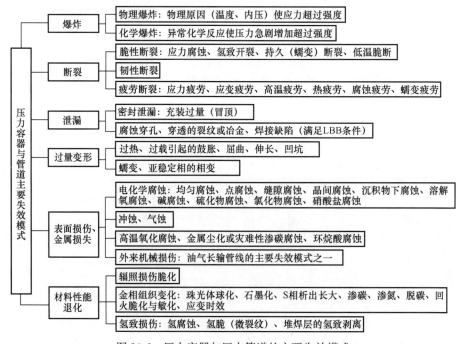

图 10-6　压力容器与压力管道的主要失效模式

（图片来源：李鹤林院士报告）

应力腐蚀裂纹扩展为主。造成压力容器与管道的失效原因主要有设计、制造、运行操作与
管理、检测维修和外来损伤等环节。确定失效是否危害结构的安全可靠性，通常按其可用
性分为如表 10-84 所示的四种情况。压力容器、压力管道失效分析的基本程序见表 10-89。

压力容器与压力管道的缺陷划分及事故分析内容与程序 表 10-89

缺陷对安全可靠性的四种危害程度

序号	缺陷对安全可靠性危害程度	使用状态	使用条件
1	不造成危害	允许继续使用	—
2	不造成危害但会进一步扩展的缺陷	在监控下使用	进行寿命预测
3	结构降级使用可以保证安全可靠性	降级使用	—
4	对安全可靠性构成威胁	返修或停用	—

压力容器、压力管道事故分析的基本程序与工作内容

基本程序	基本工作内容	事故分析基本要求
事故现场处理和调查	现场保护	①确定事故现场范围和事故现场保护，包括爆炸碎片断口与碎片位置保护，收集如操作记录、损坏仪表指针的指示位置、安全阀泄放迹象等现场证据；②调查事故过程；③收集有相关事故设备的文档；④技术鉴定，确认事故过程、性质、原因、破坏形式及责任；⑤提出处理意见、必要的整改要求
失效状况的外观检查	失效构件变形情况检查	容器类：测量容器直径与周长的变形量、壁厚减薄量及断口处减薄量等韧性断裂特征。收集碎片及散落的零部件并记录其尺寸、重量及位置；检查被阻挡或撞击的痕迹。 轴类、杆类：检查明显弯曲变形或断裂时的局部变形或无明显变形折断。 高温条件下管道、容器的蠕胀变形，弯曲或扭曲；有无裂缝
	裂纹检查	可用磁粉或渗透探伤或放大镜，检查应力集中和焊缝部位
	表面状况检查	检查腐蚀的表观形貌，腐蚀产物的颜色、厚度、疏松状况和基体金属的表面状态等。无腐蚀覆盖物时，表面是否光洁，有腐蚀坑，腐蚀坑底是否有裂纹和穿过壁厚的小孔。如果裂纹和坑外裂纹相连，则可能存在应力腐蚀或疲劳及腐蚀疲劳
材料的检验和鉴定	化学成分检验	采用化学或光谱分析，检查材料错用、氢蚀情况及不锈钢的镍含量分析
	力学性能检验	检验材料性能下降或是力学性能劣化导致损坏
	金相检验	用金相或扫描电子显微镜检验材料组织是否劣化
断口形貌的检验和分析	断口的宏观检验与分析	确定断裂时裂纹扩展走向；裂纹源位置；初步判定断裂性质（说明：纤维状区是韧性断裂起裂源区；放射纹及人字纹区是临界状态后的快速断裂区。剪切唇区是发展到近表面的接近平面应力时的剪切区）
	断口电子显微镜检验和分析	①断裂机制；②材料夹杂物状态；③固态相变劣化程度；④应力腐蚀原因
压力容器爆炸能量	物理爆炸还是化学爆炸	物理爆炸是介质压力巨变发生的爆炸，可用热力学方程计算；化学爆炸是发生激烈化学反应、燃烧产生的瞬时能量，计算很复杂

续表

压力容器、压力管道事故分析的基本程序与工作内容		
基本程序	基本工作内容	事故分析基本要求
失效分析的验证试验（对疑难问题进行）	材料验证试验	用于材料组织劣化
	腐蚀验证试验	用于分析腐蚀或应力腐蚀的失效原因
	模拟应力测试试验和有限元应力分析	用于重大失效事故时
	模拟爆破试验和安全泄放装置试验	用于确定爆破压力时。这类试验分为三种：①安全阀压力试验；②爆破片爆破试验；③压力容器爆破试验
综合分析	失效事故分析	确定失效事故的失效形式、失效类型、失效事故原因

对压力容器及压力管道的可靠性评价也就是安全评价，评价方法有剩余强度评价法与剩余寿命预测法。剩余强度评价法是在缺陷定量检测基础上，通过力学分析与计算，给出压力设备的最大允许工作压力，为其继续使用状态提供决策依据。剩余寿命预测法通过研究缺陷的动力学发展规律，给出压力设备的安全服役寿命，为制定检测周期提供依据。在此引用李鹤林院士报告中给出的安全评价对象和方法（图 10-7、图 10-8）。

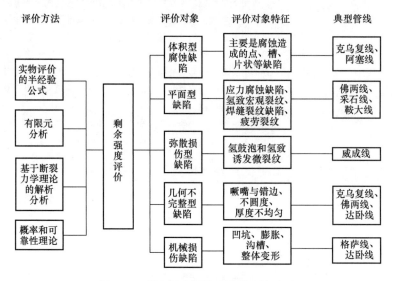

图 10-7 剩余强度评价对象类型与方法

用于压力容器与压力管道失效评价的工具有诸多专家系统，如用于锅炉管子的失效分析的美国 BMW（Boiler Maintenance Workstation）专家系统；用于含纵向裂纹管道安全评定的德国 Stuttgart 大学国立材料研究所（MPA）的 ELBA 专家系统；可用于高温构件（管子、管系机部件等）剩余寿命预测的 ESR 专家系统；等等。

2. 失效分析

（1）设备磨损

设备磨损分为有形磨损与无形磨损两大类。有形磨损又分为使用磨损与自然磨损两种形式。使用磨损是在设备使用过程中，通过摩擦、振动等作用造成的磨损，表现为公差配合性质改变，性能精度降低，以及零部件尺寸与形状发生改变，甚至损害。自然磨损是在

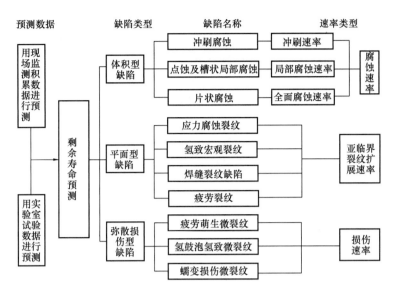

图 10-8　剩余寿命缺陷种类及预测方法

自然力作用下所发生的磨损，如水蒸气、气液二相流等可能引起气液流冲蚀；液体中的固态杂质可能引起磨损等。

设备有形磨损具有磨合阶段Ⅰ、正常磨损阶段Ⅱ与急剧磨损阶段Ⅲ等三阶段规律曲线，如表 10-90 所示。设备有形磨损的价值损失度量采用"补偿费用法"，即用补偿物质磨损所需费用进行度量的方法，按下式计算并取其小者：

$$L_v = \min\left[(K_N - S), F_r\right] \tag{10-19}$$

式中　L_v——有形磨损价值损失；

　　　K_N——原设备再生产价值；

　　　S——设备残值；

　　　F_r——消除有形磨损的修理费用。

设备有形磨损规律及其特征　　　　　　　　　　　表 10-90

设备有形磨损规律曲线图		设备有形磨损各阶段特征		
磨损阶段		磨合阶段Ⅰ	正常磨损阶段Ⅱ	急剧磨损阶段Ⅲ
磨损速度		快	随时间匀速增加	非常快
磨损时间		短	磨损非常缓慢	很短
对设备危害		无	逐步丧失精度和强度	丧失精度和强度，事故概率急升
阶段特征		必经阶段	最佳运行状态	一般不允许进入该阶段

设备无形磨损指设备在使用或闲置过程中，由于技术进步而引起的设备价值的损失。

分为Ⅰ、Ⅱ两类无形磨损。Ⅰ类无形磨损是指设备制造工艺改进，劳动生产率提高，致使生产同种设备成本降低，从而原购置的设备贬值，但不影响设备功能。Ⅱ类无形磨损是指随着科学技术进步，出现性能更完善和效率更高的新型设备，致使原有设备贬值，这种磨损影响设备功能。

设备综合磨损指在有效使用期内发生的有形磨损和无形磨损的总和。当有形磨损与无形磨损接近时，可采取更新原有设备或采用新型设备。当有形磨损严重，无形磨损尚未发生时，可采取大修或原型号更新。当无形磨损早于有形磨损时，可通过技术经济分析，决定是继续使用原有设备还是采用先进设备代替尚未折旧完的旧设备。

（2）设备故障

设备故障指在其寿命周期内，由于磨损或使用等原因而丧失其规定功能的状况。分为突发故障与劣化故障两类，对比分析参见表 10-91。

故障类型　　　　　　　　　　　　　　　　　　表 10-91

故障类型	故障发生速度	功能变化	发生时间预测性	备注
突发故障	突然发生	丧失使用功能	较难预料	—
劣化故障	发生速度慢	丧失局部功能	有规律可循	性能逐渐劣化引起

（3）设备维护保养

设备维护保养是指以保持设备正常工作并消除隐患为目的的日常保护工作。按工作量大小分为四级（表 10-92）。表中同时给出机组计划检修以及非计划检修月度事件报表供参考。

设备维护保养分级　　　　　　　　　　　　　　表 10-92

设备维护保养分级				
序号	保养项目	主要工作内容	主要执行人	配合人员
1	日常保养	对设备进行清洗、润滑、紧固、检查状况	操作人员	—
2	一级保养	普遍进行清洗、润滑、紧固、检查，局部调整	操作人员	专业维修人员
3	二级保养	对设备局部解体和检查，进行内部清洗、润滑。恢复和更换易损件	专业维修人员	操作人员
4	三级保养	对设备主体进行彻底检查和调整，对主要零部件的磨损检查鉴定	专业维修人员	操作人员

机组计划检修以及非计划检修月度事件报表参考格式

序号	事件状态起止时间		事件状态	降低出力 (MW)	状态持续 (h)	启动次数		检修情况		事件编码	事件原因补充说明
	起始时间 月日/时：分	终止时间 月日/时：分				成功	失败	检修工日	检修费用		
1											
2											
部门：　　　　主管：　　　　填表人：　　　　　　填表日期：　　年　　月　　日											

3. 风险分析

风险（R）是指包括人员伤亡、经济损失与环境破坏的失效后果（C）和失效可能（F）的乘积，即：

$$R = \sum_{i=1}^{n} C_i \cdot F_i \tag{10-19}$$

危险源、暴露和后果是风险分析三个要素，在进行风险分析时，需要对每个要素作具体分析和评价。风险分析的基本方法是基于归纳法的对失效模式、后果与严重度分析（Failure Modes，Effects and Criticality Analysis，FMECA）。对一个系统内部每个部件的每一种可能的失效模式进行详细分析，进行失效诊断、失效预测，改进技术管理和维修方案。并推断其对于整个系统的影响、判断潜在危险模式、危险因素和可能产生的后果。

基于风险及失效分析，《电力设备预防性试验规程》DL/T 596—2021 规定了 6MW 及以上同步发电机、交/直流电动机、电力变压器及电抗器、电流互感器、电磁式电压互感器、电容式电压互感器、GIS、各类断路器、分段器、隔离开关、高压开关柜、直流屏、套管、绝缘子、电容器、电抗器、保护用熔断器、变压器油、断路器油、避雷器、母线、二次回路、接地装置等的试验项目、周期和时间，可参照执行。

10.9.9.4　延长机组/元件/主要热力管道寿命的基本措施

按工程技术的生命周期理论，提高设备/元件/主要热力管道的可靠性和可维护性，要依靠科技进步，研究故障特征和生命周期维护特性，采用适用的新技术和诊断和修复技术，以增加设备有效利用率。按设备生命周期的经济理论，通过对主要设备技术经济分析与经济范畴的设备磨损研究，进行投资、维护和设备更新，达到投资少、效率高的经济生命周期成本，以提高设备综合效率。

延长机组寿命的基本措施有：

（1）根据零件的磨损随负荷增加而成比例地增加，零件承受的载荷高于平均设计载荷时的磨损将会加剧的规律，采取保证正常工作载荷的措施。

（2）根据设备/元件内外部金属表面与周围介质发生化学或电化学腐蚀机理，采取减少各种腐蚀作用的措施。

（3）根据机械表面残存杂质（如灰尘、土壤等非金属物质和机械自身生产的金属屑、磨损产物），加速磨损，破坏润滑油膜，使零件的温度上升，润滑油恶化等现象，采取减少机械杂质影响的措施。

（4）在机组使用寿命年限内，通过可靠性统计与指标分析，找出因运行检修维护不当造成的寿命损耗，采取改善运行操作方法和检修维护措施，逐步由被动检修转变为状态监测和预知性维修。

汽轮机主要部件长期在高温下会逐渐软化或脆化，是加速寿命减损的一个因素。通过对性能老化情况的调查，将部件材料老化的无损检测、寿命预测与维护管理方法应用于现场，可延长老机组寿命，表 10-93 的案例可供参考。

从延长汽轮机寿命期视角的运行控制措施　　　　　　表 10-93

某地区对发电厂机组运行的部分指标规定	
参数名称	限值
进入汽轮机冲转的主蒸汽参数过热度	$\geqslant 56℃$，且 $t_0 \leqslant 430℃$
高、中、低压的轴封供汽温度与转子轴封过热度差	$\geqslant 14℃$
高、中、压的外缸内壁上下温差	$< 56℃$

续表

某地区对发电厂机组运行的部分指标规定	
参数名称	限值
转子偏心度在原始高点相位处的偏差值	$<0.02\text{mm}$
汽缸金属暖机温升率/温降率；超过时应稳定转速或负荷，延长暖机时间	$2\sim2.5℃/\text{min}/1\sim1.5℃/\text{min}$
蒸汽参数控制范围及相对主蒸汽再热蒸汽额定温度 t_0 的允许偏差	
任何 12 个月周期内的平均温度	$\leqslant1.00t_0$
保持所述平均温度下允许连续运行的温度	$\leqslant t_0+8℃$
例外情况下允许偏离值，但 12 个月周期内积累时间$\leqslant400\text{h}$	$\leqslant t_0+(8\sim14)℃$
例外情况下允许偏离值，每小时$\leqslant15\text{min}$，但 12 个月周期积累时间$\leqslant80\text{h}$	$\leqslant t_0+(14\sim28)℃$
不允许值	$>t_0+28℃$

10.10　焚烧项目运行管理的几个技术问题

10.10.1　持续垃圾焚烧工程应用技术理论的研究

（1）焚烧工程理论：涉及能量品位降低原则与能量转化工程热物理论，包括热能动力、空气动力、生态环境科学、机械、化学、仪表与自动化控制、腐蚀学等理论等。

（2）循环经济理论：如资源—废物—垃圾—再生资源的生命周期基本理论。

（3）可持续发展理论：如环境、社会与经济的可持续发展基本理论。

（4）环境法学理论：如调整人与自然，人与环境资源的开发、利用、保护的关系。

（5）环境经济学理论：每个消费者抛扔垃圾都对其他消费者强征了不可补偿的成本，包括环境污染成本（土壤、地下水、空气与视觉等污染）、资源耗竭成本（物质消费和垃圾抛扔导致社会资源耗竭问题）和健康威胁成本（垃圾污染威胁人体健康，可能导致人类疾病）。

10.10.2　生活垃圾燃烧过程的工程技术特征

（1）垃圾可燃物的挥发分占 70%～80%，固定碳约占 20%～30%，挥发分具有在 100～600℃环境下短时间大量析出的特点，其中塑料 99.94%、橡胶 55%、纸类与竹木 80%的挥发分在 600℃时可充分析出。

（2）生活垃圾被推入到焚烧炉内，吸收炉内有组织的辐射热，并在一次风作用下，在干燥着火段 100～250℃温度范围内进行预热、水分蒸发、挥发分开始析出，及后续升温着火的吸热过程。当垃圾平均含水量大于 50%时，干燥着火段炉排应适当加长。

（3）当放热反应大于吸热反应，可燃质放热速率大于向环境散热速率时，两个平衡的临界点为着火点，对应温度为着火温度。燃烧段是以挥发分空间燃烧为主并伴随固定碳燃烧的放热过程，其中空间燃烧过程在二次风口的截面附近结束。

（4）基于清洁燃烧的规范性要求，月均焚烧垃圾热值不低于 5000kJ/kg，目前我国垃圾特性的变化仍处于从 3350kJ/kg 低热值向 7500kJ/kg 以上高热值过渡期。一些经济发达地区达到或开始超过 8000kJ/kg 状态。

（5）燃烬段是以固定碳燃烧为主的放热过程。燃烬炉排段应具有良好排渣，通入较少空气量即可实现充分燃烧与防结渣等功能。

（6）在垃圾燃烧过程，炉排上垃圾层厚度是沿炉排上垃圾运动方向不断减薄的过程。所谓床层厚度是指从垃圾被推入炉排到初始燃烧阶段的平均厚度，约在 800~1000mm。

（7）为保证炉渣热灼减率的符合性，不应连续超烧。

10.10.3 关于烟气排放标准

制订烟气污染物排放指标应遵循如下基本原则，做到适度严格：①人体健康可受纳量＋安全裕量；②环境容许容量；③社会经济承受能力。

还应基于工程视角充分考虑：①数值含义；②符合相关环境要求；③适应环保监测要求；④适宜的 经济性。

10.10.4 垃圾焚烧设施的可靠性分析

10.10.4.1 加强设备管理

设备管理是对设备寿命周期全过程的管理，包括设备选型、正确使用、维护修理，以及更新改造全过程的管理工作。

预防性维护是保证系统设备可靠性的主要内容。指利用如振动监视、摩擦测量及其他非破坏性测试方法，实时监视设备状态及运行效率，提供有效跟踪维护和最佳预防性维护的数据，并根据这种实际数据，而不是工厂内平均寿命统计数据即平均无故障时间，按需安排计划维护活动。

预测性维护是一种运转状况驱动的预防性维护程序。是集设备状态监测、故障诊断、状态预测、维护决策和维护活动于一体的一种维护方式，通过对运行状态、效率等指标状态监测为基础，以故障诊断、状态预测为重点，根据不同状态预测采取不同的处理方法。

加强对全厂设施的日常维护保养，做到常态化安全性评价。应用剩余强度评价法与剩余寿命预测法对压力容器及压力管道进行安全可靠性评价。

10.10.4.2 强化对仪表与控制系统设备功能与基本性能管理

热控监督的"三率"指标应达到：仪表准确率 100%；保护投入率 100%；自动调节系统投入协调控制系统，投入率不低于 95%。此外，还有要求计算机测点投入率 99%，合格率 99%。

焚烧厂信息系统的安全保护等级按《信息安全技术 网络安全等级保护定级指南》GB/T 22240—2020 中的第三级确定。理由是焚烧厂信息系统被破坏时，会造成工作职能受到严重影响，业务能力显著下降且严重影响主要功能执行，出现较严重的法律问题，较高的财产损失，较大范围的社会不良影响。

仪表精度与漂移表征的系统稳定性要符合焚烧厂运行要求。其中的仪表精度指其绝对误差与测量范围上下限之比的百分比，一般要求流量仪表精度等级不低于 1%，其他仪表与传感器精度等级不低于 0.1%；漂移是指保持仪表输入量不变时，输出测量值随时间和或温度改变而缓慢变化，分为时间漂移与温度漂移，又分为零点漂移与灵敏度漂移。一般要求灵敏度漂移不大于 0.2%F.S. 。

　　元器件经过长期应用和环境条件的变化，会引起特性参数发生变化且降额系数随温度的增加而降低。故在选用元器件时，除应考虑加到元器件上的电应力性质及大小外，还应注意作用在极限环境条件下，元器件仍能正常工作的条件。

10.10.4.3　加强设备可靠性分析

　　加强基于量化指标的可靠性分析。可以年度为基准，根据运行管理需要，采用相应的评价指标。适用于可靠性的指标，如运行小时数数（ART）、利用小时数（UTH）、运行系数（SF）、计划停运系数（POF）、非计划停运系数（UOF）、强迫停运系数（FOF）、等效强迫停运率（EFOR）、设备使用率（SF）、平均无故障可用小时数（MTBF）、机组降低出力系数（UDF）、辅助设备故障率（次/年）、辅助设备故障平均修复时间（MTTR）等。

　　特别说明的是利用小时数（UTH），是指可用状态下的实际垃圾处理量或汽轮发电机组实际发电量，折合成额定容量的运行小时数，分别称为焚烧利用小时数及发电利用小时数。即：$UTH = \Sigma BA \cdot T/GMC$。其他指标的含义与计算方法参见第 10.9.3 节。

10.10.5　可靠性工程应用

　　基于可靠性理论的可靠性模型和可靠性设计，是研究元件、设备或系统的性能，获取最佳适用可靠性的工具。这种可靠性研究的意义，在于防止故障和事故发生，提高设备的使用率，提高项目的经济效益。

10.10.5.1　可靠性模型

　　可靠性模型是指可靠性逻辑图及其数学模型。与表示系统各单元之间物理状态关系的系统图不同，可靠性逻辑图是用简明直观的方框图形式，表示系统各单元间"串-并-旁"的功能关系。其意义在于准确表示出系统中各单元的功能和相互联系，以及对整体系统的作用和影响，并成为建立系统可靠性数学模型，完成可靠性设计、分配和预测的基础。需要注意的是，即使根据原理图也可绘制出可靠性逻辑图，但不能将二者等同起来。

10.10.5.2　可靠性机械设计

　　传统的机械设计方法采用载荷、材料性能等数据的平均值，并未考虑数据的分散性，不能预测元件在运行中破坏的概率。为保证机械的可靠性，则是对计算载荷、选取强度等乘以如载荷系数、尺寸系数等按经验估计的各类系数，最后还要加上安全系数。对无法进行精确计算的，一般将机械的尺寸、重量等作经验性放大。

　　对设备与元件运行过程的机械缺陷、故障概率、随机变化及破坏机理累积起来的实践经验、概率统计、认知与预测，以及在机械设备、元件的应力、强度、腐蚀等方面的应用，使可靠性理论的应用扩展到结构设计、强度分析、疲劳研究、腐蚀解析等方面，形成现代可靠性设计的理论基础。根据可靠性理论的可靠性机械设计，将载荷、材料性能与强度及元件的尺寸等视为某种概率分布的统计量，应用概率与数理统计理论及强度理论，求出在给定设计条件下元件不产生破坏的概率公式。应用这些概率公式，在给定可靠度下求出元件的尺寸或给定尺寸确定其安全寿命。另外对结构的安全系数做出统计分析，进而优化传统设计的安全系数。也就是说可靠性机械设计具有采用可靠度和在一定可靠度下优化的安全系数两个评价指标。

10.10.5.3　可靠性冗余设计

可靠性设计需要采用最佳可用的冗余设计法。冗余法是在系统中配置备用元件或设备。并联冗余法是使完成同一职能的一批元件或设备并行工作；当其中的一个或部分失效时，其余的仍能保证系统的正常工作。在系统设计中采用可靠性冗余法，对系统冗余的配置采用最优化方法，可有效提高系统的可靠度。基于长远视角的研究，不仅要重视可靠性技术与冗余设计，更要重视系统设备的有效运行管理，以保证运行的安全可靠和取得最大经济效益。对可靠性冗余设计的基本思路如图 10-9 所示。

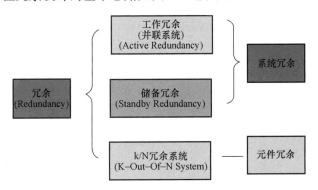

图 10-9　可靠性冗余设计的基本思路

10.10.5.4　生活垃圾焚烧项目可靠性评价实例

根据相关评价标准，对某年度生活垃圾焚烧规模 $600\sim8400t/d$，单条焚烧线 $350\sim850t/d$ 的 34 个项目共计 109 条焚烧线进行评价。需说明的是，受篇幅所限，以下内容暂未涵盖对各类污染物控制的评价，也未包括电气、热控部分的评价。

抽查全厂机械动力主设备（垃圾焚烧锅炉、烟气净化系统设备、汽轮发电机组、DCS、垃圾抓斗起重机等），涉及安全、可靠、环保运行的辅助设备，全厂电气设备及热控系统设备的运行状态评价结果，主要机械动力设备、电气设备完好率达到 97%，热控装置/保护装置完好率、主要仪表送检校验/数据采集系统测点合格率、热控系统设备/保护装置投入率均达到 100%。

统计进厂生活垃圾合计 4047844t（含合法合规掺烧其他垃圾约占 8%），年平均日进厂垃圾量为焚烧处理规模的 101.22%，变化范围为 77%～130%。总体上进厂垃圾量满足全厂正常运行要求。年焚烧垃圾 3236865t，析出渗沥液为 16%～25%，平均值为 20.03%。负荷率（ALR）按平均运行 8039h 计为 0.9938，焚烧设备利用小时数（UTH）为 8009.82h。每炉停运频次符合规范要求。评价为年度运行工况总体正常。

采用中压、次高压等级参数的焚烧热能，当前基本都是仅用于发电，汽耗率为 $4.08\sim4.50kg/(kW\cdot h)$；年均蒸汽损耗率均不大于 3%，显示汽水系统运行管理仍有进一步提升节能减排与能源效率的空间。34 个项目总发电 1147681 万 $kW\cdot h$，上网 969226 万 $kW\cdot h$。考虑到一些影响因素，折算吨焚烧垃圾发电范围在 $450\sim710kW\cdot h$，平均约 $501kW\cdot h$，按进厂垃圾量计的吨垃圾发电 $428kW\cdot h$。年均厂用电率 15.54%，考虑有湿法、SCR 系统运行，以及疫情影响等不可控因素，评价为热能利用基本正常。评价年度焚烧垃圾热值多超过 MCR 点热值可控范围，需要注意焚烧垃圾量与垃圾热值的匹配关系，同时要注意相关检测仪表精度等级与蒸汽压力等级匹配关系。

按标准煤耗 335g/(kW·h) 计，考虑燃烧器用天然气、0 号柴油等燃料及厂用电等因素，折算进厂垃圾节标煤当量 138.63（最高 197）kgce/t。年度能量利用指标符合 ≥20% 的评价规定。从综合运行状态看，节能效果基本正常但仍有空间。

炉渣产生量为焚烧垃圾量的 16%～25%，年均炉渣热灼减率小于 3%，月度变化范围为 1.90%～2.70%。结合飞灰运行状态分析，并考虑掺烧其他垃圾情况，结果显示焚烧运行状态良好。飞灰采用螯合稳定化工艺，处理全过程可追溯。年度排放烟气污染物，以及恶臭、噪声、渗沥液、飞灰等符合相关部门规定。

参考文献

[1]　陈杰瑢. 环境工程技术手册[M]. 北京：科学出版社，2008.

[2]　白良成. 生活垃圾焚烧处理工程技术[M]. 北京：中国建筑工业出版社，2009.

[3]　周训芳，李爱年. 环境法学[M]. 长沙：湖南人民出版社，2008.

[4]　段盼巧、白良成. 最佳适用垃圾焚烧锅炉主蒸参数的探讨. 绿色矿业. 2024.4

[5]　白良成，徐文龙. 生活垃圾焚烧锅炉工程基础[M]. 北京：中国建筑工业出版社，2021.